中国疏浚协会 CHINA DREDGING ASSOCIATION

中国水力发电工程学会 CSHE CHINA SOCIETY FOR HYDROPOWER ENGINEERING

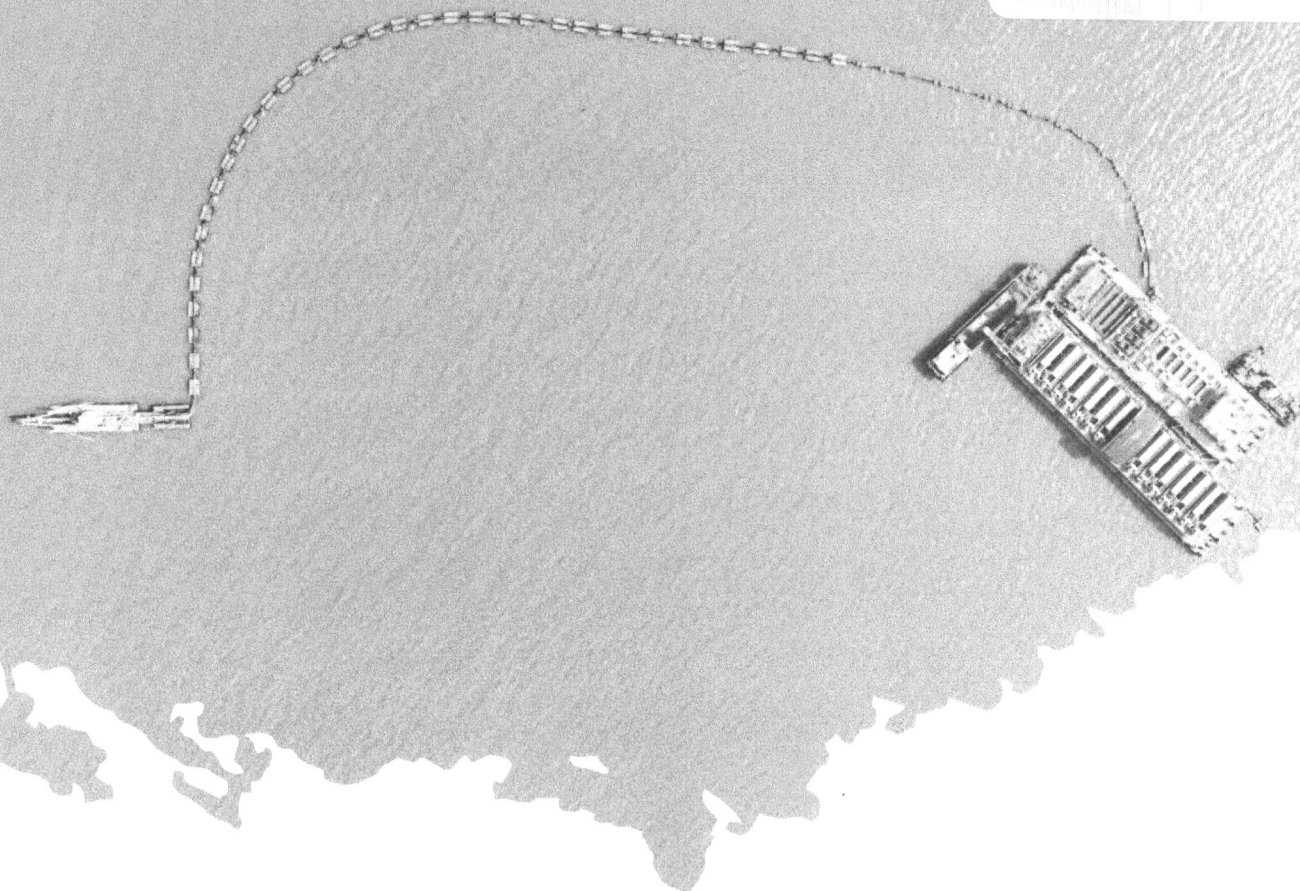

减灾润物·浚美河湖
论文集

《减灾润物·浚美河湖论文集》编委会 编

长江出版社
CHANGJIANG PRESS

编撰委员会

论文评审委员会

序言 PREFACE

　　水是万物之母、生存之本、文明之源。治水对中华民族生存发展和国家统一兴盛至关重要。十八大以来，以习近平总书记为核心的党中央站在实现中华民族永续发展和国家长治久安的战略高度，明确"节水优先、空间均衡、系统治理、两手发力"的治水思路，统筹推进水灾害防治、水资源节约、水生态保护修复、水环境治理，全面提升水安全保障治理能力，不断书写中华民族治水安邦、兴水利民的新篇章。疏浚行业向水而生，涉及水库及河道疏浚、生态环境保护、防洪减灾及经济社会发展等诸多领域，与国计民生息息相关。生态环境的保护与修复是疏浚业持续发展的关键。新时期，疏浚行业顺应时代需求，不断创新发展，由传统的吹填疏浚、基建性及维护性疏浚向环保疏浚、生态环境综合整治扩展，由人工疏浚、机械疏浚向信息化、智慧化疏浚转变。疏浚行业的进步与发展对推动经济社会持续健康发展和促进生态文明建设发挥了重要作用，做出了重要贡献，体现了自身价值。

　　中国疏浚协会水利疏浚专业委员会、中国水力发电工程学会机械疏浚专业委员会作为服务于我国疏浚行业发展的权威学术团体和社会组织，近年来在疏浚技术规程、规范和标准编制以及新技术、新工艺、新材料、新设备的推广应用等方面做了大量工作，在促进疏浚技术提升和加强行业自律等方面发挥了积极作用，增强了行业凝聚力，推动了行业的进步与发展。

　　一年一度的中国疏浚协会水利疏浚专业委员会、中国水力发电工程学会机械疏浚专业委员会年会暨学术讨论会作为全行业的一件盛事，为来自水利、疏浚行业的各企事业单位和研究机构提供了一个研讨技术、交流经验、开拓视野和互学互鉴的高层次对话平台。2024年大会的主题是"减灾润物·浚美河湖"，旨在围绕习近平总书记关于治水发表的一系列重要论述，对于新时代新征程统筹水灾害、水资源、水生态、水环境治理，保护好传承好弘扬好水文化，促进"人水和谐"，为全面建设社会主义现代化国家提供有力的水安全保障，具有十分重要的意义。针对江河湖库疏浚、水环境及流域治理等热点难点，以疏浚技术装备的自动化、数字化和疏浚工作全过程实现绿色环保,助力江河湖库生态环境的复苏。在各会员单位的共同努力下,经大会技术论文评审委员会筛选,《减灾润物·浚美河湖论文集》集结付梓,该论文集共收录论文116篇,内容涉及疏浚装备研究、疏浚工程施工、疏浚物合理处置、环保疏浚及流域治理、水环境生态修复技术、数字化及智能化技术、测量检测技术及质量控制、工程技术研究及创新、水利工程施工及工程建设管理等十个方面,涵盖了疏浚工程及防洪减灾工程的各个环节,凝结了广大工程技术人员的技术经验和实践智慧,适合业内专家互相借鉴,共同提高,对今后的工作具有较强的指导意义。

新一届水利部党组提出推动新阶段水利高质量发展的六条实施路径,复苏河湖生态环境和推进智慧水利建设是其中的重要组成部分,为新时期疏浚行业尤其是水利疏浚行业的发展丰富了新内涵,带来了新机遇,相信在即将召开的2024年年会上,围绕绿色智慧疏浚、生态保护与修复所进行的研讨,将进一步加深我们对《习近平关于治水论述摘编》的深刻理解和实践把握,促进疏浚工程技术不断创新与进步,推动疏浚行业尤其是水利疏浚的转型升级,助力经济社会和环境的持续健康发展。

中国水力发电工程学会机械疏浚专业委员会　主任委员
中国疏浚协会水利疏浚专业委员会　主任委员
长 江 河 湖 建 设 有 限 公 司 董 事 长
2024 年 11 月

目 录 CONTENTS

第三部分　疏浚物合理处置

第四部分　环保疏浚、流域治理

◆—— 第五部分　水环境生态修复技术 ——◆

◆—— 第六部分　数字化及智能化技术 ——◆

◆—— 第七部分　测量、检测技术及质量控制 ——◆

◆ 第八部分 工程技术研究及创新 ◆

◆ 第九部分 水利工程施工 ◆

◆ 第十部分 工程建设管理 ◆

第一部分

疏浚装备研究

新型箱涵清淤机器人硬质土疏浚技术及装备研究

陆寅松　周忠玮　尹纪富　舒敏骅

(中交疏浚技术装备国家工程研究中心有限公司,上海　200082)

摘　要:针对城市箱涵底部板结硬化淤积物难以疏浚的问题,开展了新型箱涵清淤机器人硬质土疏浚技术及装备研究。在硬质土的挖掘过程中,土体粒径将时刻处于变化状态,使得作业参数更加复杂多变。通过分析形成土粒粒径与绞刀切削参数的关系,以及土粒粒径、土粒速度、吸口流速、绞刀功率、输送临界流速等众多参数相互制约关系,提出了绞吸作业模式下的硬质土疏浚关键技术原理。开发了一种新型清淤机器人装备,可疏浚剪切强度不高于100kPa的硬质土,提出了适用于该清淤机器人硬质土疏浚作业的具体控制方法。并通过清淤机器人的干式切削和水下试验,测验了清淤机器人功能、性能,验证了硬质土切削输送关键技术原理。

关键词:城市箱涵;新型清淤机器人;硬质土疏浚;绞吸式;室内测验。

1　引言

据统计,截至2023年末,我国城市化率已达66.16%,而2000年时只有36%。随着近几十年城镇化建设的快速发展,城市市政箱涵的铺设里程数迅速增加,其排水性能的优劣将直接影响整个城市的安全和人们的生活水平。城市市政箱涵因具有重力流、空间小、埋深大、容易淤积等特点,容易造成堵塞、淤积、塌陷等问题,其后果是造成有效过水面积过小,甚至完全堵塞,影响正常的排水功能,进而造成污水外溢、环境恶化,在雨季时形成严重的内涝。对于已经造成淤堵的箱涵等区域,如不及时采取措施进行处理,势必会使市政箱涵的正常排水功能大打折扣,从而引起各种事故或社会问题。为解决这些问题,适用于有限空间的清淤机器人应运而生。

大量箱涵由于长期不清理或清理不彻底,广泛存在板结硬质土,清淤困难显著增大。以武汉市武钢工业港压力排水箱涵为例,老排水箱涵建设较早,为3孔($B \times H$)4m×3.5m钢筋混凝土箱涵,设计排水流量为47m³/s,淤积物为泥沙板结固化物,土质板结严重,目前各类清淤效果都不太理想。城市箱涵断面形状主要有3种类型:

①圆形箱涵,直径范围可从较小的如1.4m到较大的12.5m,高度1～5m。

②矩形箱涵,尺寸较为灵活,最大可达到6m×6m×6m,而最小尺寸可能为1m×1m左右。

作者简介:陆寅松,技术开发,E-mail:luyinsong@ccccltd.cn。

③椭圆形箱涵,在东南亚地区较为常见,直径范围为2～8m,高度为1～4m。

国内研发清淤机器人的机构主要为民营机器人科技公司和环保公司。例如,山东未来机器人有限公司研发的水下清淤机器人整体采用小机身设计,潜水深度可达50m。机器人向前行进,通过淤泥回收装置将淤泥集中到吸污口,利用吸污泵吸入淤泥,再用排污泵经排出口排出。中机恒通环境科技有限公司研制的箱涵清淤机器人采用模块化设计,可针对不同工况,选装不同类型的履带底盘和前部工作装置,使清淤机器人更为智能化,适用性更广,甚至可以应对底层没有硬化的排水箱涵和小型明渠。奇思环保的清淤机器人系统采用全自动化设计。适用于宽2.5m、高2m及以上的箱涵,以及水深不超过5m的小型河道、沟渠、池塘、湖泊等。通过自动铲挖将淤泥铲起筛分,粗大物送至箱斗,淤泥通过混凝土泵和泥浆泵输送,机身连接进行地面站的动力及排料输送管路,通过卷管器收放可进退自如,智能化高效率地进行铲挖作业。

目前,这些机器人产品虽性能各有不同,但主要针对淤泥类土质设计,注重行走能力开发,挖掘性能严重不足,对于土质较软、内部结构简单的箱涵、沟渠等有较好的清淤效果,而对于板结后的硬质土往往难以实现破土,清淤效果显著下降。

为清除坚硬沉积物,德国汉堡市开发了一套Sielwolf系统。Sielwolf和污泥泵是在绞车和钢丝绳的拉动下沿下水道移动。Sielwolf系统成功地应用于直径在1.4～3.2m、埋深5～18m的下水管道中,厚达1.2m的沉积物都能被清除,但该系统并非清淤机器人,其结构庞杂,适用范围有限。佛罗里达大学研制了一种三组轮式管涵机器人,以三个轮构成空间三角形分别压紧管壁,支撑机器人位于管涵内中心位置,可保证其清理硬质土时具有足够的稳定性,但该机器人仅适用于大管径、强度高的管涵清淤,不适用于箱涵清淤。

从上述相关研究可以看出,国内外对于清淤机器人已开展了大量研究工作,开发出了部分装备产品,然而,还没有一款清淤机器人能够较好地解决箱涵内板结硬质土疏浚的难题。本文结合绞吸式挖泥船疏浚技术和装备特点,分析提出了硬质土疏浚关键技术原理,并基于此开发了一种新型水下清淤机器人装备,能够有效实现硬质土疏浚,具有广泛的适用性和市场应用前景。此外,箱涵清淤结合淤泥的资源化利用,则更容易产生显著的经济效益。

绞吸作业模式是疏浚工程中的典型作业模式之一,通常采用绞刀和泥泵进行疏浚作业。在沙土、砾石等土质的挖掘过程中,土体粒径是固定的,即砂砾自身的尺寸。而在硬质土的挖掘过程中,由于硬质土的特殊性,进入输送管道的土体粒径并非是组成土体的颗粒自身尺寸,而是取决于切削参数,这使得疏浚作业的参数复杂多变,给整个疏浚过程中的安全稳定带来了全新的挑战,而这方面的研究还很少。

2 硬质土疏浚关键技术原理

本文对硬质土疏浚关键技术原理进行了深入分析。绞吸作业模式下的疏浚硬质土作业包括挖掘硬质土和输送硬质土两个核心环节。挖掘硬质土的过程中通过调整切削参数控制切削下来的硬质土土体粒径,硬质土土体粒径进一步限制着硬质土输送过程中的输送参数(图2-1)。

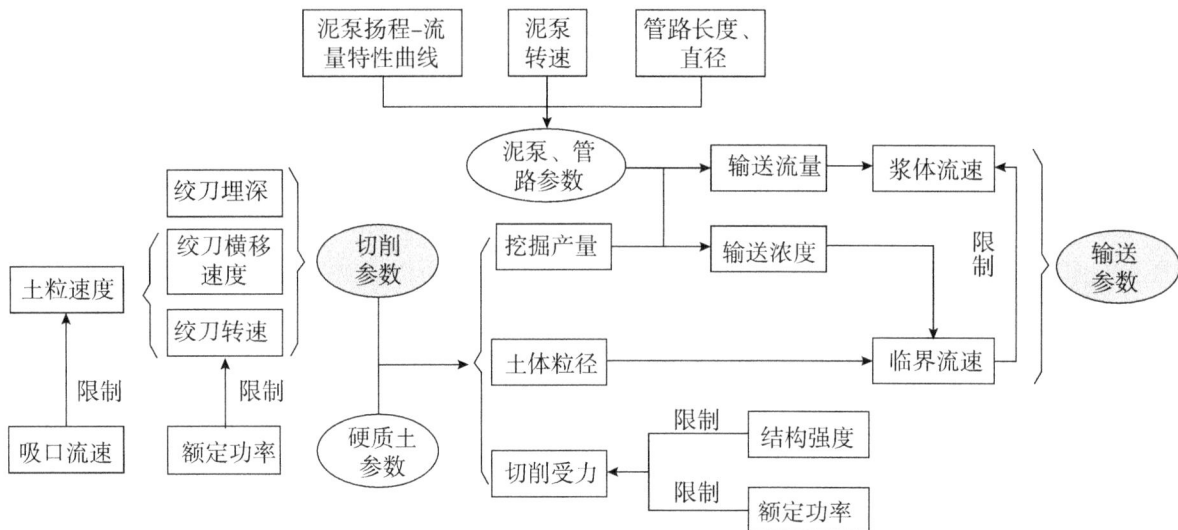

图 2-1　硬质土疏浚关键技术原理

切削参数包括绞刀转速、绞刀横移速度和绞刀埋深,将切削参数与硬质土参数相结合,通过一定的数学模型可计算出挖掘产量、土体粒径和切削受力;输送参数包括浆体流速、输送浓度和输送流量,将挖掘产量与泥泵、管路参数相结合,即泥泵—流量特性曲线、泥泵转速,以及管路的长度和直径,并根据经验公式可计算出浆体流速、输送浓度和输送流量。

绞刀横移速度和绞刀齿尖线速度的合速度可近似作为土粒切削下来时的初速度,即土粒速度。土体粒径 d 与切削参数存在如下关系:

$$d = \frac{60V_s}{mn} \qquad (2-1)$$

式中:V_s——绞刀横移速度;

　　n——绞刀转速;

　　m——绞刀上的刀齿排数。

同一台泥泵在不同转速运转时其扬程—流量特性曲线不同,根据比例定律 $\dfrac{Q'_{输送流量}}{Q_{输送流量}} = \dfrac{n'_{泥泵转速}}{n_{泥泵转速}}$,泥泵转速提高,输送流量增加。土粒速度的上限一般为吸口流速的 30%,具体的公式表示如下:

$$V_{土粒速度} \leqslant 30\% V_{吸口流速} \qquad (2-2)$$

$$V_{吸口流速} = Q_{输送流量} / S_{吸口面积} \qquad (2-3)$$

式中:$S_{吸口面积}$——绞刀内侧管道吸口的吸口面积,对于选定的疏浚设备,$S_{吸口面积}$ 为常量。

根据输送浓度和土体粒径等参数,通过经验公式可计算出临界流速,且浆体流速应为临界流速的 $1.1 \sim 1.5$ 倍;绞刀由电机或者液压马达驱动,绞刀的切削受力受结构强度的限制,绞刀功率受电机或液压马达额定功率限制。

基于选定的疏浚设备,在已做好挖掘输送匹配性计算的基础上,对疏浚过程中的关键数据进行监测与调控,其中监控参数包括管道内的浆体流速、输送浓度、土粒速度和绞刀功率,调控参数包括绞刀转速、绞刀横移速度、绞刀埋深和泥泵转速。

3 新型清淤机器人装备开发

3.1 装备构成

该清淤机器人主要包括清淤机器人本体、驱动与控制平台和连接管线3个部分。整套系统的平面布置示意见图3-1,3个部分共同构成了清淤机器人成套系统。

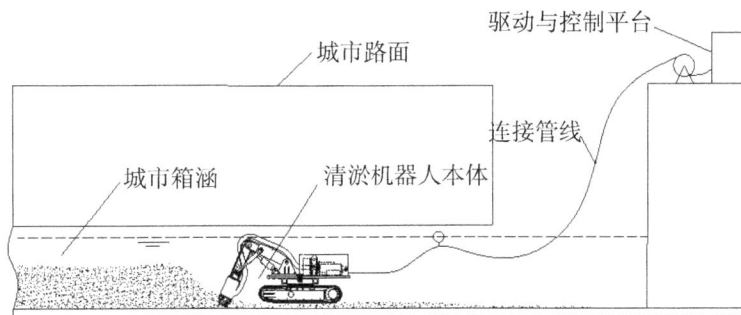

图3-1 新型清淤机器人系统示意图

水下机器人置于箱涵内,可以前进、后退和转弯,通过机械臂搭载挖掘设备,实现挖掘作业,再通过泥泵、管路系统将泥浆输送至岸上。水上驱动与控制平台用以实现对水下机器人提供足够的液压动力和电力需求,并通过水下机器人上的传感器实时采集机器人作业状态,实现远程实时监测和控制功能。水下水上连接管线用以实现水上水下设备的有效连接,用以实现疏浚物的垂直提升。

本机器人按功能分共计10个子系统(图3-2),其中挖掘系统和输送系统是最基础最核心的部分,其他子系统为实现挖掘和输送服务,具体包括支架系统、回转系统、行走系统、液压系统、监控系统、防水系统、冲水系统和定位系统等,位于各个位置的传感器测量的数据都汇总到位于陆上的控制柜中,反映在控制软件上,操作人员可通过控制软件对水下机器人进行远程控制。值得注意的是,在作业时,该形式的水下机器人多个动作需协同作业才能完成挖掘—输送任务,对各个系统的协调性要求较高。

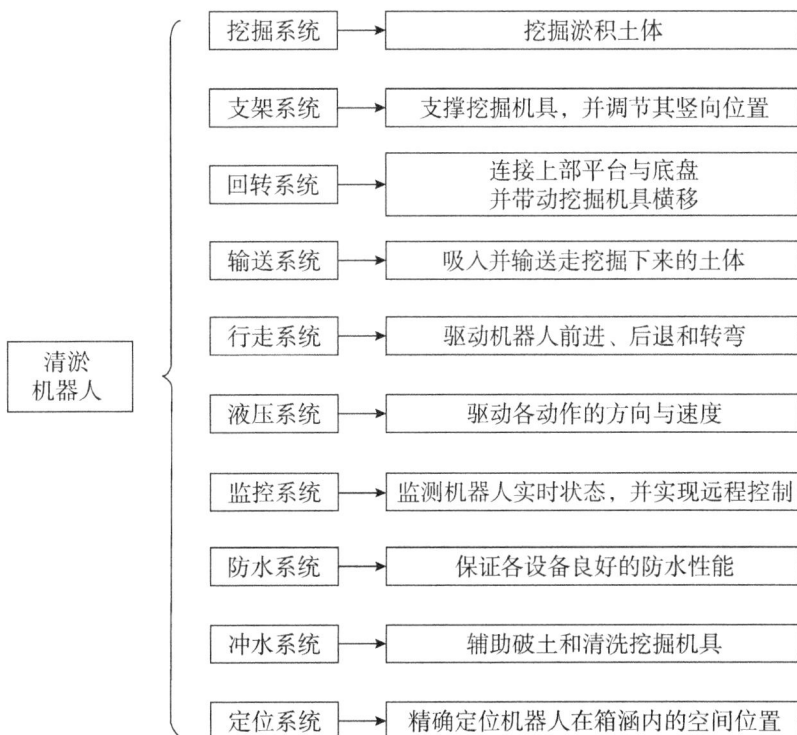

图3-2 清淤机器人子系统构成

3.2 装备特性

基于上述硬质土疏浚关键技术,借鉴绞吸式挖泥船的疏浚装备与作业特征,采用了"绞刀头 & 渣浆泵"的绞吸模式作为核心作业模式(图 3-3)。搭载的绞刀系统具有较强的切削破碎能力,可疏浚剪切强度不高于 100kPa 的硬质土,可将硬质土从板结淤积物上切削下来并切成碎块,再进行输送;该形式的机器人可以通过回转机构和机械臂控制挖掘设备在较大的空间范围内运动,这大大增加了车体所在位置所能挖掘的范围,以适应不同尺寸孔道的挖掘需求;同时,可以较好地控制挖掘设备的空间位置,针对局部进行挖掘,提高了作业的精度;此外,绞刀头还可以替换为其他吸泥装置,以适用于较软土质,提高疏浚效率。

绞刀头

图 3-3 新型清淤机器人模型

3.3 作业方式

清淤作业过程流程图和示意图分别见图 3-4、图 3-5。具体作业方式为:

(1)备车

将清淤机器人通过起吊架放入箱涵中,启动电源,观察箱涵内的情况,控制机器人移动至目标土体前,先将必要的设备启动,直到排泥管将清水排出,调节机械臂,使绞刀埋入土体中,并调整到合适的作业高度和角度。

(2)横扫

根据产量和流量的匹配关系,控制回转机构按照一定的回转速度向左或向右水平转动,上部平台跟随摆动,绞刀头跟随摆动,绞刀头将硬质土逐步切削下来,切削下来的土块通过泥泵管路抽送走;施工过程中实时监测车体两侧可能存在的不可破坏的墙壁、桩基等,回转过程中应避免碰撞。切削完一层土体后,变换绞刀头的竖向位置,从上往下逐层切削的,以此类推,直至挖掘完一个断面。

(3)前移

使整个车体前进一小段距离,允许最大 30°角的爬坡,重复上述作业流程,完成下一个断面的疏浚。

(4)移位

将机器人移动到未清淤的土体前继续清淤作业,直至所有土体清理完成。

(5)吊车

完成清淤作业后,将机器人吊出,对机器人进行泥土、杂物的清理和保养等工作。

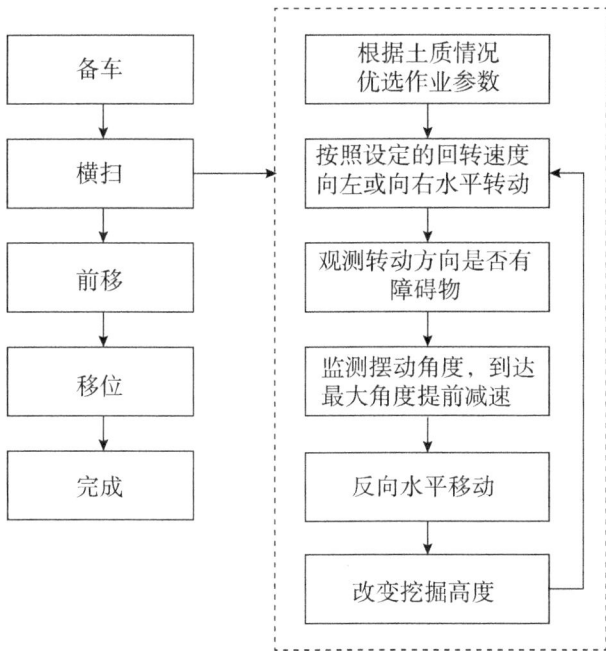

图 3-4　清淤作业过程流程

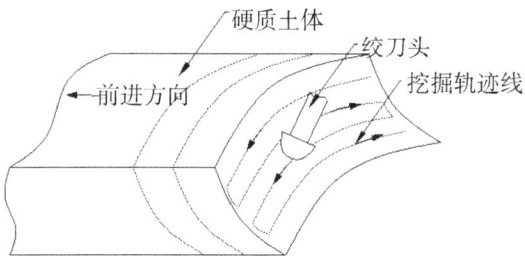

图 3-5　清淤作业过程示意图

3.4　控制方法

　　水下清淤机器人挖掘硬质土的能力和输送硬质土的能力相互影响、相互限制。在水下清淤机器人的疏浚过程中,对管路内的浆体流速、输送浓度,以及土粒速度和绞刀的功率进行监测,在异常工况下分别通过挖掘控制子系统、回转控制子系统、机械臂控制子系统和泥泵管路控制子系统对绞刀的转速、绞刀横移的速度、机械臂的升降和泥泵的转速进行调控,以保证整个疏浚作业安全、高效、稳定地进行,清淤机器人硬质土挖掘和输送控制逻辑见图 3-6。

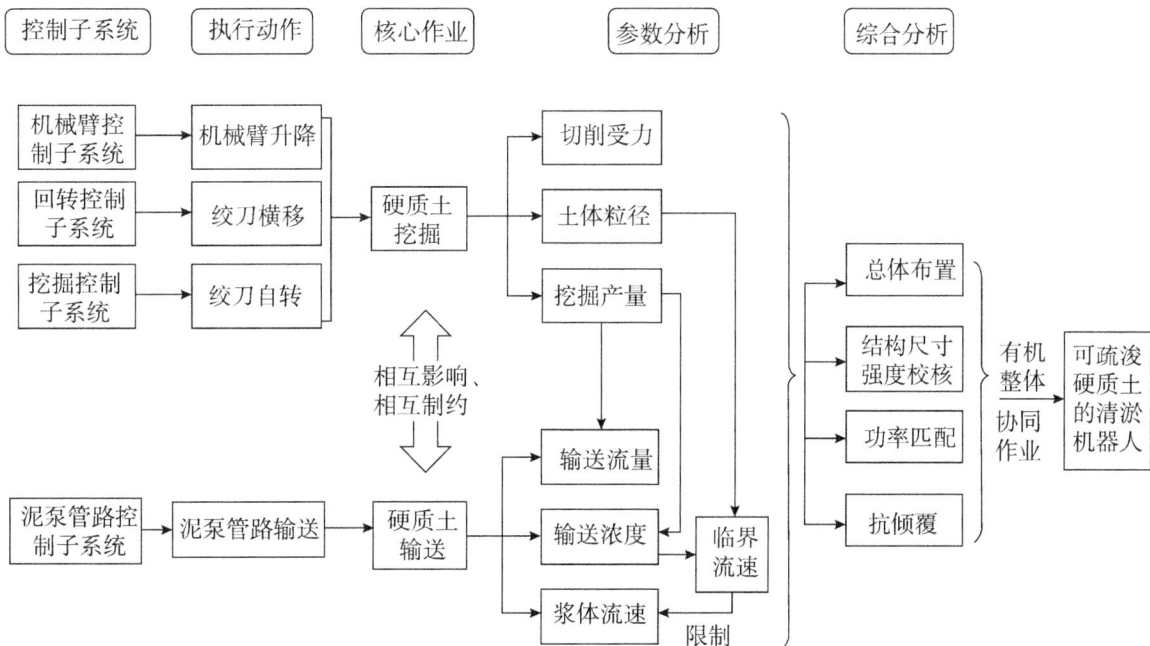

图 3-6　清淤机器人硬质土挖掘和输送控制逻辑

在以下 5 种情况下分别采用不同的调控方法。

①如果浆体流速<1.1×临界流速，且输送浓度偏高，则此时有堵管风险，应优先通过泥泵控制子系统提高泥泵转速，以快速提升浆体流速，其次通过回转控制子系统降低绞刀横移的速度，能够减小土体粒径，降低临界流速，也能降低挖掘产量，进而降低输送浓度。

②如果浆体流速<1.1×临界流速，且输送浓度偏低，则此时输送效率极低，且很可能已形成分层流，这主要由土体粒径较大引起，故应首先通过挖掘控制子系统增加绞刀转速，减小土体粒径，而非优先通过泥泵管路控制子系统增加泥泵转速，否则会进一步降低浓度，使系统始终处于低效工作状态；同时，需要避免绞刀的功率超过其最大允许值，并计算土粒速度，且避免其超过土粒速度上限，以免造成较大的遗漏量。

③如果浆体流速>1.5×临界流速，且输送浓度偏高，则此时很可能是土粒易于输送，应首先通过泥泵管路控制子系统降低泥泵转速，减少能源浪费；其次，通过挖掘控制子系统降低绞刀的转速，这样可减小绞刀的功率，进一步在满足疏浚的需求下降低能耗；最后，还可通过回转控制子系统适当降低绞刀横移的速度，以适当降低输送浓度，避免造成浓度局部突然升高而发生堵管。

④如果浆体流速高>1.5×临界流速，且输送浓度偏低，则主要是由于此时挖掘产量偏低，应首先通过回转控制子系统增大绞刀横移的速度，以增加产量，但同时需要避免绞刀的功率超过其最大允许值，并计算土粒速度，且避免其超过土粒速度上限，以免造成较大的遗漏量；其次，可通过机械臂控制子系统适当控制机械臂下降，增加绞刀的埋深，以增加挖掘产量；若输送浓度增加后，浆体流速依然偏高，此时可按照第三种情形进行调控。

⑤如果绞刀功率突然增加，很可能是因为土体突然变硬，应优先通过回转控制子系统降低绞刀横移的速度，并在绞刀的功率允许范围内通过挖掘控制子系统提高绞刀的转速，并计算土粒速度，避免其超过土粒速度上限，以免造成较大的遗漏量。

4 室内验证试验

在实验室开展室内性能验证试验，尤其是硬质土切削性能验证。首先人工制备高强度硬质土（图 4-1），土体强度检测结果见表 4-1，并分别进行了干式切削和水下切削试验。

表 4-1　　　　　　　　　　　　土体强度检测结果

样本	黏聚力/kPa	内摩擦角/°
1	153.55	35.45
2	185.28	28.49

见图 4-2 为干式切削试验。切削后，土体上形成了规则的"鱼鳞"状，是绞刀转动留下的，因为土体硬度高，黏性大，只有与刀齿接触的地方才会被切削下来。切削下来的硬质土可依然保持一定形状，成条状（图 4-3），土粒较大，宽度达 2cm，厚度 0.5cm，有些土粒长度虽然较长，但很容易断裂，在输送中主要受影响的是土粒宽度。经分析，发现这与刀齿形状和切削参数密切相关，与前述硬质土疏浚关键技术的研究结果一致。

图 4-1 硬质土制备　　　　图 4-2 新型清淤机器人干式切削试验　　　　图 4-3 被切削下来的土粒

图 4-4 为机器人水下试验。按照与干式切削试验相同的参数进行清淤,有大量泥浆从出口流出,流出的土粒尺寸约 2cm(图 4-5),与陆地干切时的土条宽度接近,但土粒由于在管道内输送过程中碰撞、滚动,不再是土条形状,相比而言变得小和圆。

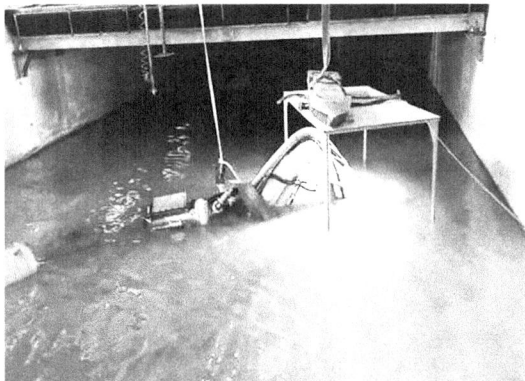

图 4-4 新型清淤机器人水下试验　　　　图 4-5 经切削输送后的土粒

5　结语

本文分析了箱涵清淤工程特点和现存清淤机器人的不足,提出并开发了一种可疏浚硬质土的新型箱涵清淤机器人技术与装备,结论如下:

①针对硬质土疏浚,在分析了形成土粒粒径与绞刀切削参数的关系和土粒粒径、土粒速度、吸口流速、绞刀功率、输送临界流速等众多参数的相互制约关系后,提出了绞吸作业模式下的硬质土疏浚关键技术原理。

②本清淤机器人产品采用了"绞刀头 & 渣浆泵"的绞吸模式,可疏浚剪切强度不高于 100kPa 的硬质土。基于硬质土疏浚技术原理,结合清淤机器人装备提出了适用于该清淤机器人硬质土疏浚作业的具体控制方法。

③开展了清淤机器人装备的室内试验,测验了清淤机器人功能、性能,通过干式切削和水下试验,获得了切削土粒及经输送后的形态与尺寸,验证了硬质土切削输送关键技术原理。

主要参考文献

[1] 沈体强.城市排水管道清淤机器人研究综述[J].山东工业技术,2016,20(12):84-85.

[2] 涂向阳,涂向阳,郑政,等.合流制截流箱涵泥沙淤积规律和对策研究[C]//中国水利学会.中国水利学会 2016 学术年会.四川成都,2016.

[3] 宋政昌,周成龙,张述清,等.清淤机器人在暗涵疏浚工程中的应用[J].西北水电,2020(S1):4.

[4] 张磊.机器人在暗涵清淤中的应用[J].云南水力发电,2017,33(6):113-117.

[5] 骆煜,黄大为.地下管网清淤机器人开发前景浅析[J].建设机械技术与管理,2020,33(S1):3.

[6] 王景芸.武钢工业港压力排水箱涵淤积物分析与清淤方法研究[C]//中国土木工程学会.中国土木工程学会城市防洪 2008 年学术年会,青海:西宁,2008.

[7] 肖兆剑.武钢工业港排水箱涵淤积物沉积状况分析研究[D].武汉:武汉理工大学,2009.

[8] 吴贞桢.管道清淤机器人的研制及其清淤泵送特性研究[D].北京:北京交通大学,2016.

[9] 曹建树,徐宝东,鲁军,等.蠕动式污水管道清淤机器人[J].机床与液压,2014,42(21):50-53.

[10] 宋闯.河道淤泥处理及资源化应用[J].中国水利,2018,25(6):35-37.

[11] 周平,蒋铁.城市暗涵淤泥清理与水环境治理技术研究[J].水利规划与设计,2020(6):5.

环保清淤船"三桩双台车"定移位装置设计研究

胡京招 马 源 王海荣 董雨薇 夏 铖

(中交疏浚技术装备国家工程研究中心有限公司,上海 200082)

摘 要: 定位移位设备是湖泊环保清淤船的关键设备,是整个环保清淤功能的重要组成部分。作业过程中,设备的定位精度影响着清淤作业的疏挖精度。以环保清淤船定位移位设备为研究对象,结合浅水湖泊底泥清淤工况条件,采用理论分析与数值计算的方法,对钢桩定位、受力、稳定性进行了计算,创新性地开发设计了与之相匹配的"三桩双台车"定位装置,并应用到实船建造中。结果表明:"三桩双台车"定位装置设计合理、结构紧凑、稳定性高,且具有定位移位精度高的特点。同时,本研究的计算方法与设计思路为未来环保疏浚船更多新型定位移位装置的研制提供了参考。

关键词: 环保疏浚;清淤装备;钢桩台车;有限元分析

1 引言

我国湖泊众多,分布广泛,各类湖泊共有 24800 多个,其中面积在 $1km^2$ 以上的天然湖泊就有 2800 多个。近年来,经济的高速发展,对自然环境造成了一定的污染和破坏,尤其是水环境污染,在城市湖泊、大型浅水湖泊的局部区域甚至出现了以"有机污染十分突出、重富营养化、生态系统严重退化"为表征的重污染水域。水环境污染源主要分为外源和内源,污染湖泊的外源可以通过截流、停止污染等方法来阻断。但是在湖泊环境发生变化时,底泥中的污染物会重新释放出来进入水体,即内源污染。在外源污染基本得到控制以后,采取工程措施清除污染底泥是湖泊污染治理的有效措施。同时,由于湖泊受到地形、植被、河流来水来沙等条件影响,部分湖泊出现了泥沙淤积问题,湖泊面积不断缩小、湖床变浅,甚至出现了"三角洲"。因此,适用于湖泊底泥清淤的高精度环保疏浚装备就变得尤为重要。

环保疏浚装备区别于常规疏浚装备的特点主要有定位及疏挖精度高、绞刀对泥土扰动度低、船体灵活,施工适应性强。因此,环保清淤船越来越多地被用在了环保疏浚项目中。

定位移位设备是湖泊环保清淤船的关键设备,是整个环保清淤功能的重要组成部分,直接影响着船舶的施工稳定性和安全性。作业过程中,其定位精度又影响着清淤作业的疏挖精度。国内外环

作者简介:胡京招,男,硕士,正高级工程师,研究方向:疏浚技术研究与装备开发设计,E-mail: hujingzhao@ccccltd.cn。

保疏浚船舶的定位方式主要有钢桩定位、锚缆定位和动力定位 3 种。不同的定位移位方式都具有各自的优势和特点,主要取决于作业精度要求和水深、土质环境条件。在实际应用中,也常将这 3 种定位方式组合使用,从而提高定位系统的安全性和稳定性。目前,在环保疏浚领域,钢桩定位方式具有定位精度高、稳定性好的特点,适用的水深范围也较浅,通常在 20m 以内;锚缆定位方式具有适应水深范围大的特点,能够适应 20m 以上的深水条件,但定位精度相较低;针对抛锚不便以及更深的水域(50m 以上),通常采用动力定位的方式。

本文针对国内常见的河道、湖泊、水库,以钢桩台车形式为研究对象,开展了适用于河湖库区的清淤船高精度定位移位需求的装置研究。通过采用理论规范分析和有限元计算相结合的方法,以结构轻巧、受载稳定、定位移位精度高为目标,设计形成了结构合理的三桩双台车装置并进行了实船应用。

2 底泥清淤工况分析与定位移位需求

湖泊底泥清淤是一项综合性工程,水深、土质、地形以及外部交通运输等因素都会对清淤船舶的选型产生影响。根据对国内典型湖泊调研,其最大水深均在 10m 以内。杭州西湖最大水深 6.52m,平均水深 1.21m;巢湖最大水深 5m,平均水深 1～3m;太湖最大水深 4.8m,平均水深 2.1m;滇池最大水深 8m,平均水深 5m。同时,就土质来看,湖泊底泥疏挖所涉及的土质主要有淤泥、粉砂以及夹杂黏性土的非污染类土和有机质污染类土。这两类土质对疏挖装备的定位精度、防扩散污染能力都有较高的要求,最大限度内减少超挖、漏挖,以及泄漏扩散等问题,尽量降低底泥疏挖对水体生态的影响。因此,针对湖泊底泥清淤工况,清淤装备定位移位装置在保障承载能力和稳定性的同时,应能够实现较高的控制精度,减小环境荷载对装备疏挖过程的影响。

在环保清淤船作业过程中,整船受到的外部荷载主要有环境荷载和绞刀横移切削产生的切削荷载,通过船体传递到钢桩上,由钢桩承受并最终传导至大地。同时,在移位过程中,钢桩从土体中拔出移动到新的位置,靠重力或液压油缸压力插入土体,钢桩破土的插桩力也是由钢桩来承受。因此,钢桩台车对清淤船的稳定运行和高精度作业至关重要,且钢桩台车的设计应重点考虑满足插桩深度需求和船体稳定需求的插桩力和承载力。

由中交疏浚技术装备国家工程研究中心自主研制的无人智能清淤船(智远号)的整船为单层甲板、非自航,钢质焊接结构的模块化拼装式绞吸式挖泥船,可实现公路运输与现场拆装。具体布置见图 2-1。船体主参数:船体长 22.0m,型宽 7.3m,型深 1.8m,设计吃水 1.1m,最大疏浚深度 6.0m。主船体由定位浮体和作业浮体两个部分铰接而成,钢桩台车安

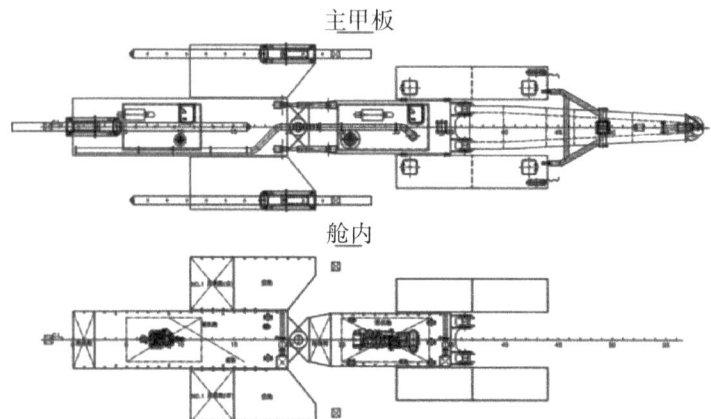

图 2-1 智能无人底泥清淤船俯视布置图

装于定位浮体,负责整船作业过程的定位和移位,作业浮体上安装有桥架、泥泵、绞刀等作业机具,负

责底泥的绞吸和输送。作业浮体两侧配置油缸,与定位浮体连接,通过左右油缸的协同推拉,实现作业浮体的左右摆动。相比常规的桥架摆动,有效增大了摆宽。按照航区划分,主要大型湖泊的航区均为 B 级航区,小型湖泊、河流为 C 级航区。因此,底泥环保清淤船所承受的主要环境荷载可以按照《钢质内河船舶建造规范》中 B 级航区规定的环境荷载分析,即最大波高 1.5m、蒲氏风级 4 级(在非急流航段,可不考虑流速)。

3　三桩双台车装置设计

根据对目标工况的分析,为实现清淤过程的高精度定位和油缸驱动自主横移功能,研究中心为该船研制了"三桩双台车"装置,主要有以下几个特征:

①采用三根钢桩分别布置于主船体的左右两侧和尾部,其中左右两侧钢桩为方形桩,置于台车机构上,可同步动作,负责船体的移位;艉部钢桩为圆形桩,负责换桩移位过程中的辅助插桩定位,无台车装置。

②作业过程中,左右两根钢桩始终插于土体中,尾部钢桩悬空,左右钢桩联合产生的水平承载力矩与作业船体在油缸作用下左右摆动产生的力矩相抵消,实现了作业船体无需抛锚,在自身横移油缸作用下即可横移切削的功能。

③钢桩抬升与下降动作均由钢桩两侧的油缸同步伸缩来实现,钢桩与油缸通过抱箍及插销固定,油缸与船体固定连接,因此,在插拔桩及台车行走过程中,钢桩与船体能够保持精确的相对位置,改变了以往绞吸船钢桩只负责水平面维度的船体定位,在垂直方向上船体可随波浪自由升降的定位方式,极大提升了船体定位和前端绞刀施工定位的精度。

④尾部圆形钢桩设计,与作业船体上预留的横移绞车接口相匹配,预留了未来采用艉桩定位旋转、绞车横移施工的大摆宽清淤功能。

⑤尾部钢桩位置及两侧台车均设计有自行倒桩机构,在液压油缸的配合下,实现钢桩的水平倾倒,便于水上运输调遣;台车行走机构设计了平衡梁轮,确保在船体轨道变形的情况下台车能够自由行走而不出现卡顿。

三桩双台车侧视图见图 3-1。

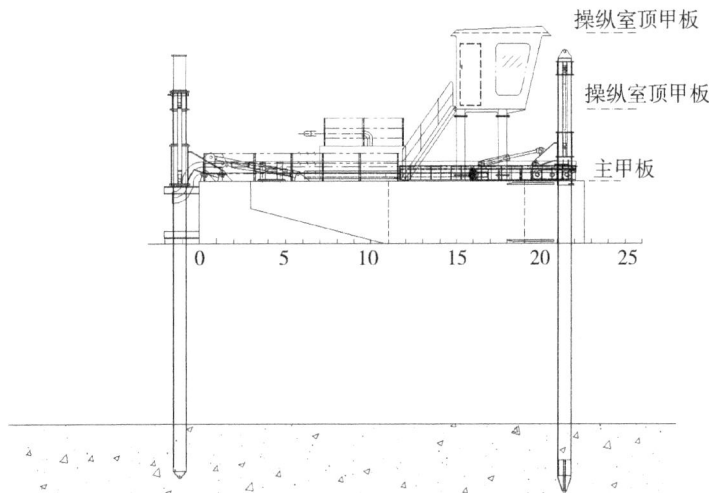

图 3-1　三桩双台车侧视图

4 作业时的外荷载分析

该船作业过程中,保持两根钢桩同时插入土体,环境荷载以及绞刀横移切削荷载作用在船体上(统称外部荷载)形成的力矩最终由两根钢桩插入土体内的水平承载力形成的力矩抵消,钢桩插入土体的深度以及钢桩自身的尺寸应足够平衡外荷载。

4.1 绞刀切削力

该船施工的土质类型多样,可根据绞刀功率按估算绞刀横移切削阻力。绞刀功率 $P=32$kW,转速 $n=35$r/min,绞刀直径 $d=1$m,则绞刀切削阻力计算如式(4-1)所示:

$$F_\tau = \frac{9549 \times 2 \times P}{n \times d} = \frac{9549 \times 2 \times 32}{35 \times 1} = 17.461\text{kN} \tag{4-1}$$

施工过程中,绞刀切削土壤产生切削力(图4-1),土体给绞刀17.461kN的切削力,沿船宽方向,由两根钢桩共同受载;平行于船长方向上,左右两侧的方型定位钢桩需克服土壤切削力产生的切削力矩,保持船体稳定。绞刀绕船体铰接点转动,切削力产生的最大切削力矩为

$$M_1 = F_\tau \times L = 17.461 \times 18.6 = 324.77\text{kN} \cdot \text{m} \tag{4-2}$$

式中:L——桥架下放后绞刀头到两侧定位钢桩的距离,即切削力的最大力臂,为18.6m。

定位钢桩因绞刀切削力矩产生的侧向力如式(4-3)所示,两钢桩产生的力大小相等,方向相反:

$$F_1 = \frac{M_1}{L'} = \frac{324.77}{6.04} = 53.77\text{kN} \tag{4-3}$$

式中:L'——左右两侧定位钢桩的中心距,为6.04m。

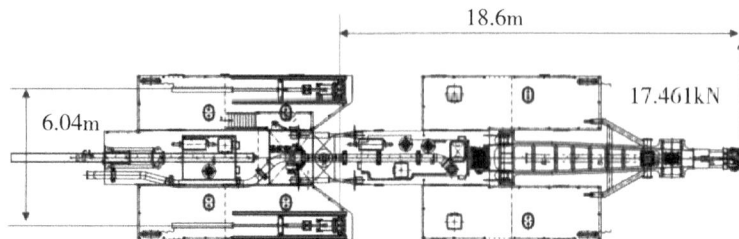

图 4-1 切削力示意图

4.2 风荷载

绞吸船在工作时,受风面积为水面以上浮箱面积与上层建筑面积。因此,对于该船而言,当风向垂直于舷船长方向时,船体的受风面积约为:$S_1 = 22 \times (1.8 - 1.1) + 20 = 35.4\text{m}^2$;当风向平行于船长方向时,船体的受风面积:$S_2 = 7.3 \times (1.8 - 1.1) + 9 = 14.11\text{m}^2$。

蒲氏风级4级的风速为5.5~7.9m/s平均风速为6.7m/s。

风压 q 计算如式(4-4)所示:

$$q = \frac{v^2}{30} \times \sqrt[4]{h} = 2.95\text{kgf/m}^2 \tag{4-4}$$

当风垂直作用于船长方向时,作用在船体水线以上部分的风压力为

$$F_{a1} = C \times q \times S_1 \times k_a \times g = 1.474\text{kN} \tag{4-5}$$

当风平行作用于船长方向时,作用在船体水线以上部分的风压力为:

$$F_{a2} = C \times q \times S_2 \times k_a \times g = 0.587\text{kN} \tag{4-6}$$

式中:v——风速,m/s;

　　h——受风面距水线的高度,小于 15m 者取 15m;

　　s——水线以上正投影面积,m²;k_a 为风向影响系数,取 1.2;

　　g——重力加速度,取 9.8m/s²;

　　C——风力系数,取 1.2。

4.3　波浪荷载

该船主要用于内河航道,湖泊的底泥清淤工作,B 级航区规定的环境荷载分析,即最大波高 1.5m。在该波浪荷载作用下,船舶受到的波浪力计算如下:

波浪沿船长方向时:

$$F_{w1} = \frac{34.9125}{2200} Bh^2 \cos\theta = 0.26\text{kN} \tag{4-7}$$

波浪垂直于船长方向时:

$$F_{w2} = \frac{139.65}{2200} \left[\frac{L}{B} - 0.433 \right] Bh^2 \sin\theta = 2.69\text{kN} \tag{4-8}$$

式中:L——船长,m;

　　B——船宽,m;

　　h——高,m;

　　θ——波浪方向与船长方向之间的夹角。

4.4　流荷载

在内陆湖泊施工时,处于非急流航段,可不考虑流速,流荷载为 0。

以该船的绞接点为原点,平行于船长方向为 x 轴,垂直于船长方向为 y 轴,建立笛卡尔直角坐标系。当风荷载和波浪荷载都垂直作用于船长方向时,作业浮体和定位浮体的侧向面积基本相等,可不考虑对定位钢桩的力矩,则两根钢桩共受到的 y 向环境荷载为 4.164kN。则在该工况下,单根钢桩所受最大外力:$F_x = 53.77\text{kN}$;$F_y = 10.8125\text{kN}$。

当风荷载和波浪荷载都平行作用于船长方向时,他们对原点的力矩为 0,则两根钢桩共受到的 x 方向的环境荷载为 0.847kN。则在该工况下,单根钢桩所受最大外力:$F_x = 54.1935\text{kN}$;$F_y = 8.7305\text{kN}$。

5　钢桩有限元分析

5.1　桩土相互作用模型

目前,有许多方法可以分析侧向受力桩的变形情况,如地基反力法、数值分析法、$p-y$ 曲线法等。其中，$p-y$ 曲线法是一种以非线性模式来反映桩土间的相互作用的方法，应用较为广泛。本文针对设计研发的三桩双台车环保清淤船将拟基于 API RP 2A-WSD(2007)规范对钢桩的插桩力和承载力进行分析。在该规范中，将泥面下钢桩视为弹性体，依据刻画桩－土系统变位特性的 $p-y$ 曲线评估钢桩的侧向承载能力。

在侧向荷载作用下，软黏土的单位侧向极限承载力 P 一般为 $8c\sim12c$。然而，当软黏土层深度较浅时，覆盖土压力很小，土层破坏模式会发生变化。当土层深度 Z 由 0 增加至 Z_R 时，单位侧向极限承载力 P_u 逐渐由 $3c$ 增加至 $9c$：

$$P_u = 3c + \gamma Z + J\frac{cZ}{D} \tag{4-9}$$

当 $Z \geqslant Z_R$ 时，$p_u = 9c$。

式中：P_u——单位侧面极限承载力(kPa)；

$\quad\quad c$——未扰动黏土土样的不排水抗剪强度(kPa)；

$\quad\quad D$——桩径(mm)；

$\quad\quad \gamma$——土的有效容重(MN/m³)；

$\quad\quad J$——无量纲经验系数(0.25~0.5)；

$\quad\quad Z$——泥面以下深度(mm)；

$\quad\quad Z_R$——泥面以下至土抗力减少区域底部的深度(mm)。

$$Z_R = \frac{6D}{\dfrac{\gamma D}{c} + J} \tag{4-10}$$

式中：Z_R——的最小值为 2.5 倍桩径。

当由上式计算出了 P_u，在静载的作用下，$p-y$ 曲线按式(4-11)计算方法可以直接确定得出：

当 $y/y_{50} < 8$ 时：

$$\frac{P}{P_u} = 0.5\left(\frac{y}{y_{50}}\right)^{\frac{1}{3}} \tag{4-11}$$

当 $y/y_{50} > 8$ 时：

$$\frac{P}{P_u} = 1.0 \tag{4-12}$$

式中：P——泥面以下深度为 Z 处作用在钢桩上面的实际水平土抗力阻力(kPa)；

$\quad\quad y$——实际侧向位移(mm)，$y_{50} = 2.5\varepsilon_{50}D$(mm)；

$\quad\quad \varepsilon_{50}$——实验室土样不排水压缩试验达到一半最大应力时出现的应变。

该船的两侧方形钢桩直径 400mm，壁厚 14mm，采用 Q355B 钢材制作。钢桩全长 12m，入土深度 1m，按最大吃水深度 6m 计算，钢桩距离至泥面 7~9m 处与船体相连，承受船体传递来的荷载。施工区域的土质不同，钢桩入土后受力也会有所不同，本文选取镇江大港的黏土土质作为算例，根据黏土参数计算 $p-y$ 曲线。黏土的平均不排水抗剪强度为 54KPa，ε_{50} 取 0.017，平均土壤容重为 18.64KN/m³。以 0.1m 深度为间隔，由以上公式求得泥面以下深度为 Z 处 $p-y$ 曲线(图 5-1)：

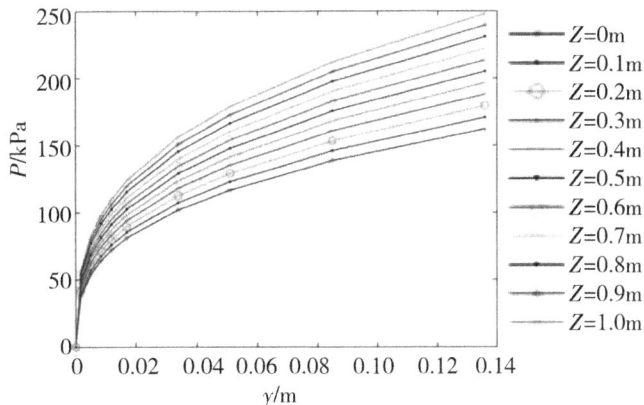

图 5-1　泥面以下各深度 Z 处的 p-y 曲线

5.2　有限元计算

对该船的定位钢桩进行简化,在有限元软件中建立定位钢桩的有限元模型,结合 p-y 曲线法采用弹簧单元模拟桩土相互作用,钢桩入土部分就是依靠设置的一些弹簧单元来模拟的。将不同深度的土壤 p-y 曲线数据对作为相应位置弹簧单元的应力—应变实常数输入。

根据第三节钢桩所受荷载分析,当风荷载和波浪荷载都平行作用于船长方向时,单根钢桩所受外力最大,合力为 54.8922kN,将该荷载加载至有限元模型上,并在钢桩下部设置弹簧单元。计算得到钢桩变形(图 5-2),桩顶最大变形为 0.129mm。变形量很小,可以保证挖泥船高精度定位施工。

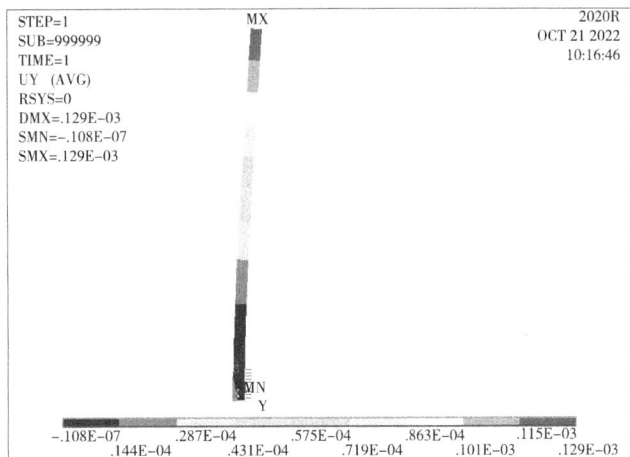

图 5-2　定位钢桩变形云图

6　结语

本文结合工况特征研究了适用于河湖、水库等内陆水域底泥环保清淤船的定位移位系统,创新性地设计了三桩双台车装置,以满足智能无人底泥清淤船环保作业的定位精度、自主横移及连续施工要求,并系统梳理了三桩双台车的主要特征和设计优化方法。三桩双台车装置采用液压油缸与船体连接,通过油缸伸缩实现钢桩的插拔桩,在定位的同时也在垂向上对船体进行了约束,有效提高了整个船舶在垂向上的定位精度,进而提高了清淤作业的精度,为底泥的薄层疏挖提供了可靠的基础。

三桩双台车装置采用作业过程保持两根钢桩同时入土的设计,钢桩水平承载力形成的力矩有效抵消了横移油缸产生的横移力矩,为清淤船的自主横移提供了可能;通过建立钢桩与土体的相互作用模型,在 ANSYS 中建立了钢桩有限元分析模型,计算了钢桩在水平外荷载作用下的侧向稳定性,结果表明钢桩变形很小,可以保证所研制的无人智能清淤船高精度的定位施工,说明该钢桩结构及入土深度设计满足工况使用要求。

主要参考文献

[1] 中国船级社. 钢质内河船舶建造规范[M]. 北京:人民交通出版社,2016.

[2] 苗得雨. 绞吸式挖泥船定位桩系统受力分析[D]. 天津:天津大学,2008.

[3] 胡京招,钱胜君,张崇,等. 3500m³/h 系列绞吸式挖泥船定位钢桩强度分析及改造[J]. 中国港湾建设,2016,36(12):70-73.

[4] API. Recommended Practice for Planning, Designing and Constructing Fixed Offshore Platforms-Working Stress Design[S]. 2007.

[5] Matlock H. Correlations for design of laterally loaded piles in soft clay[C]//. Proceedings of 11th Offshore Technology Conference. Houston,1970:577-594.

[6] 陈迪,任青,刘阳,等. 侧向荷载作用下砂土与黏土中桩的受力性状研究[J]. 水资源与水工程学报,2016,27(1):212-216.

[7] 章连洋,陈竹昌. 计算粘性土 p-y 曲线的方法[J]. 海洋工程,1992(4):50-58.

[8] 王惠初,武冬青,田平. 黏土中横向静载桩 P-Y 曲线的一种新的统一法[J]. 河海大学学报,1991(1):9-17.

[9] 李芬花,邓丹平,周子楠. 基于 ANSYS 的近海工程桩基础 p-y 曲线研究[J]. 水利水电技术,2017,48(6):60-65.

[10] 高明,靳道斌,沈任工,等. 大型钢管桩水平静动荷载现场试验及桩土相互作用分析[J]. 水利水运科学研究,1984(1):1-22.

CM 节点在耙吸挖泥船建造中的应用和实践

唐鹏飞[1]　王玉国[2]　胡　华[2]

(1. 中交疏浚技术装备国家工程研究中心有限公司，上海　201314；

2. 中交中港疏浚股份有限公司，上海　200136)

摘　要：结合耙吸挖泥船结构的共性特征和部分挖泥船的结构性事故案例，借鉴英国劳氏船级社(LR)和中国船级社(CCS)对大型油轮和货轮结构规范要求，总结出耙吸挖泥船关键区域结构精度监控方法，并将其实际应用于国内首艘 15000m³ 舱容 LNG 清洁能源动力耙吸挖泥船的建造过程中，以期有利于国内挖泥船建造质量控制，并可提高挖泥船的设计标准、建造及检验标准，同时改善作业安全性和减少营运成本。

关键词：耙吸挖泥船；CM 节点；建造精度监控。

1　引言

为适应疏浚市场的需求和竞争，耙吸挖泥船的舱容和挖深不断增大，船体结构形式也更趋于复杂。近年来，国内外多艘挖泥船的营运过程中，泥舱区域结构发生裂纹事故案例，如由 IHC 建造的广航局"广州"和"万顷沙"轮在泥舱横向三角舱与泥舱纵壁交界处出现应力裂纹；由广州文冲船厂建造的上航局"新海牛"轮横向三角舱斜面与边舱内底板交叉处形成硬点，造成内底板在纵壁处焊缝出现裂纹漏油现象；"长鲸2""新海马"轮由于设计缺陷，横向三角舱与泥舱纵壁反面加强顶部结构形式未对齐，导致应力集中问题；"新海凤"轮纵向斜壁在肋板处中断，遗漏延伸肘板，造成结构突变，产生裂纹。究其原因，均和船舶建造的 CM(结构建造精度监控)节点控制不当有关。

2　耙吸挖泥船的典型结构

耙吸挖泥船一般采用艏楼或艉楼形式，主船体艏部区域通常为辅设备舱、侧推舱、泵舱和压载舱等，艉部区域通常为机舱、舵机舱、泵舱等，船体舯部近二分之一船长区域为泥舱，泥舱两舷设置浮力通道和燃油舱等，泥舱顶部通常为大开口甲板，通过横梁连接，泥舱底部设多个泥门开口，用于快速抛泥，根据不同船型可设单列或多列泥门，开口间通过纵横三角舱箱型结构与泥舱围壁相连，以保证

作者简介：唐鹏飞，男，高级工程师，E-mail：tang_pengfei@126.com。

船舶总纵强度。由于耙吸挖泥船在营运过程中需频繁快速地装卸泥沙,重载工况时,船体梁处于中垂状态,船体顶部受压,底部受拉,而船舶轻载工况下,船体梁处于中拱状态,船体底部受压,顶部受拉,泥舱区域结构会长期承受装卸泥施工作业造成的交变荷载,因而结构设计的可靠性和强度要求比常规商船高。

3 CM 节点的定义和缺陷类型

CM 意为结构建造精度监控,船舶在航行和货物装卸时,船体有些结构会承受到各种各样的整体或局部的应力,这些位置为"关键区域"(图 3-1)。该区域的应力需得到有效的传递和释放,为了降低经计算得到的高应力区域等船体易损节点在营运过程中发生疲劳损坏的风险,在船舶建造过程中,可以通过对上述区域进行严格的结构精度控制,按照认可的工艺进行施工,以达到可以接受的质量标准。

船体结构节点的疲劳寿命会受到多种因素的影响,其中最常见的缺陷类型有结构安装遗漏/错位、不规范装配引起的内部应力集中、焊接缺陷、材料缺陷、板材不平整。

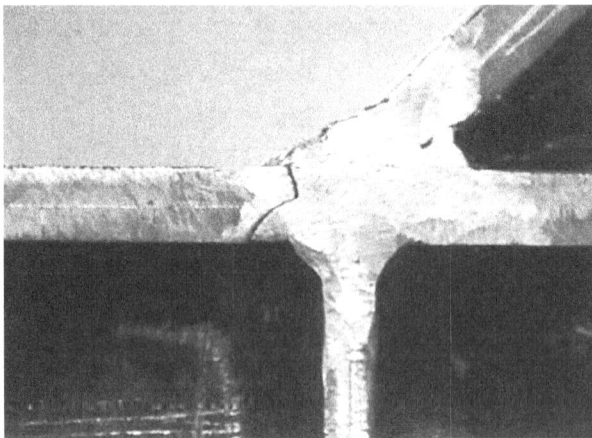 

(a)关键区域 1　　　　　　　　　　　　　　　(b)关键区域 2

图 3-1　应力区事故案例

4 结构建造监控流程

(1)确定关键区域位置

关键位置的确定通常经过结构计算分析以及类似船型的营运经验得出。在 15000m³ 挖泥船的建造筹备阶段,搜集了以往耙吸挖泥船在营运过程中已发生的结构事故数据和影像等相关资料,同时通过设计院采用有限元分析方法找出高应力区和易受疲劳破坏的区域,并确定了 8 类监控的主要关键节点:泥舱纵横三角舱斜壁板与泥舱围壁连接节点,顶边舱斜壁板与纵舱壁连接节点,前后斜舱壁与横舱壁的连接节点,泥门耳轴定位点,架空横梁端头定位点,大泥门、抽舱泥门铰链耳板与泥舱围壁连接节点,溢流筒、低浓度排放管、抽舱引水吸口与外板连接节点,以及效能箱基座与泥舱顶部斜板连接节点(图 4-1、图 4-2)。

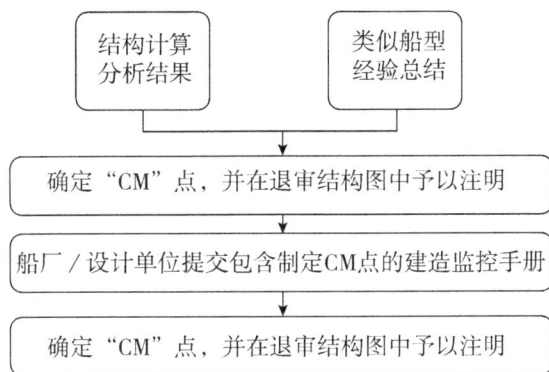

图 4-1　CM 节点设计流程

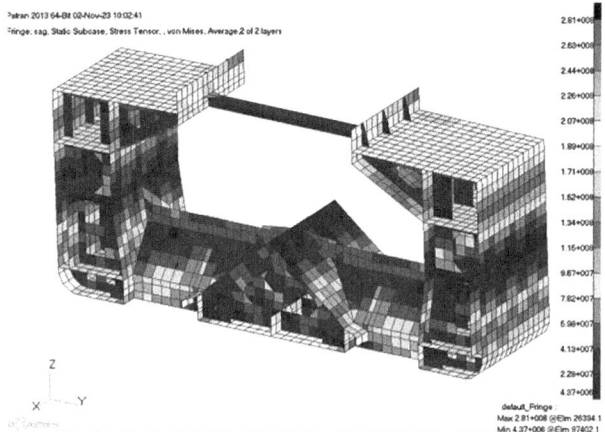

图 4-2　有限元分析应力区

4.2　制定建造控制程序 CMP

通过三维建模的理论数据确定关键结构的几何位置后,确定专门的质量标准和控制程序,是 CM 节点控制的重要理论和施工依据,也是船舶建造质量计划的补充。建造控制程序 CMP 应包括以下内容。

（1）关键位置图示

CM 节点位置图示见图 4-3。

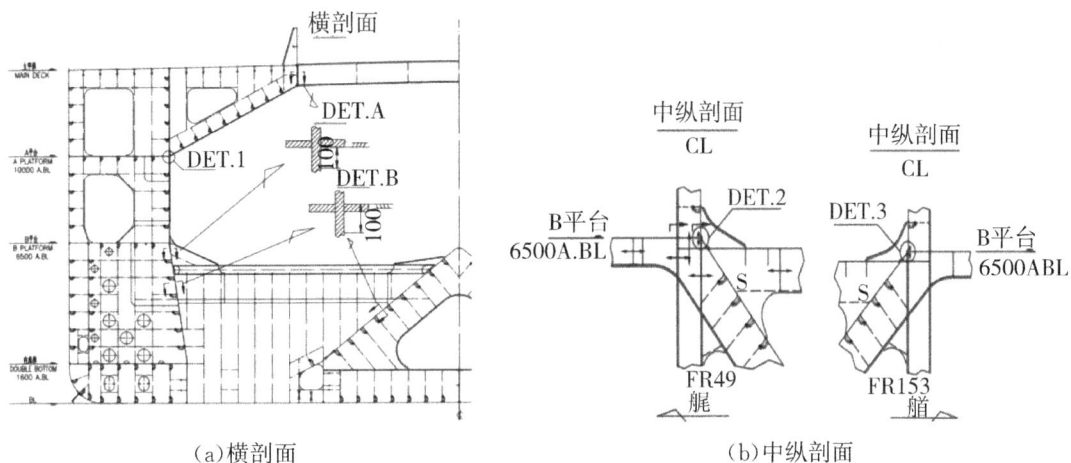

（a）横剖面　　　　　　　　　（b）中纵剖面

图 4-3　CM 节点位置图示

（2）对正检查方法

采用钢制或硬塑材料按照设计图纸进行 1∶1 比例制作样板,直接通过控制样板与结构之间的间隙来控制结构的对位,样板在使用前需经船东和质检的认可,并适用于特定位置的检验,不同位置处的标准误差值会因板厚的不同也会有所变化。对正检查法通常将中心线对齐方式转换成理论线对齐,通过样板和 100mm 检验线配合使用,来测量结构的对位,同样一块样板可以用于各种位置在装配或焊接阶段的各种接头形式,在实际的制作过程中,结构十字接头的中心线是看不到的,通常将中心线转换到钢板外缘,参考线距基准线或板厚理论线 100mm,在板材理论线划线阶段将参考线延伸至板材反面,这样可以测得最低限度的误差值(图4-4)。

图 4-4　样板检查方法

（3）许可公差

一般情况下,CM 节点的对中原则为"三线相交",即 3 块构件的板厚中心线延长后相交于一点,在构件形成垂直十字接头或斜相交十字接头的情况下,在某一构件的前后连接构件往往厚度不一致,不管是以理论线对齐还是以板厚中心线对齐,根据"IACS NO.47"要求,板厚中心线最大偏差不超过接头处最薄板厚度的 1/3(图4-5)。

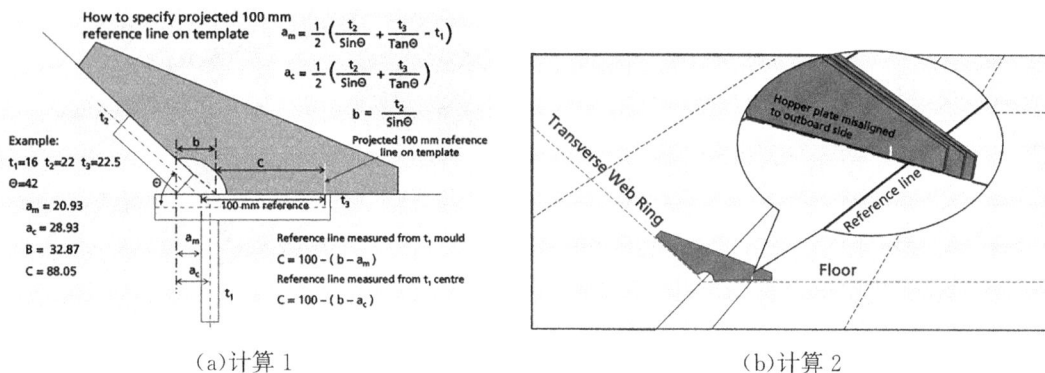

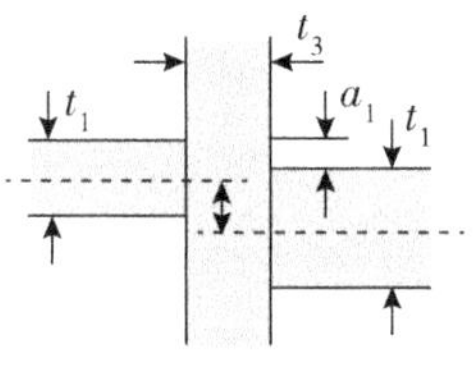

①强力和高强度钢构件
$a \leqslant t_1/3$ 在板中线测量 a
$\leqslant (5t_1 - 3t_2)/6$ 以根部线测量
②其他
$a \leqslant t_1/2$ 以板中线测量 a
$\leqslant (2t_1 - t_2)/2$ 以根部线测量

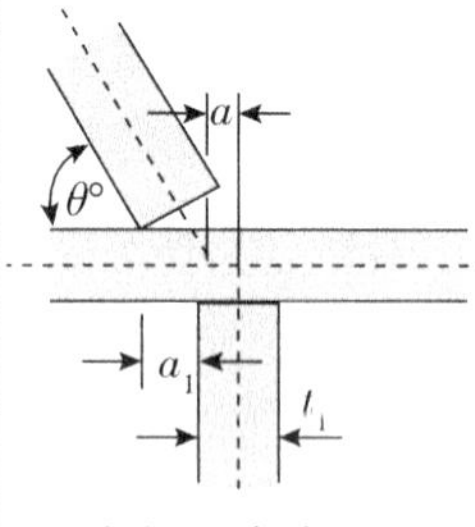

角焊的直线校准

①强力和高强钢构件 $a \leqslant t_1/3$ 以根中线
②其他
$a_1 \leqslant t_1/2$ 以根部线测量

角焊的直线校准

图 4-5　对中许可公差标准

（4）焊接要求

十字对中的关键位置结构大部分都有全焊透或深熔焊的要求,15000m³ 耙吸挖泥船项目泥舱关键区域连接构件全部为全焊透焊接,如纵横三角舱斜板与泥舱舱壁,顶边舱反顶斜壁与泥舱舱壁以及泥门框围壁与外底板等区域,既增加了结构连接强度,同时由于泥舱上半部分和两舷浮力通道相邻,可避免难以通过密性试验检查的角焊缝,又能减少焊缝渗漏的风险。

（5）修正方法

当在关键节点处发现对齐的偏差量 a 或其他缺陷超过了规定的限值,但又在限值的 1.5 倍范围内,则应将焊接增大 15% 的焊喉高度;当最大偏差量 a 超过规定的限值的 1.5 倍时,则应在检验人员认可的长度范围内(最小为 $50a$)隔开并重新对齐焊接(图 4-6)。

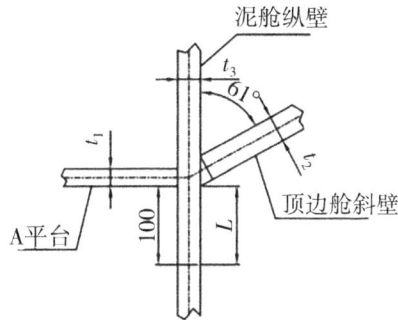

Location	t_1	t_2	t_3	M	Tolerance	L_{max}	L_{min}
FR52	11.0	17.0	17.0	3.7	±3.7	104.6	97.2
FR55，FR58.5，FR62，FR65.5，FR69FR72.5，FR76，FR79.5，FR83，FR86.5FR90，FR93.5，FR97，FR100.5，FR104FR107.5，FR111，FR114.5，FR118FR121.5，FR125，FR128.5，FR132FR135.5,FR139,FR142.5,FR146	11.0	17.0	15.0	3.7	±3.7	103.7	96.3
FR148＋105	11.0	17.0	17.0	3.7	±3.7	104.8	97.4
FR151－105	11.0	17.0	17.0	3.7	±3.7	104.8	97.0

Correction	Remarks	
$106.4{\geqslant}L{>}104.6,97.2{>}L{\geqslant}95.4$	Weld leg shall be increased by 15%	when $t_1=11.0$,$t_2=17.0$, $t_3=17.0$
$L{<}95.4$ OR $L{>}106.4$	Release and adjust over a minmum of 50a	
$105.5{\geqslant}L{>}103.7,96.3{>}L{\geqslant}94.5$	Weld leg shall be increased by 15%	when $t_1=11.0$,$t_2=17.0$ $t_3=15.0$
$L{<}77.5$ OR $L{>}94.5$	Release and adjust over a minmum of 50a	
$106.6{\geqslant}L{>}104.8,97.4{>}L{\geqslant}95.6$	Weld leg shall be increased by 15%	when $t_1=11.0$,$t_2=17.0$ $t_3=17.0$
$L{<}95.6$ OR $L{>}106.6$	Release and adjust over a minmum of 50a	
$106.2{\geqslant}L{>}104.4,97.0{>}L{\geqslant}95.2$	Weld leg shall be increased by 15%	when $t_1=11.0$,$t_2=17.0$ $t_3=17.0$
$L{<}95.2$ OR $L{>}106.2$	Release and adjust over a minmum of 50a	

图 4-6　对中许可公差

(6)检验结果记录等信息

CM 节点在不同施工阶段的测量检查结果都应详细记录,并由质检员和船东签字认可,CM 检查报告在交船时作为交船文件存放在船上,以便以后修船或维修检查时确认。在 $15000m^3$ 挖泥船项目的记录表格中,包括了船舶和结构分段基本信息、节点位置草图、节点剖面、理论要求、允许公差范围、质检员签字栏等,除了记录必要的精度数据外,也可较为全面地对生产过程、焊接参数、探伤结果等进行记录,确保精度数据的可追溯性(图 4-7)。

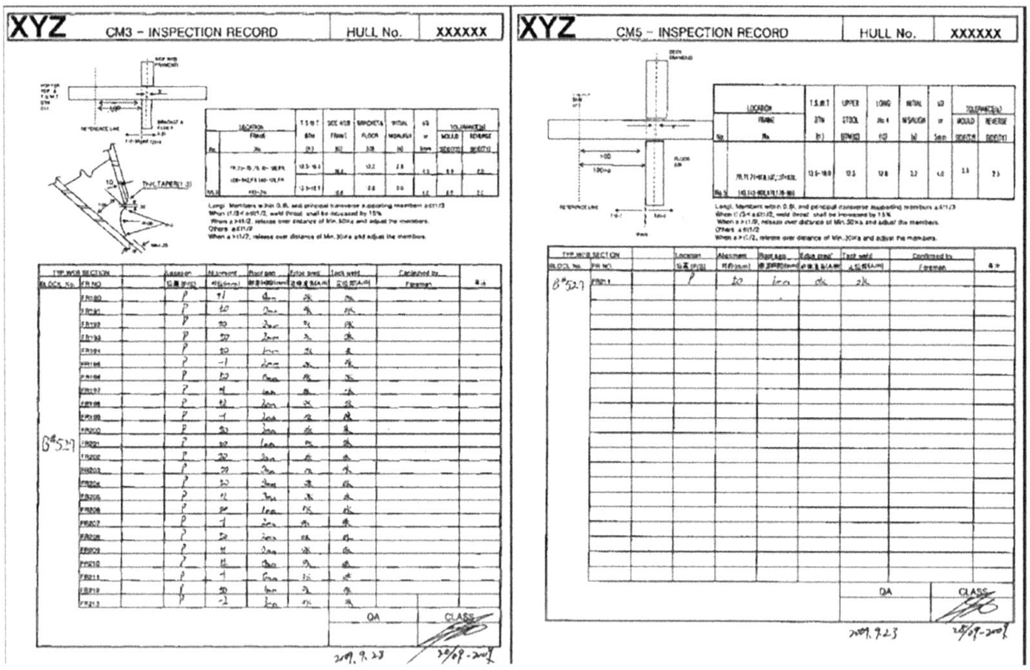

图 4-7　CM 节点检验记录表格

5　船舶建造或现场施工阶段

从钢板下料到分段建造各个环节中,船东和船厂质检员负责根据经认可的建造控制程序(CMP)对关键位置进行现场测量检验,确认结构装配和焊接质量满足建造控制程序要求。

5.1　分段装配

在结构吊装前,反拨理论线是非常重要的一环,将反面结构(如泥舱两舷中间平台甲板)安装理论线在拼板阶段延伸全钢板反面,将与 CM 节点样板中 L 点重合的线划在结构上,并做好洋冲点,每个分段洋冲点至少 3 个(板两边及中间位置),这一步操作是准确标记出 100MK 线,是装配完成后样板检查的基准,必须确保准确无误(图 5-1)。

结构关键位置的构件装配时,采用样板法,检查关键位置构件对中精度是否符合 CM 节点要求(图 5-2)。

图 5-1　装配划线检查

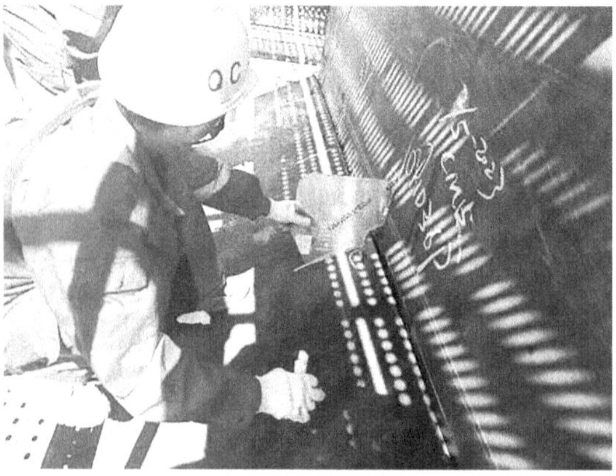

图 5-2　样板测量

对于非三线相交区域,除使用样板法外,可灵活采用参考线或区域开口,如泥舱舱口横梁定位,在分段制作时,可选择合拢口为参考基准,对泥舱壁板正反面的横梁腹板和肋板分别测量长度数据,可得知对中精度是否符合要求。

检查型材、组件的直线度和平整度,应无明显变形或弯曲,如有变形或弯曲,须进行火工矫正,对特殊构件或应力集中的构件在进行火工矫正前应得到船级社及船东的认可。

制作中组立时,舱壁上加装工艺支撑,方便结构件的定位焊接,防止其倾覆,从而保证结构件的临时强度以及防止焊后变形。中组立制作期间涉及单元的翻身以及盖板,分段在车间制作时,为方便构件的焊接,避免仰焊,保证焊缝质量,所以采用内底板或者甲板反造的建造方式,待相关构件安装施焊完毕后,进行翻身盖板。

单元安装时若与内部构件产生较大间隙时,切割不可大力拉靠焊接,以防止应力集中,影响美观,应及时反馈于精控和工艺部门查明原因后,进行一定的火工矫正或返厂重加工贴合间隙满足要求再予焊接。

5.2 焊接后的检查

打底焊接后碳刨出白,无气孔、夹渣、裂纹等缺陷,进行磁粉 MT 检测合格后继续进行焊接,完工后,需向质检员和船东申请外观检查,报检前应清除所有铁锈、药皮、焊渣、涂层和可能影响外观检查的缺陷,所有焊缝应外观成形光滑均匀,无肉眼可见缺陷;如需补焊,需对缺陷区域局部打磨或碳刨,同时要求补焊长度需大于 50mm。

进行无损检测,焊缝内部质量检查通常由专业人员利用超声波或射线拍片方式检查,焊缝表面或近表面通过渗透或磁粉方式检查,检查报告需通过船东认可。如果无损检测发现焊缝缺陷不合格,则应进行延伸检查,并使用经船级社认可的焊接工艺进行修补,并确保二次无损检测合格。

对缺陷焊缝进行返工或修补时,应采取一定预防措施,防止因热量输入过大产生变形和应力集中;对强框架前后 300mm 范围的焊缝打磨光顺过渡,可提高焊缝疲劳寿命(图 5-3)。

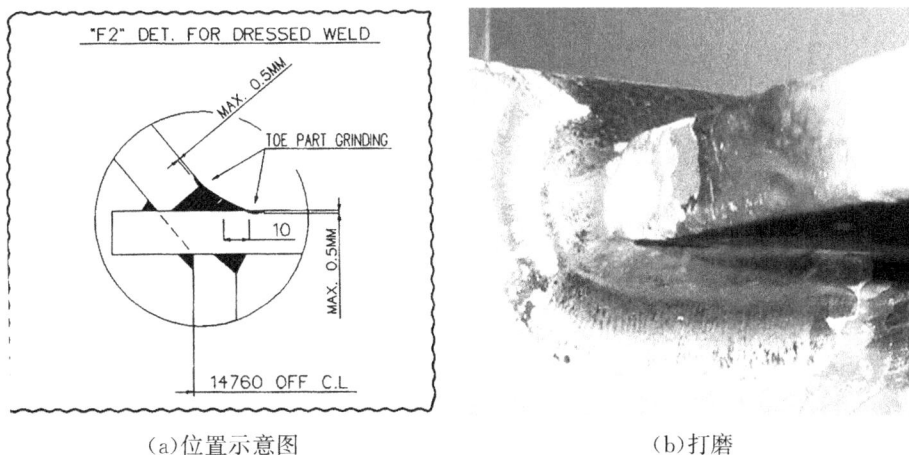

(a)位置示意图 (b)打磨

图 5-3 焊脚打磨典型节点图

6 结语

船舶总体质量必须由合理的结构设计、高水平的建造工艺、严格的质量控制全生命周期来保证，船体结构遭受各种整体和局部力矩作用，可能产生机械损耗和腐蚀，其影响可以通过不同方式来降低和进行控制。同样，如果不严格控制建造过程的话，这些影响势必会放大。详细设计、施工方法、质量控制程度对结构的疲劳性能有很显著的影响，尤其是在被认为"关键"的位置，如安装过程中的结构错位、焊接缺陷、材料缺陷、板材的不平整等。

Ship Right CM 是船级社规定用在油船和散货船的关键节点的控制入级符号，但在国内外挖泥船等工程船上未曾有使用先例，也没有强制性规范要求。针对之前多艘耙吸挖泥船在营运过程中，出现泥舱和油舱舱壁结构裂纹，且发生结构损坏和漏油事故，经过查阅图纸资料和以往修理记录，发现焊缝或结构撕裂多发生在高应力区域，主要为不良装配和施工工艺导致构件内部应力集中所致，故在项目中提出了"CM 结构节点控制"。

结构建造精度控制(CM)是在船舶结构建造过程中，对船体已知高应力区等易损节点提供一种减少风险的有效解决方案，该方案虽在国际上散货、油轮等商船广泛采用，但在挖泥船建造史上尚属首次采用，本文通过结合船级社规范和挖泥船结构特点，在建造 15000m^3 耙吸挖泥船过程中实际应用，总结了耙吸挖泥船从设计阶段到建造阶段的 CM 节点控制要点，以期对我国疏浚装备的质量提升提供一定帮助。

主要参考文献

[1] 裴志勇,田中智行,藤久保昌彦,等.散货船隔舱重载下极限强度简易计算方法研究[J].船舶力学,2016(7):849-857.

[2] 杨东亚.耙吸挖泥船的结构设计特点[J].船舶,2010(4):20-23.

[3] 阎焱,钱振华,李美娟,等.船舶建造关键区域结构节点精度控制中的卡板设计和应用[J].船海工程,2015(2):1-5.

耙吸船多工况电力系统的设计与研究

王 瀚

(上海振华重工启东海洋工程股份有限公司,江苏启东 226259)

摘 要:耙吸式挖泥船是我国疏浚行业的标杆,为适应不同的水域环境,设计了不同工况的电力系统。本文以耙吸式挖泥船为例(以下简称"耙吸船"),研究在"一机多带"复合驱动技术下的多工况电力系统综合控制技术。设计配置了双耙、双水下泵和双舱内泵,分别用于装载和抽舱排岸,实现了泥泵的工作效率最大化;同时设计了单双泵艏吹、单艏喷排岸和预留回填功能,具备最大 120m 挖深和最大 10km 排距。

关键词:耙吸式挖泥船;电力系统;一机多带;电网

1 引言

耙吸船是水运基建业的利器,单船就能够完成挖—装—抛—吹一体化智能疏浚任务,是国际公认的高端、高附加值特种船舶之一。随着"海洋强国"和"交通强国"等国家战略的实施,耙吸船电力系统的配置也有了更多的选择。针对耙吸船动力系统的技术特点,研究其各种作业工况,在合理兼顾各种不同主要运行工况的基础上分析推进设备、各疏浚设备的功率要求;在保证推进性能与疏浚性能的前提下,研究动力设备的最佳配置。

2 概述

耙吸船传动类型主要包括直接传动式、间接传动式和电力传动式。直接传动即单机传动形式,主要为推进器、舱内泥泵、高压冲水泵,全部采用柴油机一对一直接传动;液压及侧推系统采用电力驱动,纳入整个电网中。间接传动即复合传动形式,为"一机多带"模式,推进器多为可调距桨,无需调速,其中有柴油机组带推进器和轴带发电机等一拖二形式,以及柴油机组带推进器、舱内泥泵和轴带发电机的一拖三形式。电力传动式指全船的推进、疏排泥的动力源全部由电力驱动。本文主要论述一拖二复合传动模式。

作者简介:王瀚,男,高级工程师,主要从事船舶制造业工作,E-mail:wanghan@zpmcqd.com。

3 方案分析

3.1 一拖二的优势

常规单机传动形式的主要缺点是整个动力装置的重量、尺寸较大,数量较多,且在非设计工况下运转时有闲置情况,经济性较差,船舶微速航行速度受到主机最低稳定转速的限制。针对以上情况,经过不断升级改造,逐渐形成了复合传动形式一拖二、一拖三(图 3-1)。其中:①主柴油机,②主推进齿轮箱,③轴带发电机,④可调桨,⑤艉侧推。

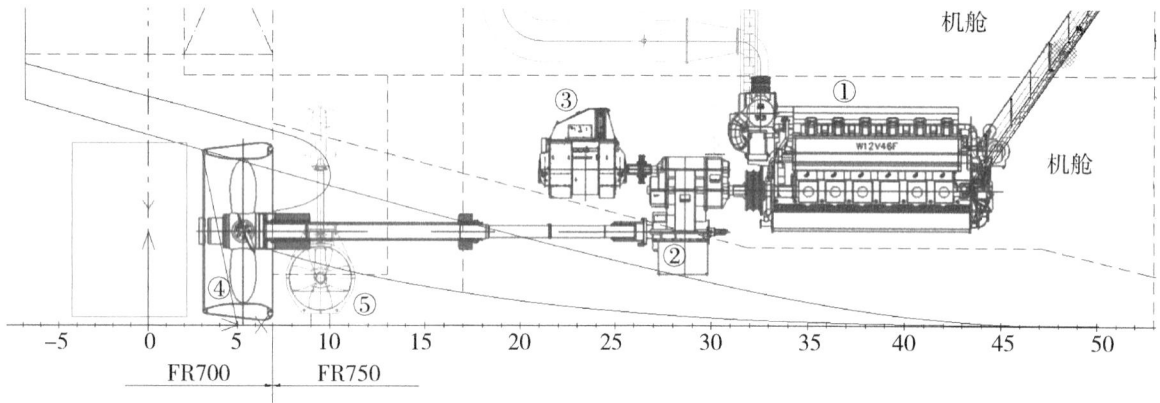

图 3-1 一拖二传动形式

如图 3-1 所示,主发电机组和螺旋桨之间的动力传递除经过轴系外,还经过齿轮箱和轴带发电机。此时船舶的舱内泥泵电机、高压冲水泵电机、侧推电机及辅助设备的电力由轴带发电机提供。这样可以将舱内泥泵、高压冲水泵和主机、轴带分区布置,节省空间,降低噪声。这种复合传动方式的优点是主机转速可以不受螺旋桨要求低转速的限制,轴系布置比较自由,主机曲轴和螺旋桨轴可以同心布置,也可以不同心布置;主机结构简单,工作可靠,管理方便,机动性高。在耙吸船工况多变的情形下,此推进定距桨的调速方式优于柴油机直驱的调距桨。

3.2 轴带发电机的选型

由于主机通常比小型辅机油耗更低,因此可以提升总体燃油效率。直接机械连接虽然简单,但为轴带发电机和其余推进系统的应用带来了一些限制。以定距螺旋桨推进系统为例,轴带发电机的频率会随主机的转速波动而变化,从而导致要么提高供电系统的设计要求,要么直接限制了轴带发电机的使用。如果是可调螺距螺旋桨推进系统,发动机可保持恒定转速从而产生恒定频率,但这种情况下螺旋桨就不能发挥最佳效率,尤其是在推进力较低的情况下。

由于使用直接机械连接轴带发电机具有上述局限性,变速轴带发电机系统已逐渐成为首选解决方案,这主要归功于动力电子技术的发展和包括永磁设备在内的发电机设计的改进,使得发电机的功能和性能控制能力得到大幅提升。变速轴带发电机系统主要包括轴带发电机、变频器、变压器和控制系统。轴带发电机本身主要分为永磁发电机和同步励磁发电机两类(表 3-1)。

表 3-1　　　　　　　　　　　　励磁和永磁发电机的简单对比

项目	同步励磁	永磁	备注
励磁	转子绕组	转子永磁材料	
重量	更重	更轻	定子结构相似,但转子结构不同
尺寸	更大	更小	
气隙	8~10mm	6~7mm	气隙更小,占用空间更小
效率	93%~94%	约96%	在满转速运行和负载条件下,永磁发电机效率更高
维护	频次较高	频次较低	碳刷对励磁电机来说必不可少,需要定期更换

如表 3-1 所示,永磁发电机相比同步励磁发电机更有技术优势,是目前最常用的发电机类型。

3.3　电网设计

一般电源电制都会采用交流 6.6kV 50Hz 三相三线制主电源系统、400V 50Hz 三相三线辅助电源系统等。交流主电源系统分别由两台轴带发电机作为主发电机提供。左轴带发电机供电至左泥泵变压器(左舱内泵及左水下泵)、左高压冲水泵变压器、1 号舷侧推变压器、艉侧推变压器、左主变压器;右轴带发电机同。交流低压辅助电源系统,供电给全船液压设备、辅助设备、封水设备、应急设备及岸电。由各自相应的 6.6kV 主电源经主变压器获得或由辅发电机组获得,满足全船低压辅助设备的电力需求。多套 UPS 电源系统分别供电给 6.6kV 配电板、变频驱动控制系统、机舱自动化系统、挖泥控制系统等。

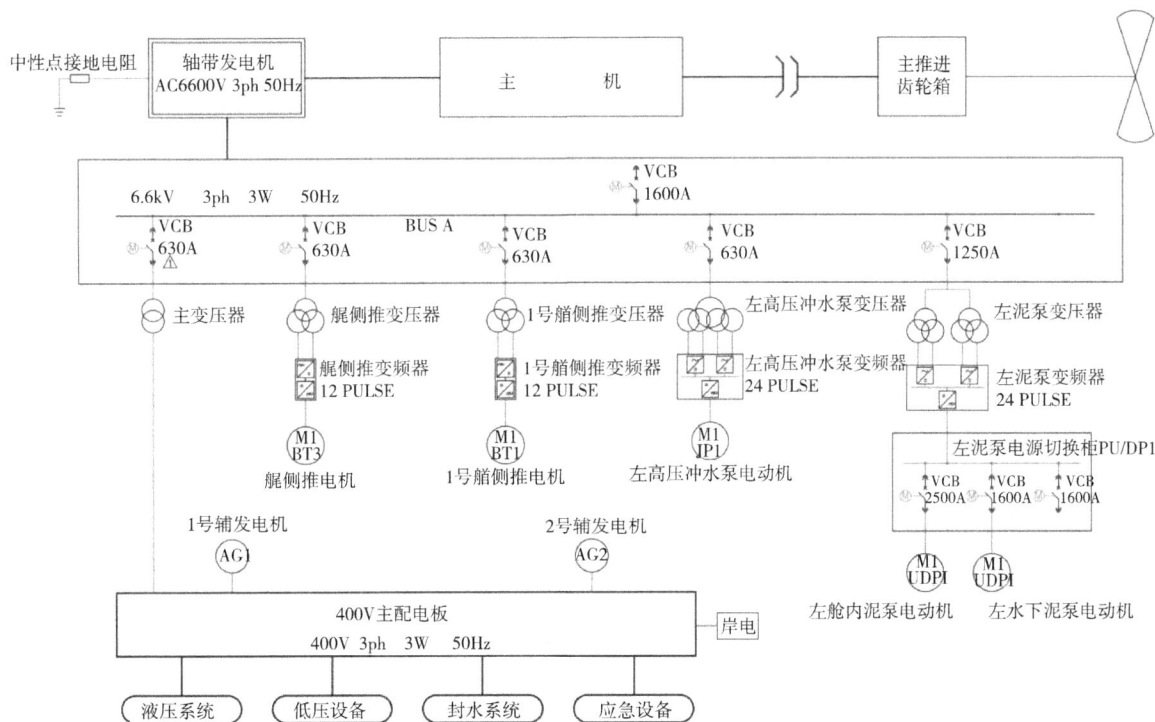

图 2　电力系统网络设计图(单边)

各变频驱动控制系统自带独立的 PLC 控制柜。每套控制系统采集各自系统传感器和设备的各种位置、状态信号等,进行显示和安全保护,执行控制系统发出的控制指令,并将现场执行情况反馈至控制系统。变频驱动控制系统 PLC 柜通过网络与疏浚控制系统(上位机)进行通信,采用 TCP/IP 或 PROFINET 的通信形式将泥泵、高压冲水泵、封水泵和侧推的报警信号和参数状态传输至全船监测报警系统或功率管理(PMS)系统实现状态监测。如遇电网故障失电恢复供电后,重要负载及为主机服务的各种泵可以按顺序分级自动启动。所有起动器单元接收的来自 PMS 的起动、停止信号应为 24V 有源触点,起动器内需采用继电器转换为无源触点接入起动器的控制回路。电站、变频驱动辅助系统和安保系统等的重要电机,包括排风和送风机,应能通过 PMS 或挖泥控制系统遥控。

4 多工况介绍

船舶电力负载计算根据全船用电设备的数量、负载和使用情况进行,其计算结果作为选择发电机容量和台数的依据。因此,电力负载计算在整个船舶电气设备系统设计中是一项较重要的工作,如果计算不正确,选择发电机不恰当,必将直接影响全船用电设备的运行,危及船舶航行安全和人身安全,任何工况下,柴油发电机组的负荷率最好为 80%~90%,尤其是长期运行工况。耙吸船也采用了功率管理系统 PMS,包括主机一拖二之间的负荷控制、电站自动化、辅助设备的自动控制和模拟显示等。PMS 系统基于疏浚工况的智能管理功能包括将疏浚过程功率需求和动力设备能力动态优化匹配,构建基于疏浚工况的功率预分配和智能功率限制策略,发挥功率管理在智能疏浚优化中的作用,有效提升船舶的安全性和经济效益。设计了以下配电控制模式:

4.1 双边泥泵挖泥模式

双轴发分区供电:2 台轴带发电机分别向 6.6kV 两段汇流排供电,6.6kV 配电板汇流排联络开关分闸;2 台主变压器工作,400V 配电板汇流排联络开关分闸;2 台辅发电机不工作。在挖深 45m 以内可使用舱内泵或水下泵进行双耙挖泥作业。

4.2 双边泥泵挖泥功率增大模式

双轴发＋双辅发供电:2 台轴带发电机分别向 6.6kV 两段汇流排供电,6.6kV 配电板汇流排联络开关分闸;400V 配电板汇流排开关合闸,由 2 台辅发电机供电,2 台主变压器不工作。在挖深超过 45m 但小于 70m 时,通过接长耙管,采用水下泵双耙挖泥作业。除此之外,通过泵舱管线,可实现深海管沟开挖和回填功能。

4.3 单边挖泥模式－左舷

左轴发供电:左轴带发电机向 6.6kV 汇流排供电,6.6kV 配电板汇流排联络开关合闸;2 台主变压器工作,400V 配电板汇流排联络开关分闸;2 台辅发电机不工作。在挖深大于 70m 时,通过接长右舷耙管,采用水下泵与舱内泵串联单耙挖泥作业。

4.4　单边挖泥模式－右舷

右轴发供电：右轴带发电机向 6.6kV 汇流排供电，6.6kV 配电板汇流排联络开关合闸；2 台主变压器工作，400V 配电板汇流排联络开关分闸；2 台辅发电机不工作。

4.5　单边吹泥模式－左舷（省电模式）

左轴发＋2 台辅发供电：左轴带发电机向 6.6kV 汇流排供电，6.6kV 配电板汇流排联络开关合闸；400V 配电板汇流排联络开关合闸，由 2 台辅发电机供电，2 台主变压器不工作，右轴带发电机不工作。可分别采用任意一台舱内泥泵或双舱内泥泵串联，通过抽舱系统与浮管连接的艉吹岸接头，将泥舱中的泥沙泵吹送到岸上。

4.6　单边挖泥模式－右舷（省电模式）

右轴发＋2 台辅发供电：右轴带发电机向 6.6kV 汇流排供电，6.6kV 配电板汇流排联络开关合闸；400V 配电板汇流排联络开关合闸，由 2 台辅发电机供电，2 台主变压器不工作，左轴带发电机不工作。可分别采用任意一台舱内泥泵或双舱内泥泵串联，通过艏部喷嘴、抽舱系统可实现艏喷作业。

4.7　全速航行或停泊模式

辅发供电：1 台或 2 台辅发电机供电，400V 配电板汇流排联络开关合闸；2 台轴带发电机不工作，2 台主变压器不工作。自由航行期间所有 400V 辅助设备的电力需求；在主供电的 6.6kV 配电板发生供电故障造成 400V 汇流排失电时，辅发将自动启动并向 400V 配电板供电；在排岸工况，辅助发电机按电网需求运行，为 400V 配电板供电。辅发电机可用作港内停泊发电机。

4.8　应急模式

应急发电机应急供电：应急发电机向应急配电板供电，应急配电板至 400V 配电板汇流排联络开关分闸。满足船级社和有关当局所规定的在航行工况和挖泥工况下的全船应急电力和一台应急液压泵的电力需求。并且，当正常 400V 电源发生失电故障时，应急发电机自动启动向应急配电板供电。当正常 400V 电源失电恢复之后，可通过联络开关与辅发短时并联进行负荷转移。

4.9　主要设备负载

在上述主要作业工况（除停泊及应急工况）下，为达到所设计的船舶性能及疏浚性能参数指标，预估各主要的动力设备、辅助设备及疏浚设备的负载见表 4-1。

表 4-1 各作业工况预估负载 (单位:kW)

工况	航行		挖泥装舱			排岸	
	调遣	抛泥	45m	70m	120m	锚泊	动力定位
左推进装置	~14400	~14400	~8150	~6050	~8050	0	~4750
右推进装置	~14400	~14400	~8150	~6050	~8250	0	~3180
左舱内泥泵	0	0	0	0	0	~9000	~4500
右舱内泥泵	0	0	0	0	0	~9000	~9000
左水下泥泵	0	0	~2500	~4000	0	0	0
右水下泥泵	0	0	~2500	~4000	~5000	0	0
左冲水泵	0	0	~3400	~3400	~3400	~3400	~2950
右冲水泵	0	0	~3400	~3400	~3400	~3400	~2950
1号艏侧推	0	0	0	0	0	0	~1550
2号艏侧推	0	0	0	0	0	0	~1550
艉侧推	0	0	0	0	0	0	~1550
辅助设备	~1500	~1500	~2200	~2200	~2200	~2400	~2400
总计	~30300	~30300	~30300	~29100	~30300	~27200	~34380

从该表中我们可以得到以下信息:推进装置和泥泵是消耗功率的大户,但是这两个设备的负荷正好高低错开,使得总功率的需求都比较接近,这就为选择最优的电力配置方案提供了空间。

5 设计成效

通过综合考虑挖泥工况、地理环境、负荷情况、电源供给、能源消耗、环保要求等因素,以及为满足现有和未来负荷需求的设计,从而确定电力系统的规模、布局和配置。采用一拖二式轴带发电机供电,具有运行稳定、使用经济、维护简单、改善机舱环境等优点。相对于单机传动形式减少了柴油机的数量,同时,采用可调距螺旋桨,比定距螺旋桨在连续满载运行工况下更加节能。除此之外,泥舱区和机舱区分别布置于船艏和船艉,还能增加船舶的平衡性和挖深能力,为优化舱室布置奠定了基础。泥泵、高压冲水泵、侧推等采用 6.6kV 中压电力系统驱动,不仅解决了大功率轴带发电机远距离传送问题,而且降低了中压系统中电气元器件的制造难度以及电缆敷设的困难度,进而降低船舶建造成本。同时,考虑到船上总谐波畸变率(THD)不超过 4% 和单次谐波畸变率不超过 3% 的问题,变频器可采用 24 脉冲变频系统,而侧推移相变压器在 6.6kV 配电板分排运行或合排运行时均可组成虚拟 24 脉变频系统以降低谐波电压对电网的影响。

6 结论

耙吸船设计的好坏,决定了水运业的基础,这种"吃沙子"神器在水域发达的中国非常受欢迎,几乎每出一艘国产耙吸船,都能吸引世界眼光。目前我国在自主设计、自主建造的巨型耙吸系列船领域还是空白,通过研究不同的挖泥工况,为深远海取砂、深水航道的疏浚、吹填及海岸维护等提供了一些技术支持。未来,中交系统正在研制建造的 3 万舱容等级耙吸船已签订合同,相信在不久的将来,我们"龙的船人"一定能看到这些"地球编辑器"的诞生。

主要参考文献

［1］田金柱.自航耙吸挖泥船电力驱动系统方案分析［J］电子与技术软件工程,2015(7):141-142.

［2］陈源华.浅析大中型自航耙吸式挖泥船的复合驱动［J］.船舶设计技术交流,2006(3):33-35.

［3］朱涤,吴斐文.耙吸挖泥船全电动电力推进船型方案之探讨［J］.船舶,2008(5):36-41＋63.

［4］姚佶.挖泥船的分类与发展研究［J］.科技风,2012(7):224.

"一航津桩"主辅油缸联合调试研究

李 杰

(上海振华重工启东海洋工程股份有限公司,江苏启东 226259)

摘 要: "一航津桩"是世界上已建成的最大打桩船,由于其桩架结构重量大,其主油缸在初始阶段无法将桩架顶起,因此该船还安装2根辅助油缸。3根油缸同时顶起桩架需要各个油缸协同运动,这对调试要求非常高,需要根据系统配置和桩架起升要求,进行三根油缸的联调。通过梳理联调步骤和联调内容,"一航津桩"桩架顺利竖起,通过此次研究总结了主辅油缸联调的技术特点和联调内容,解决了油缸联调的众多难点。

关键词: 一航津桩,桩架,油缸

1 引言

"一航津桩"140m 打桩船的桩架为已建成的世界重量最大,也是施工能力最强的桩架,全状态下桩架重量约为 2000t。为了满足桩架竖架和倒架需要,桩架系统由 1 根主油缸和 2 根辅油缸协同作业,配备了 1 根推力 3000t 双作用主油缸和 2 根推力 600t 的二级柱塞式辅助油缸(图 1-1)。当桩架从搁置状态顶起时,主油缸推力不足以将桩架顶起,需要辅助油

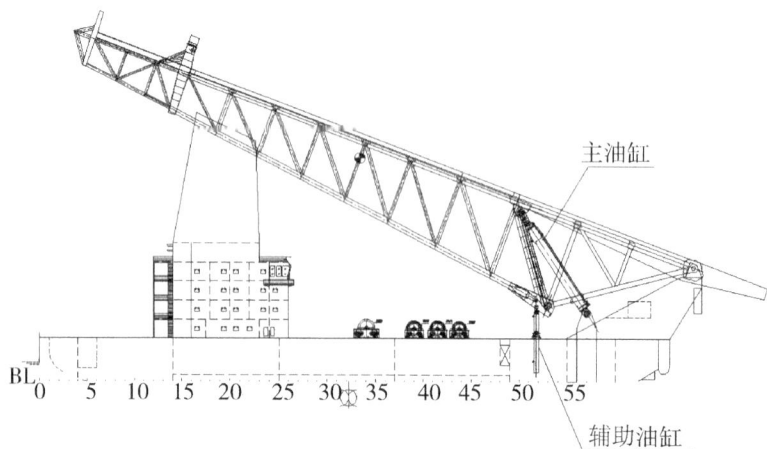

图 1-1 一航津桩主辅油缸布置

缸一同提供推力,帮助桩架起升至主油缸完全能够安全操作的位置;在桩架需要倒架时也需要在合适位置由辅助油缸协助主油缸工作完成桩架的安全倾倒。主辅油缸之间的液压压力需要认真设定并加以调试,让系统按照桩架工况需求提供对应的推力。

作者简介:李杰,男,主要从事特机设计工作,E-mail:lijie@zpmcqd.com。

2 主辅油缸布置

"一航津桩"140m 打桩船主油缸重 200t,最大推力为 30000kN,辅助油缸重 42t,最大推力6496kN。主油缸铰点可通过滑道切换;辅油缸由二级伸缩式活塞杆推动,与主油缸在不同的轨迹线上进行配合完成竖架动作,功能实现十分复杂。主油缸下端安装在主船体油缸基座上,上部与桩架相连,在正常打桩工作时,只有主油缸参与工作。辅油缸安装在主甲板开槽内,在任何工况下,油缸重心始终在油缸铰点以下,确保油缸能够自动扶正,但为了防止极端环境情况,本船辅油缸下端设置一个摆动油缸,防止辅油缸倾倒磕碰损坏(图 2-1)。

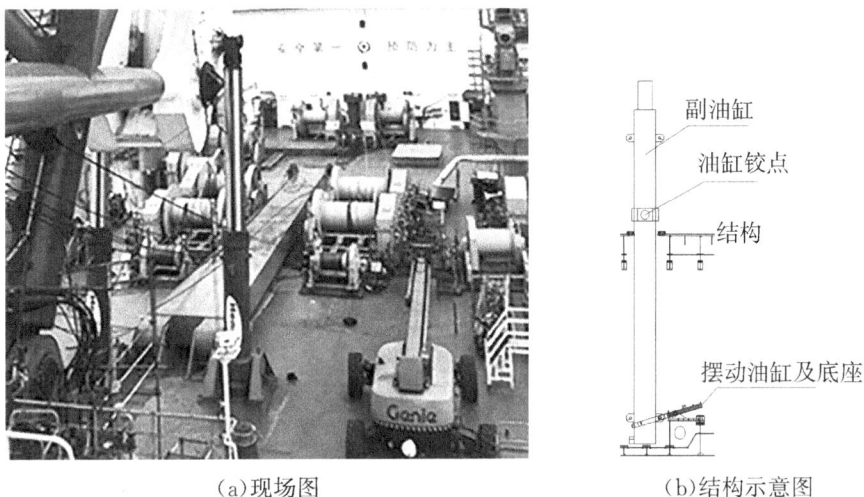

(a)现场图   (b)结构示意图

图 2-1 桩架辅助油缸

3 主辅油缸调试难点分析

本船主辅油缸调试与桩架竖架和倒装试验结合,因此除了油缸系统试验,还需试验主辅油缸的换绞工作,据此分析,系统试验难题主要为:

难题 1:系统压力试验。

系统压力试验需要连接至油缸,同时检验油缸及结构的强度。相比静态的系统压力试验,本项目动态的压力试验难度大,要细化和分解每个油缸的动作和试验要求。

难题 2:主辅油缸换绞试验。

主副油缸换绞试验要在试验中验证主油缸单独工作的临界点,为船舶实操提供经验。主油缸换绞一直是大型打桩船操作的难点,对于改进后的换绞方案,还需进行实际检验。

3.1 系统压力试验研究

桩架主辅油缸系统压力试验主要验证液压系统和油缸的技术参数,为了方便分析试验结果,主辅油缸试验分开进行。

3.1.1 辅助油缸系统压力试验

辅助油缸系统压力试验分为结构强度安全试验和油缸复位试验。

辅助油缸安装在主船体内,绞点布置在靠近中间位置,为 2 级柱塞油缸。为了方便使用活塞杆头部为插口形式,受力时,插口顶托桩架受力销轴,当到达一定角度后主油缸独立使用,辅助油缸脱离,使用摆动油缸使油缸竖直,此时活塞杆靠自重缓慢复位。

(1)系统强度试验

辅助油缸做强度试验时,主油缸锁闭,仅操作辅助油缸。辅助油缸一级缸伸出,活塞杆插口顶托桩架销轴,逐步加压到 5MPa,检查油缸各个结构受力是否正常,检查油缸状态一级各个运动的接触是否正常。以上所有检查结束后,继续加压,每增加 5MPa 检查一次,直至加压到 22MPa 的额定工作压力,停止操作,检查油缸本地压力与操作台压力是否一致。关停液压泵,电磁阀断电,进行 1h 保压试验。

辅助油缸总推力约 13000kN,桩架受力后会产生弹性形变,但不足以使桩架移位。

辅助油缸压力试验不只检查了油缸本体的强度,还检查了整个辅助油缸系统的可靠性。

(2)辅助油缸复位试验

根据系统原理图,辅助油缸复位需打开辅助油缸回油管路球阀,活塞杆通过重力自行回落,油缸内液压油回主油箱,活塞杆回落时两级状态下回落速度较快,只剩一级活塞杆时回落速度较慢。压力试验状态下为一级油缸,回落时间约为 30min。复位试验后锁固摆动油缸,使辅助油缸固定。

3.1.2 主油缸系统压力试验

主油缸(图 3-1)布置在桁架结构内部,下端连接在船体基座上,另一端为换绞前支座和后支脚。在搁置状态,主油缸完全藏匿在桩架的桁架结构内,顶部油缸的支撑情况无法直接观测,是油缸安全负荷的难点之一。

图 3-1 桩架主油缸

为了保障主油缸系统安全试验,采用分级加载,每一级加载都需卸载后检查主要构件的受力情况,具体步骤如下:

第一步:操作主油缸阀组,使主油缸压力逐渐加压到 5MPa,保压 10min。保压结束后活塞杆缩回,检查与换绞前支座的接触位置以及接触面情况。这一步主要检查油缸与桩架结构的匹配情况,匹配良好可以进行下一步加载。

第二步:操作阀组,主油缸压力加载到 15MPa。此时主油缸已经提供约 17000kN 推力,桩架应力变形,桩架各个绞点的各个运动副相对各搁置状态已产生变化,此时检查桩架前支脚以及主油缸销轴卡板的连接情况。确认无问题后继续加载。

第三步：主油缸逐步缓慢加载到额定 22.5MPa，此时油缸达到额定工作状态。检查主油缸连接软管形态，停止操作阀组，进行保压试验。保压试验结束后重复第一步和第二步的检查内容，并确认无误。

3.2 主辅助油缸联调及换绞技术

主辅助油缸联调技术是我司首次进行打桩船主辅油缸 3 个油缸联调，也是业内亟须攻克的难题。联调的难题主要有：如何设定工作压力、测试主油缸单独操作的临界点、主油缸换绞难题。

为解决上述 3 个问题，针对 140m 项目的特殊性，经过严谨的规划，全面周到的策划以及精心细致的讨论，最终形成以下 3 个技术方案。

3.2.1 针对三缸工作压力的设定技术。

3 个油缸在运动过程中一旦有个油缸的压力过低，会造成另外两个油缸压力过高，甚至造成超过安全阀阈值，此状态一旦出现将非常危险。

油缸压力设定的主要方案为：在油缸建压前期，保持 3 个油缸的压力同步增加。压力的增长应缓慢进行，待压力增加到一定程度桩架应被顶起脱离搁架(140m 三缸压力为 16MPa)。此时再同步操作就会发现辅助油缸的压降非常明显，而起升初期是 3 个油缸受力最大也是系统状态最不稳定的时期，为了确保 3 缸压力不同，需及时停止 3 缸联动操作，进行辅助油缸单独补压，保证主辅油缸系统运行状态相对一致。在辅助油缸临近到二级缸伸出前，需对主油缸进行补压，使辅助油缸压力降低到 12MPa 以下，此时主油缸压力应为 16MPa 左右。这一步操作主要是辅助油缸二级的安全阀压力为 12MPa，在进入二级缸形成前需先降低到其安全负荷内。

整个设定过程总结为启动之前平稳建压，三缸联动缓操观察，副缸压力过低及时进行补压，副缸二级缸伸出前要及时降压。

3.2.2 主油缸单独操作临界点设定

140m 桩架顶升至一定高度时，主油缸可以单独安全操作。此时系统由 3 缸切换至单主油缸操作，此为主油缸单独操作的临界点。根据 140m 桩架设计要求，辅助油缸可以伸出至主油缸换绞状态时才能脱离，然此状态下辅助油缸的伸出距离非常长，此时油缸的压杆稳性非常低，提供的托举力有限。根据实际操作需要，按照油缸单独工作为最大负荷，设定一个主油缸的工作压力，在安全前提下，临界点为主油缸压力为额定压力的 80%，即 18MPa 以下，辅助油缸压力为 0。

在实际的调试过程中，主油缸和辅助油缸全部伸出，然后操作主油缸回落，主油缸压力增加到 18MPa 时停止，为了确保桩架操作的安全性，进行临界值的设定反向试验，确定临界点。

以上方案设置的临界点安全可靠，容易操作实现，可避免主油缸压力过高，以及反复调整主辅油缸压力。

3.2.3 桩架换绞

140m 打桩船桩架重量大，高度高，主油缸形成有限，需进行一次换绞才能将桩架从搁置状态顶升至工作状态。

换绞过程中最大的难题为：

主油缸脱离换绞前支座，沿换绞滑道达后支脚，此过程中，主油缸活塞杆缩回，不能卡滞或者刷蹭。

首先,为保障油缸在换绞轨道内顺利滑动,避免结构干涉,提前对滑道进行动态模拟,并提前修改滑道形式(图3-2)。

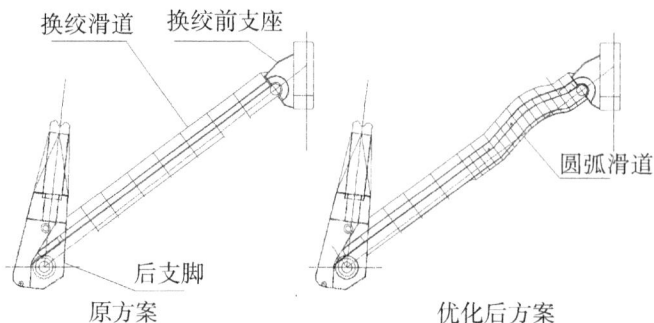

图3-2 换绞轨道方案修改

其次,复核滑道安装后的尺寸,尤其是后支脚部分的滑道尺寸,并进行修正打磨。

3.2.4 主油缸在后支脚内进行插销对中安装

主油缸活塞杆端部销轴轴承为关节轴承,运动过程中会因外力倾斜,对中时需反复调整油缸位置,人员冒险进行观察操作,效率低下且不可控。主油缸与插销的配合方式如下:

为解决主油缸关节轴承对中,插销安装问题,特设计两套辅助对中装置(图3-3、图3-4)。

辅助对中装置一为关节轴承调整环。此调整环根据桩架使用过程中关节轴承的最大摆角设置,可以辅助限制对中过程中关节轴承偏角过大,直接卡主插销而无法进行对中工位。

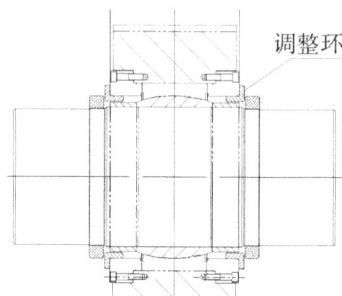

图3-3 关节轴承调整环

辅助对中装置二为插销对中调整块。调整块安装在插销轴套位置,主油缸到达对中工位后,直接压到调整块上,关节轴承及轴即可自扶正。调整块的外圆与插销套一致,内圆与插销与油缸耳轴一致。油缸轴自扶正后即达到了插销插入的对中精度,顺利完成插销工作。对中调整块的形式和安装位置如下:

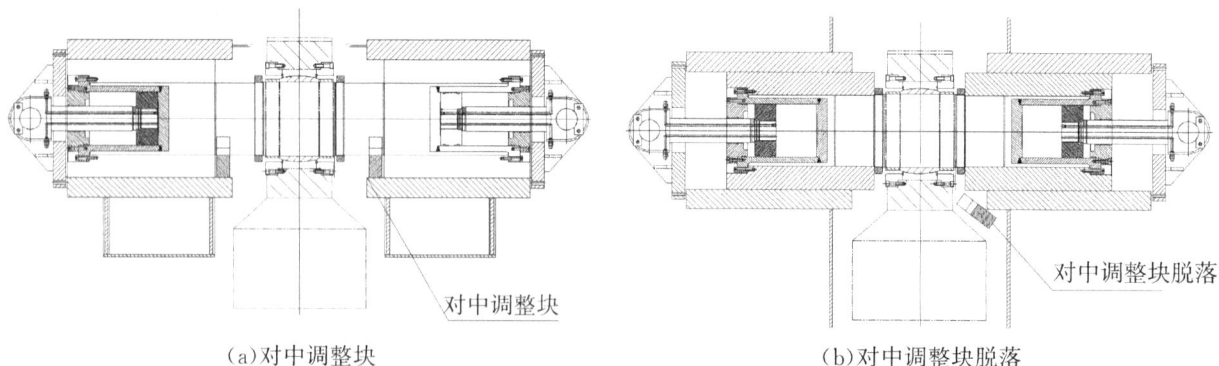

(a)对中调整块　　　　　　　　　　　　　　(b)对中调整块脱落

图3-4 对中调整块

4 结语

"一航津桩"桩架主辅油缸调试是本船的重点和难点,主油缸和2个辅助油缸协同作业共同完成桩架竖架和倒装作业。为了确保调试顺利,主辅油缸在调试过程中采用单独调试方法,分别进行强度验证,然后再根据进行竖架调试。竖架调试时,根据系统压力标定好作业油压,确保试验的安全,同时为以后船员实际操船提供设定依据。桩架主油缸绞点切换过程中,为了更高效快捷地操作,结合油缸插销的特点,设计可调整块和调整环,基本实现了插销盲操要求。

主要参考文献

[1] 中国国家标准化管理委员会. 液压传动系统及其原件的通用规格和安全要求:GB/T 13306—2011[S]. 2011.

[2] 刘振东,赵文欣,赵伟民. 桩架的起架油缸铰座的分析计算[J]. 科学技术与工程,2012,12(12):2942-2946.

[3] 严大考,郑兰霞. 起重机械[M]. 郑州:郑州大学出版社,2003.

[4] 吴宗泽. 机械零件设计手册[M]. 北京:机械工业出版社,2011.

基于 ANSYS 有限元分析的滚柱导缆器结构优化研究

王新昌

(上海振华重工启东海洋工程股份有限公司,江苏启东 226529)

摘　要:滚柱导缆器作为重要的工程部件,在船舶、海洋平台等领域中承担着重要的作用,因此对滚柱导缆器进行结构优化研究具有重要意义。ANSYS 作为一款强大的有限元分析软件,能够有效地模拟和分析滚柱导缆器的力学行为。基于 ANSYS 有限元分析的滚柱导缆器结构优化研究是一个涉及工程力学、材料科学和计算机模拟的复杂过程,是工程设计和分析的重要课题。通过有限元分析,可以对前期强度设计计算进行二次校核,还可以对滚柱导缆器的受力情况、变形和应力分布进行深入研究,从而找出结构优化的方向,方便我们后续有针对性地对滚柱导缆器进行改造。

关键词:滚柱导缆器;ANSYS 有限元分析;结构优化;静荷载

1　引言

滚柱导缆器是由垂直和水平滚柱组成的导缆装置,是安装在工程船舶甲板上系泊系统中必不可少的一环,在船舶靠泊时使用的导索装置。滚柱导缆器的结构形式多样,有四滚柱、六滚柱等多种类型,可适应不同的使用需求。其工作原理主要依赖于滚柱的支撑与传输作用。当缆绳通过滚柱导缆器时,滚柱能够减少钢丝绳与导缆器之间的摩擦和撞击,使钢丝绳的传输更加柔顺和稳定。这种设计不仅延长了钢丝绳的使用寿命,还提高了船舶作业的安全性和效率。在实际海洋环境中,船舶不断受到风、浪、流的冲击,锚链为帮助船舶抵抗这些影响,承受着巨大的荷载。由于导缆器与钢丝绳直接接触,也受到锚链张力的影响。导缆器结构强度不满足要求就容易引发结构破裂,对生命和财产安全造成严重影响。因此导缆器的结构强度对船舶系泊系统的稳定运行十分重要。

2　滚柱导缆器结构优化方案及设计计算

2.1　结构优化方案

滚柱导缆器结构优化的主要目标是提高承载能力、减少摩擦和磨损、提高稳定性、延长使用寿命。本文主要是从提高支架结构承载能力角度提出结构优化方案。常见的板式结构滚柱导缆器结

作者简介:王新昌,男,舾装设计主管,E-mail:wangxinchang@zpmcqd.com。

构单薄,对于静荷载强度要求较低时还可以很好适用,一旦强度要求较高,缺点就十分明显,为满足强度要求就必须增大板厚,加大结构体积、增加筋板,这样就会使得整个导缆器既笨重,空间占地又大。因此需要对滚柱导缆器支架结构进行优化,在水平滚柱与支架的连接处外侧,覆盖一层侧板,将原先单薄的板式结构组合成一个箱体,增加导缆器强度。在实际设计和生产过程中我们一般按照设计计算、有限元分析、拉力试验三个步骤来校核滚柱导缆器结构强度,以确保生产出厂的滚柱导缆器能够完全应对海上的恶劣工况。结构优化前见图 2-1,结构优化后见图 2-2。

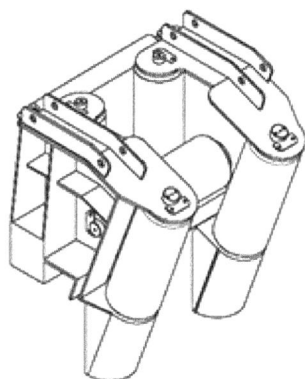

图 2-1 结构优化前(常规板式结构) 　图 2-2 结构优化后(箱式结构)

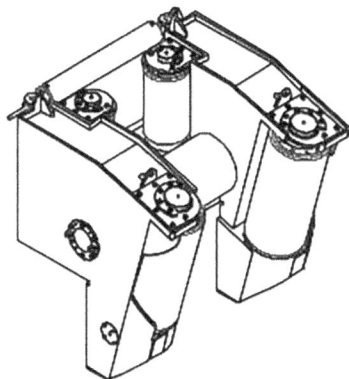

2.2 设计计算

滚柱导缆器支架结构设计计算是一个系统性的工作,需要综合考虑多个因素以确保支架的承载能力、稳定性和安全性,其中主要包括公称直径、钢丝绳的直径、安全工作负荷、受力分析、材料选择、尺寸设计等。系泊设备(导缆器)的安全工作负荷应不小于设计负荷的 80%,即设计负荷≥1.25 倍安全工作负荷。根据本导缆器的设计负荷 F 来校核导缆器的强度。即确定本导缆器需满足承受 $1.25F$ 负荷而不产生影响强度的缺陷,即在试验负荷 $1.25F$ 的作用下,滚柱导缆器装置不得有永久变形或破坏现象。即必须满足 $\sigma < \sigma s$ 或 $\tau < \tau s$。本文主要是讨论结构优化问题,故仅对导缆器支架进行分析。导缆器总受力图见图 2-3。

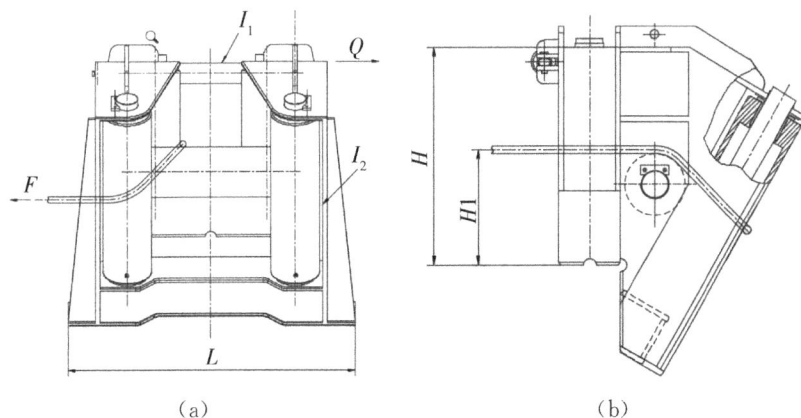

(a)　　　　　　　　　　　　　　　(b)

图 2-3 导缆器总受力图

　　滚柱导缆器通过焊接的方式固定在甲板上,与钢丝绳直接接触,导缆器的滚柱表面受到压力,然后传递到导缆器支架的各个部位。因此我们需要对支架上几个主要受力点进行强度计算,符号参数见表2-1。

表 2-1　　　　　　　　　　　　　　　　符号参数表

参数符号	参数意义
P	滚轮承受合力
H_1	斜滚轮受力位置到下端面的距离
H	底座高度
L	底座宽度
I_1	底座顶板剖面的惯性矩
I_2	底座侧板剖面的惯性矩
W_1	底座底板抗弯截面系数
A_1	底座底板的截面积

导缆器支架顶部承受负载:

$$Q = P \times H_1 / H \tag{2-1}$$

s 底座承受力矩:

$$M = \frac{(3K+1) \times Q \times H}{2(6K+1)}, \text{其中系数:} K = \frac{H \times I_2}{L \times I_1}$$

支架弯曲应力:

$$\sigma = M/W \tag{2-2}$$

支架剪切应力

$$\tau = P/A \tag{2-3}$$

3　基于 ANSYS 有限元的结构强度分析

3.1　ANSYS 在工程领域的应用

　　ANSYS 是一款功能强大的工程仿真软件,广泛应用于航空航天、汽车、机械、电子、土木工程等多个工程领域。该软件集成了流体、结构、热、电磁、声学等多个物理场分析模块,通过数值分析方法对复杂工程问题进行模拟和预测。在静力学分析方面,ANSYS 提供了丰富的功能和工具,用于分析物体在静态荷载作用下的应力、应变、位移等响应。静力学分析是研究物体在静态荷载作用下平衡状态的一门学科。其基本原理包括力的平衡条件、力矩平衡条件以及材料的力学性质等。在 AN-SYS 中进行静力学分析时,主要采用有限元法(FEM)进行离散化处理,将连续体划分为有限个单元,并在每个单元上建立平衡方程,通过求解这些方程得到物体的应力、应变和位移等响应。

3.2　三维建模

　　在进行静力学分析前,首先在 Solidworks 中对滚柱导缆器所有零部件进行建模并组装成装配体,可以删除一些不影响结构强度的部件,以简化所要分析的模型,提高分析效率,将模型另存为 IGS 格式并导入 ANSYS 软件中。分析模型包括定义材料属性、几何形状、单元类型等。然后对模型进行网格划分,将模型离散化为有限个单元和节点。网格划分的质量对分析结果的准确性和计算效率有重要影响,因此需要选择合适的网格类型和密度,常规板式导览器网格划分见图 3-1,箱式导览器网格划分见图 3-2。

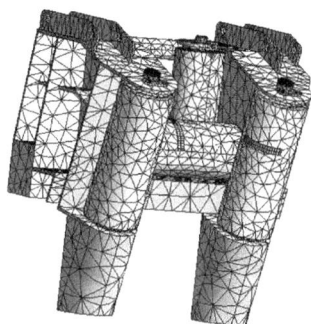

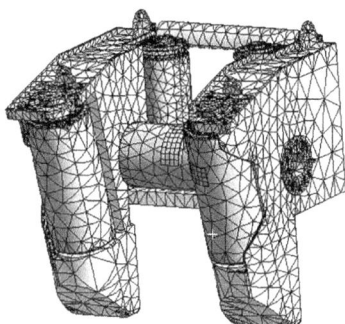

图 3-1　板式导缆器网格划分　　　　图 3-2　箱式导缆器网格划分

3.3　施加边界条件和荷载

在对简化后的模型进行网格划分之后,需要对模型施加边界条件和荷载,见图 3-3 至图 3-6。边界条件和荷载的施加是对导缆器进行 ANSYS 有限元分析的关键步骤,要求严格按照导缆器在工程船舶上的实际工况施加边界条件和荷载,包括受力部位、受力角度以及受力大小,否则会影响分析结果的准确性。边界条件通常包括固定约束、位移约束等,用于限制物体的运动。根据导缆器在甲板上的实际焊接区域来施加约束。荷载大小是根据钢丝绳拉力即安全工作荷载来定义并施加在受力面上,用于模拟物体所受的外部作用力。由于实际工况是动态的,而不是简单的一个静态荷载,所以需要在安全工作荷载的基础上乘以 1.25 倍系数,以确保导缆器结构的安全性。

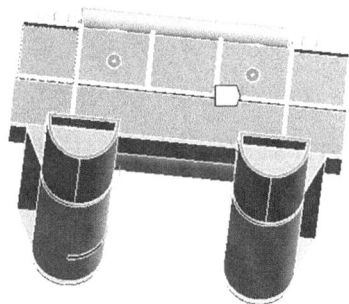

图 3-3　板式结构位移约束面　　　　图 3-4　箱式结构位移约束面

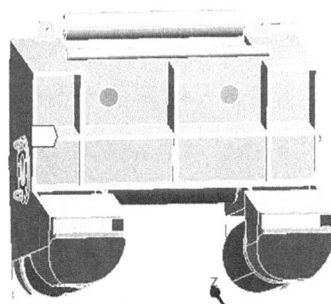

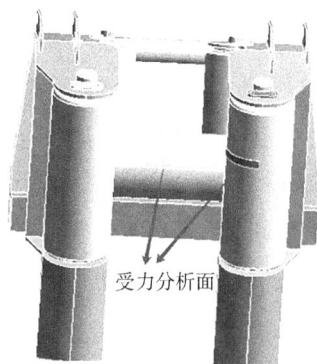

图 3-5　板式结构荷载施加面　　　　图 3-6　箱式结构荷载施加面

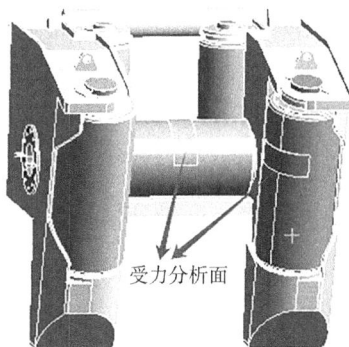

3.4 分析结果对比

滚柱导缆器采用 Q355D 低合金高强度结构钢制作,屈服强度 355MPa,抗拉强度 470MPa,板式结构和箱式结构统一在 3600kN 钢丝绳拉力下进行分析。在对支架施加了边界条件和荷载后,用 ANSYS 进行求解计算,并生成分析结果,从分析结果中提取需要的对比数据。图 3-7 和图 3-8 分别是两种结构形式的应力云图,可以直观地展示结构的力学响应。根据两种应力云图对比分析不难看出,在结构板厚相同前提下在相同位置受力面施加同等大小的荷载,板式结构的应力强度明显大于箱式结构。箱式结构的设计方案有效地解决了板式结构筋板数量多、焊接工作量大、占地空间大等缺点,并且有效地增加了结构强度,节约了人工成本。

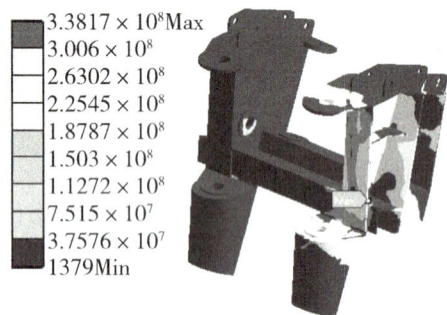

3.3817×10⁸Max	2.7084×10⁸ Max
3.006×10⁸	2.4075×10⁸
2.6302×10⁸	2.1065×10⁸
2.2545×10⁸	1.8056×10⁸
1.8787×10⁸	1.5047×10⁸
1.503×10⁸	1.2037×10⁸
1.1272×10⁸	9.028×10⁷
7.515×10⁷	6.0187×10⁷
3.7576×10⁷	3.0093×10⁷
1379Min	390.18Min

图 3-7 板式结构导览器应力云图   图 3-8 箱式结构导览器应力云图

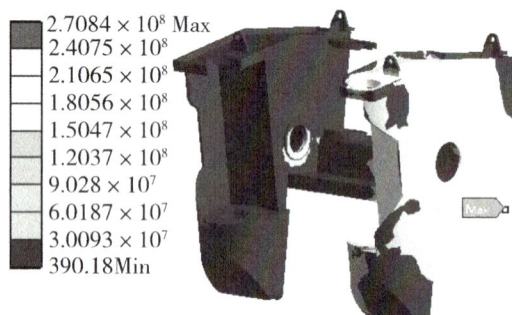

4 结语

利用 ANSYS 软件对滚柱导缆器进行有限元分析能够比较直观地了解结构各部位的受力分布情况以及应力集中位置,可以有效弥补设计计算的缺陷,并且及时对受力较大部位进行结构优化。结构优化能够有效地提高导缆器的承载能力和使用寿命,降低其制造成本和维护成本。通过本研究,我们得出了优化的滚柱导缆器设计方案,并为其在实际工程中的应用提供了有力的支持。同时,本研究也为类似工程部件的结构优化研究提供了有益的参考和借鉴。

主要参考文献

[1] 中华人民共和国工业和信息化部.滚柱导缆器:CB/T 3062-2011[S].北京:中国船舶工业综合技术经济研究院,2011.

[2] 武敏,谢龙汉.ANSYS Workbench 有限元分析及仿真[M].北京:电子工业出版社,2014:100-200.

[3] 徐瑞刚.浅谈新型万向导缆器的研制[J].才智,2013(26):236-236.

[4] 金晔.导缆器结构强度及疲劳寿命分析[D].上海:同济大学,2016.

[5] 张晓晴主编;张红,杨怡副主编.材料力学[M].北京:机械工业出版社,2021.

[6] 陈远刚,黄向荣.某起重船工作锚摇臂滑轮导缆器优化改造[J].广东造船,2022,第 41 卷(3):60-62.

基于 HAZID 的 LNG 双燃料船舶风险评估方法

关勇飞

（上海振华重工启东海洋工程股份有限公司，江苏启东 226259）

摘　要：基于 HAZID 的双燃料船舶风险评估方法，危险源识别分析（HAZID）方法通过识别危险源，分析其成因、潜在后果，可以在船舶设计、建造、营运管理等多维度提出相应的风险控制措施，避免或消除危险潜在影响，从而满足新建双燃料船舶提升安全性的需求。本文主要通过上海航道局 15000m³ LNG 双燃料耙吸挖泥船的建造来研究这种风险评估方法。

关键词：HAZID；双燃料；危险源；风险识别；评估报告

1 引言

随着工业化的大力发展，国家及地方政府对安全重视程度的增加，所有装载危险品的船只，在项目建设规划、论证和可行性研究等早期阶段，就要开展全面、系统的风险分析，识别项目执行过程中或建成后可能存在的主要健康、安全和环境风险，降低由于早期风险识别不足导致后期增设补救措施和追加安全投资等项目的执行风险。

2 什么是 HAZID 分析

HAZID 分析是一种风险识别工具，用于项目流程图、热值平衡与草图完成后，帮助识别职业、设施和外部危险源。HAZID 分析旨在辨识与项目执行、方案选择有关的 HSE 风险和危险源，为下一步的项目决策和风险控制提供参考。HAZID 分析的主要对象是项目的布置方案、工艺方案等。它偏重于项目初期的关键技术文件和项目计划等资料。参与 HAZID 分析的人员需要有丰富的类似项目经验，以便充分辨识潜在的危险源。一项组织完善的 HAZID 分析活动可以在设施设计早期阶段提供良好的危险源和安全装置识别，帮助确保在项目早期阶段发现 HSE 危险源，避免设计或建造延误和预算超支。

3 进行 HAZID 分析的目的

通过 HAZID 的深入分析，可以识别出船舶使用 LNG 燃料潜在的危险源，能了解到每个危险源

研发项目：中交集团重点研发项目《国内首制大型 LNG 双燃料耙吸式挖泥船建造及其关键技术研究》。

作者简介：关勇飞，男，E-mail：guanyongfei@zpmc.com。

的起因和所有可能对人员、船舶和环境安全造成影响的后果;同时还能评估现有防控措施,并提出必要的建议来消除、规避、控制或降低风险。

HAZID 分析常用于项目初步设计阶段,以使得风险在项目早期得到避免或者降低。通过开展此项工作,不仅能为需求方有效地避免在船舶建造及营运过程中发现问题时再进行修改所造成的重大成本和时间的浪费,更能够提升 LNG 燃料在船上储存和使用过程中的安全和可靠性。

4 HAZID 分析具体方法研究

4.1 HAZID 分析流程及内容

在确定 HAZID 分析工作范围后,即可按图 4-1 的流程开展工作:

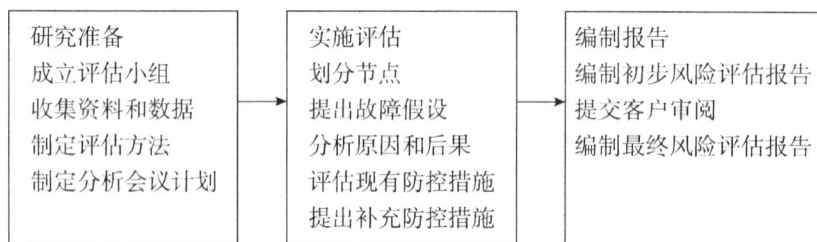

图 4-1 基于 HAZID 的风险评估流程

开展风险评估是为了评估当前的剩余风险,即考虑到现有的安全措施的存在和相关好处后,与相关场景相关的风险。无论如何,研讨小组就风险评估的建议项需要达成一致。即使风险评级(当前风险)是低风险,也要给出建议项。

风险(R)被定义为给定场景的后果的可能性(L)和严重性(S)的组合。根据 IACS 第 146 号文件(2016 年 8 月)"IGF 规则所要求的风险评估"综合行业经验改编的风险接受矩阵中给出的风险接受标准,评估每项潜在风险场景的风险等级。

表 4-1 和表 4-2 分别列出了可能性(L)和后果严重性(S)。图 4-2、图 4-3 列出了研讨会期间使用的风险接受矩阵,其中深灰色的高风险被定义为不可接收的风险,浅色的中风险被定义为可以容忍的风险,打"×"的低风险被定义为可接收的风险。严重性和可能性的组合产生了一个风险等级,表明了每一种情况的相对重要性和要处理的建议的优先次序。

表 4-1 可能性 (L) 指数

分类	描述	可能性/年	解释
1	渺茫的	$<10^{-6}$	每年发生的可能性小于百万分之一
2	极不可能	10^{-5}—10^{-6}	每年发生的可能性为百万分之一到十万分之一
3	非常不可能	10^{-4}—10^{-5}	每年发生的可能性为十万分之一到万分之一
4	不可能	10^{-3}—10^{-4}	每年发生的可能性为万分之一到千分之一
5	可能	10^{-2}—10^{-3}	每年发生的可能性为千分之一到百分之一
6	非常可能	$>10^{-2}$	每年发生的可能性为大于百分之一

表 4-2　　　　　　　　　　　　　后果严重程度(S)指数

分类	描述	人员安全	环境破坏	资产损坏
A	微小	单人或多人轻伤	对邻近敏感地区/物种造成的有限和可逆的损害	局部设备/结构损坏,有限影响操作(几个小时)
B	显著	重大伤害—长期残疾/健康的影响	对紧邻的敏感地区/物种造成重大但可逆的损害	不严重的船舶损坏,显著影响操作(几天)
C	严重	单人死亡或多人重伤	对敏感地区/物种造成广泛或持续的损害	严重损坏,严重影响操作(几个月)
D	灾难	多人死亡	对敏感地区/物种造成不可逆转或慢性损害	完全损坏

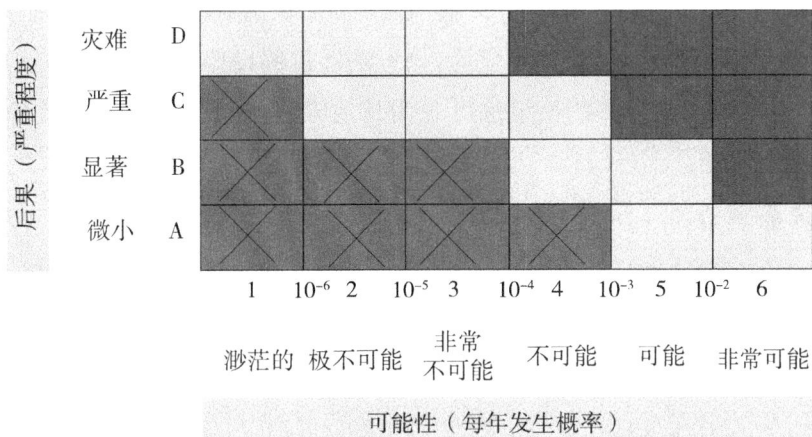

图 4-2　风险矩阵

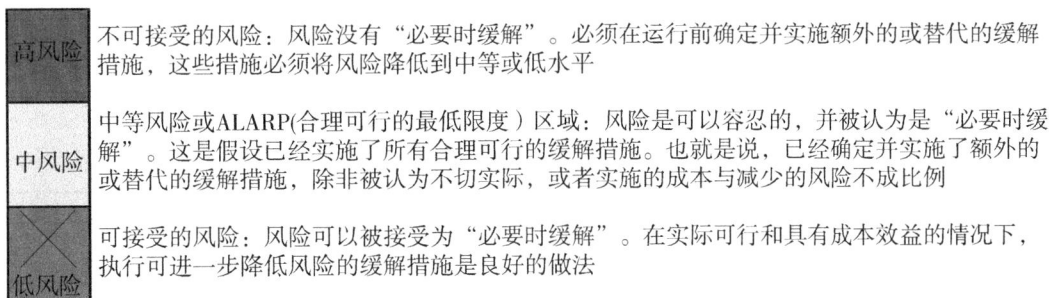

图 4-3　风险程度

4.2　HAZID 分析具体步骤

4.2.1　研究准备

（1）成立评估小组

评估小组应由熟悉 HAZID 分析技术的各专业专家组成,并指派一名组长。由评估小组完成计划制订、评估实施、报告编制、跟踪落实和客户沟通等工作,小组成员按照组长分工完成各自承担的工作。组长负责组织会议,制订会议计划和安排时间。

（2）收集资料和数据

结合客户需求、评估对象、评估目的和内容,尽可能收集相关资料和数据,包括但不限于:

①LNG 燃料系统技术规格书；

②船舶总布置图；

③危险区域划分图；

④LNG 燃料相关处所结构及防火划分图；

⑤LNG 燃料相关系统 P&ID；

⑥LNG 燃料相关处所通风布置图；

⑦船舶操作手册；

⑧客户安全管理体系文件。

（3）明确评估方法

HAZID 分析是通过评估小组成员的"头脑风暴"来辨识潜在危险源。通常采用"故障假设法（what—if）"即"如果……会怎么样"来识别危险,该方法通过假设船舶结构、设备、营运和管理中出现问题来分析其可能存在的风险。评估小组也可采用其他方法,如安全检查表、故障类型和影响性分析（FMEA）、故障树分析等。

（4）制定分析会议计划

评估小组组长根据实际情况,负责制定评估小组分析会议（workshop）的计划,并为会议做好相关准备。

4.2.2 实施评估

HAZID 分析的具体评估过程见图 4-4。

（1）划分节点

评估小组根据客户需求将分析对象划分为若干个节点和子节点。项目初步节点划分一般可建议如下：

表 4-3   HAZID 分析节点划分

节点编号	节点描述
1	燃料舱及燃料舱接头处所
2	燃料舱处所
3	燃料准备间
4	加注站

注：分析对象如何划分节点以及子节点,可由组长提出初步设想,由组员共同商议确定。

（2）提出引导词及故障假设

确定好分析的节点后,组长组织召开分析会议（workshop）,引导组员对每个节点进行"头脑风暴",确定各节点的引导词和可能发生的故障。各节点所考虑的故障假设应尽可能全面且符合实际。

（3）分析故障成因和后果

采用"头脑风暴"的方法,分析每一个"故障"可能的原因和产生的后果。同一个假设的故障,可能有多个原因和后果;同一个事因,也可能造成多种故障。组员对提出的所有潜在危险源产生的可能原因(可能是多个原因)和因此导致的后果(可能多个后果)进行分析,汇总后由组长组织小组成员对各个潜在危险源产生的原因和结果做进一步的探讨和研究,确定"原因"和"结果"。

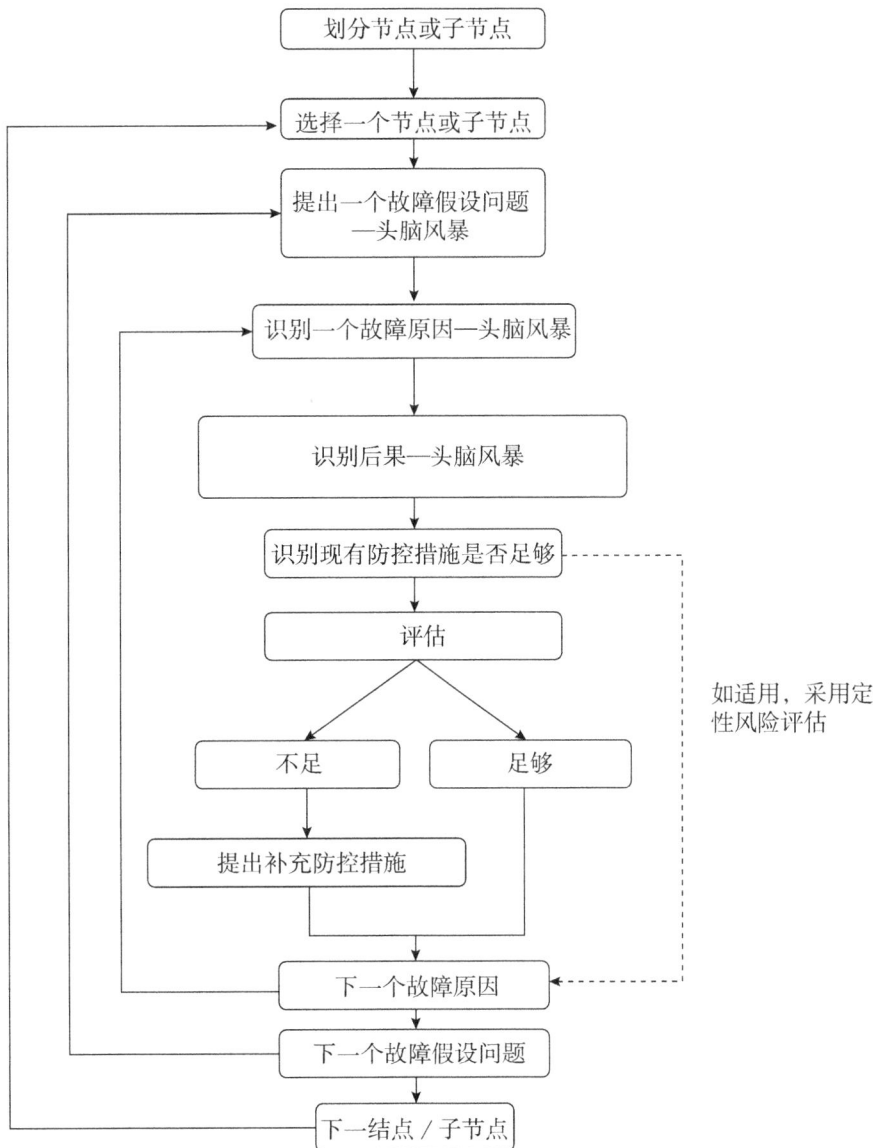

图 4-4 HAZID 风险评估过程图

(4)评估现有防控措施

为有效控制船舶所面临的风险,分析客户现有的风险防控措施(如定期检查、操作手册、安全管理体系等)是否覆盖全面,应对措施是否足够。

(5)提出补充防控措施

如果判断现有措施不足以防控所识别出的危险源,则应提出补充防控措施。常见的防控措施包括技术控制、人行为控制和管理控制等。

上述所有分析过程中讨论的节点、识别的危险源及其可能导致的影响和后果、现有防控措施和建议等,都将录入 HAZID 分析清单里,以便编制评估报告。

4.3 编制报告

（1）编制初步风险评估报告

完成评估工作后，编制初步的风险评估报告，应至少包括如下内容：

1）项目简介

简述项目背景，介绍评估对象的基本情况。

2）评估目的

介绍开展风险评估的目的，可参考前述"进行 HAZID 分析的目的"有关内容。

3）评估范围和节点划分

说明评估的范围，以及在此范围内所进行的节点、子节点划分。

4）评估方法和工作过程

介绍评估所基于的基础资料、评估小组的组成情况及所采用的分析方法（如故障假设法），说明分析会议（workshop）召开情况并记录每次会议的分析清单。

5）主要结论和建议

对评估分析所辨识的危险源及防控措施建议进行汇总，并进一步整理、分类和归纳，形成"HAZID 主要建议表"，列明最为关键的风险防控措施建议、实施方和建议完成日期。

（2）提交客户审阅

将初步风险评估报告提交客户审阅，尤其是针对主要建议、实施方、建议完成日期等问题与客户进行沟通，收集客户反馈的意见。

（3）编制最终风险评估报告

经客户审阅对其反馈意见进行处理后，编制最终风险评估报告。

4.4 风险防控措施跟踪落实

制定"HAZID 主要建议落实表"，并跟踪客户的落实情况，协助客户完成风险评估主要建议的封闭工作，实现对项目后续各种风险分析活动的持续跟进和管理。

5 有益效果

本方法通过在建造 $15000m^3$ 等级清洁能源耙吸式挖泥船过程中，采用 HAZID 法进行了不断跟踪，旨在对气体燃料所涉及的风险进行必要评估并提出防控措施，以消除或减轻对船上人员、环境或船舶造成任何不利影响。应采用可接受和公认的风险分析技术进行风险分析，至少应考虑功能丧失、部件损坏、火灾、爆炸和电击。分析应确保尽可能消除各种风险，不能消除的应视需要予以减轻。针对船舶布置、包含供气系统在内的各类设备系统配置和材料选取等情况列出风险项，形成报告文件，建造方应组织协调设计方、船东、供气系统厂家、船级社、双燃料主机厂家等参加系统 HAZID 安全评估，对各风险项进行逐条整改和闭环，并应取得船东、船级社和第三方认可；在建造阶段，建造方负责严格落实各风险项的整改情况，并基于船级社认可的相关设计图纸文件要求施工。确保船舶从设计、建造、营运管理等多维度提出相应的风险控制措施，避免或消除危险潜在影响，从而满足客户对新建双燃料船舶提升安全性的需求。

6　结语

　　HAZID 风险评估是识别、分析和集思广益的结合,利用 HAZID 团队的经验,在项目建设规划、论证和可行性研究等尽可能早的阶段,开展全面、系统的风险分析,识别项目执行过程中或建成后可能存在的主要健康、安全和环境风险,降低由于早期风险识别不足导致后期增设补救措施和追加安全等项目执行风险。通过危险识别程序,对已经考虑设计因素仍然处于中、高风险的项目进行再分析,并给出专业性的建议,并通过设计优化来降低这些风险,从而保证后期运营的安全稳定。

主要参考文献

[1] 中华人民共和国工业和信息化部. 船舶建造 LNG 气体槽罐车加注安全管理规定:CB/T 4540—2023[S].2023.

[2] 中华人民共和国交通运输部. 天然气燃料动力船舶罐车加注作业技术要求:JT/T 1319—2020[S].2020.

绞吸式挖泥船输泥管线振动原因及整改分析

濮善军

(上海振华重工启东海洋工程股份有限公司,江苏启东 226259)

摘 要:本文对绞吸式挖泥船施工过程中出现的泥管异常振动情况进行典型案例分析,找出振动原因,通过整改、验证,保证了输泥管线运行稳定及整体综合效益,为后续的10000kW绞刀功率大型绞吸式挖泥船详细设计和生产设计工作提供借鉴。

关键词:绞吸式挖泥船;异常振动;案例分析

1 引言

大型绞吸式挖泥船疏浚用管线通常采用耐磨管,吸排泥管输送管线作为绞吸式挖泥船输送泥沙重要的组成部分,管路系统在施工过程中引起的结构振动对设备运行的可靠性和安全性以及对周围环境都会产生重要影响。

2 项目简介

10000kW绞刀作为当今超大功率重型自航绞吸式挖泥船,在保证绿色环保、高效智能和技术领先的基础上,根据疏浚土质(淤泥、黏土、密实砂质土、砾石、强风化岩以及中弱风化岩)的成分的不同,同时满足挖泥船疏浚系统泥浆/砂石等工作介质输送等使用要求,并充分考虑结构强度、刚度的要求,在避免振动、减少噪声等方面有深厚的基础,吸排泥管通常包括桥架吸排管系、泵舱吸排管系、橡胶胶管(虾节软管)、甲板排泥管系等。在挖泥作业中,泥管一般综合考虑结构强度、重量和抵抗冲击荷载等因素,因此输泥管系统结构强度及振动尤为重要,根据"天鲲号"——6600kW绞刀功率自航绞吸式挖泥船、"长狮18"——4500m³/h自航绞吸式挖泥船等同类船舶,在施工中曾出现的舱内泥泵进出口两端管段高频振动,抱箍与泥管外壁摩擦产生噪声,甲板/舱内吸排泥管异常振动,泥管支撑件抖动等问题,同时考虑到10000kW绞刀功率超大型绞吸船(图2-1),将会出现更加恶劣的工况,对此进行输泥管线振动开展了专题研究,并采取对应的减振措施,相关的验证结论可为同类型船舶的输泥管线的振动特性分析研究提供参考。

作者简介:濮善军,上海振华重工启东海洋工程股份有限公司,E-mail:pushanjun@zpmcqd.com。

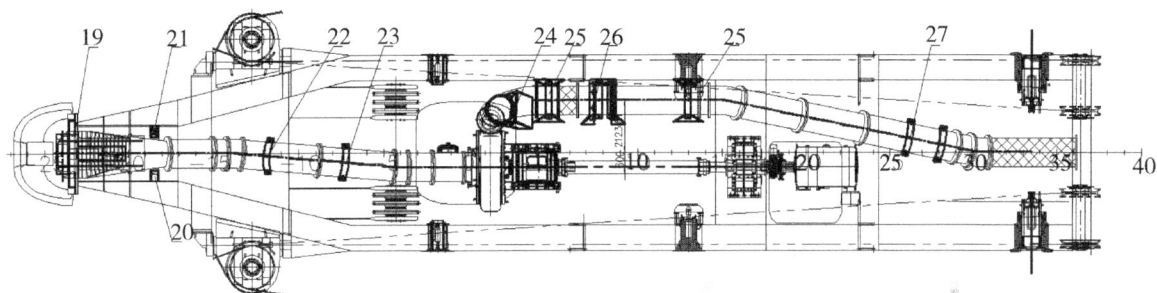

图 2-1 10000kW 大型绞吸式挖泥船的桥架吸排管系分布图

3 管道振动原因

输泥管振动可分为机械导致的振动和流体导致的振动。机械导致的振动可分为设计原因和安装质量原因,一般情况下,通过生产实践总结,认为:"流体导致的振动原因可细分为压力脉冲原因和系统共振原因。"设计原因包括如泥泵电动机运转时不平衡力和不平衡力矩。安装质量原因包括抱箍与管道之间漏装橡皮垫、甲板结构变形、支架强度不够、螺栓松动等。压力脉冲原因指泥泵的吸排泥浆过程为连续性,当泥浆浓度发生变化时,泥浆输送流速降低压强升高,冲击管壁引起振动。系统共振原因指泥泵运转频率与管道固有频率接近、主机运转频率与管道固有频率接近(机械共振)。

4 实船案例分析

绞吸式挖泥船施工原理是借助于桥架的重力作用,将绞刀压到疏浚土质,在驱动装置的作用下,绞刀刀片和切削齿对疏浚土质进行连续旋转切削,将土质绞松切碎,与水混合形成泥浆,通过水下泥泵产生的真空,将泥浆从绞刀吸泥口吸入,通过桥架吸排泥管至舱内泥泵,通过压力管线经排泥管线将疏浚土质输送到吹填区域,实现绞吸式挖泥船连续地挖泥、吸泥和排泥。此时主机、轴发、水下泥泵和舱内泥泵、泥泵齿轮箱、绞刀驱动系统以及辅助配套设备等一般为满负荷工况且负荷变化较大,目前世界范围内早期成熟的绞吸式挖泥船制造国(荷兰、日本等)尚无泥管振动方面的研究。本文主要针对我国完全自主设计建造的"天鲲号""长狮18"在施工过程中出现的泥管振动问题进行分析,通过理论和实际相互结合的方式,在过程中不断改进,并最终实现减振。

4.1 "天鲲号"舱内泥泵进出口两端管段高频振动及整改

2020 年 10 月,"天鲲号"在钦州港东航道工程作业。施工区域土质坚硬不易破碎且难以输送,特别是舱内泥泵出口端输泥管发生剧烈振动,并伴随支架晃动(图 4-1),振动噪声测量结果见表 4-1。

表 4-1 三泵串联挖泥工况下机泵舱区域整改前噪声测量值

位置	限定值	测量值/dB(A)
机舱	110	113.5
泵舱	110	118.6

船舶的允许噪声限值由 IMO A468(XII)给出,根据此数据初始分析为典型的输泥管系统机械共振现象,为此挖泥操作和施工人员从以下几个方面进行试验和改进:

（1）提高泥泵转速

当疏浚土质为黏土等硬质土，由于其塑性强，不易挖掘，适当增加绞刀转速，在排泥管线长度和缩口确定的情况下，提高泥泵转速，增加泥浆流量，确保泥浆输送流速大于临界流速，从而提高施工产量，操作人员在完成以上步骤继续挖泥并通过泥泵吸排泥浆持续运行一段时间后，发现振动幅度有所减弱，但是管口端依然存在明显噪声和振动，综合考虑船上挖泥相关设备的重要性能，要减少设备故障发生，避免柴油机超负荷工作的现象，同时防范在高产量的施工状态下，输流管道内部冲击增加导致的振动，如果长时间维持的泥浆输送脉冲频率和泵轴、输泥管线系统或基础的固有频率相近，将会产生更为严重的共振。

（2）使用活套法兰

活套法兰即是可以活动的法兰片（图4-2），在挖泥船设计之初，泥泵厂家并未考虑到两端的管路会由于施工工况的原因出现振动现象，活套法兰区域包含不锈钢带 SUS316L，宽度约95mm，厚度7mm，活法兰配连接固定块与短管螺栓连接，法兰片厚度与原泥管固定法兰保持一致，这样在具体施工过程中，可以避免长时间振动导致管口连接螺栓出现松动且发生泥浆泄漏的现象，又能够改善管系刚度和减轻应力集中，从而防止管系结构发生共振，一定程度上保证整个疏浚系统设备的正常运行。

图4-1　"天鲲号"两台舱内泥泵的布置　　　图4-2　活套法兰详图

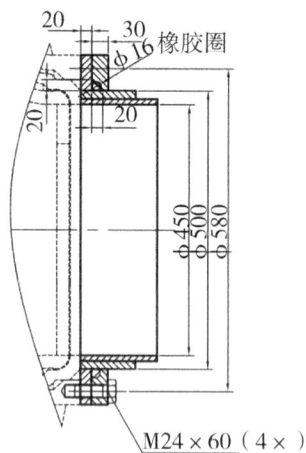

（3）泥管抱箍形式优化

泥管抱箍形式考虑耐磨泥管的尺寸公差、强度、与泥管的贴合度以及便于安装拆卸等情况，具体改进如下：

①抱箍的材质选用与船体结构等同规格的高强度钢，板厚不小于15mm。

②抱箍的眼孔固定处增加肘板加强。

③抱箍支撑加强采用高强度方形钢管，空间允许的条件下也可以选用同等强度的钢板（图4-3）。

④抱箍与泥管接触部分需增加12mm加厚绝缘橡胶垫皮，避免产生静摩擦（图4-4）。

⑤抱箍支撑腿考虑应力集中区域并作相应的反顶加强。

⑥抱箍支撑件的长度根据实际安装需求应留有一定的余量，根据泥管的安装高度确定支架的安

装位置。

振动方案改进后施工作业的"天鲲号"见图 4-5。

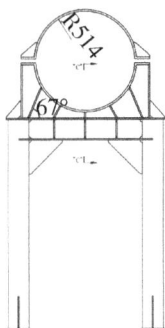

图 4-3　耐磨泥管支架抱箍形式

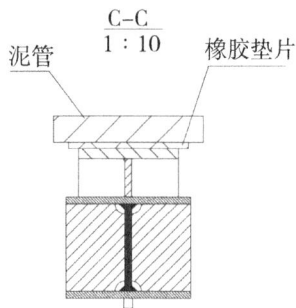

图 4-4　增加的加厚橡胶垫片典型图

表 4-2　　　　　　　　三泵串联挖泥工况下机泵舱区域整改后噪声测量值

位置	限定值	测量值/dB(A)
机舱	110	94.8
泵舱	110	99.5

图 4-5　振动方案改进后施工作业的"天鲲号"

4.2 "长狮 18"甲板/舱内吸排泥管异常振动

2023 年 3 月,南京工程局承建的山东日照港岚山港区 17#、18#、20# 基槽开挖、港池泊位疏浚工程需要提前完成,总工程量约 200 万 m³,开挖土质为淤泥、黏土、砂、风化岩,石块等。"长狮 18"迎难而上,在操作人员开挖连续作业 70d 的运转后,甲板/舱内吸排主要输泥管线出现异常振动,借鉴"天鲲号"的成功改善案例,施工人员更进一步判断主要振动由流体运动导致,振动噪声测量结果见表 4-3。

表 4-3　　　　　　　挖泥工况下上甲板通道区域整改前噪声测量值

通道位置	限定值	测量值/dB(A)
上甲板(左)	60	61.3
上甲板(右)	60	68.7

根据振动来源,并对全船的输泥管线布置组织专家进行研究分析,并进行了如下改进:

(1)泥管支撑架下结构反面加强

在船舶详细设计阶段,其船体总振动固有频率较难改变,但船上各种局部结构,如梁、板、板格、板架、管路等,当其固有频率与激励频率相等或接近,通过改变结构刚性或质量而改变结构的固有频率,使之离开共振区是一种有效的减振措施。如对梁可在跨中增设支座,对板可沿长边方向加设中间加强筋,对板架可增设支柱、舱壁或强框架,对板可增设相应的加强。

船舶试航振动测量时,由于受测量点布置的限制,有的振动现象没有被发现,根据"长狮18"绞吸式挖泥船连续作业过程中产生的输泥管吸排泥管的振动现象,联合上海交通大学船舶与海洋工程设计研究所的专家进行详细的振动测量和计算,并完成相应结构加强图《首部上甲板泥管支撑下结构加强图》《中部上甲板泥管支撑架下结构加强图》《舱内泥管支架结构加强图》《甲板泥管支撑架结构加强图》。生产设计根据详细设计的结构加强图,完成材料清单和施工图纸的下发。

图 4-6 方框中为本次振动分析所做的结构加强,增设的构件材料全部为 CCS-A 级钢,通过对以上区域的泥管结构进行反面加强后,在后续的挖泥施工作业过程中,相应的振动问题得到了明显的改善。

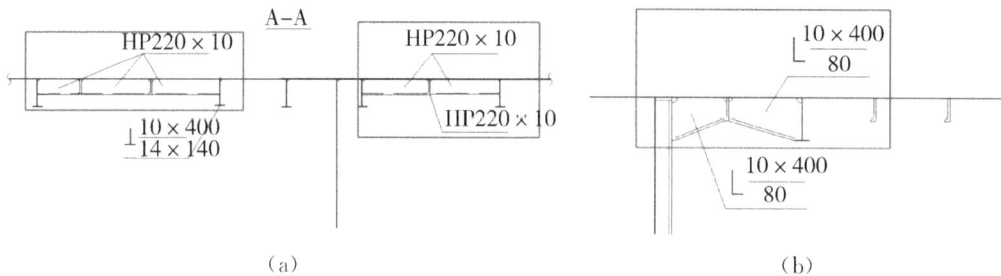

图 4-6　"长狮18"首部上甲板结构加强典型图

(2)弯管/三通处增加支架加强

弯头/三通作为整个输流管线吸排泥管的重要构件,在挖泥连续作业过程中,弯头/三通在泥浆流体的激励下产生振动并辐射噪声,是管路系统的主要振动噪声源之一,不仅影响与其连接的泥泵等机械设备的主要工作性能,甚至会对薄弱管段造成疲劳破坏。因此,研究管路内弯头/三通的流场分布及其振动特性非常有必要,对整个输泥管系统的减振降噪设计有着重要意义。在研究输泥系统的管系布置过程中,首先检查了整个吸排泥管的走向是否是最优布置,尽量避免管路转弯和减少弯头的数目,如不可避免,转弯半径应尽可能大,正常情况下,分析研究表明还需尽量避免管路支撑件间距过大和管路悬浮,在保证管路布置走向最优的基础上,对整个系统弯头/三通再次进行了强度支撑方面的调整,见图 4-7、图 4-8。

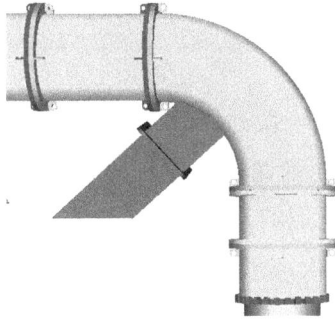

图 4-7 水下泥泵出口 90 度弯处增加方管斜撑，
底部削斜增加接触面

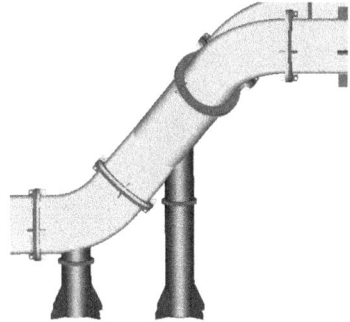

图 4-8 舱内泥管泥泵入口处弯管三通处增加圆管支撑，
底部增加肘板加强

（3）改变抱箍支撑件的形式

当输泥管线发生振动时，采取改变支架形式的做法是解决管路振动问题的方法之一，在"长狮18"的抱箍支架的接触面增加厚 12mm 的橡胶垫片的基础上，保证了弹性承载能力和能量损耗，提高了抗扭性，缓冲了传到生根部位的外来激振力，在结构上起到了补偿作用，"长狮18"的抱箍泥管支架首次采用相邻支架互补加固的方案（图 4-9），有效地降低了支架共振产生的噪声，起到了比较好的效果（表 4-4、图 4-10）。

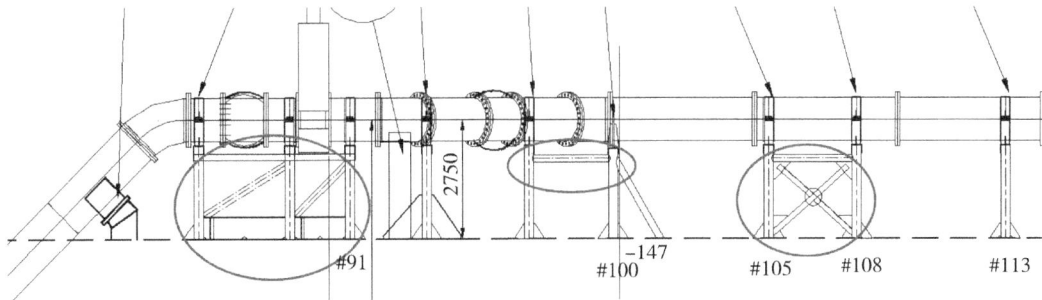

图 4-9 红色圆圈处为相邻加固泥管支撑架

表 4-4 挖泥工况下上甲板通道区域整改后噪声测量值

通道位置	限定值（	测量值/dB(A)
上甲板（左）	60	48.2
上甲板（右）	60	50.8

图 4-10 振动方案改进后施工作业的"长狮18"

5 结语

输泥管线作为绞吸式挖泥船重要的构件之一,加强输泥管系统振动原因分析及抑制其振动一直是挖泥船改造的难题和要点,"天鲲号""长狮18"绞吸式挖泥船泥管输送作业过程中的振动情况及加强方案验证分析表明,通过研究改善泥管抱箍支架形式、支撑下结构反面加强以及支架振动补强,可以有效减少输泥管系统整体的震动,大大提升管路的使用寿命,保证了运行稳定及整体综合效益,今后,将继续关注后续施工并持续优化,为10000kW绞刀功率大型绞吸式挖泥船后续的详细设计和生产设计工作提供借鉴。

主要参考文献

[1] 朱大巍,李杰,张呈波.液体输送管路随机振动试验推力估算方法[J].环境技术,2024,42(6):190-194.

[2] 李旸,刘佳,蔡龙奇,等.基于流固耦合的往复泵管路振动模型研究及优化分析[J].核动力工程,2023,44(z2):55-60.

[3] 黄爱明.船管路减振降噪措施施工工艺研究[J].设备管理与维修,2018(24):112-113.

疏浚钢管在海上漂浮和陆地爬坡工况下工作性能分析及应用

阎耀保[1] 代志同[1] 李海军[2] 关明生[2] 华佳佳[2] 吴月枝[2] 梁 宁[2]

(1.同济大学,上海 200092;

2.江苏巨鑫石油钢管有限公司,江苏扬州 225104)

摘 要:疏浚是确保水道畅通与安全的重要工程,涉及港口、航道、防洪排涝等领域。作为疏浚工程的重要组成部分,疏浚钢管及其管线的质量和技术水平直接关系施工效率与安全性。以江苏巨鑫石油钢管公司疏浚钢管为例,考虑疏浚钢管及其管线现场应用时的海上和陆地爬坡恶劣工况,利用计算机辅助工程(CAE)方法进行了疏浚钢管力学性能分析,得到了疏浚钢管的应力分布情况。介绍了疏浚钢管在国内外重大疏浚工程中的应用案例,比较了钢管制造企业的生产规模、供应链管理以及定制化服务等特点。结果表明,本案例管径800mm,壁厚20mm,长度12000mm的疏浚钢管,在海上漂浮和陆地45°爬坡两种工况下,带肋板支撑的疏浚钢管整体受力最大值分别为309.9、286.5MPa;不带肋板但增加法兰厚度的疏浚钢管整体受力达到302.3、302.5MPa;两种方案均可满足服役要求。还系统分析了疏浚钢管及其管线的国内外疏浚工程应用情况,对比分析了巨鑫疏浚钢管与传统疏浚钢管的制造工艺、经济及环境影响。

关键词:疏浚钢管;法兰;爬坡;力学分析

1 引言

疏浚工程作为水域治理和开发的重要手段,在现代社会经济建设中发挥着不可替代的作用。无论是港口的建设与扩展、航道的疏浚,还是防洪排涝和环境保护,疏浚工程都在其中扮演着关键角色。随着全球贸易的发展,国际航运对于港口和航道的畅通性需求不断增强,这直接导致了疏浚工程的实施频率和规模的显著增长。而疏浚工程的成功与否,在很大程度上依赖于工程设备的质量与技术水平,其中疏浚钢管作为介质输送的核心管线,其性能直接影响着工程的施工效率和安全性。

在国内外疏浚工程中,疏浚钢管作为关键的结构材料,其选材与制造工艺对工程的安全性和效率具有决定性影响。国内普遍采用 Q235、Q345 等碳钢材料,通过高频直缝焊接技术进行加工,以确保生产效率和质量稳定性。为了保障焊缝的完整性,通常采用 X 射线和超声波检测进行严格的质量

作者简介:阎耀保,教授、博士生导师,主要研究方向为极端环境下液压气动元件与系统的基础理论和关键核心技术。E-mail:y—yin@tongji.edu.cn。

控制。相比之下,国际市场更倾向于使用高强度合金钢和双金属复合材料,结合埋弧焊和激光焊接技术,以确保钢管壁厚均匀、焊缝强度高。这些钢管不仅需要承受强大的水压和物料的冲击,还必须在不同恶劣工况下保持稳定的工作状态,如在海上漂浮和陆地爬坡等复杂环境的施工。这对钢管的力学性能、耐腐蚀性以及使用寿命提出了极高的要求。因此,深入分析和研究疏浚钢管在极端工况下的工作性能,对于提升疏浚工程的整体技术水平和经济效益具有重要意义。

2 疏浚钢管的制造过程及应用案例

以江苏巨鑫石油钢管公司疏浚钢管为例,分析疏浚钢管制造过程和国内外的应用情况。

2.1 疏浚钢管制造过程与管线制造技术

相较于传统的疏浚管线生产,现有的制造工艺主要有以下几个方面的优势。

(1)生产线优化

直缝钢管按生产工艺可分为高频直缝钢管和埋弧焊直缝钢管,称为直缝双面埋弧焊管,即JCOE钢管。管节生产线采用JCOE钢管生产线(图2-1),生产管节单支12m,传统三辊成形管节单支3m,管节对接减少67%环缝,同时配备钢板双铣边,25min出12m整板,大大缩短生产时间,提高生产效率和焊接质量,环保指标高于传统三辊成形生产线。

图 2-1　JCOE 生产线

(2)焊接设备升级

采用自动焊接设备焊接法兰(图2-2),能同时焊接法兰两端,在增加法兰焊接效率的同时也可以保证焊缝美观。

(3)定制化服务

定制化服务可包括前期的管线制造以及后期的管线数据监控。例如,BOSKALSI菲律宾马尼拉机场扩建项目,为减少人力投入,加快工作管线成形速度,单支管线长度达18m,管线两端采用焊接方式快速接头(图2-3)。此外,通过在管线法兰上设置标签,利用NFC或RIFD技术可以实现管线位置、使用寿命等应用数据的写入和读取,根据客户所需设置数据。

图 2-2　自动焊接设备

图 2-3　菲律宾马尼拉机场扩建项目用疏浚钢管

2.2　疏浚钢管在国内外疏浚工程中的应用

疏浚钢管在疏浚工程项目中已经广泛应用,国内重点疏浚工程有交通部长江口航道局横沙基地项目、中交疏浚集团珠海横琴项目、中交疏浚集团海南项目等,图 2-4 为横沙基地项目所用管线。国外重点疏浚工程有 Boskalis 鹿特丹项目、Boskalis 菲律宾马尼拉机场扩建项目、中国铁建港航局有限公司泰国林查班港项目等,图 2-5 为泰国林查班港项目所用的管件。

图 2-4　横沙基地项目所用管线

图 2-5　泰国林查班港项目所用管件

近五年,巨鑫公司累计供应国内疏浚项目管线 39159t(约 130km),累计供应国外疏浚项目管线 25000t(约 60km)。本文以管径为 800mm 的疏浚钢管为例,分析疏浚钢管在海上漂浮和陆地爬坡两种恶劣工况下的力学性能。通过计算机辅助工程(CAE)方法,模拟疏浚钢管在不同工况下的受力情况,研究钢管的应力分布,并对比分析带肋板支撑和不带肋板但增加法兰厚度的疏浚钢管在不同工况下的性能表现,对强度不够的方案进行结构改进,使其满足服役要求。

3 疏浚钢管力学模型

3.1 海上漂浮工况力学模型

海上漂浮工况是疏浚钢管应用的主要场景之一。在此类工况下，钢管主要受波浪、潮汐和风力等外力的影响，导致钢管在水中浮力与重力之间难以保持平衡。当管体完全浸没在水下时为最恶劣工况，可忽略风力影响。

计算海上工程构件所受波浪力时，需要依照构件尺寸的大小选择合适的波浪计算力理论，钢管可被视为杆件进行分析。疏浚工程中的钢管管径通常远小于海浪波长，可以忽略绕射影响、辐射阻尼，采用 1950 年由 Morison 等提出的半经验半理论公式。

根据 Morison 公式，假定波浪场中波浪的速度与加速度不受钢管干扰，任意高度处的波浪力 F_H 计算公式：

$$F_H = F_D + F_I \tag{3-1}$$

（1）水平拖曳力 F_D

波浪水质点做周期性的振荡运动，对管体有一定的速度分力，产生拖曳效果。

（2）水平惯性力 F_I

由于钢管的存在，水质点会从流动状态变为静止，钢管所占位置的水体会产生惯性力。

$$F_D = \frac{1}{2} C_D \rho D u_x |u_x| \tag{3-2}$$

$$F_I = C_M \rho A \frac{du_x}{dt} \tag{3-3}$$

$$u_x = \frac{\pi H}{T} \frac{ch\frac{2\pi z}{L}}{sh\frac{2\pi d}{L}} \cos\omega t \tag{3-4}$$

$$\frac{du_x}{dt} = -2\frac{\pi^2 H}{T^2} \frac{ch\frac{2\pi z}{L}}{sh\frac{2\pi d}{L}} \sin\omega t \tag{3-5}$$

式中：ρ——海水密度；

A——部件断面面积；

D——管体外径；

H——波高；

T——周期；

L——波长；

z——水深；

d——管体入水深度；

ω——波动角频率；

C_D——拖曳力系数;

C_M——质量系数。

各国相关规范对圆柱体的水动力系数 C_D 和 C_M 的建议值可见表 3-1。

表 3-1　　　　　　　　　　　　　　　各国规范推荐水动力系数值

各国规范	中国海港水文规范	美国 API 规范	挪威船级社规范
适用的波浪理论	线性波理论	五阶斯托克斯波及流函数理论	五阶斯托克斯波理论
C_D	2.0	0.6~1.0	0.5~1.2
C_M	1.25	1.5~2.0	2.0

3.2　陆地爬坡工况力学模型

陆地爬坡工况要求钢管能够在坡度高达 45°的地形上工作(图 3-1)。钢管承受由于重力引起的高剪切应力和弯曲应力以及泥浆造成的管内压力和摩擦力。在这种环境下,钢管的稳定性和耐久性受到严峻挑战,尤其在长时间暴露于外界环境时,更容易发生变形和损坏。

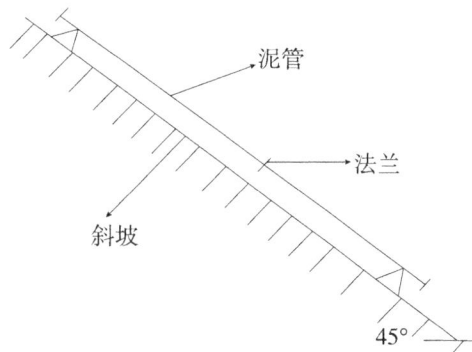

图 3-1　陆地管爬坡工况示意图

计算管内摩擦需要考虑管内流体的流动状态,以雷诺数为界限可将液体的流态分为层流和紊流,综合管壁粗糙度对摩擦系数的影响,可划分出层流区、过渡区、光滑管区、粗糙管区,阻力平方区 5 个阻力区域,相应的摩擦系数计算公式见表 3-2。

表 3-2　　　　　　　　　　　　　　　摩擦系数计算公式示意表

阻力区域	雷诺数范围	摩擦系数计算公式
层流区	$Re < 2320$	$\lambda = \dfrac{64}{Re}$
过渡区	$2320 \leqslant Re < 4000$	$\lambda = 0.0025 Re^{\frac{1}{3}}$(扎伊琴柯公式)
光滑管区	$4000 \leqslant Re < 10^5$	$\lambda = \dfrac{0.3164}{Re^{0.25}}$(布拉修斯公式)
粗糙管区	$10^5 \leqslant Re < 4160(d/2\varepsilon)^{0.85}$	$\dfrac{1}{\sqrt{\lambda}} = -2\lg\left(\dfrac{2.51}{Re\sqrt{\lambda}} + \dfrac{\varepsilon}{3.7d}\right)$(科尔布鲁克公式)
阻力平方区	$4160(d/2\varepsilon)^{0.85} \leqslant Re$	$\dfrac{1}{\sqrt{\lambda}} = 1.7385 - 2\lg\left(\dfrac{2\varepsilon}{d}\right)$(普朗特—史里希廷公式)

管内摩擦分布力 F 为摩擦系数与管内压强的乘积。

$$F = \lambda \times p \tag{3-6}$$

4 有限元模型及分析结果

4.1 计算对象

分析实例中涉及平面法兰钢管的结构形式可分为有肋板平面法兰钢管和无肋板平面法兰钢管，其三维模型见图4-1。两种类型钢管尺寸相同，钢管内径为800mm，壁厚为20mm，法兰厚度30mm。

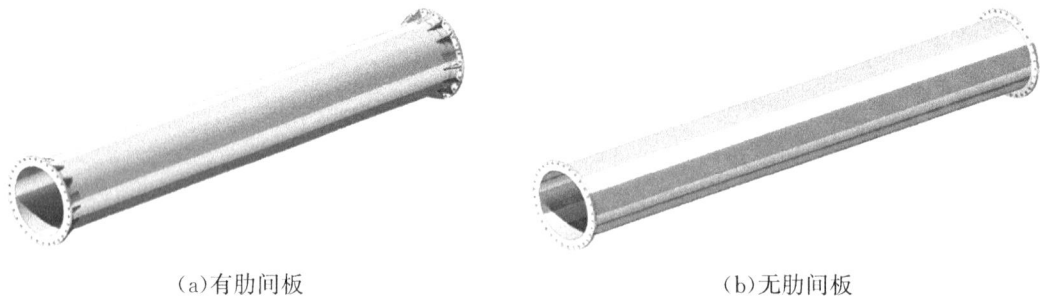

(a)有肋间板   (b)无肋间板

图 4-1 有肋板平面法兰钢管结构示意图

两钢管之间采用强度等级为8.8的螺栓连接(图4-2)。拧紧力矩选取参照《公制螺栓扭紧力矩》(Q/STB 12.521.5—2000)。

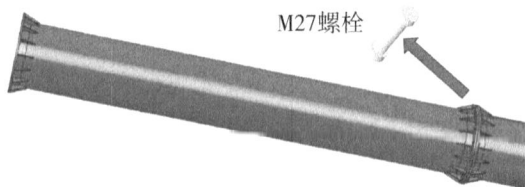

M27螺栓

图 4-2 钢管连接示意图

4.2 参数设置

(1)边界条件设置

分析中材料为Q355B，密度为7800kg/m³，弹性模量为206000MPa，泊松比为0.3。限制两法兰钢管不接触的法兰端面的3个自由度，定义模型中法兰与法兰之间、螺栓与管体/法兰之间的接触为摩擦接触，取摩擦系数为0.15。

(2)网格划分

由于螺栓、管体和法兰形状较为规整，因此划分过程中通过切分模型采用扫掠网格对模型进行网格划分，肋板、腹板和肋板连接处形状不规则，采用四面体网格。管体和法兰部分网格尺寸15mm，螺栓网格尺寸3mm。法兰与螺栓接触部分采用边缘布种对网格进行加密，采用3mm网格(图4-3)。

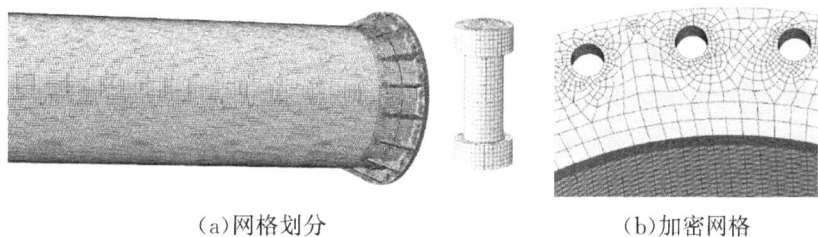

(a)网格划分 (b)加密网格

图 4-4 网格划分示意图

4.2.3 荷载施加

以海上漂浮工况为例,荷载包括自由法兰端的固定约束、内部荷载(泥浆压力)3MPa、风浪流荷载 0.00245MPa(取不同深度位置风浪流荷载的最大值)及螺栓预紧力 168350N(图 4-5)。

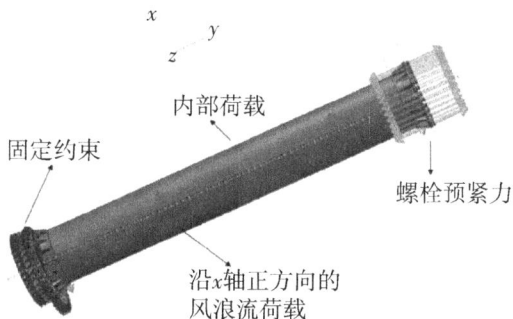

图 4-5 荷载施加示意图

4.3 力学分析结果及结构改进

根据第 4 节的分析方法,对两种管型进行受力分析,主要考虑法兰—管体连接处,法兰端面螺栓孔处及连接螺栓几个易发生破坏处的受力,左侧为有肋板钢管的受力情况,右侧为无肋板钢管的受力情况。

(1)海上漂浮工况仿真结果对比

法兰—管体连接处受力见图 4-6,有肋板钢管受力峰值为 31.24MPa,无肋板钢管受力峰值为 60.01MPa。

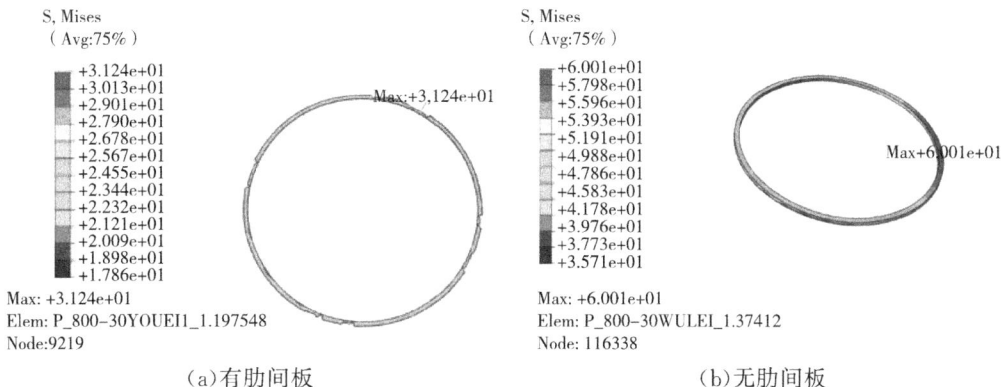

(a)有肋间板 (b)无肋间板

图 4-6 法兰—管体连接处等效应力云图

法兰端面处受力见图 4-7,受力最大值位置在螺栓孔周围,有肋板钢管受力峰值为 309.9MPa,无肋板钢管受力峰值为 336.7MPa。

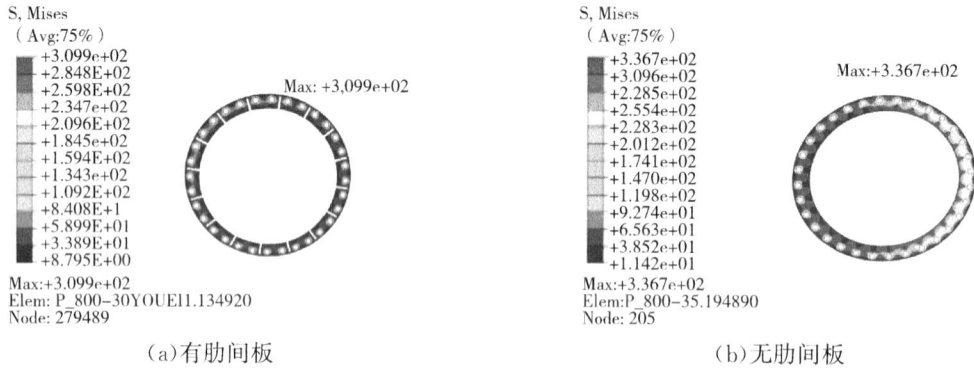

（a）有肋间板　　　　　　　　　　（b）无肋间板

图 4-7　法兰—管体连接处等效应力云图

连接螺栓处受力见图 4-8,有肋板钢管受力峰值为 429.0MPa,无肋板钢管受力峰值为 441.5MPa。

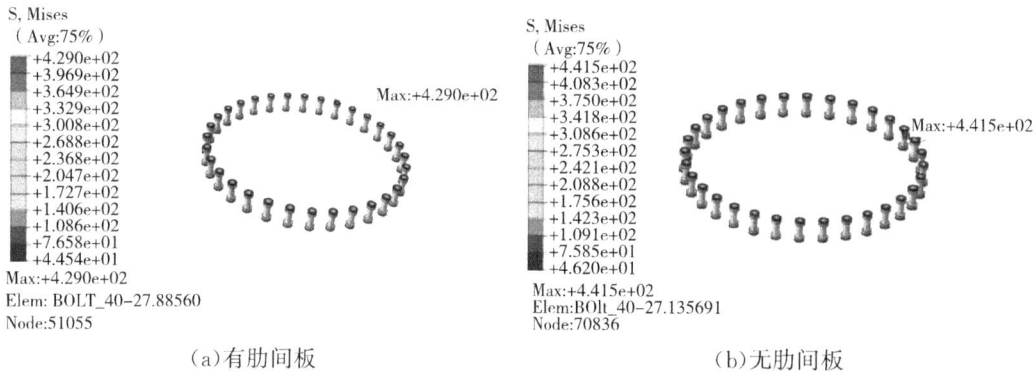

（a）有肋间板　　　　　　　　　　（b）无肋间板

图 4-8　法兰—管体连接处等效应力云图

（2）陆地爬坡工况仿真结果对比

法兰—管体连接处受力见图 4-9,有肋板钢管受力峰值为 31.06MPa,无肋板钢管受力峰值为 91.13MPa。

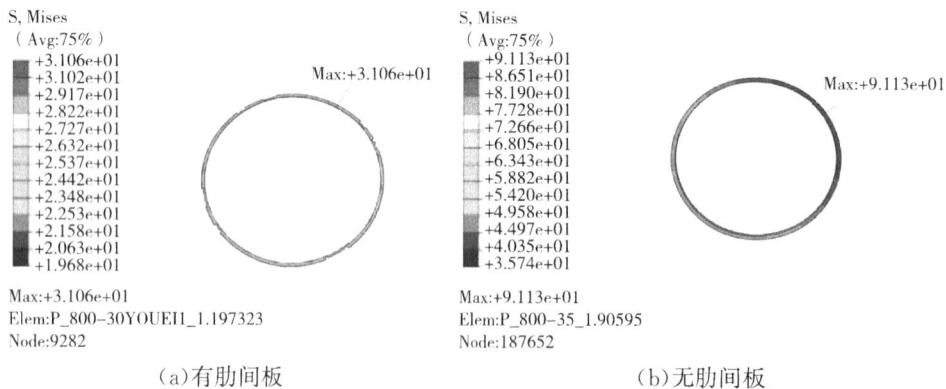

（a）有肋间板　　　　　　　　　　（b）无肋间板

图 4-9　法兰—管体连接处等效应力云图

法兰端面处受力见图 4-10,受力最大值位置在螺栓孔周围,有肋板钢管受力峰值为 286.5MPa,无肋板钢管受力峰值为 360.5MPa。

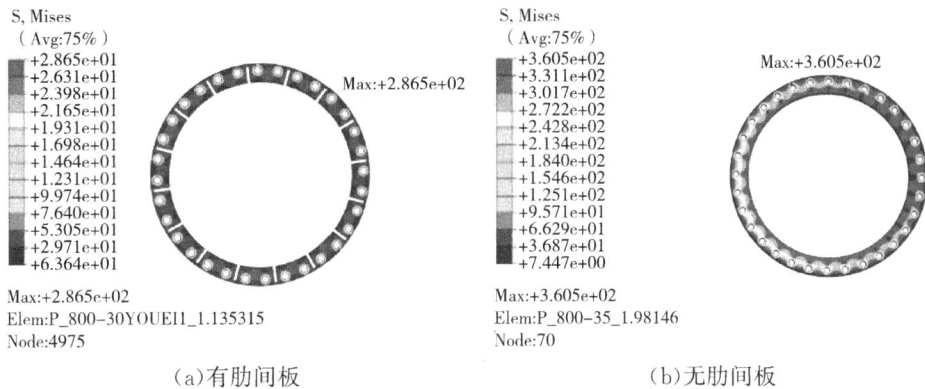

（a）有肋间板　　　　　　　　　（b）无肋间板

图 4-10　法兰端面处等效应力云图

连接螺栓处受力见图 4-11,有肋板钢管受力峰值为 443.1MPa,无肋板钢管受力峰值为 429.7MPa。

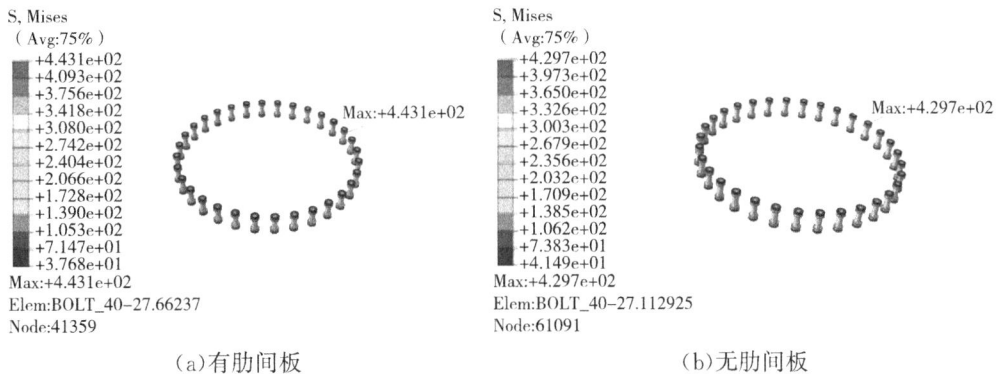

（a）有肋间板　　　　　　　　　（b）无肋间板

图 4-11　连接螺栓等效应力云图

（3）结果分析及结构改进

分析结果表明,在模拟的两种工况下,带肋板支撑的疏浚钢管法兰与管体受力最大值为 309.9MPa,螺栓受力最大值为 443.1MPa,都能满足服役要求,不带肋板支撑的疏浚钢管、海上漂浮工况法兰与管体受力最大值为 336.7MPa,满足服役要求,在陆地爬坡的工况下法兰端面与螺栓连接处发生塑性变形,无法达到强度要求。

采用增加法兰厚度的方法对无肋板支撑的疏浚钢管结构进行改进(表 4-1),其他尺寸不变,当法兰厚度增加至 40mm 时,无肋板支撑的疏浚钢管法兰端面处受力最大值分别为 302.3MPa 和 302.5MPa,均小于 309.9MPa,此时力学性能优于带肋板支撑的疏浚钢管,两种方案均满足服役性能。

表 4-1 改进后的疏浚钢管受力

法兰厚度/mm	工况	最大等效应力/MPa		
		法兰—管体连接处	法兰端面处	连接螺栓
35	海上漂浮	60.71	306.4	449.3
	海上漂浮	60.73	302.3	456.2
40	陆地爬坡	100.2	311.7	431.8
	陆地爬坡	112.1	302.5	451.1

5　结语

分析了疏浚钢管在国内外重大疏浚工程中的应用案例及管线制造技术，从生产线、焊接技术、服务 3 个方面对比分析了现有管线制造技术与传统管线制造方法。针对疏浚钢管在海上漂浮和陆地爬坡工况，进行了力学性能仿真。CAE 分析结果表明，在海上漂浮和陆地爬坡工况下带肋板支撑的疏浚钢管、不带肋板但增加法兰厚度的疏浚钢管的两种方案均表现出良好的力学性能。带肋板支撑和增加法兰厚度的设计均有效减少了应力值，确保了钢管在极端条件下的结构稳定性。

主要参考文献

［1］阎耀保，胡宏涛，李海军，等. 桩基础施工用钢套管结构强度分析［J］. 基础工程，2023，14(4)：115-123.

［2］李英武. 航道疏浚工程施工技术分析［J］. 工程技术研究，2024，9(1)：76-78.

［3］欧阳天庭. 港口航道疏浚工程施工技术研究［J］. 水上安全，2024(14)：187-189.

［4］黄进华. 在河道清淤疏浚工程中淤泥固化技术的应用［J］. 湖南水利水电，2024(2)：65-67.

［5］V. I. SMETANIN, I. M. ZHOGIN. Dredging and Maintenance of Navigable Depths of Rivers and Canals on Inland Waterways［J］. Power Technology and Engineering，2023，57(3)：399-404.

［6］郭延飞. 疏浚工程进度管理［J］. 城市建设理论研究(电子版)，2013(11).

［7］郑齐宏. 航道疏浚工程中的关键施工技术［J］. 科学技术创新，2023(4)：129-132.

［8］易康建. 港口航道疏浚工程施工的技术难点［J］. 珠江水运，2024(11)：132-134.

［9］刘新. 高频直缝焊管感应焊接技术研究［D］. 北京：北京交通大学，2007.

［10］李小欣，徐仲勋，王耿勋，等. GIS 筒体环焊缝 X 射线和超声波检测对比研究［J］. 热加工工艺，2017，46(1)：243-246，254.

［11］杜红燕，刘秀忠，戴家辉. 角焊缝超声波探伤方法的探讨［C］//第四届全国火力发电技术学术年会论文集(上册). 北京：中国电机工程学会，2003：450-452.

［12］ELLIS，DJ，杨春乐. 埋弧焊发展近况［J］. 东方锅炉，1991(4)：45-47.

［13］Sepehri, A. ，Kirichek, A. ，van der Werff, S. et al. Analyzing the interaction between maintenance dredging and seagoing vessels：a case study in the Port of Rotterdam. J Soils Sediments (2024). https://doi.org/10.1007/s11368-024-03847-1

［14］ Morison J R，Johnson J W，Schaaf S A．The force exerted by surface waves on piles［J］．Journal of Petroleum Technology，1950，2(05)：149-154．Journal of Petroleum Technology，1950，2(05)．

［15］ Karl O．Merz，Geir moe，Ove T．Gudmestad．A review of hydrodynamic effects on bottom-fixed offshore wind turbines［C］//Proceedings of the 28th International Conference on Ocean，Offshore and Arctic Engineering 2009：May 31 - June 5，2009，Honolulu，Hawaii，USA，v. 4，p. B．Ocean Renewable Energy Ocean Space Utilization：ASME，2009：927-941．

［16］ 张阁. 风浪流联合作用下海上风电复杂桩基础的荷载特性研究［D］. 哈尔滨工程大学,2023.

第二部分

疏浚工程施工

水深维护疏浚技术模式在疏浚工程中的应用

吴　刚[1]　吴子墨[2]

（1.江苏省水利建设工程有限公司,江苏扬州　225000;

2.水利水电学院,江苏南京　211100）

摘要：维护水域水深是疏浚工程作业的主要目的,符合设计规划和航区要求的水深才能保证通航需求,符合行洪量需求的河道高程才能保证汛期安稳度过。疏浚工程是我国诸多自然水系、人工水系在汛期来临前的重要作业项目,目的在于保证行洪河道深度、宽度需求;也是通航繁忙区域常年作业项目,目的在于保证通航安全,减少因河道淤积、水深不足导致船舶搁浅的事故。本文以淮河干流中游段疏浚工程为例,探讨维护水深的疏浚技术在工程中的应用。

关键词：疏浚工程;疏浚技术;水深维护

1　引言

疏浚工程是疏通河道、拓宽自然/人工河道、加深水深、建设港口、维护通航、提高行洪效率的常见水利工程作业形式。我国是一个自然水系、人工水系纵横交错的大国,需要通过定期疏浚工程作业来保证行洪和通航,避免因为集中降雨泛滥成灾导致航路通行效率、安全性下降,保证水系的社会效益、经济效益、自然生态效益。淮河位于长江、黄河两条母亲河流域之间,是我国七大江河之一,发源于河南南阳,在江苏扬州汇入长江,在历史上却有多年被黄河入侵的历史。淮河干流的含沙量自上向下逐渐减少,在中游段正阳关附近形成规律的淤积,正阳关段成为淮河行洪、通航疏浚的重点之一。本文以淮河干流正阳关至陕山口段的疏浚工程为例,探讨维护水深、提高行洪和通航效率的疏浚技术在工程中的应用。

2　工程概况

淮河干流正阳关至峡山口段行洪区调整和建设工程疏浚项目的施工目为使淮河干流正阳关至峡山口段行洪能力达到 $10000\mathrm{m}^3/\mathrm{s}$,同时满足河道滩槽泄量 $8000\mathrm{m}^3/\mathrm{s}$ 的要求;施工方式为结合堤防退建,对该段河道内涧沟口至峡山口段 24.843 km 河道进行疏浚拓宽,疏浚河道里程长 14.368km。疏浚项目位于淮河中游淮南市寿县、毛集区和凤台县境内,正阳关至峡山口河段。在一年中汛期6—9月雨量占全年降水量的 60% 以上,汛期降雨量又多集中在 7、8 月。正阳关年降水量最大值为

作者简介：吴刚,男,高级工程师,主要从事水利水电工程施工设计工作,E-mail:370553513@qq.com。

1311.6mm(1956 年),年降水量最小值为 369.9mm(1978 年),年最大降水量是年最小降水量的 3～5 倍。本疏浚河道段疏浚河底高程为 12～10m,河道疏浚底宽 330m,疏浚断面为单式梯形断面,边坡坡比为 1:4,疏浚河道土方工程量约为 685.84 万 m³,疏浚范围内水下砂层开挖 56.59 万 m³。结合疏浚工程量和排泥场分布情况,投入 1450m³/h(3800 型,最大排距不小于 4500m)绞吸式挖泥船 1 艘,1000m³/h 绞吸式挖泥船 1 艘,800m³/h 绞吸式挖泥船 2 艘,以满足不同排距的河道疏浚需求。

3 淮河河道疏浚对象来源

正阳关汇纳上游干支河全部山区来水,自古以来有"七十二道归正阳"之称。正阳关上游的大别山区、桐柏山区、伏牛山区、嵩山山区等山区在雨季,为淮河干流输入一定量的泥沙。淮河上游河道、河底冲蚀下来的砂石也成为泥沙的一部分,在暴雨洪水到来之际一同随湍急的水流汇集在正阳关附近的河道中。淮河上游的落差达 178m,占淮河全河总落差的 89%,而中下游的落差仅有 16m,巨大的落差差异导致正阳关及附近流域成为淮河泥沙淤积的主要区域。泥沙淤积过厚是导致河道行洪不畅、通航水深不足的重要原因。为了维护淮河干流正阳关流域河道水深,保证河道行洪、通航顺畅,开展本次疏浚项目。

4 河道水深维护疏浚技术模式

4.1 水下爆破疏浚技术

水下爆破疏浚技术是一种速度快、效果好的疏浚技术。疏浚施工团队利用炸药对提前勘测好的礁石、淤泥、弱面断裂带进行爆破,可以快速清理影响河道水深、宽度的障碍物,利用爆破后河底空间扩大形成的短期快速水流将爆破产物冲向下游,带走大片的河底淤积,提高疏浚工作效率。经过水下爆破,没有被水流带走的淤泥、沙土也呈现出条块状或更松散的状态,为后续的绞吸船、耙吸船、抛吸船作业创造更好的作业条件,缩短疏浚工程周期。水下爆破疏浚技术的关键在于合适的炸药选址、恰当的炸药密度和量、有效爆破深度。受水文地质、气象等因素的影响,水下爆破疏浚的效果难以精确控制,且水下爆破疏浚容易把沉积在底泥中污染物、病原体重新翻出来,污染水体和环境,危险系数较高。

4.2 液压开挖技术

液压开挖技术是利用高压水流对河底淤泥进行冲击、挖掘,使较厚、硬度较大的河底淤泥在高压水流冲击下松动开裂,以便于顺利完成河底淤泥清理的技术。液压开挖利用水的冲击力而非机械或爆破,噪声较低、环境污染较少,已经成为一种应用广泛的河道疏浚技术。

4.3 抛射高压水射流技术

抛射高压水射流技术又称抛泥船技术,利用大流量高压脉冲水射流进行水下冲刷作业,可扬起河道内自然沉积的泥沙,在水体中形成悬浮物,被吸口吸入,由运输船完成收集和清运。抛射高压水射流技术的应用不仅可以完成对河道的疏浚,还可以避免对河底生态环境造成破坏,已经成为不少河道疏浚工程中采用的技术模式。

4.4 绞吸式、耙吸式技术

河道中的水体多为由淤泥、浮泥、底泥组成的流体,采用抓斗、铲斗式作业技术设备容易扰动河道底泥,污染水体环境,且疏浚清淤的效率不高。绞吸式、耙吸式技术设备的作业形式更适合这样的河道底泥清淤,不仅疏浚效率高,而且不容易污染水体环境。以绞吸船为例,绞吸船的铰刀和吸泥泵都安装在挖泥船上,铰刀破碎表层硬度较大的底泥后,吸泥泵即可将泥浆抽出,可实现疏浚的连续作业。对于含水量较高的淤泥、浮泥,绞吸船的作业效率比耙吸船更高。

5 水深维护疏浚技术模式的应用关键

确定河道淤积量和开挖量,是疏浚工程开展前的重要技术环节,也是施工单位明确工程量、疏浚作业时间、投入设备量及投入成本的重要基础。

5.1 确定河道淤积量

河道淤积量是河道内待清淤区域内沉积物的体积,是衡量当前河道行洪能力、疏浚工程量的重要指标。在天然河道和人工开挖河道中,淤积量的计算并不完全相同。自然河道中,淤积量的测量和计算比较困难,需要先探测自然状态下河道的土层,将河道实测断面与规划断面相结合,确定大致的淤积量。引入 BIM、CIVIL3D、REVIT 等技术,结合 GPS、GIS 等探测技术,可更全面系统地获取自然河道数据,形成直观的河床演变模型、水流三维动态模型、地形冲淤三维模型,辅助确定自然河道淤积量。人工河道中,淤积量是规划断面与实测断面面积之差与断面河道长度乘积的总和。

5.2 确定河道开挖量

河道开挖量在人工河道和自然河道中同样有所差异。人工河道的淤积量可以等量于开挖量,若新疏浚工程中有拓宽河道、加深河道的需求,则根据新设计河道规划计算开挖量。自然河道的淤积量通常小于开挖量,自然河道的疏浚工程大多带有拓宽、加深河道的要求。河道规划断面的确定需要考虑河底高程、边坡系数等参数,以淮河干道正阳关至陕山口段的疏浚工程为例,河底高程 12~10m,疏浚后总底宽自上往下为 330m,两侧疏浚边坡坡比均为 1∶4,长度 24843m。计算结果表明,河道疏浚左岸工程量 206.70 万 m³,右岸工程量 479.14m³,开挖水下砂层 56.59 万 m³。

6 淮河河道疏浚工程中水深维护疏浚技术的应用

6.1 疏浚工程施工测量控制

(1)工程水下测量原则

原则一:根据《国家三、四等水准测量规范》(GB/T 12898—2009)以及测量区域的水深、流速和疏浚工程测量精度要求,选择水下测量设备和工具。测量标准和测量工具的选择,需征得监理认可,保证测量精度。

原则二:遵循《内陆水域水下地形测量技术规程》(CH/T7003—2021)要求,以反映实际工程量为目标进行断面测点排布。河道直线段的测点以中心线为起点,向两侧依次排布;河道曲线段的测点随着河道完全呈扇形。测点的排布需参考河道底部地形起伏,地形凹凸不平处,测点间距适当加密,正确反映河道断面形状的同时不以凹坑和凸起作为测点排布位置;地形平坦处,测点间距离适当在沿河纵向上稀疏,但间距不可超过20cm;河道两侧靠近边坡区域,测点间距需适当缩小。

(2)疏浚工程施工放样

放样为绘制具体的河道航线断面地形图做准备,需要全面、精度较高的观测数据。具体放样步骤为:

①在河道设计中心线、挖泥船开挖起终点、弯道顶点等重点区域设置清晰的标志,作为施工作业区的对标参考。为了保证标点清晰,河道直线段的标点间距为50m,曲线段间距需视情况缩小为20m,甚至10m。

②因为标点采用浮标、标杆等形式设立,有可能因为水流冲刷等原因而偏移,所以需有专人负责进行标点位置校核,及时对偏移的标点进行位置纠正。

③在施工作业区内,施工人员可参考的除了标点,还有水位尺。水位尺的零点代表着疏浚工程槽底高程,是施工人员判断疏浚槽底高程是否达到工程设计高程的重要参考。因此,水位尺应选用五等水位尺精度规格,且两两一组互相比对提高精度,所设置的位置也应是水流冲刷强度低、不容易被通航船舶干扰的区域。在读取水位尺读数时,为了提高精度应每班施工前后各读取一次。若发现观测读数变化幅度大于10cm,需增加观测次数,精确读数;若发现水位变化大于每小时5cm,同样需增加观测次数;施工区域风浪较大、水位尺读数难以精确读出时,可以峰谷平均值代替,通过增加观测次数去多次观测平均值的方式,精确读数。准确的放样和读数,有利于疏浚工程地形图的有效绘制。

6.2 疏浚工程排泥架设安装

(1)水上浮筒排泥管

为了提高疏浚工程中河道区域的排泥效率,选择以水上浮筒排泥管在通航区域外进行排泥。水上浮筒排泥管需保持恰当的曲率半径,避免因排泥管弯曲过大导致两管接头处爆开,或堵塞排泥通路。若在疏浚工程施工阶段,河道区域的水流速度、风速较大,有可能导致浮筒排泥管大幅度窜动,影响排泥过程封闭性或影响排泥效率,可以增设锚点,提高稳定性。浮筒锚之间的间隔不宜超过50m,便于锚点发挥稳定价值。疏浚排泥过程中,需关注浮筒排泥管是否存在跑冒滴漏现象,一旦发现及时填补,保证排泥的稳定性和效率。

(2)水下自沉式潜管

水上浮筒排泥管安设在通航区域外,水下自沉式潜管安设在通航区域内,降低疏浚工程对河道通航的影响。自沉式潜管的敷设长度需覆盖通航区域的宽度,敷设深度需满足通航区域往来船舶的最大吃水所需。自沉式潜管在一定深度的水下排泥,需有良好的承压性能和密闭性能,能够在河道水流冲刷、往来船舶水浪冲刷影响下保持稳定排泥。

（3）岸上排泥管线

岸上排泥管线敷设时,应遵循高效、低成本、平坦顺直、排高最小、转弯段顺畅的原则确定敷设线路,尽量避免绕远、爬坡等路线,降低排泥阻力损失。比如,岸上排泥管连接潜管出口一端设置在吹填区域靠近河道水域一侧的底坡附近,另一端设置在排泥区围堰的顶部,便于吹填。吹填出泥口应伸出围堰坡脚,伸出长度不低于5m,伸出高度不低于0.5m。岸上排泥管线设置牢固的支架,尽量取直,提高排泥效率,但水陆排泥管之间的接头应选用柔性材料,避免因水流、风吹影响潜管出水口少量位移导致接头松动。

水下自沉式潜管与浮筒、岸管的连接布置见图6-1。

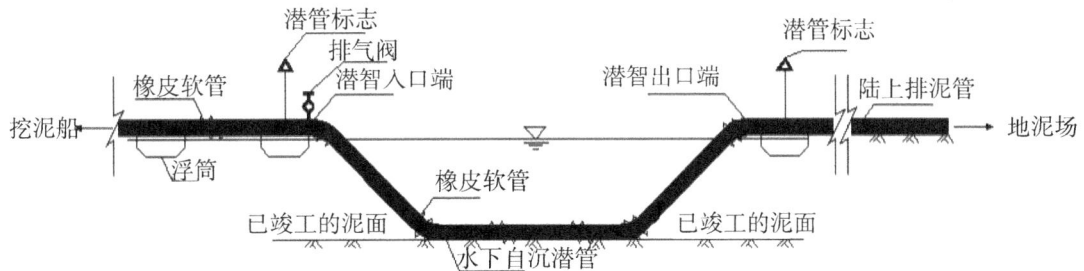

图6-1　水下自沉式潜管与浮筒、岸管的连接布置

6.3　绞吸船疏浚施工应用

疏浚工程中,各个施工段的施工应遵循"先远后近""先拓后浚""分区、分段、分条"的施工原则,根据疏浚对象区域的土层分布、排泥对象所在区域的方向和分布,合理安排分区、分段、分条施工。"先远后近"的疏浚施工原则,是保证排泥场吹填区接纳土方调配合理的关键。"先拓后浚"的疏浚施工原则,是降低绞吸船疏浚作业对河道通航负面影响的策略,拓宽通航水域为绞吸船争取到更大的腾挪空间,兼顾河道通航和水深维护疏浚作业。疏浚工程作业中,绞吸船优先疏浚水深条件差、河道窄,交通繁忙的河段,为工程的顺利实施奠定基础。因工程战线较长,必须采取"分区、分段、分条"措施,避免因施工断面不连续而搁浅通航船舶。河道根据绞吸船性能划分成多个疏浚区域,区域内划500m为一疏浚段,段内50m为一疏浚条。绞吸船由小到大逐条、逐段开展流水作业。

面对河底不同土质,绞吸船需要应用不同的操作方式提高疏浚效率。面对硬质黏土时,应适当降低铰刀转速、前移距离、横移速度,增加铰刀的下放深度和制动压力,避免因为硬质黏土的黏聚力而产生滚刀。面对沙土时,应适当上抬铰刀的下放深度,减少单次开挖泥层厚度,降低铰刀转速,避免过多沙土堵塞吸口或管道。一旦绞吸船作业过程中发现压力或真空仪表数据异常,应立刻停止铰刀横移,抬高铰刀,吹清水疏通管道。面对塑性黏土时,应每隔一段时间提高铰刀进行高压冲洗,避免因黏土影响铰刀的作业质量和效率。

7　结语

疏浚技术是保证疏浚工程作业质量和效率的技术基础,疏浚工程作业是维护河道通航水深满足需求的主要途径。本文主要围绕淮河干道正阳关至陕山口段进行疏浚工程作业的分析,探讨水深维护疏浚技术的应用策略和应用要点,目的在于提升河道行洪量,保证河道通航安全顺畅。

主要参考文献

[1]吴强. 关于厦门港海沧港区通航水域异常天气发生后适航水深应用的探讨 [J]. 珠江水运，2024(10)：99-101.

[2]郭庆超,陆琴. 以降低洪水位为目标的河道疏浚规模与效果研究 [J]. 水利学报，2022，53(4)：496-503.

[3]吴春忠,付颖千. 行洪区调整和建设工程施工河道疏浚工程 [J]. 珠江水运，2021,(17)：114-115.

[4]何瑞峰,徐本举,姚磊,等. 盐城滨海港区维护疏浚工程施工技术优化 [J]. 水运工程，2019,(7)：217-225.

南漪湖综合治理生态清淤试验工程清淤疏浚方案研究

陆健辉 弓平平 李 扬

（长江勘测规划设计研究有限责任公司 湖北武汉 430079）

摘 要：南漪湖经多年运行，目前已普遍出现泥沙淤积现象；受人类活动和社会经济快速发展等因素影响，流域内 N、P 等污染物大幅增加，导致湖区趋于富营养化状态，严重影响湖区防洪、灌溉效益的发挥，对居民生产、生活用水造成危害，急需对南漪湖进行生态清淤、扩容整治。结合湖区现场实际特征，研究制订南漪湖生态清淤可行方案，对湖区分区域、分阶段进行综合治理。根据试验工程确定的疏浚区域，通过地勘资料分析，采用"表层底泥清淤＋深层疏浚"的治理方案。

1 项目概述

南漪湖位于安徽省宣城市境内，属水阳江水系，系新构造断陷洼地经泥沙长期封淤积水而成的滞积湖，流域面积约 3800km²，是水阳江中游最大的调蓄洪区，素有"皖南洱海"之称。南漪湖水功能区划为宣城渔业、农业用水区，水质管理目标为Ⅲ类，在蓄洪、灌溉、养殖、旅游等方面为当地社会经济发展做出了巨大贡献。但受入湖河流、湖区周边水土流失及社会经济发展以及面源污染等因素的影响，南漪湖水质恶化、水生生态环境受到破坏，给南漪湖水环境带来了新的问题。2019 年 2—5 月连续 4 个月湖区国控水质监测点显示水质超标，为南漪湖水环境保护敲响了警钟，人们认识到南漪湖保护问题的严重性，在对湖区进行合理开发和利用的同时，需完善和加强对南漪湖的管理与保护，采取措施保护南漪湖生态环境，保障水资源需求及水生态环境的可持续发展。

根据 2019 年实测地形分析，南漪湖兴利水位 6.69m 时，水面面积为 160.5km²，蓄水量 2.35 亿 m³；20 年一遇设计洪水位 11.59m 时，水面面积为 200.1km²，蓄水量 11.53 亿 m³。由于逐年淤积，枯水位条件下，南漪湖现状局部水深已不足 1.0m，通过对比 20 世纪 80 年代和 2019 年南漪湖水下地形及水位—湖容曲线，湖床平均升高 0.8～1.0m，兴利水位以下库容减小了约 1 亿 m³；自 21 世纪初以来，南漪湖兴起养殖鱼塘、鱼光互补热潮，到 2005 年一度发展到养殖规模近 53.33km²，湖区修筑塘埂、高低坝，造成南漪湖 20 年一遇设计洪水位区域面积减少约 12km²。有限的水环境容量在风浪作用下，底泥易起悬浮，对水质影响较大；受人类活动干扰和流域经济社会快速发展的影响，地表径流携带污染物进入湖体，经长期积累，湖泊底泥受到污染，2017—2018 年夏季南漪湖均发

作者简介：陆健辉，男，高级工程师，从事水利工程工作，E-mail：lujianhui@cjwsjy.com.cn。

生了水华,富营养化问题有恶化趋势,湖区内部恶性循环,造成湖区内水生动植物生境遭到破坏,水体自净能力也急剧下降。2019 年 6 月 24 日起,安徽省生态环境厅对南漪湖汇水区域涉水项目环评实施限批。

根据 2017 年 8 月安徽省水利厅批复的《南漪湖流域治理规划》,南漪湖水环境的治理措施主要有加强流域污染源控制、生态清淤、优化水产养殖和水生态修复等;2017 年宣城市人民政府批复的《宣城市湿地保护总体规划》(2016—2025 年)提出,对南漪湖等呈富营养化的湖泊开展综合治理工程,消除内源污染、提高水体自净能力,采用环保疏浚的方式挖掘底泥,从而去除湖泊底泥所含的污染物,减少底泥污染物向水体释放,并为水生态系统的恢复创造条件。因此,为加强南漪湖水环境治理,强化流域污染源控制、生态清淤、优化水产养殖和水生态修复,对南漪湖等呈富营养化的湖泊开展综合治理工作,消除内源污染、提高水体自净能力十分必要。

2 总体技术路线

在湖泊环境调查与问题诊断分析的基础上,综合考虑底泥分布、污染特征、地质分层状况、水质、水生态和环境影响多种因素后,拟定将南漪湖西湖区南姥咀西岸作为试验工程的清淤范围。工程施工方案考虑湖区表层和深层土质差异和弃土处置难易程度等因素,主要从湖泊表层底泥清淤和深层疏浚两部分内容同时施工。清淤疏浚区总面积 8.18km²,总深度按 2.0m 控制,其中表层清淤深度取 0.2~0.5m,深层疏浚深度取 1.8~1.5m,总清淤量为 1637.11 万 m³。工程总平面布置见图 2-1。

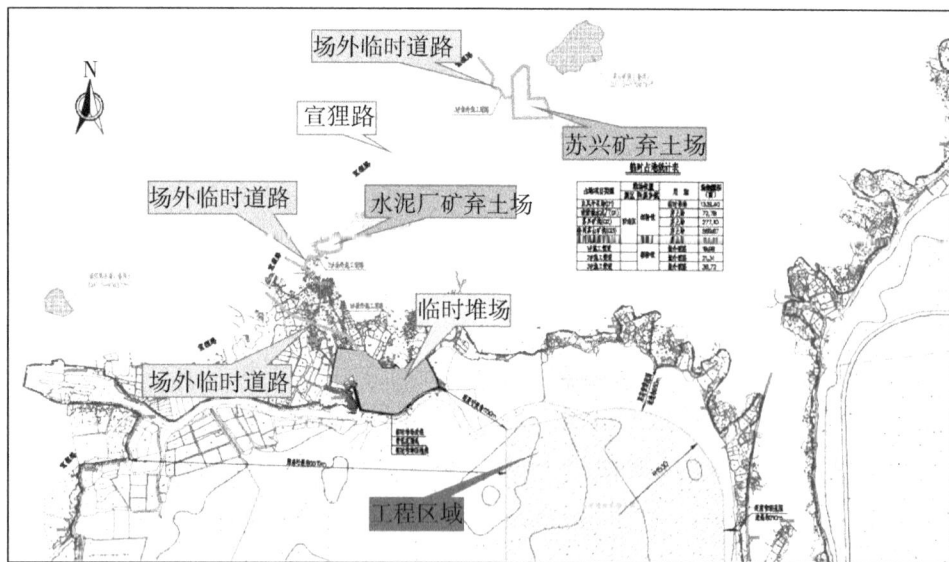

图 2-1 工程总平面布置图

本工程施工范围广、分项多,表层、深层清淤疏浚工程量大,根据工程特点和现场地形情况,结合工程进度要求对各项施工内容和工序进行分析,采取提早插入、流水作业、交叉施工、相互搭接等综合措施拟定本工程总体施工流程。总体技术路线见图 2-2。

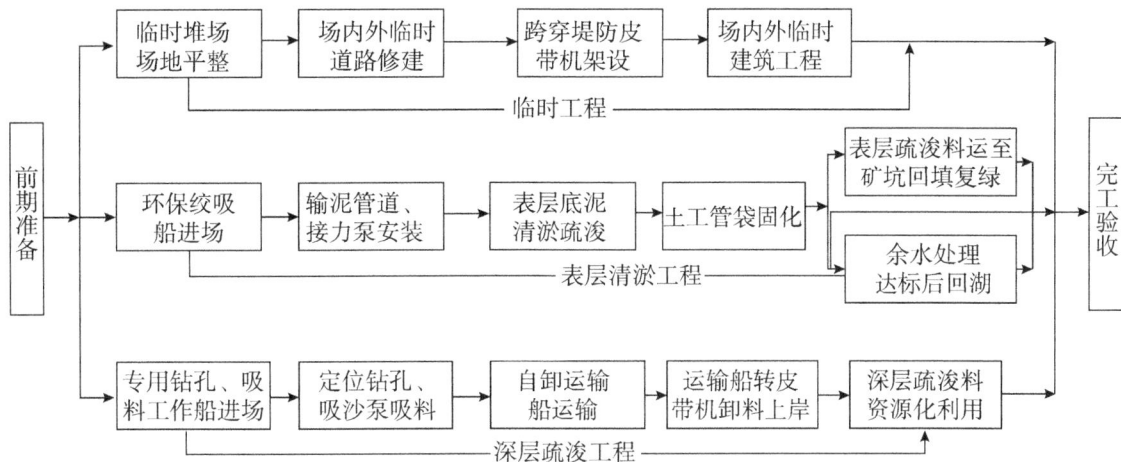

图 2-2　总体技术路线图

3　试验工程方案

3.1　表层底泥清淤疏浚

根据疏浚范围内表层底泥厚度及分布情况,确定疏浚区表层疏浚深度为 0.2～0.5m,表层底泥清淤疏浚工程量约 247.72 万 m³。

(1)疏浚工艺比选

对南漪湖表层底泥进行生态疏浚,一方面可消除河床淤泥,减少湖区内源污染,为水生态系统的恢复创造条件;另一方面可增强湖泊的调蓄容量和水体交换效率,增强水动力,为改善水环境创造条件。目前国内主流的河湖清淤方式有干法清淤、水下清淤、水陆两栖清淤等,考虑湖区面积较大,污染底泥清除需带水作业施工,常用的湖泊水下清淤疏浚设备主要有环保绞吸式、抓斗式和耙吸式挖泥船等,根据各种疏浚船舶的工作特性,对三种疏浚方式进行分析,见表3-1。

表 3-1　　　　　　　　　　　　水下底泥清淤方式比较

项目	环保绞吸式挖泥船	抓斗式挖泥船	耙吸式挖泥船
挖泥方式及条件	绞动真空吸挖,风浪较小	机械抓挖,风浪较小	挖泥斗挖出,风浪较小
排泥方式及条件	管送,可加接力泵	船送	船送
淤泥清淤疏浚效果	很好	一般	较好
淤泥扰动、流失尺寸	尺度小,无流失	尺度较大,流失大	尺度较小,一定流失
排料浓度	10%	90%	25%～35%
施工成本	一般	高	较高

项目	环保绞吸式挖泥船	抓斗式挖泥船	耙吸式挖泥船
主要优点	①船舶配备 GPS 定位系统,能获得精确的挖掘轮廓,淤泥清除效率最高; ②采用输泥管道直接将底泥直接输送至岸上,不会造成二次污染,长距离运土可直接串联接力泵增加排距; ③采用铰刀头机械切削底泥,刀头配备环保罩可有效减少对周边底泥的扰动,对水体功能影响较小; ④大型船舶可在宽阔湖泊水域进行清淤作业,小型船可在水面狭窄、水深较浅的河流工作,适应性强	①对地形适应能力强,开挖深度较大; ②自航抓斗挖泥船,无需辅助船舶协助移位时,机动灵活性能高; ③采用泥驳运输,受运距影响较小,能基本保持淤泥原状含水率不变,尾水处理量小	①施工时没有锚或缆索定位,可以自由移动,不影响其他船舶航行,疏挖范围精度控制低; ②疏浚船舶自带泥仓,适合远距离作业; ③适用巷道较深的区域,开挖淤泥效率高
主要缺点	①机械设备造价较高,供选择的施工队伍较少; ②清淤淤泥含水率较高,临时堆场尾水处理量较大,易产生二次污染; ③输泥管道易被杂质堵口,清理较困难	①不适合松软淤泥的开挖,清淤不彻底,易漏泥造成二次污染; ②对开挖深度不易控制,开挖厚度较薄底泥时,效率将大幅降低; ③对通航水深有要求,对水体扰动较大; ④淤泥需辅助船舶二次转运,易受干扰,造价高	①不能在狭窄的水域施工; ②溢流对水质影响大; ③目前国内最小耙吸式挖泥船为 500m³,满载吃水深度一般在 3m 以上,难以在浅水水域施工; ④耙吸式挖泥船为整体船,运输成本高; ⑤清淤淤泥含水率较高
比选结果	推荐	不推荐	不推荐

环保绞吸式挖泥船可挖掘、输送、排泥浆等连续作业,铰刀配备环保罩,清淤疏浚过程可以减少对周边水域环境的影响;船舶配备自动监控系统使挖泥船的精度和自动化程度进一步提升,有利于平面和垂直精度的控制;对排出的淤泥土可通过管道直接充灌进入岸上土工管袋进行固结处理,对临时堆场周边环境污染影响小,故表层淤泥清淤疏浚推荐采用环保绞吸式挖泥船进行疏浚。

(2)疏浚方案设计

1)疏浚船舶及设备选型

通过对南漪湖进出水道的现场勘查,进出湖区的主要水道北山河虽具备一定的通航能力,但主要通航点马山埠水闸枢纽,对通行船舶或水上平台有严格的限制(总长≤110m、型宽≤12m、水上净高≤3.6m、总吨位≤300t),大型绞吸式挖泥船等装备很难通过这个水闸到达工程现场,表层底泥疏浚推荐选用荷兰 IHC 公司制造的海狸 1200 型非自航环保绞吸式挖泥船(图 3-1)。其最大挖深10m,最大摆宽30m,最大排距可达 2km,平均生产率 450m³/h,船型尺寸:26.3m×6.69m×1.87m(总长×型宽×型深),满载平均吃水 1.25m。南漪湖常水位为 6.69m(目前实际水位 7.5m),施工区湖泊实际水深 2~3m,满足马山埠水闸枢纽通航行要求,该船适用于内河湖泊的底泥清淤工程。整条船为模块化设计,船体可拆卸、组装;配备全球卫星定位系统,平面控制采用 RTK 控制,确保挖泥精度在 10cm 内;配有船舶施工挖泥界面显示、疏浚范围及挖泥产量监测系统,提高了清淤疏浚的准确度;铰刀配环保罩可减少开挖面泥浆扩散,可防止污染淤泥扩散对周边水体污染。

图 3-1 海狸 1200 型环保绞吸式挖泥船

2)疏浚施工工艺

采用绞吸式挖泥船与接力泵船依次接力合泵的工艺,使疏浚系统达到最优组合,管线疏浚更加安全可靠,疏浚清淤工作效率得以提升。

以选定的环保绞吸式挖泥船的主要技术参数和施工区土质条件为基础,根据输泥泵扬程、管内流速、管壁摩阻系数、管内泥浆比重等基础参数,分别计算管路输送阻力损失、接力泵级数、临界流速等技术参数,确定接力泵船的型号、数量以及位置,按照就近排放的原则,将疏浚区域的表层清淤疏浚底泥排到拟定临时堆场内,其施工工艺见图 3-2。大致步骤如下:

①绞吸式清淤船进场、驻位:绞吸式清淤船驶入拟疏浚区域,通过船上安装的定位钢桩和钢桩起落装置,进行挖泥船的定位、船体的横移摆动和纵向前移作业。

②绞刀定位:绞吸式挖泥船在清淤施工区内定位后,松放挖泥船船前斗桥绞车钢缆,绞刀头呈垂直扇形慢速下放入水,按设计开挖,再按照分层开挖厚度及深度数据,通过深度监控仪表操作,对绞刀放设深度进行精确复位,并调整绞刀头开挖倾角。

③绞刀开挖:即开始启动绞车液压马达,绞刀头低速旋转,切削和绞松水下淤泥,使更多底泥随水流经吸泥管吸入。

④加压泵:由于排泥场疏浚距离较远,难以将疏浚土输送至排泥场,采用施工主船与多艘接力泵船串联施工工法,实现长达 30km 的疏浚排距,克服单船施工时设备扬程的限制,提高输送能力,降低运输成本及对水域环境影响。

⑤泥浆输送及排弃:通过挖泥船上离心泵的作用吸取绞刀切削挖掘的淤泥,并提升、加压,泥浆通过排泥管线全封闭输送,泥浆在进泥口区域排弃入排泥场。

⑥船体短线爬行、扇形横挖、直线前进:挖泥船在施工生产时,定位桩打设在湖底泥层中,实现对船体中心定位,并通过两个定位桩交替落桩,推动挖泥船位移,使船体在反作用力下短线爬行。挖泥船依靠挖泥船前端左右绞车收放锚缆,使船身以船尾定位桩为中心,船长为半径,绞刀头左右扇形移动,实现挖泥船扇形横挖法作业。

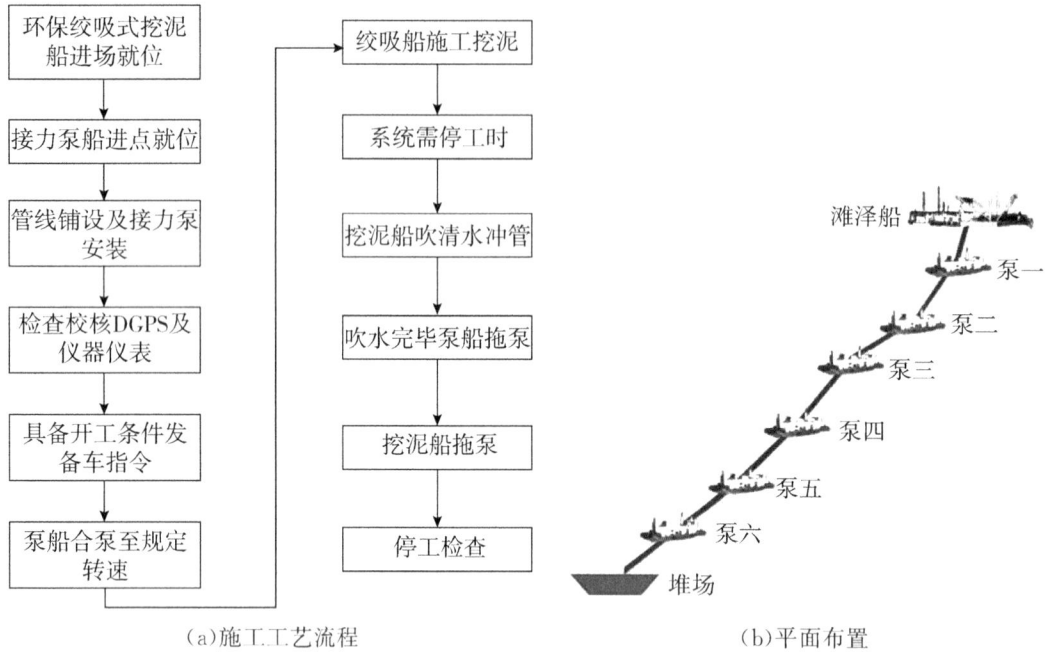

（a）施工工艺流程　　　　　　　　　　　　　　（b）平面布置

图 3-2　施工工艺流程及平面布置图

3.2　深层资源料清淤疏浚

根据地勘资料显示，试验工程疏浚区域土层分布自上而下分别为浮泥、流泥、淤泥，部分淤泥质土，重粉质壤土、粉质黏土、粉细砂、中粗砂、砾石、卵石层等，其中中粗砂层平均厚度约 2.5m，砾石层平均厚度约 3.5m。通过深层疏浚料利用的经济效益，既可缓解南漪湖生态环境治理的资金压力，又可解决弃土处置难题，因此深层疏浚主要考虑对中粗砂层和砾石层进行疏浚。

根据疏浚范围内深层资源料厚度的分布情况，确定疏浚区深层疏浚深度为 1.5～1.8m，深层资源料清淤疏浚工程量约 1389.39 万 m^3。

（1）疏浚工艺比选

对南漪湖深层疏浚，可增加湖区库容，增强湖泊水环境容量，为今后若干年的流域泥沙输入淤积影响留下余地，同时提升湖区防洪保障功能。南漪湖按常水位 7.3m 计，试验区深层资源料疏浚最大疏浚深度近 20m。根据对国内外疏浚工艺设备的调查研究，可满足深层疏浚深度的工艺设备包括双泵绞吸式挖泥船、射流式挖泥船、DOP Dreger 深水挖泥船、钻孔疏浚船等，根据各种疏浚船舶的工作特性，试验工程对这 4 种主要工艺设备进行分析比较，选择合适的疏浚设备（表 3-2）。

表 3-2　　　　　　　　　　　　　　　水下资源料清淤方式比较

项目	双泵绞吸式挖泥船	射流式挖泥船	DOP Dreger 深水挖泥船	钻孔疏浚船
挖泥方式及条件	绞动真空吸挖，风浪较小	射流吸入，风浪较大	吊放 DOP 泵疏浚，风浪较小	钻孔穿透后疏浚泵疏浚
排泥方式及条件	管送，可加接力泵	船送	管送或船送	管送或船送

项目	双泵绞吸式挖泥船	射流式挖泥船	DOP Dreger 深水挖泥船	钻孔疏浚船
淤泥疏浚效果	较好	一般	一般	一般
排料浓度	10%～20%	10%～20%	15%～25%	15%～25%
运作成本	一般	较高	较高	一般
主要优点	①疏浚较彻底；②对水体功能影响小；③可长距离运土	①疏浚较彻底；②疏浚深度大	①设备可拆分陆路运输,适合封闭水域；②疏浚深度大；③可灵活选择疏浚和运输方式	①扰动尺度较小,污染较小；②设备可拆分陆路运输,适合封闭水域；③可不疏浚覆盖层,扰动小,对水体功能影响小；④疏浚深度大；⑤可灵活选择运输方式
主要缺点	①必须先疏浚覆盖层,土方量大,扰动大；②临时堆场退水较多,易产生二次污染	①必须先疏浚覆盖层,土方量大,扰动大,对水质污染较大；②设备吃水深,尺寸大,浅水区域不适合	①必须先疏浚覆盖层,土方量大,扰动大；②采用吊放疏浚时疏浚不彻底；	①只能采用定点疏浚方式
比选结果	不推荐	不推荐	不推荐	推荐

　　根据上表分析,双泵绞吸式挖泥船、射流式挖泥船、DOP Dreger 深水挖泥船进行深层疏浚必须将表面的覆盖层剥离才能疏浚到指定深度的疏浚土;钻孔疏浚船采用配备的旋转绞切系统将钻杆穿透覆盖层,不需要进行上部覆盖层疏浚,大幅减小疏浚土方量,有效降低疏浚造价,可以大幅减少疏浚弃土,节约弃土的处理费用,在疏浚过程中对覆盖层的扰动最小,不影响水体功能,所以本工程选用钻孔疏浚船开展深层疏浚。

　　(2)疏浚方案设计

　　1)疏浚船舶及设备选型

　　钻孔疏浚船(图 3-3)由旋转绞切、高压冲水、疏浚吸泥、补水、桩架收放、下放导向、监控控制等系统组成,即采用旋转绞切和高压冲水联合作用穿透一定深度的土层,再开启钻杆底部的疏浚泵泵吸疏浚泥砂的疏浚设备,最大疏浚深度可达 50m。钻孔疏浚船可以直接疏浚设计深度的泥砂,覆盖土层自然沉降达到设计标高。钻孔疏浚船可以配备泥浆泵、接力泵将疏浚料输送上岸,也可以直接装船运输。所有系统安装在可拆分的疏浚平台上,可通过陆上运输进至南漪湖边,在湖边空地拼装完成后用 2 台 80t 汽车吊吊装下水,配套辅助锚艇和泥驳通过长江→水阳江→马山埠水闸枢纽进入南漪湖。钻孔疏浚船各系统简介如下:

　　①旋转绞切系统。

　　旋转绞切系统由液压泵、铰刀和驱动液压马达组成,通过液压铰刀的旋转切削,提高设备在覆盖层中的穿越速度,提高施工效率。该套设备由设置在船上的液压泵驱动。

②高压冲水系统。

高压冲水系统是实现深层疏浚必不可少的设备,高压冲水分为垂向破土用和水平旋转扩孔用高压冲水。垂向高压冲水通过布置在装置底部、吸沙头附近的喷嘴形成垂直向下的水流冲刷底部泥沙,与机械铰刀共同作用实现快速穿越的目的。水平旋转扩孔用高压冲水系统进水管布置在外套管两侧,通过电机驱动可以独立旋转,高压水泵将水流注入高压水箱通过电动闸阀切换水流,通过水平喷嘴向外喷水冲刷扩孔,利用水平方向的高压水冲刷实现扩孔冲刷的目的。

③疏浚吸泥系统。

疏浚吸泥系统是深层疏浚工艺的核心设备,疏浚系统可采用射流式疏浚装置或采用泥浆泵,主机设置在船舶平台内,吸泥口布置在绞刀之后。

④补水系统。

通过管线直接连接至疏浚泵吸口附近,可调节补水流量,通过高压补水保持疏浚位置的水压,防止疏浚过程中塌孔"闷泵",保证疏浚泵正常工作。

⑤桩架收放系统。

系统包括桩架、卷扬机等。通过卷扬机实现装置的下降与上升,桩架高度受疏浚深度、覆盖层厚度和水深等因素影响,根据三者的实际情况可计算出桩架最低高度。

⑥下放导向系统。

疏浚装置下放导向系统利用套管外侧的导轨与桩架上可开合的夹具配合,实现装置的顺利下放,并利用桩架上的夹具来抵抗铰刀切削时的切削力。

⑦监控控制系统。

为了在施工过程实时监测与控制吸砂设备的工作状态,安装监测各种流量、压力与浓度的传感器、测斜仪、水深测量系统和定位系统等,通过计算机对数据进行采集、处理、记录和显示以指导施工。采用液压系统操控全船设备并为铰刀提供动力。

图 3-3 钻孔疏浚船

2)疏浚施工工艺

深层疏浚船主要施工流程为钻孔疏浚船进场→拼装下水→设备定位→疏浚机具穿透覆盖层→机具向下挖掘进入疏浚层→扩孔疏浚→机具回收→移位到达下一个疏浚孔。

①钻孔疏浚设备定位。

钻孔疏浚设备采用平板驳船或者组合钢箱作为作业平台,安装 GPS 定位装置,到达疏浚区抛锚初步定位,抛锚完成后通过绞缆移动船位,精准控制疏浚管对准计划疏浚孔,下放疏浚机具至水下。

②疏浚机具向下穿透覆盖层。

启动吸泥泵,利用吸口前端用于垂直高压冲水喷嘴喷射的高速水流结合铰刀绞切,以较高挖掘速度穿过覆盖层,穿透过程中仅形成比吸泥管直径略大的圆孔,在此过程中对覆盖层的挖掘量不大。

③疏浚机具向下挖掘完全进入疏浚层。

疏浚机具进入计划深度的疏浚层后,便以较慢的速度向下挖掘,挖掘的过程中疏浚孔的孔径会因孔壁的坍塌而增大,吸泥管到达的疏浚层底部深度后,关闭用于向下挖掘的垂直高压冲水系统,并切换至水平旋转高压冲水系统,扩大疏浚孔孔径。

④疏浚机具扩孔疏浚。

利用可旋转的水平高压冲水装置喷射高压冲水扩大孔径,疏浚泵将坍塌到底部的泥沙吸出,直到疏浚孔的孔径到达其最大直径。扩孔疏浚过程中通过补水泵高压补水,补水量大于吸泥量避免疏浚孔坍塌闷泵。当疏浚层厚度较大时可以重复以上步骤,直至达到设计疏浚层的最大厚度。

⑤疏浚机具回收。

单孔疏浚作业完成后,回收疏浚机具,将船移动至下一个疏浚孔,准备进行下一个疏浚孔疏浚施工。施工工艺流程图和示意图见图 3-4。

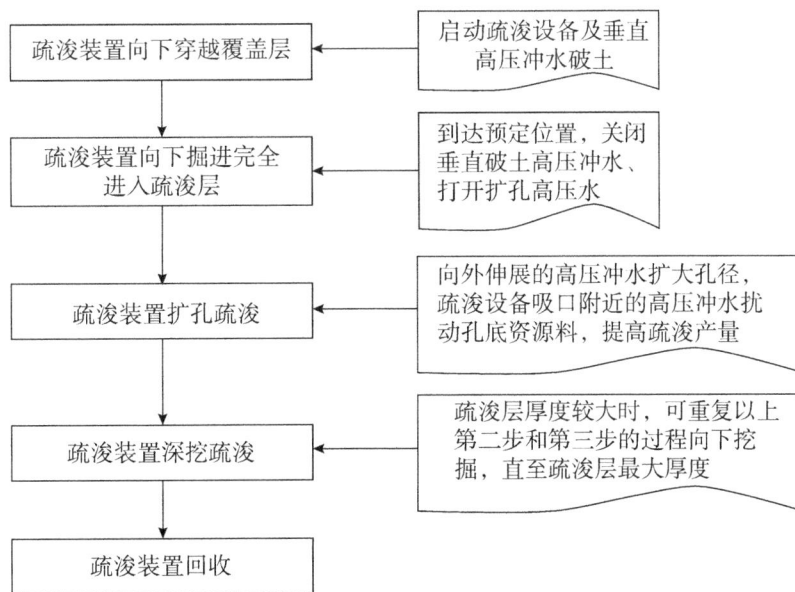

（a）施工工艺流程图

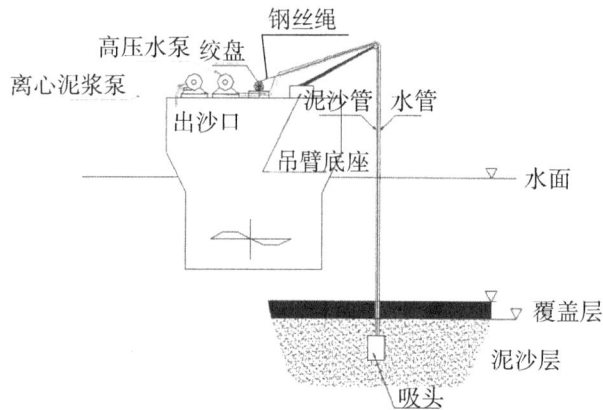

（b）施工示意图

图3-4 深层疏浚施工工艺流程图、施工示意图

4 结语

针对目前南漪湖湖体淤积严重、水质达标不稳定、水生态环境退化、富营养化日趋严重、水质断面考核压力大的严峻形势，通过实施南漪湖生态清淤试验工程，清除试验区湖泊表层底泥，削减内源污染，可提升水体自净能力，为生态系统的恢复创造条件；通过深层疏浚湖泊扩容，增加湖区库容，增强湖泊水环境容量，为今后若干年的流域泥沙输入淤积留下余地，同时提升湖区防洪保障功能为水生态环境的改善乃至水质考核断面的水质达标创造条件。

在试验工程实施过程中，通过实时监测、数值模拟、专家咨询等技术手段，不断分析工程建设对南漪湖防洪、生态环境、灌溉、航运等方面的影响，为下阶段整体推进南漪湖生态清淤积累了经验，为后续工程实施提供了定量化的科学依据。

主要参考文献

［1］林风，罗荣民，徐昶.深水覆盖层下取砂技术研究［C］//中国交通建设股份有限公司.中国交通建设股份有限公司2007年现场技术交流会论文集.重庆，2007.

［2］诸青，黄伟.南漪湖生态清淤试验工程方案研究［J］.海河水利，2024（1）：32-36.

湖北省火山口水库淤积分析及清淤方案初步研究

唐金武[1]　望思强[1]　卢　锐[2]　邓松柏[2]

(1. 长江勘测规划设计研究有限责任公司,湖北武汉　430072;

2. 枝江清润资源开发有限公司,湖北宜昌　443200)

摘　要:湖北省火山口水库自 1976 年建成以来,发挥了巨大的灌溉、供水、防洪效益。然而,随着水库运行,库容不断淤积缩小,截至 2022 年兴利库容损失了 20.8%,严重制约了水库功能正常发挥。本文分析了火山口水库淤积情况及其影响,研究了火山口水库清淤方案。结果表明,为恢复水库设计库容并考虑一定备淤库容,疏浚方量约 370 万 m³,疏浚工程实施有力保障了水库灌溉、供水、防洪等效益的正常发挥。

关键词:火山口;清淤;库容

1　引言

　　水库是国家水网的重要调蓄结点,是防御水旱灾害、优化水资源配置、提升国家水安全保障能力的"重器"。截至 2022 年底,我国已建成水库约 9.8 万座,总库容约 9887 亿 m³,全国中大型水库的供水量超过 2700 亿 m³,占总供水量的 40% 左右。然而,我国相当多的水库建成于 20 世纪 60—70 年代,经过几十年运行后,随着泥沙淤积,水库库容减小,制约了水库效益正常发挥,威胁着周边地区水安全,因此及时对水库进行清淤,维持正常库容,保障水库功能正常发挥,显得尤为必要。近年来,我国几乎各地都在研究并实施水库清淤,这些研究都有丰富的地形、地质等资料,对于资料极度缺乏的水库如何清淤研究不多。本文以火山口水库为例,分析其淤积情况及相关影响,初步研究了清淤方案,可供资料缺乏的水库清淤参考。

2　火山口水库淤积情况

2.1　水库概况

　　湖北省火山口水库位于宜昌市境内(图 1-1),大坝位于长江一级支流玛瑙河上游支流芝字溪,下游距枝江市安福寺镇 7km,距枝江市城区 30km。水库分两期建设,一期工程于 1967 年 5 月完成,规

作者简介:唐金武,男,高级工程师,主要从事河道治理规划设计研究工作,E-mail:jinwu_tang@foxmail.com。

模为小(1)型;二期扩建工程于 1976 年 9 月完成,水库规模达到中型。扩建后,水库按照 50 年一遇洪水设计、1000 年一遇洪水校核,正常蓄水位 127.20m,死水位 111.10m,设计总库容 1652 万 m³,兴利库容 1305 万 m³,为中型水库。水库枢纽由大坝、溢洪道、高低输水管等建筑物组成。大坝为均质土坝,坝顶高程 130.30m。溢洪道由进口明渠段、控制段和泄水段组成,全长 604m,其中控制段采用驼峰堰,堰顶宽度为 70m,堰高 0.52m。水库无排沙孔。

火山口水库建设任务以农业灌溉和工业生活供水为主,兼顾防洪、水产养殖。水库设计农业灌溉面积 31.33km²,灌溉流量 5.0m³/s,平均年净灌溉供水量 1958 万 m³。水库工业生活供水主要受水对象为安福寺水厂,取水口位于水库西南角,近年来水库向水厂年均供水量约 766.5 万 m³,满足安福寺镇食品园区工业用水和当地约 2 万人生活用水需求。水库保护下游 1km 处宜黄高速公路、国家重要铁路干线焦柳复线、国家主要输电干线华中电网及下游安福寺集镇耕地和居民等防洪安全。

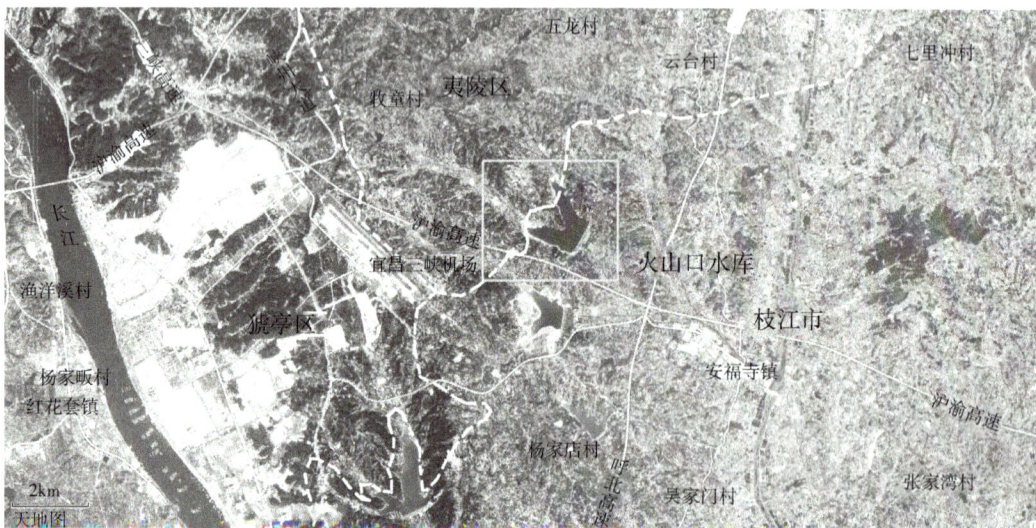

图 1-1　火山口水库地理位置示意图

2.2　淤积分析

水库建成时间久远,经与枝江市水利局、火山口水库管理处等沟通,未寻得水库建设前以及建设过程中库区地形资料,难以通过地形对比分析水库淤积情况。因此,本文基于 2022 年库区实测 1∶2000 平面地形,计算不同特征水位下的库容并与相应水位下的设计库容对比,分析其淤积情况,见表 1-1。

从表 1-1 可以看出,多年来库区泥沙淤积总量约 326 万 m³,占水库设计总库容的 19.73%,淤积速度约 5.8 万 m³/年;死库容损失 14.2 万 m³,占设计死库容的 94.80%,兴利库容损失 271 万 m³,占设计兴利库容的 20.8%,调洪库容损失 39 万 m³,占设计调洪库容的 10.83%

表 1-1　　　　　　　　　　　　　　水库库容损失情况表

库容	总库容	兴利库容	调洪库容	死库容
设计值/万 m³	1652	1305	360	15

库容	总库容	兴利库容	调洪库容	死库容
2022年实测值/万 m³	1321.7	1034	321	0.8
库容损失量/万 m³	326	271	39	14.2
库容损失比例/%	19.73	20.80	10.83	94.80

2.3　影响分析

（1）对灌溉、供水的影响

多年来的泥沙淤积造成火山口水库兴利库容减小，大幅削弱了水库调蓄能力，严重影响了水库农业灌溉和工业生活供水功能的正常发挥。走访调查表明，近年来灌溉、供水时常不能满足要求，自2010年以来，因火山口水库供水不足，福寺镇食品园区已发生过三次较严重的断水事件，影响整个园区的工业生产。为适当缓解供需矛盾，不得不通过东风渠提前从上游水库调水，例如2018、2019、2022年分别从上游白河水库调水350万 m³、350万 m³和100万 m³。

（2）对下游防洪的影响

为分析火山口水库淤积对下游防洪的影响，针对设计洪水、校核洪水，开展了设计库容、现状库容下的调洪演算。入库流量过程数据来自文献[7]，设计水位库容曲线由火山口水库管理处提供，现状水位库容曲线根据2022年实测地形计算而得，调洪演算结果见图2-1。

从图中可以看出，在设计洪水条件下，若水库不淤积，最大下泄流量为191m³/s，现状库容下，水库最大下泄流量增加至201.3m³/s，增加幅度约5.4%；在校核洪水条件下，若水库不淤积，最大下泄流量为331m³/s，现状库容下，水库最大下泄流量增加至355.3m³/s，增加幅度约7.3%。即多年来的泥沙淤积侵占了水库的调洪库容，在遭遇相同的洪水过程时，由于水库调洪能力下降，下泄洪峰流量增加，在设计洪水和校核洪水条件下，最大下泄流量分别增加了5.4%和7.3%，不仅不利于下游公路、铁路、耕地、村镇的防洪安全，而且坝前水位、溢洪道流量均超设计，不利于坝体自身的安全。

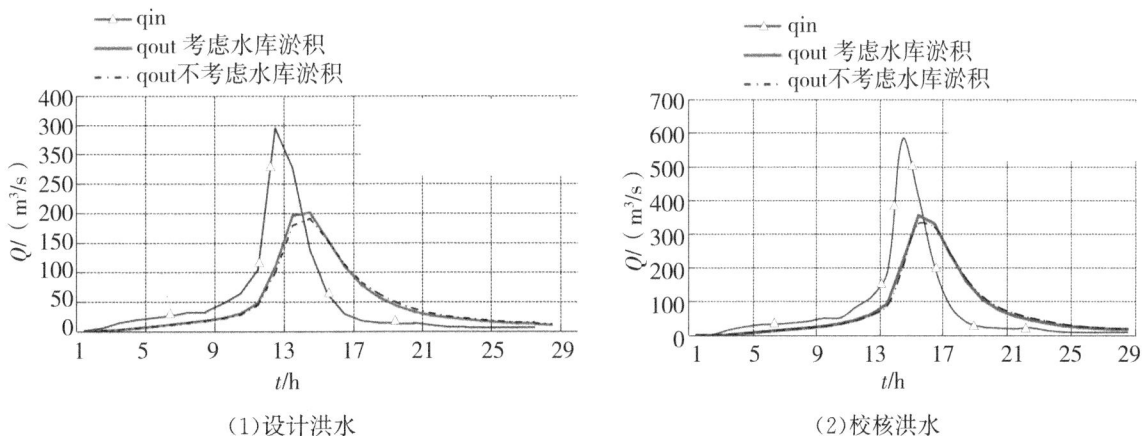

（1）设计洪水　　　　　　　（2）校核洪水

图 2-1　火山口水库淤积前后调洪演算结果

3 清淤方案研究

3.1 方案平面布置原则

本次清淤方案平面布置遵循以下原则:

(1)保护已有水利工程安全的原则

疏浚工程布置不得威胁火山口大坝坝体安全,不得影响取水口正常运行。

(2)稳妥安全的原则

疏浚工程实施不得产生新的不利影响,主要是疏浚边坡不宜过陡导致库岸坍塌进而影响水库周边的农田、林木。

(3)减少协调难度的原则

火山口水库北侧小部分区域位于宜昌市夷陵区境内,剩余的大部分区域(包括坝体、取水口)均位于枝江境内。为减少沟通协调难度,暂不考虑在夷陵区境内疏浚。

3.2 方案平面布置

根据火山口水库划界范围成果,火山口水库大坝管理范围和保护范围为坝体上下游各150m,因此为避免疏浚工程实施对坝体稳定产生影响,暂定疏浚边界线距坝体最近距离250m;火山口水源地保护区范围为以取水口为圆心、半径为300m的范围,暂定疏浚边界线距取水口最近距离350m。此外,为减少协调难度,疏浚边界线距夷陵区—枝江市境界线最近距离30m。考虑以上限制,结合水库地形、地势,本次清淤初步平面布置见图3-1。总平面布置顺应水库形态,并与大坝、取水口、警界线等保持一定距离,总疏浚面积约63万 m²。

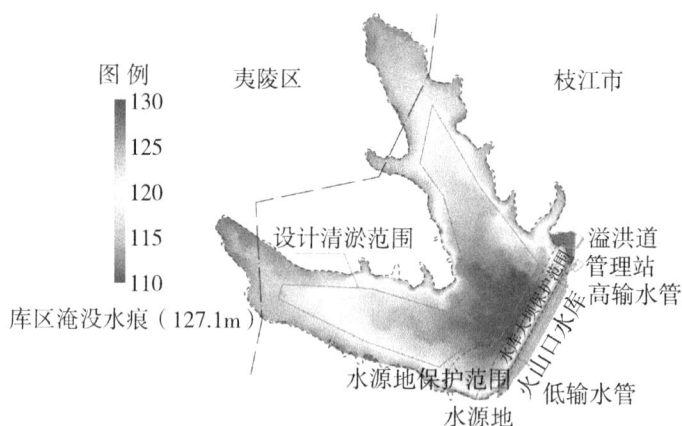

图 3-1 清淤初步平面布置

3.3 清淤量

根据前文水库淤积分析可知,火山口水库建成至今,死水位以上库容淤积总量约312万 m³,年均淤积约5.8万 m³。本次清淤工程,一方面要将死水位以上库容恢复至设计库容,即死水位以上清淤 312 万 m³,另一方面为保障未来一段时间内水库兴利库容不受损失,避免频繁清淤对水库带来的不利影响,还应考虑一定备淤量,按照 10 年备淤时间计,备淤量共计 58 万 m³。因此,本工程清淤总量共计 370 万 m³。

根据上述分析,本次清淤面积约 63 万 m²,清淤量约 370 万 m³,则平均清淤深度为 5.9m。

4　结语

本文基于火山口水库设计资料以及近期实测资料,分析了火山口水库淤积情况及其影响,研究了火山口水库清淤方案,主要结论如下:

①火山口水库建成以来,库区泥沙淤积总量约 326 万 m³,占水库设计总库容的 19.73%,淤积速度约 5.8 万 m³/a,兴利库容损失 271 万 m³,占设计兴利库容的 20.8%,调洪库容损失 39 万 m³,占设计调洪库容的 10.83%。

②火山口水库的淤积导致水库灌溉、供水、防洪等效益不能正常发挥。近年来灌溉、供水时常不能满足要求,安福寺镇食品园区已发生过三次较严重的断水事件,影响整个园区的工业生产。此外,库容减小,水库调洪能力下降,下泄洪峰流量增加,在设计洪水和校核洪水条件下,最大下泄流量分别增加了 5.4% 和 7.3%,不仅不利于下游公路、铁路、耕地、村镇的防洪安全,而且不利于坝体自身的安全。

③考虑水库地形、地势以及坝身安全、取水口安全、库岸稳定等的要求,初步确定的清淤范围约为 63 万 m²。清淤量包括兴利库容淤积量以及备淤量,合计 370 万 m³。平均清淤厚度约 5.9m,主要是疏浚正常蓄水位与死水位之间的区域。

主要参考文献

[1] 杨启贵,王秘学. 我国水库大坝安全挑战与运维思考[J]. 中国水利,2024(5):6-10.

[2] 向燕,刘轶敏. 一级水源地保护区内水库清淤施工技术研究[J]. 四川水利,2023,44(5):71-74.

[3] 钟京发,钱斌. 修文水库泥沙淤积现状及生态清淤措施分析[J]. 水利技术监督,2023(8):241-245.

[4] 孙浩东,刘韵. 清淤技术在马旺水库的分析与应用[J]. 黑龙江水利科技,2024,52(4):91-93.

[5] 孟祥凯. 新疆博尔塔拉蒙古自治州"五一"水库清淤技术研究[J]. 水利技术监督,2023(10):133-136.

[6] 张旭. 常庄水库淤积分析及清淤扩容措施[J]. 河南水利与南水北调,2023,52(10):11-12.

[7] 宜昌市水利水电勘察设计院. 湖北省枝江市火山口水库除险加固工程初步设计报告[R]. 湖北:宜昌,2008.

河道清淤疏浚施工技术控制方法

吴　刚[1]　吴子墨[2]

（1.江苏省水利建设工程有限公司，江苏扬州　225000；

2.河海大学，江苏南京　210024）

摘　要：本文以淮河干流正阳关至峡山口段行洪区调整和建设工程疏浚项目为例，先介绍了该疏浚项目的情况，继而深入探讨了在河道淤泥清理施工中可能遇到的技术挑战。接着，分别从详尽的水文地质研究、精确的淤积土方量估算、关键工程问题的应对策略、全面的施工规划制定、强化的工程节能设计以及建立风险预警系统等多个角度，详述了河道疏浚施工技术的管控策略。

关键词：河道清淤疏浚；施工技术；控制方法

1　引言

伴随着科技进步与人口增长，地球环境面临严峻挑战，频繁遭遇极端气候现象，一些生态敏感地带遭到侵蚀，水土流失与洪水隐患并存。特别是在河流沿岸地带，河流形态的自然演化尚未完全成熟，叠加长期气候变化的影响，导致河床淤积问题日益突出。若不对河道进行定期疏浚与清理，河道的通行能力可能会显著下降，过流断面受限，从而对周边居民的人身安全和财产构成潜在威胁，亟待采取有效措施进行治理。

2　河道清淤疏浚施工工程概述

2.1　工程概况

为使淮河干流正阳关至峡山口段行洪能力达到 10000m³/s，同时满足河道滩槽泄量 8000m³/s 的要求，结合堤防退建，对该段河道内涧沟口至峡山口段 24.843 km 河道进行疏浚拓宽。淮河干流正阳关至峡山口段行洪区调整和建设工程疏浚项目施工 1 标主要工作范围为：疏浚淮河干流正阳关—峡山口段河道 14.368km（桩号 103＋098～117＋466）。主要建设内容如下：

（1）河道疏浚工程

淮干疏浚，范围为 103＋098～117＋466，长 14.368km。

作者简介：吴刚，男，高级工程师，主要从事水利水电工程施工设计工作，E-mail：370553513@qq.com。

（2）排泥场永久安全防护工程

排泥场围挡和警示标牌等。

（3）渡口重建工程

冯台渡口、朱台渡口、孙台渡口及元新渡口4处渡口重建。

（4）水土保持工程

植被恢复及管理养护、临时拦挡、临时排水措施等。详见工程量清单。

2.2 工程任务

由于该区域沿岸滩涂地貌的动态演变，局部河段的泥沙淤积问题尤为突出，特别是在枯水季节，河段水位明显下降，部分区域陷入严重干旱，这对河流生态环境构成潜在威胁。滩涂杂乱无章不仅影响了河道景观，还对周边社区居民和游客的日常活动及游览安全构成了隐患。因此，本工程项目旨在通过实施河道深度疏浚与淤积治理，消除周边妨碍水流的边滩和中心滩，以确保贡江的洪水通行路径畅通无阻，从而增强其洪水承载能力。设计流量考虑了20年一遇和50年一遇的极端洪峰流量，而枯水期的治理流量则依据12月至次年2月间的长期平均枯水流量进行规划。

3 河道清淤疏浚施工的重要性与准备要点

3.1 河道清淤疏浚施工的重要性

优化河道维护至关重要，可确保地区的洪水防御体系更为坚固，并推动农业经济的持续增长。然而，当前我国在河道疏浚清淤工作中面临诸多挑战：大量的泥沙淤积使河床抬升，导致河道的排水效果不佳。尤其在砂质堤岸部分，由于含有易流失的砂质基础，一旦遭遇高水位或洪水猛涨，堤防溃决的风险显著增加。同时，沿堤的串沟施工方法也可能对堤坝稳定性构成威胁。通过精细化的河道清淤疏浚，能够有效控制淤泥累积，提高堤坝的泄洪性能。施工团队应采用高效清淤技术，将低洼区域填实，稳固河床结构。此外，强化河槽管理，确保水流稳定，是从源头上预防河道险情的关键步骤。这不仅有助于提升整体防洪能力，也为施工队伍提供了明确的工作导向。

3.2 河道清淤疏浚施工的准备要点

在河道清淤疏浚项目启动前，需由专业团队进行详尽的现场评估，精确估算工程规模，并依据详细的施工蓝图制定计划。蓝图应涵盖整个项目的周期，以及各类预计需求的设备，如清淤疏浚的泥浆泵，以及辅助机械，如推土机和挖掘机。施工过程中的关键注意事项如下：

①透彻理解施工图纸中的所有规定，特别是河道的剖面特性，包括水质参数和淤泥的主要组成。

②在确保桥梁安全的前提下，对施工区域内的桥梁设施进行细致的性能测试，必要时优化施工设备以适应桥梁承载能力。

③重点关注河道清淤疏浚施工现场的电力供应问题，如果发生电力供应不足，可考虑利用邻近的水源站作为备用电源。并且，在布设电线时要规划好线路路径。

④确保淤泥处理阶段的水源充足，优先利用河道原有的水源，强调资源的可持续利用。

⑤明确淤泥堆放的具体区域及其地形地貌特征,这对后续的处理至关重要。

⑥施工指挥中心的位置选定需兼顾效率和便利性,要考虑如何有效地利用河床空间,以优化河道清淤疏浚施工的管理。

⑦施工营地的选址需与施工工艺相匹配,充分考虑地理位置对作业的影响。

除此之外,优化工程设备在提升淤泥清理效率中扮演着核心角色,目前被广泛采纳的策略包括创新的挖掘技术。例如,先进的螺旋挖泥机凭借其高效且环保的特性,在常规任务中都能胜任河岸管理。其独特的设计搭载了无阻塞泵旋挖头液压系统,这一系统犹如引擎般驱动旋挖头进行连续的滚动动作,驱动切割刀深入作业,有效松动特定深度的淤积物质。这些物质随后泵送至排泥管道,精确地运到预定收纳区域。另一方面,绞吸式挖泥船在河道清洁中也显示出卓越的优势。这种装置由拖曳动力、精密泥浆泵以及一系列精确导向元件组成。它能精准锁定挖掘剖面的轮廓线,然后在预设点位精确切入,期间通过钢缆绳的灵活操控,使得铰刀以精准的横移方式挖掘淤泥。借助定位桩的引导,挖泥过程如同接力赛般持续进行,形成有序的推进循环。

4 河道清淤疏浚施工技术的控制措施分析

4.1 水下清淤施工技术及其控制措施

(1)抓斗式

河道治理团队在执行清淤疏浚任务时,会选择先进的挖掘设备——挖掘式挖泥机,以高效地清理河床堆积物。其操作步骤如下:

①首先,操作员精准操控挖泥机,将前端的挖掘爪伸入河床,确保深度足够,一旦到达河床底层,立即锁定并提升设备。

②其次,挖出的淤泥通过挖泥机转移到专用的运泥船上。

③重复这一过程,通过连续的循环作业,逐步清除河床的厚重淤泥。对于淤积深厚的河流,这种技术展现出显著的优势。在实际操作中,工人会根据河床的具体状况,如泥层厚度及潜在障碍,灵活调整策略,以提升工作效率,压缩整个项目的周期。

(2)泵吸式

通过创新设计,将水泥处理和淤泥清除技术结合,将水泥处理设备与吸泥泵置于共享的外壳中,运用高压水流将河床的沉积物转化为流动的泥浆,再由吸泥泵高效抽离。这套装置巧妙地安装在船上,提供了极高的作业灵活性,能够灵活地应对河道各处的清理任务。

为了确保河道疏浚效果的显著提升,施工团队需严格遵循各项操作规程,实行严谨的施工管理体系。管理者则需构建完善的质量监控体系,每一工程环节完成后,都应迅速组织专业技术人员进行细致的验收,一旦发现任何问题,立即采取纠正措施,以此确保河道疏浚质量的持续优化。

(3)铰吸式

施工策略采取了独特的螺旋吸口技术,虽然过程繁琐,但其输送泥浆的管道设计具备卓越的密封性能,确保施工期间无泥浆泄漏。在实际操作中,施工团队灵活应对河床特性,持续优化河道清理与拓宽的策略,目标是最大程度地减轻对水上交通的影响。

对于现场操作,每位工人需敏锐洞察河床状况,遇到的问题及时向管理层反馈,并对现有工艺进行动态调整,以提升整体清理效率。同时,项目管理团队肩负重任,不仅要监控工程进度,还要在确保进度的同时,严格控制施工对周边环境的潜在污染。另外,要致力于提升员工技能,通过严谨的培训和教育,确保施工有序进行,从而显著降低意外事故的发生率。

4.2　排干清淤施工技术及其控制措施

（1）干挖清淤施工技术

在着手进行河道清理工程之前,首要步骤是作业团队需严谨执行排水程序,确保施工区域内的所有水体完全排出。通过运用先进的挖掘设备,对河床深度进行深度挖掘,目标是清除每一寸沉积的淤泥,务求彻底。在这一过程中,施工负责人需精准规划淤泥的临时存储策略,通过调度专用的渣土运输车辆,有条不紊地将清理出来的泥土转移至预先设定的合适地点,以保持施工场地的有序运用。

（2）水力冲挖施工技术

在开始河道淤泥疏浚工程前,关键步骤包括预设集水区域并配置专业的水力冲刷设备。这套设备专门用于深入挖掘河床淤泥,将大量泥浆引导至预先设定的低洼区域。这里,泥浆的抽取并非随意为之,而是通过精密的泥浆泵系统进行高效且有序地运输。最终,这些泥浆会被精准地运送到预定的堆积区域。

为了施工效益最大化并确保流程顺畅,施工单位在正式施工前需进行详尽的前期调研。这涉及对河道环境的详细分析,包括地形、水流特性以及可能遇到的挑战。在此基础上,定制个性化的施工策略。施工团队需严格遵循这一策略,但同时保持灵活性,一旦发现策略与现场状况有所偏差,及时调整并实施最适合的解决方案。

4.3　环保清淤施工技术及其控制措施

近年来,随着环保意识的日益增强,环保型河道疏浚技术崭露头角,在推动可持续发展的同时,也提升了水体环境的质量。施工队伍借助专业设备,可实现高效而环保的河道疏浚,减少对生态环境的干扰。

河道的环保疏浚技术展现出独特的特性。

①高度精确的挖掘技术使作业人员能准确掌握淤积状况,避免不必要的深度挖掘。

②作业过程中对原始河床的损害微乎其微,且不会引发二次污染。

③机械设备操作噪声低,降低了对周边社区的干扰。

在实施过程中,施工团队还需确保桥梁和其他跨河设施的安全,如河岸建筑。若疏浚可能影响到这些结构,应谨慎考虑是否继续挖掘。面对陡峭河岸的滑坡问题,需灵活运用松木桩进行临时性支撑,但需确保不会损害下方的建筑物结构。对于城市河道,考虑到密集的建筑物和承载压力,施工人员需对河岸进行加固,确保松木桩加固不影响现有基础设施。一旦发现施工异常,应立即暂停并报告给设计团队,共同制定应急解决方案。排泥管道的安装要求平直无弯折,接口密封牢固,一旦发现漏水,应迅速修复或更换。在设置排泥管道时,要尽量避开影响河道设施,如需要穿越公路,务必遵循相关部门的规定进行施工。

4.4 加强工程节能设计

从能耗视角审视施工工程的设计策略,可以从几个核心领域着手优化能源管理:

①施工布局应以环境适应性和经济效益为导向,坚持"灵活布局、高效利用、最小占用"的原则。通过精细规划,充分发掘并整合现有场地资源,降低不必要的资源消耗。

②在照明系统上,工程应严格遵循能源效率标准,引入高效能光源,如选用高光效 LED 或紧凑型荧光灯,并配以高能效、高利用系数的灯具,确保其在低能耗状态下提供充足的照明,或是采用节能型电感或电子镇流器替换传统设备,进一步提升能源效率。

③在设备管理方面,设备配置需兼顾科学性和实用性,设备间的协同工作得以优化,从而减少无效能耗。同时,实施定期维护保养计划,对施工设备进行细致检查,及时修复和更换磨损部件,防止设备故障导致能源浪费,确保设备性能稳定和能源利用率最大化。

4.5 建立风险预警机制

在项目的实施进程中,它对社会稳定的影响多元且复杂,涉及工程规划的制定、水质管理中的废弃物处理、声环境影响、交通流动性以及社区秩序等多个层面。针对这些潜在的社会风险,对于淮河干流正阳关至峡山口段行洪区改造及航道疏浚工程,我们强调必须依据翔实的作业情境,构建全面的风险监控体系,并制订有效的风险预防策略,以确保人类活动与生态环境的和谐共生。

4.6 做好施工整体规划

确保施工流程流畅运行的关键在于强化管理层和专业技术团队的介入。团队需深化工程任务解析,深入探究区域的自然环境和社会经济特性,以降低非预期的人为干扰,同时明确工程管理的边界,持续评估各阶段的改进成果及其潜在影响。在项目组织架构中,由于参与方众多且涉及多专业,引入先进的信息技术至关重要。需要建立一个高效的沟通平台,以便在工程遇到问题时,能迅速联络到相关人员,迅速实施解决方案。

施工材料和设备的选取与管理同样不容忽视。对于可能存在恶劣环境的堆放区,务必实施严格的保护措施并指定专人监管。使用任何设备前,必须严格进行设备状态检查,以防止施工过程意外中断。此外,制定严谨的施工技术质量管理规程,将临时建筑和公共设施统一规划、集中管理,这是保障工程质量稳定的关键步骤。

5 结语

总体而言,河道清淤与疏浚作业面临诸多挑战,施工过程中屡次遭遇复杂难题,这不仅对施工安全构成潜在威胁,还可能干扰工程的顺利进行,影响施工技术效益的充分发挥,以及清淤和疏浚工作的精准实施。因此,企业应当树立严谨的技术管控理念,针对施工过程中的具体难点和技术特性,实施精细化的技术调控和协同管理。这样既能提升施工效率,又能最大化各种技术的优势贡献。

主要参考文献

［1］雷宇.树山坑小流域河道清淤疏浚工程施工技术[J].河南水利与南水北调,2023,52(12):55-56.

［2］周强.围堰法河道疏浚清淤施工问题探讨[J].中国水运,2023(1):96-98.

［3］李燕忠.赣州市某河道清淤疏浚施工技术控制方法分析[J].黑龙江水利科技,2022,50(11):25-27＋53.

［4］湛楠,王维,汪棋.河道清淤疏浚施工技术分析[J].工程建设与设计,2022(21):202-204.

［5］王晓英,金杰,吴佩锋.河道清淤疏浚施工现状及常见问题探究[J].中华建设,2021(10):156-157.

秦淮河清淤施工技术

黄 伟 诸 青

(长江河湖建设有限公司,湖北武汉 430000)

摘 要:本文以南京市秦淮河环保清淤施工技术为研究对象,分析了秦淮河清淤工程的背景、意义以及清淤技术的选择。通过对清淤工程的具体施工流程和技术的深入剖析,探讨了清淤工程在环保、水环境改善、防洪排涝能力提升等方面的积极作用。同时,总结了清淤工程在施工过程中取得的经验教训,可为我国其他城市的河道清淤工程提供借鉴和参考。

关键词:南京市;秦淮河;环保清淤;施工技术;水环境改善

1 引言

秦淮河作为南京市的母亲河,承载着丰富的历史文化,同时也是南京最大的入江支流,具有重要的行洪通道和城市景观河道功能。然而,随着城市发展的不断加快,秦淮河内源污染问题日益严重,河道淤积情况加剧,严重影响了水环境质量和城市宜居环境。为了改善秦淮河的水环境,提升水质和防洪排涝能力,南京市决定实施秦淮河清淤工程。本文详细介绍了南京市秦淮河清淤施工技术,以期为类似工程提供参考。

2 工程概况

(1)工程背景

秦淮河位于南京主城,全长 23.85km,流经江宁区、秦淮区、建邺区、鼓楼区,至三汊河汇入长江。作为南京的母亲河,秦淮河孕育了灿烂的南京文化。然而,近年来秦淮河受到内源污染和河道淤积的严重影响,水质恶化,行洪能力下降。为了改善秦淮河的水环境,提升水质和防洪排涝能力,南京市决定进行秦淮河清淤工程。

(2)工程目标

秦淮河清淤工程是南京市十五年来主城河段的一次大规模清淤工程。清淤工程旨在解决河道

作者简介:黄伟:男,正高级工程师,主要从事河道环保清淤方向研究工作,E-mail:10108791@qq.com。

淤积问题、提高防洪排涝能力、改善水环境等。工程实施范围为中和桥至三汊河口闸段,全长13.35km。

（3）工程内容

秦淮河清淤工程主要包括疏浚工程、生态修复及信息化维护系统建设。疏浚工程是通过清除河道内的淤泥,改善河道水质和行洪能力;生态修复是通过恢复河道生态功能,提升水质和改善生态环境;信息化维护系统建设是通过建立信息化管理系统,实现对河道水质和生态环境的实时监测和维护。

（4）意义

1）环保

清淤工程减少了外秦淮河内源污染,改善了水环境,有利于提升水质。

2）防洪排涝

清淤后,河道在面临汛期来洪时,能实现减负,更有力地保护两岸居民的安全。

3）城市景观

清淤工程使得秦淮河河道焕然一新,提升了城市宜居环境,提高了市民的幸福感。

3　清淤施工技术

（1）淤泥清除技术

根据秦淮河的实际情况,经过充分调研和比较,选择了环保绞吸、水下挖掘等清淤方法。

该技术利用环保绞吸船将河道内的淤泥吸入船内,然后将淤泥运输至指定地点进行处理。该技术具有高效、环保、安全等优点,能够有效减少对河道生态环境的影响。

（2）淤泥处理技术

清淤工程中产生的淤泥需要进行合理处理,以减少对环境的影响。淤泥处理技术主要包括固化处理、稳定处理和资源化利用。固化处理是通过添加固化剂,将淤泥转化为固化土,用于城市建设等领域。稳定处理是通过添加稳定剂,减少淤泥的毒性,使其达到环保标准。资源化利用是将淤泥作为肥料、建筑材料等资源进行利用,实现资源的循环利用。

（3）生态修复技术

生态修复是清淤工程的重要组成部分,通过恢复河道生态功能,提升水质和生态环境。生态修复技术主要包括水生植物种植、湿地建设和生态岛建设。水生植物种植是通过种植具有净化水质功能的水生植物,提升水质。湿地建设是通过建设湿地生态系统,实现对水体的自然净化。生态岛建设是在河道中建设生态岛,为水生生物提供栖息地,促进生态多样性的恢复。

（4）信息化维护技术

为了实现对河道水质和生态环境的实时监测和维护,清淤工程建立了信息化维护系统。该系统包括水质监测、生态监测和信息管理平台。水质监测通过安装水质监测设备,实时监测河道水质状况,及时发现和处理水质问题。生态监测通过安装生态监测设备,实时监测河道生态环境状况,及时发现和处理生态问题。信息管理平台将监测数据进行整合和分析,为河道管理和维护提供决策支持。

4 结语

南京市秦淮河清淤工程是一项重要的环境保护工程,通过清除河道内的淤泥,改善水环境,提升水质和防洪排涝能力。本文详细介绍了秦淮河清淤施工技术,包括淤泥清除技术、淤泥处理技术、生态修复技术和信息化维护技术。这些技术的应用为秦淮河清淤工程提供了有效的技术支持,为类似工程提供了参考。希望本文能为南京市秦淮河清淤工程提供一定的参考价值。

离心脱水集成系统在应急污泥处置中的优势

梁英杰 吴 琪 张璞楚

（上海市离心机械研究所有限公司，上海 200003）

摘 要：某污水厂曝气池应急清淤服务中，利用本公司 C 系列移动式离心脱水集成系统对污水厂曝气池污泥进行清淤应急服务。首先通过浮筒泵以人工清理曝气池表面漂浮的固体垃圾，然后利用浮筒泵将池中污泥抽吸至均质池中，待污泥浓度稳定在一个范围内，再进入移动式离心脱水集成系统，对污泥进行连续的脱水处理，分离后的清液回到污水厂进一步处理，脱水后的污泥直接外运。对比其他污泥处置方法，移动式离心脱水集成系统无须土建、占地面积小、处理量大、封闭式运行、自动化程度高、可 24h 连续运行等，满足短时间内完成一定量的清淤应急处置服务要求。

关键词：清淤；移动式；撬装；离心脱水

1 引言

宁夏某污水厂污泥池污泥堆积时间过久未处理，造成环境污染，须尽快进行清淤及污泥脱水处置，随后将清空的闲置污泥池进行土方回填。

本文针对宁夏某县污水厂曝气池进行了清淤处理，应急处置曝气池中的污泥，在最短的时间内将池中污泥清淤上岸并对其进行脱水固化处置。脱水固化后的污泥外运至填埋场暂存，待统一处置。

2 背景

2.1 项目概况

污水处理场原曝气池中生活污水剩余污泥须在 25d 内完成清淤及污泥脱水处置应急服务，每个曝气池中约有污泥量 210000m³，通过泵送将曝气池（地面以上约 7m）中污泥抽出，送入相关处理设备进行脱水处理，脱水后的污泥根据第三方环保公司检测为一般固废，达到焚烧相关标准；污泥含水率不大于 80%（湿基含水率），日处理规模不小于 1000m³；脱水后的污泥运送至当地生活垃圾填埋场暂存。经过脱水设备分离的清液回到污水厂进行进一步处置。污水厂曝气池中污泥见图 2-1。

作者简介：梁英杰，女，博士，主要从事污泥固化方面工作，E-mail：lyj@csci.com.cn。

本项目原本采用板框压滤机对污泥池中的污泥进行脱水处置,由于板框压滤机单台处理量较低,间歇式运行,24h 不间断处置也难以满足 25d 内完成应急处置服务的目的,于是第二曝气池中的污泥采用一套离心脱水集成系统进行脱水。

图 2-1 污水厂曝气池中污泥

2.2 C 系列脱水固化设备介绍

本项目属于污泥应急处置服务,时间短、处理量大,故采用 C 系列移动式脱水集成系统。C 系列脱水集成系统参数见表 2-1。

表 2-1   C 系列移动式离心脱水集成系统参数

型号	水力负荷 /(m³/h)	装机功率 /kW	重量/t		外形尺寸 (L×M×H)/m
C3	15	<45	8		11.0×2.7×3.7
C5	50	<90	主机柜	12	6.1×2.5×2.9
			辅机柜	8	6.1×2.5×2.9
C9	200	<360	主机柜	45	12.2×2.5×2.9
			辅机柜	8	6.1×2.5×2.9

由于项目要求日处理规模不小于 $1000m^3$,每天 24h 连续运行,根据表 2-1 中的水力负荷的参数,故本次应急服务采用上海市离心机械研究所有限公司的一套 C5 移动式离心脱水设备(图 2-2)。

图 2-2 C5 移动式集成离心脱水系统

3 应急服务

3.1 移动式集成系统

C5 移动式集成脱水系统由 3 个 20 尺的集装箱组成,撬体内包括 LW530 型离心脱水设备、电控柜、加药装置及均质池。此集成系统可以轻松快速地投入运营,多用于污水厂污泥应急处置,可以并排摆放,若场地有限,集成系统可上下叠放用于紧凑的运行环境中,也可用于中试快速到达现场立即开展全面的固液分离作业。

3.2 应急服务方案

本项目利用浮筒泵将7m深的污泥泵送上岸,经过振动筛初级分离,除去污泥中的大颗粒物质(砂石、藻类、树叶、生活垃圾等),流态污泥进入均质调配池,再泵送至离心机入口,与投加的絮凝剂混合,由离心脱水机进行固液分离。离心脱水机利用离心力和比重差,使清淤上岸污泥分离成为固渣和分离液。其中固渣被排出后外运填,分离清液可以作为调配水回用或直接到排污水处理场进行进一步处理后达标排放。通过控制系统,整个处理过程实现了自动化(图3-1)。

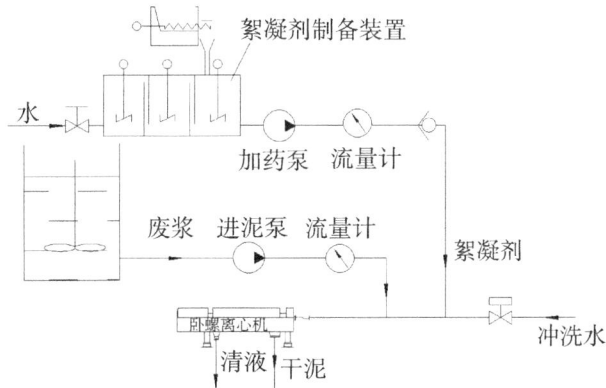

图3-1 离心脱水工艺流程图

3.3 现场处理情况

进入系统的污泥含水率95%～98%(湿基),密度1.02～1.18g/cm³,离心机运行条件是转鼓转速3000～3200r/min,螺旋差速5r/min,运行所加药剂为阳离子型PAM,其药剂浓度为0.1%。经过系统脱水处理后,固渣含水率78%～80%,通过传送带运送至土方车外运,40min左右可以装满20m³的土方车。清液通过管道排放至暂存池待污水厂后续处置(图3-2)。

(a)污泥　　　(b)处理后固渣　　　(c)处理后清液

图3-2 现场系统处理前污泥和处理后固渣与清液照片

3.3 应急服务特点

C 系列移动式集成脱水系统的最大特点就是连续运行,无须土建,简单土地平整便可开始作业,相对于常用的 $500m^2$ 板框压滤脱水机,C5 型系统每小时处理量是 $500m^2$ 板框压滤机的 2 倍,且安装简单,占地面积紧凑。一套 C5 系统 24h 连续作业,就可以满足此次应急服务的要求。系统白天与夜间作业照片见图 3-3、图 3-4。

图 3-3 系统白天作业照片

图 3-4 系统夜间作业照片

4 结语

通过此次应急服务的要求,使用离心脱水系统处理污泥的优势很明显:

①撬装集成系统运输方便。

②单套系统模块化设计,可根据现场情况随意组合摆放。

③无须大型土建,仅做简单的土地平整处理便可将系统安置。

④单套处理系统对比其他脱水方式每小时处理量大。

⑤系统可 24h 连续运行,自动化程度高。

⑥全过程封闭进行,对周边环境友好。

⑦可根据应急服务的需求,选择不同型号、不同数量的脱水系统。

⑧脱水后的污泥满足外运及后续资源化处理的需求。

⑨分离后的清液还可作为调配水回用,节约资源。

5　应用前景

对比其他脱水设备,C 系列移动式集成脱水系统适用于各类小型及对场地限制的应急服务,例如污水厂污泥池中堆积污泥和垃圾填满场垃圾渗滤液的应急处置方面具有明显的优势。

随着各种各样小型应急服务的增多,对环境保护要求越来越严格,移动式集成脱水系统在淤泥、污泥清淤及脱水的应急处置的应用得越来越广泛。

主要参考文献

[1] 江君,徐高宗.卧螺离心机在城市胡泊污泥脱水中的应用[J].环境工程学报,2015,9(1):453-458.

[2] 张士辰,盛金保,李子阳,等.关于推进水库清淤工作的研究与建议[J].中国水利,2017(16):45-48.

[3] 王亚伟(2013).浅论水库清淤的重要性[J].商品与质量·建筑与发展,2013(10):844-845.

[4] 庞治星.广东某市自来水厂投加 PAM 对水厂水效果影响研究[J].广东水利水电,2015(3):17-19.

[5] 阮智伟.卧螺离心机在城镇河道底泥处理中的设计与应用[J].中国水利,2016(22):31-32.

滩土泥采用斗轮式挖泥船开挖研究

李生东　　张桂兴

（浙江省疏浚工程有限公司，浙江湖州　313000）

摘　要：斗轮式挖泥船作为航道整治与滩涂资源开发中不可或缺的工程设备，其开挖滩土泥的性能直接影响工程的效率与成本。本研究针对斗轮式挖泥船在特定土质环境下的作业能力进行深入探讨，构建了滩土泥的力学模型，并结合斗轮机械结构特点，探究挖掘过程中斗轮与土体间的复杂相互作用机制。利用 FEM/DEM 等先进的数值模拟技术，模拟了开挖过程的流固耦合效应，分析了斗轮旋转角速度、土体摩擦系数及黏聚力参数对开挖性能的影响。通过实验验证，确立了各项模拟参数的准确度，并对斗轮工作参数进行了细致优化。在性能评估方面，综合考虑作业效率、能耗指标等多维度标准，建立了科学的评价体系，对 900 型号挖泥船在温州区域滩土泥开挖工程成功案例进行了详尽分析。同时，针对开挖条件下的作业安全性，建立了一个包括设备性能监控、运行状态模拟与预警系统在内的综合安全评价与管理框架，旨在最大限度地降低潜在的作业风险。研究结论显示，在斗轮式挖泥船设计与作业策略中融入优化结果，可显著提高开挖效率与设备安全性能，对推动斗轮挖泥船技术创新及滩涂资源高效开发具有重要意义。

关键词：斗轮式挖泥船；滩土泥开挖；数值模拟；性能评估与优化；安全性分析

1　引言

1.1　研究背景

斗轮式挖泥船作为一种重要的水利疏浚设备，广泛应用于河道疏浚和低洼地区的填土工程。其通过斗轮的旋转切削力，能够在水下进行高效的土方开挖，尤其适合处理淤泥、黏土和砂土等多种土质。然而，尽管其施工效果显著，实际操作中仍面临一些挑战。例如，900 型斗轮式挖泥船在开挖超过 3000m 排距的土方时，虽然能满足施工要求，但由于泥浆输送速度的降低，施工效率下降，造成了显著的经济损失。

针对挖泥区泥层薄、开挖难度大和效率低的问题，工程中引入了具有较强切割和挖掘能力的斗轮式挖泥船"临江号"。这种船型采用"台车拾前进，横移绞车"施工工艺，能够有效提高挖泥的精准

作者简介：李生东，男，助理工程师，主要从事滩土泥开挖研究工作，E-mail:247717535@qq.com。

率和效率,但仍存在清淤不彻底和回淤等问题。这些问题不仅影响了施工质量,也增加了水体污染的风险。

为了改善斗轮式挖泥船的施工效果,研究必须集中在提升其挖掘效率和施工质量上。未来的研究可以探索新型挖掘动力的应用,改进现有的施工工艺,并结合实际工程需求进行设备的创新与优化。此外,针对泥层的不同特性,开发适应性强的施工方案也将是一个重要的方向。

这项研究的意义在于,通过提升斗轮式挖泥船的施工效率和质量,不仅能够降低工程成本,还能够有效保护水体环境,促进可持续发展。随着对水利工程需求的不断增加,优化斗轮式挖泥船的性能将对整个行业产生深远影响。

1.2　研究内容

本文以斗轮式挖泥船在开挖滩土泥的应用为研究对象,深入探讨其开挖机理及性能优化问题。斗轮式挖泥船作为一种高效的水下开挖设备,以其良好的适应性和高效的作业能力在现代水利工程中发挥了重要作用。随着对河道疏浚、滩涂开发及港口建设等需求的不断增加,对斗轮式挖泥船开挖滩土泥的研究显得尤为重要。本研究的主要目的是揭示斗轮式挖泥船在滩土泥开挖中的工作原理,并探讨其在不同工作条件下的开挖性能及安全性,从而为优化设计和实用性提供理论依据和技术支持。

本研究工作主要有以下几部分:

①对斗轮式挖泥船的结构特征及工作原理进行了系统性的梳理,深入分析了其动力学模型和流体力学特性。

②采用计算流体动力学(CFD)方法对开挖过程进行数字仿真,建立开挖机理模型。

③针对不同滩土泥类型,评估斗轮式挖泥船的开挖性能,并进行实船试验以验证模型的准确性。

④还对开挖过程中的安全性因素进行了分析,探讨了可能影响作业安全的各种参数及其优化方法。

⑤结合实验结果与理论分析,提出了优化斗轮式挖泥船开挖性能的建议和未来研究方向。

本文第1章中,绪论部分介绍了斗轮式挖泥船的研究背景和应用现状,阐述了该研究的重要性与必要性。在详细的文献综述中,概述了国内外在类似研究领域的成果与不足,并明确了本研究的创新点和研究目标。

第2章主要探讨斗轮式挖泥船的基本理论与研究方法,通过对机械传动、液压系统及切削工具的综合分析,提出了完整的技术路线。该章节还探讨了不同工作条件对开挖效率的影响,为后续开挖机理分析奠定了基础。

在第3章中,详细讲解开挖机理与过程模拟。通过构建数学模型和数值模拟,研究了斗轮式挖泥船在不同泥土类型和水深条件下的工作模式。模拟了泥土切削过程中的水流动及泥土颗粒反应,揭示了泥土的流变特性对开挖效率的影响。这一部分为开挖性能的评估提供了理论依据,也为后续优化提供了数据支持。

第4章专注于开挖性能评估及优化,依托实验和数值模拟的结合,系统评估了斗轮式挖泥船在不同黏度、密度和水流速对开挖性能的影响。通过对比试验与模拟结果,提出了切削速度、斗轮转速以及切削角度等关键参数对开挖效率的作用机制,为提升斗轮式挖泥船的开挖性能提供了优化方案。此外,对存在的技术瓶颈进行了分析,并给出了相应的改进建议。

第 5 章围绕开挖条件下的安全性分析进行了深入探讨,针对斗轮式挖泥船在复杂水域作业时面临的风险,从机械故障、环境影响及作业误差等多维度进行了研究。提出了一系列安全防护措施,如作业参数监测与反馈控制系统,确保在不同作业环境下的安全性。同时,分析了在极端天气和水文条件下,斗轮式挖泥船作业的可行性及其应急响应策略,以应对突发情况。

本文创新之处主要体现在对斗轮式挖泥船开挖机制的系统分析及优化模型的建立,从数值模拟到实船试验,提出了多维度的验证方法。通过实证研究,探讨了相关的技术与安全问题,并预期成果能为斗轮式挖泥船的后续技术改进提供参考。整体而言,本研究希望为斗轮式挖泥船在滩土泥开挖中的实际应用提供理论支持,助力水利工程的安全高效发展。

2 基本理论与研究方法

2.1 斗轮挖泥船概念及分类

斗轮挖泥船是一种专用的水下开挖设备,主要用于河道、港口、水库、海边等场所的疏浚和维护工作。其主要功能是通过斗轮的旋转和挖掘,实现对泥土和淤积物的有效铲除。斗轮挖泥船通常配备多个斗齿,能够在水下以一定的深度进行松动土层,并通过吸力或推力将挖掘的泥土输送到船体的泥仓中。此类船舶的工作效率和作业能力使其成为泥沙治理的重要装备。

根据设计和应用的不同,斗轮挖泥船可分为多种类型。常见分类包括传统式斗轮挖泥船、沉船挖泥船和自推进挖泥船。传统式斗轮挖泥船是最基本的设计,适用于大面积的水域,具备较强的挖掘能力,斗轮的直径通常在 2～5m。沉船挖泥船则适合在深水区域作业,通过深水沉降的方式提升作业效率。自推进挖泥船则具有导航和移动能力,能够在复杂水域条件下进行作业,灵活性较高。

斗轮挖泥船的工作深度通常可达到 10～30m,部分高端型号可实现更深层的挖掘。斗轮挖泥船的挖掘速度受到多种因素的影响,包括水流速、泥土硬度以及斗轮转速等。一般来说,挖掘速度为 20～50m/min。在泥土和砂层的切割过程中,斗轮的转速通常控制在 0.5～3r/min,以确保大规模的泥土松动和应力分配。

为了提高挖泥船的作业效率,还可引入高级的泥浆输送系统,能够在挖掘的同时直接将泥沙排放至指定位置,以减少卸载时间。此外,现代斗轮挖泥船通常配备先进的监测设备,如深度测量仪、倾斜仪和液位传感器等,能够实时反馈作业状态,提高作业的安全性和效率。

在选择斗轮挖泥船时,应考虑多重因素,包括水域状况、污泥类型和作业规模等。通过合理配置斗轮挖泥船,可以在实现高效挖掘的同时,降低环境影响,为水域管理和开发保驾护航。

2.2 滩土泥的特性分析

滩土泥作为水下疏浚工程中的重要材料,其物理和工程特性对斗轮式挖泥船的作业效率具有显著影响。滩土泥主要由细小颗粒(直径小于 0.075mm)、有机物和水组成,其含水率通常为 30%～80%,导致滩土泥具有较高的流动性和塑性。与一般土壤相比,滩土泥的渗透性较低,通常在 $1×10^{-7}$ 到 $5×10^{-6}$cm/s 范围内,这使得滩土泥在水流作用下容易产生泥沙流动。

滩土泥的内摩擦角一般在 20°～30°,而其黏聚力为 5～15kPa,具体数值受组成粒径、含水量和有机物含量影响较大。对于斗轮式挖泥船来说,若滩土泥的黏聚力过强,可能会影响挖掘效率,导致设备负荷增大。泥层的厚度在2～5m变化,可能对挖掘作业的稳定性和安全性产生不同影响。

在进行滩土泥的挖掘作业时,土壤的状态(如饱和度和温度)也显得尤为重要。饱和状态下,其强度表现明显减弱,容易导致挖掘过程中的坍塌风险。常用的有效应力和孔隙水压力分析方法可帮助评估泥土在挖掘过程中的行为。

滩土泥的切削参数是影响斗轮式挖泥船开挖效率的重要因素。研究表明,最佳切削速度为0.2～0.4m/s,刀片的角度与形状需要根据滩土泥的物理特性进行动态调整,以达到最佳的挖掘效果。此外,为了提高滩土泥的液化速率,常常采用添加药剂的方法,如聚合物改性剂,以改善泥土的流动性能,降低黏附性。

在实际作业中,要密切监测土体的实时状态以及作业参数,并依据不同土体特性调整挖掘参数,保证操作效率和安全性。综合考虑泥土性质、流动性及应力状态等因素,将有助于优化斗轮式挖泥船的作业策略,提高滩土泥的挖掘效率,满足工程需求。

2.3 斗轮式挖掘技术研究

斗轮式挖掘技术是一种高效的水下挖泥装备,适用于岸边和浅水区域的滩土泥开挖。该技术通过斗轮的持续旋转,利用其独特的斗齿结构实现泥土的抓取和挖掘。斗轮直径通常在3～5m,斗齿的数量通常在12～36个,能够有效提高挖掘速率和泥土的抓取能力。其技术研究流程及难点见图2-1、表2-1。

挖掘过程中,斗轮的转速和行走速度是影响挖掘效率的关键参数。斗轮的转速一般控制在0.5～1.5r/s,行走速度则应在0.1～0.5m/s,以保证泥土的不同性质能够被有效挖掘。对于不同类型的滩土,所需的挖掘力和切削强度也有所不同,通常情况下,修改斗齿的间距和类型可以优化挖掘性能。

斗轮式挖掘技术还需要关注混合推进宽度和倾斜角度,这两个参数直接影响挖掘的稳定性和效率。通常情况下,混合推进宽度应设置为0.5～1m,而倾斜角度保持在15°～30°,有助于减小泥土的流动阻力和提升泥土的排除效率。

在设备设计中,斗轮式挖掘机的结构需要采用高强度材料,以承受持续的挖掘压力。常用材料包括高锰钢和合金钢,这些材料具有良好的耐磨性和强度,可以延长斗轮的使用寿命。此外,为了提高工作效率和降低能耗,现代斗轮式挖掘机常配备液压系统,以实现对斗轮的精确控制。

在实际应用中,斗轮式挖掘技术早已获得多项成

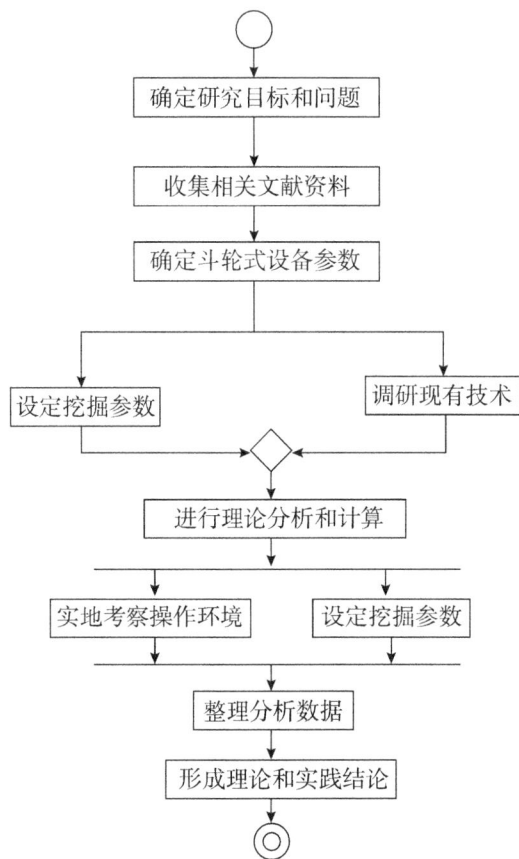

图2-1 斗轮式挖掘技术研究流程

功案例,尤其在港口疏浚、河道清理和湿地恢复等工程中得到广泛应用。挖泥船通常具备拆卸陆运

能力,能够在多种水域条件下作业,且操作灵活性高,适应性强。

随着环境保护要求的提升,斗轮式挖掘技术的未来发展正向低噪声、低排放的绿色挖掘方向迈进。很多研究者正在探索新型斗轮设计和智能化控制系统,以提高挖掘的智能化和自动化水平,从而实现更高效和环保的挖掘解决方案。

表 2-1 斗轮挖掘技术难点一览

难点类型	难点描述	影响因素	解决技术	参数指标	优化方法	预期效果
土质适应性	滩土黏性大,挖掘困难	土壤黏结力	精确调控挖掘参数	斗轮转速	根据反馈调整斗轮转速和挖掘深度	提高土壤适应性
能耗控制	挖泥作业能耗高	泥土密度,功率损耗	高效能源管理系统	功率输出:1800kW	优化能源分配,降低无效功率损失	降低运行成本
挖掘精度	挖掘深度和宽度控制难	操作技术,传感器分辨率	自动控制系统	挖掘误差:±5cm	实施自动导航和深度控制	提高施工精度
设备磨损	斗轮式挖掘设备易磨损	硬土层混合,设备材料	耐磨材料应用	斗齿寿命:5000h	采用高硬度耐磨材料	延长设备寿命
操作稳定性	挖掘时设备震动大	动力输出不匀,负载变化	动力平衡调节	震动指标:≤0.3g	采用多点支撑和减震技术	提升操作安全性
环境保护	挖掘造成的二次污染	挖掘过程中泥水分离	泥浆处理技术	固液分离效率:95%	优化固液分离设备	减少环境影响
挖泥深度	极限挖掘深度难以满足要求	斗轮深度限制	深海斗轮技术	最大挖掘深度:30m	开发深海挖掘技术方案	扩大作业范围
数据监控	船舶数据收集不完整	传感器覆盖范围	高精度传感网络	数据精度:0.01单位	布置全覆盖传感器网络	实现精细管理
挖掘效率	提升斗轮挖掘速率	挖掘机械性能	优化驱动系统	挖泥速率:250m³/h	增强动力系统性能	加快工程进度

2.4 研究方法论述

本研究围绕斗轮式挖泥船在滩土泥开挖过程中的方法论进行探讨,采用了实验法、数值模拟法和现场测试法相结合的研究策略。实验法设计了多组不同泥土性质的采样,通过标准颗粒分析仪获取泥土的粒径分布、含水率和密度等基本参数,以确定其物理力学特性。在此基础上,针对挖泥船的作业特点,建立了适合滩土泥开挖的模型。

数值模拟法采用 ANSYS 流体动力学软件,对斗轮式挖泥船在不同工况下的泥土挖掘过程进行模拟。具体参数设置为:斗轮转速 400r/min、斗宽 1.2m、挖掘深度 1.5m。模拟中考虑了势能、动能及泥土屈服强度的影响,结果显示泥土的抗剪强度对于挖掘效率和能耗具有显著影响,泥土屈服强度设定为 50kPa,模拟的最大挖掘量为 60m³/h。

现场测试法则在实际挖泥船作业过程中进行数据收集,选择了典型的滩土泥开挖区域进行为期一个月的跟踪观察,使用数据采集系统监测挖泥效率、能耗和作业安全性。从测试记录中获取的挖泥均速为 1.8m/s,平均耗能为 2.5kWh/m³,挖掘成功率达到 95%。此外,为了研究开挖过程中泥土的流动性和变形,使用了静力触探法(CPT)和动态触探法(DPT),深入分析了泥土的承载能力及其在挖掘过程中的反应。

综合各项研究方法的结果,发现不同的泥土成分和含水率对斗轮式挖泥船的作业效率有直接影响。当含水率超过 30% 时,泥土的流动性增加,挖掘效率提升;而在含水率较低(低于 20%)的情况下,泥土黏结性增强,导致挖掘机具磨损加剧,且能耗大幅增加。

本研究的创新之处在于将多种方法结合应用,实现了对斗轮式挖泥船在滩土泥开挖过程中的深入分析,为后续研究和实际作业提供了的重要依据和优化建议。

3　开挖机理与过程模拟

3.1　开挖机理分析

斗轮式挖泥船在开挖滩土泥的过程中,主要依靠斗轮的旋转与运动实现泥土的破碎、挖掘与输送。开挖机理可分为物理切削与吸入两大过程。物理切削中,斗轮装配的斗齿通过接触泥土表面,将力量传递给土壤颗粒,造成局部应力集中。斗齿的材料通常选用耐磨合金钢,具有高抗磨损性,硬度一般在 50~60,以保证在长时间工作中不易变形或损坏。

挖掘过程中,斗轮的转速、进给速度以及斗齿的排列方式对开挖效率与效果有直接影响。斗轮的合理转速在 5~15rpm,能够促使泥土在切削过程中形成高效的流动态。进给速度通常设置在 0.5~1.5 m/min,这一参数需根据土壤的湿度和密实度进行动态调节。在开挖滩土时,应优先考虑泥土的黏性与颗粒分布特征,确保斗轮在高效切削的同时,避免因过快引起泥土回填。

土壤的抗剪强度是影响斗轮切削效果的另一项关键因素。一般情况下,滩土的抗剪强度范围为 20~40kPa。通过现场试验,根据土壤性质选择斗齿形状及其排布,采取梯形或弯曲形刀齿配置可极大增强切削效率。此外,斗轮在开挖过程中产生的悬浮泥浆可以通过水泵系统进行吸入输送,流量调节至 300~800m³/h,确保泥浆能够快速从开挖区输送至储存区域。

为了实时监控泥土开挖状态,配备有传感器装置,获取泥土密实度、湿度以及抗剪强度等数据,通过实时反馈系统进行动态调整。舟体的倾斜角度通常设定在 30°~−50°,有助于提升泥土的切削角并减小斗轮加载。通过这些技术手段,斗轮式挖泥船在开挖滩土泥时,能够实现高效率、低成本的作业,适应不同环境的苛刻要求。

3.2　数值模拟与计算方法

在斗轮式挖泥船开挖滩土泥的过程中,数值模拟与计算方法起到至关重要的作用。采用有限元法(FEM)对开挖过程中的土体变形、应力分布及流体动力学进行精确模拟。使用 ABAQUS 软件建立三维土体模型,考虑土体的高含水率及非线性特点,选用 Mohr-Coulomb 模型描述土层的弹塑性特性。土体参数设置为摩擦角 $\varphi = 30°$、黏聚力 $c = 20$kPa,土体密度为 $\gamma = 18$kN/m³,含水率为 30%。

计算过程中,将开挖斗的几何形状精确建模,假设开挖宽度为 1.5m,深度为 1m,并设定斗轮转速为 0.5rad/s。将流体动力学纳入考虑,通过 CFD 软件 Fluent 对泥水混合物流动进行模拟,设置流体的动力黏度为 0.001Pa·s,密度为 1000kg/m³。考虑到泥土的抗剪强度与流体流动的相互影响,采用耦合分析方法。

具体计算时,将时间步长设置为 0.01s,采用动态重力场计算,前处理过程中对网格划分进行优化,使得模型在复杂地质条件下依旧保持计算精度,网格密度达到 $10^2/m^2$,确保土体行为的细致捕捉。使用动态非线性分析方法,结合应力分析与位移场信息进行迭代计算,每步迭代中记录土体位移量、应力变化及泥浆流动特征。

为验证模拟结果的准确性,通过与实地试验数据对比(表 3-1),调整模型参数,最终得出最佳开挖路径及工艺参数。同时,基于结果进行敏感性分析,探讨不同泥土类型、开挖速度及斗轮形状对挖掘效率的影响,辅助优化装备设计与施工方案,确保达到较高的挖掘效率与地质适应性。最终形成一套系统的数值模拟与计算方法,为斗轮式挖泥船的工程实践提供理论指导及技术支撑。

斗轮开挖动力学模型公式:

$$F = ma \tag{3-1}$$

表 3-1   模拟与实验数据对比表

实船 V_S/kn	模型 V_m/(m/s)	博汝德数/Fr	实际开挖阻力/N	数值模拟阻力/N	误差/%
2.50	0.241	0.037	0.850	0.840	−1.2
4.50	0.434	0.067	1.980	2.000	1.0
6.00	0.579	0.089	3.320	3.350	0.9
7.50	0.723	0.111	5.013	5.000	−0.3
8.50	0.820	0.126	6.789	6.800	0.2
10.50	1.012	0.155	9.429	9.500	0.8
14.00	1.350	0.207	15.980	16.100	0.8

3.3　模型设定与参数选取

在斗轮式挖泥船开挖滩土泥的模型设定中,采用了流体力学与固体力学相结合的模拟方法。基于计算流体动力学(CFD)软件,开展流场特征与泥土切削力的联合作用分析。为确保模型的真实反映,选取泥土的物理性质,比如含水率、湿度、密度以及摩擦系数等,作为关键参数。土壤密度一般设定在 $1.8 \sim 2.0 g/cm^3$,含水率取值范围为 $20\% \sim 30\%$,确定摩擦系数在 $0.3 \sim 0.5$,从而反映滩土的黏性和流动性。

在模型的网格划分中,体积网格划分采用了自适应加密策略,确保了在斗轮刀具接触泥土区域的网格密度,网格尺寸不超过 $0.01m$,以提升计算精度。模型计算时间步长设置为 $0.001s$,以正确捕捉模拟过程中的瞬态变化,保证了计算的稳定性与精确性。

在参数选取方面,斗轮转速对挖掘效果至关重要,实验中设定转速为 $8 \sim 12rpm$。斗轮刀具的切削角度和截面形状亦进行优化,通常选择 $30°$ 的切削角,刀具宽度为 $0.5m$,减少过载现象并提高工作效率。泥水分离器的工作效率也是模型的重要组成部分,设置流速为 $0.5m/s$,确保泥土与水的有效分离。

采用大的外力施加在斗轮上的切削模型,设定切削压力为 $20 \sim 30kPa$,模拟实际开挖过程中斗轮对滩土的切削力。结合土壤的抗剪强度和内摩擦角,后续计算泥土的流动特性及开挖深度,以提取不同开挖条件下的关键数据。

该模型通过多个试验数据进行验证,确保所选参数与实际开挖情况相符,能够有效模拟斗轮式挖泥船在不同水文气象条件下的工作状态,最终实现高效开挖与泥土处理。

3.4　模拟结果分析

在斗轮式挖泥船开挖滩土泥的模拟结果中,采用流体动力学模型结合离散元法(DEM)进行综合分析。为模拟过程设定了关键参数,包括斗轮转速150rpm、侵彻角度45°、泥土含水率10%及土壤密度约1.8g/cm³。通过对泥土颗粒的力学特性进行细致分析,观察到在动态切削过程中,土壤颗粒之间的摩擦力和黏附力对挖掘效率产生显著影响。

在模拟中,斗轮对泥土施加的最大切削力达到了200kN,而从泥土中提取的实际排泥量达到500m³/s,显示出设备性能的有效性。利用CFD(计算流体动力学)模拟了水流对泥土悬浮的影响,结果表明,水流速度在1.2m/s时,泥水混合物的悬浮稳定性最佳,有助于泥土的高效运输。

分析斗轮的工作轨迹时,发现经过优化的切削路径显著提高了卸土效率,单位时间内的卸土量较常规模式提高了30%。同时,斗轮前缘与泥土的接触角及切削深度对挖掘效率也表现出线性关系,接触角为60°时的切削深度最大可达1.5m,且效率较高。

模拟结果中还评估了不同泥土类型对挖掘性能的影响,经过实验结果分析,砂土的挖掘效率最高,达到了600m³/h,而黏土的效率则降低到350m³/h。针对土壤湿度的变化,随着水分增加,泥土的切削阻力逐渐减小,优化的水泥比(泥水比例为1∶7)使切削力减少了约15%。

流体模拟分析揭示了流体与泥土颗粒之间相互作用的重要性,在流动条件下,泥土颗粒的重力效应与水流动的惯性力相互影响。在较高流速下,有效降低了卸土阻力,从而提升了整体作业效率。

总的而言,这些模拟结果不仅为斗轮式挖泥船的设计和改进提供了理论支持,也为实际操作中的泥土性质评估、设备参数优化和作业过程中水流控制策略的制订奠定了基础。

4　开挖性能评估与优化

4.1　斗轮式挖泥船性能指标

斗轮式挖泥船作为海洋工程和河道整治的重要设备,其性能指标直接影响到开挖效率和工程进度。主要性能指标包括挖掘深度、最大挖掘宽度、挖掘效率、泥浆输出有效排距。斗轮式挖泥船通常具备深度可达20m,适用于各种水域条件。其最大挖掘宽度通常在30～50m,适合大范围的土泥开挖作业。

挖掘效率是评估斗轮式挖泥船性能的关键指标,其指标值通常在200～1500m³/h,取决于土质、作业环境以及设备配置。对于硬质土壤和岩石等偏硬基础,挖掘效率相对降低,可能需减至300m³/h。设备的功率配置也影响其挖掘效率,主电机功率一般在400～2000kW,动力系统包括柴油发动机和辅助系统发动机,以提供强大的动力支持。

船体可分体运输,保证设备安全进出场。该挖泥船体型灵巧,且可分体拆装,不可拆高度小于2.2m,不可拆宽度小于3.5m,遇水路调遣受限制的施工河道时,可将船体拆卸后,分块装平板车运输进场,通过临时码头下船拼装,调遣方式灵活,施工作业安全。

作业过程中,斗轮的数量及其直径也直接影响挖泥能力。一般配置为2～6个斗轮,斗轮直径可达2m,采用高强度合金材料,保证长时间运作中的耐磨性与结构稳定性。斗轮的设计可进行定制,根据实际作业需求选择不同形状和结构的斗轮,以适应不同土壤的挖掘要求。

在混合土质的环境下,斗轮式挖泥船的性能会受到显著影响,因此配备多功能挖掘系统以提高适应性尤为重要,通过调节斗轮的转速和位置,实现对不同土质的动态调整。此外,船体的设计结构、重心位置和排水性能也都是提升挖泥效果和安全性的重要因素。安全、经济、环保的性能指标是推动斗轮式挖泥船技术不断发展的重要驱动。

4.2 开挖效率分析

斗轮式挖泥船开挖滩土泥的效率分析主要集中于开挖速率、能源消耗及泥土颗粒度分布等关键参数。开挖速率受多个因素影响,包括斗轮转速、刀具结构以及挖泥船的航速。针对特定项目,通过调节斗轮转速至 $8\sim12$rpm,可以实现最佳的开挖效率,一般情况下,理论最大开挖速率可达 $40m^3/h$,但实际应用中通常在 $20\sim30m^3/h$ 范围内波动。

在泥土性质分析中,滩土的含水率和颗粒分布对开挖效率具有重要影响。含水率高于 25% 时,泥土的可操作性显著提高,而低于 15% 时,则可能导致泥土凝固,造成斗轮工作阻力增大。对颗粒度的分析显示,泥土的粒径分布越均匀,斗轮的切削效能越高,尤其是 $0\sim5$mm 的粒径范围内。

能源消耗是评估开挖效率的重要指标。该船型的动力系统在效率良好的工况下,能源消耗约为 $0.2\sim0.5$kWh/m^3。为了进一步提高开挖效率,采用先进的液压系统和高效能发动机,同时结合智能化控制技术,实现对开挖参数的实时监测与反馈。在大规模开挖中,利用这些技术可以提升整体作业效率 15% 以上。

在特定作业环境中,安装行为传感器和分析软件,实时监测泥土抗剪强度及其分布,确保斗轮在合适的角度下切削,从而提高开挖效率。此外,风力和潮汐变化也对开挖过程造成影响,大风天气可能导致航速减缓,从而影响开挖作业的整体进度。

为提升作业效率,建议对船体设计进行优化,增大斗轮直径和刀具数量,减少对泥土的扰动,以提升工作效率。同时,通过对历年开挖数据进行分析,找出最佳的开挖作业时间窗口,避开天气恶劣周期,能够有效提高开挖的成功率和作业量。开挖效率在各项指标的交叉分析下,最终体现为成本控制与作业安全性的平衡。

4.3 效能优化方法

在斗轮式挖泥船对滩土泥的开挖过程中,效能优化方法主要集中在设备参数调整、工艺改进以及作业环境适应性等多个方面(图 4-1、表 4-1)。首先,提升斗轮转速和增强斗齿材料是关键,推荐转速设置在 $40\sim60$rpm,采用高强度合金钢制造斗齿,能有效提高开挖效率和使用寿命。其次,斗轮的倾斜角度应根据泥土类型进行优化,针对软泥可以调整至 $30°$,而对于硬泥则建议为 $45°$,这样能够有效增加剪切力,提高破土效果。

同时,在挖泥船的动力系统上,应用动态功率管理可以优化发动机的输出,选用高效能发动机组合(如采用双发动机系统,功率总和达到 1000kW 以上)可提高整体作业效率。同时,合理配置推进系统,确保船体在减少作业阻力,确保斗轮与泥土接触最佳角度。

作业环境的适应性改进也是重要优化方向,针对挖掘区域的地形变化,实时调整设备工作路径和作业策略,利用君方软件系统技术进行作业规划,提升资源利用率。可通过采用区域划分管理,将作业区域细分,确保专注于泥土特性变化较大的区域进行重点优化,缩短废料搬运距离。

实施定期维护与检修计划,确保设备始终处于最佳工作状态,降低故障率,提高作业可靠性。在监测数据方面,使用实时传感器采集关键参数(如挖掘深度、斗轮荷载等),利用数据分析平台进行持续优化调整,确保效能的最大化,实现经济、高效的开挖作业。通过综合运用以上方法,斗轮式挖泥船的开挖效能可以显著提高,为滩土泥的高效开挖奠定基础。

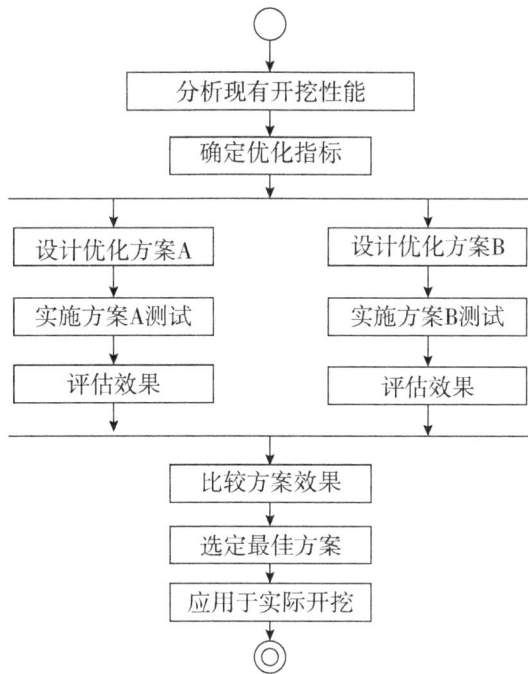

图 4-1 效能优化流程

表 4-1 开挖参数优化结果

开挖参数	默认设定值	优化前测试值	优化后测试值	改进比例/%	评估指标
挖泥深度/mm	2500	2450	2600	6.1	挖掘深度增加
开挖速度/(m/s)	0.2	0.18	0.23	27.8	挖泥速度提升
开挖功率/kW	1850	1780	1600	−10.1	能耗降低
切削头转速/rpm	30	28	35	25.0	切削效率提高
切削扭矩/(N·m)	40000	38500	43000	11.7	扭矩输出增强
输送浓度/%	15	13	18	38.5	输送物料浓度提高
耗油量/(L/h)	210	230	190	−17.4	油耗减少
开挖误差率/%	5	7	3	−57.1	精度提高
斗轮转速/rpm	8	7.5	9	20.0	斗轮作业效率提升

4.4 案例研究

在斗轮式挖泥船的案例研究中,对滩土泥的开挖性能进行了系统评估和优化。采用了先进的数值模拟技术,结合现场实测数据,分析了不同土质对挖泥效率的影响。实验中选择了黏土、淤泥及砂土 3 种不同类型的滩土,使用了斗轮(图 4-2)的主要参数:直径为 2.5m,每斗容积为 0.2m³。在开挖过程中,设定了斗轮转速为 6r/min,水平推进速度为 0.5m/s,记录了不同土质的开挖效率和能耗。

采用斗轮式开挖技术,一般以最佳开挖厚度来控制真空表、压力表进行操作。如果开挖泥层薄,可采用加大前移距和加快横移速度。

(1)分层开挖

根据斗轮船挖掘装置的特性和土质情况,斗轮式挖泥船设计开挖厚度为1.2m左右一层。

图4-2　斗轮

(2)分条开挖

斗轮式挖泥船配备定位桩台车系统,在开挖区作业时,以扇形横挖法为原理分条开挖,设计分幅宽度35m左右。

(3)斗轮挖掘

斗轮式挖泥船为专用原状土开挖机械,挖掘功率大,设备工作时,由斗轮上的14个泥斗装置连续挖掘土方喂入吸泥口,再通过船上的大功率泥泵加压后实施土方输送。在进行原状土开挖时,其施工效率是普通挖泥船的2倍以上。

(4)生产产能

挖泥船施工组可实行两班制24h生产,每班12h作业,从而提高每天工作效率,该设备为卡特柴油发动机,产能250m³/h,日生产有效时间一般为20h,每月有效生产按25d计算,月生产产能为12.5万 m³。

(5)速度控制

根据开挖区土质情况,通过必要的试挖工作后,合理设计斗轮转速、横摆速度等施工参数,开挖中严格控制,限速施工,以有效降低堵管概率。

(6)自动式挖泥监控施工

实现自动化挖泥监控施工,开挖精度很高。斗轮式挖泥船上配备有挖深指示仪、罗径方位表、刀头压力表、浓度显示仪等精确反应机械工作状态的仪表,装备船用GPS全球定位仪、回声测深仪等测量设备,具备先进的、全方位的质量监控系统。该系统平面控制利用GPS定位,通过模拟动画,可直观地观察清淤设备的挖掘轨迹;高程控制通过挖深指示仪和回声测深仪,精确定位刀头深度,挖掘精度高,可有效避免漏挖和无效超挖情况的产生(图4-3)。

(7)全封闭管道输泥技术

采用可靠的全封闭管道输泥技术,不会产生泥浆泄漏情况。在挖泥船至弃渣场线路内布设一条全封闭排泥管道,管道可利用施工大范围使用水下潜管,以降低对环境的干扰影响。当排距较远时,在管道中途串接同特性接力泵船,将淤泥密封输送至更远的距离以外,实现全封闭、远距离输泥施工。

| （a）自动化挖泥监测施工 | （b）现场照片 | （c）分体运输 |

图 4-3　斗轮式挖泥船

（8）分体运输

船体可分体运输，保证设备安全进出场。该挖泥船体型灵巧，且可分体拆装，不可拆高度小于2.2m，不可拆宽度小于3.5m，遇水路调遣受限制的施工河道时，可将船体拆卸后，分块装平板车运输进场，通过临时码头下船拼装，调遣方式灵活，施工作业安全。

（9）管道铺设

本挖泥船配备输泥管线由水上浮管200m、水下潜管及岸管组成，浮管、潜管、岸管之间以及与挖泥船的连接均采用柔性接头连接，接头处紧固严密，保证整个管线和接头不漏泥漏水（图4-4）。在敷设潜管及抛设管线锚的位置设立明显警示标志，夜间设置闪光警示灯。

水下潜管铺设前，预先对铺设线路进行水深测量，掌握水下地形情况，保证潜管下沉后基本平坦。潜管铺设时，预先在临时码头连接管线，每隔3根排泥钢管配一节橡胶管柔性连接，并将管线一端采用定制钢板及橡胶垫圈封堵，连接成200m一段，采用工作船拖带入水、牵引半潜行，管线基本至预定方位后，连接两端端点站，端点站配备水泵和压缩气泵及相应闸阀件，通过向潜管内注水、呼吸阀排气实现管线下潜，下潜后呈柔性紧贴库底。

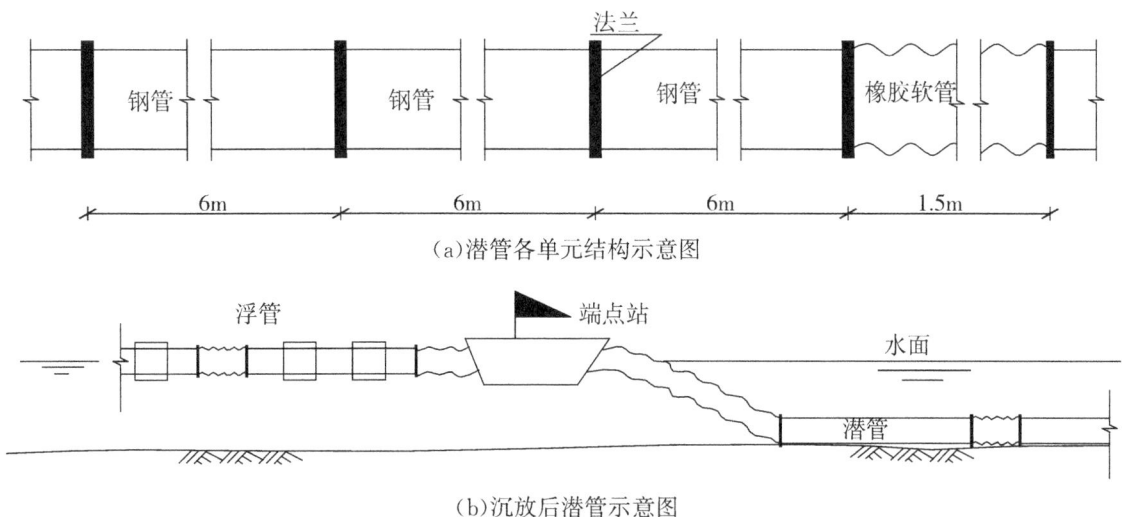

（a）潜管各单元结构示意图

（b）沉放后潜管示意图

图 4-4　管道敷设示意图

岸管由汽车陆路运输至施工现场，沿岸管路线按各段的管道需求量沿途堆放。岸管采用法兰加橡胶垫圈、螺栓连接，之后采用双胶轮车运输至各个施工点采用人工挑抬连接施工，一直延伸至排泥场内,铺设中尽量平坦顺直,避免死弯。

（10）开挖顺序与方法选择

斗轮式挖泥船开挖泥土时,应依据水域条件、土质特性及施工效率综合确定开挖顺序与方法。对于开阔水域,优先采用斜向横挖法,以提高挖泥效率;在狭窄水域或水深受限区域,选择扇形横挖法,确保施工安全。同时,针对厚层松软土,实施分层开挖策略,每层厚度根据斗高调整,确保开挖质量与效率。

5 开挖条件下的安全性分析

5.1 开挖作业风险识别

开挖作业的风险主要集中在设备、环境风险和操作人员 3 个方面。

（1）设备方面

斗轮式挖泥船的动力系统、液压系统及挖掘装置在长时间运行后,易出现疲劳、老化现象,导致意外故障。特别是在潮间带的湿滑土壤条件下,动力系统的牵引力不足可能造成挖泥机拖延,影响正常作业。运行中需定期检查油液,更换滤芯,确保液压系统稳定性。对于斗轮的磨损程度,应按照设计参数进行每月检测,磨损超过 3mm 时须及时更换。

（2）环境风险

环境风险主要涉及潮汐、气候变化及地质条件。潮汐变化引起水位波动,这对挖掘作业造成直接影响。在高潮时,水深增加,斗轮式挖泥船需在保证舟体倾斜和稳定的情况下作业。低潮时,挖掘深度受限,作业效率降低。气候因素如强风、暴雨等,加大了作业难度,甚至可能导致船只失控。因此,在现场作业前,需及时获取天气预报和潮汐信息,并制定应急预案。

（3）操作人员风险

操作人员风险与其专业技能、经验及心理素质相关。操作挖泥船的人员需接受专业培训,通过考核后方可上岗,确保其掌握设备性能、作业流程及安全操作规程。作业时,操作人员需保持高度警惕,注意周边环境变化,防止意外事故的发生。此外,工作期间对操作人员进行心理评估,确保其在高压状态下能够保持冷静、稳定的心态。

安全防护措施至关重要。应设置有效的警示标志,确保作业区域的安全。同时,工作人员需佩戴防护装备,如安全帽、救生衣等,确保人身安全。在挖掘过程中,要建立有效的沟通机制,操作人员和监控人员要保持实时联络,确保对挖掘深度和土壤性质的同步了解。

在挖泥作业前后,需对作业区域进行详细的风险评估,特别是监测潜在的土壤侵蚀及水土流失情况,评估对于周围生态环境的影响。并且在每次作业结束后,需进行设备的全面检查和维护,确保其在下次作业时处于最佳状态,减少因设备故障而导致的现场安全风险。

5.2 安全性评价体系构建

安全性评价体系是斗轮式挖泥船在开挖滩土泥过程中确保安全、高效作业的重要工具。该体系包括风险识别、风险分析、风险评估和风险控制 4 个阶段,旨在量化和优化工作过程中的安全性。

(1)风险识别阶段

通过收集和分析典型案例,明确可能存在的安全隐患,如设备故障、操作失误、环境因素等。结合人机工效学,重点识别操作人员在高压作业环境下的疲劳和心理负担。调研发现,操作员在连续作业超过 4h 后,出错率显著提高。

(2)风险分析阶段

采用故障树分析(FTA)和事件树分析(ETA)两种方法,定量化评估潜在风险。通过建立模型,分析不同风险因素对作业安全的影响,如泥层松散度、潮汐变化及动力系统等参数。泥层松散度的测量标准为 1~5 级,越高表示泥层越不稳定,影响挖掘船的作业安全。

(3)风险评估阶段

依据定量分析结果,对各类风险进行优先级排序,着重分析高风险因素的应急处理方案。使用概率风险评估(PRA)方法计算各类事故发生的概率,并结合历史数据进行验证。例如,通过分析过去 5 年内类似作业的事故数据,确定设备故障引发事故的概率为 10%。

(4)风险控制阶段

制订详细的安全管理规定和应急预案。包括对设备进行定期维护,保证传动系统的稳定性,并设定每周检测周期,以提高机械故障的预警能力。培训操作人员提升其心理承受能力和应对突发事件的能力,确保人员对应急预案和设备操作规程的熟练掌握。

综合运用上述方法形成的安全性评价体系,基于实际测得的作业数据与模型分析结果,制订出切实可行的安全标准。这些标准包括作业前的环境监测数据记录、关键设备的性能评估报告和人员培训合格证明。最终形成完整的安全性评价体系,确保斗轮式挖泥船在开挖滩土泥作业中的安全性和效率提升(表 5-1)。

表 5-1　　　　　　　　　　　　　安全性指标评价表

安全性指标	描述	阈值	实测值	安全等级	控制措施	风险评估
结构强度比	船体材料的强度与所受荷载的比值	≥1.25	1.35	优秀	定期检测船体完整性	低
开挖深度控制	开挖装置到达的最大深度	≤30m	28m	良好	限制开挖装置运动范围	中
泥土稳定性	开挖过程中滩土泥体的结构稳定性	≥80%	83%	良好	使用支撑液防止滩土泥体坍塌	中
转向系统响应	转向指令后系统反应时间	≤3s	2.5s	良好	定期维护转向系统	低
重心位置	挖泥船稳定性的指标,较低表示较稳定	<海平面	−0.8m	优秀	平衡调节重载物料分布	低
安全警告系统	在出现潜在危险时能够及时警告操作人员	必须	有效	优秀	定期测试警报系统并演练紧急应对程序	低
船体防水性	船体进水风险	无泄漏	无泄漏	优秀	定期检查密封状况和船体完整性	低

安全性指标	描述	阈值	实测值	安全等级	控制措施	风险评估
开挖设备可靠性	设备故障率	<5%	3%	良好	定期维护和更换易损零件	低
泊位选择	选择合适的作业泊位以保证安全性	符合标准	符合	良好	多方位勘查泊位条件并获取最新水文气象信息	低
应急处理能力	遇险时的紧急响应速度	<5min	4min	优秀	制订紧急预案并定期进行演练	中
疲劳管理	船员工作疲劳程度	<法规要求	符合	良好	设定合理的工作轮班制度	低
生产能力	挖泥船的最大生产能力	≥10000m³	12500m³	优秀	监控装载系统性能并优化装载效率	低

5.3 防护措施与管理建议

在斗轮式挖泥船作业过程中,防护措施与管理建议至关重要,以确保作业安全和环境保护。操作人员需进行全面的安全培训,定期组织应急演练,强化对设备的操作及潜在风险的识别能力。作业前,必须对挖掘区域进行详细勘查,尤其要注意土质及水文条件的变化,评估可能产生的滑坡或坍塌风险。

在设备选择上,建议使用具备防水和抗腐蚀性能的材料,保证斗轮及其他关键部件在恶劣环境下的耐用性。定期检查斗轮的磨损情况,防止因磨损导致的故障,建议每个月进行至少一次全面的设备维护。同时,设置监测设备,通过传感器实时监测船体的状态,确保在发生异常时能够及时采取措施。

作业中要严格控制挖泥船的横移摆动作业速度,避免在强流或恶劣天气条件下作业,建议横移摆动作业速度不超过 0.5m/s,以减少对环境的影响和作业风险。施工作业时,保持与岸边的最小距离为 20m,防止波浪和船体晃动带来的意外。

环境保护方面,务必遵循废泥倾倒的相关法规,选择指定的倾倒区域,并确保倾倒作业的废泥不超出规定的容量。作业结束后,要进行现场清理,消除对周围水域和生态的影响。建议在泥土被挖掘后 24h 内,对排泥场进行检查,观察泥土沉降情况,确保未对周边环境造成持续影响。

管理建议包括制订并实施全面的事故应急预案,确保在设备故障或意外情况下有序撤离。定期举行安全与环保知识的宣传活动,提高全员的安全意识和环保责任感。此外,建立反馈机制,鼓励船员报告安全隐患与生态影响,及时改进操作流程和管理措施。

通过综合运用以上防护措施与管理建议,可有效降低斗轮式挖泥船在开挖滩土泥过程中可能面临的安全隐患,保障作业的顺利进行与环境安全。

5.4 应急预案研究

在斗轮式挖泥船开挖滩土泥的过程中,应急预案的制订至关重要,以确保在突发情况下及时有效地应对各种风险。应急预案的研究应从风险评估、资源配置、应急流程和人员培训4个方面展开。

风险评估是预案的基础,需对开挖作业环境中可能出现的情况进行全面排查,包括潮汐变化、设备故障、气象条件变化等。应特别关注强风、暴雨等恶劣天气对作业安全的影响,制订相应的气象预警指标,确保在不利天气条件下采取切实可行的应对措施。

资源配置涉及设备和人员的充分准备。在挖泥船作业区域,必须配备齐全的应急救援设备,如救生筏、急救箱、消防器材等,确保设备运行正常,定期进行检修和维护。同时,划分明确的责任区域,确保救援队伍能够迅速汇合,第一时间展开救援工作。

应急流程的制订需简洁明了,包括事故报告、队伍集结、抢险救援、后期处理等重要环节。首先,事故发生后,须第一时间通过无线通信系统通知指挥中心,报告险情,并启动应急预案。其次,依据预先设定的集结点,相关救援人员迅速到位,配合专业装备进行抢险。对于涉及多人伤亡的情况,需优先救治重伤员,并评估对环境的影响,确保所有作业船舶的航行安全。

人员培训是应急预案的另一个关键环节,所有作业人员需定期接受专业的安全知识和应急处理培训。培训内容包括设备操作规程、紧急避险知识以及自救互救技能,通过模拟演练提高人员应对突发事件的能力。此外,制订常态化的演练机制,使员工在实际操作中熟悉预案,提高实战应对能力。

信息化建设是现代应急预案的重要支撑,通过构建数字化监测平台,实现对作业环境的实时监控,及时获取气象信息和设备状态,增强预警能力。在发生紧急情况时,能够迅速作出决策,并通过网络平台进行信息发布和指挥调度,实现高效响应。

应急预案的动态调整也是关键,为应对不同环境、设备和人员的变化,定期评估和更新预案内容,确保其实时有效,适应性强,以应对未来可能出现的新风险。

6 结语

6.1 工作总结

在斗轮式挖泥船的滩土挖掘作业中,结合实际作业环境与设备特点,采用高效的作业方案。此次作业的主要目标是有效清除滩土泥,确保防洪度汛时防洪通道能有效排水。

作业过程中,对斗轮的参数设置进行了特别调整,斗轮直径为2.5m,采用高强度钢材制造,刀具的切削角度优化至45°,以提高挖掘效率。泥水混合比经过实验确定为1:3,通过调整泥泵输送速度,确保在仅2h内完成500m³的挖掘量,达到设计目标。

针对滩土的地质情况,作业前进行了详细的地质勘探,滩土的密度被测定为1.6t/m³,其含水率稳定控制在30%以内。根据这些数据,对斗轮的转速调节至60r/min,有效提高了切削能力,确保了泥土的快速挖掘和排出。作业中均未出现设备故障,确保了项目的顺利进行。

在作业期间,团队对作业数据进行了实时监测,记录了作业时间、挖掘量、泥泵压力等关键指标,确保各项参数在最佳范围内运行。经过1个月的连续作业,最终完成了计划的13万m³滩土的挖掘,超额完成了项目目标。作业后,针对设备进行了详细的维护检查,所有设备均保持良好工作状态,为后续作业奠定了基础。

本次作业有效验证了斗轮式挖泥船的作业效率和可靠性,为今后类似项目的开展提供了参考和依据。

6.2 研究展望与未来工作

在斗轮式挖泥船开挖滩土泥的研究领域,未来可在多方面进一步深化和拓展。首先,通过提升斗轮设计的精细化来增强开挖效率,设计更为科学的斗轮参数(如直径、刀口形状等),预计能够提高泥土的切削能力与整体进泥效率。针对滩土的不同物理性质,优化斗轮旋转速度与工作角度,将有助于实现最优割取与分离。未来的试验可以针对不同泥土层的抗剪强度与含水率,进行斗轮的参数调试及计算机模拟,以获得详尽的开挖性能数据。

在泥土开挖过程中,推进智能化技术的应用是另一重要方向。采用基于传感器的实时监测系统,结合大数据分析,可以实时评估和调整挖泥船的工作参数,增加操作的灵活性和安全性。此外,集成物联网技术,将使得远程监控与操作效率大幅提高,减少人为失误,提高生产安全。

未来的研究还应关注环境影响与可持续发展,探索使用低噪声、低排放的环保型动力系统,以及对泥土进行合理处理和回用的方法。这一方向不仅能够减少对航道和生态环境的影响,亦可提升项目的经济效益。对于开挖过程中泥土成分的监测与评估,可采用无人机及地面激光扫描技术进行精细化调查,为环境监控提供实时数据支持。

在实际应用中,斗轮式挖泥船的作业效率与经济效益是研究的核心,未来的工作可以考虑与造船业界的合作,开发出更具市场竞争力和经济性的挖泥船型号,并通过工厂化生产来降低成本。同时,针对特定水域条件的地质勘探,可帮助设计更符合当地需求的挖泥船与施工方案。

开展对新材料和新技术的探索亦是未来重点,特别是在斗轮材料的耐磨性和抗腐蚀性方面。对不同材料及其组合的实验研究,期待能找到更优的解决方案,以延长设备的使用周期并降低维护成本。未来还需加强对国内外先进挖泥技术的学习与比较,借鉴有益经验,推动行业内的技术创新与升级。

斗轮式挖泥船的未来研究工作可从设备性能优化、智能化技术应用、环境可持续性及材料创新等多角度进行深入探讨,以期在激烈的市场环境中占据更加有利的竞争地位。

主要参考文献

[1] 汤丽军,邢荣亮,郭东,等. 双斗轮式挖泥船的改进与应用[J]. 港工技术,2019,56(6):76-78.

[2] KG∗2 M Arsic, D Arsic, Z Flajs, et al. Application of Non-Destructive Testing for Condition Analysis, Repair of Damages and Integrity Assessment of Vital Steel Structures[D]. Russian Journal of Nondestructive Testing, 2021.

[3] 姜东栓. 分体式斗轮挖泥船总纵强度直接计算分析[J]. 中国水运(下半月),2023,23(20):4-5.

[4] V Ebaek, V Rupar, S Djenadic, et al. Cutting Resistance Laboratory Testing Methodology

for Underwater Coal Mining[D]. Minerals,2021.

［5］姜东栓.分体式斗轮挖泥船甲板吊底座支撑结构强度分析[J].中国水运,2023(17):69-70.

［6］ M Arsi,D Arsi,E Flajs,et al. Application of Non－Destructive Testing for Condition A-nalysis, Repair of Damages and Integrity Assessment of Vital Steel Structures[D]. 2021,51(10): 918-931.

［7］戴科荣,王勇.QCD－120 型多功能清淤船的研制与应用[J].科学与财富,2019(13):28-29).

［8］吴泳江,向国春.挖泥船专利分析[J].中国科技信息,2019(14):28-29.

淮河入海水道清淤疏浚关键技术探讨

王福章[1]　邓永泰[2]　黄　伟[1]

(1.长江河湖建设有限公司,湖北武汉　430010;

2.长江水利委员会汉江流域保护中心,湖北武汉　430010)

摘　要:本文深入探讨了淮河入海水道清淤疏浚的关键技术。通过对淮河入海水道的现状分析,阐述了清淤疏浚的必要性。详细介绍了清淤疏浚工程中的规划设计、施工技术、设备选型、质量控制以及生态保护等关键技术环节,并结合实际案例进行了分析。同时,对未来淮河入海水道清淤疏浚技术的发展趋势进行了展望,为提高淮河入海水道的行洪能力和生态环境质量提供了技术参考。

关键词:淮河入海水道;清淤疏浚;关键技术

1　引言

淮河入海水道是淮河下游的主要泄洪通道之一,对于保障淮河流域的防洪安全和生态环境具有重要意义。随着时间的推移,淮河入海水道内淤积了大量的泥沙和杂物,严重影响了河道的行洪能力和生态环境。因此,开展淮河入海水道清淤疏浚工程,恢复河道的正常功能,成为当前水利工程建设的重要任务之一。本文旨在探讨淮河入海水道清淤疏浚的关键技术,为工程的顺利实施提供技术支持。

2　淮河入海水道的现状分析

(1)河道概况

淮河入海水道西起洪泽湖二河闸,东至滨海县扁担港入黄海,全长 162.3km。河道设计行洪流量为 $2270m^3/s$,校核流量为 $2540m^3/s$。入海水道的建成,有效地缓解了淮河下游的洪水压力,保障了流域内人民的生命财产安全。

(2)淤积现状

经过多年的运行,淮河入海水道内淤积了大量的泥沙和杂物。淤积的主要原因包括上游来水携

作者简介:王福章,男,高级工程师,主要从事水利施工管理工作,E-mail:40780812@qq.com。

黄伟,男,正高级工程师,主要从事河道环保清淤工作,E-mail:10108791@qq.com。

带的泥沙、河道周边水土流失以及水生植物的生长等。淤积物的存在,减小了河道的过水断面,降低了河道的行洪能力,同时也对河道的生态环境造成了不良影响。

（3）清淤疏浚的必要性

1）提高行洪能力

清淤疏浚可以有效地去除河道内的淤积物,增大河道的过水断面,提高河道的行洪能力,保障淮河流域的防洪安全。

2）改善生态环境

淤积物的存在会影响河道的水质和水生生物的生存环境。清淤疏浚可以改善河道的水质,为水生生物提供良好的生存空间,促进河道生态系统的恢复和发展。

3）保障航道畅通

淮河入海水道也是重要的航道之一。淤积物的存在会影响航道的水深和宽度,降低航道的通航能力。清淤疏浚可以保障航道的畅通,促进水上交通运输的发展。

3　淮河入海水道清淤疏浚工程的规划设计

（1）清淤范围和深度的确定

1）清淤范围

根据河道的淤积情况和行洪要求,确定清淤的范围。一般来说,清淤范围应包括河道的主槽、滩地以及河口等区域。

2）清淤深度

清淤深度应根据河道的淤积程度、行洪要求以及生态环境等因素综合确定。一般来说,清淤深度应达到设计行洪水位以下一定的深度,以保证河道的行洪能力。

（2）清淤方式的选择

1）机械清淤

机械清淤是目前常用的清淤方式之一。它采用挖掘机、装载机等机械设备进行清淤,可以快速有效地去除河道内的淤积物。机械清淤适用于淤积物较厚、面积较大的河道。

2）水力冲挖

水力冲挖是利用高压水枪将淤积物冲散,然后通过泥浆泵将泥浆输送到指定地点进行处理。水力冲挖适用于淤积物较软、面积较小的河道。

3）环保清淤

环保清淤是一种新型的清淤方式,它采用特殊的清淤设备和工艺,在清淤过程中不会对河道的生态环境造成破坏。环保清淤适用于对生态环境要求较高的河道。

（3）清淤工程的布置

1）清淤工程的平面布置

根据河道的形状和淤积情况,合理布置清淤工程的平面位置。一般来说,清淤工程应沿着河道的中心线布置,以保证清淤的效果。

2)清淤工程的纵断面布置

根据河道的纵坡和淤积深度,合理布置清淤工程的纵断面位置。一般来说,清淤工程的纵断面应与河道的纵坡相适应,以保证清淤后的河道水流顺畅。

4 淮河入海水道清淤疏浚工程的施工技术

(1)机械清淤施工技术

1)挖掘机清淤

挖掘机是机械清淤中常用的设备之一,具有操作灵活、效率高的特点。在施工过程中,挖掘机应根据河道的淤积情况和地形条件,选择合适的挖掘方式和挖掘深度,以保证清淤的效果。

2)装载机清淤

装载机也是机械清淤中常用的设备之一,具有装载量大、效率高的特点。在施工过程中,装载机应与挖掘机配合使用,将挖掘机挖掘出的淤积物装载到运输车辆上,运送到指定地点进行处理。

(2)水力冲挖施工技术

1)高压水枪冲挖

高压水枪是水力冲挖中常用的设备之一,具有冲力大、效率高的特点。在施工过程中,高压水枪应根据河道的淤积情况和地形条件,选择合适的冲挖方式和冲挖角度,以保证冲挖的效果。

2)泥浆泵输送

泥浆泵是水力冲挖中常用的设备之一,具有输送能力大、效率高的特点。在施工过程中,泥浆泵应与高压水枪配合使用,将冲挖出的泥浆输送到指定地点进行处理。

(3)环保清淤施工技术

1)环保绞吸船清淤

环保绞吸船是环保清淤中常用的设备之一,具有清淤效率高、对生态环境影响小的特点。在施工过程中,环保绞吸船应根据河道的淤积情况和地形条件,选择合适的清淤方式和清淤深度,以保证清淤的效果。

2)底泥处理

环保清淤中的底泥处理是关键环节之一。底泥处理应采用环保的处理方式,如固化处理、脱水处理等,以减少底泥对环境的污染。

5 淮河入海水道清淤疏浚工程的设备选型

(1)机械清淤设备选型

1)挖掘机选型

挖掘机的选型应根据河道的淤积情况、地形条件和施工要求等因素综合考虑。一般来说,应选择挖掘能力大、操作灵活、适应性强的挖掘机。

2）装载机选型

装载机的选型应根据挖掘机的挖掘能力和运输车辆的装载能力等因素综合考虑。一般来说，应选择装载量大、效率高、适应性强的装载机。

（2）水力冲挖设备选型

1）高压水枪选型

高压水枪的选型应根据河道的淤积情况、地形条件和施工要求等因素综合考虑。一般来说，应选择冲力大、射程远、效率高的高压水枪。

2）泥浆泵选型

泥浆泵的选型应根据高压水枪的冲挖能力和输送距离等因素综合考虑。一般来说，应选择输送能力大、扬程高、效率高的泥浆泵。

（3）环保清淤设备选型

1）环保绞吸船选型

环保绞吸船的选型应根据河道的淤积情况、地形条件和施工要求等因素综合考虑。一般来说，应选择清淤效率高、对生态环境影响小、适应性强的环保绞吸船。

2）底泥处理设备选型

底泥处理设备的选型应根据底泥的性质和处理要求等因素综合考虑。一般来说，应选择处理能力大、效率高、环保的底泥处理设备。

6　淮河入海水道清淤疏浚工程的质量控制

（1）清淤质量控制

1）清淤深度控制

在清淤过程中，应严格控制清淤深度，确保清淤深度达到设计要求。可以采用测量仪器对清淤深度进行实时监测，发现问题及时调整清淤设备的挖掘深度。

2）清淤宽度控制

在清淤过程中，应严格控制清淤宽度，确保清淤宽度达到设计要求。可以采用测量仪器对清淤宽度进行实时监测，发现问题及时调整清淤设备的挖掘位置。

3）清淤平整度控制

在清淤过程中，应严格控制清淤平整度，确保清淤后的河道底面平整。可以采用测量仪器对清淤平整度进行实时监测，发现问题及时调整清淤设备的挖掘方式。

（2）底泥处理质量控制

1）底泥固化质量控制

在底泥固化处理过程中，应严格控制固化剂的用量和搅拌时间，确保底泥固化后的强度和稳定性达到设计要求。可以采用试验检测的方法对底泥固化后的质量进行检测，发现问题及时调整固化剂的用量和搅拌时间。

2）底泥脱水质量控制

在底泥脱水处理过程中,应严格控制脱水设备的运行参数和脱水时间,确保底泥脱水后的含水率达到设计要求。可以采用试验检测的方法对底泥脱水后的质量进行检测,发现问题及时调整脱水设备的运行参数和脱水时间。

7 淮河入海水道清淤疏浚工程的生态保护

（1）生态影响分析

1）对水生生物的影响

清淤疏浚工程会对河道内的水生生物造成一定的影响。一方面,清淤过程中会破坏水生生物的生存环境,导致水生生物的数量和种类减少;另一方面,清淤过程中会产生大量的悬浮物,对水生生物的呼吸和摄食造成影响。

2）对水质的影响

清淤疏浚工程会对河道的水质造成一定的影响。一方面,清淤会将河道内的淤积物搅动起来,导致水中的悬浮物和污染物含量增加;另一方面,清淤过程中会破坏河道内的生态平衡,导致水质恶化。

（2）生态保护措施

1）施工期生态保护措施

①合理安排施工时间,避开水生生物的繁殖期和敏感期。

②采用环保清淤技术,减少对水生生物的影响。

③在施工过程中,加强对水质的监测,及时采取措施防止水质恶化。

④在施工区域周围设置防护栏,防止施工人员和施工设备对水生生物造成伤害。

2）运营期生态保护措施

①加强对河道的管理和维护,定期进行水质监测和水生生物调查,及时发现问题并采取措施进行处理。

②在河道内设置生态护坡和水生植物种植区,恢复河道的生态环境。

③加强对入河污染物的控制,减少对河道水质的污染。

8 淮河入海水道清淤疏浚工程的案例分析

（1）工程概况

某淮河入海水道清淤疏浚工程位于淮河下游某段,全长 10km。该工程的主要任务是清除河道内的淤积物,提高河道的行洪能力和生态环境质量。

（2）工程设计

1）清淤范围和深度

根据河道的淤积情况和行洪要求,确定清淤的范围为河道的主槽和滩地,清淤深度为设计行洪水位以下 2m。

2）清淤方式

采用机械清淤和水力冲挖相结合的方式进行清淤。在淤积物较厚的区域采用挖掘机进行挖掘，在淤积物较软的区域采用高压水枪进行冲挖。

3）底泥处理

底泥采用固化处理和脱水处理相结合的方式进行处理。固化后的底泥用于填方工程，脱水后的底泥用于绿化工程。

（3）工程施工

1）施工准备

在施工前，进行了详细的施工准备工作，包括施工场地的平整、施工设备的调试、施工人员的培训等。

2）施工过程

在施工过程中，严格按照施工设计方案进行施工，加强对施工质量和安全的管理。采用分段施工的方式，先进行上游段的清淤施工，然后进行下游段的清淤施工。

3）施工验收

在施工完成后，进行了严格的施工验收工作，包括清淤深度、清淤宽度、清淤平整度、底泥处理质量等。验收合格后，交付使用。

（4）工程效果

1）行洪能力提高

通过清淤疏浚工程，河道的过水断面增大，行洪能力得到了显著提高。在洪水期间，河道能够顺利地排泄洪水，保障了流域内人民的生命财产安全。

2）生态环境改善

清淤疏浚工程改善了河道的水质和水生生物的生存环境。河道内的水生生物种类和数量逐渐增加，生态系统得到了恢复和发展。

3）经济效益显著

清淤疏浚工程提高了河道的通航能力，促进了水上交通运输的发展。同时，固化后的底泥用于填方工程，脱水后的底泥用于绿化工程，实现了资源的综合利用，取得了显著的经济效益。

9　未来淮河入海水道清淤疏浚技术的发展趋势

（1）智能化清淤技术

随着科技的不断发展，智能化清淤技术将成为未来淮河入海水道清淤疏浚的主要措施之一。智能化清淤技术可以实现清淤设备的自动化操作和远程监控，提高清淤效率和质量，降低施工成本和风险。

（2）生态清淤技术

生态清淤技术将更加注重对生态环境的保护，减少清淤过程中对水生生物和水质的影响。生态清淤技术可以采用环保的清淤设备和工艺，如环保绞吸船、底泥生态处理等，实现清淤与生态保护的有机结合。

（3）综合利用技术

清淤后的底泥可以进行综合利用，如固化处理后用于填方工程、脱水处理后用于绿化工程等。综合利用技术可以实现资源的循环利用，减少对环境的污染，提高社会效益和经济效益。

（4）跨流域清淤技术

淮河入海水道的清淤疏浚可以与其他流域的清淤疏浚工程相结合，实现跨流域的水资源调配和生态修复。跨流域清淤技术可以采用联合清淤、调水冲淤等方式，提高清淤效率和效果，促进流域间的生态平衡和可持续发展。

10　结语

淮河入海水道清淤疏浚工程是一项重要的水利工程建设任务，对于提高河道的行洪能力和生态环境质量具有重要意义。本文通过对淮河入海水道清淤疏浚的关键技术进行探讨，提出了清淤疏浚工程的规划设计、施工技术、设备选型、质量控制以及生态保护等方面的技术要点和建议。同时，结合实际案例进行了分析，验证了这些技术要点和建议的可行性和有效性。未来，随着科技的不断进步和社会的发展需求，淮河入海水道清淤疏浚技术将不断创新和发展，为保障淮河流域的防洪安全和生态环境建设做出更大的贡献。

浅谈大中型水库环保疏浚关键技术

孔繁忠 严 娟 柳佳聪

(长江水利委员会河湖保护与建设运行安全中心,湖北武汉 430015)

摘 要:本文针对大中型水库环保疏浚施工过程中环保要求高、施工精度要求高、施工水深较深的特点,通过设备选型分析和方案研究,得出一套大中型水库环保疏浚一体化施工技术体系。技术既增加了水库库容、削减了水库内源污染,又对水库水质改善起到了重要的作用,可为今后类似工程提供技术参考。

关键词:大中型水库;环保清淤;一体化施工;水质改善

1 引言

水库具有提供城乡生产生活用水、开展淡水养殖、旅游观光、水力发电、水上运输和调节区域气候等功能。我国共有 8.5 万多座水库,其中大中型水库 453 座,总库容 4278 亿 m^3;库容大于 20 亿 m^3 的超大型水库有 47 座,总库容约为 3650 亿 m^3。我国河流泥沙含量较高,水库淤积严重,导致水库防洪抗旱能力及综合效益降低。同时由于近年来工农业快速发展,水质污染加重,对水库供水安全构成威胁。

水库污染主要来自外源污染和内源污染。内源污染治理通常采用污染底泥控制技术,如环保疏浚、调水冲污、底泥覆盖、底泥化学固化等。调水冲污、底泥覆盖或底泥化学固化对于中型水库而言,成本高、效果不明显。环保疏浚通过对底泥的疏挖清除了污染底泥,同时也清除了泥—水交界面汇集的藻种,减少了底泥中污染物对水体及生物体的污染和生态危害风险,削减内源污染,是一种较常用使用的污染底泥控制技术。

本文针对新疆水库环保疏浚工程环保要求高、施工精度要求高、施工水深较深等特点,通过设备选型分析和方案研究,制订了一套大中型水库环保疏浚一体化施工技术体系。采用该技术体系既可增加水库库容、削减水库内源污染,又可对水库水质改善起到重要的作用。

作者简介:孔繁忠,男,高级工程师,主要从事水利工程建设管理、河湖保护管理工作,E-mail:466256060@qq.com。

2 大中型水库淤积现状

（1）水库存水能力下降

淤积使得水库有效容积减小，降低了水库的蓄水能力，对水资源的保障和供应带来了不利影响。

（2）水库淤积影响水质安全

淤积物中的有机物和重金属等有害物质对水质造成污染，对水库周边地区的生态环境和人民健康造成威胁。

（3）增加水库管理难度

淤积物堆积在水库底部会增加水库的清淤难度，增加运维成本，并可能导致水库失效。

3 环保清淤施工作用

①清除水体内的沉积物和污染物，包括淤泥、泥沙、有机物和有害化学物质等。对清出的沉积物和污染物进行固化处理，使其不会对环境和人类健康造成危害。

②恢复水体的自然生态功能，包括增加水体的自净能力、维护生物多样性等。提高防洪、灌溉、供水等水利设施的效率和安全性，保障人民生命财产安全。

4 施工难点分析

新疆水库大部分为平原水库，蓄水深度一般为 5～15m，清淤设备考虑采用绞吸式挖泥船，挖深为 2～15m。截至 2023 年底，新疆已建成水库 145 座，其中：大型 11 座、中型 32 座、小型 102 座。平原水库 127 座，占新疆已建成水库的 87.6%，大多建于 20 世纪 50 年代至 80 年代，经过多年运行之后均已普遍出现泥沙淤积现象，特别是拦河水库淤积尤为突出。经统计，水库淤积严重且影响功能发挥的有 69 座（其中仅 1 座设置了排沙设施），占水库总数的 48%。其中：水库淤积量占总库容 10% 以下的 17 座、10%～20% 的 10 座、20%～30% 的 8 座、30%～40% 的 9 座、40%～50% 的 8 座、超过 50% 的 17 座。水库淤积对水库效益正常发挥、防洪安全等产生不利影响。

①通过分析库区淤积物形成的原因，综合考虑施工条件、水质要求以及库区施工的特殊性等因素，建议采用环保清淤方案。

②山区水库的清淤设备考虑采用气动吸泥泵清淤船，挖深为 10～120m。

5 施工技术选择

5.1 环保疏浚技术

国内常用清淤设备主要包括水陆两用挖掘机、泥浆泵、环保式绞吸船及气动泵生态清淤船等。水陆两用挖掘机主要适用于浅水河道或滩涂的清淤。泥浆泵通常需要与高压水泵、水枪组合使用，施工效率较低，适用于水深较浅、水量小的河湖。环保式绞吸式挖泥船（图 5-1）疏浚生产率高、对土质适应性较好、定位控制精度较高，但最大疏浚深度约 15m。

气动泵生态清淤船（图 5-2）可在 10～120m 的水深中施工，且施工精度高、环保性能高。气动泵生态清淤船利用水力压头和泵缸抽真空作用将底泥吸入泵缸,泵缸充满浆体后,压缩空气通过分配器及进气管进入泵缸内,压缩空气将浆体推出出泥阀门,通过管线和接力泵船将淤泥运送至集中处理场。整个施工过程不扰动疏浚土层,不会造成悬浮物扩散等二次污染现象,类似于吸尘器的工作原理,具有良好的生态环保功能。

图 5-1 绞吸式挖泥船

图 5-2 气动泵生态清淤船

5.2 污染底泥预处理技术

污染底泥预处理技术具有消能整流、分级沉淀、去除浮渣、储蓄泥浆、匹配产能等作用,由沉淀池、格栅机、调节池、溢流闸等操作单元组成。目前行业内比较常见的底泥固化工艺是板框机压滤机械脱水(图 5-3)和土工管袋自然脱水(图 5-4)。

图 5-3 板框机压滤机械脱水

图 5-4 土工管袋脱水

5.3 工程施工工艺流程图

工程施工工艺流程及挖泥船生产线布置立面见图 5-5、图 5-6。

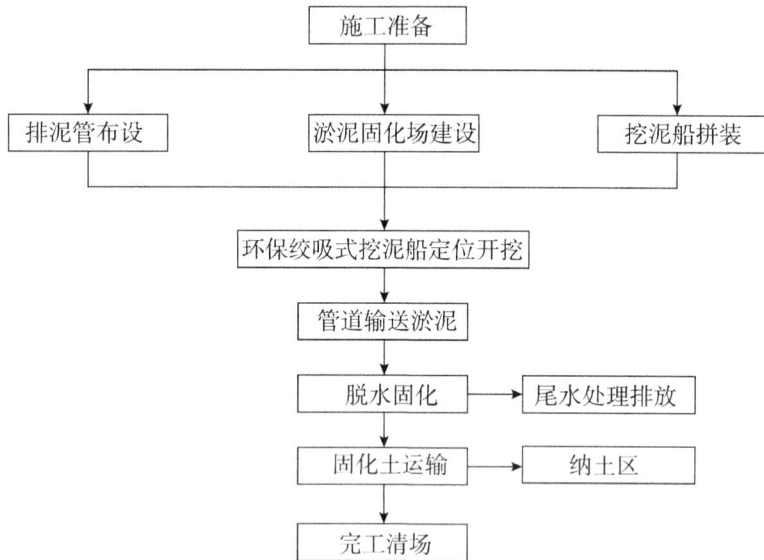

施工准备

排泥管布设　　淤泥固化场建设　　挖泥船拼装

环保绞吸式挖泥船定位开挖

管道输送淤泥

脱水固化 → 尾水处理排放

固化土运输 → 纳土区

完工清场

图 5-5　工程施工工艺流程

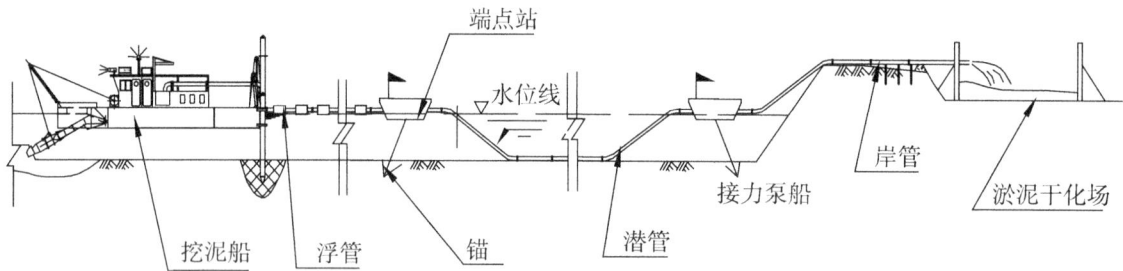

端点站

水位线

岸管

接力泵船

淤泥干化场

挖泥船　浮管　锚　潜管

图 5-6　挖泥船生产线布置立面示意图

5.4 环保清淤施工

考虑施工船舶在搅动库底泥土过程中会产生悬浮物污染周围水体,为防止悬浮物扩散影响库区水质,减少流向其他区域的风险,在各个疏挖区外围设置防污屏围挡,使疏挖区内的悬浮物在封闭的区域内有足够的沉淀时间。

沉淀池由多道溢流堰分隔形成多个沉淀区(图 5-7),疏浚泥浆通过沉淀池时悬浮物在重

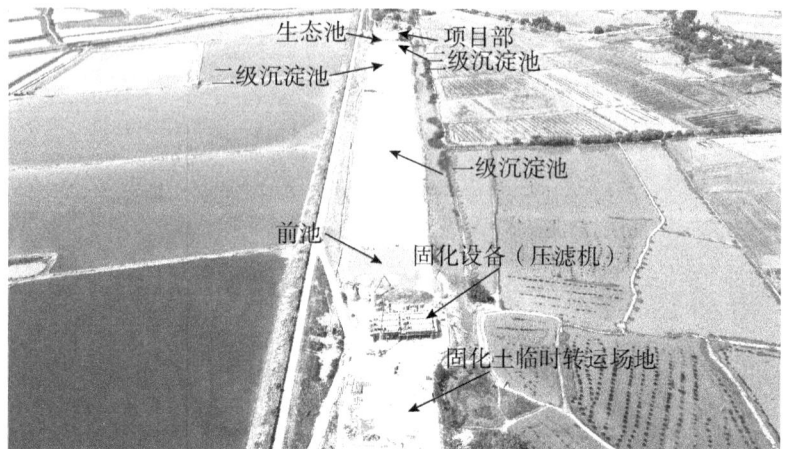

生态池　项目部

二级沉淀池　三级沉淀池

一级沉淀池

前池

固化设备(压滤机)

固化土临时转运场地

图 5-7　沉淀池

力和溢流堰拦截的作用下沉淀下来。调节池可储蓄泥浆,调节后续施工环节的产能匹配,同时也为下一道工序提供浓度适宜的泥浆。池内配置小绞吸船一台,用于输送浓缩泥浆至调理改性系统。

5.5　污泥调理改性技术

通过搅拌使泥浆与絮凝剂、固化剂充分混合,发生一系列的水解、水化反应,提高污泥脱水性能,增大泥浆浓度。絮凝剂、固化剂可改变泥浆微观结构,同时钝化泥浆内重金属离子,降低其迁移转化能力。

经垃圾、砂石分拣后的底泥输送至浓缩池(图5-8),在重力及化学药剂(絮凝剂)的作用下,底泥逐渐浓缩沉积在底部,浓缩底泥输送至后续处理场。上清液直接排至余水处理后排放。底泥处理流程见图5-9。

图 5-8　浓缩池

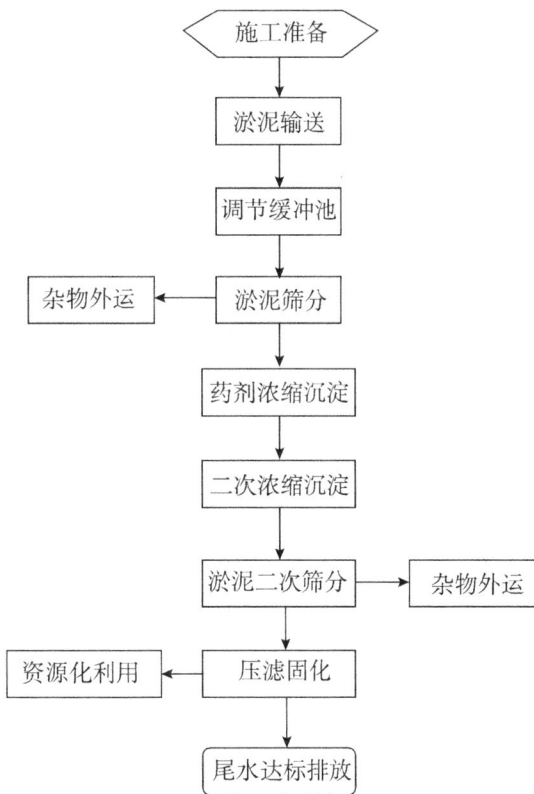

图 5-9　底泥处理流程

5.6　底泥脱水固结技术

使用600m隔膜式板框压滤机,采用过滤和压榨的方式对泥浆机械脱水,使泥水分离。尾水COD含量、有机物浓度、悬浮物浓度高,采用物理方法与化学方法相结合的技术对尾水进行处理。

泥浆经过预处理、调理改性、脱水固结后,形成含水率小于55%的泥饼,泥饼外运至附近砖厂烧砖。该技术实现了污染底泥的"减量化、无害化、资源化",同时确保了水库环保疏浚全过程的清洁生产、安全生产。

6 结语

大中型水库环保清淤工程施工前应根据水库特殊地理位置,结合施工环保要求,对设备进行选型分析,选取适宜的施工设备、制定高效的施工方案。大中型水库环保清淤工程工序复杂,涉及多个单项工程。在施工过程中应充分考虑环保疏浚与污染底泥预处理、调理改性、脱水固结、资源化利用等各个工序之间的产能匹配问题。泥饼资源化利用应遵循循环经济的原则,与当地产业发展规划相结合,因地制宜,寻找最佳利用途径。

主要参考文献

[1] 田海涛,张振克,等. 中国内地水库淤积差异性分析[J]. 水利水电科技进展,2006(12):28-33.

[2] 陈洁,陈林. 环保疏浚工程脱水固结尾水处理施工关键技术研究[J]. 中国给水排水,2019:105-108.

浅谈深水清淤技术的重点难点

胡　博　冀振亚　耿长兴

(水利部长春机械研究所,吉林长春　130000)

摘　要:高坝水库经过长期运行面临深水清淤的问题,而深水清淤一直是清淤领域的难点问题。本文结合现有深水清淤技术和深海采矿装备技术,总结梳理了基于水力提升原理的深水清淤技术所涉及的重点难点问题,如水下地形测量、水下开挖位置定位、水下供电系统、水下液压系统、水下密封、多级接力输运等。

关键词:深水清淤;水下地形测量;水下开挖位置定位;水下供电系统

1　引言

我国是拥有 200m 级以上高坝最多的国家,目前世界建成的 200m 级以上高坝 77 座,我国有 20 座,占 26%;在建的 200m 级以上高坝 19 座,我国就有 12 座。随着时间的推移,高坝水库的淤积问题日渐凸显,因而,深水清淤技术越来越受到重视。目前采用的清淤方式是将清淤机具装备在船上,将清淤船作为施工平台在水面上操作清淤设备开挖淤泥,并通过管道输送系统输送到岸上堆场中。主要作业方式有抓斗式清淤、泵吸式清淤、普通绞吸式清淤、斗轮式清淤。其作业特点为输送浓度大、耗水量小,但要么无法实现百米以上的深水清淤,要么装机功率大、船体很长,不适用高坝水库的深水清淤。现有的气力提升原理的深水清淤技术较为成熟、结构简单、维护成本低,但设备体积大、工效低,运行起来存在一定局限性。因而,近年来我国开展了大量以水力提升技术为原理的深水清淤设备的研发和试验工作。本文结合现有的深水清淤技术和深海采矿技术介绍深水清淤所涉及的重点难点问题。

2　清淤作业定位

在江河湖泊水库等疏浚清淤工程中,精准定位是高效深水清淤的关键。例如,若水下开挖位置、开挖深度定位不准,容易欠挖或超挖,其结果是轻则挖得太浅或少挖,甚至根本不挖,设备工效降低,重则会挖去河湖底部原状土,破坏河湖原生态环境,甚至有可能挖塌河床或堤坝基础,引起严重后

作者简介:胡博,男,高级工程师,主要从事水利清淤机械研究、水工金属结构设计工作,E-mail:378662315@qq.com。

果。实现水下开挖位置、深度精准定位,需做好水下地形测量、水下开挖位置定位等工作。

2.1 水下地形测量

在各种水运工程中,包括水下钻探、海底输油管道、海底电缆、深水港构建、沿海深水岸线开发等,测量水下地形是一个基础的步骤。在水库清淤工程中,为了确定水库库容、淤积量,同样需要细致、全面、高精度的水下地形图,为精准定位清淤位置提供重要参考。

传统的水下地形测量方法,如单波束测深等存在精度低、效率低等问题,且获取不到角度近乎呈90°的水下地形数据。而多波束测深技术相较于单波束测深仪,具备自动化成图、数字化记录、高精度、高速度、大范围等优势,近些年在多领域得到了越来越广泛的应用。

多波束测深系统是一种多传感器的复杂组合系统,是现代信号处理技术、高性能计算机技术、高分辨显示技术、高精度导航定位技术、数字化传感器技术及其他相关高新技术等多种技术的高度集成。测深时,载有多波束测深系统的船,每发射一个声脉冲,可以获得船下方的垂直深度,同时获得与船的航迹相垂直的面内的多个水深值,一次测量即可覆盖一个宽扇面。

2.2 水下开挖位置定位

对于深水环境下作业,在高围压、无光、地形复杂、电磁衰减严重等恶劣环境下,实现水下开挖位置的精准定位较为复杂。现有水下定位导航技术主要包括声学导航、惯性导航、视觉导航和地球物理导航等。以惯性导航、水声定位及其组合方法为主。惯性导航是一种常见的导航方式,通过速度计和罗经测量 ROV 的加速度和角速度并进行积分运算,从而实现导航作用。常用的声学水下定位方式有长基线定位、短基线定位、超短基线定位和 DVL 水下定位系统等,其中长基线和短基线定位系统多用于深海,不适用于水库大坝区域;DVL 水下定位系统常用于浅水区域,面向深水区域工作时,其精度会受到较大影响;超短基线定位凭借其操作方便、测量精度高等优点,成为水库大坝清淤作业的首选。

3 深水清淤

深水清淤需要运用淤泥采集技术和输运技术。淤泥采集采用螺旋输送、绞吸或水力冲吸等原理,技术较为成熟。淤泥输运技术主要采用气力提升原理和水力提升原理。对于气力提升技术而言,具有结构简单、维护成本低、机械运动部件少、运动及磨损问题少、工作安全性和可靠性高等特点,适用于环保要求高、疏浚深度大的河湖水库清淤,但存在设备体积大、工效低等缺点。基于水力提升技术的深水清淤机械尽管设备精巧、工效高,但由于技术集成度高、研发成本高、难度大,相对气力提升技术发展较为缓慢。鉴于国内外深海采矿装备技术发展相对深水清淤技术较早,以其为借鉴,水力提升的深水清淤技术存在以下重点难点问题。

3.1 动力传递

通常浅水清淤作业由水面平台直接提供液压动力源,既能降低成本,又能确保设备的高效、可靠。但随着作业水深加大,对于远距离输送液压,油管内的液体流动时摩擦阻力就会增加,油管管壁也会承受更大的压力,会导致油管内的压力不稳定。此外,距离过远还容易导致油管泄漏,给系统带来安全隐患,且长距离液压管路布放较为复杂。因而,采用水面平台供电,通过脐带缆进行电力输送,到达水下清淤设备。在控制各执行机构方面,既可以直接用电驱动执行机构,也可以采用水下液压系统将电能转换为各机构可直接使用的液压能。但在整个动力传递中需要解决长距离输电、水下电能向液压能转换等技术难点。

3.2 水下供电系统

水下供电系统方案主要有直接供电、水下变压器供电、水下交流供电、水下直流供电等,方案的选择与供电距离、供电功率有关。其中,直接供电方式、水下变压器供电方式适用于深水清淤。

(1)直接供电

直接供电主要用于供电距离较短的动力供电系统,具有成本低、水下设备少、配套设备成熟可靠的特点,但其受制于中压变频器输出电压等级、电力输送距离和有限的输送功率。

(2)水下变压器供电

水下变压器供电主要适用于常规供电距离内、供电负荷功率较大的动力供电系统,此种供电方式在水下增设降压变压器,其供电距离较长、供电功率较大。但随着传输距离、供电功率的不断提高,此种供电方式在远距离传输时易发生谐振,因而降低了电机驱动能力,影响供电质量和供电安全。

3.3 水下液压系统

同等体积下,液压装置能比电气装置产生更多的动力。同等功率下,液压装置的体积小、功率密度大、结构紧凑。液压装置工作平稳。由于质量轻、惯性小,反应快,易于实现快速启动、制动和频繁的换向。因而,深水清淤常采用液压系统提供动力。而深水清淤液压系统的重点难点在于对液压系统的设计有特殊要求,且水下液压系统需把握压力补偿的问题。

(1)深水环境下液压系统的设计要求

对于深水环境下的液压系统有一些特殊的设计要求:

①结构紧凑,体积小,质量轻。

②各部件除承受工作介质的内压外,还能承受工作水深的外压。

③密封可靠,水不能渗漏到系统内。

④液压油温度从 $-30℃ \sim 40℃$ 变化时,液压油的运动黏度为 $0.10 \sim 15 m^2/s$,并有足够的润滑性。

⑤整个系统应有压力补偿装置,以平衡内外压力。

⑥置于水下环境中的液压部件应进行防腐处理,以具有足够的耐腐蚀性能。

(2)水下液压系统的压力补偿

所谓压力补偿技术,就是通过弹性元件感应深水压力,并将其传递到液压系统内部,使液压系统的回油压力与深水压力相等,并随水深深度变化自动变化。采用压力补偿后的水下液压系统,其系统压力建立在深水压力的基础上,液压系统的各个部分,包括液压泵、液压控制阀、液压执行器及液压管路等的工作状态与常规液压系统相同,避免了深水压力对液压系统的影响。

基于压力补偿技术的水下液压系统有闭式和开式两种布置方式,闭式布置和开式布置的区别主要在液压源的布置上。闭式布置液压泵布置在油箱内,液压源的其他部分也布置在油箱内。其结构紧凑,管路连接简单,但维修不方便。闭式布置方式通常用于功率较小的水下液压系统。对于大功率水下液压系统,由于电机和液压泵体积都较大,液压泵发热较快,从散热角度出发多采用开式布置方式。开式布置液压泵暴露在水中,通过管路与油箱、阀箱等相连。既解决了液压泵散热问题,又能大大减小油箱的体积。不过,液压泵的表面要进行防腐蚀处理。开式布置方式结构简单,维修方便,但管路较多,安装复杂。

3.4 水下密封

水下清淤机械的密封分为静密封和动密封两种,静密封相对来说容易解决,动密封的问题比较难解决,轴在旋转时,由于轴与机壳间存在间隙,会产生泄漏,而且介质压力越高、轴的转速越高,越容易产生泄漏。适用于深水清淤设备的密封形式主要有以下 3 种:

(1)O 形圈

O 形圈是一种使用广泛的挤压型密封件,具有下列优点:

①结构简单,体积小,安装部位紧凑,装卸方便,制造容易。

②具有自密封作用,不需要周期性调整。

③适用温度范围宽广。用于动密封装置时,密封压力大。

④价格便宜。

O 形圈在动密封中应用的不足:

①起动摩擦阻力大,易引起忽滑忽粘的爬行现象。

②如果使用不当,容易引起 O 形圈切、挤、扭、断等事故。

③动密封还很难做到无泄漏,只能控制其渗漏量不大于规定许可值。

主要用于低压、低速的工况。

(2)O 形密封圈与聚四氟乙烯滑环的组合密封

O 形密封圈与聚四氟乙烯滑环的组合密封是针对 O 形圈用于动密封的缺陷而作的改进型。这种组合密封的优点有:

①既具备 O 形圈自密封能力,又具有聚四氟乙烯良好的自润滑性、耐磨性能。

②与金属表面无黏着作用、摩擦阻力小。

③与 O 形圈相比,提高了密封的可靠性和使用寿命。

④具有结构尺寸小的特点。

适用于对于密封件工作条件苛刻,同时要求密封件尺寸小的情况。

（3）机械密封

机械密封作为旋转设备的轴封装置,应用广泛。机械密封的特点是:

①密封性能可靠,泄漏量极小。

②使用范围广,适用于各种工况条件,在高速、高压、高温、低温、高真空、腐蚀性介质、高黏度介质等工况下,都有良好的密封效果。

③使用寿命长,不需经常更换,功耗小。

④抗振性强,缓冲性好。

⑤结构复杂,装配较困难。

在密封件尺寸要求允许的情况下,采用机械密封形式效果较好。

3.5　多级接力输运

在疏浚施工中,有时为了达到工程所需的远距离输送或深水提升作业,采用中间有给料池的接力布置方式或接力泵在排泥系统中的布置方式进行远距离排泥。

（1）中间有给料池的接力布置方式

如图 3-1 所示,按管线总阻力损失均分,确定泵站的位置,只是每组泵的前方增加一料浆池,以调节工况,提高整个系统的运转稳定性。与接力泵布置方式相比,缺点是需增加料浆池,同时泥泵磨损不均时会出现溢池或抽空现象,优点是运转平稳,各泵站顺序启动时间相对易于掌控。

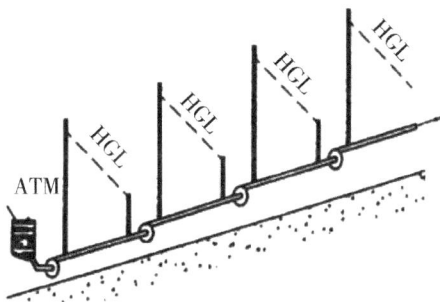

图 3-1　中间有给料池的接力布置方式

（2）接力泵在排泥系统中的布置方式

如图 3-2 所示,在管线的不同地方分别布置几台泵,一台泵的输出直接是另一台泵的输入。

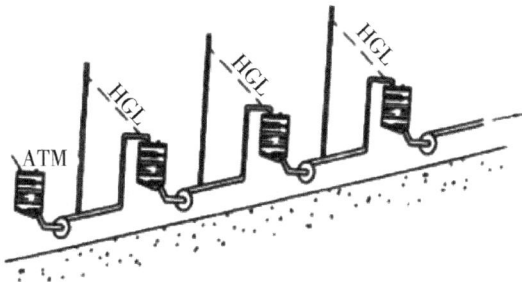

图 3-2　直接在管线上接力布置方式

这种布置对设备的要求也最低,可按单台设备的使用要求考虑成本最低,缺点是需建多个泵站,各泵站顺序启动时易出现气蚀,对各泵站的顺序启动时间精度要求较高。

(3)接力泵的选定存在的问题

接力泵的选定分为性能不同的泵串联和性能相同的泵串联两种情况。

1)性能不同的泵串联

两台性能不同的泵串联工作时,其性能特性曲线见图3-3。如选用不同性能的泵串联使用时,往往一台泵超负荷,而另一台泵未达到满负荷,其结果使他们的功率都没有达到充分利用,其经济性和实用性都难以满足实际工程的需要。

2)性能相同的泵串联

两台性能相同的泵串联时,其流量相等,扬程理论上等于两台独立泵的扬程之和,但实际受管道阻力增大的影响,其扬程小于两泵扬程之和。双泵工作时,扬程之和导出的新曲线为整个装置的泥泵特性曲线,其新的管路特性曲线变陡。图3-4为两台相同性能的泵串联使用时的工作情况,$H_{\text{Ⅲ}}$为两泵叠加后特性曲线。

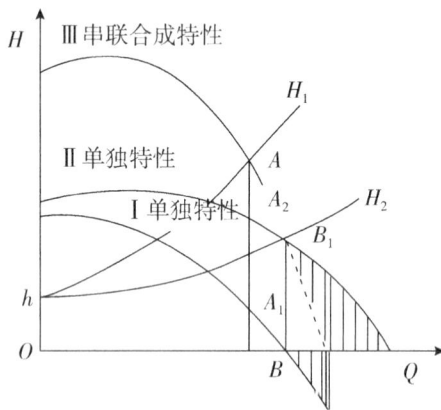

图3-3　不同性能的泵串联　　　　图3-4　相同性能的泵串联

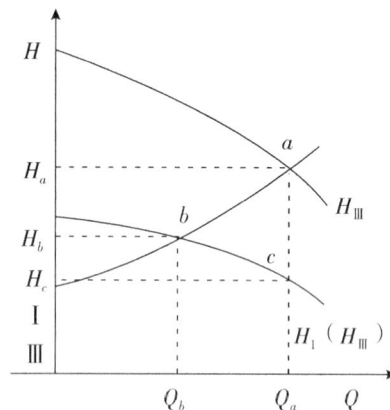

4　结语

除前述重点难点以外,关于水下开挖深度测量、过流部件保障、设备和管道的收放、清淤装置脱困等问题也值得深入探讨。目前,我国在深海采矿装备技术方面的研究工作相比深水清淤起步较早,且相对成熟、技术难度更大,可作为深水清淤技术开发工作的重要参考。近些年,已有科研院所、企业就水力提升原理的深水清淤技术进行了深入的研究与探索,有的已制造出工程样机,在我国深水清淤领域得到了示范应用,为我国深水清淤技术的发展做出了积极贡献。

主要参考文献

[1] 崔丽.水库大坝建设应给公众更多拥有感[EB/OL].[2017-11-21]. http://zqb.cyol.com/html/2017-11/21/nw. D110000zgqnb_20171121_5-03. htm.

［2］程阳锐,王义锋,潘洪月,等.基于深海采矿技术的新型深水清淤技术方案探索［J］.矿冶工程,2020,40(4):1-5.

［3］郑立大.环保清淤船自动控制及精确定位系统［J］.电气时代,2013,8:90-92.

［4］麻定很.多波束测深系统在水下地形测量中的应用研究［J］.经纬天地,2021,6:21-25.

［5］刘定宁.无人船多波束侧扫技术在古矿坑水下地形测量中的应用究［J］.广东水利水电,2024,5:105-109.

［6］徐鹏飞,陈梅雅,开艳,等.大型水电站坝体检测水下机器人研究进展［J］.清华大学学报(自然科学版),2023,26(18):1-9.

［7］雷阳,魏华,郭宏,等.用于水下生产的水下供电系统研究［J］.中国造船,2019,60(增刊1):264-272.

［8］杨申申,王璇,刘浩,等.深海潜水器液压系统的设计［J］.机床与液压,2017,9(25):93-95.

［9］顾临怡,罗高生,周锋,等.深海水下液压技术的发展与展望［J］.液压与气动,2013,12(1):1-7.

［10］钟先友,谭跃刚.水下机器人动密封技术［J］.机器人技术,2006,1(2):40-41.

［11］谭岚,王赞成.接力泵技术在疏浚工程中的研究应用［J］.湖南水利水电,2020,2(9):42-43+56.

江咀河道疏浚工程方案浅析

薛 磊 谢小飞

（武汉长科工程建设监理有限责任公司,湖北武汉 430000）

摘 要:府澴河是长江一级支流,是湖北省仅次于汉江、清江的第三大河流。然而,府澴河出口河段北支新河常年淤泥堆积,河道狭窄,过水断面逐年减少,防洪能力已然不足。为解决内涝外洪的现状,保障居民安全,长江新区通过进行府澴河出口段综合整治工程,不仅让居民享受高品质的生态湾,同时还为推进水运等绿色产业发展打下牢固基础,树立"以水定城、以水育城、以水兴城"的典范。本文通过对北支新河的水文地质和交通环境进行分析,对该工程的土方开挖施工工艺进行设计,详细研究了施工过程中的管理、质量保证、安全文明生产的措施及应急预案,为类似的河道疏挖工程提供参考和借鉴。

关键词:水利工程;江咀;河道疏挖;防护改造

1 工程概况

(1)疏挖工程位置概况

本次河道疏挖工程位于沙口水道（天兴洲北汉）新河江咀处,上游距离武汉天兴洲长江大桥约1km,下游距离武汉青山长江大桥约 6.3km(图 1-1)。

图 1-1 本次疏挖工程地理位置示意图

作者简介:薛磊,男,注册监理工程师,主要从事水利水电工程、市政公用工程工作,E-mail:2412836605@qq.com。

（2）疏挖规模

根据设计图纸及原始地形测量资料经计算,本次河道疏浚土方工程量分别为新河下游围堰10+120 至 10+265(江咀)疏浚土方约 91251m³;新河下游围堰拆挖土方约 105100m³;原二工区至四工区河道干挖剩余土方约 83582m³。共计 279933m³。

表 1-1　　　　　　　　　　　疏挖部位及疏挖工程量表

序号	疏挖部位	疏挖工程量/m³
1	10+120 至 10+265(江咀)	91251
2	新河下游围堰拆挖土方	105100
3	二工区至四工区河道干挖剩余土方	83582
	合计	279933

图 1-2　江咀疏挖范围示意图

（3）地形地貌

新河扩挖段地处长江的一级阶地,地面平坦,地势较低,一般地面高程为 21.0~23.0m。现有河道呈"弓"字形,总体走向近东西;河槽宽 40~50m,槽底高程多为 16.0~17.5m;左侧外滩较宽,宽150~200m,高程多为 18.6~23.3m;右侧外滩较窄,宽 80~100m,高程多为 20.0~22.5m;两岸堤顶宽 4.0~5.0m,高程为 26.3~27.8m。区内地表水系较为发育,朱家河、小河(濯水故道)与新河交汇,在外滩及堤内分布较多鱼塘。岱家山大桥在上游横穿新河,中部有多条铁路线横穿新河。

新河河口 9+870 下游临长江,左岸筑有堤防,堤防高程 22.2m,右岸为自然岸坡,坡顶高程 24~25.4m。河床宽 130~220m,河床深泓高程-2.7~14.5m,往下游渐低,河口处有冲坑。

（4）港口航道概况

江咀疏挖作业水域所在区域为青山港区,青山港区位于长江右岸,武汉市青山区,天兴洲长江大桥下游,年平均通过能力约 172 万 t,青山港区红钢城作业区共有 13 个泊位,最大靠泊能力 1000t,

年通过能力 70 万 t,另有汽渡码头 1 个。

本工程水域为长江左岸,附近只有上游有武汉天兴洲长江大桥,相距约 1000m。

青山夹水道和沙口水道分别为天兴洲的南北两汊。青山夹水道为南汊,水深条件较好,为目前通航主航道,上游有天兴洲长江大桥,下游有青山长江大桥;北汊沙口水道常年淤积,洪水期有沙驳、维修船等小型船舶往来航行。

目前,该河段南汊布设有主航道和海轮航道,主航道常年通行,海轮航道根据自然水深条件季节性开放,每年的 4 月 1 日至 11 月 15 日以海轮推荐航线的方式维护。

2 施工计划

(1)施工准备

①进场施工前,组织工程技术人员熟悉图纸,了解设计意图,与项目部工程技术人员进行技术交底,充分沟通,并到现场实地考察,对照图纸,掌握整个施工区域的现场地形地貌及地质结构情况,对施工总平面布置做到心中有数,提前规划,合理安排。

②测量人员要根据图纸对整个施工断面,进行原地面复测,对河道开挖中心线及左右开挖开口线进行放样,并做好标记,以便施工班组按图施工。

③进场施工前要对整个工程所需机械设备配备及施工人员配置提前安排,准备充分,确保机械设备,施工人员满足本工程需要。

④提前规划现场管理驻地建设,电力设施合理地布置,施工便道的设计及相关辅助生产设施的建设。

(2)工期保证措施

①加强宏观控制,针对本工程重点难点进行针对性布置,并采取针对性措施,从设备的配备和人员的选择着手,严格把控各道流程,确保本工程的人力、物力的配置及供应科学合理。

②建立健全岗位责任制,签订承包责任状,以日计划保旬计划,以旬计划保月计划,切实保证各项工程按计划完成;完善奖罚制度,以经济为杠杆,充分发挥施工人员积极性和主动性,提高生产效率。

③根据现场实际情况不断优化,充分发挥科技是第一生产力的优势,集思广益,在施工中不断优化施工方案。采取目标管理网络技术等现代化管理方法,使施工组织更加全面和严谨。在施工中合理进行施工规划,加强动态管理,及时调整,保证关键线路上各项工作的资源配置,确保各关键项目按计划完成。

④设备的选型遵循实用、高效、耐用的原则,防止待机误工。在施工中有计划地备足易损件,加强机械设备维修保养,做到随坏随修,确保施工机械按计划正常运转。同时,对设备、材料要有一定的备用量,以便在出现突发事件时不影响工程的正常施工。

⑤施工进度计划必须在保证工程质量的基础上加以落实,若发现有某一环节进展缓慢,应立即分析原因,及时采取对策解决问题。

⑥加强质量、安全管理,避免出现因施工质量、安全原因导致停工等待的情况发生。

3　施工工艺技术

3.1　施工工艺流程

施工准备→疏挖前测量→平面图布置及斗位划分→挖泥船组进场定位→分层分条开挖→断面测量→验收。

3.2　抓斗式挖泥船施工要点

新河江咀河道疏挖采用抓斗式挖泥船进行,疏挖上来的土方直接采用货船装仓后运出武汉市,分别运至下游鄂州、黄冈团风等弃渣码头。

(1)测量控制

1)总体平面测量控制

本工程采用 GPS 对施工挖泥进行总体平面测量控制,挖泥过程的底标高以水砣测深法控制。施工前在岸边不同位置设立多把水尺,以便在施工中确定施工水位。

2)建立平面挖泥网格

根据河道疏挖宽度、平均原始高程、边坡坡比及抓斗船合适开挖宽度,将疏挖河道进行分若干条,在每个船底再进行纵横向分条形成小网格(可按 5m×2m),每个小网格代表抓斗船开口尺寸。施工中应严格按照网格划分施工。

3)船上 GPS 控制

在每个抓斗船上配置一套 GPS 和 1 套电子罗经,分别用于控制船舶位置和姿态。电脑显示器设置在驾驶室内,由操作人员根据电脑指示进行挖泥船的位置定位和施工移位。

(2)施工船舶

根据开挖区土质特点和水深条件,结合弃渣(土)处理方式,选用 2 条抓斗挖泥船对新河江咀处进行水下疏挖作业,采用 9 艘 1000DWT 运输船(以"湘津市货 0515""黄冈涛洁 1 号"船舶类型为标准)对土方进行弃渣,实际以提交施工作业许可证资料所明确的施工船舶船型为主。

(3)挖泥船和起重船抛锚定位步骤

①到达指定位置后,抛下左舷锚(或右舷锚)。

②船舶依靠自身动力,同时船艏左锚机配合松开锚链,船舶向右方移动,到达准确位置后,抛下船艏右锚。

③船舶在航道中抛出左右两艏锚之间的夹角为 60°,锚链长度为长 2～3 倍水深,抛出的两锚形成八字锚。

④船长按照船上 GPS 指示和目测,同时接受指挥人员指挥,调整前后左右锚链长度,船舶左右、前后位移,实现精确定位(图 3-1)。

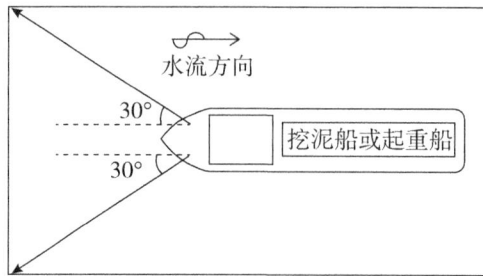

图 3-1 挖泥船定位示意图

（4）挖泥方法

1）挖泥原则

挖泥船由上游往下游开挖,横向由中间往两侧开挖,可先挖下游围堰部分,再分段进行施工。

2）挖泥方法

挖泥按照"纵移挖长、横移挖宽"的方法进行。挖泥船移位一次的宽度为挖泥船自身船宽的宽度;挖泥船每次前移长度为抓斗一次向前开挖的长度。每一挖泥区作业前,应根据河道开挖宽度和船宽计算该航道横向开挖条数。

3）前进

挖泥船纵向挖完一个断面后,应绞锚前进一定距离开始下一断面开挖,前进的距离略小于抓斗张开长度,防止漏挖。

4）分层开挖及高程与平整度控制

根据设计图纸及泥层厚度,采取分层开挖的方式进行河道疏浚,每层开挖厚度以一斗的抓深为一层,每层厚度控制在 1.3～2m,最后一层应严格控制下抓深度及抓距,保证开挖至设计高程。上一斗与下一斗之间应重叠 1/4 或 1/3,防止漏抓及保证开挖的平整度;前移距离按抓斗张开宽度的 50%～70%确定。

5）边坡挖泥

根据工程地质及设计资料,边坡开挖坡比为 1：3.5,采用分层阶梯开挖,按照"下超上欠、超欠平衡"的原则施工,最后自然塌落形成边坡。水下断面边坡按台阶形开挖时,超欠比应控制在 1.0～1.5。

6）交接

挖泥作业前把已建立好的总挖泥施工区域网格图和各区段网格图交给操作人员,操作人员根据网格图进行作业并标记已开挖位置,以防每作业班交接过程中漏挖机重复施工。

（5）施工船舶待泊区域

运输船在舷外装驳时,需要挂靠于挖泥船或起重船舷边,为提高疏挖土方运载效率,空闲的运输船选择在疏挖区域下游进口处(即新河江咀下游附近)适当水域临时待泊,直到上一艘次的运输船舶装载完并沥干水分驶离后,待泊的运输船舶才能进入疏挖作业区并挂靠挖泥船或起重船舷边作业。

（6）运输船的运输路线

运输船满载后通知挖泥船或起重船停机,运输船解缆驶离挖泥船或起重船,并选择在疏挖区域上游出口处(即新河江咀上游附近)适当水域通过自然沉降和排水孔沥干表面的水分。

沥干后,运输船调头沿沙口水道水域下行,通过武汉青山长江大桥后,继续航行在天兴洲洲尾处,根据弃渣码头,选择汇入阳逻水道下行分道或上行分道,按照《长江下游分道航行规则》,航行至指定弃渣场码头。

需要强调的是,由于沙口水道为非主航道区域,水深较浅,为防止因船舶避让而临时改变预定航线发生的搁浅事故,我方将对运输船进出疏挖水域时间进行合理调度,避免满载驶出疏挖区域的运输船和空载驶入疏挖区域的运输船在沙口水道发生会遇的情形(图6-1、图6-2)。

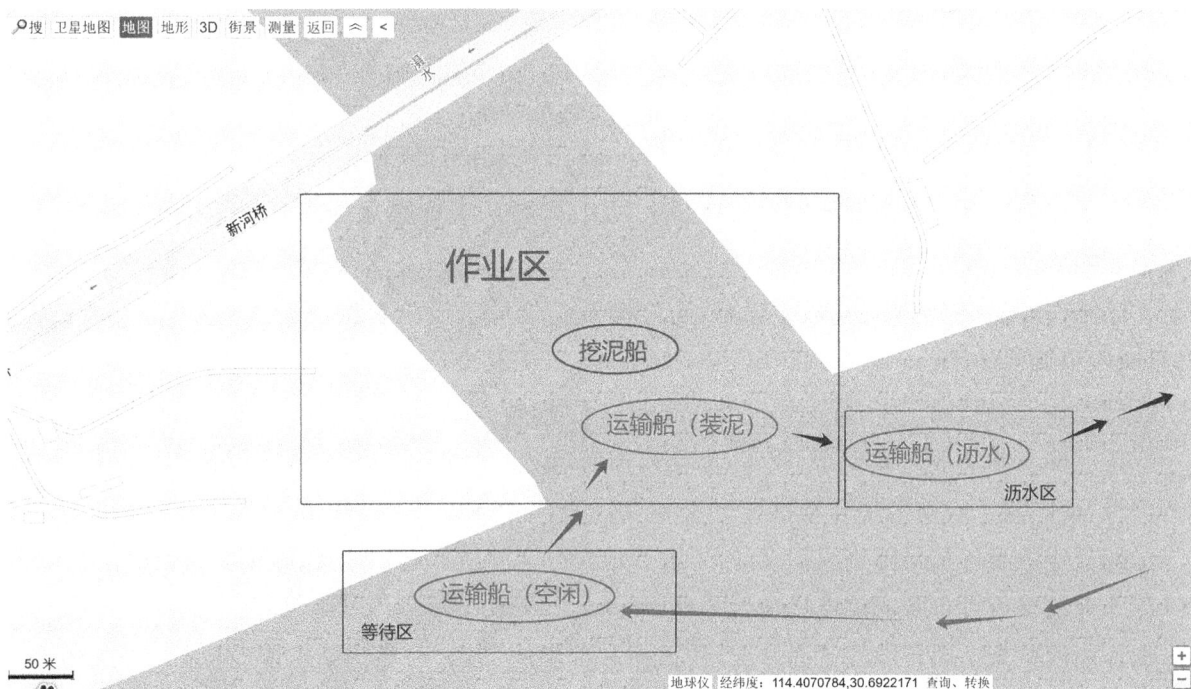

图6-1　运输船进出疏挖区域航线示意图

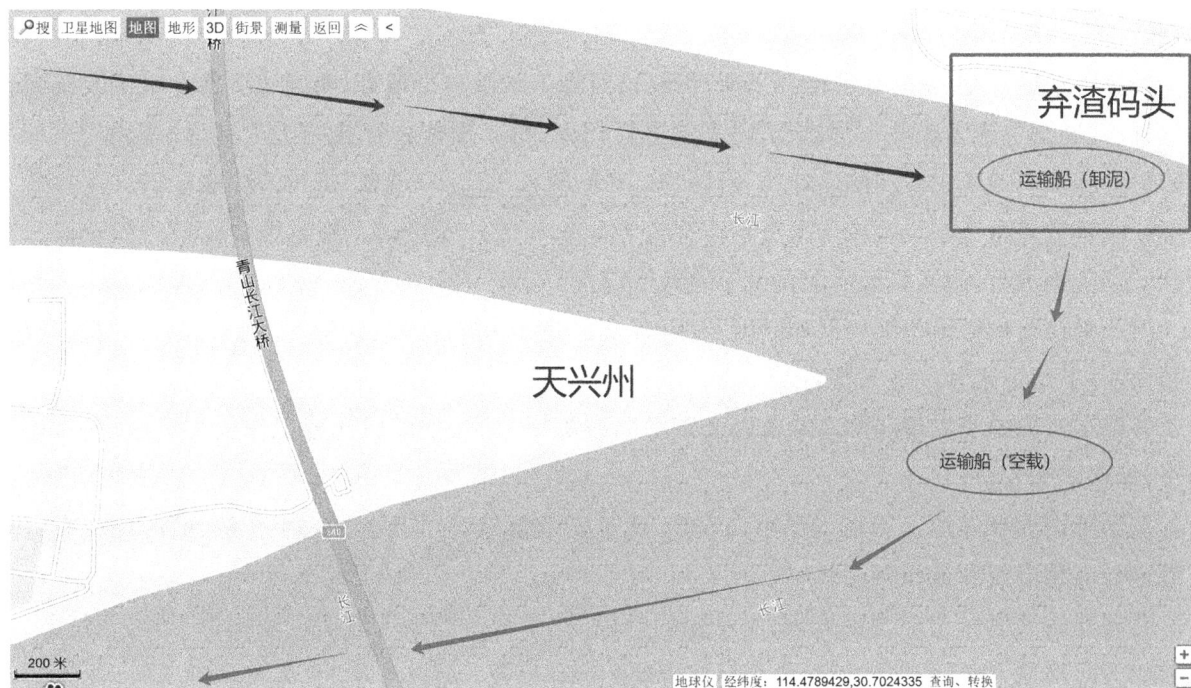

图6-2　本次疏挖作业运输船航线示意图

3.3 河床疏挖的技术要求

①河道过水断面面积不小于设计断面面积。

②疏挖河底控制高程达到设计规定高程。

③河道疏挖以河道中心线为轴线,达到设计底槽控制宽度。

3.4 施工期安全与环境保护措施

（1）施工作业安全保障措施

①施工前办理好航行通告及水上作业许可证等相关手续。

②参与施工的各类船舶必须配备 GPS、雷达、VHF 等导航助航仪器设备。

③船上作业人员应穿戴好救生衣及劳动防护用品,特殊工种必须持证上岗,夜间作业时要保证充足的照明度。

④施工作业船只全船消防、救生设备、防碰撞及其他安全设施要保证完整,并指定专人负责管护,平时不得挪作他用。

⑤施工作业船只的工作、行走平台等四周护栏完好,行走跳板应搭设牢固,并应有防滑条。

⑥挖泥船及附属船只在航道、码头、港湾内拖航、锚泊和施工时,应按规定设置和显示信号并派专人值班,夜间施工必须配足灯光照明。

⑦船员应熟悉该项目施工组织设计,了解当地的水文、气象、地质地貌、施工水域资料。

⑧作业前检查设备各部位连接是否可靠,牢固。

⑨作业前检查全船各部的紧固情况,各机械和部件应灵活、可靠。施工前应检查并实施机械运转部位的全面润滑;检查操纵台上各操纵杆是否都处于"空档"位置上,按钮是否在停止工作位置;检查液压绞车速度开关是否处于"最低速"位置上;检查施工水域、检查施工水深及船吃水、检查开挖断面均正常后,发出施工信号。

⑩施工水域安全:施工作业前办妥航行通告,对施工水域进行调查,明确施工作业范围及临时锚地位置,并通知各施工船舶;疏浚施工前宜先进行扫床,对有爆炸物存在的施工区,挖泥船应采取必要防护措施。对扫床中发现的爆炸物、障碍物、杂物、树根等应采取措施进行清除或标识。

⑪所有进入水工施工区域的人员均需穿好救生衣和戴好安全帽。施工中自行遵守安全操作规程和安全防护规范,施工船舶需配备足够的救生设备。

⑫严格执行机械设备维修保养制度,对所有设备进行维修、保养、检验,分别为日检、周检、季检、年检,并有书面记录和责任人签名。

⑬施工过程中当发现船体有翻覆以及钢缆断裂等现象时,立即通知各工作人员灵活操作,协调同步,确保船舶安全。

⑭为维护船舶及水上工作人员生命安全,避免安全事故,一切机动船、工作船、驳船均应有针对性地进行应急应变部署和演习。

⑮各船由大副排定应变部署表;每一位船员填发"应变备忘卡",注明应变岗位、编号及任务,置放在船头醒目处,船员必须熟记应变备忘卡所载岗位和任务。

⑯如有人员落水,应立即抛救生圈或其他浮具施救,并同时向驾驶台高呼有人从某舷落水,船长

应发出救生警报,所有船员穿好救生衣,听候命令施救。

⑰整个施工过程中,随时检查绞关、缆绳以及卷排梁受力情况,发现有安全隐患立即通知现场指挥人员。

⑱经常检查施工船舶系缆和锚泊情况,防止断缆或走锚,特别是在每次落潮时要增加检查的次数,遇到紧急情况按相应安全预案进行操作。

⑲作业时,作业人员在舱底作业要防止石头、重物滑落,操作人员要按操作规程进行操作,不得违章作业,重物下面不得站人。

⑳注意收听天气预报,严格按照规范要求组织施工。对大风、暴雨以及江面风速超过 6 级的天气,禁止施工。

㉑大雾天气施工作业安全措施:遇到大雾天气,停止一切施工作业,加强值班,注意其他船舶的动态以防止与其他船只碰撞,并密切注意天气情况。

㉒在施工区域外围设置浮标,以实现航行警戒。同时应在施工船舶上设置防碰撞信号灯及夜间红色信号灯。

㉓拖航和锚泊:拖航或转移工地前,应收回横移锚并固定,收回抛锚锚杆并固定;插入绞刀桥架、横移绞车固定销;收回挖泥信号和灯标,检查并设置拖航信号;安排人员值班。

(2)施工期环境保护措施

①合理用水,减少污水排放,并将产生的污水排放到指定地点。

②船运过程监管措施:土方运输过程中我单位将采取以下措施确保土方环保、清洁安全地运送至土方处理场地。

a. 加强码头路面专人巡视,避免装卸土方漏撒污染路面。

b. 安排专人跟船,对船运过程全程监督,坚决杜绝运输船在运输过程中直接向长江倾倒土方。

c. 对每艘土方运输船安装 GPS 定位系统,实施远程监控,确保在规定运输线路航行,能够保存 6 个月实际航行线路录影资料,并及时发送到相应监管部门。

d. 对运输船安装视频监控系统,定期上传到相应监管部门。

e. 对运输船只安装船箱监测装置。严格禁止船运过程中随意外排土方,对运输船实时监测数据及时上报相应监管部门。

f. 增强安全意识,船舶停靠时在船体四周设置安全警示标志,避免发生安全事故。

g. 加强施工作业区域的航道巡视,确保运输船、趸船及其他运输船只的航行安全。

h. 禁止将废物和油水混合物直接排入河中,若发生泄漏事故或冲洗带油的甲板,应立即采取降解油脂等补救措施。

i. 禁止将破旧胶管、钢丝绳以及生产、生活垃圾抛入河中,应采取有效的集中处理措施。

4 结语

将"水患"变成"水安全",从"求生存""盼温饱"到"求生态""盼环保",今日中国的治水理念正在发生着历史性变化。府澴河出口河段综合整治工程是长江新区实施的首项水利工程和基础设施"咽喉工程",在新区高起点建设、水城融合发展等方面具有标杆示范和超前探索的重大意义。工程设计防洪标准为50年一遇洪水,排涝标准为50年一遇24h暴雨1d内排完。优化行洪格局,提高防洪能力,经受汛期考验,是府澴河出口河段综合治理的基础功能,在城市防洪的基础上,结合城市的综合功能与生态景观,打造成集防洪、排涝、环境修复及空间复合利用于一体、城市功能最完善的景观防洪生态工程,建成后将成为长江新区重要的水生态文化绿廊。

主要参考文献

[1] 中华人民共和国水利部.疏浚与吹填工程技术规范:SL 17—2014[S].北京:中国水利水电出版社,2014.

[2] 中华人民共和国住房和城乡建设部.河道整治设计规范:GB 50707—2011[S].北京:中国计划出版社,2011.

浅论疏浚吹填技术在水利工程建设中的技术应用及发展趋势

代涛[1]　江山红[2]

(1. 武汉长科工程建设监理有限责任公司,湖北武汉　430030;

2. 中交第二航务工程勘察设计院有限公司,湖北武汉　430014)

摘　要:随着现代社会经济的全面高速发展,疏浚吹填工程技术在工程建设行业水利工程建设中取得了巨大成就。水利工程疏浚吹填技术是改造江河湖海的一个传统技术,也是现代需要随时迭代更新的施工技术,在水利工程建设行业中应用非常广泛。但是,如今疏浚吹填技术的普及、培训教育及更新仍然落后于时代高速发展的步伐。因此,加快疏浚吹填技术的发展是一项重要的时代任务。

关键词:水利工程;疏浚吹填;技术应用

1　引言

从大禹治水到现代社会,中国在水利工程建设方面均取得了重大的成就,在水利工程施工科学技术领域取得了重大的成就和进步。在江河、湖泊、水库中沉积的泥沙量是水资源管理和流域管理的重要环境安全隐患,在河流中泥沙量过高,就表示流域上的土壤流失速率过高或者流道不稳定,也可能是两者都有。过高的流沙量对水质和水生物都会产生影响,会对林业、农业、航运和环境造成非点源污染。另外,高泥沙沉积会对河道的形态、湖泊、水库和相关的基础设施造成负面影响。因此,水体中的泥沙会给环境和经济带来严重影响。疏浚吹填技术的应用可以在这方面发挥巨大的作用,此技术还广泛应用在防洪堤坝、水力发电、近海造陆、交通港航等领域。

2　疏浚吹填技术概论

疏浚吹填技术指利用各种疏浚挖泥船,在水下挖泥并输送到陆地或水下边滩,进行填筑的一门应用技术,是挖泥—输泥—装泥—卸泥过程的循环施工作业。

水利工程疏浚吹填技术可以充分地利用弃土,对于堤防工程堤身两侧的水塘洼地进行充填,以此来加固堤基。吹填泥浆沉积泌水后比较固结密实,干密度为 $1148\sim1158t/m^3$。此项技术不受气候的影响,无论是白天、黑夜、下雨还是降雪都可以连续进行作业,施工的效率比较高。此项技术在

作者简介:代涛,男,高级工程师,主要从事水利工程施工监理行业工作。E-mail:379301840@qq.com。

土质条件符合要求的前提下,可以用来堵口或修筑新堤,成本相对来说比较低,是碾压法的 1/3 ～ 1/2。

小容量的疏浚吹填设备对土质的选择有一定要求,这样就限制了吹填法的应用范围。疏浚吹填技术在施工的初期干密度较小,含水率比较大,抗剪强度比较低,不利于土体的稳定。与碾压填筑相比,吹填法筑堤的堤身断面比较大,堤坡比较缓。

3 疏浚吹填技术工作的理论

3.1 疏浚工作原理

疏浚原理即是各种疏浚挖泥船在水下开挖土石方和排泥的工作原理,挖泥船的种类有吸盘式挖泥船、绞吸式挖泥船、抓斗式挖泥船、斗轮式挖泥船等,这些船的工作原理的相同点是利用各种机械装置,把水中的泥沙挖起,装载到船舱中,再用送到指定的地点,或者直接输送到指定的地点。

3.2 吹填工作原理

吹填的过程有土料湿化崩解、土料沉淀排水、土体固结密实 3 个方面。

(1)土料湿化崩解

土料湿化崩解是指排气湿化,土料崩解,水下土料是由空气、土颗粒和水共同组成的三相物质,经过挖泥船的吸头高压水柱冲刷之后变成土颗粒和水组成的两相泥浆,将气排除,为土重新结合密实创造了条件。

(2)土料沉淀排水

土料沉淀排水过程是当泥浆被输送到泥仓内,流速会发生递减直至最后停止流动,悬浮的土粒在重力的作用下逐渐向下沉淀,导致一部分水离析在泥层的表面,由高处向低处流动,同时将积水排除。随着泥浆含水率的降低,会逐渐变为软塑状态,土体会随之开始初具骨架。

(3)土体固结密实

土体固结密实过程,吹填筑堤是分层累计上升,每一吹填层的厚度都要控制在规范要求内。当最下层经过沉淀排水之后,又有上部的第二层及其后的第三层、第四层一一加厚,在逐渐自重递增的作用下,由下至上也随之固结加密。随着各层吹填土内水分的排出,堤身土的干密度也相应随之递增,质量也会越来越好。用沉降观测来控制吹填的后续工序,通常的沉降期为 90d,其间应该对吹填土堤进行覆盖和种草来进行防护,以免造成土料的流失。

4 疏浚吹填技术所需的原材料及机械设备

对于土料而言,江河湖海的泥沙及水下岩土都可以作为疏浚吹填材料,但是受设备的限制,当前,我国采用的涂料还仅限于淤泥至风化岩的范围,而砂土类由于既适宜挖运又适宜吹填筑堤,所以被广泛应用。

疏浚吹填技术在应用中,主体设备包括各种型号的挖泥船及其泥泵以及适合我国国情的简易疏浚吹填挖泥船、冲沙船和相关简易泵吸装置等。辅助的设备包括吹泥船、锚艇、泥驳、拖轮和导航定位系统等。

5 施工方法和工艺流程

我国常用的疏浚吹填法分为传统方法和现代方法两类,实际的施工过程中,一般会根据实际的情况,两类方法一起使用。

5.1 传统方法

绞吸式挖泥船直接进行吹填施工,大部分情况下是采用单桩前移横挖法进行挖泥施工作业,即以一根钢桩为主桩,始终对准挖槽的中心线,作为横挖摆动的中心,另一根桩作为副桩,为前移换桩使用。最大挖宽为船长的 1.2～1.4 倍,船体左右摆动的角度为 70°－80°,土层比较厚时,取绞刀直径的 1.2～1.5 倍尺寸进行分层开挖并进行吹填。

抓斗式挖泥船挖泥装泥驳、吹泥船吹填施工,施工方法主要包括链斗式挖泥船锚缆斜向横挖法;链斗式挖泥船锚缆十字形横挖法;链斗式挖泥船锚缆扇形横挖法;链斗式挖泥船锚缆平行横挖法;自航抓斗式挖泥船锚缆横挖法;抓斗式挖泥船锚缆纵挖法;铲斗式挖泥船钢桩纵挖法。这些方法在施工时都需要配备泥驳装泥,用吹泥船进行吹填筑堤或压渗平台等。

5.2 现代方法

耙吸式挖泥船进行自挖自吹施工,有固定码头吹填法、吊管船吹填法、泥驳作浮码头和双浮筒系四岸吹填法。

耙吸式挖泥船挖泥、运泥,倒入储泥坑,用绞吸式挖泥船挖出吹填施工,耙头是耙吸式挖泥船的关键性机具,决定了挖泥的质量和工程的效果,国内常用的耙头有 DB 耙头、通用耙头、动力旋转耙头、荷兰 IHC 标准耙头和阿姆勃劳斯耙头。泥舱也是关键的设施,其容积决定了耙吸式挖泥船的大小,最小的容积只有 $100m^3$,最大的有 $25000m^3$。

6 水利工程疏浚吹填技术的发展及趋势

随着各种大规模的疏浚和吹填工程的增多,环保疏浚和吹填是发展的主要的趋势之一,这就要对传统的挖泥船进行改造,要自主研发环保型绞刀头和防污屏等环保机械,防止挖泥过程中污染底泥扩散。另外,还要在挖泥船上配置先进的定位和监控仪器,如污染监视仪和全球定位仪等,提高疏挖的精确度,减少漏挖与超挖。输排系统也要进行相应的改造,减少在输泥过程中的泄漏,避免对环境产生二次污染。此外,要努力向生态疏浚转型,以达到兼顾修复水生生态系统的更高目标

7 结语

现代社会经济高速发展,人民生活水平的逐步提高,对环境要求也会越来越高,将会对海域、江河、湖泊污染的疏浚处理提出更高期望,也会促进疏浚吹填技术得到更快、更好的发展。

第三部分
疏浚物合理处置

2023 年度九江市长江航道疏浚砂综合利用实施方案研究

郭大卫　唐金武　陈正兵

（长江勘测规划设计研究有限责任公司,湖北武汉　430072）

摘　要:长江养护疏浚对于保障长江"黄金水道"功能稳定发挥意义重大。在长江干线通航能力不断提升的同时,每年都有大量的养护疏浚工作需要开展,产生的疏浚弃砂是重要的砂石资源,在相关政策的支持下,部分沿江地区开展了长江航道疏浚砂综合利用工作,取得了良好的效益。其中 2023 年度九江市长江航道疏浚砂综合利用项目为江西省首次批复并实施的长江航道,同时也是首个长江干流河道疏浚砂综合利用项目。本文以该项目为例,对疏浚砂综合利用实施方案中的重点内容进行介绍分析,为同类项目的开展利用提供参考。

关键词:长江航道;疏浚;综合利用

1　引言

长江干线航道宜昌至南京段全长约 1363km,是国家综合交通运输体系中贯穿东中西部地区重要的水上运输通道。近年来,随着长江干线南京以下 12.5m 深水航道的建设和上游三峡库区的形成,长江干线上、下游航道条件得到了大幅度改善,对于长江干线宜昌至南京段通航保畅提出了更高的要求。宜昌至南京段浅滩众多,加之三峡水库清水下泄的影响,养护疏浚工作贯穿全年且线长点多,疏浚规模大。据统计,2023 年度长江干线宜昌至南京段设计疏浚工程量超过 850 万 m³。如此大量的疏浚弃砂如加以科学合理利用,既能有效解决弃砂处置难题,避免疏浚砂二次抛洒带来的环境污染,还能在一定程度上缓解砂石供需矛盾,是推动长江经济带发展的重要体现。

2020 年 9 月,水利部、交通运输部发布《关于加强长江干流河道疏浚砂综合利用管理工作的指导意见》(水河湖〔2020〕205 号),为有序开展长江干流河道疏浚砂综合利用、进一步规范和加强监督管理提供依据。在各级党委、政府及相关部门的重视和支持下,重庆、湖北、江西、江苏、上海等地开展了长江航道疏浚砂综合利用工作,取得了良好的社会、经济和生态效益。其中,江西省首次批复并实施的长江航道,同时也是首个长江干流河道疏浚砂综合利用项目为 2023 年度九江市长江航道疏浚砂综合利用项目。本文以该项目为例,对疏浚工程基本情况、疏浚砂综合利用需求,疏浚砂利用实施和监管方案等重点内容进行详细介绍和分析,为同类项目的开展提供参考。

作者简介:郭大卫,男,高级工程师,博士,主要从事河道规划治理方面研究工作,E-mail:davidthu@foxmail.com。

2 疏浚工程基本情况

2.1 浅区基本情况

2023 年度九江市开展综合利用的长江航道疏浚砂来源于九江水道上浅区,其上为武穴至新洲弯道,主流靠左,右侧为徐家湾边滩,其下为九江弯道,主流靠右,其左侧为鳊鱼洲(又称人民洲),浅区处于主流从左岸至右岸的过渡段(图 2-1)。新洲至九江河段航道整治二期工程竣工交付以来,该段最小维护水深由 5m 提高至 6m。

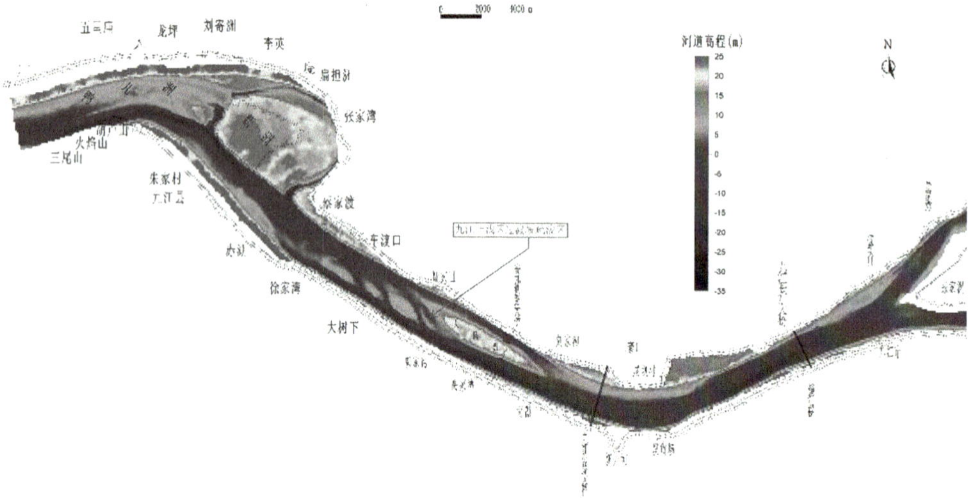

图 2-1 九江上浅区过渡段所在河段河势图

近年来,九江上浅区过渡段年内变化存在洪淤枯冲的规律,汛期整个过渡段淤积,6m 深航槽断开或者宽度不满足 200m 最小航宽要求。此外,过渡段上游徐家湾边滩持续冲刷下移,挤占过渡段航槽,同时由于上下游边界冲淤不均匀,导致过渡段出口与下游航道的偏角增大,航路不顺。因此,九江上浅区过渡段每年都是九江水道养护疏浚的重点航段之一。

2.2 疏浚设计方案

(1)疏浚区平面布置

疏浚区域长约 4300m,宽 230m,中上段沿深槽走向布置,考虑汛期徐家湾边滩尾部下移,在现状航槽基础上适当北移;中下段考虑适当减小过渡段出口航道偏角,东侧边线沿鳊鱼洲滩头 6m 线走向布置,并与疏浚区域中上段平顺衔接(图 2-2)。此外,为保障施工期通航,在疏浚区域中上段布置宽 50m、长约 2000m 的临时通航区域。

(2)疏浚控制高程

疏浚控制高程根据设计枯水位能满足最小通航尺度要求确定,并考虑河道一定的回淤。其中设计枯水位取三峡水库蓄水以来出现的最枯水位 6.05m(1985 国家高程基准,下同),通航水深 6.0m,备淤深度 0.5m,计算得到疏浚控制高程 −0.45m。

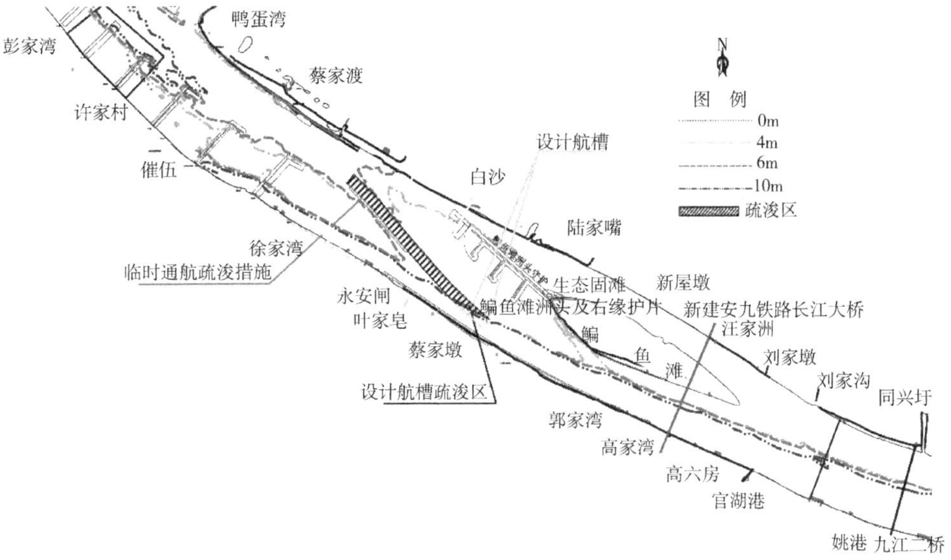

图 2-2　九江上浅区过渡段疏浚工程平面布置图

（3）疏浚方量

浅区河床表层为细砂，疏浚边坡取 1：5.0，考虑疏浚船舶施工存在一定偏差，断面开挖设计超深取 0.5m，超宽取 5.0m，计算得到疏浚总方量 230 万 m³。

2.3　疏浚施工方式

为避免疏浚工程对水域环境造成污染破坏，实现疏浚砂上岸利用，避免资源浪费，本次疏浚施工拟采用"挖泥船＋船舶装驳"的施工方式。施工时合理规划施工船舶上线顺序，分段、分条、分层施工，并做好边坡、底层开挖和扫浅控制，严格落实安全环保措施。

3　疏浚砂综合利用需求分析

根据浅区疏浚砂取样检测结果，本次疏浚清淤料为特细砂，可作为砌体砌筑用的砂浆，当用粗、中砂制作混凝土或抹灰砂浆时，因砂子太粗而不起浆时，也可以适当掺入一定量的细砂，提高混凝土的和易性和流动性，有效应对中粗砂储量下降、进货困难的问题，满足混凝土日常生产。此外，本次疏浚清淤料还可通过深加工制成新型特种材料。

经调研，九江市有大量国家、省、市重点建设项目正在建设或陆续开工，急需大量的基础砂石料，据不完全统计，近期开工或正在建设中的重点建设项目需砂总量有 170 万 t 之多。此外，江西省还有多家建材公司需要疏浚砂作为新材料的生产原料，据不完全统计，建材公司需砂量 95 万 t。

本次疏浚区涉及九江市和黄冈市两个行政区，根据九江市人民政府与长江航道局签订的《共同协调推进长江航道疏浚土综合利用工作备忘录（2023 年度）》，九江市将九江水道养护疏浚总量中的 60 万 m³（按密度 1.5t/m³ 估算约 90 万 t）进行综合利用，小于近期总需砂量 265 万 t，本次疏浚砂可得到充分利用。

4 疏浚砂利用实施方案

4.1 水上作业船舶配备

（1）疏浚船

综合考虑往年养护疏浚经验、河床地质和水域条件，拟选用绞吸式或吸盘式挖泥船进行疏浚作业，疏浚船舶数量拟定 2 艘，联合施工的日疏浚能力约 2 万 m^3。具体船舶型号根据实际情况进行调配。

（2）运砂船

本次疏浚配备一定数量的泥驳作为运砂船，根据通航条件泥驳舱容拟定为 2000m^3。泥驳的配备应在保证施工安全的前提下，根据挖泥船的挖砂生产效率，泥驳卸砂及运输往返时间，尽可能使疏浚船连续作业。

根据以往工程的施工经验，疏浚装驳施工时，其施工包括纯挖泥、泥驳靠档、换驳、离档，以舱容为 2000m^3 的运砂船配合施工，靠档接驳离档大概需 2.0h。按每天平均工作时间 10h 计算，每天可完成船数 $N=10/2=5$（船次），疏浚区配备 2 艘疏浚船联合施工，每日完成装舱作业共 10 次。装舱量按运输船舱容 80％计算，单船次装舱量 2000m^3 × 80％＝1600m^3，每日疏浚装舱量为 1600m^3 ×10＝1.6 万 m^3，2 艘疏浚船联合施工的单日疏浚能力符合每日疏浚装舱要求。

考虑九江水道养护疏浚期间实施单向通航水上交通管理，每艘泥驳每日完成 1 次运输任务，因此，为保障疏浚船连续作业，至少需配备 10 艘运砂船。

（3）平板分流船

为防止运砂船直接装驳时由于挖泥船排泥效率过高导致运砂船船身失稳，另配备平板分流船 1 艘，疏浚船先通过排泥管将疏浚砂排出并输送至平板分流船，再由平板分流船通过抽吸泵经输送管道将疏浚砂分散输送到运输船上。

考虑到施工过程中出现的自然影响、人员轮换及设备维修等因素的影响，计划额外配备一定数量的作业船舶作为应急使用。

4.2 接驳、沥水、运输

泥驳靠档后疏浚船开始吸砂作业，疏浚砂和水通过改接管道垂直落入泥驳船舱中。泥驳接驳时安排现场人员及时测量货舱中砂石堆砌情况，并根据现场要求及时调整疏浚船排泥管的角度。达到泥驳装载量后通知疏浚船停机，并根据海事部门要求在规定地点沥水，表面水沥干后，准备起锚前需报告海事局交管中心，待中心答复并许可后方可起锚航行。泥驳应按照相关部门批准的方案运输至指定码头卸砂上岸。

4.3 上岸码头（点）

本次疏浚区九江侧位于九江经济技术开发区。为方便泥驳运输，在疏浚区附近选取合适的码头（点）卸砂上岸。疏浚区附近已建的砂石码头为疏浚区中部南侧的开发区城西砂石集散中心码头，为高桩梁板码头,作为本次疏浚砂的上岸码头,泥驳靠泊后通过码头平台上的吊机将泥舱中的疏浚砂转移至卸料斗上方进行卸料,疏浚砂通过卸料斗卸至皮带机上,再通过皮带机运输至码头配套堆场。

由于开发区城西砂石集散中心码头装卸作业较繁忙,且剩余可堆存的容量有限(约 8 万 t),疏浚区附近无其他适宜的上岸码头,在疏浚区尾部主航道与右岸之间的水域设置疏浚配套临时吹喷点 1 个,泥驳靠泊后通过安装在吹砂平台船上的吸、吹砂设备将疏浚砂通过管道输送至临时堆场。考虑到该临时堆场堆存本次疏浚砂的比例较大,为满足工序衔接要求,选取配有 2 套 1000m³/h 吸、吹砂设备的吹砂平台船 1 艘,相应布设输砂管线 2 条(图 4-1)。

图 4-1　疏浚上岸码头(点)及临时堆场位置示意图

4.4　上岸堆场

本次疏浚砂综合利用共布置 2 处堆场,其中开发区城西砂石集散中心码头对应的堆场为该码头本身的配套堆场,堆场面积约 0.87 万 m²,单次堆存约 8 万 t,配备有较完善的堆存、排水、环保等设施。

疏浚配套吹喷点对应的临时堆场位于淦水路以东、永安堤以南、城西铁路终端以西、春江路以北,距离上游吹喷点约 1.4km,距永安堤内侧堤脚 100～200m(图 4-1),堆场面积约 12.48 万 m²,单次堆存约 80 万 t。临时堆场需建设围堰、排水渠、沉淀塘、磅房等临时设施,并落实污水收集处理、抑尘等环保措施。

4.5　管线布置

根据吹砂平台船和临时堆场布置,输砂管线总长约 2.2km,拟布设 2 条,管径为 φ350mm,每条管线由单管管长 10m、共计 220 根输砂管拼接而成,2 条管线共计划配布 440 根输砂管。管线具体走向为:自吹砂平台船沿垂直水流方向向永安堤布设,翻堤后继续向陆域布设,至春江路附近后沿平行道路方向向东布设,沿永新河跨河桥跨永新河,再沿春江路向东穿淦水路后至临时堆场。水上和岸上管线分别采用浮管和钢管,水上管和岸上管连接处设置接头,两侧 50m 处设置定位地垄,由钢缆与浮管连接,钢缆呈八字状,以确保浮管和岸管连接头的稳定。

为不影响堤顶防汛车辆运行,管道翻堤处坡度参照二级平原微丘公路的标准进行设置,铺设在管道上方的钢板坡度应小于 6%。疏浚砂综合利用工期较短,实施完毕后立即移除临时设施,不会对防洪及堤防安全造成不利影响。

5 疏浚砂利用监管方案

5.1 成立工作领导小组

成立由九江市政府分管领导任组长,市采砂管理局、市水利局、市港口航运管理局、长江航道局、九江海事局、长航公安九江分局以及政府授权的疏浚砂综合利用实施单位等相关负责人为成员的长江航道疏浚砂综合利用工作领导小组,小组各成员单位按照各自职责协调配合,共同履行监管职责,保障疏浚砂综合利用安全有序进行,层层落实现场监管责任。

5.2 现场监管方案

严格按照批复方案控制作业船舶数量、作业时间、作业范围、疏浚总量、疏浚深度。对水上作业船舶及人员进行登记备案,对已进行备案的作业船舶制定统一标牌,并安装在作业船舶的显著位置,确保疏浚船舶配装 GPS 定位系统。对各船次的疏浚砂采运严格落实电子四联单制度,实行一船次一码,作为疏浚砂接驳和运输上岸的唯一凭证。委托专业单位在疏浚区设置电子围栏,在疏浚区、上岸码头(点)、输砂管线、堆场等处安装视频监控设备并集成到监控系统中,实现违法违规信息及时发现、及时上报、及时处理。加强疏浚砂入库(堆场)和出库(堆场)管理,严格落实车辆入库(堆场)信息登记,过磅称重和出库(堆场)过磅称重、信息核对,需砂方签收疏浚砂数量、运输车辆等信息应与堆场登记信息核对无误。派专人对疏浚砂利用各环节进行不间断旁站式监管和不定期巡察抽查,确保现场作业安全有序、合法合规进行。

6 结语

2023 年度九江市长江航道疏浚砂综合利用实施方案于 10 月 9 日取得江西省水利厅批复后,随即于 10 月 13 日启动实施,截止到 12 月 15 日航道疏浚最后一天,累计上岸疏浚砂约 63 万 t。作为江西省首次批复并实施的长江航道,同时也是首个长江干流河道疏浚砂综合利用项目,其顺利完成意义重大,在取得良好的社会、经济和生态效益的同时,也为同类项目的开展与监管工作的良好发展积累了宝贵的经验。为了今后更好地推进相关工作,提出以下几点建议:

①尽早开展相关工作,加强各部门的沟通协调。航道养护疏浚时效性强,而疏浚砂综合利用项目涉及水利、航道、海事、环保等多个部门,协调工作量较大、专题研究任务多,如前期工作推进滞后,可能会导致航道养护疏浚期间无法同步实施疏浚砂综合利用,疏浚砂弃至抛泥区,造成资源浪费,也不利于生态环境保护。

②妥善处理好疏浚砂综合利用与防洪安全、通航安全和生态环境保护的关系。尽量选择既能实现疏浚砂综合利用目的,又对防洪、航道、生态环境影响小的利用方案,并征求相关管理部门的意见,降低项目审批难度。

③重视疏浚砂综合利用监管。疏浚砂监管已成为水利、航道、海事、环保等相关部门乃至全社会关注的焦点,也是项目审查的重点之一。应严格贯彻国家和地方关于疏浚砂监管的新要求,借鉴其他项目经验,应用新技术,将疏浚砂利用监管落到实处。

主要参考文献

［1］　长江航道勘察设计院(武汉)有限公司.2023 年度长江干线南京以上航道养护疏浚项目(宜昌至南京段)总体方案［Z］.湖北:武汉,2022.

［2］　石阳威,王蕾,杜媛安.长江中游九江水道近期演变及航道出浅原因分析［J］.中国水运.航道科技,2020(4):15-18.

［3］　长江航道勘察设计院(武汉)有限公司.2023 年度长江干线南京以上航道养护疏浚项目九江水道养护疏浚单项设计［Z］.湖北:武汉,2023.

［4］　长江勘测规划设计研究有限责任公司.2023 年度九江市长江航道疏浚砂综合利用实施方案［Z］.湖北:武汉,2023.

疏浚土资源化利用及吹填软土地基加固技术

王德咏 董志良 胡君龙 刘志军 谢 尧

(1. 中交四航工程研究院有限公司,广东广州 510230;

2. 中交集团交通基础工程环保与安全重点实验室,广东广州 510230)

摘 要:随着沿江沿海基建、航道维护、环保疏浚等力度的不断加大,我国疏浚余泥数量极其巨大,其处置一直是行业的一大难题,与此同时,工程建设地材资源日益减少。疏浚泥是一种宝贵的资源,本文从无害化、资源化的角度,结合大量工程实践,阐述了几种疏浚土大规模资源化利用及软基处理的技术进展与应用,包括先锋植物固化疏浚土及复垦技术、疏浚淤泥改性固化制造免烧砖技术和吹填造地技术,吹填造地是疏浚土大规模资源化利用的主要方式,针对大面积吹填超软土地基排水固结加固过程中的施工难题,发明了疏浚土动静结合快速加固成套技术;为了高效固化处理高含水率、低强度疏浚泥成为工程用土,提出了一种节能、环保、可在海上连续大体量工作的疏浚土利用一体化技术——管中气动混流固化技术,并探究其在大型人工岛陆域形成中利用的可行性。

关键词:疏浚土;资源化利用;动静结合排水固结;疏浚土气动混流加固

1 引言

当前,我国正实行"海洋强国"的重大战略,而港口、航道、滨海机场、人工岛及跨海通道工程的建设与治理是该战略的重要一环,在这些工程项目中不可避免将产生大量的疏浚土。随着沿江、沿海涉水资源开发、航道疏浚、水环境等建设力度的加大,我国年疏浚量已超过 10 亿 m^3,成为疏浚土年产量最大的国家,疏浚土的处置一直是行业的一大难题。由于疏浚土一般具有含水率高、强度低、渗透性低等特性,在工程上难以直接利用而作废弃处理,传统海洋倾倒方式对海洋生态环境影响大,易对水资源造成二次污染,且运距远、成本高,影响船舶航行安全,因此疏浚土资源化利用及产业化发展极为重要。因此,如何高效、环保处理疏浚土,成为实现资源再利用的关键。

发达国家将疏浚土作为一种宝贵资源,用于工业、农林业、生态修复以及工程等方面,资源利用率普遍较高,美国为 80%,日本高达 95%,我国疏浚土目前利用方式主要是吹填造地。疏浚土含水率是限制其后续资源化利用的关键因素。传统的填埋、堆肥等疏浚土处理技术都不宜选用含水率大于 80% 的淤泥,为满足后续处置工艺需要,疏浚土含水率通常需降至 60% 以下。传统自然堆存方

作者简介:王德咏,男,博士,正高级工程师,主要从事岩土工程地基处理和边坡等方面的工作。

式进行脱水需长时间占用大量土地,除自然堆存方式外,疏浚土的脱水减量化技术包括机械脱水、化学絮凝脱水和电渗脱水等。本文主要结合工程实践和研究,介绍疏浚土资源化利用的一些探索与技术,以期为疏浚土资源化利用提供有益的参考。

2　疏浚土资源化利用技术

2.1　疏浚土化学改性及免烧砖制造

以珠三角地区的疏浚土为固化改性对象,采用工业废渣钢渣和矿渣作为主固化剂,配以少量水泥及碱激发剂为助固化剂,通过单掺试验,确定了各助固化剂掺量范围,然后通过正交试验,确定了固化剂在土中的最佳配比为钢渣30%,矿渣37%,水泥25%,石膏5%,硫酸钠3%。用固化剂改性的疏浚淤泥成功制造了免烧砖(图2-1),探索出了一套实验室制造免烧砖的工艺,对其密度、强度、吸水率以及抗冻性的测试结果表明,疏浚土经固化改性后制备的免烧砖可用于民用建筑。

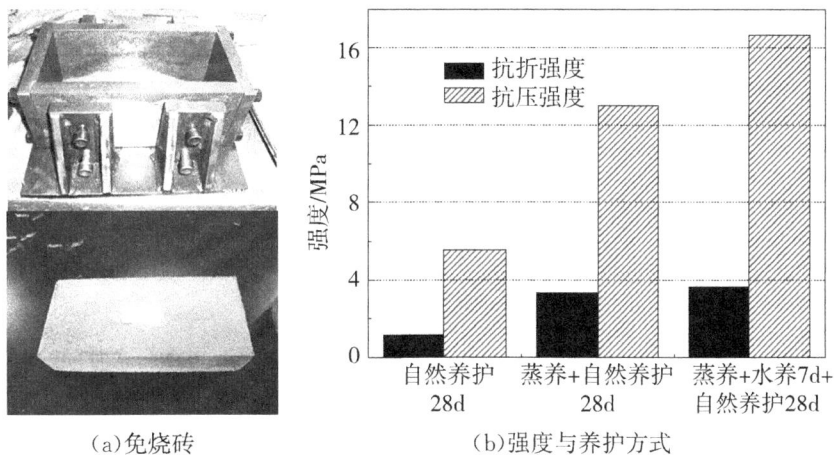

（a）免烧砖　　　　　　　　（b）强度与养护方式

图2-1　基于固化改性制造的免烧砖及其养护方式优选

2.2　疏浚土生态固化及农地化技术

针对常规排水固结法处理疏浚土存在的成本高、无法去污的问题,提出了利用先锋植物生态固化疏浚土的设想。依托引江济淮工程(安徽段)瓦埠湖湖区航道工程(图2-2),通过理论分析、室内盆栽试验、大田种植试验以及现场试验等方法,对纳泥区快速环保排水技术、生态固化植物选型、种植方法(技术)以及现场疏浚土固化效果进行了系统研究,筛选出适应疏浚土环境、固化效果好且无物种入侵风险的皇竹草和高丹草等速生禾本植物,提出了"自然沉淀＋净化排水＋种植速生禾本植物"生态化的疏浚土纳泥区浅层固化方法。

该试验探索一种改良疏浚土的生态固化方法,一方面为河道疏浚土提供经济而环保的处理措施,避免二次污染的可能;另一方面为疏浚弃土的快速复垦提供技术支撑,实现疏浚土的农用地资源化利用。

冯波等以武汉某湖泊环保疏浚底泥为研究对象,针对试验底泥理化性质,采用脱硫石膏及有机肥作为改良物料,对疏浚土进行改良,并通过淋溶模拟试验和盆栽种植试验,探究合适的改良方法,并对改良效果进行评估,盆栽种植试验结果显示,供试植物在改良底泥中生长良好,其中有机质含量最高的改良物料改良效果最佳,验证了环保疏浚底泥改良用于绿化种植土的可行性(图 2-3)。

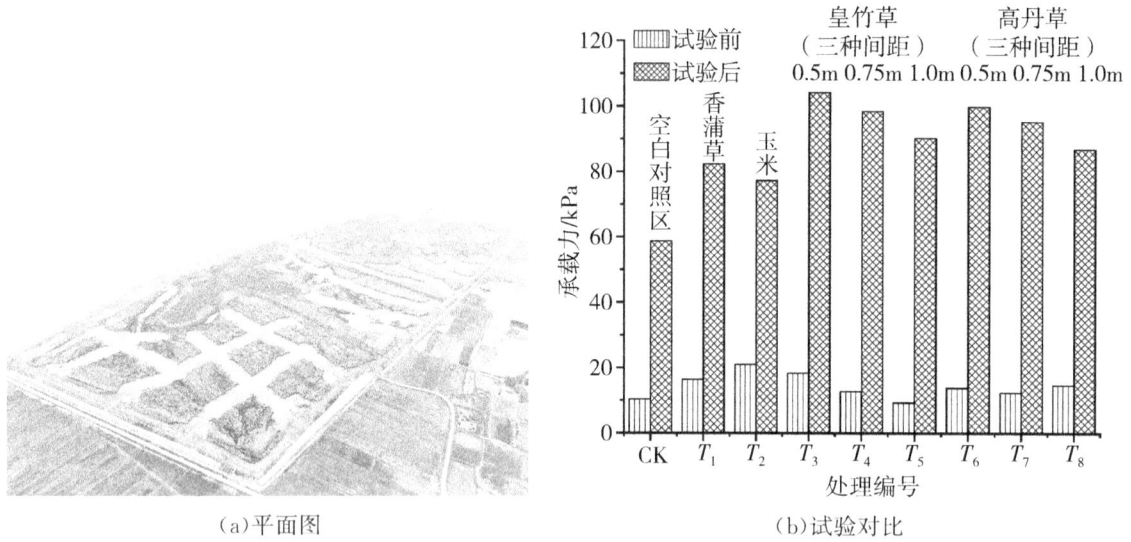

（a）平面图　　　　　　　　　　　　（b）试验对比

图 2-2　疏浚土纳泥区植物生态固化现场试验及效果

（a）黄泥　　　　　　（b）未改良淤泥　　　　　　（c）改良淤泥1

（d）改良淤泥2　　　　　（e）改良淤泥3　　　　　（f）改良淤泥4

图 2-3　疏浚土气动混流固化装备研发及中试试验

3　大面积疏浚土动静结合快速加固技术

传统的排水固结方法如真空或堆载预压法难以直接在地表实施,过去多采取自然晾晒多年后,进行排水固结或铺设土工织物竹材加筋联合砂垫层后,再实施真空预压的方式进行处理,但工程实践表明,这种方法存在工期长、砂垫层受淤泥污染而影响加固效果等缺陷。为此,中交四航工程研究院有限公司结合工程实践,对动静排水固结地基处理技术工艺和应用进行了研究。

3.1　深井降水联合强夯加固软基技术

对于地下水位较高且含夹砂层的饱和软土地基处理工程,采用常规的排水固结法处理都有一定的局限性,如降水预压固结表层土体有效固结压力小、加固效果差,堆载预压排水固结工期长,真空预压排水固结边界密封系统成本高;而采用强夯法处理虽施工快捷、成本低,但在饱和软土地基中的应用效果不佳。董志良等结合降水预压法和强夯法各自的技术优势,提出了深井降水联合强夯加固软基技术(图 3-1),可有效加固地下水位较高且富含夹砂层的饱和软土地基。发挥各自优势,形成静—动力固结作用,可起到快速加固的效果,在整体上缩短工期,大大降低施工成本。

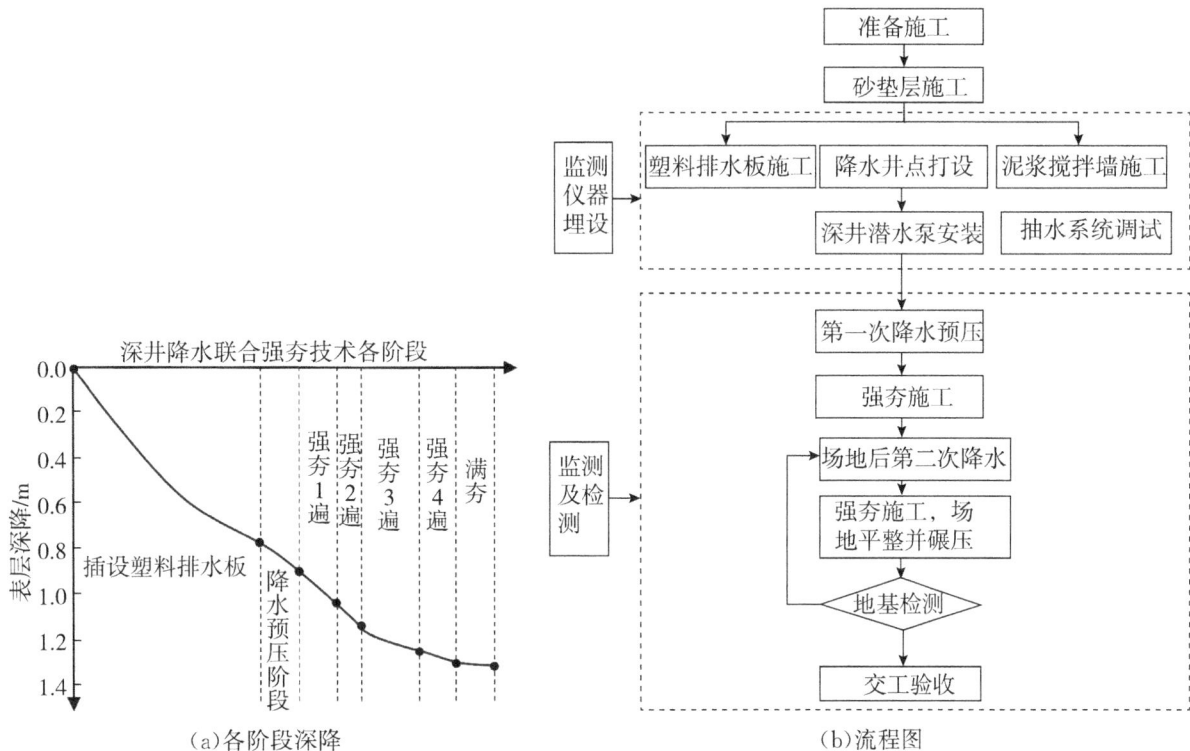

图 3-1　深井降水联合强夯加固软基原理及流程

3.2　真空预压联合强夯加固软基技术

真空预压加固软土的特点是加固效果比较均匀,在土体内形成负压,但其承载力有限。前期沉降较大,而后期则较小,但其费用基本上是随抽真空的时间延长而呈正比例增长,同时真空预压后期能量利用率低,维持后期真空度来继续提高地基强度和变形性能的做法很不经济,且单纯的真空预压卸载后的再压缩沉降仍然较大。同时,室内试验结果表明,在采用真空预压加固软土时,辅加动力,会增加软土的渗透性,加速排水固结。董志良等利用真空预压形成的地基前期强度和残留的负压对强夯加固的有利条件,在砂井地基负压固结理论及"双指标"卸载判别标准的基础上,提出了真空预压联合强夯技术,其加固原理见图 3-2。

通过短时间的真空预压达到一定的固结度(50%～70%),快速提高浅层地基的承载力和强度,为强夯施工创造必要的施工条件。真空预压处理达到预定的固结度后,再联合强夯法,利用已有的塑料排水板和砂垫层所形成的良好排水条件,提高强夯过程中超静孔隙水压力的消散速度。地基在夯锤冲击能作用下,经过能量转换、固结压密和触变固化 3 个阶段后,承载力和强度得以进一步提高。该技术充分发挥真空预压和强夯动力固结 2 种方法的各自优点,同时有效地克服了软土强夯的"橡皮土"现象和真空预压后期经济效率低的缺陷。

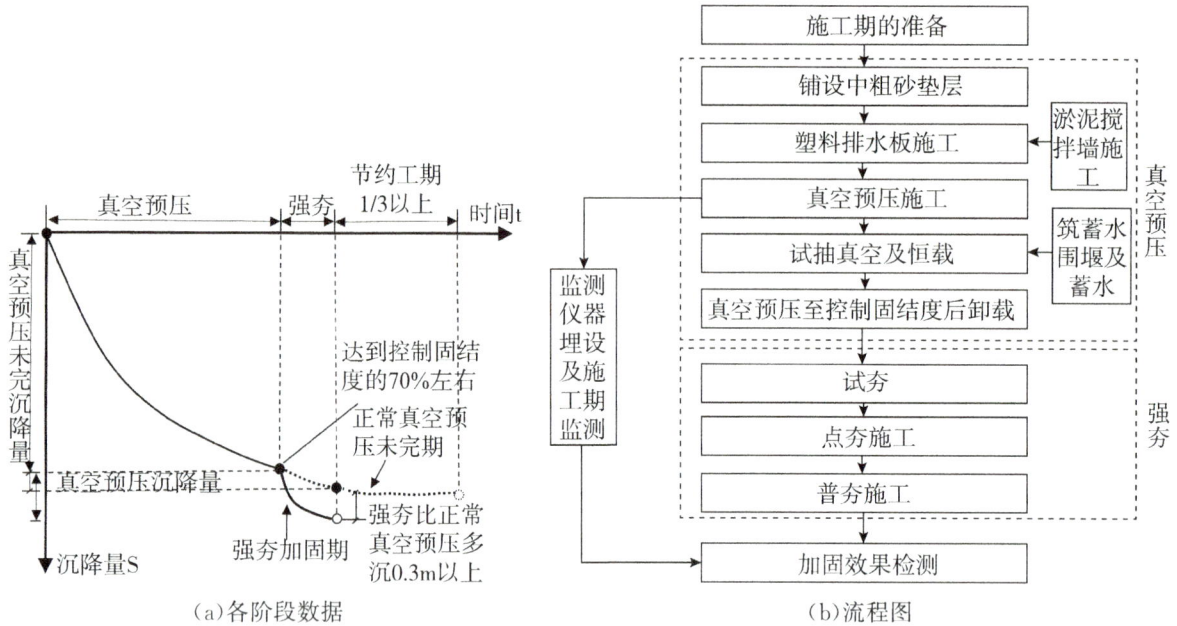

图 3-2　真空预压联合强夯加固软基原理及流程

经广州南沙某软基深井降水联合强夯加固处理(图 3-3)、珠海某软基真空联合强夯加固处理项目工程实践证明(图 3-4),该技术加固的软土地基承载力高、工后沉降小、工期短,造价低、能耗低、社会和经济效益显著。

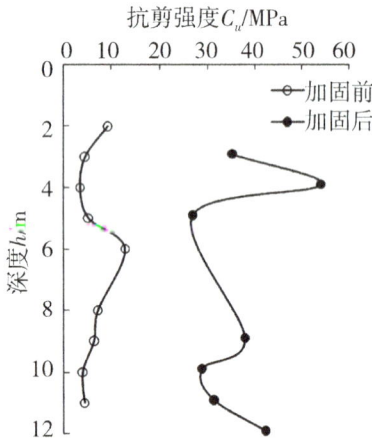

图 3-3　广州南沙某软基深井降水联合强夯加固处理

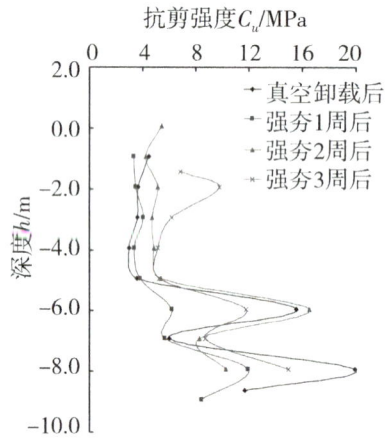

图 3-4　珠海某软基真空联合强夯加固处理

4　疏浚土混流固化资源化利用技术

由于疏浚土脱水处理涉及尾水的排放及处理,如何有效地利用废弃疏浚淤泥是工程界关心的一个重要的研究课题,日本针对疏浚泥固化开发了一种高效处理技术——管中混合固化处理技术(Pneumatic Flow Tube Mixing,简称 PFTM),即在疏浚土管道输送途中注入适量固化剂,同时输入压缩空气,在恰当的压力气流驱动下,疏浚土与固化剂在管中呈漩涡状并翻滚前行,固化土混合均匀且不占用场地,可直接输送至拟填建场地,该法适用于水工建筑的大体积量固化土制备、传输和填筑。我国疏浚淤泥固化处理效率目前不高,固化处理还有待于进一步完善施工设备、施工工艺和技术。为此,我司在充分调研的基础上,进一步完善疏浚土气动混流固化技术,并研发了相应的试验设备,完成了中试试验。

4.1 试验仪器研发及施工流程

疏浚土气动混流固化系统的设计考虑以下关键点：

①疏浚土与混合物的长距离输送要求。

②泥浆与固化剂的混合均匀性要求。

③设备的运行稳定性。

系统由硬件系统与软件系统两个部分构成，包含制浆系统、输送系统、混合系统、监测控制系统4个子系统，研发装备及中试试验见图4-1。

图 4-1 疏浚土气动混流固化装备研发及中试试验

疏浚土气动混流固化施工分8个阶段，包括：泥浆制备、固化剂制备、泥浆泵送、空气注入、固化剂注入与流量控制、布料、管路清洗、施工质量检验，其总体工艺流程见图4-2。

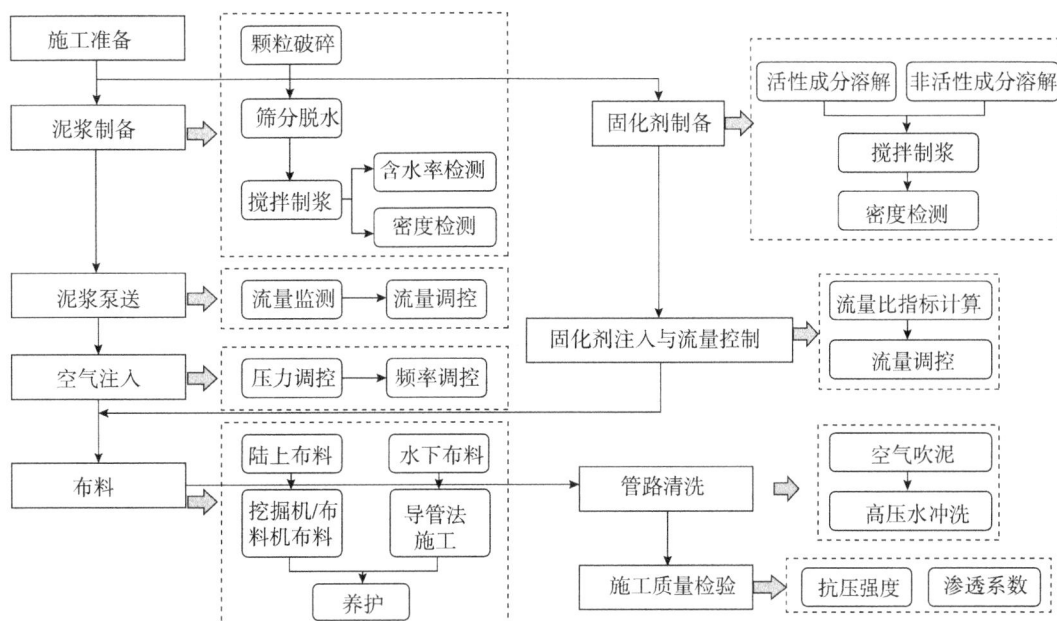

图 4-2 疏浚土气动混流固化总体工艺流程

4.2 潜在应用场景分析

通过疏浚土气动混流形成的流态固化土,作为一种新兴的环保型岩土工程材料,具有节能环保、施工便捷、强度可控、稳定性好等优势,在工程建设中有广泛的应用前景。以人工岛建设为例,一般涉及海堤工程、陆域形成与地基处理工程、地下工程、道路工程等,工程建设中气动混流固化技术的潜在应用场景如下:

(1)回填造陆

日本在中部国际机场人工岛建造工程、东京国际机场 D 跑道扩建工程中固化土填方量达 1300 多万立方米。

(2)沉箱后方回填

利用疏浚土固化后进行码头后方回填,可代替开山石大幅降低后方棱体造价。

(3)作为新型护岸结构

如采用固化疏浚土充填土工模袋的方案来代替传统的抛石结构,可大幅降低工程造价。

(4)围堰内分隔堤填筑

采用当地疏浚土固化后充填土工模袋的方法进行代替沙袋围堰分隔堤。

(5)吹填地基浅表层快速加固

采用气动混流固化技术填筑形成表面硬壳层,则软基处理工期将缩短 2 个月左右。

(6)路桥过渡段加固及管线基槽回填

采用固化疏浚土作为路面垫层材料,则可有效减轻"桥头跳车"病害,提高路面使用寿命;固化土用于地下管线基槽回填,可以提高工程质量、降低成本、缩短工期。应用场景见图 4-3。

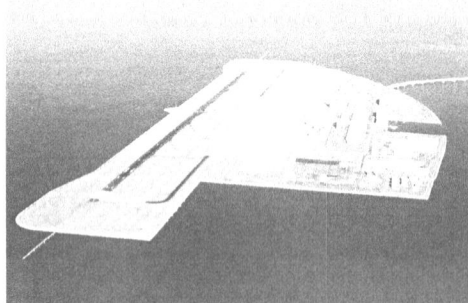

(a)回填造陆   (b)码头后方回填

(c)抛石堤堤心结构   (d)吹填围堰分隔堤

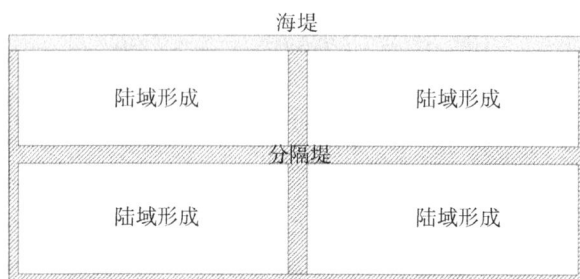

路堤标高

先利用疏浚固化土（1~2m厚）形成硬壳层，然后利用深部无砂真空预压法加固超软土地基。

固化疏浚土层3(150kPa)
原路面标高
固化疏浚土层2(100kPa)
固化疏浚土层1(80kPa)
软土地基

吹填浮泥水面

19.9m
管线基槽回填

（e）疏浚吹填超软土浅表层快速加固①　　　　（f）疏浚吹填超软土浅表层快速加固②

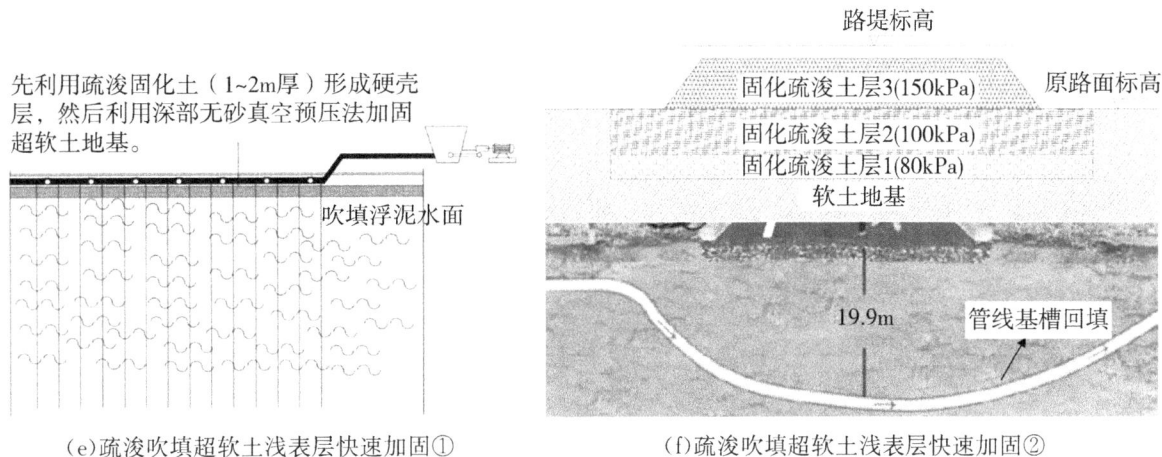

图4-3　疏浚土吹填超软土浅表层快速加固

5　结语

本文结合工程实践及研究，针对疏浚土的资源化利用及大面积吹填软基加固技术进行了探讨，得出的主要结论如下：

①通过室内试验探索了疏浚土化学改性并制造免烧砖的可行性，通过现场试验区探索了先锋植物生态固化疏浚软土及快速复垦的方法，实现了疏浚土的资源化利用，同时避免了二次污染。

②深厚软土地基的快速加固与沉降控制是一个国际难题，真空降水或井点降水联合强夯是一种潜在快速有效加固处理方法，实践证明该技术有较好的推广价值，需要注意的是，动静联合排水固结需要在软土中设置完善的排水系统。

③研发了疏浚土气动混流中试试验装备，进行了有效的中试试验，分析了该技术的潜在应用场景。

主要参考文献

［1］朱伟,张春雷,高玉峰,等.海洋疏浚泥固化处理土基本力学性质研究[J].浙江大学学报（工学版）,2005,39(10):1561-1565.

［2］赵德招,高敏,吴华林.英国疏浚土有益利用进展及其对我国的启示[J].水运工程,2015,5:8-13.

［3］冯波,石鸿韬,陶润礼,等.环保疏浚底泥改良用于绿化种植土技术研究[J].工程地质学报,2020,28(增):33-38.

［4］白兴兰,杨尊儒,魏东泽.航道疏浚淤泥管中固化处理试验研究[J].水利水电技术,2016,47(5):134-137.

编制土工管袋脱水工艺企业定额的思路与方法探索

于 通

(中交(天津)生态环保设计研究院有限公司,天津 300041)

摘要:在国家逐渐取消定额的后造价时代,自工程量清单计价模式推行以来,国家开始倡导企业遵循市场规律自主报价。在这种形势下,公司在本行业内建立企业定额尤为重要。但目前企业在定额编制的过程中,涉及成本数据的收集、计算与分析,以及在建工程的检验与反馈,工作繁杂而专业,导致建立企业定额难度颇大,在环保疏浚领域目前尚无一套完整的企业定额编制方案或体系。本文结合公司已完工程的造价数据,就土工管袋脱水工艺环节,提出环保疏浚行业企业定额编制的新思路与方法,构建一套土工管袋脱水工艺企业定额架构,为推动环保疏浚行业企业定额发展提供参考。

关键词:企业定额;预算定额;造价;土工管袋脱水

1 引言

自《住房和城乡建设部办公厅关于印发工程造价改革工作方案的通知》(建办标〔2020〕38 号)颁布以来,"坚持市场在资源配置中起决定性作用,正确处理政府与市场的关系,通过改进工程计量和计价规则、完善工程计价依据发布机制、加强工程造价数据积累、强化建设单位造价管控责任、严格施工合同履约管理等措施,推行清单计量、市场询价、自主报价、竞争定价的工程计价方式,进一步完善工程造价市场形成机制"的总体思路,以及"加快转变政府职能,优化概算定额、估算指标编制发布和动态管理,取消最高投标限价按定额计价的规定,逐步停止发布预算定额"的主要任务,对习惯使用传统定额的企业和从业人员提出要求。

环保疏浚领域,由于底泥脱水技术工艺更新迭代频繁,各施工环节没有成熟的、恰当的定额可供从业人员使用,亦无类似相关指标可以借鉴,给此类项目各阶段造价工作带来阻碍,严重制约了环保疏浚脱水工程的市场化、标准化的进程。从长远的角度出发,企业有必要根据竣工工程造价数据编制此空白部分的企业定额,进而推动行业定额的发展。针对此现状,本文以土工管袋脱水工艺为案例背景,结合公司已竣工工程造价数据,探索提出了该环节企业定额的编制思路和方法,并编制了一套土工管袋脱水工程企业定额方案。

作者简介:于通,男,工程师,主要从事造价管理及市场拓展工作,E-mail:2668527282@qq.com。

2 企业定额编制内容

企业定额是企业生产效率、成本降低率、机械利用率、管理费用率和材料损耗率等的集中体现，是鼓励创新和推广先进技术的工具；是施工企业编制工程投标报价的基础和主要依据，可有效防范和抵御合同条件的风险。

2.1 企业定额消耗量

传统概（预）算定额消耗量，是指由建设行政主管部门根据合理的施工组织设计，按照正常施工条件制定的，生产一个规定计量单位工程合格产品所需人工、材料、机械台班的社会平均消耗量标准。在施工领域，也可以指完成一个计量单位工序所需的人、材、机的社会平均消耗。

企业定额消耗量，应以概（预）算定额消耗量为基础，结合施工企业自身条件及生产工艺工法，依据本企业已竣工工程单位工程消耗量数据，考虑各工程现场施工条件及装备、工艺改良等因素，最终确定该项单位工程人、材、机消耗。企业定额消耗量反映的是该企业在本行业内的平均先进水平。

2.2 企业定额计价

将企业施工项目按专业划分，并收集竣工已结算的工程造价资料数据，统计分析各类型项。依据计算的比例确定各项计价费率的区间，项目体量较大时可取小值，项目体量较小时可取大值。以此为基础制定计价办法，分别应用于企业对外投标报价、对内成本预算和劳务分包控制等。

以公司近 5 年内环保清淤工程类项目为例：经统计分析管理费的费率为 $5.0\% \sim 7.0\%$，措施费的费率为 $4.3\% \sim 5.5\%$，利润率为 $10\% \sim 15\%$，当有同类型的项目需投标时，可采用表 2-1 所示计价程序进行成本分析和预算编制。

表 2-1 相关费用计算式

序号	费用项目	计算公式
一	人工费	Σ人工工日单价×人工消耗量
二	材料费	Σ市场价×材料消耗量＋辅材费
三	机械费	Σ机械台班单价×机械消耗量
四	管理费	（一＋二＋三）×管理费率
五	利润	（一＋二＋三＋四）×预期利润率
六	规费	（一＋二＋三＋四＋五）×规费综合费率
七	税金	（一＋二＋三＋四＋五＋六）×税率
八	预算合计	一＋二＋三＋四＋五＋六＋七

2.3 企业定额单价分析

公司根据企业内部消耗量定额来编制单价分析表。作为企业定额的价目表，应满足实事求是、简明实用和固定可变的原则。单价分析表应适应市场变化规律，针对市场和行业发展做出迅速反应。单价分析表按照结构划分为人工、材料、机械（设备）、管理费和利润。其中材料（设备）可分为一般材料(设备)和特殊材料(设备),对于大宗的、普遍的材料(设备),可以根据项目当地信息价、广材网等网站上提供的市场价或市场询价来有针对性地确定。而对于小众的、专业性较强的、特供的、自主研发的、专利产品等需要结合实际工程项目,并参考国家、行业相关定额,以充足的依据和证明进行自主报价,编入价目表内。

3 企业定额编制思路与流程

3.1 编制思路

企业定额初期思路为"一个核心、多个触角"。先编制基础性企业定额,所含数据为基础性数据,能应用于绝大多数常规场景的定额体系,编制初期应以统一消耗量定额为基础,即"一个核心"。"多个触角"是指根据各地区不同的实际情况(包括但不限于地域划分、海拔高度、气候条件、市场供需关系等),充分调研并进行统计计算,对局部消耗量系数以及单价进行浮动调整后的差异性定制化的定额。随着公司在全国各地板块的项目数据积累,企业定额也逐渐扩大完善。一套完整的、合格的企业定额体系是动态的、有弹性的,具有潜在的巨大商业价值。

3.2 编制流程

(1)搭建基本框架

企业定额框架搭建需参照全统或地区定额结构,以说明、计算规则为前提,并结合各地区、各板块的定额消耗量标准,搭建初步基本框架。不同于传统定额,各地区定额编制原则固定不变,无特殊情况定额消耗量不允许调整等限制条件,企业定额体系是开口体系,其中的消耗量、单价均可根据企业的施工管理水平、工艺改进以及项目所在地的实际情况进行动态调整,能更灵活地适应市场供需。

(2)编制说明及计算规则

编制说明和计算规则是对定额的使用进行详细且充分的界定,面对纷繁庞杂的各类定额,必须依托计算说明和规则来规范定额的使用。同样,企业定额计算说明及规范主要以全统消耗量定额为基础,通过各地区差异灵活调节,搭建自身配套的企业定额说明和计算规则。

(3)确认专业取费

由于环保清淤工程由多学科、多专业所融合,是集市政、水利、房建、园林绿化等专业于一体的综合性工程,各专业取费标准略有差异。由于专业交叉,从业人员往往无法确认专业界限及取费标准。受建筑行业关于"市政工程、房屋建筑与装饰工程的红线划分"的解释说明所启发,即"项目若有围墙的以围墙为界,围墙外属市政工程,围墙内为房屋建筑与装饰工程;没有围墙的以规划界限为界,界限外纳入市政专业,界限内纳入房建工程管理"。环保清淤工程专业红线可按如下思路划分,即按照施工工作面的水陆交界为划分标准,有水域的地区(湖泊、河道、水库、排污沟渠等),以岸线为界,岸线以上属于市政工程专业,岸线以下水域属于水利工程专业(或疏浚工程);需建设永久构筑物的,属于房建工程专业;需种植植物或景观造型的,属于园林绿化工程专业。以《黑龙江省建设工程计价依据建筑安装工程费用定额》(HLJD-FY-2019)为例,参照标准定额费率区间,制订企业定额费率,各专业取费费率见表3-1,由于规费、税金以国家标准为准,这里不再赘述。

表 3-1　　　　　　　　　　　　　　　　　费率统计对比

定额体系	工程项目	建筑工程	市政工程	园林绿化工程	水利工程
标准定额	安全文明施工费	3.28	2.54	2.29	2.5
	企业管理费	10～14	8～12	6～9	5～9.5
	利润	10～22	10～22	10～22	7
企业定额（征求意见稿）	安全文明施工费	3.28	2.54	2.29	2.5
	企业管理费	12	10	7.5	7.25
	利润	16	16	16	7

（4）定额章节编排

定额编码见表 3-2。

表 3-2　　　　　　　　　　　　　　　　　定额编码

序号	级别	编码	项目名称
一级	专业	01	环保清淤
二级	篇	01	底泥脱水
三级	章	01	土工管袋脱水
四级	节	001	脱水场地建设、土工管袋铺设、加药设备安装、土工管袋运行
五级	分部分项（工序）	001	场地清表、土方开挖、铺设防渗层、铺设导流层等

（5）使用与反馈

编制委员会下达执行企业内部定额,指导各项目运用到各造价环节、施工组织等,并将新竣工工程造价数据反馈回编制委员会;在初稿的基础上不断循环迭代,逐步积累、完善、优化企业定额。

4　项目案例分析

4.1　项目概况

以东北地区某底泥清淤应急工程为例。该工程主要任务是对城市排污河下游段全长 1.3km 的河道进行环保清淤、底泥脱水固化。底泥清淤环节采用环保绞吸船清淤工艺,脱水固化环节采用土工管袋脱水工艺,见图 4-1、图 4-2。主要工程量清单见表 4-1。本次只针对该项目的脱水环节进行分析。

图 4-1　环保绞吸船清淤区域

图 4-2　土工管袋脱水区域

表 4-1 土工管袋脱水关键环节工程量清单

序号	项目名称	工程量	备注
1	脱水场地建设工程/m²	33400.00	场地清表、回填、夯实
2	排水沟渠/m	600	断面底宽 0.5m、高度 0.5m、坡度 1∶1
3	防渗层/m²	21103.00	土工布 200g/m²、土工膜厚度 0.5mm
4	导流层/m³	5275.75	卵石粒径 5～10cm
5	土工管袋/m²	58100.00	每层充填高度 1.5m
6	加药设备处理淤泥/m³	33500.00	水下方量（含脱水药剂）

4.2 工艺流程

土工管袋脱水工艺施工流程主要分为 3 大部分，分别是①脱水场地建设环节、②脱水准备环节、③脱水运行环节，具体流程见图 4-3。

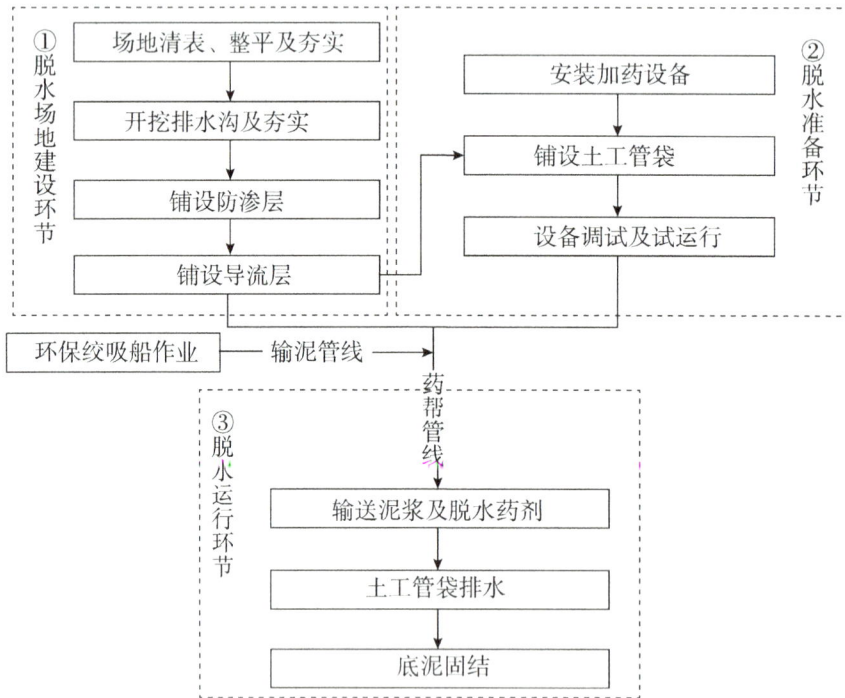

图 4-3 土工管袋脱水工艺施工流程图

4.3 计价要点

①场地内垃圾、树根等坚硬杂物，需先进行场地整理，包括场地清表、整平及夯实。即水平面±30cm 厚度以内的就地挖、填、找平、碾压、夯实及其他辅助性工作。整理后场地满足土工管袋满载负荷。

②为防止土工管袋余水污染场地土壤及地下水，需铺设防渗层，采用两布一膜工艺（由两层复合土工布、一层土工膜构成）土工布规格应不小于 200g/m²，土工膜厚度不小于 0.5mm。

③为满足余水回排迅速、流畅，保证土工管袋透水效率，场地铺设不少于 20cm 的导流层，导流

层材料应选择光滑无棱角的河流石或卵石。

③土工管袋采用高韧聚丙烯材质,其纵向抗拉强度≥90kN/m,横向抗拉强度≥120kN/m,单位面积质量≥475g,渗透性≥25L/(m²/s)。

⑤脱水药剂应采用无机药剂与有机药剂相结合的方式,投加比例在施工前进行实验,施工时按工况动态调整,投加时严格控制药剂投加速率,保证药剂充分溶解。

⑥为保证透水效率,防止底泥细小颗粒在袋内表面形成"滤饼薄层",阻碍袋内水分渗出,土工管袋需定时人为"敲打",破碎管袋内部薄层,此处费用容易忽略。

4.4　工程费用计算

土工管袋脱水工艺按照施工流程可分为3大环节,分别是脱水场地建设环节、脱水准备环节、脱水运行环节。本文结合项目已完工程结算数据,对土工管袋脱水工艺各分项工程成本进行计算与分析。对于常规工程套用《黑龙江省市政工程消耗量定额》(2019)中相应子目,剩余部分子目按照成本测算法补充定额。

4.4.1　脱水场地建设环节

(1)场地整理

脱水场地整理工程包括清除表土(±30cm以内)、土方开挖、土方回填与夯实。

(2)防渗层及导流层建设

为防止土工管袋余水渗入地表造成污染,脱水场地在进行场地整理后需铺设防渗层,铺设区域为脱水场地、排水沟。防渗层材料为两布一膜工艺,外层土工布保护材料防止被尖锐物体刺破、划破;内层土工膜具有抗渗性,防止余水下渗污染地下水。各层之间黏结紧固,不得开裂。相邻土工膜搭接不小于10cm。

为保证土工管袋中的水顺畅排出,场内应无余水淤积,需在防渗层上部铺设卵石导流层。卵石层厚度根据余水单位时间流量设定为25cm,卵石粒径范围要求为5~10cm。

(3)排水沟建设

为保证土工管余水的顺利排出,脱水场地内四周建设环形排水沟。整体坡比0.5%,两侧放坡为1:1,设计渠道横断面为梯形断面,沟内原土夯实,夯实系数85%,沟内铺设防渗层,沟顶两侧及沟底分别由砂袋压实。

4.4.2　脱水准备环节

土工管袋制作及铺设工作内容包括测量定位、人工铺设、绑扎固定。根据工程体量、脱水场地面积、场地承载力、排水沟过水断面等指标,合理设计土工管袋尺寸及铺设方式。本项目所用的土工管袋采用两层铺设,最大充填高度2.5m,最终沉降至1.5m。根据勘察底泥的理化特性和施工机械,采用高韧聚丙烯材质的土工管袋,综合单价分析见表4-2。

表 4-2

综合单价分析表 - 脱水场地整理

| 项目编码 | 040101001001 | 项目名称 | 场地整理 | 计量单位 | m² | 工程量 | 33400 | | | | | | | | |

子分部工程名称	定额编号	定额项目名称	定额单位	数量	清单综合单价组成明细								定额单价/元	定额工程量	合价/元
					单价/元				合价/元						
					人工费	材料费	机械费	管理费和利润	人工费	材料费	机械费	管理费和利润			
清除表土	1-217	反铲挖掘机（斗容量1.0m³）不装车-一、二类土	1000m³	0.001	392		2263.51	38	0.39		2.26	0.04	2.69	10018.00	26948.42
挖一般土方	1-217	反铲挖掘机（斗容量1.0m³）不装车-一、二类土	1000m³	0.001	392		2263.51	38	0.39		2.26	0.04	2.69	2969.95	7989.17
场地平整、夯实	1-356	平整场地推土机75kW	1000m²	0.001	89.28		460.72	8.64	0.09		0.46	0.01	0.56	33400.00	18704.00
	1-367	机械原土夯实平地	1000m²	0.1	103.26		13.94	9.87	1.03		0.14	0.1	1.27		4218.00
分部项目综合单价															2.88

表 4-3

综合单价分析表—防渗层及导流层建设

项目编码	040701004001	分部工程名称	防渗层铺设		计量单位/m²			工程量	21103.00							
清单综合单价组成明细																
子分部工程名称	定额编号	定额项目名称	定额单位	数量	单价/元				合价/元				定额单价/元	单价指标/元	定额工程量	合价/元
					人工费	材料费	机械费	管理费和利润	人工费	材料费	机械费	管理费和利润				
两部一膜铺设	7—10	两布一膜一般平铺	100m²	0.01	189.58	1634.23	118.87	44.63	1.90	16.34	1.19	0.45	19.87	19.92	21103.00	420430.22
	7—11	两布一膜一般斜铺	100m²	0.01	206.06	1634.23	143.11	53.58	2.06	16.34	1.43	0.54	20.37			
分部项目综合单价																19.92

项目编码	040701009001	分部工程名称	卵石导流层		计量单位/m³			工程量	5275.75							
清单综合单价组成明细																
子分部工程名称	定额编号	定额项目名称	定额单位	数量	单价/元				合价/元				定额单价/元	单价指标/元	定额工程量	合价/元
					人工费	材料费	机械费	管理费和利润	人工费	材料费	机械费	管理费和利润				
卵石导流层铺设	7—47	导流层卵石厚30cm	100m²	0.04	1612.47	3794.40		153.97	64.50	151.78	0.00	6.16	222.43	185.36	5275.75	977925.68
	7—48	导流层卵石每增减5cm	100m²	−0.04	268.72	632.40		25.66	−10.75	−25.30	0.00	−1.03	−37.07			
分部项目综合单价																185.36

表 4-4

综合单价分析表—排水沟建设

项目编码	040201022001		分部分项工程名称	排水沟建设		计量单位/延米		工程量	600.00

子分部工程名称	定额编号	定额项目名称	定额单位	数量	清单综合单价组成明细								定额单价/元	分项工程单价指标/元	定额工程量	合价/元
					单价/元				合价/元							
					人工费	材料费	机械费	管理费和利润	人工费	材料费	机械费	管理费和利润				
土边沟成形	2-107	土边沟成形	10m³	0.1	547.88	0	0	52.15	54.788	0	0	5.215	60.00	60.00	325.00	19500.98
高密度聚乙烯(HDPE)土工膜敷设 HDPE膜1.5mm一般斜铺	7—11	高密度聚乙烯(HDPE)土工膜敷设 HDPE膜1.5mm一般斜铺	100m²	0.01	206.06	1634.23	143.11	53.58	2.0606	16.3423	1.4311	0.5358	20.37	20.37	1634.10	33286.29
防渗膜保护层袋装砂土	7—25换	防渗膜保护层袋装砂土	100m²	0.01	1983.34	7727.47	0	1887.46	198.3134	77.2747	0	18.8746	294.46	294.46	78.00	22968.09
分部分项目综合单价(元/延米)																126.26

表 4-5

综合单价分析表—土工管袋安装

项目编码	040101001001		分部分项工程名称	土工管袋制作、安装、铺设		计量单位/m²		工程量	1.00

子分部工程名称	定额编号	定额项目名称	定额单位	数量	清单综合单价组成明细								定额单价/元	分项工程单价指标	备注
					单价/元				合价/元						
					人工费	材料费	机械费	管理费和利润	人工费	材料费	机械费	管理费和利润			
土工管袋制作、安装、铺设	7—17	土工管袋缝合一般平铺	100m²	0.0100	182.04	2094.00		42.85	1.82	20.94		0.43	23.19	23.19	
分部分项目综合单价														23.19	

4.4.3　脱水运行环节

（1）药剂设备安装及运行

药剂设备安装及运行费用包含人工费、机械费和材料费。其中机械费包含设备折旧费、检修费、维护费。目前，尚无药剂设备安装及运行定额，需根据工程实际情况进行综合单价测算。

基础数据包括：

①项目脱水工期为 2 个月（60d），8h 工作制，实行两班倒制度，脱水底泥量为 33500m³。

②设备根据市场三方比价取中值，设备正常折旧期为 5 年，到期后残值约 10％，设备折旧采用双倍余额递减法；设备生命周期内维护费占设备原值的 3％，按期等比例计算；检修费 2000 元/（次 * 套），每半年检修一次。

③药剂进溶设备需技术工人 2 名，机动人员 1 名。

④设备采用柴油发电机供电，无机药剂进溶设备柴油消耗量 180L/d，有机药剂进溶设备消耗量 172L/d，80％负荷。

成本构成及计算过程见表 4-6。

表 4-6　　　　　　　　　　　　　药剂设备成本核算表

费用构成	项目	单价	工程量	费用	合价/元	单价
人工费	技术人员	133 元/工日	360 工日	47880	47880	1.43 元/m³
机械 （设备）费	药剂进溶设备折旧	225000 元/套	2 个月	15000	154159.6	4.60 元/m³
	设备维护费用	225000 元	3％	6750		
	设备检修费用	2000 元/次 * 套	2 次	4000		
	设备燃料动力费（柴油）	7.60 元/L	16896L	128409.6		
材料费	PAC 药剂	2000 元/t	210t	420000	600600	17.92 元/m³
	PAM 药剂（阴离子）	21000 元/t	2.10t	44100		
	生物絮凝剂	65000 元/t	2.10t	136500		

（2）土工管袋脱水

工作内容包括工人辅助土工管袋排水，具体工作包括巡视、拍打管袋、检查管袋、维修管袋。土工管袋脱水流程分为充填、排水和破袋。目前，尚无土工管袋脱水定额，需根据工程实际情况进行综合单价测算。场地内专职辅助脱水工人 4 名，机动辅助脱水工人 1 名，脱水工人按照本市当期普工工日单价执行，即 95 元/工日，见表 4-8。

表 4-7

综合单价分析表—药剂设备安装及运行

项目编码	0401001001002		分部工程名称	药剂设备安装及运行		计量单位/m³		工程量	33500.00	
子分部工程名称										备注
				清单综合单价组成明细						分项工程单价指标
定额编号	定额项目名称	定额单位	数量	单价/元				合价/元		定额单价
				人工费	材料费	机械费	管理费和利润	人工费	材料费	机械费	管理费和利润		
BC001	药剂设备安装及运行	m³	1.00	1.43	17.92	4.60	6.61	1.43	17.92	4.60	6.61	30.56	1023632.72
药剂设备安装及运行													
分部项目综合单价										30.56

表 4-8　　　　　　　　　　　　　　　　人工辅助脱水成本核算表

费用构成	项目	单价	工程量	费用	合价	单价
人工费	辅助脱水	95 元/工日	600 工日	57000	57000 元	1.70 元/m³

5　土工管袋脱水工程企业定额(指标)编制方案

土工管袋脱水工艺企业定额(指标)单价汇总见表 5-1。

表 5-1　　　　　　　　　　　土工管袋脱水工艺企业定额(指标)单价汇总

序号	项目名称	人工费	材料费	机械费	管理费及利润	综合单价
1	脱水场地整理/m²	1.27	—	1.48	0.13	2.88
2	防渗层铺设/m²	1.91	16.34	1.21	0.46	19.92
3	导流层铺设/m³	53.75	126.48	—	5.13	185.36
4	排水沟建设/m	61.07	54.55	3.9	6.74	126.26
5	土工管袋制作及铺设/m²	1.82	20.94	—	0.43	23.19
6	药剂设备安装及运行/m³	1.43	17.92	4.6	6.61	30.56
7	土工管袋脱水运行/m³	1.7	—	—	0.47	2.17

6　结语

本文以土工管袋脱水工艺为例,通过全过程的成本分析与计算,提供了一种构建企业定额的方法,并探索编制了一套土工管袋脱水工程企业定额方案,填补了脱水工艺领域的定额空白,希望以此为基础,在今后的工程数据积累过程中,逐步完善该项领域的定额指标体系。

有机脱水药剂在云南滇池底泥疏浚泥浆脱水干化中的应用研究

冯　波[1]　陈海文[2]　张金金[2]　陈振永[2]

（1.绿地大基建集团有限公司，上海　200010；

2.东莞市凯威尔环保材料有限公司，广东东莞　523920）

摘　要：以云南滇池底泥疏浚泥浆为研究对象，采用自主研发的全自动压滤试验装置，开展了自主研发的系列有机药剂选型试验。试验结果显示，纯有机药剂（KW3820、KW4950、KW5890）与复合型有机药剂（KP38-20、KJ38-20、KP49-13）均表现出良好的脱水效果，泥饼含水率均小于35%，且对滤液的悬浮物含量（SS）、pH值及电导率影响较小，但纯有机药剂对滤液pH值的影响更小。综合考虑成本、脱水效率及对滤液的影响等因素，KW3820被选为现场试验药剂，其最佳添加量为泥浆绝干质量的0.4%。现场上机试验结果表明，经KW3820调理后的泥浆，在板框压滤机中进料50min、压榨45min后，所得泥饼成形好、厚度适中，尾水清澈，完全符合生产要求。

关键词：滇池；疏浚；底泥；有机药剂；泥浆脱水

1　引言

我国河流湖泊众多，地表的土壤物质与水体中的营养物质经过一系列作用沉积于河湖底部，经过一段时间的积累形成疏松、含水率高且渗透性低的污染底泥。在外源污染基本得到控制以后，环保疏浚是清除河湖污染底泥的有效工程措施之一。疏浚过程中产生的大量污染底泥堆放在底泥堆场，污染底泥含水率高，在自然条件下难以快速脱水干化，尤其是在雨水充足的地区，会长时间占用堆场土地资源，不利于疏浚底泥后续的处理和资源化利用。板框压滤机械脱水方法因操作简单、运行稳定、所获泥饼含水率低、尾水悬浮物浓度低等显著优点，近年来被广泛应用。疏浚泥浆在进入板框压滤机前一般采用化学方法调理，以提高其脱水性能。本文为解决云南滇池疏浚泥浆在板框压滤过程中的脱水问题，通过室内模拟压滤试验，对凯威尔公司自主研发的系列有机调理药剂开展了选型研究，确定经济合理的药剂种类及添加比例，并通过现场上机试验验证了有机药剂在疏浚工程中规模化应用的可行性。

作者简介：冯波，男，正高级工程师，主要从事岩土工程、污泥处理、建筑废弃物处理处置与资源化利用方面的研究工作，E-mail bo.feng@foxmail.com。

2 药剂选型试验

2.1 试验材料

试验用底泥为滇池底泥疏浚泥浆,原泥含水率为 75.4%,比重为 1.19,pH 值为 7.75,有机质含量为 10.1%。

试验用有机药剂为凯威尔公司基于河湖底泥的组成、结构、水分分布及表面性质,针对板框机脱水工艺推出的系列有机脱水药剂(表 2-1)。

表 2-1 有机脱水药剂类型及形态

型号	KW3820	KW4950	KW5890	KP38-20	KP49-13	KJ38-20
类型	纯有机	纯有机	纯有机	复合型	复合型	复合型
形态	浅色黏稠液体	浅色黏稠液体	白色粉末	浅色液体	浅色液体	褐色液体
状态						

2.2 试验仪器与设备

试验滤液 SS、电导率、pH 值等参数采用多参数水质分析仪测试。模拟压滤试验采用凯威尔公司自主研发的全自动模拟压滤机 KWY-840(图 2-1),该设备可根据实际生产工况调节压滤压力及压滤时间,定量评估底泥脱水性能。

2.3 试验流程

在烧杯中称取 5g 有机脱水药剂原液,加入纯净水 95g,搅拌均匀,配制成 5% 的溶液,溶液在使用前 24h 内配制,配制后充分搅拌以保证其充分溶解。在烧杯中各加入 150g 疏

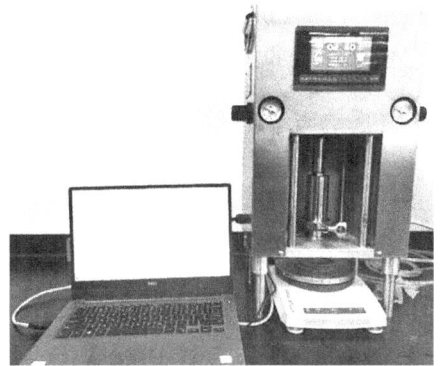

图 2-1 KWY-840 全自动压滤试验装置

浚泥浆,按照设定加药量依次加入上述稀释好的有机脱水剂溶液,加药前开启调节搅拌器转速为 300r/min,加药后继续搅拌 10min,使有机脱水药剂和疏浚原泥充分搅拌均匀。

调理好的泥浆,依次进行模拟压滤,压滤压力为 0.8MPa,压滤时间 10min。压滤同时收集滤液,自动记录压滤时间与对应滤液量数据,评估滤水速度;压滤后取出泥饼,用烘箱检测泥饼含水量。

2.4 试验结果

根据相关经验数据,设置了 12 组药剂添加方案,以及 1 组不加药原泥作为对照组,模拟压滤试验结果见表 2-2。

表 2-2 模拟压滤试验结果

序号	药剂名称	添加量/%	泥饼含水率/%	滤液 SS/(mg/L)	滤液 pH 值	滤液电导率/(μs/cm)
1	原泥浆	—	62.19	103	7.75	116.9
2	KW3820	0.6	34.26	9	7.54	135
3	KW3820	0.4	33.99	13	7.49	128.6
4	KW3820	0.3	34.25	13	7.46	122.5
5	KW4950	0.4	34.36	15	7.41	136
6	KW4950	0.3	34.22	16	7.42	132.5
7	KW5890	0.15	34.15	13	7.28	139.8
8	KW5890	0.1	33.72	14	7.31	130
9	KP38-20	1.8	34.15	24	6.27	212
10	KP38-20	1.5	33.99	12	7.15	197.4
11	KP38-20	1.3	33.69	16	7.04	186.7
12	KJ38-20	1.8	34.46	35	6.48	142
13	KP4913	1.8	34.15	27	6.46	219

由表 2-2 可知,在相同模拟压滤条件下,不加药剂调理的原泥浆压滤后泥饼含水率为 62.19%,泥饼成形较差;不同种类及添加量的有机药剂调理后的泥浆压滤泥饼含水率均低于 35%,泥饼成形较好。有机药剂调理泥浆滤液 SS 含量最高为 35mg/L,显著低于原泥浆滤液的 103mg/L。纯有机药剂(KW3820、KW4950、KW5890)对滤液的 pH 值影响极小,与原泥浆滤液相比略微降低;复合型有机药剂(KP38-20、KJ38-20、KP49-13)对滤液 pH 值的影响稍大,同一种药剂调理泥浆滤液的 pH 值与要加添加量呈反比。原泥浆滤液电导率为 116.9μs/cm,纯有机药剂调理泥浆滤液电导率略有上升,最大幅度为 20%,复合型有机药剂调理泥浆滤液电导率上升幅度较大,最高达 87%,但最高仅为 200μs/cm 左右,影响有限。

不同加药方案滤液总量与压滤时长关系见图 2-2。不加药剂调理原泥浆滤水速率最慢,压滤至 500s 时仍有滤液排出。有机药剂调理后的泥浆滤水速率明显加快,除 KJ38-20 添加量 1.8%、KW3820 添加量 0.3%、KP38-20 添加量 1.3%方案外,其他加药方案滤水速率相差不大,压滤 100s 左右基本达到最人出水量。KW3820 添加量增加至 0.4%时,泥浆滤水效率明显提高,添加量增加至 0.6%时,滤水效率几乎不再增加,可见有机药剂添加量突破某一阈值后,增加有机药剂添加量虽不能有效降低压滤后泥饼的含水率,但可明显缩短压滤所需时间,提升压滤效率。

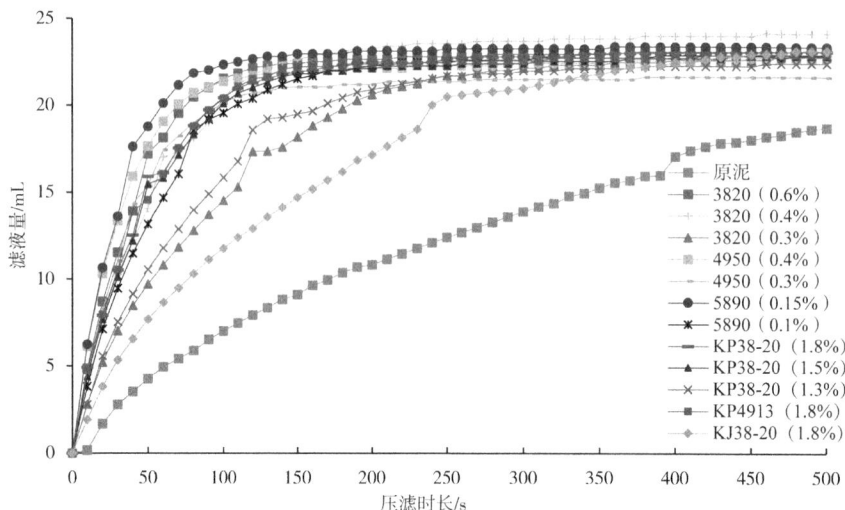

图 2-3 压滤时长与滤液量的关系

综合考虑药剂使用成本、对滤液的影响、添加比例等因素,选用KW3820开展现场测试,添加量为泥浆绝干质量的0.4%。

3　现场上机试验

根据类似工程经验,采用KW3820有机药剂时,不需要设置浓密罐,加药点设置在泥浆浓缩池至均质池管道上,药剂在管道内与泥浆混合后,直接进入均质池(图2-3)。KW3820原液可直接投加使用,不需要稀释,但为便于计量以控制投加量,通常稀释5%～20%使用,本试验稀释至5%,添加量为泥浆绝干质量的0.4%。简易药剂稀释装置见图2-4,调理后的泥浆状态见图2-5。

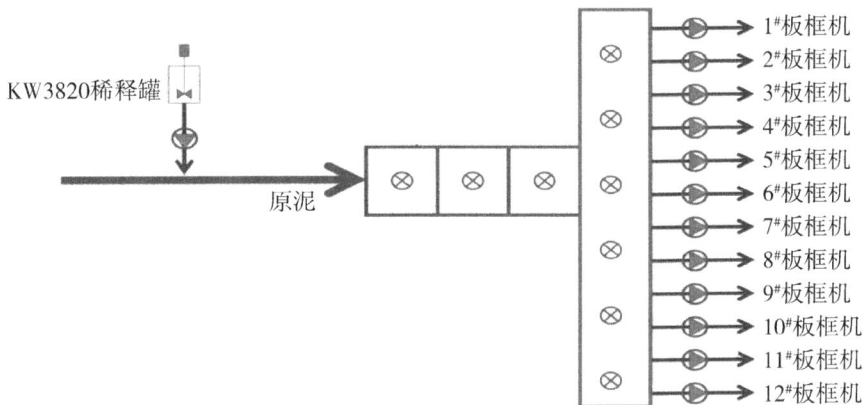

图2-3　加药位置示意图

图2-4　简易药剂稀释装置　　图2-5　经有机药剂调理后的泥浆状态

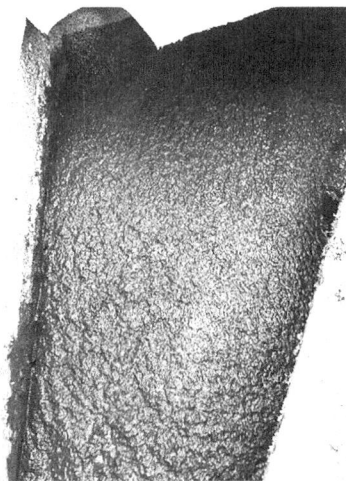

经现场多次调整参数运行后,最终确定板框压滤机进料50min、压榨45min,此时泥饼成形好,厚度适中(图2-6),尾水清澈(图2-7),符合生产要求。

图 2-6　现场测试压滤泥饼　　　　　　图 2-7　板框压滤尾水

4　结语

①由模拟压滤试验结果可知,本次选用的 6 种有机脱水剂均可有效提高污泥的脱水性能,泥饼含水率均可降低至 35% 以下。

②有机药剂调理泥浆模拟压滤滤液 SS 含量显著低于不加药调理原泥浆滤液,对滤液的 pH 值影响较小,对电导率影响有限。其中纯有机药剂几乎不改变滤液的 pH 值,滤液电导率略有上升。

③与不加药剂调理原泥浆相比,本次模拟压滤试验所选用的有机脱水药剂均可明显提升泥浆压滤脱水速率,12 个加药方案中,9 个压滤 100s 左右基本可以达到最大出水量。

④现场上机试验结果表明,经添加量为泥浆绝干基 0.4% 的 KW3820 调理后,板框压滤进料 50min,压滤 45min,KW3820 添加量为泥浆绝干基 0.4%,泥饼成形状态、厚度均满足生产要求。

主要参考文献

[1] 杨磊.絮凝体系用于环保疏浚底泥脱水及其温度干扰机理研究[D].天津:天津科技大学,2019.

[2] 武博然,柴晓利.疏浚底泥固化改性与资源化利用技术[J].环境工程学报,2016,10(01):335-342.

[3] 李川,张晴波,赵东华,等.受污染河湖的疏浚底泥快速脱水干化新工艺的应用[J].净水技术,2015,34(3):101-104.

[4] 湖库环保疏浚底泥的脱水干化技术研究进展[J].净水技术,2012,31(1):80-85.

[5] 高扬,孙科,谭一军,等.多种疏浚淤泥脱水技术的典型应用及分析[J].江苏水利,2020,(9):51-54.

[6] 王菲,王贤平.三种絮剂对疏浚淤泥脱水降污特性的影响-以武汉市官桥湖底泥为例[J].水利水电快报,2021,42(3):61-64.

[7] 李小雨,操家顺,冯骞,等.疏浚底泥的絮凝干化脱水技术的研究进展[J].环境科技,2017,30(2):71-74.

[8] 冯波,罗章,石鸿韬.生石灰与粉煤灰对河湖疏浚底泥脱水效果影响的试验研究[J].中国水运,2022,22(8):81-83.

湖州市河湖库塘清淤与淤泥处理综合方案探讨

冯银川[1] 熊振宇[2]

(浙江省疏浚工程股份有限公司,浙江湖州 313000)

摘 要:从近年来河湖整治项目实施情况来看,项目普遍没有可供弃土的场地,让项目推进很不顺利。河湖库本身淤积多,水域管控不能弃土;陆地上人口稠密,土地少,很少有荒地可用。采用何种清淤作业方法、淤泥固化与减量化技术、资源化利用河道淤泥方法成为湖州未来面临的普遍而急迫的问题,亟须得到解决。

关键词:清淤;固化;资源化利用

1 引言

湖州市地处长三角,太湖南岸,河湖密布,地势低平,经济较为发达。习近平总书记在此考察时提出绿水青山就是金山银山的科学论断。浙江省在治水方面一直走在前列,在五水共治、城市防洪、太湖治理和苕溪等水系治理与河湖连通工程建设过程中,对区域内的湖泊、河道等进行了治理,防洪排涝能力大幅提升;区域水环境、生态环境和人居环境大大改善,是绿水青山好地方。

近年来,百姓对生态环境要求的不断提高,政府对环境保护的重视,周边河湖治理不断推动,湖州的河网除了近年实施清淤疏浚的区域外,其余水底淤积严重,为提高河湖库容和防洪排涝能力和改善水环境,提高百姓的生活品质和幸福感,急需上马实施清淤。从近年来河湖整治项目实施情况来看,清淤项目普遍没有可供弃土的场地,使项目推进很不顺利。河湖库本身淤积多且加上水域管控不能弃土;陆地上人口稠密,土地少,很少有荒地可用。

采用何种清淤作业方法、淤泥固化与减量化技术、河道淤泥资源化利用成为湖州未来面临的普遍而急迫的问题,亟须得到解决。

作者简介:冯银川,男,高级工程师,主要从事疏浚工程装备、施工技术等研究工作。作为浙江疏浚项目负责人,参与河海大学牵头的2022科技部重点专项"长江黄河等重点流域水资源与水环境综合治理"2.5课题河湖库淤积治理与绿化综合化利用关键技术与示范子课题3和子课题4;参与编制浙江省《河湖水库清淤技术规程》等。E-mail:1015953553@qq.com。

2 河湖清淤的紧迫性与必要性

2.1 必要性

区域内的河道受洪水、航运、太湖水倒灌和人民生产生活等原因影响,带来大量泥沙,在河道、水库中沉积下来,不断抬高河底和湖底,削减了河道和湖泊的容水能力,大大降低了防洪排涝能力,对人民生命财产安全造成威胁。

河流和湖泊底部淤积物中还携带了水中沉积下来的污染物,这些污染物受水流、风力、气温等条件影响时,会不断向水体中释放,导致水质变差,进一步影响水生态环境和人民生活品质。清淤后长期沉积在淤泥中的污染物被清走,污染物向水体释放的强度与总量大幅度减少,对改善区域生态环境有重大作用。

2.2 紧迫性

经过多年的矿山治理,直接排入河道中的石粉、泥沙大幅减少,但是从近几年湖州主要河道的测量结果显示,入湖溇港大多数河段淤积很快,2010 年完工的大钱港项目,现在河道底抬高,河边滩淤积严重,其余溇港也存在不同程度的淤积,达不到原来的过水断面设计标准;旄儿港二期于 2006 年疏浚完成,由于淤积严重,2018 年进行了清淤,总的来看,河湖 5～10 年需要一次清淤,以保持设计的断面。前几年浙江省推动五水共治,周边区域基本实现了一轮清淤,本区域再不清淤,将大大影响河流通行能力和湖泊容纳能力。

3 传统清淤与淤泥处理的方式

以前,河湖疏浚与清淤通常主要采用以下方式:用抓斗或铲斗等挖泥船将淤泥装船,通过船舶运输到堆场附近码头,再用吹泥船和挖机等设备卸船并将泥土卸至借用的临时农田进行堆放,自然晾晒淤泥,固结后再进行必要平整,最后将借用地块归还给百姓。采用该方式施工具有施工成本低、效率较高等特点,成为前些年河湖整治项目的主要方式,发挥了巨大作用。根据测算,该方式作业的情况下,挖泥单价 6～10 元/m³,运输 5～10 元/m³,上岸 5～10 元/m³,借地费 10 元/m³,合计工程造价 26～40 元/m³。

从近几年项目实施的情况看,该作业方式局限性越来越多,不再适应项目推进。该施工工艺的主要问题包括:

①清淤的平整性较差,由于常规设备没有精确定位、精确控制挖深的控制系统、开挖随机性大主要靠工人水平控制,导致底部开挖平整度严重不足,不满足新时代对工程质量的高标准要求。

②施工二次污染问题,在施工过程中抓斗挖泥时,软轻的淤泥易受扰动随水流走,导致清淤不彻底,且会使水质变浑浊;运输和吹填过程均易产生水土流失,引起二次污染问题,严重时,施工二次污染有引起考核断面不达标的风险。

③长时间占用大量土地,水下淤泥含水率为 70%～400%,排到弃土区后,排泥场容量通常会大

于清淤量；借地不允许堆得过高，使占地面积进一步扩大；由于弃土区含水率高达100%甚至更高，会导致自然晾晒固结的淤泥通常需要过1～2个夏季才能进行机械平整作业，最后退耕。

④借不到地，由于政府管理日趋严格，特别是强化对农田、水域、林地等空间资源的管控，项目建设需征地、借地日趋困难，已到了严重影响项目实施的程度。

⑤资源化利用程度不高，泥浆通常作为不好的废土排到田里，没有实现资源化利用；仅有少量项目的干土才能利用，不利于项目的上马，增加政府财政负担。

4　对未来清淤和淤泥处置的核心要求

正是基于湖州清淤方量的庞大性、必要性和紧迫性，以及传统清淤处置方式的局限性，未来湖州进行河湖清淤疏浚时，核心的要求主要表现在以下几个方面。

4.1　少占地

少占地，是社会发展对未来清淤作出的要求，没有够的土地提供，对清淤产生的土方需要通过减量化技术、资源化利用、提升单位面积堆积量等措施实现对农田的尽少占用。

4.2　减量化程度高

清淤产生大量的泥浆和土方，再采用传统工艺，需要占用大量土地，为此，需要新的工艺，能实现淤泥减量化，使河道中 1000 万 m³ 的规模经过处理后，能变成约 500 万 m³，甚至更低，可以大幅节省临时占地和其他处置费用。

4.3　低含水率

低含水率意味着淤泥有更小的体积的同时，还具有便于运输、便于利用的特性，通过降低土体含水率，为后续资源化利用提供先决条件。

4.4　高资源化利用

工程淤泥不利用就只是废土，要运出去，还需要占用地方，费用很高，如能资源化利用，便能节省这些支出，还能减少利用方的成本支出，是利国利民的好事，也是国家倡导的方式。

4.5　高环保性

前些年管理粗放，最近十年，国家对环保管控越来越紧，越来越规范，项目施工方案、施工过程是否环保，既是民众的需求，也是国家的要求。清淤施工需要更少的扰动，运输过程更少的漏、洒；尾水排放符合相关要求，不对环境造成影响。

5 新型环保清淤与淤泥处置方式

5.1 工艺流程

新型环保清淤与淤泥处置工艺流程见图 5-1。

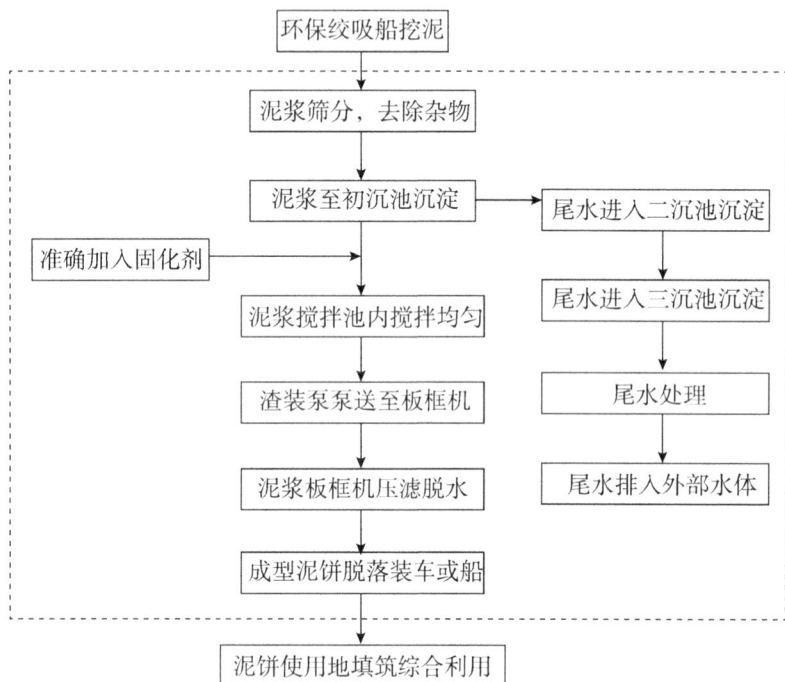

图 5-1 新型环保清淤与淤泥处置工艺流程

注:上图中黑色虚线所围范围施工工作均在板框机械脱水固化站完成。

5.2 施工方法

(1)环保绞吸式清淤

绞吸式清淤是最为常见的水下清淤疏浚方式,集挖、运、卸于一体,具有输送距离远、效率高、成本较低等特点。绞吸式挖泥船通过绞刀水下切削底泥,泥泵叶轮高速旋转产生的负压将泥土和水的混合物——泥浆吸进泥泵,再通过泥泵的离心力将泥浆通过管道输送到排泥场。

传统绞吸式在清淤过程中,绞刀转动会扰动水底淤泥,引起泥浆较大范围扩散,开挖水体深度较浅时易明显出现开挖区域水体变浑的现象;较大的淤泥扩散会引起回淤厚度增加,淤泥清不干净,不彻底。为解决普通绞吸船在清淤中出现的问题,公司从荷兰引进的环保绞刀对普通绞吸船进行了革新,使用环保绞刀后的挖泥船主要具有以下特征:

1)船舶分体建造与调遣技术

为了适应到不同的水域,包括河、湖、库、塘作业,环保绞吸式挖泥船采用模块化设计和建造,既可以在水域内拖带,也可以拆卸后实现汽车公路运输,从而不受航道、桥梁高度等的限制,大大提升适应性。

2)绞刀固定深度度横移平扫开挖

作业时,挖泥船将绞刀下放到设计的分区或开挖高程,绞刀以船尾部的定位桩为圆心扇形左右横移,开挖面是平面,较抓斗和铲斗等一斗斗下落的开挖方式相比,开挖底部平整度大幅提升。

3)GPS卫星精确定位系统

挖泥船装备有实时定位系统,开工前将工程总平面图导入电脑,然后挖泥船定位,并进行坐标修正,便可以实现挖掘位置在电脑屏幕上总平面图中的实时显示,指导作业人员正确开挖。

4)环保绞刀

普通绞刀没有防扩散置,绞刀旋转的能量导致泥浆扩散;而环保绞刀有防护置,绞刀仅在靠近底部与泥土接触的范围外露,绞刀旋转时产生的能量在防护罩内消能,并阻止其扩散到外部,大幅度减少二次污染、减少回淤、清淤更加彻底。

5)管道长距离输送

泥泵将泥浆通过管道输送到排泥场,全程无泄漏,管道可以放置路边、河底等,最大限度不影响道路交通、航道交通和居民生产与生活;长距离输送可以超越挖泥船本身功率限制,实现排距超过3km,最远已有35km的工程应用,相当于借地范围的选择余地扩大了近130余倍。

6)适应水库清淤的深水环保绞吸式挖泥船

湖州存在不少水库多年没清淤,部分水库淤积较为严重,由于水库深度大,普通环保绞吸船无法作业,水深超过15m以上的需要深水环保绞吸式挖泥船,深水环保绞吸式挖泥船已在省内外的通济桥水库、天目湖水库、温岭湖漫水库等多个项目中有应用。

7)其他清淤防扩散技术

水库等饮用水源地对水质变动敏感,现有的环保绞吸技术再辅以挖船旁防污帘、取水口防污帘、水质实时监测、取水口附近区域施工时使用备用水源地等技术和方法可以避免对饮用水造成不利影响,在多个省内外项目已有应用。

(2)淤泥板框压滤施工

将底泥吹填至临时堆场,加絮凝剂进行初步沉淀,再加调理剂或固化剂混合均匀后,通过板框压滤机进行机械强制脱水。固化剂种类和掺量不同,土性能不同。工厂化生产,脱水速度快,施工场地相对小,土体强度可以控制,但成本高,生产能力相对较高。适用要求脱水速度快、土体强度高、临时施工场地小的情况。是现行减量化程度、脱水率最高的固结技术,视土质不同,减量率可为30%~80%,效果明显。

1)固化站

固化站主要包括泥浆筛分设备、泥浆沉淀池、泥浆挖泥船、固化剂储存与加料设施、泥浆搅拌设施、进浆系统、板框压滤系统、供电设施、压气系统、水处理系统、厂房地基、厂房、中转场和进出场道路等,通过这些设施与系统的有机整合,泥浆可在1h内制备成为固化后的泥饼。

搭建固化站时,先根据工程需求确定设备的型号与机组数量,再进行平面和立面的设计,最后再进行临时设施的搭建、设备安装与调试。

2)固化剂

固化剂多使用市面上的现行的水处理方面的原材料,与一般市政污泥处理有所不同,工程清淤工程量巨大、工程淤泥污染程度低、土质多变,造价低、效果好,后续处理固化土环保程度高,固化后土料便于资源化利用的原则选择合适的固化剂。通常有石灰、铝盐、铁盐类等,石灰处理的土 pH 值较高,效果好,价格便宜;铝盐类价格高,效果相对差,但更环保,无 pH 值偏高的问题。

3)尾水处理

尾水处理为确保沉淀池排出去的尾水不浑浊、pH 值呈中性,甚至控制氨、氮等指标所对尾水进行的一系列处理工作,是确保排入自然水体水质达标所采取的各项物理、化学和生物措施的总称。

(3)真空预压

将底泥吹填至需要处理的弃土场后,先排除表面明水,插设竖向排水板,再铺设水平支管和总管,在上表面铺密封膜后密封,最后通过抽真空使密封淤泥内产生负压,通过大气压力和水的毛细作用,水通过排水板、支管、总管排入外部水域。通常情况下,真空预压完成施工准备、抽真空作业需要 5～6 个月时间,可以实现将淤泥含水率从 200%～300%降至 65%～70%,生产率高,成本较低,减量化效果和固结效果不及板框压滤,但对堆场的需求较大。最近十来年,该技术主要用于高速、市政道路、滩涂软基处理和淤泥吹填后加速固结排水用,该方法更适合处理厚度较深的项目。

(4)固化土资源化利用

1)农业用土

农业用土关系到人的安全,对污染物的限制要求相对较高。为满足植物生长需要,底泥可根据需要添加生物质材料和土壤改良材料。湖州大部分区域的河湖水下土方,污染程度都很低,农业利用,现在仍旧是最实际最主要的去向。

2)绿化用土

底泥含有丰富的有机质和植物需要的 N、P、K 等营养物质,底泥作为绿化用土是有效的资源利用途径。经脱水和排水固结后,含水率(土工指标)达到 70%以下可作为绿化用土。湖州有大量项目在外购黄土作为绿化用土料,可以考虑采用绿化用土,今后采用清淤固化土进行代替。

3)填筑材料

底泥经过固结排水或脱水干化(固化)处置后,一般可作为围垦区、低洼地、公园、绿化带和开发区的地面回填。一般要求底泥含水率(土工指标)不超过 60%～65%。在市政等项目上,有较多的项目需要用土料,可以考虑用固化土代替。

4)堤、路填筑料

疏浚底泥经无害化和脱水固化处理后,可作为堤防、隔堤、田埂和低等级公路、临时道路等建筑物的填筑材料。堤防填筑需考虑渗透稳定和强度要求,其余要考虑土体的强度要求。一般堤、路填筑含水率(土工指标)不大于 50%。湖州城乡有大量的道路建设,路基土取代原来的黏土或塘渣,将大大节省政府财政支出,减少矿山开采对环境的破坏。

5)制砖、陶粒

可以用淤泥制作砖块、陶粒,但存在以下问题限制了工程应用:

①砖块市场需求小,工程淤积方量巨大,只能消化极少量。

②砖块等市场需求相对均衡,工程有时间性。

③砖和陶粒要求是黏土或砂土类的淤泥,含较多有机质淤泥不能使用。

④淤泥制砖只能掺部分,不能使用大部分或全部利用淤泥。

5.3 清淤固化相关造价指标

清淤固化相关造价指标见表 5-1。

表 5-1 清淤固化相关造价指标

序号	项目名称	造价/(元/m³)	备注
1	环保绞吸	18～25	视工况条件,2.5km 排距内,超出时每增运 1km 需增加 2 元
2	真空预压	25～32	单层排水板,处理厚度越厚,价格越低。处理 3 个月后,含水率约 70%
3	板框机械脱水碱性固化剂 1	40～50	固化后土壤 pH 值呈碱性,含水率 50% 左右,如有机质含量高,成本会更高
4	板框机械脱水碱性固化剂 2	55～60	固化后土壤 pH 值为 7 左右,便于利用;含水率 50% 左右;如有机质含量高,成本会更高
5	船舶运费	5	按 2km 以内计算,每增运 1km,需要 0.7 元
6	尾水处理	3～30	视处理洁净程度,高清洁度时,费用较高
7	固化土填路基	200	需要加入胶结剂

6 新型清淤与淤泥处置在嘉兴秀洲北部湖荡项目的应用

嘉兴市北部湖荡整治与河湖连通工程是浙江省重点水利工程、省百项千亿工程,工程总投资 11.2 亿,工期 3 年,建设地点位于秀洲区王江泾和油车港,主要工程量包括清淤 36 个湖泊和 100km 周边小河道;建设堤防 75km;建设生态湿地 60 余万平方米和水文化节点 20 余处。为实施好该项目的清淤工程,秀洲区政府和建设单位主要采取了以下措施:

①乡镇属于项目最终的受益人,区政府与乡镇经协商确定,由乡镇负责落实项目建设所需的一切用地,乡镇能解决用地问题,项目才能上马。正常的费用计入总投资。实施过程中,乡镇与村里签署较长时间的租赁协议,建设期内正常借用,建设期结束后,由乡镇负责自行转租等。

②河湖清淤采用效率高、低施工扰动与扩散的环保绞吸式挖泥船清淤,清淤的泥浆通过管道输送到真空预压堆场或者板框压滤固化站泥浆池。通过该方式,项目在高峰作业期也没有国控断面等主要断面水质恶化。

③在借地相对容易的地方,尽量借用土地进行泥浆在排泥场内真空预压,以缩短固结时间,尽早归还借用土地;同时,借地堆填高度尽量提高,以提高单位面积消纳量。项目中总计 650 万 m³ 通过真空预压方式在临时借地内进行固结,实测显示通过真空预压,减量化率达到清淤真空预压方量 20%～25%,节省占地约 0.667km²。

④借地相对紧张的开挖区周边,建立板框压滤脱水站,将泥浆通过板框压滤机处理后,含水率降低到 50% 后,通过汽车或船舶运输到利用点。通过该办法,项目解决了 550 万清淤土方的去处,减量化率达到 35%～40%,节约用地约 0.73km²。

⑤资源化利用方面。真空预压后的土方,原则上留置在原地,先行复耕,水利局再统一安排高标准农田建设。机械脱水淤泥 550 万 m³,固化后干方约 300 万 m³,主要用于以下部位:

a. 约 90 万 m³ 填筑湖荡的生态湿地,构建湖边水文化节点。

b. 约 90 万 m³ 填筑堤防等工程内填筑。

c. 约 70 万 m³ 用于周边镇区开发用地、市政绿化用土、临时道路路基等填筑。

d. 其余 40 万 m³ 用于固化站周边农田田面抬高填筑。

7 为快速、高效实施区域河湖清淤需要提供的支持

7.1 政策支持

现在项目实施中遇到较多的问题是,产生的巨量弃土不能放置在山上、田里、河里和湖里,导致很多应该做的项目没做,应该帮百姓解决的没有解决。清淤方量十分巨大,远超其他行业产生的余土方量,矛盾十分尖锐,且随时间不断后推,淤积量会不断加大,只有从法律、政策层面解决了弃土相关的临时借地、堆置问题,才能彻底解决后续河道淤积产生淤泥的去处问题。

7.2 市政府层面统筹协调支持

(1)建议成立市级土方资源化利用协调机构

负责市内各个部门的统筹协调联动,统筹管理市内各行业产生的挖土和填土平衡问题;推动市内土方资源化利用水平的提升和节省政府投资。

(2)建立区域土料消纳和储备中心

分区域建立土地料消纳和储备中心,消纳收费,外部有需求时对外出售,通过中心的建立,大幅提高单位面积消纳量,政府协调统一弃土目的地,避免乱弃,乱倒现象,也提高土地利用率和补充收入。

(3)填筑市政等道路路基

城乡道路填筑了大量的塘渣和黏土料,浪费了矿山资源也增加了财政负担,大力推动城乡道路路基采用固化土填筑的使用,避免使用新开采的石料与土料。

(4)建立区域统一淤泥处置中心

温州、绍兴等地为解决水利清淤和建筑泥浆固化问题,建立了区域的泥浆固化中心,中心由民企运营,解决周边淤泥固化问题,取得了较好效果。区域淤泥处置中心,可以大大节省由于各清淤项目都要建处理站带来的临时设施重复投入的问题;也一定限度上缓解了淤泥去向问题,改善了市容。

(5)探讨有计划采矿再回填固化淤泥复垦

前些年矿山集中整治,环境得到大幅改善。从解决弃土的角度出发,从淤泥综合利用的角度出发,可以考虑有计划、有步骤采矿,采矿后的矿坑作为淤泥弃土场,再固结后复垦与造田造地。通过这个方法,可以实现有序采矿充实财政、解决了淤泥弃置问题和后续造田造地增加耕地或林地指标的问题。该方法是一个非常高效的资源化利用方法。该方法实施时一定要控制规模与范围,分批分期实施,避免过大开采导致生态破坏。

（6）探讨小圩区填筑固化土抬高洼地

湖州市有较多低洼地，形成小圩区，可以考虑将小圩区作为弃土区，具体做法如下。

①圩区先进行表面种植土剥离，再排入泥浆，然后采用真空预压进行固结，固结完成再上覆盖种植土复耕，再建设新的田间设施。该方法采用真空预压技术，需要较长时间，通常需要借地2年才能满足工程需求。

②圩区先进行表土剥离，然后填筑经过板框压滤后的土方，再进行种植土覆盖，最后再田间设施建设。该方法利用异地板框脱水，因此占用农田时间极短，基本一年左右的时间即可完成。

（7）探讨堤防加高加宽与景观工程

原来建设水利堤防时，均是按设计标准和少占地的原则进行断面设计，现在土方没处去的情况下，可以考虑水利堤防沿线利用弃土大幅度加高加宽堤防，再对加高加宽的堤防进行绿化与亮丽工程建设，改善生态环境。

采用该方法，可以就近消纳河道、湖泊淤泥或经处理的固化土；加固现有堤防，提高防洪标准；提升河湖岸边生态与环境。该方法更适合有多余土地，且对景观有较高要求地段堤防。

（8）探讨荒山、林地利用

湖州市荒山较少，林地却较多。部分区域可以考虑借用上游荒野与林地作为弃土场。荒地、林地较耕地占用没有那么敏感，同时林地填筑高度也没有农田填筑高度的限制问题，理论上来说单位面积上可以填得更多，使用更经济。如农田通常借地后仅能填筑2m左右，而荒山和林地填筑20～50m都是可能的，借地成本仅为农田的5%～10%。

分区填筑，分区复种或造田造地，后续可以建设恢复林地、水保工程拦截泥沙、农业园区、种植绿化、景区等基础性工程。

（9）探讨河湖采砂出售

河湖开挖底泥中含沙量高的区域，可以通过采砂和清淤，将砂分离清洗出来后作为建材出售，政府收费，特别适合水库、山区河道治理工程。通过该方法，不仅可以将淤积在库区、河道中的泥沙清理出来；同时，还可以增加兴利库容，提高防洪能力；将顶部有较多杂物和淤积物清理出去，还能较大程度改善水域的水质和生态环境。对外销售的砂市场价为150～200元/m³，收益非常好，成本很低；采砂外售还可大大降低弃土借地的总面积和消纳方量，节省弃置费用。

前述的一些方式方法，可视各工程的地理位置、土质、地方需求和政府需求，考虑采用单独一种，或组合多种方式，实现项目淤泥最大化程度的资源化利用、最高效节省投资、最大限度实现项目建设目标。

机械脱水干化后的土壤对种植的影响

戴哲泓

（浙江省疏浚工程有限公司，浙江湖州 313000）

摘　要：机械脱水干化技术作为一种土壤改良手段，通过物理方法去除土壤中多余的水分，旨在改善土壤的物理和化学性质，为植物生长创造更加有利的环境。本文深入探讨了机械脱水干化技术对不同类型的土壤在种植活动中的具体影响，包括土壤结构的改善、养分有效性的变化、植物生长条件的优化以及生态环境的长远效应等方面，以期为农业生产和土壤管理提供科学依据。

关键词：机械脱水；干化；土壤；种植

1　引言

在现代农业中，土壤质量是保障作物生长和产量的关键因素。机械脱水干化技术作为一种创新的土壤处理手段，通过去除土壤中多余的水分，可以改善土壤结构，提升土壤肥力，为植物提供更好的生长环境。本文旨在全面分析机械脱水干化后的土壤对种植活动的具体影响，为农业实践提供科学依据。

2　机械脱水干化对土壤物理性质的改善

2.1　土壤结构的变化

机械脱水干化过程中，土壤颗粒间的水分被有效去除，土壤结构得以重新排列。这种变化有助于打破黏土类土壤的板结状态，增加土壤孔隙度，提高土壤通气性和透水性；同时，对于砂质土壤，也能在一定程度上增强其保水能力，减少水分流失。土壤结构的优化为植物根系的生长和发育提供了更加宽敞的空间和更有利的环境条件。

2.2　土壤紧实度的降低

脱水干化后的土壤紧实度降低，使得根系更容易穿透土壤，有利于植物根系的扩展和生长。这不仅提高了根系的吸收面积，还增强了植物对水分和养分的利用效率。

作者简介：戴哲泓，男，工程师，主要从事水利工程施工工作，E-mail：524342114@qq.com。

2.3　养分有效性变化

机械脱水干化可促进土壤中某些被水束缚的养分的释放,如 P、K 等,增加养分的有效性。然而,过度干燥也可能导致土壤微生物活性降低,影响养分的转化和循环。因此,在机械脱水干化过程中,需要合理控制脱水程度,以平衡养分释放和微生物活性的关系。

2.4　pH 值的稳定

机械脱水干化过程中,土壤水分的减少有助于稳定土壤 pH 值。在适宜的范围内,稳定的土壤pH 值有利于土壤微生物的繁殖和养分的有效性,为植物生长创造了更加有利的条件。

3　机械脱水干化对土壤养分有效性的影响

机械脱水干化过程中,土壤中的部分养分会随着水分的减少而变得更加容易被植物吸收利用。例如,P、K 等被土壤颗粒紧密吸附的养分在脱水后可能更容易释放到土壤溶液中。此外,土壤结构的改善也有助于增强微生物活性,促进有机质的分解和养分的矿化作用,从而进一步提高养分的有效性。

3.1　养分释放

机械脱水干化可促进土壤中某些被水束缚的养分的释放,如 P、K 等。这些养分的释放增加了土壤溶液中的养分浓度,提高了养分的有效性,有利于植物的生长和发育。

3.2　养分循环

土壤结构的改善和通气性的提高可促进土壤微生物的活性,加速有机质的分解和养分的矿化作用。这有助于形成更加活跃的养分循环体系,使得土壤中的养分得以更加高效地转化和利用。同时,微生物活动产生的代谢产物也能为植物提供额外的养分来源,进一步促进植物的生长和发育。

4　机械脱水干化对土壤微生物群落的影响

4.1　微生物多样性的变化

机械脱水干化可能改变土壤微生物群落的组成和多样性。适度的干燥条件有助于减少有害微生物的生存空间,降低土传病害的发生风险;但过度干燥也可能抑制有益微生物的活性,影响土壤的生态平衡。

4.2　微生物功能的调节

土壤微生物在养分循环、有机质分解等方面发挥着重要作用。机械脱水干化通过调节土壤环境(如水分含量、通气性等),间接影响了微生物的功能发挥。例如,通气性的提高有助于好氧微生物的繁殖和活动,促进有机质的快速分解和养分的释放;而适度的干燥条件则有助于抑制厌氧微生物的生长和有害物质的产生。这些变化共同作用于土壤生态系统中,对植物生长产生积极影响。

5 机械脱水干化土壤对植物生长的影响

5.1 生长条件的优化

土壤透气性和排水性的改善,有利于植物根系的呼吸作用和养分吸收,从而促进植物生长速度的加快。特别是对于喜旱或需氧量高的作物,效果更为显著。土壤结构的优化减少了水分滞留,降低了病害和虫害的滋生环境,有助于植物提高抗病抗虫能力。此外,土壤微生物群落的恢复也有助于增强植物的自然防御机制。

5.2 产量与品质的提升

优化的生长环境有助于提高作物的产量和品质。机械脱水干化土壤通过改善土壤结构和养分状况等方式提高了作物的生长潜力和产量水平;同时通过调节土壤微生物群落和酶活性等方式改善了作物的品质特性如口感、色泽等。这些变化不仅提高了作物的市场竞争力,还为消费者提供了更加优质的农产品。

6 结语

综上所述,机械脱水干化技术处理后的土壤对种植活动具有显著的正向影响。然而,在实际应用中需根据具体情况合理控制脱水程度和后续管理措施以避免潜在的不利影响。未来研究应进一步探讨该技术对不同类型土壤和作物的适用性及其长期效应,为农业生产和土壤管理提供更加科学有效的技术支持。同时,也建议相关部门加强政策引导和技术推广力度,促进机械脱水干化技术在农业生产中的广泛应用。

主要参考文献

[1] 陈春良.盐生植物根际土壤微生物和酶学特性及植物种间差异研究[D].杨凌:西北农林科技大学,2022.

[2] 闫秋艳.根区温度对设施蔬菜生长生理及养分高效利用的影响研究[D].北京:中国科学院大学,2013.

[3] 申为宝.苹果园土壤生物活性及土壤镉行为的生物调节[D].泰安:山东农业大学,2009.

[4] 胡世国.设施蔬菜土壤通气性对曝气滴灌的响应研究[D].郑州:华北水利水电大学,2018.

[5] 李玖燃.添加秸秆后土壤有机质积累与微生物群落演替的关系研究[D].重庆:西南大学,2018.

[6] 张美荣.复垦村庄土壤肥力评价研究[D].北京:中国地质大学,2015.

湖泊河流环保清淤及淤泥处置方案浅析

张海燕

(浙江省疏浚工程有限公司,浙江湖州 313000)

摘 要:为贯彻落实党中央"让江河湖泊休养生息"以及十八届三中全会关于"生态文明建设"的战略部署,加强对水质较好湖泊的保护,避免众多水质较好湖泊走"先污染、后治理"的老路,在对湖泊河流环保清淤工程设计提出总体要求的基础上,从环保清淤施工方案、浚后污泥的无害化与资源化利用中的注意事项等方面对湖泊、河流环保清淤工程提出技术方案选择。本文有助于指导湖泊/河流重污染底泥环保清淤工程方案的编制和工程实施,促进生态环境的改善和健康生态系统的恢复,提高相应的自净能力,为维持湖泊生态系统健康状态提供保障。

关键词:环保清淤;淤泥处置;淤泥综合利用

1 环保清淤方式的选择

受交通道路、供水、供电、环保、旅游、安全保证等综合因素的制约,目前常见的几种清淤方式如下:

1.1 干法清淤

(1)挖掘机挖除

主要采用普通挖掘机开挖施工。适应在没有防洪、排涝、航运功能的流量较小的河道、死湖。

1)优点

清淤彻底,质量易于保证;容易应对清淤对象中含有大型、复杂垃圾的情况;产生的淤泥含水率低,易于后续处理。

2)缺点

增加临时围堰施工的成本;只能在非汛期、非雨季进行施工,工期受到一定限制,施工过程易受天气影响,并容易对河道边坡和生态系统造成一定影响。

(2)水力冲挖

主要采用高压水枪、泥浆泵施工。适用于流量小、清淤厚度小的河道、死湖。

作者简介:张海燕,男,工程师,总经理助理,从事水利工程施工管理工作,E-mail:302570699@qq.com。

1）优点

水力冲挖具有机具简单,输送方便,施工成本低。

2）缺点

泥浆浓度低,为后续处理增加了难度,施工环境较恶劣。

1.2 水下清淤

(1)液压抓斗式挖泥船

主要采用液压抓斗式挖泥船进行施工。适用于开挖泥层厚度大、施工区域内障碍物多的中、小型河道,多用于扩大河道行洪断面的工程。

1）优点

船灵活机动,不受河道内垃圾、石块等障碍物影响,适合开挖较硬土方或夹带较多杂质垃圾的土方;施工工艺简单,设备容易组织,工程投资省,施工过程不受天气影响。

2）缺点

容易造成表层浮泥经搅动后又重新回到水体之中,加上抓斗式清淤易产生浮泥遗漏、强烈扰动底泥。

(2)特种清淤

采用水陆两栖清淤船、水下清淤机。适合建筑密集区、小型河道、箱涵清淤,可在水面、水下作业。

1）优点

运输、下水上岸方便,适合建筑密集区,可配备无人操作系统。

2）缺点

河道杂物太多容易缠绕设备,处理量有限。

(3)环保绞吸式

主要采用环保绞吸式挖泥船。多用于大中型河道、湖泊和水库的环保清淤工程。

1）优点

清淤过程中不会对河道通航产生影响,施工不受天气影响;采用全封闭管道输泥,不会产生闭管道输泥,不会产生泥浆散落或泄漏;专用环保绞头,防止淤泥扩散和逃淤,淤泥清除率达95%以上。

2）缺点

泥浆含水率相对较高,对水位有一定要求。

(4)原位清除

采用药剂施工。适用于清淤船舶无法进场,量小范围小,且应急项目。

1）优点

在较短时间内迅速消除底泥厌氧上泛和水体黑臭;清除底泥有机质和水体悬浮物。改善水体生境,促进沉水植物萌发、生长。转移悬浮态物质,并未对淤泥底泥实施转移;施工过路中需机械或射流驱动的湍流洗刷泥面,水体拢动大,如处理不达标,需进行多次搅动,多次洗脱。

2)缺点

尾水直接排湖,其水质难以达到预期指标;直接处理泥水分界面污水及浅表层浮泥,效果不彻底,一旦底泥扰动下,层污泥将重新翻起、释放。

2　疏浚设备选择

由于受各施工条件的限制,在船舶选型上,需考虑如下几个方面的条件:

(1)经济性

从经济角度来看,宜采用小型挖泥船,其单体运输尺度和重量需满足现场拼装船体的要求,这样既节约前期费用,又适宜现场条件。

(2)适宜性

根据河湖库的特性、规则等原因,在选型时,不宜选用大型的船只。

(3)定位

挖泥船需安装高精度定位(绞刀深度定位、船舶平面定位)装置,以便控制挖泥船进行精确施工,避免漏挖污染底泥和重复挖泥,以免破坏湖床底层,影响水生生物的生态恢复;保证清除污染底泥,减少废方。同时,为了尽可能按设计挖出污染底泥,减少对正常底泥层的破坏,减少二次污染,保证施工质量,要求挖泥船配备 DGPS 平面定位系统、绞刀深度指示系统、浓度计、流量计。

环保清淤,即水下机械挖泥施工,具有高效、简单、施工灵活等特点,在大中小型湖泊、采矿和远洋、近海、港口中得到广泛应用,并发展出各式各样的专业挖掘设备和船舶。从挖掘机具的不同,大致可分为绞吸式挖泥船、吸扬式挖泥船、耙吸式挖泥船、斗轮式挖泥船、泵斗式挖泥船、气动泵挖泥船、链斗式挖泥船、抓斗式挖泥船、正铲挖泥船、反铲式挖泥船等,其中前 7 种安装了各式泥泵用于吸泥和排送;后 4 种安装了各种泥斗用于抓泥或挖泥。

2.1　环保绞吸式挖泥船

主要性能特点:

①对泥浆适应性较好,排距远,且可直接串接泵站进行远距离输送,在生产率及排距的选择上亦较灵活,工作效率较高,能耗和成本较低。

②在输送过程中,采用管道输送,不会使淤泥散落造成污染。

③由于采用绞刀头机械底泥切削工作,对周围底泥的扰动会在一定范围内产生二次污染。

④当清淤区生活垃圾等含量较大时,易被杂质堵口;需要采用清障船提前进行垃圾清除。

⑤设备可进行分拆,采用陆运方式进入现场后组装。

2.2　耙吸式挖泥船

①目前国内最小耙吸式挖泥船为 $500m^3/h$,满载吃水一般均在 3m 以上,难以在浅水水域施工。

②耙吸式挖泥船为整体船,运输困难。

③施工中,低浓度泥浆将溢流回水体中,船舶航行时螺旋桨会搅起底泥,造成污染。

④边走边挖,不适合要求疏挖区长度短的区域施工,挖泥平面控制精度差。

2.3 斗轮式挖泥船

①挖掘较硬密的土质,直接开挖原状土,不破坏底泥性状,挖掘效率高。

②不适合松软淤泥的开挖,易漏泥,易造成污染,需采取防扩散措施。

③对付厚度较薄的底泥时,效率将大幅降低;④辅助船舶较多,施工易受干扰。

2.4 吸扬式挖泥船

①要挖吸含水量较高的淤泥,对于稍密实或稍黏性的淤泥难以吸动。需加高压喷水装置使泥土松动,这将使污染淤泥较大范围的悬浮扩散造成污染。

②此类船型为早期的清淤工程船舶,船舶陈旧,性能较差,属淘汰船型。

3 淤泥处置

3.1 处置原则

污泥的处理处置与其他固体废弃物的处理处置一样,都应遵循无害化、节能减排及资源利用的要求。

(1)无害化处理原则

参照《城镇污水处理厂污染物排放标准》(DB 12/599—2015)的要求,实现污泥的稳定化、减量化与无害化,彻底解决污泥的二次污染问题,满足处理处置过程的无害化环境要求。

(2)节能减排原则

要始终坚持节能减排的原则,注意减少污泥处理过程的能源消耗与资源消耗,避免投资过大,运行成本过高所造成的"消耗性污染",避免污泥处理过程的污染转移和二次污染。

(3)资源利用原则

污泥中含有丰富的有机物和 N、P、K 等营养元素及植物必需的微量元素 Ca、Mg、Cu、Zn、Fe 等,将其回用于土地作为植物的肥料,能够改良土壤结构,增加土壤肥力,促进作物的生长;同时污泥热值较高,只要控制好含水率,污泥不需要添加辅助燃料能自持燃烧,可作为非常规能源使用。例如,干燥后相当于褐煤,可以直接当燃料或发酵产生沼气做燃气使用等。根据城市的工业结构和布局、城市性质的不同,污泥中重金属及营养成份的种类和含量也略有差异。结合污泥特点,可以对污泥进行充分的资源化利用。

3.2 固化处理方法的选择

现阶段,固化处理方式主要有自然晾晒、土工管袋脱水固化、负压直排工艺(真空预压)、机械脱水固结一体化工艺等方式。

表 3-1

项目	自然晾晒	土工管袋脱水固化	真空预压工艺	机械固结脱水一体化工艺	化学固化工艺
减量化	减量缓慢,处理周期极长	自重压密脱水,脱水效果差,减量缓慢,周期长	只能去除自由水,后续脱水困难,减量缓慢,处理周期长	含水量降低至35%~40%,体积减少了60%以上,减量快速	含水量降至40%~50%,体积基本无减量
无害化	没有对重金属进行处理,存在污染转移风险	没有对重金属进行处理,存在污染转移风险	没有对重金属进行处理,存在污染转移风险	淤泥脱水改性后呈硬塑状,对有害物质实现固化稳定化,泥饼遇水不泥化,无二次污染	对有害物质实现固化稳定化,固化土料遇水不泥化,无二次污染
资源化	高含水淤泥,基本无强度,难以资源化利用	基本无强度,难以资源化利用,需长期堆放	淤泥含水60%左右,强度低,难以资源化利用,需要长期堆放或摊铺	硬塑状泥饼,有强度且持续增长,可用作回填土或其他资源化途径	固化土料可用作回填土或其他资源化途径
适用条件	适用于有机质含量低、含沙量高、无重金属污染的淤泥处理	适用于有机质含量低、含沙量高、无重金属污染的淤泥处理	适用于有机质含量低、含沙量高、无重金属污染的淤泥处理	适用于各种清淤方式产生的含水率高、呈流态的淤泥处理	适用于开挖淤泥的处理,无法处理泥浆
综合评价	处理成本低,但效果差,占地环境大,污染易转移	直接处理成本较低,但场地占用大,存在污染转移环境风险	施工工艺简单,直接处理成本较低,但场地占用大,环境影响大	技术成熟稳定,流水作业,占地面积小,处理周期短,处理效率高,综合成本低	技术成熟稳定,处理效率相对较高,但占地需求大,处理周期相对较长

（1）自然晾晒

自然晾晒污泥这种处理方法简单易行,便于施工,人员、机械设备占用较少,也最经济,但易受天气的影响,工期也较长,为避免雨天的影响,场地要做好排水措施,以防晾晒好的污泥重新被水浸泡。但自然晾晒需要较大的临时场地,且会对周围环境造成极大的影响,如计划采用水下环保疏浚,清淤出来的淤泥若采用自然晾晒显然是不合适的。

（2）土工管袋脱水固化

这种技术是在水下疏浚的过程中将高分子絮凝剂按一定比例剂量的溶液投入淤泥泥浆,打入管袋压滤脱水,以达到减少污泥体积的效果。这种处理方法无需围堰,在平地就可施工,在用土的地方就地固化,无需二次转运,工期较短,一般为 2 个月左右,且为全封闭施工,不受天气的影响。疏浚底泥在进入土工管袋前,需加入一定剂量的絮凝剂以加速脱水。絮凝剂选用市政污水厂常用的污泥脱水药剂聚丙烯酰胺（PAM）。考虑工程特点,加药设备采用移动式加药站,加药能力与挖泥船干泥输送量的能力相匹配,絮凝剂通过输药管道经混合器与排泥管中淤泥充分混合后充填入管袋,大大加快了淤泥脱水时间。管袋选用高韧聚丙烯材质土工管袋,管袋横向抗拉强度 95kN/m,纵向抗拉强度 70kN/m,横向延伸率 10%,纵向延伸率 15%,顶破强度 7kN,等效孔径 0.3mm,渗透性 13L/m² · s。

（3）真空预压工艺

利用密封膜、沟阻隔被处理土体与空气的通道,在土体中布置竖向排水板,排水板与抽滤管网直接相连,借助射流泵抽吸抽滤管网和排水板中的水和空气,形成负压,使土体中水在负压作用下,从排水板直排到抽滤管网后再排出土体,使土体逐渐密实、干化。

负压直排处理工艺的优点为:不添加任何药品,不改变土质的化学性质,处理后的土可用作绿化种植土;脱水过程中土体除产生竖向压缩外,还伴随侧向收缩,不会造成侧向挤出;负压直排不会引起地基失稳,因而施工时无须控制加荷速率,荷载可一次快速施加,加固速度快,工期短;施工设备简单,便于操作;施工方便,作业效率高,脱水费用低;施工中无噪声,无振动,不污染环境。处理后,过滤水悬浮物指标 SS 小于 200mg/L,需要进一步处理,脱水泥饼含水率(湿土中水重/湿土总重)45%左右,容积减小较少,堆放场地较大,运输费用较高。

（4）机械脱水固结一体化工艺

该方法是疏浚泥浆经管道输送至调节池,并采用格栅机拦污、粗颗粒自行沉淀后,即可将泥浆泵送至脱水设备处理系统进行泥浆的调理与泥水即时分离的处理系统。能将疏浚泥浆体积即时减量90%以上并可根据需要完成对重金属、微生物、细菌等有害物质的消毒、钝化或固结。是一套可与常用疏浚设备直接对接的疏浚泥浆处理系统,特别适合于污染重、施工场地小、周边土地资源稀缺的城市(景观水体)湖泊、河道的生态修复工程中对疏浚泥浆的处理。FSA 即泥沙聚沉剂为粉末状固体,可针对不同的泥质、有机物含量、颗粒粒径的淤泥进行调理,使之减小比表面积、改善排水性能的多组分复合材料。

泥沙聚沉剂对疏浚泥浆进行调理,降低其比表面积、降低其比阻,扩大其渗水通道,再通过施加外力对调理后的疏浚泥浆进行挤压,使泥浆中的自由水在短时间内大量外排,降低泥浆的含水率。过滤水清澈,悬浮物指标 SS 小于 20mg/L,悬浮物质指标达到国家污水综合排放水一级标准;脱水泥饼呈硬塑状态,含水率 30%左右,遇水不泥化,可直接用作回填土;且脱水泥饼体积较水下淤泥自然体积减量 40%～60%、较疏挖泥浆体积减量 80%～90%,大幅降低运输、占地费用。

4　底泥消纳方式

底泥消纳方式见表 4-1。

表 4-1 底泥消纳方式

主要分类	消纳方式	应用范围	优缺点
建设利用	地形整理	脱水固化后作为项目本身的地形整理	就地消纳,淤泥消纳量大且可节省部分土方外购成本,综合消纳成本低
	路基底基层填筑	脱水固化后作为项目道路的路基回填	就地消纳,淤泥消纳量大且可节省部分土方外购成本,综合消纳成本低
	湖心岛(湿地)建设	可利用河湖淤泥对人工岛礁和浅滩等进行修复和创建	有助于水质改善,增强生态建设
	市政用土	脱水固化后用于项目周边其他地区的市政用土	消纳量大,产生额外收益
土地利用	农田利用	直接农用、基质栽培、堆肥、制作复合肥	可改善土壤物理性质,提高土壤肥力;但需要谨慎对待含重金属或是有机物污染
	园林绿化	作为土壤改良剂或人造土壤应用于园林绿化	环境利用相对安全,处置费用低、处理量大,使用被污染淤泥时需考虑植物对重金属富集的问题
	修复严重扰动土	可用于修复此类土地供给植物养分的能力	需要谨慎对待含重金属或是有机物污染
建材生产	生产蓄水陶土	替代黏土制造蓄水陶土	产品对重金属固定作用好,产品可用于项目建设
	生产烧结砖	替代制砖的部分黏土原料	
	生产水泥熟料	替代烧制水泥熟料的部分黏土	

浅谈真空预压技术在疏浚吹填工程中的应用

武 艺 范小军

(浙江省疏浚工程有限公司,浙江省湖州市 313000)

摘 要:河、湖、库及其他水域疏浚过程中淤泥处置问题至关重要。疏浚吹填淤泥往往具有高含水率、高压缩性、低(甚至无)承载力等工程特性,如何快速高效地处理大体量的疏浚淤泥已成为亟待解决的环境问题,本文针对湖泊疏浚吹填淤泥采用真空预压技术进行脱水处理的分析和研究,以供参考。

关键词:疏浚吹填淤泥;真空预压;脱水

1 引言

浙江省"五水共治"工作开展之后,湖州市吴兴区作为平原河网区,清淤工作是重点,如何解决淤泥出路问题更是重中之重。吴兴区启动西山漾综合治理工程,将疏浚吹填淤泥就地转换,变为湿地公园种植花草需要的绿化土壤,既可以解决淤泥自然堆放造成的"二次污染"问题,又可以节省绿化费用。因此,寻找一种成熟的工艺技术使疏浚淤泥能够实现快速资源化利用,运用科技的力量使疏浚淤泥"变废为宝"就显得尤为迫切。下面以西山漾综合治理工程为例,分析真空预压技术用于疏浚吹填淤泥脱水处理的要点。

2 真空预压施工方案

2.1 真空预压技术的原理

真空预压法是在不施加外荷的前提下,以降低垂直排水通道(排水板)中的孔隙水压力,使之小于土中原有的孔隙水压力,形成渗流所需的水流梯度,促使孔隙水流向垂直排水体(排水板)排出。随着土体中孔隙水的排出,孔隙水压力不断降低,有效应力不断增加,土体得以压密和固结,承载力得以提高,工后沉降和差异沉降得以大大减少。

本项目采用"无砂垫层真空预压法"施工工艺,相对常规有砂垫层的真空预压无需铺设水平砂垫层,特别是改善了排水系统,真空度通过专用管道系统直接传入竖向排水体(排水板),无需再通过砂

作者简介:武艺,男,工程师,主要从事水环境整治及淤泥资源化利用,E-mail:121095211@qq.com。

垫层传入竖向排水体,既减少了砂垫层的费用,又大大减少了的能量损耗,因此无排水砂层真空预压对处理软弱土层效果更为显著,具有成本低、工期快、环境效益佳等特点。

2.2 设计参数

地基处理目标:0～1.5m(含1.5m)深度范围内地基承载力特征值不小于50kPa;1.5m以下处理深度范围内地基承载力特征值不小于30kPa。地基平均固结度不小于85%。

2.3 排泥场设计吹填参数

排泥场设计吹填参数见表2-1。

表 2-1 排泥场设计吹填参数

名称	处理面积/m²	吹填土平均顶高程/m	吹填土平均厚度/m	备注
3#排泥场	11931	4.40	4.06	3-1 区块
	12493	3.05	2.35	3-2 区块
	7302	2.90	2.83	3-3 区块
4#排泥场	28376	4.00	3.59	4-1 区块
	24274	3.10	2.56	4-2 区块
5#排泥场	7528	4.30	3.62	5-1 区块
	14273	4.20	3.20	5-2 区块

2.4 主要施工工艺流程

主要施工顺序:吹填土排水晾晒→场地清理→铺设工作垫层→排水板下料及与滤管绑扎→插设塑料排水板→水平管网连接→铺设无纺布→监测仪器埋设→铺设密封膜→施工压膜沟→安装抽真空系统→抽真空→卸载等工序(图2-1、图2-2)。

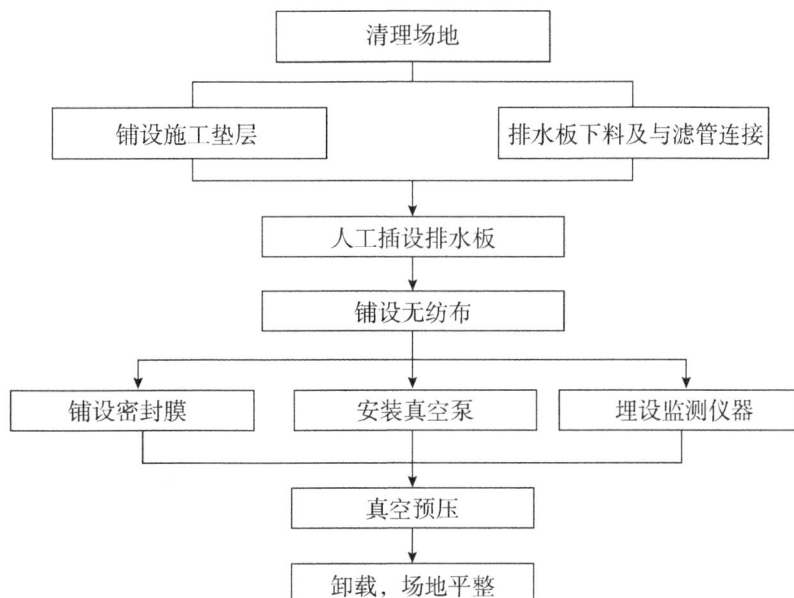

图 2-1 施工工艺图例

(a)铺设编织布

(b)插设排水板

(c)水平管网连接

(d)铺设土工布

(e)监测仪器埋设

(f)铺设密封膜

(g)抽真空

(h)场地使用

图 2-2 现场施工照片

2.5　主要施工方法

（1）排水晾晒

疏浚吹填施工完成后泥面含水量较大,需对泥面进行排水晾晒,排水方式可根据实际情况采用水门和溢流口自然排水方式。排水晾晒的目的:一是为了工作垫层能够顺利铺设,二是吹填淤泥土表层经晾晒后形成一定厚度的硬壳层,该硬壳层能够有效阻止抽真空加载前期土颗粒和水一起移动,在排水板四周形成土柱。

（2）铺设工作垫层

在泥面上先铺设一层编织土工布,作为持力层和起到隔离淤泥的作用。

（3）打设塑料排水板

排水板与滤管加工在材料加工区人工进行剪板,每条具体长度根据设计要求确定。排水板两头进行密封处理,防止板头进泥堵塞排水通道。将排水板缠绕在滤管上,并用扎带进行绑扎,确保排水板与滤管的直接接触,同时在连接处外侧包一层无纺土工布,保证排水板与滤管的通道畅通。

将绑扎好的塑料排水板靠近滤管插打,施打深度严格按照设计要求。人工插板过程中需检查排水板与管路的连接,确保缠绕搭接,打设过程中严格控制"翻浆",打设完成后编织布上不能有明显的淤泥堆。

（4）铺设土工无纺布

塑料排水板施工完成后,在其上部人工铺设一层 200g/m^2 的无纺布,无纺布与滤管形成水平排水通道,同时保证密封膜不会因排水板和滤管接头破损,无纺布铺设时保持一定褶皱,以预留真空预压沉降,无纺布间采用搭接的形式,搭接宽度不小于 200mm。

（5）铺设密封膜

在无纺布之上铺设两层密封膜,厚度为 $0.12\sim0.14\text{mm}$,密封膜在工厂根据设计一次热合成形;铺膜时需确保膜下无硬物,不能硬拉,避免局部受力过大破坏密封膜,铺设后膜需略有松弛,避免较大差异沉降引起密封膜撕裂。加固区周边采用人工踩膜配合开挖密封沟将密封膜埋入淤泥深层,确保加固区周边密封。抽真空期间加强管理,根据需要在密封沟覆水,重复踩膜,保证密封。

（6）安装抽真空系统

安装好真空泵系统(将水泵、水箱、闸阀、截止阀、出膜口连接好),将电工房配电箱→真空泵处漏电开关盒→真空泵的电路接通后,空载调试真空射流泵,当真空射流泵上真空度达到 85kPa 以上,试抽真空。

（7）软基处理效果检测、卸载,平整场地

抽真空后期,原位观测表层日均沉降量达到设计要求后即可安排相关土工试验进行效果检测,常见的检测方法有现场十字板剪切试验、静力触探试验、钻孔取土样室内土工试验及现场平板荷载试验等。

3 质量控制措施

3.1 无砂真空预压排水板、滤管加工、排水板插打质量保证措施

①为防止抽真空阶段吹填淤泥经板头进入排水板与滤膜间堵塞排水通道,排水板两头需进行密封处理,常用两种效果明显又简单经济的密封方法:

a. 排水板裁剪法:将排水板滤膜上翻,裁掉 3～4cm 板芯,长出的滤膜折两折后用订书针固定。

b. 套滤膜法:将滤膜裁成长方形后包裹于板头,并将滤膜对折后用钉书针固定。

②排水板插打前认真检查滤膜有没有破坏,发现破坏后立即进行更换。

③排水板插打过程中严禁出现排水板扭结、断裂、撕破滤膜等现象。

④严格控制排水板插打深度及回带。

3.2 密封膜密闭效果

①铺设密封薄膜前,将场地内的杂物清除干净,避免杂物抽真空时破坏密封膜,密封膜由人工抬至加固区的中间,向加固区两侧铺设,铺好一层后,及时粘补膜面破损部位,确保膜面密封性能,然后铺设第二层。

②密封膜铺设需略有松弛,避免差异沉降引起密封膜撕裂,铺设时不能硬拉,避免局部受力过大破坏密封膜。

③密封膜下真空泵接头、沉降杆接头、真空表、孔隙水压力等接出处需密封处理。

④密封膜不得长时间阳光照射,避免密封膜老化。

3.3 抽真空质量

①真空泵与膜下接头处需设置止回阀,停电时及时关闭,保证膜下真空度。

②恒载真空度需达到设计要求,在预压期内需保持真空度。

③抽真空期间,非工作人员不得进入施工区,工作人员走上真空膜时,需穿软底无钉鞋,鞋底砂粒,不得踩踏滤管。

④抽真空时在密封膜上覆水,减缓真空膜光照老化。

4 结语

整个西山漾清淤面积 100.82 万 m^2,疏浚吹填工程量 187.57 万 m^3,通过采用"无砂垫层真空预压法"施工工艺对部分疏浚吹填土进行脱水处理后转化成 25.38 万 m^3 的绿化土。按照淤泥外运、购买绿化土的普通步骤,原成本大约需要 75 元/m^3,而现在通过"无砂垫层真空预压法"将疏浚吹填淤泥就地转化为绿化土,成本是 26 元/m^3,节约成本约 1000 多万元。该技术在本项目的成功运用,真正做到了将疏浚吹填淤泥"变废为宝"。

主要参考文献

[1] 吴为锋.浅谈增压真空预压技术在软基处理中的应用[J].建材发展导向,2014(7):82-84.

[2] 王志萍.真空预压法加固软基施工技术研究[J].科技创业家,2012(16):38.

[3] 宋桂稳.真空预压软土地基施工技术[J].商情(财经研究),2008(3):116.

第四部分
环保疏浚、流域治理

水库深水环保清淤与底泥固化处理及生态利用

任衍增[1]　陈益人[1]　崔　健[1]　洪雪娇[1]　曾凡荣[2]　胡维强[3]

(1. 三川德青科技有限公司,湖北武汉　430075;

2. 宜昌市水利项目管理中心,湖北宜昌　443002;

3. 宜昌市黄柏河流域管理局,湖北宜昌　443002)

摘　要:水库淤积导致有效库容减小,同时淤泥中的污染物不断释放到水体中,使得水库水质变差,因此有必要对水库进行清淤。针对如何有效预防水库清淤过程中因底泥扰动而导致的水体二次污染、清淤底泥脱水固化和生态利用、清淤污泥余水净化处理等关键问题,以天福庙水库为例,进行深水型环保气动式清淤技术、底泥及余水一体化处理工艺、清淤固化底泥生态利用途径等方面的研究与实践。实践表明,这些技术的实施,能有效减少底泥扰动对水环境的影响,较好地解决了水库深水环保清淤与底泥固化处理及生态利用问题,达到了环保清淤的目的。

关键词:水库;环保清淤;脱水固化;生态利用

1　引言

我国已建成各类水库98822座,这些水库在经济社会发展中起着举足轻重的作用。但是,水库长期运行过程中受地表径流影响,上游地表径流进入水库的同时,会挟带泥沙和吸附在其颗粒表面的污染物入库并不断蓄积在库底,因此水库普遍存在不同程度的淤积,运行时间较长的水库淤积更为严重,会导致水库有效库容减小、沉积淤泥不断增多。淤泥中的污染物不断释放到水体中,导致水库水质变差。严重影响水库自身安全及防洪、灌溉、供水、发电等社会效益和经济效益的充分发挥。因此,出于水资源保护和水生态修复的需要,在外源截污系统治理工作完成之后,有必要适时启动水库清淤。

在水库正常运行条件下,水库清淤面临的首要问题是如何保证清淤过程中对周围环境尤其是水环境的影响最小。环保清淤以改善水环境为主要目的,在清理污染底泥时,对清淤精度和污染物二次扩散有较高的要求,可以清除并安全处理污染底泥,控制和减轻内源污染,是目前最有效的底泥污

基金项目:基金项目:国家重点研发计划(河湖库淤积治理与绿色综合利用关键技术与示范(2022YFC3202700))。

作者简介:任衍增,男,中级,硕士,主要从事河湖库清淤,污泥减量化及资源化等方面技术与装备研发工作。E-mail:644200346@qq.com。

染处理措施之一。相对于河道、湖泊而言,水库环保清淤的特点是水更深、水压力更大、水下地形条件和作业环境复杂、施工难度大。其中采用环保绞吸式挖泥船和气动吸泥泵环保清淤船是目前应用最为广泛的环保清淤设备,其优点在于对施工扰动影响小,吸入泥浆浓度高,可有效减少污染物扩散。环保清淤设备的选择视水深条件而定,环保绞吸式挖泥船适用于水深 30 m 以内的环保清淤;水深较大时可采用气动吸泥泵船,其最大挖深可达 100m。

由于水库清淤底泥含水率较高、流动性较强,不仅难以直接利用,还容易污染环境,直接填埋则占地很大,还会污染地表水、地下水及土壤,遇到暴雨等环境甚至会导致泥石流及山体滑坡,因此,必须对水库清淤底泥脱水减量、固化,并对施工过程的余水完成达标处理排放。水库清淤底泥性质与土壤接近,且有机质、氮、磷等养分丰富,具有很高的利用价值。将清淤底泥无害化处理后进行资源化利用,既可保护环境,又可节约资源,这种底泥治理方式是当今河湖水环境治理研究的热点。现以天福庙水库为例,梳理水库深水环保清淤与底泥固化处理及生态利用中存在的关键问题。

2 项目概况

宜昌市大部分磷矿开采区主要分布在黄柏河东支上游河道,河道两岸大多呈自然形态,部分磷矿厂未对矿区弃渣场采取防护措施,矿区废弃物经简单堆砌后堆积在河道两侧,含磷矿物质颗粒在降雨作用下直接进入河道沉积,加上企业采矿污水直接排入河道,导致河道中沉积的磷矿石较多,在生物化学的作用下,不断向水体中释放磷元素。天福庙水库是黄柏河东支上游第二级水库,总库容 6180 万 m^3,是一座具有防洪、供水、生态、发电等多种功能的中型水库。天福庙库区水体水质存在总磷超标情况,其水体长期处于轻度—重度富营养化状态,且局部区域时有水华发生。

影响水库水质的两个重要因素为内源释放和外源汇入,改善水库水质必须从外源负荷削减和清除内源释放两方面着手。自 2015 年以来,由于政府监管力度的不断加强,黄柏河支流入库水体的水质呈逐年变好的趋势,根据 2018 年上半年的水质监测结果,天福庙库区水体总磷的污染程度仍比较严重,其富营养化程度也较高,库区水质已无法满足饮用水源地的水功能区划要求。相关调查研究表明,天福庙水库底泥中的磷向上层水体的释放对该库区水质已产生不容忽视的影响。根据底泥取样和检测成果,天福庙水库、玄庙观水库底泥总磷含量为 3000~4000mg/kg,是国内部分大型富营养化湖泊(巢湖 580mg/kg、太湖 590mg/kg)的数倍之多,底泥是造成库区水体污染最主要的内源。根据中国水利水电科学研究院《宜昌市黄柏河流域水库生态清淤可行性研究》的研究成果,清淤有利于水质的提高。因此,在前期控源截污取得成效的基础上,为解决底泥内源污染释放问题,决定开展天福庙水库清淤项目。

作为饮用水源地水库,在实施清淤过程中,为避免清淤施工对库区水体造成污染,保障施工期宜昌城区的供水安全,必须通过环保清淤的方式去除污染底泥,清淤分两期实施,本文主要讨论一期项目,其设计清淤总量约 18.86 万 m^3(其中包括干挖方量 0.50 万 m^3、深水清淤方量 18.36 万 m^3),清淤面积约 0.97km²,清淤深度最大水深约 52m,清淤厚度为 0.1~1.5m,余水深度处理量约为 77.45 万 m^3(图 2-1)。天福庙水库为山区型深水水源地水库,清淤作业具有作业水深大、地形地势复杂、清淤面广、泥层厚薄不均、泥浆浓度变化较大、库底沉积物的粒度组成差异大的特点;由于地处山区,底泥及余水一体化处理具有脱水固化场地不足、空间受限、固化底泥需进行无害化生态利用、清淤过程中供水不能中断、尾水处理要求高、需达标返库等难点。

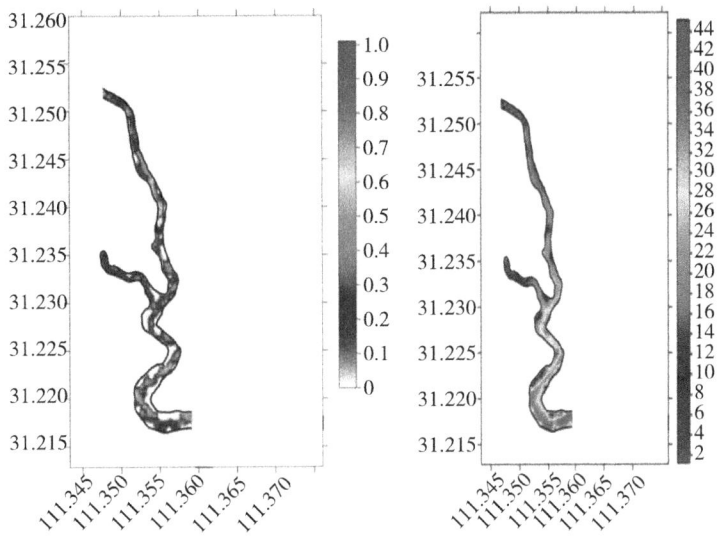

　　（a）天福庙水库清淤厚度分布情况　　（b）天福庙水库清淤深度分布情况

图 2-1　天福庙水库深水环保清淤情况图

3　水库深水环保清淤技术

　　结合天福庙水库清淤水深大、清淤精度和浓度要求高等特点,选择气动式深水清淤技术作为环保清淤的方式。气动式深水清淤技术依据气力泵系统工作原理,将高压空气作为动力,通过高压胶管连续不断地进入气力泵体底部,并向气力泵体内释放,将气力泵体内的水不断向外排出,造成气力泵体外的压力大于泵体内的压力,由于压差的作用,将气力泵体吸口外周围的泥、砂、砾石及其他物料源源不断地引流进入泵体内,然后利用压缩空气的力量,将泥浆推出泵体,通过排泥管送往预定地点,同时结合淤积物处理利用技术实现块石与杂物的快速分离和淤泥、粗细颗粒物料快速脱水。

　　气动式深水清淤技术主要装置包括气动吸泥泵环保清淤平台(深水清淤工作船)、深水物料采集装置(深水清淤机)、输浆管、空气压缩机等(图 3-1、图 3-2)。深水物料采集装置(深水清淤机)是气动式清淤机的核心技术所在,主要由气力泵体、气力分配器、吸头、高压气管等组成。

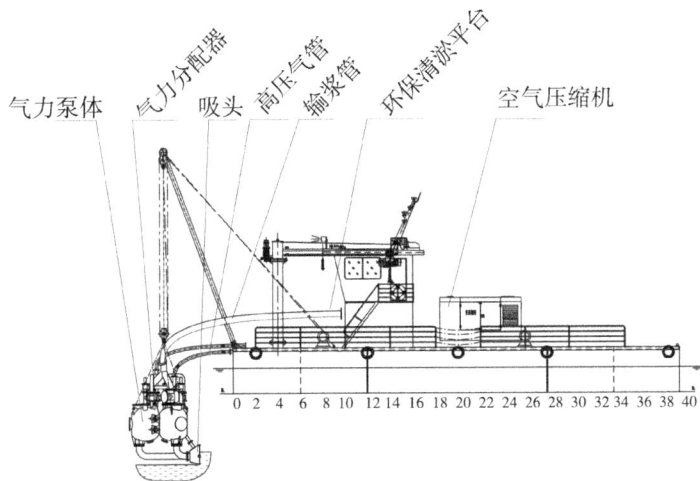

图 3-1　气动式深水清淤装置示意图

图 3-2　气动式清淤装置现场工作图

4　水库深水环保清淤底泥固化处理工艺

4.1　工艺介绍

根据天福庙水库清淤项目的设计要求,按图 4-1 所示工艺流程对清淤底泥及余水进行处理,即通过气动吸泥泵环保清淤的泥浆在管道输送(远程接力)后,先经预处理筛分系统去除粒径不小于 3mm 的石块等杂物(可用于资源化利用或填埋),然后经源头减量系统去除粒径不小于 $75\mu m$ 的细砂等固体颗粒物(可用于资源化利用或填埋),再进入高效混凝系统并加入絮凝剂实现初步泥水分离,其上清液和沉降淤泥分别进入余水处理系统和调理调节系统,调理调节系统中的沉淀淤泥进入待压罐并添加中性调理固化剂,最后再通过板框压滤机脱水固化,使得泥饼含水率不小于 45%,泥饼可用于资源化利用或外运,压滤余水进入余水处理系统。同时,高效混凝系统的上清液和压滤余水经余水处理系统处理达标后排放至原水库。具体要求为悬浮物(SS)不小于 $30\ mg\cdot L^{-1}$,而氨氮(NH_4—N)、总磷(TP)、pH 值满足《地表水环境质量标准》(GB 3838—2002)Ⅲ类标准,即 NH_4—N$\leqslant 1.0mg\cdot L^{-1}$、TP$\leqslant 0.2\ mg\cdot L^{-1}$、pH 值=6~9。

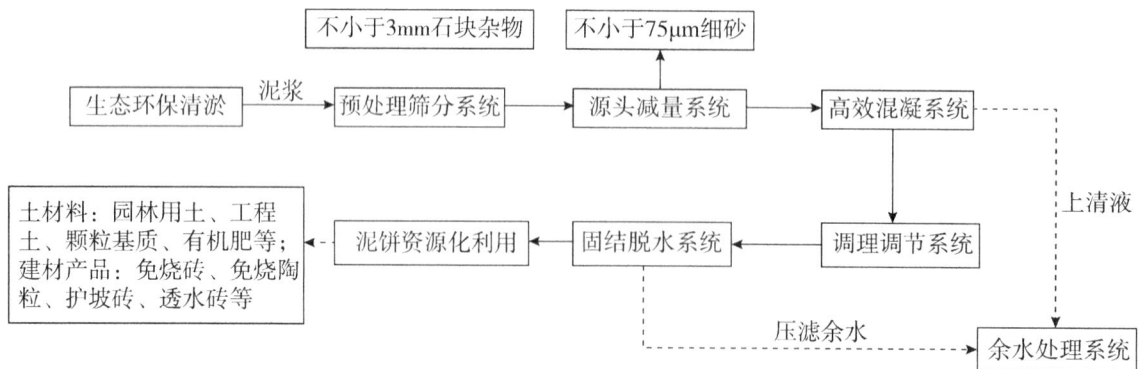

图 4-1　天福庙水库深水环保清淤与底泥固化处理及生态利用工艺流程

4.2　运行效果

在正常生产运行期,按照《土工试验方法标准》(GB/T 50123—2019)对天福庙水库压滤泥饼的含水率连续测定 1 周,结果见表 4-1。根据表 4-1 可知,天福庙水库压滤泥饼含水率≤32%,符合验收要求。

表 4-1 泥饼含水率

序号	1	2	3	4	5	6	7
含水率/%	32.2	32.0	29.8	26.5	26.3	28.2	28.4

同时,根据验收要求在总排口设置 NH_4-N、pH 值、SS 及 TP 的自动监测设备,对应上述正常生产运行期总排口水质的日均值统计结果见表 4-2。根据表 4-2 可知, $NH_4-N \leq 1.0\ mg \cdot L^{-1}$ 、pH 值 $=6 \sim 9$、$SS \leqslant 30\ mg \cdot L^{-1}$、$TP \leqslant 0.2\ mg \cdot L^{-1}$,均符合验收要求。

表 4-2 总排口水质情况

序号	1	2	3	4	5	6	7
$NH_4-N/(mg \cdot L^{-1})$	0.35	0.51	0.49	0.53	0.60	0.64	0.60
pH 值	7.8	7.6	7.5	7.7	7.6	7.5	7.7
$SS/(mg \cdot L^{-1})$	7.6	11.4	8.2	11.6	8.7	9.0	6.9
$TP/(mg \cdot L^{-1})$	0.09	0.08	0.03	0.05	0.02	0.07	0.02

5 水库深水环保清淤固化底泥生态利用技术

天福庙水库深水环保清淤固化底泥确定生态利用路径的过程中,需综合分析清淤量、底泥性状、各项污染物含量、可利用途径、经济性、环保等多种因素,结合天福庙水库清淤固化底泥实际情况最终确定为制备园林绿化用土。

采用不同含量改良剂 J 与清淤固化底泥进行均混,测定含水率、有机质,选出最佳配方,并确定改良剂工艺条件及淤泥资源化产品符合的标准。将添加改良剂进行改良后的底泥分别添加到苗圃中进行种植,观察苗圃生长情况,评估底泥经改良后的土壤种植性(表 5-1、图 5-1、图 5-2)。

表 5-1 不同改良剂掺量均混后检测结果

序号	改良剂 J 加量/%	含水率/%	有机质/%
1	5	47.19	15.15
2	8	46.97	18.62
3	10	45.63	21.69
4	12	44.60	23.28
5	15	42.31	26.54
6	18	39.92	27.89
7	20	39.61	30.56

针对天福庙水库清淤固化底泥性质,参照《城镇污水处理厂污泥处置 园林绿化用泥质》(GB/T 23486—2009)标准中的有机质等要求,根据土壤改良和种植试验情况,以及综合考虑资源化成本因素,建议采用天福庙水库清淤固化底泥作为改良用土进行资源化利用,其中改良剂选用的质量掺比为 5%。

图 5-1　常规园林植物苗圃在不同改良园林绿化用土中的生长情况

(a)望家村泥饼堆场土壤改良　　　　　　　　(b)荷叶村泥饼堆场土壤改良

图 5-2　泥饼堆场土壤改良现场情况

6　工程实际效果分析

天福庙水库清淤工程实施后,经过一年的连续监测,水库水质均稳定保持在Ⅰ～Ⅱ类水体标准。藻细胞密度逐渐减少,近几年水华现象基本消失。

天福庙水库清淤工程的实施有效降低了天福庙水库底泥磷的释放,防止内源污染造成水质恶化和水华现象,恢复天福庙水库的有效库容,提升其防洪、供水、发电等方面的社会效益;清淤期间,水库水质稳定,不影响供水水质;清淤底泥经脱水固化的无害化、减量化(体积减量60%以上)处理后可实现泥饼含水率不大于32%,检测合格后制备成园林绿化用土,实现清淤固化底泥的生态利用,不仅能够大大节约土地资源,还能避免对地表水、地下水及土壤的二次污染,社会及环境效益显著。

总结本项工程经验,形成"生态环保清淤＋源头减量＋分类处理＋资源化利用"的整体思路,形成了宜昌市黄柏河流域系统治理工程黄管局段天福庙库区深水清淤工程《清淤单元工程施工质量验收评定标准》,发布《山区型水源地深水水库清淤底泥及余水处理施工工法》;"山区型水源地深水水库清淤及底泥生态处理技术"等3项技术,列入宜昌市2022年水污染防治技术指导目录;项目已被纳入国家重点研发计划——河湖库淤积治理与绿色综合利用关键技术与示范的示范工程。

7　结语

①气动式深水清淤技术主要通过压缩空气提升系统的输出功率,从而大幅提高水流紊动能力,进而带动河床淤积泥沙再次启动,达到高浓度清淤目的。具有操作简单、无转动磨损部件、产出效率高、挖深范围大、作业无污染等特点,清淤作业深度可达到百米级,大大提高了生态环保清淤的作业水深和清淤效率。

②工程应用表明,天福庙水库清淤底泥及余水处理一体化系统能够有效地将底泥脱水固化处理至含水率在 32% 以下,并使余水 NH_4-N、pH 值、SS 及 TP 等处理达到验收要求。通过一体化处理系统的应用,泥饼和余水水质均可满足验收要求,该系统的成功应用可为今后类似工程的实施提供借鉴。

③以天福庙水库深水环保清淤项目为依托,在"生态环保清淤+源头减量+分类处理+资源化利用"总体处理思路下,结合深水水库底泥特点形成了因泥施策,因地制宜,控源分离,固结干化与脱水泥饼资源化相结合的技术路线,实现天福庙水库深水环保清淤固化底泥的多路径生态利用。

主要参考文献

[1]中华人民共和国水利部. 2018 年全国水利发展统计公报[M]. 北京:中国水利水电出版社,2019:8.

[2]汤德意,沈杰. 深水条件下水库生态清淤的关键技术[J]. 环境科学与技术,2017,40(增刊2):71-75.

[3]钟继承,范成新. 底泥疏浚效果及环境效应研究进展[J]. 湖泊科学,2007,19(1):1-10.

[4]刘建飞,任红侠. 深水条件下生态清淤技术应用研究[J]. 人民黄河,2021,43(6):86-91.

[5]郑杰. 城市湖泊清淤工程的探讨[J]. 中国农村水利水电,2010,9(5):43-47.

[6]刘明盟,李永福,葛继稳,等. 宜昌市天福庙水库沉积物磷形态分布特征及其释放通量估算[J]. 环境科学研究,2018,31(7):1258-1265.

[7]刘佳,雷丹,李琼,等. 黄柏河流域梯级水库沉积物磷形态特征及磷释放通量分析[J]. 环境科学,2018,39(4):1608-1615.

[8]钱国峰. 淤泥固化处理技术在水库生态清淤中的应用与分析[J]. 居舍,2020(26):20,59-60.

[9]李岚峰,胡兴龙,林立,等. 河道清淤淤泥基绿化种植土的制备及可行性研究[J]. 环境科技,2021,34(5):40-41.

秦淮河清淤技术的全面探究与分析

汪贵成　黄　伟

（长江河湖建设有限公司，湖北武汉　430000）

摘　要:随着我国城市化进程的不断推进,河流污染和淤积问题日益严重。秦淮河作为南京市的母亲河,其清淤工程具有重要意义。本文对外秦淮河清淤技术进行了总结,介绍了清淤工程的背景、意义以及清淤技术的发展现状。通过对清淤工程案例的研究,分析了清淤技术的优缺点,并对未来清淤技术的发展方向提出了建议。

关键词:秦淮河;清淤技术;环境保护;生态修复

1　引言

1.1　背景

秦淮河位于南京市,是南京市的母亲河,具有重要的历史、文化、生态和景观价值。然而,由于城市化和工业化的快速发展,大量的污水、垃圾和污染物被排入秦淮河,导致河流污染严重。同时,长期的泥沙淤积也使河道变窄、河床抬高,影响了河道的行洪能力和生态功能。为了保护秦淮河的生态环境,恢复河道功能,南京市启动了秦淮河清淤工程。

1.2　意义

秦淮河清淤工程的实施具有多方面的重要意义。首先,清淤可以改善河流水质,减少污染物的含量,提高水体的自净能力。其次,清淤可以恢复河道的行洪能力,增强城市的防洪排涝能力,保障人民生命财产安全。此外,清淤工程还可以促进河流生态系统的恢复和发展,提高生物多样性,改善城市生态环境。最后,清淤工程的实施还可以提升秦淮河的景观价值,为城市居民提供更好的休闲娱乐场所,促进旅游业的发展。

作者简介:汪贵成,男,高级工程师,主要从事水利工程,疏浚设备、水环境整治工作,E-mail:18607106166@qq.com。

2　清淤技术概述

2.1　清淤技术分类

（1）机械清淤技术

机械清淤技术是利用各种机械设备进行清淤的方法，如挖泥船、挖掘机等。这种方法清淤效率高，但对河道生态环境可能会造成一定的破坏。

（2）水力清淤技术

水力清淤技术是利用水流的冲刷作用将淤泥带走的方法，如高压水枪、水射流等。这种方法对河道生态环境的影响较小，但清淤效率相对较低。

（3）生态清淤技术

生态清淤技术是一种兼顾生态环境保护和清淤效果的方法，如生物修复、生态浮床等。这种方法不仅可以清除淤泥，还可以促进生态系统的恢复和发展，但技术要求较高，成本也相对较高。

2.2　清淤技术发展现状

近年来，随着科技的不断进步和环保意识的增强，清淤技术也在不断发展和创新。例如，新型挖泥船的出现提高了机械清淤的效率和精度；水力清淤技术也在不断改进，如采用新型高压水枪和水射流技术，提高了清淤效果和对生态环境的保护；生态清淤技术也取得了显著进展，如生物修复技术的应用越来越广泛，生态浮床技术也在不断改进和完善。

3　清淤工程案例分析

3.1　工程背景

外秦淮河清淤工程位于南京市秦淮区，全长约 13.35km。工程范围包括中和桥至三汊河口闸段，涉及河道疏浚、生态修复、岸线整治等多项内容。

3.2　工程采用的清淤技术

（1）环保绞吸清淤技术

环保绞吸清淤技术是一种新型的机械清淤技术，该技术利用绞吸船将河底的淤泥吸入，通过特殊的管道输送到指定地点进行处理。与传统的挖泥船相比，环保绞吸清淤技术具有以下优点：

①清淤效率高，可以在较短的时间内完成大量的清淤工作。

②对河道生态环境的影响较小，不会破坏河床和岸坡的稳定性。

③可以实现淤泥的远程输送，减少了运输成本和对城市交通的影响。

（2）水力冲刷清淤技术

水力冲刷清淤技术是一种利用高压水流将淤泥冲刷到岸边，再进行收集和处理的方法。该技术具有以下优点：

①设备简单，操作方便，成本较低。

②对河道生态环境的影响较小，可以避免对河床和岸坡造成破坏。

③可以在较窄的河道和复杂的地形条件下进行清淤工作。

（3）淤泥固化技术

淤泥固化技术是一种将淤泥转化为具有一定强度和稳定性的固体物质的方法。该技术具有以下优点：

①可以解决淤泥的处置问题，避免了淤泥对环境的二次污染。

②固化后的淤泥可以作为填方材料等进行再利用，实现了资源的循环利用。

③可以提高淤泥的土工性能，增强了河道的稳定性。

3.3　工程效果分析

清淤工程的实施，明显改善了外秦淮河的水质，河水清澈见底，鱼类等水生生物数量明显增加。同时，河道的行洪能力也得到了显著提高，有效地保障了城市的防洪安全。此外，淤泥固化技术的应用也取得了良好的效果，固化后的淤泥得到了妥善的处置和利用，减少了对环境的二次污染。

4　清淤技术优缺点分析

4.1　环保绞吸清淤技术

（1）优点

①清淤效率高，能够快速清除大量淤泥。

②对河底原状土的破坏较小，有利于保护河道生态环境。

③可实现远程输送，减少了淤泥运输过程中的环境污染。

（2）缺点

①设备投资较大，运行成本较高。

②对淤泥的含水率要求较高，对于高含水率淤泥的处理效果较差。

③在复杂的河道条件下，可能会出现堵塞等问题，影响清淤效率。

4.2　水力冲刷清淤技术

（1）优点

①设备简单，操作方便，成本较低。

②对河道生态环境的影响较小，可在一定程度上保护水生生物。

③适用于各种类型的河道,包括狭窄、弯曲等复杂河道。

(2)缺点

①清淤效率相对较低,需要较长时间才能完成清淤工作。

②受水流条件影响较大,在水流较缓或静水的情况下,清淤效果不佳。

③对淤泥的输送距离有限,需要多次转运,增加了运输成本和环境污染。

4.3 淤泥固化技术

(1)优点

①能够有效解决淤泥的处置问题,避免淤泥对环境的二次污染。

②固化后的淤泥具有一定的强度和稳定性,可以作为填方材料等进行再利用,实现了资源的循环利用。

③可以减少淤泥的体积,降低运输和处置成本。

(2)缺点

①淤泥固化过程中需要添加固化剂等化学物质,可能会对环境造成一定的污染。

②淤泥固化技术的成本较高,需要投入大量的资金和设备。

③固化后的淤泥在使用过程中可能会出现二次污染等问题,需要加强监管和管理。

5 发展方向建议

5.1 研发新型清淤技术

未来应加大对新型清淤技术的研发力度,开发出更加高效、环保、经济的清淤技术。例如,研发新型挖泥船、水力清淤设备等,提高清淤效率和质量。同时,应加强对生态清淤技术的研究和应用,开发出更多适合不同河道条件的生态清淤技术,实现清淤与生态保护的有机结合。

5.2 优化清淤工艺

结合实际情况,对现有的清淤工艺进行优化和改进,降低清淤成本,提高清淤效果。例如,优化环保绞吸清淤技术的工艺参数,提高清淤效率和质量;改进水力冲刷清淤技术的设备和工艺,提高清淤效果和对生态环境的保护。同时,应加强对清淤工艺的管理和监督,确保清淤工程的质量和安全。

5.3 强化生态修复

在清淤过程中,应高度重视生态修复工作,采取有效的生态修复措施,促进河流生态系统的恢复和发展。例如,在清淤后及时进行水生植物的种植和投放,提高水体的自净能力和生物多样性;加强对河道岸线的整治和修复,改善河道生态环境。同时,应加强对生态修复技术的研究和应用,开发出更多适合不同河道条件的生态修复技术,提高生态修复效果。

5.4 推广淤泥资源化利用

加强淤泥资源化利用技术的研究和推广,提高淤泥的资源利用率,实现淤泥的减量化、无害化处理。例如,利用淤泥生产建筑材料、肥料等,实现淤泥的资源化利用;开展淤泥填埋场的生态修复和再利用工作,提高土地资源的利用率。同时,应加强对淤泥资源化利用技术的管理和监督,确保淤泥资源化利用的安全和环保。

6 结语

本文基于对秦淮河清淤工程实例,总结了清淤技术的发展现状、优缺点,并对未来清淤技术的发展方向提出了建议。清淤技术在秦淮河清淤工程中发挥了重要作用。

环保疏浚影响因素分析与施工方案优化设计研究

胡　振[1,3]　蒋　芮[2]　张　易[3]　万　沙[4]　范志强[5]　徐　宁[6]

（1.中国地质大学(武汉),湖北武汉　430074;

2.三峡环境科技有限公司,上海　201799;

3.武汉湖振煜环境科技有限公司,湖北武汉　430000;

4.中交第二航务工程局有限公司,湖北武汉　430040;

5.长江河湖建设有限公司,湖北武汉　430000;

6.上海市政工程设计研究总院(集团)有限公司,上海　200000)

摘　要:随着环境保护意识的增强,环保疏浚工程在水环境治理中的地位日益重要。本文系统分析了环保疏浚的主要影响因素及其施工方案优化设计,综述了环保疏浚的概念及其在改善水质和恢复水体生态系统中的作用。其次,详细探讨了水体底质特性、污染物分布、疏浚设备性能及施工技术等多重因素对疏浚效果和环境影响的具体机制。在此基础上,本文研究了通过创新疏浚技术、优化施工工艺、合理处置疏浚泥土及应用生态修复措施等手段,提升疏浚工程环保效益的方法。最后,总结了当前环保疏浚工程在理论和实践中面临的挑战与机遇,提出了未来的研究重点,为提高环保疏浚工程的科学性和可操作性提供理论依据和实践指导。

关键词:环保疏浚;施工方案优化;水环境治理;生态修复;可持续发展

1　引言

水污染问题在全球范围内日益严重,尤其是在发展中国家和新兴经济体中,工业废水和生活污水的未经处理直接排放导致水体污染问题愈发严重。这不仅破坏了水体的生态平衡,也严重影响了人类的健康和生活质量。传统的疏浚工程虽然能有效去除底泥中的污染物,但其对水体生态系统的破坏较大,甚至可能引发二次污染。因此,环保疏浚工程应运而生,其主要目标是在有效清除污染物的同时,最大程度地减少对环境的负面影响。环保疏浚工程在实际应用中也取得了显著成效。以苏州河为例,通过实施底泥疏浚工程,并结合环保施工措施,成功实现了苏州河水质的改善和岸线的绿化。这一实践案例充分证明了环保疏浚工程在恢复水体生态系统、提升城市环境质量方面的重要

作者简介:胡振,男,高级工程师,主要从事水环境综合治理,固废综合利用研究方向工作,E-mail:785935804@qq.com。

作用。

环保疏浚工程作为一种新兴的水体治理技术,如何在实践中有效实施,如何优化其施工方案以提高其环保效益,是当前研究的主要方向。本文研究旨在深入分析环保疏浚的影响因素,探索施工方案优化设计方法。通过系统梳理环保疏浚工程的关键环节和影响因素,结合国内外先进经验和实践案例,提出针对性的优化设计方案。这不仅有助于提升环保疏浚工程的效果和效率,还将为推动我国水环境治理工作的深入开展提供有力支持。同时,本文研究也将为相关领域的研究和实践提供有益的参考和借鉴,共同推动环保疏浚技术的创新和发展。

2 环保疏浚的主要影响因素

2.1 水体底质特性

水体底质特性是影响环保疏浚效果的一个核心要素。不同的底质类型,如砂质、淤泥质等,因其物理和化学性质的差异,对污染物的吸附、解析和迁移能力也各不相同。这些差异直接影响着环保疏浚工程的实施效果以及后续的生态修复工作。例如,在淤泥质底质中,由于其颗粒细腻、含水量高,污染物往往更容易被吸附并难以被解析,这就增加了疏浚的难度和成本。相比之下,砂质底质由于其颗粒较粗、透水性好,污染物相对容易迁移,这在一定程度上有利于疏浚工程的进行。

底质的污染程度同样是一个不可忽视的因素。高度污染的底质不仅含有大量的有害物质,还可能对水生生物造成严重的生态毒理效应,进一步加剧了环境的退化。在环保疏浚过程中,对这些高度污染的底质进行妥善处理是一个巨大的挑战。一方面,需要采取有效的技术手段来降低污染物的释放和扩散风险;另一方面,也要考虑如何将疏浚出来的污染底质进行安全、环保的处置,以避免对环境造成二次污染。

在环保疏浚工程实施前,对水体底质进行全面、深入的调查和分析至关重要。这不仅可以帮助我们更准确地评估工程的难度和成本,还可以为后续的施工方案优化设计和生态修复工作提供有力的科学依据。通过对底质类型、污染程度等关键指标的细致分析,我们可以制订更具有针对性、高效性的环保疏浚方案,从而最大限度地提升工程效果,保护水环境的健康和可持续发展

2.2 污染物分布

水体中污染物的分布及迁移规律是环保疏浚工程中必须深入研究的关键因素。污染物的种类、浓度以及在水体中的空间分布不仅影响着疏浚工程的难度和效率,更直接关系到疏浚后水质的改善效果。因此,对污染物分布及迁移规律的准确掌握,是制定科学、合理疏浚方案的前提和基础。

污染物的迁移受多种环境因素的影响,其中水流是最主要的驱动力。水流的流速、流向以及水体的混合程度,都会影响污染物在水体中的迁移路径和扩散范围。除了水流,温度和 pH 值也是影响污染物迁移的重要因素。不同种类的污染物在水体中的迁移规律也有所不同。例如,重金属离子通常具有较强的吸附性,容易与底泥中的有机质或矿物质发生吸附反应而沉积在底部;而有机污染物则可能因生物降解或光化学作用而在水体中逐渐减少。因此,在制定疏浚方案时,需要针对不同污染物的迁移规律采取相应的处理措施,以提高疏浚效果并降低二次污染的风险。

为了准确掌握水体中污染物的分布及迁移规律,通常需要借助科学的监测和分析手段。对水体中污染物分布及迁移规律的深入研究是环保疏浚工程中不可或缺的一环。通过科学监测和分析手段获取准确数据,并结合实际情况制定针对性的疏浚方案,可以有效提升环保疏浚工程的效果和效率,为水体污染治理和生态恢复做出积极贡献。

2.3　疏浚设备性能

疏浚设备的性能和技术水平对疏浚工程的效率和质量具有直接影响。现代疏浚设备在设计上追求高效、精准和环保,这些特点使得疏浚作业能够更为迅速、准确地完成,同时最大限度地减少对周边环境的不良影响。例如,一些先进的挖泥船配备有精确的定位系统和高效率的挖掘装置,能够实现对底泥的精准疏挖,避免了对非目标区域的破坏。

2.4　施工技术

施工过程中的扰动程度、排水方式等技术手段对疏浚效果和环境影响也有着重要作用。例如,采用低扰动的施工技术和合理的排水方式,可以有效减少对水体生态系统的破坏,减少悬浮颗粒的扩散;采用分层疏浚技术,可以根据底泥的污染程度和分布特点,有针对性地进行分层挖掘,从而提高疏浚效果;分段施工则是将整个疏浚区域划分为若干个小区段,按照一定顺序逐个施工,这种方法有助于减少施工过程中的干扰和冲突,提高施工效率。

环保疏浚工程还需特别关注施工过程中的环保措施。例如,通过合理布置施工围堰,可以减少施工对水体的扰动;选择合适的挖泥船和输泥方案,能够降低施工过程中噪声和恶臭对环境的影响。同时,加强施工现场的管理和监控,确保各项环保措施有效执行,也是提升环保疏浚工程效果的关键环节。

2.5　其他影响因素

除了水体底质特性、污染物分布及迁移规律、疏浚设备性能及施工技术等核心因素外,天气和季节等自然因素也会对环保疏浚产生不容忽视的影响。这些自然因素虽非疏浚工程的直接操作对象,但它们的变动能显著影响施工条件、工程进度以及最终的疏浚效果。在制订和优化环保疏浚方案时,必须充分考虑这些因素的影响,以确保施工过程的顺利进行和最终疏浚效果的实现。同时,通过科学合理的施工安排和生态修复措施的选择,可以最大限度地降低自然因素对环保疏浚工程的负面影响。

3　环保疏浚施工方案优化设计

3.1　创新疏浚技术

在环保疏浚领域,技术的创新是推动行业发展的关键动力。随着科技的不断进步,一系列新型疏浚技术应运而生,它们不仅提高了疏浚效率,还更加注重环境保护和生态修复。超声波疏浚技术和生物降解技术备受关注,它们以独特的原理和优势,展现了在未来环保疏浚领域中的广阔应用前景。

（1）超声波疏浚技术

超声波疏浚技术利用超声波的空化作用，能够在不破坏底泥结构的前提下，有效地将污染物从底泥中分离出来。这种技术不仅提高了疏浚效率，而且显著降低了对周围水体的扰动和污染。与传统的机械疏浚相比，超声波疏浚技术更加环保、高效，有望成为未来环保疏浚的主流技术之一。

（2）生物降解技术

生物降解技术则是通过利用微生物的降解作用，将底泥中的有机污染物转化为无害物质。这种技术具有成本低、效果好、无二次污染等优点，对于处理含有大量有机污染物的水体底泥具有显著效果。生物降解技术的应用不仅能够改善水质，还能够促进水体生态系统的恢复和重建，具有重要的生态意义。

（3）其他疏浚技术

除了上述两种技术外，还有其他一些新型疏浚技术也值得关注。例如，环保型绞吸式挖泥船采用先进的环保设计和施工工艺，能够在疏浚过程中最大限度地减少对周围环境的破坏；而智能化疏浚系统则通过引入先进的传感器和自动化技术，实现了对疏浚过程的实时监控和优化控制，提高了疏浚工程的精准度和效率。

3.2 优化施工工艺

施工工艺的优化对于环保疏浚工程而言，不仅是一种技术上的革新，更是实现工程效益最大化、环境影响最小化的关键手段。

在环保疏浚工程中，测量技术和定位技术的精准性直接关系到疏浚作业的质量和效率。传统的测量方法可能受限于天气、水深等因素，导致数据误差较大。因此，引入先进的测量技术，如多波束测深系统、三维激光扫描仪等，能够显著提高测量的精度和速度。这些技术能够实时获取水底地形数据，为疏浚设备提供精确的导航信息，从而确保疏浚作业的精准进行。

除了技术层面的优化，施工组织和管理同样是施工工艺优化的重要环节。合理的施工组织能够确保各项工序的紧密衔接，减少不必要的等待和空闲时间，从而提高整体施工效率。同时，科学的管理手段，如引入项目管理软件、建立质量监控体系等，可以实现对施工过程的全面把控，及时发现问题并进行调整，确保工程质量和进度符合要求。

3.3 合理处置疏浚泥土

在环保疏浚工程中，泥土的处置是一个至关重要的环节。这些泥土中积聚了大量的污染物，如果不进行适当的处理，很可能会引发二次污染，对环境造成新的威胁。因此，探索合理的泥土处置方法和资源化利用途径显得尤为重要。

对于疏浚泥土的处置，我们可以考虑多种方案。如通过一系列的物理化学处理，如固化、稳定化技术，可以有效降低泥土中的污染物含量，使其达到作为建筑材料的标准；泥土还可以作为土地改良剂使用。在农业生产中，土壤肥力的提升至关重要。通过科学的方法将疏浚泥土进行处理，去除其中的有害物质,保留其对土壤有益的成分,可以作为优质的土地改良剂,提高土壤的肥力和农作物产量。

3.4　应用生态修复措施

在疏浚工程结束后,应用生态修复措施,促进水体生态系统的恢复。种植水生植物是一种有效的生态修复方法。水生植物能够吸收并净化水体中的污染物,同时提供生物栖息地,有助于恢复水体的生物多样性。例如,可以在疏浚后的水域种植芦苇、莲藕等具有净化功能的水生植物;投放鱼苗也是促进水体生态恢复的重要手段。鱼类是水体生态系统中的重要组成部分,它们通过食物链的关系与其他生物相互作用,共同维持生态系统的平衡。在疏浚后的水域投放适量的鱼苗,有助于加速生态系统的恢复进程;还可以考虑引入微生物修复技术。微生物在自然界中扮演着有机物质分解者、污染物转化者等重要角色。通过人工培育并投放具有降解污染物能力的微生物菌群,可以进一步提高水体的自净能力。

4　挑战与机遇

环保疏浚工程作为水环境治理的重要手段,虽然取得了一定的成效,但在技术、经济、政策等方面仍面临诸多挑战与机遇。

(1)技术方面

虽然现代疏浚技术和设备不断更新换代,但仍存在一些技术难题需要攻克。例如,针对不同底质类型和污染程度的疏浚技术选择仍缺乏统一的指导标准,导致在实际应用中存在一定的盲目性和不确定性。此外,随着环保要求的提高,如何在保证疏浚效果的同时,进一步降低对环境的二次污染,也是当前技术研究的重点和难点。然而,技术的挑战同时也孕育着机遇。随着新材料、新能源等技术的不断发展,为环保疏浚技术的创新提供了更多的空间和可能性。例如,利用生物降解技术处理疏浚泥土中的污染物,不仅可以提高处理效率,还能有效避免传统处理方法可能带来的环境问题。

(2)经济方面

环保疏浚工程往往需要投入大量的资金和资源,而回报周期却相对较长,这在一定程度上制约了其发展和推广。特别是在一些经济条件相对落后的地区,由于缺乏足够的资金支持,环保疏浚工程的实施变得更加困难。然而,从另一个角度来看,随着全球环保意识的提升和政府对环保产业扶持力度的加大,环保疏浚工程的市场需求也在不断扩大。这为环保疏浚产业的发展带来了更多的商业机遇和投资机会。例如,通过引入社会资本和市场化运作模式,可以推动环保疏浚工程的产业化发展,从而实现经济效益和社会效益的双赢。

(3)政策方面

虽然各国政府都高度重视水体污染治理和生态恢复工作,并出台了一系列相关政策法规来推动环保疏浚工程的发展。但在政策执行过程中仍存在一些问题和不足,如政策体系尚不完善、监管力度有待加强等。这在一定程度上影响了环保疏浚工程的实施效果和公众认可度。然而,政策的挑战同时也蕴含着机遇。全球环境治理体系的不断完善和国际合作机制的深入发展为环保疏浚工程的跨国合作和国际交流提供了更广阔的平台和机遇。通过加强国际合作与交流,可以共同推动环保疏浚技术的创新与发展,为全球水环境治理做出更大的贡献。

5 未来研究方向

在未来的环保疏浚工程研究中,以下几个关键的研究方向和发展趋势值得深入探索。

(1)加强环保疏浚技术的创新研发

随着科技的不断进步,新型的环保疏浚技术层出不穷。未来,研究应聚焦于开发更高效、更环保的疏浚设备和工艺,如进一步探索超声波疏浚技术、微生物修复技术等在疏浚工程中的应用。这些技术的研发和应用,将有望在显著提高疏浚效率的同时,降低对环境的影响。

(2)深化对环保疏浚影响因素的综合研究

尽管已有诸多研究对环保疏浚的影响因素进行了分析,但仍有必要对这些因素进行更为深入和系统的研究。特别是针对复杂多变的水体环境,如何综合考虑各种影响因素,制订出更为科学合理的疏浚方案,将是未来研究的重要课题。

(3)拓展环保疏浚工程的适用范围和应用领域

目前,环保疏浚工程主要应用于湖泊、河流等淡水环境。然而,随着对海洋环境保护的日益重视,如何将环保疏浚技术应用于海洋环境,特别是近海和港口区域的污染治理,将成为未来研究的新热点。

(4)完善环保疏浚工程的评价标准和方法

为了确保环保疏浚工程的效果和质量,需要建立更为完善、科学的评价标准和方法。这些标准和方法应涵盖社会效益、环境效益、经济效益等多个方面,以全面反映环保疏浚工程的综合效果。

(5)强化环保疏浚工程与其他环境治理技术的协同研究

环保疏浚工程并非孤立存在,而是与水环境治理的其他技术密切相关。因此,未来研究应注重探索环保疏浚与其他技术(如生态修复技术、水处理技术等)的协同作用,以形成更为高效、综合的水环境治理方案。通过这些研究方向的深入探索和实践应用,我们有望为未来的环保疏浚工程提供更为全面、科学的理论支持和实践指导。

6 结语

本文系统分析了环保疏浚的主要影响因素及其施工方案优化设计,综述了环保疏浚的概念及其在改善水质和恢复水体生态系统中的作用。详细探讨了水体底质特性、污染物分布、疏浚设备性能及施工技术等多重因素对疏浚效果和环境影响的具体机制。在此基础上,研究了通过创新疏浚技术、优化施工工艺、合理处置疏浚泥土及应用生态修复措施等手段,提升疏浚工程环保效益的方法。

随着环境保护意识的不断增强,环保疏浚工程在水环境治理中的地位将日益重要。未来,需要进一步加强环保疏浚工程的理论研究和实践探索,不断创新疏浚技术和施工工艺,提高疏浚工程的环保效益和科学性。同时,需要加强对疏浚泥土的处置和管理,减少对环境的污染。此外,还需要加强对水体生态系统的监测和评估,及时调整疏浚工程的施工方案和生态修复措施,确保水体生态系统的健康和稳定。

主要参考文献

［1］俞志明. 环保疏浚,还苏州河水清岸绿[J]. 水利建设与管理,2012,32(10):72-73.

［2］连思干. 某湖泊环保疏浚工程中底质及水质变化规律研究[J]. 珠江水运,2024(8):136-138.

［3］雷晓玲,雷雨. 环保疏浚影响因素的研究[J]. 环境科学与技术,2017,40(1):128-132.

［4］胡小贞,金相灿,刘倩,等. 滇池污染底泥环保疏浚一期工程实施后环境效益评估[J]. 环境监控与预警,2010,2(4):46-49.

［5］郭磊,祝健康,李永烨. 基于生态环保的海湾水环境整治技术[J]. 水运工程,2021(10):59-63.

［6］陈洁,陈林. 水库环保疏浚一体化施工技术[J]. 中国给水排水,2019,35(22):118-122.

［7］晋德明. 探析环保理念下的港口航道疏浚工程措施[J]. 中国水运(下半月),2014,14(1):168-191.

4010 型环保绞吸式挖泥船生产率测定与分析

杨晓红　何　俊　林　晶

（长江水利委员会河湖保护与建设安全运行中心，湖北武汉　430010）

摘　要：4010 型环保绞吸式挖泥船被广泛运用于水体内源污染的治理，是我国环保疏浚领域的典型疏挖设备，虽然其在滇池草海、太湖、巢湖等众多河湖治理工程中积累了大量实践经验，但目前部颁行业定额中暂无相关子目。环保疏挖设备的生产率是确定定额消耗量的关键因素，本文结合环保疏浚技术和行业发展现状，选取有代表性的环保疏挖设备，以武汉东湖（后湖）清淤工程为例，采用现场实测对 4010 型环保绞吸式挖泥船生产率进行测定，并与相关定额的效率水平进行对比分析，其结论可为疏浚工程定额的修编积累基础数据，对补充完善行业定额体系具有积极意义。

关键词：环保疏浚；环保绞吸式挖泥船；现场实测；生产率

1　引言

现代人居，亲水为上。国家对水环境问题日益关注，党的二十大报告提出"推动重要江河湖库生态保护治理，基本消除城市黑臭水体。"2024 年水利工作会议要求"持续复苏河湖生态环境，坚持生态优先、绿色发展，维护河湖健康生命。"国内外治理污染水系的经验表明，环保疏浚是目前最直接、最快速清除水体内源污染的方法。环保疏浚作为我国疏浚行业新的动力，于近 30 年来得到较大发展。

经过大量实践摸索，运用于底泥疏挖的环保绞吸式挖泥船施工工艺逐步成熟，出于环保要求的考虑，为避免设备绞吸时对水体产生较大扰动，挖泥船泥泵功率不宜过大，排泥管管径通常以 300～450mm 最为适宜，对应常见船型包括 3005 型、4010 型及 4510 型，其中以 4010 型疏挖设备运用居多，为目前底泥环保疏挖的典型设备。目前部颁行业定额中仅设置了常规绞吸式挖泥船定额子目，暂无环保疏浚方面的定额，且市政、港航等行业定额也均未设置相关子目。基于我国当前面临的水生态环境保护新形势，积极开展环保疏浚定额方面的研究，聚焦典型的疏挖设备进行定额测定分析工作是十分必要的。

作者简介：杨晓红，女，高级工程师，主要从事水利工程质量监督与造价定额管理工作，E-mail：583547234@qq.com。

2 环保绞吸式挖泥船结构特征

环保绞吸式挖泥船作为环保疏浚施工的新型疏挖设备，与传统的绞吸式挖泥船相比，其在二次污染防治和精度控制等方面性能更优，具体体现为绞刀头和精度控制系统配置上的差异，随着装备技术的发展，一些传统的挖泥船也配备了精确定位和监控系统来提高施工精度，因此两者最为显著的区别在于绞刀头的结构，环保绞刀头构造与常规绞刀头截然不同，见表 2-1 及图 2-1 至图 2-6。

表 2-1 常规绞刀头与环保绞刀头结构特征

疏挖机具	常规绞刀头	环保绞刀头
结构特点	①外观为短圆刀头 ②绞刀主要由大环(绞刀座)、刀臂、切削元件(刀齿或刀刃)和轮毂四部分构成 ③大环和轮毂将刀臂连接成一个整体，刀臂焊接于大环与轮毂间，分布于大环四周 ④切削元件是绞刀结构中直接参与切削的部分，包括切削刀刃和刀齿两种类型	①外型呈长锥体 ②四周通常设有纵向刀片 12 把及若干圈横向刀片 ③绞刀外部加设防护罩壳，壳内壁亦设有若干固定刀片 ④绞刀头纵向刀片外缘露出罩壳围裙部分宽度，有效控制开挖厚度以适应薄层污染淤泥的开挖

图 2-1 常规绞刀头示意图

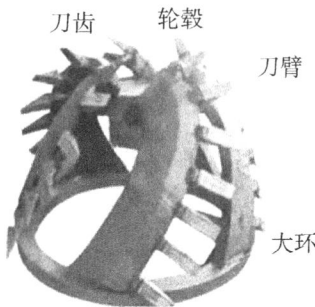

图 2-2 常规绞刀头结构图

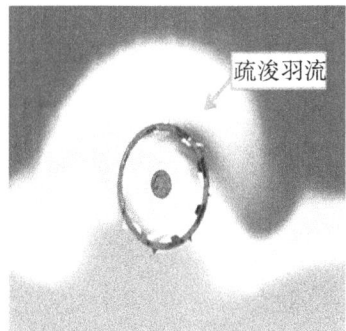

图 2-3 常规绞刀头疏浚羽流

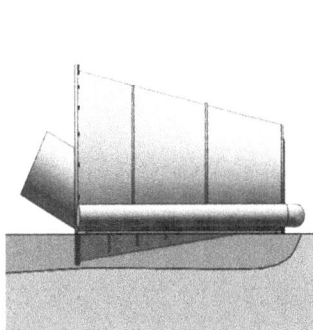

图 2-4 环保绞刀头示意图

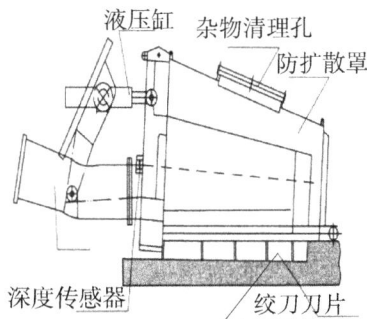

图 2-5 环保绞刀头结构图

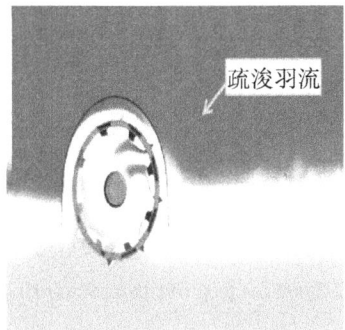

图 2-6 环保绞刀头疏浚羽流

常规绞刀头的刀片部分为敞开式结构，其疏挖时会对周围泥沙产生较大搅动，而环保绞刀头由于环保罩的作用，仅依靠底部外露的刀片对淤泥进行切削，可有效降低疏浚过程中泥沙的扰动扩散，由于其外露刀片面积远低于常规绞刀头，使得环保绞刀头的切削能力和效率下降，其结构更适宜于薄层疏浚，且通常适用于Ⅰ类土、Ⅱ类土，当疏挖Ⅲ类土时其工效则会大幅降低，适用性较差。

3 测定项目概况及资源投入情况

3.1 工程概况

本文引用武汉东湖(后湖)环保清淤工程的实测数据,对 4010 型环保绞吸式挖泥船生产率进行分析。东湖位于湖北省武汉市中心城区,是 2019 年水利部办公厅批复的首批 17 个全国示范河湖建设项目之一,是全国唯一入选的城中湖水域。东湖属浅水湖泊,平均水深 2.4m,全湖整体水质为 Ⅳ~Ⅴ 类,部分子湖为劣 Ⅴ 类,后湖为东湖的子湖之一,被纳入东湖水环境提升工程,对应清淤范围主要为后湖东南部区域,初设批复的工程主要任务见表 3-1 及图 3-1、图 3-2。

表 3-1 初设批复工程主要任务量

施工地点	清淤面积/m²	平均厚度/m	工程量/m³	泥饼外运/m³
东湖(后湖)	718340.58	0.5	368070	232667

疏浚工程量 36.8 万 m³,配套脱水固化、尾水处理排放及泥饼外运等工作内容。

图 3-1 东湖(后湖)清淤工程平面图

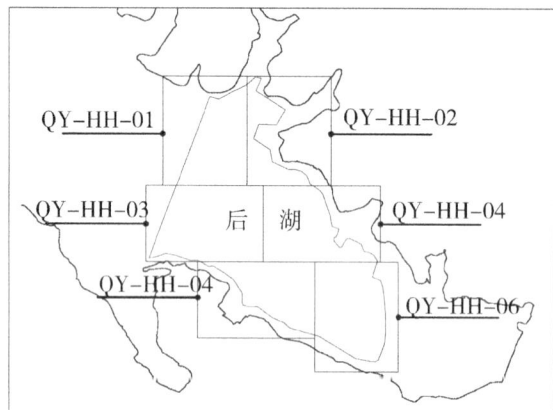

图 3-2 东湖(后湖)清淤范围示意图

底泥清淤施工工艺为(短距离输送无需接力)挖泥船挖泥→排泥管道输送→泥浆进入固化站排泥场。

3.2 底泥疏浚设备投入情况

本项目底泥疏浚主力设备为 1 艘 4010 型环保绞吸式挖泥船,为荷兰 IHC 公司海狸系列船型,主机采用卡特 3412E 型柴油发电机,配套船舶包括 1 艘 88kW 抛锚艇、1 艘 88kW 交通艇,排泥管线约 2km。施工按 50m×50m 方格网划分疏浚区域,挖泥船施工实行一日一班制,每班配备机上人工 7 人,挖泥船 4 人,包括船长 1 名,驾驶员 1 名、船员 2 名,抛锚艇驾驶员 2 名,交通艇驾驶员 1 人。IHC 海狸 4010 型环保绞吸式挖泥船主要参数见表 3-2。

表 3-2　　　　　　　　　　　IHC 海狸 4010 型环保绞吸式挖泥船主要参数

清水流量 /(m³/h)	单船最大 排距/km	总长×型宽×型深 /m×m×m	排泥 管径/mm	最大挖深 /挖宽/m	功率/kW			绞刀直径 /m
					总功率	主机	辅机	
2400	3.5	20.1×5.72×1.51	400	10/25	521	485	36	1.2

4　测定方法

东湖(后湖)环保清淤工程中挖泥船生产率采用现场实测方式。测定人员以挖泥船为对象,运用工作日写实法按时间消耗顺序系统记录挖泥船各种工时消耗情况。测定项目采用一日一班制,一个工作日对应为一个工作班,工作班的时间具体根据现场实际施工情况确定。测定的主要工作内容包括调查测定期间施工工况、明确测定的对象、划分测定时间类别、科学记录挖泥船工作班内施工时间消耗和对应产量、计算工作班内挖泥船生产率。

4.1　测定期间施工工况

结合现场施工水文、地质及河道通航要求等情况,按照部颁行业定额标准,挖泥船现场施工工况为一级工况,测定期间土质、排高及挖深等工况条件见表 4-1。

表 4-1　　　　　　　　　　　　　测定期间施工工况

| 土质类别 | 天然密度 /(g/cm³) | 底泥污染 情况 | 水位/m | 排高 /m | 挖深 /m | 开挖厚度 /m |
| Ⅰ类液塑 淤泥 | 1.41 | 总氮、总磷含量高, 中至重度污染 | 19.6～19.72 | 2.38～2.6 平均排高2.5 | 2.7～2.92 平均挖深2.8 | 0.5 |

4.2　测定对象及时间分类

根据底泥疏浚工艺流程,挖泥船的施工展布、配套清障船清障、排泥管安拆等与常规疏浚工程类似,且部颁行业定额中已设置定额子目,相关施工过程均不纳入测定范围,本次测定以环保绞吸式挖泥船为对象,对应的施工过程为环保绞吸式挖泥船疏浚→管道输泥(图 4-1、图 4-2)。

图 4-1　环保绞吸式挖泥船疏浚　　　　　　　图 4-2　管道输泥

开展施工效率测定关键是对施工过程的工作时间进行分析,分析挖泥船施工过程及对应时间分类,总体上将时间分为必须消耗时间(定额时间)和损失时间(非定额时间),具体见表4-2。

表 4-2　　　　　　　　　　　　　环保绞吸式挖泥船工作时间分析表

必须消耗时间/定额时间						损失时间/非定额时间		
有效工作时间	不可避免无负荷	不可避免的中断时间						
挖泥、输排泥	清绞刀头、清泵	移船位、移锚、移管	保养维护、燃料供给	准备工作、工人休息	紧邻工序影响	设备故障	天气干扰、现场意外、配合检查	违背劳动纪律等其他

按照上述挖泥船施工过程时间分类,记录工作班内必须消耗时间及工作班内产量,计算得出工作班内挖泥船正常生产率:

$$工作班内挖泥船正常生产率＝工作班内产量／工作班内必须消耗时间 \qquad (4\text{-}1)$$

5　测定数据整理与分析

5.1　数据处理分析方法

为保证实测数据的有效性,采用定额测定中常用的平均修正法及统计学分析的格拉布斯法对数据进行检验,剔除异常值后,运用 SPSS(Statistical Product Service Solutions)数据分析软件分析数据的离散程度,在保证数据离散度较小的情况下,取算术平均值作为挖泥船的生产率。

5.2　数据整理分析

测定期间通过工作日写实法共记录了 30 组工作班数据,对记录的每班挖泥船工作时间按性质进行分类整理,并计算每班产量,得出挖泥船的实测生产率。对 30 组生产率数据采用平均修正法和格拉布斯法进行处理,平均修正法调整系数 K 取 0.8;格拉布斯法显著性水平 α 取 5%,处理后剔除 3 组异常值,获得 27 个有效班内生产率数据。两种方法数据处理结论相同,对 27 组数据取平均值,得到挖泥船平均生产率(表 5-1)。

表 5-1　　　　　　东湖(后湖)项目 4010 型环保绞吸式挖泥船实测平均生产率

土质	排高/m	挖深/m	层厚/m	排泥管线长度/km	平均生产率/(m^3/h)
Ⅰ类土	2.5	2.5	0.5	1.7	182.79

运用 SPSS 工具统计分析数据的离散性,得出班内工作生产率的频率分布直方图、正态分布曲线、标准差、平均值(图 5-1、图 5-2)。

分析测定数据的离散性,根据 SPSS 工具分析成果可知,27 组有效数据标准差 σ 为 22.98,平均值为 182.79,计算变异系数 Cv(标准差 σ/平均值)为 0.13,即说明测定数据的离散程度较小,具有较高的可靠性。对挖泥船的工作时间分布情况进行梳理,将测定数据按时间类别进行汇总统计,得出工作时间分布情况(表 5-2)。

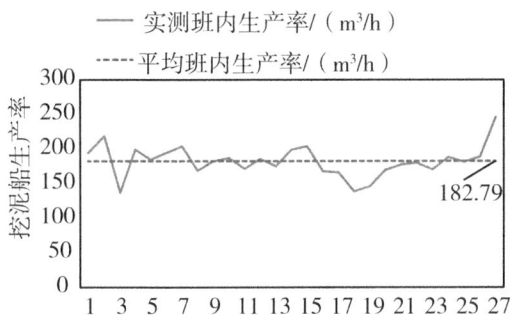

图 5-1　东湖(后湖)项目实测工作班内生产率

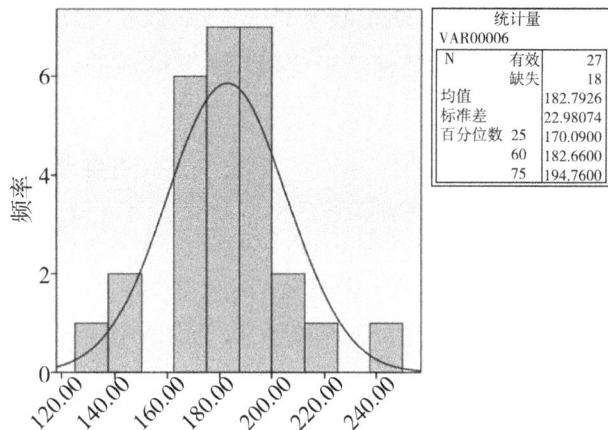

图 5-2　工作班内生产率测定数据频率直方图

表 5-2　东湖(后湖)项目测定工作时间分布

工作时间分类	合计	定额时间			非定额时间
		有效工作时间	不可避免无负荷时间	不可避免中断时间	
总工时/min	32280	10385	3069	2994	345
比例/%	100	61.84	18.28	17.83	2.05

5.3　数据对比分析

将测定的 4010 型环保绞吸式挖泥船效率水平与部颁常规 200m³/h 绞吸式挖泥船预算定额水平进行对比,经比较发现 200m³/h 绞吸式挖泥船与 4010 型环保绞吸式挖泥船的配套排泥管径大小相同,具有一定的可比性,最终选用定额子目 200m³/h 绞吸式挖泥船,根据东湖(后湖)项目测定期间的生产率计算对应定额消耗量后与实测消耗量进行对比(表 5-4)。

表 5-4　实测 4010 型环保绞吸式挖泥船消耗量与部颁常规 200m³/h 绞吸式挖泥船预算定额水平对比

测定期间工况	单位	实测消耗量①	定额消耗量②	绝对差	比值/%
		4010 型环保绞吸式挖泥船	200m³/h 绞吸式挖泥船	①-②	①/②
Ⅰ类土,排泥管线长度 1.7km,排高 2.5m,挖深 2.8m	艘时/10000m³	54.71	57.89	3.18	94.5

6　结语

本文通过现场实测收集了 4010 型环保绞吸式挖泥船的生产率数据,并采用科学的数据处理方法对数据进行了检验、处理。对挖泥船工作时间进行分类统计,得出实测项目挖泥船生产率。通过对比发现,4010 型环保绞吸式挖泥船与部颁常规 200m³/h 绞吸式挖泥船生产率水平相当,实测水平略高于定额。值得注意的是,定额代表社会平均水平,而测定的东湖(后湖)项目疏浚土质、疏浚厚度及排距各方面施工工况条件理想,且施工单位生产管理水平较高,挖泥船生产效率得以充分发挥,实测结果代表了挖泥船社会先进生产率水平。因此,对于施工条件较好的工况,在行业定额缺项的情况下,可适当参考部颁定额子目 200m³/h 常规绞吸式挖泥船消耗量进行投资测算。本文相关成果可为行业补充完善环保疏浚定额积累基础数据,也为同类环保疏浚项目投资测算提供了参考。

主要参考文献

[1] 钟启俊,徐高宗.浅谈环保疏浚技术应用及进展[C]//中国环境科学学会.中国环境科学学会学术年会论文集(2013),中国,3968-3970.

[2] 金相灿,李进军,张晴波等.湖泊河流环保疏浚工程技术指南[M].北京,科学出版社,2013:3-6.

[3] 张岩.运用格拉布斯准则原理确定公路定额测定中不合理数据[J].科协论坛,2009(2):99-100.

[4] 刘东征,毛亚辉.环保疏浚项目工程计量方法探讨[J].水运工程,2020,576(S1):128-132.

探讨环保疏浚工程测量控制要点

柳佳聪 戴安娜 袁 芳

(长江河湖建设有限公司,湖北武汉 430000)

摘 要:城市水环境的治理已成为人民日益关注的焦点,而通过环保疏浚可以有效地清除河湖水体中的污染底泥,达到改善水质,提高水环境质量的目的。目前国内已开展多个水环境治理工程,城市河流进行环保疏浚施工已成为行业趋势,环保疏浚比普通疏浚施工质量要求更高,受其特殊、复杂的外界条件制约,需要因地制宜地通过多种测量技术来保证施工质量。本文根据不同的施工环境,分析环保疏浚测量作业特点,介绍针对性的测量方式,把握要点、提高精度,得出一系列精度高、覆盖性强的测量数据,通过科学的测量数据来控制施工过程,根据设计要求达到精细化的施工效果,从而对环保疏浚整个施工过程提供强有力的技术支持,以达到城市水环境治理的目的。

关键词:环保疏浚;测量;原始地形;精度要求

1 引言

环保疏浚施工过程中对于挖泥深度的控制是保证施工质量的关键,在进行原始地形测量时就应该提高精度,准确反映河床原始断面,目前国内在河道测量过程中多使用 RTK—GPS 加单波束测深仪联合测量,该测量方式适用于大中型河流和湖泊,而在城市河道尤其是具有南方特色的小型河涌,受地形等多方面因素干扰,还不能发挥 RTK—GPS 加单波束测深仪的优点,本文结合国内水环境治理的标志性重点工程"南漪湖综合治理生态清淤试验工程",介绍应对各类型城市河流的测量控制要点。

2 环保疏浚工程测量要求及其特点

(1)测量特点

为达到河道环保疏浚的目的,需要通过测量提供疏浚平面位置及其污泥层高程等数据,相比普通河道的防洪疏浚,环保疏浚在有限的条件下需要更为精确的平面及高程数据,这里的精确不仅是指在精度上达到要求,还要能够准确反应污染程度及污染物类别。在这些需要进行环保清淤的污染

作者简介:柳佳聪,男,水利高级工程师 主要从事水利施工技术及管理工作 ,E-mail:55606967@qq.com。

河道内,污染源众多,污染物种类复杂,在测量过程中,生活垃圾、建筑垃圾、腐殖土、浆状污泥等疏浚对象都要明确位置和界限,进行区别对待,要"分门别类和因地制宜"地进行人员和测量仪器的合理配备,完全达到"精细化"的工作。相比普通河道及港池的测量工作,环保疏浚工程测量具有以下特点:

1)污泥挖深控制标准严,测量精度要求高

环保清淤对土层开挖精度要求较高,在清除污泥层的同时不能破坏原状土,因此对测量仪器精度要求较高,由于城市河流宽度、水深达不到使用多波束测深仪的要求,在测量作业过程中就要多次检校测量仪器和测量工具,针对复杂河道区域多次测量计算平均高程,保证施工过程疏浚质量。

2)外界条件制约大,测量仪器配合使用

在城市内受高大建筑物及岸边树木影响,通视条件差,对测量精度造成很大干扰,要根据河道现状,尤其是明渠暗渠交叉河道,要提前制定多种测量方案,进行反复论证,必要时多种测量仪器配合使用,从而使原始断面数据完整、准确。

3)开挖土层薄,及时进行复测

河道环保疏浚不同于防洪疏浚,清淤的主要目的是清除污泥层,污泥层干流河道为 1～1.5m,支流河涌及暗渠为 0.2～0.5m,因此在施工过程中不易使用大型机械设备,在使用小型机械设备开挖时,断面分层开挖后及时复测断面,根据测量数据结合水流调整下一层开挖深度,从而达到设计断面。

(2)城市控制网布设

施工前根据施工区域划分测区,再根据设计单位提供的高等级控制点,选取 3～5 个能够覆盖整个测区,保存良好的控制点通过 GNSS 静态观测求出当地坐标系的转换参数,然后布设控制网。由于城市河流环保疏浚多为线状施工区域,受城市内建筑物干扰,长则几十千米,短则近十千米的河道较适合 GPS 布设平面控制网,电子水准仪布设高程控制网,控制网选点为方便观测,同时避免跨河减小误差,控制点及图根点宜在河岸一侧布设,控制点布设及实测要满足水利水电工程和水运工程测量规范。

图根点布设受河岸建筑物影响,应采用"见缝插针"的布设方式,尽量能够满足河流测量作业的需要。在图根点布设及施工测量过程中,随着国内 CORS(连续运行参考站系统)技术的发展,可以逐渐取代传统的基站测量,尤其是在城市水环境治理过程中,不仅能避免烦琐的建站程序,提高测量作业效率,还能有效地解决在测量过程中出现的信号干扰大、精度差及覆盖范围近的缺点,利用 CORS—RTK 测量技术可以全天候地为环保疏浚提供技术支持。

(3)干流河道测量

城市河流干流河道在宽度大于 5m,深度大于 1.2m 的前提下,采用 GPS—RTK 加单波束测深仪测量水下原始地形,由于城市河流尤其是南方工业城市受污染程度严重,河水中重金属含量较多,水质浑浊,调整声速等测量参数时要多次用检校板对测量仪器进行校正,保证测量精度。在环保疏浚施工过程中及时掌握施工区域进度,做到随挖随测,将测量数据进行分析,考虑污泥土质及潮汐变化,针对不同施工机械采取不同挖深控制,避免欠挖,超挖值控制在十厘米之内。

(4)居民区支流河涌测量

在河水深度小于 1.2m 时,尤其是生活垃圾和建筑垃圾较多的支流河涌,用单波束测深仪测量容易出现假点,极大地影响了水深测量精度,因此采用 RTK 插点法测量原始地形,将河道划分为按照图上 0.1cm 一个断面线,再形成数据文件导入 RTK 手簿内,使用放样模式放出断面线位置,在断面线上测量河道污泥层高程,测量船只平稳、垂直于河道行驶,由于污泥层较易穿透,在 RTK 测杆底部安装防沉陷装置,防止测杆插入污泥层影响测量精度。

由于支流河涌在居民区内,水面漂浮着大量生活垃圾,应单独测量单独计算。测量时将垃圾聚集到一个区域内,用钢尺丈量垃圾面积,塔尺测量垃圾厚度,计算出垃圾方量。

(5)暗渠测量

在城市发展过程中,一部分小型河流位于道路或建筑物下方,两端出口处均为明渠,暗渠长度较长,宽段 3～5m,污泥层厚度多为 20～50cm,根据暗渠检查孔划分测量断面,在图根控制点上架设仪器,采用极坐标法测量断面检查孔外顶平面坐标与高程,再利用钢尺测量盖板(或路基)厚度,得出内顶高程。在保证安全的前提下,从检查孔下到暗渠内部,统一从暗渠左侧间隔 1m 用塔尺丈量泥面到内顶的距离,从而得出暗渠原始泥层断面高程,通过内业处理绘制原始断面图,在施工过程中根据原始断面间距同样采用此方法控制环保疏浚精度(图 2-1)。

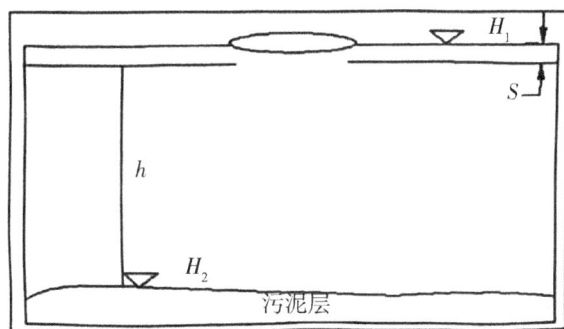

图 2-1　暗渠测量示意图

注:H_1——箱涵顶高程;S——箱涵顶厚度;h——泥面距箱涵内顶高度;H_2——污泥层高程。

3　工程实例分析

(1)工程简介

南漪湖综合治理生态清淤试验工程位于南漪湖南姥咀西岸,工程内容包括试验工程区疏浚(表层疏浚和深层疏浚),表层疏浚土固结,余水处理及工程弃料利用等。清淤区面积 8.18km²,清淤总量 1637.11 万 m³,其中清淤一区和二区面积分别为 5.38 km²、2.80 km²,清淤深度分别为表层 0.20m＋深层 1.80m,表层 0.50m＋深层 1.50m,表层疏浚量为 247.72 万 m³,深层疏浚工程量为 1389.39 万 m³(图 3-1)。

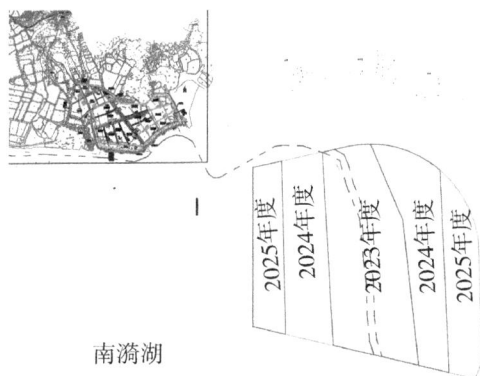

图 3-1　施工总平面布置图

该工程的平面坐标系统采用 CGCS2000 国家大地坐标系,高程系统为 1985 国家高程基准,中央子午线为 117°。测点间距为 2m,测线间距为 15m。采用无人船进行水域测量,测量点位通过 GNSS

方法进行平面定位并同步采集,采集完通过 HydroSurvey 软件进行数据分析。

(2)施工工艺流程

采用现场抽样调查及统计分析的数据结果,根据测量任务和深层疏浚进度要求,确定目标设定为提高无人船测量效率在 2318.03m²/min 以上,施工流程及设定见图 3-2。

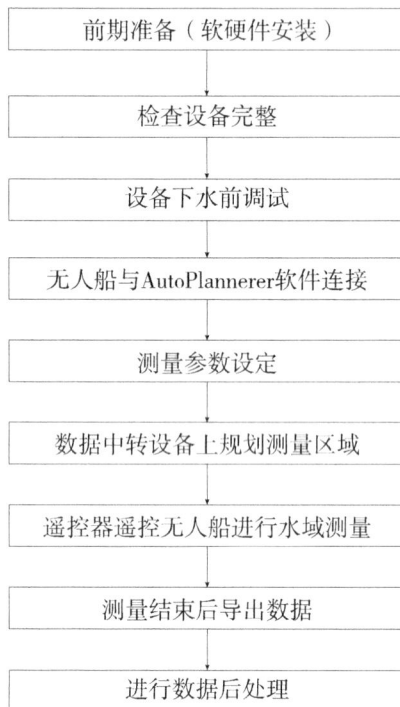

(a)施工工艺流程规范　　　　(b)测量效率目标设定值

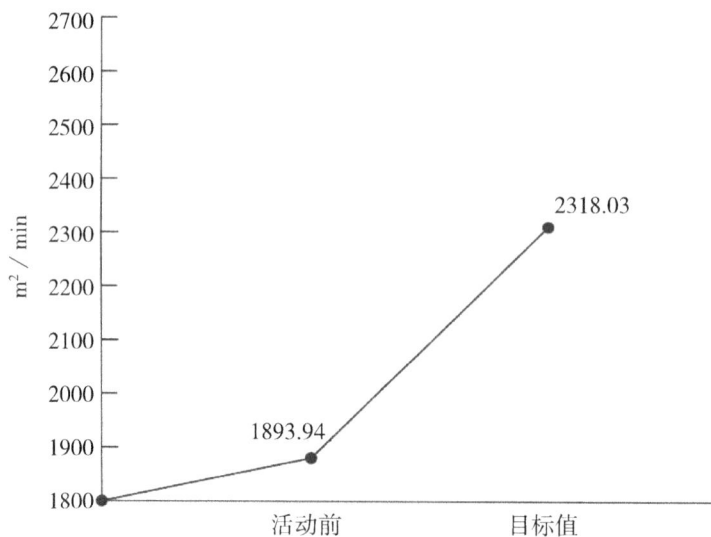

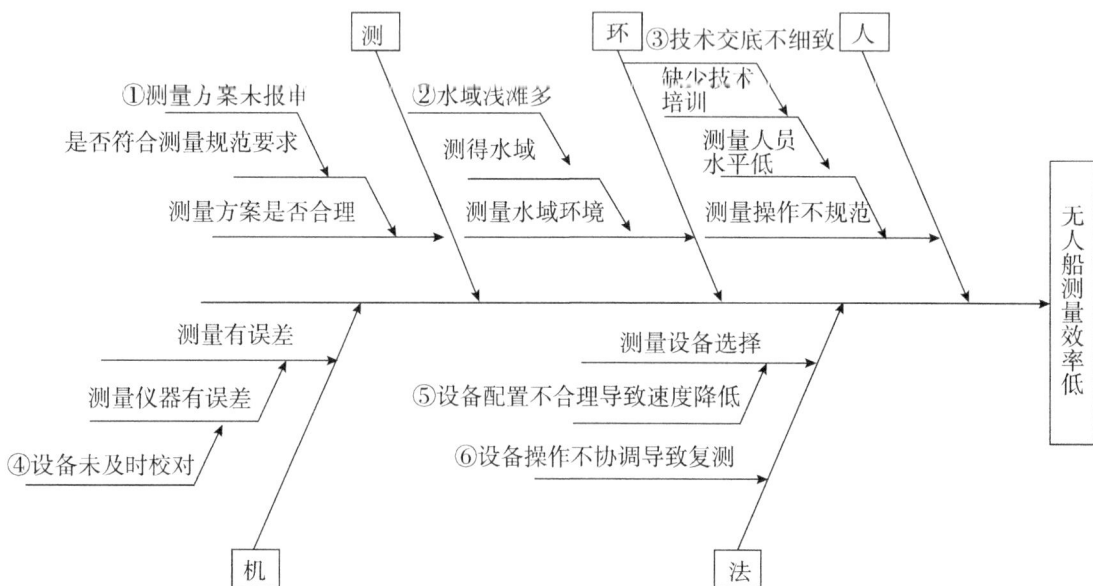

(c)无人船测量效率因果图

图 3-2　施工流程及设定

南漪湖试验工程区域水位高程为 7.50m,湖底高程均小于高程 6.0m。无人船水域测量要求的最低水位不得低于 0.5m,经调查发现,南漪湖试验工程区域的湖底水深均不低于 1.5m。本工程所在的施工区域无浅滩影响,水深均满足无人船的测量要求(图 3-3)。

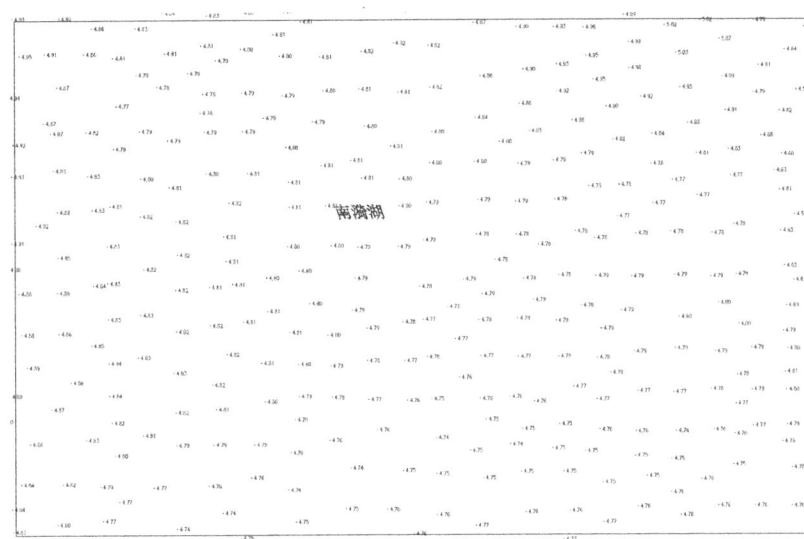

图 3-3　QC 现场情况及设计原始地形图

4　结语

近年来各大中城市开展了水环境综合治理工程,表达了人民对美好生活环境的向往,同时也倒逼着测量技术的进步、创新。现代测量技术人员通过经验的积累,不断探索,能够针对不同的施工环境、河流条件采用有效的测量方案,通过精确的测量技术对环保疏浚过程进行有效的控制,在技术上帮助实现环保疏浚,真正达到城市水环境治理的目的,还广大居民一条条清澈见底的城市河流。

主要参考文献

［1］邱晓磊,项鑫.网络 RTK 在数字化测图一级控制网布设中的应用[J].中州煤炭,2010(3):24-25＋34.

［2］张明浩.浅谈疏浚工程定位测量技术与应用[J].装饰装修天地,2015(7):88.

［3］王经顺.污染底泥环保疏浚中挖泥精度的判定[J].江苏环境,2006,19(6):54-55.

［4］王志红,刘吉波,张伟虎,等,水深测量技术在航道工程中的应用,测绘与空间地理信息,2015(2):66-68.

生态疏浚工程关键技术应用现状分析

胡 振[1,3] 蒋 芮[2] 张 易[3] 万 沙[4] 范志强[5] 徐 宁[6]

(1. 中国地质大学(武汉),湖北武汉 430074;

2. 三峡环境科技有限公司,上海 201799;

3. 武汉湖振煜环境科技有限公司,湖北武汉 430000;

4. 中交第二航务工程局有限公司,湖北武汉 430040;

5. 长江河湖建设有限公司,湖北武汉 430000;

6. 上海市政工程设计研究总院(集团)有限公司,上海 200000)

摘 要:生态疏浚工程作为一种综合性水环境治理技术,通过科学合理的疏浚手段能有效改善水体生态环境,恢复水体自净能力。本文综述了当前生态疏浚工程的关键技术及其应用现状。首先,探讨了生态疏浚的基本原理和目的,阐述了其在水质改善和生态修复中的重要作用。其次,分析了生态疏浚的主要技术,包括疏浚设备的创新、疏浚工艺的优化、疏浚泥土的处理与利用以及生态护岸技术等。最后,提出了未来生态疏浚工程的发展方向和研究重点,以期为水环境治理提供理论支持和技术参考。通过对生态疏浚工程关键技术应用现状进行系统分析,本文为生态环境保护和可持续发展提供了新的视角和策略。

关键词:生态疏浚;水环境治理;生态修复;疏浚技术;可持续发展

1 引言

随着全球范围内工业化、城市化进程的迅速推进,人类活动产生的污染物不断排入各类水体,导致水体污染和生态退化问题日益凸显。这些问题不仅严重影响了水资源的可持续利用,还对人类社会和自然环境造成了难以估量的损失。在此背景下,生态疏浚工程作为一种有效的水环境治理和生态修复技术,受到了广泛关注和深入研究。

生态疏浚工程旨在通过科学合理的疏浚手段,去除水体中的污染底泥,减少内源污染,从而恢复水体的自净能力,改善水质和生态环境。与传统的水利疏浚相比,生态疏浚更加注重对生态环境的保护和修复,强调在疏浚过程中减少对水生生物的干扰和破坏,促进生态系统的恢复和重建。

作者简介:胡振,男,高级工程师,主要从事水环境综合治理、固废综合利用研究方向工作,E-mail:785935804@qq.com。

本文将对生态疏浚工程的关键技术应用现状进行全面系统的分析。通过梳理国内外相关研究成果和实践经验,总结生态疏浚工程在技术选型、方案设计、施工实施及效果评估等方面的最新进展和存在问题。为水环境治理领域的决策者、研究者和实践者提供有价值的理论参考和技术支持,推动生态疏浚工程技术的进一步发展和应用。

2　生态疏浚工程基本原理与目的

2.1　生态疏浚基本原理

生态疏浚工程是应用生态学原理,借助科学合理的疏浚技术来改善水体生态环境的一项工程措施。其基本原理涵盖了多个方面,共同作用于水体的生态修复过程。

生态疏浚通过去除水体中的底泥污染物,达到减轻底泥对水质污染的效果。长期以来,底泥作为水体污染物的重要蓄积地,其含有的重金属、有机物等有害物质不断释放到水体中,对水质造成持续污染。生态疏浚技术能够有针对性地清除这些污染底泥,从而有效降低水体中的污染物浓度,为水质的改善奠定基础。

生态疏浚通过调整河床形态和流速分布,进一步改善水体的水动力学条件。河床的形态和流速分布是影响水体自净能力的重要因素。合理的河床形态和流速分布有助于增强水体的混合和氧气交换能力,提高水体的自净效率。生态疏浚技术能够根据水体的实际情况,对河床进行科学合理的调整,优化流速分布,从而创造更有利于水体自净的水动力学环境。

生态疏浚还通过引入或恢复水生生物群落,显著增强水体的自净能力和生物多样性。水生生物群落是水体生态系统的重要组成部分,它们通过吸收、转化和降解污染物等方式,对水体进行自然净化。同时,丰富的生物多样性也是水体生态系统稳定性和抵御外界干扰能力的重要保障。生态疏浚技术注重在疏浚过程中保护和恢复水生生物群落,通过营造适宜的生存环境,促进水生生物的繁衍和生长,从而全面提升水体的生态功能。

生态疏浚工程基于生态学原理,通过去除底泥污染物、调整河床形态和流速分布以及引入或恢复水生生物群落等多种手段,综合改善水体生态环境。这些基本原理的实际应用不仅有助于解决当前严峻的水体污染和生态退化问题,还为水环境治理提供了有效的理论支持和技术参考。

2.2　生态疏浚的目的

生态疏浚作为水环境治理和生态修复的重要手段,其核心目的在于恢复水体的自净能力和改善水质,以及促进生态环境质量的整体提升。为实现这一宏观目标,生态疏浚具体着眼于以下几个方面:

(1)去除水体中的污染物,降低水体富营养化程度

随着工业和城市的发展,大量污染物排入水体,导致水质恶化,富营养化问题日益严重。生态疏浚通过清除含有污染物的底泥,直接减少水体中的污染源,从而有效降低水体的富营养化水平。这一措施对于改善水质、恢复水体的清澈透明具有显著效果。

(2)改善河床形态和流速分布,提高水体的自净能力

河床形态的合理调整和流速分布的优化,有助于增强水体的流动性和混合程度,进而促进水体

中的溶解氧含量增加和污染物扩散速率提升。这些变化都有利于水体自净机制的恢复和强化,使得水体在遭受污染后能够更快地恢复到健康状态。

(3)恢复或增强水生生物群落结构,提高生物多样性

生态疏浚不仅关注水质的物理和化学指标改善,还注重水生生物群落的生态恢复。通过创造适宜的水生生物栖息地环境,引入或保护关键物种,生态疏浚旨在促进水生生物群落的多样性和稳定性提升。这种生态修复方法有助于构建更加健康、完整的水生态系统,增强其对外部干扰的抵抗力和恢复力。

(4)提升水体的景观价值和生态服务功能

随着人们对美好生活环境的追求日益增长,水体的景观价值逐渐成为生态疏浚不可忽视的目标之一。通过改善水质、恢复水生生物群落结构等措施,生态疏浚能够显著提升水体的清澈度、透明度和生物多样性,从而增强水体的美学价值和观赏性。同时,健康的水体还能为人们提供多种生态服务功能,如调节气候、净化空气、涵养水源等,对于维护区域生态平衡和可持续发展具有重要意义。

3 生态疏浚主要关键技术及其应用现状

3.1 疏浚设备创新与应用

在生态疏浚工程中,疏浚设备的创新与应用对于提高工程效率、保护水体环境具有至关重要的作用。随着科技的不断进步,新型疏浚设备不断涌现,为生态疏浚工程提供了更为强大的技术支持。

环保型疏浚机械的应用是近年来的一大亮点。这类机械在设计时充分考虑了环保因素,通过采用先进的密封技术和防泄漏措施,有效减少了疏浚过程中的泥水泄漏和二次污染。同时,一些环保型疏浚机械还配备了专门的污泥处理系统,能够对疏浚产生的污泥进行及时处理和处置,进一步降低了对环境的负面影响。

智能化控制系统的引入也是疏浚设备创新的重要方向。借助先进的传感技术、定位技术和自动化技术,智能化控制系统能够实时监测疏浚设备的运行状态和作业环境,自动调整设备的工作参数和作业路径,从而确保疏浚作业的精度和效率。这种智能化控制系统的应用不仅提高了生态疏浚工程的自动化水平,还有效降低了人工干预的成本和风险。

除了环保型和智能化疏浚设备外,多功能疏浚船的研发和应用也受到了广泛关注。这类船舶集疏浚、运输、处理等多种功能于一体,能够在复杂的作业环境中灵活应对各种挑战。多功能疏浚船的出现不仅提高了生态疏浚工程的综合效率,还为解决远程和深海等特殊环境下的疏浚问题提供了有力支持。

疏浚设备的创新与应用为生态疏浚工程的发展注入了新的活力。未来,随着技术的不断进步和市场需求的不断变化,更加高效、环保、智能的疏浚设备将会不断涌现,为生态疏浚工程的发展提供更为强大的支撑。

3.2 疏浚工艺优化与应用

生态疏浚工艺的优化是一个多层面的复杂过程,它涉及疏浚作业的各个环节和多种技术手段的

综合运用。优化疏浚工艺不仅可以提高作业效率,还能减少对环境的负面影响,实现更加可持续的水环境治理。

在疏浚工艺的优化过程中,调整疏浚深度和疏浚范围是两个关键的参数。通过科学评估水体的污染程度和底泥的分布情况,可以合理确定疏浚的深度和范围。这种精准治理的方法能够确保在有效去除污染物的同时,最大限度地减少对周围生态环境的影响。

除了调整疏浚参数外,引入生物修复技术也是优化生态疏浚工艺的重要手段。生物修复技术利用微生物的降解作用去除水体中的污染物。在生态疏浚工程中,通过结合生物修复技术,可以进一步提高疏浚效果,促进生态系统的恢复和稳定。

虽然生态疏浚工艺的优化取得了显著成效,但在实际应用中仍存在一些挑战和问题。例如,如何更加精准地评估水体的污染程度和底泥的分布情况、如何选择合适的生物修复技术等,这些都是需要进一步研究和探索的问题。因此,我们应该继续保持对生态疏浚工艺优化的关注和研究,不断完善和创新相关技术手段,以更好地服务于水环境治理和生态修复事业。

3.3　疏浚泥土处理与利用技术

疏浚泥土的处理与利用技术在生态疏浚工程中占据至关重要的地位。随着环保意识的提升和资源循环利用需求的增加,这一环节的技术创新与应用显得尤为重要。在处理技术方面,脱水与固化成为疏浚泥土转化再利用的关键步骤。脱水技术能够有效地降低泥土的水分含量,提高其稳定性,为后续利用奠定基础。而固化技术则通过添加固化剂,使泥土达到一定的强度和稳定性,从而满足再利用的要求。在利用技术方面,土地回填和建筑材料生产成为疏浚泥土资源化利用的主要方向。土地回填是将处理后的疏浚泥土用于土地平整、低洼地填充等场景,既解决了泥土的处置问题,又实现了土地资源的有效利用。而建筑材料生产则是将疏浚泥土转化为砖瓦、砌块等建筑材料,进一步拓宽了其利用领域。这些利用途径的实现,不仅促进了资源的节约和循环利用,也为生态疏浚工程的可持续发展提供了有力支撑。

3.4　生态护岸技术应用

生态护岸技术在生态疏浚工程中占据着举足轻重的地位,其应用对于维护河岸稳定、促进生态恢复以及提升景观价值具有深远影响。在生态护岸技术的具体应用中,多种生态型材料如植被混凝土、生态砖等被创新性地引入。这些材料不仅具有良好的结构稳定性,能够有效抵御水流冲刷,保护河岸安全,同时其内部的孔隙结构还为植物生长提供了适宜的环境。植被的生长又进一步增强了护岸结构的稳定性,并促进了河岸生态系统的自然恢复。

构建多层次、多功能的生态护岸系统已成为当前的研究热点。这类系统通过合理配置不同种类的植物、设置渗透性良好的过滤层以及建立有效的排水系统,实现了对雨水的自然净化、对洪水的缓冲以及对地下水位的调节。这种综合性的生态护岸系统不仅显著提升了河岸的生态服务功能,还为周边的居民提供了更加宜居的环境。

生态护岸技术的成功应用离不开科学的规划与设计。在规划阶段,需要充分考虑河岸的地形地貌、水文条件以及生态环境现状,制订切实可行的生态护岸方案。在设计阶段,则需注重细节的创新与优化,如选择合适的生态型材料、配置合理的植物群落以及设置必要的监测设施等,以确保生态护岸系统能够长期稳定地运行。

4 生态疏浚工程发展方向与研究重点

4.1 发展方向

作为应对水体污染和生态退化问题的重要手段,生态疏浚工程未来的发展方向可谓多元且充满挑战。技术创新和应用领域的拓展将是推动该领域持续进步的两大核心动力。

(1)技术创新

智能化、自动化将成为疏浚设备发展的重要趋势,借助先进的传感器、控制系统和人工智能技术,实现疏浚作业的精准化、高效化和无人化。此外,新材料、新工艺的研发与应用也将为生态疏浚工程带来新的突破,比如开发更环保、耐用的疏浚材料,研究更高效的底泥污染物去除技术等。

(2)应用领域拓展

生态疏浚工程不再局限于传统的河流、湖泊等水体治理,将向更广泛的领域延伸。例如,随着海洋经济的快速发展,海洋环境的保护与修复日益受到重视,生态疏浚技术在海洋工程中的应用将成为一个新的研究热点。此外,城市水体、工业废水处理等领域也将成为生态疏浚技术的重要应用场所,通过与城市规划、工业生产等领域的深度融合,共同推动水环境的持续改善。

(3)跨学科合作与交流

跨学科合作与交流将是推动生态疏浚工程发展的关键。生态学、水利工程、环境工程、材料科学等多个学科的交叉融合,将为生态疏浚工程带来更多的创新思路和解决方案。通过搭建跨学科的研究平台,加强国内外学者之间的合作与交流,共同推动生态疏浚技术的创新与发展。

生态疏浚工程在未来将迎来技术创新和应用领域拓展的双重机遇。通过不断的技术革新和跨学科的合作与交流,生态疏浚工程将在解决水体污染和生态退化问题上发挥更大的作用,为人类社会和自然环境的可持续发展做出重要贡献。

4.2 研究重点

在未来的生态疏浚工程研究中,以下几个关键领域和问题值得重点关注。

(1)设备性能的提升

当前,虽然疏浚设备在技术和效率上已有显著进步,但仍存在进一步优化的空间。例如,研发更高效、更环保的疏浚机械,减少作业过程中的能耗和污染物排放,将是未来研究的重要方向。此外,提高设备的智能化水平,实现精准疏浚和自动化作业,也是提升设备性能的重要途径。

(2)工艺的优化

生态疏浚工艺的优化不仅关乎工程效果,还直接影响工程成本和环境影响。未来研究应关注如何根据不同的水体污染状况和生态环境需求,制订更科学、更合理的疏浚方案。同时,探索将生物修复技术、纳米技术等新兴技术融入生态疏浚工艺中,以进一步提升工程效果和环境效益。

(3)泥土处理与利用技术的创新

随着环保意识的提高和资源循环利用需求的增加,如何更有效地处理和利用疏浚泥土成为亟待解决的问题。未来研究应致力于开发更高效、更环保的泥土处理技术,并探索将处理后的泥土应用于土地回填、建筑材料生产等领域,实现资源的最大化利用。

(4)生态护岸技术的进一步完善

生态护岸技术在维持河岸稳定、提升生态环境质量方面发挥着关键作用。未来研究应关注如何结合新材料、新技术,构建更加稳固、多功能的生态护岸系统,以适应不同地域和环境条件下的河岸保护需求。同时,加强生态护岸技术与景观设计的融合,提升河岸的美学价值,也是值得深入探讨的课题。

未来生态疏浚工程的研究应重点关注设备性能提升、工艺优化、泥土处理与利用技术创新以及生态护岸技术的进一步完善等领域和问题。通过不断深入的研究和实践,有望推动生态疏浚工程技术的持续进步和发展,为水环境治理和生态修复提供更有力的支撑。

5 结语

随着全球环境保护意识的日益增强和水资源问题的不断凸显,生态疏浚工程在水环境治理和生态修复领域的重要性愈发显著。展望未来,生态疏浚工程的发展将迎来更多的机遇与挑战。期望在技术创新方面取得更大突破。未来的生态疏浚工程应注重研发新型、高效的疏浚设备,提高疏浚作业的自动化和智能化水平,减少人力成本,提升工作效率。同时,应持续优化疏浚工艺,探索更加环保、经济的施工方法,降低工程对环境的负面影响;建议在应用领域方面进一步拓展。生态疏浚工程不仅应用于河流、湖泊等淡水环境,还可尝试在海洋、河口等复杂水域环境中进行应用。此外,随着城市化进程的推进,城市水体的生态修复需求日益迫切,生态疏浚工程在城市水环境治理中将发挥更加重要的作用;期望在泥土处理与利用方面实现更高水平的资源化。未来的生态疏浚工程应更加注重疏浚泥土的资源化利用,通过研发新型处理技术和探索多元化利用途径,将疏浚泥土转化为有价值的资源,实现变废为宝,促进循环经济的发展。

主要参考文献

[1] 曾宏,刘世豪. 河道生态疏浚及其对环境的影响研究[J]. 价值工程,2024,43(19):1-4.

[2] 左甲鹏,陈一梅,周剑雄. 基于生态保护的内河航道生态疏浚探讨[J]. 中国水运,2014,14(3):176-178.

[3] 陶琛杰,顾晓惠,周健. 浅析河湖生态清淤及淤泥固化技术的研究与运用[J]. 江苏水利,2014(07):42-44.

[4] 陈学蓉. 河道疏浚工程的常见难点和淤泥的处理措施[J]. 资源节约与环保,2018(7):2.

[5] 谢培进,丁志勇. 内河航道疏浚治理施工中的生态影响及其对策分析[J]. 中国水运,2020,20(1):128-129.

格栅分离式无缠堵装备设计及城市河道疏浚领域应用研究

徐 岗

(浙江省疏浚工程有限公司,浙江湖州 313000)

摘 要:本文主要介绍了格栅分离式无缠堵装备设计及城市河道疏浚领域应用研究,通过设计制造格栅分离式无缠堵疏浚装备、提升自动化水平,显著提高了城市河道清淤效率与稳定性。文章还分析了装备从设计制作到实地试验验证全过程,较为全面地评估了上述设备城市河道清淤效率与性能表现。此外,文章强调了影响设备性能的关键因素,并提出了优化建议。

关键词:分离式;无缠堵;河道疏浚

1 引言

1.1 研究背景与意义

在当前城市飞速发展,环保需求日益凸显的时代背景下,城市淤积河道的有效治理成为了提升城市生态民生环境的重要工作。河道淤泥内的垃圾废弃物作为疏浚管道堵塞的主要成因。长久以来,其清理工作一直困扰着疏浚从业者。传统的水上人工捞取废弃物作业方法存在着施工粗放、精度低,废弃物提取效率不足等情况,大大影响了疏浚施工进度。因此,我们急需研发一种自动化程度较高,兼顾废弃物提取效率及提取精度的一套专用设备,用以解决上述问题。希望能进一步推动疏浚行业技术创新与产业升级。

1.2 格栅分离式无缠堵装备简介

格栅分离式无缠堵装备作为城市河道疏浚领域的关键设备,其工作原理、结构组成与设计理念均基于实际施工遇到的淤泥废弃物过多造成疏浚管道堵塞的作业情况。

工作原理方面,格栅分离式无缠堵装备凭借其独特的旋转耙齿设计,实现了对淤泥中各类废弃物的有效抓取与提升。这一过程中,耙齿链在淤泥中持续低速旋转,其上的耙齿能够捕捉并积聚各类常见废弃物,随后通过提升装置将这些废弃物带出水面。一旦废弃物被提升至水面以上,配套的输送装置便立即介入,将累积的废弃物快速高效地输送至指定区域进行后续运输安置处理。这一系

作者简介:徐岗,男,高级工程师,主要从事疏浚装备设计制造工作,E-mail:544719279@qq.com。

列连的工作流程,不仅显著提高了淤泥废弃物的提取效率,还有效减少了人工干预的需求,降低了运维成本。

在结构组成设计方面,格栅分离式无缠堵装备展现了高度的集成化与模块化特点。格栅机架作为整个设备的核心力学框架,可防止装备发生应力变形,确保各部件的稳定运行;传动装置则是动力传递的核心,驱动耙齿链实现连续旋转;耙齿链系统的设计布置则是工艺难点,其材质的选择需兼顾耐磨性与抗腐蚀性,形状与排列方式则直接影响到废弃物的提取效果与效率。提升装置与输送装置的协同工作,实现了废弃物从钩取到卸料的无缝衔接。最后,控制系统作为整个设备的"大脑",通过控制各部件的运行状态,确保整个废弃物提取过程的高效、稳定与可靠。

1.3　研究目的和内容

本章旨在探讨格栅分离式无缠堵装备的设计应用及其性能优化策略,为城市河道疏浚领域的技术革新与效率提升提供坚实的理论基础与实践指导。

在结构设计方面,本研究将聚焦于格栅分离式无缠堵装备整体架构的合理性与高效性。通过精细的力学分析与流体动力学模拟,我们将优化关键部件的几何形状与布局,以减少水流阻力,增强污物捕捉能力。同时,考虑到设备的耐久性与维护便捷性,我们将基于实用性与高效性的设计理念,便于部件的更换与升级,从而延长设备使用寿命,降低维护成本。具体而言,优化将涉及主梁、耙架以及驱动系统的空间配置,确保结构紧凑、运行平稳。

传动装置效率的提升,则是本研究的另一重要内容。我们将分析现有传动系统的能量损耗环节,通过采用先进的传动技术与材料,如高精度齿轮副、低摩擦轴承以及高效的电液驱动系统,来减少机械摩擦与能量转换过程中的损失。同时还将引入智能调速控制技术,根据实际施工需求自动调节传动效率,实现能源的最大化利用。

针对耙齿链材质与形状的选择,我们将基于废弃物类型、土质条件及运行环境的综合考量,选取耐磨损、耐腐蚀且具有良好自洁能力的材料,如高性能合金钢或特种塑料复合材料。同时,通过优化耙齿的几何形状与排列方式,增强其对不同形态废弃物的抓取能力与提取效率,确保施工作业过程的连续性与有效性。

控制系统的智能化与安全策略,是实现格栅分离式无缠堵装备性能稳定的关键一步。我们将集成先进的传感器技术、数据处理算法与监控平台,构建智能化的控制系统。该系统不仅能够实时监测设备的运行状态与装备抓取效果,还能通过分析各构件的传感设备,实现装备预警与紧急制动。

通过上述措施,我们期望能够显著提升格栅分离式无缠堵装备的抓取提升效率、降低能耗,保证安全施工,为城市河道疏浚行业带来显著的环境效益与经济效益。

2　格栅分离式无缠堵装备设计原理

2.1　格栅分离式无缠堵装备结构特点

在格栅分离式无缠堵装备研发中,整体框架的设计是关键一环。其框架整体采钢桁架结构,保证装备运行的整体稳定性;通过受力分析,采用符合强度要求的材料进行安装布置。

耙齿作为废弃物提取过程中的核心构件之一,其结构设计同样至关重要。耙齿及其连接杆件采用高强度不锈钢材料,用以防止提取废弃物过程中耙齿由于外力而发生形变,同时不锈钢的内腐蚀性也可大大延长耙齿使用寿命。对耙齿间距和角度应进行提取试验并精确计算,在确保的提取效果的同时还需在一定限度上减少工作过程中的阻力,使设备运行更为顺畅。

高效的驱动系统是格栅分离式无缠堵装备的基石。通过采用自行设计的液压系统和减速器组合,为设备提供了稳定而强大的动力输出。该驱动系统设计紧凑,不仅便于日常维护,更具备过载保护功能,从而确保了设备在各种工作环境下都能安全运行。

在智能化方面,格栅分离式无缠堵装备通过配备先进的 PLC 控制系统,实现了高度的自动化控制功能。操作人员仅需通过直观的操作界面,就能轻松设定动作参数,同时安全保护模块实时监控设备状态,并能在第一时间接收到故障反馈采取安全措施,从而大大提高了设备的管理效率和运行安全性。

2.2 工作原理及流程

格栅分离式无缠堵装备(图 2-1)作为处理城市河道淤积废弃物的关键设备,其高效运作机制及精细化工作流程是实现城市疏浚管道无堵塞的重要基石。该设备凭借其独特的工作原理,通过疏浚作业与废弃物提取协同作业,展现出了卓越的环境适应能力。

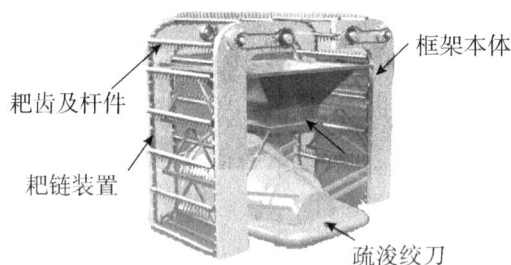

图 2-1 格栅分离式无缠堵装备示意图

在工作原理层面,格栅分离式无缠堵装备巧妙利用旋转链架的圆周运动,驱动固定在链架上的耙齿深入淤泥,实现对淤泥中废弃物的提取及输送的功能。这一过程中,耙齿的锋利边缘有效切割、缠绕并提升各类污物,包括但不限于瓶罐、塑料袋、水草等难以降解的杂物,将它们从淤泥中剥离并带出水面。随着臂架的持续旋转,污物被稳妥地提升至格栅上方,随后通过特定的废弃物剔除装置,滑入预先设置的收集装置中,从而实现废弃物与淤泥的彻底分离,为疏浚开挖及淤泥输送创造了有利条件。

在工作流程方面,当操作人员启动设备后,旋转链架在液压马达的带动下缓缓启动,初始阶段,耙齿以较低的速度进入淤泥并开始接触污物。随着转速的平稳提升,耙齿的抓取效率也随之增加,最终形成了一个连续、高效的水下废弃物提取分离的闭环。控制系统作为整个流程的"大脑",实时监测设备的运行状态、液压压力、旋转速度等关键参数,确保所有部件均在最优工况下运行。一旦发现异常,如过载、卡顿等情况,系统将迅速做出反应,采取保护措施并发出警报,以防止设备损坏或事故发生。

2.3 设计参数与性能指标

格栅分离式无缠堵装备的构建基石在于如何根据实际工况精准配置其关键组件的参数。旋转链架作为动力输出末端执行的主要部分,其长度和宽度直接关联到作业覆盖范围,而其直径与材料选择则影响强度和耐用性。转速的可调控制系统对于优化清理效果、减少能耗具有至关重要的作用。耙齿作为直接接触废弃物的部件,其材质需兼顾耐磨性与抗腐蚀性,形状设计则影响着清理的精细度与效率,耙齿间的合理间距与角度布置,确保了废弃物能够被有效刮除并且减少对水流的阻力。驱动系统作为动力源泉,其功率配置需充分考虑实际工况需求,以确保充足的动力输出,同时减速比的设计也直接关系到运转的平稳性与能效比。控制系统作为智能大脑,集成了自动检测、智能调节等功能,其稳定性与高精度是保障设备连续稳定运行的关键。

综上所述,系统深入地理解并精确配置格栅分离式无缠堵装备的设计参数(表 2-1),不断优化其性能指标,是推动其在更多理场景中广泛应用与高效运行的关键所在。

表 2-1 主要技术参数选择范围

主要技术参数选择范围	参数区间	备注
耙杆间距/mm	200～450	根据前期勘测废弃物特征调整
整体高度/m	3.5～5	根据城市河道最大挖深
安装角度/°	75～90	视现场施工工况而定
最大提升重量/kg	0～200	
抓取能力/(t/h)	2～5	根据现场废弃物分布密度调整
单体重量/t	0.8～2	
齿耙宽度/m	1～2.5	根据挖泥船绞刀单次进刀长度调整
回转速度/(m/min)	15～30	设置可控调速液压装置
栅条间距/mm	50～150	根据前期勘测废弃物特征调整
牵引链条拉力极限/kN	9.8～19.6	根据格栅装备最大宽度调整

3 评价与总结

3.1 应用效果

在深入分析格栅分离式无缠堵装备的性能优势时,其高效清理、高度自动化、卓越分离效果的特性尤为显著,共同构成了该设备在城市内河疏浚领域广泛应用的基础。

根据上述疏浚场景,格栅分离式无缠堵装备在城市河道进行了实地现场试验。主要体现了以下试验特征:

(1)分离效率

格栅分离式无缠堵装备采用独特的连续回转运动机制,这一设计极大地提升了废弃物清理分离作业的速度与效率。面对淤泥中的固体杂物、橡胶柔性制品等废弃物,上述设备都能通过其高效的工作模式迅速完成分离提升任务。这种水下废弃物分离设备不仅缩短了施工周期,还降低了维护成本,满足了城市河道疏浚工况下对废弃物筛分的严格要求。

(2)固液分离特性

格栅分离式无缠堵装备在固液分离方面展现出了卓越的性能。通过精密设计的耙齿链与格栅结构,设备能够有效地将淤泥中的固体废弃物与淤泥分离,确保清理出的固体废弃物后淤泥会被绞吸进入疏浚管道进行后续处理。这种高效的分离确保了疏浚管道畅通无阻,避免堵管现象,提高了整个疏浚流程的效率与效果。

（3）噪声控制方面

格栅分离式无缠堵装备采用了全液压电控工艺,有效降低了设备运行时产生的噪声,提高了上述设备在城市当中施工的适应性。其静音性能有效避免了噪声污染对疏浚施工的不利影响,同时也符合现代环保理念的要求。

3.2 问题与分析

通过实地试验,同样也发现了格栅分离式无缠堵装备的一些不足之处,因此上述装备将继续改进优化,提高性能及适应性。

（1）装备整体重量较大的问题

在试验中发现,虽然试制的格栅分离式无缠堵装备已达到设计重量要求,但是在正式作业过程中,由于废弃物自身重量及驱动及提升惯性问题无形中增加了装备的整体荷载。因此,轻量化材料的应用将作为后续装备的主要结构优化重点。后续将采用高强度、低密度的合金材料作为装备结构主体构件。希望能在进一步减轻设备的整体重量的同时兼顾装备的运行稳定性与响应速度。

（2）装备整体结构布置与控制系统配合问题

试验中发现,装备只能单一安装在某一艘绞吸式挖泥船上,无法通配其他船舶,同时其控制系统电源接入模式单一,不利于适应多种工况。因此后续装备的模块化设计构建方式与控制系统兼容配合将是优化的努力方向。通过将装备分解为多个独立模块,每个模块均可根据具体需求进行定制化设计与生产。这种设计不仅简化了设备的安装流程,还极大地提高了装备适应性。各模块之间的灵活组合,使得装备能够迅速适应不同工况下的作业要求,进一步提升了设备的适应性与灵活性。

3.3 结语

在城市河道治理力度日益加大的背景下,格栅分离式无缠堵装备作为关键的水下淤泥废弃物处理设备,其技术工艺与实用效能显得尤为重要。本文浅析格栅分离式无缠堵装备的核心技术与设计原理,结合实际施工现状实现了技术层面与应用层面的有效链接。通过集成综合控制电液系统、PLC控制系统,实现了设备的实时状态监测、故障预警等功能。格栅分离式无缠堵装备的出现为城市河道疏浚行业带来了全新的解决方案,势必在将来城市疏浚行业中发挥重要作用。

主要参考文献

[1] 吴慧生.河道清淤疏浚施工关键技术分析.山西科技,2019,34(2):134-136.

[2] 方学智,张正艺,王琳.工程船舶设计原理[M].北京:清华大学出版社,2022.

长江干流取水口疏浚措施初步研究

——以洪湖老闸水厂为例

唐金武[1]　郭大卫[1]　叶小云[1]　姚尉迟[2]

（1. 长江勘测规划设计研究有限责任公司，湖北武汉　430072；

2. 长江洞庭湖水利事务中心，湖南岳阳　414021）

摘　要：长期以来，长江干流两岸建设了大量的取水口为沿江地区社会经济发展提供水源。然而，由于长江来水来沙过程复杂，河道冲淤多变，局部河道河势不稳，部分取水口前沿河床淤积导致取水口不能正常取水。为保障取水口充分发挥效益，对淤积的取水口前沿河床进行疏浚十分必要。本文以长江干流界牌河段洪湖老闸水厂取水口为例，分析了其淤积原因及相关影响，探讨了疏浚方案，可为其他取水口疏浚提供参考。

关键词：淤积分析；取水口；疏浚；长江

1　引言

长江是中国第一大河，水资源总量占全国的 35%，流域面积约占全国的 1/5，人口占全国的 1/3。随着社会经济的发展，长江干流沿线布设了大量取水口，为沿江城镇、农田、工矿企业等供水。然而，长江河道水沙过程复杂，河道冲淤多变，局部河势调整较为剧烈，有的取水口因河床淤积导致不能正常取水，严重影响人民群众生活、生产以及社会经济发展。本文以长江干流界牌河段洪湖老闸水厂取水口为例，分析了该取水口存在的问题及相关影响，剖析了取水口淤积的原因，并探讨了疏浚方案，可为长江干流河道其他取水口疏浚提供借鉴。

2　老闸水厂基本情况

2.1　水厂概况

洪湖老闸水厂始建于 20 世纪 60 年代末，位于长江干流界牌河段新淤洲—南门洲左汊（航道部门称新堤夹水道）左岸，对应洪湖长江干堤桩号 505+490～505+540（位置见图 1-1）。水厂取水方式为缆车式，主要由泵车、坡道、输水斜管和牵引设备组成，通过卷扬机绞动钢丝绳牵引设有水泵机组

作者简介：唐金武，男，高级工程师，主要从事河道治理规划设计研究工作，E-mail：jinwu_tang@foxmail.com。

的泵车,使其沿着斜坡上的轨道随着水位的涨落而上下移动取水。水厂供水范围为洪湖市城西区茅江片区,设计日供水能力2万t。该水厂取水点是洪湖市居民生活生产的重要水源地之一,对保障人民群众日常生活安全用水和城区的经济社会发展发挥了重要作用。

2.2 淤积情况

根据取水口附近河道历年实测地形资料,自2006年以来,取水口前沿河床持续淤积抬高,2006—2016年最深点淤积抬高约9m,近岸深槽已萎缩消失(图2-2)。2006—2020年,取水口附近河床累计淤积12.4万m³,淤积厚度1.5m。受其影响,老闸水厂取水口日取水量无法达到设计值,水压等各项指标异常,茅江片区不得不减压、限时、减量供水,严重影响了人们的正常生产生活。

图2-1 老闸水厂位置示意图

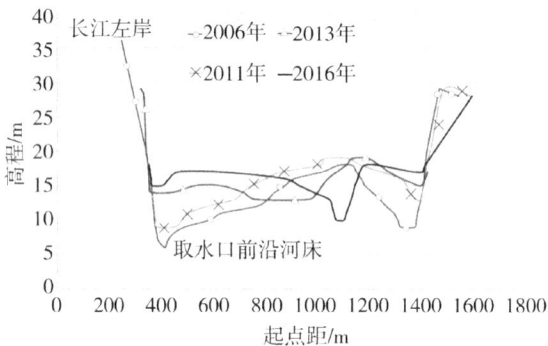

图2-2 取水口前沿河床2006—2016年变化图

3 淤积原因分析

大量水利工作者对界牌河段河道演变进行了研究,本文不再赘述界牌河段历年演变过程及规律,而是着重探讨老闸水厂取水口前沿淤积的原因。

(1)来水来沙条件

三峡水库于2003年开始蓄水后,大量泥沙被拦截在水库里,坝下游河道含沙量锐减。据统计,取水口上游30km处的螺山水文站1954—2002年平均流量为20500m³/s,平均含沙量为0.632kg/m³;螺山水文站2003—2021年平均流量变化不大,为19800m³/s,但是平均含沙量降至0.133kg/m³,仅为三峡水库建库前的21%。表3-1为三峡水库建库前后界牌河段冲淤变化,从表中可以看出,2003—2006年界牌河段有所淤积,2006年以后河段整体呈冲刷趋势。但是这并不能说明上游来水来沙变化导致取水口前沿河床淤积,2003—2006年尽管有所淤积,但是2006年以后大幅冲刷,2006年以后取水口前沿淤积情况并没有随河床冲刷有所改善,反而仍呈淤积态势(图2-2)。因此,上游来水来沙条件不是取水口淤积的原因。

表3-1　　　　　　　　　　三峡水库建库前后界牌河段冲淤变化　　　　　　　　　　(单位:万m³)

时段	冲淤量/万m³		
	枯水	平均	平滩
2001—2003年	605	−478	−1695
2003—2006年	1076	1711	1812

时段	冲淤量/万 m³		
	枯水	平均	平滩
2006—2008 年	−1653	−982	−644
2008—2011 年	−26	−66	262
2011—2016 年	−7398	−7504	−7246
2003—2016 年	−8001	−6841	−5816

（2）上游河势

上游河势调整往往会向下游传递,进而引起下游河势的变化。界牌河段上段为顺直河段,其演变遵循顺直段的典型演变特征,即两岸交错边滩周期性下移,右岸的下边滩 1981、2006 年从儒溪逐渐下移至叶家洲附近(图 3-1)。对比新堤夹水道分流比(图 3-2)可以看出,1981、2005 年左右新堤夹(新淤洲左汊)分流比接近或超过 50%,进一步分析表明,当下边滩下移至叶家洲附近时,新淤洲右汊进流条件较差,而新堤夹水道进流条件较好,更多水流进入新堤夹,导致其水动力增强,有利于冲刷,分流比增加。有关研究也证实了这一点。因此,2006 年以来,位于新堤夹内的老闸水厂取水口前沿淤积的主要原因应是上游河势变化导致新堤夹进流条件较差、分流比大幅减小。

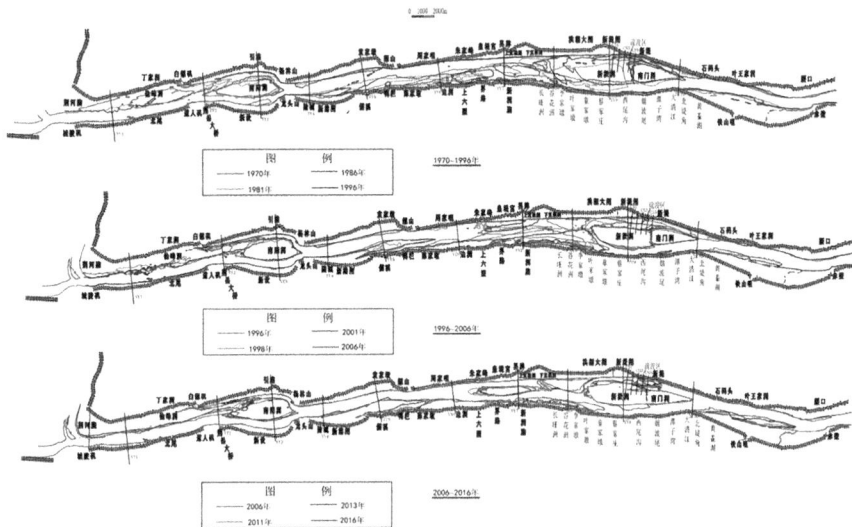

图 3-1　界牌河段 15m 等高线变化

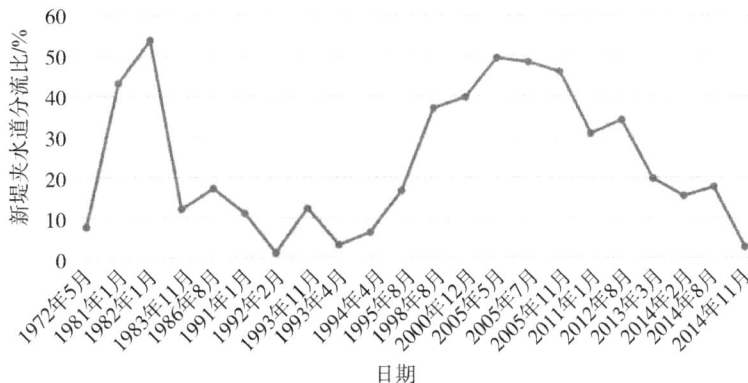

图 3-2　新堤夹水道分流比

（3）其他因素

1994—2000 年，实施了界牌河段综合治理工程，建设内容包括新淤洲洲头的一座鱼嘴、新淤洲与南门洲之间一道锁坝和河道右岸上边滩上的 14 道丁坝，以及左岸界牌以上 9.7km，右岸长旺洲至大清江 12.8km 的护岸工程。工程的实施有力促进了界牌河段航运通畅、防洪安全。从工程布置来看，工程实施并没有明显影响新堤夹水道进流条件，工程实施后，受周期性演变影响，新堤夹水道分流比呈增加趋势（图 3-2）。

2012—2014 年，实施了界牌河段航道整治二期工程（图 3-3），主要建设内容包括采取鱼嘴和鱼刺护滩的形式在新淤洲前沿布置了 3 道护滩带对过渡段进行守护，对左岸下复粮洲一带 1km 长的岸线进行守护；对右岸簍洲附近 4km 长的已有护岸进行加固。工程实施后，遏制了新淤洲头部低滩的冲刷，改善了新淤洲右汊进流条件，有利于改善航道条件，但是同时也使得新堤夹进口难以冲开，进流条件一直维持较差的态势，对新堤夹及老闸水厂取水口的前沿淤积有一定影响。

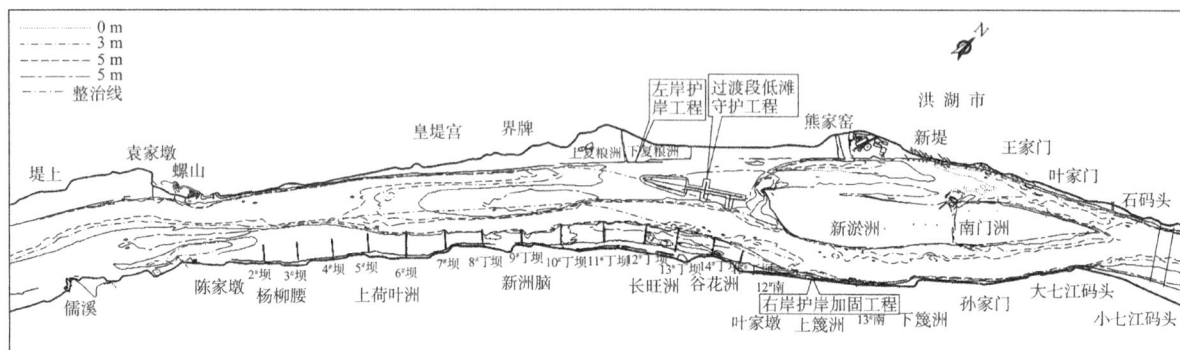

图 3-3　界牌河段航道整治二期工程平面布置示意图

4　疏浚方案研究

4.1　方案平面布置原则

本次疏浚方案平面布置遵循以下原则：
①不能对工程河段河势产生不利影响。
②不能对防洪、航运以及第三人合法水事权益等产生不利影响。
③能在一定时期内缓解因淤积引起的取水困难。

4.2　方案平面布置

前述分析表明，上游河势调整导致新堤夹进流条件较差是老闸水厂取水口前沿河床淤积的主要原因，但是难以通过工程措施改变上游河势自然演变规律从而彻底解决老闸水厂取水口前沿淤积的问题。尽管对新堤夹进行大范围疏浚，增强水流动力，可以保障老闸水厂取水口更长时间正常运行，但是该方案对工程河段河势、航运会产生不利影响，而且经济性不高，因此考虑对取水口局部区域进行疏浚维持一定时期内取水条件。

根据《湖北省乡镇集中式饮用水水源地保护区划分方案》，老闸水厂水源地一级保护区范围为：

取水口上游 1000m 至下游 100m 的水域,宽度为长江中泓线至取水口侧防洪堤以内的水域。本次拟实施疏浚的范围不超过老闸水厂水源地一级保护区,在有效改善取水条件的同时尽量减小疏挖量,避免造成不利影响。综合上述考虑,以取水口上游 100m 至下游 100m、前沿至江侧宽 200m(即取水口前沿 200m×200m)为基本疏挖区域,为改善该区域取水条件,将该区域沿平行水流方向向上游适当延伸 300m,并保持垂直水流方向宽度不变。最终形成取水口上游约 300m 至下游约 100m,前沿至江侧宽约 200m 的疏浚范围,总疏浚面积约 8 万 m²(图 4-1)。

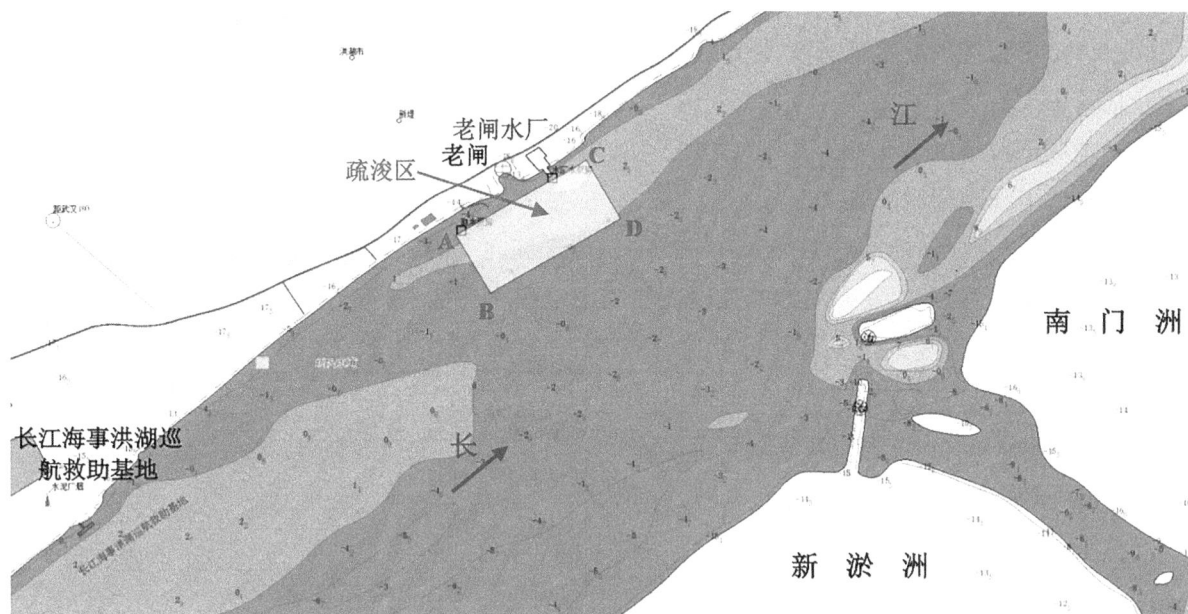

图 4-1 老闸水厂取水口疏浚区平面布置图

4.3 疏浚控制高程及疏浚量

(1)疏浚控制高程

为确保老闸水厂取水口在设计最低运行水位下仍能正常取水,本次按式(4-1)计算确定疏浚控制高程。

$$Z_{疏浚底高程} = Z_{最低运行水位} - H_{淹没水深} - H_{管径} - H_{下缘高度} \qquad (4\text{-}1)$$

式中:$Z_{最低运行水位}$——设计最低日平均水位;

$H_{淹没水深}$——取水口淹没水深;

$H_{管径}$——取水口管径;

$H_{下缘高度}$——取水口下缘距河床高度。

各项取值分述如下:

1)设计最低日平均水位 $Z_{最低运行水位}$

老闸水厂建成年代久远,原始设计文件缺失,本次根据现有规范和资料进行分析其设计最低水位。根据《泵站设计规范》(GB/T 50265—97),工业、城镇供水泵站从河流、湖泊、水库、感潮河口取水时,最低运行水位应取水源保证率为 97%～99% 最低日平均水位。《内河通航标准》(GB 50139—2004)及《长江干线通航标准》(JTS 180—4—2020)规定,Ⅰ、Ⅱ级航道的多年历时保证率大于 98%。

因此,老闸水厂的最低运行水位可参考采用长江干线航行最低基准面。宜昌—武汉段最新制定颁布的航行基准面为1982年修订的航行基准面,其中螺山、龙口分别为14.72、12.86m(黄海高程,下同),计算可得新堤夹航行基准面为13.98m。根据长江洪湖航道管理处近3年的水文数据,经推算求得新堤水道航行基准面也为13.98m,两者一致,因此确定老闸水厂的最低运行水位取为13.98m。

2)取水口淹没水深 $H_{淹没水深}$

根据《室外给水设计标准》(GB 5008—2008),当进水口淹没水深不足时,会形成漩涡,带进大量空气和漂浮物,使得取水量大大减小,一般取值为0.45~3.2m,最小淹没深度不宜小于1.0m。老闸水厂取水口位于长江中游界牌河段,风浪影响大、水位变幅大,取水口淹没水深取1.5m。

3)管径 $H_{管径}$

根据现场调查情况,老闸水厂取水口管径为0.3m。

4)取水口下缘距河床高度 $H_{下缘高度}$

根据《室外给水设计标准》(GB 50013—2008),位于江河上的取水构筑物最底层进水孔下缘距河床的高度,应根据河流的水文和泥沙特性以及河床稳定程度等因素确定,不宜小于1.0m。新堤水道近期演变趋势为淤积萎缩,为避免河道进一步淤积使取水条件恶化,取水口下缘距河床高度取1.5m。

综上,老闸水厂取水口疏浚底高程为13.98−1.5−0.3−1.5=10.68m。

（2）疏浚量

根据地勘资料,疏浚范围床砂为细砂,疏浚断面边坡坡比确定为1∶5。结合疏浚控制高程,根据工程区实测1∶2000测图,计算得到总疏浚量为13.7万 m^3。

5 结语

本文基于实测资料分析了老闸水厂取水口前沿河床淤积的原因,并初步探讨了疏浚方案,主要结论如下:

①老闸水厂取水口前沿河床自2006年以来持续淤积抬高,2006—2016年最深点淤积抬高约9m,受其影响,老闸水厂日取水量、水压无法达到设计值,其供水的茅江片区不得不减压、限时、减量供水,严重影响了人民正常的生产生活。

②老闸水厂取水口前沿河床淤积受河道自然演变、航道整治工程等的影响,主要还是上游河势自然演变恶化了新堤夹进流条件,导致新堤夹汊道淤积。

③综合考虑防洪、河势、航运等的要求以及本次疏浚需求,拟定的疏浚面积约8万 m^2,疏浚底高程为10.68m,总疏浚量约13.7万 m^3。

主要参考文献

[1] 长江干流沿岸近500个取水口均遭污染[J]. 环境污染与防治,2014,36(12):110.

[2] 李荣彬. 长江中游界牌河段航道整治工程及效果分析[J]. 水运工程,2018(12):172-177.

[3] 王佳妮,邹振华. 三峡水库蓄水后长江中游界牌河段河床 演变特性分析[J]. 水利水电快报,2019,40(12):14-17.

［4］　周成成,黄俊. 长江中游界牌河段过渡段航槽近期变化及趋势预测[J]. 水运工程,2014(11):77-82.

［5］　张慧,沈华中,张文二. 长江界牌河段河道演变与综合治理效果分析及后续整治思路[J]. 长江科学院院报,2012(7):1-5.

［6］　孙贵洲,刘常春. 长江中游界牌河段综合治理研究与实践[J]. 人民长江,2009,40(22):11-13.

［7］　由星莹,唐金武,张小峰,等. 长江中下游阻隔性河段特征及成因初步研究[J]. 水利学报,2016,47(4):545-551.

［8］　由星莹,唐金武,张小峰,等. 长江中下游阻隔性河段作用机理[J]. 地理学报,2017,72(5):817-829.

［9］　唐金武. 长江中下游河道演变及航道整治方法[D]. 武汉:武汉大学,2012.

环保绞吸与机械脱水固化联合工艺在外秦淮河清淤工程中的应用

方阳扬　向守亮

(浙江省疏浚工程有限公司,浙江湖州　313000)

摘　要:本文探讨了环保绞吸与机械脱水固化联合工艺在外秦淮河清淤工程中的创新应用。该联合工艺通过绞吸式挖泥船的高效挖掘与输送,结合机械脱水固化系统的深度处理,实现了淤泥的高效清除与资源化利用。本文详细介绍了联合工艺的技术原理、实施方案、施工管理与质量控制以及环境保护与水土保持措施。通过工程实践,该工艺不仅显著提升了河道的疏浚效果与行洪能力,还促进了河道生态的修复与生物多样性的提升。同时,从社会经济效益角度分析,该工艺有效降低了征地成本,提升了泥饼的再利用价值,为地方经济的可持续发展与居民生活环境的改善做出了积极贡献。

关键词:环保绞吸;机械脱水固化;清淤工程

1　引言

随着城市化进程的加快,河流淤积问题日益严重,对河道行洪能力、水质及生态环境造成了严重影响。外秦淮河作为南京市的重要水系,其清淤治理工作显得尤为重要。传统清淤方法存在效率低、成本高、环保性差等问题,难以满足现代河道治理的需求。因此,探索高效、环保、经济的清淤工艺成为当前研究的热点。本文基于环保绞吸与机械脱水固化联合工艺,结合外秦淮河清淤工程的实际需求,对该工艺的应用进行了深入研究,旨在为解决河流淤积问题提供新的思路与方案。

2　工程概况

工程位于外秦淮河一标段,具体范围自中和桥至集庆门桥(不含集庆门桥),桩号 K10＋100 至 K15＋770,全长约 5.67km,其中实际疏浚河道长度为 4.92km。项目旨在通过一系列综合性工程措施,恢复河道生态功能,提升水质环境。主要工程内容涵盖:

①对河道进行深度疏浚,预计清淤总量达 49.66 万 m³,以恢复河道的自然水深与行洪能力。

作者简介:方阳扬,男,助理工程师,主要从事河湖疏浚研究工作,E-mail:664860294@qq.com。

②实施岸坡防护工程,对 K12＋850 至 K13＋220 段左岸长约 370m 的区域进行抛石防护,以增强岸坡稳定性。

③开展生态修复,包括常水位以下 0.37km 的生态区域恢复与常水位以上 1.3km 的花池改造,旨在重建河道生态系统,提升生物多样性。

④落实水土保持与环境保护工程,确保施工活动对周边环境的影响最小化。该工程计划工期为 480 日历天,自 2021 年 9 月 22 日开工,于 2023 年 1 月 15 日完工,工程质量将严格遵循设计及规范要求,确保达到合格标准。

3　环保绞吸式挖泥船的应用

3.1　环保绞吸式挖泥船的技术特点

环保绞吸式挖泥船在外秦淮河清淤工程中展现出了显著的技术优势,尤其体现在其对淤泥扰动与扩散的有效控制上。相较于传统挖泥方式,环保绞吸式挖泥船通过其独特的作业机制,能够更为精准地挖掘并输送淤泥,显著降低了挖掘过程中对河道底部及周围水体的扰动。这一特性不仅有助于保持水体的清澈度,减少悬浮颗粒物的产生,还避免了因淤泥扩散而导致的二次污染问题。此外,环保绞吸式挖泥船还具备高度的适用性,能够灵活应对外秦淮河复杂多变的河道环境。其强大的挖掘能力和精确的输送系统,使得该设备在处理大量淤泥时显得游刃有余,有效提升了清淤效率。同时,该挖泥船还配备了先进的 GPS 定位、测深控制系统,能够实时监测作业状态,确保施工过程中的安全性和稳定性。这些技术特点共同构成了环保绞吸式挖泥船在外秦淮河清淤工程中的核心竞争力,为项目的顺利实施提供了有力保障。

3.2　施工流程与操作要点

在外秦淮河清淤工程中,环保绞吸与机械脱水固化联合工艺的施工流程展现了高度的技术集成与环保效益。首先,通过清障船的预处理阶段,有效清除了河道中的渔网、建筑垃圾等杂物,为后续绞吸式挖泥船的高效作业奠定了坚实基础。这一步骤不仅提高了挖泥船的生产效率,还减少了因杂物缠绕而导致的设备故障风险,进一步确保了施工安全与进度。随后,绞吸式挖泥船凭借其强大的挖掘能力和精准的管道输送系统,将淤泥连续不断地输送至指定位置。在输送过程中,淤泥通过输泥管经过接力泵船加压输送至固化站转鼓筛分系统将大颗粒筛分装置有效去除了淤泥中的石块、螺蛳壳等杂质,提高了后续脱水固化的效率与质量。这种清障船第一次(清除渔网、建筑垃圾、石块等)绞吸式清淤、筛分同步二次清除杂物的施工模式,不仅有效地为机械脱水站提供了浓度较好的淤泥,还提升了机械脱水固化站生产效率和极大地降低了固化站设备故障率。环保效益方面,该联合工艺通过减少淤泥在开挖、输送过程中的扰动与扩散,显著降低了对周边水体的影响。同时,机械脱水固化技术的应用,实现了淤泥的高效脱水与固化处理,减少了排泥场征地需求,并促进了淤泥的二次利用。这些措施共同构成了该工艺在外秦淮河清淤工程中的环保优势,为改善河道生态环境、提升水质质量做出了积极贡献。

4 机械脱水固化工艺

4.1 机械脱水固化的技术优势

机械脱水固化工艺在外秦淮河清淤工程中展现了卓越的技术优势,其核心在于有效降低了排泥场征地需求,并显著提升了泥浆脱水后的二次利用价值。该工艺通过高效的脱水固化处理,大幅减少了淤泥的体积,从而减少了对土地资源的占用,降低了排泥场的征地成本。同时,脱水固化后的泥饼质地坚实,含水量低,便于运输和储存,为后续的二次利用提供了便利条件。这些泥饼在矿坑回填、绿化覆盖、道路建设等领域具有广泛的应用前景,不仅实现了资源的循环利用,还促进了环保与经济效益的双赢。

4.2 脱水固化系统组成与工作原理

机械脱水固化系统由沉淀池、压滤机、均化池等关键设备协同工作,实现了泥浆的高效处理与固化。泥浆首先通过管道输送至沉淀池,这一环节利用物理方法促使泥浆自然沉淀,显著减少泥浆中的自由水含量,提高泥浆浓度,为后续处理打下良好基础。浓度提升后的泥浆更易于脱水,从而提高了整个处理流程的成本效益与处理效率。随后,泥浆被送入均化池,在此阶段,根据工程需求精准添加适量的固化剂,并通过高效搅拌装置确保泥浆与固化剂全面混合,实现调质与均化。最终,均化泥浆进入压滤机,在强大压力作用下,残余水分被彻底挤出,形成低含水量的泥饼。这一流程设计巧妙融合了物理沉淀与机械脱水的优势,既保证了环保要求,又兼顾了经济效益。

4.3 固化剂选择与搅拌固化技术

在外秦淮河清淤工程中,固化剂的选择与搅拌固化技术扮演着至关重要的角色。针对该工程的特定需求,我们选用了中性固化剂,其显著优势在于处理后的尾水保持中性,避免了酸性或碱性过高可能带来的环境问题。尽管中性固化剂在环保性能上表现出色,但其成本相对较高。然而,考虑到其对环境的友好性以及工程整体的长期效益,这一选择是合理且必要的。搅拌固化过程中,我们采用先进的搅拌设备,严格控制搅拌速度、时间与强度,确保固化剂能够均匀分布于泥浆之中,促进固化剂与泥浆成分之间的充分反应,形成稳定的网状结构或胶凝体,增强泥饼的强度与稳定性,同时减少其再溶解与再扩散的风险。这一技术的应用不仅提升了泥饼的固化质量,还确保了固化产物的环保性能与后续利用价值。

5 联合工艺在秦淮河清淤工程中的实施

5.1 实施方案与操作细节

在外秦淮河清淤工程中,环保绞吸与机械脱水固化联合工艺的实施方案体现了高度的技术集成与协同作业能力。首先,清障船与绞吸式挖泥船形成紧密的工作配合,清障船负责清除河道中的渔网、建筑垃圾等障碍物,为后续绞吸式挖泥船的高效作业创造有利条件。绞吸式挖泥船则利用其强大的挖掘能力和精准的管道输送系统,将淤泥连续不断地输送至岸边的处理站。在泥浆处理站,泥浆首先经过筛分设备,去除其中的大颗粒杂质,如石块、螺蛳壳等,以确保后续处理流程的顺畅进行。随后,泥浆进入沉淀池进行初步沉淀,分离出大部分自由水,形成较为浓缩的泥浆层。这一步骤不仅减少了后续脱水设备的负荷,还提高了脱水效率。经过沉淀的泥浆随后进入机械脱水固化系统,通过压滤机等设备的高压作用,进一步脱除泥浆中的残余水分,形成含水量极低的泥饼。这一全链条操作过程实现了泥浆从液态到固态的高效转化,为泥饼的后续处理与利用奠定了基础。

对于脱水固化后的泥饼,工程制订了详细的陆运与再利用计划。泥饼通过专用运输车辆运送至指定地点,进行进一步的处理或直接用于矿坑回填、绿化覆盖、道路建设等领域。这一计划不仅实现了淤泥的资源化利用,还减少了对土地资源的占用,符合可持续发展的理念。此外,联合工艺还配备了尾水处理系统,对处理过程中产生的尾水进行达标处理,确保其对周边环境的影响降至最低。通过一系列物理、化学或生物处理方法,尾水中的悬浮物、重金属等污染物得到有效去除,水质达到排放标准后再行排放,从而保障了工程实施的环保性与可持续性。

5.2　施工管理与质量控制

为确保联合工艺的高效运行与工程质量的稳定可靠,项目建立了完善的施工组织与管理机制。通过明确各岗位职责,优化资源配置,实现了施工过程的精细化管理。同时,制订了严格的质量控制措施与标准,涵盖从原材料采购、设备调试、施工操作到成品检验的每一个环节。在泥浆输送、筛分、沉淀、脱水等关键工序中,实施全程监控与数据记录,确保各项参数符合设计要求。此外,还建立了质量反馈与改进机制,对发现的问题及时进行处理与调整,不断提升施工质量与效率。

5.3　环境保护与水土保持措施

在环境保护方面,项目严格遵守国家及地方环保法规,制订了详细的施工环保要求与措施。施工过程中,采用低噪声、低排放的施工设备,减少对环境的影响。同时,加强施工区域的封闭管理,防止扬尘、污水等污染物的扩散。对于产生的尾水,通过先进的尾水处理系统进行达标处理,确保水质符合排放标准后再行排放。此外,项目还注重水土保持工作,通过植被恢复、边坡防护等措施,减少水土流失,保护生态环境。在施工结束后,对临时占用的土地进行复垦与绿化,恢复其原有生态功能,实现工程建设与环境保护的和谐共生。

6　工程效果评估与效益分析

6.1　工程效果评估

环保绞吸与机械脱水固化联合工艺在外秦淮河清淤工程中的应用取得了显著的效果。首先,河道疏浚效果显著,通过高效的清淤作业,河道水深明显增加,行洪能力显著提升,有效缓解了汛期洪水压力,保障了周边地区的安全。其次,生态修复效果突出,随着淤泥的清除与尾水的达标处理,河道水质得到显著改善,为水生生物提供了更加适宜的生存环境,促进了生物多样性的提升。同时,岸坡防护效果也值得肯定,通过加固与修复措施,岸坡稳定性显著增强,减少了水土流失与滑坡等自然灾害的风险。

6.2　社会经济效益分析

从社会经济效益角度来看,该工程同样展现出了多方面的优势。环境效益方面,水质改善与生态恢复不仅提升了河道自身的环境质量,还改善了周边区域的生态环境,为居民提供了更加宜居的生活环境。经济效益方面,联合工艺的应用有效降低了征地成本,通过泥饼的脱水固化与再利用,实现了资源的循环利用,创造了显著的经济价值。此外,该工程还促进了相关产业的发展,如环保设备制造业、淤泥处理与再利用产业等,为地方经济注入了新的活力。社会效益方面,工程的实施提升了居民对河道治理工作的满意度,增强了公众对环境保护的认识与参与度,为构建和谐社会与促进可持续发展奠定了坚实基础。

7　结语

综上,环保绞吸与机械脱水固化联合工艺在外秦淮河清淤工程中的成功应用,不仅展现了其卓越的技术性能与环保优势,也为类似工程的实施提供了宝贵的经验与借鉴。未来,随着技术的不断进步与工艺的持续优化,该联合工艺有望在更多河道、湖泊、水库等治理项目中得到推广与应用,为构建水清、岸绿、景美的生态环境贡献更大力量。同时,我们也应持续关注工艺实施过程中的环保要求与经济效益,确保工程在推动生态文明建设的同时,实现经济效益与社会效益的双赢。

主要参考文献

[1] 杨金明,董军,杨海斌,等.黑臭水体治理中环保清淤技术探讨及其工程设计[J].给水排水,2022,58(S2):202-209.

[2] 谭建国.清淤泥浆脱水固结一体化处理工艺的应用[J].云南水力发电,2022,38(10):206-209.

[3] 何云斌,刘书敏,林嬿,等.河道底泥环保疏浚技术与处理措施[J].化工设计通讯,2022,48(3):174-176.

[4] 刘建飞,任红侠.深水条件下生态清淤技术应用研究[J].人民黄河,2021,43(6):86-91.

[5] 李晓光.水力疏浚结合机械脱水一体化底泥处理施工工法[J].吉林水利,2020(10):47-51.

[6] 李鑫斐,黄佳音.疏浚清淤脱水工艺及工程应用进展[J].水运工程,2020(S1):16-20+56.

[7] 石稳民,黄文海,罗金学,等.基于生态修复的河湖环保清淤关键问题研究[J].环境科学与技术,2019,42(S2):125-131.

供水水库浅层环保疏浚工程设备选型应用探讨

吴小丽　王　博

(长江河湖建设有限公司,湖北武汉　430000)

摘　要: 针对国内供水水库浅层环保疏浚工程应用案例较少,缺乏类似项目实施相关经验等问题,结合水库环保疏浚基本特点及相关要求,对水库浅层环保疏浚的设备选型及技术方案进行探讨分析,提出一套适用于供水水库浅层环保疏浚的设备选型及技术措施,即气动吸泥泵生态疏浚船底泥疏挖方案,能较好地满足水库浅层环保疏浚工程环保要求高、施工精度要求高、船舶吃水深度要求高的需求,可有效减小工程实施中的二次污染,为今后类似工程提供技术参考。

1　供水水库浅层环保疏浚特点

水库作为常见的水利工程建筑物之一,具有防洪、蓄水、灌溉、供水、发电、养鱼等功能,为调节洪涝灾害、水资源高效利用、解决民生问题等提供了重要保障。泥沙淤积问题在水库运行维护中不可避免,目前行业内主要采用机械环保疏浚和水力排沙清淤两种方式。水力排沙清淤对水库水动力条件要求较高,而机械疏浚具有高效、简单、施工灵活等特点,在中小水库中应用尤为广泛。

常规疏浚工程中,机械疏浚施工常常面临着对水体的搅动、吹泥管输送过程中的泄漏、噪声污染以及大气污染等问题。随着环境保护意识的提高,环保疏浚技术得到大幅提升,但对供水水库浅层疏浚而言,如何控制施工精度,降低施工过程中的水体扰动、二次污染、污染物扩散、后续淤泥运输处理等,仍是现阶段需持续研究的问题。供水水库浅层环保疏浚有别于一般河湖环保疏浚、基建类疏浚,其主要特点如下:

(1)环保要求高

供水水库浅层疏浚对水环境保护的要求远高于常规疏浚,施工期应注重生态环境保护,规避水质污染风险,特别要注意避免施工扰动造成的二次污染和机械油污外溢对库区水质产生影响,应加密水质监测频次。

(2)清淤深度薄

部分水库疏浚区水位较低,一般环保疏浚船舶吃水深度控制在 1.0m 左右,同时要考虑刀头上

作者简介:吴小丽,女,高级工程师,工程管理及水利造价,E-mail:261627501@qq.com。

部防气蚀保留水深控制在 1.2m 以内的挖泥船。

（3）施工精度要求高

水库底泥中多含有一定程度的污染物。为避免机械疏浚超挖、漏挖造成底泥扩散,影响水质,施工应具有较高的定位精度和挖掘精度。水库疏浚施工精度要求为 0.05～0.1m,远高于一般工程疏浚 0.5m 的要求,供水水库的疏浚深度上严格控制在 ±0.05m 内,一般均要求配备 GPS 全球定位系统和测深仪。

2 水库环保疏浚设备分类

2.1 主要疏浚设备

疏浚设备的主流是各类挖泥船。合理选择疏浚设备是疏浚工程顺利实施的关键之一。对具体工程而言,通常要综合考虑疏浚深度、水体等级、底泥及污染物含量、种类垂线分布等工程特性和其他边界条件,因地制宜地选择清淤工艺和施工设备。常见水库清淤的挖泥船类型有耙吸式挖泥船、抓斗式挖泥船及绞吸式挖泥船 3 类。

（1）耙吸式挖泥船

耙吸式挖泥船为整体船,运输困难,满载吃水一般均在 3m 以上,难以在浅水水域施工,施工时低浓度泥浆将溢流回水体中,挖泥船航行时螺旋桨会搅起底泥,造成二次污染;挖泥船边走边挖,不适合长度短的疏浚区施工,挖泥平面控制精度差。

（2）抓斗式挖泥船

抓斗式挖泥船是河湖疏浚中常见的疏浚设备,为降低施工环境影响,河湖疏浚中常采用环保型密闭抓斗。抓斗式挖泥船利用油压驱动抓斗插入底泥并闭斗抓取水下底泥,之后提升回旋并开启抓斗,将底泥直接卸入靠泊在挖泥船旁的驳泥船中,开挖、回旋、卸泥循环作业,挖出的底泥通过驳船运至指定地点卸泥或通过吹泥船吹泥上岸,挖掘厚度较薄的底泥时,效率将大幅度降低;辅助船舶较多,施工易受干扰。

（3）绞吸式挖泥船

绞吸式挖泥船采用管道输送,不会使淤泥散落造成二次污染,对泥浆适应性较好,排距远,工作效率高,能耗和成本较低,经过多年的发展和改进,其环保性能已得到广泛认可,是常见的水库清淤设备,但由于采用绞刀头切削工作,对周围底泥会造成小幅度扰动。

2.2 疏浚设备发展方向

水库环保疏浚设备在此基础上大致有两类发展方向：

（1）对传统工程疏浚设备进行技术改造,使其达到环保疏浚工程的具体要求

如针对水库浅层疏浚环保要求高,需减少水体扰动的特点,国内进行了大量研究,主要是将绞吸式挖泥船绞刀头改为环保绞刀头,设导泥挡板、绞刀防护罩、绞刀水平调节器等,如每隔 30°安装一个

纵向刀片有长锥形保护外罩的环保绞刀、具有螺旋切割功能的环保疏浚绞刀刀头等。改造核心是施工时螺旋切割型绞刀刀头或外罩保持与河床面平行,限制绞刀刀头扰动污染底泥并使之向环境水体中扩散;针对水库浅层环保疏浚施工精度要求高的特点,在普通绞吸式挖泥船的基础上,增加环保绞刀头、产量计、浊度计、高精度导航定位系统、多功能数据采集控制器及挖深指示仪等设备,大幅提高定位精度和挖深精度;

（2）单独研制专用型环保疏浚技术设备

国内较为常见的有气动泵清淤机及污染底泥疏挖处理环保船型等。气动泵清淤机及污染底泥疏挖处理环保船型主要包含环保疏浚系统、预处理除渣系统、调理改性系统、脱水固结系统和资源化利用系统。气力泵清淤系统主要由泵体、进出气管、排料管、空气分配器、空气压缩机及水平输料管等组成,其中泵体作为最关键的部件,呈长圆柱状。气力泵整个工作过程分为 3 个阶段。

1）排气阶段

气力泵气阀打开,抽出泵内空气,随后气力泵气阀关闭。

2）进料阶段

气力泵进料口阀门打开,泥、沙及小石块等物料在水的压力与真空负载作用下快速进入泵体,当泵体内物料填充一定时间后,气力泵进料口阀门自动关闭。

3）进气阶段

气力泵气阀打开,通入压缩空气不断挤压泵体内的物料,使其由排料口排出,物料排完后排料阀门自动关闭,气力泵气阀再次打开,将残余压缩空气排出泵体,从而继续下一个工作循环。

船型同步脱水固化技术可大幅削减深水湖库的内源污染底泥,底泥通过疏浚管道输送至岸上后,经过预处理过滤除渣、催化剂改性反应、压滤机脱水固化后,形成 45～65 mm 厚的硬质泥饼,可作为烧制陶泥和生态砖的原材料。该技术适用于环保要求严、疏浚深度大、泥浆含水率高的湖库疏浚项目,可有效降低湖库内源污染,推动疏浚底泥的减量化、稳定化和资源化。但由于不同疏浚工程的水体状况、底泥特征、污染物含量及种类均不相同,新型环保疏浚设备使用有一定的局限性,经济适用性一般,导致其在工程实际中的应用较少。

3　供水水库浅层环保疏浚设备选型

供水水库浅层环保疏浚需尽量避免二次污染,根据上述分类,可分别选取有代表性的、国内现有的环保疏浚船型。根据各种疏浚船型的工作特性,对 3 种环保疏浚船进行分析,分述如下:

（1）荷兰 IHC 的环保绞吸式挖泥船

荷兰 IHC 公司所生产的环保型绞吸式挖泥船核心组件为特制的环保绞刀头,是国内广泛采用的环保疏浚设备。此环保绞刀头在结构上显著区别于传统设计,其形态为优化后的长锥体结构,总长 2m,外周布置 12 组纵横向刀片,内部为集成泥浆腔体,外部则增设了防护罩壳,壳体内壁亦嵌有固定刀片阵列。在作业过程中,绞刀头刀片旋转时与固定刀片交互作用,可有效剥离并清除水域中的杂草等杂质。通过液压油缸的精密调控,绞刀头能围绕铰接点灵活转动,确保在不同水深与地形条件下维持水平姿态,同时其外罩底边围裙紧贴泥面,有效遏制了因作业扰动导致的污染微粒向周围水体扩散,降低了二次污染风险,并提升了挖掘效率与泥浆浓度。此外,该挖泥船集成了先进的污染监测技术,利用红外线传感器精确监测疏浚过程中淤泥再悬浮量,实现对再污染状况的有效控制。同时,配备的水下彩色电视摄像机、挖槽断面监测装置、疏浚轨迹显示系统及卫星定位仪等高科技装备,显著提升了挖掘作业的精度与效率。

在作业参数设定上,该船型将吃水深度与最小挖深要求中的较小值作为操作限制条件,确保该值低于各挖泥区域的实际水深。以 $350m^3/h$ 产能的环保绞吸式挖泥船为例,其空载与满载时的吃水深度分别为 0.8m 和 1.25m,考虑到吸管上部防气蚀所需保留水深,最小挖深设定为 1.2m。针对水深不足的情况,通过优化作业顺序,如从深水区逐步向浅水区推进,可确保挖泥船性能得到充分发挥。此外,在特定水深条件下(如 1.2m),通过调整拉锚速度与绞刀头转速等策略,亦能实现有效施工,在复杂的水下环境下具有高度适应性与灵活性。

(2)IMS 系列全液压驱动的环保型水平式绞吸式挖泥船

IMS 系列全液压驱动的环保型水平式绞吸式挖泥船创新性地集成了直接安装于挖泥头支架前端的独特液压潜水泵系统。该系统摒弃了传统吸泥管设计,实现了动力传输的高效利用。挖泥装置配备有封闭式护罩,可有效隔绝多余水体进入泵体,从而提升了泥浆的固体含量比,并能根据实际需求调节吸入水量。护罩的全面覆盖设计不仅减小了对作业区域水面的扰动,还因潜水泵入口与挖泥头直接相连,强大的抽吸能力确保了泥浆不会重新悬浮至周围水体,显著降低了二次污染风险;其模块化设计的挖泥头可灵活更换,以适应不同土壤条件及水草清除任务,增强了作业适应性。船体设计紧凑,吃水深度低至 50cm,标准作业深度可达 6m,具有良好的浅水作业能力。船体本身作为一个可移动的浮动工作平台,也有利于通过拖架进行运输与部署。

在施工精度控制方面,IMS 系列全液压驱动的环保型水平式绞吸式挖泥船搭载星轮驱动系统,实现了自主航行与作业位置的快速转移,显著提升了工作效率与灵活性。同时,集成的声呐测深系统可确保疏浚作业的精确性。尽管受限于船体尺寸,其最大生产率目前仅为 $100m^3/h$,但凭借高含固率泥浆输出(含泥率可达 20%～30%)及在排距超过 1km 时配置的接力泵系统,较适用于国内小型水库、湖泊环保疏浚。

(3)气动驱动吸泥泵式生态疏浚船

气动驱动吸泥泵式生态疏浚船基于水下吸泥泵可深入目标泥层底部,利用水压差或真空技术诱导上层流动浮泥进入泵体进泥口,实现泥浆的初步收集。随后,以压缩空气为动力源,推动泥浆排出水面,完成泥浆的高效排放。进泥口设计为半圆弧状,依据预设标高精确嵌入待清除泥层底部,并以水平方向进行铲吸作业,使泥层在水压差作用下全面进入吸泥泵,随后由空压机彻底排出,避免对周围水体、上层浮泥及下层底泥或原状土壤造成不必要的扰动。

该船型在环保与生态维护方面展现出显著优势,具有疏浚效率高、可显著降低二次污染扩散、施工精度高、对底栖生态系统依赖层的干扰小以及高浓度泥浆排放特性。气动吸泥泵系统能够调节排泥浓度至水下原浓度的 30%～60%,显著优于同类设备。

4 结语

对于供水水库而言,近年来用于改善水库水质的机械环保疏浚技术日渐兴起。机械清淤的工程扰动量较大,经常会产生污染物扩散,因此应大力进行生态环保疏浚技术研究,提高控制精度、降低二次污染将是未来水库环保清淤技术的发展方向之一。水库环保疏浚设备大致有两类发展方向:一是对传统工程疏浚设备进行技术改造,二是单独研制专用型环保疏浚技术设备。实际施工中应结合疏浚区地质条件、施工条件、施工强度等因素综合考虑,并借鉴以往工程经验,充分考虑供水水库浅层环保疏浚和设备特性,合理选型。

主要参考文献

[1] 武剑博,黄引平.环保疏浚的技术要求与环保绞刀的设计[J].环境污染治理技术与设备,2006(7):138-140.

[2] 梁羽飞,赵明献.浅谈绞吸式挖泥船的环保疏浚[J].河南水利,2005(5):45-45.

城市河湖环保疏浚底泥处理措施的探讨

王 博 王宇华

（长江河湖建设有限公司,湖北武汉 430000）

摘 要:本文探讨了城市河湖环保疏浚底泥处理措施,旨在提升城市水环境质量及生态恢复能力。随着城市化进程加快,河湖底泥污染问题日益严重,环保疏浚技术成为解决这一问题的关键。本文首先分析了环保疏浚技术的必要性,指出其相较于传统疏浚方式的优势在于能够减少二次污染,保护水生生态系统。针对疏浚过程中产生的污染底泥,分析了常见的物理、化学及生物处理措施。最后,本文强调了环保疏浚技术在城市河湖治理中的重要作用,并建议未来应进一步加强技术研发和应用推广,以更好地服务于城市水环境治理和生态修复工作。

关键词:底泥处理;城市河湖治理;水利工程

1 引言

随着城市化进程的加速,河湖底泥中积累了大量污染物,如重金属、有机物及营养盐等,这些污染物在适宜条件下会释放到水体中,导致水质恶化,影响水生生物生存及人类健康。传统疏浚方法往往忽视环境保护,容易引发二次污染。因此,近年来环保疏浚技在城市河湖疏浚中得到了更为广泛的应用。

环保疏浚技术强调在疏浚过程中对环境的扰动最小化,采用高精度挖泥设备,减少对底泥和底栖生物的破坏,降低水体浑浊度和二次污染风险,通过选用合适的疏浚设备及施工技术,以其高精度的定位系统和挖掘控制系统实现对污染底泥的精准识别和清除,提高疏浚效率,同时减少底泥扰动,防止污染物在疏浚过程中扩散,有效减少了对底栖生物和周边水体的影响。

底泥处理不仅是恢复河湖水体自净能力、改善水质的关键环节,也是防止污染物二次释放、保护生态环境的必要措施。如何处理疏浚之后底泥是一直存在的问题。通过有效处理底泥,能够去除其中的有害物质,减轻对水体及水生生物的危害,同时促进生态系统的恢复与平衡。部分底泥可转化为有价值的资源,如用于土壤改良、园林绿化等,对于含有重金属或有毒有害物质的底泥,则需进行无害化处理。因此,河湖疏浚底泥处理对于维护城市河湖水环境健康、实现可持续发展具有重要意义。

作者简介:王博,女,工程师,主要从事水利工程技术及管理工作,E-mail:xasawang@foxmail.com。

2　城市河湖底泥中常见的污染物

底泥处理的核心环节之一是对底泥中有毒、有害的成分进行检测分析。城市河湖底泥中常见的污染物可分为无机污染物、有机污染物两大类。生物污染物如病毒、细菌、寄生虫等病原微生物可能通过污水排放、雨水径流等途径进入河湖底泥中，可能通过食物链传递给水生生物和人类。

2.1　无机污染物

无机污染物主要包括重金属和无机盐类。重金属如镉（Cd）、铬（Cr）、铅（Pb）、镍（Ni）等，具有毒性强、难降解、易累积等特点。这些重金属通过吸附、络合、沉淀等过程在底泥中富集，当环境条件发生变化时，如pH值、氧化还原电位等改变，重金属可能重新释放进入水体，造成二次污染。重金属对水生生物具有直接的毒害作用，并通过食物链累积放大，最终影响人类健康。值得注意的是，重金属在自然环境中往往不单独存在，而是依赖于各种载体，呈现出形态上的多样性与复杂性。此外，无机盐类如磷酸盐、硝酸盐等过量积累也可能导致水体富营养化，破坏水生生态平衡。

2.2　有机污染物

有机污染物主要来源于工业废水、生活污水及农业面源污染等，通常随着河流的汇集作用，存在于城市河湖底泥中。这些污染物包括难降解的有机化合物，如多环芳烃（PAHs）、多氯联苯（PCBs）等，以及易降解的有机物质如蛋白质、脂肪等。难降解有机物在底泥中长期积累，对水生生物产生毒害作用，并通过食物链传递至人体。易降解有机物在厌氧条件下分解产生硫化物、氨氮等有害气体，进一步恶化水质。此外，有机污染物的存在还促进了底泥中微生物的繁殖，加剧了水体的耗氧过程，导致水体缺氧和生态系统退化。

3　底泥处理技术

3.1　物理处理技术

物理处理技术是底泥最常用的处理技术之一，主要依赖于物理原理，通过机械力、重力、离心力等作用，实现对底泥的分离、浓缩、脱水及形态改造。工程中较为常见的是沉淀池沉降和压滤或真空过滤。

修建沉淀池即利用重力作用使底泥中的悬浮颗粒物自然沉降到底部，将上层清水抽出或排放是最基础的物理处理方法之一。该方法适用于处理小范围、低浓度的底泥，具有成本低廉、操作简便的特点。然而受底泥性质、环境条件等因素影响较大，且占地面积较大。

压滤和真空过滤也是两种常见的物理处理方法。压滤是通过施加外部压力，使底泥中的水分通过滤布等介质排出；而真空过滤则利用真空吸力，将底泥中的水分强制抽出。这两种方法均能有效降低底泥的含水率，提高脱水效果。压滤设备结构简单、操作方便，但滤布易堵塞；真空过滤则能连续作业、自动化程度高，但设备成本较高。这些技术不依赖于化学反应或生物过程，因此具有操作简便、处理速度快、效果直观等优点。

3.2 化学处理技术

底泥处理的化学技术主要基于化学反应原理,通过添加特定的化学药剂与底泥中的有机物、无机物发生作用,改变其物理、化学性质,从而达到处理效果。通过氧化、还原、中和、沉淀、络合等过程去除底泥中的有害物质,提高底泥的稳定性和脱水性能。

（1）氧化还原技术

氧化技术是利用强氧化剂或利用紫外线的光催化作用,进一步促进氧化反应的进行,对底泥中的有机物进行氧化分解,去除底泥中的难降解有机物和臭味物质。硝酸盐作为电子受体应用于黑臭底泥的治理工艺中已被证实是一种有效的处理方法,反硝化细菌利用 NO_3^- 将挥发性硫化物 AVS 氧化为 SO_4^{2-},获得代谢需要的能量,硝酸盐提供化合态氧,促进反硝化细菌的繁殖,实现硫酸盐还原菌 SRB 的生长抑制和硫化物的氧化。另一方面,反硝化过程产生的氮氧化物（NO 和 N_2O 等）促使底泥的氧化还原电位（ORP）升高,抑制 H_2S 的产生

（2）沉淀技术

沉淀技术主要利用化学药剂与底泥中的特定离子反应生成难溶的沉淀物,从而实现污染物的去除。例如,在含磷底泥的处理中,可加入铁盐(如 $FeCl_3$)或铝盐等沉淀剂,与磷酸根离子反应生成难溶的磷酸铁或磷酸铝沉淀。此外,还可利用聚合硫酸铁（PFS）等新型絮凝剂,通过其强电中和及桥联作用,促进底泥中胶体和细小悬浮物的凝聚沉淀。

（3）酸碱中和技术

对于含有重金属或酸性/碱性污染物的底泥,可通过向底泥中添加适量的酸或碱,调节其 pH 值至适宜范围,使重金属离子发生沉淀或转化为难溶物质,从而降低其毒性和迁移性。如在含铅底泥的处理中,可加入石灰乳 $Ca(OH)_2$ 等碱性物质,使铅离子转化为难溶的氢氧化铅沉淀。

（4）重金属螯合技术

利用螯合剂(如硫化物、硫代硫酸盐、有机螯合剂等)与底泥中的重金属离子形成稳定的螯合物,从而降低重金属的毒性和生物可利用性。这些螯合物通常具有较低的溶解度和较高的稳定性,能够在一定程度上防止重金属的迁移和扩散。

3.3 生物处理技术

生物技术利用微生物、植物及生态系统等生物资源,通过其代谢、吸收、转化等生物过程,实现对底泥中污染物的有效去除、分解及资源化利用。

（1）微生物处理技术

微生物处理技术是底泥生物处理的核心,通过向底泥中添加特定的微生物菌剂或利用底泥中原有的微生物群落,在适宜的环境条件下加速底泥中有机物的降解过程。这些微生物通过分解作用将有机物转化为二氧化碳、水、无机盐等无害物质,同时降低底泥的 BOD(生化需氧量)和 COD(化学需氧量),改善底泥的性质。此外,某些微生物还具有重金属去除能力,可通过吸附、沉淀或转化等方式降低底泥中重金属的毒性。

（2）植物处理技术

植物处理技术是利用植物的生长代谢活动净化的方法。适宜生长的植物种类，如芦苇、香蒲等水生植物根系能够吸收底泥中的营养元素（如氮、磷）和重金属离子，通过植物体的转运和积累作用将其从底泥中去除。

（3）生态系统修复技术

生态系统修复技术是一种综合性的底泥处理技术，模拟自然生态系统的结构和功能，通过构建人工湿地、生态浮岛等生态系统工程，实现对底泥的净化和修复。人工生态系统能够充分利用植物、微生物、水生动物等生物资源的协同作用，形成高效的生物降解和净化机制。

4　结语

环保疏浚技术的核心在于其能够在确保环境效益的同时，高效清除底泥中的有害物质，避免二次污染。城市河湖环保疏浚底泥处理措施的选择与应用，需综合考虑需全面评估疏浚底泥的总体积、重金属及复杂化合物含量、初始含水率以及潜在的资源化利用途径等多元化因素，以科学选择最为适宜的固化策略。未来随着科技的进步和环保意识的增强，应进一步优化和创新底泥处理技术，实现底泥处理的资源化、无害化和减量化目标，为城市水环境的持续改善和可持续发展贡献力量。

主要参考文献

［1］左晓君.河湖污染淤泥的现状及处理——浅析河湖污染底泥处理技术之要点［J］.中国水能及电气化，2020(8)：64-69.

［2］李敏.河道底泥处理技术成效分析［J］.居舍，2019(3)：41.

［3］刘传，黑亮，蔡名旋，等.河流底泥重金属污染的研究动态［J］.人民珠江，2019，40(10)：86-91.

［4］陈正新，何慧，郭春香.优化河道治理与水环境保护的措施分析［J］.资源节约与环保，2021(3)：18-19.

浅析环保绞吸式挖泥船生产率与清淤厚度的关系

杨晓红　黄连芳

（长江水利委员会河湖保护与建设安全运行中心，湖北武汉　430015）

摘要：随着国家对水环境治理力度的加大，我国已实施了一系列的环保疏浚项目。与常规传统的疏浚工程相比，环保疏浚通常被称为薄层疏浚，其目的主要为清除水体中受污染的表层底泥。本文根据聚焦环保疏浚薄层疏挖的特点，以巢湖生态清淤试点工程、南淝湖入湖河口清淤工程为例，主要研究环保绞吸式挖泥船生产率与清淤厚度的关系，通过收集分析实测工效数据，得出不同清淤厚度影响下挖泥船生产率的变化情况，其成果可为行业环保疏浚定额的补充提供真实可靠的数据，为环保疏浚项目的投资控制提供参考。

关键词：环保绞吸式挖泥船；生产率；影响因素；清淤厚度

1　引言

环保绞吸式挖泥船作为环保疏浚的利器，在国内运用的实绩较多。该设备主要以常规绞吸式挖泥船为基础，重点对绞刀头及疏挖精度方面的性能进行改造，以满足环保的要求。不同于常规挖泥船绞刀头的敞开式结构，环保绞吸式挖泥船的绞刀头外部通过270°的环保罩罩住，剩余底部外露的刀片对淤泥进行切削，其结构充分适应了环保疏浚薄层疏挖的特点。环保疏浚的"薄层疏浚"是其区别于常规工程疏浚的主要特征之一，部颁行业定额中反映了常规绞吸式挖泥船清淤厚度与生产率之间的关系。敞开式绞刀头作业时其开挖厚度可基本等于绞刀头直径，对应定额中开挖厚度调整系数以绞刀头直径为基准进行划分。

根据环保绞吸式挖泥船绞刀头结构可知，其清淤厚度主要取决于环保罩底部外露的刀片宽度，与绞刀头直径关系不大，其生产率与清淤厚度之间的变化关系与常规绞吸式挖泥船完全不同。基于环保疏浚薄层疏挖特征，本文将以工程实测生产率数据为基础，分析环保绞吸式挖泥船生产率与清淤厚度之间的关系，为部颁行业定额制订科学的清淤厚度调整系数提供基础资料。

2　环保绞吸式挖泥船设备简介

环保绞吸式挖泥船被广泛应用于水体内源污染的治理，是我国环保疏浚工程的典型疏挖设备。

作者简介：杨晓红，女，高级工程师，主要从事水利工程质量监督与造价定额管理工作，E-mail：583547234@qq.com。

结合目前已实施的滇池草海、太湖、巢湖、海河河道等一批环保疏浚工程实践经验,国内目前使用的环保绞吸式挖泥船设备主要是以常规绞吸式挖泥船设计为原型,在原设计基础上进行改造,改造的关键主要分为两个方面:

①对挖泥机具进行环保改造,改装普通绞刀为环保绞刀头,增加环保绞刀罩等装备。

②配备先进的高精度定位和监控系统,以提高疏浚精度、减少疏浚过程中的二次污染,满足环保要求。

环保绞吸式挖泥船(图 2-1)由环保绞刀、泥浆泵、驱动柴油机、操纵室、排泥管、主钢桩和辅钢桩、船体等部分组成(图 2-2),环保绞刀作为挖泥船的关键设备,可有效防止疏挖过程中的污染底泥扩散。环保绞刀头主要依靠环保罩底部外露绞刀绞吸淤泥,为尽量避免绞吸时污染物的二次扩散,不宜对底部产生过大的搅动,外露的绞刀一般宽度较小,其结构适宜于薄层开挖。

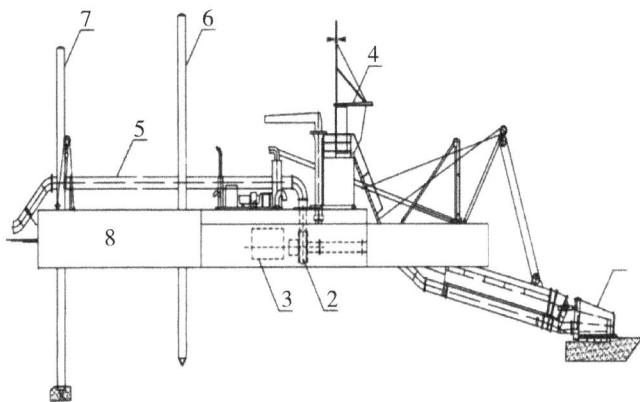

1. 环保绞刀;2. 泥泵;3. 驱动柴油机;4. 操纵室;
5. 排泥管;6. 主钢桩;7. 辅钢桩;8. 船体

图 2-1　我国首艘环保绞吸式挖泥船"浚湖船"　　　　图 2-2　环保绞吸式挖泥船结构组成图

3　环保绞吸式挖泥船生产率与清淤厚度的关系

环保绞吸式挖泥船工作原理本质上与常规挖泥船相同,均利用了泥泵的真空吸力原理,其核心动力装备为泥泵。借助桥架的重力作用,使绞刀伸入水体接触到疏浚土质,使绞刀刀片和削齿对疏浚土进行连续旋转切削,将土绞松切碎并与水混合形成泥浆,泥泵产生的真空压力将泥浆从绞刀吸泥口吸入,经排泥管输送到指定的排泥场,实现连续的挖泥、吸泥及排泥。

挖泥船生产率主要取决于两个方面:一是挖掘能力,二是输送能力。研究清淤厚度与生产率的关系,主要是分析挖泥船的挖掘生产率,其与挖掘的土质、绞刀功率、横移绞车功率等因素有关,按下式计算:

$$W = 60KDtv \qquad (3-1)$$

式中:W——绞刀挖掘生产率(m^3/h);

D——绞刀前移距(m);

t——绞刀切泥厚度(m);

v——绞刀横移速度(m/min);

K——绞刀挖掘系数(可取 $0.8\sim0.9$)。

由上式可知,绞刀切泥厚度是计算挖掘产量的重要参数,当某船型对应环保绞刀头外露刀片的宽度大于环保疏浚项目设计总清淤厚度或分层厚度时,其绞刀切泥效率不能充分发挥,存在"降效生产"现象,会在一定程度上影响挖掘产量。由于挖掘生产率受多个参数影响,与切泥厚度并非简单的正比例关系,如切泥厚度越薄,绞刀横移速度越快,因此有必要对设备生产率与清淤厚度的关系进行进一步分析研究,通过定量分析更为直观地得出两者之间的变化情况。

4 工程实例分析

4.1 工程实例基本情况

以巢湖生态清淤试点工程、南漪湖入湖河口清淤工程为例,选取合适的施工时段收集或实测工效数据,分析生产率与清淤厚度之间的关系。

巢湖生态清淤试点工程位于南淝河入湖河口左岸水域,工程主要内容为对湖区进行生态清淤、陆上带式压滤厂及水上排泥厂的建设、底泥固结及干化泥外运处理,试点区清淤泥层厚度 $20\sim50$ cm,平均清淤厚度为 0.29 m,清淤总方量为 158.8 万 m^3,主力疏挖设备为 1 艘 4010 型环保绞吸式挖泥船,对应排泥管内径 400 mm,最大挖深 10 m。南漪湖入湖河口清淤工程位于安徽省宣城市境内,距宣城市中心约 25 km,属水阳江水系。工程主要内容为对郎川河和新郎川河河口进行清淤,清淤总面积 2.58 km^2,清淤分为两个区域,清淤一区厚度为 0.15 m,清淤二区厚度 0.3 m,清淤总方量为 59.53 万 m^3,主力疏挖设备为 1 艘 4510 型环保绞吸式挖泥船,排泥管内径 450 mm,最大挖深 10 m。

上述两个环保疏浚项目清淤厚度较薄,最薄处仅为 15 cm。根据 4010 型及 4510 型环保绞吸式挖泥船绞刀头特性,当其清淤总厚度或分层清淤厚度为不小于 30 cm 时,为绞刀清淤的经济厚度,当清淤厚度小于 30 cm 时则存在施工降效问题。因此主要选取清淤层厚度小于 30 cm 的样本数据与开挖厚度 30 cm 的样本数据对比分析生产率的差异情况,选用样本数据时应注意除清淤厚度不同外,其他工况条件应尽量保持一致,按照此原则获取具有代表性的 4 个样本数据,两个项目疏浚的土质均为Ⅰ类土,排高在 6 m 以内,其他情况见表 $4-1$。

表 4-1　　　　　　　　　　　　　工程实例(不同清淤层厚)样本数据

项目名称	设备船型	样本编号	施工时段	挖深 /m	清淤层厚 /m	排泥管长 /km	疏浚产量 /m³	必须消耗工作时间 /h	正常生产效率 /(m³/h)	备注
巢湖生态清淤试点工程	4010型	1	2022 年 2 月 26 日至 3 月 25 日	1.7	0.20	2.4	58217	511.00	113.85	单船施工
		2	2022 年 3 月 26 日至 4 月 25 日	1.7	0.30	2.4	79451	1127.00	143.44	

项目名称	设备船型	样本编号	施工时段	挖深/m	清淤层厚/m	排泥管长/km	疏浚产量/m³	必须消耗工作时间/h	正常生产效率/(m³/h)	备注
南漪湖入湖河口清淤工程	4510型	3	2023年5月23日至7月18日	2.5	0.15	6.0	51037	446.85	114.22	单船排距2.5km，一级接力排距3.5km
		4	2023年7月25日至8月12日	2.5	0.30	7.0	57472	341.58	168.25	单船排距3.5km，一级接力排距3.5km

注：上述正常生产效率＝施工时段内产量/施工时段内必须消耗时间。

影响挖泥船生产效率的主要因素包括土质、排高、排泥管长及清淤层厚，研究清淤层厚对生产效率的影响时，需尽可能排除其他因素作用。据上表，分析巢湖生态清淤试点工程工况条件，其土质、排高、挖深及排泥管线长度等均相同，仅清淤厚度存在差异；南漪湖入湖河口清淤工程的土质、排高、挖深条件相同，清淤层厚和排泥管线长度不同，考虑采用调整系数剔除管线长度的影响。

借鉴浙江、福建地方定额中环保绞吸式挖泥船调整系数见表4-2。

表4-2　　　　　　　　浙江、福建定额环保绞吸式挖泥船排泥管长增加系数

地方定额	土质	管长增加系数	备注
浙江定额	I	排距每增加100m，定额消耗量增加0.8%	定额排距由1.0km增加到1.5km后，定额消耗量增加4%。
福建定额	I	排距每增加100m，定额消耗量增加1.5%	定额排距由1.1km增加至1.3km时，定额消耗量增加3%

取浙江、福建定额管长增加系数的平均值，得出当土质为I类土时，每增运100m定额消耗量增加1.15%，当单船排距增多1km，按照增加11.5%的系数对南漪湖项目样本3数据进行调整，调整后的生产率见表4-3。

表4-3　　　　　　　　　　工程实例样本生产率调整后情况

设备船型	样本编号	土质	排高/m	挖深/m	清淤层厚/m	管长/km	调整系数	调整后生产率/(m³/h)
4510型	样本3	I	6	2.5	0.15	7	1.115	114.22/1.115＝102.44

根据上述样本数据，分船型分析清淤厚度对生产率降效的影响，以清淤厚度30cm的生产率为基准生产率，降效系数＝清淤厚度小于30cm生产率/基准生产率，结果见表4-4。

表4-4　　　　　　　　　　环保绞吸式挖泥船清淤厚度降效系数

船型	清淤厚度/cm		
	30	20	15
4010型	1.00	0.79	—
4510型	1.00	—	0.61

结合上述样本数据,分船型绘制散点图得到清淤开挖厚度—生产率拟合曲线及函数(图 4-1、图 4-2)。

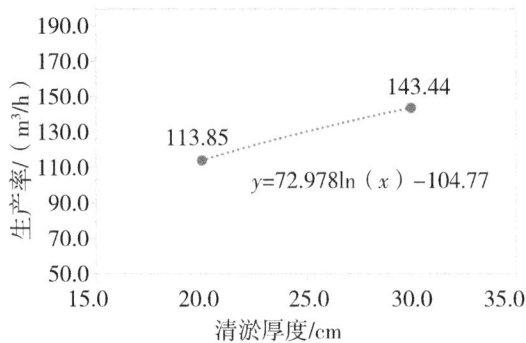

图 4-1 4010 型环保绞吸式挖泥船清淤厚度
与生产率之间的关系

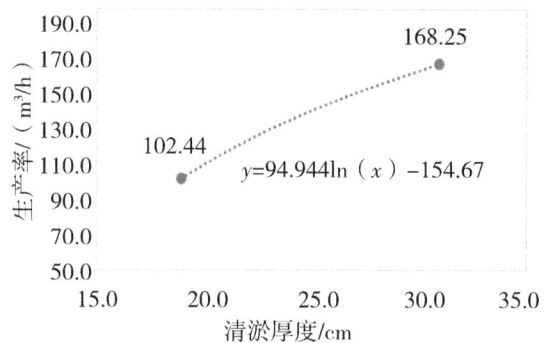

图 4-2 4510 型环保绞吸式挖泥船清淤厚度
与生产率之间的关系

5 结语

环保疏浚的目标主要是为清除水体中受污染的表层底泥,清淤厚度通常较薄,其绞刀结构也是为了适应薄层清淤需求而设计的。本文重点关注环保疏浚薄层清淤的特点,通过工程实例收集环保绞吸式挖泥船工效数据,研究分析生产率与清淤厚度之间的关系,得到了不同清淤厚度条件下对应的生产率及变化趋势。根据实测收集的数据,当清淤厚度小于其绞刀清淤的经济厚度时,存在一定的降效,且结合计算得出的降效系数及拟合曲线可知,当清淤厚度小于经济厚度时,生产率对清淤厚度的变化较为敏感,降效幅度较大。本文得出的相关结论与成果可为行业定额研究环保绞吸式挖泥船清淤厚度调整系数提供基础数据支撑,也可为测算不同清淤厚度条件下环保绞吸式挖泥船产量提供依据。

主要参考文献

[1] 沈丹,周林. 海狸 3800 型绞吸式挖泥船开挖黏土与粉质黏土生产率探讨[J]. 河南水利与南水北调,2012,16:76-77.

[2] 朱玉强. 环保疏浚与环保疏浚设备探析[J]. 水利科技与经济,2010,16(10):1118-1120.

[3] 巴特尔,张宏喆. 环保疏浚及其工程特点与发展[J]. 中国水运,2016,5:268-269.

第五部分
水环境生态修复技术

城市湖泊型湿地生态系统构建

——以金马湖鲁家滩湿地公园为例

任化准 夏志海 余 刚

（长江水利委员会河湖保护与建设运行安全中心，湖北武汉 430010）

摘 要：调查研究了金马湖鲁家滩湿地公园现况，充分挖掘该区域既有的地理、资源、环境等优势，因地制宜以提升水环境、改善水生态、融合水景观为原则，构建金马湖湿地生态系统，将该区域建设为生态环境优良的"生态之湖、文化之湖、休闲之湖"，打造湿地水生态与旅游融合发展的城市湖泊型湿地公园之典范。

关键词：湖泊；湿地；生态系统；金马湖

1 引言

城市湖泊型湿地是城市水环境及水生态景观的重要组成元素，也是当地市民休闲体验的主要区域，其维持着自身独有的生态功能，是城市生态文明建设打造的重点生态系统。随着城市化进程的加速推进，对城市湖泊型湿地生态资源的需求和开发利用显著增强。城市湖泊型湿地公园是城市湖泊湿地生态系统保护与合理开发利用的重要举措，也是协调人与城市生态系统和谐共生的重要载体。因此，规划和建设城市湖泊型湿地公园对未来城市生态文明建设、可持续发展及提升整个城市宜居及生态品质具有重要的意义。

金马湖位于温江区境内，距温江城区仅 5km，距成都双流国际机场 18km。金马湖主要依托鲁家滩湿地以及规划中的金马河三级闸蓄水所形成的水面建设而成。金马湖拥有良好的自然生态与气候条件，夏季平均气温较成都市区低 2℃。地势由西北向东南缓倾，平均比降为 4.1‰，为自流引灌、营造水景创造了极为有利的条件。区域内现有水域面积约 1.25km²，平原地表除表层堆积沙壤质土壤外，下层为砾石和沙砾堆积层，透水性强，容易构建平原沙质洁净湖景景区，为大湖区景观的打造创造了较好的先天条件。金马湖地跨和盛镇、永盛镇以及金马镇，包括金马河以及防洪堤内、外湿地区域，金马湖水面开阔、水体清澈、绿树成荫、花草丛生，经过多年建设与整治，四周绿湖区目前已形成的河漫滩、湖泊水体、滨河绿道、沿线驿站等配套设施，初现城市湖泊型湿地公园雏形。该区域生

作者简介：任化准，男，高级工程师，博士研究生，主要从事水利工程建设及运行管理方面研究工作，E-mail：rhz198511@163.com。

态本底整体良好,但仍然存在沟渠硬质驳岸、水动力不足、漂浮物多、面源污染、水质恶化、生态退化、缺乏景观性等诸多问题,因此有必要系统考虑构建湿地生态系统,以提升水环境,改善水生态,融合水景观。多昆虫、鸟类创造了良好的栖息条件,鱼类资源较为丰富,同时,金马湖作为温江区的防洪治水区域,既有原生态的自然河道、湿地,还有经过人工建设的工程河段,多种类型的河流生态系统集聚于一身。2018年1月,金马湖经四川省水利厅批复为省级城市河湖型水利风景区。鲁家滩湿地公园作为温江区乡村振兴、北部生态旅游及金马河滨河绿道所形成的一块滨河湿地,1964年,金马河大水通过坚固的河堤将这一片区淹没,后来与金马河相隔,鲁家滩湿地自然风景优美,湖面覆盖率达92%以上,为温江重要的河湖生态景观(图1-1),因此对金马湖鲁家滩湿地公园进行整体规划打造,对提升整个温江区城市水生态环境品质及打造市民休闲旅游名片具有重要意义。

图1-1 鲁家滩湿地区域位置图

2 水系连通工程

2.1 四支渠快速泄洪通道

江安河四支渠是江安河右岸的第4条灌排两用支渠,汛期承担重要泄洪任务,其在万春镇报恩村进水,于春林村汇入金马河,与杨柳河在李义附近交汇,江安河四支渠设计流量7m³/s,渠道长8.55km,宽8~10m,设计灌面18.2km²,斗渠13条,水闸18处。为确保四支渠更好地发挥排洪功能及控制鲁家滩核心湖区来水,确保进水稳定,防止汛期洪水夹带泥沙进入湿地,形成淤积,影响湖容,确保核心区生态系统平衡和水质稳定,设计了四支渠快速泄洪通道,通道采用涵管形式,进水口设置控制闸门,调节分洪流量。

2.2 鲁家滩—康家浩水系连通工程

鲁家滩上游约4km的康家浩湿地同为金马河沿岸生态湿地,从康家浩湿地尾水开挖4km水道至春林一组水塘,再通过水塘连通至下游鲁家滩湿地,实现上下游两湿地的水系连通。

2.3 鲁家滩湿地水系连通工程

为满足景观及生态要求,增加湖区水动力,在鲁家滩上游右岸半岛新开水道,打通上游鱼塘和下游湖区水系连通,使上游鱼塘死水变活水。

3 湿地生态系统构建

鲁家滩湿地生态系统构建主要是对上游鱼塘进行生态改造及核心湖区水生态系统构建。鱼塘生态改造即针对鱼塘现状,进行生态打造提升,改善水动力,使之成为鲁家滩核心湖区上游生态稳定塘,净化四支渠及春林河来水,保障核心湖区水体不受污染。通过构建生态驳岸、沉水植物群落、底栖动物群落、鱼类群落等形成一个完整、稳定的自然净化、自然修复的水下生态系统,提升湿地水环境承载能力,确保进入金马河水质达标。

3.1 基底改良工程

生态系统构建前需对鱼塘及核心湖区基地原底泥进行清淤。清淤完成后,通过微量元素和营养成分的补充添加,确保基地营养成分均衡。底质营养成分可为沉水植物生长提供有利条件,增强植物对环境的抗逆性,同时提高植物对底质、水体中氮磷主要营养盐的吸收利用。完成后引入清洁水源补充水体。

3.2 挺水植物群落构建

鲁家滩湿地水生态系统的构建不仅要实现湖区沉水植物、浮游植物、鱼类、和底栖动物等物种的多样性,还要承担保护野生动物的重任。水生动物、两栖动物、鸟类的多样性保护离不开适宜挺水植物群落构建的生境。本系统挺水植物群落构建主要选用香蒲、马蹄莲、花叶芦竹、菖蒲、茭白、梭鱼草等。挺水植物根系发达,可为微生物提供良好的环境,增加微生物的活性和生物量;固定湖岸湿地沉积物,减少沉积物再悬浮;可直接吸收营养盐,净化水体。

3.3 浮叶植物群落构建

浮叶植物也是水生植物的主要组成部分,浮叶植物可以增加水生态系统的自净能力,控制浮游植物发展。由于浮游植物叶子浮在水面进行光合作用,对水体透明度要求较低,常作为富营养化水体水生植物构建的先锋品种,用以改善水体透明度,为其他水生植物恢复创造条件。本系统通过种植绿狐尾藻、睡莲、菱角、芡实等浮叶植物,不仅可以增加水生态系统的自净能力,控制浮游植物的发展,还可形成较好的景观效果。

3.4 沉水植物群落构建

沉水植物对湖泊水体中的氮、磷等污染物具有较高的净化率,可固定沉积物、减少再悬浮,降低湖泊内源负荷,为着生生物包括螺类提供基质,也可为浮游动物提供栖息地,从而增强生态系统对浮游植物的控制和系统自净能力,还可为降解微生物提供良好的栖息场所,有利于微生物的生长繁殖。深水型沉水植物根系发达,为微生物的好氧呼吸提供良好的生境条件,进一步增加水生态系统食物链的长度和多样性,形成稳定、平衡的生态系统。本系统沉水植物群落构建主要有竹叶眼子菜、穗状狐尾藻、篦齿眼子菜、苦草等。

3.5　大型底栖动物群落构建

大型底栖动物在水生态系统中种类繁多,食性复杂。作为湖泊水生态系统中的一个重要生物群落,具有多种生态功能,可以加速水底有机碎屑的分解,调节泥—水界面的物质交换,促进水体自净,同时也是湖泊生态系统中食物链的重要环节。本系统大型底栖动物群落主要有铜锈环棱螺、三角帆蚌、无齿蚌等。

3.6　浮游动物群落构建

鱼类是湖泊生态系统中重要的水生生物资源,与湖泊相互作用,通过自身觅食行为影响食物链中的各个环节。依托鲁家滩湿地各种挺水植物、浮游植物、沉水植物、浮游动物等形成以鲤鱼、鲫鱼、鲢鱼、鳙鱼为主的鱼类生物群落。

4　景观打造

4.1　园路景观

鲁家滩湿地公园园路因地制宜构建,主要由骑行绿道、滨湖步道、观景平台、滨湖栈道等构成(图4-1至图4-4)。骑行绿道沿温江北部村道环线建设,主要供游客骑行观光。滨湖步道主要沿湖岸设置,亲水效果较好,引导游客步行观湖体验,步道穿插栈桥和观景平台,让游客短暂停留,感受自然气息,观景平台让游客更好地体验湖泊、湿地、自然景观。

图4-1　骑行绿道

图4-2　滨湖步道

图4-3　观景平台

图4-4　滨湖栈道

4.2 驳岸景观

鲁家滩湿地公园驳岸在维持原有岸线的基础上进行提升,打造生态驳岸景观,沿湖构建水生、湿生植物群落与岸上乔木、灌木一体,形成湖岸相接的岸线生态系统,具有良好的生态性、景观性和亲水性(图4-5)。

图4-5 生态驳岸

4.3 其他设施

为满足游客在游览过程中短暂休息、观光、娱乐、路线查询等需求,鲁家滩湿地公园设置了座椅、导视系统、游客体验中心等配套设施,设施与鲁家滩湿地公园整体考虑,统一搭配,生态化打造,与鲁家滩原生态湿地生态系统协调融合(图4-6、图4-7)。

图4-6 游客体验中心

图4-7 导视系统

5 结语

金马湖是温江区打造"一区两廊、四河千渠、两湖三园"生态格局的重要节点。本文系统介绍了金马湖鲁家滩湿地公园水系连通、水生态系统营建及景观提升打造等生态工程。目前,鲁家滩湿地公园生态提升工程正在实施过程中,湿地生态系统已初具雏形。通过对鲁家滩湿地公园水生态系统的整体营建,达到改善水环境、恢复水生态、营造水景观、彰显水文化的环境生态及人文效益的目的。

鲁家滩湿地公园建成后,将带动金马湖水利风景区及周边区域生态旅游产业发展,打造湿地水生态与旅游融合发展的城市湖泊型湿地公园之典范,成为温江人水和谐发展的靓丽名片。

主要参考文献

［1］刘泽明. 城市湖泊湿地生态系统服务价值评估［D］. 南昌:江西财经大学,2024.

［2］朱春阳. 城市湖泊湿地温湿效应——以武汉市为例［J］. 生态学报,2015,35(16):5518-5527.

［3］朱春阳. 城市湖泊湿地研究综述［J］. 今日国土,2013(1):33-35.

［4］刘芳宏. 城市湖泊型湿地公园规划研究［D］. 哈尔滨:东北林业大学,2011.

［5］金莹莹,裘鸿菲. 城市湖泊型湿地公园景观营建研究——以东湖国家湿地公园为例［J］. 华中建筑,2013,31(12):110-114.

［6］魏欣瑶. 大庆城市湖泊湿地景观规划设计研究［D］. 哈尔滨:东北林业大学,2013.

［7］林静雅. 湖泊型国家湿地公园建设后评价研究［D］. 苏州:苏州科技大学,2019.

［8］赵聆言. 基于温湿改善的城市湖泊湿地与建成环境绿地耦合效应研究［D］. 武汉:华中农业大学,2023.

［9］崔芳. 利用水平潜流人工湿地净化城市湖泊污水——以西安市兴庆湖为例［J］. 湿地科学,2015,13(2):207-210.

［10］邝奕轩,王圣瑞,李贵宝. 我国新型城镇化建设中的城市湖泊湿地保护研究［J］. 环境保护,2014,42(16):37-40.

［11］黄利. 武汉市湖泊型城市湿地公园选址适宜性研究［D］. 武汉:华中农业大学,2016.

［12］戴俊明. 西南地区湖岛湿地复合化营建模式研究［D］. 重庆:重庆大学,2014.

［13］李颖,胡海辉. 以武汉市天鹅湖为例论城市人工湿地的营造［J］. 中国园林,2014,30(5):44-49.

南漪湖水生态修复的研究

邓永泰[1]　王　波[2]

(1.长江水利委员会汉江流域保护中心　湖北武汉,430010;

2.长江河湖建设有限公司　湖北武汉,430010)

摘　要:本文以南漪湖为研究对象,对其水生态现状进行了深入分析。阐述了南漪湖水生态系统面临的主要问题,如水质污染、水生生物多样性减少、湖滨湿地退化等。通过对国内外相关水生态修复案例的研究与借鉴,结合南漪湖的实际情况,从物理修复、化学修复、生物修复以及生态系统综合管理等多个方面提出了南漪湖水生态修复的策略与措施。并对修复过程中的监测与评估体系构建、公众参与机制等进行了探讨,旨在为南漪湖水生态的可持续恢复与保护提供科学依据和实践指导。

关键词:南漪湖;水生态修复;可持续发展

1　引言

水生态系统是地球生态系统的重要组成部分,在维持生物多样性、调节气候、提供生态服务等方面发挥着至关重要的作用。南漪湖作为一个重要的湖泊生态系统,其生态健康状况不仅影响着周边地区的生态环境质量,也与当地居民的生产生活息息相关。然而,由于人类活动的影响和自然因素的变化,南漪湖的水生态系统面临着诸多挑战,急需进行科学有效的修复与保护。

2　南漪湖水生态系统现状

(1)地理位置与自然特征

南漪湖位于安徽省宣城市宣州区和郎溪县交界处,是长江下游南岸的一个大型浅水湖泊。湖泊面积约189km²,平均水深1.9m左右,具有丰富的自然资源和独特的生态环境。

(2)水质状况

近年来,南漪湖的水质出现了不同程度的下降。主要污染物包括氮、磷等营养物质,以及一些有机污染物和重金属。水质的恶化导致湖水透明度降低,水体富营养化现象较为严重,部分水域出现

作者简介:邓永泰,男,高级工程师,主要从事水利工程管理工作。E-mail:120330004@qq.com。

了蓝藻水华等问题。

（3）水生生物资源

南漪湖曾经拥有丰富的水生生物资源,包括鱼类、虾类、贝类、水生植物等。然而,受水质恶化和过度捕捞等因素的影响,水生生物的多样性和数量都有所降低。一些珍稀濒危物种的生存面临着威胁,鱼类资源的种群结构也发生了明显变化。

（4）湖滨湿地

湖滨湿地是南漪湖生态系统的重要组成部分,但由于围湖造田、城市化进程加快等,湖滨湿地的面积不断减少,湿地的生态功能也逐渐退化。湿地的涵养水源、净化水质、调节气候等功能得不到有效发挥。

3　南漪湖水生态系统面临的主要问题

（1）农业面源污染

农业面源污染是南漪湖水质污染的主要来源之一。周边地区大量的农田在施肥、施药过程中,部分农药、化肥随着地表径流进入湖泊,导致水体中营养物质和污染物浓度升高。此外,农村生活污水和垃圾的无序排放也对湖水水质产生了负面影响。

（2）工业废水排放

虽然南漪湖周边的工业企业数量相对较少,但仍有部分企业存在废水超标排放的情况。工业废水中含有大量的有毒有害物质,如重金属、有机物等,这些污染物进入湖泊后,对水生生物的生存和繁殖造成了严重危害。

（3）渔业资源过度捕捞

长期以来,南漪湖的渔业资源过度捕捞现象较为严重。不合理的捕捞方式,如使用小眼网具、电鱼、毒鱼等,导致鱼类资源的种群结构遭到破坏,一些经济鱼类的数量急剧减少,渔业资源的可持续利用受到威胁。

（4）生态系统结构失衡

受水质污染、生物资源过度开发等因素的影响,南漪湖的生态系统结构出现了失衡。水生植物的分布和生长受到限制,浮游生物的群落结构发生改变,消费者与生产者之间的能量传递和物质循环受到干扰,整个生态系统的稳定性和自我调节能力下降。

4　国内外水生态修复案例分析

（1）国外案例

1）日本琵琶湖

琵琶湖是日本最大的淡水湖,曾经面临严重的水质污染和生态破坏问题。日本政府采取了一系列的修复措施,包括建立污水处理厂、控制农业面源污染、实施生态修复工程等。经过多年的努力,琵琶湖的水质得到了明显改善,生态系统也逐渐恢复。

2）美国五大湖

美国五大湖地区在工业化过程中，由于工业废水和城市污水的大量排放，湖泊生态系统严重恶化。美国政府通过制定严格的环保法规、加强污水处理设施建设、开展湖泊生态修复研究等措施，对五大湖进行了综合整治。目前，五大湖的生态环境状况已经有了较大的改善。

（2）国内案例

1）洱海

洱海是云南省第二大高原湖泊，近年来面临着水质下降和生态退化的问题。当地政府采取了控源截污、生态修复、流域综合治理等措施，通过建设污水处理厂、湿地恢复、湖滨带保护等工程，有效改善了洱海的水质和生态环境。

2）太湖

太湖是我国东部的一个大型浅水湖泊，由于经济快速发展和人口增加，太湖的水质污染和富营养化问题日益严重。国家和地方政府投入了大量的资金和人力，采取了多种修复措施，如底泥疏浚、水生植物恢复、生态渔业等，取得了一定的成效。

5 南漪湖水生态修复的策略与措施

（1）物理修复

1）底泥疏浚

南漪湖底泥中积累了大量的污染物，通过底泥疏浚可以去除底泥中的营养物质、重金属等污染物，改善湖底的生态环境。在疏浚过程中，要注意合理选择疏浚区域和疏浚深度，避免对水生生物造成不必要的伤害。

2）人工增氧

南漪湖水体已富营养化，水中溶解氧含量较低，影响了水生生物的生存。通过人工增氧设备，如曝气装置、喷泉等，可以增加水体中的溶解氧含量，改善水质，促进水生生物的生长和繁殖。

（2）化学修复

1）化学除藻

在蓝藻水华爆发期间，可以使用化学除藻剂进行应急处理。但要注意选择高效、低毒、环境友好的除藻剂，并严格控制使用剂量，避免对水生生态系统造成二次污染。

2）絮凝沉淀

通过投加絮凝剂，可以使水中的悬浮颗粒和污染物絮凝沉淀，降低水体中的污染物浓度。但絮凝剂的使用也需要谨慎，应避免对水生生物产生负面影响。

（3）生物修复

1）水生植物恢复

水生植物在水生态系统中具有重要的生态功能，如吸收营养物质、净化水质、提供栖息地等。可以通过人工种植和自然恢复相结合的方式，恢复南漪湖的水生植物群落，如种植芦苇、菖蒲、荷花等水生植物。

2）水生动物调控

合理调控水生动物的种群结构,可以促进水生态系统的物质循环和能量流动。例如,适量投放滤食性鱼类,如鲢鱼、鳙鱼等,可以控制浮游生物的数量,改善水质;同时,要加强对凶猛鱼类的管理,保护经济鱼类的幼鱼。

3）微生物修复

利用微生物的代谢作用,可以分解水中的有机污染物和营养物质。可以通过投加高效微生物菌剂、构建微生物修复系统等方式,提高水体的自净能力。

（4）生态系统综合管理

1）流域综合管理

南漪湖的生态环境问题不仅仅局限于湖泊本身,还与整个流域的生态状况密切相关。因此,需要对南漪湖流域进行综合管理,包括控制流域内的面源污染、优化土地利用结构、加强水资源管理等。

2）建立生态补偿机制

为了保护南漪湖的生态环境,需要建立生态补偿机制,对为生态保护做出贡献的地区和个人进行补偿。通过经济手段,激励各方积极参与生态保护工作。

3）加强生态监测与评估

建立完善的生态监测与评估体系,对南漪湖的水生态修复效果进行实时监测和评估。根据监测结果,及时调整修复策略和措施,确保修复工作的科学性和有效性。

6　南漪湖水生态修复过程中的监测与评估

（1）监测指标的选择

选择合适的监测指标是监测工作的关键。对于南漪湖水生态修复,监测指标应包括水质指标(如 pH 值、溶解氧、化学需氧量、氨氮、总磷等)、水生生物指标(如浮游植物、浮游动物、底栖动物、鱼类等的种类和数量)、生态环境指标(如湖滨湿地面积、水生植物覆盖面积等)。

（2）监测方法与技术

采用先进的监测方法和技术,如自动监测站、在线监测设备、遥感技术等,可以提高监测数据的准确性和时效性。同时,要加强对监测数据的质量控制,确保数据的可靠性。

（3）评估体系的构建

构建科学合理的评估体系,对南漪湖水生态修复效果进行综合评估。评估体系应包括生态效益评估、社会效益评估和经济效益评估等方面。通过评估,及时发现修复工作中存在的问题,为后续的修复工作提供参考。

7　公众参与机制

（1）提高公众环保意识

通过多种渠道,如宣传册、电视、网络等,向公众宣传南漪湖水生态保护的重要性和紧迫性,提高公众的环保意识和责任感。

（2）鼓励公众参与监督

建立公众参与监督机制，鼓励公众对南漪湖周边的污染企业、非法捕捞等行为进行举报和监督。政府应及时对公众的举报进行处理，形成良好的监督氛围。

（3）引导公众参与修复活动

组织公众参与南漪湖水生态修复的相关活动，如义务植树、湿地保护等。通过公众的参与，不仅可以提高修复工作的效率，还可以增强公众对生态保护的认同感和归属感。

8 结语

南漪湖水生态修复是一项复杂而长期的系统工程。通过对南漪湖水生态系统现状进行分析，明确了其面临的主要问题。借鉴国内外水生态修复的成功经验，结合南漪湖的实际情况，提出了物理修复、化学修复、生物修复以及生态系统综合管理等多方面的修复策略与措施。同时，构建了监测与评估体系，强调了公众参与的重要性。只有通过政府、企业、社会组织和公众的共同努力，才能实现南漪湖水生态的可持续恢复与保护，为当地居民提供一个生态优美、环境宜人的生活环境，也为区域经济的可持续发展奠定坚实的生态基础。在未来的工作中，需要不断加强对水生态修复技术的研究与创新，完善相关政策法规，提高生态管理水平，确保南漪湖水生态修复工作取得更加显著的成效。

湖泊清淤对生态环境影响及对策探讨

黄浚杰

(浙江省疏浚工程有限公司,浙江湖州　313000)

摘　要:工业化和城市化迅猛发展加剧了湖泊淤积状况的恶化,这一现象不仅削弱了湖泊的行洪能力,也导致水质状况下降,此外,这一情况还威胁到了湖泊生态系统的稳定性和生物多样性,湖泊清淤成为恢复湖泊环境及生态系统功能的核心策略,不过,清淤项目本身同样可能对生态系统产生不利效应,因此,如何在清淤作业中有效维护生态环境,成为迫切需要解决的问题。

关键词:湖泊清淤;生态环境影响;保护对策

1　引言

本文深入探讨了湖泊清淤操作对生态环境的影响及其解决对策。首先,探讨了生态清淤对于优化湖泊水质和生态功能恢复的必要性,随后详细剖析了清淤过程中可能遭遇的生态与环境问题,提出了一系列旨在保护生态环境的策略措施,促进湖泊清淤与生态保护工作的和谐共进。

2　生态清淤的必要性

2.1　快速控制藻源性湖泛的有效措施

继藻类的大规模涌现、集结与消亡之后,缺氧与厌氧环境下,土壤内的有机物质反应活跃,释放出硫化物、甲烷等物质,形成了带有恶臭的黑色水团。许多大型淡水湖泊因水流动交换的局限性而遭受影响,借助水动力调整工具快速处理藻类导致水质下降,这些措施的实施成本高昂、难度大,并且效果受限。生态清淤能有效地迅速清理积聚在土壤表面的海藻残渣,阻断了海藻宿主和原生黑水团反应链的连续性,快速降低表层污染土壤的营养盐排放,有效改善水质状况。近年来,针对特定区域,如著名淡水湖太湖的竺山湖和西岸区域,实施了一系列环境清理项目,不仅证明了技术的可靠性,同时也证实了其在抑制藻类繁殖和后续水质恢复上的功效,此类实践为湖泊治理积累了宝贵的指导和经验。

作者简介:黄浚杰,男,工程师,主要从事河湖生态疏浚研究工作,E-mail:495199957@qq.com。

2.2 落实相关规划的需要

为了真正实施生态文明理念,自觉配合政府全面推动污染防治攻坚战的方针,实践行动势在必行,部分重点城市精心编制了《大型水体综合治理提升行动计划》,截至 2020 年,流域的防洪能力显著提升,河湖的水质显著改善,蓝藻在水域中的问题已成功得到有效遏制,增强生态系统的综合服务效能,规划了到 2035 年河湖水质全面改善的目标,勾画出到本世纪中叶,将该水域打造成自然美景典范的蓝图。为达成上述目标,明确提出必须实际进行湖泊底泥污染的清淤作业,提升关键河口清淤速度,减少河湖污染的现有规模。此外,要求积极促进环湖生态防护体系和湿地生态系统的建设发展,打造健全的生态系统,提升水体的自然净化能力。故此,推进重点污染湖泊的生态清淤作业,并将清淤所得底泥用于湖区湿地的营造,此举不仅能够显著提升水质,同时也助力生态链条的良性运转,达成人与自然和谐共处的理想状态。

3 清淤工程对生态环境影响

3.1 大气与噪声影响

施工阶段,场地整平、挖掘以及运输车辆作业所导致的粉尘散发,可能会对环境造成污染,建筑机械所发出的噪声,特别容易给邻近环境带来负面影响。

3.2 生态影响

开展工程项目是为了重塑湖泊地区的水文环境,此行动对河流的行洪及防洪功能施加了相应的影响,清淤作业中产生的悬浮物沉降和建筑废水会对当地水环境造成影响,尤其是对水生生态系统的影响显著;湖泊疏浚项目,作为一种水下施工,将会占据特定的水下区域,可能会引起水生生态系统中,尤其是底栖生物群体生物量的降低,并可能对鱼类种群产生负面效应。

4 湖泊清淤过程生态环境保护措施

4.1 建立"湖长＋"机制

第一,以湖长作为"领头羊",确保各方责任落实到位,确立湖长主导的责任网络,包括水利、生态环境等部门的协作和社会公众的加入,以及实施综合决策和联合行动的机制(湖泊净化与综合治理联席会议制度),对各级湖长及相关部门的职责范围明确落实,按照实际情况拟定方案,加强环境保护,从而形成"湖长＋"机制;第二,加强绩效考核工作也是非常重要的一项措施,不仅可以加强团队协作的意识,还可以提高工作人员对清淤工作的重视,因此,将绩效考核纳入湖长责任制考核范围,是保证湖泊清淤顺利进行的一项重要途径,另外设定考核标准时由省级湖长和有关机构,评审既定目标的完成质量,从而增强奖励与责任制度的执行力度,保障各级湖长及各相关部门(单位)的协作,确保工作有效实施;第三,汇聚各方资源,统一规划执行方案,湖长主导,联合水利、自然资源、生态环境、农业农村、住建、林业等部门，携手打造全方位的规划大计，预先规划项目发展，构建合理科学的跨部门项目联合审批体系，优化和完善湖泊清淤及综合治理的新体系。

4.2 固体废弃物处置

（1）生活垃圾

建筑工人在作业场所应将生活垃圾准确投放到指定的垃圾桶中，收集完毕后，应转交当地环保部门负责清运处理。

（2）建筑废弃物

建筑废弃物，如包装材料、建筑材料等，以及在施工阶段临时建筑拆除所产生的一切废料，均需集中回收处理，当废料累积至特定量时，将集中装载并转移至专门的废弃土场进行统一处理。

（3）固体废物管理方案及其对环境的影响

土壤清污措施适合于邻近区域的土地复育和农田改造工程，通过回收污泥并充分发挥其潜在价值，达成环境与经济双重收益；将建筑垃圾运送至规定处理场所不会造成环境损害。

4.3 强化实施保障

（1）强化政策保障

在湖泊清淤及其综合治理过程中可能会遇到各种问题，所以，在实际工作中，相关部门按职责出台相关政策制定合理的保证措施，特别在基本农田、其他农用地与建设用地置换政策方面，一定要找国家出台的相关政策进行置换。

（2）构建稳固的多渠道资金投入体系

设立涵盖政府、企业和社会各方的多元化投资机制，提升政府引导资金投入规模，推行清淤资金奖励与补贴方案，根据实际情况制订科学合理的资金投入方案，加强清淤资金来源，扩展湖泊清淤工作的合作途径，倡导符合条件者加入清淤项目，同时可根据环保、节能节水等方面的税收优惠对清淤参与者进行实施优惠政策，在既定债务限额内，允许各地区将所申请的债务资金投向湖泊清淤和综合治理工作，并联接"国家绿色发展基金"等国家级基金，激发水利、生态修复与水污染治理的发展，推动绿色金融发展，同时利用地方政府债券等资金扩大湖泊清淤的投资规模。

（3）创新建设管理范式

对于成熟的地区，可以鼓励该地区通过湖泊清淤、旅游开发、产业项目的一体化规划等方式提高当地经济的发展，从而保证该地区实现共赢互利的目标。

4.4 处理处置方案设计

按照《土壤环境质量标准》(GB 15618—2018)的规定，处理后湖区底泥符合国家二级土壤质量要求，借鉴国内外底泥处理经验、技术标准及城市整体规划，提议将底泥的最终处置方式定为填埋用泥，鉴于泥浆填埋可用于人工草坪种植、树木栽种等活动，处理过程中，泥浆底泥需经过适当处理（保持有机质含量不低于规范要求的 25% 最低标准),同时确保用于园林绿化的泥料 pH 值介于 6.5～8.5,对经过加强处理的底泥实施检测,达到工程土方各项综合标准,总体而言,遵循底泥处理的无害稳定、节能降耗、资源化以及最大限度减量化的根本原则,推荐在某湖实施机械脱水与粘结工艺以处理湖底泥沙,清淤总量达 174.3 万 m³,使用一体化脱水和固化设备处理泥浆,处理后的泥饼体积为 104.58 万 m³,全部投入周边资源化利用。宫塘底泥处理选用了直接搅拌固结工艺,完成了 9.93 万 m³ 的清淤,产出 7.66 万 m³ 的泥饼,并在岸边实现了资源的最大化利用。

4.5 清淤方案

位于城市心脏地带的湖泊对清淤技术提出了更为严苛的要求,应避免对周围环境造成重大负面影响。按照现有技术分类,江河湖泊的常规清淤方法主要分为排水清淤、水下清淤和环保清淤 3 种类型:

①在河道施工区搭建临时围堰要采用排水式清淤方法进行,其工作原理是排干河水后,然后再对该位置进行干挖或水力冲刷作业。

②水下清淤一般指将清淤机械安装在船舶上进行作业,借助清淤船操作清淤机械实施水面下的淤泥挖掘作业,淤泥通过管道输送网络被运送至岸边指定的堆泥场,其中抓斗式、泵吸式、常规绞吸式和斗轮式是水下清淤的主要清淤技术。

③环保清淤对于湖泊管理非常重要,该方式主要是以水质净化为目的处理方式,环境净化技术现已广泛应用于环境保护领域,其中在河道、湖泊及水库的环境净化工作也非常常见,另外,清淤船配备了专用的环保绞吸式装置,同时在清淤过程中,利用环保绞头进行低干扰、封闭式的清淤操作,挖掘出的泥浆通过挖泥船配备的高马力泥浆泵吸入,泥浆流入输送管道,并通过密封的管道网络被输送到指定的卸泥地点,环保绞吸式挖泥船拥有精确的定位技术以及实时现场监控设备,利用模拟动画,能够直观地监控清淤设备的挖掘路径,高空操控能够利用深度探寻仪与回声测深设备精准测定鱼雷发射的深度,实现精确挖掘的高标准。针对工程特性,制定了 4 种清淤策略以供比较和筛选,见表 4-1。

表 4-1 清淤方案比选

清淤技术	方案	优点	缺点
排干清淤	水力冲挖机组	机具简单,输送方便,施工成本低	施工过程易受天气影响,影响河道边坡和生态系统
水下清淤	抓斗式挖泥船	施工灵活机动、工艺简单,施工过程不受天气影响,工程投资较小	淤泥清除率低、敞开式施工方式易造成二次污染
	普通绞吸式挖泥船	挖运一体,不会对施工不受天气影响	易造成底泥中的污染严重的回淤现象
环保清淤	环保绞吸式挖泥船	集淤泥开挖、输送于一体,对底泥扰动小,精度高	淤泥含水量较大

5 结语

总体而言,湖泊清淤项目在促进湖泊生态环境改善方面起到了决定性作用,同时,也需考虑工程可能对环境造成的潜在影响,通过构建有效的管理机制、科学处置固体废弃物、强化实施保障以及设计合理的处理处置方案等措施,得以将湖泊清淤作业对环境的负面影响降至最低限度,并实现湖泊管理同环境保护的协调一致。

主要参考文献

[1] 徐子令,陈鸥,段育慧.浅水湖泊干法清淤若干问题初探[J].江苏水利,2018(12):20-22 +27.

[2] 樊尊荣,李奇云,刘歆.竺山湖清淤工程的生态效益[J].江苏水利,2020(2):21-24.

[3] 张磊,范晓明,高磊,等.城镇河道生态治理模式及关键技术分析[J].工程技术研究,2020,5 (19):235-236.

[4] 吴春忠,付颖千.某地区周边海域围堰清淤综合整治工程初探[J].珠江水运,2021(23): 85-86.

关于非法采砂价值认定及生态环境损害的思考

生　蕊　徐会显　王　雪

（长江水利委员会河湖保护与建设运行安全中心,湖北武汉　430010）

摘　要:非法采砂对河流生态环境及功能会造成严重损害。本文梳理了国内相关省份开展非法采砂价值认定的流程和方法等内容,结合生态环境损害司法实践案例,分析了价值认定与环境损害的关联性,为完善砂石价值认定,推进生态环境损害赔偿提供参考建议。

关键词:非法采砂;生态环境损害;价值认定

1　引言

河砂是河流生态环境要素的重要组成部分,是河流区域生态环境稳定和健康状态的重要支撑。河道采砂管理是保护江河湖泊的重要任务之一。《长江保护法》实施以来,全国河道采砂秩序总体向好,但非法采砂仍时有发生,危害防洪、航道和生态环境安全。河道非法采砂实践中行政处罚标准各地不一、危害或损害影响认定难等问题一直是诸多学者研究的热点方向。

目前在非法采砂法律责任设定上常限于罚款和没收违法所得等处罚手段,处罚额度相对较低,未考虑对防洪、航道及生态环境的影响。行政罚款偏重经济效益的惩罚,忽视河道砂石的生态价值,未将生态保护补偿纳入考虑因素。胡鹏飞等采用指标分级法提出了航道损害程度分级标准,为航道行政执法处罚和航道损失赔偿提供技术依据。近年来,部分省份均制定了河道非法采砂砂石价值认定和危害防洪安全认定相关办法,为各地区砂石价值认定提供了政策支撑。本文梳理了国内非法采砂价值认定现状,分析不同省份在认定材料、流程和方法的异同,结合生态环境损害制度,提出完善砂石价值认定的一些思考和建议。

2　非法采砂价值认定

河道非法采砂是指在河道管理范围内,未取得合法有效采砂许可证、超出采砂许可证批准范围或深度,在禁采期、禁采区进行采挖砂石、取土和淘金等行为。最高人民法院和最高人民检察院出台了《关于办理非法采矿、破坏性采矿刑事案件适用法律若干问题的解释》,明确对未取得河道采砂许可证在河道管理范围内采砂情节严重的,以非法采矿罪定罪处罚。水利部、公安部和交通运输部联

作者简介:生蕊,女,工程师,学士,主要从事河湖管理咨询研究工作。E-mail:534261445@qq.com。

合印发了《关于开展长江河道采砂综合整治行动的通知》,明确做好砂石价值认定和非法采砂危害防洪安全鉴定工作。

据统计,目前江苏省、四川省、青海省、贵州省、重庆市等十余个省(直辖市)制定了专门的非法采砂砂石价值认定办法,维护河道采砂管理良好秩序,进一步强化行政执法与刑事司法衔接,为依法惩处违法犯罪行为提供依据。

3 砂石价值认定主要内容

3.1 政策依据与适用范围

非法采砂价值认定相关政策依据主要有三个层面的文件。

①国家法律法规,如《中华人民共和国水法》《中华人民共和国》《中华人民共和国防洪法》《中华人民共和国长江保护法》《中华人民共和国黄河保护法》《中华人民共和国河道管理条例》和两高院司法解释等。

②地方法律法规,如《湖北省河道采砂管理条例》《四川省河道采砂管理条例》《重庆市河道管理条例》等。

③地方指导性文件,如《青海省涉案财物价格认定管理办法》《四川省河道管理办法》《重庆市河道采砂管理办法》等。

非法采砂价值认定范围以省(直辖市)行政区域内进行河道非法采砂相关认定工作为主。江苏、四川、河南、湖南省进一步将适用范围扩大,提出"根据其他法律、法规规定需向有关评估鉴定机构申请认定的,依据相关规定办理",部分省份还对涉案类型提出一定的符合条件。如湖南省、山东省提出适用于"非法采砂砂石价值或是否危害防洪安全难以确定的";四川省提出适用于"确需向省水利厅申请的"。

3.2 申请材料与认定程序

经对比和梳理,申请材料主要有5～6项,包括认定申请书、非法采砂情况调查报告及有关证据、砂石价值认定或危害防洪安全认定的评估报告以及证据材料、其他有关证明非法采砂行为的材料等。在申请材料方面,重庆市、河南省、湖南省还要求提供当地价格主管部门或者具有相应资质的价格认证机构出具的同类砂石同期市场平均价格材料。另外,贵州省和湖南省在申请材料中还提出需要"保证提供材料真实、准确、完整、合法的承诺书"。

认定程序一般包括受理审查、认定审查以及出具认定意见等方面。在受理初审方面,一般总体时限设置为3～7d,一些省份提出"对在10个工作日内材料补正齐全的申请予以受理,逾期未补正且无正当理由的视为撤回申请"。部分省份(直辖市)初次受理时限和认定时限见表3-1。

表 3-1   部分省份(直辖市)初次受理时限和认定时限

	序号	时限要求	江苏	四川	青海	河南	重庆	湖南	贵州
受理阶段	1	收到申请材料起,到受理审查的工作日时限	7d	7d	5d	3d	5d	5d	3d
	2	材料形式不符合要求的,一次性告知需要补正的材料的时限	—	15d	7d	3d	—	5d	5d

序号		时限要求	江苏	四川	青海	河南	重庆	湖南	贵州
认定阶段	1	【一般情况】原则上不超过受理后工作日时限	—	30d	论证或审查后的10d	15d	60d	30d	60d
	2	【特殊情况】重大或者复杂案件	—	可适当延长，最多60d		30d	可适当延长	可以延长30d	最长不超过90d

注：—表示"未明确"。

3.3　认定委员会

目前，多数省份成立了河道非法采砂价值认定和危害防洪安全认定委员会（以下简称认定委员会）。认定委员会负责审查有关评估报告及其他材料，并出具认定意见。省级认定委员会成员一般由政策法规、运行管理、水旱灾害防御、河湖管理等相关部门组成。认定委员会下设办公室，办公室一般设在政策法规或河道管理部门，承担认定委员会的具体工作，日常工作也可由省级支撑单位承担。个别省份可根据实际情况，将省级河道事务中心纳入认定委员会组成成员，如湖南省、重庆市。部分省份提出组织认定时应聘请有关专家参加。

3.4　砂石价值认定方法

非法开采矿产资源主要造成矿产资源价值损失和生态服务功能损失。矿产资源价值损失通常根据销赃数额认定，矿产品价值难以确定的，可由价格认证机构、自然资源等机构出具报告对矿产资源价值进行认定。生态服务功能损失还需通过开展生态环境损害鉴定评估进行量化。

砂石价值认定包括砂石数量和砂石价格两部分。经梳理，确定砂石数量的方法往往需要综合运用一种或多种方式累计确定。主要包括三类：

①票据、记录等资料，如申请单位提供的数据、协议（合同）或相关票据的销售数据，或专业机构出具的《河道非法采砂砂产品方量认定书》。

②测量计算数据，包括未销售砂石的现场实测数据，已经销售的根据运输设备数量、运输频次及实际载重量计算，具备条件的也可按照水下地形测量对比分析计算确定。

③估算法，可以采用断面或地形测量确定采空区体积，进而估算砂石采挖量，或根据采砂设备生产能力和生产时长计算，采用以往发生的非法采砂销售记录或调查统计数据计算等。

砂石价格的确定一般按照价格认证机构提供的市场价格确定。涉及价格不明或者价格难以确定的产品依法进行价格测算、确定价格。河道非法采砂价格认定依据包括区县（自治县）及以上价格认证机构出具的砂石产品价格证明或报告，省（直辖市）建设工程造价管理总站发布的《地区建设工程材料市场价格信息》非法采砂同期月份或案件发生时最新的材料预算价格、协议（合同）或有关票据的价格以及其他具有法定依据的价格。根据实际情况，砂石价值计算方法常为河道非法采砂不同种类砂石量（吨）乘以不同种类砂石价格之和。

3.5　危害防洪安全评估

河道非法采砂危害防洪安全鉴定是指对河道非法采砂行为严重影响河势与堤岸稳定、危害涉河湖水工程或水文监测设施及其他合法合规兴建的涉河湖(穿、跨、临河湖)建筑物防洪安全程度进行的综合分析评价。目前,多数省份将危害防洪安全认定报告编制有关要求,以明确条款在认定办法予以说明。其评估内容一般包括采砂河道的基本情况、河道演变分析、防洪安全分析、风险评估与补救方案、结论和其他材料等。评估要求应根据采砂河段的水文泥沙特性及河势演变情况、堤防和岸坡稳定等要素,充分论证非法采砂行为对采砂河段(含采砂可能影响的河段)的河势变化、防洪安全的影响,提出科学的论证结论。对河势变化敏感、有重要防洪工程的河段,应开展相应专题研究(含数学模型计算分析),必要时还应进行物理模型试验研究。

4 涉砂问题生态环境损害

生态环境损害赔偿范围关系着生态环境损害赔偿制度功效发挥,借鉴《中华人民共和国民法典》中关于生态环境损害赔偿的相关表述,其损害范围涵盖5项:

①即生态环境受到损害至修复完成期间服务功能丧失导致的损失。

②生态环境功能永久性损害造成的损失。

③生态环境损害调查和鉴定评估等费用。

④清除污染、修复生态环境费用。

⑤防止损害的发生和扩大所支出的合理费用。

从现有标准来看,国家标准《生态环境损害鉴定评估技术指南 环境要素第2部分:地表水和沉积物》对于非法采砂的生态破坏事件,推荐调查指标包括环境质量指标、水产品生产和生物多样性指标3个部分,其中环境质量指标涉及地表水、沉积物、污染物浓度等。但由于缺少对防洪安全、河岸稳定等相关评估指标,对于河道河势不稳定、堤防脆弱区域非法采砂案件,目前难以较好满足生态环境损害赔偿范围涉及的"五项"损害内容的评估要求。

从司法部发布的《环境损害司法鉴定指导案例》来看,环境损害评估不仅包括认定非法砂石价值和非法采砂行为开始至修复完成期间的生态系统服务功能损害造成的损失费用,还涵盖了采砂破坏河道的修复费用,即通过人工填砂或补砂,进行河道综合整治和河道生态环境修复,使河道内的生态环境恢复至原貌所需要的费用。其中非法采砂行为对采砂河段河势变化、防洪安全以及堤防稳定性等方面的影响与非法采砂危害防洪安全鉴定关联密切,同时也在河道修复费用中一定体现。表4-1为近3年部分非法采砂损害赔偿案例,由此可见,在打击非法采砂类似案件的司法实践中,既考虑非法砂石价值的认定,同时还评估生态损害价值,已经成为常态流程,而这其中涉案的生态环境损害修复费用有时甚至高于非法采取的砂石资源价值,足见生态环境损害赔偿对促进河道功能恢复、发挥司法惩戒作用提供重要依据。

表4-1 近3年部分非法采砂损害赔偿案例

发布时间	地区	案件内容	非法采砂量	砂石价值认定/万元	生态损害价值评估/万元	案例来源
2021年	山东	未取得采矿许可证,以清淤为名,在某河段非法采砂	19010m³	—	127	环境损害司法鉴定指导案例

续表

发布时间	地区	案件内容	非法采砂量	砂石价值认定/万元	生态损害价值评估/万元	案例来源
2021年	安徽	在长江安徽国家级自然保护区盗采江砂	46765t	289	515	环境损害司法鉴定指导案例
2022年	山西	未取得采矿、采砂审批手续下,在大沙河河道非法采砂	26000m³	—	—	最高人民检察院非法采矿公益诉讼典型案例
2022年	湖南	在洞庭湖湿地非规划采区进行非法采砂	—	2243	873	最高人民检察院《非法采矿公益诉讼典型案例》
2022年	湖北	长江干流水域非法盗采江砂	约80万m³	1800	1200	环境损害司法鉴定指导案例
2023年	江西	长江干流水域非法盗采江砂	5943t	47.5	2.7	最高人民法院第38批指导性案例
2023年	河北	未取得采矿许可证,擅自在河道开采砂卵石	95675m³	255	1085	《中国环境资源审判(2022)》

5 结语

(1)统筹砂石价值认定与生态环境损害鉴定工作

生态环境损害涉及面广,既包括砂石资源的直接损失,也包括沉积物、堤防稳定等方面功能损害。根据采砂量、采砂现场进行评估,委托具有专业资质的鉴定机构对其生态环境损害进行鉴定,并将防洪影响、生态功能恢复等纳入后期生态修复费用进行评估,合理确定损害赔偿范围,全面评估非法采砂行为对生态环境损害的影响和防洪安全风险。

(2)进一步规范非法采砂危害防洪安全鉴定标准

危害防洪安全鉴定是生态环境损害鉴定评估的重要组成部分,非法采砂对河道岸坡、河势稳定和工程设施造成的损害具有隐蔽性和滞后性,应进一步规范危害防洪安全鉴定标准,对于采砂量大、破坏严重的,符合"严重影响河势稳定,危害防洪安全"的行为,应统一相关认定标准,依法打击非法采砂,追究生态环境损害赔偿责任,维护河道岸线安全。

(3)强化涉砂案件多部门协作执法

充分发挥行政执法与刑事司法的优势互补,做好跨部门、跨地区联动,推动水行政执法与刑事司法有效衔接。综合采砂河段水利部门、生态环境部门、自然资源部门等评估意见或鉴定材料,依法合理评估非法采砂环境损害。

主要参考文献

[1] 张伟民. 河道采砂管理存在问题及对策初探[J]. 中国水利,2017(12):22-24.

[2] 石蕾. 河道非法采砂中行政罚款数额的确定思路[J]. 四川环境,2020,39(2):164-168.

[3] 胡鹏飞,毕竞,王志军. 非法采砂损害航道程度分级研究[J]. 中国水运,2022(S1):58-62.

浅水湖泊生态清淤施工影响分析

余松林

（浙江省疏浚工程股份有限公司,浙江湖州　313000）

摘　要:浅水湖泊是自然生态系统的核心部分,它不仅能够调节气候和储存水源以应对干旱,同时也是众多生物的栖息地,然而,随着工业化和城市化步伐的加速,湖泊正面临着日益加剧的污染和沉积物累积问题,此类问题逐步导致了湖泊生态服务能力及其景观美学效益的下降。生态清淤被视为一种有效的湖泊管理手段,在恢复湖泊生态平衡、去除湖底沉积物、减轻内源性污染和促进水质优化方面发挥着关键作用,但是,清淤作业中的不当行为同样可能对湖泊生态系统造成不良影响。故此,对浅水湖泊环境整治影响进行深入剖析,并制订对策,对于保障湖泊生态系统的持续健康发展至关重要。

关键词:浅水湖泊;生态清淤;施工影响

1　引言

生态清淤对于湖泊管理至关重要,其目标在于优化水质并重建湖泊的生态健康,尽管如此,生态清淤的操作不可避免地会对湖泊生态系统造成影响,本文分析了生态清淤的影响范围以及施工过程中所面临的问题,提出了一系列措施,包括摸清淤泥底数、制订科学清淤方案、加强水生态保护以及科学处置淤泥等一系列策略,旨在为浅水湖泊生态清淤作业提供理论依据和实践指引。

2　生态清淤作业影响范围

2.1　水环境影响

清淤作业作为一种无污染的建设活动,在工程结束时不产生对环境的污染物排放,施工阶段的环境影响主要表现为对水环境的作用。为了降低乃至避免工程对水环境的潜在影响,可以根据地域特点采用移动式环保厕所,定期处理生活污水;鉴于施工现场的船舶将在 30～40d 内持续作业,并且实际操作中必须排放沉积在船槽底部的油污水,施工船舶必须配备油水分离装置,确保含油废水经

作者简介:余松林,男,工程师,主要从事河湖生态疏浚研究工作,E-mail:1373573650@qq.com。

过处理,其浓度降至 15mg/L 以下后,由陆地上的油污水接收设施进行后续处理,同时,清淤活动所引发的泥沙悬浮也会对特定水体的环境质量产生不利影响。

2.2 固体废弃物影响

施工期间,固体废物主要来源于工地生活区垃圾、船只使用以及机械设备维护,在施工过程中,建立临时仓库和进行土壤倾倒可能会造成原有植被生物量的下降,工程完工后,施工期间受影响的土地将会复原或被重新开垦。

2.3 水体 TSS 浓度变化

绞吸船以扇形轨迹进行底泥扫刨作业,高效挖掘并输送底泥。在作业过程中,绞刀切割底泥所形成的泥浆并非都能被离心泵彻底抽取,部分泥浆溢出导致水体变得浑浊。底泥区域扰动最强,导致水体总悬浮固体(TSS)浓度升至最高点,剥离过程中,大颗粒物质挤压上浮并沉降,接着细小颗粒慢慢沉底。现场采样时间差异导致 5 个放射性中心区域水样的 TSS 浓度不一致,TSS 浓度峰值达 1.3g/L,经过大约半小时的流逝,逐渐回落至 0.36g/L,光圈头距离越远,水域 TSS 浓度越低,50m 开外,浓度趋于稳定不再升高(图 2-1),航拍和目视观察均揭示,光圈船作业对 TSS 的扰动不可能扩展至 50m 以外的水域。

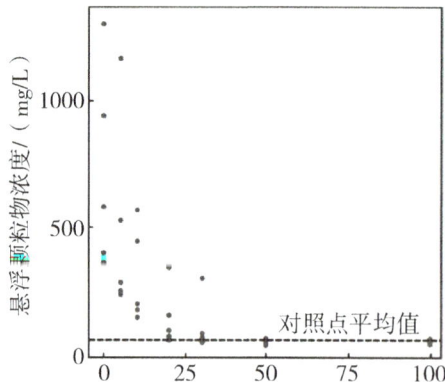

图 2-1 离绞吸头不同距离的水体悬浮颗粒物(TSS)浓度

2.4 生态清淤对底泥污染影响

环保型吸土船依靠吸土头的低速回转巧妙地剥离了表层底泥,下层的底泥与上层水体相接,共同铸就了一道新的水土界限,清淤使得表层底泥内的氮、磷、有机质和镉等污染物含量大幅下降(图 2-2),0～20cm 厚的表层底泥内,4 种污染物的清除效率分别达到了 70%、73%、72% 和 85%,N 的污染程度实现了从"重度污染"到"清洁"的飞跃,P 的总污染度成功从"中度污染"级别提升至"清洁"状态,重金属 Cd 的含量显著下降,从超出风险筛选值(0.3mg/kg)减少至接近"背景值"水平。

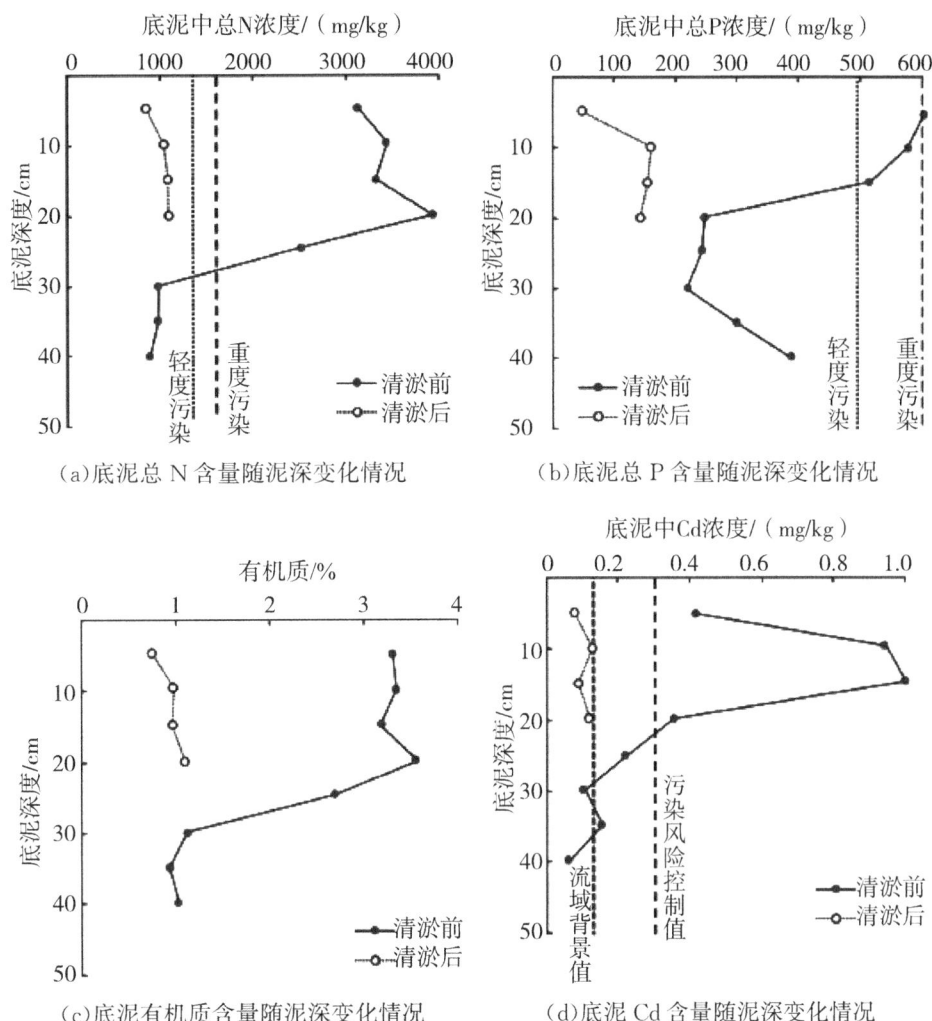

(a)底泥总 N 含量随泥深变化情况

(b)底泥总 P 含量随泥深变化情况

(c)底泥有机质含量随泥深变化情况

(d)底泥 Cd 含量随泥深变化情况

图 2-2　清淤前后柱状底泥污染物含量

3　浅水湖泊生态清淤施工存在的问题

3.1　湖泊"家底"不清

研究指出,并非每个土壤污染的湖泊都适宜或必须通过清淤来修复水环境,处理不当不仅会徒增浪费,还可能对湖泊生态造成破坏。在计划清淤作业之前,需先行了解各湖泊的"家底",涉及湖泊养殖情况、土地利用方式及环境敏感点,涵盖湖周围排污口数量、排放物质类型、污水特性和主要污染物总量等污染源详情,污染种类、含量水平、分布模式及污染层厚度的综合特征,水生生态中物种的丰富度及特定物种的保护级别,包括本地和土著物种以及其他水生生物种类;经过对清淤需求、技术可行性、经济合理性、安全性、预期效益和方案可行性进行详尽探究,作出理性决策。目前,某省仅收集到 308 个湖泊的水质监测信息,尚无湖泊底泥与水生生物的基线数据。

3.2　清淤方案设计得不合理

项目初期对湖泊生态系统综合性和深入性的科研忽视往往是清淤规划不完善的原因,这一步骤的缺失直接造成了对湖底清淤计划设计所需数据的不足,这导致无法准确映射出湖底底泥的具体分布、厚度变动以及污染级别的空间异质性,缺乏初步研究造成了对湖泊历史沉积、水流动态、水质状况和底栖群落结构等关键信息的遗漏,这些数据是构建科学性清淤方案的关键所在,这些数据直接决定了清淤区域定位、挖掘深度以及识别技术的运用,这些关键数据是决定清淤作业范围、计算清淤深度和选择检测方法的核心因素,此外,清淤目标的设定也暴露出缺乏科学规划的不足,清淤的目标不仅仅是挖走湖底的底泥,同时也是为了重建湖水的生态功能,促进水质提升,因此,清淤方案应当综合评估湖泊生态健康、环境保护宗旨以及经济效益等多元要素。然而,缺乏科学规划的清淤计划往往显得过于粗略和仓促,忽略了关键要素,致使结果未达预期,甚至可能触发新一轮的环境问题。一个不恰当的清淤方案可能会引发资源的不必要消耗,例如,鉴于无法准确掌握污泥分布和污染程度,清理活动若在非关键区域执行,可能会导致人力、物资和财政投入的浪费,错误的清淤位置使得受污染的污泥难以被彻底清除,这可能会显著影响其效率;过度清淤也会损毁湖泊的原生态,对底栖动物造成永久性的伤害。

4 浅水湖泊生态清淤对策

4.1 摸清淤泥底数

施工前,湖泊清淤工程需完成细致且系统的前期规划工作,地质调研和水体监测是前期筹备的关键环节,该工作的主要目标是全面深入地探究湖泊土壤的物理、化学与生物特征,以期为后续制订科学、合理且高效的污水处理方案打下坚实的理论基础。地质调研主要通过钻井、采集样本和初步测试等方法进行,对湖底的地质结构、淤泥分布和厚度变化进行精确测量和绘制,根据湖泊地形,恰当安排勘查点,确保数据展示的全面与准确,所采集的资料,包括岩芯、土壤样本及其他物质样本,经过实验室分析,精确展示了污泥的组成、物理特性(包括密度、湿度、孔隙率等)以及其力学性能,为后续清淤操作的执行奠定了重要的参数基础。与此同时,对水质进行监测显得尤为关键,旨在持续定期分析化学参数(如pH值、溶解氧、氨、磷酸盐等),以识别污染源头和特性,确保水质安全,提前警示清淤可能引发的次生污染风险,并指引采取恰当的环境防护措施。

4.2 制订清淤方案

目前,国内外清淤技术主要分为干塘疏挖和环保疏浚两大类,干塘疏挖是指排干湖水,经过一段时间的晾晒或简易固化处理后进行挖掘,随后利用机械疏浚或水力冲挖技术进行挖掘。环保疏浚则是在无须排干水体的情况下进行,环保疏浚船作业时抽取底泥,并通过管道系统将泥浆输送至预处理区,例如,某湖泊平均水深2.91m,水质遭受污染,湖底淤泥层积严重,水质恶化至Ⅴ类或劣Ⅴ类水平,就施工环境而言,湖体清淤可实施环保疏浚或采取局部围堰干塘方式进行,从对湖泊影响的角度考虑,后者涉及临时围堰的搭建与后续拆除,对湖体的干扰相对更为显著;前者仅在施工期间产生影响,对湖泊无后续干扰。考虑到清淤区域大,工程量庞大,覆盖了湖泊约$\frac{1}{3}$的面积,为降低对湖泊的影响,决定采用环保船舶进行疏浚作业,宫塘的水深范围在0.3～1.0m,湖底淤泥累积深厚,部分湖区淤泥露出水面,藕塘遍布,水质恶化至劣Ⅴ类水平,锁龙堤将宫塘与湖隔开,形成了一个自然的封闭围堰区,因此,宫塘的清淤工作采用局部围堰干塘的方式进行。

4.3 水生态保护

(1)制订清淤工作规划

为减少对水生生物的干扰,应尽量缩小对周边水域的封堵范围;为了庇护底栖生物的栖息地,只需针对性地清理 N、P 污染最严重的湖表区域。

(2)强化施工过程的管理与监督

在施工过程中,严格禁止向湖泊倾倒生活垃圾和油污水,施工船只需经受严格审查,以防油料泄漏至水体,优先选用高效率且噪声低的机械设备,工人不得在湖面捕鱼或对飞鸟造成任何伤害。

(3)定期对水质及水生态实施定点监测

在施工阶段,施工单位须指定专业机构对施工涉及的水质和水生态进行持续监测,监测数据编制成文档,并得到妥善的存档处理。

(4)加强环保宣传

建设单位需在项目周边布设公示牌,展示项目信息及环保承诺,推广环保理念,同时接受社会公众的监督。

(5)多方协作

为了提升沿线环境保护力度和法治监管,提议各施工单位相互沟通,确立一套合理的环保奖惩体系,明晰环境责任,强化对关键施工现场的环境保护职责。

4.4 科学处置淤泥

(1)增强技术攻势,提供专业技术服务

省级机构联合企业、科研机构、高等院校及社会团体,共同致力于湖泊清淤的勘察活动,开展淤泥安全处理技术的研究工作,推动淤泥资源化利用技术的研发,并实施示范与推广,在重大项目实施中,注重关键技术人才的培养与引进,确保项目获得专业的技术引导和技术保障。

(2)优化设计提升清淤作业效率的技术方案

综合评估环境保护、经济效益、安全性和资源综合利用,量身定制研究方案,科学规划回收规模和方法,旨在提高清淤效率。

5 结语

总体而言,浅水湖泊生态清淤需兼顾众多复杂因素,制订科学的施工计划及环保防护措施,以最大程度降低建设活动对湖泊生态系统的负面影响,推动湖泊生态系统走向可持续性发展之路。

主要参考文献

［1］陈永喜,彭瑜,陈健.环保清淤及淤泥处理实用技术方案研究[J].水资源开发与管理,2017(4):23-26.

［2］杨继尧,苏良平.浅述河道湿式生态清淤工艺优化[J].水资源开发与管理,2019(2):50-53+46.

［3］袁修猛,杜飞,廖炜.河湖长制下湖北省湖泊清淤及综合治理路径探析[J].水资源开发与管理,2022(11):66-71.

［4］陈永喜,彭瑜,陈健.环保清淤及淤泥处理实用技术方案研究[J].水资源开发与管理,2017(4):23-26.

堤防道路工程中水土保持与环境保护技术集成研究

段明霞 王 博

(长江河湖建设有限公司,湖北武汉 430000)

摘 要:为探讨堤防道路工程中水土保持与环境保护技术集成的应用路径,本文从堤防道路工程水土保持与环境保护的相关技术出发,分析水土保持与环境保护技术集成的必要性与优势,进而探讨水土保持与环境保护技术集成的实施路径,并从项目条件调研、影响因素识别与分析、集成技术创新、创新评估、建构技术应用 PDCA 管控循环等角度予以阐述,并以某堤防道路工程为例,阐述了技术集成带来的创新效能。

关键词:堤防道路工程;水土保持;环境保护;技术集成

1 引言

堤防道路工程水土保持与环境保护间具有较为多元的绿色协同效应,堤防道路工程建设过程中,需要积极发挥二者的技术集成效能,助力我国水利工程的绿色、可持续发展。

2 堤防道路工程中的水土保持与环境保护概述

堤防道路是以堤防作为道路的路基,加铺路面结构层的堤路结合工程,是一种主要用于抗洪、防汛,服务于各项水利设施的道路工程,具有沿线交通运输、社会公众服务、综合配套设施、堤防管理通道、抗洪抢险专线等多种功能,其功能可以有多种组合(图 2-1)。

在堤防道路工程建设与使用过程中,面临堤防工程施工、区域环境薄弱以及季候影响多向作用的水土稳定性问题。首先,由于施工开挖和填方需要,会对工程区域地质环境有所损伤,影响区域地表植被和土壤结构,破坏区域生态,导致水土流失、岩石风化、生物多样性降低,容易诱发环境生态能力变弱等问题;其次,堤防道路工程区域的水土环境本身也可能不利于堤防道路工程建设施工与使用,存在区域生态环境脆弱、水土流失等问题;同时,环境水源、季候性雨水、区域植被覆盖率、水土保持效果以及特殊自然灾害、人为破坏等影响,也可能给堤防道路带来破坏性影响,甚至发生水毁问题。

作者简介:段明霞,女,工程师,参与多个工程建设现场管理工作。E-mail:www.124822311@qq.com。

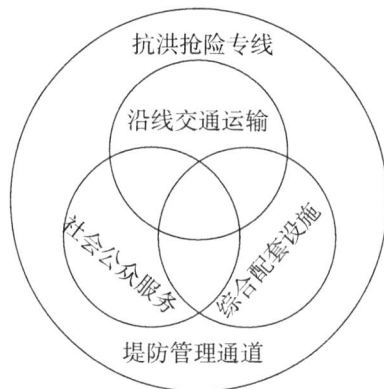

图 2-1 堤防道路功能组合

因而，在堤防道路工程施工中，为保证堤防道路工程施工及堤防道路使用安全，提升区域生态环境效能，需要从施工水资源保护以及堤防道路水毁防治角度，加强水资源的保护与管理，做好水土保持与环境保护工作。

3 水土保持技术在堤防道路工程中的应用

堤防道路工程施工中，常见的水土保持技术主要有植被护坡技术、地面覆盖与保护措施、拦截沟和排水系统工程等。

3.1 植被护坡技术

护坡技术根据所使用材料特点，具有多种护坡形式（3-1）。

表 3-1 常见护坡技术

植被种植护坡技术	人工种草护坡、平铺草皮、香根草技术等
非植被护坡技术	石笼护坡、抹面和喷浆、圬工防护、支挡加固等
植被＋防护网护坡技术	植生袋护坡、土工网垫植草护坡等
植被＋防护结构护坡技术	浆砌片石骨架植草护坡、框格内填土植草护坡、土工格室植草护坡、蜂巢式网格植草护坡、锚杆植生基质植物护坡等
综合材料固着护坡技术	液压喷播植草护坡等

其中，植被护坡技术通过人工干预的手段，为堤防道路两旁区域增加护坡植被，通过植被提升土壤的黏着力与抗虫能力，减少水流对土壤的冲刷和侵蚀，以起到防护和稳固水土的作用，并通过植被的优化、水土的稳固等改善周围的生态环境。植被护坡技术有很多种，其应用需要根据堤防道路边坡的地质条件、坡度、气候条件等情况，选择适宜的植被进行护坡，并需要根据植被特点予以一定的养护管理。

3.2 地面覆盖与保护措施

堤防道路工程中，通过非植被的地面覆盖技术也可以起到对边坡的保护作用。比如抹面和喷浆、圬工防护、支挡加固等技术。其中，抹面和喷浆技术主要是针对易于风化但不易剥落的岩石面边坡,通常采用混凝土材料等,在坡面修筑一层保护层,或是采用喷护、挂网、护面墙、圬工等适用于更高强度的边坡防护技术,防止风化作用和雨水冲坡面地表的长期侵蚀。非植被的地面覆盖与保护技术可以处理更为复杂、特殊或是不利于植被生长等恶劣条件环境下的堤防道路工程边坡。但由于防护工程边坡更加不利于表面植被的生长,其绿色价值往往不高。

3.3　拦截沟和排水系统

为保证堤防道路工程具有良好的排水能力,堤防道路工程设计与建设过程中,需要根据区域水环境、气候水环境特点等,设置必要的拦截沟和排水系统,比如暗管、渗沟、渗水涵洞或是深井的设施,以疏干或排除危及道路安全的地面水和地下水。

堤防道路排水系统设计与施工需要根据堤防道路沿线的地形地质和水文条件等,分析水量和水流的走势、作用时间及其破坏力等,对周围环境的水需求以及排水能力进行综合设计和系统考量。拦截沟和排水系统常与植被护坡技术同时使用,通过稳定水土和排除水患的双重措施保证堤防道路建设与使用安全与质量,提升堤防道路的使用年限。

4　环境保护技术在堤防道路工程中的应用

常见的环境保护技术主要包括施工期环境保护措施,废渣、噪声和粉尘控制技术,水资源保护与管理技术等。

4.1　施工期环境保护措施

在堤防道路工程施工中,挖掘机、推土机、压路机等机械设备以及运输车辆等产生的噪声,会给施工环境,尤其是室内环境带来一定的噪声影响;在堤防道路开挖和填筑的过程中,土工施工也会产生较大的灰尘,对周围环境带来影响;同时,堤防道路工程中场地平整、结构物拆除、场地内积水处理、废弃物处理等,也可能破坏周围的生态环境、给环境带来一定的固体垃圾、病媒、有害物质等,污染周边土地或水源。堤防道路施工可能对环境带来的潜在影响见表4-1。

表 4-1　　　　　　　　　　　堤防道路施工可能对环境带来的潜在影响

活动内容	潜在影响
清除草丛、树木等植被	生态破坏、水土流失
清淤	水土流失
结构物拆除	扬尘、噪声、景观损害
场地积水及废水处理	积水或废水污染、病媒传播
废弃物处理	废弃物影响、病媒传播、有害物质土污染
土方工程	施工弃渣、堤防道路扬尘、机械噪声
砌体工程	施工弃渣、洒落的砂浆、水泥粉尘
沥青混凝土	洒落的混凝土沥青加固粉尘、气味、铺设机械噪声
管道工程	施工弃渣、闭水试验废水、管线开挖扬尘、施工机械噪声
路基工程	生产废料、洒料、运输粉尘、机械噪声
生活、办公区活动	生活办公垃圾、厕所废水、食堂废油废水

基于工程绿色施工、文明施工、健康施工等要求,堤防道路施工过程中,必须采取必要的环境保护措施防范堤防道路施工对环境的影响。一般会采用噪声和粉尘控制技术以及水资源保护与管理技术等防范堤防道路工程施工可能给环境带来的影响。

4.2 废渣、噪声和粉尘控制技术

堤防道路工程施工必须严格按照相关环境监管与施工管理要求等做好废渣、噪声和粉尘等控制工作,降低施工给环境带来的影响。

（1）废渣

工程弃渣主要包括洒落的砂浆、缓凝图、混凝土骨料、废水处理后的污泥等,通过避免或减少产生量、及时清理、消纳处理、规范倾倒、回收再利用等处理,确保对环境的影响在相关规范要求内。

（2）噪声

在噪声处理方面,按照相关管理要求,基于噪声产生的原理,主要采用一定的吸声、消声、隔声和隔振减振等技术,减小噪声传播对环境带来的影响,安装隔音设施、改变噪声的传播方向、选择低噪声设备、避免夜间施工等措施进行防噪。

（3）粉尘

在粉尘处理方面,堤防道路工程粉尘主要来自土、水泥、粉煤灰、石灰、沙石涂料中易产生粉尘颗粒的材料,通过风力或人为活动传播到环境中,增加空气中悬浮颗粒含量,影响人的日常生活。根据水利工程建设施工扬尘防治技术标准要求,不同的施工阶段和内容,需要采用不同的防控措施,并从减少粉尘产生源、环境控制等措施降低粉尘影响。比如,路基施工时,应避免大风天施工作业,并采取覆盖或是洒水抑尘等措施进行防尘。消解石灰时进行防风抑尘处理,爆破施工时,采用湿作法作业,裸露土质边坡采用防尘网防护,并及时清理场地淤泥、腐殖土以及杂物等。

同时,为防止竣工后车辆行驶可能给周围环境带来的噪声和扬尘问题,在噪声较大或是对道路声音影响较大的路段安装屏障,或是改善堤防道路表面摩擦声效,种植绿化带等进行隔音处理。

4.3 水资源保护与管理技术

堤防道路工程施工中,对水资源的影响主要来源于施工开挖对原有水体的阻隔影响、路基区域局部积水抽水泥浆对水资源的污染等。在施工污水防治处理方面,针对不含有毒有害物质的水源,主要通过渗井、渗坑、人工回灌等技术处理水资源,针对施工过程中产生的生活污水、废水等,需经过一定的技术处理,比如搁置、吸附、集中处理等措施,或是依托附近生活污水处理设施等处理过后方可排放。同时,建立健全污水排放管理制度,落实管控责任,加强日常水处理与水资源保护管理。

5 水土保持与环境保护技术集成的必要性与优势

综上所述,堤防道路工程建设过程中,水土保持与施工环境保护围绕区域地质、水文特点与堤防道路工程建设需要,从水文、地质、环境等对工程建设的影响,以及工程建设对地质、水文、环境的影响角度寻求适宜的措施进行水土保持和环境保护。其出发点都是为了保证工程建设与使用的安全可靠,同时最大化提升工程环境友好性。水土保持与环境保护技术虽然应用出发点不同,但其影响因素间存在较大存在关联关系和协同效应,比如,通过植被防护、隔离、资源节约与再利用技术等,可以实现水土保持和环境保护的双重作用。

水土保持与环境保护相关技术的集成应用,在实现水土保持、平衡生态系统、节约资源与能源以及促进回收再利用,提升堤防道路工程项目绿色效能,促进社会可持续发展等方面具有重要意义。

6　水土保持与环境保护技术集成的实施路径

水土保持与施工环境保护相关的技术集成实现需要从多角度进行考量。

6.1　项目条件调研

首先需要通过全面的资料分析研究、现场勘验等,充分了解堤防道路工程项目相关区域生态环境特点、工程建设特点、工程建设相关的标准规范与建设要求,以及绿色工程相关的节水、节能、节地、节材以及环境保护理念与技术,为技术应用与创新提供基础的信息支持。

6.2　影响因素识别与分析

堤防道路工程设计以及施工建设人员应打破传统以专业、部门以及各方利益为核心的思考模式,打破各尽其职的思维模式,需要多元、全面了解和层级化细化水土保持、环境保护相关影响要素,分析可能造成的风险后果等,识别关键影响因素和关键影响后果。

6.3　集成技术创新

打破所有已知要素间的关系,利用关键影响因素、关键后果等,创新寻求和建立最直接的、可行的水土保持与环境保护融合的最佳答案,可能是通过科学的基于逻辑与定量分析的结果筛选,也可能是工程项目条件限制的必然结果,或是某位工程人员的突然灵感等,只为寻找最佳的技术集成实施路径。

6.4　集成技术创新评估

从技术应用效能评估出发,充分发挥专家技术能力与经验,充分发挥设计、施工、财务、管理、环保等不同专业人员的优势等进行多元评估与分析,对技术集成应用效果进行评估。识别可能存在的问题及其影响条件,并利用专业团队的力量对技术方案进行多角度优化与改进。

6.5　建构技术应用 PDCA 管控循环

在集成技术方案施工阶段,一方面,通过有效的技术应用管理,尽最大努力落实技术集成预期效果;另一方面,基于实际施工条件、特点、问题等对集成技术方案进行完善与优化,并标准化技术应用成果,为后续工程建设提供参考与支持。

7　集成技术的实施案例分析

以华东地区某堤防道路工程建设为例,基于该堤防道路工程建设交通运输、堤坡防护等功能需要,以及工程设计与施工的与绿色建设要求,依托项目所在区域气候和环境特点,充分发挥"预防为主、保护有限、全面规划、综合治理、创新管理、技术引领"的落地方针,通过有效水土保持治理以及环境保护技术集成的策略,实现融入自然的堤防道路工程建设,实现道路与自然的和谐共生,实现相关路段建设的绿色高效能和集约效益。

比如,在堤防道路设计方面,依托区域地质、水文特点以及道路防汛、通行、景观等功能安全要求,匹配更具环境保护效益的堤防护坡技术;在施工技术设计上,通过尽可能落实就地取材、工程施工废渣与土方的再利用、采用清洁能源和节能设备等"四节一环保"的工程设计;注重路基防护与道路景观设计的有机融合,采用以植物防护为主、施工防护为辅的水土保持技术;并利用填方路基的耕植土的回填进行植被种植与养护;通过堤防道路走线线形优化,降低车辆能耗,减少后期上路车辆尾气排放和噪声污染;通过加强文明施工,根据施工阶段特点,采用有效的防尘、降噪技术尽量减少施工对社会环境的消极影响等。

8　结语

综上所述,在堤防道路工程建设过程中,水土保持与施工环境保护技术应用都具有较大的环境效益和集约、节约带来的降本和高经济效益。新时期,水利堤防道路工程水土保持与环境保护技术应用需跳出专业限制,从更高的思考层面进行技术集成创新,最大化二者的集成效益,为工程绿色发展、社会可持续发展做出积极贡献。

主要参考文献

[1] 郝伟. 堤防道路分类分级与设计研究[D]. 西安:长安大学,2017.

[2] 陕西省市场监督管理局. 公路建设施工扬尘防治技术规范:DB61/T 1728—2023[S]. 陕西省市场监督管理局,2023.

[3] 凌树鹏. 城市堤防道路工程水土保持施工技术管理要点分析[J]. 水上安全,2023(3):155-157.

[4] 王景娟. 浅析市政堤防道路工程中的绿色施工环境保护措施[J]. 智能建筑与智慧城市,2024(1):106-108.

浅谈水生态文明建设下的城市黑臭水体的治理

严　娟　易　娜

(长江河湖建设有限公司,湖北武汉　430000)

摘　要:城市水生态文明建设中,水元素是重点,城市水体是构建水生态文明的重要部分。城市黑臭水体影响着城市水资源、水环境、水安全、水经济与水文化,在治理过程中应重点考虑水生态构建、结合生态文明建设要求、突出生态文明理念。本文着眼于城市黑臭水体治理,在治理过程中融入水生态建设理念,对治理措施进行简单梳理,以期达到切实保护水资源、改善水环境、修复水生态的黑臭水体治理目的,促进城市水生态文明建设。

关键词:水生态文明;黑臭水体;治理

1　引言

城市水体是构建水生态文明的重要部分,但由于经济快速发展和相关市政配套、规划的落后,大量污染物入河导致了城市黑臭水体的产生。重建水生态,必须对黑臭水体进行治理。为了确保治理措施的科学性与可操作性、保障治理效果的长效性以及体现水生态文明理念的重要性,应避免"头痛医头,脚痛医脚",从城市水系统、区域水循环和水生态建设的高度进行城市水体综合治理。

2　城市黑臭水体治理现状

对于城镇黑臭水体整治,有时只是把水作为一种工程措施的构成部分考虑,一些涉及水环境修复的补水活水设计也存在一些不足之处:重引水冲污,轻生态修复;重水量轻水质,重河道轻岸堤;单一的补水或者活水工程,与海绵城市结合度不高。

在城市中小水体甚至部分流域水体的综合治理过程中,由于工程实施的时序性、河道条件的局限性及相关部门思想的滞后性,认为水质达标即完成整治。一些截污条件不好、规划不到位、流经区域人口众多的城市中小内河涌,以河涌之名行纳污之实,治理多以截污清淤等工程性措施为主,生态、人文、景观等因素不受重视。在实际操作中,无论规模大小和污染轻重,水生态也主要体现在河道生态修复方面,忽略与河岸带、水生态景观、排水及亲水文化等结合。唯水质的治理思路能暂时解

作者简介:严娟,女,工程师,主要从事疏浚工程研究工作,E-mail:627797916@qq.com。

决水环境问题,但往往忽略景观、生态、人文与经济发展需求,达不到城市建设规划、生态规划等要求,难以上升到水生态文明构建阶段,影响经济和社会和谐发展。

3 水生态文明建设

参考水生态文明试点城市的经验,水生态文明建设要求进一步强化规划引领和理论支撑,突出生态文明理念,将其融入到水资源开发、利用、治理、配置、节约、保护的各方面和水利规划、建设、管理的各环节,以实现"水系的完整性、水体的流动性、水质的良好性、生物的多样性、文化的传承性"为目标,全面落实最严格水资源制度和节水优先战略,切实保护水资源,改善水环境,修复水生态,努力从源头上扭转水生态环境恶化趋势,建设"山青、水净、河畅、湖美、岸绿"的美好家园。有学者也曾将城市中的水体作为城市复合生态系统的子系统,通过调查分析和深入研究,提出了"水安全、水环境、水景观、水文化、水经济"五位一体的城市水生态系统规划建设新理念。

城市黑臭水体治理发展到今天,已经形成了比较系统的整治理念与工程手段。水生态构建理念也应在黑臭水体治理中展现:以保护水资源、改善水环境、修复水生态为目的,治理应按照"外源减排、内源清淤、水质净化、清水补给、生态恢复"进行,通过提升水系的"水安全、水环境",融入"水景观、水文化",发展"水经济"。黑臭水体的综合治理措施在制定与实施过程中结合水生态建设理念,从普通的水环境治理上升到城市水系、区域水循环和水生态建设的策略高度,使城市黑臭水体治理从单一局部工程发展成为不可缺少的水生态系统构建环节。

4 措施讨论

城市黑臭水体的治理,基础措施仍然是"截污、清淤、控源",城市水系统、区域水循环和水生态建设主要落实在生态修复措施与区域性的规划协调上。城市黑臭水体处于水域生态系统和陆地生态系统的交接处,受到两种生态系统的共同影响。因此,生态化的治理措施不仅需要考虑河道与岸堤,也要考虑与陆地生态系统的结合。

4.1 海绵城市

城市水体面源污染主要来自降雨对地表的冲刷,初期雨水可通过海绵城市"渗、滞、蓄、净、用、排"的综合利用方式减控。海绵城市也能解决城市水体治理中防洪排涝方面的要求,其工程措施是具有多层次性的。通过对排水系统的完善改进和雨污分流,使得大规模的降雨径流得以调控,满足防洪防涝要求。通过适当清淤、扩宽河道或扩大水域面积,增加雨水在河湖中的积存量,促进水资源的综合利用与水循环。通过调蓄池和净化设施储存雨水,或利用河边绿地、花坛、池塘、湖泊洼地、天然土和人工配制土壤等人工或天然设施来截纳、净化雨水中的污染物,以达到较好的水质;采用各种透水性地面、渗透管沟、渗透井、渗透池等技术措施以截留、下渗雨水,补充城区地下水,入渗设施到地下水位之间必须有一定厚度的土层或防护手段,防止雨水对地下水的污染。以上措施既能对河道和地下水有一定的水位补充,又能增加城市水体外在的、看得见的生态元素,建立起单一水体与城市水系统的关联性与流动性。

4.2　生态河道

传统粗放式城市建设模式下,早期由于防洪、灌溉和沿河建设建筑等要求,流经城区的河道经常采取工程手段加深河道、固化河岸,河道两岸亲水面被硬化甚至河道河底"三面光"。被硬化的河道面及河岸阻止了河道与河畔植被的水气循环,使水生动植物、底栖动物、亲水的陆地植物和两栖动物等生存环境大减,河道内动植物种类单一或几近于无,沿岸陆生植物稀少。部分河道富营养化严重,严重损坏河道生态系统。因此,河道的生态化改造要水体和堤岸同时进行。

通过对硬质化河底的改造,利用挖掘或垫土的方式来恢复河底"深潭浅滩"的自然生境。通过构造丁坝、潜水导流堰等方式,改变部分人工化顺直河道的水力条件,恢复河道水流蜿蜒区转的自然流向,增加河道水力条件的多样性。通过河底底泥生态化疏浚,维护河道断面、减轻内源污染,淤泥经过固化稳定化处理达标后可以成为河岸绿色植物的垫土。

根据水体的深度,由浅至深依次种植浮水植物、挺水植物和沉水植物,构建复合植物体系;通过选取沉水植物构建水下森林,为原生动物提供附着和取食场所;在河道中以小岛、沿河滩地等形式因地制宜地营造一些湿地,增加对水体的净化力和动植物的活动范围。

通过对河道两侧硬质堤岸进行生态化改造、采用体现海绵城市特点的透水砖做挡墙、将未硬化河岸改造成生态型驳岸等生态友好的方式,增加河道的生态元素。通过生态补水活水、雨水调控、水系连通等措施,保障河道的生态需水量,保持功能性的水面水位等,形成流动性的水体,保证景观与生态性的需要。

4.3　绿色岸带

河岸带是介于河溪和高地植被之间的生态过渡带。城市黑臭水体河岸带很大程度上受到人类活动干扰,缺乏生存空间,导致岸带退化,功能丧失。构建河滨缓冲带,发挥绿色缓冲带涵养水源、净化水质、维持生态平衡的作用。

河滨缓冲带主要是通过构建一定宽度的各类植被带,利用植被带的水土保持和氮磷降解能力来发挥作用。不同河道的生态环境不尽相同,相对应的河滨缓冲带构建也不同,但总体上应以"人退水进、分区分类、多层修复"的理念为指导进行。河滨区由外到内逐渐由陆地过渡到水域,高程逐渐降低,生境条件和相应的植被、动物等也有所变化,渐变的生物群落形成了多个圈层,因此,应采用多层修复的技术路线:沿河可铺种乔草和灌木,越往陆域则可考虑种植防护林带或隔离林带。河滨缓冲带构建的重点在于植物的选择。一般选取水土保持效果好、氮磷吸收能力强的常见植物,尽量选择本地物种或已本地化的外来物种,有利于提高缓冲带植被的存活能力和缓冲带生态系统的稳定性,减少物种入侵,保证缓冲带生态功能的发挥。

4.4　文化景观

随着人们生活水平的提高,亲水性生活环境和人水和谐成为新需求。城市水体是城市的休憩区、景观带,但黑臭水体呈现令人不悦的颜色,散发令人不适的气味,影响城市形象。临水建筑物不仅破坏城市景观,而且加大了治理难度。城市黑臭水体是看得见的教训,周边居民对环境污染有了切身体会,更容易接受节水保水、绿色经济等生态型文化。

通过资料收集和现场走访调查,挖掘文化素材,发现合适的景观打造地点,例如河边本来具有的社区活动地段、人口流动地区的大片绿地、公园附近的河道区域等。滨水景观设计要坚持生态效益优先、地方特色维护和以人为本的原则,结合地理地貌,融入园林景观元素,利用植物带和特色建筑物来营造既富有文化内涵,又切合水环境主题的滨水景观;利用自然元素构建亲水平台、汀步等,深入人水交流,构建特色景观节点;利用活水公园和湿地公园,不仅具有景观上的美感,也能处理部分微污染水,成为水环境的另一重保障。

沿河绿道或生态廊道可以打造成岸边休憩带和景观连通带。沿河绿道在设计中可以考虑结合海绵城市和植被缓冲带,综合地面透水铺装、下凹式绿地、河滨带绿化等等构建休闲式步道,让河与河、河与路、河与景都连起来,成为休闲、赏景、娱乐的好去处,大大提高景观格局和人居品位。

4.5 水经济发展

城市水经济开发倡导从水权交易、亲水经济、旅游产业、地产升值、品位提升等诸方面来发展水经济。水经济在很大程度上依靠于水环境的改善和水景观的提升,想发展水经济,必须先进行城市黑臭水体治理。

城市良好的水环境能吸引更多的游客和投资者,通过建设水文化景观生态廊道,设立水文化景区,开发水上旅游项目,打造旅游观光休闲娱乐的滨水景观带等。其次是促进城市水经济圈建设,利用靓丽的水环境水景观举办保护水生态、发展水经济的高峰论坛等活动,提高城市知名度;利用水运便利发展贸易交通,集中开发一批高新产业园区,吸引人才和投资,促进经济发展;互相学习、交流国内外城市在发展水经济、打造水城方面的经验,发展朋友城市、战略合作等。此外,还可以通过绿色水生态的养殖,发展水生态循环经济,开发绿色有机无公害的水产品。

5 结语

①水生态文明建设是生态文明建设的重要部分,城市黑臭水体治理则是水生态文明建设的必需环节,应从水生态文明理念出发,从城市水系统、区域水循环和生态建设的高度进行城市水体综合治理,重视与实施"海绵城市、生态河道、绿色岸带"等生态环境保护措施。

②由于城市黑臭水体污染来源的复杂性与多样性,建议根据自身实际和特点,运用截污控源、补水活水、生态修复等综合措施,改善水环境,保护水安全,因地制宜、切合实际开展治理和水生态文明建设。

③城市黑臭水体治理考核目前以水质达标为统一的硬性要求,在此基础上可根据各水体条件与周边环境,设置如河岸绿化、陆地植被覆盖、水生动植物增加等更多考核指标与综合占比,切实有效地体现生态元素的重要性。

④城市黑臭水体治理不仅仅只有基础的日常维护和监控管理,"河长制"和"智慧水务"着眼于水系本身,忽略了大环境发展需要,如何有机结合并利用工程案例进行教育宣传、培养节水意识、环水经济开发等"水文化、水景观、水经济"的提升,也需要相应的政策、管理甚至规划的配套。

主要参考文献

［1］陈雪,徐海波,马继侠,等.生态型河道建设概述［J］.工程建设与设计,2006(7):77-80.

［2］褚克平(2017).以海绵城市思想构建城市水生态文明［J］.合作经济与科技,2017(9):22-23.

［3］刘永辉,张霖.生态理念在滨水景观设计中的运用［J］.城市建设理论研究(电子版),2015(17):2315.

［4］潘艳艳,陈建刚,张书函,等.城市径流面源污染及其控制措施［J］.北京水务,2008(1):22-23.

［5］王超.城市水生态系统建设与管理［M］.北京:科学出版社,2004.

［6］赵杭美,由文辉,罗扬,等.滨岸缓冲带在河道生态修复中的应用研究［J］.环境科学与技术,2008(4):116-122.

第六部分
数字化及智能化技术

ZDM 软件在河道扩挖设计中的应用

余 康 李 浩 唐金武 刘建明

(长江勘测规划设计研究有限责任公司,湖北武汉 430010)

摘 要:河道扩挖工程大多线路长、影响因素多,平断面设计相互关联,为解决反复设计问题、提高工作效率,基于已广泛用于水利水电行业的 ZDM 软件,系统梳理了其在河道扩挖设计中的应用方法与技术要点,并探讨了 ZDM 在高效完成数据处理、平面与断面设计关联、成果优化与输出等方面的优势,以及软件的拓展应用和效果分析,可为高效解决类似工程设计提供参考和借鉴。

关键词:ZDM 软件;河道扩挖;疏浚设计;工程量计算

1 ZDM 软件简介

ZDM 是一款基于 Auto CAD 平台开发的辅助设计软件。该软件最初由水电设计人员研发,后经不断扩充、完善,现已被广泛应用于水利水电行业的各个专业,为水工、施工、规划、机电、建筑等专业人员提供了高效平台和优质解决方案。ZDM 软件采用分布组件工具集的方式,形成通用扩展功能+专业定制功能的软件架构,共含有 184 项通用功能和 232 项专业功能,形成了土建、管道、电气三大专业模块。其中,土建专业模块包含了渠道、堤防及河道设计、水面线计算、过流能力计算、开挖计算等不同功能的软件包近 10 余种以及制图命令约 600 多条。大量的工程设计实践验证证明,ZDM 软件能够大幅提高土建设计人员的工作效率,在迭代设计、批量制图等各个环节节省了大量的时间。

ZDM 软件的河道设计和开挖计算工具集对长线路的河道扩挖工程设计效率有非常显著的提高,但目前少有研发和设计人员系统梳理 ZDM 软件在河道扩挖设计中的应用。鉴于此,本文结合实例,总结 ZDM 软件在河道扩挖设计中的详细步骤与应用技巧,并从笔者的实际工作经验出发,对 ZDM 软件的拓展应用与效果进行分析,为类似河道线性工程的高效设计与优化提供参考和借鉴。

作者简介:余康,男,工程师,博士,主要从事河道规划治理研究工作,E-mail:yukang3@cjwsjy.com.cn。

2 基于 ZDM 的河道扩挖设计

2.1 设计资料与思路

河道扩挖的目的本质上是增加河道的过流或槽蓄能力,其设计的边界条件应由规划专业人员根据描述河道过流能力的水位—流量包络线,给出满足扩挖目标的特定流量—水位组合控制条件,作为河道扩挖设计的边界条件。河道扩挖目标(如防洪、灌溉供水、水生态环境需求等)控制条件也将决定扩挖工程规模。

河道扩挖设计以河道平面地形和断面地形以及河道地质条件作为输入资料。河道扩挖设计平面布置与断面设计是相互关联的,总体设计思路为先进行平面布置,再进行纵断面和横断面设计,并根据断面设计迭代优化平面布置,最后计算工程量。上述全过程可由 ZDM 软件辅助设计高效完成,河道扩挖设计技术路线见图 2-1。

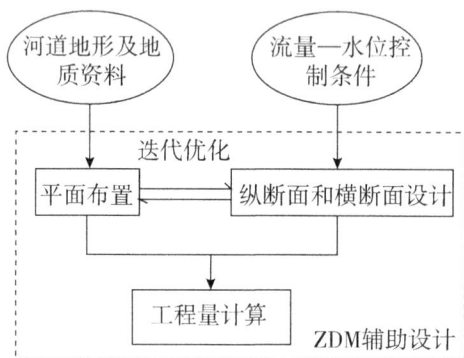

图 2-1 河道扩挖设计技术路线

2.2 平面布置

河道扩挖平面布置应根据河流走向、堤防分布及两岸涉水工程与设施布局等综合拟定,有条件时还应考虑局部河势和河床冲淤变化趋势,避免扩挖后回淤影响工程效果。此外,扩挖平面布置还应特别考虑窄滩段的扩挖,避免引发崩岸或威胁堤防安全。河道扩挖平面设计主要是要确定河道扩挖中心线,横断面分布(即桩号线)以及开挖上下开口线。利用 ZDM 软件设计步骤如下:

(1)预处理河道扩挖中心线

一般以河道地形图为底图绘制河道扩挖中心线,绘制时应注意走向平顺,且多段线每个顶点处将生成与中心线相垂直的横断面线即桩号线,必要时可使用 f 命令对中心线做倒角处理。

(2)设置横断面线(桩号线)

ZDM 软件允许直接使用 bzzh 命令对扩挖中心线进行桩号设置,即在多段线的每个顶点处生成桩号线并标注桩号;也可以使用实测断面地形线作为桩号线,输入 getzh1 命令将实测断面线转换为桩号线,并使用 Ptzhx 命令将实测断面数据转换为高程点打在桩号线上,以便横断面剖切和设计。

（3）生成河道扩挖上下开口线

生成河道扩挖上下开口线在平断面设计完成后使用djx命令自动生成。河道扩挖平面布置设计见图2-2。

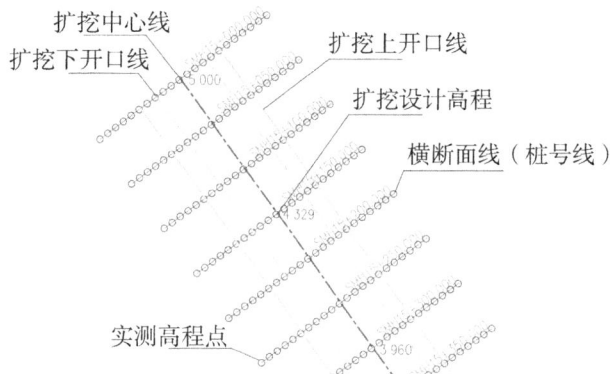

图2-2 河道扩挖平面布置设计

2.3 断面设计

断面设计分纵断面设计和横断面设计。纵断面设计即确定河道中心线设计河底高程，使用p_bg命令按坡度或点选高程交互式设置沿程设计河底高程。可见，纵断面设计本质上是确定河道底坡，而河底坡降是河道过流能力计算的重要参数，与横断面设计参数共同决定了河道扩挖后的过流能力。横断面设计步骤及要点如下：

（1）根据实测地形剖切原河道横断面

可根据实测平面地形或断面地形，分别使用getz命令或Ptzhx命令将地形数据打在横断面桩号线上，再使用dxpm命令批量剖切出沿扩挖中心线的每一横断面。

（2）插入扩挖典型设计断面

以梯形断面为例，横断面设计主要根据河道过流能力确定断面底宽和两侧边坡。由于ZDM软件的灵活性，在纵向上可以采用分段设计典型横断面，例如，对不同地质条件的河段，可以采用不同的断面边坡，对于滩窄段可以设置不同的断面底宽；在横断面设计上，可以根据需要自由设置多级马道。典型断面设计完成后，使用indm命令将自动以设计中心点为参照将典型断面插入原河道横断面上（图2-3）。

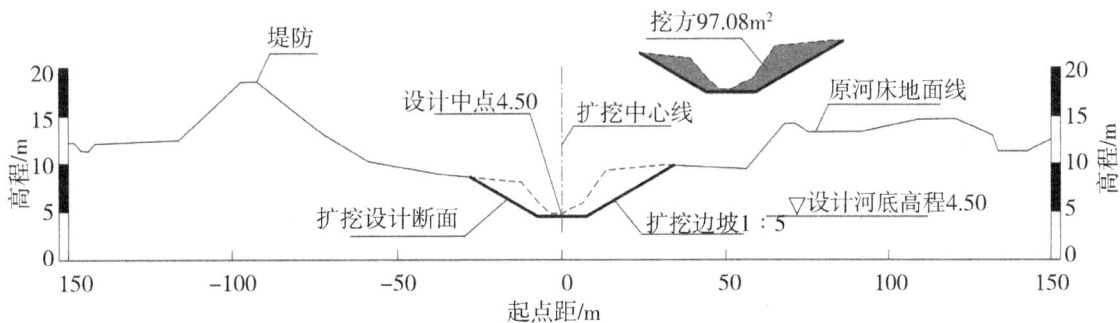

图2-3 河道扩挖典型横断面示意

（3）调整横断面布置及平面布置

根据断面设计成果生成平面布置，使用djx命令自动根据设计横断面图生成平面扩挖线，对平面布置不合理（如扩挖坡脚不满足堤防安全管理范围或偏离主槽、涉及桥梁等）的岸段，在断面设计图上使用mdm命令对设计断面进行优化调整，再使用hdpm命令重新生成扩挖中心线和上下开口线，如此往复迭代优化设计，直至平断面布置都满足各方要求。

2.4 工程量计算

ZDM软件采用断面法计算河道开挖工程量，使用Tkwht命令计算每一开挖断面上的挖填面积,见图 2-3,再使用 Calarea 命令,程序自动根据断面桩号间距和挖填面积计算并生成工程量表(表 2-1)。

表 2-1　　　　　　　　　　　　　　　　河道扩挖工程量计算

桩号	间距	挖方			填方		
	L/m	A	$\overline{A}$	V/m³	A	$\overline{A}$	V/m³
SMH15+000		498.08			11.01		
SMH15+050	50	509.24	503.66	25183.0	14.08	12.55	627.25
……	……	……	……	……	……	……	……
SMH15+900	50	215.82	221.70	11084.75	37.76	31.52	1575.75
SMH15+950	50	221.6	218.71	10935.5	29.24	33.50	1675.0
工程量				427745.5			18449.75

3　ZDM 软件拓展与应用效果

(1)ZDM 软件在长距离线性河道扩挖工程设计方面具有便捷性

河道扩挖工程一般涉及线路长,影响因素多,河道平面、断面设计又相互关联,因此设计工作量较大。特别是对于制约因素较多的复杂情形(如地质条件、工程投资、生态环境因素限制、边界条件变化等),反复迭代优化或变更设计或进行方案比选几乎是不可避免的。而 ZDM 软件在进行平面、断面设计时能够自动关联,无论是基于平面地形还是断面地形来设计,ZDM 在设计过程中都将输入地形、地形剖面、典型设计断面、平面开挖线、断面挖填面积、土方工程量等关联起来,这样在迭代优化设计或设计变更时省去了大量的前处理重复工作,大大提高了长距离河道扩挖工程的设计效率。

(2)ZDM 软件能处理复杂条件下的河道扩挖设计

地形和地质条件是影响河道扩挖设计的重要因素。河道扩挖一般属于长距离的线性工程,这类设计的重点在于典型横断面的设计,以及随河道地形特别是地质条件变化而采取的分段优化设计。对于地形或地质条件变化较为复杂情形,ZDM 软件允许用户输入地质钻孔资料,从而便捷地采用切纵剖面命令给出河床高程沿程变化,以及河床各地层顶板

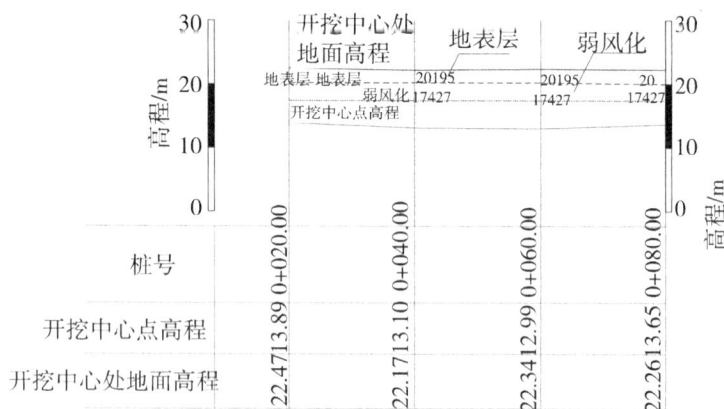

图 3-1　河道分地层扩挖纵断面示意

高程沿程变化(图 3-1),也可以采用切横剖面命令给出各地质分层在横断面上的分布(图 3-2),从而为不同地形地质条件的河段进行因地制宜的分段优化设计。例如,在开挖深度较大的岸段,可以设置马道;在地质分层或条件变化的岸段,可以设置多级坡。在设计完成后,ZDM 软件同样提供了强大的工程量计算功能,实现了每个开挖断面上统计不同地层的挖填面积,并计算分地层的土方工程量(表 3-1)。

表 3-1　　　　　　　　　　　　　　　　洞道分地层开挖工程量计算示意

桩号	间距 L/m	地表层			强风化			弱风化			微风化		
		A	$\overline{A}$	V/m³	A	$\overline{A}$	V/m³	A	$\overline{A}$	V/m³	A	$\overline{A}$	V/m³
0+020.00		63.18			53.61		23.01	27.19	11.50				
0+040.00	20.00	55.49	59.34	1186.70	55.83	54.72	1094.40	25.26	25.10	502.10	15.90	13.70	274.00
0+060.00	20.00	60.35	57.92	1158.40	55.55	55.69	1113.80	26.35	26.23	524.50	18.05	16.98	339.50
0+080.00	20.00	62.92	61.64	1232.70	50.42	52.99	1059.70		25.81	516.10	11.68	14.87	297.30
工程量				3577.80			3267.90			1542.60			910.80

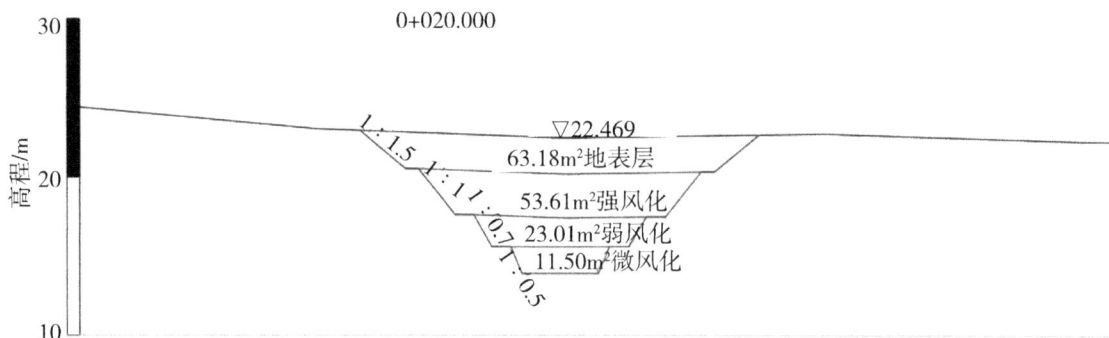

图 3-2　河道分地层扩挖典型横断面示意

（3）ZDM 软件具有强大的后处理功能

河道扩挖设计成果主要有扩挖平面图、断面图和工程量计算表。除了前述提到的 ZDM 软件能够自动关联平面、断面图以及自动生成工程量计算表，方便修改以外，ZDM 还能够实现批量出图以及一定的制图美化。由于河道扩挖平面布置一般涉及范围广、线路长，ZDM 提供了图框块功能实现分幅出图，用户定制好标准图框块以后，在需要布置图框的河段插入块即可，图框块可以自由旋转平移来达到最佳出图效果。同理，图框块可以用于横断面出图，在 ZDM 中横断面图桩号与平面图中桩号关联，此外，还可以根据河道断面形态特征，对横断面图横轴和纵轴采用不同的比尺批量缩放，对纵轴高程标尺杆的范围和刻度进行批量个性化设定，以达到清晰、美观、高效出图的目的。ZDM 自动生成的工程量计算表可支持导出并使用文本编辑器或 Excel 等软件来进行数据处理。

（4）ZDM 软件可以灵活拓展应用

ZDM 软件具备较好的地形前处理功能，可根据用户使用经验灵活拓展应用。例如，利用 ZDM 对地形散点和等高线等输入地形资料的处理，可以高效地完成横纵断面批量剖切，从而用于河道演变分析。ZDM 河道扩挖技术路线也同样可用于码头、泵站前沿等局部河道疏浚设计或航道疏浚设计，ZDM 的放坡开挖、分地层工程量计算等功能也可用于河道采砂论证。ZDM 对于线性工程的强大处理能力，也可辅助河道护岸工程设计。此外，ZDM 可以从平面地形批量剖切出断面地形，并支持批量导出断面数据，便于河道一维水动力模型建模和计算。

4　结语

河道扩挖工程一般涉及范围广、线路长，影响因素多，河道扩挖平面布置和断面形式多变，且平面、断面设计又相互关联，常规设计方法往往十分烦琐，重复性工作多，设计工作量巨大。为高效解决复杂情形下河道扩挖迭代优化或变更设计或方案比选等难题，本文基于 ZDM 软件，结合实例详述了软件的设计思路与步骤要点，并从实际使用经验出发，对软件的拓展应用与效果进行了分析。ZDM 软件灵活、高效，极大地提升了类似河道扩挖等线性工程的设计效率和成果输出质量，优势明显、值得推广。

主要参考文献

[1] 张东明. ZDM 水工设计软件使用手册研究报告[Z]. 2011.

[2] 万利台. ZDM 软件在引水工程中的应用[J]. 广东水利水电，2018(6):38-42.

[3] 邢欣伟,孔聪,吕炎武,等. ZDM 软件在堆渣库容计算中的应用[J]. 河南水利与南水北调，2022(5):51.

[4] 赫庆彬,周志博,翟中文. ZDM 软件在某灌区渠道设计中的应用[J]. 水利水电工程设计，2021，40(4):17-19.

[5] 汪李艳,杨珂,王春娟. ZDM 软件在土方开挖工程量计算中的应用[J]. 西北水电，2018(2):4.

[6] 阳文兴,刘可暄,易作明,等. ZDM 辅助设计在小流域综合治理工程中的应用[J]. 冶金丛刊，2018(9):122-123.

[7] 司晓磊,刘玮,张振宇. 浅谈"ZDM"辅助设计软件在黄河下游防洪工程设计中的应用[J]. 科技视界，2017(29):2.

[8] 方腾卫. ZDM 制图软件在中小河流治理工程中的运用[J]. 广东水利水电，2016(5):103-106+111.

数字化在三维模型及船舶建造中的运用研究

王 瀚 王 明

(上海振华重工启东海洋工程股份有限公司,江苏南通 226251)

摘 要:随着科技的迅速发展,数字化技术也随之渗透到各个行业,包括船舶制造业。数字化船舶三维模型技术为船舶制造和运维带来了革命性的变革,该技术将备件、物料、库存、维修保养、AI智能监控等系统功能与实际应用场景深度融合,通过三维可视化应用,提供了更加高效、精准的解决方案。数字化船舶三维模型的研究是实现船舶设计、制造、运维等全过程数字化的重要手段,本专题将详细探讨其研究目的,以期推动这一领域的发展。

关键词:数字化船舶;三维建模;数字化设备;运管维

1 引言

数字化船舶三维模型是一种基于计算机技术的船舶设计解决方案,它可以直观地展示船舶的外形、内部结构和各种设备布局,为船舶设计、建造和运维提供了极大的方便。数字化船舶三维模型的研究和应用不仅可以提高船舶设计的效率和质量,也有助于推动船舶工业的技术进步和发展,还能为后期业主建设"运、管、维"数字船舶平台提供必要的基础模型数据。

21世纪以来,我国船舶工业实现了快速发展,并且不同程度进行了数字化造船技术应用尝试,取得了一定成效,船舶总装建造效率、产品质量、生产周期、建造成本等关键指标取得了显著进步。但是,总体上我国船舶工业仍处于数字化制造起步阶段和智能化制造探索阶段,重点环节的制造技术应用与国际先进水平相比仍然差距明显,"大而不强"依然是行业共识。

2 数字化船舶三维模型技术介绍

2.1 三维建模技术

三维建模技术是数字化船舶建模的核心。通过三维建模软件,工程师可创建高精度船舶模型,提高设计效率与准确性。可按区域、作业类型和阶段分解工程,划分制造级(图2-1),对各级对象进行三维建模设计,最终实现整船建造。

作者简介:王瀚,男,高级工程师,E-mail:wanghan@zpmcqd.com。

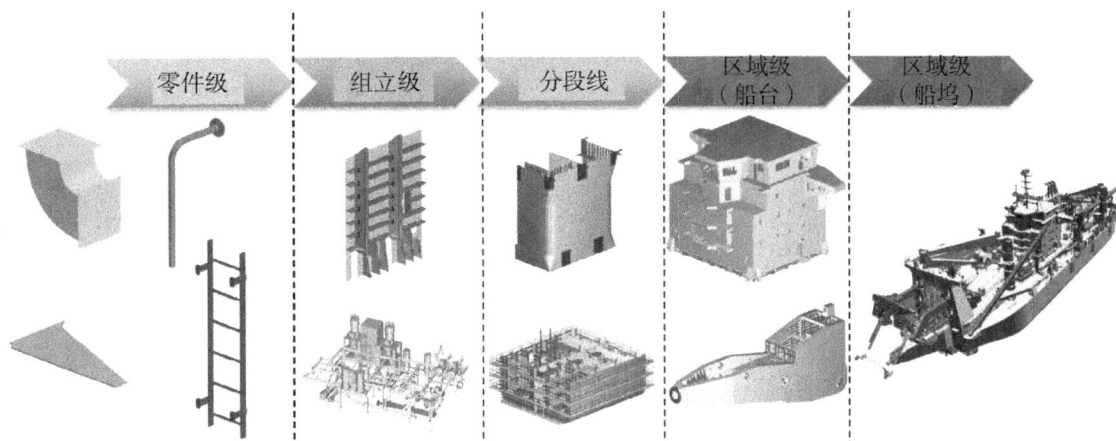

图 2-1　由零件到整船的示意

2.2　数字化造船介绍

采用 TRIBON M3 软件(图 2-2)可发挥其集成制造系统功能,提高设计效率,减少物料浪费,缩短造船周期,使我国造船业与国际接轨。该系统集船舶设计、生产和管理于一体,核心是产品信息模型数据库,即包含工程项目全部信息的"船舶数据库"。数据库面向对象,按一定方式组织各类设计和生产数据。

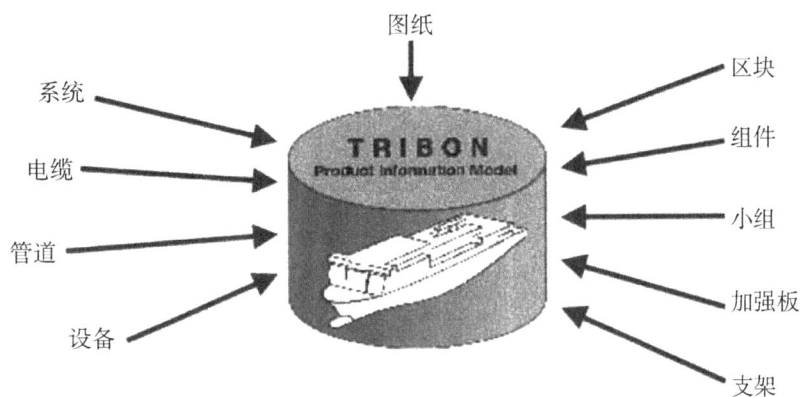

图 2-2　TRIBON M3 产品信息模型数据库构成概览

2.3　三维模型呈现

TRIBON M3 提供了一个集成的设计环境,为设计者提供了一个直观、准确、高效的设计工具,使得设计者能够在船体、机装、舾装、电气、机械设计等多个专业领域进行高效的三维建模和协同设计工作。各生产设计专业可利用 TRIBON M3 软件创建三维船体、设备、管系、舾装件等模型,通过可视化展示功能,直观呈现船体内部结构和空间布局,方便设计师从不同角度查看、评估和修改模型(图 2-3),有助于提升设计质量和效率。

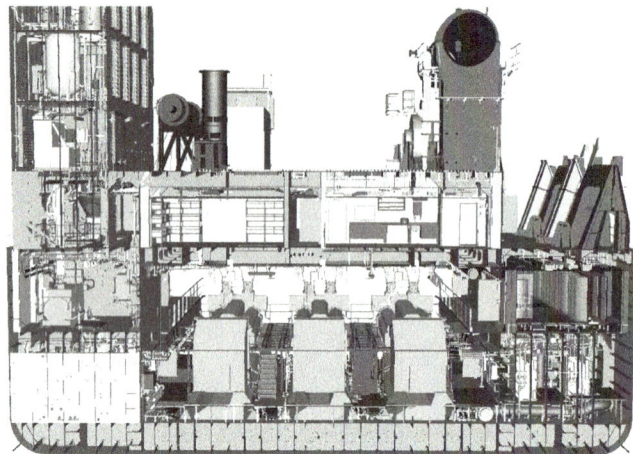

图 2-3　机舱所在区域的剖模型视图

3　数字化船舶三维建模要求及应用

3.1　三维建模要求

　　按设计专业（船体、管系、设备、舾装）进行全船三维建造设计，以 100％三维数字化建模，100％模型数据信息定义，100％装配计划定义，来实现船舶的"建、管、用、养、修"全过程数据维护，为后期数字化模型交付做好准备（图 3-1）。

图 3-1　完整模型定义可为后期
数字化模型交付做好充分准备

3.1.1　100％三维数字化建模

　　100％三维数字化建模将带来精确度高、节省沟通成本、支持多维度分析、交互性体验增强、技术支持更完善等诸多优势，为用户提供了更多选择（图 3-2）。同时，硬件性能的不断提升也为三维建模提供了更好的运行环境，保障了建模工作的顺利进行。

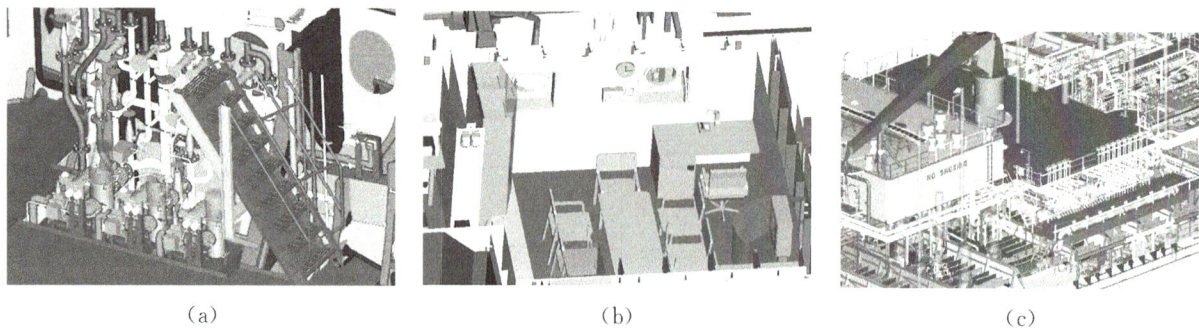

| （a） | （b） | （c） |

图 3-2　100％的三维数字化建模可为后期船舶运维提供沉浸式的完整模型体验

3.1.2　100％模型数据信息定义

　　100％模型数据信息定义提升了设计的精确性和可靠性，优化了生产流程，提升了船舶零部件性能分析能力，增强了协同设计与沟通效率，同时也方便了用户后期的维护和升级（图 3-3）。这些优势使得船舶建造更为高效、精确和可靠。

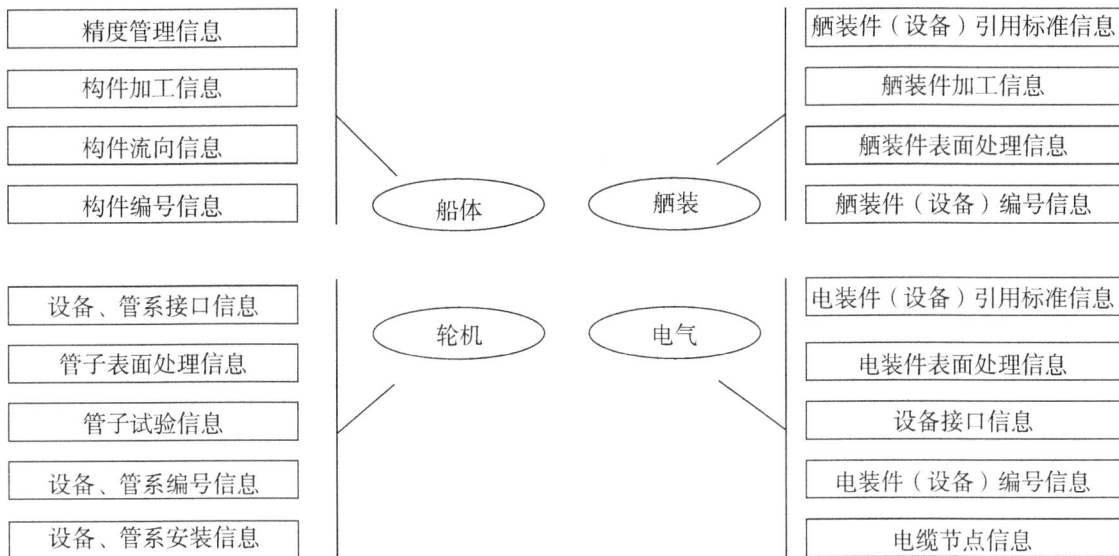

图 3-3　100％模型数据信息定义可为船舶维修提供全面的技术参数支持

（3）100％装配计划定义

实施 100％装配计划定义具有提高装配效率与精度、减少返工与浪费、强化项目管理与监控、优化资源配置与利用、提升沟通与协作效率、提高船舶质量与可靠性等诸多优势（图 3-4）。

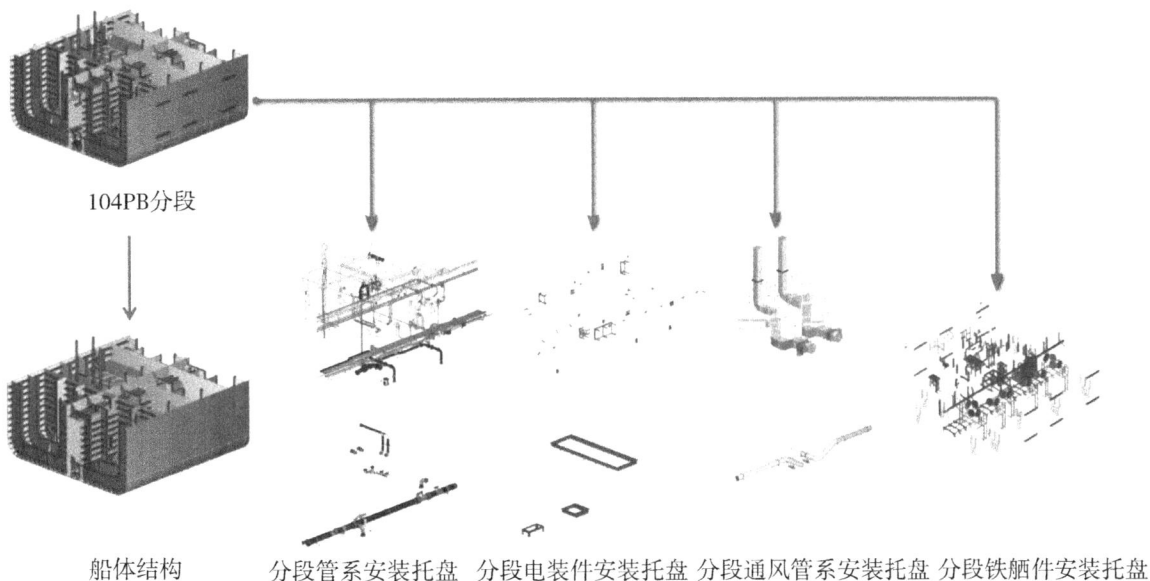

图 3-4　100％装配计划中间产品完整性示意

3.2　模型输出研究

船厂使用 TRIBON M3 软件进行三维生产设计，而用户平台的开发软件与船厂不同，导致船厂模型无法直接应用。用户建设"天鲲号"吸泥船数字孪生平台时，船厂提供 Navisworks 轻量化模型，但受 Navisworks 功能限制，用户无法应用模型，导致重新投入大量人力、精力重建模型，但与实船相比，其完整性、细致性相差甚远（图 3-5、图 3-6）。

图 3-5　数字孪生平台机舱视角

图 3-6　实际三维建模机舱视角

3.3　模型命名规则

（1）管系命名规则

为指导船厂分工管理和工序安排，实现一物一码，便于专业人员认读和检索，包括各部门信息链关联。同时，为用户识别并处理管系类型提供筛选先行条件，例如，WA 代表供气系统、LO 代表滑油系统、FC 代表淡水冷却系统（图 3-7）。将来用户完全可以根据自身需求定义管路颜色，方便用户后期运维。

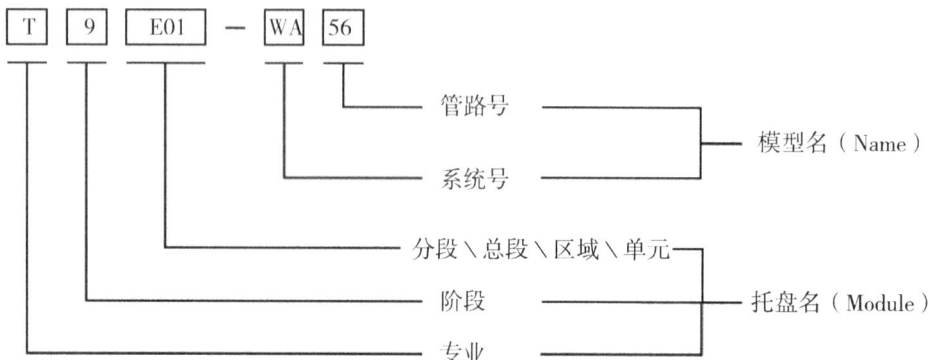

图 3-7　管系命名规则图示

（2）设备命名规则

根据机舱相关详设图的编号定义，便于检索设备布局和参数信息（图3-8）。规范各设计专业和设备的命名，可为未来数字船舶平台建设提供全面的基础源数据。

图3-8 设备命名规则图示

4 数字化船舶三维建模特点分析

4.1 三维干涉检查

完整性建模可以通过系统和二次开发实现干涉检查，甚至可以通过其他软件接口即可验证相关设备的操作和维护是否合理性。

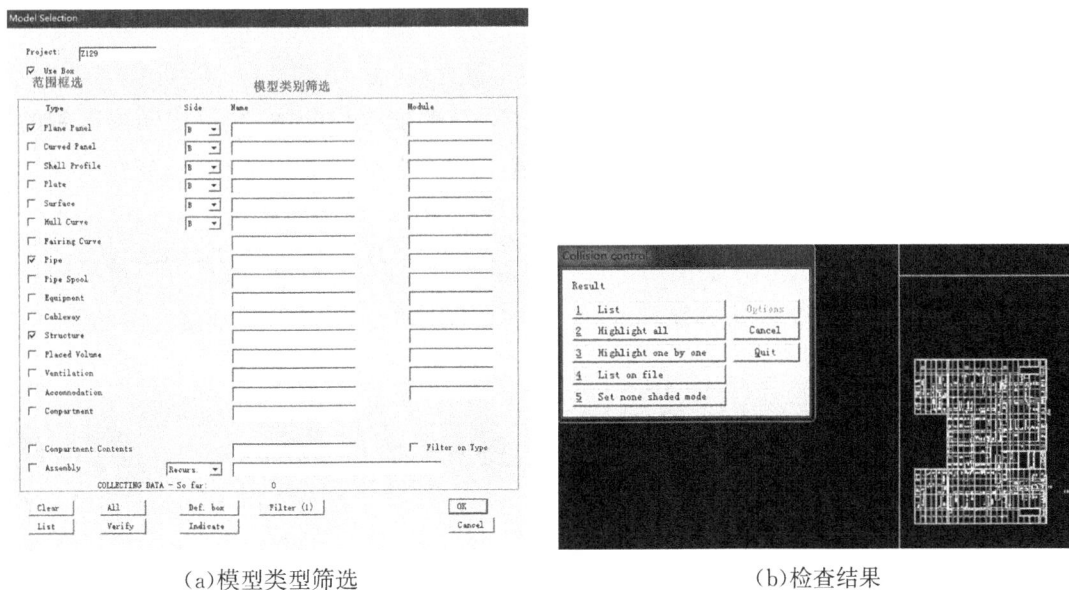

（a）模型类型筛选　　　　　　　　　　　　　（b）检查结果

图4-1 TRIBON M3干涉检查条件选项

4.2 全生产阶段预演

所有计划可以通过三维动态展现并跟踪装配顺序（图4-2）。根据完整的模型信息，以及精准抽取的相应内容，实现各阶段物料种类自动分类，物资精准集配。所有的物件，在形成产品过程中都可以实现所见即所得，实现在通用平台上的问题反馈和事件跟踪，较之传统的文字文件形式传达，可更加直观地观其形。通过全生产阶段预演，为未来实现数字化船厂做好充足准备。

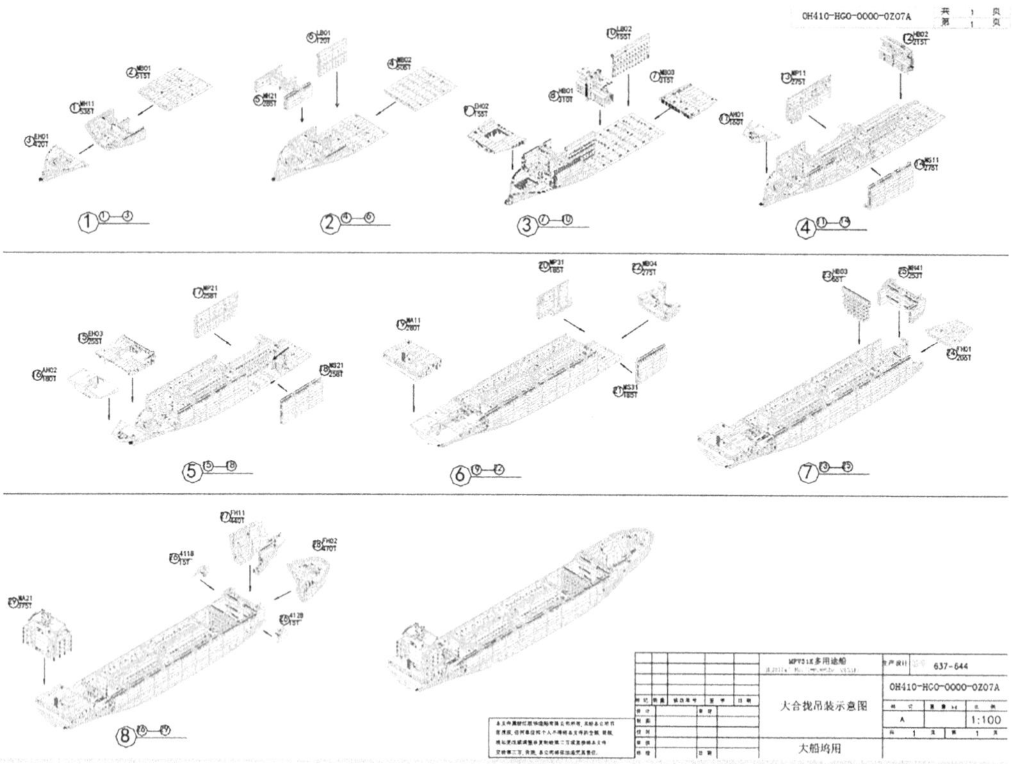

图 4-2 船舶搭载顺序

4.3 三维全息模型

船舶全息三维模型是一种通过先进的数字化技术，对船舶进行全面、细致建模而得到的数字化模型。它涵盖船舶的各个方面，包括船体、管系、铁舾、电舾、设备等，是全方位、无死角的建模。通过高精度的测量和建模技术，能够准确反映船舶的实际结构和细节，为船舶设计、改造、维修等提供准确的数据支持。全息三维模型不仅能使用户进行旋转、缩放、移动等操作，而且可以从不同角度和层面了解船舶的结构和特点(图 4-4)，另外，可方便用户进行船舶设计、改造和维修方案的制订和优化。

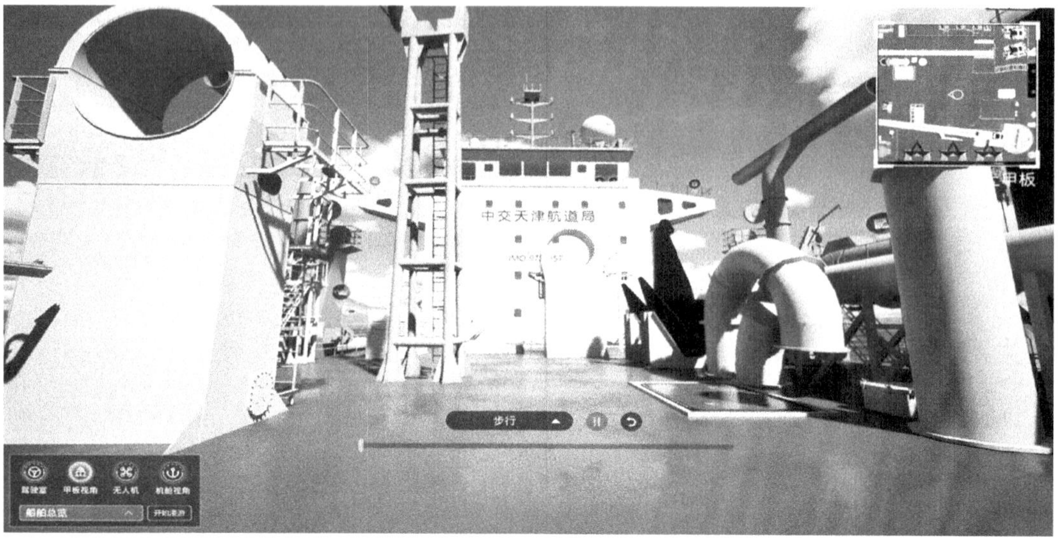

图 4-3 全息三维模型展示

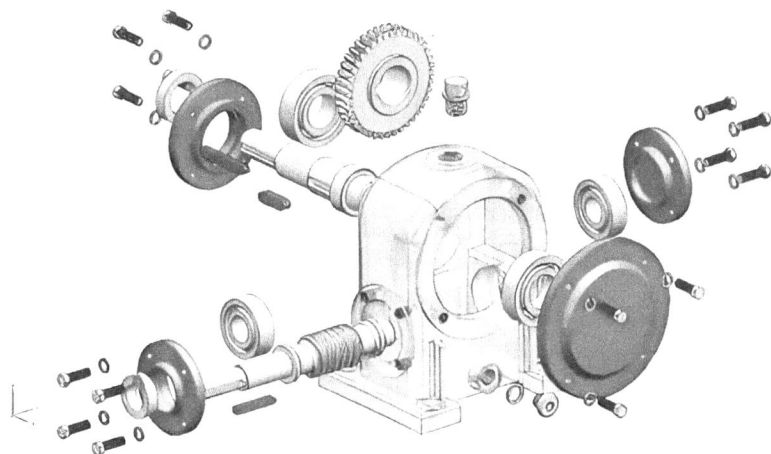

图 4-4　设备零件模型爆炸图

5　数字化船舶建造对新造船的要求及应对措施

5.1　数字化总体框架

该数字化平台采用成熟的 IPD(集成产品开发)管理体系,通过组件化、场景化、流程化等方式实现项目全过程跟踪管理,根据基础端的数字云技术和设计、供应链、车间、外场、基建设备处连线,实现资源共享,根据项目进展过程实时更新各项数据。数据处理中心自动统计、分析,并以数字报表、曲线、图形等直观方式供管理者审核,最终做出相应决策(图 5-1)。

图 5-1　生产经营一体化管理平台总体架构

5.2 数字化手段的设备管理

通过侦测并分析现实世界中物体或环境的形状(几何构造)与外观数据(如颜色、表面反照率等性质)来搜集数据用于三维重建的 3D 扫描数字技术,已应用于 2022 北京冬奥会的智慧场馆三维空间重建、运动员运动装备的定制以及新能源汽车的零部件全尺寸检测等。未来,船厂也可以利用此技术,通过 3D 激光扫描仪,获取中大型设备的三维模型数据,包括外观形态、内部结构、铭牌信息等,为船厂和船东的设备管理提供最大便捷(图 5-2)。

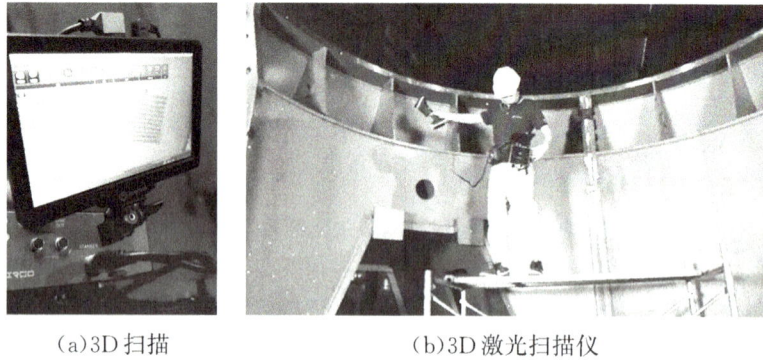

（a)3D 扫描   （b)3D 激光扫描仪

图 5-2   3D 扫描数字技术应用

5.3 数字化检验平台

通过企业定制版 ERP/WMS 集成平台,建立质量"通用标准"体系,可完成在线打开图纸,实现报检单的自动推送和结果回写;并能按照人员、物料类型、放置区域、供应商、产线等不同类别,分别推送检验任务。该软件平台可设置首检、巡检、末检等巡检计划,按时推送巡检任务给相关责任人。同时,检验工具卡尺、测深规、三坐标、电子测试仪器等计量数据也能够自动写入系统,积累大数据。

在项目的检验过程中如发现任何不满足质量要求的事物,可直接登记为不合格品,直接或间接发起四方评审,使用图文方式进行自动数据采集,上传到共享的数据中心,并可以基于数据中心的数据快速生成各种检验报告,再通过预警通知功能,绑定邮箱/企业微信等,即时通知船东、船厂等相关负责人,从而大幅节省质量检验和制作各种质量报告的时间(图 5-3)。

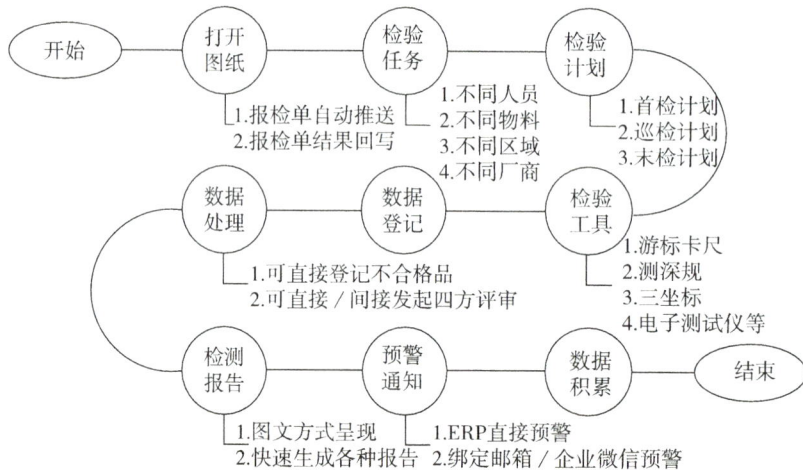

图 5-3   数字化检验平台流程图

5.4　数字化远程验收

船厂在采购产品出厂试验(FAT)环节,一般采用两种手段。

①组织船东参加出厂试验,根据图纸、试验大纲等技术文件,详细记录试验过程并形成设备出厂试验报告,入库检验由质保部指定专项物资进货检验主管,全面协调各专业检验主管进行物资设备到货后的开箱验收工作,及时与设计、用户进行配合,有序、高效地进行开箱检验工作,并对开箱验收意见建立台账,进行逐项跟踪,确保全部意见消除。

②利用"云服务",进行远程虚拟化、可视化验收。如"VR眼镜",验收人员戴上这种数字化眼镜,仿佛身临其境,让船东在虚拟3D环境内可实现逐个点位的步进式行走,视野、场景、纵深都能随之变化,相较全景照片的飞跃式行走,VR技术能大幅降低检验人员的眩晕感,获得媲美线下空间的观览体验(图5-4)。

该技术在本质上降低了信息壁垒,提升了沟通效率,也实现了对施工过程的反向管理,倒逼设备厂商工人严格按照图纸与标准工艺施工,提升更为便捷的服务品质。

(a)VR眼镜　　　　　　　　　　　　(b)虚拟3D环境

图5-4　"VR眼镜"虚拟数字技术应用

6　船厂数字化设备应用

6.1　激光设备应用

现有数控切割生产线6条,切割平台总长270m,切割生产线宽度6m。智能数控激光坡口切割一体机精度高、速度快、质量好,较等离子切割更环保;切割热影响区小,对材料表面及形状影响很小;切缝窄,板材利用率可提升1%～2%;激光空气辅助切割20mm厚板,效率可达等离子3倍。用于在建型材项目下料,型材切割产能提升10%至825t/月(图6-1、图6-2)。

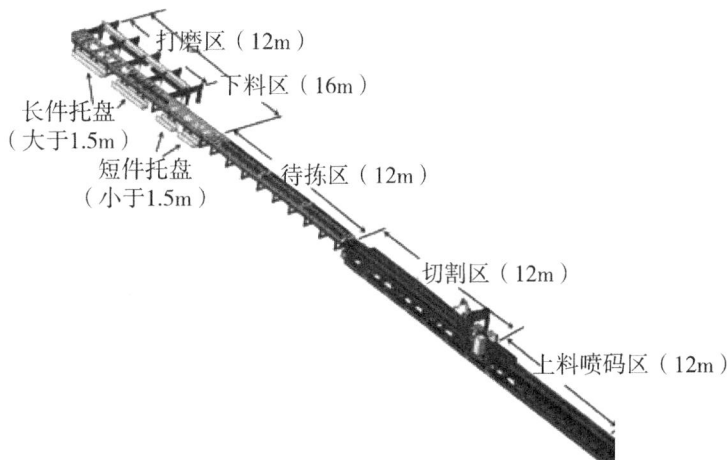

打磨区(12m)
下料区(16m)
长件托盘(大于1.5m)
短件托盘(小于1.5m)
待拣区(12m)
切割区(12m)
上料喷码区(12m)

图6-1　北京林克曼LM-HXG型自动切割生产线产品布局图

图 6-2　型材数控下料工作站

6.2　焊接设备应用

小组立焊接工作站尺寸：12000mm×3900mm×3200mm，包括机器人、扫描设备、净化系统、主控系统等设备，用于小组立构件平角焊、立角焊、包角焊；采用 3D 激光扫描自动读取构件信息、激光自动寻位、适应和匹配、焊缝定位、机器人智能焊接、焊缝轨迹跟踪等功能。小组立焊接工作站按 6 名焊工统计，月产能提升约 15%（图 6-3）。

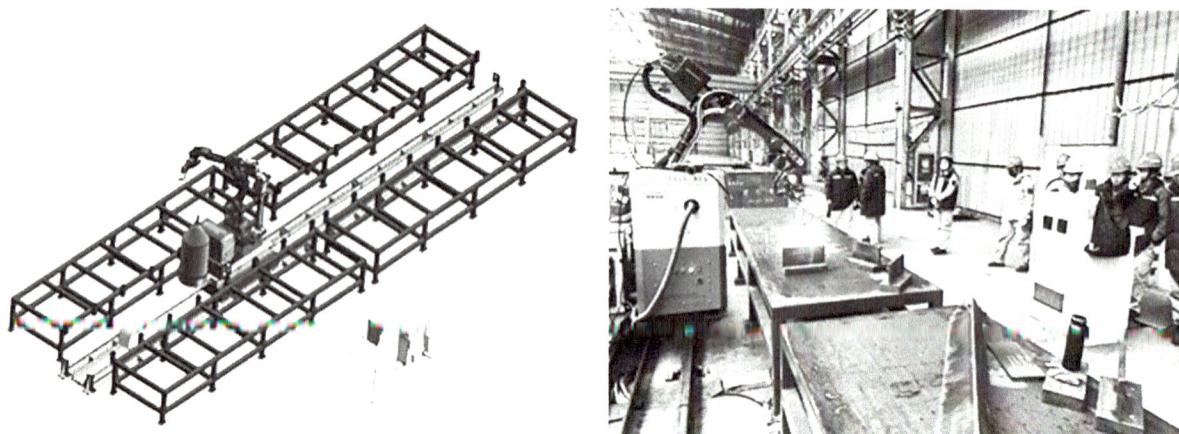

（a）设备模型与调试现状

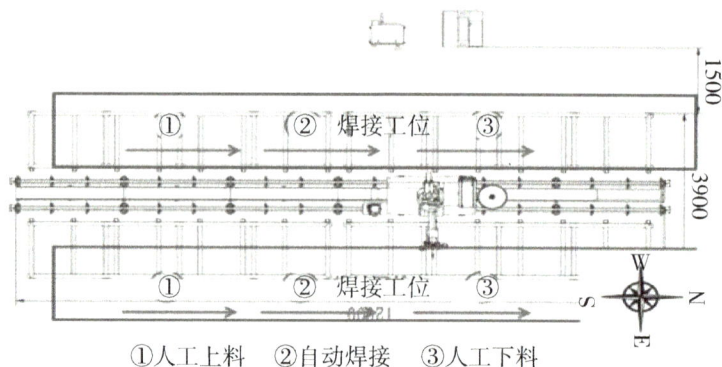

①人工上料　②自动焊接　③人工下料

（b）设备布局

图 6-3　小组焊接工作站

6.3　管道焊接工作站

实现焊接机械化、自动化,提高焊接效率,降低劳动强度。适应管件形式包括直管+直管、直管+法兰、直管+弯头、弯头+法兰、直管+三通,适用管子直径范围:$\Phi50\sim\Phi630$mm;适用管子壁厚范围:4~25mm;适应管子长度范围:200~12000mm。尺寸:15000mm×3000mm。含悬臂式焊接机架、自动化电气控制系统、焊接系统、变位机、管道升降支撑及配套导轨等。通过人工上料、卡盘夹取、工件切割到下料,焊接效率较原先提升17%(图6-4)。

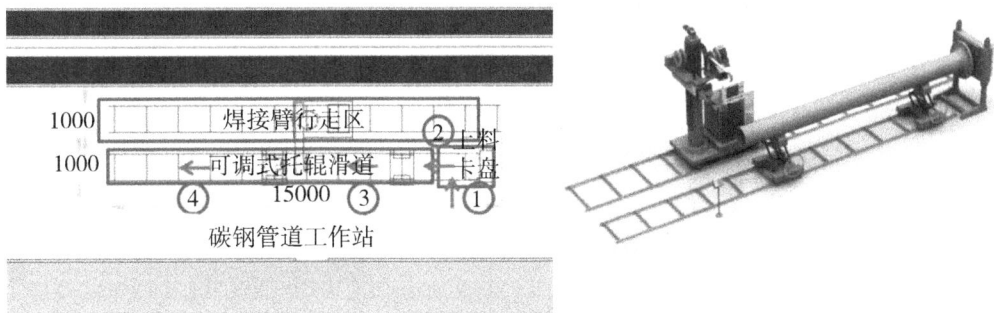

图 6-4　管道焊接工作站

6.4　数字化船坞

数字化船坞(图6-5)整体尺寸:长380m×宽75m×深12m,是以建立在船坞周围的基准标靶记录表示原来船坞中的船体中心线、肋位线和高度基准线,形成统一的船坞坐标系统。通过在船坞四周竖立数字化旋转标靶,坞底安装不锈钢预埋件,在船坞区域形成三维空间坐标系,按照首个基准分段在该三维空间坐标系内的位置进行定位和坐标确认,后续搭载分段定位作业即根据船坞四周的数字化旋转标靶所形成的三维空间坐标系进行。实现船坞船舶建造迅速规划、船坞分段快速搭载应用、半船起浮位移、模拟搭载应用、船体主尺度高精度、高效率地测量与报验、水线水尺以及载重线、载重标志等快速划线和检测。以达到节省工时、提高吊车使用效率、缩短船坞周期的目的。船台龙门吊最大起吊能力300t,船坞龙门吊最大起吊能力500t。

在没有数字化技术时,质量精控人员要扛着全站仪走到坞底的各个位置,对布置在坞底的185块不锈钢定位模块进行现场定位、人工画线,费工费时。现在,通过数字化软件DACS精度管理系统,精控人员只要站在船坞四周,使用全站仪对着坞旁26个旋转标靶进行船坞全方位定位,再将这些数据传入该精度管理系统,使用数字化软件仿真分析就可以将一条船所有分段精准定位,同时还能做到模拟搭载,缩短生产周期。

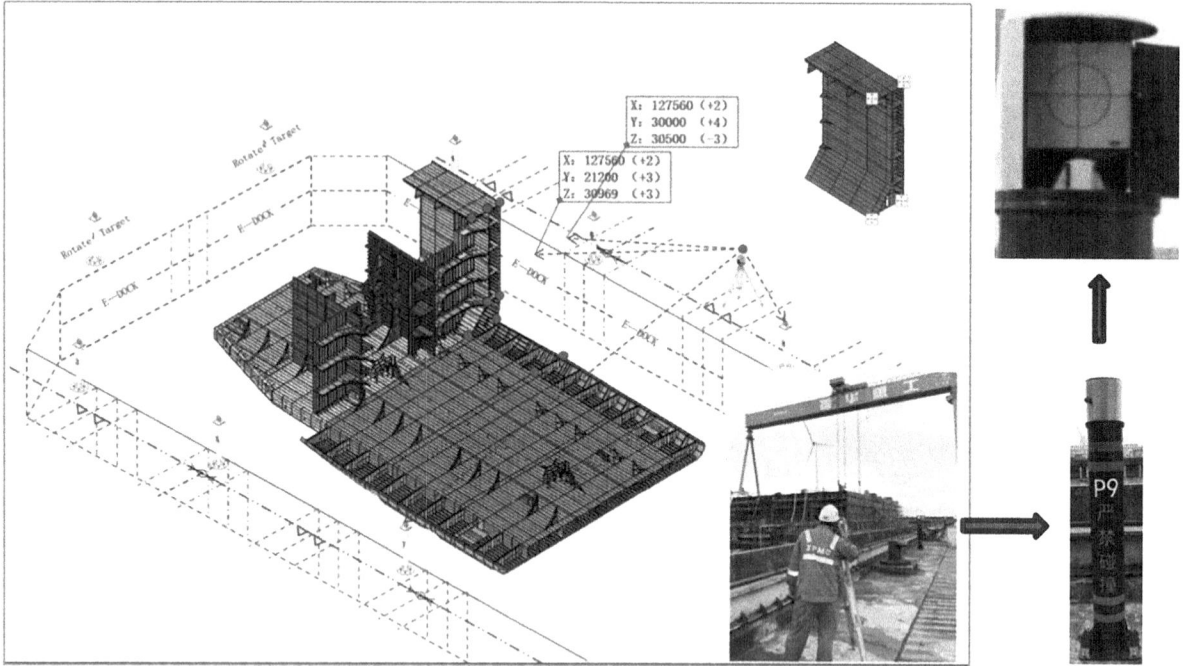

（a）船坞全方位定位

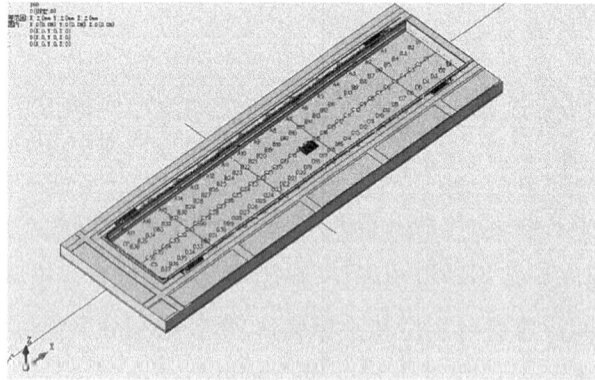

（b）模拟仿真

图 6-5　数字化船坞仿真图

6.5　重量和重心控制

　　船舶设计与建造中，重量重心是关键参数，对船舶稳定性、性能和安全性至关重要。对空船重量的控制要从设计初期开始，一直贯穿于整个设计、建造过程。传统的方式主要依靠人工通过 Excel 等表格进行汇总、分析，无法对三维模型进行全面准确地解析，获得包括坐标在内的详细重量信息；无法实时监测重量数据，存在一定时间延迟和误差，影响设计调整的及时性和准确性，也缺乏直观的重量分布可视化功能，不便于重量重心控制。

　　采用二次开发程序，设计一种重量重心实时监测与控制数字化平台，其特征在于该数字化平台包括船舶重量和坐标信息提取和采集模块、服务器和数据库模块、数据计算模块、数据展示以及报告模块，这些模块依次相连。该数字化平台从船舶三维设计模型的各个构造模块中的所有子项元素提取重量和重心数据，通过调用模型解析接口，采用遍历算法（针对面体、管道等不同类型元素采用不同的定制化提取方法）逐个提取模型元素信息。提取内容包括元素名称、类别、重量、坐标等，并以易于理解和使用的方式清理和汇总数据于服务器中,并连接到本地数据库。该数字化平台可以根据所有模块的子项元素在 3D 空间坐标组成的散点图,生成相应的数据展示和报告,包括以可视化方式展示 3D 散点图的数据看板或图表(图 6-6),以及生成详细的报告文档,以供船厂、船东相关人员检索数据,并对数据分析,以便于管理者做出决策。

该可视化平台下方的柱状图表示重量分布密度和轻重情况,通过点选每一个圆点,可以获得该位置的重心坐标、重量等信息。还能通过设定上限值,对超过该

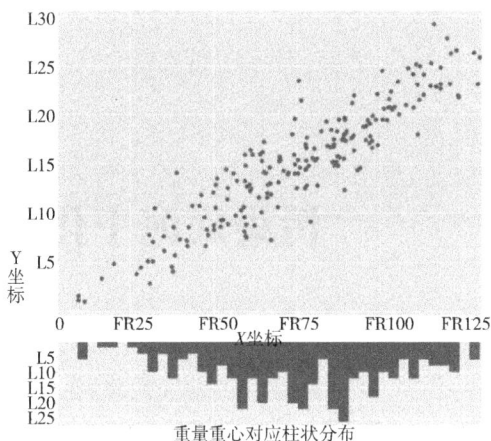

图 6-6 重量重心可视化 3D 散点图

值的重量点发出报警,同时,可根据不同类别情况,如舾装件、设备等分别展示 3D 散点图,帮助管理者查验不同种类的重量重心信息,使其更加方便快捷。

7 结语

借助数字化转型,构建以工程分解为基础,计划管理为指挥,统筹设计、物资、生产、质量、成本管理的一体化解决方案;通过工业互联网建设和信息化系统的集成应用,构建基于数字孪生的数字化船厂,使设施、资源等实现互联互通,多角度进行预警、分析,探索大数据运营体系,最终形成全新的数字化业务模式。缩短生产制造周期,提高生产产能和效率,切实改善了船舶制造企业的现状。

船舶业数字化工程为未来船舶行业实现元宇宙提供了强大的现实数据支撑,同时在现阶段的三维建模规划、三维建模管理以及后期维护中都有着重要作用。对未来做以下 3 点展望:

①通过 VR 虚拟技术,实现真实船舶和虚拟船舶完美融合,即借虚拟现实技术可以为管理者提供更多的方案进行预判和决策,以便缩减实际成本投入,提升整体船舶建造的效率。

②通过与其他软件地有效结合,可以实现设计、建造、运维的动态"思考",判断其合理性等其他创造性的解决方案;同时引入机器自行记忆及学习功能,如在 Navisworks 中可以设定行走或者工作的行走路径或者工作状态,加以判断和执行与之相关的界域内容。

③促进行业标准的制定,通过集团内部以及外部力量的整合,以提升集团内的数字化技术水平和数据兼容性,促进产品和服务的高质量发展,并能为后续数字化三维模型应用的更新迭代提供更多的基础支撑。

主要参考文献

[1] 鲍劲松,程庆和.海洋装备数字化工程[M].上海:科学技术出版社,2020.

[2] 安筱鹏.重构:数字化转型的逻辑[M].北京:电子工业出版社,2019.

[3] 夏勇峰.船舶智能制造数字化设计技术[M].哈尔滨:哈尔滨工程大学出版社,2023.

[4] 李文华,郑凯.智能船舶导论[M].北京:科学出版社,2023.

污染底泥干化处理数据可视化分析系统开发

张富明　赵建豪

(中交(天津)生态环保设计研究院有限公司,天津　300041)

摘　要: 本文以 Python 编程语言为基础,结合物联网设施设备,对花桥淤泥池污染底泥干化处理过程进行全过程数据监测,并进行数据可视化处理分析系统的开发,根据地下水位、温度、孔隙水压力、真空度进行脱水效率间接表达和判断。对比并分析脱水效率随着温度和压力的变化情况,以求找寻最佳脱水效率的温度、压力临界值。对项目下一步工作开展提供数据分析和辅助决策,指导施工过程中温度和压力的实时调节。

关键词: 数据可视化分析;污染底泥;系统;物联网

1　工程背景

清淤治理是黑臭水体河道治理的重要方法之一,绝大多数黑臭水体治理均采用疏浚清淤底泥的方法,但在河道治理过程中将产生大量高含水量、高孔隙比、低渗透性、高压缩性的清淤底泥,底泥堆放需要占用大量的土地资源,且在短时间内无法满足运输要求,也无法二次利用,长时间占用着城市宝贵的土地资源,制约着城乡规划建设和社会经济发展,也对当地的自然生态环境产生了不利影响。

苏州市位于长江三角洲中心地带,水系十分发达,古有水城之称,河流水系多达 2 万余条,但随着人口数量增加,社会经济发展,河流污染愈演愈烈,部分河道已发黑发臭,黑臭水体清淤治理已刻不容缓。如何对河道清淤底泥进行快速高效、经济合理、生态环保的脱水固结处理是目前亟待解决的重难点问题。

在此背景下通过投标方式,成功中标花桥淤泥池干化处理项目二期工程,该项目位于江苏省昆山市花桥镇集福路与海星路交叉口附近(图 1-1),处理的淤泥类型为河道底泥,淤泥池面积 23700m²,淤泥量 75969.4m³,工程采用温压耦合真空预压脱水干化技术实现淤泥的快速高效无害化脱水干化,处理完的尾水达到排放标准后排放。

图 1-1　项目位置及范围图

作者简介:张富明,男,工程师,主要从事 BIM 研究,软件研发工作,E-mail:670447149@qq.com。

2　工程数据监测手段与难点

2.1　各类监测数据监测难度大

该项目处理工艺为温压耦合真空预压脱水干化,施工对象为堆填土体,需要在施工过程中对场地内进行各项指标的实时监测,分析处理过程中的土体物理、力学变化状态,以更好地指导工艺参数的精确调整,从而加快土壤水体排出效率。但存在监测指标种类多,一般包括土体温度、真空度、脱水流量、沉降速率、孔隙水压力、水位等相关信息。

2.2　数据人工处理烦琐、精度低

受施工工艺影响,项目外侧布置较深的压膜沟,内部上覆污水水体与污染淤泥,人员进入较为困难,而且施工区域内监测仪器数量较多,管线和电线纵横,导致采集监测数据难度较大,耗费大量人工、时序性差,且每采集一次数据都需要重新进行一次数据处理,实现 24h 连续不间断采集较困难,易出现各类数据丢失、误差不易控制的情况,不能及时对采集的数据实时处理。

2.3　数据辅助工艺调整难度大

由于监测指标项目众多,后续数据处理工作量大,项目部处理方式为 Excel 表格,为了分类和处理,需要人工手动输入,从而使施工工艺难以依据监测数据变化情况快速响应,更难以将各类监测数据整合到一起进行集成化展示。

基于上述原因,需要独立开发一套针对本项目重难点的数据可视化分析系统。

3　系统开发

3.1　系统采用的语言

(1)Echarts

Echarts 是一个使用 JavaScript 实现的开源可视化库。Echarts 遵循 Apache-2.0 开源协议,兼容当前绝大部分浏览器及多种设备,可随时随地任意展示,有多重数据呈现方式,例如柱状图、饼状图、折线图等。

(2)SQlite 数据库

SQLite 是一个软件库,可实现自给自足、无服务器、零配置、事务性 SQL 数据库引擎,该软件库是在世界上最广泛部署的 SQL 数据库引擎,源代码不受版权限制。

(3)Python

Python 是一种解释型、面向对象、动态数据类型的高级程序设计语言。在网站、爬取数据、人工智能、机器学习等领域具有十分强大的能力。

4）JSON

JSON 是一种轻量级的数据交换格式，采用完全独立于编程语言的文本格式来存储和表示数据，易于阅读和编写，能有效提升网络传输效率，同时也易于机器解析和生成，支持 C、Java、Python、C♯等多种服务器端语言。

（5）Bootstrap3

Bootstrap3 是基于 HTML、CSS、JavaScript 开发的简洁、直观、强悍的前端开发框架，由动态 CSS 语言 Less 写成，包含了丰富的 Web 组件，根据这些组件，可以快速地搭建一个漂亮、功能完备的网站。

3.2 系统总体架构图

系统结构见图 3-1。

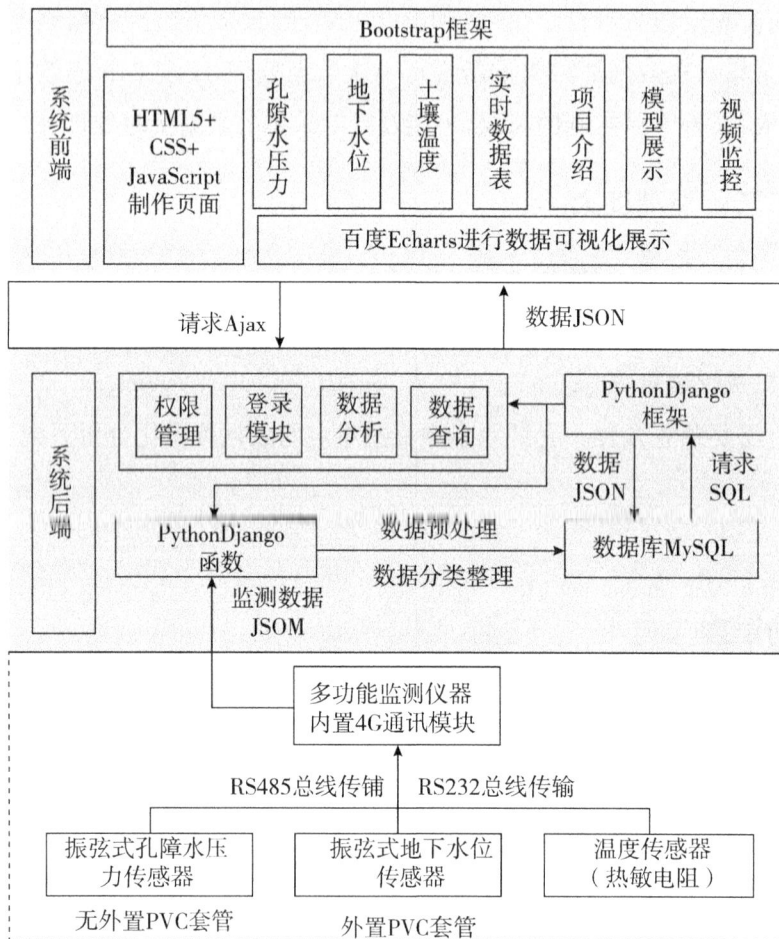

图 3-1 系统结构

3.3 系统实施

（1）物联网传感器布设

地下水位传感器和孔隙水压力采用 JM-300 型振弦式压力计（图 3-2），该型传感器具有稳定、灵敏度高、体积小、防水性能好、受温度影响小的特点,整体采用不锈钢外壳,坚固美观,测量不受长电缆影响,主要用于测量土壤的孔隙水压力,通过加装 JM-86 型沉降管可测量地下水位。

其中温度传感器采用 JM-1 型温度计,该温度计具有监测长期稳定、高防水性、不受长电缆影响、适合自动化监测的特点,适用于长期敷设在水工建筑物或其他土壤内,测量其内部温度(图 3-3)。

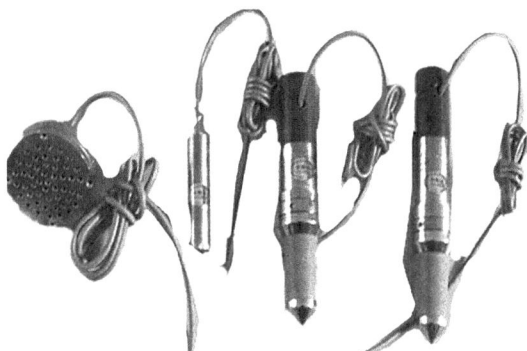

图 3-2　压力计(JM-300)　　　　　　　　　　图 3-3　温度传感器

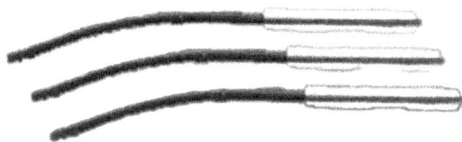

(2)数据传输网络建立

在建立完善了底泥脱水物联网监测体系的基础上,需要将采集的数据集中汇总并通过无线网络进行数据发送。

本项目采用 RS485 智能分线盒,该产品具有测量精度高、抗干扰力强、可靠性好、操作方便的特点,有独立的 CPU、实时时钟、通信接口等模块,通过连接单台或多台物联网传感器,可实现实时测量、定时测量的功能。

将各个传感器通过 RS485 总线和智能分线盒相连接,并通过智能分线盒内置的 4G 无线卡,设置相应的采集间隔,将传感器采集到的数据以无线通信方式传输到云终端,确保数据传输的稳定性和安全性(图 3-4、图 3-5)。

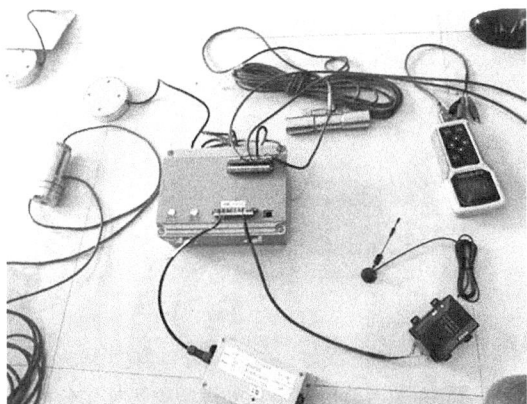

图 3-4　RS485 智能分线盒及传感器连接　　　　图 3-5　无线传输模块现场布置方式

(3)数据库建立

对物联设备按照类别区分进行数据搭建,分别搭建压力传感器数据库、温度传感器数据库等,以及建立用户登录的数据库,对系统登录人员进行权限管理。

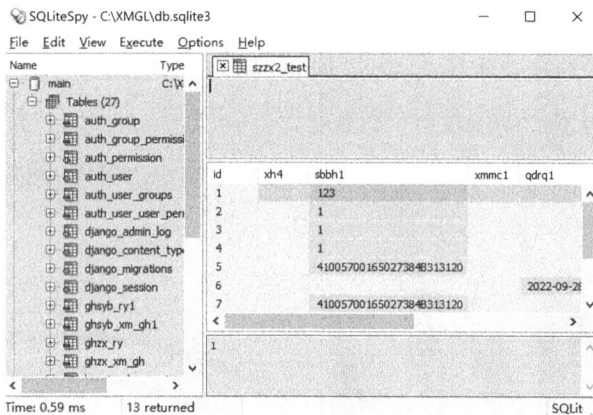

图 3-6　数据库

（4）数据框架选型

根据需求确定合适的技术方案和工具。考虑到数据量较大且需要实时处理和可视化，结合开发效率和效果，采用百度公司开发的开源代码 Echarts 进行数据可视化和分析（图 3-7 至图 3-9）。

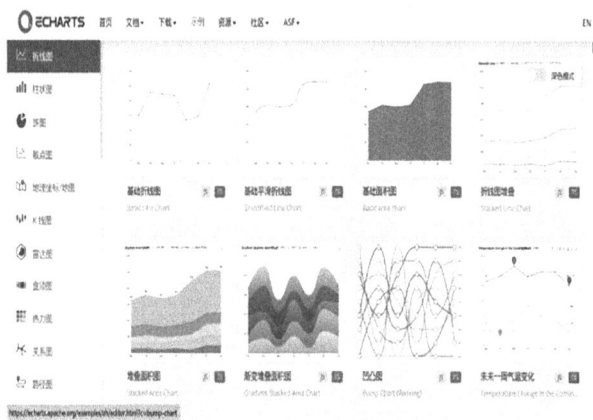

图 3-7　Echarts 进行数据可视化分析

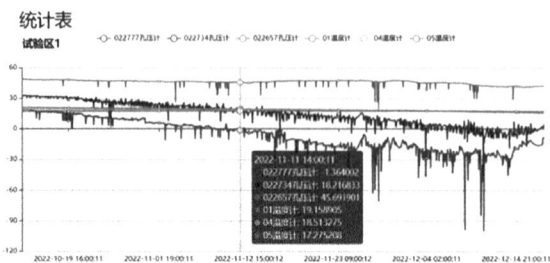

图 3-8　数据分析和可视化

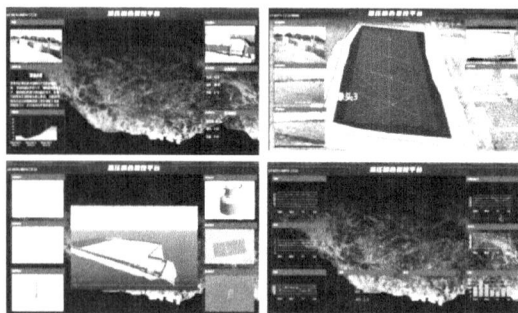

图 3-9　污染底泥干化处理数据可视化分析系统

（5）数据分析

对处理后的数据进行分析和应用，包括趋势分析、对比分析、预测等。通过对底泥监测数据的分析，可以及时发现污染情况，预测底泥变化趋势，并制订相应的加温、加压控制等措施提高污染底泥处理效率。

将自动采集的监测数据在平台上进行实时展示,在项目部就能读取现场施工监测数据,大大减少了施工管理人员工作量。将监测数据生成数据曲线,显示了监测数据随时间变化的曲线,实时展示出数据变化情况,依据监测曲线进行分析,为施工进程评判带来了依据。

（6）数据查询

建立数据查询系统方便项目人员对各不同时间段,以及不同的监测类型进行定向查询,方便不同时间段检测数据的数据和分析(图 3-10),对专注类别进行特别关注。

| 首页 | 数据表1 | 数据统计表1 | 数据表2 | 数据统计表2 | | 你好啊 | 退出账号 |

序号	数据发制编号	设备电压	设备名称	数据获取时间	设备读数	设备单位
17	022777	12.337386	孔隙水压力	2022-10-08 17:58	17.59862	KPa
18	01	12.337386	土体温度	2022-10-08 17:58	20.888031	℃
19	022734	12.337386	孔隙水压力	2022-10-08 17:58	32.917053	KPa
20	04	12.337386	土体温度	2022-10-08 17:58	18.533173	℃
21	022657	12.337386	孔隙水压力	2022-10-08 17:58	49.429846	KPa
22	05	12.337386	土体温度	2022-10-08 17:58	16.51535	℃
23	02025	12.337386	地下水水位	2022-10-08 17:58	3.252969	m
24	022777	12.345617	孔隙水压力	2022-10-08 20:58	17.715776	KPa
25	01	12.345617	土体温度	2022-10-08 20:58	21.023926	℃
26	022734	12.345617	孔隙水压力	2022-10-08 20:58	33.541927	KPa
27	04	12.345617	土体温度	2022-10-08 20:58	18.69635	℃
28	022657	12.345617	孔隙水压力	2022-10-08 20:58	49.285184	KPa
29	05	12.345617	土体温度	2022-10-08 20:58	16.709106	℃

图 3-10 监测实时数据表

4 系统运行

在系统开发完成后,进行测试和优化工作,以确保系统能够正常运行和满足用户需求。进行性能测试,优化系统的响应速度和稳定性。根据用户反馈和需求变化,及时进行系统的改进和升级。并将系统部署到服务器中,确保系统能够稳定运行。同时,建立系统的维护和更新机制,定期进行系统维护和升级,保证系统的功能和性能持续改进。

5 结语

①采用无人智能化传感器采集现场监测数据,在保障监测数据连续性、准确性的同时,减少人力投入,降低施工成本。本平台不仅适用于温压相变式增益性真空预压底泥脱水技术以及浅层污染底泥真空预压脱水干化,也同样适用于传统的真空预压地基处理,包括增压式、增温式、呼吸式、电渗式等淤泥真空预压脱水干化类项目的施工过程管控,经济效益显著的回淤,污染物扩散,以及生物后续养护等情况。

②随着我国城镇河道生态建设和治理的推进,疏浚工程产生的疏浚淤泥量大且难以处理,大量的疏浚淤泥处置工程相继开展。采用温压相变式真空预压脱水工艺对污染底泥进行处理,具有时间短、成本低、无污染等特点,但是现场管控难度大,利用数字化技术的高视觉展示性、时序性、可追溯性特点,对处理过程进行精细化管控,实现河湖底泥污染土修复、人与资源共生的目标。

③近年来围海造陆逐步转型为精细化、环保化,该技术不仅可用于河湖底泥处理,还可用于滨海陆域形成工程中的真空预压地基处理类项目,陆域形成工程中对各类指标物理、力学指标的监测,对于节能环保、提升安全管理尤为重要,可以为今后此类项目应用做好技术储备,同时增加承揽同类型业务的竞争力。另外将信息化方法融入具体项目建设管理过程中,不仅可以提高工作效率,还可以提升公司形象和核心技术水平,保持公司发展的先进性。

主要参考文献

[1] 姜永成. 基于 Django 的网络招聘数据可视化分析系统的设计与实现[J]. 科技资讯,2023,21(19):57-60.

[2] 于建. 隧道及地下工程远程自动化监测与预警系统构建研究[J]. 现代隧道技术,2023,60(2):62-72.

[3] 邱金伟,陈训龙,蒲诃夫. 污染底泥原位覆盖中可降解有机污染物扩散解析解[J]. 东南大学学报(自然科学版),2022,52(5):924-932.

[4] 曲彤晖. 物联设备数据可视化产品研发流程的质量改善[J]. 设备监理,2023(4):19-24.

[5] 黄勇光,黄兵. 基于数据融合的海量物联设备接入协议自适应转换系统[J]. 电子设计工程,2023,31(10):64-68.

基于虚拟建造技术的江河湖库清淤疏浚工程设计与施工仿真系统

李桐林 田会静 王 铮

(中交(天津)生态环保设计研究院有限公司,天津 300041)

摘 要:江河湖库疏浚工程具有技术复杂、工程量大、涉及面广、环境影响大等特点,传统工程设计与施工汇报交流往往局限于二维平面展现形式,无法真实反映疏浚工程设计中的重难点问题,本文以中交集团自主研发的虚拟建造系统为基础,针对江河湖库清淤疏浚工程中的设计和施工重点内容,开发了适合于疏浚工程的工程设计与虚拟建造系统,该系统提供了三维模型可视化、电子沙盘、施工交底等应用服务,实现了机械设备的精细化控制和参数化模拟驱动,可辅助项目前期设计汇报和施工决策,实现了工程的4D推演模拟,助力项目高质量实施。

关键词:疏浚工程;设计交互;虚拟建造;动态推演

1 引言

我国江河湖库众多,长江、黄河、淮河、海河、钱塘江等水系发达,内河航道总里程约120000km,还拥有6000多个岛屿,18000km大陆海岸线和14000km岛屿岸线,这些资源既为水利和水运建设提供了有利条件,也为疏浚业发展提供了巨大的市场需求,据不完全统计,近年我国每年从海洋工程中产生的疏浚泥量达到亿方级,珠江三角洲地带每年产生的疏浚底泥达到8000万 m^3,在内陆水环境治理方面,太湖流域地区水环境整治工程产生近3500万 m^3 的疏浚淤泥工程量,南水北调东线江苏段一期工程中产生超过2亿 m^3 的疏浚淤泥。

虚拟建造系统是一款工程行业内电子沙盘、工艺模拟、仿真决策、汇报发布快速制作工具,为项目提供三维模型可视化、电子沙盘交互、施工交底动画、4D/5D模拟(场布推演、工期资源推演)、Web轻量化应用服务。系统形态为基于C/S架构的用户端,支持云渲染和私有化部署,采用远程网络进行license授权,发布内容可面向外部用户,通过云工作站进行SaaS化应用。

疏浚工程以施工领域宽、工程量大、技术密集、资金密集为主要特征,作为工程项目,从项目设计到施工过程都较严格、复杂,应具有系统性、复杂性和全面性,对设计和施工人员的要求相对较高,因

作者简介:李桐林,男,工程师,主要从事BIM技术应用与研究工作,E-mail:957323493@qq.com。

此设计一款江河湖库清淤疏浚工程设计展示与虚拟建造系统能极大地提高设计和施工人员成果展示效果和施工效率效果。

2 疏浚工程方案设计与施工介绍

一般疏浚工程设计主要涉及工艺流程、设备选型、开挖设计3个方面。设计工艺主要有机械疏浚、人工疏浚、淤泥处理等，机械疏浚即为采用挖泥船、挖掘机等机械设备进行水下挖掘，人工疏浚即使用人工劳动力进行淤泥和杂物的清理，淤泥处理涉及淤泥的运输、分离和清理等，针对上述工艺确定工艺流程。设备选型阶段，根据工程特点和工艺流程，对比清淤效果等进行施工设备的选择，尽量满足精度高、回淤少、对周边水体扰动小、余水处理少等要求。开挖设计需要针对不同施工对象进行，对于长距离疏浚工程，采用全断面开挖可以减少管线布置，提高挖泥船工时利用率，采用顺流施工方法，有利于施工进度，减少航道回淤量，分段施工方法有助于减少排距，控制排距的相对平衡，提高挖泥船工效。航道疏浚工程设计包括淤积物分布和类型分析、疏浚量计算、疏浚方式选择、泥沙处理和排放、疏浚施工方案设计以及工程监测和维护等。

疏浚工程的施工包括施工准备、施工工艺、施工质量、施工安全、施工进度、施工环保等，施工准备即为现场踏勘、施工组织、人员培训和设备准备等，施工工艺为疏浚工程设计阶段的工艺流程和工艺设计，施工质量、安全、进度、环保等与其他常规项目大致相同。

3 系统介绍

疏浚工程设计展示与虚拟建造系统主要围绕"产业数据贯通"和"智能化生产"两大重点，通过布点、连线、成面、构体推动疏浚工程的数字化高质量发展。针对疏浚工程特点和重难点，包含设备展示、工艺动画和电子沙盘3大模块，实现了疏浚工程从设计到施工全过程的信息集成模拟。

3.1 设备展示

该系统支持多源异构数据模型导入，模型转换界面主要包括"数据分类""功能面板""信息"和"通用操作"等，模型类型包括栅格、矢量、倾斜摄影、手工模型、BIM、点云等，且能够实现模型的快速、简单转换导入（图3-1）。

针对疏浚工程中涉及到的设备等通过三维模型进行展示，可以高精度地还原机械设备的真实构造，每一个零件、每一个细节都能够清晰呈

图3-1 系统模型转换界面

现，提供全方位动态演示，让技术人员仿佛置身于真实的机械设备面前，增强现场施工人员与设备的互动性与参与感，这种真实感和细节呈现有助于加深观众对机械设备的理解和认知，便于生产和工

程应用(图3-2)。

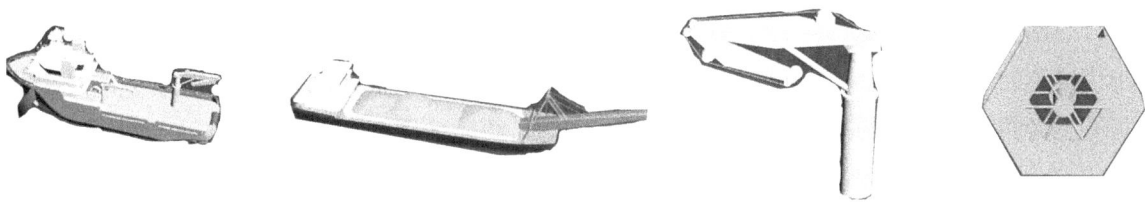

图 3-2 船舶三维模型展示图

3.2 工艺动画

该系统具有承载力和稳定性高的优点,适用于疏浚工程大场景,能够支持几十甚至上百公里大范围场景的稳定性模拟,实现游戏级动画效果。动画类型包含全局动画和对象动画,其中全局动画包括相机动画、天气动画和时间动画;对象动画包括显示/隐藏、位移、变色、闪烁、高亮、路径和骨骼动画。

基于 UE 图形引擎底层和基于时间编排理念的零代码工艺快速模拟功能,将机械设备装备精细化控制、参数化模拟驱动,同时施工工艺动画能够提供清晰、直观的视觉效果,帮助技术人员更好地理解施工工艺,将复杂的施工工序分解为简单的步骤,减少设计和施工过程中的错误和纠纷,帮助客户更好地理解工程方案,提高客户的满意度,实现疏浚工程特色施工工艺动画高质量展示(图 3-3、图 3-4)。

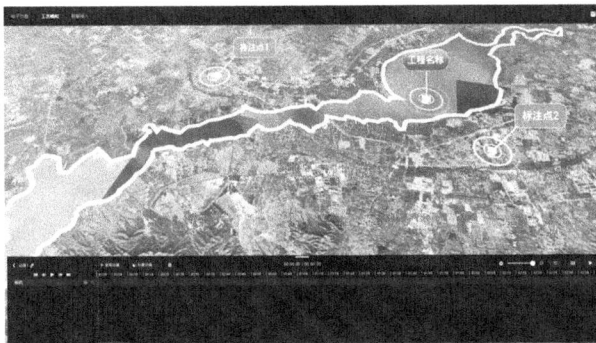

图 3-3 虚拟建造系统工艺动画操作界面

图 3-4 虚拟建造系统工艺动画展示

3.3 电子沙盘

系统基于 UE 图形引擎,调用沙盘 BI 库和零代码动态数据绑定,形成沙盘汇报展示,电子沙盘通过系统组件搭建汇报系统,包括项目概况、定位及建造条件、总体方案、工程设计、问题与建议和工程造价。以更加直观的方式展示项目基本情况及设计施工重难点,介绍重要节点方案与设计前后对比等,提升设计与施工汇报效率效果(图 3-5)。同时电子沙盘中满足与现场视频监控等 IoT 数据联动,实现项目的数字化信息化管理。

电子沙盘具有可视化效果高、互动性强、数据处理和分析能力强以及灵活性和可扩展性强的特点。电子沙盘能够结合高精度地形、水域等疏浚工程对象,更好地展现项目的背景和意义。相对于传统沙盘,电子沙盘提高与参与人员的交互能力,使得沟通和决策更加便捷。同时电子沙盘可以针对技术人员上传或实时获取的数据进行实时处理和分析,生成可视化结果,使设计人员更好地理解数据背后的趋势和关联性,从而做出更科学的决策。传统的沙盘模型通常是静态的,无法进行灵活地更新和扩充。而电子交互沙盘可以轻松地添加新的功能模块和系统组件,实现更多的功能和应用。电子沙盘将疏浚工程的复杂性、重难点等特点全面、细致地展现于参与者,有助于管理人员提升效率、精准决策、降低成本和增强体验,促进传统疏浚工程管理的创新,打造更具创新性的疏浚品牌和服务。

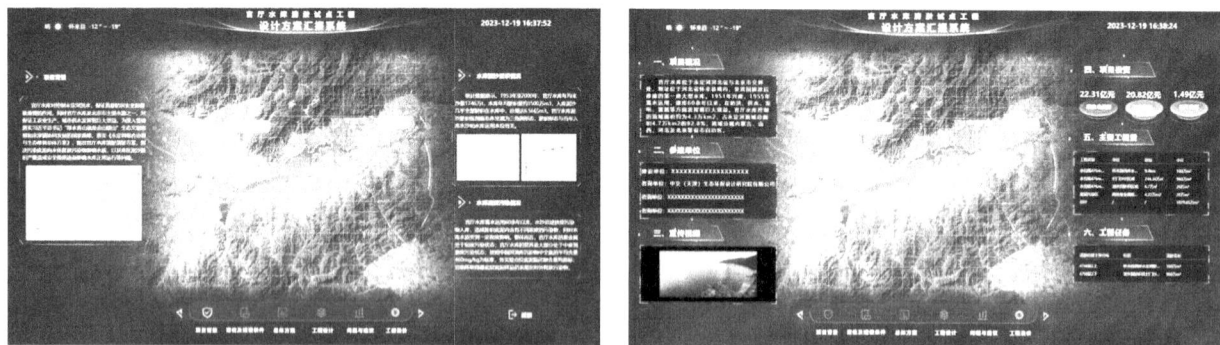

图 3-5　虚拟建造电子沙盘汇报系统

4　结语

通过江河湖库清淤疏浚工程设计与施工仿真系统,能够提前做好设计规划和展示,提高与业主沟通的效率,更加全方位、动态性展现疏浚工程设计方案。同时在施工阶段亦发挥着重要的作用,系统性地展示了施工准备、技术交底等工作,实现施工人机料法环的全面管控,通过严格的安全质量管理措施,系统保障了疏浚工程能够以高质量、高效率顺利完成。发挥水运航运作用,推动水上航运事业朝着持续、全面、稳定的方向发展。

主要参考文献

[1] 刘怀远.中国疏浚业发展,机遇和挑战[J].水路运输文摘,2004(Z1):37-38.

[2] 朱伟,张春雷,刘汉龙,等.疏浚泥处理再生资源技术的现状[J].环境科学与技术,2002(04):39-41.

[3] 黄英豪,董婵.淤泥处理技术原理及分类综述[J].人民黄河,2014,36(7):4.

[4] 水利部水利规划设计总院.南水北调东线江苏段项目可行性报告[R].北京,2005.

[5] 张利,张希黔,陶全军,等.虚拟建造技术及其应用展望[J].建筑技术,2003,34(5):4.

[6] 王春飞.内河航道疏浚工程施工技术分析[J].现代商贸工业,2009,21(17):2.

水电开发项目计划管理数字化解决方案

邬舒静

（汉江水利水电（集团）有限责任公司，湖北武汉 430010）

摘 要：随着我国经济的快速发展，对清洁能源需求日益增大，水电开发项目逐渐成为我国重要的水环境治理工程之一，水电开发项目建设管理逐步走向规范化，其中，对于水电开发最为重要的生产运行管理环节，做好水电开发生产综合计划管理，关乎水电企业稳妥应变和积极进取。本文通过打通水电开发项目计划管理各流程数据，建设了一套支持水电开发项目计划管理立项和执行及项目管理全场景、全流程的水电开发项目计划管理数字化解决方案，实现水电开发项目计划管理数据集成化、规范化、可视化。

关键词：水电开发；计划管理；数字化

1 引言

水电开发项目是水资源综合利用开发的工程项目，包含生产运行、发电管理、检修维护、水工管理、防洪调度、集控调度等业务内容，是重要的水环境综合治理项目之一。随着我国经济的快速发展，对清洁能源需求日益增大，对环保和水资源可持续发展日益重视，水电开发项目建设管理逐步走向规范化，其中，对于水电开发最为重要的生产运行管理环节，做好水电开发生产综合计划管理，是水电企业对未来较长一段时间内资源和需求之间平衡所做的概括性设想，是根据企业所拥有的生产能力和需求预测对企业未来较长一段时间内的产出内容、产出量、劳动力水平、库存投资等问题所做的大致性描述，关乎水电企业稳妥应变和积极进取，因此，做好水电开发项目计划管理尤为重要。

2 业务现状及需求分析

2.1 业务现状

随着水电开发项目逐渐成熟和水电企业逐步发展，各种建设项目的审批和验收工作也越来越多，依靠纸质化操作的管理方式已经越来越不能满足水电开发项目管理的需要。目前通过邮件、会

作者简介：邬舒静，女，水利工程师，硕士研究生，主要从事信息化系统项目建设管理相关工作，E-mail：zghbswhswusj@sina.com。

议、报告等形式对项目信息、进度、任务进行管理,人员沟通任务工作量大,不利于信息资料传递准确、一致。另外,项目信息保存在不同的员工和部门中,难以对项目整体进度、计划执行情况有全面、直观的了解。项目信息无法及时有效地在不同部门间共享,推动业务进展缓慢。探索一套高效合理的水电开发项目计划管理数字化解决方案,通过信息的手段加强对建设项目的管理工作,能够为水电企业日常管理提供信息支持和服务,提高项目管理的工作效率和工作透明度,实现项目管理信息化、科学化、规范化。

2.2　需求目标

①建立网络互联、信息共享、安全可靠的项目管理信息服务网络。

②以项目集中监管为目的,以项目过程管理为核心,以项目资源管理为重点,以软件系统为工具全面实现项目信息整合,达到全面管理的目的。

③实现对各类项目工作业务全过程的管理。

④利用信息技术整合和优化业务处理模式,实现项目立项、项目审批、合同谈判、合同管理、支付管理、项目结转和各种统计分析的规范化管理,实现本地业务处理全过程的电子化、自动化,以达到方便、高效地管理和控制项目活动,满足行业管理与决策的需要,为领导对各类项目成果的正确评估提供依据。

2.3　水电开发项目计划管理原则

①保证水电开发企业重点投资项目资本金和企业决策通过并在实施项目的资金投入。

②涉及生产安全、防汛设施正常运转的项目优先安排,压缩生产性项目中紧迫性不高的项目,严格控制非生产性项目。

③项目金额度在保证生产安全前提下,按照经济实用、标准适度审核确定。

④生产经营指标按照水库来水预测、现有设施设备情况并综合其他因素确定。

2.4　方案具体建设任务

连通水电开发项目计划管理各流程数据,建设一套支持水电开发项目计划管理全场景、全流程的水电开发项目计划管理系统,实现水电开发项目计划管理数据集成化、规范化、可视化,帮助项目负责人统筹规划、调控资源。具体方案建设任务设计如下。

(1)综合项目立项

将项目申报、审批环节由线下转移到线上,简化申报流程,提高计划项目申报效率,实现项目管理规范化和透明化。

(2)项目执行

提供审核通过后的项目所有执行操作功能,按项目进度划分为项目任务分解、合同签订、合同变更、支付管理、项目结转等项目执行业务,以反映项目进度和各阶段项目完成情况。

(3)项目管理

系统汇总所有项目信息,形成项目甘特图展示项目执行情况,管理员可以对企业所有项目任务进行管控。

3　数字化解决方案

3.1　计划管理立项

（1）项目立项

系统提供项目立项菜单，建设单位从项目立项菜单中录入项目立项申请数据，填写项目基本信息，包含名称、类型、费用、实施单位、项目工期、立项理由、预期目标、实施方式等字段，填写完成后提交给上级单位审核。项目申请菜单提供添加、删除、批量导出、上报4个功能按钮。申请员点击"添加"将项目申报计划录入项目申报界面。点击"导出"能导出项目申请相关报表，能根据项目年度和类别分类查询项目计划。系统可以根据纸质版项目立项报告单定制项目申报界面。

（2）项目审核

项目申请完成后，系统提供接口对接企业办公系统审核，由实施部门立项、审核、批准后，成立项目。

3.2　计划管理执行

项目执行模块提供审核通过后的项目所有执行操作功能，业务员在项目执行菜单中完成项目的合同签订、合同变更、支付管理等项目执行业务。

（1）项目任务

系统支持对企业所有项目任务进行管控。管理员能对审批通过的项目任务进行任务分解，随时查看项目进度执行情况。管理员可以根据合同名称、项目名称等信息进行项目查询。页面上显示项目名称、开始时间、结束时间、合同费用、支出费用等项目明细。操作员可以对项目进行任务分解，选中某一具体项目，点击"添加"按钮，在弹出框的上级菜单中选择相应的父级项目，就能给该项目添加相应的子项目信息。

（2）合同谈判

系统提供合同谈判菜单。项目执行人员将需要进行公开招标、邀请招标、竞争性谈判、单一来源、询比价的项目在此处录入合同谈判申请单。系统提供接口对接企业办公系统进行合同谈判审批流程审核，经领导同意后，相关部门开展合同谈判。

（3）合同信息

对已完成合同谈判的项目，系统提供合同信息管理菜单，帮助业务员管理项目合同信息。主页面显示合同名称、合同编号、合同单位、项目名称、合同金额等合同基础信息。搜索栏可根据合同编号、合同名称等详细信息进行项目查询。设置"合同名称"功能显示该合同审批签，及合同流程的详细信息。每个合同都关联了相对应的变更单信息、签证单信息、支付信息和发票信息。

操作员在合同管理菜单中录入完项目合同后，系统提供接口对接企业办公系统进行合同文本流程送审。在流程审批时，系统支持查看合同的审批意见以及合同所关联的附件信息。

（4）合同变更信息

对于需要进行变更的合同，系统提供合同信息变更菜单，帮助业务员管理项目任务关联的合同变更信息。主页面显示变更单号、项目名称、变更单位、变更原因、变更费用等一些合同变更的基础信息。点击"变更单号"弹出该合同的变更审批签,显示合同变更的详细信息。操作员在合同变更菜单中录入完合同变更信息后,系统提供接口对接企业办公系统执行合同变更流程,在流程审批时,系统支持查看合同的审批意见以及合同所关联的附件信息。变更流程批准后,系统中与该合同相关的合同费用、支出费用等项目信息会根据合同变更单同步更新。

（5）合同签证信息

系统提供合同签证菜单,帮助业务员管理项目任务关联的合同签证信息。页面显示签证单号、项目名称、施工单位、合同名称等一些签证单基础信息。点击"签证单号"弹出该签证单的审批签,显示合同签证的详细信息。操作员在合同签证菜单中录入完签证单信息后,系统提供接口对接企业办公系统执行合同签证审批流程,在流程审批时,系统支持查看合同的审批意见以及合同所关联的附件信息。

（6）支付申请

针对项目任务相关联的支付信息,系统提供支付申请菜单进行管理。页面显示本单位已经填写的支付记录单。搜索栏可根据合同名称和项目名称进行查询。操作员在此处关联相应的项目任务和合同,点击"添加凭据",系统弹出发票添加界面,操作员上传相应的发票（收据）信息,填写完成后点击"保存",系统中新增一条支付记录。

（7）项目结转

如果某项目在本年度内没有完工,系统提供项目结转菜单执行项目结转。主页面显示本单位正在执行的项目状态,搜索栏可根据项目年份和项目名称进行查询。项目状态分为"正常项目"和"已结转"两种状态。如果正常项目需要结转,点击"申请结转"弹出结转项目申请单,操作员填写详细内容。填写完成后点击"保存"。此条结转项目会推送到第二年的项目立项菜单中,在搜索框中重新选择年份,可以查询到推送过来的结转项目。该结转项目会与第二年的立项任务一并进入第二年项目审核中,审批通过后,项目成立。

3.3 项目管理

（1）项目任务管理

系统支持查看项目任务所关联的合同和支付进度,导出项目任务相关报表,领导可以进行考核打分。点击综合计划,系统跳转到项目申报明细界面,主界面显示该项目的申报明细,右侧显示该项目的立项理由、预期目标及主要任务、主要材料清单（型号）、配置要求及价格组成、实施方式及已具备的条件、主要技术经济指标及经济效益分析等详细信息,并显示与之相关联的合同信息、拨款信息、支付信息和发票信息。

（2）项目甘特图

系统支持根据项目任务信息和项目执行情况汇总生成项目任务甘特图。系统将显示所有项目的任务名、开始时间、结束时间、任务进度等项目信息,图中以红线代表当前日期,通过条状图可以直观地对比项目任务计划与实际完成情况。左右两侧信息通过中间的滚动轴调节其在页面中的显示占比。

（3）待办中心

待办中心模块显示用户的待审批文档,用户选择"待审批文档"展开我的待办,选中一条单据,点击"审批"展开审批窗口,审批完成后将单据提交到下一审批节点。系统提供"待办文档""已批文档""在批文档""我申请的文档"等多种文件库,记录系统所有审批文档。用户可选择不同权限查看。

（4）数据可视化展示

系统提供水电开发企业月度电力生产经营分析的大屏展示,通过系统数据收集,可以直观地展示企业发电量、上网电量、交易电量等信息。

4 配置方案

4.1 硬件和储存配置方案

水电开发项目具有项目建设规模较大、管理相关方合作关系多元化、多地协同办公等特点,系统将考虑应用软件和数据库集成安装至企业硬件虚拟机或者硬件服务器,充分利用虚拟化技术将物理资源划分为多个逻辑上的虚拟资源技术,使得硬件使用更加灵活高效。考虑数据库数据采用企业异地容灾存储模式,解决传统数据库容灾备份技术在实际工作中存在数据恢复时间长、网络环境运行等问题,提高数据库内存储信息安全性。

4.2 系统网络安全配置方案

系统软硬件将至少满足信息系统安全等级保护一级要求,禁止用户口令设置为弱口令,设置强制性口令修正周期。系统开发完成后不应存在目录遍历、SQL 注入、跨站脚本攻击和框架注入攻击等其他高危漏洞,能通过企业漏洞扫描和网络安全感知系统进行安全扫描,安排专员及时处置危险告警信息。

5 结语

本研究搭建的水电开发项目计划管理系统,通过打通水电开发项目计划管理各流程数据,建设了一套支持水电开发项目计划管理立项、执行及项目管理全场景、全流程的水电开发项目计划管理数字化解决方案,实现了水电开发项目计划管理数据集成化、规范化、可视化,为水电开发项目建设管理逐步走向规范化,做好水电开发生产综合计划管理提供了切实有效的数字化解决方案。

BIM 技术在水利枢纽深基坑支护结构的应用及质量控制

吴 轩

（江西赣禹工程建设有限公司，江西南昌 330209）

摘要：本文探讨了 BIM（建筑信息建模）技术在水利枢纽工程深基坑支护结构中的应用，结合走马塘江边泵站工程，分析其在施工阶段的质量控制优势。通过具体案例，说明 BIM 技术如何提高施工效率、保障施工安全，并提出进一步优化的建议。

关键词：BIM 技术；水利枢纽；深基坑；支护结构；质量控制

1　引言

随着现代化工程建设的不断推进，水利枢纽工程中的深基坑支护结构具有的复杂性对安全性要求日益提高。BIM 技术作为一种先进的数字化工具，能够有效地改善工程设计、施工和管理，提高项目的整体效率和质量。走马塘江边泵站工程是典型的水利枢纽工程，其深基坑支护结构的设计和施工中应用了 BIM 技术，提升了工程的施工质量和安全性。

2　水利枢纽工程概况

2.1　工程背景

走马塘江边泵站工程位于张家港走马塘出江口，距离入江口约 1600m。泵站设计总流量为 80m^3/s，设置 4 台贯流泵机组，拟布置在现有江边枢纽东南侧（节制闸侧）。该工程的主要任务是提高区域防洪除涝能力，增强排水能力。泵站及相关建筑物的设计等别为 Ⅱ 等，主要建筑物按 2 级建筑物设计，与江堤连接的外河侧堤防、外河侧翼墙等建筑物级别为 2 级，内河侧翼墙、内河侧堤防等按 3 级建筑物设计，临时工程按 4 级建筑物设计。

2.2　水文地质条件

泵站工程位于典型的亚热带季风气候区域，受冬夏季风影响显著。冬季寒冷干燥，夏季温暖湿

作者简介：吴轩，男，高级工程师，在职硕士研究生在读，项目经理，主要从事水利水电施工管理工作，E-mail：857736414@qq.com。

润,四季分明,总体呈现出冬夏长、春秋短的特点。雨水充沛,无霜期长,是典型的海洋性气候。地质条件复杂多样,根据地层的成因、时代、结构特征及物理力学性质指标等因素,工程范围内的土层划分如下:

第 A 层:堤身填土。

①1 层:素填土。

①2 层:淤泥质粉质黏土。

②层:砂质粉土。

③层:淤泥质粉质黏土。

④层:粉砂。

⑤层:粉砂。

⑥1 层:粉质黏土。

⑥2 层:粘质黏土。

⑦层:粉砂。

这些地质条件对工程设计和施工提出了更高的要求,特别是在基坑支护结构的稳定性和适应性方面。

3　BIM 技术概述

BIM 技术是一种以三维数字技术为基础,集成工程项目各项信息的数据化管理手段。它涵盖了项目的设计、施工和运营阶段,具有可视化、协调性和模拟性等特点。在水利枢纽工程中,BIM 技术能够有效地整合设计信息、施工过程和运营数据,提高工程的整体效率和质量。

3.1　BIM 技术的核心功能

(1)三维可视化

BIM 技术使设计团队能够在虚拟环境中查看工程项目的三维模型(图 3-1),从而帮助识别设计中的潜在问题。

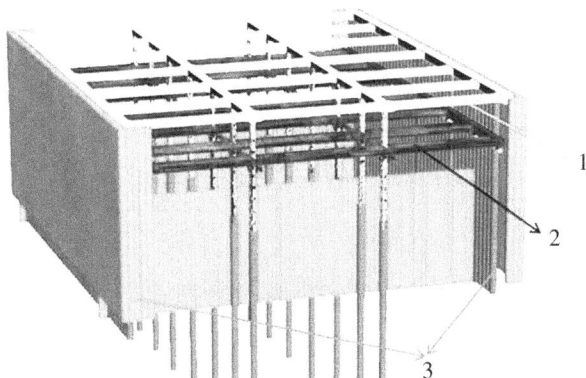

图 3-1　BIM 技术应用于深基坑支护的三维模型示意图

注:1.混凝土支撑梁;2.钢管支护体系;3.基坑桩维护结构。

（2）信息集成

BIM技术将结构、管道、电气等多方面的信息整合在一起，促进各专业的协同工作。

（3）施工模拟

通过施工模拟，项目团队可以预测并解决施工过程中的潜在问题，提高施工的精确性和效率。

4 水利枢纽深基坑支护结构的特点

4.1 工程复杂性

走马塘江边泵站的深基坑支护结构需要应对复杂的地质条件。土层的多样性和不均匀性要求支护结构具备较强的适应性。特别是在软土层和粉砂层交替出现的情况下，基坑稳定性面临较大的挑战。工程设计需要综合考虑土层的力学性质和水文条件，以确保基坑的安全性和稳定性。

4.2 施工安全性

深基坑支护结构施工过程中的安全性至关重要，尤其是在基坑开挖和支护施工期间。由于深基坑的高空作业和较大的土压力，施工中需要特别注意基坑的稳定性和施工人员的安全。BIM技术可以用于模拟支护结构的受力情况，并帮助制定合理的施工方案。

5 BIM技术在深基坑支护结构中的应用

5.1 设计阶段

在设计阶段，BIM技术可以用于三维建模和方案优化。通过BIM模型，工程师可以可视化支护结构的设计效果，并进行多方案比较，优化支护结构的设计方案，从而提高设计的准确性和效率。

设计优化：利用BIM模型可以进行不同设计方案的模拟和评估，从而选择最佳的方案，提高设计的合理性和经济性。

5.2 施工阶段

在施工阶段，BIM技术能够实现施工进度管理和过程动态监测。通过实时数据采集和分析，BIM技术可以帮助施工团队及时发现和解决施工过程中的问题，确保施工按计划进行。

（1）进度管理

BIM技术通过集成施工进度表，帮助项目经理有效管理施工进度，减少延误和返工（图5-1）。

（2）动态监测

通过传感器数据和BIM模型的集成，实时监测基坑的位移和沉降，确保施工的安全（图5-2）。

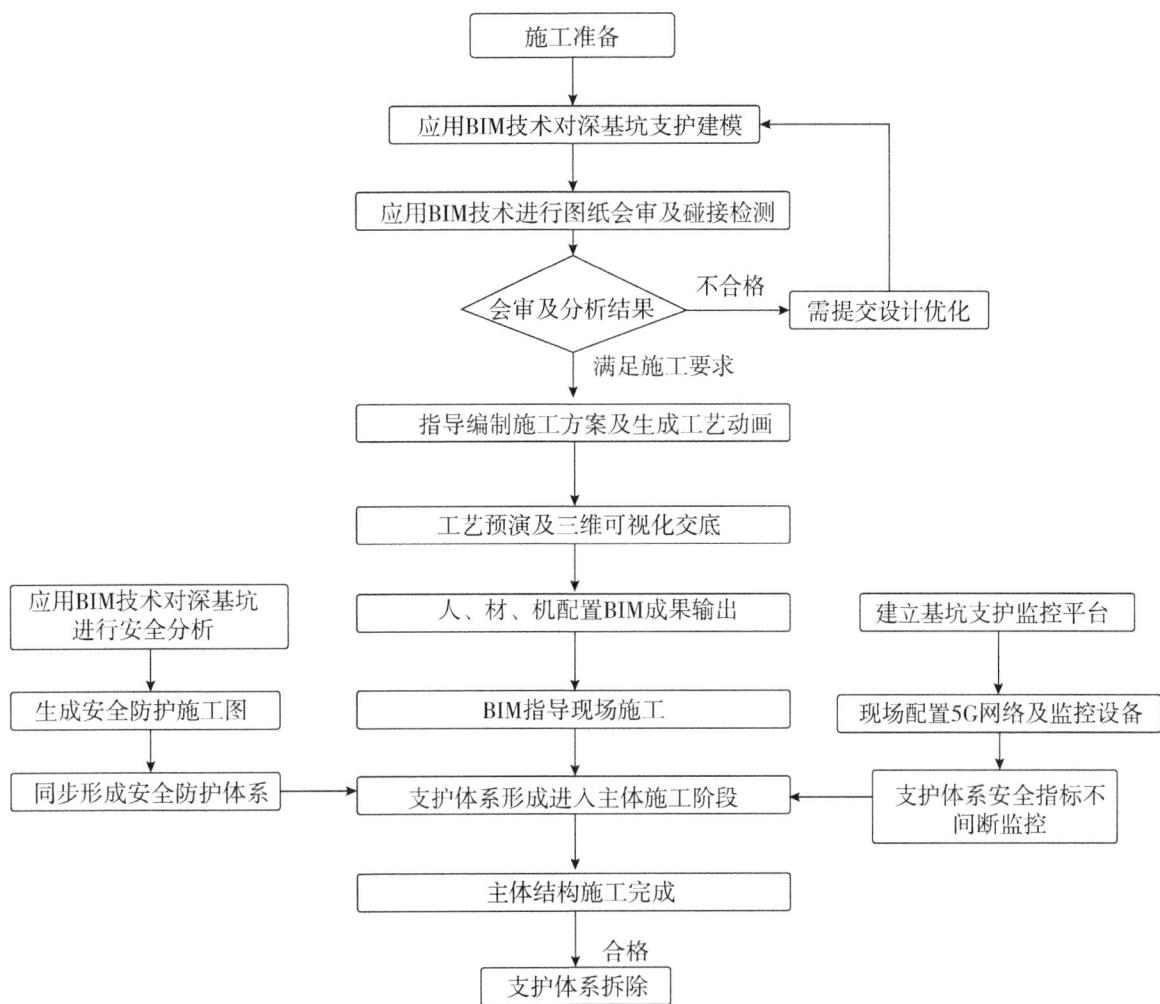

图 5-1 BIM 技术在施工阶段的应用流程图

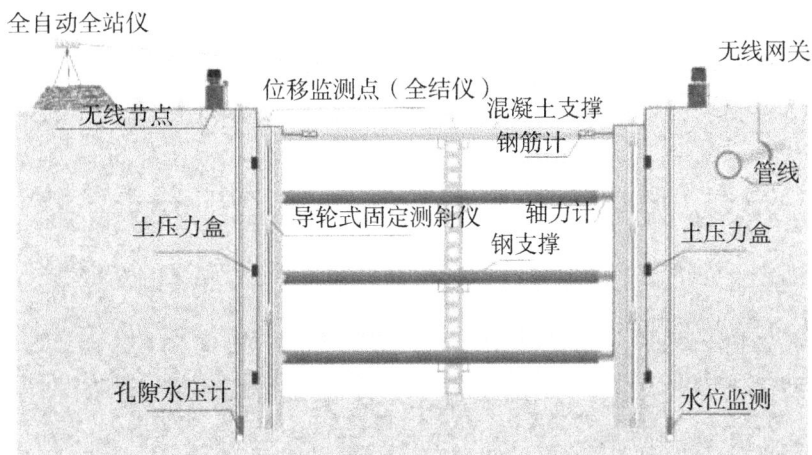

图 5-2 深基坑支护结构全自动监测立面图

5.3 运营维护阶段

在运营维护阶段,BIM 技术可以用于支护结构的健康监测和维护决策支持。通过对 BIM 模型的更新和维护记录的管理,可以及时掌握支护结构的状态,并做出科学的维护决策。

(1)健康监测

BIM 技术支持对结构的长期监测,通过对模型的更新来记录和分析结构的变形和老化情况。

(2)维护决策

基于 BIM 模型的数据分析,提供优化的维护计划和决策支持,延长结构的使用寿命。

6 BIM 技术在质量控制中的优势

6.1 提高设计准确性

BIM 技术可以减少设计变更和返工的情况,通过三维可视化和设计冲突的提前发现与解决,提高设计的准确性。BIM 技术能够对不同专业之间的设计信息进行整合,减少信息孤岛,提高整体设计的协调性。

6.2 施工过程的精细化管理

BIM 技术提供实时数据采集与分析,施工过程中的质量监控能够更加精细化,有效降低施工缺陷和风险。通过 BIM 模型,施工团队可以提前发现施工中的潜在问题,制定合理的解决方案。

6.3 风险预测与管理

利用 BIM 技术进行风险模拟,可以提前预测基坑支护结构可能面临的风险,并采取相应的管理措施,提升风险管理的主动性。BIM 技术可以帮助项目团队对各种风险进行量化分析,提高风险管理的科学性和有效性。

7 案例分析

在走马塘江边泵站工程中,BIM 技术在深基坑支护施工中的应用效果显著。支护结构的优化设计通过 BIM 模型优化了支护结构的设计,提高了结构的稳定性和施工的安全性。

(1)支护结构的优化设计

通过 BIM 模型优化了支护结构的设计,提高了结构的稳定性和施工的安全性。

(2)施工进度和质量的提升

BIM 技术帮助施工团队有效管理了施工进度和质量,减少了延误和返工的情况。

(3)风险控制和成本节约

BIM 技术的应用帮助识别了潜在风险,并采取了相应的控制措施,节约了工程成本。

8　BIM 技术应用的挑战与优化建议

8.1　当前应用中的挑战

尽管 BIM 技术在水利枢纽工程中具有显著优势,但其在应用过程中仍面临一些挑战:

(1)技术整合

如何将 BIM 技术与传统施工方法有效整合,仍需进一步探索。

(2)专业人才不足

缺乏熟练掌握 BIM 技术的专业人才,限制了 BIM 技术的广泛应用。

8.2　优化建议

(1)加强培训与教育

通过培训与教育,提高工程人员对 BIM 技术的认知和掌握水平。

(2)推进标准化建设

建立 BIM 技术的标准化应用流程和规范,提高 BIM 技术的应用效率和效果。

(3)技术创新与研发

加强 BIM 技术的创新与研发,开发适合水利枢纽工程的新型应用工具和方法。

9　结语

BIM 技术在水利枢纽深基坑支护结构中的应用显著提高了工程的设计和施工质量。走马塘江边泵站工程的实践证明 BIM 技术能够有效地支持深基坑支护结构的设计、施工和维护,提高工程的整体效率和安全性。未来,通过不断优化 BIM 技术的应用流程和拓宽其应用范围,可以进一步推动水利工程的数字化转型和高质量发展,为工程建设提供更强有力的技术支持。

主要参考文献

[1] 王薇.BIM 技术在深基坑支护结构设计中的应用研究[D].郑州:华北水利水电大学,2020.

[2] 苗倩.基于 BIM 技术的水利水电工程施工可视化仿真研究[D].天津:天津大学,2011.

数字工地平台助力项目管理精细化

——以达州数字经济产业园智慧楼宇建设项目为例

任立鹏 王 健 徐强力 王天祥

(中交(天津)生态环保设计研究院有限公司,天津 300041)

摘 要:当前,传统的建筑施工现场项目管理方式与数字工地管理手段存在较大差异,围绕施工现场的人、机、料、法、环等现场关键要素,结合数字工地平台综合应用,以达州智慧楼宇建设项目为例,进一步探究数字工地平台在建筑工程管理中的具体应用。该技术降低了工程成本,加快了施工进度,提高了施工质量,增强了信息化协同能力,实现了项目管理岗位级赋能,促进了项目管理精细化管理,可为同类工程提供参考。

关键词:数字工地;物联网;岗位级赋能;精细化管理

1 引言

施工现场数字化管理决定建筑企业的发展质量,是现场管理的核心环节。集人员、进度、安全、质量、成本为一体的数字化管理平台逐渐成为服务现场管理、岗位级赋能的必要工具。近年来,信息技术的发展促使施工现场信息化开始突破原有模式,与传统信息化集成平台实现优势互补,使施工现场呈现出数字化、智能化、可视化等特点,在此基础上,"数字工地"的需求应运而生。

数字工地是指利用信息化技术、智能设备和互联网等手段对建筑工地进行管理和运营的过程。通过使用各种数字化工具,如传感器、无人机、人工智能等,数字化工地可以实时监测和控制工地的各个环节,对施工过程中产生的各项数据采集处理、分析融合,同时对工程施工现场的各类资源配置、人员管理、安全把控、质量管理、施工进度进行有效整合,为工程企业办公、经营管理、分析决策提供了强大的数据化支持与依据。

作者简介:任立鹏,男,工程师,多年从事企业数字化应用研究工作,在物联网,大数据,人工智能多领域具有实践案例。E-mail:916373130@qq.com。

2 工程概况

2.1 项目概况

达州数字经济产业园智慧楼宇建设项目为达州高新区"东数西算"工程布局的重点项目,致力于打造大数据区域协同创新基地,服务川东北经济区振兴发展,主要项目包括建设新型智慧工厂、办公楼研发基地、人才公寓及相关附属配套设施,总建筑面积约 35 万 m^2。

2.2 项目管理数字化需求

(1)从管理"人的不规范行为"方面考虑

项目现场的产业工人缺乏实名制登记、进退场管理、用工预警、人员正负向行为记录、AI 智能视频分析功能,无法实现对产业工人的智能化管控。

(2)从管理"物的不安全状态"方面考虑

项目现场的陆地机械设备、物料缺乏数字化监管手段,例如,陆地机械设备缺少进场、安装、检查、维保、退场数字化管理工具,尤其是特种设备缺少实时状态数据的监测预警功能。另外,项目现场大宗主材的进场验收,对账功能也缺少数字化、智能化的管理手段。

(3)从管理"环境的不稳定因素"方面考虑

施工项目现场环境复杂,对自然环境缺乏实时监测以及及时响应,例如,缺乏现场扬尘数据自动采集分析以及自动喷淋降尘功能,无法避免环保不达标带来的风险。针对重点区域以及危大工程,缺乏视频监控、视频 AI 智能分析、危大工程监测,无法保障项目危害在萌芽状态被消除。

(4)从管理"质量的不严格把控"方面考虑

建筑项目质量是第一位的,做好质量的内控尤为重要,在施工工程中,缺乏一套完整的包含测试、评价、整改、复检功能的实测实量数字化管理模块。

3 数字工地平台系统架构

达州数字经济产业园智慧楼宇建设项目数字工地系统采用 6 层技术架构实现,分别是感知层、传输层、数据层、支撑层、应用层和用户层。感知层负责采集工地的各种数据,包括人员进出工地信息、设备过程管理状态、环境实时数据等。传输层负责将感知层采集到的数据进行传输,常见的方式包括蜂窝网络、LPWAN 网络、LAN/PAN 网络和 Mesh 技术网络等。数据层负责对传输层传回的数据进行处理、存储和分析。支撑层为系统提供支撑性的服务,例如,身份认证模块、AIoT 集成+边缘计算模块、BIM 轻量化模块、GIS 服务、搜索引擎服务等。应用层负责将数据层提供的信息应用到工地管理和监控中,例如,人员管理、陆地机械设备管理、物料管理等功能。用户层为用户提供界面和交互方式,使其能够直观地了解工地的状态和运营情况。数字工地平台系统架构见图 3-1。

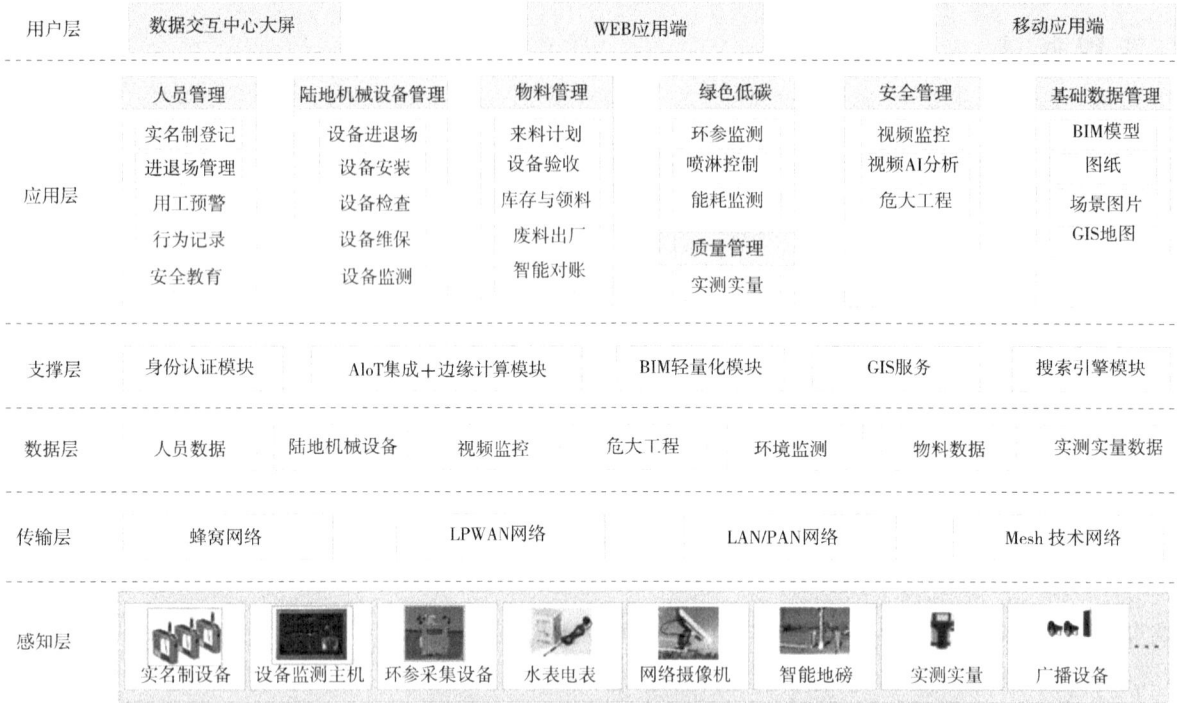

图 3-1　数字工地平台系统架构

4　数字工地平台应用

4.1　产业人员管理

人员管理包含产业工人的进退场管理、考勤记录、用工预警、安全教育、行为记录分析 5 个模块功能，对产业工人信息实现一键录入，该功能是从无到有的过程，天然地促进产业工人精细化管理；通过用工预警，能够降低用工风险；通过线上线下安全教育，提升安全意识；通过用工行为记录分析，提升现场产业工人的管控能力。产业工人管理模块应用界面见图 4-1。

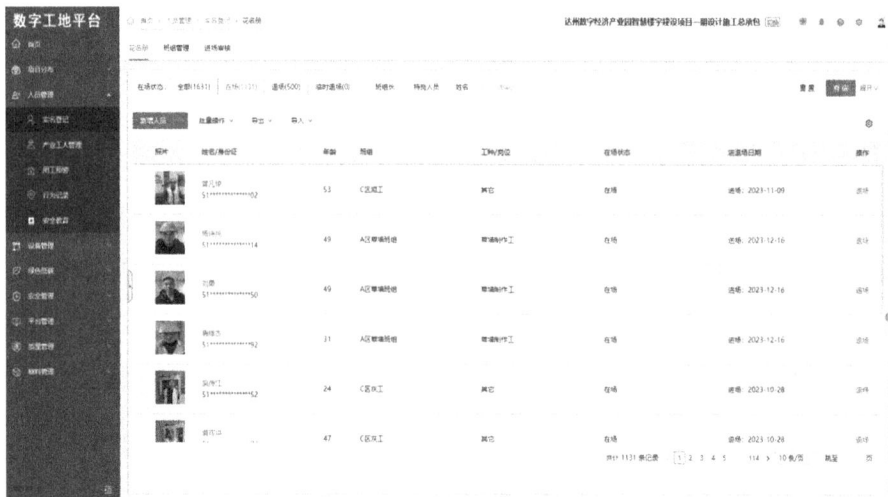

图 4-1　产业工人管理模块应用界面

4.2　陆地机械设备管控

机械设备管理包含设备信息维护、操作人员管理、设备台账、设备维保和检查、督促检查 5 个核心模块，机械设备管理模块实现了机械设备管理线下转线上，起到了规范管理的作用；同时，"一机一档一码"功能的实现，可做到进场到退场全过程管理，设备工作状态、安装、运行、维保、检查、工作督促情况有迹可查。陆地机械设备管理模块应用界面见图4-2。

图 4-2　陆地机械设备管理模块应用界面

4.3　环境监测

绿色低碳情况主要由对环参设备的实时数据采集反映，参数包括 PM2.5、噪声、温度、风速、有毒气体等。通过超标预警，及时发现环境问题，保障人员安全，降低环境污染。环境监测应用模块见图4-3。

图 4-3　环境监测应用模块

4.4　安全监测

安全管理通过远程视频监控、智能 AI 视频分析、危大工程物联动态感知 3 个核心功能，对施工现场尤其是危大工程进行实时监测和预警数据推送,通过对数据的分析挖掘,发现潜在的危险,提高项目管理人员的安全管控能力。远程视频监控应用界面见图4-4。

图 4-4 远程视频监控应用界面

4.5 实测实量

实测实量可提供精确、实时的数据支持,帮助项目管理者内控质量、优化资源利用,评价分包业务能力,提高施工效率和质量水平,降低风险和成本。实测实量应用界面见图4-5。

图 4-5 实测实量应用界面

4.6 物料管理

物料管理可实现物资的规范管理,起到优化物资库存管理、提高物资管理安全性的作用,通过准确及时的信息共享,为建筑施工项目的管理和服务水平提供有力的支持和保障。物料管理应用界面见图4-6。

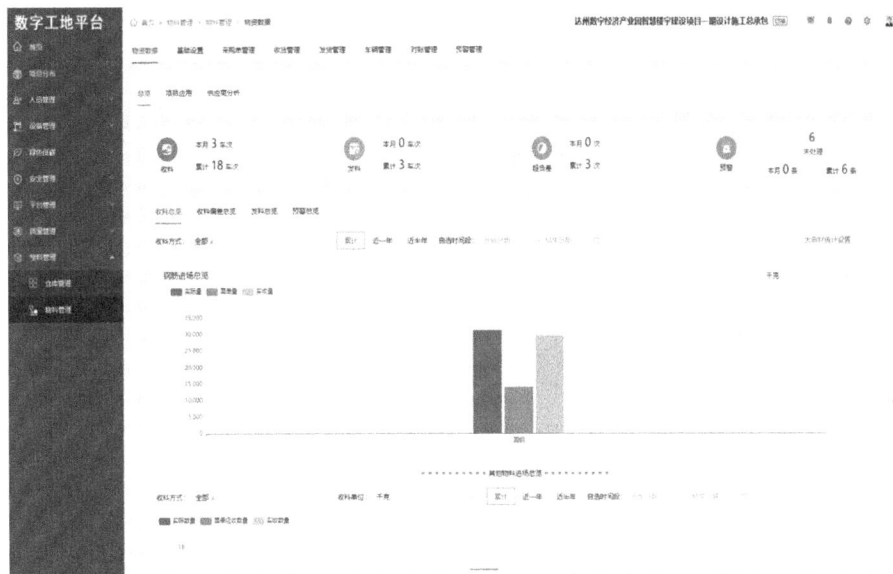

图 4-6 物料管理应用界面

5 数字工地价值效益

5.1 经济效益

通过以上 6 大模块的应用,本项目整体实现成本节约 188 万元(表 5-1),质量、安全管理处于受控状态。

表 5-1 经济效益情况表

序号	应用模块	经济效益
1	人员管理	项目部节省一位管理人员的工作量,按工期两年计算,可节约人力统计成本 24 万元
2	物料管理模块	通过无人值守过磅系统,有效监控作弊行为,提高材料管控效率,动态监管超负差情况按实际称重结算,加强对分供方的管理,降低现场人为管理失误率,节约成本 12 万元
3	设备以及安全监测	现场机械设备得到了有效的监管,实现了合理调配机械设备,节省租赁费用 30 万元
4	实测实量	通过实测实量,加强了项目过程质量管控,降低了返工率,节省费用 122 万元
5	安全管理	通过物联监测实时将辨识的危险源录入系统,进行风险评价后下发巡检任务,责任人在手机端接到待办任务提醒并落实检查,从隐患的识别到执行实现有效闭环,问题整改率 100%,安全问题库管理更加规范,目前项目未发生安全事故
6	环境监测	通过环境监测对现场扬尘、噪声等政府监管项进行实时监控,智能预警推送,与喷淋系统联动自动触发,有效降尘,避免因环境超标而被处罚

5.2 管理效益

数字工地平台是抓好基层履约能力、基层成本控制能力、基层班子能力强有力的技术支撑,是实现岗位级赋能的具体工具。

5.3 数字化人才培养

公司各单位参与数字工地建设应用,开展了两期集中培训,共计 144 人参与,形成一批具备信息化、标准化、规范化管理能力的专业数字化项目管理队伍。

5.5 品牌及示范效益

本项目获得了四川省住建行业的高度关注,多次举办了省、市级全过程质量咨询项目观摩活动,基于数字工地精细化项目管理决策平台获得了各方的认可,提升了企业形象。

6 结语

通过对数字工地产业人员管理、陆地机械设备管理、物料管理、环境监测、实测实量、安全监测等 6 大模块应用,可建立起以数字工地为数字化工具的包含全业务场景、项目全员参与的数字工地信息化精细化管理平台,智能化实现项目的高效管控,从而推动精细化项目管理的进一步发展。

主要参考文献

[1] 田宇阳.智慧工地建设研究与工程应用[J].城市住宅,2019,26(6):135-136+138.

[2] 石鹏.建设施工中智慧工地系统的应用[J].建筑管理,2022,49(8):91.

水利数字孪生系统信创软硬件适配策略探究

邬舒静 付祉祥

(汉江水利水电(集团)有限责任公司,武汉 430010)

摘 要:近年来,水利部将推进自主产权关键技术研究及加快科技成果转化应用作为提升数字孪生水利建设保障能力的重点建设任务。开展关键信息技术自主创新,提升自主可控能力是提升水利数据安全保障能力的重要举措。本文通过对水利数字孪生系统进行成熟信息技术应用创新(以下简称"信创")产品的选型测试,开展水利数字孪生系统信创软硬件适配策略研究,为水利数字孪生项目建设提供信创产品应用参考,提升水利数字孪生系统建设自主可控能力。

关键词:水利数字孪生;信创;软硬件适配;水利数据安全

1 引言

建设数字孪生水网是建设国家水网的重要内容,也是推动新阶段水利高质量发展的重要标志。2021 年,水利部党组做出把智慧水利建设作为推动新阶段水利高质量发展六条实施路径之一的决策部署,明确智慧水利建设以数字孪生流域、水利智能业务应用体系、网络安全体系、保障体系为主要内容,为智慧水利建设制定了清晰的实施路径。

随着数字孪生水利工程的推进,自动化程度将越来越高,系统安全风险也将急剧增大,在数字孪生水利工程建设中,要高度重视系统安全建设,如何构建完善的网络安全体系架构成为数字孪生水利工程建设的重要内容。党中央、国务院印发的《国家水网建设规划纲要》,明确提出构建"系统完备、安全可靠,集约高效、绿色智能,循环通畅、调控有序"的国家水网。2023 年,水利部将推进自主产权关键技术研究及加快科技成果转化应用作为提升数字孪生水利建设保障能力的重点建设任务,开展关键信息技术自主创新实践迫在眉睫。

按照长江委关于加快推进数字孪生长江试点建设的工作要求,H 集团参与了水利枢纽及水库群流域数字孪生系统试点项目建设。该系统聚焦水利职能,深入整合流域范围内水利枢纽、电站及库区的相关水利要素信息,构建起流域水资源镜像化数字环境,实现流域防洪、供水数字化场景,智慧化模拟及精准化决策。在项目建设过程中,项目团队积极探索适配水利数字孪生场景的信创落地可

作者简介:邬舒静,女,水利工程师,硕士研究生,主要从事信息化系统项目建设管理相关工作,E-mail:zghbswhswusj@sina.com。

行性技术服务,重点聚焦基础设施及基础软件领域,运用我国已有信创生态链,对原有技术方案进行国产替代实践,探索水利数字孪生信创建设策略可行性。

2 水利数字孪生信创技术现状

2.1 水利数字孪生系统信息化基础设施

水利网信关键技术的自主可控,是数字孪生水利建设的基础和根基。水利数字孪生系统建设具有技术密集、技术难度大、技术要求高、专业性强等特点,在性能上对数据处理资源池及高性能计算集群均有高技术要求,需要切实保障模型高速计算和信息及时响应。目前,水利数字孪生建设领域的信创应用尚处于探索阶段,信创技术在通用软件和行业软件方面存在业务场景复杂、需求差异化、个性化及软硬件厂商适配兼容和整合难度大等问题,如何满足水利业务人员进一步智能高效应用水利数字孪生系统是水利数字孪生信创策略的重点研究问题。已有研究表明,在原有信息化建设的基础上,以网络、虚拟化、并行计算为重点,不断发展可信可控的云原生高性能计算能力,破解算力"卡脖子"难题。持续做好业务系统的升级迁移,坚持需求牵引、应用至上,将"自主可控"由办公系统向业务系统逐步深化。重点推动数字孪生水利工程涉及的控制系统更新,逐步实现控制系统的全自主可控,解决系统不透明、漏洞隐患多、存在恶意外联甚至可被操纵破坏等痛点问题。

2.2 水利数字孪生信创应用

在"十四五"规划和《数字中国建设整体布局规划》对数字基础设施进行系统布局背景下,国家高度重视信创产业发展,实现对关键基础设施的网络安全保护。信创是实现信息技术领域科技自立,保障国家信息安全、网络安全和经济安全的重大举措,其核心是以信创为驱动,构建国产化信息技术软硬件底层架构体系和全周期生态体系,解决"卡脖子"技术问题,为未来信息技术发展奠定坚实基础。当前,国内网络安全"新基建"正在稳步推进,目前国产软硬件大多已达到"可用"阶段,并逐步建立拥有自主产权的国产信息技术体系生态。目前,通过自主可控测评的申威、飞腾、龙芯、鲲鹏等国产芯片、国产操作系统、数据库等已经在众多重要领域成功应用,并正在从"可用"向"好用"发展。未来,自主可控测评将逐步制度化,并顺应客观形势的需求继续完善。

3 水利数字孪生信创产品选型测试要求

信创建设的目标是建立符合信创要求的自主可控和安全的技术底座与技术体系,并基于这样的技术底座和技术体系实现水利数字孪生系统"升级替代"和数字化创新与转型。

(1)系统稳定性要求

支持集群部署,保证应用集群中任意一台宕机后,应用可继续对外提供服务;任意一台机器中服务终止,应用可继续对外提供服务。

(2)安全性要求

充分考虑整个系统运行的安全策略和机制,保障系统安全、稳定、高效地运行,保证用户敏感数据在传输、存储过程中的保密性;系统须具有严谨且灵活的权限管理与校验机制,能够满足各类数据应用的权限需求。

（3）可扩展性和开放性要求

系统设计需考虑扩展性，包括系统的扩展性和应用的扩展性，系统的扩展性包括系统应用节点的扩展性；应用扩展性主要为应用框架的扩展性，便于后续其他功能集成与扩展。

（4）性能要求

要求系统响应时间在 3s 以内。

4　水利数字孪生信创策略

为确保该流域数字孪生系统稳定高效运行，满足水利部在数字孪生流域建设先行先试任务中关于保障项目国产化应用的技术要求，项目组根据采购方案需求，全面梳理了行业内先进成熟的国产化软硬件产品，逐一开展了国产化软硬件测试工作，以确保配置方案在满足系统运行要求基础上，进一步提升项目软硬件国产化应用程度。

（1）终端替换

基础设施层的计算、存储、网络及网络安全、数据中心配套设施和办公周边外设等各类终端设备是基础软件及应用软件的载体，终端替换是推动信创建设工作的重要切入点。系统应用了银河麒麟高级服务器操作系统 V10。银河麒麟嵌入式操作系统 V10 是面向物联网及工业互联网场景的安全实时嵌入式操作系统，具备信息安全、多域隔离、云边端协同、多样性算力支持等特点，可满足嵌入式场景对操作系统小型化、可靠性、安全性、实时性、互联性的需求。系统 V10 版本以 Linux 为基础，采用"分域虚拟化＋多域隔离"的架构，通过实时和非实时操作系统的混合部署，兼得 Linux 的富生态和 RTOS 的硬实时，实现流域数字孪生系统对物联网及工业互联网应用的泛化支持。

（2）基础软件替换

系统数据库采用了达梦数据库企业版本（DM Database Enterprise Edition 企业版），达梦数据库管理系统是达梦公司推出的具有完全自主知识产权的高性能数据库管理系统，采用全新的体系架构，在保证大型通用的基础上，针对可靠性、高性能、海量数据处理和安全性做了大量的研发和改进工作，提升了产品的性能、可靠性、可扩展性。此外，系统还应用了国产 3D CAT 管理软件、超图地理信息系统 Iserver＋Idesktop 系统、东方通负载均衡 TongHttpServer V6.0 软件、东方通分布式数据缓存中间件 TongRDSV2.2 软件（企业版）等成熟的国产化软件，及全面兼容龙芯、飞腾、鲲鹏、海光、兆芯等芯片架构的服务器虚拟化软件，提供虚拟机的创建、开关机、暂停、重启、休眠、删除、克隆、快照、备份、迁移、导出等资源生命全周期管理，提供 HA 高可用、DRS 资源动态调整、监控等企业级虚拟化功能，满足系统业务需求。

（3）高性能服务器集群替换

为满足多用户云渲染并发使用的业务需求，系统采用了分布式存储技术，支持 GIS、高分辨率卫星遥感影像、视频、音频、图片、文档等各类型数据的高速存储和读取，并有效确保数据安全。根据系统运行和维护需要，采用了新华三 H3C 服务器、新华三 H3C 管理交换机、新华三 H3C 业务数据交换机，搭建服务器集群，为流域数字孪生平台运行提供必要的基础支撑环境。

5 适配成果

该流域数字孪生系统在信创环境运行下,对系统功能性、性能效率、兼容性、易用性、可靠性、信息安全性、维护性、可移植性进行了充分运行测试。测试结果显示,系统稳定性、安全性、可扩展性和开放性方面均较好地满足了系统运行要求,其中,系统执行其功能时,系统打开界面单用户平均事务响应时间为 0.161s,处理时间及吞吐率满足小于 3s 的应用需求;软件支持 Google Chrome120.0.6099.110 和 MicrosoftEdge 120.0.2210.61 等主流浏览器,在与杀毒软件或文本编辑器等其他产品共享通用的环境和资源条件下,产品能够有效执行其所需的功能并且不会对其他产品造成负面影响。系统在 8h 正常运行情况下,未出现明显故障、死机或失效。

6 结语

经测试发现,银河麒麟高级服务器操作系统 V10、达梦数据库、新华三服务器、国产 3D CAT 管理软件、超图地理信息系统、东方通负载均衡软件、东方通分布式数据缓存中间件软件等国产化软件可以完全实现对国外软件的替代并支撑系统稳定运行。

主要参考文献

[1] 李卢祎.李国英主持召开水利部部务会议审议《数字孪生水网建设技术导则》[J]. 中国水利,2022,(20):9.

[2] 詹全忠,陈真玄,张潮,等.《数字孪生水利工程建设技术导则(试行)》解析[J]. 水利信息化,2022(4):1-5.

[3] 张潮. 数字孪生水利建设中筑牢数字安全屏障的思考[J]. 中国水利,2024(7):62-66.

[4] 张钧. 信创背景下的港口信息基础设施国产化替代策略[J]. 水运管理,2024,46(6):24-28.

[5] 倪光南. 自主可控是网络安全的"基石"[J]. 中国科技奖励,2020(7):6-7.

数字孪生技术在大坝防护工程中的应用

易 娜 余 刚

(长江河湖建设有限公司,湖北武汉 430000)

摘 要:南水北调工程是国家决策的重大基础设施,而作为南水北调中线工程水源地的丹江口水利枢纽工程,是国家三纵四横水网的关键节点。本文以丹江口大坝的防护工程施工建设为例,介绍了数字孪生技术在防护施工中安全、质量和进度等方面的应用。探索以数字孪生技术为支撑的施工现场建设管理新模式。

关键词:数字孪生;丹江口水利枢纽;大坝防护工程;施工现场建设管理

1 数字孪生的概念

数字孪生(DigitalTwin)的概念最早由 Gerieves 教授于 2003 年在密歇根大学的全生命周期管理的课上提出,可以说是一种超现实的概念,也被称为数字镜像或信息镜像模型,是对某个设备或系统的"实体模型"进行的数字化虚拟映射。

美国航空航天局 NASA 对于数字孪生的描述:"数字孪生是一个结合多种学科,在多个维度进行仿真的过程,在这个仿真过程中充分发挥诸如物理模型、传感器、运行历史等多种数据的作用,数字孪生体是在虚拟空间中可以反映整个物理实体产品全生命周期过程的镜像。"美国国家航空航天局建造了两艘一模一样的宇宙飞船,让其中一艘宇宙飞船在太空中执行任务,另一艘留在地球上称为孪生体,用于映射执行任务的飞行器所处的工作状态。该孪生体可以模拟飞船的实际工作情况,帮助宇航员更好地完成飞行任务。数字孪生技术在航天器状态的模拟、预测和评估等方面的应用,有效减轻了航天器的退化和故障。

数字孪生是实现信息物理融合的有效手段。一方面,数字孪生能够支持制造的物理世界与信息世界之间的虚实映射与双向交互,从而形成"数据感知-实时分析-智能决策-精准执行"实时智能闭环。另一方面,数字孪生能够将运行状态、环境变化、突发变化等物理实况数据与仿真预测、统计分析、领域知识等信息空间数据进行全面交互与深度融合,从而增强制造的物理世界与信息世界的同步性与一致性。

作者简介:易娜,女,工程师,主要从事水利施工技术研究工作 。E-mail:workyn@dingtalk.com。

2 数字孪生的特点

（1）精准映射、虚实融合

通过模型和数字模拟模拟出真实物理世界的全生命周期的所有动态特征，以此为基础，进行预测和评估，从而精准映射物理世界的全要素，从而可视化呈现推演出各个时间节点的状态，最终达到仿真互动和智能控制。

数字孪生在复杂程度上分为以虚映实、以虚控实、以虚预实、以虚优实、虚实共生。第一阶段可以实现物理实体的状态和变化过程。第二阶段通过数据量的增大，逐渐实现数据模型对物理实体的控制。随着算力的提升和算法的优化，第三阶段可预测物理实体将来一段时间或节点的过程、状态。第四阶段允许通过数字生态对物理实体进行决策干预和优化。第五阶段意味着虚拟和实体长期同步运行，虚拟系统能自主发展，并精确预测未来。

（2）全流程数据赋能

数字孪生可实现数据交换、融合、存储、处理、共享等功能，同时集成大数据、云计算、虚拟化等技术，整合整个生命周期内的状态数据，将设计、制造、运行、报废等全过程连接在一起。通过其数据框架可实现对产品、工程的设计、施工、运行、维护等各阶段的动态模拟和实时监控。可高效地在生命周期的各阶段对方案、计划、工艺、性能进行双向评估和推演验证，随时优化改进。数字孪生通过对工程建设全生命周期的实时监控、数字化展示以及信息集成共享，实现了对整个建造过程实时优化控制，是更好开展工程项目现场管理的重要技术。

（3）迭代升级和深度学习

通过算力提升，找出缺陷和不足，不仅可以对产品和工程等进行升级改造，而且系统自身也可迭代升级，模拟人脑的学习过程，对高质量本质特征进行提取、分类。深度信念神经网络是一种新型的深度学习方法。其训练过程可分为预训练和微调两步骤。第一步通过单独预训练每一层的受限玻尔兹曼机网络获取模型初始化参数的最优值；第二步通过 BP 神经网络等传统方法对参数进行微调。

3 国内水利工程数字孪生的发展现状

近年来，数字孪生为制造业等领域实现数字化转型和智能化升级提供了新的理念和思路，逐渐有了大规模的应用。随着研究的逐步深入，我国的研究机构对数字孪生技术有了更进一步的认识。

2021 年，数字孪生技术成为《国民经济和社会发展第十四个五年规划和 2035 年远景目标纲要》中国数字化新技术之一。

2022 年 2 月，水利部印发《数字孪生建设总体方案》，明确数字孪生流域是以物理流域为单元、时空数据为底座、数学模型为核心、水利知识为驱动，对物理流域全要素和水利治理管理活动全过程的数字映射、智能模拟、前瞻预演，进而实现与物理流域同步仿真运行、虚实交互、迭代优化的一项复杂系统工程。

"十四五"以来，国家明确要求构建智慧水利体系。"构建以数字孪生流域为核心的智慧水利体系"写入《数字中国建设整体布局规划》。水利部将推进智慧水利建设作为新阶段水利高质量发展的六条实施路径之一,并发布了《关于大力推进智慧水利建设的指导意见》《智慧水利建设顶层设计》《"十四五"智慧水利建设规划》等文件,在智慧水利顶层设计中进一步明确了数字孪生技术的支撑作用。《数字孪生流域建设技术大纲(试行)》《数字孪生水利工程建设技术导则(试行)》《数字孪生水网建设技术导则(试行)》也将数字孪生平台定义为数字水利的核心。

2024年,新质生产力首次写入《政府工作报告》。水利部要求要深刻认识水利技术标准对加快发展水利新质生产力、扎实推进水利高质量发展所具有的导向性、引领性、推动性、基础性的作用。坚持统筹高质量发展和高水平安全,统筹水利勘测、规划、设计、建设、运行全生命周期,统筹物理工程与数字孪生,具备预报预警预演预案功能的基本原则,加快建设有利于发展水利新质生产力、扎实推进水利高质量发展的水利技术标准体系。

数字孪生不再只是一种技术,而且还具有特殊产业赋能的价值,并具备催化与推动行业变革和优化的能力,是行业数字化转型的重要方式和实现手段。全面推进水利数字孪生建设,是水利行业和高科技相融合的核心枢纽。

4　数字孪生的关键技术

(1)BIM

BIM(建筑信息模型)是项目从设计、施工到运行、管理乃至拆除的全生命周期内的信息模型,同时也是一个大的数据库,包含项目所有的物理和功能信息,可实现各学科相互协调、协同作业。将BIM技术和施工过程相融合可以实现施工过程的可视化,以三维立体的方式呈现施工工序、工程结构、设备设施等,从而优化施工的方案,提高效率。

(2)GIS

GIS(地理信息系统)是对空间地理信息进行采集、存储、转换、分析、描述、管理等操作的技术系统,因其强大的数据管理、空间定位、空间分析、多元表达能力被广泛应用于城市规划、环境监测等领域。通过该技术建立的地理信息数据库,不仅可以实现对工程信息的定点查询和管理,而且还可以对地理信息进行分析、推演,达到工程建设精细化管理的目的。

(3)IoT

IoT(物联网)通过传感器、RFID(射频识别技术)等各种装置与技术,实时采集实体或过程的各类信息,建立人—物、物—物的泛在连接,实现实体和过程的智能识别、感知、和管理的技术。通过IoT技术和数字孪生技术的融合,不仅可以在施工过程中得到各个设备、用料、工序等的精准化的数据,而且在项目后期的运维阶段可以持续给予实时的数据支持。

相比以往数据库管理或二维平面管理模式中存在信息缺失、精度不够、反馈滞后、表达单一等问题,数字孪生技术充分利用海量的实时数据、历史数据、孪生数据以及实体模型仿真,集成多维模拟过程,在虚拟的数字空间内针对物理空间场景中的人、机、物、工况、环境等要素进行全生命周期的描述与建模,构建融合交互、高效协同的数字孪生体,最终实现物理空间资源配置和运行的按需响应、快速迭代和动态响应。数字孪生工程可以将GIS数据、BIM数据、地质数据、物联网数据等进行对接和抽取,通过渲染可视化达到反映真实物理世界的效果。

5 丹江口数字孪生系统简介

丹江口水库是南水北调中线工程水源地,担负着向北京、天津、河北、河南 4 省(直辖市)供水的重任,自 2014 年 12 月 12 日全面通水以来,截至 2024 年 7 月,累计向北方供水突破 660 亿 m³,生态补水约 106 亿 m³,水质常年保持在 Ⅱ 类水以上,沿线直接受益人口超过 1 亿。为推动京津冀协同发展、雄安新区建设等国家重大战略实施提供了可靠的水资源保障,发挥了巨大的社会效益、生态效益和经济效益。

丹江口水库大坝加高后,正常蓄水位为 170m,库容为 290.5 亿 m³,水库水面面积达到 1050km²,岸线长度达 4610km。汉江干流及入库的主要支流丹江都发源于陕西省,库区范围则涉及湖北省和河南省的 6 个县(市、区)。丹江口水库水安全保障涉及河南、湖北和陕西 3 省,如何管护好涉及面如此广阔的水源水库,切实维护工程安全、供水安全、水质安全,守好这一库碧水,成为一项重要的挑战。

数字孪生丹江口于 2023 年上线试运行。该系统按照"需求牵引、应用至上、数字赋能、提升能力"的建设要求,围绕工程安全、供水安全、水质安全业务的需求,开展了"天—空—地—内—水"透彻监测感知网、数据底板、孪生平台、智能业务应用、信息化基础设施及网络安全建设(图 5-1),与数字孪生汉江协同工作,实现了水—库—坝全息实时映射与涵盖防洪兴利、供水安全、大坝安全、水质安全、库区安全的"四预"业务智能应用。

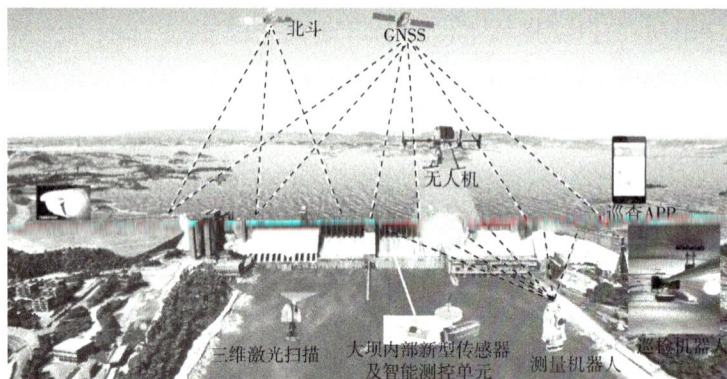

图 5-1 天—空—地—内—水一体化监测感知体系

数字孪生丹江口工程总体技术框架主要由以下部分组成:

(1)信息化基础设施层

主要包括检测感知、通信网络和信息基础设施,其中检测感知主要用于水雨情检测、水质检测、大坝安全检测、地震检测等。

(2)数字孪生平台

主要包括模型库、知识库以及数据底板、数据引擎、模型仿真引擎等。其中模型库针对水利工程设置了水利专业模型、人工智能模型以及可视化模型,为丹江口水库提供了工程全景可视化。

(3)业务应用层

提供了大坝安全、供水安全、水质安全、库区安全、防洪兴利、全景可视、生产运营、智能监控等业务功能(图5-2)。

(4)网络安全体系

包括安全管理、安全计划、安全监督等,为整个数字平台系统的运行提供了坚实可靠的网络安全保障。

(5)保障体系

主要有标准规范、运维保障、体制机制、技术和人才等方面。

(6)用户层

该系统主要面向的是水源公司、汉江集团以及长江委的用户。

图5-2 数字孪生丹江口平台门户

6 数字孪生技术在大坝防护工程中的应用

丹江口大坝位于湖北省丹江口市汉江与丹江汇合口下游1.5km处,丹江口水利枢纽工程由两岸土石坝、混凝土坝、升船机、发电站等建筑物组成。混凝土大坝分为58个坝段,自右向左分别为右岸联接坝段(右13~右1,1~7),长339m;泄洪深孔坝段(8~13),长144m;溢流表孔坝段(14~24),长264m;厂房坝段(25~32),长174m;左岸联接坝段(33~44),长220m。混凝土坝全长1141m。

丹江口大坝右岸(续建工程)土石坝与右岸混凝土坝右5、右6坝下游面横缝处正交联接。经直线段约140m后再用圆弧向上游偏转,沿老虎沟上游侧山顶接至张蔡岭,全长877m。

丹江口大坝左岸土石坝由5个不同半径的圆弧段和若干个直线段所组成。坝段分为左联、张芭岭、先锋沟、尖山、王大沟、糖梨树岭等6个坝段,右端与混凝土坝左岸联接段上游面正交相接,左端与糖梨树岭相接,全长1424m。

丹江口大坝的电站厂房位于26#~31#坝段下游,为坝后式厂房,安装六台混流式水轮发电机组,单机容量为150MW,总装机900MW。

升船机位于右岸3#左、3#右坝段,升船机由斜面升船机、垂直升船机和中间渠道组成,通航建筑物可通过300t级驳船。

因大坝混凝土表面为多孔结构,长期受各种环境因素的侵蚀,其表面已出现较为严重的碳化、疏松、锈渍、水痕、污垢等缺陷情况。为增强丹江口大坝防护功能、提高混凝土耐久性,提升丹江口大坝混凝土表面整体美观度,建设生态绿色大坝、提升工程品质,需要对丹江口大坝混凝土表面进行防护。丹江口大坝加高混凝土表面防护工程转变传统的施工现场的交互方式、工作方式和管理模式，利用先进的科技手段对施工现场进行管理。利用数字孪生平台，融合 BIM、GIS、物联网、大数据等关键技术应用于施工现场的建设管理中（图 6-1），不仅可以实现工地管理的信息化、可视化和智能化，而且还可以减小高空作业事故发生概率、有效提升安全生产管控水平，最终达到绿色工地的目标。

图 6-1　丹江口大坝防护工程全景模拟图

6.1　数字孪生与施工安全管理

大坝加高混凝土表面防护施工，主要存在水上作业、高空作业和起重作业的特点。坝体结构较为复杂，存在大跨度正斜面、反斜面及悬挑板等异形结构，需采取的安全施工措施多。基于加强施工现场的安全管理和保障人员安全的需要，丹江口数字孪生平台实现工地智能化安全管理，提高了整体安全管理水平。

（1）人员安全

大坝总体施工环境复杂，存在诸多的限制进入区域，为保障施工人员的安全，工程配备智能安全帽和 GPS 跟踪器。通过 PC 端或者手机端 App 可以实时查看人员当前所处的区域，并记录历史巡察路线。一旦发现误入，系统会及时提醒，避免危险发生。

施工现场各个工种的人员多，一旦管理不到位容易发生各种事故造成人员伤亡。防护工程采用的管理系统统一录入人员证件信息并进行人脸信息采样。通过劳务实名制的方式，人证合一核查进入施工区域的施工人员。工作期间利用平台可更直观地了解各标段各区域的人员出勤情况，以图表形式对各个工种的人员出勤数据进行可视化展示，并统计汇总各月的出勤情况，有效监控和管理项目人员的工作情况（图 6-2）。

图 6-2　施工区域入口人脸识别系统

（2）施工作业安全监管

防护工程施工多为高空（图 6-3）、临水、临边等危险作业工况，利用丹江口数字孪生平台的一体化监测网络采集参数数据，并以 4G 或者 5G 的方式传输到云端，系统采用高频连续采样、实时数据分析及 PC 端在线监控，查看人员作业情况及施工现场安全情况。在监测过程中，针对不同的施工断面区域，可实现精准化、差异化的预警，秒级响应危险情况及施工人员的不安全行为，及时提醒相关区域作业人员撤离危险区域，并智能评估现场情况，通知监管人员及时采取相应的紧急措施应对（图 6-4、图 6-5）。

图 6-3　高空作业视频监视系统

图 6-4　大坝智能监控点位布设

图 6-5　大坝智能监控器

（3）无人机 VR 全景安全监管

利用无人机搭载摄像头或全景摄像头对大坝 58 个坝段、左岸、右岸、点厂房等进行 360 度全景航拍，获得现场全方位图像并进一步拼接和渲染。通过全景组件实现对无人机拍摄图像和全景视频的预览和管理（图 6-6）。按照丹江口数字孪生平台要求的格式上传至平台系统资料库，可搭载影响施工有关安全的信息因素，对影响施工安全的高处坠落、起重伤害、物体打击、人员落水（图 6-7）等各种因素进行智能分析，结合 VR 设备，可进行各种安全信息、实施信息的查询、展示以及对各种安全风险预演、安全应急措施的仿真模拟、远程操作等。

无人机不定时对施工工地死角进行巡视，结合大坝结构特点，针对防护施工过程中的安全隐患以及管理的薄弱环节，进行定点监控。数字孪生平台根据 LEC 风险等级分析构建大坝防护工程分级监控系统，可针对无人机端口的信息数据进行分析，实现施工现场安全的分级预警。安全预警系统对识别出来的现场人员安全帽脱帽以及随意摘除安全钩等行为，在平台发布相应警告，及时保障施工人员安全。南水北调中线水源工程丹江口大坝加高混凝土表面防护工程风险等级分析见表 6-1。

图 6-6 大坝全景仿真预演

图 6-7 大坝水上应急救援模拟

表 6-1　　南水北调中线水源工程丹江口大坝加高混凝土表面防护工程风险等级分析表

序号	危险源名称	可能造成的伤害	控制	LEC 值风险评估等级
1	吊篮作业	高空坠落	1.严格按照施工方案进行施工;2.每班前进行吊篮设施安全检查;3.严禁非工作人员进入;4.水上作业穿戴救生衣	III
2	机械伤害	电动工具造成的人员伤害	1.组织工人进行安全教育及安全技术交底;2.严格按照操作规程进行操作;3.配备合格的防护用品	III
3	临时用电	触电、火灾等事故	1.电工按检查制度对用电设施进行检查,确保安全用电;2.非持证上岗的专业电工他人员严禁搭接电线电路;3.配备合格的防护用品	III
4	火灾	人员伤害及财产损失	1.除指定场所外,禁止在施工现场吸烟;2.严格执行动火许可制度;3.在现场配备消防器材	IV
5	交通事故	人员伤害及财产损失	1.对所有人员要经过相应的交通法规安全培训教育并交底,上下班要遵守交通法规;2.对机动车司机加强安全教育,严禁酒后驾车,加强对车辆的日常检查和维护	IV
6	起重吊装	机械伤害、物体打击	1.组织人员进行安全教育及安全技术交底;2.严格按照安全操作规程进行操作;3.作业过程中,安排安全员现场警戒;4.配备合格的防护用品	IV
7	高处作业	高处坠落	1.组织人员进行安全教育及安全技术交底;2.严格按照安全操作规程进行操作;3.作业过程中,安排安全员现场警戒;4.配备合格的防护用品	III
8	人员酒后作业、疲劳作业	淹弱、物体打击、机械伤害	1.严禁工作期间饮酒;2.合理安排作息时间,夜晚不施工	IV
9	电动座板	高空坠落及触电	1.严格按照施工方案进行施工;2.每班前进行座板设施安全检查;3.严禁非工作人员进入;4.水上作业穿戴救生衣;5.严格按照操作规程进行操作;6.配合合格的防护用品;电工按检查制度对用电设施进行检查,确保安全用电	III
10	钢管脚手架	高空坠落	1.严格按照施工方案进行施工;2.每班前进行吊篮设施安全检查;3.严禁非工作人员进入;4.水上作业穿戴救生衣	III

（4）机械安全监管

利用数字孪生的监测技术可对施工区域内的起重机和喷涂吊篮设备进行实时监控,对设备的运行状态进行精准评估。通过传感器、无线通信设备对设备各项数据进行采集,平台可视化展示工作的机械设备整体运行状态以及各种设备的分布位置,给现场管理者提供一个更直观和全面的了解。

6.2 数字孪生与施工质量管理

（1）技术交底可视化

传统的技术交底是在施工之前由技术人员和施工人员详细说明施工的工序和注意事项。但由于施工人员的文化水平参差不齐,一旦出现技术失误,就会导致返工等延误工期的情况。后期施工单位为了赶工期,难免出现工序杂乱无章或偷工减料的问题。应用数字孪生技术将工程的施工工艺、操作要点、施工工序、质量标准等进行仿真动画模拟展示,可以使现场管理人员和施工作业人员在具体的场景中沉浸式体验和学习相关的技术要点,给施工人员留下深刻印象。通过 VR 设备漫游在施工虚拟场景的技术交底,可实现施工人员对各个施工步骤和复杂节点了然于心,全面掌握施工内容,从而提升整个工程的质量施工水平(图 6-8)。

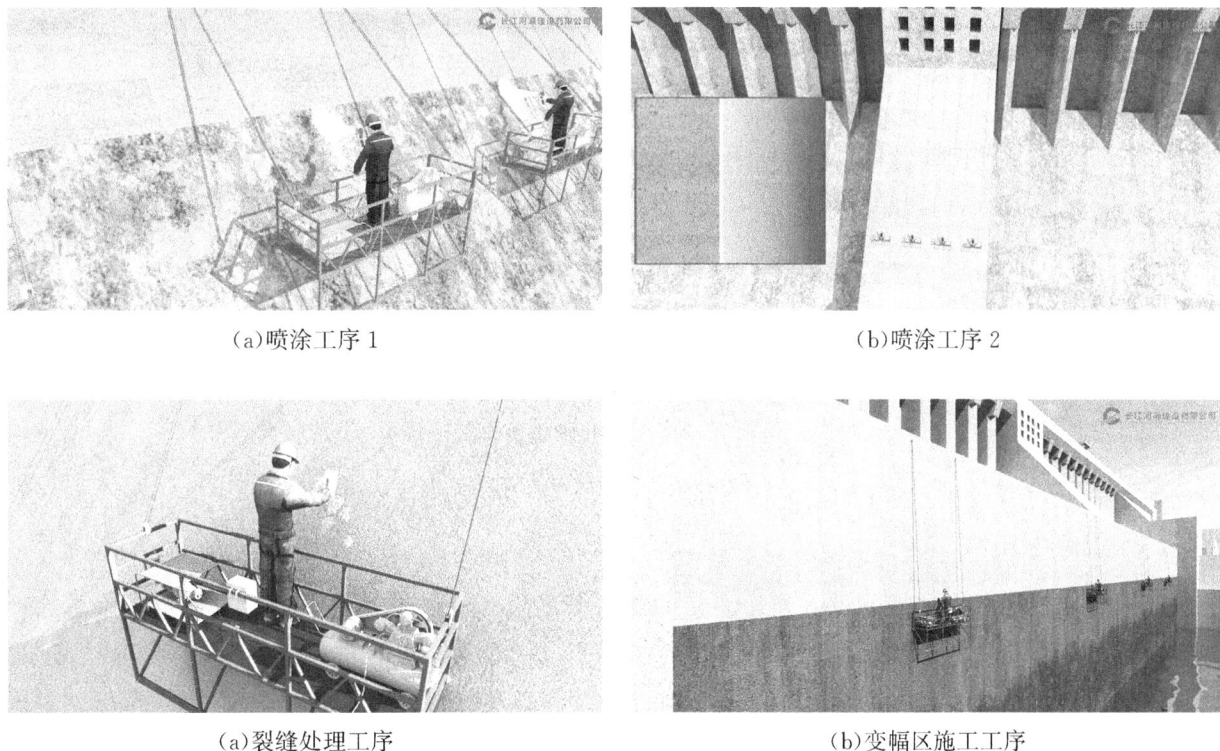

（a）喷涂工序 1

（b）喷涂工序 2

（a）裂缝处理工序

（b）变幅区施工工序

图 6-8　施工仿真动画

（2）施工现场平面布置

坝区施工现场情况复杂,上游面施工作业面比邻大坝龙门吊轨道,闸门检修等工作会时发生一定程度的冲撞。而下游面施工作业区域需占用一定范围的坝顶道路,施工机械和坝顶的交通车辆会发生一定冲撞。利用数字孪生平台对施工现场进行可视化动态展示(图 6-9),提早发现可能存在的隐患和问题。通过对真实施工场景的动画模拟,合理安排设备的到场时间,规划材料堆放等的空间,比较分析机械、材料多种输送路径方案,智能选择最优的空间规划和最佳路线安排。

(a)坝体下游面施工分区　　　　　　　　　　(b)坝体上游面施工分区

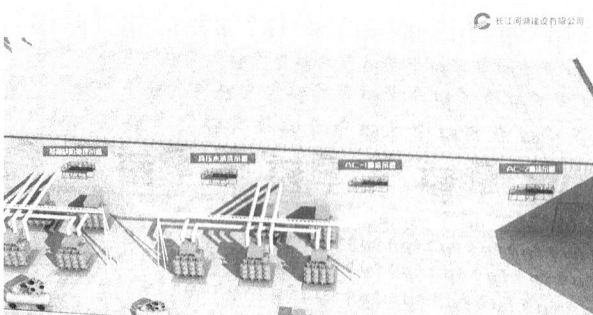

(c)施工现场平面布置　　　　　　　　　　(d)临时供电点位布置

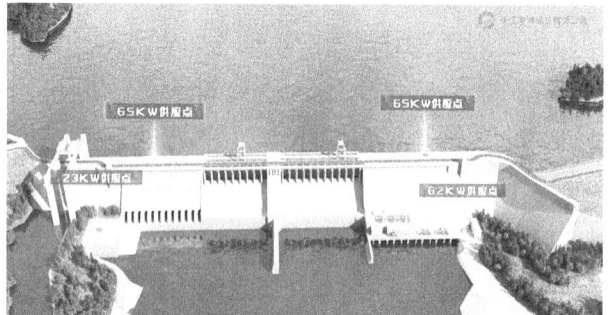

(e)材料堆放区域规划

图 6-9　施工场景动画模拟

（3）用料管控

基于数字孪生的质量控制可以确保涂料的供给满足施工的需求。在平台上可以点击查看涂料的进货量,对比涂料的使用量,分析各种涂料的损耗率,并为下一次的材料采购和供给提供合理计划。一旦出现喷涂用料过大,超出设定限量的情况,系统会及时给质量管理人员发出预警,帮助发现问题,减少不必要的材料浪费。

（4）质量整改控制

针对施工过程中发现的质量问题,可将质量问题发生的位置、类型、严重程度、现场情况等录入系统,系统可自动根据情况推送给相关责任人进行整改,并对整改后的情况进行跟踪,形成质量管理闭环。

（5）施工环境监测

在喷涂施工前,需对原坝体表面混凝土进行打磨,对坝区周边环境和水质存在一定程度的影响。

通过现场设置的施工环境监测系统,数字孪生平台可实时监测大坝施工区域的扬尘、施工噪声、水质情况。系统根据采集到的施工时段的 PM2.5 数据,智能控制喷淋系统进行降尘作业。

（6）知识库共享

传统的项目资料多是纸质,项目信息的调阅和分析都不方便。数字孪生系统不仅可以使整个项目的资料进行信息数字化归档,而且可以方便地对其各个重要构件或者设备属性等信息进行可视化查阅,为后期的项目运维提供详细的数据支持。知识库的共享也可提高团队的合作交流效率,打破部门间的技术壁垒,提高整体工作效率。

6.3　数字孪生与施工进度管理

在施工的前期,利用 BIM 技术按照施工组织设计的要求,将喷涂任务进行分组,分为 1 区、2 区、3 区、4 区以及电厂房区等。系统可视化地展示各个区域在各时间轴中的施工计划,让施工管理人员可以直观地感受整个大坝的防护工程施工过程,及时发现和改正施工进度的不合理之处。在喷涂施工过程中,平台系统可实时收集现场喷涂施工的进度,对比计划安排的进度时间,汇总统计成横道图、柱状图等,智能分析整个工地的进度情况。该系统不仅可对每日、每月、每季度的进度情况进行跟踪汇总,还可对工程关键节点和阶段进展进行记录,以方便管理层随时调阅,掌控工程的进度状况,精确控制施工的组织安排。

（a）进度计划　　　　　　　　　　　　（b）进度计划模拟仿真

图 6-10　进度管理

7　结语

数字孪生技术是水利行业发展的趋势,也是国家数字建设的战略。发展新质生产力,必然要发展水利行业的数字孪生技术。本文通过数字孪生技术在大坝防护工程在施工安全、质量、进度等方面的应用,探索水利工程施工的信息化管理模式。利用数字孪生技术整合不同层级的业务需求,打通多环节的技术壁垒,融合各项技术,构造更加智能的信息一体化管理平台。未来,水利工程项目可能有更多的参与方,更加复杂的工程结构,甚至是挑战人类极限的难度,为此,数字孪生技术需要不断提升算力、优化算法、迭代升级,为水利行业的提供更加智能和高效的建设管理模式。

主要参考文献

［1］Forbes. Gartner：top 10 strategic technology trends for 2013［J］. Communications of-theAcm，2012.

［2］Grieves M，Vickers J. Digital Twin：Mitigating Unpredictable，Undesirable Emergent Behavior in Complex Systems［M］. Berlin：Springer International Publishing，2017.

［3］石婷婷，徐建华，张雨浓.数字孪生技术驱动下的智慧图书馆应用场景与体系架构设计［J］.情报理论与实践，2021,44(5):149-156.

［4］TAO F，CHENG JF，QI Q L，et al. Digital twin-driven product de-sign，manufacturing and service with big data［J］. The International Journal of Advanced Manufacturing Technology，2018,94(9):3563-3576.

［5］He B，Cao X Y，Hua YC. Data fusion-based sustainable digital twin system of intelligent detection robotics［J］. Journal of Cleaner Production,2021(280):1-21.

［6］郭仁忠，林浩嘉，贺彪，等.面向智慧城市的 GIS 框架［J］.武汉大学学报（信息科学版），2020,45(12):1829-1835.

［7］郭瑞阳.BIM 模型和 3DGIS 的融合技术研究及其实现［D］.西安:西安科技大学,2018.

第七部分
测量、检测技术及质量控制

挖泥船非核浓度测量技术及其应用现状

章　茜[1]　聂长乐[1]　郝雄伟[1]　章建军[2]

(1. 武汉绿林系统科技有限责任公司,湖北武汉　430070;

2. 华中科技大学,湖北武汉　430074)

摘　要:本文详细分析了目前广泛应用于挖泥船浓度测量的核技术的优缺点;对目前应用于液固两相流浓度测量的多种非核技术原理及其适用条件进行总结分析;介绍了 ERT＋水质分析合成技术对于挖泥船在多种工况条件下的实际适用效果。

关键词:挖泥船浓度测量;核浓度测量;非核浓度测量;ERT＋水质分析

1　引言

液固两相流是工业界广泛使用的输送方式之一,其输送过程中的浓度测量技术需考虑测量设备的精确性、稳定性和实时性,以避免发生堵管事故,保证输送质量,提升生产效率,同时也是促进相关系统向智能化发展的重要支撑。

2　挖泥船施工工况概述

绞吸、耙吸、斗轮及吸盘挖泥船均通过管道利用水力输送施工介质,疏浚介质包括淤泥、细粉沙、中粗砂、黏土、珊瑚礁、卵石、碎石、板结岩等各种土质。纯净的疏浚介质通常不具有导电性,输送介质尺寸涵盖范围从微米级到 20～30cm。

输送水体从淡水到海水,内湖水体电学特征受环境温度变化影响较大;江水电学特征受环境温度影响轻微;海水的电学特征与其所处经纬度及离岸距离相关,一般情况下相对稳定;在河流入海口,受海淡水交汇互溶、潮汐影响,水体电学特征变化剧烈,非常不稳定。

挖泥船施工过程中,输送过程为典型液固两相流体,流态复杂多变,包含近似理想的均匀流到极端的分层流。

3　液固两相流浓度测量技术发展现状

工业工程领域用于液固两相流体浓度(密度)的测量技术整体上可分为两类,即核密度测量技术

作者简介:章茜,女,工程师,主要从事多相流研究工作,E-mail:zx@cwbgs.com。

与非核密度测量技术：

（1）核密度测量

核密度测量是一种非接触式测量技术，基本原理为当 γ 射线发生器与接收传感器距离一定时，γ 射线穿过物质到达接收传感器的强度随着介质密度的增大而呈指数规律衰减，通过测量透射 γ 射线强度计算测量区域物质的平均密度。核密度测量技术因其稳定性高，不受温度、压力、流量等因素影响，在工程、工业界得到广泛应用，是当前液固两相流密度测量的主流技术路线。

（2）非核密度测量

非核密度测量技术包括基于测定固有频率的音叉技术和冲击技术、超声密度测量技术、压差密度测量技术及基于介质电学特征变化的电阻扫描成像技术（ERT）。

1）基于测定固有频率的音叉技术

基于测定固有频率的音叉和冲击式测量介质密度的基本原理均是通过主动机械激励，测量结构谐振频率，因为谐振频率、电压值与结构质量相关，对谐振频率和电压值进行分析计算就可以得到固定结构内介质的密度值，计算过程中需考虑温度影响。

①音叉技术。

音叉技术基本原理是在电子电源控制下，使插入被测介质的音叉一条叉臂以一定频率震动，另一条叉臂会产生谐振。因为谐振频率同时与叉臂质量、叉臂间固体颗粒尺寸及流体黏度相关，亦受流体流速影响，因此，音叉技术对于非均匀流、分层流动、高流速及固体颗粒尺寸多变等复杂工况缺乏应用价值。

②冲击式技术。

冲击技术测量基本方式是通过在管道外置冲击和振动测量装置，测定管道谐振频率。因为谐振频率除与管道内介质质量、黏度相关外，还与管道结构刚度相关，也会受流体流速影响，而环境振动使得管道结构刚度发生不确定性变化。

2）超声密度测量技术

超声密度测量技术应用声波幅度衰减原理，发射换能器带有方向性，以确定发射功率集中能量射向接收换能器，超声波在浆液中传播时，其散射波和黏滞波会引起声衰减，声衰减系数与浓度成呈相关。通过率定即可根据实测声衰减推得测点的浆液密度。测量计算过程中需参考温度变化加以修正。由于超声波具有更强的波属性，固体颗粒物尺寸会影响测量精度，尺寸越大，测量精度越差；有效测量区域取决于接收换能器的敏感场尺寸。这些苛刻条件导致超声密度测量技术只能应用于均匀浆液，无法应用在非均匀流、分层流动及固体颗粒尺寸多变的复杂工况中。

3）压差密度测量技术

压差密度测量技术是将竖直管道的压差换算成该段管道内的介质密度，但是压差除与密度相关外，也与管道摩阻相关，而摩阻与管壁光滑度、介质黏度、介质流速、介质温度、固体颗粒物尺寸与种类等多种不确定性因素相关，同样无法适用于流态复杂多变的液固两相流工况。

4）ERT 技术

ERT 技术起源于 20 世纪 20 年代地球物理学使用的电阻率技术。利用插入地下的电极阵列，测量非激励电极上的电位变化来获得地层电阻率分布，从而描绘地层中油岩等的分布；随着微电子及算法技术的发展,解决了利用该技术实现图像重建所需的巨大算力需求,促进该技术在医学领域得到进一步的发展。20 世纪 80 年代中后期,工业过程领域在实验室层面开展了 ERT 技术研究。

工业过程 ERT 测量原理为在管道截面圆周方向布置若干电极(图 3-1),通过单一电极在敏感场边界施加激励电流,其他电极轮循形成测量电极对,此过程可通过任一电极实现,因场内电势分布会随场内电导率分布的变化而变化,场域边界上的测量电压值也会同步发生变化,采用一定的图像重建算法反映敏感场内电导率分布,进一步结合不同介质的电导率参数得到两相介质分布图像及两相占比(即浓度)(图 3-2)。

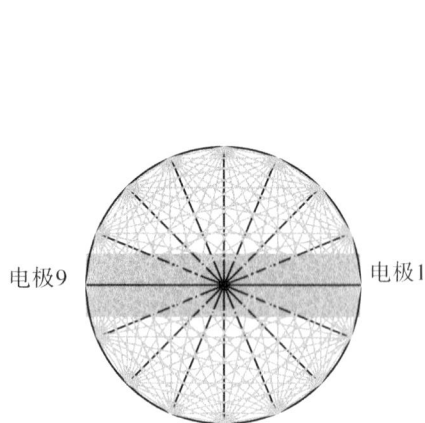

图 3-1 测量电极

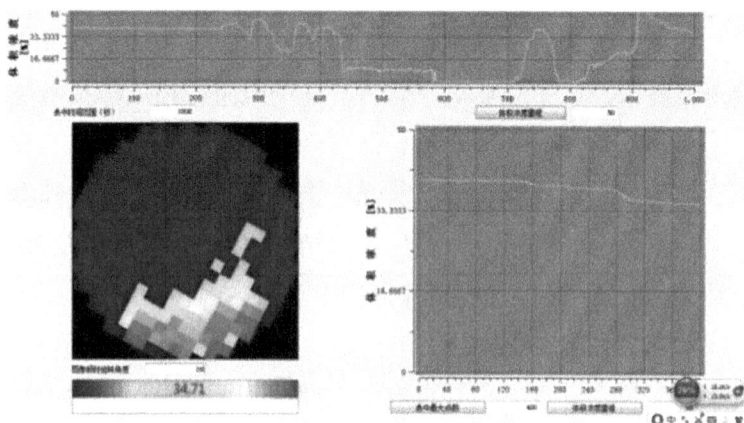

图 3-2 介质分布图像

ERT 作为过程层析成像技术的一种,其基本数学原理为 Radon 变换及 Radon 逆变换。Radon 变换的经典表达式如式(3-1)所示:

$$Rf(t,\theta)=\int_{-\infty}^{+\infty} f(t\cos\theta - s\sin\theta, t\sin\theta + s\cos\theta)\, \mathrm{d}s \tag{3-1}$$

Radon 于 1917 年推导出逆变换公式(3-2):

$$f(x,y)=-\frac{1}{2\pi^2}\lim_{\varepsilon \to 0}\int_{\varepsilon} Rf_1(x\cos\theta + y\sin\theta + q, \theta)\, \mathrm{d}\theta \mathrm{d}q \tag{3-2}$$

$Rf_1(q,\theta)$、$Rf(q,\theta)$ 是关于第一变元 q 的偏导数。

Radon 反变换的含义为通过"图像"$f(x,y)$ 在某一方向的投影 $Rf(q,\theta)$ 对原图像进行重建。

4 挖泥船非核浓度测量技术进展

长期以来,由于技术成熟、测量结果相对稳定可靠,核密度测量技术作为一种定性液固两相流密(浓)度测量技术,在挖泥船上得到广泛使用。但该技术应用于挖泥船时存在以下几方面的不足:

①受射线接收器敏感场元件尺寸限制,对于输送管道而言,其测量区域与管道横截面占比基本上遵循 25.5/D(D 为管道截面内径,单位 mm)规律,管道内径越大,测量结果的代表性越差,对于非均匀流、分层流动等工况,基本只能实现定性测量,无法实现定量测量精确性,特别对于只能安装于水平排泥管道、极端分层流动的工况,测量结果与真实值会存在极大差异。

②由于存在核辐射风险、船体空间小、使用者非核技术专业人员等,设备使用和维护存在障碍。

③挖泥船为移动载台,存在核事故风险(放射源脱落、载台沉没等),外加各国、各地对其管理规范存在差异,导致合规管理要求和处理成本高,且存在刑事风险。

基于前述因素,自 20 世纪 60 年代以来,世界疏浚界一直希望寻求一种技术方案能替代核密度测量技术应用于挖泥船:

20 世纪 60 至 70 年代,IHC 试图利用称重法实现技术替代,21 世纪初,武汉大学亦在此方面进行了大量的研究工作,但受环境、工况所限,均以失败告终。

近年来,业界(含国内、国外)尝试引入超声、振动(包括音叉、冲击)测量技术进行实船应用测试,因为疏浚工况复杂多变,因技术原理与挖泥船实际工况条件、设备工作环境不相容,此类技术在实船应用过程中均未取得成功。

21 世纪初,ERT 技术进入疏浚行业,用于疏浚混合物的浓度测量。英国 ITS 进入实船应用,目前在国内亦有使用;天津航道局联合天津大学展开了多年研究工作;武汉绿林系统科技有限责任公司(以下简称 CWLL)自 2018 年逐步在多条挖泥船上实现实船应用。

ERT 技术是一种立体测量技术,而核密度测量技术是一种线测量技术,从原理上讲,前者测量效果优于后者,并能实现成像功能。但是单纯的 ERT 技术要实现液固混合物浓度精确测量必须同时满足 2 个条件:

①纯净固体物质电导率是稳定可知的。

②ERT 设备实施测量时液体电导率及其对应零位(不含固体物质)可知。

只有同时满足上述 2 个条件,ERT 技术才能满足不同的挖泥船施工工况,否则 ERT 技术只能满足部分特殊工况下的浓(密)度测量。

5　CWLL 挖泥船非核浓度技术及其工程应用实例

5.1　CWLL 挖泥船非核浓度技术介绍

CWLL 自 2016 年开始挖泥船 ERT 非核浓度测量技术开发研究,并于 2018 年进入实船应用验证,期间结合挖泥船不同的施工工况进行技术和参数优化完善,目前形成 ERT 技术+实时水质分析系统综合技术路线,通过多种工作模式组合,实时获取水体水质参数,达到满足挖泥船各种施工工况下的浓度测量要求。系统结构框图见图 5-1。

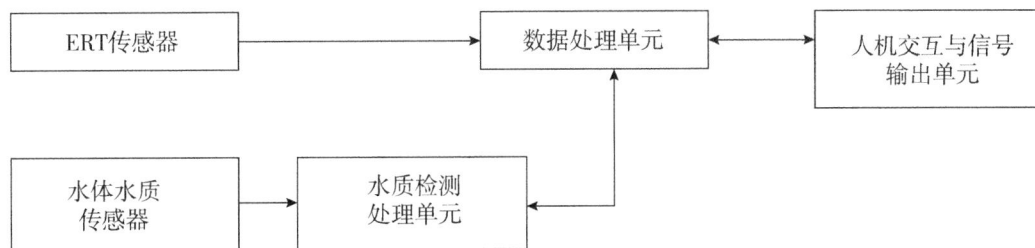

图 5-1　系统结构框图

需要特别说明的是,传感器测量管道必须为满管,非满管状态将对测量结果产生偏大的偏差,满管程度低于某一值时,系统将自行停止工作。

传感器内衬采用耐磨复合陶瓷材料,确保设备工作寿命(图 5-2、图 5-3)。

图 5-2 施工介质

图 5-3 耐磨复合陶瓷内衬

5.2 应用案例

自 2018 年首次装船应用以来,CWLL 复合 ERT 非核浓度测量系统随船经历了超过十个施工工地,施工地点从南到北、从内河到海洋,施工案例选取中国内河及沿海典型施工地点,包括长江中游、天津、连云港、上海长江口、广东湛江。

案例中自定义输送水体电导率指标,数值越大表明水体导电性越好。

(1)某吸盘挖泥船于长江疏浚

1)工况简介

地点:长江中游;施工介质:细粉沙;水体电导率:893~895。

水体电学性能在施工期间保持长期稳定。

2)测量数据图

长江疏浚测量曲线见图 5-4。

(2)某绞吸式挖泥船于连云港吹填

1)工况简介

地点:连云港;施工介质:淤泥、中粗砂夹卵石、黏土;水体电导率:10000~12000。

水体电学性能在施工期间变化不超过此范围。

2)测量数据图及说明

连云港吹填测量数据曲线见图 5-5。

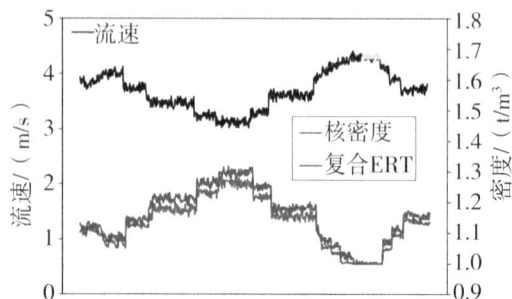

图 5-4 长江测量数据曲线

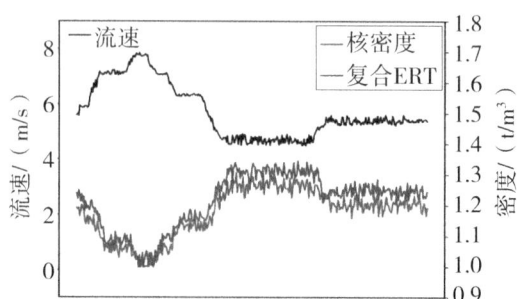

图 5-5 连云港吹填测量数据曲线

（3）某耙吸挖泥船于长江口疏浚

1）工况简介

地点：上海长江口；施工介质：细粉沙夹少量黏土；水体电导率：300～15000。

水体电学性能在施工期间于此范围内随机大幅度变化。

2）测量数据图

长江口疏浚测量数据曲线见图5-6。

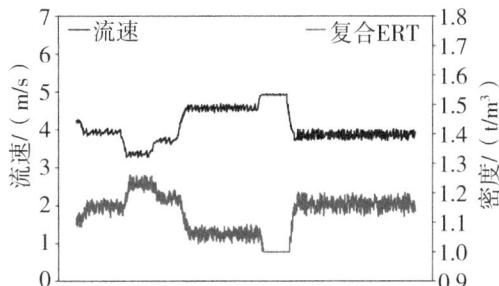

（4）某耙吸挖泥船于湛江疏浚

1）工况简介

地点：湛江徐闻港；施工介质：细粉沙；水体电导率：13000左右。

水体电学性能在施工期间小幅度变化。

2）测量数据图

湛江疏浚测量数据曲线见图5-7。

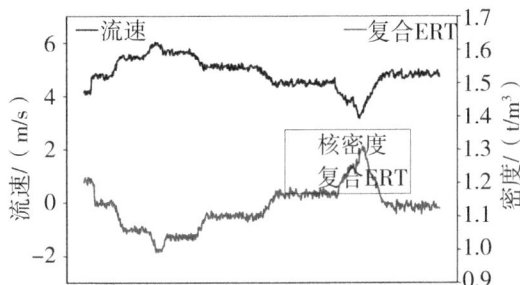

图5-6　长江口测量数据曲线　　　　图5-7　湛江疏浚测量数据曲线

6　结语

挖泥船施工过程中的浓度数据是施工过程操控的重要依据，对提高施工效率极其重要，也是发展挖泥船施工智能化技术的控制性参数。

针对挖泥船复杂的工况条件及特殊的工作环境，研究开发一种对工作人员环保友好、易于规范管理、不存在合规风险、测量结果更精确可靠的非核密（浓）度测量技术，一直是业界努力追寻的目标。自20世纪60、70年代以来，业界投入了大量的人力、物力进行多技术路径相关方面的开发、研究工作，但由于工况复杂多变、工作环境特殊，所有的努力均以失败告终。

21世纪初，随着科学技术的发展、算力技术的提升，ERT技术得到疏浚界关注。武汉绿林自2016年投入ERT技术研发工作，并于2018年投入挖泥船实船应用。在实船应用过程中不断总结经验、完善技术路线，最终形成独特多技术融合的复合ERT方案，经多船型、多工况实际应用，取得了预期的使用效果。

复合ERT技术在模型和算法方面有进一步完善发展的空间，智能识别是其下一步发展的方向。

随着使用场景更加多元，收集数据更加丰富，技术更趋完善，ERT复合技术将发挥测量精度高、安全环保的优势，同时为挖泥船施工提供更丰富的施工状态信息，为施工操作优化、智能施工提供有力的数据支撑。

主要参考文献

［1］倪晋仁,王光谦,张红武.固液两相流基本理论及其最新应用[M].北京:科学出版社,1991.

［2］汲长松.核辐射探测器及其实验技术手册[M].北京:原子能出版社,1990.

［3］鲍显尔脱 B.德.红外线、超声波和放射性同位素在纺织工业中的应用[M].上海纺织科学研究院,译.上海:上海科学技术出版社,1961.

［4］田坦.声呐技术[M].哈尔滨:哈尔滨工程大学出版社,2010.

［5］巴比科夫著.超声波及其在工业上的应用[M].查济璇,范国良,译.北京:科学出版社,1962.

［6］居尧,高敏,王元叶,等.浮泥现场观测技术综述[J].重庆交通大学学报(自然科学版),2014,33(1):98-102＋124.

［7］董峰,崔晓会.电阻层析成像技术的发展[J].仪器仪表学报,2003,24(z2):703-705＋712.

［8］章建军,王熠.一种复合管道:CN204664640U[P],2015-09-23.

基于电阻层析成像(ERT)技术的管道固液两相流检测装置

程书凤 邢 津 尹纪富 王费新

(1.中交疏浚技术装备国家工程研究中心航道疏浚技术交通行业重点试验室,上海 201314)

摘 要:采用数值仿真件开展了不同电极传感器阵列的敏感场三维仿真计算,确定了电极传感器阵列布置形式。研制了管道泥浆边界电压信号采集装置,开发集成了二次反投影算法的上位机成像系统,可实现管道泥浆断面浓度分布的实时成像。经室内管道试验测定,自研的 ERT 浓度计适用于不同土质,不仅可以显示管道泥浆断面浓度分布,识别泥浆沉积边界,且测得的平均浓度和垂直安装的放射性浓度计在同一水准,较放射性浓度计有明显的优势。

关键词:电极阵列;管道泥浆;ERT 浓度计;信号采集

1 引言

管道泥浆浓度是管道输送特性的一个关键参数,管道泥浆浓度的准确测量无论对于试验研究还是施工生产均有重要意义。疏浚船舶最常用的浓度测量工具是放射性浓度计,放射性浓度计测得的浓度为线平均浓度,要得到断面平均浓度需在平顺段垂直安装。Krupicka 等在室内试验测试了放射性浓度计的层析成像方法,该方法能够呈现管道泥浆浓度分布,但需不断移动测量装置,费时费力难以应用,且得到的不是实时的断面浓度分布,只有在流速、浓度恒定的情况下,才可以得到与实际情况一致的断面浓度分布。另外,放射性装置由于放射源的存在,需要考虑运输、安装、使用安全培训等环境、安全方面的影响。国内外学者致力于一种可代替的方法用于管道泥浆浓度测量,包括超声波衰减、压差、电磁波、电阻层析成像等方法。相比于大多数只能提供单点测量值的技术,电阻层析成像技术可以提供测量对象或过程的断面图像,且具有非侵入式,环保安全方面的优点。在过去几十年中,国内外学者试图优化 ERT 系统的硬件和软件性能以测量管道中的多相流特性,但应用于疏浚领域管道泥浆浓度测量的公开成果较少。

典型的 ERT 系统由电极传感器阵列,信号采集系统和上位机成像系统组成,系统结构见图 1-1。国内外学者对 ERT 系统电极传感器阵列虽有一定研究,但适用于管道泥浆浓度测量的传感器阵列具体布置形式需要进一步的研究确定。疏浚领域管道输送载液多为海水,电导率高,电阻小,对信号

作者简介:程书凤,男,工程师,主要从事多相流运动及监测,管道水力输送,海岸水动力工作,E-mail:chengshufeng@ccccltd.cn。

采集设备采集精度要求很高；若用于管道输送试验进行学术研究，则又需很高的采集频率；而采集精度和采集频率又是对立的，同时提高采集频率和精度难度很大。另外虽有 ERT 技术应用于管道泥浆浓度的测量相关成果，但其阐述中多缺少系统性的验证。本文将从上述方面系统阐述适用于管道泥浆断面浓度分布成像的 ERT 浓度计的研制，并通过室内试验对自研 ERT 浓度计进行系统性的测试验证。

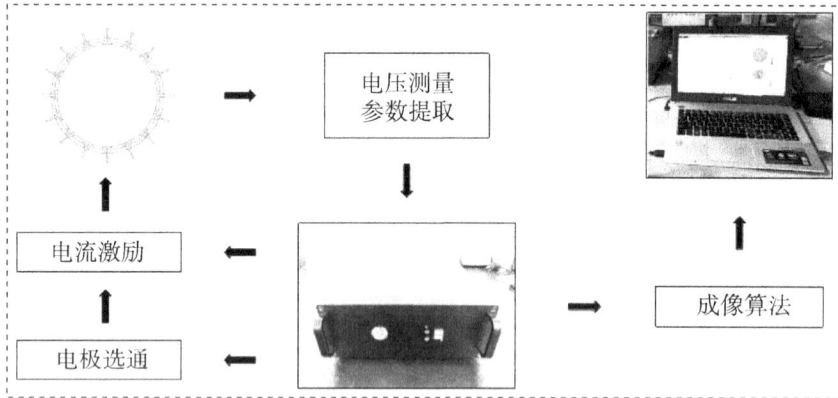

图 1-1　管道泥浆浓度计系统结构

2　电极传感器阵列

电极传感器阵列布置形式会影响边界电压信号的采集与成像反演计算。对于管道泥浆浓度测量的应用，确定传感器阵列的布置形式是系统研制的重要一环，电极传感器阵列的布置通过电极数目、形状和大小等参数来完成。通过计算不同传感器阵列形式下的敏感场电势分布，我们可以确定不同的电极参数对系统的影响，进而确定合适的传感器布置形式。针对二维敏感场的局限性，采用数值仿真软件建立三维仿真模型开展计算，并对结果进行分析。

2.1　三维仿真建模

仿真的几何模型为直径 15cm，高 100cm 的管道，其中充满海水（电导率为 30mS/cm）。电极片尺寸和数目根据具体工况设定，电极材料为钢材，电导率为 4×10^6 mS/cm，建模几何图见图 2-1。几何体采用三角网格剖分方式，剖分出的网格类型为四面体网格，剖分时电极附近的网格剖分密集，远离电极的网格剖分相对稀疏（图 2-2）。

图 2-1　几何体图

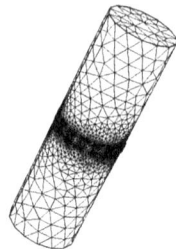

图 2-2　网格图

基于电流守恒，控制方程见式（2-1），全域电压初始值为 0，几何体的顶端设置为接地，激励电极的边界条件为输入电流,电流值大小为 20mA;激励方式为相邻激励,即在相邻两个电极片上输入等值正负电流;方程求解迭代方式为共轭梯度迭代。

$$\nabla \cdot J = Q_{j.v}$$
$$J = \sigma E + J_e$$
$$E = -\nabla V \tag{2-1}$$

2.2　电极数目对敏感场的影响

图 2-3 给出了 8 电极模型、16 电极模型和 32 电极模型相邻激励模式下的敏感场电势等值线图。由图可知,电极数目越少,敏感场电势分布越均匀,中心区域的敏感度越高,根据电阻层析图像重建原理,敏感场电势分布越均匀,越有利于成像。边界电压测量值也即是相邻电极片之间的电势差决定信号采集系统所需的精度,该值越小对信号采集系统要求越高。由计算结果得知,8 电极模式最小测量电压是 16 电极模式的 2.3 倍,是 32 电极的 16.7 倍。再者电极数目会影响边界电压的独立测量数量,进而影响重建图像的分辨率。采用相邻激励模式,8 电极模式下独立测量数量为 28 个,16 电极模式下的独立测量数量为 120 个,32 电极模式下的独立测量数量为 496 个,其对应分辨率分别为 1/28,1/120,1/496。综上所述,数目较少的电极阵列其敏感场分布较为均匀,且最小测量电压值较大,但分辨率较低。考虑到自研信号采集装置的精度以及管道泥浆浓度测量分辨率的需求,本系统采用 16 电极数目的传感器阵列。

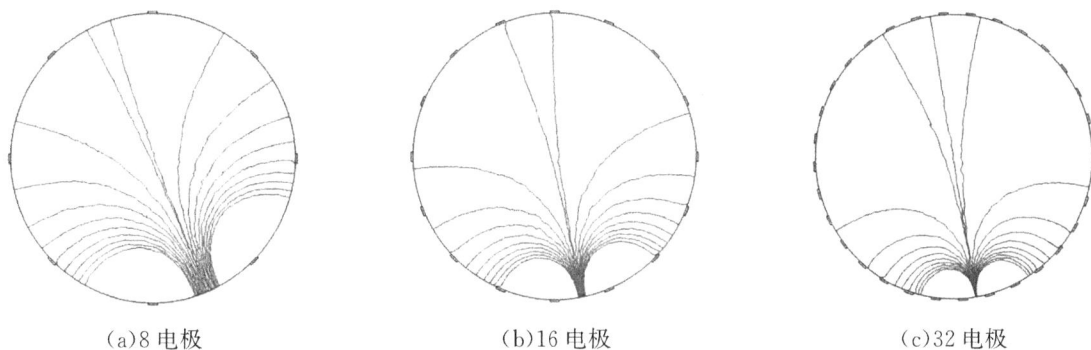

(a)8 电极　　　　　　　　(b)16 电极　　　　　　　　(c)32 电极

图 2-3　不同电极数目敏感场电势分布等值线图

2.3　电极形状对敏感场的影响

常用电极片形状有圆形、方形和矩形,其中方形长宽比为 1∶1,矩形根据长宽比大于或者小于 1 可以有两种形式。基于沿管道径向宽度相等,设置圆形电极,长宽比为 1 的方形电极,沿管道轴向长宽比为 0.5 的宽电极和长宽比为 2 的窄电极 4 种电极类型进行三维仿真计算(图 2-4)。图 2-5 给出了不同电极形状下敏感场电势分布图,由图可知,在激励电极附近,窄电极的正电势高,负电势低区域较大,即电势分布更加均匀,其余 3 种电极形状下敏感场电势分布没有明显区别。电势分布越均匀,越有利于图像重建,本系统选用窄电极。

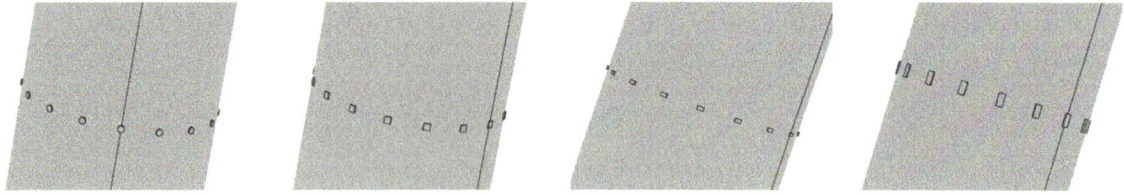

图 2-4　不同电极形状建模几何图

(a)圆形电极　　　　　(b)方形电极　　　　　(c)宽电极　　　　　(d)窄电极

图 2-5　不同电极形状敏感场电势分布图

2.4　电极尺寸对敏感场的影响

由上节的研究结论可知,选用窄电极更有利于成像,但是电极尺寸的选择仍是需要研究的问题。本节选用长宽比为 2∶1 的窄电极设置了 3 种不同尺寸的电极类型进行敏感场的三维仿真计算(图 2-6)。图 2-7 给出了不同电极尺寸下敏感场电势分布图,由图 2-7 可知,在激励电极附近,电极尺寸越大,高正电势区域和低负电势区域越大,即电势分布越均匀。但随着电极面积的增加,测量电极所采用的电压信号将不能反映"点"的电位测量信息,基于此考虑,对电极宽度设定一个上限,即电极宽度不超过电极片之间的间隔宽度。

(a)大尺寸　　　　　(b)中尺寸　　　　　(c)小尺寸

图 2-6　不同电极尺寸建模几何图

(a)大尺寸　　　　　(b)中尺寸　　　　　(c)小尺寸

图 2-7　不同电极尺寸敏感场电势分布图

3　信号采集系统与上位机成像

为提高设计效率和可维护性,信号采集系统采用模块化设计,主要包含高频恒流源自激励模块、信号数据采集模块和信号数据处理模块。高频自激励模块设计的作用为输出稳定的高频激励交流电信号。激励频率决定着信号采集速度,激励频率越高,可以实现的采集速度越快,但波形越容易失真,对采集系统的要求也越高;本系统通过试验测试的方法综合考虑了采集速度与精度,确定激励频率选用50kHz。电流过大,容易引起电极的极化效应;电流过小,则对采集和处理模块的要求更高。基于疏浚领域输送载液为淡水/海水,电导率变化范围$0.3\sim30mS/cm$,本系统激励电流的范围选为$1\sim100mA$。信号采集可以分为串行采集和并行采集两种方式,并行采集在一定程度上能够提升采样速度,但同时会在高频选通开关处产生较大的噪声,影响测量精度;串行采集在高频选通开关处引入的噪声较小,信号采集精度相比并行模式有很大提升。基于测量精度的考虑,本系统最终选用串行采集方式。为解决定制电路的不足,信号数据处理模块的设计基于一种可编程阵列逻辑FPGA,实现了信号采集系统整体结构的简化与性能的提升。

为实现信号采集系统与上位机之间的高速通信,本系统采用高速串口通信,波特率设置为2Mbps。为进一步提高采集精度,每5个波形取平均作为1次采集,时间为0.1ms,采集一帧数据所需时间为$0.1ms\times208=20.8ms$;试验实测串口传输时间为3.0ms,传输一帧数据所需时间为$20.8+3.0=23.8ms$,也即是每秒钟可以采集$1000/23.8=42$帧数据。经实际测试,该系统采集每秒钟采集数据帧数与理论值一致。

电阻层析成像技术中图像重构算法主要分为迭代算法和非迭代算法,研究团队已做过相应的对比研究,最终选用了非迭代法算法为本系统的成像算法,在传统的反投影算法的基础上提出了二次反投影算法,成像精度显著提升。该算法集成于上位机系统,实现了系统1幅/秒的实时在线稳定成像。

4　试验验证

为验证自研ERT浓度计对不同土质的适用性,开展了室内管道静态试验,所用土质为中粗砂和粉细砂。图4-1和图4-2分别给出了两种土质半管泥浆状态下的实物图和浓度计成像图。测试结果表明该设备对不同土质均能够准确地进行反演成像并识别边界。

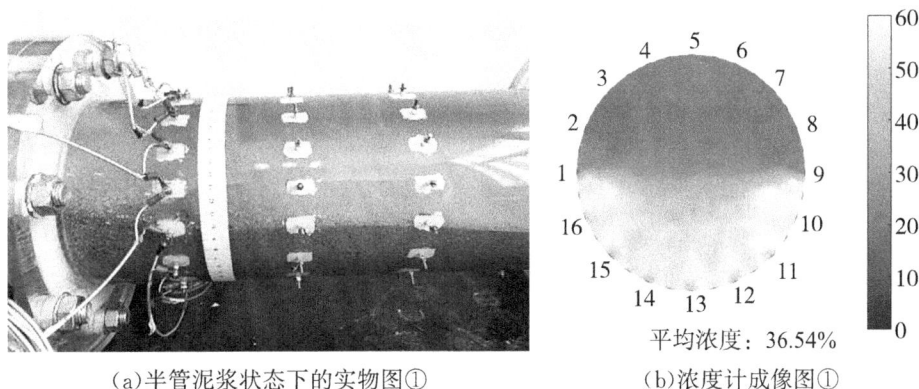

(a)半管泥浆状态下的实物图①　　　　(b)浓度计成像图①

图4-1　中粗砂成像效果

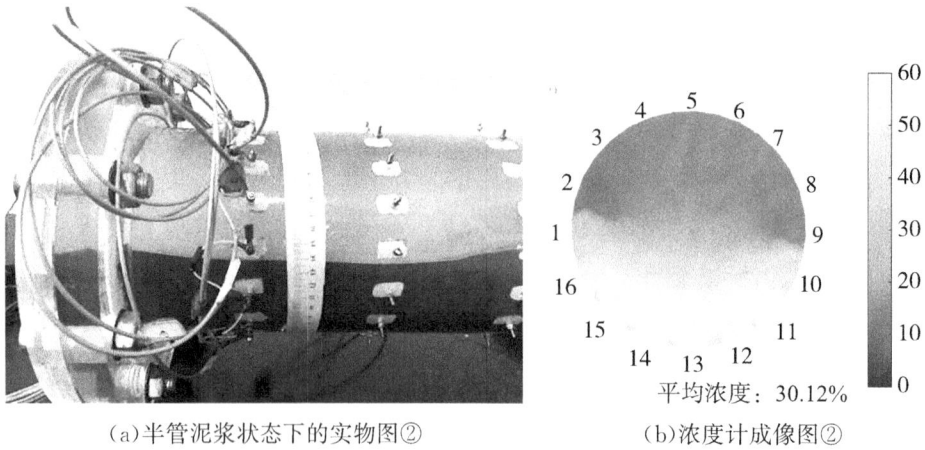

(a)半管泥浆状态下的实物图②　　　　　(b)浓度计成像图②

平均浓度：30.12%

图 4-2　粉细砂成像效果

为进一步验证自研 ERT 浓度计的测量精度，在中交疏浚技术研究中心古翠路试验基地 150mm 管径试验平台上开展了管道输送动态试验。鉴于自研 ERT 浓度计可以测量整个管道断面泥浆浓度分布，且具备识别泥浆沉积边界的能力，将其安装于水平管道。放射性浓度计安装于垂直管道时，其测量的浓度才能代表管道平均浓度，将其垂于直管道安装（图 4-3）。分两次向料仓内加固体物料（中粗砂），用两种浓度计测量泥浆浓度变化的过程，测量结果对比见图 4-4。放射性浓度计采集频率为 1 帧/s，ERT 浓度计采集频率为 42 帧/s，由于采集频率高，ERT 浓度计采集数据相较放射性浓度计有高频波动。ERT 浓度计靠近料仓，浓度变化时间点相较放射性浓度计靠前，且能反映加料时刻浓度的瞬间变化。泥浆经过管路循环至放射性浓度计处时，已在管路中重分布，放射性浓度计测得的浓度变化段曲线相较 ERT 浓度计测量值更加平缓。平稳状态下，二者的测量值吻合较好。图 4-5 给出了分层流工况下 ERT 浓度计测得的断面浓度分布图，由图可知，分层流管道流态出现了明显的分层现象，沉积层浓度超过 50%。实际观测到的沉积边界与 ERT 浓度计测得的沉积边界一致，均处于 10 电极和 16 电极之间，表明该浓度计能够准确地识别沉积边界。

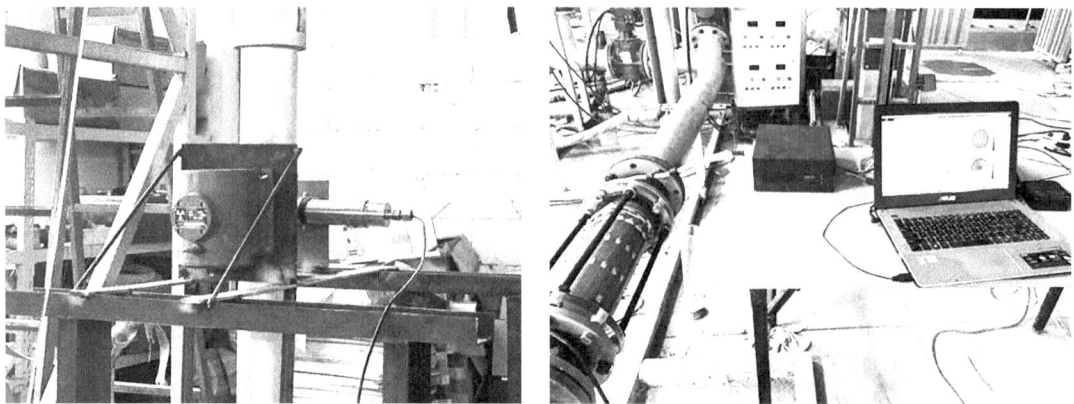

图 4-3　动态测试现场照片

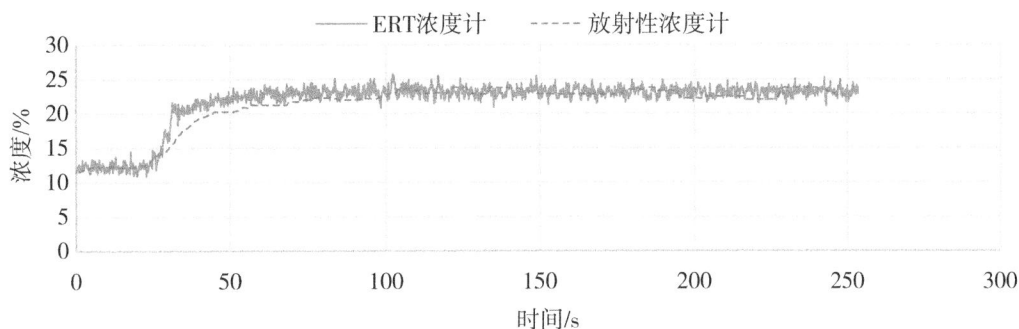

图 4-4　ERT 浓度计与放射性浓度计测量结果对比

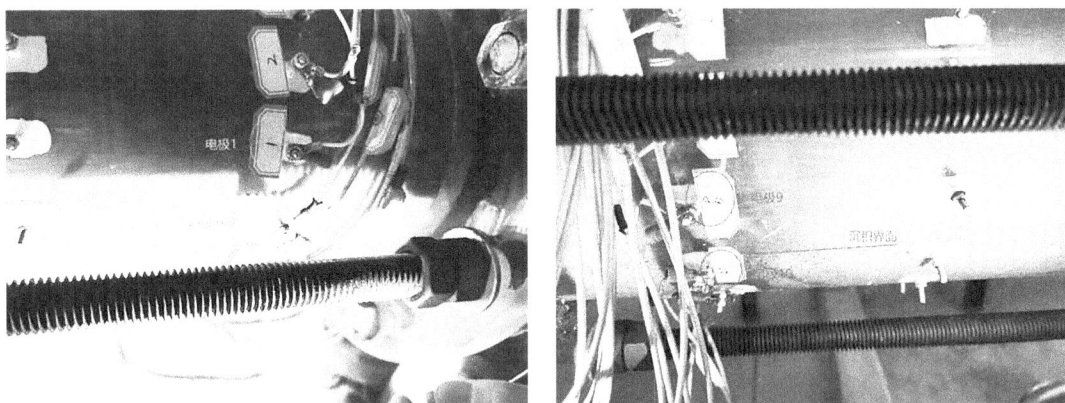

（a）测试现场 1　　　　　　　　　　　　　　（b）测试现场 2

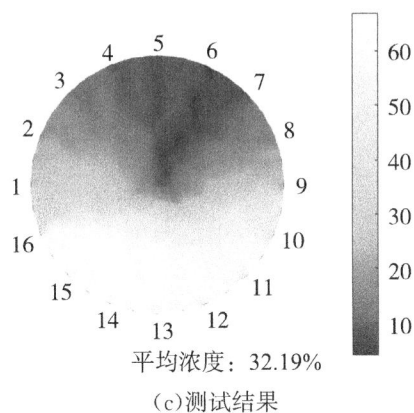

平均浓度：32.19%

（c）测试结果

图 4-5　实测沉积边界与成像沉积边界对比（沉积层处于 10 电极和－16 电极之间）

5　结语

采用 COMSOL 软件对不同传感器阵列形式下的敏感场进行三维仿真计算,分析了不同电极数目、形状和尺寸对敏感场电势分布的影响。窄电极相较于圆电极、方形电极和宽电极,激励电极附近电势分布更加均匀;电极尺寸越大,激励电极附近电势分布越均匀。

采用模块化设计,设计了包含高频恒流源自激励模块、信号数据采集模块和 FPGA 信号数据处理模块的信号采集系统。确定了激励信号激励频率为 50kHz,激励电流范围为 1～100mA。串行采集方式采集速度不及并行采集,但信号采集精度相比并行模式有很大提升,本系统采用串行采集方式,可实现 42 帧/s 的数据采集。

开展了室内试验对自研 ERT 浓度计进行了测试。测试结果表明,自研 ERT 适用于中粗砂和粉细砂的浓度分布成像;不仅能够给出整个管道断面的泥浆分布信息,准确识别泥浆沉积边界,且平均浓度测量精度和垂直安装的放射性浓度计同一水准。

主要参考文献

[1] Krupicka J , Matousek V. Gamma-ray-based measurement of concentration distribution in pipe flow of settling slurry: vertical profiles and tomograpHic maps[J]. Journal of Hydrology and Hydromechanics,2014,62(2):126-32.

[2] Stolojanu V , Prakash A. Characterization of slurry systems by ultrasonic techniques[J]. Chemical Engineering Journal,2001,84(3):215-222.

[3] Remiorz L , Ostrowski P. An instrument for the measurement of density of a liquid flowing in a pipeline[J]. Flow Measurement & Instrumentation,2015,41:18-27.

[4] M. Maucec,I. Denijs,Development and calibration of a γ-ray density-meter for sediment-like materials[J]. Applied Radiation & Isotopes Including Data Instrumentation & Methods for Use in Agriculture Industry & Medicine,2009,67(10):1829-1836.

[5] Qiu,Chang-Hua,Wei,et al. Super-sensing technology: industrial applications and future challenges of electrical tomograpHy[J]. pHilosopHical Transactions of the Royal Society Mathematical pHysical & Engineering Sciences,2016,374:20150328.

[6] Williams R A. Landmarks in the application of electrical tomograpHy in particle science and technology[J].中国颗粒学报(英文版),2010,8(6):493-497.

[7] Mi,Wang,Jiabin,et al. A new visualisation and measurement technology for water continuous multipHase flows[J]. Flow Measurement & Instrumentation,2015,46(B),204-212.

[8] Santos D S , Faia P M , Garcia F , et al. Oil/water stratified flow in a horizontal pipe: Simulated and experimental studies using EIT[J]. Journal of Petroleum Science & Engineering,2019,174:1179-1193.

[9] Thorn R , Johansen G A ,Hjertaker B T. Three-pHase flow measurement in the petroleum industry[J]. Measurement Science & Technology,2013,24(1):012003.

[10] L. Liu,Z. Y. Fang,Y. P. Wu,X. P. Lai,P. Wang,K. I. Song,Experimental investigation of solid-liquid two-pHase flow in cemented rock-tailings backfill using Electrical Resistance TomograpHy,Construct. Build. Mater [J]. Construction and Building Materials,2018,175:267-276.

[11] Tervasmaki P , Tiihonen J , Ojamo H. CoMParison of solids suspension criteria based on electrical impedance tomograpHy and visual measurements[J]. Chemical Engineering Science,2014,116:128-135.

[12] Marefatallah M , Breakey D , Sanders R S. Study of local solid volume fraction fluctuations using high speed electrical impedance tomograpHy: Particles with low Stokes number[J].

Chemical Engineering Science，2019，203：439-449.

［13］Nt A，Hm A，Aj A，et al. Developing and evaluation of an electrical impedance tomograpHy system for measuring solid volumetric concentration in dredging scale［J］. Flow Measurement and Instrumentation，2021，80：101986.

［14］王湃. 电阻层析成像（ERT）技术及其在两相流检测中的应用［D］. 西安：西安电子科技大学，2012.

［15］杨喜权. 数字逻辑电路［M］. 北京：北京希望电子出版社，2004.

［16］程书凤，邢津，王费新，等. ERT 成像算法在管道泥浆浓度测量中的应用［J］. 水运工程，2021（7）：221-225.

［17］Cheng S，Xing J，Wang F，et al. Applied ERT Technology in The Measurement of Concentration Distribution of Slurry in Horizontal Pipe［C］//The 31st International Ocean and Polar Engineering Conference. OnePetro，2021.

水利行业船载疏浚物体积的测量

李　辉　向勇金

（湖南百舸水利建设股份有限公司（湖南省疏浚有限公司），湖南长沙　410007）

摘　要：船载疏浚物体积测量是疏浚工程中一个关键环节，它直接关系到工程效率、成本控制以及环境保护等多个方面。船载疏浚物体积测量要求精确可靠的测量数据、快速安全的测量方法、效率高的数据处理方式，而且要能应对能见度、夜间施工等不利条件的影响。针对船载疏浚物体积测量的特点，选择合适的测量方法极为重要。本文分别采用人工 RTK 量方、无人机航测、手持式三维激光扫描三种测量方法对船载疏浚物体积进行了测量和计算，并对比分析了三种测量方法的优势与局限，为船载疏浚物体积的快速准确测量提供了依据。

关键词：船载疏浚物；体积测量；体积计算；激光扫描；无人机航测

1　引言

受长期以来自然演变及强人类活动干扰影响，湖泊逐渐萎缩，大量泥沙累积性淤积，造成湖泊行蓄洪水能力减弱、湿地生态功能退化、水源涵养不足等问题。对湖泊进行清淤疏浚和水系连通建设，以恢复河湖行蓄洪水能力、通流引水能力和改善区域水生态环境是十分必要的。在疏浚工程的全生命周期中，准确测量疏浚物体积不仅是评估工程进度与质量的重要依据，也是进行成本控制、资源优化配置的关键环节。当前较为常见的测量形式多为目标式阶段测量，船载疏浚物体积测量方法通过监测船舶装载疏浚物前后的吃水深度变化来计算体积，虽然直观且易于操作，但在复杂水域条件下却存在效率低、精度差、安全性不足等明显缺陷。此外，此类方法难以适应大规模、深水域和快速响应的现代疏浚需求。近年来，随着遥感技术、海洋测绘学、自动化控制和数据科学的飞速发展，船载疏浚物体积的测量技术迎来了革命性的变革。现代测量手段，诸如多波束测深仪、侧扫声呐、激光雷达(LiDAR)、卫星定位系统(GPS/北斗)以及集成的数据分析软件，为疏浚工程提供了前所未有的高精度、实时性和自动化技术。这些先进工具不仅能大幅提高测量的准确性和可靠性，还能有效降低人力成本，减少对自然环境的干扰，为疏浚工程的可持续发展奠定了坚实的基础。

本文针对疏浚施工现场实际情况，包括疏浚工程量大、水流和风浪的影响、疏浚物装载后需快速

作者简介：李辉，男，工程师，主要从事深水清淤、环保疏浚装备研究工作，E-mail：617905520@qq.com。

向勇金，男，助理工程师，担任湖南百舸水利建设股份有限公司项目工程主管，主要从事项目施工管理、进度管理、工程测量等工作，E-mail：2510404655@qq.com。

测量驶离等特点,分别采用人工 RTK 量方、无人机航测、手持式三维激光扫描 3 种测量方法对船载疏浚物体积进行了测量和计算,并对比分析了各种测量技术的优势与局限,以及在实际操作中可能遇到的技术挑战和应对策略。为相关从业者和研究人员提供实践参考,以期促进疏浚工程测量技术的持续创新与应用推广。

2 测量仪器

(1)RTK 量方定位设备

计算机 1 台,3 台(2 用 1 备)中海达 i-RTK5X GNSS 接收机。该仪器在 RTK 模式下,标称水平精度为 $\pm(8+1\times10^{-6}D)$mm,高程精度为 $\pm(15+1\times10^{-6}D)$mm。

(2)无人机量方

计算机 1 台,大疆精灵 4 RTK 无人机 2 台(1 用 1 备)。

(3)手持式激光扫描仪

LiGripH120 手持旋转三维激光扫描仪。搭配多种传感器,可快速捕获大范围场景数据;支持多平台多模式作业,同时结合激光雷达和 SLAM 算法实现室内多场景一体化测量,其扫描精度为 $\pm$1cm(图 2-1)。

(a)手持式激光扫描仪　　　(b)RTK　　　　　　(c)无人机

图 2-1 测量仪器图

3 体积测量及计算

3.1 人工 RTK 测量

(1)外业测量

1)空舱高程数据采集

采集运输船空船数据,在船沿设置 4 个比对点用于装载前后的比对,进行测量作业,采集空舱船舱边界及舱内高程点数据。

2)装载后高程数据采集

采集运输船装载后的高程数据(图 3-1),采集在船沿设置的 4 个比对点、船舱边界、装载舱内高程数据。

（a）装载前   （b）装载后

图 3-1 运输船装载前后人工 RTK 测量

（2）内业计算

采用南方 CASS 软件，选用边界高程数据绘制对应运输船的船舱边界，然后分别采用空舱数据、装载数据计算在同一边界范围内、统一场平面标高（0m）下的方量，将两次的计算值相减即可得出本次装载疏浚物方量（图 3-2）。

计算公式：

$$V_{装载} - V_{空载} = V_{实载} \qquad (3-1)$$

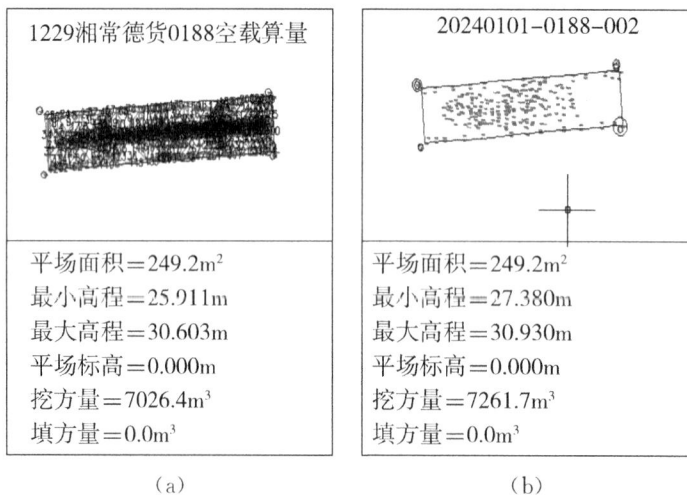

1229湘常德货0188空载算量	20240101-0188-002
平场面积＝249.2m²	平场面积＝249.2m²
最小高程＝25.911m	最小高程＝27.380m
最大高程＝30.603m	最大高程＝30.930m
平场标高＝0.000m	平场标高＝0.000m
挖方量＝7026.4m³	挖方量＝7261.7m³
填方量＝0.0m³	填方量＝0.0m³
（a）	（b）

图 3-2 人工 RTK 测量体积计算

（3）测量效率

投入 2 台 RTK 进行量方，完成外业测量耗时 20～25min，完成内业数据处理耗时约 25min，合计 45～50min。

3.2 无人机航测

（1）外业测量

运输船舶进场装驳前，在运输船的船舱四周布设像控点（图 3-3），并保证像控点之间存在相对高度差，从而一定程度上保证数据可靠。并用油漆进行标识，以保持标识长期清晰可辨，保证后期测点质量,同时使用 RTK 测定其三维坐标。

图 3-3　像控点布设

(2)内业计算

由于运砂船的宽度介于 $10\sim15$m,要求影像中船宽 d 应大于影像宽度 D 的 60%(图 3-4),飞行高度拟设置为 $15\sim20$m,对船舱进行全方位数据采集,建立船舶数值模型。在运砂船舶装满后,继续采用无人机采集数据并建模,利用前后三维模型之差,计算得出船舶装载方量。

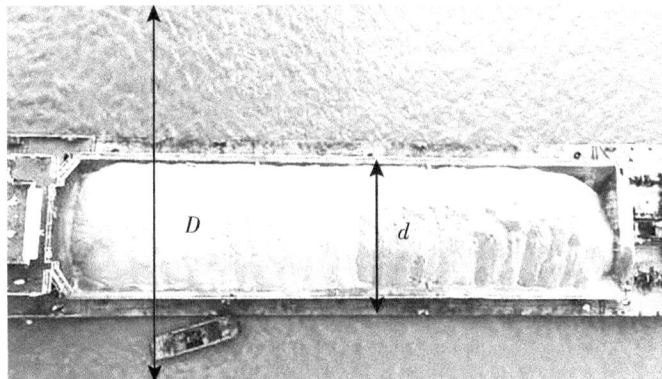

图 3-4　影像覆盖要求

(3)测量效率

投入 1 台无人机进行量方,完成外业测量耗时约 10min,完成内业数据处理耗时约 20min,合计约 30min。

3.3　手持式三维激光扫描仪量方

(1)外业采集

1)空舱容量采集

船舶空舱时,手持式三维激光扫描仪,使激光器朝向船头方向初始化后,缓慢拿起,平稳沿着船舷行走一圈,采集点云数据。

2)装载后容量采集

船舶满舱时,再次使用手持式三维激光扫描设备扫描全舱容量(图 3-5、图 3-6)。

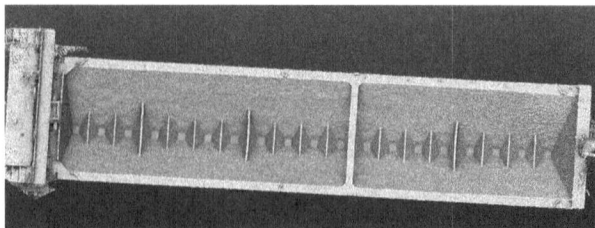

图 3-5　空船采集

图 3-6　满载采集

（2）内业计算

以船舱的上沿为基准面,根据测量的数据分别计算出基准面以下及以上的砂量(基准面以上为正,基准面以下为负),再加上舱容就可准确地计算出装载的疏浚量。

利用手持式激光扫描仪测量船舱空舱时的三维点云数据,建立空船点云模型;装砂后,再次采集三维点云数据,建立装载后点云模型;通过量方软件对两次的点云进行对准量算,即可得运砂船的疏浚物方量(图 3-7)。

图 3-7　砂船方量计算示意图

（3）测量效率

投入 1 台手持式激光扫描仪进行量方,完成外业测量耗时约 20min,完成内业数据处理耗时约 20min,合计约 40min。

4　测量结果分析

4.1　测量准确性

经多组数据比对分析得出(表 4-2),手持式三维激光扫描方式和无人机航测方式量方结果的相对偏差平均值分别为 1.01% 和 1.03%,而人工 RTK 方式量方结果的相对偏差平均值为 4.66%。说明相对于人工 RTK 方式测量,无人机航测方式和手持式三维激光扫描方式测量具有更高的准确性。

表 4-1　测试结果对比分析表

序号	人工 RTK 方式相对偏差/%	无人机航测方式相对偏差/%	手持式三维激光扫描方式相对偏差/%
1	4.57	1.36	1.22
2	5.24	1.09	1.50
3	3.06	0.64	1.15

序号	人工 RTK 方式相对偏差/%	无人机航测方式相对偏差/%	手持式三维激光扫描方式相对偏差/%
4	5.77	1.10	0.89
5	6.48	1.25	0.57
6	4.37	0.83	0.77
7	4.55	0.69	1.12
8	3.26	1.12	1.03

4.2 测量安全性

人工 RTK 测量作业空间有限、地面湿滑,不利于保障作业人员和仪器的安全;运砂船船体空间狭小,船舱空间为不规则形体,测量作业人员只能在甲板、船舱边缘等区域测量。建立空载或满载模型时,需要人员采集船舱底部数据,船舱顶部和底部高差大,斜坡面光滑,并且有的船舶船舱底部呈不规则形,每个顶点都需要采集到,因此采集所需时间久,RTK 采集时人员很难站立上面,难以保障仪器和作业人员的安全。手持式三维激光扫描仪测量同样需要作业人员登船操作,但无须进入船舱底部进行数据采集,安全性较人工 RTK 测量高。无人机航测无须人员登船测量,采用远程无接触式测量,安全性最高。

4.3 测量时效性

通过多组量方试验比对,投入 2 台 RTK 进行单船量方耗时 45～50min;投入 1 台无人机进行单船量方耗时约 30min;投入 1 台手持式三维激光扫描仪单船量方耗时约 40min。无人机量方作业时效性更强,采集速度快、效率高,可快速捕获大范围场景数据,搭配预处理软件能快速地获取目标砂船方量,且进入常态化生产阶段,单台无人机可同时进行两船以上的船舶量方工作,时效性更加显著。

4.4 对不利条件的适应性

人工 RTK 测量受天气因素影响较大,一是不良天气会造成测量结果偏差较大,二是恶劣天气对船上测量操作人员安全构成威胁。无人机航测受天气(如降雨、大风等)、光线因素影响较大,在高空对工程进行测量时,会因为机体过轻而受到上空风力作用的影响,飞行变得不稳定;运砂船长期处于水域环境,时常受到水流、风浪及其他船舶影响,运砂船晃动明显,影响测量精度,且夜间无法进行航测作业。手持式三维激光扫描仪测量对作业环境限制要求低,可以在夜间、小雨等天气条件下作业,受不利条件影响最小。

4.5 测量连续性

人工 RTK 测量和手持式三维激光扫描仪测量具有良好的测量连续性,而无人机测量由于目前绝大多数无人机使用常规锂电池提供电机能源,续航能力较差,单架次航飞的影像覆盖面小,不适合大范围、作业时间长的航摄。

5 结语

综上,对于船载疏浚物测量,手持式三维激光扫描仪测量提供了最全面的解决方案,尤其是在需要精确测量和应对不利条件的情况下。RTK测量具有优异的测量连续性,但测量精度、测量安全性和对不利条件的适应性均较差。无人机航测在测量精度、测量安全性方面表现优异,但受不利条件的影响较大,且缺乏测量连续性。考虑项目现场实际施工条件,运输船始终处于水域环境中,即使靠岸停泊也仍受水流、风浪及周边船舶的影响,很难在较长的时间内保持静止状态,而且项目需要夜间施工测量,手持式三维激光扫描仪测量具备较好的适用性。对安全性问题,后期将探索采用无人机携带激光技术对船载疏浚物体积进行测量。

主要参考文献

[1] 朱江,林小莉.湖泊湿地生态修复规划研究:以岳阳南湖湿地生态修复为例[J].湿地科学与管理,2020,16(3):12-16.

[2] 杨卫,张利平,李宗礼,等.基于水环境改善的城市湖泊群河湖连通方案研究[J].地理学报,2018,73(1):115-128.

[3] 裔传华.水利工程施工测量常用技术分析[J].水利电力技术与应用,2022,4(6):151-153.

[4] 路晓峰,邹仁均,尚金光,等.手持式移动三维激光扫描仪在大比例尺地形图测绘中的应用[J].测绘,2023,46(4):158-162.

[5] 邓琳.无人机遥感技术在测绘工程测量中的应用[J].现代工程项目管理,2023,2(8):236-238.

无人机在水利工程质量监督中的应用

张 伟 徐 安

(长江水利委员会河湖保护与建设运行安全中心,湖北武汉 430010)

摘 要:无人机在各个领域得到了广泛应用,本文旨在探讨无人机技术在水利工程质量监督中的应用。本文概述了无人机遥感技术原理,在水利工程质量监督中具有高效、便捷、智能、多角度巡察、高精度数据采集等优势。文章还阐述了无人机在水利工程质量监督中的应用,无人机能够覆盖水利工程区域,实现精细化巡察,及时发现可能存在的安全隐患,有效减少人员巡察强度,保证巡察人员安全。无人机通过搭载高清摄像头、红外传感器、激光雷达等,能够执行工程巡察和监测任务,实时采集水利工程的图像和地理坐标以及高程信息,识别裂缝、渗漏等安全隐患,能为工程质量评估提供数据支持;本文还阐述了无人机在水利工程质量监督应用中需注意空域申请、数据信息安全、技术操作、数据处理和设备维护与管理等问题。无人机智能化水平不断提高,有望实现自主飞行、智能识别质量问题和高精度测量,替代人工质量监督巡察。随着无人机技术的不断发展,其在水利工程质量监督中的应用范围将进一步扩大,监督效果也将更加显著,无人机将在水利工程质量监督中发挥更加重要的作用。

关键词:无人机;水利工程;质量监督;应用

1 引言

随着科技的发展,无人机正逐步应用到越来越多的领域。无人机由飞行器、动力系统、飞行控制系统、通信系统和荷载系统组成。飞行器机体是无人机的主体结构,为其他系统提供安装和支撑;动力系统为无人机提供飞行动力,常见的有电动、油动等类型;飞行控制系统是无人机的核心部分,它通过传感器采集飞行数据,如高度、速度、姿态等,并根据预设的程序或遥控指令对无人机进行精确控制,确保其稳定飞行;通信系统用于无人机与地面控制站之间的数据传输,实现对无人机的远程操控和监控;荷载系统则根据不同的应用需求搭载各种设备,如相机、摄像机、传感器等。水利工程是国家基础设施,近年来,全球气候变化进一步加剧,极端天气越来越频繁,对水利工程质量提出了更高的要求,因此,在水利工程质量监督中应用无人机,能补充传统质量监督手段,提升监督效率,在水利工程质量监督中具有巨大的应用潜力和价值。

作者简介:张伟,男,高级工程师,硕士研究生,主要从事水利工程管理研究。E-mail:664617784@qq.com。

2 无人机遥感技术原理

无人机遥感技术利用无人机平台上的遥感设备来收集、处理和分析数据,从而实现对地表、海洋和气象等自然环境的快速监测。它不仅具有传统卫星遥感技术所无法比拟的优势,而且能够实时地获取大量地面信息,提供更准确可靠的决策依据。在遥感技术领域,无人机主要被运用于多个不同的应用场景,包括但不限于航摄遥感、激光遥感以及热红外遥感。其中航摄遥感技术由于具有成本低、周期短、操作简单等特点而成为目前研究热点之一。在众多的应用场景中,航摄遥感技术被视为其中最为普遍的技术手段之一。

3 无人机技术在水利工程质量监督中的优势

3.1 高效便捷智能

相比传统的人工巡检方式,无人机无须考虑水利工程复杂的地形因素,能够在最短的时间内对工程进行全面巡察,覆盖水利工程施工区域,对工程的各个部分进行全面检查,可大幅缩短质量监督的周期,提高监督效率。无人机的高效性在对大面积水利工程进行巡察时表现得尤为突出。对比传统的人工巡检方式,由于人力有限,速度较慢,很难在短时间内完成对大面积工程的巡察,容易出现遗漏和延误,无人机在巡察路径规划方面具有独特的优势,借助无人机路径规划软件算法,可根据工程现场实际情况,自动规划并保存飞行航线,可设定固定的巡察点,定时进行巡察,形成不同时期巡察情况的对比图像,从而能更加清晰地展现工程项目随进度推进的变化过程。

3.2 多角度巡察

无人机可以从不同的角度对水利工程进行拍摄,从而获取更全面的信息,可在不同的高度、不同的方位飞行,从正视、俯视、侧视等多个角度对水利工程项目进行观察。这样可以更清晰地了解工程的整体结构和各个细节部分,为质量监督提供更丰富的视角。对于高边坡、坝面等难以到达的区域,人工查看具有一定的危险性,巡察难度较大,而无人机可以飞抵这些区域,进行近距离的拍摄。可拍摄高边坡的表面情况,查看是否有裂缝、滑坡迹象等;在对坝面难以到达的区域进行检查时,无人机可以检查大坝结构完整性、排水设施施工情况等。这些可提高质量监督的覆盖范围,确保工程的各个部分得到有效的监督。

3.3 高精度数据采集

无人机可配备高清摄像头和传感器,从而采集到高精度的图像和传感器数据信息。高清图像可以清晰地展现工程细节。传感器则可以测量各种参数,如高程、坐标、温度等信息,为工程质量分析提供更多的数据支持。利用高清图像发现水利工程的结构完整性和表面缺陷等信息。通过对无人机采集的图像进行分析,可以检测出大坝表面的裂缝、蜂窝麻面等质量缺陷信息,同时可借助计算机算法对拍摄图像进行实时分析,计算出缺陷的长度、面积大小等信息,从而判断缺陷的严重程度;通过对传感器数据的分析,可以了解工程温度变化,以此来判断面板混凝土温控情况,借助计算机辅助技术,采取混凝土温控措施,达到精准温控的效果。这些数据为质量监督提供了科学依据,使监督工作更加准确、可靠。

4 无人机在水利工程质量监督中的具体应用

4.1 水利枢纽工程巡察

以某大型水利枢纽工程为例,传统人工巡察耗时耗力,而无人机仅用几天便完成对整个库区及周边区域的全面巡察,凸显了无人机在水利工程巡察效率的显著优势。无人机通过搭载高清摄像头清晰记录大坝的外观,能较为直观、详细地展现工程施工面貌、进度信息,不仅可以及时直接对大坝外观面貌、裂缝等进行评价,还能及时发现外观质量缺陷,以便采取相应的补救措施。借助红外传感器,可及时发现存在的隐蔽的渗漏点,为及时采取措施。无人机的高效巡察与精确检测,显著提升了水库工程质量监督工作效率。

4.2 高精度工程量测案例分析

在某新建水利枢纽工程中,对大量混凝土结构进行精确的尺寸测量是确保施工质量评定和验收能够顺利通过的重要环节。无人机搭载激光雷达系统和 RTK 系统,可在短时间内对大坝等主要水工建筑物开展倾斜摄影,生成高精度的三维模型,可得出精确到厘米级的水工建筑物三维模型的尺寸大小和偏差等质量评定指标,及时发现施工中的问题并进行调整,可对传统工程测量成果进行复核,相较于传统的工程量计算方法的耗时费力且容易出现误差,优势明显,通过搭载激光雷达和高清摄像头等测量设备,无人机可快速获取水利工程填挖方的几何尺寸、体积、表面积等数据,测量混凝土坝的体积,计算大坝的混凝土用量和施工进度等。可为工程竣工验收提供科学数据依据,确保工程质量符合设计要求。

4.3 工程巡察与监测

在某大型水库工程中,无人机定期或不定期对在建水利工程项目进行巡察,可对主要水工建筑物如大坝、溢洪道、堤防等关键部位进行巡察。通过巡察能够及时发现并反馈施工过程中存在问题的质量行为和现场物的不安全状态以及人的不安全行为,报告现场异常情况,确保水利工程施工质量和现场安全。在巡察过程中,无人机可利用计算机 AI 辅助技术实时识别堤身的裂缝、塌陷等问题;可以观察水位变化,也可借助红外传感摄像头识别坝体渗漏等情况;在对水闸和泵站的巡察中,可以检查设备的运行状态和安全隐患,及时发现问题,质量监督巡察人员可以要求项目法人采取相应的措施,避免问题扩大化。

4.4 安全隐患识别

在某大型水库工程中,利用高清摄像头和红外传感器,无人机能够精准识别裂缝、渗漏、沉降等安全隐患。对于裂缝的识别,高清摄像头可以拍摄到细微的裂缝痕迹,而红外传感器则可以检测裂缝处的温度变化,进一步确定裂缝的深度和严重程度。渗漏问题同样可以通过红外传感器进行检测,渗漏处的温度差异会在红外图像中显示出来。沉降问题则可以通过无人机的激光雷达系统进行测量,精确地确定地面的沉降程度。为后续的维修加固提供依据,确保水利工程的安全稳定。

5 无人机在水利工程质量监督中应用需要注意的问题

5.1 法律法规层面

（1）空域申请

2024 年 1 月 1 日实施的《无人驾驶航空器飞行管理暂行条例》中,关于空域和飞行活动管理中规定发电厂、变电站、加油(气)站、供水厂、公共交通枢纽、航电枢纽、重大水利设施、港口、高速公路、铁路电气化线路等公共基础设施以及周边一定范围的区域和饮用水水源保护区为管制空域,未经空中交通管理机构批准,不得在管制空域内实施无人驾驶航空器飞行活动,进行无人机巡察时应提前了解空域管制信息,申请必要的飞行许可,待空中交通管理机构批准后方可起飞。

（2） 数据信息安全

无人机在作业过程中获取的地理信息数据属于敏感信息,需要按照相关规定进行保护和管理,并对采集到的数据进行妥善处理。在水利工程质量监督过程中,应采取有效措施防止数据泄露和非法使用。

5.2 技术操作方面

质量监督巡察过程中使用的无人机多为小型和轻型无人机,按照相关规定,无人机操作员应按照国务院民用航空主管部门的规定,经培训合格,确保操作人员具备专业的无人机驾驶技能,并同时应具备水利工程质量监督的相关知识,熟悉无人机的操作流程、飞行规则以及在不同水利工程环境中的应对方法操作人员应定期参加培训和技能更新,以适应不断发展的无人机技术和水利工程质量监督要求。

飞行前应确保无人机搭载的传感器和摄像头等设备的准确性和稳定性,必要时先进行校准和测试,保证采集到的数据真实可靠,注意数据存储和传输的安全性,防止数据丢失或被篡改。

在水利工程巡察现场飞行时,应提前进行现场踏勘,规划无人机飞行路径,充分考虑周边环境因素,如高压线、建筑物、树木等,避免发生碰撞事故。同时,要关注天气状况,大风、暴雨、雷电等恶劣天气会影响无人机的飞行安全和性能,应避免在这些天气条件下飞行。

5.3 数据处理

采集到的无人机数据经过专业的分析软件处理后,才能为水利工程质量监督提供有效的信息。要配备专业的数据分析人员和软件工具,确保能够从大量的数据中提取出有价值的质量监督指标。

将无人机数据与其他传统质量监督手段获取的数据进行整合,形成全面、准确的无人机质量巡察报告。将无人机拍摄的图像与人工检测的数据相结合,能够获得更全面的水利工程建设质量状况,从而提高水利工程质量监督的效果。

5.4 设备维护与管理方面

定期对无人机开展保养和维护,确保其性能稳定和安全可靠。检查电池、电机、传感器等关键部件的工作状态,及时更换损坏的部件。随着技术的不断发展,无人机设备也在不断更新换代。要根据水利工程质量监督的需求,及时更新设备,提高监督效率和准确性。对无人机设备和配件进行有效地库存管理,确保在需要时能够及时提供所需的设备和配件。建立设备清单和库存管理制度,定期进行盘点和检查。

6　面临的机遇

随着无人机技术的提升,智能化水平不断提高,无人机将成为融合了人工智能、大数据分析等先进技术的智能设备。通过在工程现场建立无人机站,利用人工智能 AI 算法,使无人机实现自主飞行,无须人工干预即可完成复杂的巡察任务,实现无人机自动定期巡察,定时搜集工程现场数据,监测项目进展情况。同时,智能识别技术的应用将使无人机能够更加准确地识别水利工程中的各种质量问题。例如,通过图像识别算法,无人机可以快速识别裂缝、渗漏、变形等常见质量问题,并对其严重程度进行评估。无人机精准测量功能也将得到进一步提升,利用先进的传感器和测量技术,无人机可以实现对水利工程的高精度测量,为质量监督提供更加准确的数据支持,从而替代人工质量监督巡察。

7　结语

无人机技术在水利工程质量监督中的应用前景广阔。它将为保障水利工程安全、提升监督效能提供强有力的技术支持。在未来,无人机将成为水利工程质量监督的重要利器,为水利事业高质量发展保驾护航。

主要参考文献

[1] 王翰钊,温欣玲.无人机技术在工程建设领域的应用研究重点探寻[J].网络安全技术与应用,2022(6):107-109.

[2] 李海洲.无人机航测技术在古帽窭电排站工程地形测量中的应用[J].陕西水利,2024(7):135-137.

[3] 李云城,程子桉.基于无人机贴近摄影测量的高精度三维实景建模[J].水利水电快报,2024(7):1-10.

[4] 徐斌.无人机在福建省水利水电工程质量监督中的应用与展望[J].水利科技,2024(2):24-26.

[5] 马玉东,巨宏臻.气候变化对水利工程质量的影响[C]//河海大学,北京水利学会,北京应急管理学会,等.2024首届水旱灾害防御与应急抢险技术论坛论文集.黄河水利委员会上游水文水资源局,2024:8.

[6] 位梦莎,晁小路.水利工程在水旱灾害防御工作中的作用及优化[C]//河海大学,北京水利学会,北京应急管理学会,等.2024首届水旱灾害防御与应急抢险技术论坛论文集.黄河水利委员会上游水文水资源局,2024:7.

[7] 姚姣,曹凡.无人机在监测领域的应用[J].数字通信世界,2024(7):186-188.

水利河道疏浚工程质量标准探讨

冯银川　　熊振宇

（浙江省疏浚工程股份有限公司,浙江湖州　313000）

摘　要：现行标准 SL 17—2014《疏浚工程施工技术规范》(以下简称《疏浚规范》)存在评价指标不合理或不严谨等问题,影响了工程质量评定。结合实践经验和对规范的理解,针对河道疏浚工程质量评定的各评价指标和方法,从可操作性、合理性、严谨性等方面进行深入分析与探讨,提出了一套更客观、更全面、更合理的评价指标体系。

关键词：河道疏浚;技术规范;质量指标;评定办法

1　引言

我国现在的水利河道疏浚单元工程质量评定,通常以现行的《疏浚规范》评价指标和评定方法为依据,与《水利水电工程施工质量评定表填表说明与示例》(以下简称《说明》)中河道疏浚工程单元质量评定表相结合进行河道疏浚工程质量评定。

2　河道疏浚质量评定中的问题

河道疏浚工程实践中,如果严格按照《疏浚规范》的要求对河道疏浚工程单元质量进行评定,极可能出现以下问题:由于规范未明确实际施工河道底宽的定义,评定时实际施工河道底宽不容易确定;在疏浚设备严格按规范分台阶开挖情况下,河道的实际单侧超宽容易超过规范允许的范围;河道边坡开挖严格按设计施工情况下,超欠比不满足要求;河滩高程测量范围不清楚;河滩宽度无法测量;单元工程质量评定与通常的水利建筑工程单元质量评定方法不一,且评定的合格率标准过高。

3　质量指标分析

以典型的某中小型内河河道为例(图 3-1)进行分析说明。

作者简介:冯银川,男,高级工程师,主要从事疏浚工程装备、施工技术等研究工作。作为浙江疏浚项目负责人,参与河海大学牵头的 2022 科技部重点专项"长江黄河等重点流域水资源与水环境综合治理"2.5 课题河湖库淤积治理与绿化综合化利用关键技术与示范子课题 3 和子课题 4;参与编制浙江省《河湖水库清淤技术规程》等。E-mail:1015953553@qq.com。

该工程河道两岸有护岸和河滩,设计河滩宽度 2m;水下一级坡到河底,水下设计边坡 1∶3;河道设计河滩高程以下深度 4m。由于现阶段绝大多数疏浚设备不能实现水下边坡完全自动按设计边坡成形,因此,必须按照《疏浚规范》所推荐的方法采用分台阶方式开挖,按超欠平衡、超挖略大的原则进行,施工时按台阶的边线放样,挖泥船按各台阶高程和边线进行施工。

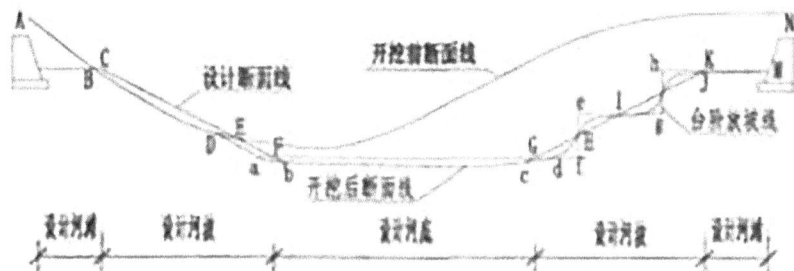

图 3-1 某河道工程竣工断面示意图

竣工后横断面测量通常通过花杆、测绳、测深仪等测量工具按一定间距测出测点高程,通过手绘或电子绘图将测点连接起来,形成河道实际开挖断面线。

3.1 河道底宽

在《疏浚规范》中对实际河道底宽没有定义,实际河道底宽是设计底高程处的宽度与河道两侧设计边坡线与实测河底线的交点宽度的比值,两者相距甚大。相对而言,以设计河底高程处的宽度作为实际施工河道底宽较符合工程质量评定的本义。在交通部颁发的《疏浚与吹填工程质量检验标准》(JTJ 324—2006)中对"河道施工后平均超宽"也采用了设计河底高程处的超宽。但作为疏浚行业规范,对实际河道底宽进行定义是十分必要的。

根据《疏浚规范》,每边的最大允许超宽根据设备的不同可取 0.5～1.5m。在水利工程结构中的软基和岸坡开挖时基坑尺寸,允许超宽最大值为 0.4m。疏浚工程属于水下工程,仅考虑水下不可视的情况,最小 0.5m 的允许超宽值相对岸挖最大允许值 0.4m 来说偏小,加上设备、定位和放样等因素影响(不考虑分台阶开挖情况),0.5～1.5m 也是最基本的。

受技术水平限制,实践中河道疏浚工程绝大多数采用分台阶开挖的方式。河滩以下深度是4.0m,分 2 个台阶开挖,单级台阶高度为 2.0m,台阶宽度 6.0m,因此河道底靠岸坡半个台阶的宽度为 3.0m。如严格按此划分的台阶开挖,施工完成后的边坡线为 $G—f—e—g—h—J$。此时,可以发现实际河道底宽单侧超宽 3.0m,超过最大允许值 1.5m 的 1 倍,超宽的 3.0m 实质是底层半个台阶宽度,因此,分台阶开挖造成超宽超过允许值。当然,可以通过增加台阶个数减小台阶宽度和高度,以实现不超宽,但大多数挖泥船分台阶高度至少在 1.0m 以上,如按照 1.0m 台阶高度,水下边坡1∶3 时,单侧超宽仍会超过最大超宽允许值 1.5m,导致超宽值不合格。如果受定位精度和水下施工不可见等因素影响,实际超宽值会更大。

如采用分台阶开挖的方式不能按《疏浚规范》规定的允许偏差值作评定,要计入实际底层台阶的宽度,再确定允许超宽值。

3.2 河道底高程

实际河道底高程是设计河底高程以下的高程值。根据工程实践,一些工程在施工完成马上进行测量可以达到《疏浚规范》的要求,但一段时间后进行第三方抽检就达不到要求。经过分析,河道靠边坡下部易出现断面重塑现象,实质是河道水流对施工的河道断面进行削高补低的平整,使施工后断面折线形成顺滑连续曲线。具体表现为:加剧河道主河床部位的超深;加剧河底两侧边坡下部的淤积;加剧岸坡顶部突出部位的超挖;加剧河滩靠护岸端的淤积。这种现象在通航河段土质较软、水流急的情况下容易出现,且在河道开挖初期较为明显,然后是持续自然淤积。因此,在类似河段施工中,应该在开挖初期进行试挖并加强观测和分析,摸清造成河底两端坡脚欠点的真正原因,如欠挖则补挖,非欠挖则要与业主、监理和设计等有关参建单位协商。

3.3 河坡

《疏浚规范》推荐对边坡采用分台阶开挖,因此无法直接测定施工后水下边坡。《疏浚规范》给出了边坡超欠面积比的概念(下部超挖面积与上部欠挖面积之比值。设计边坡线上部的为欠挖,下部的为超挖),并要求上欠下超,超欠比为 $1.0\sim1.5$。超欠比指标从理想状况来看是合理的,也是容易检测和计算的,但实际施工千差万别,超欠比的允许范围则有待推敲:

①在有些河道疏浚施工中,采用将河水排干后通过干挖或泥浆泵水力冲挖的方式,在这种情况下,当整个边坡绝大部分都按设计边坡线开挖,局部出现几厘米的欠挖或超挖时,就会出现超欠比为零或无穷大的情况,显然少量的欠挖或超挖不影响工程质量,并且比水下施工的断面更符合设计要求,但按超欠比来评定则是不合格点。

②边坡采用分台阶施工时,疏浚设备把每一个平台当成河底开挖,开挖的深度和宽度是有波动的,正偏或负偏均有可能,按照超挖允许最大值 $0.4\sim0.8m$,超宽最大值 $1.5m$ 考虑,在正偏负偏不同、满足超欠深度挖限值的情况下,超欠比容易超过允许值。

3.4 河滩宽度

河滩是指位于河道水位变动区附近的堤脚平台。《疏浚规范》中没有对它的评价指标提出要求,但在《说明》中,明确了河道疏浚工程中需要对河滩宽度和高程作出检测与评价。

实际施工的河滩宽度无论是现场实测或是图纸上量取都面临界定不准确的问题。在正常情况下,设计河滩范围的实际开挖线位于设计河滩高程线以下,因此实际河滩开挖线与河滩设计高程线是不相交的(只在有欠挖情况下才相交),如按设计河滩高程处的宽度是无法测量的。

在施工现场很容易把分台阶开挖边坡时预留的顶层台阶宽度计算在河滩宽度中,图 3-1 中的 $h—J$(前面在评价河底宽度时,把河道底部台阶宽度计算在河道开挖宽度中)。在进行边坡质量评价时,河滩外侧的台阶平台已按边坡进行了评价,所以不应再将台阶宽度计入河滩宽度中。如果要定义和测量河滩宽度,在图纸上的水下边坡线与顶部边滩开挖线交点至护岸的距离作为实际河滩宽度相对更准确。

3.5 河滩高程

相应实际河滩高程范围内的高程即为河滩高程,可以现场测量。《疏浚规范》中有关河底高程限值范围的规定适用于河滩高程。

4　现阶段评定标准需掌握的原则

根据多个河道疏浚工程的实践经验及对《疏浚规范》的理解,建议在《疏浚规范》的基础上,对当前的评价指标和办法进行适当删减、更新。

4.1　保证工程质量的原则

对于能够全面综合反映工程质量的指标,需要增加的,就应增加,而且评定时必须满足。如后面所述的河道过水断面和平均河底高程对工程最终质量起关键作用,评定时必须满足,否则评定不合格。

4.2　可操作和合理性原则

现行《疏浚规范》中不少指标在工程实践中是可以定义或测定的,但评价方法却不合理,甚至会得出错误的结论。如河道底宽允许超宽,指标本身没有大问题,但在水下分台阶开挖时,不考虑底层台阶宽度,对其进行评定是不合理的;其中的边坡开挖质量的超欠比,虽然可以测定,但界定的范围却由于施工方法不同有可能不合格,也是不合理的,如采用边坡平均超挖值,不仅易测定,而且更能全面反映边坡开挖情况。

4.3　统一性原则

现行标准 SDJ 249—2013《水利水电基本建设工程单元工程质量等级评定标准》(以下简称“《评定标准》”)中的各种水利工程单元工程质量评定方法大致相同,但《疏浚规范》颁布时却单独采用了检测点数合格率标准的办法,不便于推广,应该采用与评定标准相类似的方法进行单元工程质量评定。

4.4　切合实际的原则

为提高工程施工质量,对评价指标应采用更严格的标准,但不能盲目超高,否则在实际施工中易造成资源浪费,增加施工单位负担,反而影响工程总体质量。

5　疏浚工程质量评定方法与指标的设置

对现行《疏浚规范》和实际使用中出现的问题进行分析,可以考虑采用以下的评定办法和指标对疏浚单元工程进行评价。

5.1　评定方法

现行的《评定标准》中通常的做法是检测项目70%以上的点符合标准为合格,90%以上的点符合标准为优良。与《疏浚规范》中有关单元工程质量评定方法的对比见表5-1。

表 5-1 《评定标准》和《疏浚规范》质量评定要素对比表

标准	检测点合格标准	检测点优良标准	合格单元不合格点处理	评定指标构成
《评定标准》	70%	90%	不需返工	检查指标＋检测指标
《疏浚规范》	90%	95%	返工消除欠挖不合格点	仅有检测指标

由表 5-1 可见,《疏浚规范》中单元工程质量评定检测点的合格率标准和对不合格点的处理比《评定标准》高。但从工程的重要性和工程不合格所造成的后果来看,疏浚工程相对不易造成大的安全隐患,失事的后果也不太严重;另一方面,疏浚工程为水下作业,质量控制的难度比其他常规水利工程高得多,执行更严格的标准不太合理。

对于欠挖不合格点的界定可以考虑适当放宽标准,但不能影响工程总体质量。为突出工程质量控制的重点,体现保证工程质量原则,将质量评定指标分为一般检测指标和重要检测指标。当单元工程的重要检测指标全部合格,一般检测指标检测点合格率 70% 以上时,质量评为合格;当重要检测指标全部合格,一般检测指标测点合格率 90% 以上时,评为优良。

5.2 一般检测指标

一般检测指标是质量评定中可以检测的一般性指标,评定时根据检测出的总点数和合格点数计算合格率,作为评价单元质量等级的依据。

(1)河道底宽

按照设计河底高程处实测宽度值,并要求实测值不小于设计河道底宽值。对于采用排水干挖作业或水力冲挖方式疏浚的河道,可参照现行《疏浚规范》中有关河道底宽单侧最小超宽 0.5m 的标准作为最大允许超宽值;当采用水下开挖的施工方式时,在工程开工前由施工单位上报分台阶开挖施工方案,经监理核定后实施。进行质量评定时,河底单侧允许超宽值按照底层台阶宽度加最小超宽 0.5m 与现行《疏浚规范》中允许的单侧超宽值中的较大值作为单元工程质量评定表中河底单侧允许超宽值。监理单位需要结合施工单位的施工机械类别与规格、土质及河道功能要求综合考虑确定分台阶的台阶高度与宽度。

(2)河道底高程

河底平均高程作为重要指标对河底开挖质量进行控制,对于河道底部高程的评定,现行《疏浚规范》中有关欠挖点限值的规定可适当放宽:欠挖值由现行 30cm 适当加大到 40cm,且不超过设计水深 10%;纵向长由不超过 2.5m 调整至 5.0m;横向宽由不超过 2.0m 调整至 4.0m 且不超过河底宽的 10%;超过允许值的需返工以达到标准。

(3)边坡平均超挖值

由于边坡超欠比合理范围无法确定,该指标不再采用,引入边坡平均超挖值对边坡开挖质量进行评价,评价标准为边坡平均超挖值—10～25cm。该指标可通过 CAD 软件中计算边坡线两侧的超欠挖面积,用超挖面积减去欠挖面积的差除以边坡长度得到,该指标反映了开挖边坡的整体质量。

当水下边坡采用分台阶施工时,台阶的高低不会影响边坡平均超挖值,不会影响评价结果;当边坡采用干挖作业时,整个边坡大部分按照设计施工,局部可能出现极少量的超挖或欠挖,由于边坡平均超挖绝对值很小,不会影响评价结果(此时,如按超欠比评价,则产生超欠比超规范限定值,边坡质量不合格)。同时,该指标上下限值可防止产生大范围超挖与欠挖的可能。

（4）边滩宽度

实际边滩宽度按照开挖线与设计边坡线交点至设计护岸边线间的距离计算,河道边滩宽度不再参照规范中有关,河道单侧超宽的标准评定,采用设计边滩宽度加上边坡坡度和允许边滩超挖 30cm 共同作用的超宽。如边滩允许超挖 0.3m,设计水下边坡 1：3,边滩允许超宽 0.9m,边滩的允许宽度为边滩设计宽度加 0.9m。

（5）边滩高程

实际河道边滩的高程按照边滩宽度范围内测出的高程点计算。边滩高程不得欠挖,且超挖不大于 30cm。限制超挖限值的目的一是提高断面质量,二是防止由于过度超挖造成边滩上部的堤防和护岸失稳。

5.3　重要检测指标

重要检测指标的设立是为了评价工程质量是否合格,所有重要检测指标符合要求,单元工程才可以进行一般项目评定。如重要检测指标不合格则断面需要重新开挖。

（1）平均河底高程

为保证河道开挖质量,考虑出现大量欠挖后对河道断面的影响,需计算河道底宽范围内的高程平均值,要求实际河底平均高程超深 0～30cm。

考虑到水流重塑作用的影响,河道中欠挖部分属较易冲刷部位,在水流作用下被逐渐削平,低的地方渐渐淤高。因此,在满足平均超深前提下适当放宽欠挖点限值是不会导致较大质量隐患的。

（2）河道过水断面面积

在河道疏浚工程中,只有保证设计正常水位以下的过水断面,工程的功能才能正常发挥。实际过水面积是全面衡量河道断面开挖质量的综合性指标,意义重大。该指标可以弥补在保证河道底部宽度和高程的前提下,边坡局部欠挖造成的实际疏浚量的减少,功能受到影响的现象。在电算条件下,这个指标很容易精确得到。

该指标的评判标准是实测设计水位以下的过水断面不小于对应水位设计过水断面。

6　结语

水利疏浚工程由于水下施工不可直接用眼观察、受测绘技术水平限制以及河道水流作用,其单元质量评定具有很大的特殊性,建立一整套严谨、合理、可操作的评价标准显得十分复杂。这里也仅根据对规范的理解和实践经验提出一些见解,有待今后进一步完善和提高。

主要参考文献

［1］中国水力发电工程学会.疏浚工程施工技术规范:SL 17—2014［S］.北京：中国水利电力出版社,2014.

［2］中国水运建设行业协会，中交天津航道局有限公司.疏浚与吹填工程质量检验标准:JTJ 324—2006［S］.北京：人民交通出版 社,2007.

［3］中华人民共和国水利电力部.水利水电基本建设工程单元工程质量等级评定标准(试行)：SDJ 249—07［S］.北京：中国水利电力出版社,2013.

某海外吹填造地项目场地地震液化判别分析

张云冬 程 瑾

（中交（天津）生态环保设计研究院有限公司，天津 300461）

摘 要：基于国内外规范中砂土液化判别的区别，首先对比了国标和英标在工程场地地基土在类别划分上的异同，国标采用岩土层剪切波速和场地覆盖层厚度进行场地类别的划分，英标采用剪切波速、标贯击数和抗剪强度三个指标，并结合地层剖面描述综合进行划分场地类别。随后深入对比和分析了国标和英标在采用标贯试验法判别地基土液化所用试验设备、试验方法、液化判别方法和判别标准的差异。进一步基于某海外吹填造陆工程实例，分别采用国标方法和英标方法，结合工程的实际，对场地进行了液化判别，结果表明，尽管两者的判别过程不同，但判别的结果有一定的内在一致性。最后根据两种标准的对比分析结果和工程实例，总结了工程经验，为以后类似海外项目的实施提供借鉴。

关键词：标贯试验；液化判别；国标与英标；对比分析

1 引言

砂土、粉土的液化判别是工程场地稳定性评价的重要环节，对于预先采取工程措施消除液化土层的液化性，从而保证工程在地震情况下的稳定性有重要意义。目前国内外砂土、粉土液化判别的方法较多，但通常比较常用的是采用静力触探和标准贯入试验的测试成果，采用这两种原位测试成果进行液化判别时，不同的规范也有不同的计算方法。

英标抗震设计规范中采用的是静力触探和标准贯入试验两种方法，而国标建筑抗震设计规范采用的是标准贯入试验方法，尽管都采用了标准贯入试验判别法，但具体的计算过程不同。此外英标（采用欧标场地划分）和国标在场地类别划分上也存在较大的差异，国标将场地划分为 5 类，而欧标将场地划分为 5 大类，共 7 个小类。总之，在采用标准贯入试验法判别场地砂土、粉土的液化时，国标和英标存在较大的差异。以下对两者的差异进行详细分析，并通过马来西亚槟城填海二期工程的场地液化判别实例说明国标和英标标贯液化判别方法在工程上的应用及其异同点。

作者简介：张云冬，中交（天津）生态环保设计研究院有限公司岩土工程事业部经理，E-mail：taxiangdelong@163.com。

2 液化判别方法的对比

2.1 场地类别的划分

国标和欧标场地类别的划分对比见表 2-1,从表 2-1 可看出两者的主要差异有以下几点:

①采用参数及划分场地类别数量不同:国标主要采用场地覆盖层厚度和岩土层剪切波速 2 个指标将场地划分为 5 类场地,而欧标则采用剪切波速、标贯击数、抗剪强度、土层剖面描述 4 个指标将场地划分为 7 类。

②国标强调了场地覆盖层厚度这一指标,剪切波速计算深度为场地覆盖层厚度与 20m 中的小值;而欧标强调的是地层剖面的描述,剪切波速计算深度为 30m。

③欧标中的 3 个指标剪切波速、标贯击数、抗剪强度,它们的采用优先程度不同,即剪切波速>标贯击数>抗剪强度,在有前一个指标的情况下,后面的指标一般只有参考意义;而国标则只有一个剪切波速指标,在没有剪切波速指标的情况下,只能通过估算剪切波速的方式取得。

表 2-1 国标和欧标场地类别的划分对比

	岩石或土层的剪切波速/(m/s)	场地类别				
		I_0	I_1	II	III	IV
国标	$V_s>800$	0				
	$800 \geqslant V_s>500$		0			
	$500 \geqslant V_{se}>250$		<5	$\geqslant 5$		
	$250 \geqslant V_{se}>150$		<3	3—50	>50	
	$V_s \leqslant 150$		<3	3—15	15—80	>80

	场地类别	地层剖面描述	参数		
			$v_{s,30}$ (m/s)	N_{SPT} (锤击次数/30cm)	C_N/kPa
欧标	A	岩石或者其他岩石类的地质体,包括其上覆不大于 5m 的软弱土	>800		
	B	由非常密实的砂土、砂砾或非常硬的黏土组成的至少数十米厚、力学特征随深度逐渐增加的沉积层	360~800	>50	>250
	C	密实—中密的砂土、砂粒或硬黏土构成,厚度从数十米到几百米的深厚沉积层	180~360	15~50	70~250
	D	松散—中等密实非粘性土(有或没有软黏土层)或主要由软到硬的黏性土组成的沉积层	180~360	<15	<70
	E	v_s 值为 C 类或 D 类、深度为 5~20m 的表面冲积层,其下层为 v_s>800m/s 的刚性材料			
	S_1	由(或包括)至少 10m 厚,具有高塑性指数(PI>40)和高含水率的软黏土/淤泥组成的沉积层	<100(示意性的)	10~20	
	S_2	液化土、敏感黏土或除 A—E 和 S_1 外的其他土的沉积层			

2.2 标准贯入试验液化判别方法

(1)初判的对比

国标和英标对于场地砂、粉土的液化初判对比见表 2-2。从表 2-2 可看出,对于砂、粉土初判不液化所需满足的条件,国标和英标的差异很大,相似点较少。

表 2-2   国标和英标对于场地砂、粉土的液化初判对比

国标	英标
不液化土应满足以下条件,可初步判为不液化土层: ①第四纪晚更新世(Q₃)及以前的土层,地震烈度为 7、8 度时可判别为不液化。 ②当地震烈度分别为 7 度、8 度和 9 度时,对于粉土,其黏粒含量分别不小于 10%、13% 和 16% 时,可以判别为不液化土层。 ③建筑物的地基埋深较浅,并采用天然地基,上覆非液化土层的厚度与地下水位的深度满足下列任一条件,可不考虑土层液化影响: $$d_u > d_0 + d_b - 2$$ $$d_w > d_0 + d_b - 3$$ $$d_u + d_w > 1.5 d_0 + 2 d_b - 4.5$$ 式中:d_w——地下水位的埋置深度(m),可采用设计基准期内的年平均最高水位或近期内年最高水位; d_u——上覆非液化土层的厚度(m),计算时宜将淤泥及淤泥质土层扣除; d_b——基础的埋深(m),埋置深度小于 2m 时应采用 2m; d_0——液化土的特征深度(m),见《建筑抗震设计规范》	当符合以下条件时,可初步判别为不液化土层: ①对于浅基础建筑物,若饱和砂土距地面埋深大于 15m,可以不考虑地基土液化的影响; ②若设计地面加速度系数 α 为[0,15],且同时存在以下几种情况时可不考虑液化影响: a. 砂的黏粒含量大于 20%,且塑性指数大于 10; b. 砂土的粉细粒含量大于 10%,且 $N_1(60) > 20$; c. 纯净砂,且 $N_1(60) > 25$。 其中:$N_1(60)$ 为经能量校正后的锤击数

(2)标贯试验法进一步液化判别的对比

国标和英标采用标贯试验法进一步液化判别的对比见表 2-3,从表 2-3 可看出,两者的差异较大,具体有以下几点:

①国标采用计算标贯击数临界值判别土层是否液化,而英标采用的是首先校正标贯击数,再估算标贯击数深度点的剪切力,进一步通过查图表的方式判别土层是否液化。

②国标通过计算液化土层的液化指数进一步评价地基受地基土液化的影响程度,而英标则不对地基受土层液化的影响程度进一步评价。

表 2-3   标贯试验法液化判别对比

国标	英标
①在液化判别深度范围内,比较液化判别锤击数临界值与实测值的大小,判别该点是否液化。液化判别锤击数临界值计算公式如下:	①将实测的标准贯入锤击数按以下步骤进行校正(校正为上覆应力为 100kPa 时的击数)。当标贯试验点深度小于 3m 时,可直接将实测击数值 $N \times 0.75$,记为 N_1;

续表

国标	英标
$N_{cr} = N_0\beta\left[\ln(0.6d_s + 1.5) - 0.1d_w\right]\sqrt{3/\rho_c}$ 式中：N_{cr}——标贯试验锤击数的临界值； N_0——标贯试验锤击数的基准值，可参考《建筑抗震设计规范》； d_s——液化土层标贯试验点的深度(m)； d_w——地下水的埋置深度(m)； ρ_c——黏粒的百分比含量(%)，如含量小于3或是砂土，应采用3； β——调整系数，地震分组为第一组时取0.80，第二组时取0.95，第三组时取1.05。 ②根据标贯击数计算值进一步计算钻孔的液化指数，见下式： $I_{LE} = \sum_{i=1}^{n}\left[1 - \dfrac{N_i}{N_{cri}}\right]d_i W_i$ 式中：I_{LE}——钻孔的液化指数； n——液化土层中钻孔标准贯入试验点的总数； N_{cri}、N_i——第i点标准贯入锤击数的临界值与实测值，如实测值比临界值大，应取临界值； 如只需对15m深度范围内的液化土层进行判别，大于15m的标准贯入击数实测值可直接采用临界值； d_i——i试验点所代表的土层厚度(m)，可采用和该标准贯入试验点相邻的上、下试验点深度差值的一半(上边界不超过地下水位埋深，下边界不超过液化土层的深度)； W_i——i土层单位土层厚度的影响权函数值(单位为 m^{-1})。 如该土层的中点深度小于或等于5m，采用10m，如大于20m则采用零值，5~20m时可采用线性内插法进行取值。 ③根据液化指数判断地基的液化等级	当标准贯入试验点深度大于3m时，将实测击数 $N\times(100/\sigma'_{vo})^{0.5}$，记为 N_1； 能量校正，将 $N_1\times(ER/60)$，记为 $N_1(60)$ 式中：N——实测的标准贯入试验锤击数； N_1——经应力校正后的锤击数； σ'_{vo}——上覆地层的有效应力； ER——(实测的落锤能量系数)×100； $N_1(60)$——经能量校正后的锤击数。 ②估算地震时液化土层中产生的剪切应力，可采用以下简化的公式： $\tau_e = 0.65\times\alpha\times S\times\sigma_{vo}$ 式中：τ_e——估算的地震剪切应力； α——地基加速度系数(A类场地设计地面地震加速度与重力加速度之比)； S——土参数，见表2-4； σ_{vo}——上覆土总应力(说明：该式不适宜估算深度大于20m的地震剪切应力)。 ③查图判别液化，根据以上得到的各参数可通过查下图1进行液化判别

表 2-4　　　　　　　　　　　S 参数值表

场地类别	S 值	
	1 型弹性反应谱	2 型弹性反应谱
A	1.0	1.0
B	1.2	1.35
C	1.15	1.5
D	1.35	1.8
E	1.4	1.6

图2-1中的液化临界曲线对应的是7.5级地震，当需要其他地震等级的液化临界曲线时，可将7.5级地震液化临界曲线上的所有点乘以表2-5对应震级的系数，即可得到对应震级的液化判别临界线。

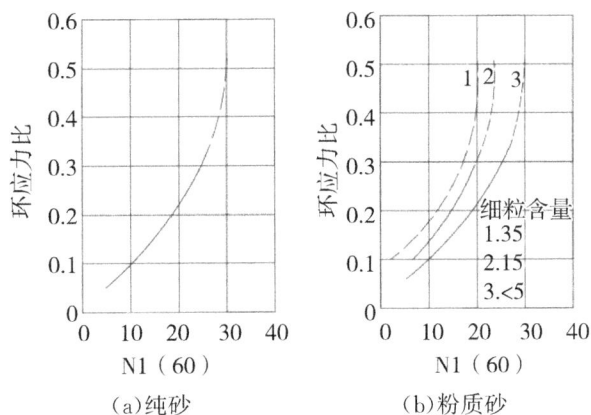

图 2-1 7.5 级地震的标贯击数液化判别临界线

表 2-5   系数 *CM* 的取值

M_W	5.5	6.0	6.5	7.0	8.0
CM	2.86	2.20	1.69	1.30	0.67

2.3 标准贯入试验设备及方法

国标、英标标准贯入试验的设备基本相同，主要的差异在于管靴的刃口单刃厚度和刃口角度及试验方法，三者的详细参数见表 2-6。

表 2-6   试验设备对比

	国标			英标		
锤质量	63.5kg	落距	76cm	锤质量	63.5kg	落距	76cm
对开管	长度	>500mm		对开管	长度	609mm
	外径	51mm			外径	51±1mm
	内径	35mm			内径	35±0.5mm
管靴	长度	50~76mm		管靴	长度	75mm
	刃口角度	18°~20°			刃口角度	36°~38°
	刃口单刃厚度	2.5mm			刃口单刃厚度	1.6±0.1mm

2.4 标贯试验方法

国标、英标的标准贯入试验的操作基本一致，主要差别在于国标每 10cm 记录一次，而英标每 7.5cm 记录一次，最终均以累计打入 30cm 的锤击数为标贯锤击数，两者的具体操作方法详细见表 2-7。

表 2-7　　　　　　　　　　　　　　　标准贯入试验操作方法对比

国标	英标
①钻入试验标高以上 15cm 停钻并清孔。	①钻入试验标高以上 15cm 停钻并清孔。
②记录总荷重(自沉)的击入量,若该击入量大于 45cm,则将 N 值记为 0。	②记录总荷重(自沉)的击入量,若该击入量大于 45cm,则将 N 值记为 0。
③采用自动脱钩的自由落锤法进行锤击试验,贯入器预打入土中 15cm 后,开始记录每打入 10cm 的锤击数,累计打入 30cm 的锤击数为标准贯入锤击数。	③采用自动脱钩的自由落锤法进行锤击试验,贯入器预打入 15cm 或 25 击,先到者为准,开始记录每打入 7.5cm 的锤击数,累计打入 30cm 的锤击数为标准贯入锤击数。
④当锤击数已达 50 击,而贯入深度未达 30cm 时,可记录 50 击的实际贯入深度,然后换算成打入 30cm 的锤击数	④当锤击已达 50 击,而贯入深度未达 30cm 时,可记录 50 击的实际贯入深度,然后换算成打入 30cm 的锤击数

3　工程应用

3.1　工程及工程地质概况

马来西亚槟城填海二期工程场地现状为潮间带和浅海,拟采用吹填造地方式形成人工岛,从而为城市发展、旅游及经济发展提供土地资源,总造地面积约 370 万 m^2。

工程场地 50m 深度范围内从上至下各土层分别为 1-1 淤泥,1-2 黏土,1-3 黏土,2-1 中粗砂,2-2 中粗砂,2-3 中粗砂,2-4 中粗砂,3-1 粉质黏土,3-2 粉质黏土,各土层的详细情况见表 3-1。

表 3-1　　　　　　　　　　　　　　　　　土层参数

土层编号	土层名称	层厚/m	密度/(g/cm^3)	黏粒含量/%($d<0.002mm$)	标贯击数平均值 N
1-1	淤泥	5.2	1.56	38.5	1.1
1-2	黏土	8.5	1.59	42.7	5.5
1-3	黏土	7.8	1.67	38.4	13.1
2-1	中粗砂	4.7	1.68	19.3	13.6
2-2	中粗砂	9.3	1.77	15.5	21.7
2-3	中粗砂	7.9	1.84	14.5	31.6
2-4	中粗砂	11.5	1.73	22.2	32.3
3-1	粉质黏土	9.4	1.85	26.5	29.6
3-2	粉质黏土	未见底	未统计	29.8	60.9

3.2　液化判别

(1) 国标

选取场地的 5 个钻孔,各钻孔的水深较接近,约 8m 深(泥面以上 8m)。计算的其他参数为:①7.5 级地震;②设计地震分组为第一组;③设计基本地震加速度为 0.15g;具体计算结果见表 3-2。

表 3-2 液化判别一览表(国标)

钻孔编号	试验点深度/m	实测击数	临界击数	判别结果	液化指数		液化等级
BH02	18.45	8	20.25	液化	0.94	1.30	轻微
	19.45	7	20.62	液化	0.36		
BH05	15.45	17	19.01	液化	0.48	0.91	轻微
	16.95	17	19.66	液化	0.41		
	18.45	20	20.25	液化	0.02		
	19.95	21	20.80	不液化			
BH06	15.45	11	19.01	液化	1.92	3.52	轻微
	16.95	12	19.66	液化	1.19		
	18.45	15	20.25	液化	0.40		
	19.95	14	20.80	液化	0.02		
BH07	15.45	23	19.01	不液化		1.46	轻微
	16.95	16	19.66	液化	0.57		
	18.45	9	20.25	液化	0.86		
	19.95	8	20.80	液化	0.03		
BH09	15.45	13	19.01	液化	1.44	2.26	轻微
	16.95	15	19.66	液化	0.72		
	18.45	19	20.25	液化	0.10		
	19.95	21	20.80	不液化			

(2)英标

选取场地的 5 个钻孔,各钻孔的水深较接近,约 8m 水深(泥面以上 8m)。此外,计算过程中采用的其他参数为:①7.5 级地震;②地基土加速度系数取 0.15;③场地类别取 D 类,详细计算结果见表 3-3。

表 3-3 液化判别一览表(英标)

钻孔编号	试验点深度/m	上覆地层总应力/kPa	上覆地层有效应力/kPa	实测击数 N	上覆压力修正击数 N_1	能量传递修正击数 $N_1(60)$	环应力比估算(1型反应谱)	判别结果
BH02	18.45	385.3	284.0	8	4.7	5.1	0.18	液化
	19.45	410.5	294.2	7	4.1	4.4	0.18	液化
BH05	15.45	329.4	234.5	17	11.1	12.0	0.18	不液化
	16.95	354.6	244.7	17	10.9	11.8	0.19	液化
	18.45	381.1	256.2	20	12.5	13.5	0.20	液化
	19.95	407.7	267.8	21	12.8	13.9	0.20	不液化
BH06	15.45	353.4	251.7	11	6.9	7.5	0.18	液化
	16.95	378.6	261.9	12	7.4	8.0	0.19	液化
	18.45	403.8	272.1	15	9.1	9.9	0.20	液化
	19.95	429.0	282.3	14	8.3	9.0	0.20	液化

钻孔编号	试验点深度/m	上覆地层总应力/kPa	上覆地层有效应力/kPa	实测击数 N	上覆压力修正击数 N_1	能量传递修正击数 $N_1(60)$	环应力比估算（1 型反应谱）	判别结果
BH07	15.45	358.5	251.2	23	14.5	15.7	0.19	不液化
	16.95	383.7	261.4	16	9.9	10.7	0.19	液化
	18.45	408.9	271.6	9	5.5	5.9	0.20	液化
	19.95	434.1	281.8	8	4.8	5.2	0.20	液化
BH09	15.45	305.3	236.9	13	8.4	9.2	0.17	液化
	16.95	330.5	247.1	15	9.5	10.3	0.18	液化
	18.45	355.7	257.3	19	11.8	12.8	0.18	不液化
	19.95	382.2	268.8	21	12.8	13.9	0.19	不液化

4 讨论与分析

4.1 方法的对比分析

（1）场地划分的对比

从以上国标和欧标场地类别的划分可看出，两者划分场地时采用的指标有相同点，也有不同点。两者除了都采用土层等效剪切波速这一指标外，国标还采用了场地覆盖层厚度这一指标，而欧标还采用了地层剖面描述、标贯锤击数、土层不排水抗剪强度这 3 个指标。虽然都采用了场地剪切波速指标，但各场地类别对应的剪切波速区间并不相同，而且其他划分指标也不相同，因此相同的场地，采用两种划分标准可能得到不同的场地类别。

（2）标贯液化判别方法的对比

从以上标贯试验法判别液化的思路可以看出，国标和英标均采用了先初判，然后再详判的方式，但在具体的计算上，两者大相径庭。国标是以计算的临界标贯击数与实测标贯击数的比较来判别标贯试验点的土层是否液化，而英标则采用经各种修正后的标贯击数与计算的环向应力比两个指标，查看两个指标在液化判别图上的位置来判别标贯试验点的土层是否液化。总体而言，两者虽然都采用标贯试验方法判别土层的液化，但实际上两者的判别过程差别巨大。

4.2 工程应用的对比分析

程瑾等的分析结果表明，国标和英标的标贯设备略有差别，但差别不大，同样的土层，标贯击数应该类似，不会出现太大的差别。

国标液化判别结果表明，当震级为 7.5 级、设计地震分组为第一组、设计基本地震加速度为 0.15g 时，场地各钻孔的液化指数均为轻微液化，液化指数值为 0.9～3.5，场地受地震液化的影响应较小。欧标液化判别结果表明，当砂土层埋深在 15～20m 时，7.5 级地震，黏粒含量为 15%～35%，标贯击数达到 12 击时，土层基本不液化，当标贯击数小于 12 击时，砂土层则可能液化。

从两个标准对马来槟城填海二期工程场地液化判别的结果可看出,尽管两者的判别过程不同,但判别的结果有一定的类似性,国标判别的结果为轻微液化,场地受地震液化影响较小,而欧标判别的结果虽然不能计算液化指数,但是从部分测试点液化,部分测试点不液化可知,场地地层受地震液化影响应该也较小。

因此,当采用标贯试验法进行场地地基土的液化判别时,尽管国标和英标在判别方法上存在较大的差异,但是应用结果表明,两者对同一场地的液化判别结果较相似,都可以综合判定为液化影响较小。

5 结语

①国标和欧标场地类别划分方法的对比表明,两者在场地类别数量和划分场地采用的指标上均存在较大差异,国标采用等效剪切波速和覆盖层厚度 2 个指标将场地划分为 5 类,而欧标采用地层描述、等效剪切波速、标贯击数、抗剪强度 4 个指标将场地划分为 7 类。

②国标中等效剪切波速的计算深度为 20m 和覆盖层厚度中的小值,即最大计算厚度为 20m,而英标的等效剪切波速计算深度为 30m。

③国标和英标地震液化判别均采用初判和复判的判别步骤,但两者在初判和复判的方法标准上均存在较大的差异。尤其是复判时,尽管两者均采用标贯击数,但液化判别过程却大相径庭;国标采用标贯临界击数判别液化,采用液化指数对场地受液化影响程度进行评价,而英标采用校正后的标贯击数与估算的相应深度的地震剪切应力查图判别液化,不评价地基受液化影响程度。

④工程应用结果表明,采用国标时,震级为 7.5 级、设计地震分组为第一组、设计基本地震加速度为 0.15g 时,场地轻微液化;采用欧标时,7.5 级地震,黏粒含量为 15%～35% 时,场地局部液化。

⑤尽管国标和英标的标贯液化判别方法存在较大的差异,但工程应用结果表明,两者的判别结果较接近,存在内在的一致性。

主要参考文献

［1］常士骠,张苏民等. 工程地质手册[M],第四版,2007.

［2］中华人民共和国建设部. 岩土工程勘察规范:GB 50021—2001[S].北京:中国建筑工业出版社,2001.

［3］李颖,贡金鑫.国内外抗震规范地基土液化判别方法比较[J].水运工程,2008(8):30-38.

［4］The British Standards Institution. British standard code of practice for foundations:BS-8004[S].1986.

［5］国家标准抗震规范管理组.建筑抗震设计规范:GB 50011—2010[S].北京:中国建筑出版社,2010.

［6］Eurocode 8 design of structrues for earthquake,part1:general rules,seismic actions and rules for buildings.

［7］程瑾,闵娟玲,张云冬,等.关键土力学指标在国内外规范间的对比分析[J].工程勘察,

2016,44(3):20-27.

[8] 廖先斌,郭晓勇,杜宇.英标和国标标贯设备试验结果相关性分析[J].岩土力学,2013,34(1):143-147.

[9] 中华人民共和国交通运输部.港口岩土工程勘察规范:JTS 133—1—2010.[S].北京:人民交通出版社,2010.

[10] 中华人民共和国交通运输部.港口工程地基规范:JTS 147—1—2010.[S].北京:人民交通出版社,2010.

[11] The British Standard Institution. British standard methods of test for soils for civil engineering purposes,part 9：in—situ test：BS 1377—9[S]. 1990.

基于二维模型的边坡降雨入渗研究

刘长海

(中交天津航道局有限公司,天津　300202)

摘　要:本文以达州智慧楼宇建设项目基坑边坡为研究内容,基于有限元强度折减法,利用ABAQUS软件对基坑开挖后的代表性边坡进行二维数字建模,并基于该模型进行了不考虑流固耦合的渗流场分析、研究了考虑流固耦合的降雨入渗对土坡的影响,验证结果表明,在降雨入渗的作用下,最大水平位移发生在坡脚,最大沉降发生在土坡的中部,且失稳现象最有可能发生在边坡浅层,因此在施工中应在坡脚设置排水沟,采用土钉加竖向钢管桩支护,并在表面设置80mm厚挂网喷射混凝土,以达到加固边坡的目的。

关键词:强度折减;渗流场分析;流固耦合;降雨入渗

1　引言

随着近年计算机技术的发展,基于有限元分析的数值模拟方法被广泛应用到边坡的稳定性分析中,特别是考虑到岩土材料的非线性弹塑性时,采用有限元强度折减法能克服极限平衡法中将土体假设为刚体的缺点,被学者普遍使用。

达州智慧楼宇建设工程位于达州市高新区南北一号干道东侧区域,项目基坑开挖上口线标高为372.0～378.00m,开挖下口线标高为369.5～370.5m,基坑开挖深度为2.5～7.5m,项目的基坑开挖工程属于危大工程之一,且基坑施工期间达州多雨水。因此,基于达州智慧楼宇项目建立二维的基坑边坡模型并对其进行降雨入渗分析,可为后续的基坑边坡加固提供一定的借鉴意义。

2　工程地质条件分析

案例工程基坑安全等级为二级,使用年限不超过一年。根据工程勘察报告,勘察区地层主要由第四系人工填土层(Q_4^{ml})、坡洪积粉质黏土层(Q_4^{dl+pl})和侏罗系中统上沙溪庙组(J_2s)基岩组成。各地层的分布及特征由上至下分析如下:

作者简介:刘长海,男,中交天津航道局有限公司安全总监,主要从事工程项目管理工作。

2.1 第四系土层：

（1）人工填土（Q_4^{ml}）

杂色，结构松散—稍密，扰动易散，主要由砂泥岩碎块、砖块、黏土等组成，颗粒粒径一般为 3～50cm，最大粒径约 1.1m，粗颗粒含量占 50％～70％，回填时间 2～5 年，部分地段尚未完成固结沉降。场地内分布最广，层厚 3.2～26.8m。

（2）粉质黏土（Q_4^{dl+pl}）

灰色—灰褐色—黑色，稍湿，软塑—可塑，韧性及干强度中等，偶夹少量泥岩颗粒，局部深厚土层地段夹粉砂土和细沙土，场地内分布较多，层厚 0.8～12.0m。在桩基础施工时易出现塌孔、缩颈。

1.2 侏罗系中统上沙溪庙组基岩：

（1）砂质泥岩

褐红—灰褐色，棕褐色，中—细粒砂泥质结构，岩质极软；该层在场地内分布广泛，厚度 0.5～6.0m。

中风化砂质泥岩：岩体较完整，岩芯以短柱状—长柱状为主，少量块状或碎块状，岩质稍硬，敲击易碎，浸水后易软化、崩解；局部地段岩体较破碎，呈碎块及饼状，个别地段夹砂质条带，该层厚度大，最大厚度约 20.0m。

（2）砂岩

灰白—灰色、灰青色，砂质结构，中—厚层构造。

强风化砂岩：灰—灰黄色，风化裂隙极发育，岩体破碎，呈碎裂及散体状结构，岩芯呈碎块—短柱状，岩质软，厚度 1.3～5.5m。

中风化砂岩：灰色；该层厚度大，分布较广泛。厚度 1.7～18.0m。

（3）粉砂岩

灰白—灰色—浅黄色，粉砂泥质结构或粉砂质结构，中—厚层构造，裂隙极发育—少量发育，该层遇水后易软化崩解。

中风化粉砂岩：灰色—浅黄色，岩体较完整—完整，岩芯以短柱状为主，局部呈块状或碎块状，浸水后用手可捏散，岩质极软；局部地段夹砂岩薄夹层，该层在场地内分布较少。厚度 1.20～12.0m。

2 基于二维模型的边坡稳定性分析

在现有的有限元分析软件中，常用的有 ANSYS 与 ABAQUS 两种。ABAQUS 软件多用于工程问题，其非线性分析功能有助于工程中各种实际问题的模拟。本研究采用 ABAQUS 软件建立计算模型。祝加欣在研究某工程加固模型时选取 4 倍基坑尺寸大小作为基坑稳定性分析模型的最终尺寸，结果表明，该模型尺寸能正确模拟锚网喷支护方式在工程中的应用。因此本次研究选取基坑尺寸大小的 4 倍作为基坑开挖后边坡稳定性分析模型尺寸。

2.1 力学模型的选取

根据项目基坑工程的特点及周边环境条件,针对不同的剖面,采取不同的开挖尺寸(表2-1)。

表2-1 各剖面的开挖尺寸

支护段	基坑开挖深度/m	坡度
AB、JI 段	5.50~6.75	1：0.5
BC、DE 段	3.6	1：1
CD 段	1.45~2.45	1：1.5
EF 段	5.5	1：1
GA 段	7.5	1：1.5

上述支护段中 GA 段的开挖深度最大(图2-1),该支护段土层全为人工填土(Q_4^{ml}),为场地内分布最广的土层,因此选取 GA 段作为本次降雨入渗分析的力学模型具有代表性。

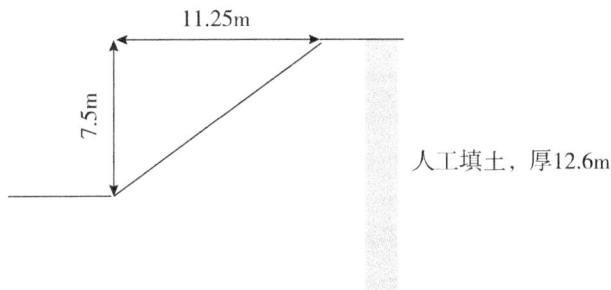

图 2-1 GA 段边坡图

2.2 土体力学参数确定

根据各种勘探手段所获取的地基土物理力学指标,结合本地区经验综合分析,GA 段地基土物理力学指标具体情况见表2-2。

表2-2 岩、土物理力学指标

名称	天然重度 $\gamma/(kN/m^3)$	弹性模量 E/MPa	黏聚力 c/kPa	内摩擦角 $\varphi/°$	泊松比
人工填土	19.0	—	15	30	0.3

2.3 边坡降雨入渗分析的方法

本研究采用强度折减法,其原理为在计算中持续降低边坡的安全系数 F,将计算后参数不断代入进行重复计算,直到模型计算不收敛,发生破坏,此时发生破坏前的值就是边坡的安全系数 F。

$$C_m = C/F_r \tag{2-1}$$

$$\varphi_m = \arctan(\tan\varphi/F_r) \tag{2-2}$$

式中：C_m——折减后的黏结力；

φ_m——折减后的摩擦角;

F_r——折减系数。

计算中假定不同的强度折减系数 F_r。

达州市雨水较多,而降雨会降低岩土体抗剪强度,使得边坡情况不断变化,因此需要在模型中设置降雨的边界条件,考虑雨水入渗的瞬态渗流对土坡应力、应变的影响。边界条件的设置需要引入材料渗透系数以及饱和度随基质吸力的关系曲线。材料渗透系数与基质吸力的关系为

$$K_w = a_w K_{ws} / [a_w + (b_w \times (u_a - u_w))^{c_w}] \tag{2-3}$$

式中:K_w——饱和渗透系数,取 5.0×10^{-5} m/s(0.018m/h);

u_a, u_w——土体中的气压和水压力,u_a 为 0。a_w、b_w 和 c_w 取为 1000、0.01 和 1.7。

饱和度随基质吸力的关系为

$$S_r = S_i + (S_n - S_i) a_s / [a_s + (b_s \times (u_a - u_w))^{c_s}] \tag{2-4}$$

式中:S_r——饱和度;

S_i——残余饱和度,取 0.08;

S_n——最大饱和度,取 1;

a_s、b_s 和 c_s——取 1、5×10^{-5}、3.5。

2.4 二维模型的建立

计算时采用莫尔—库伦理想塑性本构模型将 GA 段边坡尺寸扩大 4 倍,建立有限元计算模型(图 2-2),a、b 之间为排水面。

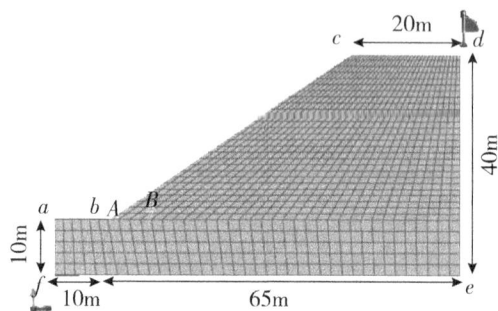

图 2-2 模型示意图

由式(2-3)、式(2-4)得到渗透系数、孔压力随饱和度的变化,在材料性质编辑时定义变化曲线,相应的数据见表 2-3。

表 2-3 渗透系数、孔压力随饱和度变化

孔压	折减系数	饱和度
−400	0.273855	0.080014
−380	0.291533	0.080017
−360	0.310874	0.080021
−340	0.332063	0.080025

孔压	折减系数	饱和度
−320	0.355304	0.080031
−300	0.380815	0.080039
−280	0.408831	0.08005
−260	0.439592	0.080065
−240	0.473339	0.080086
−220	0.510292	0.080116
−200	0.550626	0.080163
−180	0.594431	0.080235
−160	0.641653	0.080355
−140	0.692013	0.080566
−120	0.744902	0.080971
−100	0.79924	0.081836
−80	0.853322	0.084
−60	0.904647	0.090867
−40	0.949753	0.123317
−20	0.983977	0.409885
0	1	1

在进行降雨入渗分析时，以流速的形式模拟降雨，利用 Amplitude 幅值曲线定义正弦荷载，创建降雨强度随时间的变化曲线，数据见表 2-4。

表 2-4　　　　　　　　　　　　　　　　降雨强度幅值表

时间/h	幅值
0	0
24	1
48	1
72	0

绘制出幅值曲线见图 2-3。

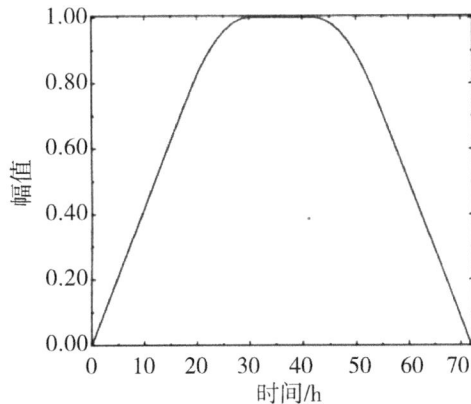

图 2-3　所采用的降雨强度幅值曲线

2.5　结果分析

（1）初始状态结果分析

进入 Visualization 后处理模块，打开相应的计算结果数据库文件。执行[Result][Field Output]命令，选择孔压为输出变量。执行[Plot]/[Contours]/[On Undeformed Shape]命令，绘出最终的孔压等值线图（图 2-4）。可见，水压力基本上呈线性分布，底部为 100kPa，顶部为－184kPa（吸力）。

对初始状态下的饱和度分布进行分析（图 2-5），水位以下饱和度为 1，水位以上快速减小到 0.08。

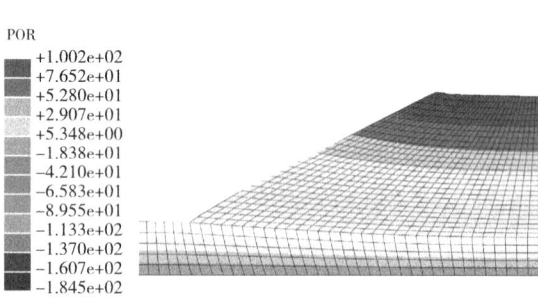

图 2-4　降雨之前孔压分布

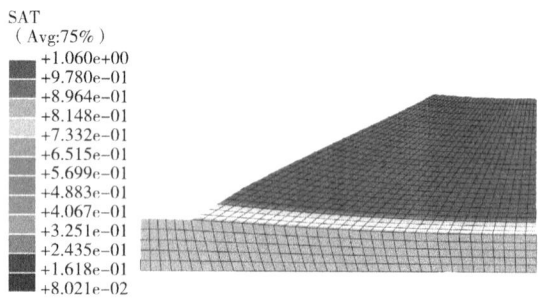

图 2-5　降雨之饱和度分布图

分析初始状态下的竖向有效应力分布（图 2-6），在计算结束时，土坡顶部竖向有效应力并不为 0，这是由于有效应力考虑了吸力的影响。同时，在土体中，竖向有效应力由斜坡向内递增，与在水平土体中有很大差别。

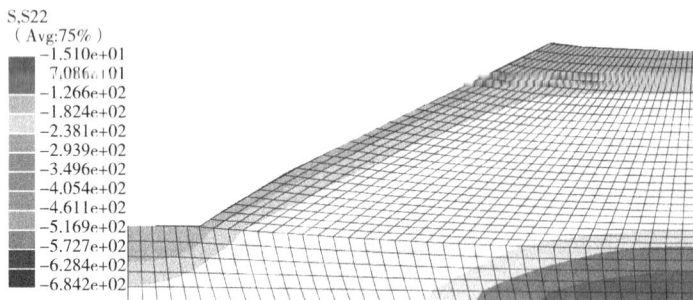

图 2-6　降雨之前的竖向有效应力分布

（2）降雨入渗的结果分析

在后处理模块 Visualization 中执行[Result]/[Fied Output]命令，绘出 46.13h 和 72h 时的孔压等值线图（图 2-7、图 2-8）。从图中可以看出，在考虑了降雨的情况下，孔压分布图与原来的情况相比有了较大的变化，坡顶下方的吸力区面积缩小，土体的吸力也随之下降。通过对各时刻孔压的分析比较，得出了随降雨持续时间的增加，土壤中的饱和度和孔隙水压逐渐增加，而土壤表层的基质吸力逐渐降低甚至消失的结论。降水减少或停歇后，随着持续时间的增长，饱和度降低，孔压降低，表层土之基质吸力再次上升。

为了进一步分析降雨引起的水流下渗现象，对 $t=46.13h$ 时的流速矢量图进行分析（图 2-9），可清晰地看到降雨引起的水流下渗现象。

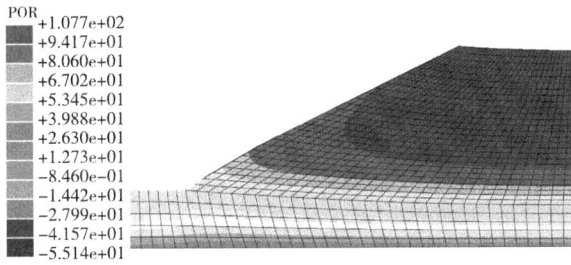

图2-7 降雨46.13h后的孔压分布

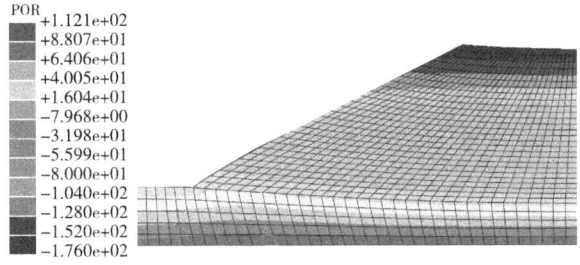

图2-8 降雨72h后的孔压分布

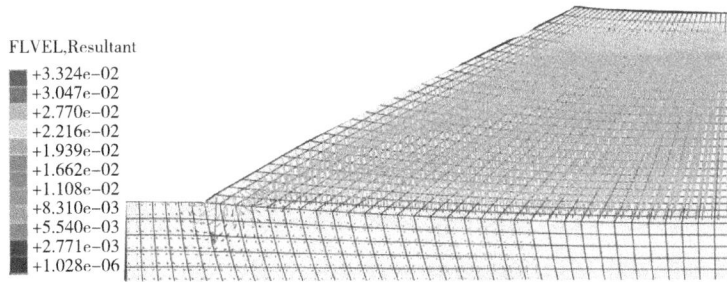

图2-9 降雨46.13h后的流速矢量图

执行[Tools]/[Create field output]/[from felds]命令,提前降雨引起的增量水平和竖直位移见图2-10和图2-11。由图可见,最大水平位移发生在坡脚,最大沉陷发生在坡的中部。随着雨水入渗时间的延长,土壤的含水量及容重将逐渐增大,从而引起土壤的沉陷及应力增大。这说明在降雨和入渗发生的过程中,边坡有滑动变形的倾向,由此可知边坡稳定性是下降的。

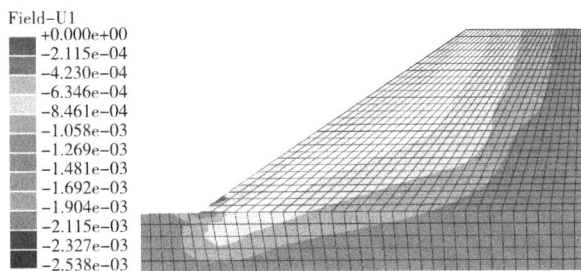

图2-10 降雨72h后的水平位移

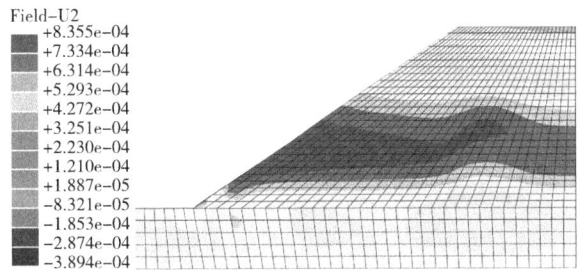

图2-11 降雨72h后的沉降

执行[Tools]/[XY Data]/[Create]命令,储存降雨入渗分析步中单元A和单元B(图2-2)的平均应力和等效偏应力随时间变化的关系,并利用combine函数绘出单元A和单元B的有效应力路径(图2-12、图2-13)。由图可见,A、B两个位置的有效应力路径具有明显的差异,对坡脚区A单元而言,随着雨水渗入,其有效平均应力逐渐降低,但孔隙水压力逐渐增大。在降低到某一程度后,有效应力路径到达屈服面,并沿屈服面(摩尔库伦强度包线)向左下角移动,直至降雨逐渐减少,抽吸力和孔隙压力逐渐降低,有效应力逐渐增加,最终使屈服面发生位移。但在降雨过程中,土体B位于坡体内部,上部土体吸收水分后,其容重增大,从而使B土体在降雨过程中的平均有效应力和偏应力不断增大。降水后期的平均有效应力值和偏应力值均有减小的趋势。这表明,在降雨入渗的影响下,失稳最有可能发生在边坡的浅层土体上。

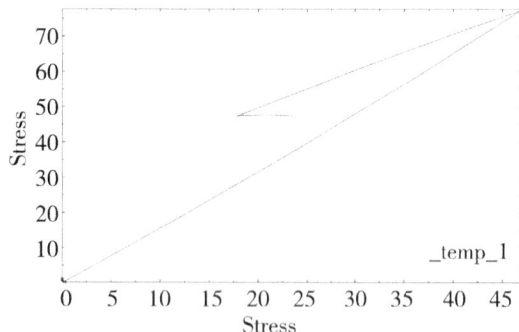

图 2-12　单元 A 的有效应力路径

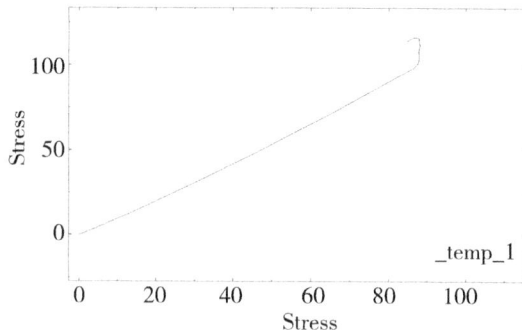

图 2-13　单元 B 的有效应力路径

3　结语

随降雨持续时间的增加,土壤含水量和饱和度均增加,而土壤表层的基质吸力下降甚至消失。降水减少或停歇后,随降水持续时间的增长,饱和度降低,孔压降低,表层土的基质吸力再次增大;当雨水进入渗流过程中,坡脚处出现最大水平位移;对有效应力路径分析可知,最大沉降发生在土坡的中部,且失稳现象最有可能发生在边坡浅层。

根据上述结论提出边坡防治措施:在坡脚设置排水沟,采用土钉加竖向钢管桩支护,并在表面设置 80mm 厚挂网喷射混凝土,以达到加固边坡的目的。

主要参考文献

[1] 杨有成,李群,陈新泽,等. 对强度折减法若干问题的讨论[J]. 岩土力学,2008,29(4):1103-1106.

[2] 祝加欣. 基于 ABAQUS 软件的某基坑项目边坡稳定性分析[J]. 工程技术研究,2023,8(3):27-29,37.

[3] 付建新,谭玉叶,宋卫东. 考虑二维降雨入渗的非饱和土边坡稳定性分析[J]. 东北大学学报(自然科学版),2014,35(11):1646-1649.

[4] 李军,吴杰. 基于理正深基坑软件的基坑边坡稳定性分析[J]. 珠江水运,2022(7):32-34.

[5] 陈勇章,焦尔格. 公路边坡降雨入渗的数值模拟[J]. 山西建筑,2008,34(5):291-292.

水利工程中 GPS－RTK 测量技术的应用

唐五一[1]　曹苏榛[2]

(1.长江河湖建设有限公司,湖北武汉　430000;

2.南京齐源建设工程有限公司,江苏南京　210000)

摘　要:水利工程建设从开工前到竣工后都离不开工程测量,随着近几年各项测量技术的不断发展,工程测量也正向电子化和自动化方面发展,GPS 测量不需要控制点间相互通视,使得测量放样作业更加灵活,将在水利工程测量中发挥重要的作用,也为水利工程的变形观测创造和提供了条件,对于寻找目标、自动观测、自动记录,为实现真正测量外业工作的自动化提供了便捷条件。

关键词:水利工程;GPS 测量技术;应用实践

1　引言

GPS-RTK 四参数是指两个平面坐标系之间的平移(DX、DY)、旋转(a)、缩放参数(k)。计算得到这四个参数,就可以通过四参数方程组,将一个平面直角坐标系下一个点的 XY 坐标值转换为另一个平面直角坐标系下的 XY 坐标值。

2　GPS-RTK 测量的工作原理

基准站通过电台将观测信息和观测数据传输给移动站,移动站将基准站传来的载波观测信号与移动站本身采集的 GPS 载波信号,在系统内组成差分观测值进行实时处理,解出两站间的基线值,同时输入相应的坐标转换和投影参数,实时得到测点坐标,并同时给出厘米级定位结果,历时不到 1s。因此,该技术率先在工程测量、大堤测量等测绘领域普及及应用。

3　GPS-RTK 测量的特点

相对于传统测量,GPS 动态测量技术主要具有以下几个突出优势:

①GPS 观测的精度明显高于一般的常规测量,在小于 50km 的基线上,其相对定位精度可达 $1×10^{-6}$,在大于 1000km 的基线上相对定位精度可达 $1×10^{-8}$。

作者简介:唐五一,男,助理工程师,从事工程施工及质量控制研究工作, E-mail: 623544159@qq.com。

②GPS 测量不需要测站间的相互通视,可根据实际需求确定点位,使得选点工作更加方便灵活。

③在进行 GPS 测量时,静态测量相对定位每站仅 40min 左右,动态测量相对定位仅需几秒钟就可以确定坐标点和高程。

④GPS 接收机(移动站)自动化程度越来越趋于操作智能化,观测人员只需要对中、整平、量取天线高及开机后设定参数,通过接收机即可进行自动观测和记录。

4 GPS-RTK 在水利工程测量中的应用

4.1 布设施工控制网

开工进场后,为确保控制网精度,严格控制本工程各项目的施工质量,项目部将在建设单位及监理单位的协助下,首先对设计单位提供的控制点进行复核,采用 GPS 静态测量来进行复测,可以极大地提高测量施工效率;GPS 静态测量定位精度高,数据安全可靠,没有误差累计的优点;根据施工控制网,设置场地内堤防中轴线、堤防坡顶线、堤防坡底线、河道开挖中轴线、河道边坡坡顶线、河道边坡坡底线和二级平台等中桩、边桩,并经常复核、校对来控制施工质量。

4.2 移动基站建设(四参数＋高程拟合)

采用 GPS 进行施工测量和放样,首先设置基站与移动站,使移动站最终达到固定解;然后采集控制点坐标,在碎部测量中,使用平滑采集对控制点进行采集,需采集 3 个及以上控制点;分别添加源点(采集的坐标)和控制点(已知坐标),点击计算,最后求得"四参数＋高层拟合"的结果;计算的尺度(k)的数据为 0.999……或者 1.000……方可应用到该项目中,如若不满足,就必须找别的精度高、可靠的控制点用于参数计算。

4.3 施工前地形测量

项目施工人员进场后,开工前项目部需安排测量员对施工现场进行原地面测量,水利工程中的河道开挖及堤防填筑等施工,往往施工战线较长,采用全站仪进行测绘时会出现视线受阻的情况,然而 PGS 技术不要求两点间满足光学通视,只要求满足"电磁波通视"和对天上卫星基本通视,因此和传统测量相比,RTK 技术受通视条件、能见度等因素的影响和限制较小,只要满足 RTK 的基本条件,它就能轻松地快速满足水利工程测量作业的要求。

4.4 施工放样

在水利工程开工后,需对施工现场河道开挖及堤防填筑进行放样,采用 RTK 技术进行工程放样时,只需要提前输入放样点坐标,手持 GPS 接收机,只需要一个人操作就可以找到放样点的位置,既迅速又方便,GPS 是通过坐标进行直接放样,而且精度很高、很均匀,因此在外业放样中的效率会大大提高。

4.5 施工期间变形监测

以往的监测方法是将水平位移和垂直位移分开观测,一般水平位移采用全站仪(前方交会法),

垂直位移一般采用水准仪(几何水准法);对于传统测量而言,受天气环境影响较大,且受到现场通视条件差的严重制约,不能很好地满足堤防安全监测的要求。由于GPS定位技术同时具有水平测量和垂直测量的功能,且具有高精度、全天候、测站间无需通视等优点,已基本取代传统测量方法,成为变形监测的主要技术。

5 结语

GPS技术自应用在测绘领域以来,已对整个测绘技术产生了革命性的影响,在水利工程建设中GPS测量放样渐渐成为主流,直接导致三角测量等传统测绘方法走入历史。

主要参考文献

[1] 王峰.GPS-RTK测量方式及其原理探析[J].交通标准化,2013(9):97-100.
[2] 左朝.GPS-RTK技术原理及应用[J].科技信息,2012,395(3):155.

浅析土方填筑控制系统在水利工程施工中的应用

姜 海 张颖丽 徐婉青

(淮安市水利工程安全和质量监督站,江苏淮安 223001)

摘 要:土方填筑是水利工程施工的重要环节,提高土方填筑碾压施工质量尤为重要。本文详细介绍了一种应用于土方填筑施工过程中的土方填筑控制系统,利用现代化信息技术——高精度北斗定位设备及振动传感器,对土方填筑施工过程中的碾压质量进行精准控制,通过监测碾压过程中的行驶轨迹、行驶速度、碾压遍数及动静碾压等影响施工的关键指标,从而提高土方填筑碾压质量,为今后土方填筑施工的现代化建设提供参考。

关键词:土方填筑;控制系统;碾压技术;应用

1 引言

土方填筑碾压施工贯穿整个水利工程施工过程的各个阶段,无论是对水利工程施工过程中的质量还是对社会的经济效益都有着非常重要的影响和意义。随着经济飞速发展,现代水利工程也得到飞速发展和提高,人们对水利工程的质量要求也越来越严格,土方填筑碾压施工在水利工程中的应用就显得尤为重要。人类已经从工业化社会进入信息化社会。与此同时,信息技术已经在各个领域发挥了无法替代的作用。根据时代的发展和我国信息化技术的现状,土方填筑碾压施工的质量控制也可引入现代化信息技术,利用现代化信息技术,可动态监测土方碾压填筑过程中的各项相关数据,以提高土方填筑碾压质量。

2 土方填筑质量控制系统建设的必要性

在互联网和信息化普及的背景下,土方填筑施工质量控制过程也有相应的需求,为了能够控制碾压土料的含水量、碾压土层厚度和及时发现漏碾、欠碾或过碾等问题,有效提高土方碾压填筑质量,土方填筑施工过程需要一个信息化控制系统来全面监测施工过程中的各项相关数据,实时查询碾压填筑质量,及时调整碾压速度或碾压遍数等影响施工的关键指标,保证土方填筑施工工序质量。

作者简介:姜海,男,高级工程师,主要从事水利工程建设管理和质量监督工作,E-mail:113958832@qq.com。

3 土方填筑质量控制系统的应用

3.1 系统简介

土方填筑质量控制系统通过在碾压机械上安装的高精度北斗定位设备及振动传感器,检测土方碾压施工过程中的行驶轨迹、行驶速度、行驶遍数及动静碾方式等影响施工质量的关键指标,从而实时控制土方碾压质量,同时将监测数据以网络形式上传至服务器,通过对监测数据的分析,及时排查施工过程中的不合格点,做到有效及时更正,保证土方填筑施工质量的同时提高施工效率。

土方填筑质量控制系统分为监管平台和业务平台。

(1)监管平台

监管平台整体分为 3 个部分,左侧用于展示项目介绍、当日碾压情况统计和当前设备在线及离线信息;中间展示当前车辆位置的 GIS 地图及展示实时数据的数据列表。右侧用于展示当日施工面积、车辆实时行驶速度情况和速度预警情况(图 3-1)。

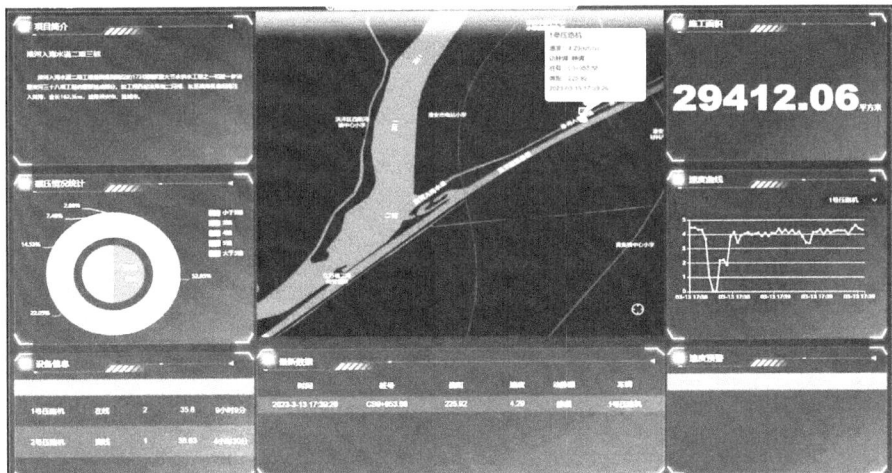

图 3-1 监管平台示意图

(2)业务平台

土方填筑质量控制系统的业务平台按照其功能划分为 6 个部分,分别为基础信息数据管理、施工动态监控、质量数据实时统计与分析、数据管理、实验室数据管理、质量数据成果管理,具体内容介绍如下:

1)基础信息数据管理

基础信息数据管理模块是管理基础数据的工程管理模块,此模块用于对施工区域进行划分,在施工过程中可按照实际施工区域进行添加,方便后续进行数据统计与分析。

2)施工动态监控

施工动态监控模块主要用于查看当天土方施工填筑碾压情况,提供碾压车辆实时运行轨迹、行驶速度、压实遍数、碾压高程、碾压车辆位置、碾压时间等信息的实时查询(图 3-2)。利用此模块能够实时看到碾压土方的压实度和碾压土方的碾压高程,能够有效保证土方填筑碾压的铺土厚度,同时能有效解决施工过程中可能出现的漏碾、欠碾或过碾等问题。

图 3-2 施工动态监控示意图

3）质量数据实时统计与分析

质量数据的实时统计与分析模块，主要功能是提供以施工区域和车辆两个维度的数据查看，并对数据进行整体的质量评定。

4）数据管理

数据管理模块，主要功能是查看原始数据和预警数据，有预警信息时，可在该模块中进行查看，方便排查预警情况，分析预警原因，及时调整碾压车辆的速度，保证土方填筑碾压质量。

5）实验室数据管理

实验室模块的功能是提供实验报告、实验数据的录入，将现场碾压实验的相关数据进行归档操作，方便后期管理，同时也支持碾压实验数据与系统分析数据进行分析比对。

6）质量数据成果管理

成果管理模块，可导出碾压的成果，在报告中，可以展示当前施工区域的碾压情况（图 3-3），包括碾压合格率、碾压速度、碾压高程等，并支持打印，整理"三检"材料归档。

单位工程名称及编号	淮河入海水道二期三 P4-11	施工日期		2023.03.12-03.13	
分部工程名称及编号	一区分部工程 P4-11-CS1001	起止桩号			
单元工程名称、部位及编号	一分区1区第1层 P4-11-CS1001-1	起止高程	EL 9.47	-EL 9.77	
		碾压遍数			
区域面积（m²）		4958.5			
碾压遍数（遍）	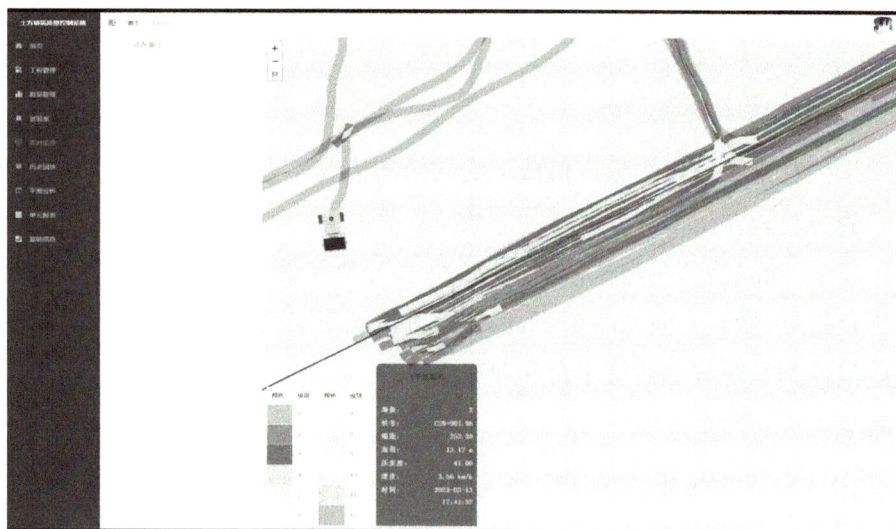				
碾压覆盖率		58.2%			
含水率		平均含水率		0.3	%
		最大含水率		0.3	%
压实度		最大压实度			
		平均压实度			

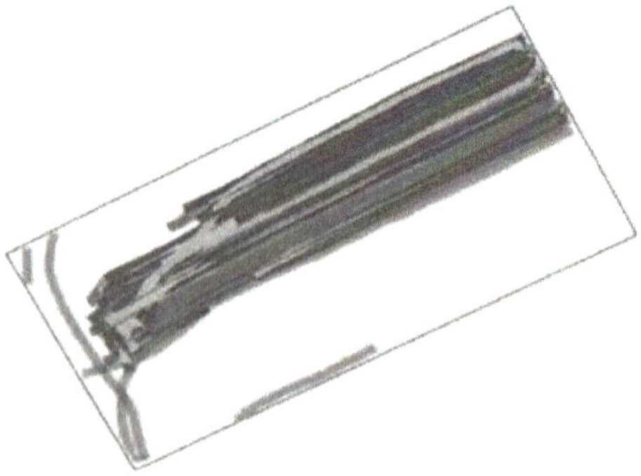

图 3-3 施工区域碾压情况

4 土方填筑质量控制系统的优势

（1）动态监控，及时纠偏

土方填筑控制系统能够对土方施工过程中的碾压质量进行精准控制，能够动态监测碾压过程中的行驶轨迹、行驶速度、碾压遍数及动静碾压等影响施工的关键指标，能够实时检测土料的含水率、土料的铺土厚度，根据业务平台的预警信息能够及时排查施工过程中出现的预警情况，对碾压施工的各项关键指标进行排查处理，及时纠正偏差，提高土方填筑碾压质量。

（2）提高施工作业速度，节约施工成本

相较于传统土方碾压填筑施工过程，土方填筑质量控制系统能够实时看到施工过程中土料的含水率、土料的铺土厚度及碾压遍数，能够有效避免漏碾、欠碾或过碾问题的出现，保证了土料填筑的压实度，同时也提高了施工作业速度，减少了施工过程中不必要的返工，节约了施工成本。

（3）减少人力投入

传统的土方填筑施工过程，每一层土料碾压完成后都需要相关的检测人员对填筑面进行取样检测，一旦发现不符合规范要求的点，要对整个土层加大检测范围和检测频次，情况严重则需要返工处理，从而导致施工速度缓慢，施工质量难以保证。土方填筑质量控制系统能够实时监测填筑施工过程的关键指标，相对传统的填筑施工方式，控制系统的全过程质量控制能够有效降低检测人员检查的频次，减少人力投入。

5 结语

土方填筑质量控制系统的应用，搭建了土方填筑施工的信息化应用管理平台，为土方填筑施工提供了信息化、智能化的支持，使土方填筑施工实现动态监控、及时纠偏，提高施工作业速度，在保证土方填筑碾压质量的同时节约了施工成本和相关人力投入，有效弥补了传统土方填筑施工过程中因技术操作不规范、施工监测频次不足或人员履职不到位等造成的质量缺陷和安全隐患，从根本上改善了水利工程土方填筑施工的安全性、可靠性和稳定性，推动了土方填筑施工的现代化。

主要参考文献

[1] 孙军萍，水利工程土方填筑施工技术[J]. 河南水利与南水北调，2020，49(8)：67-68.

[2] 华新钢. 某水利工程堤防土方填筑施工方法的研究[J]. 陕西水利，2018(6)：173-174.

[3] 于雷，水利水电工程施工中土方填筑质量控制要点分析[J]. 科技创新与应用，2016：204-205.

[4] 张杰，浅论水利工程土方填筑碾压施工质量控制[J]，建筑与工程，2017：205-205.

[5] 王瑞，杨英鸽，袁靓，等，南水北调中穿渠建筑物及渠道土方填筑质量控制[J]. 中华建设科技，2017(3)：352-354.

浅析水利工程质量检测工作存在的问题及对策研究

张颖丽　　姜　海　　徐婉青

（淮安市水利工程安全和质量监督站，江苏淮安　223001）

摘　要: 随着水利工程建设的快速发展,水利工程质量检测已成为水利工程施工建设过程中不可或缺的重要组成部分。本文就水利工程质量检测的必要性,阐述水利工程质量检测存在的问题,并提出对策,以期为今后水利工程质量检测的研究提供参考。

关键词: 水利工程;质量检测;问题;对策研究

1　引言

随着经济和科技的快速发展,我国水利建设工程也有了一定的进步,同时水利工程的施工质量也是当前人们关注的焦点问题。水利工程质量检测是确保水利工程质量水平的重要基础,是实现水利工程项目质量管理科学化、标准化、现代化的重要手段。加强对水利工程的质量检测可以有效避免工程质量事故的发生,减少因工程质量不合格造成返工而增加的经济损失,提高水利工程施工作业的安全系数,有效提升水利工程质量。

2　水利工程质量检测的必要性

2.1　对工程建设质量的有效保障

工程质量检测工作贯穿于整个施工过程,能够及时发现水利工程施工建设过程中存在的问题和不足,将工程质量问题杜绝在源头,将质量隐患扼杀在萌芽阶段;另外,在前期施工检测中发现的问题,可以为后续的施工提供参考依据,保证后续施工中不会再出现类似问题,为保证后续施工质量打下坚实基础。

2.2　为工程质量验收工作顺利开展提供有力的数据支持

水利工程质量检测的数据和结果可以给水利工程质量品质评定和验收提供相应的数据参考,运行有序的质量检测工作可以进一步提高水利工程的监管水平。工程验收时,大部分实体工程已经在

作者简介:张颖丽,女,工程师,主要从事水利工程建设管理和质量监督工作,E-mail:983212306@qq.com。

水下或者被回填覆盖,这时检测数据成为工程质量是否合格的重要依据。

2.3 为工程出现质量隐患或质量事故提供科学的参考依据

一旦工程使用过程中发现质量隐患或出现质量事故,在事故原因调查处理环节,工程检测报告作为重点的参考资料,可为有针对性地开展后续补救工作提供数据支持。

3 水利工程质量检测存在的问题

3.1 部分有超资质、借资质检测现象

该现象的出现有内外两方面的原因。

(1)外因

由于水利部近几年未组织开展水利专业检测员考试,人员持证不能满足资质要求,造成当前企业资质无法及时得到升级,给超资质检测行为留下了空档。

(2)内因

首先是项目法人、施工、监理单位对检测单位资质了解不足,对各单位的检测业务范围掌握不清,对检测单位的审核把关不严,造成了超资质检测;其次是检测单位为求发展和创收,在取得相关检测指标后,有意识地打擦边球,超资质开展检测工作,借用其他检测单位资质,由本单位人员开展检测工作。所造成的后果就是所签订的检测合同中超资质部分不具备法律效力,无相关检测员证书的人员开展了具体的检测工作,所出具的检测报告不满足规范要求。

3.2 检测单位的人才结构、专业素养不能满足检测需要

质量检测是一门系统的学科,需要经过专门学习和培训的人员才能胜任。检测单位的检测人员的专业结构普遍不足,人员偏少,具备水利检测知识的人员更少,个别专业的检测证书有挂靠现象,不能满足当前水利检测市场的需要。具体实施试验的检测员只具备操作的能力,缺少对检测结果进行具体分析的能力。

3.3 部分检测单位管理不规范,不能坚持原则,检测把关不严格

质量和技术管理是确保检测单位正常开展检测工作的前提和基础。有的检测单位为抢占检测市场,出现了忽视检测质量的现象,随意降低标准,造成检测结果明显与事实不符,出现建筑物混凝土不合格而试块合格,个别数据弄虚作假,避开有问题工程和部位等问题;其次忽视日常管理,内部质量管理体系不健全,导致有些检测单位的仪器未按照检测检定周期进行检定或定期检定不及时,检测仪器数量不足,检测流程执行不到位,对检测结果的审核、把关基本流于形式,档案管理不完善等。

3.4 检测内容、频次与规范有差距

当前项目法人委托检测规范、监理检测规范均已出台水利检测规定已较为齐全。但从执行上来

看,与规范相比有较大差距,首先是施工单位的原材料自检频次明显不足,特别是对商品混凝土厂家的原材料、混凝土试块、土工布等的检测频次偏少;其次是监理单位对施工单位的重要部位不进行平行检测,如防渗墙、灌注桩、基础换砂等;再次是项目法人为节省检测经费,所委托的第三方检测内容多为对建筑物主体进行检测,而缺少对机泵、金属结构、配电等主要设备的检测内容,不能满足规范要求。

3.5 检测费用普遍偏低

目前,检测市场的检测费用没有相关规定,重点工程中的第三方检测费用大多采用公开招标确定,一般工程或农业水利工程均采用市场谈判委托方式确定费用,普遍较低,不能满足检测规范中规定的检测频次和数量要求。

4 水利工程质量检测提升的对策研究

4.1 强化质量检测市场监管力度

按照水利建设管理要求对检测市场进行监管,开展质量检测工作的备案制度,实行市场准入机制,严格监管借用资质和超资质检测行为,严查虚假检测、虚假报告行为,资质不全可以采取联合的方式,而不是借资质的方式承担工程检测任务。

4.2 强化检测主体建设,提高检测水平

检测单位要强化自身内部管理力度,完善质量保障及管理的体系,在健全相应规章制度的基础上,逐渐规范相应的检测流程,不断组织学习,使检测人员具备系统的水利工程检测知识和专业素质,不断加强检测技能和成果分析能力。有计划地组织开展检测人员培训班,组织检测单位的技术骨干进行现场交流,通过各种形式的培训交流努力提升检测单位人员素质及技能水平,同时加强检测工作人员的思想教育,树立正确的职业道德观,保证工作公平公正地开展。

4.3 推进第三方检测招投标

以招投标形式,通过公开、公平、公正的竞争来择优选择第三方检测单位,必须保证第三方检测内容满足规范要求。在招投标中,亦不宜搞"完全价格竞争",提倡"适度竞争",以服务质量和服务水平来促进检测市场的有序竞争。

4.4 创新检测模式落实检测单位责任

针对目前检测单位只对来样负责,只对检测部位负责的检测模式,对有条件的单体工程建议集中施工单位自检、监理单位平行检测及法人的检测经费,采用第三方检测办法,借鉴交通工程检测模式,由检测单位驻工地,从原材料的取样、试块的制作,到设备及安装检查进行全过程检测,加强过程控制,出具检测报告,对工程的总体质量负检测责任,进一步落实检测单位的主体责任。

5　结语

水利工程质量问题是工程建设的主要问题,要有效解决这一问题必须将水利工程质量检测贯穿水利工程建设的全过程,充分发挥质量检测单位的重要作用。本文就水利工程检测存在的问题进行了阐述,提出了加强质量检测市场的监管力度、强化检测主体建设、加快推进第三方检测招投标及创新检测模式等几个方面的对策,以期能够使检测市场能够更加科学、公平、公正,进一步提升水利工程质量检测水平,从而提升水利工程质量,推动社会经济和科技的发展。

主要参考文献

[1]　田先锋.水利工程质量检测中的问题及措施[J].水利建设,2019,49(8):323-324.

[2]　郭晓波.水利工程质量检测中的问题及措施[J].四川建材,2019(11):221-222.

[3]　邓凯斌,唐庆红.水利工程质量检测工作的现状、问题及对策研究[J].发展与创新,2019(9):237-238.

[4]　徐钺.试析水利工程质量检测管理问题及应对策略[J].住宅与房地产,2015(11):146-146.

[5]　吴建勇.对如何做好我国水利建设工程质量检测的探讨[J].低碳技术,2018(2):78-79.

水利稽查成果分析及对策研究

姜　海　张颖丽　徐婉青

（淮安市水利工程安全和质量监督站,江苏淮安　223001）

摘要:本文总结了淮安市水利稽查工作的成效,分析了目前稽查工作中存在的问题,并就如何加强稽查工作、创新稽查手段、增强稽查效果提出了新的对策。为其他水利工程稽查工作提供了借鉴经验。

关键词:水利工程稽查;问题分析;对策研究

1　引言

水利工程项目稽查是针对工程建设进度、投资控制、实体质量、安全生产等方面工作进行稽查,及时发现并解决工程建设过程中出现的问题,主要包括执行"四制"情况、资金到位及使用情况、工程进展情况、工程质量及安全情况。

2　淮安市水利工程项目稽查成效

淮安市近年来水利工程投资体量较大,每年约为 30 亿,为加大工程监管力度,自 2014 年以来,淮安市开展了项目稽查工作,稽查人员在稽察过程中不回避问题,不走过场,找准问题,对症下药,及时帮助参建单位进一步规范工程管理,强化工程质量,完善工程资料,为项目的顺利实施充分发挥好帮助、促进、指导作用,成效显著,主要体现在以下几个方面:

(1)完善稽查制度,建立健全组织机构

首先 2014 年 5 月,淮安市成立了淮安市水利工程稽查委员会,明确了人员组成、工作职责、工作机制,选派了 10 名稽查特派员,并积极协调落实了稽查工作专项经费,为有效开展稽查工作提供了经费保障;其次为了规范稽查工作,专门印发了《淮安市水利工程建设项目稽察工作细则》,对稽查人员职责、工作内容、方法和程序、责任追究等作出了具体规定,为稽查工作有效开展提供了依据。

(2)加大项目稽查力度,在稽查工作中引入质量检测

淮安市不仅对国家重点工程开展项目稽查,还对农水水利、城市水利等各种类型的项目开展稽

作者简介:姜海,男,高级工程师,主要从事水利工程建设管理和质量监督工作,E-mail:113958832@qq.com。

查,保证项目稽查全覆盖,自 2014 年以来我市共开展了 21 次项目稽查,包括基建工程、灌区节水改造工程、小型农田水利重点县、城市水利以及农村饮水安全等工程,基本涵盖了淮安市在建的所有类型水利工程;另外,近年来在水利稽查工作中引入了质量检测机制,委托具有资质的检测单位对稽查项目开展全方位的质量检测,并将检测结果作为稽查成果的重要依据。

(3)强化稽查整改力度,保证稽查工作成效

整改落实是体现稽查成效关键的重要环节,采取"回头看"等方式紧抓稽查整改工作,规范建设管理行为。通过近几年的稽查工作来看,稽查中发现的问题逐年减少,整改效率逐年提升,全市的水利工程实体质量和管理水平有了较大的提高。

(4)提高县级质量管理人员业务能力水平

在市级组织的稽查工作中,将具有较高业务水平的县级质量管理人员纳入稽查专家范围,在稽查工作中不断提高业务能力水平,起到以点带面的效果,逐步提高各县区质量管理人员的综合业务能力和素质,从而提高各县区水利工程建管水平总体水平。

3　存在问题分析

经过近几年的稽查工作实践,总结淮安市目前稽查工作存在问题主要体现在以下几个方面:

(1)稽查人员难保证

由于稽查人员大部分均是从各个单位抽取的在职人员,而且稽查涉及前期规划、建设管理、财务资金、质量安全等多个专业,每次开展稽查工作,高水平的稽查人员选调较困难,对稽查工作的质量产生了一定的影响。

(2)稽查专项经费得不到保证

目前淮安市的稽查工作经费未纳入财政预算,而是从其他渠道调配使用,从长远来看,难以保证稽查工作的正常开展。

(3)各参建单位的质量行为问题繁多

对比历次稽查情况和结果,各参建单位的质量行为主要在 4 个方面存在问题。

①设计变更,变更手续不规范、变更不备案、未批先建等问题较多。

②工程强制性条文检查执行不到位,项目法人、监理、施工单位重过程,轻执行,强制性条文检查文件较多,但检查重点不突出,强制性条文的执行更不到位,存在"执行走过场"的现象。

③质量管理责任制落实不到位,主要是各参建单位的质量责任人、项目负责人不到位现象较多,合同在执行过程中有随意变更现象。

④施工质量检验与评定不及时,后期补填的数据失真现象较多。

(3)重内在质量轻外观质量

从稽查反映的问题看,大部分工程的混凝土实体质量较好,部分工程超过设计等级要求,但是对外观质量管理控制不严,蜂窝麻面、错台跑模现象随处可见,外观质量意识淡薄。

（4）机电方面专业人才短缺

目前在淮安市机电专业人才和管理人才不足，特别是各县（区）人才更为紧缺，无法对机电设备制作安装质量进行控制，履行建设管理职能。

4　今后稽查工作对策研究

当前形势下，水利工程建设任务越来越艰巨繁重，全社会对水利的关注度越来越高，国家、省对水利建设行业稽查要求越来越严格，进一步加强稽查工作、创新稽查手段、增强稽查效果意义重大。在分析总结近年来淮安市稽查工作经验的基础上，提出以下对策。

（1）"六个不准"

为保证水利稽查工作的严肃性和公正性，在水利稽查工作中执行"六个不准"：

①不准接受被稽查单位超标准接待，不准由被稽查单位支付或补贴住宿费。

②不准参加被稽查单位安排的旅游、健身、娱乐等活动。

③不准在被稽查单位报销任何费用，不准接受被稽查单位的任何礼品、礼金、香烟、有价证券、支付凭证和商业预付卡等。

④不准向被稽查单位推销任何商品或介绍业务。

⑤不准利用稽查职权为自己或他人谋利。

⑥不准向被稽查单位提出任何与稽查工作无关的要求。通过"六个不准"强化防范约束、规范稽查工作。

（2）加大力度

扩大项目稽查范围，增派稽查人员，加大稽查密度和深度，采取和纪委、审计、质监"三监联动"相结合的方法，创新稽查工作方法，强化应用质量检测等技术手段，提高稽查工作的权威性和公正性，将稽查的重点放在合同执行、质量安全管理、资金使用等方面，不断提升淮安市水利工程建设管理水平。

（3）建立健全稽查整改机制

加强整改落实力度，抓好稽查整改回头看工作，切实将整改工程落到实处。对稽查的项目及时下发稽查整改通知，提出整改建议和意见；定期召开内部稽查通报会，将稽查整改落实情况进行汇报；应用信用体系平台，将稽查发现问题未整改或整改不到位的问题纳入不良行为考核指标中。

（4）加强稽查队伍建设

提高稽查人员业务水平，确保稽查工作的质量。每年定期组织全市稽查专家进行稽查工作相关业务知识培训，提高稽查队伍素质；县（区）组织开展项目稽查，通过自查的方式提高自身的业务技能和工程质量水平。

5 结语

水利稽查工作的开展,能有效规范水利项目基本建设程序,加强水利工程建设管理,实现相关规范的贯彻落实,提升水利建设工程的质量和安全管理水平,有效保证档案资料质量,对水利行业各参建单位在质量安全管理上形成一种"高压"态势,具有现实意义。

主要参考文献

[1] 水利部发展研究中心.水利稽察发现问题及对策研究[R].北京,2010.

[2] 水利部发展研究中心.水利工程建设项目稽察方式方法研究报告[R].北京,2010.

[3] 刘伟亮.加强水利工程质量管理的具体措施分析[J].中国水运,2011(6):127-128.

[4] 李玉起,黄志怀,陈贤挺.谈水利工程检测行业存在的问题及对策[J].人民珠江,2011(1):73-74.

第八部分
工程技术研究及创新

深海矿产资源全系统联合陆地中试测验平台建设规划与意义

张晴波　周忠玮　尹纪富　周　滢

（中交疏浚技术装备国家工程研究中心有限公司,上海　200082）

摘　要:深海采矿可谓是人类目前复杂度、难度最高的工程之一,需要大量的资金投入,面临严苛的环境保护压力。迄今为止,全世界都尚无可以进行全系统联合中试的陆地测验平台,这成为限制深海探采技术快速发展和商业化进程的一大瓶颈。为此,规划建设了深海矿产资源采掘、中继、提升与分选全系统中试测验平台。通过对现有疏浚水池试验平台、垂直管道平台等进行升级改造,使其分别具备深海矿产资源采掘、提升和分选大比尺中试测验能力,形成 3 个可独立运行的中试测验平台,并进一步设计串联采掘、提升、分选中试平台,形成全系统中试测验能力,打造形成国内首套全系统联合陆地中试测验平台。该联合中试测验平台建成后,可大幅缩减研发和试验成本,可以对矿物的商业化开采提供测算依据,还可以在陆试过程中开展海试验证不能实现的长期性、持久性观测能力。基于该中试测验平台,可推动技术装备的高质量发展以及深海矿产资源的逐步商业化开发,提升我国深海矿产资源开发装备全球竞争力和控制力。

关键词:深海采矿;全系统联合;陆地中试测验平台;疏浚

1　引言

深海矿产资源已成为 21 世纪陆地金属矿产的最重要可接替资源,作为人类尚未开发的宝地和高技术领域之一,已成为各国的重要战略目标。深海矿产资源开发主要涉及多金属硫化物、多金属结核和富钴结壳 3 种矿物(图 1-1)。深海矿产资源开发是否可行,在很大程度上取决于工业和技术开发人员能否提供在现实生活环境中高效运行的系统。随着技术层面取得的进展,各国经模拟实验与试采,将"海底采矿车—提升系统—分选系统—海试验证"方案作为目前最具前途的商业化深海矿产开采系统(图 1-2),其核心部分即为采掘系统、提升系统、分选系统和水面支持系统。

目前深海采矿还处于初期阶段,尚未实现商业化、大规模开采。技术层面,深海采矿面临环保、技术安全性、数字化融合等方面的压力。因而,深海矿产资源开发建设就显得尤为迫切和重要。深海资源开发是未来产业的一个重要组成部分,未来的产业发展需要持续性投入、研发和创新,来满足

作者简介:张晴波,副总裁,中交疏浚集团副总裁,教授级高工,长期从事疏浚与吹填、水环境治理行业,E-mail:zhangqingbo@ccccltd.cn。

市场需求和应对竞争。持续性投入包括研发和创新、设备更新及人才培养等方面,不断研发和创新投入是保持竞争力的关键。

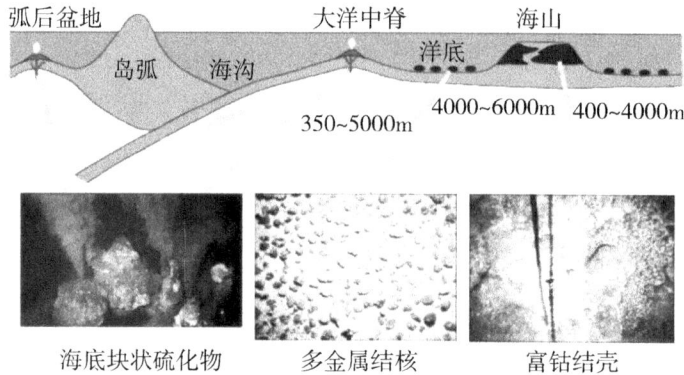

图 1-1 矿物种类分布示意图

深海采矿是一项庞大而复杂的系统工程,在开展机理和技术研究时会对边界条件、影响因素等做必要的概化,在迈向产业化的过程中通过海上试验论证复杂条件下所研发技术装备的性能、安全与可靠性是必不可少的环节。近 5 年海试次数显著增加,海试深度不断被刷新。然而,深海矿产资源开发系统海上试验经费投入大、不确定因素多、试错风险高、试验持续时间有限,且缺乏成熟完备的海试平台和系统理论的指导。以往项目多以局部环节的室内检测、水池试验或湖试来代替海上试验进行考核验收,大多数技术装备研制停留在实验室阶段,个别海上试验组织实施过程随意性较大,存在"高投入、低产出"的问题,难以对同领域研发技术装备进行系统性评价对比以促进技术的优化迭代。迄今为止,全世界也都尚无可以进行全系统联合中试的陆地测验平台。这成为限制深海探采技术快速发展和商业化进程的一大瓶颈。

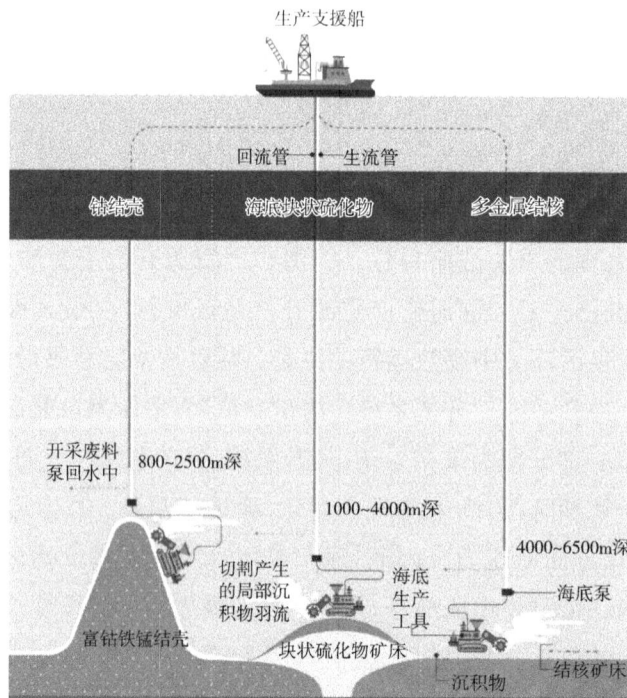

图 1-2 最具潜力的商业化深海矿产开采系统示意图

2 建设规划主要内容

2.1 总体定位与发展目标

本项目旨在建设深海矿产资源采掘、中继、提升与分选全系统中试测验平台及进行采矿车海试验证。通过对现有水池试验平台、垂直管道平台等进行升级改造,使其分别具备深海矿产资源采掘、提升和分选大比尺中试测验能力,形成 3 个可独立运行的中试测验子平台,并进一步设计串联采掘、提升、分选中试子平台,形成全系统中试测验能力,打造形成国内首套全系统联合陆地中试测验平台(图 2-1)。

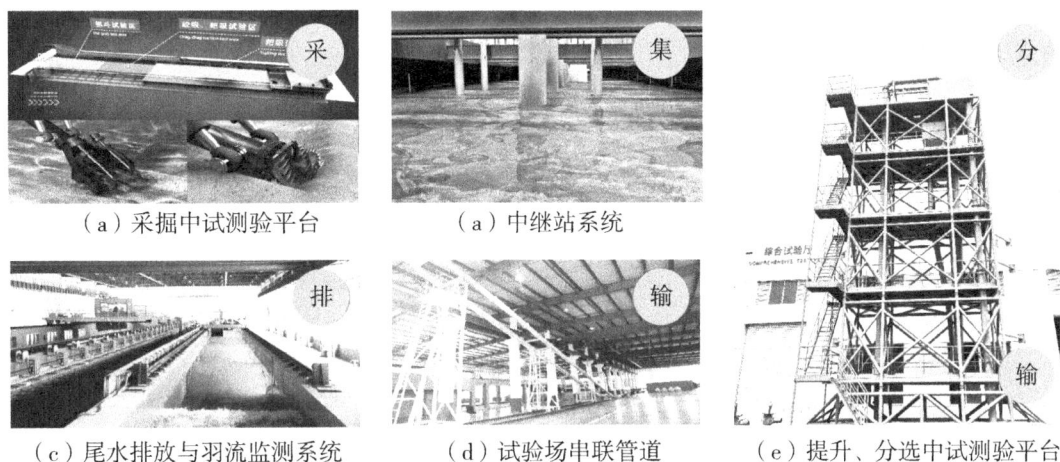

（a）采掘中试测验平台　　　（a）中继站系统

（c）尾水排放与羽流监测系统　　　（d）试验场串联管道　　　（e）提升、分选中试测验平台

图 2-1　深海矿产资源全系统中试测验平台建设规划

2.2 具体创新内容

（1）采掘中试测验子平台建设规划

目前,国内外虽然有各种类型的海洋工程水池,但其或水深较浅,或不具备布置岩土体的功能,无法模拟出深海采矿作业环境,且缺乏相应的监测设备和技术。拟对现有疏浚水池试验平台进行全面升级改造,使其具备开展深海采掘中试测验能力,针对不同矿物种类,研发高效低扰动采集、挖掘机具,实现低扰动装置及采矿车的动力特性匹配,实现原型尺度的采矿车、集矿装置的中试验证。

（2）提升中试测验子平台建设规划

目前,国内外主要的垂直管道试验平台均为水力输送试验平台,且测量技术较为落后,试验功能单一,尤其是高浓度、大颗粒的浓度、流速等测量仍存在精度不够、测量不准的技术问题。拟对现有垂直管道平台进行动力、中继站等系统进行升级,开展输送试验技术、输送测量技术攻关,使其具备原型尺度多模式多管径垂直提升中试测验能力,提供给相关研究单位进行中试应用,基于此开展输送机理、关键技术研究,形成 5000m 级海试联动垂直提升动力配备及技术方案。

（3）分选中试测验子平台建设规划

分选系统决定了整个采矿系统能否连续作业,以及商采产能的上限,存在着海洋工程环境复杂、

461

船载矿物分选空间受限、分离效率低下、处理速度慢、排放污染大等问题,拟研发建设分选中试测验平台,使其具备开展分选中试测验能力,解决船载矿物分选空间受限、分离处理效率低、环保排放尾水的问题,解决原形尺度下矿物的环保分选问题,为深海采矿领域目前困扰的环保问题提供技术解决方案。

(4)大比尺全系统中试测验平台建设规划

针对全系统联合海试严重匮乏,尤其是尚无联合陆地中试条件的现状,设计串联采掘、提升、分选试验场,实现深海矿产资源采掘、中继、提升与分选全系统陆地联动,形成大比尺全系统中试测验能力,形成国内首套全系统联合陆地中试测验平台。

2.3 预期技术指标

(1)采掘中试测验子平台

矿石铺设区域长 100m,宽 9m,模拟采矿车行驶速度为 0~1.5m/s,台车可搭载不同形式的采集机具,吸入混合物最大体积流量为 400m³/h。

(2)提升中试测验子平台

建设 DN100-300 多管径垂直输送试验平台,具备水力输送、气力输送和混合输送 3 种输送模式,最大输送流量 1250m³/h,最大粒径/管径比为 1/3,最大输送体积浓度为 12%。

(3)分选中试测验子平台

实现大流量气液固快速分离与矿石快速分选,最大分选流量 400m³/h,最大分选体积浓度为 12%。

(4)全系统中试测验平台

建设深海矿产资源采掘、中继、提升与分选全系统中试测验平台,各平台间串联管道的管径为 200mm,最大流量为 400m³/h,最大输送体积浓度为 12%,开发集成化的全系统控制软件系统。

3 平台建设攻关技术

深海矿产开采全系统十分庞杂,各个部分环环相扣,跨度达 6000m,海洋环境复杂多变。因此,中试测验平台不仅需要满足全系统联合测验需求,且国际上并无先例;同时,还要具备一定海洋环境条件模拟的能力,以及关键参数监测、性能评估的功能,这些都是全世界范围内尚未完全解决的难题。

疏浚工程包括"挖掘—装舱—输送—脱水—资源化"过程,与深海矿产开采过程极为相近。疏浚国家工程中心围绕重点工程建设和行业发展需求,建立疏浚共性技术和关键装备研发、试验和工程化平台,建有 118m×10m×6.7m 疏浚过程试验平台、107m×2m×2.5m 风浪流水槽、多功能泥泵管道试验平台、DN100-300 垂直输送管道、挖泥船仿真试验平台等多个与项目研究相关的科研试验平台,并配有先进测量技术手段。但这些试验平台功能毕竟与深海采矿所要研究的内容有一定区别,且相对独立,因此,如何在此基础上建设深海采矿试验研究平台,如何将相对割裂的各个平台进行串联,形成有机整体具有很大的挑战,这需要打破固有思维,重新整合软、硬件系统。

（1）采掘中试子平台建设方面

攻关技术包括：

①深海矿物模拟制备技术，不同种类的深海矿产之间理化性质差异大（图3-1），且陆地不具有相似的岩土体，如何在实验室内构造出相似的矿物，是开展采掘试验的前提。

②复杂赋存环境营造技术，包括细软底床、海底地形、流场等的构造，尽量模拟真实海底环境。

③采掘过程实时监测技术，研究着陆、行进、采集过程参数和装备状态参数的实时测量方法。

④低扰动高效采掘技术，研究高围压下高效挖掘破碎矿石技术，研究采掘装置水动力特性，确保装备具有较高的回采率，且对环境影响小，目前水力式仍为主流方式。

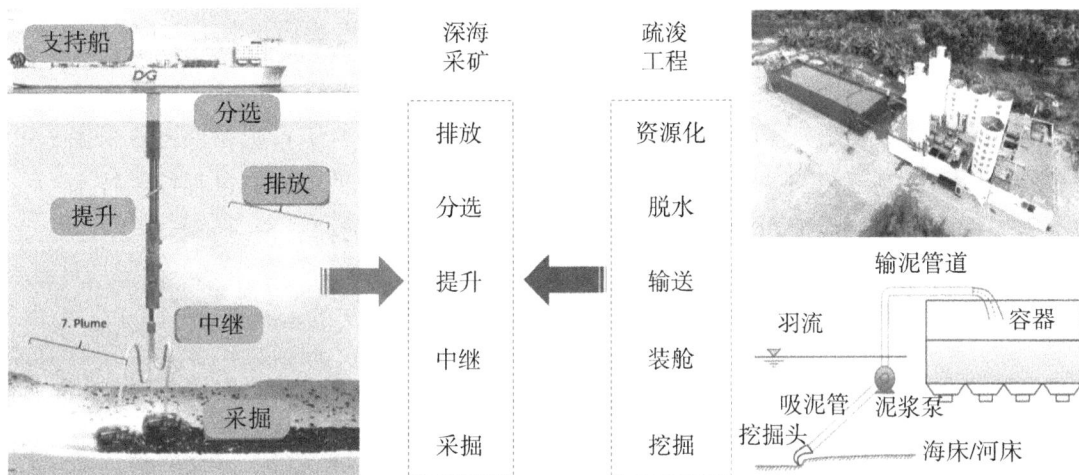

图3-1　深海采矿与疏浚工程对比

（2）提升中试子平台建设方面

攻关技术包括：

①原尺度动力系统配备、方案及装备研制，配备与各工况下输送能力相吻合的提升泵、控制器等。

②垂直提升试验平台技术方案，具备不同输送模式切换和不同管径切换功能，并配备加气与消气设施、动力与控制系统等。

③浓度精确控制试验技术，精确控制管道内固体颗粒浓度、维持垂直管道混合物输送浓度的稳定。

④堵塞试验技术，模拟堵塞工况，并具备相应的试验平台保护措施。

⑤粗颗粒浓度测量技术，通过分析粗颗粒的成像特征，优化ERT浓度计成像算法和提高设备数据采集速度，解决测颗粒浓度测量不准的问题。

⑥粗颗粒流速测量技术，通过综合双层管道断面浓度计速度测量法和高速相机运动捕捉法，实现粗颗粒流速测量。

⑦气相速度和浓度的技术，通过高速相机、ERT浓度计及管道沿程压力传感器进行多源融合测量。

（3）分选中试子平台建设方面

攻关技术包括：

①船载矿物综合处理系统总体技术方案，应综合各环节、总产能、海洋环境等多方面因素。

②高效存储技术，与水面支持船有限空间相适应，并具有一定的裕量。

③短流程快速分选技术，根据不同矿物混合物成分，研究矿物与水、沉积物等的高效、快速过滤与分离，并降低颗粒破碎程度，与中试场景中采集、输送产量相匹配。

④绿色环保排放技术，研究尾水排放方式对环境影响，尽量降低对海洋环境、海洋生物的影响。

（4）全系统平台建设方面

攻关技术包括：

①中试平台物理串联技术，需合理规划各试验平台连接管线布局以及衔接方式，如采掘平台中采矿车快速移动，输送管道如何快速跟随。

②矿石回收与循环利用技术，矿石分选后对尾流进行排放监测，矿石则循环进入采掘平台。

③矿物流输运控制工艺与技术，模拟矿石实际输运过程，结合平台研究过程控制技术。

④全系统试验平台集成控制系统开发，用于整套设施集成化远程监控。

4　对产业发展的重要意义和作用

①深海矿产资源采掘中试测验子平台的建设，将成为行业内首座专业用于深海采矿采掘试验研究的室内试验平台。一方面可用于原尺度采矿车、采掘装置的中试试验；另一方面可用于深海挖掘、采集、环境影响等的机理、技术研究，以及针对不同矿物种类，进行采集、挖掘机具的研发。

②深海矿产资源提升中试测验子平台的建设，将为垂直提升试验提供原尺度管径的先进、专业和全面的中试场所，可用于验证优化垂直输送技术、输送过程监测与优化控制技术等，为海试和商业开采提供重要前期研究基础，同时，基于该试验场可开展大量相关科学研究，研究形成5000m级海试联动垂直提升动力配备及技术方案。

③深海矿产资源分选中试测验子平台的建设，可用于验证优化矿物存储、处理、转运和排放技术等，为海试和商业开采提供重要前期研究基础，同时，基于该试验场可开展大量相关科学研究，解决原形尺度下矿物的环保分选问题，为深海采矿领域目前困扰的环保问题提供技术解决方案。

④规划建设深海矿产资源采掘、中继、提升与分选全系统联合陆地中试测验平台，将是国际上首套可模拟深海矿产资源矿物开采全过程的大比尺陆地中试平台。基于该平台开展系列机理研究和联合中试测验，可大幅缩减研发和试验成本，可对矿物的商业化开采提供测算依据，还可在陆试过程中开展海试验证不能实现的长期性、持久性观测能力。进一步地，以实现深海矿产资源开发商业化开采为产业化目标，将科技攻关形成的技术逐步转变为装备落地、工艺成熟、成本可控，从室内试验逐步走向海洋试验，并最终实现商业化开采的整套体系，提升我国深海矿产资源开发装备全球竞争力和控制力。与此同时，可充分发挥央企在产业链中的主体地位，联合高校、研究所及招商、五矿等企业，一方面共同攻关技术装备和工艺，另一方面各企业参与到未来产业的市场运营，带动上下游企事业共同发展，培育建设深海探采未来产业庞大的产业链。

5　结语

①通过分析深海采矿技术、产业发展需求,提出全系统联合陆地中试测验平台建设规划总体目标,明确了总体尺度、浓度、流量等主要技术指标。

②作为世界首套大比尺联合中试平台,借鉴疏浚工程的中试平台建设经验,重点分析了可能存在的诸多攻关技术和建设难点,指出了平台建设既要满足矿物开采的全过程模拟,还要实现关键物理量、环境影响等方面的测量和评估。

③这将是国际上首套可模拟深海矿产资源矿物开采全过程的大比尺陆地中试平台。基于此,可推动机理研究、技术开发、装备落地和工艺成熟等,促进成本降低和商业化进程,有利于培育建设深海探采未来产业庞大的产业链。

主要参考文献

[1] 李家彪,王叶剑,刘磊,等.深海矿产资源开发技术发展现状与展望[J].前瞻科技,2022,1(2):92-102.

[2] 张志昌.加快深海金属矿产开发的技术创新与商业化进程[J].科技中国,2024(1):62-65.

[3] 徐剑,黄宏,刘俊.深海采矿系统模型水池试验方案[J].造船技术,2024,52(1):43-46+79.

[4] 李秀,徐立新,窦培林,等.深海采矿羽状流及其监测试验综述[J].船舶工程,2024,46(S1):574-582+588.

[5] 康娅娟,刘少军.深海采矿提升系统研究综述[J].机械工程学报,2021,57(20):232-243.

[6] 张东宽,刘美麟,夏建新.深海多金属结核采集过程对沉积物扰动试验研究[J].矿冶工程,2023,43(3):20-23.

[7] 张明,郑皓,李满红,等.深海采矿水下输送系统提升硬管选型及水动力校核研究[J].矿冶工程,2023,43(5):37-41+46.

[8] Fei S, Mingshuai X, Xuguang C, et al. A Recent Review on Multi-pHysics Coupling between Deep-Sea Mining Equipment and Marine Sediment[J]. Ocean Engineering, 2023:276.

[9] Cheng H, Chen Z, QIN M, et al. Mineral Resources and Fintech: Catalyzing Human Capital and Sustainable Development[J]. Resources Policy, 2024, 92:104985.

[10] Leng D, Shao S, Xie Y, et al. A Brief Review of Recent Progress on Deep Sea Mining Vehicle[J]. Ocean Engineering, 2021, 228:108565.

[11] Thiel H, Schriever G, Ahnert A, et al. The Large-Scale Environmental IMPact Experiment DISCOL—Reflection and Foresight[J]. Deep-Sea Research Part II, 2001, 48(17):3869-3882.

通用耙头水—砂两相抽吸流场数值模拟研究

顾 磊[1,2] 王 顺[1,2] 刘 勇[1,2] 倪福生[1,2]

(1. 河海大学疏浚技术教育部工程研究中心,江苏常州 213022;

2. 河海大学机电工程学院,江苏常州 213022)

摘 要:耙头抽吸性能直接决定了耙吸式挖泥船的施工效率。本文针对耙吸挖泥船的通用耙头形式,建立了耙头几何模型并适当简化,探讨了耙头抽吸流场的水—砂两相运动模拟方法,针对不同吸缝高度和抽吸流量,对耙头抽吸水—砂两相流动过程进行了模拟,提取了两相流场中的水砂运动信息和抽吸砂坑深度、体积等尺寸,分析了耙头抽吸坑形、过程和影响因素。数值模拟结果表明,耙头对泥砂的抽吸主要是狭小吸缝内高速水流挟带泥沙所致,其主体形式为水—砂两相流体绕过吸口边壁的过程,在耙头两侧和前部中间区域会产生漩涡,导致泥砂呈螺旋状进入耙头内部。随着抽吸流量的增加,最大抽吸深度呈幂函数增长,抽吸体积呈线性增长。随着吸缝高度增加,最大抽吸深度与抽吸体积均呈负指数下降趋势。研究结果可为优化耙头施工工艺和提高耙头抽吸效率提供参考。

关键词:耙头;挖泥船;水—砂两相运动

1 引言

耙头是耙吸式挖泥船的首要核心机具,泥砂首先需在耙头内与水流混合,并通过管道被挟带至泥舱,才能形成有效产量,因此,耙头抽吸性能直接决定了耙吸式挖泥船的施工效率。

耙头抽吸主要表现在其水—砂两相流动过程,国内外学者在该方面的研究成果为耙头抽吸流场研究奠定了理论基础。Jaiswal对水力抽吸过程中的泥砂运动、流态、瞬时含砂量和砂坑形状进行了回顾与总结,指出沉积物的清除是由于升力开始的,并随流场的变化持续进行。Novan Tofany等基于欧拉—两相泥砂输运模型进行模拟,捕捉到海底管道周围泥砂冲刷侵蚀的诱因。徐海珏、余明辉等人基于试验数据探讨了黏滞系数、水深、悬砂粒径、底砂粒径等因素对水流挟砂力的影响。戴继岚、周家俞等讨论了泥砂颗粒含量与粒径分布对水流紊动强度的影响。李健等数值模拟了砂坑局部流场,探讨了泥砂对水流的抑制作用。耙头结构和外形设计方面,Verschelde A提出了一种新型耙

作者简介:顾磊,男,副教授,博士,主要从事疏浚技术与装备、两相流场等方面研究工作.E-mail:headgulei@126.com。

头，并借助数值模拟手段探讨了其抽吸泥沙过程中的流速、压强等分布情况。唐允吉对早年的 14 种纯抽吸式耙头进行了两相试验，探讨了耙头结构、抽吸流量和移动速度对耙头抽吸性能的影响。陈俊杰等针对设计的 4 种吸泥头进行试验，从操控难度、控制精度、结构简繁方面比较了各耙头优缺点。

现有研究在泥沙运动过程和抽吸机械结构形式方面的进展都卓有成效，然而，针对耙吸挖泥船上常用的通用耙头，则主要聚焦于其内部清水流场和局部结构，较少研究涉及其抽吸水—砂两相流体的全过程。为此，本文基于试验数据，确定了适合于耙头两相流场的数值模拟方法，并重点采用数值方法探讨了耙头抽吸流场的两相运动过程和影响因素。

2　理论模型

2.1　连续性方程

水流作为不可压缩的连续相，满足连续性方程，其在笛卡尔坐标系中表现为式(2-1)。

$$\frac{\partial}{\partial x}(uAx) + R\frac{\partial}{\partial y}(vAy) + \frac{\partial}{\partial z}(wA) + \zeta\frac{uAx}{x} = \frac{R_{SOR}}{\rho} \tag{2-1}$$

式中：ρ——流体密度；

u，v，w——坐标(x，y，z)方向上的速度分量；

Ax，Ay，Az——三个方向对应的投影面积；

R_{SOR}——质量源项，可用于反映连续相在多孔介质中的流动。R 与 ξ 为与坐标轴相关系数，笛卡尔坐标系中，取 $R=1$，$x=0$。

悬浮泥砂在计算单元中的质量变化通过悬砂浓度 cs 反映，如式(2-2)所示。

$$\frac{\partial C_s}{\partial t} + \nabla \cdot (\overline{u}c) = 0 \tag{2-2}$$

式中：$\overline{u}$——水沙混合物的平均速度。

2.2　动量方程

水流与泥砂的相互作用主要通过动量交换实现，泥砂颗粒与液体间的作用主要考虑浮力和拖曳力，动量方程如式(3)所示。

$$\begin{cases}
\dfrac{\partial u}{\partial t} + \dfrac{1}{V_F}\left\{uAx\dfrac{\partial u}{\partial x} + vAyR\dfrac{\partial u}{\partial y} + wAz\dfrac{\partial u}{\partial z}\right\} - \zeta\dfrac{A_y v^2}{xV_F} = -\dfrac{1}{\rho}\dfrac{\partial p}{\partial x} + G_x \\
\quad + f_x - b_x - \dfrac{R_{SOR}}{\rho V_F}(u - u_w - \delta u_s) \\[2mm]
\dfrac{\partial v}{\partial t} + \dfrac{1}{V_F}\left\{uAx\dfrac{\partial v}{\partial x} + vAyR\dfrac{\partial v}{\partial y} + wAz\dfrac{\partial v}{\partial z}\right\} + \zeta\dfrac{A_y uv}{xV_F} = \dfrac{1}{\rho}\left(R\dfrac{\partial p}{\partial y}\right) + G_y \\
\quad + f_y - b_y - \dfrac{R_{SOR}}{\rho V_F}(v - v_w - \delta v_s) \\[2mm]
\dfrac{\partial w}{\partial t} + \dfrac{1}{VF}\left\{uAx\dfrac{\partial w}{\partial x} + vAyR\dfrac{\partial w}{\partial y} + wAz\dfrac{\partial w}{\partial z}\right\} = -\dfrac{1}{\rho}\dfrac{\partial p}{\partial z} + G_2 + f_2 - b_2 - \dfrac{R_{SOR}}{\rho V_F}(w - w_w - \delta w_S)
\end{cases}$$

$$\tag{2-3}$$

式中:G_x,G_y,G_z——x,y,z三个方向上流体的加速度;

$\quad\quad$ bx,b_y,b_z——流过泥砂时的流动损失;

$\quad\quad$ f_x,f_y,f_z——为黏滞力引起的加速度;

$\quad\quad$ V_F——网格中流体的体积分数。

2.3 泥沙模型

在耙头抽吸两相过程中,涉及的物理过程主要包括耙头内外紊流流动、水流内部及其与壁面的黏性、泥砂特性与行为等。耙头抽吸口流速较大,选用 RNG $k-\varepsilon$ 模型来提高旋涡流动的模拟精度。水体黏性通过黏度设置即可准确控制。而模拟的关键则在于泥砂特性与行为的准确描述,泥沙模型的关键参数包含粒径、密度、最大体积分数、休止角、临界希尔兹数、推移质系数、挟带系数等(表2-1)。其中,粒径与密度可通过土力学比重试验和密度试验分别测得。

表 2-1 泥砂冲刷模型具体参数确定

参数	设置
粒径/m	0.00045
密度/(kg/m³)	2650
临界希尔兹数	由式(2-4)计算
推移质模型	Meyer-Peter & Müller 方程
推移质系数	5
挟带系数	0.08
休止角/°	36

最大体积分数控制着泥砂在各网格的沉降和堆积程度,其值由砂床孔隙率计算而得,与土样粒径和密实程度相关。本文选取粒径为 0.45mm 的单一泥砂进行试验和数值模拟,测得试验砂床泥砂孔隙率为 0.46,则最大体积分数取值 0.54。

休止角决定了泥砂堆积状态、砂坑角度等关键结果,对砂坑斜坡上局部的泥砂起动临界希尔兹数也有影响。其数值与泥砂粒径、表面质地、棱角峥嵘度以及非均匀砂级配等多因素有关,无法通过公式确定。本文采用自然堆积法测量了试验用砂的水下休止角(图

固定支架
漏斗
圆杆
圆盘

图 2-1 泥砂水下休止角试验装置

2-1)。将休止角测定仪置于水箱中,将泥砂通过漏斗缓慢落下并堆积在圆盘上,直至沙堆斜边泥砂沿圆盘边缘自动流出为止。依据堆积高度和圆盘直径即可计算出水下休止角。临界希尔兹数用于判断泥沙的悬浮和沉降,由于耙头抽吸过程中紊动较大,且存在砂坑斜坡,故临界希尔兹数并非固定值,在各区域依据式(2-4)计算确定。

$$\theta_{cr}=\left(\frac{0.1}{R^{*2/3}}+0.054\left[1-\exp\left(\frac{-R^{*0.52}}{10}\right)\right]\right)\frac{1.666667}{\log_{10}\left(19\frac{d_s}{d_{50}}\right)^2}\frac{\cos\Psi\sin\beta+\sqrt{\cos^2\beta\tan^2\varphi-\sin^2\Psi\sin^2\beta}}{\tan\varphi}$$

(2-4)

泥砂的推移运动通过推移质模型控制,常用的推移质模型有 Meyer-Peter & Müller 方程、Nielsen 方程以及 Van Rijn 方程。其中的推移系数尤为关键,决定了砂坑内沉积层的运动速率。通过比较三种模型的来源和适用粒径范围,本文选择了 Meyer-Peter & Müller 方程,而经反复试算并与试验比较,确定了推移系数和挟带系数,具体数值见表 2-1。

3 几何模型及模拟条件设置

为检验数值模拟的有效性,同时开展了相关试验,数值几何模型依据试验台 1∶1 建立(图 3-1),主要包含水域、砂床域和耙头等部分。从消除边壁效应影响和降低计算成本两方面考虑,试算确定了模拟区域尺寸,水域尺寸为长 1.62m×宽 1.2m×高 0.75m,砂床域尺寸为长 0.9m×宽 0.6m×高 0.3m。依据"通途号"上通用耙头尺寸,按照 1∶10 缩尺确定了耙头模型,模型吸口尺寸为 180mm×480mm,出口管径为 125mm。吸口后边置于一个固定垫块上,用于模拟耙头搁在砂床的情况。本文重点探讨耙头抽吸性能,并不考虑耙齿切削、射流冲刷等功能,尽管耙齿、射流对抽吸存在一定影响,但不作为本文的研究重点,故在模型中将耙齿、喷嘴等结构进行了简化。耙头抽吸过程的相似准则数采用弗劳德数,速度比尺 C_u 为线性比尺 C_1 的 0.5 次方,则时间比尺 C_t 见式(3-1),也为线性比尺 C_1 的 0.5 次方。耙吸挖泥船施工时航速为 2~3 节/海里,根据耙头吸口宽度即可计算出实际吸口抽吸时长,再依据时间比尺确定,模拟的抽吸时间为 0.5s。

$$C_t = \frac{t_p}{t_m} = \frac{C_1}{C_u} \tag{3-1}$$

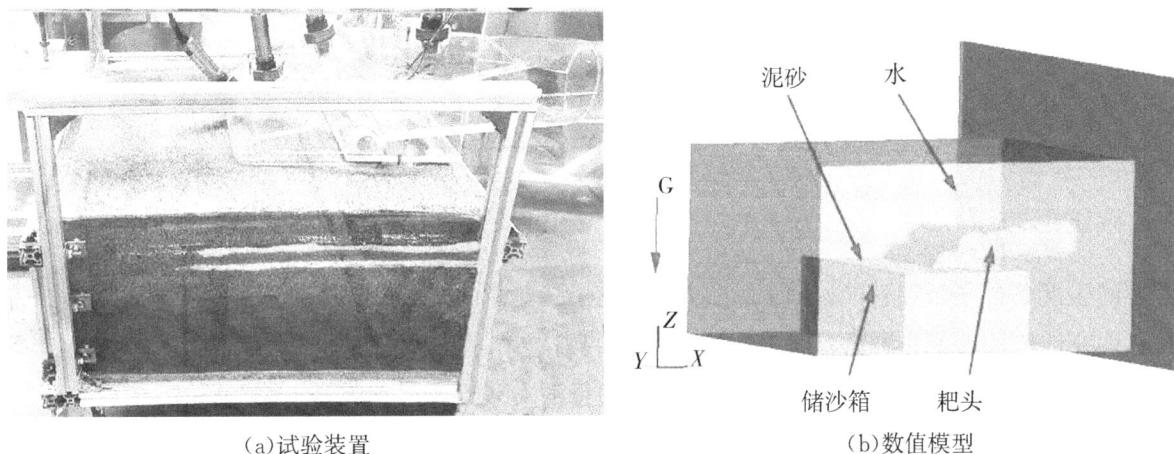

(a)试验装置　　　　　　　　　　(b)数值模型

图 3-1　几何模型

网格设计对模拟结果准确性影响巨大,受计算机能力和时间成本限制,无法在全域采用精细网格,而实际抽吸过程中仅在耙头周边区域内流场变化剧烈,需要加密精确计算,为此本文采用嵌套网格。经网格无关性检验确定,嵌套比例设为 2∶1,耙头抽吸影响区域内部网格大小为 0.005m,而外围区域网格大小为 0.01m。

比较发现,采用 GMRES 压力求解器能够快速收敛,并且效率较高。但适当调整其网格子空间大小、允许收敛的最大失败次数、影响大网格比例 AVRCK 值等参数,才能在较短时间内实现有效计算。各边界条件也尽量与试验工况相符,在水面处(Z_{max})采用压力入口,压强为大气压;砂坑底部(Z_{min})则设置为墙面;在耙头抽吸管出口(X_{max})采用速度出口,速度值根据各流量除以出口面积而得;考虑到降低边壁影响而模拟无限大区域,其他边壁采用对称边界。具体设置见表 3-1。时间步长经比较发现,当初始时间步长为 1×10^{-7},最小时间步长为 1×10^{-25} 时,效果最好。

表 3-1　　　　　　　　　　　　　　　　边界条件设置

大网格坐标	边界设置	嵌套网格坐标	边界设置
X_{min}	Symmetry	X_{min}	Symmetry
X_{max}	Velocity	X_{max}	Velocity
Y_{min}	Symmetry	Y_{min}	Symmetry
Y_{max}	Symmetry	Y_{max}	Symmetry
Z_{min}	Wall	Z_{min}	Symmetry
Z_{max}	Pressure	Z_{max}	Symmetry

4　模拟结果与分析

保持模拟水深 $0.45\mathrm{m}$,分别固定抽吸流量 Q 改变吸缝高度 H、固定吸缝高度 H 改变抽吸流量 Q,进行了 30 组模拟(表 4-1)。分别从砂坑形态、抽吸过程、参数影响等方面对结果进行分析。

表 4-1　　　　　　　　　　　　　　　　数值模拟工况

组别	吸缝高度 H/mm	抽吸流量 $Q/(\mathrm{m}^3/\mathrm{h})$	水深/m
1	1	13.96、55.85、69.82、83.78、97.74、111.71、125.67、139.63、209.45、279.27、349.09、418.9、558.54、837.81	0.45
2	1、2、3、4、5、6、7、8、9、10、15、20、25、30、40、50、60	69.82	0.45

4.1　砂坑形态

不同工况条件下,试验和数值模拟的抽吸砂坑形状基本类似(图 4-1)。抽吸砂坑基本对称分布,记对称面交线为中线面。取砂坑稳定时中线面上的砂坑尺寸,比较试验和数值模拟结果(图 4-2),可以看到两者吻合程度较高,这进一步检验了数值模型的有效性。

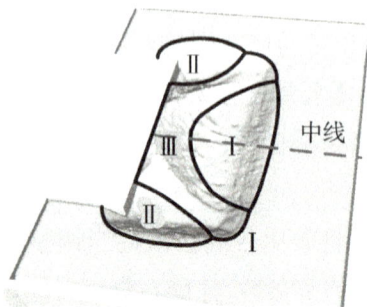

图 4-1　砂坑形状

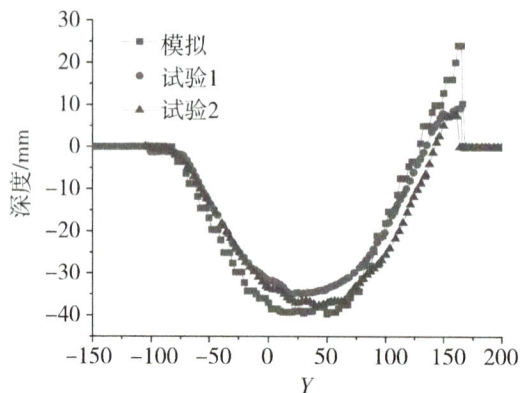

图 4-2　模拟与试验的中线面砂坑形状比较

总体而言,砂坑整体外轮廓与耙头的矩形吸口类似,尺寸略大于吸口轮廓。在耙头前部与两侧出现局部极低点,且两侧的深度大于前部,在吸口中后部泥砂呈"π"形堆积。据此将砂坑划分为三个区域:前部砂坑区Ⅰ、两侧砂坑区Ⅱ以及砂脊区Ⅲ。

砂坑的形成源于耙头流场,为此,提取抽吸稳态时耙头两相流场中的流线分布(图 4-3)。可以看到,耙头外部的水流主要从耙头前侧与左右两侧方向进入,经过吸口与砂床之间的吸缝,绕过吸口边壁流入耙头内部。在经过狭小吸缝时,水流速度较高,挟砂能力较强,受到水流剪切力与拖曳力作用,泥砂被起动、悬浮并携带至耙腔,随着抽吸过程的持续进行,水流携带的泥砂越来越多,砂坑越来越深,就在前边和两侧边下方形成砂坑区。而在吸口两侧边处,由于其更靠近收集腔和吸管,其速度高于前侧处,挟砂能力更强,故两侧沙坑区Ⅱ处比前部沙坑区Ⅰ更深。

还可以看到,在两相流流入吸口后,从前部流入与两侧流入的水流会相互干扰,使得两相流动方向发生偏转。水流进入耙腔后本就因面积增大而流速下降,相互干扰又会产生损失,导致水流流速进一步降低,挟砂能力下降,部分泥砂沉降,从而在偏转路线上产生了砂脊。而流入吸口的两相流体在流经吸口后方时,需爬升绕过后方曲面结构,泥砂只有从流体获得更大的能量才能悬移,而且这种绕流导致流体与壁面间的撞击和摩擦损

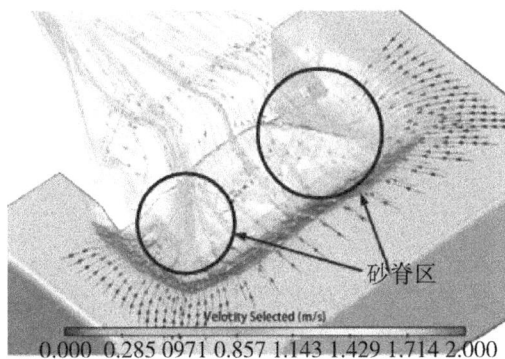

0.000　0.285　0.971　0.857　1.143　1.429　1.714　2.000

图 4-3　耙头吸口流线分布

失,流体挟砂能力又会下降,因此在该处会出现较多的泥沙沉降堆积。两处堆积连接呈"π"型,形成了砂脊区Ⅲ。

在实际工程施工时,耙头跟随船舶一起移动,当吸口边碰及砂脊区时,将会吸走部分泥沙,但在砂脊高度较大处,泥砂抽吸需要动力和时间,而耙头又具有一定的移动速度,若施工参数不匹配,则仍会存在一定的残留。尤其是后方砂脊堆积量较大,此时采用射流冲击形成的高速反冲水流提高挟砂能力,就显得尤为重要了。

4.2　抽吸过程

图 4-4 提取了不同时刻耙头吸口底面的速度分布,可以看到,在 0.1s 时刻,吸口底面上流速分布相对较为均匀,在前侧处流速较大;随着抽吸过程的发展,整体区域流速下降,且不均匀性增大,前侧流速低于两侧流速;而且,速度分布形状与砂坑形状类似,堆积处流速大,砂坑处流速小。

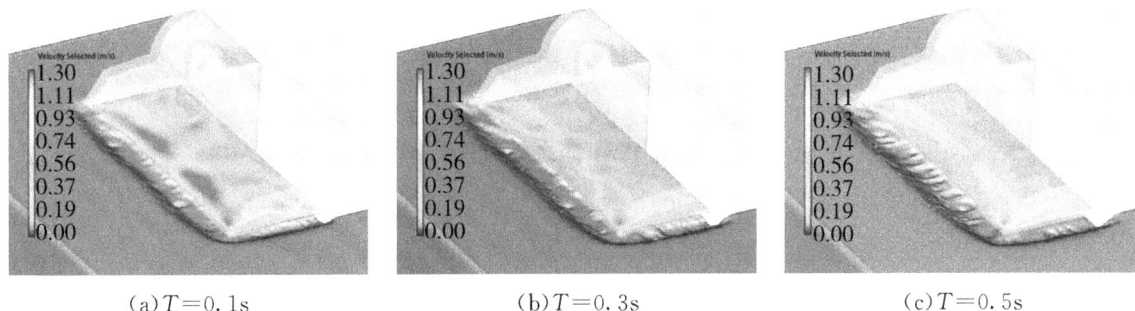

(a)$T=0.1$s　　　　　　(b)$T=0.3$s　　　　　　(c)$T=0.5$s

图 4-4　耙头吸口底面流速大小分布

　　耙头吸口底面速度分布形成的原因在于:初始时刻砂床基本为一水平面,各边壁处缝隙基本相等,随着抽吸时间发展,泥砂被抽吸至耙腔内部区域,边壁下方各处的相对吸缝高度(吸口与实际床面间距离)增加,通流截面增大,则在固定抽吸流量下流速下降。而部分泥砂在内部局部区域堆积,减小了通流面积,流速即高于边壁区域。由于边壁各处流速并不相同,挟砂量各异,边壁各处相对吸缝高度也就不同,流速存在差异,故流速不均匀性变高。由于两侧距离抽吸管更近,流动阻力更小,其流速会更大。为进一步探究流场各处速度差异,提取 0～0.5s 时刻的流场分布(图 4-5)。发现初始阶段耙头前部中间与两侧后方出现大范围的漩涡,泥砂螺旋式进入耙头内腔;随着抽吸时间增加,流场紊乱情况减缓,两侧与前部的漩涡变小,耙头前边靠近吸口边处仍有漩涡,而靠近砂床面处流体则从旋涡底部绕过,顺滑地流入耙头后方。

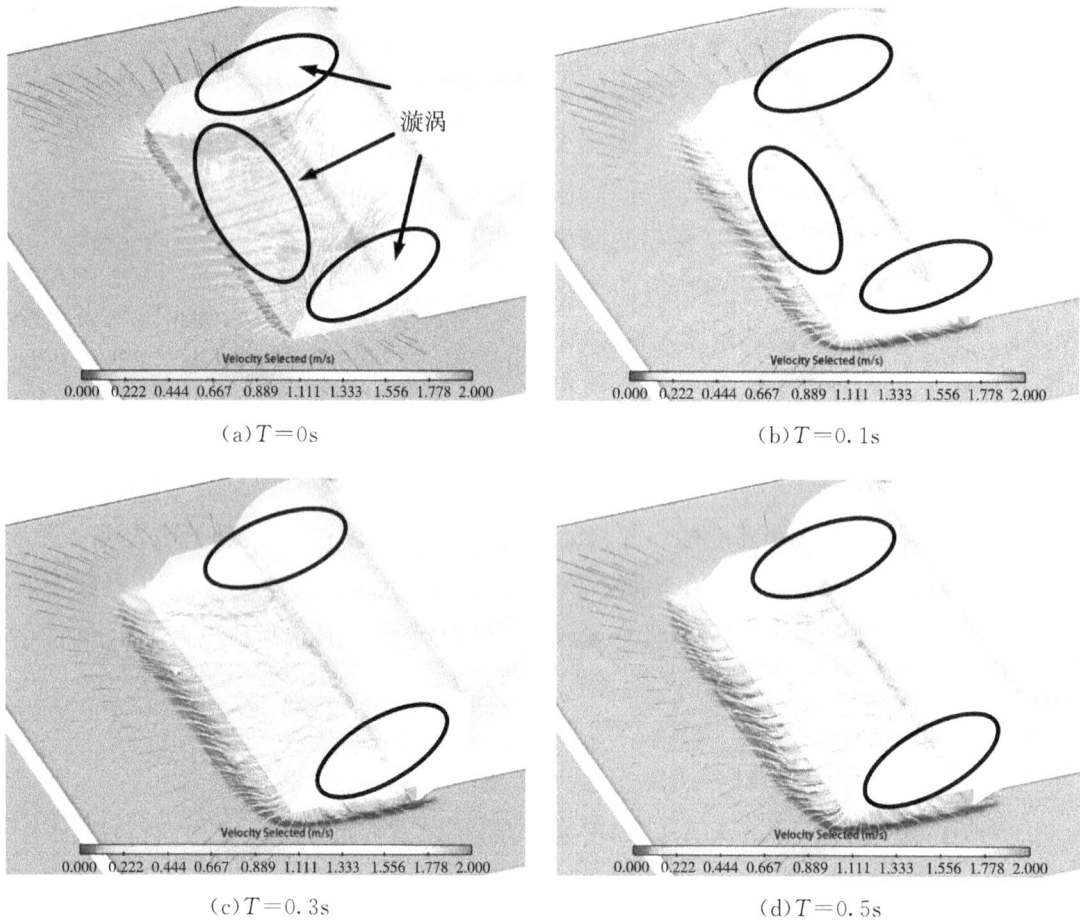

(a)$T=0$s

(b)$T=0.1$s

(c)$T=0.3$s

(d)$T=0.5$s

图 4-5　两相流场流线变化过程

　　漩涡均出现在吸口边壁内部,正是由于流体绕过边壁引起的,初始阶段吸缝高度较小,流体在经过狭小吸缝进入耙腔时,面积突然扩大,必然产生较大漩涡,而当边壁下方泥砂被挟带走后,相对吸缝高度变大,漩涡强度就变弱了,漩涡区域也仅在靠近边壁处因绕流而出现。

　　为进一步分析泥沙的运动情况,提取了中线截面上不同时刻的浓度分布(图 4-6)。图中采用两相密度来反映悬沙浓度,密度越大处浓度越高。可以看到,泥砂从靠近边壁处开始被抽吸,逐渐向耙腔后方移动,最终进入后方收集腔。结合图 4-4 可知,泥砂浓度较高处与流速较大区域相吻合,表明泥砂的悬浮正是流速超过起动流速所致。而且能够看出,进入耙腔的泥砂更多聚集于后部挡板处,结合砂坑形态可知,此处泥砂易堆积,会导致较大的抽吸残留。从流场流态和速度大小可知,此处挡板的垂直设计极大地增加了流动损失,提高了泥砂攀升进入收集腔的难度,如能适当减小挡板角度或设计为弧面,将改善该处的泥砂淤积残留情况。

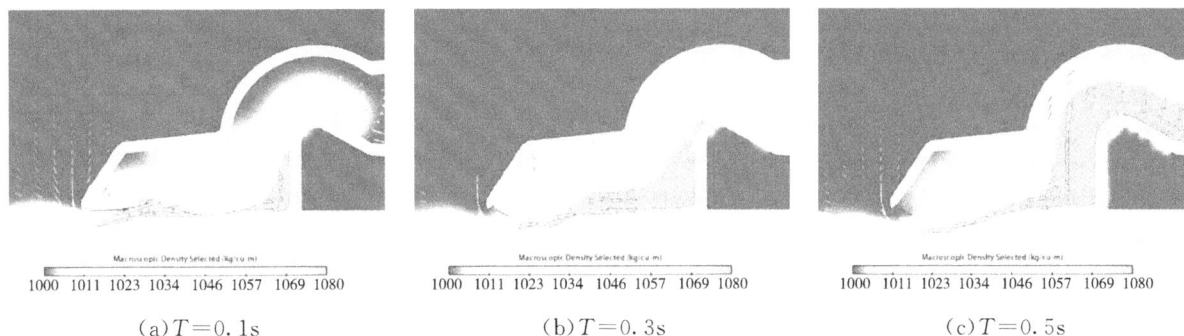

(a)$T=0.1s$ (b)$T=0.3s$ (c)$T=0.5s$

图 4-6 中线截面悬砂浓度变化过程

同时,在图 4-6 中还显示了中线截面上的速度矢量分布,可以看出不同时刻耙腔内流动漩涡的分布情况。结合浓度分布发现,尽管漩涡的存在会增大流动摩擦和两相作用产生的阻力,但无论是初始时刻边壁附近的漩涡,还是耙腔后方的上升旋流,都大大有助于泥砂的悬浮和被挟带。因此,适当的漩涡有助于提高耙头的抽吸性能。当然,这也增加了耙头两相流场研究的复杂性,后文抽吸性能的优劣主要从抽吸深度、抽吸体积等参数来直接考量。

4.3 抽吸流量的影响

实际施工过程中,抽吸流量对于抽吸产量的影响最为显著也易于操控。为探索抽吸流量对耙头抽吸性能的影响规律,固定吸缝高度为 1mm,提取了 0.5s 时刻不同抽吸流量下的抽吸深度和抽吸体积结果(图 4-7)。图中采用耙头侧边壁附近的最大抽吸深度作为代表性指标。可以看到,随着抽吸流量增加,最大抽吸深度与抽吸体积均增加。图中对其进行了拟合,拟合相关度均高于 0.99。最大抽吸深度与抽吸流量呈幂函数正相关关系,当耙头的抽吸流量增大时,最大抽吸深度随之变大,但其增加的趋势变慢。抽吸体积与抽吸流量呈线性正相关关系,这表明,当耙头流速增大到一定程度后,耙头对泥砂的抽吸主要表现在其抽吸范围上。

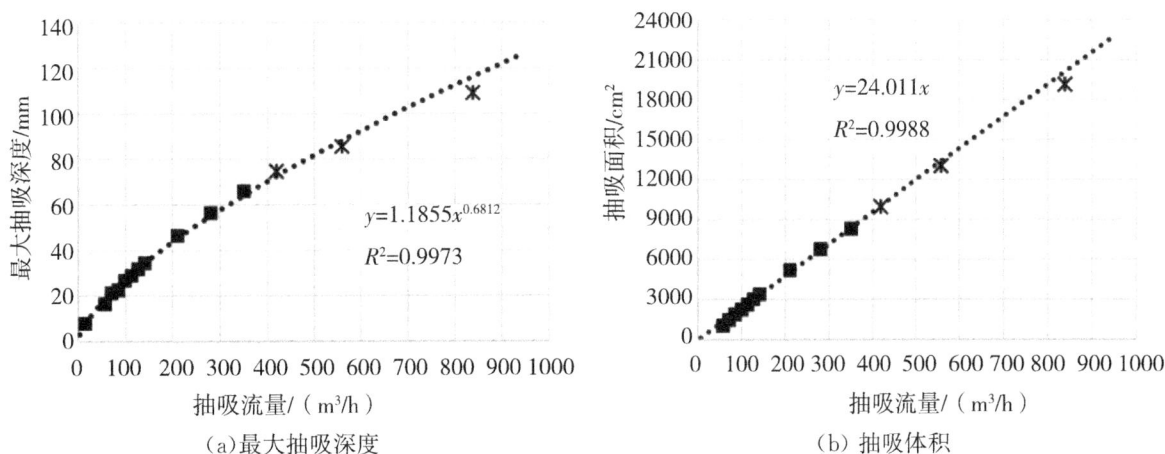

(a)最大抽吸深度   (b)抽吸体积

图 4-7 砂坑尺寸随抽吸流量变化关系

选取三个代表性抽吸流量工况,提取其流线分布(图 4-8)。可以看出,随着抽吸流量的增加,耙头吸口边壁和耙腔内部的流速均有所增加,且流线更加稳定,紊动性降低。随着流速增加,泥砂受到的拖曳力与上举力也增加,必然提高了水流的挟砂能力,边壁下方的相对吸缝高度变大,绕流效应减小,紊动性也就有所降低了,水流流动状态变得更加稳定。

但是,随着泥砂被挟带,吸口边壁相对吸缝高度变大,通过边壁下方的通流面积增大,则流速会有所下降,当吸缝高度达到一定值后,在坑底所产生的流速已不足以起动泥砂时,坑深就变化较小了,所以在较大抽吸流量下,最大抽吸深度的增长并不明显。但是,流速的增加会加大耙头外部影响的区域,同时加强耙腔内流体挟砂能力,所以抽吸体积仍线性增长。由此可见,增大抽吸流量的方式更适合于以吸砂或吹填为目的的疏浚工程,对于有浚深要求的疏浚工程,一味增大疏浚流量可能无法缩短工期。

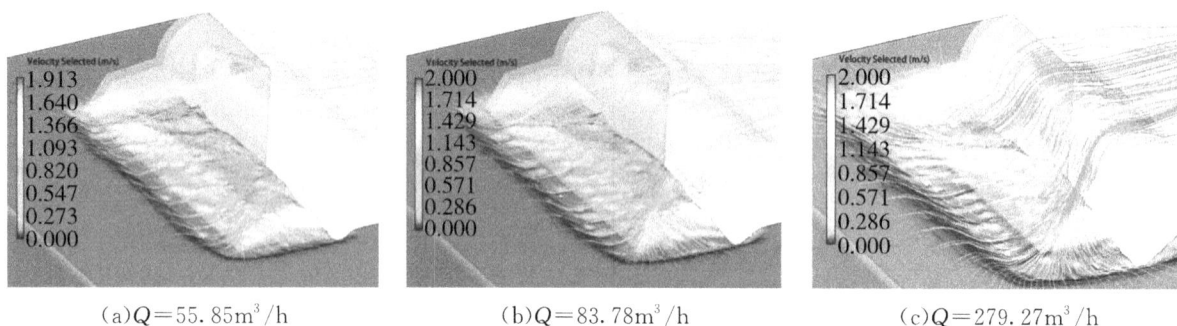

(a)$Q=55.85\text{m}^3/\text{h}$　　　　(b)$Q=83.78\text{m}^3/\text{h}$　　　　(c)$Q=279.27\text{m}^3/\text{h}$

图 4-8　不同抽吸流量下的流线分布

4.4　吸缝高度的影响

从边壁下方泥砂的抽吸过程可以看出,吸缝高度是影响耙头抽吸性能的关键因素。固定抽吸流量为 $69.82\text{m}^3/\text{h}$,在 1mm~60mm 间改变吸缝高度进行模拟计算,提取最大抽吸深度和抽吸体积数据,其随吸缝高度的变化趋势见图 4-9。图中同样进行了曲线拟合,发现随着吸缝高度的增加,最大抽吸深度和抽吸体积均呈负指数函数下降。其原因在于,吸缝高度增加,通流面积变大,在抽吸流量固定时,边壁下方的流速下降,水流挟砂能力下降,抽吸深度和泥砂量也就有所下降。这也进一步表明,耙头抽吸的泥砂主要源自狭小吸缝内的高速水流挟砂。

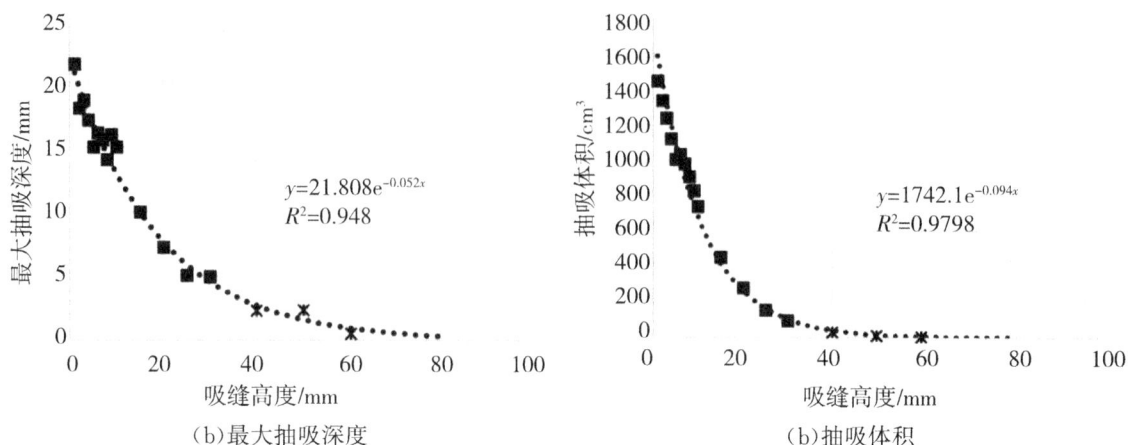

$y=21.808e^{-0.052x}$
$R^2=0.948$

（b）最大抽吸深度

$y=1742.1e^{-0.094x}$
$R^2=0.9798$

（b）抽吸体积

图 4-9　砂坑尺寸随吸缝高度的变化

抽吸过程中泥砂被吸走后边壁下方砂面会下降,所以抽吸发展过程实际上就是相对吸缝高度逐渐变大的过程。而实际施工中耙头又是移动的,移动速度越慢,对某处的抽吸时间就越长,会适当增加产量,但同时吸缝高度增加得就越大,当达到一定程度后,从图4-9可以看到已基本不会增大抽吸深度和抽吸流量,故一味降低移动速度对生产效率的提升并不一定有利。实际疏浚施工时,应尽量保持吸缝高度较小条件下抽吸,若条件允许,可以考虑快速反复移动施工。

5 结语

探索了耙头抽吸的两相流场数值模拟方法,重点分析了通用耙头抽吸泥砂的砂坑形态、抽吸过程和影响因素,研究结果表明:

①耙头抽吸的沙坑区主要分布于边壁下方附近,表明耙头抽吸主要是源自狭小吸缝内高速水流的挟砂作用。

②两相流体绕过耙头边壁后会在耙腔内产生漩涡,这部分漩涡一方面会引起损失,另一方面会提高水流起动泥砂和悬浮挟砂的能力。

③最大抽吸深度随着抽吸流量呈幂函数增长,随吸缝高度呈负指数降低;抽吸体积随抽吸流量线性增大,随吸缝高度呈负指数减小。

主要参考文献

[1] Jaiswal A, Ahmad Z, Mishra S K. Removal of sediment through hydro-suction revisited: An extensive review of the hydro-suctioning method, widely used for sediment removal from the water bodies[J]. Water practice and technology, 2022, 17(6): 1305-1316.

[2] Tofany Novan, Taufiq Wirahman. Numerical simulation of early stages of scour around a submarine pipeline using a two- pHase flow model[J]. Ocean Engineering, 2022, 264: 112503.

[3] 徐海珏, 熊润东, 白玉川. 基于两相流模式的水流挟沙力研究[J]. 泥砂研究, 2014(5): 48-53.

[4] 余明辉, 杨国录, 刘高峰, 等. 非均匀沙水流挟沙力公式的初步研究[J]. 泥砂研究, 2001(3): 25-29.

[5] 戴继岚, 钱宁. 粒径分布和细颗粒含量对两相管流水力特性的影响[J]. 泥砂研究, 1982(1): 24-38.

[6] 周家俞, 刘亚辉, 吴门伍, 等. 泥沙粒径与水流紊动关系试验研究[J]. 水动力学研究与进展, 2006(5): 679-684.

[7] 李健, 金中武, 杨文俊. 沙坑局部含沙水流特性的数值模拟研究[J]. 长江科学院院报, 2013, 30(9): 1-4.

[8] Verschelde A, Rhee C V, Broeck M. Erosion behaviour of a draghead[J]. Terra Et Aqua, 2013, 130: 3-9.

[9] 唐允吉, 左用中. 纯吸式耙头吸入特性的试验研究[J]. 西安理工大学学报, 1988(1): 51-62.

［10］陈俊杰，李远发，郭慧敏，等. 自吸式管道排沙系统吸泥头体型试验［J］. 人民黄河，2012，34(3)：22-23.

［11］薛守义. 高等土力学［M］.北京：中国建材工业出版社，2007.

［12］Hamzah M. Beakawi Al-Hashemi，Omar S. Baghabra Al-Amoudi. A review on the angle of repose of granular materials［J］. Powder Technology，2018，330：397-417.

［13］孟震，杨文俊. 泥沙颗粒休止角与表层沙摩擦角研究进展［J］. 水力发电学报，2015，34(10)：117-129.

［14］董玉秀，宋珍鹏，崔素娟. 对休止角测定方法的讨论［J］. 中国药科大学学报，2008，39(4)：317-320.

［15］Meyer-Peter E，Müller R. Formulas for bed-load transport［J］. International Association for Hydraulic Structures Research，1948(6)：38-65.

［16］NielsenP. Coastal bottom boundary layers and sediment transport［M］. Singapor：World Scientific Publishing，1992.

［17］Rijn L C V. Sediment transport，Part I：bed load transport［J］. Journal of Hydraulic Engineering，1984，110(10)：1431-1456.

［18］Winterwerp J C，Bakker WT，Mastbergen D R，Rossum H. Hyperconcentrated sandwater mixture flows over erodible bed［J］. Journal of Hydraulic Engineering，1992，118(11)：1508-1525.

系列大比尺疏浚技术装备试验平台建设与应用

陆寅松 周忠玮 尹纪富 洪国军 树 伟

（中交疏浚技术装备国家工程研究中心有限公司,上海 201314）

摘 要: 疏浚工程是用人力或机械进行水下土石方开挖输运的工程,涉及挖掘、输送、装舱溢流等重要过程。疏浚在航道、港口水域的开发、改善和维护,以及开采水下矿物、改善排水、吹填造陆、加固海防和生态环境保护等方面得到了广泛的应用。利用高端试验设备与大比尺模型试验平台可以有效地开展疏浚机理、关键技术研究,大幅提升核心装备性能,不断提高疏浚工程的能力与效率。依托工程实际,研发建设了系列大比尺疏浚技术装备试验平台。介绍了建成的疏浚过程与设备试验平台、多功能疏浚机具波浪水槽试验平台、耙吸挖泥船泥舱模型试验平台和系列化泥泵管道输送试验平台等4个大比尺试验平台。平台实现了疏浚机具水下挖掘、疏浚物料泵管输送、耙吸挖泥船泥舱装舱溢流等重要疏浚过程模拟试验的全覆盖,是迄今为止全世界规模最大、功能最齐全、设备最先进的疏浚试验平台。目前,已基于该平台开展了系统科学研究和装备中试,取得了多项重要研究成果,并在工程上进行了应用。

关键词: 疏浚工程;大比尺;系列试验平台;建设与应用

1 引言

疏浚工程是用人力或机械进行水下土石方开挖输运的工程,涉及挖掘、输送、装舱溢流等重要过程。疏浚在航道、港口水域的开发、改善和维护,以及开采水下矿物、改善排水、吹填造陆、加固海防和生态环境保护等方面得到了广泛的应用。利用高端试验设备与大比尺模型试验平台可以有效地开展疏浚机理、关键技术研究,大幅提升核心装备性能,不断提高疏浚工程的能力与效率。

耙吸挖泥船和绞吸式挖泥船在当代疏浚船队和疏浚市场中占有绝对的主导地位,是世界各大疏浚公司的主力船型。耙吸挖泥船是一种具有自航能力及大装载泥舱,并配有泥泵和耙头、耙管的挖泥船。作业时,耙吸挖泥船低速航行下(约1.5m/s)放下耙管,在泥泵的真空吸力作用下,由贴近底部泥层的耙头连续吸起泥砂,通过泥管进入泥舱。满舱后,自航至排泥区或吹填区,通过底部泥门、接管以及艏喷等多种方式将舱内泥砂卸除,卸泥完毕自行返回现场继续作业。绞吸式挖泥船的吸口

作者简介:陆寅松,男,工程师。主要从事疏浚装备的研发与模型试验工作。

处装有一个绞刀,并配有泥泵和吸排泥管。作业时,通过桥架将绞刀下放至水底泥层,通过收放船首边锚锚缆,绕船尾定位桩左右横移来回切屑泥土;通过泥泵将绞刀切削后的泥水混合物以水力输送的方式经吸泥管吸入,并通过排泥管连续不断地排至泥场或者驳船。

为了更好地开展疏浚技术与疏浚装备的研究工作,国内外高校、研究机构和疏浚公司等都积极开展疏浚技术装备试验平台的建设工作。在疏浚水槽方面,荷兰 Delft 大学建有一 50m×9m×2m 的疏浚水槽试验平台,并配有台车系统,最大拖曳速度为 2m/s,最大拖曳力 3t;国内天津航道局和河海大学分别建有水槽试验平台,但尺寸均未超过荷兰 Delft 大学的试验平台,且上述 3 个平台均未配备造波系统和造流系统。在耙吸挖泥船泥舱模型方面,荷兰 IHC 公司 MTI 实验室拥有一 12m×3.1m×2.5m,仓容量 65m³ 的简化泥舱试验模型,其结构简化为简单的长方体,且未配备泥门装置及抽舱系统。

针对耙吸挖泥船和绞吸式挖泥船的作业特性,结合国内外目前拥有的疏浚技术装备试验平台在尺寸和功能配置上均存在一定不足的情况,疏浚技术装备国家工程研究中心研发建设了系列大比尺疏浚技术装备试验平台来开展疏浚技术装备的试验研发工作。

2 系列大比尺疏浚技术装备试验平台建设

疏浚技术装备国家工程研究中心依托工程实际,研发建设了系列大比尺疏浚技术装备试验平台,包括疏浚过程与设备试验平台、多功能疏浚机具波浪水槽试验平台、耙吸挖泥船泥舱模型试验平台和系列化泥泵管道输送试验平台等 4 个大比尺试验平台,实现了疏浚机具水下挖掘、疏浚物料泵管输送、耙吸挖泥船泥舱装舱溢流等重要疏浚过程模拟试验的全覆盖,是迄今为止全世界规模最大、功能最齐全、设备最先进的疏浚试验平台。

2.1 疏浚过程与设备试验平台

疏浚过程与设备试验平台长 118m、宽 11.2m、深 2.5m,其中试验区净宽 9m,整个试验平台深度由南到北为 3.7~6.7m 的台阶式(图 2-1)。绞吸试验区深度 6.7m,平台配置的耙吸试验台车主参数为最大拖曳速度 3m/s 时最大拖曳力 140kN,可实现耙吸、绞吸、抓斗挖泥船三类主力船型的疏浚系统及关键疏浚机具的模型试验,以及疏浚过程的模拟试验。该试验平台配有一套最大工作水深 2m 的造波系统,改造波系统可生成波高 0.02~0.6m、周期 0.5~6s 的正弦波、孤立波和椭圆余弦波等规则波,也可生成 P−M 谱、MPM 谱、B 谱、J 谱和海港水文规范谱等国内外常用的不规则波,以及一些自定义波谱。试验平台还配有 3 台 1000m³/h 的双向轴流泵,最大可产生 3000m³/h 的水流,根据水深不同,可模拟相应流速的水流。疏浚过程与设备试验平台在开展疏浚系统、装备等试验的同时,可兼顾疏浚过程自动化监控系统的模拟,同时兼顾船模试验(耙吸船、泥驳深/浅水航行,绞吸船及抓斗船波浪作用下的定位和受力)、船行波试验等。

图 2-1　疏浚过程与设备试验平台

疏浚过程与设备试验平台主要参数见表 2-1,该试验平台在主要尺寸、台车能力以及造波造流等方面均为世界最大。

表 2-1　　　　　　　　　　　　　疏浚过程与设备试验平台主要参数

试验区主要尺寸	台车最大拖曳力	台车最大速度	造波能力	造流能力
118m×9m×3.7~6.7m	14t	3m/s	最大波高 0.6m	最大 3000m³/h

疏浚过程与设备试验平台建成后,开展了海上大型绞吸疏浚装备的国产化自主研发、径潮流河段深水航道高效节能疏浚装备研究与示范、吸挖泥船耙齿切削机理及优化设计技术研究、线性岩石切割过程中的失效机理研究、大型耙吸船艏喷试验研究、箱涵水下清淤机器人研制、可移动式码头后方导流与智能清淤作业装备研发和深海多金属结核采集原理样机水池试验等疏浚作业机理、疏浚工艺、疏浚装备自动控制以及其他海工装备等多个方面的试验研究工作,完成了耙吸挖泥船耙齿切削机理、岩石切削机理、耙吸船艏喷模型试验以及其他装置与设备的试验工作,为技术研究和装备研制提供了试验依据。

2.2　多功能疏浚机具波浪水槽试验平台

多功能疏浚机具波浪水槽试验平台长度 107m、宽 2m、深 2.5m(图 2-2)。该试验平台配有一套最大工作水深 2m 的造波系统,该造波系统可生成最大波高 0.6m,周期 0.5~6s 的正弦波、孤立波和椭圆余弦波等规则波,也可生成 P—M 谱、MPM 谱、B 谱、J 谱和海港水文规范谱等国内外常用的不规则波,以及一些自定义波谱。多功能疏浚机具波浪水槽试验平台与疏浚过程与设备试验平台共用一套 3 台 1000m³/h 双向轴流泵的造流系统,最大可产生 3000m³/h 的水流,根据水深不同,可模拟相应流速的水流。同时,该试验平台还配有一套额定功率 90kW 的造风系统,该系统在水槽无水的情况下造风能力可达风速 10m/s 以上,在 1m 及以上水深时,其造风能力可

图 2-2　多功能疏浚机具波浪水槽试验平台

达 20m/s 以上。该试验平台具备疏浚机具试验、模拟风浪流作用下疏浚设备工作和航行状态机具部件工况条件的测试,各种水工结构物受水流波浪作用的情况以及泥沙在波浪水流作用下的运动情况等多种试验功能。

多功能疏浚机具波浪水槽试验平台主要参数见表 2-2,该试验平台在主要尺寸、台车能力以及造波造流等方面均为世界最大。

表 2-2　　　　　　　　　　多功能疏浚机具波浪水槽试验平台主要参数

试验平台主要尺寸	造波能力	造流能力	造风能力
107m×2m×2.5m	最大波高 0.6m	最大 3000m³/h	≥20m/s(水深 1m 以上)

多功能疏浚机具波浪水槽试验平台建成后,开展了超高压水射流切削疏浚硬质土机理及成套技术、耐磨块高压喷嘴性能研究及试验测试、废弃混凝土块利用断面物理模型试验、浅化海底波浪演化破碎及风机桩柱荷载试验和船激近岸海啸试验研究等多个疏浚及其他海工等相关试验研究工作,推动了疏浚技术装备以及其他海工装备与基础理论的发展。

2.3　耙吸挖泥船泥舱模型试验平台

耙吸挖泥船泥舱模型试验平台(图 2-3)主要结构泥舱模型长 17m、宽 5m、高 4m,舱容量 237m³,沉沙池有效库容 1250m³,并具有储料系统、装舱—消能装置、溢流结构、泥门、抽舱门和各类测量系统等多种试验与测试辅助系统。该试验平台可模拟耙吸挖泥船装舱—溢流、抛泥、抽舱输送等三个耙吸船泥舱主要工作过程,针对 13000m³ 泥舱可开展 1:4 的模型试验,针对 38000m³ 泥舱可开展 1:6 的模型试验,具备模拟多种疏浚船型的装舱溢流过程的试验功能。大比尺试验的试验数据与实工作情况更加接近,确保了定量数据的可靠性,其规模和功能属于目前世界同类泥舱模拟平台之最。

图 2-3　耙吸挖泥船泥舱模型试验平台

耙吸挖泥船泥舱模型试验平台主要参数见表 2-3,该试验平台在主要尺寸、台车能力以及造波造流等方面均为世界最大。

表 2-3 多功能疏浚机具波浪水槽试验平台主要参数

泥舱尺寸	泥舱结构	装舱－溢流	抛泥	抽舱
17m×5m×4m,237m³	与实船一致	1600m³/h,浓度40％,可调溢流筒、消能箱	配置与实船一致	配置与实船一致

耙吸挖泥船泥舱模型试验平台建设完成后,先后开展了耙吸挖泥船粉土粉砂装舱－溢流特性及设备优化研究和耙吸挖泥船环保溢流筒模型试验研究等试验研究,推进了粉土粉砂在舱内的沉积和溢流损失机理的研究工作与泥舱相关设备的改进工作,有效提高了施工效率。

2.4 系列泥泵管道大型输送试验平台

系列泥泵管道大型输送试验平台输送管道管径为 DN 300,管道全长 200m,其中水平段 50m、倾斜段 25m,倾斜角度可在 0°～45°调节。试验平台配置泥泵采用变频驱动系统,并配备浓度、流量、温度和压力等传感器及数据采集分析系统,试验最大泥浆密度为 1.5t/m³。大型泥泵管道输送试验平台是为解决室内小管径输送试验成果应用于现场大管径输送工况存在的尺度效应问题而建设的疏浚界首个配备系列泥泵管道的大型浆体输送试验平台,可进行各类土质的输送特性试验,也可用于高效泥泵系列模型的浆体性能测试。

系列泥泵管道大型输送试验平台建成后,先后开展了疏浚土粒径级配对管道输送特性影响的试验研究及现场观测验证、中粗砂水力输送特性、减阻方案研究和实时监测系统研制及砾石水力输送特性研究、绞吸式挖泥船加气增压管道输送试验研究等多个疏浚管道输送机理与技术应用等相关研究,为疏浚输送理论和工程应用提供了试验数据依据科学依据。

图 2-4 系列泥泵管道大型输送试验平台

3 试验平台应用案例与成果

3.1 超高压水射流切削疏浚硬质土机理及成套技术研发

针对耙吸船疏浚硬质黏土破土难、效率低等问题,通过理论分析、数值模拟、物理试验、现场试验等方法,利用系列大比尺疏浚技术装备试验平台优势,开展了超高压水射流快速移动流动特性、淹没水射流切削硬质土机理与作用规律的研究,研制了射流系统,形成了超高压水射流切削疏浚硬质土成套技术,实现了关键疏浚装备自主研发。该技术在实船上应用后,显著提高了施工效率,降低了施工成本。图 2-5 为试验平台的试验过程。

(a)试验现场　　　　　　　　　　　　(b)试验过程

图 5　超高压水射流切削疏浚硬质土试验

3.2　多组分土质水力输送特性及疏浚船输送参数优化控制技术研发

　　针对大型耙吸、绞吸式挖泥船输送系统输送多组分土质易堵管、效率低、作业参数波动大等问题，通过理论分析、数值模拟、室内试验和现场测试验证等方法，利用系列大比尺疏浚技术装备试验平台优势，开展多组分土质水力输送测试方法及输送特性研究，建立适用于多组分土质输送特性的分析计算公式，探索疏浚船输送作业参数控制与优化策略及方法，形成疏浚船输送系统运行优化控制技术。该项技术成功应用后，单船平均施工效率及安全性得到大幅提高，经济效益显著。图 3-2 为试验平台的试验过程。

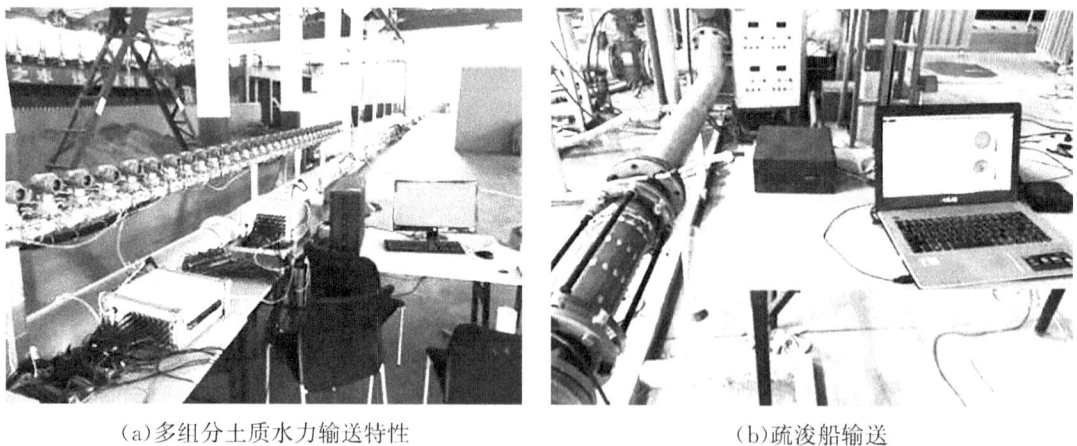

(a)多组分土质水力输送特性　　　　　　　　　　(b)疏浚船输送

图 3-2　多组分土质水力输送特性及疏浚船输送试验

3.3　耙吸挖泥船粉土粉砂装舱—溢流特性及工艺设备优化关键技术研发

　　针对我国广泛分布的粉土粉砂在耙吸挖泥船装舱—溢流过程沉降再悬浮的装载机理不够清晰、工艺设备优化陷入困境，因浓度低、沉积慢、易悬浮造成单船装舱时间长、有效装载量小、溢流浓度高的问题，通过理论分析、物模试验和数值模拟等方法，利用系列大比尺疏浚技术装备试验平台优势，开展粉土粉砂在舱内的沉积和溢流损失机理研究,分析装舱—溢流不同阶段的产量和施工效率规律及影响因素,提出改进方案,提高细颗粒泥沙装载效率,形成耙吸挖泥船粉土粉砂装舱—溢流优化的机理完善—技术突破—实船验证的成套关键技术。经实船应用,有效减少了装舱溢流时间,提高了施工效率,降低施工成本。图3-3为试验平台的试验过程。

图 3-3　耙吸挖泥船粉土粉砂装舱—溢流特性试验

4　结语

①研发建设了系列大比尺疏浚技术装备试验平台,包括疏浚过程与设备试验平台、多功能疏浚机具波浪水槽试验平台、耙吸挖泥船泥舱模型试验平台和系列化泥泵管道输送试验平台等4个大比尺试验平台,该平台是迄今为止全世界规模最大、功能最齐全、设备最先进的疏浚试验平台。

②建设疏浚试验平台,是实现科技强国、企业高质量发展的必由之路,平台建设紧密结合实际工程与挖泥船作业特点,实现了疏浚机具水下挖掘、疏浚物料泵管输送、耙吸挖泥船泥舱装舱溢流等重要疏浚过程模拟试验的全覆盖。

③利用试验平台开展了超高压黏土耙头、多组分土质水力输送、耙吸挖泥船粉土粉砂装舱—溢流特性及工艺设备优化等关键技术、装备的研究,研究成果在工程中已推广应用,并取得水运建设行业协会、中交集团等科技奖项。

主要参考文献

[1] 张绍华,蒋昌波,胡保安,等. 新时期疏浚工程的特点及其发展方向[C]//第十六届中国海洋(岸)工程学术讨论会,大连,2013:632-636.

[2] 刘厚恕. 印象国内外疏浚装备[M].北京:国防工业出版社,2016:132-133.

[3] 周忠玮,尹纪富,施绍刚,等. 淹没高压射流垂直切削硬质黏土数值与试验研究[J].水运工程,2019(4):1-6.

[4] 郑金龙,石启正,陈旭."新海牛"轮挖掘硬质黏土高压冲水耙头系统研制[J].水运工程,2021(11):218-222.

[5] 邢津,王费新,洪国军.不同粒径级配泥沙管道水力输送磨阻试验研究[J].矿冶工程,2022(42):33-38.

[6] 舒敏骅,余竞,张忱,等. 耙吸挖泥船泥舱消能结构特性数值研究[J].水运工程,2021(8):207-212.

基于 UE5 交互式绞吸船施工工艺工法仿真开发

侯 婕

(中交(天津)生态环保设计研究院有限公司,天津 300041)

摘 要:将虚拟交互仿真技术应用到绞吸船施工工艺工法中,能够提供沉浸式的体验,使用户感觉仿佛置身于实际施工环境中。这种体验可以帮助用户更好地理解工艺流程和操作步骤,可以减少实际施工中的错误和重复工作,从而节约成本。同时,可以通过仿真进行优化和调整,以提高工艺效率和质量,工程师和施工人员可以利用虚拟仿真快速交底工艺工法,包括操作步骤、设备配置等,以便更好地理解和执行工作,虚拟仿真技术可以提供实时反馈和数据分析,帮助用户了解工艺工法执行过程中的效果和问题,并及时调整和改进,不仅有利于施工工艺的快速交底,加快项目的建设效率和质量,提高项目施工质量和进度控制,对减少实际施工过程中的能源消耗、物料浪费,从而降低对环境的影响,符合可持续发展的要求具有重要意义。

关键词:虚拟引擎;工艺工法;仿真交互开发

1 引言

传统的工艺工法管理模式和施工指导方法已经无法满足当下施工交底的需求,也无法实现信息的快速传达。通过充分利用三维可视化技术的可靠性、拓展性和灵活性,可实现快速建模,为建设工程项目提供模型基础,从而优化现场协调施工组织管理。交互式可视化施工过程虚拟技术通过计算机虚拟仿真技术,具体化施工工艺过程中的技术重难点,优化施工组织,提高工程质量,有望成为解决行业中施工交底困难的有效途径。

当我们谈到现代计算机虚拟仿真技术在工程施工管理中的应用时,我们不得不提及传统工艺工法管理模式和施工指导方法的局限性。传统方法面临着信息传达不及时、协调困难、工程质量难以保证等问题,这些都制约了项目的顺利进行和质量的提升。

现代计算机虚拟仿真技术为解决这些问题提供了新的途径。

首先,通过三维可视化技术,我们可以实现对施工过程的立体呈现,包括施工场地、设备、材料等方面的模拟,使得工程管理者和施工人员能够更直观地了解工程的具体情况,从而有针对性地进行管理和调整。这种可视化呈现不仅提高了信息传达的效率,也提高了沟通的准确性。

其次,利用计算机虚拟仿真技术进行交互式可视化施工过程模拟,可以将工艺工法中的技术重

作者简介:侯婕,女,工程师,主要从事视频制作和数字化开发工作,E-mail:sainaber@qq.com。

难点具体化,通过虚拟环境中的实时交互和模拟操作,帮助工程人员更好地理解和掌握施工流程,优化施工组织和安排,提高施工效率和工程质量。这种方式不仅可以在虚拟环境中尝试各种方案,还可以及时发现和解决潜在的问题,减少了施工过程中的风险和不确定性。

总的来说,现代计算机虚拟仿真技术在工程施工管理中的应用,通过三维可视化和交互式模拟,为工程管理者提供了更全面、准确、高效的工具和方法,有助于提高工程质量、节约资源、优化施工组织,是解决传统工艺工法管理模式和施工指导方法局限性的重要途径之一。

2　绞吸船工艺工法交互总体布局

2.1　整体架构布局

总架构包括用户界面设计、交互功能、虚拟场景构建、工艺工法模拟、交互反馈等模块,在用户界面设计方面,布置了直观、易懂的用户界面,包括操作按钮、参数调整、场景切换等,在交互功能方面,实现用户对绞刀头的切换、移动、工艺参数调整等,在虚拟场景构建上进行了重型绞吸船绞刀头、绞刀齿和吸口格栅数字模型的整体、分部展示。各类绞刀头模型、绞刀齿模型、数据及区域的信息展示以及工艺工法方面对格栅部件的工法展示、拆解、组装及尺寸数据的展示和交互,让工程师能快速准确对其进行深入了解。

2.2　功能分析描述

(1)主界面

包含绞刀头、绞刀齿和格栅的三维模型细节展示,点击按钮可跳转进入相应功能界面。

(2)格栅界面

格栅部件的模型展示,可采用三维交互观察模型。点击按钮可以查看格栅相关部件的4个功能——工法视频、拆解格栅、组装格栅、尺寸数据。

(3)绞刀头界面

绞刀头的模型展示可使用三维交互观察模型。左侧按钮可选择不同型号的绞刀头,右侧展示框对应绞刀头设备的适应区域和数据分析。

(4)绞刀齿界面

绞刀齿的模型展示,可进行三维交互观察模型。左侧按钮可选择不同型号的绞刀齿,右侧展示框对应绞刀齿设备的适应区域和数据分析。

2.3　交互开发流程图

首先对整个需求和过程进行详细分析,对各个模块的逻辑关系、数据传导、交互操作进行梳理,形成流程图(图2-1)。

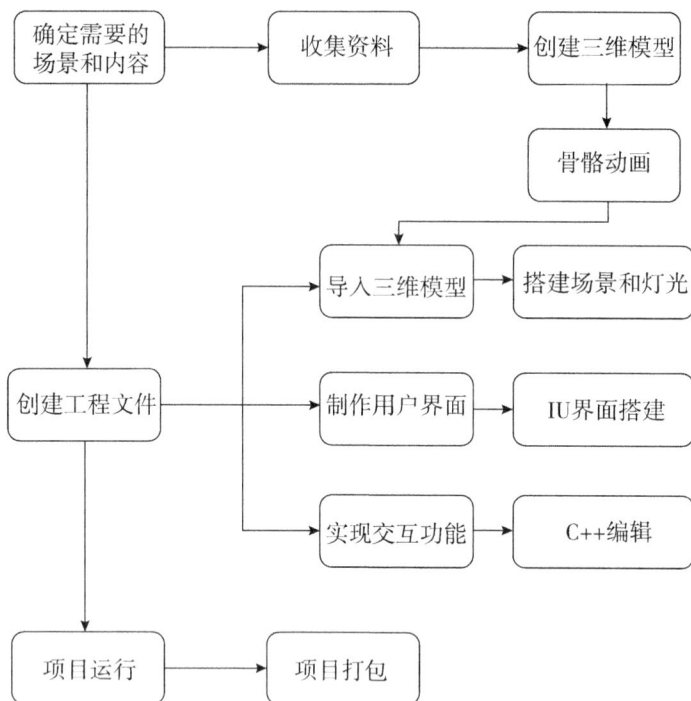

图 2-1 族库平台搭建流程

2.4 交互开发设计

研究方法是利用建模软件如 Revit、3Dmax 等进行基本模型的构建,使其符合实际的情况,达到虚拟仿真的结果,再借助 Unreal Engine5 虚拟引擎的强大的渲染展示和交互仿真编程能力,参考已有的工艺工法动画进行交互仿真研究开发,根据实际需求情况设定交互方式方法及仿真过程,从而实现三维可视化的工艺工法仿真模拟。

(1)需求分析和定义

确定项目的交互需求,根据用户需要的操作、场景交互、数据反馈和相关技术要求,确定了开发目标和范围。

(2)概念设计和界面规划

设计了初步的交互功能概念模型,包括用户界面、操作流程、交互元素等。同时制订了界面布局、色彩风格、图标设计等规划,确保工程使用人员的体验和视觉效果。

(3)技术选型和开发环境搭建

通过对比 Unity、UE5 等虚拟引擎的特点和功能,最终选定 UE5 虚拟引擎作为本次虚拟仿真的工具和技术并在工作站进行相应环境的部署。确保开发顺利进行。

(4)用户交互设计和原型制作

根据概念设计,初步设计了用户交互界面,包括交互元素的位置、大小、交互方式等。然后利用设计工具制作交互原型,进行设计和展示,进行初步测试和反馈。

（5）功能开发和测试

根据界面设计和交互原型，进行功能开发，包括用户操作、场景构建、数据处理等。保证交互逻辑的顺畅、数据传递的真实以及良好的用户体验，同时也保证系统的稳定性和可拓展性。

（6）优化和调试

对开发过程中出现的问题进行优化和调试，包括性能优化、界面调整、交互体验改进等。进行内部测试和反复迭代，确保交互功能的完善和符合需求。

（7）用户验收和反馈

邀请团队其他成员进行测试，收集反馈意见和建议。根据其反馈进行调整和改进，确保交互功能符合用户期望和需求。

（8）发布和维护

完成交互开发后，利用 UE5 进行项目的桌面应用发布，并对发布成果进一步测试和监测，更新和优化相关的功能。

3 绞吸船工艺工法交互开发具体实施

3.1 交互开发设计

在 UE5 中，创建一个新的项目需要选择合适的项目类型、人称视角和关卡大纲。在这个阶段，需要设置好项目的各项参数，包括项目名称，需要应用的函数库、分辨率、帧率等。同时，还需要为项目分配好文件路径和充足的存储空间（图 3-1）。

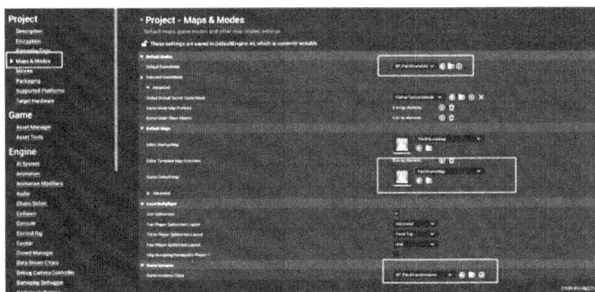

图 3-1 项目创建示意图

3.2 骨骼绑定动画

基于本系统格栅有结构拆解的工艺工法模拟需求，经过仔细的研究和测试，最终选用骨骼动画的方法来完成。首先使用 Maya 的 Joint 工具来创建骨骼动画。选择需要添加骨骼的物体，即利用其他三维工具创建的三维模型，在导入完成后在 Maya 的时间轴上点击需要设定关键帧的时间点，以便对骨骼动画进行调整和编辑，同时在属性编辑器中调整旋转角度、位置等关键参数（图 3-2）。

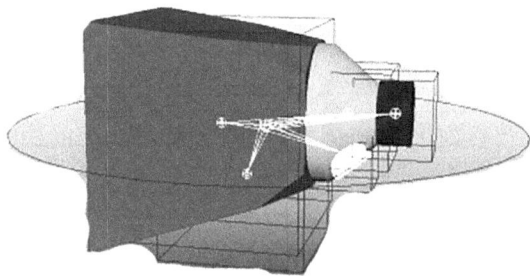

图 3-2　骨骼绑定动画示意图

3.3　导入资源

在 UE5 中,需要将所有的项目资源导入整个创建的项目中(图 3-3),包括模型、动画、图标、场景等。这些资源可以利用外部的一些三维模型软件,也可以通过 UE5 直接进行制作,然后导入或者加载到 UE5 中。在导入过程中遵循了 UE5 对于一些资源的格式的要求和命名规则,确保资源能够正确地被引擎识别和使用。

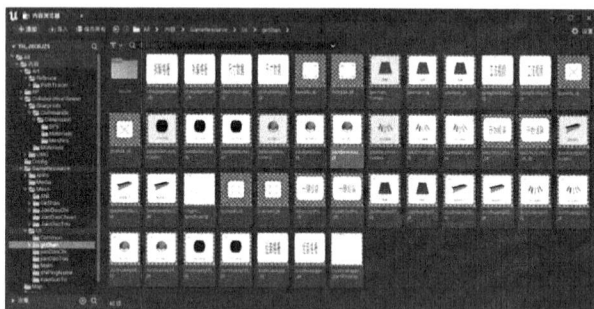

图 3-3　资源导入示意图

3.4　搭建灯光场景

灯管场景是仿真模拟的重要步骤,在 UE5 中,通过三维建模、材质贴图、环境渲染等步骤,把项目中涉及的三维模型场景进行初步布置(图 3-4)。进行场景视觉调整、调整整体场景着色、调整模型阴影、制作天气粒子、修改场景氛围,确保三维模型相关资源显示得更加逼真,与场景进行完美融合。

图 3-4　场景搭建示意图

3.5 交互界面UI设计

基于原型设计,对用户界面进行详细的设计和布局(图3-5),利用UI设计软件丰富、多样的图表组件对不同数据的展示需求进行可视化设计与呈现,确保功能合理分布,给用户提供友好的操作界面和可视化展示效果,使其符合项目的要求和用户的体验需求。同时确保符合工程项目的整体风格和视觉识别系统。

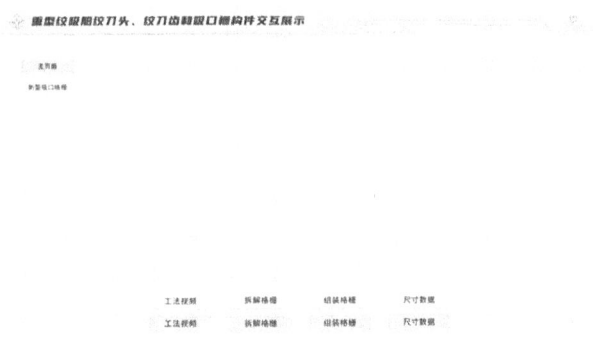

图3-5 界面UI设计示意图

3.6 界面交互编程开发

将美术设计并拆分好的UI图标与搭建的场景模型进行整合和搭接,完成界面的分类和拼接,并针对每个界面不同的功能需求编写界面逻辑。

(1)主标题界面

主标题界面主要展示绞吸船的格栅和绞刀头、绞刀齿的整体模型(图3-6),设置了二级页面的切换按钮,给每个按钮绑定点击事件,以便切换到对应的详情页面。

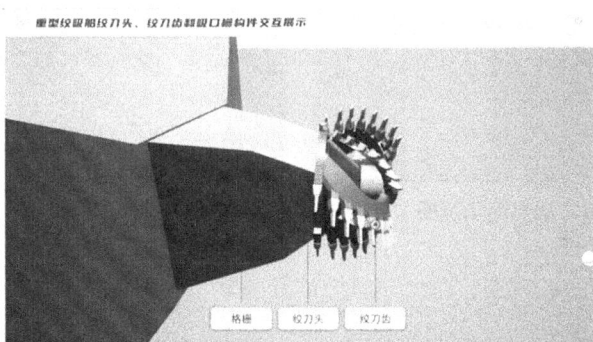

图3-6 绞吸船交互主界面示意图

(2)格栅界面

点击主标题界面格栅按钮事件,打开格栅展示二级界面(图3-7、图3-8)。

格栅二级界面的按钮分别对应格栅工法视频动画播放、通过一键拆解格栅、一键组装格栅、格栅尺寸数据等按钮对模型进行交互操作,使其分开和组合,展示设备的形成和组装,对使用者来说能快速掌握其关键部件和内部构造。

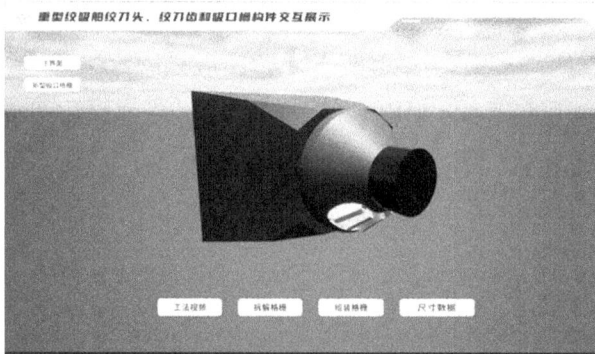

图 3-7　绞吸船格栅二级界面示意图

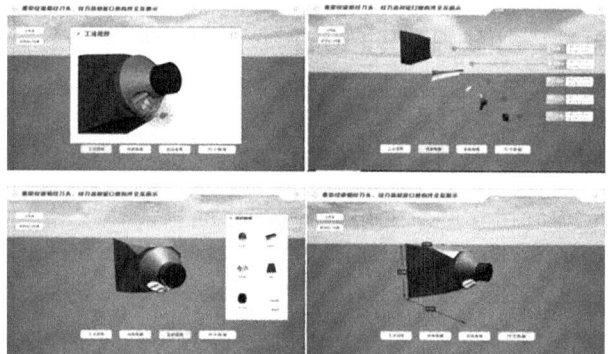

图 3-8　格栅界面功能演示图

（3）绞刀头界面

点击主标题界面绞刀头按钮事件，打开绞刀头展示二级界面。通过选择左上方不同尺寸的绞刀头按钮可以显示对应的绞刀头模型，使用鼠标可以对模型进行旋转交互，便于全方位地观察。同时界面右侧会播放对应尺寸绞刀头在疏浚工程中的适用区域，并展示绞刀头在不同工况条件下的状态和运动轨迹以及绞刀头数据分析图（图 3-9）。

（4）绞刀齿界面

通过点击主标题界面绞刀齿按钮事件，打开绞刀齿展示二级界面。使用鼠标可以切换模型、进行旋转交互，平移操作便于对绞刀进行全方位细致的观察。同时界面右侧会播放对应尺寸绞刀齿在疏浚工程中的适用区域，展示绞刀齿在不同工况条件下的状态和运动轨迹，以及绞刀齿数据分析图（图 3-10）。

图 3-9　绞吸船绞刀头二级界面示意图

图 3-10　绞吸船绞刀齿二级界面示意图

3.7　程序打包发布

UE5 在 Windows 平台上的打包原理是将工程项目编译成可执行文件或安装包（图 3-11）。在编译期间，利用 UE5 的集成功能，将工程项目中的代码和资源封装打包成一个可执行文件或安装包，并将其与引擎运行组件一起封装打包。这样，确保使用者就可以在没有安装 UE5 的情况下运行该程序。有助于系统的使用和推广。

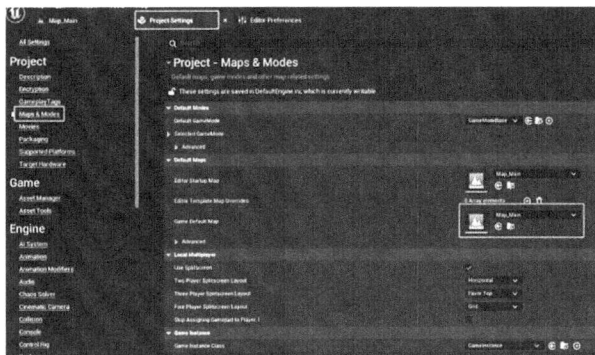

图 3-11　程序打包发布示意图

4　结语

工艺工法的虚拟仿真交互将突破以往的被动接受局面,打破工艺工法与技术人员和施工人员的隔离,能够让使用人员深度参与工艺工法各个过程的描述,突破施工交底壁垒,提高工艺工法在项目实施过程中的交互性和沉浸感,增强使用者的学习体验和兴趣。且随着技术的不断发展,交互式仿真在穿戴式设备方面发展快速,将实现跨平台合作、跨设备的万物互联互通,数据将能够实现多业态的操作和共建共享,真正实现身临其境的感觉,为工艺工法、施工交底提供更加真实、友好、沉浸的交互式体验。

主要参考文献

［1］蒋效彬,谭家万,任鸿翔,等. 基于虚拟现实技术的船用锚机交互仿真系统［J］. 重庆交通大学学报(自然科学版),2019,38(6):12-16.

［2］杨晓,任鸿翔,廉静,等. VR 交互式三维虚拟船舶建模与仿真［J］. 中国航海,2022,45(1):37-42＋49.

［3］蔡宝,朱文华,顾鸿良,等. 工程实践虚拟仿真实验平台建设［J］. 制造技术与机床,2020(11):29-32.

［4］蔡宝,石坤举,朱文华. 基于虚拟现实技术的车床仿真系统［J］. 计算机系统应用. 2018(5):86-90.

［5］余云灿. 虚拟现实技术在建筑工程施工中的应用［J］. 建筑科学. 2022,38(1):1.

城市周边河湖水库生态清淤关键技术探讨

望思强[1]   邬舒静[2]

（1. 长江勘测规划设计研究有限责任公司,湖北武汉   430010;

2. 汉江水利水电(集团)有限责任公司,湖北武汉   430048)

摘   要:随着我国经济社会快速发展,湖库底泥污染治理需求逐渐提高,对生态清淤的技术要求越来越严格。为推动湖库底泥治理以及生态环境修复工作,提高城市居民生活质量水平,落实绿色发展理念,本文对河湖水库生态清淤的关键技术进行了梳理和探讨。

关键词:河湖水库;生态清淤;关键技术

1   引言

随着我国经济社会快速发展,城市周边河湖水库承载了大量废弃物及污染物,导致河湖水库底泥污染浓度超标,进而影响水体环境质量,威胁水生态环境系统的安全和健康。近年来,国家在顶层政策层面越来越强调生态环境保护的重要性,随着"绿水青山就是金山银山""共抓大保护、不搞大开发""生态优先、绿色发展"等理念深入人心,全社会逐渐达成了生态环境保护的共识,对河湖水库底泥污染的治理也在全国各地相继展开。

底泥污染形成机理十分复杂,涉及的专业领域较多,治理成本高昂,治理过程中还存在较大的二次污染风险,因此底泥污染一直以来都是有关学者、机构、管理部门的重点研究对象。目前,学界对底泥污染的形成机理有了较为全面的研究,各大企业也研发出了众多的底泥污染处理技术和装备,逐渐攻克了各个关键环节的技术可行性,形成了较为完善的底泥生态清淤产业链。生态清淤作为一种环境友好的底泥清淤方式,逐渐受到关注,在云南滇池草海、武汉水果湖、安徽巢湖、安徽南漪湖等湖泊广泛应用,并取得了较好的治理效果。但生态清淤也面临着独特的挑战,例如,如何选择清淤时间、如何进行大水深大面积的水下施工、如何在施工期间保证正常取水不受影响、如何防止施工过程中因底泥搅动带来的二次污染、如何优化上岸淤泥的无害化处理工艺、如何控制生态清淤成本,等等。

本文通过分析我国河湖水库底泥清淤现状,整理清淤工作中的重难点环节,梳理完成清淤任务所需的各项关键技术,对现状我国底泥清淤的主要模式和重要技术进行总结,对未来清淤工作以及

作者简介:望思强,男,高级工程师,博士,主要研究方向为水力学及河流动力学工作,E-mail:709896541@qq.com。

相关研究提供参考和借鉴。

2 生态清淤关键技术分析

生态清淤是以改善水环境为主要目的,兼顾恢复河湖水库部分有效容积的环保清淤方式,对清淤精度和污染物二次扩散有较高要求,具有高效率、低污染、可对底泥进行资源化处置等优势。

从完整的生态清淤流程来看,其关键技术包括河湖历史演变分析、地质勘探、清淤范围及方量、清淤方案、底泥处置及再利用、余水处理、信息化管理等。本文对上述各项关键技术进行梳理和分析。

2.1 历史演变分析

河湖水库历史演变包括地貌起源、河湖形态演变及变迁、库容曲线变化、河湖地形演变、周边经济社会发展及相关基础设施建设情况、水生态环境变化等。

河湖形态演变及变迁可分为自然演变和人类活动影响,自然演变主要是地质构造活动以及地质灾害,人类活动主要包括围湖造田、围网养殖、填湖造地等;库容曲线变化主要分析河湖的库容损失情况,主要为清淤必要性提供支撑;河湖地形演变主要是分析因水沙条件变化导致的地形变化,根据其演变规律可判断湖区内淤积分布特点以及未来的发展趋势,便于确定清淤范围;周边经济社会发展及相关基础设施建设情况可用于判断河湖污染的发展过程及原因,便于采取更加系统的淤泥治理措施。

2.2 地质勘探

地质勘探是生态清淤的重要基础,其主要目的是理清底泥分布的区域、底泥的地质构造及地质条件、底泥土性分类、底泥厚度、污染物特征等参数,进而为下一步确定清淤区域、清淤方量、施工方案以及污染物处置提供依据。

目前河湖水库采用的地勘手段主要为勘探钻孔和底泥调查,勘探孔的布置一方面应涵盖清淤所涉及的潜在区域,另一方面应对重点区域,如淤积严重区、底泥大厚度区、临时堆场区,进行加密钻孔,孔深应完全穿透表面淤泥层,并至少进入全风化岩层1m。当地质条件较为复杂时,应开展多次勘探,对前期的工作进行补充和完善。

淤泥性土是指在静水或缓慢的流水环境中沉积,天然含水率大于液限、天然孔隙比大于1.0的黏性土。根据其含水率由低到高可分为淤泥质土、淤泥、流泥和浮泥,一般用密度试验的方法结合经验及表观状态对底泥进行分类定名。含水率越高,淤泥固结坚硬度越小,越利于疏挖,但流动性也相对增加,清淤后作业区外的淤泥容易向作业区低处流动,在施工设计时应考虑该因素的影响。

根据各出台的淤泥污染相关规程标准,如《底泥污染状况调查点位布设技术规范》(DB37/T 4327—2021)、《底泥重金属污染状况评价技术指南》(DB37/T 4471—2021)、《上海市河道疏浚底泥处理处置技术指南(试行)》(DB31 SW/Z018—2021)、《湖泊入湖排口及底泥调查技术指南》、《城市河湖底泥污染状况调查评价技术导则》等,底泥污染物特征主要参数包括底泥的含水率和pH值、重金属污染(包含《土壤环境质量　农用地土壤污染风险管控标准(试行)》(GB 15618—2018)规定的所有必测重金属项目,也可根据当地污染特征及底泥治理项目的需要增加锑、铍、钴、钒等重金属污染物作为备选评价因子)、营养盐污染(包括总氮、总磷和有机质)、挥发性/半挥发性有机物污染、持久性有机物污染以及其他污染物(包括硫化物、甲基汞、氰化物)。

2.3 清淤范围及方量

按照污染底泥分布特征、表层底泥污染情况以及生态保护和安全防护等需求,综合分析确定生态清淤的范围。清淤范围可划分为若干个分区,一方面是更加符合淤泥不均匀分布的实际情况,另一方面可以减少清淤面积,控制施工成本,此外,不同分区可以采用分期清淤或者同步清淤的方式,施工安排更加灵活,以便于优化施工场地布置、控制施工可能造成的污染风险。

在确定清淤范围后,结合现有环保清淤工程施工设备参数要求,按照底泥淤积分层和污染物垂直分布特征,确定各个平面分区的清淤垂直深度,结合经费预算控制要求,计算得出清淤总规模。

2.4 生态清淤方案

生态清淤方案核心内容是确定清淤机械设备以及相关的清淤施工流程,进而确定施工组织设计。生态清淤工程往往具有综合性特点,项目目标包括改善水生态环境、恢复库容、清理淤泥、开展水生态修复等,因此清淤机械设备选择要考虑清淤目的、地质条件、施工条件、清淤机械性能,综合各方面要求进行比选。

当下我国生态清淤的主要机械类型分为抓斗式、环保绞吸式和耙吸式三类。

(1)抓斗式

抓斗式挖泥船一般要求的吃水较小,其开挖的泥土含水量小,填筑固结时间短,退水处理量小而简单。但由于缺少定位设备,其开挖深度、位置定位不准,容易造成超挖与漏挖;且清淤过程中的搅动对周边湖水影响较大,大面积清淤时容易形成湖区水质污染;湖水面积较大时,清淤后的泥浆需要泥驳进行运输,泥驳吃水深度大,同时淤泥的倒运也增加了成本。

(2)环保绞吸式

环保绞吸式挖泥船开挖、输泥方便,也可配环保罩减少开挖面泥浆扩散,船体可拆卸,运输方便,无台车。但为防止气蚀,需保证足够的水深。

(3)耙吸式

耙吸式挖泥船是一种装备有耙头挖掘机具和水力吸泥装置的大型自航、装仓式挖泥船。挖泥时,将耙吸管放下河底,利用泥泵的真空作用,通过耙头和吸泥管自河底吸收泥浆进入挖泥船的泥仓中,泥仓满后,起耙航行至抛泥区开启泥门卸泥,或直接将挖起的泥土排出船外。耙吸式挖泥船可自行至抛泥区也可通过驳船运输至抛泥区,再通过吹泥船吹至抛泥区。两种工法均能实现疏浚目的,其经济性需通过疏浚区与抛泥区之间距离进一步比选得出。

(4)性能对比分析

对各类挖泥船性能进行对比分析,抓斗式挖泥船无法挖除浮泥,环保性较差,但挖除大面积垃圾时适用性较强,可用于湖周污染底泥的清理。绞吸式挖泥船清淤需进行余水处理,挖除垃圾较多的区域时绞刀易被渔网等杂物缠住导致工效降低,疏浚前需先对垃圾进行清理,同时其临时堆场退水较多。耙吸式挖泥船疏浚能力小,对大面积和大方量的疏浚工程有一定的局限性,其清淤设备本身含固率较高,余水处理量较环保绞吸式挖泥船小。

2.5 底泥处置及再利用

将淤泥从河湖水库底部疏挖上岸后,淤泥土含水率高,力学性能差,状态不稳定,难以进行无害化处理,更无法直接利用,因此需首先对淤泥土进行固结,有条件的可以在这之后进行底泥资源化再利用。国内外目前较为成熟的淤泥固结方法有真空预压法、板框压滤机械脱水固结一体化工艺、土工管袋固结技术和自然固结法。

(1)真空预压法

真空预压法是在待加固的软土地基内设置竖向排水通道和水平排水层,在砂垫层上覆盖不透气的密封薄膜,使之与外界大气隔绝,通过不断地抽真空作业达到加固处理软土地基的目的。采用真空预压法需预先设置临时处理场地。

(2)板框压滤机脱水固结一体化工艺

板框压滤机械脱水固结一体化工艺是一套完整的清淤—脱水工艺。清淤泥浆被输送至岸上脱水场地内,脱水场地由初沉池、淤泥浓缩池、余水沉淀池、加药搅拌系统、均化池、脱水车间、泥饼输送设备等组成。进入脱水场地的泥浆通过初沉池分选出砂石、漂浮物、渔网、碎木头等大颗粒杂质,经复合固结后利用渣土车运往弃土场。板框压滤机械脱水固结一体化技术实行厂房式施工,对环境影响小,生产过程环保,处理量大,实现了淤泥脱水的模块化生产和全天候不间断流水作业,脱水泥饼含水率低,稳定性好,耐水性强,改性后的淤泥可以满足园林绿化土、土壤改良用土、工程回填土的使用要求,在淤泥固化的同时对生产余水进行初步处理,使外排余水能够达到农田灌溉水质标准。

(3)土工管袋固结技术

土工管袋是一种由聚丙烯纱线编织而成的具有过滤结构的管状土工袋,强度高、过滤性能和抗紫外性能好。清淤过程中将高分子药剂按一定比例剂量的溶液投入淤泥泥浆,打入管袋压滤脱水,以达到减小污泥体积的效果。这种处理方法无需围堰,在平地就可施工,在用土的地方就地固化,无须二次转运,工期较短,且为全封闭施工,不受天气的影响。

(4)自然固结法

自然固结法是技术最简单、成本最低的自然脱水法,其脱水方式为自然晾晒。该方法一般要设置较大面积的堆场,占用大量土地,其中的污染物可能渗入地表土层,在雨水的冲刷下进入地表水系统或地下水系统,引起二次污染。同时,淤泥的固化过程需要较长的时间,而且容易受到天气条件的影响,实施较为困难。

2.6 余水处理

余水处理前,需提前进行余水利用供需分析,判断清淤余水量与需水量的大小关系,合理制定余水利用方案。其次,应对余水的水质进行检测,分析余水主要污染物及其污染程度,以此选择合适的处理工艺。目前我国采用的余水处理工艺主要包括加药、混合和沉淀。加药可以采用人工投加及设备自动投加两种方式,药物主要为絮凝剂;加药混合的方式有水泵混合、管式静态混合、扩散混合、机械混合等,沉淀池主要分为平流式沉淀池及斜管(板)沉淀池两种。余水经处理后再次进行水质检测,根据用途需求达标后才能排放,例如,余水用于农田灌溉的,应满足《农田灌溉水质标准》(GB 5084—2021)要求。

2.7 信息化管理

为了提升生态清淤工程建设在规划、设计、施工各阶段的实施连续性和高质量管理水平,夯实数字化技术在水利工程建设领域的实质性落地,需开展清淤工程数字化建设,提高工程信息化管理水平。此外,在项目论证和可行性研究期间,还可以通过建立数学模型进行清淤影响分析,为项目决策提供依据。

信息化管理建设主要包括工程全生命周期建管布局(工程建管一张图)和智能化基础设施布局(智能感知一张网),采用 BIM 技术、AIot 技术、GIS 技术开展工程全过程的数字化监督管理,具体措施包括工程数字化体系建设、工程全生命周期平台建设、智能化外场感知系统建设,其中智能化外场感知系统包括 GNSS 变形监测技术、水文和气象监测系统建设、视频监控系统建设、通信系统建设。

3 结语

近年来,随着我国经济社会建设快速发展,围网养殖、围湖占地的规模迅速增加,湖泊淤积严重,水生态环境恶化,迫切需要开展生态清淤。目前我国已成功实施了一系列清淤项目,由此我们对生态清淤工作的相关关键技术进行了梳理和分析。

河湖清淤关键技术包括河湖历史演变分析、地质勘探、清淤范围及方量、清淤方案、底泥处置及再利用、余水处理、信息化管理等。河湖历史演变分析和地质勘探是生态清淤的基础,由此理清河湖淤泥的分布特点、演变趋势、物理性质、污染程度等因素,并在此基础上确定清淤范围及方量。制定清淤方案应综合考虑清淤总量、施工环境及条件、淤泥物理特性、淤泥处置方式、工程总投资等因素。底泥处置以及余水处理应提前进行供需分析,并合理选择经济合理的处置工艺,保证固结土以及余水的污染物含量达标排放和利用。信息化管理是提高生态清淤效率、提升清淤治理效果的重要手段,应积极开展全生命周期建管布局和智能化基础设施布局。

我国目前尚有大量湖泊水库存在底泥污染、库容损失的情况,在当前"生态优先、绿色发展"的理念指引下,应大力推广环境友好的生态清淤模式,同时应积极探索更加高效、节能、低成本、环保的清淤施工方式以及污染治理手段,同时应充分发挥市场机制,将淤泥资源化利用,保证生态清淤工作的健康持续发展。

主要参考文献

[1] 王文华,张福超,宋宗武,等.湖库生态清淤关键问题研究与应用实践[C]//中国水利学会. 2023 中国水利学术大会论文集(第五分册).中水北方勘测设计研究有限责任公司,2023:7.

[2] 诸青,黄伟.南漪湖生态清淤试验工程方案研究[J].海河水利,2024(1):32-36.

[3] 周王敏,李晓萌,谭皓月,等.三峡水库生态清淤技术初探[J].长江科学院院报,2024(9): 1-10.

[4] 黄仁勇,王敏,张细兵,等.三峡水库汛期"蓄清排浑"动态运用方式初探[J].长江科学

院院报，2018，35(7)：9-13.

[5] 秦鑫,王春华,黄晓烽,等.河道生态清淤及淤泥处理处置技术的应用探究[J].中国计量大学学报,2024,35(2):251-257.

[6] 朱伟,侯豪,孙继鹏,等.河湖库淤积治理中底泥清淤的内涵与发展方向[J].水利学报,2024,55(04):456-467.

[7] 具战波.小海河生态清淤及淤泥固化技术的运用[J].水利科技与经济,2023,29(11):96-99.

[8] 唐雨卉,程润喜,徐杨.河湖生态清淤及淤泥固化一体化技术应用研究[J].广西水利水电,2023(5):58-62.

[9] 魏为,王思腾.基于 MIKE 模型的南漪湖疏浚工程影响分析[J].陕西水利,2023(10):172-175.

[10] 向亚卿,李建程.基于有限元分析的生态清淤对水库水质影响数值模拟[J].河南水利与南水北调,2023,52(8):132-133.

吹填淤泥固结特性及考虑土体黏滞性一维简化固结模型

童 军[1] 章荣军[2] 江 涛[1] 乔雪园[1]

(1. 中国长江三峡集团有限公司长江生态环境工程研究中心,湖北武汉 430014;

2. 武汉大学土木建筑工程学院,湖北武汉 430072)

摘 要:吹填淤泥造地技术的关键在于如何加速高含水量、高压缩性的淤泥地基排水固结,而解决此关键技术的前提是对吹填淤泥以泥—土转化为主要特征的固结性状的正确认识与预测。高含水率吹填淤泥在固结初期表现出明显的黏滞性,随着固结的不断发展和土骨架的形成,土体则表现出显著的弹塑性。为研究土体在黏滞性阶段和弹塑性阶段的不同固结性状,在改装的固结仪中开展了一系列单元体固结试验。试验结果表明土样在黏滞性、弹塑性阶段的固结系数和渗透系数可相差2～3个数量级。若采用基于小变形和常系数假设的固结理论预测吹填淤泥固结过程将会带来不可忽略的误差。开发了一个可综合考虑土体黏滞性、弹塑性阶段显著固结性状差异的一维简化固结模型。在自行研发的固结仪上对不同固结荷载下的吹填淤泥开展室内固结试验,并用上述固结模型对试验结果进行模拟。模拟结果表明,简化固结模型相比传统太沙基固结理论可以更好地刻画土体从黏滞性到弹塑性阶段的渐进固结过程。研究成果为吹填淤泥地基加固设计提供了关键固结参数和理论支撑。

关键词:吹填淤泥;固结试验;黏滞性

1 引言

世界各地每年都会产生大量的疏浚淤泥(Krizek,2000),受经济或环境限制,大部分疏浚淤泥未被有效资源化利用,占用了大量堆存土地的同时也导致了潜在的环境风险。深入认识疏浚淤泥的固结特性是对其资源化利用的前提和关键。Bo M. W. 指出泥浆在附加荷载作用下的固结行为尚不清楚。Sill(1995)指出,在最初的黏性阶段,由于电化学作用,土颗粒松散地结合在一起,形成开放结构的絮状聚集体,随着土体结构的逐渐形成,土体从最初的黏滞性状态转变为性态迥异的弹塑性状态。本文首先在改装的室内固结仪中开展了超低固结应力开始的分级加载固结试验,研究疏浚淤泥在不同有效应力下的固结性状差异。为了更好地了解超软黏土从黏性状态到塑性状态的渐进固结过程,在沿土柱剖面配备孔隙压力传感器的自制固结仪中进行了固结模型试验。基于沉降和孔隙水压力

作者简介:童军,男,正高级工程师,主要从事环境岩土工程研究工作,E-mail:tong_jun1@ctg.com.cn。

监测结果研究了不同固结压力下固结性状的渐进变化过程。基于固结试验,提出了考虑黏滞性和弹塑性固结阶段固结行为显著差异的一维简化固结模型,并利用模型试验结果对提出的模型进行了验证。

2　试验方案

试验方案包括单元体固结试验和固结模型试验。

单元体固结试验分别在 0.2、2.3、3.2、4.3、12、22、41、61、78、159、316、630 和 1256kPa 分级固结压力下进行。试样直径为 60mm,高度为 30mm。当每小时应变率小于 0.1% 时施加下一级荷载。

固结模型试验方案见表 2-1。通过系统开展真空固结试验,对 30、60 和 80kPa 真空固结压力下的渐进固结性状进行了对比研究。

上述所有试样的初始含水率均为 93.5%(1.2 倍液限 w_L),作为吹填淤泥天然含水率的代表值。

表 2-1　　　　　　　　　　固结模型试验方案

试验编号	初始含水率/%	试样初始高度/cm	试样直径/cm	固结压力/kPa
V-30-1				30
V-30-2				
V-60-1	93.5(1.2w_L)	22	10	60
V-60-2				
V-80-1				80
V-80-2				

3　试验土样,装置及方法

3.1　试验土样

试验土样取自日本福冈市 Island city 港的填海现场,其基本物理力学性质指标见表 3-1。液限和塑限分别为 77.9% 和 36.7%。土样含有 25% 以上的黏粒(<0.005mm)和 60% 的粉粒(0.005～0.05mm)。根据《土工试验方法标准》(GB/T 50123—2019)规定,土样定名为高液限粉土 MH。

表 3-1　　　　　　　　　　试验土的基本物理性质

比重 G_s	天然含水率/%	液限/%,w_L	塑性/%,w_P	塑性指数 I_p	压缩指数 C_c
2.673	93.5(1.2w_L)	77.9	36.7	41.2	0.85

3.2　备样及饱和

土样天然含水率为 89.4%～93.1%,为液限的 1.1～1.2 倍。土样过 2mm 筛以去除砾石和其他杂质。然后向土样中加入蒸馏水备样至目标含水量,加水的同时用电动搅拌器搅拌,以去除土样中夹杂的空气和气泡。

3.3 试验装置

单元体固结试验采用自制有机玻璃轻质盖帽代替了原金属盖帽,使得施加 0.2kPa 的超低固结荷载成为可能。

图 3-1 为固结模型试验装置示意图。试验采用真空压力来施加固结压力,压力大小通过带真空计的真空调节阀来控制。真空调节阀依次与储水罐、固结腔室土样底部相连。固结腔室为内径 10cm 有机玻璃圆筒,可容纳试样最大高度为 25cm。在距离固结腔室底部排水边界 6、11 和 15cm 腔室壁上安装了 3 个孔压传感器,用于实时测量试样不同高度处孔压。轻质刚性盖板放置在土样顶部以确保固结过程中应变均匀性。电子千分表位移计与土样顶部刚性盖板紧密接触以实时监测土样固结变形。孔压传感器、电子千分表位移均与数据采集系统相连实时采集孔压、变形数据。

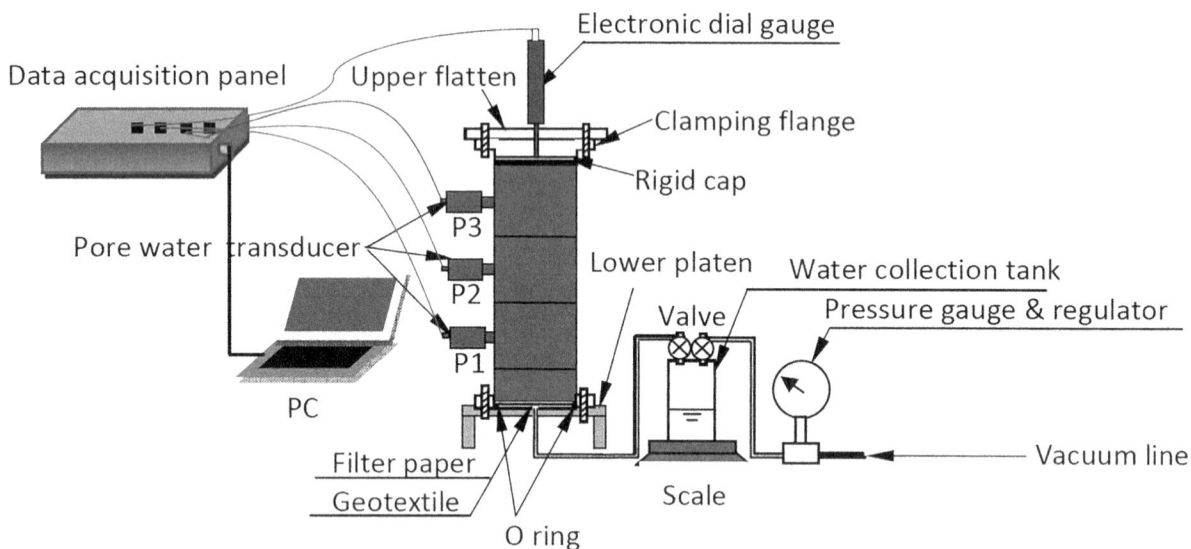

图 3-1 固结模型试验装置示意图

3.4 试验方法

首先在固结腔室底部依次放置已用蒸馏水饱和过的土工布、滤纸作为底层排水材料。装样前在固结腔室内壁涂一薄层硅脂润滑,以减少固结过程中土样与固结腔室内壁之间的摩擦。将配好的重塑土样装入固结腔室中,并用细棒轻轻搅拌,以去除明显的气体。在土样顶部依次放置饱和过的滤纸和土工布。润滑活塞后将其轻轻推入固结腔室使其与土样顶部保持接触。用蒸馏水排除试验装置所有管线中的气体。将电子千分表位移计、孔压传感器连接到数据采集系统。将真空调节阀调到试验固结压力后,打开阀门开始固结试验。试验过程中通过电子秤实时测量土样固结时的排水重量。试验固结完成的标准通过超孔隙水压力、沉降的时程曲线变平来确定。

4 不同固结压力下固结特性

以往大多数研究都假定土体渗透系数恒定以及孔隙比与有效应力线性相关,而这些假定不适用于高含水率土体,尤其是当土体有效应力较低时。因此,固结理论模型需更合理地反映初始含水率较高土体的固结系数和渗透系数真实变化。通过对薄疏浚淤泥试样开展单元体固结试验研究宽幅有效应力范围内土样的固结性状。

图 4-1 为基于单元体固结试验得到的 e-$\log p$ 曲线。曲线上有一个明显的转折点,其相应的含水率在液限附近,洪振舜将该转折点对应的有效应力定义为吸力,表现为 e-$\log p$ 曲线的"s"形的转折点。本文土样的吸力为 $R=3.9$kPa。$100\sim1256$kPa 的压缩指数为 0.37,属于正常固结软土压缩系数 C_c 的典型范围 $0.35\sim0.75$,相应的孔隙比与液限含水率(77.9%)非常接近。

图 4-2 为不同固结压力下基于各级固结荷载沉降曲线拟合得到的固结系数 C_v 的变化。图 4-3 显示了根据 C_v 值和相应的孔隙比 e 以及有效应力,渗透系数 k 随有效应力的变化。当有效应力小于吸力时的 C_v 和 k 明显大于有效应力超过吸力时的 C_v 和 k。渗透指数 C_k 定义如下:

$$C_k = -\frac{\Delta e}{\log\left(\dfrac{k_2}{k_1}\right)} \tag{4-1}$$

图 4-4 为孔隙比随渗透系数的变化。曲线可明显分为 2 段,转折点处对应含水率为液限。这两部分的平均斜率即渗透指数为 C_k 分别为 0.22 和 0.37。从上述曲线中所有转折点均对应土样液限含水率,相应孔隙比为 2.0。

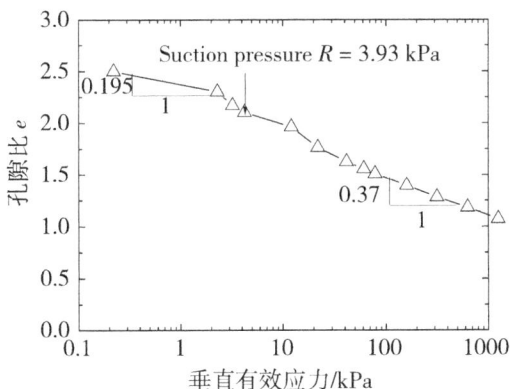

图 4-1 e-$\log p$ 曲线

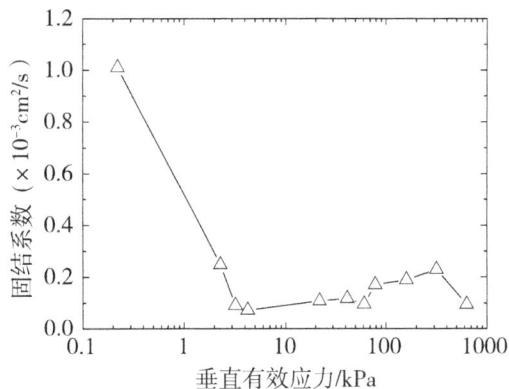

图 4-2 Cv-$\log p$ 曲线

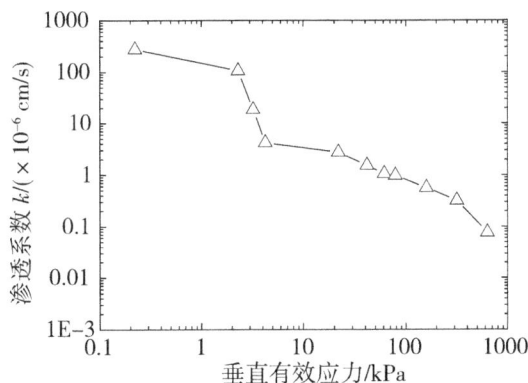

图 4-3 k-$\log p$ 曲线

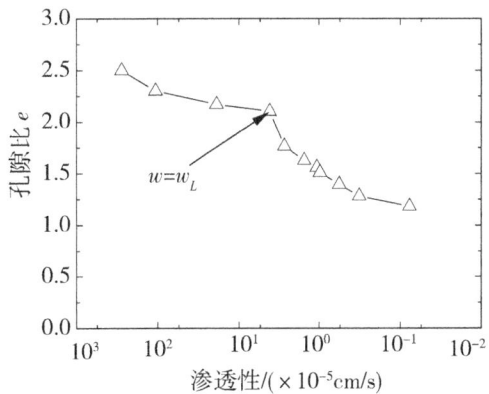

图 4-4 e-$\log k$ 曲线

5 渐进固结过程中的沉降和孔隙水压力响应

图 5-1 为固结压力分别为 30、60、80kPa 时的固结沉降与时间关系。在固结开始后的 200min

内,不同真空荷载下固结沉降随时间的变化规律无明显差异。随后,较大固结荷载下土样沉降量逐渐大于较小固结荷载。试样最终固结应变与固结压力大小成正比,分别为23%、26%、27%。分别在30、60、80kPa固结压力下达到90%固结度所需时间t_{90}分别为9500、6600、3130min,表明固结速率随固结压力的增大而增加。

固结模型试验装置固结腔室上的孔压传感器从下到上依次编号为P1、P2和P3(图3-1)。图5-2为30kPa固结荷载下孔压等时曲线。每条曲线包含3个数据点,分别表示固结22h、43h和153h时P1、P2和P3点的孔隙水压力。在P1、P2和P3的间隔(从22h、44h到153h)期间,孔隙压力的变化幅度依次减小。值得注意的是,P3处的孔隙压力变化很小。在吹填淤泥固结过程中,存在一个逐渐远离排水界面的泥——土边界面。

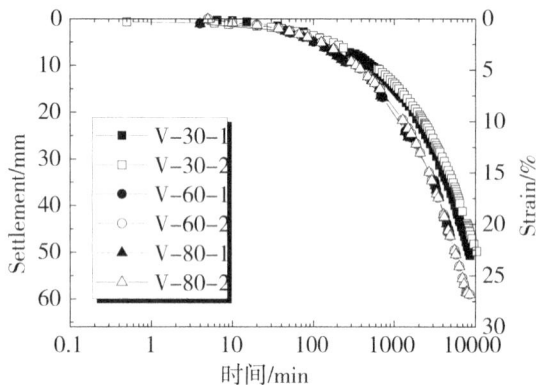

图5-1　不同真空固结压力下沉降随时间变化

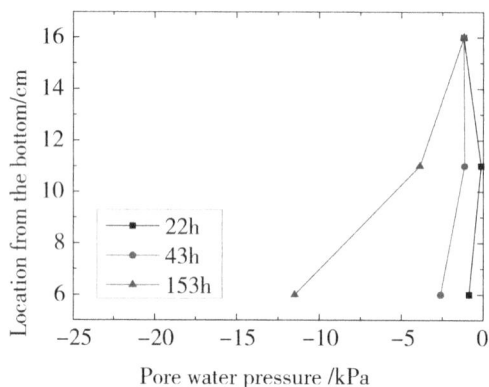

图5-2　30kPa真空压力下PWP的等时曲线

6　吹填淤泥一维简化固结模型

6.1　一维简化固结模型

图6-1为吹填淤泥地基的一维固结模型,该模型与敏感结构性软土的强度模型类似。然而,由于结构黏结效应,R为超软黏土的结构强度。它通常等于吸力。显然,q_0大于吸力R。由于版面所限,图6-2中其他参数定义见TONG J.(2012)。根据有效应力水平,地基变形可分为两个区域:对于有效应力小于结构强度的区域I,固结主要受土体黏滞性控制;对于II区,有效应力大于结构强度,这意味着土体结构已形成,开始表现出明显的弹塑性。这两个区域的边界随着固结的进行将逐渐向下移动,本文将该边界定义为移动边界面。

基于传统的太沙基固结理论和本文试验结果,疏浚淤泥固结过程可分为两个阶段:第一阶段为固结初期表现出显著的黏滞性,第二阶段则表现出明显的弹塑性。这导致土体的固结系数、渗透系数在上述两个阶段差异显著,分别如图4-3和图4-4所示。从上述试验结果来看,在土骨架形成的初始阶段,固结系数相对较大;待土体结构形成后固结系数急剧下降,可视为一个常数。因此,整个变化过程可简化为两条独立的直线(图6-2)。与传统太沙基解相比,可给出更合理的简化解析解来描述高含水率吹填淤泥的真实过程。

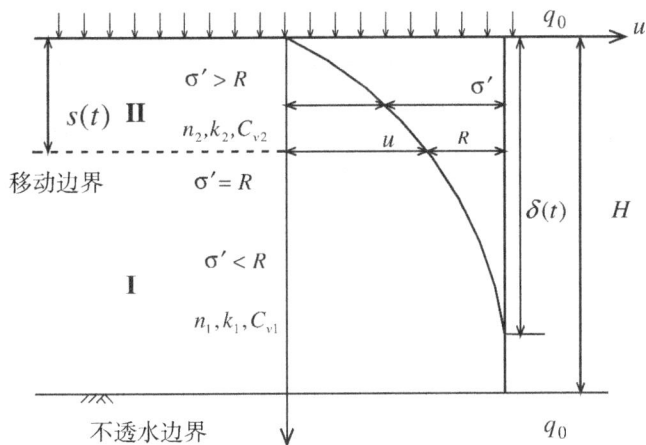

图 6-1 考虑移动边界面的疏浚淤泥一维固结模型(CHEN,et al. ,2004)　　图 6-2 疏浚淤泥固结参数的简化模型

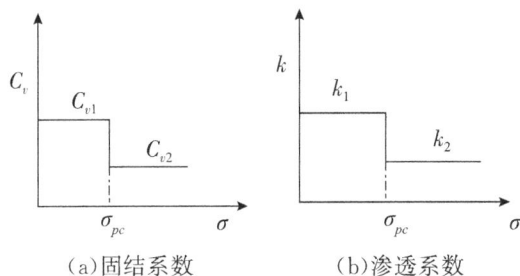

6.2 模型验证

用上述简化模型预测固结模型试验过程并与试验结果进行对比验证。试样总高度为 $20cm$,结构形成前后的平均固结系数和渗透系数分别为 C_{v1}、C_{v2}、k_{v1}、k_{v2},吸力 $R = 3.9kPa$。上述所有参数均可基于低、高有效应力下的单元体固结试验结果获得。图 6-3 中的数据点来自 $60kPa$ 固结荷载下的模型试验结果,其中移动边界面的位置通过有效应力大于吸力时所需时间来确定,有效应力则通过固结荷载减去孔压得到。结果表明,预测曲线与试验数据吻合良好。本文提出的简化固结模型可较精确地预测黏滞性泥浆和太沙基土之间的移动边界。

图 6-4 为 $60kPa$ 真空固结模型试验中移动边界固结理论和传统太沙基固结理论的 $U_t - t$ 曲线的比较。基于移动边界理论得到的固结速率介于太沙基固结理论分别采用黏滞性和弹塑性阶段的固结参数得到的固结速率。采用传统太沙基固结理论会高估地基固结度,从而导致工程设计不安全。相比传统固结理论,本文提出的简化固结模型可更好地预测疏浚淤泥等超软土的固结性状。

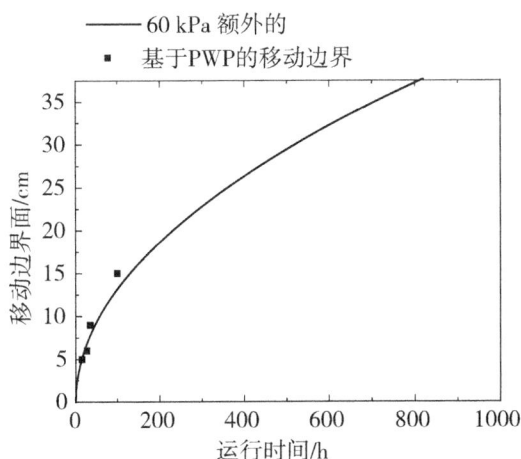

图 6-3 移动边界表面随时间的发展　　图 6-4 不同固结参数及模型 U_t-t 曲线的比较

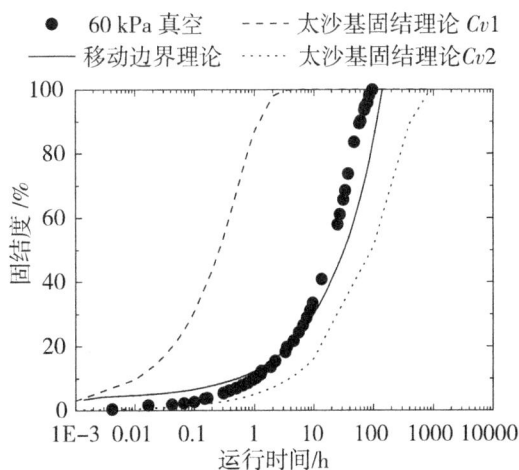

7　结语

开展室内单元体和模型固结试验对吹填淤泥渐进固结性状进行了研究,得到了以下结论:

①吹填淤泥试样 e-$\log p$ 曲线上有一个明显突变的转折点,对应含水率在液限 w_L 附近。试样固结性状在低应力水平下与高应力水平下表现出显著差异。转折点前后的固结系数和渗透系数可相差 10 倍以上。

②基于传统太沙基固结理论和单元体试验结果,建立了可分别考虑初始黏滞性固结阶段和后期弹塑性固结阶段固结性状显著差异的简化一维固结模型。相比传统固结理论,该模型可更好地预测疏浚淤泥等超软土的固结性状。

③后期可继续深入研究精确刻画疏浚淤泥黏滞性和弹塑性阶段固结性状的本构关系,以更全面、准确地模拟疏浚淤泥在不同阶段的固结性状。

主要参考文献

［1］Berry,P. L.,Wilkinson,W. B. The radial consolidation of clay soils[J]. Geotechnique,1969,19(2):253-284.

［2］Bo,M. W.,V. Choa and K. S. Wong. Compression tests on a slurry using a small-scale consolidometer[J]. Canadian Geotechnical Journal,2002,39(2):388-398.

［3］Bo M. W.,V Choa,A. Arulrajah and Na Y. M. One-dimension compression of slurry with radial drainage[J]. Soils and Foundations,1999,39(4):9-17.

［4］Chen Yun-Min,TANG X. -W.,Jun Wang. An analytical solution of one-dimensional consolidation for soft sensitive soil ground[J]. International Journal for Numerical and Analytical Methods in Geomechanics,2004,28:919-930.

［5］Chai,J-C.,Miura,N. and Bergado,D. T. Preloading clayey deposit by vacuum pressure with cap-drain: Analyses versus performance[J]. Geotextiles and Geomembrances,2008:220-230.

［6］Hong,Z. Void ratio-suction behavior of remoldedAriake clays[J]. Geotech. Testing J,2007,30(3),234-239.

［7］Hong,Z. S.,J. YIN,Y. J. Cui. Compression behaviour of reconstituted soils at high initial water contents[J]. Geotechnique,2010,60(9):691-700.

［8］J. Tong,N. Yasufuku,K. Omine and T. Kobayashi. Experimentally coMParative study on the dewatering of the dredged mud by sipHon and vacuum methods[J]. Proceedings of the 7th International Symposium on Lowland Technology,2010:79-83.

［9］J. Tong,N. Yasufuku,K. Omine and T. Kobayashi. Experimental study on the dewatering behavior of the dredged mud with horizontal drainage by sipHon method[J]. Geosynthetics Engineering Journal,2010(25):267-270.

［10］Krizek,R. J. Geotechnics of High Water Content Materials[M]. Special Technical Publication 1374,2000.

[11] TONG J. Experimental study on the consolidation behavior of soft clay under vacuum preloading[D]. Hangzhou:Zhejiang University,2007.

[12] TONG J. Consolidation behavior of ultra-soft clay and its improvement by sipHon method with horizontal layered drainage system[D]. Fukuoka Kyushu University,2012.

[13] Umezakit. Kawamura,T. Kono,A. Kawasaki. A Dewatering method for dredged soil with high water content using gravity and atmospHeric pressure[C]. Proceeding of 39th Japan National Conf. on Geotechnical Engineering. 2004:973-974.

水库清淤问题分析与对策研究

冀振亚　邵明明　胡　博

（水利部长春机械研究所，吉林长春　130000）

摘　要：水库在建成运行一段时期后，会逐渐出现淤积问题，直接影响水库的安全运行和功能发挥，必须通过一定的管理运行或技术手段加以处理解决。然而截至目前，我国在水库清淤问题上还存在许多机制和技术上的障碍，给水库清淤治理带来不便。本文通过分析水库清淤的特殊性和存在的困难，提出了进行水库清淤治理的对策建议，为水库管理和水库清淤从业人员提供参考。

关键词：水库；清淤；对策；建议

1　引言

水库具有防洪、灌溉、蓄水、发电、生态、养殖等多种功能，是一个国家的重要基础设施，也是国民经济社会发展中不可或缺的组成部分，维持水库健康安全具有重大意义。然而，我国大多数水库修建于20世纪50—70年代，经过长时间的运行，已不同程度地出现淤积情况，降低了水库供水保障能力与兴利效益，削弱了水库防洪功能，损害了水生态环境，给水库安全运行带来一定隐患。通过一定的工程管理和技术措施，对水库进行清淤治理，是保障水库安全运行、功能效益正常发挥的必要手段。

2　水库清淤的特殊性

在人类发展的历史长河中，清淤疏浚已有上千年时间，从古代的人力清淤疏浚到近现代采用机械化手段进行清淤疏浚，其技术已然比较成熟，但这主要是针对江河湖泊、港口、浅海潮间带等场合进行，对于水库的清淤，尤其是高坝水库，传统的清淤方法则有些不适应。

①从水域面积上来讲，水库水域面积相对较小，而浅海潮间带水域面积则更大，更适应于大型化设备。

②从水的深度方面来讲，浅海潮间带和江河湖泊则要浅一些，大部分都在20m以内；而水库则相对更深，部分水库水深超过200m。

作者简介：冀振亚，男，高级工程师，现任水利部长春机械研究所副所长兼总工程师，主要从事水利清淤技术、水利专用机械装备的技术研究和设计工作。E-mail：ji35700@163.com。

③从底泥特性上来讲,水库由于经过多年运行,泥层更厚,但相对成份单一,泥层较软;河道中淤泥成分相对复杂,石头、木头及塑料等杂物较多,泥层较薄;浅海潮间带泥层含沙量大,淤泥存在板结,泥层更硬。

④从功能和环境要求来讲,水库大多提供饮水、灌溉、景观等民生和生态功能,且位置远离闹市,对水质和周边环境要求较高;相对来说浅海潮间带对环境、水质的要求则要低一些。

⑤从管理的角度来讲,江河湖泊和浅海潮间带属于天然形成,而水库属于水工建筑物,是人类经济社会活动发展的产物,在管理上责任单位更加具体、更加精细。

正是因为水库清淤具有这些特殊性,直接套用传统成熟清淤技术,效果显然不会理想。

3　水库清淤存在问题分析

3.1　协调管理难度大

水库大多归地方水行政主管部门管理,由于所处地理位置不同,各个地方在水库清淤上观念不一、态度不一、思路不一、方法不一,各自为战,给水库清淤治理带来不小的障碍。另外,水库清淤涉及地方政府、生态环境、农业、国土等多个部门,如何分工协作、统筹开展工作,需要进一步探讨和研究。

3.2　水库清淤仍缺乏合理有效的技术手段

浅海潮间带、港口的清淤设备,发展已比较成熟。国外如荷兰、卢森堡等西方发达国家开发的大型清淤设备,如"斯巴达克斯号",排水量达 1.84 万 t,最大挖深 45m,装机总功率 4.418 万 kW,采用全电驱动和液压控制系统,具有高效、环保、安全、智能等特点;国内如天津航道局、上海航道局、广州航道局等,拥有 21000m³/h 耙吸式挖泥船"浚洋 1 号"、6000m³/h 绞式吸挖泥船"天鲲号"、4500m³/h 绞吸式挖泥船"天鲸号"等多型超大型挖泥船,在港口、航道清淤疏浚、南海吹填造岛等方面发挥了巨大作用。这些清淤设备虽然清淤能力强,性能先进,但普遍吃水较深、体积较大,无法通过内陆河道进入水库中进行清淤作业。

用于内河清淤的绞吸式和耙吸式挖泥船,清淤深度一般在 20m 以下,而水库的清淤深度,尤其是坝前清淤,普遍在 20m 以上,无法满足水库深水清淤需求;抓斗式和反铲式挖泥船对淤泥的扰动和对水体的污染较大,不够环保;冲吸式清淤机需要放空水库,大部分水库满足不了条件。近年,国内部分清淤公司也尝试采用气力泵进行水库清淤,清淤深度最大可达 160m,但气力泵对泥层较薄的区域清淤施工时,生产力低,工作效率不高,且易漏挖,清淤不彻底。

内河小型清淤船舶清淤深度不够、浅海潮间带大型清淤设备难以进入内陆库区以及现有清淤设备不环保、效率低等问题,仍是制约水库清淤的核心问题。

3.3　淤泥后处理技术有待提升

水库多建于偏远地区,处于山地峡谷或邻近村镇,周边可供利用的闲置土地有限,需要对淤泥及余水加以利用处理,才能减轻对周围环境的影响。目前,对淤泥的处理方法有自然晾晒、卫生填埋、海洋投弃、焚烧、制砖和制陶粒、堆肥、生产水泥等。自然晾晒需要大量场地,不适合对环境要求高的场合;卫生填埋和海洋投弃对环境损害较大;焚烧能消除淤泥中的有机物和病原体,但处理成本较高,只适合少量特殊淤泥的情况;堆肥更适用于富含氮、磷、钾的淤泥处理;生产水泥及制砖、制陶粒,存在水库周边不具备生产条件,另一方面需要考虑淤泥量的多少、制成品销路、投入成本等各方面的问题。总体而言,在水库淤积物处理及资源化利用方面,目前处理方法简单、规模小、成本高、效率偏低,淤泥中的重金属离子分离技术还不成熟,容易造成次生环境污染,限制了淤积物多渠道、大规模利用。

3.4 水库清淤投资没有保障

水库管理单位大多属于公益性质,经济收益较低,财政资金只够维持水库常规维护保养。水库清淤一次性投资规模较大,而清淤、运输、处置等环节成本较高,靠水库自身筹集清淤资金难度极大,水库清淤工作需专项资金支持。现实情况是,地方部门往往没有充足的清淤预算资金,除了少部分水库有可利用的砂石资源外,大多数水库淤积物主要为泥土,资源化利用程度低,也难以吸引社会化投资,资金无保障,这也是水库清淤难以大规模进行的主要原因之一。

4 水库清淤对策建议

4.1 加强全国水库清淤顶层设计

建议由水利部相关职能部门牵头,组织实施全国水库尤其老旧水库的淤积情况普查工作,摸清水库淤积程度、淤泥量、淤泥类型等数据参数,建立全国水库淤积数据库,为水库清淤治理提供数据支撑。针对不同类型、不同规模、不同淤积程度的水库,编制全国水库清淤治理规划,有计划地开展水库清淤治理,消除安全隐患,为中国式现代化建设提供水安全保障。

4.2 推动水库清淤制度化规范化管理

可借鉴水库大坝安全定检经验,将水库清淤工作纳入相关管理制度和技术规范,进行常态化、规范化管理。建议在建设数字孪生工程的同时,同步建立水库淤积动态监测平台,定期对水库淤积情况进行评估,及时对淤积严重水库进行清淤治理。推动制定水库清淤工程技术行业或国家规范,加强对水库清淤工作的指导和管理,明确水库清淤监督、考核及验收标准,保障水库清淤效果,提升水库清淤规范化管理水平。随着淤积砂资源属性的突出,建议出台相关管理制度或政策性指导文件,规范淤积砂开采利用管理,解决清淤过程中所产生的砂石出让和收益权属等问题。

4.3 建立水利清淤工程技术研究机构

我国清淤疏浚力量,主要集中在交通运输部门,如天津航道局、上海航道局、广州航道局等,其引进和自行研究设计的大型清淤船具有挖深大、清淤能力强、自动化程度高等优点,具有世界领先水平。但对于内河小型清淤船舶,则没有专门对应的研究机构,在一定程度上限制了内河湖库清淤技术的发展。建议由水利部门成立专门的水利清淤技术研究机构,加强在水利清淤技术研究开发、筹划规划及管理等方面的水平,促进水利清淤能力提升。

4.4　加强水库深水清淤技术研究

水库清淤的关键是清淤深度大、对环保要求高、运行成本低。

①要大力开展水下清淤机器人关键技术的研究攻关,解决深水密封、淤泥接力输送、水下探测、远距离信号传输等难点问题,开发高效、适用的深水清淤设备。

②要开展环保型挖泥装置研究应用,减少挖泥时刀头对水体的扰动,防止二次污染。

③要提升先进技术在深水清淤船中的应用,如卫星遥感、IGS、水下地形探测、周围环境感知、可视化等,提升内河清淤船舶智能化水平,为水库清淤工程实施提供有力技术保障。

④要深入开展淤泥干化处理技术、尾水排放处理技术和淤泥制砖、制陶粒、制肥等淤泥资源化利用技术研究,提高淤泥处理效率,降低淤泥处理成本,解决淤泥后续处理问题。

⑤政府部门应出台激励措施,加大科研机构、大学、企业对水利深水清淤、环保清淤及清淤设备智能化等方面的技术研究资金投入和支持力度。

4.5　设立专项清淤资金

各级人民政府结合取用砂石料等工程制定相关优惠政策,鼓励社会资金投资进入参与水库清淤工作。符合条件的单位可以自行筹措资金来安排清淤工作。各级水行政主管部门可多渠道筹措水库清淤经费,创新多元化投融资模式,探索运用市场手段和金融工具,拓宽资金筹措渠道,建立清淤经费保障机制。资源化利用产生的效益应优先用于水库清淤工程及水库管理工作开展。

5　结论

水库清淤是一项复杂的系统工程,涉及政策规划、工程管理、科学技术、环境保护、资金预算等各个方面,需要政府部门高度重视,需要政策和资金的大力支持,还需要各个方面的密切配合。虽然我国常规清淤技术已然比较成熟,但由于水库清淤的特殊性,常规清淤手段并不能满足水库清淤需求,还需要先进清淤技术及淤泥和尾水处理技术的支撑。水库清淤事业利国利民,水利人重任在肩,需要有迎难而上的勇气和舍我其谁的魄力,在技术上勇于创新,积极研发适用于水库清淤的技术和装备,发展水利新质生产力,为水利高质量发展贡献智慧力量。

主要参考文献

[1] 董索,李建清,陈利强.水库清淤技术概述[J].水利水电快报,2019(11):49-52.

[2] 金中武,郭超,周银军,等.三峡水库清淤及淤积泥沙综合利用可行性研究[J].中国水利,2024(3):29-33.

[3] 贾凤军.中小型水库清淤措施研究进展[J].科技致富向导,2013(7):358-359.

[4] 郭艳佳,马秀娥.关于水库清淤工程制度建设探究[J].内蒙古水利,2024(4):96-97.

[5] 吕海强,董文艺,王宏杰,等.当前饮用水库环保清淤存在的问题及对策[J].人民珠江,2019(9):140-144.

[6] 安徽省水利厅运行管理处."两手发力"大家谈系列之五—水库清淤及资源化利用有关工作探讨[EB/OL].[2023-06-12].htpp://slt.ah.gov.cn/public/21731/121632461.html.

藕池口河道演变与疏浚思路探讨

余　康　李　浩　唐金武　陈正兵

（长江勘测规划设计研究有限责任公司，湖北武汉　430010）

摘　要：藕池口是目前长江向洞庭湖分水分沙的最下游口门，由于地理位置、局部河势和历史原因，近来口门淤塞断流的情况不断加剧。历史和近期河道演变分析表明，藕池口出现了天星洲不断淤涨、口门不断向上延伸、进流十分不畅的不利态势。为此，针对口门河段，进行了 3 个疏浚线路的比选分析，综合分析后，推荐疏浚原藕池口分流通道，并对下一步深化研究工作进行了探讨。

关键词：藕池口；河道演变；疏浚方案；疏浚效果

1　引言

藕池口位于湖北石首的天星洲处，是连通长江(荆江)与藕池河水系及洞庭湖的重要通道。藕池口及藕池河的形成可追溯到北宋以前，受自然及人为因素的共同影响，其历史演变经历了发展、稳定和衰退 3 个阶段。藕池口河段是长江荆江向洞庭湖分水分沙的三口河道之一，也是最下游且与洞庭湖相距最近的分流口门(调弦口已于 1958 年冬建闸封堵)，其冲淤演变对洞庭湖地区的水系格局和演变有着十分重要的影响。近几十年来，随着下荆江系统裁弯、葛洲坝截流和三峡水库蓄水，荆江河势格局和水沙条件发生了较大变化，藕池口分流量、分流比逐年减小，口门分流能力不断衰退，断流现象不断加剧，特别是三峡水库清水下泄、水流调平和上游水库群联合调度的新水沙条件下，口门不断淤积萎缩，断流天数持续增加，给下游的防洪、供水、航运以及水生态环境等带来了一系列影响。由于地理位置、局部河势和历史原因，藕池口成为受影响最为严重的口门之一。

藕池口口门河段是江湖系统分流分沙的咽喉，也是联系长江荆江、三口河道和洞庭湖的重要纽带。针对不断加剧的藕池口淤积断流态势，开展口门河段的河道演变分析，解析其演变特点和演变规律，分析其演变趋势，并结合藕池口的特殊地理位置和局部河势，探讨藕池口的疏浚思路，为采取工程措施缓解或解决口门淤塞断流问题提供参考和借鉴，具有明确而重要的现实意义。

作者简介：余康，男，工程师，博士，主要从事河道规划治理研究工作，E-mail：yukang3@cjwsjy.com.cn。

2 藕池口河道演变分析

2.1 历史演变

据宋人资料记载,北宋之前已有藕池口;北宋以后,藕池口堵塞,其具体时间不详;直至1852年荆江藕池堤溃不筑,藕池口再次冲开,因未及时修复,至1860年长江发生极端洪水,南堤决口冲刷形成藕池河。一百多年前,藕池口段为单一弯曲河段,主流靠右岸沿藕池镇经石首而下。1860年长江发生特大洪水,石首乌林江段堤防溃决,形成藕池口分流,江中古长堤以下出现江心洲(即天生洲),将水流分为两股,主流在右汊。1887年,天生洲左汊逐渐发展,水道在古长堤发生自然裁弯,原主汊逐渐衰亡,左汊转为主航道。1912年,水流通过新河和原左汊弯道流向下游,不再流经藕池镇。同时原弯道北移,远离石首东岳山控制。到1928年,新河断开,水流经过弯道流向下游,同时弯道继续北移,进一步远离石首东岳山控制,天生洲的大小没有大的改变。由于弯道凹岸受冲,凸岸淤积,水道南移,到1934年主流又重新回到石首东岳山。到1960年,弯道继续向南偏移,天生洲逐渐淤积增大形成目前的天星洲,主流贴左岸茅林口一线而下,过古长堤向右岸熊家码头一带过渡走右槽并沿岸下行至东岳山,被挑向对岸鱼尾洲,江中心滩散布,至此基本形成近期河势(图2-1)。

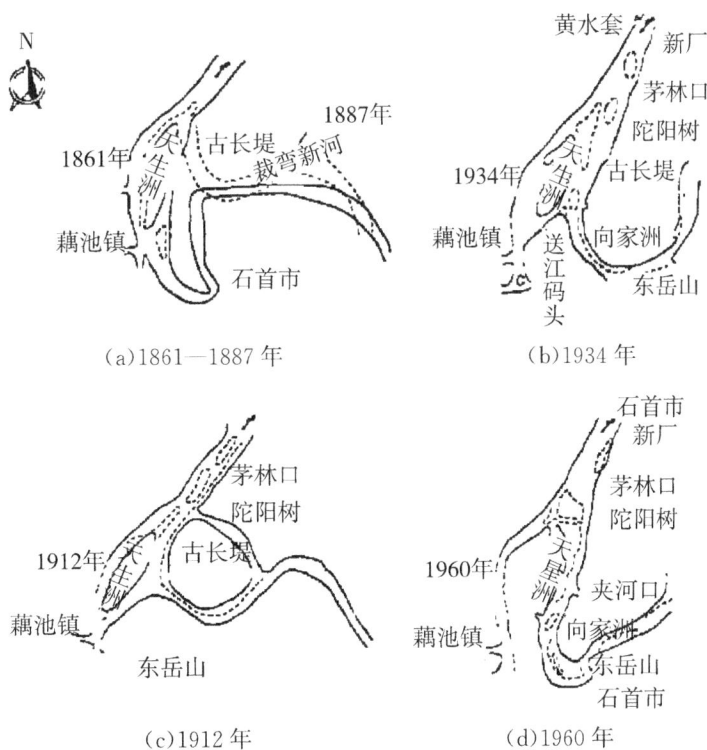

图 2-1　藕池口河道历史演变图

纵观有资料记载的1860年以来的一百多年里,藕池口段演变较为剧烈,经历了溃堤分流、河槽摆动、洲滩形成3个不同阶段,演变的主要特点是长江主流大幅摆动,反复出现裁弯取直,每次裁弯后,河道重新向着弯曲方向发展,同时藕池口随长江河势变化而发展、变化、逐步稳定。发展阶段从溃口漫流演变成固定河槽,进入相对稳定阶段之后分流比维持稳定,此阶段于1930—1950年基本结束,而后进入衰退期。

2.2 近期演变

藕池口河段连接上、下荆江,分流后进入藕池河连通洞庭湖,长期以来分流口不断上提,目前的藕池口口门段即为原天星洲右汊。下面从口门分流分沙变化、平面变化和冲淤变化说明藕池口河段的近期演变特点。

(1)分流分沙变化

藕池河设有康家岗与管家铺两个水文站,康家岗站位于西支上游河段,管家铺站位于东支与西支分汊处,以此两站的实测数据分析藕池口的分流分沙变化(表2-1)。20世纪50年代以来,受葛洲坝水利枢纽和三峡水库的兴建等影响,荆江河床冲刷下切、同流量下水位下降,口门分流条件恶化。分流河道河床淤积,又进一步加剧了荆江冲刷,因此藕池口分流分沙能力一直处于单向衰减之中。从表2-1数据来看,2003—2018年与1981—2002年相比,长江干流枝城站水量减少了254亿 m³,减小幅度为6%;藕池口分流量减少了77亿 m³,减小为42.2%,分流比也由4.1%减小至2.5%。枝城站输沙量减少了42070万 t,减幅近91%;藕池口分沙量减少了2699.7万 t,减幅为90.6%。

表 2-1　　　　　　　　　藕池口分时段多年平均径流量和输沙量及分流分沙比变化

| 时段 | 枝城多年平均径流量/亿 m³ | 藕池口多年平均径流量/亿 m³ | | | | 枝城多年平均输沙量/万 t | 藕池口多年平均输沙量/万 t | | | |
		藕池(管)	藕池(康)	Σ	分流比/%		藕池(管)	藕池(康)	Σ	分沙比/%
1956—1966 年	4525	588.0	48.79	636.8	14.1	55300	10800	1070	11800	21.3
1967—1972 年	4302	368.8	21.44	390.2	9.1	50400	6760	459	7220	14.3
1973—1980 年	4441	235.6	11.29	246.9	5.6	51200	4220	215	4430	8.7
1981—2002 年	4441	172.4	10.01	182.5	4.1	46400	2810	170	2980	6.4
2003—2018 年	4187	101.8	3.6	105.5	2.5	4330	269	11.2	280.3	6.5
2018 年	4810	96.4	2.320	98.7	2.1	4160	211	5.3	216.3	5.2

三峡水库蓄水后,随着分流比的减小,藕池口断流时间也有所增加。从表2-2数据来看,2003—2018年与1981—2002年相比,藕池河管家铺站年断流天数增加了14d,康家岗站年断流天数增加20d,2018年两站分别断流153d和292d,从断流时枝城流量来看,藕池口的淤积萎缩已经非常严重,通流条件恶化。

表 2-2　　　　　　　　　各时段藕池口控制站年断流天数统计

| 时段 | 多年平均年断流天数/d | | 各站断流时枝城相应流量/(m³/s) | |
	藕池(管)	藕池(康)	藕池(管)	藕池(康)
1956—1966 年	17	213	3930	13100
1967—1972 年	80	241	4960	16000
1973—1980 年	145	258	8050	18900
1981—2002 年	166	251	8660	17300
2003—2018 年	180	271	9040	16100
2018 年	153	292	8870	16900

（2）平面变化

1）深泓线变化

藕池口门横堤市—藕池口，受天星洲向上游淤长扩大的影响，深泓摆动幅度较大，2003—2008年主流居右，2008年后摆动较大，2011—2015年，该段深泓线居左；藕池河—新旺湖村段主流相对稳定，过渡段有一定变幅；新旺湖村—藕池镇段由于边滩发育，主流从右岸过渡到左岸，再从左岸过渡到右缘，深泓线总体变化不大，主要是过渡段有所摆动（图2-2）。

2）30m等高线变化

2003—2008年，天星洲上游30m以上心滩变化较大，整体呈现右移淤涨壮大，2008年后相对稳定；心滩右侧的30m等高线槽在2003年往藕池河分流方向未冲开，2008年冲开连通藕池河，2008年后较为稳定；藕池河口门横堤市附近2008年30m等高线边滩较大，2008—2011年，边滩受冲变窄，2011—2015年，边滩尾部有所下延淤涨；新旺湖村—藕池镇段30m等高线边滩发育，自2003年以来，边滩尾部上提，边滩左侧受冲后退，2003—2015年尾部上提约400m（图2-3）。

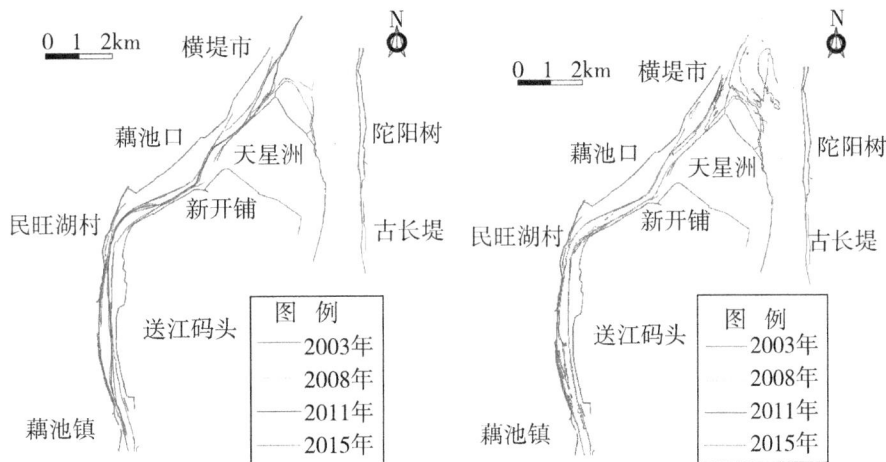

图2-2　藕池河口门段深泓线平面变化　图2-3　藕池河口门段30m等高线平面变化

（3）冲淤变化

对藕池河进口段（藕池口至藕池镇）2003年以来的冲淤变化进行统计分析（表2-3）。2003—2008年，河槽容积变化不大，35、25m高程以下河槽小幅淤积，30m高程以下河槽有所冲刷，可见冲刷主要体现在25～30m；2008—2015年，35、30、25m高程以下河槽容积均表现为冲刷，且呈现累积性冲刷的趋势。

表2-3　　　　　　　　　　　　　　藕池河进口段河槽容积变化　　　　　　　　　　　　（单位：万m³）

年份	35m以下		30m以下		25m以下	
		变化值		变化值		变化值
2003年	2439.1		431.2		13.1	
2008年	2422.9	−16.2	480	48.8	9.8	−3.3
2011年	2642.4	219.5	590.2	110.2	16.1	6.3
2015年	2828.7	186.3	783	192.8	42.8	26.7
小计		389.6		351.8		29.7

2.3 河道演变影响因素及趋势

从藕池口河段的演变来看,历史形成的河道形态及河床边界是河床演变的基本条件。目前已形成的以天星洲左汊为主流的河势格局,以及上游主流线的摆动是河床演变的动力因素。但藕池口门进口受天星洲向上游淤长扩大的影响,深泓摆动幅度较大,不利于藕池河进流。来水来沙条件是河床冲淤演变的主要因素,下荆江裁弯、葛洲坝水库蓄水、三峡水库蓄水改变了来水来沙过程,加剧了荆江河道演变进程,也直接影响了藕池口淤积萎缩的速率。根据江湖耦合数学模型计算结果,三峡水库及上游水库群水库联合运用至 2032 年末,藕池河的淤积主要还将位于口门段。

3 藕池口疏浚思路

3.1 方案布置

从藕池口河段河道演变来看,口门的淤塞是近期河道断流不断加剧的重要原因。为此,结合藕池口的特殊地理位置和局部河势,从改善枯水期藕池口分流的角度出发,研究了三个口门疏浚方案(图 3-1)。

（1）方案 1

疏浚长江干流天星洲洲头黄水套至藕池口门河段,长度约 23.5km,宽度约 80m。根据 2008—2017 年新厂水位站、石首

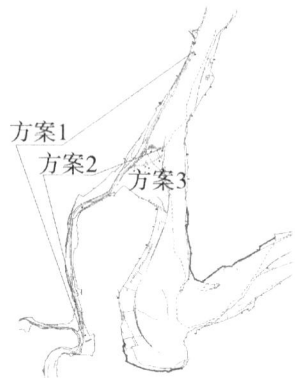

图 3-1　藕池口口门河段疏浚方案布置图

水位站实测水位数据进行插值,并经过统计计算得到整治口门最低水位为 25.45m(黄海高程),对应的管家铺站则断流,若该站过流,按照枯水位平行下移,则该站水位为 24.31m,本河段按照水深 2m 整治,则相应的管家铺站点处的疏挖河床高程为 22.31m,口门处疏挖河床高程为 23.45m。

（2）方案 2

疏浚天星洲中部至藕池口门河段,长度约 17.6km,宽度约 80m。藕池口临界断流时所对应的整治口门水位为 25.18m,对应的管家铺水位为 24.31m;本河段按照水深为 2m 整治,则相应的管家铺站点处的疏挖河床高程为 22.31m,口门处疏挖河床高程为 23.18m。

（3）方案 3

疏浚天星洲中下部至藕池口门河段,长度约 17.2km,宽度约 80m。根据藕池口临界断流时所对应的整治口门水位为 25.16m,对应的管家铺水位为 24.31m;本河段按照水深为 2m 整治,则相应的管家铺站点处的疏挖河床高程为 22.31m,口门处疏挖河床高程为 23.16m。

3.2 方案比选分析

从顺应河势、通顺流路、疏浚效果、局部流态、疏浚工程量、施工便利程度、疏浚物资源化利用、工程影响、工程管理与后期维护等方面进行综合比选分析(表 3-1)。

表 3-1 藕池口口门河段疏浚方案比选

比选项目	方案 1	方案 2	方案 3
河势条件	河道主流长期偏靠左岸,黄水套进口条件不断恶化,天星洲向上游淤长趋势明显,藕池口枯季进流十分不畅,疏挖路线整体处于常年淤积区;若采用本方案,建议辅以其他整治措施(进口导流措施、鱼嘴)预防回淤; 本方案顺流路,后期维护相对容易,对现状河势的影响较小	疏浚路线横切天星洲洲头,过流通道位于心滩夹槽内,冲淤变化不稳定,洲头心滩呈淤高趋势,心滩夹槽有萎缩趋势;进流通道与河道主流夹角过大,扩挖后回淤可能性较大,且本方案切割天星洲洲头,可能影响滩体和河床边界稳定性,同时与航道整治工程、岸线守护工程距离较近,综合考虑不推荐本方案	疏浚路线斜穿天星洲洲体,进口附近主流偏靠右岸,口门通道与主流夹角相对不大,进流条件相对较好,物理模型实验显示枯水条件下串河进流量多于黄水套进口;但本方案切割天星洲高滩,可能影响滩体和河床边界稳定性,同时中枯水条件下口门至藕池进口段坡降并不大,未来干流水位预计还会下降,本方案引水效果有待论证;此外,本方案开挖枯水河槽,中高水期存在漫滩流直接入河,可能面临泥沙落淤问题
初步工程量	口门段疏挖 23.5km,558.8 万 m³,平均挖深约 3.25m	口门段疏挖 17.6km,407.8 万 m³,平均挖深约 3.2m	口门段疏挖 17.2km,471.7 万 m³,平均挖深约 3.84m
长江干流 8000m³/s 流量时口门分流量及分流比	26 m³/s;0.33%	28 m³/s;0.35%	29 m³/s;0.36%
流速、夹角	0.1～0.4m/s,10°	0.4～0.8m/s,70°	0.3～0.8m/s,50°
工程维护	原流路挖通后存在溯源冲刷可能,后期维护性疏浚相对较易	心滩表层可能存在较厚的淤泥质覆盖层,疏浚断面难以维持,后期回淤可能性大,维护疏浚难	滩体表层可能存在淤泥质覆盖层,不利于疏浚断面维持,后期可能出现漫滩流夹带泥沙淤塞河道,维护疏浚较难
工程影响	远离航道设施,对航道影响较小	贴近主航道,距离航道整治工程较近	贴近主航道,与航道整治工程相距较近
施工便利程度	河床开挖,施工相对较易	心滩黏土开挖难度大,施工相对较难	滩体黏土开挖难度大,施工相对较难
疏浚物利用	疏浚物为粉细砂,可资源化利用	疏浚物多为淤泥质土或粉质黏土	疏浚物多为淤泥质土或粉质黏土
综合评价	推荐方案	不推荐	备选方案

3 个疏浚方案的不同之处主要体现在藕池口入口段的线路选择,以及河床的边界条件、局部河势和局部流态。方案 1 相比方案 2 和方案 3 而言,主要是疏浚线路长和工程量更大,其他条件较优。方案 2 和方案 3 的主要问题在于入流角度太大,分流口与干流基本斜交,在来水来沙条件变化、干流冲刷、水位下降和局部河势变化的条件下,进口河道的回淤是一个较大的问题。考虑顺应河势、通顺流路并结合工程实际,综合评价,推荐方案 1。

4 结语

藕池口是目前长江与洞庭湖通流分水分沙的最下游口门,是长江上下荆江的分界点,三口之中藕池口近来淤塞最为严重,断流情况最为严峻。由于历史演变和近来清水冲刷带来的河势变化,藕池口形成了天星洲不断淤涨、口门不断向上延长、进流十分不畅的不利态势。本文针对口门河段疏浚,对3个疏浚线路进行了比选分析,综合推荐疏浚原分流通道(即长江干流天星洲洲头黄水套至藕池口门河段)的方案。

目前,正在开展洞庭湖四口水系综合整治工程的可行性研究工作,藕池口疏浚工程的研究还需进一步深化论证,以期为工程落地提供技术支撑。结合本文,还有以下几个方面有待进一步研究:

①工程受制约因素较多(如生态敏感区、保护红线、涉堤等),藕池口疏浚线路还需深化研究。另一方面,历史上藕池口与长江连通的古河道形态已发生变化,但还有一些故道(如东汉河)至今仍可通流,能否通过疏浚这些故道来改善藕池口的分流,需开展研究和论证。

②除分析现状条件下不同疏浚线路方案的分流效果外,还应采取物理模型或数学模型等手段,分析未来来水来沙条件变化下,疏浚工程的效果维持情况。

③藕池口疏浚需解决的最大问题之一是工程后的回淤,因此还需结合局部河势条件和河床边界条件,研究防止或减缓回淤的辅助工程措施。

主要参考文献

[1] 陈曦. 宋至清荆江南岸分流四口的演变[J]. 长江流域资源与环境,2009,18(3):270-274.

[2] 柴泽清,郭小虎,朱勇辉. 三峡工程运用后荆江与洞庭湖关系变化研究进展[J]. 长江科学院院报,2023,40(4):17-23+30.

[3] 贺秋华,余德清,王伦澈,等. 近400多年下荆江河段古河道演变过程及特征[J]. 地球科学,2020,45(6):1928-1936.

[4] 陈帮,李志威,胡旭跃,等. 藕池河形态变化与冲淤过程研究[J]. 泥沙研究,2019(4):8.

[5] 孙启航,夏军强,石林,等. 荆江南岸藕池河东支典型河段河床调整特点研究[J]. 人民长江,2022,53(3):21-28.

[6] 刘心愿,渠庚,姚仕明,等. 三峡工程运用后石首弯道段整治工程累积影响和演变趋势研究[J]. 水利水电快报,2020,41(1):22-27.

[7] 徐江宇,董亚辰,姜军,等. 新水沙条件下荆江三口河口疏浚效果研究[J]. 人民长江,2020,51(S2):9-11+56.

[8] 熊正伟,周紧东,姜军,等. 基于一维河网数学模型的荆江三口河口疏浚方案[J]. 人民长江,2020,51(S2):1-8+40.

[9] 柳恒,李志威,陈帮,等. 不同来流量条件下藕池河东支水动力调整[J]. 长江科学院院报,2022,39(4):14-20.

[10] 范文同,陈勇,胡忠权. 藕池口水道2017年—2018年航道演变及航道维护措施浅析[J]. 中国水运.航道科技,2020(6):1-7.

河道采砂后评估关键问题探讨

——以长江枝江市百里洲可采区为例

望思强　　唐金武

(长江勘测规划设计研究有限责任公司,湖北武汉　430010)

摘　要:本文以长江枝江市百里洲可采区2023年度采砂后评估工作为例,从采砂项目实施情况、采砂作业评估、采砂影响评估等关键环节进行梳理。分析发现,采砂单位在获得湖北省水利厅发放采砂许可证后才开始采砂作业,项目实施过程始终处于相关部门有效监管下,采砂范围、施工船只、采砂时间、开采深度以及采砂总量均符合批文要求,采区回淤较快,采砂对河势稳定、防洪安全以及生态环境保护均无影响。

关键词:百里洲;河道采砂;后评估

1　引言

2021年7月,水利部办公厅以水河湖〔2021〕212号文批复了《长江中下游干流河道采砂管理规划(2021—2025年)》(以下简称《采砂规划》)。该规划报告在松滋河宜昌枝江段规划了一个可采区,为位于范家潭附近的百里洲采区。百里洲可采区面积约26.4万 m^2 ,控制开采高程30m,年度控制开采量为30万t。为推动长江砂石资源化利用,推动当地经济社会发展,根据《采砂规划》相关要求,枝江市分别于2021、2022、2023、2024年度成功完成了百里洲可采区河道采砂任务。按照《长江中下游干流河道采砂项目可行性论证报告编制大纲与技术要求(试行)》要求:为了及时掌握河床动态变化情况,应在采砂作业实施前、实施过程中以及实施后,适时对河床实施监测,提出采砂作业实施情况评估报告。

本文以长江枝江市百里洲可采区2023年度采砂后评估工作为例,对采砂项目实施情况、采砂作业评估、采砂影响评估等关键环节进行梳理,总结相关工作经验,为优化采砂作业后评估工作、加强采砂作业监管提供技术支撑。

作者简介:望思强,男,高级工程师,博士,主要研究方向为水力学及河流动力学工作,E-mail:709896541@qq.com。

2 采砂项目实施情况

2.1 项目批复情况

2023年3月,湖北省水利厅以鄂水许可函〔2023〕11号文对百里洲采区2023年度河道采砂方案进行了行政许可。许可采区位于长江支流松滋河百里洲可采区内,控制开采范围顺水流方向长656米,垂直水流方向宽149m,控制开采高程为30m(85国家高程),控制开采量30万t。采用单船功率不大于1250kW的采砂船2艘,配备运砂船14艘,所采砂料通过运砂船运往枝江市两处砂石集并中心和一处砂石堆放点码头。采砂作业时间40d,禁采期为6月1日至9月30日及河道水位超警戒水位期间。

2023年4月,省水利厅向枝江清润资源开发有限公司下发了长江河道采砂许可证,同年5月,宜昌市交通运输局向采砂单位下发了水上水下活动许可证。

2.2 采砂作业情况

采砂作业采挖完工单显示,施工单位自2023年5月8日开始采砂作业,5月30日停机收工,历时23d,累计开采江砂30万t,在相关部门的监管下顺利完成了年度采砂任务。采砂过程中共安排采砂船2艘(分别为鄂荆采1号和鄂荆采2号)、运砂船14艘。

2.3 采砂监管情况

为规范百里洲采区采砂作业流程,提升管理水平,保证施工质量,采砂单位——枝江清润资源开发有限公司制订了《枝江清润资源开发有限公司采砂项目管理制度》,对采区现场监管人员、上岸码头现场人员以及监控室管理人员制定了工作流程及注意事项,提出了工作要求及行为规范。

枝江市水政执法大队负责百里洲可采区采砂项目现场监管工作,依照《长江河道采砂管理条例》和《湖北省长江河道采砂管理实施办法》制订了现场监管方案,成立了采砂联合监管小组,下设现场监管办公室,负责处理现场采砂监督的一切事务。监管方案中对现场监管人员安排、监管单位职责、现场监管措施以及监管纪律均作出了相应要求。

3 采砂作业评估

3.1 采砂范围评估

采砂单位委托具有测量资质的单位开展采区控制边界点坐标定位以及浮标设置工作。采砂作业过程中,采砂船舶严格遵守相关规定,在浮标范围内进行采砂活动,现场水政执法监管人员以及采砂单位监管人员共同对采砂船采砂范围进行了监管。

3.2 开采高程及范围控制

采砂单位采购了河床高程自动监测系统,架设了电子围栏,在采砂作业过程中实时监测河床高程以及采砂船只的位置状态,当高程低于控制高程 30m 或者当采砂船越过围栏进行开采时,系统自动报警,提示采砂船应注意调整采砂范围和强度。采区年度采砂作业全部完工后,采砂单位立即组织相关单位进行了采区地形测量,复核河床高程,判断是否存在超采现象。根据监测数据以及地形测量结果,采砂作业过程中未发生超范围和超深度开采现象。

3.3　采砂时间控制

采砂单位自 2023 年 5 月 8 日开始实施采砂作业,5 月 30 日停机收工,历时 23d,采砂时间不在禁采期范围内,采砂总天数以及时间范围满足省水利厅采砂许可文件中的要求。为维护采砂区河段两岸居民生活环境及健康,减小噪声污染,每日采砂作业时间安排在 07:00 至 19:00。

3.4　采砂总量控制

根据采挖作业完工单,累计开采江砂 30 万 t,符合省水利厅采砂许可文件中的要求。

3.5　采砂回淤分析

为了对 2023 年度采砂后河床变化情况进行评估,本项目在采砂作业实施前后分别进行了采区附近河段的水下地形测量。根据两次测量成果对比分析可知,2023 年度采区控制开采量为 30 万 t(约 18.18 万 m^3),2022 年 11 月至 2023 年 12 月,采区河道容积增大了约 13.20 万 m^3,说明采砂实施后采区内淤积的泥沙方量约为 4.98 万 m^3,计算可得 2023 年度采区回淤率为 27.39%,回淤情况较好。

4　采砂影响评估

4.1　采砂对河势的影响

百里洲采区 2023 年度采砂后,局部河床出现下切,但整体断面地形变化不大,对河势稳定的影响不大。百里洲采区距松滋口较远,加上采区地形没有较大的变化,因此对松滋河的分流格局无影响。

4.2　采砂对防洪安全的影响

百里洲采砂项目 2023 年度采区边缘距离两岸堤防较远,采挖深度不大,采砂后仅局部河床出现下切,不会对两岸堤防工程以及附近岸坡的稳定造成影响。采砂后采区地形局部下切,增加了河道过流面积,有利于防洪安全。

4.3　采砂对通航安全的影响

从对通航影响来看,百里洲采区 2023 年度采砂船舶施工严格按照批文中对采砂区域、采砂船只、采砂时间的控制要求,施工中未发生航行事故,加上枯水期河道不通航,因此没有对周边通航安全造成影响。

4.4 采砂对第三人的影响

论证采区河段涉水工程及设施较少,主要为松滋河大桥、涵闸以及轮渡码头,其中与采区相距较近的有戴家渡汽渡、戴家渡涵闸和何家渡汽渡,最小距离约 1.6km。由于闸站工程位于两岸较高位置,枯水期采砂作业距离闸站较远,不会对其工程安全产生影响。

4.5 采砂对生态环境的影响

百里洲采区采砂施工范围较小,时间也较短,施工中工程河段未发生明显的船舶漏油等污染事故,工作人员对产生的生活垃圾进行了统一的收集处理,施工结束后对现场环境进行了清理和恢复,因此采砂实施后水体水质未发生明显变化。采砂作业期避开了鱼类繁殖季节,鱼类资源未受明显影响。综上所述,采砂施工对周边区域生态环境的影响不大。

5 结语

5.1 结论

采砂单位在获得湖北省水利厅发放采砂许可证后才开始采砂作业,项目采用了现场执法监测、线上视频系统监测等手段,实施过程始终处于湖北省水利厅、宜昌市水利局、枝江市水利局、宜昌市交通运输局等相关管理部门的监管和控制下,表明整个项目的进行符合有关法律法规的要求。

现场监管情况表明,采砂范围控制、施工船只控制、采砂时间控制均符合批文要求。采砂区水下地形测量表明,工程控制开采高程符合批文要求。采挖完工单统计结果显示,采砂总量满足批文要求。

采砂作业时间较短,采砂后采区回淤较快,河床地形变化不大,对整体河势稳定以及河道防洪安全无影响。工程实施期间,采砂单位对进出场的船舶进行了合理的交通安排,并借助线上视频监控系统进行统一调度,没有发生航行事故,对周边第三人合法水事权益没有造成影响。采砂过程中,作业船舶没有发生漏油、违规排污等事件,生活垃圾统一处理,对周边生态环境没有造成负面影响。

5.2 建议

采区上游枯水期局部河段通航条件较差,在工程施工过程中应加强对龚家潭浅滩水深的监测,并制定应急疏浚预案,出现水深不足的情况应及时调整运砂方案,保障采砂作业的正常开展。

工程施工完成后,实施单位应尽早委托有技术能力的单位开展后评估工作,以便及时掌握本工程实施对工程河段河势、防洪等各方面的影响。

主要参考文献

[1] 水利部长江水利委员会.长江中下游干流河道采砂管理规划(2021—2025 年)[Z].湖北:武汉,2021.

[2] 水利部长江水利委员会.长江中下游干流河道采砂项目可行性论证报告编制大纲与技术要求(试行)[Z].湖北:武汉,2004.

枝江松滋河百里洲可采区采砂论证关键问题研究

望思强[1] 唐金武[1] 卢 锐[2] 邓松柏[2]

(1. 长江勘测规划设计研究有限责任公司,湖北武汉 430010;

2. 枝江清润资源开发有限公司,湖北枝江,443200)

摘 要: 对枝江松滋河百里洲可采区采砂论证中河道演变分析、采运砂方案拟定、采砂影响综合分析、采砂作业、采砂作业管理等关键环节进行梳理。分析发现,百里洲可采区采砂作业在保证松滋河河势稳定、防洪和水生态安全的前提下,按照《长江中下游干流河道采砂管理规划(2021—2025年)》(以下简称《采砂规划》)的要求,科学、合理、适度地开发利用松滋河江砂资源,对促进枝江市社会经济的高质量发展具有重要作用。

关键词: 百里洲;河道采砂;可行性论证

1 引言

松滋河位于长江荆江河段南岸,是长江荆江河段分泄水沙入洞庭湖的 3 条分流洪道之一,自北而南流经湖北的松滋市、枝江市、公安县和湖南安乡县、澧县,水系干流、支流、串河、汊道等河道总长度为 353km,其中松滋河口至大口段为松滋河口门段,长 24.5km,位于长江干堤范围内,属长江干流上百里洲汊道段右汊(支汊),其右岸松滋江堤为长江二级干堤,河道两岸分别为松滋市和枝江市百里洲。

2021 年 7 月,水利部办公厅以水河湖〔2021〕212 号文批复了《采砂规划》。该规划报告在松滋河宜昌枝江段规划了一个可采区,为位于范家潭附近的百里洲采区。百里洲可采区面积约 26.4 万 m^2,控制开采高程 30m,年度控制开采量为 30 万 t。为推动长江砂石资源化利用,推动当地经济社会发展,根据《采砂规划》相关要求,枝江市分别于 2021、2022、2023、2024 年度成功完成了百里洲可采区河道采砂任务,采砂规模以及作业流程严格按照有关部门管理要求执行,获得了有关部门的高度认可,采砂工作取得了良好的社会、经济效益,并积累了丰富的工作经验。本文对枝江松滋河百里洲可采区采砂论证中河道演变分析、采运砂方案拟定、采砂影响综合分析、采砂作业、采砂作业管理等关键环节进行了梳理,总结相关工作经验,为未来优化采区可行性论证提供技术支撑。

作者简介:望思强,男,高级工程师,博士,主要研究方向为水力学及河流动力学,E-mail:709886541@qq.com。

2 河道演变分析

松滋口分流段在三峡工程蓄水前,分沙比随分流比的减小而逐渐减小;三峡工程蓄水后,分流比略有减小,但分沙比反而有所回升。1956—1972年,分沙比稳定在10%左右,1973—1998年,分沙比稳定在9%左右,1998—2002年,分沙比稳定在8%左右。2003—2016年,分沙比回升至10%左右。此外,三峡工程蓄水后,荆江三口萎缩的趋势明显,但在荆江三口中,松滋河的减小幅度明显偏小,1956—2016年,松滋河分流比由11%减小为7%,减幅为4%。这为松滋河开展河道采砂提供了充足的来源。

3 采运砂方案拟定

根据《采砂规划》,百里洲规划可采区为位于松滋河上游段,靠近左岸的百里洲范家潭,隶属于枝江市。根据2023年12月实测1∶2000地形,百里洲采区内河床高程均在控制开采高程以上。本着对采区内砂层分布及砂质储量条件较好河段优先开采的原则,尽量避免在此前年份开采过的区域重复开采(此前采区主要为规划可采区上游区域),同时采区面积不宜划定过大,避免采砂船在采区内频繁移动而增加采砂成本。以2023、2024年度论证采区布置为例,其平面位置关系见图3-1。

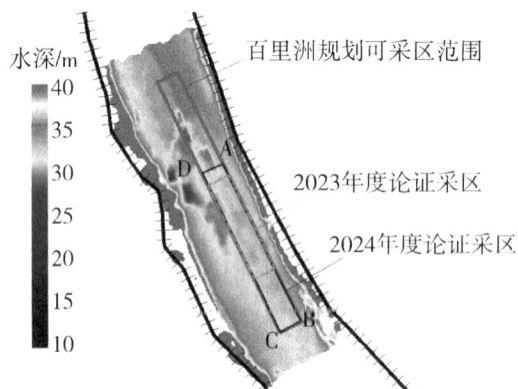

图3-1 2023、2024年度论证采区与规划采区相对位置关系

对采区可利用砂石总量进行分析。根据地勘成果,表层中砂埋深较浅,厚度中等,采砂方式宜采用直接挖掘式,砂层方量估算按钻孔平均可采厚度(最低可采标高30.0m以上)考虑。以2024年度论证采区为例,该采区面积约15.7万 m^2,根据2023年实测地形分析,论证采区平均可采厚度2.0m,方量估算约31.4万 m^3,折合约47.1万t,满足该年度开采规模需求。

在运砂方案方面,百里洲采区开采的江砂在松滋河内通过14艘运砂船运送至枝江本地2处砂石集并中心码头(兴港码头、众港码头)和1处临时上岸点(戴家渡临时上岸点)。上述各上岸点最大日卸载能力约为5000t,累计可存储砂量约为15万t,码头在存储砂石的同时也进行砂石的销售外运,增加对砂石资源的吸纳能力。

由于本次采砂配备的运砂船吨位较小,长距离运输能力不足,因此用于外销的砂石先由运砂船运往松滋河口徐家河水域,换装大型运砂船后运至外地。

松滋河河道相对较窄,为避免采砂作业期间聚集的船舶数量过多,应错开船舶航行时间,合理安排运砂船进场次序,将高峰期采区附近的运砂船数量控制在 4 艘,其中 2 艘运砂船装砂、2 艘运砂船在临时停泊区等待,运砂船驶出采区范围外后,方可允许停泊区的运砂船进入采区。运砂船运砂路线见图 3-2。

图 3-2　运砂船运砂路线

4　采砂影响综合分析

4.1　采砂对水位—流速的影响

采用 MIKE21 模型对采砂河段进行定床数值模拟,分析采砂前后对河段水位、流速的影响。数学模型的计算范围为松滋河百里洲段,其上边界为松滋口,下边界为大口,计算河段总长约 18.0km。论证河段地形应尽量采用最新年份的地形。分别采用 2015 年 11 月和 6 月松滋河口门段实测水文资料对模型进行率定验证,计算水位与断面实测水位吻合较好,计算值与实测值最大误差仅为 0.012m。断面流速分布率定验证情况较好,见图 4-1。

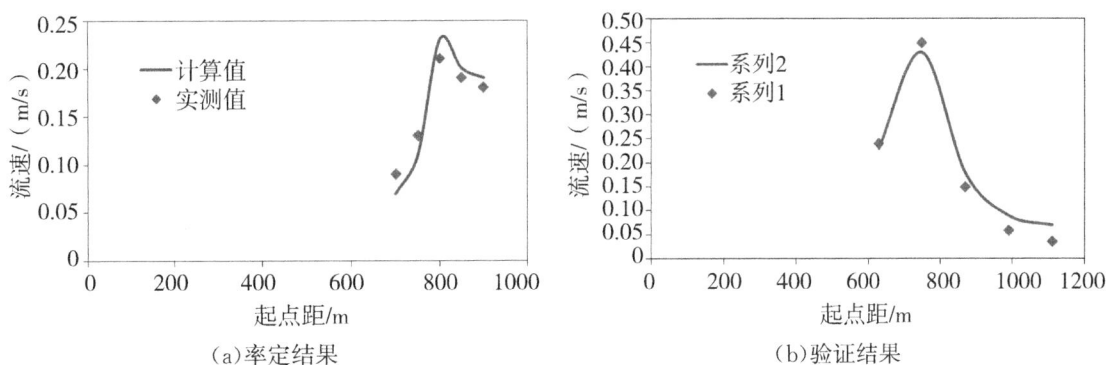

（a）率定结果　　（b）验证结果

图 4-1　代表断面流速分布率定、验证结果

计算采用两种水文条件,分别为防洪设计流量条件和平滩流量条件。水文参数推求过程中,部分借鉴了已批复的《洞庭湖四口水系综合整治工程可行性研究报告》有关成果,最终确定防洪设计流量 10740m³/s,对应模型出口水位 46.82m,平滩流量 3500m³/s,对应模型出口水位 41.5m。

采砂实施后,采区底部河床坡降变缓,水深增加,采区尾部陡坎壅水导致采区及其两侧水位抬升;采区上端受其下游河床开挖影响,床面坡降增大,导致局部水位降低。在防洪设计流量条件下,采区水位最大抬高 0.028m,位于采区尾部,水位最大降幅约 0.035m,位于采区上游端;在平滩流量条件下,采区尾部水位最大抬高 0.015m,采区上游端水位最大降幅约 0.024m。

采砂实施后,采区底部河床坡降变缓,开挖之后水深增加,采区尾部陡坎壅水,导致采区内部及其两侧流速减慢;采区上端受其下游河床开挖影响,床面坡降增大,导致局部流速增加;采区下游受采区水位抬升的影响,水面比降变大,使得流速有所增加,受地形影响,流速增加区域靠近左岸浅滩,呈狭长的条状分布特点。在防洪设计流量条件下,采区内流速最大减幅约 0.20m/s,在平滩流量条件下,采区内流速最大减幅约 0.18m/s。

根据数学模型计算结果可知,采砂实施后对水位、流速的影响局限在论证采区周边区域,松滋口口门距离论证采区较远,约 18km,其水流条件受到的影响可以忽略不计,因此本次采砂的实施对松滋口分流无影响。

4.2 采砂对防洪安全的影响

论证采区距左岸百里洲洲堤约 220m,距右岸松滋江堤约 265m,距离较远,采砂过程中全程采用水上作业,不会在堤身施工,也不会在工程区内实施爆破、打桩等破坏性行为,工程实施对堤防结构安全无影响。论证采区实施后,采区内河床降低,河道槽蓄量以及采区过水断面面积均有所增加,有利于增加河道行洪能力。

4.3 采砂对通航安全的影响

本次论证采区所在的松西河马峪口至三江口段航道等级为 VI 级,为季节性航道,枯水季节航行船舶较少。根据规划中的禁采期要求,本次采砂作业安排在枯水期,期间航行船舶较少,采砂作业以及采砂船舶不会对通航安全造成影响。此外,本航道内沿程未布设助航设施,未进行航道维护作业,无通航安全监管设施,采砂作业不会对航道环境造成影响。

采砂期应在采区增设警示标牌标志,增设监管力量,合理安排运砂船进场时间及航行路线,加强与过往轮渡的沟通协调,避免安全事故的发生。

4.4 采砂对生态环境保护的影响

论证采区周边无生态敏感因素,不涉及生态保护红线。采砂作业造成的悬浮物增加是暂时性的,影响程度较轻,采砂结束后采区逐步回淤,上述影响逐渐消除;通过加强管理和严格规范采砂行为并制定水生野生动物保护应急预案,可将采砂活动对工程河段水生态环境以及水生动植物的影响降至最低。

5 采砂作业

采砂河段水深较浅,河道流速较缓,采用吨位较小的绞吸式采砂船开展采砂作业。本次采用的采砂船每艘采砂效率约为 1200t/h,日均有效采砂时长约为 6h,受运砂船运输能力限制,每日采砂总量控制为 9000t。根据百里洲采区年度控制开采量,可推算出采区需要采砂作业的净天数约为 33d。考虑采砂期松滋河水深条件有限、长江干流通航管理要求、施工作业船舶可能出现的机械故障、下雨大雾恶劣天气等因素,应适当延长作业时间,按照 40d 考虑。根据水情预报,建议采砂单位在 2024

年4—5月开展采砂作业。

本次采砂使用2艘绞吸式采砂船同时作业,每艘采砂船采砂功率350kW,采砂效率约1200t/h,满足《长江河道采砂管理条例实施办法》和《采砂规划(2021—2025年)》规定单船采砂设备功率均不能超过1250kW的要求。

《长江河道采砂管理条例》及其实施办法规定,长江采砂管理实行地方人民政府行政首长负责制。本项目由枝江市政府牵头成立的采砂领导小组负责全面统筹,由百里洲镇人民政府、市水利和湖泊局、生态环境局、自然资源局、交通运输局、航道海事部门、财政局、市场监管局、公安局、项目建设单位共同参与项目的实施与监管。

6　结语

本次采砂的任务是在保证松滋河河势稳定、防洪和水生态安全的前提下,按照《采砂规划》的要求,科学、合理、适度地开发利用松滋河江砂资源,促进枝江市社会经济的高质量发展。

采区上游枯水期局部河段通航条件较差,在工程施工过程中应加强对碍航浅滩水深的监测,并制定应急预案,若出现水深不足的情况应及时调整运砂方案,采取运砂船减载等措施,保障采砂作业的正常开展。

主要参考文献

[1] 水利部办公厅.长江中下游干流河道采砂管理规划(2021—2025年)[Z].北京:水利部办公厅,2021.

[2] 长江勘测规划设计研究有限责任公司.长江枝江市百里洲可采区2023年度采砂项目论证报告[Z].武汉:长江勘测规划设计研究有限责任公司,2024.

[3] 长江勘测规划设计研究有限责任公司.洞庭湖四口水系综合整治工程可行性研究报告[Z].武汉:长江勘测规划设计研究有限责任公司,2019.

[4] 水利部.长江河道采砂管理条例实施办法[Z].北京:水利部,2010.

[5] 水利部.长江河道采砂管理条例[Z].北京:水利部,2002.

长江铜陵河段近期河势演变分析和应对工程措施建议

李 浩 余 康

（长江勘测规划设计研究有限责任公司,湖北武汉 430010）

摘 要:1998 年大洪水期间,铜陵河段成德洲右汊口门崩退,汊道入流条件改善,右汊、中汊由淤转冲、快速发展,使得局部分流格局调整、河道冲刷加剧、崩岸险情频发,不利于维护稳定河势。本文开展长江铜陵河段近期河势演变分析,并提出应对工程措施建议。

关键词:长江;铜陵河段;河势演变分析;应对工程

1 引言

铜陵市是长江经济带重要节点城市,矿产资源丰富,尤以产铜著称,为我国三大产铜基地之一,同时也是长江中下游重要的工贸港口城市,在国民经济高质量发展中占有重要战略地位。长江铜陵河段为《长江中下游河道治理规划(2016 年修订)》中的重点河段,目前存在局部分流格局调整、河道冲刷幅度较大和崩岸险情频发散发等问题。分流格局调整引起局部河势变化,将导致新崩岸段不断产生和发展,而岸线的持续崩退又成为河势新的不稳定因素,两者相互作用不利于维护河势稳定。随着三峡水库及其上游梯级水库群的陆续运用,清水下泄使长江中下游干流河道处于长距离、长时间大幅冲刷调整状态,开展长江铜陵河段近期河势演变分析并提出应对工程措施建议,是顺应河势发展、改善河势条件、维护河势稳定的迫切需要。

2 近期河势演变分析

铜陵河段上起羊山矶,下讫荻港,全长 59.9km,为弯曲多分汊型河道,宽窄相间。进口段顺直、出口段弯曲,河段中部依次为成德洲汊道和汀家洲汊道,其中汀家洲汊道为长江中下游典型的鹅头型分汊河道。河段内主要分布有老洲、成德洲、汀家洲、铜陵沙、太白洲、太阳洲、隆兴石板洲等洲滩。长江铜陵河段河势见图 2-1。

作者简介:李浩,男,工程师,主要从事河道治理规划、设计、科研工作。E-mail:570047411@qq.com。

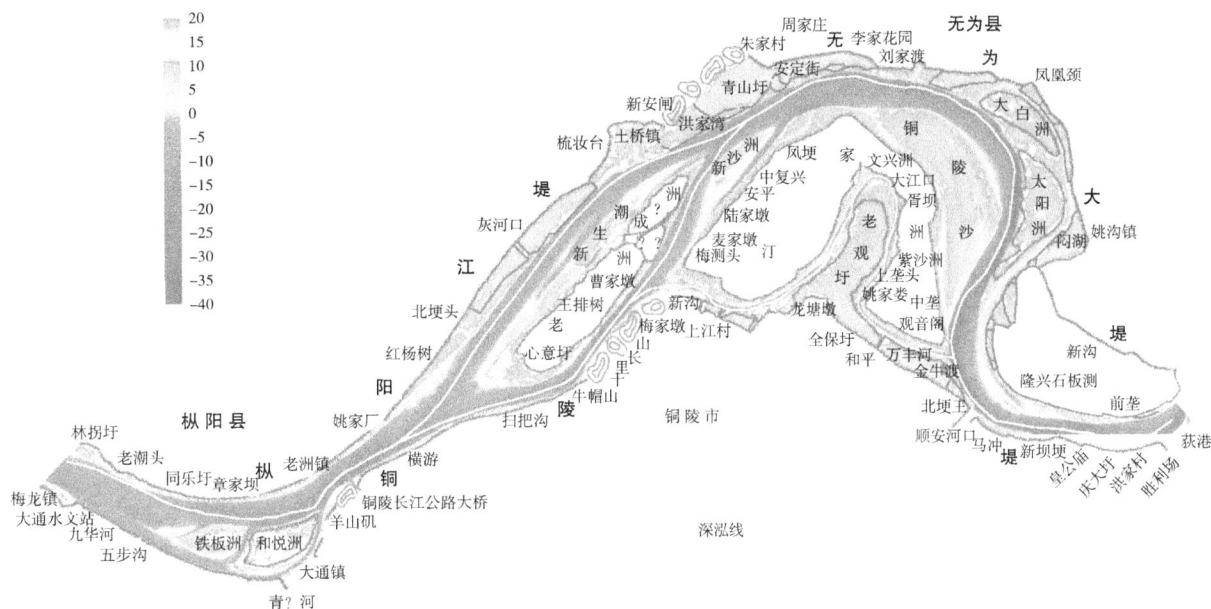

图 2-1　长江铜陵河段河势

2.1　进口段

铜陵进口段自羊山矶至红杨树附近,长约 8.1km,该段河道较顺直,进口处河宽约 870m(0m 等高线),沿程逐渐展宽,至成德洲洲头处放宽至 2640m(0m 等高线),进口段河势总体稳定,主要变化表现在主流的横向摆动和深槽的冲刷发展。

上游和悦洲分汊段左汊为绝对主汊,分流比约 91%。受羊山矶节点控制,进口段主流长期位于河床中部偏右的位置,并随和悦洲左汊弯道河势的变化而摆动,总体横向摆幅较小。1981 年以前,当上游和悦洲左汊主流左移时,节点以下主流右摆;1981 年后,和悦洲左汊主流顶冲下移,洲体左缘淘刷崩退,主流逐渐右移,节点以下主流则左摆。

过羊山矶后,主流在横港附近分为左右两支。右支主流走向稳定,河道窄深,近年来处于冲刷发展中,2006 年后右支－10m 深槽与下游成德洲右汊－10m 深槽贯通。左支主流稳定性相对较弱,1966—2021 年,左支深泓最大横向摆动幅度超过 500m,由于河道宽浅,左支－10m 深槽与下游成德洲左汊－10m 深槽一直处于断开状态。

2.2　成德洲汊道段

成德洲汊道段自红杨树至洪家湾附近,全长约 18.0km,属顺直分汊型河道。本段河道两头窄、中间宽,左汊宽浅、右汊窄深,主要分布有老洲、成德洲。右汊在新沟附近又分为两支,左支即成德洲与汀家洲之间的汊道,为中汊,右支即南夹江。成德洲汊道段近期演变主要表现如下。

(1)分流格局近期处于调整状态,主支汊反复易位

1954—1998 年左汊一直为河道主汊,分流比为 56%～67%,成德洲汊道段左汊分流比多年变化见图 2-2。1998 年大水期间,老洲洲头右缘冲刷崩退,右汊进流条件得以改善,由淤转冲,分流比不断扩大,至 2016 年 9 月右汊分流比达到 53%。老洲洲头右缘冲刷崩退处断面平面变化见图 2-3,

1998—2021 年岸坡处于持续冲刷崩退状态,0m 等高线年均后退约 4m,近岸深槽冲深约 10m。右汊冲刷也促进中汊发展,分流比由 1998 年的 30% 迅速增加至 2016 年的 46%。2020 年大洪水后,成德洲主支汊再次易位,左汊恢复为主汊。

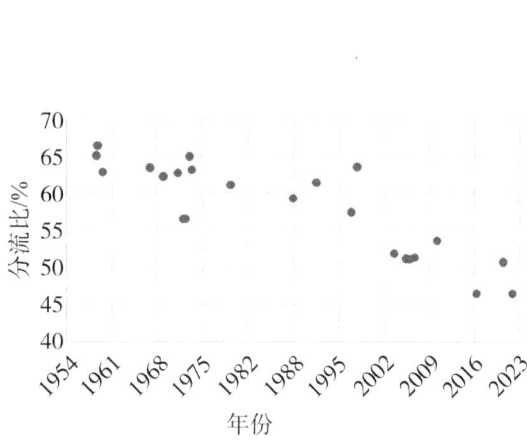

图 2-2 成德洲汊道段左汊分流比多年变化

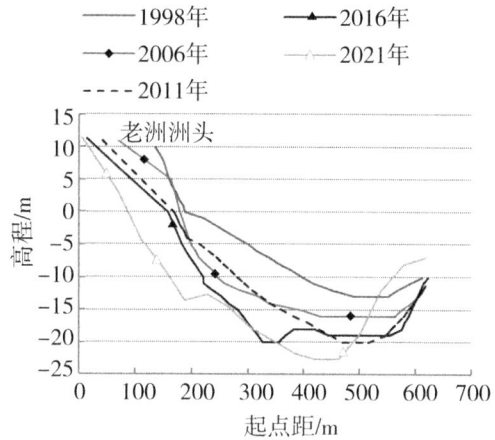

图 2-3 老洲洲头右缘冲刷崩退处断面平面变化图

(2)左汊上段、中汊主流摆动幅度较大,左汊中下段、右汊主流较稳定

成德洲左汊上段河道顺直宽浅,主流横向摆动呈现"大水右摆,小水左移"的特点,1998 年、2016 年、2020 年三次流域性大洪水均使主流趋直、深泓线大幅右摆。受此影响,河道左岸顶冲点也随之上下移动,呈"大水下移,小水上提"规律,由于顶冲区域分布有蛤蟆矶,岸线抗冲性较强,主流平面位置一直较稳定,横向摆幅较小。受蛤蟆矶的挑流作用,主流出弯顶段后偏离左岸,与新沙洲左汊汇流后进入汀家洲左汊沿河道左岸下行。

成德洲右汊河道微弯窄深,主流一直沿河道右岸下行,由于右岸分布有牛帽山、十里长山等山体,边界抗冲性较好,因此主流平面位置稳定,横向摆幅较小。右汊中下段两岸岸线抗冲性较差,左支顶冲成德洲洲尾右缘,右支顶冲汀家洲洲头、南夹江入口右岸等段,上述岸段崩岸险情频发、崩退幅度较大。成德洲洲尾段典型断面平面变化见图 2-4,1998—2021 年岸坡处于持续冲刷崩退状态,尤其是 1998—2006 年 0m 等高线大幅后退 165m,近岸深槽冲深 10m 左右。

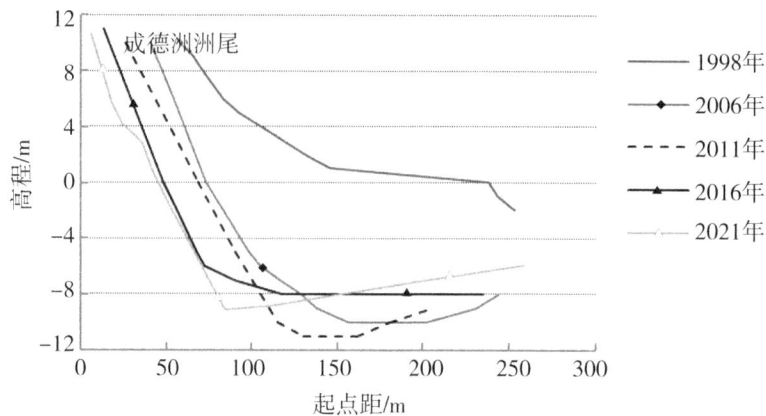

图 2-4 成德洲洲尾段典型断面平面变化图

（3）1998 年以后，右汊及中汊不断冲刷发展，左汊先淤积后冲刷

1966—1998 年，汊道内河道冲淤幅度总体较小，左、右汊河槽容积占比基本维持在 55％、45％左右（本文以 0m 以下河槽为例分析）。1998 年大水期间，右汊口门崩退、由淤转冲、快速发展，左汊则处于淤积萎缩，至 2016 年左、右汊河槽容积占比已调整为 43％、57％。2020 年大洪水后，右汊依然维持冲刷态势，而左汊发生大幅冲刷且幅度超过右汊，左汊河槽容积占比有所提高。左、右汊河槽容积变化见表 2-1、表 2-2。

表 2-1 　　　　　　　　　　　　　　　 **成德洲左汊 0m 以下河槽容积变化**

时间	河槽容积/万 m³	年份间隔	河槽容积变化量/万 m³	河槽容积年变化率/％	左汊容积占两汊总容积比例/％
1966 年	9972				55
1981 年	9312	1966—1981 年	−660	−44	53
1993 年	9792	1981—1993 年	480	40	56
1998 年	9542	1993—1998 年	−250	−50	55
2006 年	9438	1998—2006 年	−104	−13	47
2009 年	8802	2006—2009 年	−636	−212	45
2011 年	9558	2009—2011 年	756	378	46
2016 年	9355	2011—2016 年	−203	−40.6	43
2021 年	11331	2016—2021 年	1976	395.2	46

表 2-2 　　　　　　　　　　　　　　　 **成德洲右汊 0m 以下河槽容积变化**

时间	河槽容积/万 m³	年份间隔	河槽容积变化量/万 m³	河槽容积年变化率/％	右汊容积占两汊总容积比例/％
1966 年	8035				45
1981 年	8230	1966—1981 年	195	13	47
1993 年	7606	1981—1993 年	−624	−52	44
1998 年	7726	1993—1998 年	120	24	45
2006 年	10614	1998—2006 年	2888	361	53
2009 年	10833	2006—2009 年	219	73	55
2011 年	11269	2009—2011 年	436	218	54
2016 年	12302	2011—2016 年	1033	206.6	57
2021 年	13193	2016—2021 年	891	178.2	54

注：统计数据含成德洲中汊，不含南夹江。

2.3 　汀家洲汊道段

汀家洲汊道段自洪家湾至金牛渡附近，河道平面形态弯曲，为典型的鹅头型弯曲河道，左汊也称太阳洲水道，长约 27km，右汊即南夹江，长约 25km。汀家洲汊道段近期河势较稳定，近期演变主要表现在：

（1）分流格局稳定，左汉长期占据绝对主汉地位

20世纪50年代末至今，汀家洲汉道段分流格局长期稳定，左汉多年来一直为主汉，分流比为92%～97%，平均约95%，占据绝对主汉地位。右汉南夹江分流比为3%～8%，平均约5%，南夹江分流比多年变化见图2-5。虽然上游成德洲汉道近期河势有一定调整，左汉分流比有所降低，但左汉与中汉汇流后形成的汀家洲左汉，仍然可以维持绝对主汉地位。

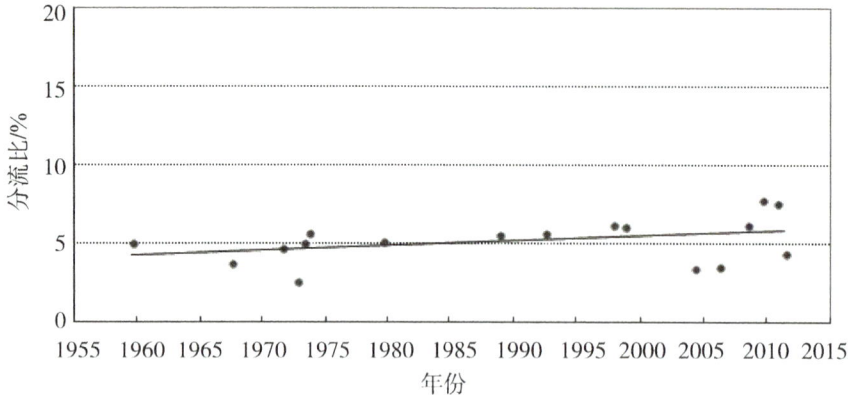

图 2-5 南夹江分流比多年变化

（2）右汉南夹江呈现缓慢发展态势

南夹江河道平面形态蜿蜒，过度狭窄弯曲，主流距离河道两岸均较近。1998年后，随着上游成德洲右汉的持续冲刷发展，虽然南夹江入流条件较差、分流比较小，但也呈现出缓慢发展态势。加之其独特的平面形态，导致河道两岸冲蚀频繁，凹岸凸岸同时发生崩岸的情况时有发生。冲刷强度较大的区域主要位于水流顶冲的弯道和进出口门段，如进口的梅洲头、太平、蛤蟆矶；出口的全保圩—金牛渡；"几"字形弯顶的杨林横埂、重兴东风梗、胥坝轮渡码头；水流迎冲的观兴夹圩、西风梗。全保圩—金牛渡段典型断面变化见图2-6，该段为历史险崩段，近年来已建工程有所损毁，重新出现崩岸险情。

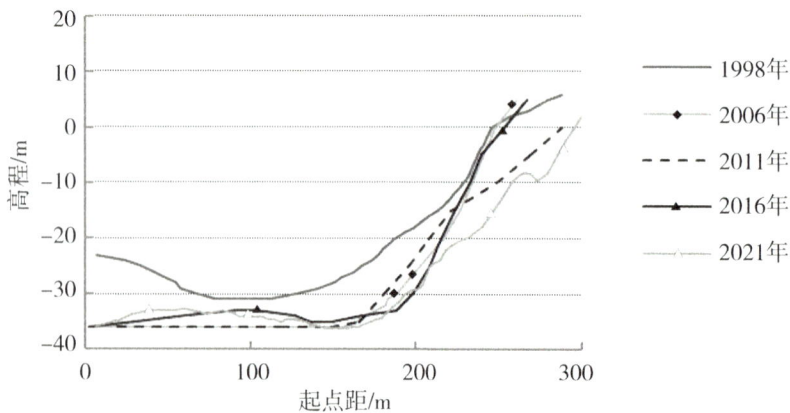

图 2-6 全保圩—金牛渡段典型断面变化

2.4 出口段

出口段从金牛渡至荻港附近,为弯曲单一型河道,左岸为石板隆兴洲边滩,右岸皇公庙将荻港水道分为上、下两段弯道,上段为金牛渡弯道,下段为荻港弯道。出口段主流摆动幅度较小,河势比较稳定。

金牛渡弯道与汀家洲左汊尾部弯道相接,主流在汀家洲左汊弯顶逐渐向右岸过渡,顶冲顶冲铜陵沙左缘下段,汀家洲左汊与南夹江汇流后沿弯道凹岸下行。随着汀家洲左汊鹅头弯顶的下移,主流顶冲点经历了上提下移变化后,已逐渐稳定在南夹江出口上游 2.8km 附近。在金牛渡弯道右岸护岸工程(1958 年)、太阳洲洲尾隐蔽工程及金牛渡—皇公庙段隐蔽工程(2000 年)、石板隆兴洲护岸工程(2000 年)等相继实施后,在金牛渡弯道凸嘴窄段处形成了人工卡口,对河势稳定起到了较好的控制作用。

受金牛渡弯道凸嘴挑流作用的影响,荻港弯道主流在凸嘴下侧发生左摆,后受左岸滩面过流的侧向挤压重返右岸。1998 年大水期间,由于主流趋中,凸嘴挑流作用减弱,而滩面过流增大,右岸主流顶冲点较 1966 年时上提了约 1.2km。人工卡口形成后,右岸顶冲点重新下移至 1966 年位置洪家村附近,并逐渐稳定下来。洪家村以下,河道凹岸沿程分布有控制作用较强的天然节点,因而该段河道主流一直较稳定,横向摆幅较小。

3 河势演变趋势

3.1 成德洲汊道段河势处于动态调整状态

成德洲左汊顺直宽浅,受上游进口羊山矶节点挑流作用及大桥桥墩束流导流作用的影响,汛期处于较为有利的迎流位置。虽然 1998 年大水后,成德洲右汊分流比逐渐超过左汊,但 2022 年大水使得左汊冲刷幅度又迅速超过右汊。近期内主汊可能仍会在左、右汊中摆动,河势处于动态调整状态。

3.2 汀家洲汊道段河势比较稳定,南夹江缓慢发展

汀家洲汊道段分流格局长期稳定,左汊一直为河道主汊。1998 年大水后,上游成德洲汊道左、右汊分流比处于调整中,左汊分流比有所降低,但左汊与中汊汇流后形成的汀家洲左汊,仍然可以维持绝对主汊地位。南夹江河道弯曲狭长,在汀家洲汊道中仍然会作为分流比较小的支汊,将继续缓慢冲刷发展的趋势。

3.3 进口段、出口段河势较稳定,主流走向摆动幅度较小

由于上游和悦洲左汊河势较稳定,在羊山矶节点的控制下,进口段主流摆动幅度一直较小。在和悦洲分汊段河势不发生大幅调整的情况下,入口段总体河势将比较稳定。

上游汀家洲汊道段分流格局长期稳定,左汊为绝对主汊,出鹅头型弯顶后长期顶冲,经过多年守

护工程治理,在金牛渡弯道凸嘴窄段处形成了人工卡口,对河势稳定起到了较好的控制作用,主流走向摆动幅度较小,出口段总体河势也将比较稳定。

4 应对工程措施建议

经过长期以来的河道崩岸治理,特别是在长江中下游干流重要堤防隐蔽工程实施后,铜陵河段各历史崩岸段已得到基本控制。《长江中下游河道治理规划(2016年修订)》提出了"遏制成德洲右汊快速发展态势,逐渐稳定左右汊分流格局;治理崩岸险段,保障防洪安全。适当扩大南夹江分流比,提高河道泄洪能力,减轻无为大堤的防洪压力"的近期治理目标(2020年),和"实施河道综合治理,归并洲滩,减少河道分汊,稳定航道条件,为促进河段两岸经济社会可持续发展提供有利条件"的远期治理目标(2030年)。铜陵河段内洲滩众多,河势不易稳定,针对铜陵河段近期河势演变及趋势,结合《长江中下游河道治理规划(2016年修订)》的治理目标,笔者提出以下应对工程措施建议。

4.1 重点加强洲体防护,稳定洲体平面形态

老洲将铜陵河段分为左、右两汊,汀家洲又将右汊分为中汊和南夹江,保持老洲、汀家洲平面形态的稳定,对维持铜陵河段现有分流格局十分重要。建议加强老洲洲头及右缘的守护,防止成德洲右汊入流条件进一步改善,遏制右汊快速发展态势,有利于稳定左右汊分流格局和继续发挥左汊主航道功能;汀家洲洲头区域受水流常年顶冲,一旦滩面大面积崩退,将使中汊入流角度进一步减小而继续发展,不利于扩大南夹江分流比和减轻无为大堤的防洪压力,因此建议加强汀家洲洲头及左右缘的守护。

4.2 对近岸流速较大、崩岸幅度较剧烈的岸段加强防护

铜陵河段为弯曲多分汊型河道,宽窄相间,历史险工段较多,加之水流顶冲凹岸,在长江中下游持续清水下泄的背景下较易发生崩岸险情。信福、观音阁、金牛渡—皇公庙等岸段均为深泓贴岸顶冲段,近岸流速较大、滩地狭窄,在长时间的水流淘刷下,岸坡不断变陡,严重威胁岸坡稳定和堤防安全,应尽快采取措施,加强新增崩岸段和历史险工段防护,防止出现新的险情。

4.3 对南夹江弯道段加强防护

南夹江全长25km,河道狭长,最窄处仅约300m,深泓距离岸边堤防较近,洲堤外一般滩地较窄甚至无滩;河道平面形态呈"几"字形弯道,弯顶水流为180°大拐弯,最大河道弯曲系数达到4;河道两岸地质条件较差,岸坡抗冲性不足,崩岸呈现出多点散发的特点。近年来随着成德洲右汊进流增加,南夹江内冲刷加剧,崩岸险情有明显增加,因此亟须对南夹江河道两岸加强守护。

4.4 调整河道治理规划方案,重点加强水生态环境研究

铜陵河段自枞阳县老洲镇至铜陵县金牛渡为铜陵淡水豚类国家级自然保护区,是珍稀水生动物白鱀豚和江豚的重要栖息和繁殖场所。长江铜陵河段综合治理工程是2024年第一个开工建设的

150项重大水利工程,工程布置基本位于该自然保护区试验区或非自然保护区内,并没有根治南夹江弯曲半径过大、存在自然裁弯风险的问题(受政策影响,近期实施《长江中下游河道治理规划(2016年修订)》中的南夹江裁弯取直工程存在较大困难),也没有对核心区或缓冲区内的重点历史险崩段加以防护(如凤凰颈崩岸段,该段长期直接威胁长江无为大堤的防洪安全)。建议开展铜陵河段河道治理规划方案调整,重点加强白鱀豚和江豚影响水生态环境专题研究,为下一步河道治理工作提供规划依据,以技术支撑铜陵河段高质量发展。

主要参考文献

[1] 吕平,曾慧俊.长江铜陵河段河床形态及分流格局变化分析[J].中国水运.2022(3):70-72+93.

[2] 张志龙.长江铜陵河段河势演变分析[J].安徽水利水电职业技术学院学报.2016(9):27-29+62.

[3] 赵康才,黄立新.长江铜陵河段近期稳定分析[J].安徽水利科技,2001(6):39-40.

[4] 管丽萍.长江铜陵段河势演变及98长江隐蔽工程对河势影响[J].安徽水利科技,2005(5):5-6.

[5] 何勇,何子杰.长江铜陵河段南夹江汉道治理方案研究[J].人民长江,2010(5):1-4.

长江岸线保护利用的症结与对策

李 浩 余 康

(长江勘测规划设计研究有限责任公司,湖北武汉 430010)

摘 要: 在推动长江经济带发展战略实施初期,长江岸线保护利用存在不少症结。介绍了《岸线规划》的出台实施和岸线专项检查等一系列的清理整顿行动,依托河长制湖长制管理平台,长江岸线保护利用格局总体有序。最后结合《长江保护法》和国家有关部委对岸线保护利用的最新管控要求,提出了加强岸线保护利用的对策建议。

关键词: 岸线资源;保护;开发利用;长江

1 引言

河湖岸线是不可再生的基础性自然资源和战略性经济资源,对调节水流、维护河流健康功能具有重要的作用。随着推动长江经济带发展和全面推行河长制等国家战略的深入实施,长江岸线保护和开发利用已成为广受关注的社会热点问题。

2 长江岸线保护利用曾经存在的主要症结

2016 年 1 月和 2018 年 4 月,习近平总书记在重庆、武汉两次推动长江经济带发展座谈会上均关注了长江岸线保护和利用问题,指出"长江岸线、港口乱占滥用、占而不用、多占少用、粗放利用的问题仍然突出",要求"优化已有岸线使用效率、破解沿江工业和港口岸线无序发展"。受观念认识、历史条件和经济社会发展阶段等多因素制约,在推动长江经济带发展战略实施初期,长期以来形成的岸线保护利用存在不少症结。

2.1 局部地区岸线开发利用不尽合理,对流域防洪、供水、生态、航运安全及河势稳定造成不利影响

岸线开发利用一度重开发,轻保护,部分岸线利用项目与岸线管控要求不符,甚至存在违法建设行为。有些岸线利用项目开发方式粗放,或擅自填高滩地高程,或将大量弃土弃渣倾倒在河道内,或违规建设阻碍行洪的永久性建筑物,对防洪安全及河势稳定造成不利影响;有些危化品码头、排污口

作者简介:李浩,男,工程师,主要从事河道治理规划、设计、科研工作。E-mail:570047411@qq.com。

布局不符合河段水功能区水质保护要求,对供水安全造成重大威胁;有些开发项目布置在自然保护区的核心区,影响珍稀鱼类的洄游、繁殖等。

2.2 局部江段岸线开发利用程度高,岸线资源相对紧缺的矛盾日渐凸显

随着长江流域经济社会快速发展,一大批重要港口、重要产业园区、过江交通设施、临港产业沿江布局,局部江段岸线开发利用程度高、岸线资源相对紧缺的矛盾日益突出,同时满足河势稳定、水深条件优越、陆域宽阔、对外交通方便的优质岸线资源更是稀缺,成为制约地方经济社会发展的因素。

2.3 局部江段岸线利用效率低,岸线利用集约化水平亟待提高

岸线开发一度缺乏统一规划、统一管理,且受经济发展阶段制约,部分江段存在岸线占而不用、多占少用、深水浅用、重复建设和专用码头占用过多岸线、公共码头建设缺乏岸线等不合理现象,造成岸线资源配置不合理,利用效率低,综合效能不能充分发挥,岸线利用集约化水平有待提高。

2.4 岸线保护和利用管理有待进一步加强

岸线管理涉及多个部门,存在"政出多门""各自为政"等问题,缺乏统筹协调管理机制,客观上造成了岸线行政许可审批的多头管理和条块分割。同时,岸线资源获取成本低,缺乏有效的市场调控手段和出让、转让、退出等机制,制约了岸线资源的有效保护、科学利用和依法管理。

3 长江岸线保护和开发利用总体规划

为统筹规划长江岸线资源,促进长江岸线资源有序开发和科学管理,水利部、原国土资源部于2016年9月联合印发了《长江岸线保护和开发利用总体规划》(以下简称《岸线规划》),规划范围为长江干流溪洛渡以下,岷江等六条重要支流的中下游河道,以及洞庭湖入江水道、鄱阳湖湖区,涉及长江沿线等10个省、直辖市。考虑河道自然地理条件、岸线资源现状以及保护利用要求,《岸线规划》将长江岸线划分为保护区、保留区、控制利用区和开发利用区4类,实行严格的分区管理和用途管制。

根据《岸线规划》成果,长江干流保护区、保留区、控制利用区和开发利用区长度分别为1344.8、3279.5、2700.3、987.1km,分别占总长度的16.2%、39.5%、32.5%和11.9%,其中保护区、保留区合计比例达55.7%,充分体现了生态优先、绿色发展的保护理念。分区管控要求也将"把修复长江生态环境摆在压倒性位置"落到实处,对岸线保护区、保留区的管控更为严格,除防洪安全、河势稳定等水行政管理措施外,还明确提出"自然保护区核心区内的岸线保护区和缓冲区内的岸线保留区不得建设任何生产设施""水产种质资源保护区内的岸线保护区、岸线保留区禁止围垦和建设排污口""湿地范围内的岸线保护区禁止建设破坏湿地及其生态功能的项目;国家湿地公园等生态敏感区内的岸线保留区禁止建设影响其保护目标的项目"等一系列水生态环境保护要求。2016年9月,经推动长江经济带发展领导小组办公室同意,《岸线规划》印发实施,为严格岸线分类管理、规范岸线开发利用行为,促进岸线资源有效保护和合理利用,提高岸线资源节约集约利用水平提供了科学依据。

4　长江干流岸线开发利用项目专项检查行动

2017年12月起,按照推动长江经济带发展领导小组办公室和水利部有关工作部署,水利部长江水利委员会会同沿江九省、直辖市水行政主管部门,组织开展了长江干流岸线保护和利用专项检查行动(以下简称"岸线专项检查")。检查对象是长江干流溪洛渡以下已建、在建岸线利用项目,主要检查目的是全面查清长江干流岸线利用现状,分析取得的经验和存在的问题,研究提出加强岸线管理的建议,建立长江岸线利用项目台账及动态管理机制,清理整顿违法违规占用岸线行为。

岸线专项检查成果①显示,长江干流岸线利用项目共计5711个,合计占用岸线长度为1225.5km,岸线保护区、保留区、控制利用区和开发利用区内的岸线利用项目分别为764个、1011个、2893个和1043个,分别占项目总数的13.4%、17.7%、50.6%和18.3%。经岸线专项检查核实,不符合《岸线规划》分区管控要求的项目达410个,其中保护区内不符合岸线功能区管控要求的项目达279个,生态敏感区岸线保护与经济开发利用矛盾十分突出。

2021年12月,经过4年的检查研判、取缔清理、整改规范,长江干流岸线保护和利用专项检查行动全面完成,2441个涉嫌违法违规项目全部完成整改,其中拆除取缔847个、整改规范1594个,共腾退长江岸线长度162km,拆除违法违规建(构)筑物面积238万 m²,完成滩岸复绿面积1225万 m²。通过清理整治,长江干流河道行洪通道更加通畅,岸线面貌明显改善,生态环境得到修复,促进了岸线资源的严格保护、依法管理和科学利用,取得显著防洪效益、生态效益和社会效益,为长江经济带高质量发展奠定了基础。

5　加强岸线管理的对策建议

随着推动长江经济带发展战略的深入实施,通过《岸线规划》的出台实施、岸线专项检查和固体废物排查、河湖库"清四乱"、河道采砂整治等一系列的清理整顿行动,依托河长制湖长制平台,解决了一大批长期积累的岸线保护利用突出难题,长江岸线粗放利用的存量问题基本根治,对开发增量的管控力度也显著加强,长江岸线无序发展问题大为改善、综合管理效能不断增强、保护利用格局总体有序。同时,也清醒认识到,"九龙治水"依然存在,亟须破除。长江岸线保护和利用涉及多职能部门,与防洪、河势、供水以及水生态、水环境保护密切相关,水利、交通运输、自然资源行政主管部门将岸线分别纳入河道、港口、土地管理,目前缺乏统筹协调机制和顶层规划设计,管理合力亟待提升。为进一步加强长江岸线保护利用管理,结合《长江保护法》和国家有关部委对岸线保护利用的最新管控要求,笔者提出以下几条对策建议。

5.1　加强宣传,继续强化大保护意识

习近平总书记在武汉座谈会上指出"一些同志在抓生态环境保护上主动性不足、创造性不够,思想上的结还没有真正解开",在岸线资源方面,就是仍然没有正确把握保护与开发利用的辩证统一关系。建议进一步加强宣传,统一思想,不断深化生态优先、绿色发展理念,切实增强大保护意识,从根本上扭转先污染后治理、先破坏后修复的旧观念。

---

① 长江干流岸线保护和利用专项检查行动工作报告,水利部长江水利委员会,2018年6月。

5.2　高位推动,尽快健全长江流域协调机制

根据《长江保护法》,国家将建立长江流域协调机制,统筹协调国务院有关部委和长江流域省级人民政府的工作,划定河湖岸线保护范围,制定河湖岸线保护规划,严格控制岸线开发建设,促进岸线合理高效利用;制定长江流域河湖岸线修复规范,确定岸线修复指标。建议充分发挥长江水利委员会等相关机构的作用,从国家层面高位推动,尽快健全国家长江流域协调机制,依法对长江流域河湖岸线实施特殊管制,为进一步推动长江经济带高质量发展,更好支撑和服务中国式现代化提供支撑保障。

5.3　严格管制,落实负面清单制度和河湖水域岸线空间管控要求

2020—2022年,推动长江经济带发展领导小组办公室已修订并印发《长江经济带负面清单指南》(试行),水利部也印发了《关于河湖水域岸线空间管控的指导意见》,提出了层次分明、有理可循的河湖岸线管控要求。建议明确流域机构及地方各级水行政主管部门在河湖岸线监督管理中的职责和任务,进一步完善流域管理与区域管理相结合的河湖岸线管理体制,同时加快建立多行业联合监管合作机制,共同加强长江河湖日常管理和岸线利用项目的事中事后监管,切实做到有法必依、执法必严、违法必究,将生态优先、绿色发展和共抓大保护、不搞大开发的理念融入河湖岸线管控的具体工作中。

5.4　互通互联,抓紧推动长江岸线资源信息系统共享

根据《长江保护法》,"国家长江流域协调机制应当统筹协调国务院有关部门在已经建立的台站和监测项目基础上,健全长江流域生态环境、资源、水文、气象、航运、自然灾害等监测网络体系和监测信息共享机制"。目前水利部长江水利委员会已建立长江干流岸线利用项目台账系统,形成了流域管理部门和地方水行政主管部门信息共享、交流互动、协同管理的工作平台。建议以建立长江流域协调机制为契机,依托河长制湖长制平台,抓紧推动长江岸线资源监督网络整合和信息系统共享,提高河湖智慧化、信息化管理水平。

5.5　积极探索,加快建立岸线有偿使用制度研究

岸线资源作为沿江国民经济设施建设的重要载体,是不可再生的宝贵资源。目前岸线资源获取成本较低,沿江一些省份对岸线资源实行低价或无偿使用制度,长江经济带"黄金岸线"的稀缺价值没有得到充分体现。建议积极探索岸线有偿使用制度,加快建立岸线有偿使用制度,以高效的市场调控手段实现岸线利用"两手发力",促进岸线资源综合高效集约利用,助力长江经济带高质量绿色发展。

主要参考文献

[1] 中共中央,国务院.长江经济带发展规划纲要[Z].北京:国务院,2016.

[2] 中共中央办公厅,国务院办公厅.关于全面推行河长制的意见[Z].北京:国务院,2016.

[3] 水利部,国土资源部.长江岸线保护和开发利用总体规划[R].湖北:武汉,2016.9.

[4] 陈雷.坚持生态优先绿色发展建设人水和谐美丽中国[J].中国水利,2016(6):1-2.

[5] 陈雷.深入贯彻落实党的十九大精神确保如期全面建立河长制湖长制[J].中国水利,2018(4):1-3.

[6] 李国英.强化河湖长制 建设幸福河湖[J].人民日报,2021-12-8(14).

[7] 李国英.新时代水利事业的历史性成就和历史性变革.[J].学习时报,2022-10-12(1,3).

[8] 马建华.充分发挥长江水利委员会在长江流域协调机制中的支撑保障作用[J].长江技术经济,2023(4):1-5.

[9] 王永忠.关于建立最严格河湖管理制度的探讨[J].人民长江,2014(12):11-13.

[10] 孙继昌.河长制——河湖管理与保护的重大制度创新[J].水资源开发与管理,2018(2):1-6.

[11] 黄锦辉,赵蓉,史晓新,等.河湖水系生态保护与修复对策[J].水利规划与设计,2018(4):1-4+107.

[12] 马学明.赣江岸线资源现状分析及保护利用规划研究[J].科技创新与应用,2017(29):178-179.

[13] 夏继红,周子晔,汪颖俊,等.河长制中的河流岸线规划与管理[J].水资源保护,2017(9):38-41+85.

[14] 王富强,魏怀斌.国外河流水域岸线管理经验和启示[C]//中国水利协会.中国水利学会水资源专业委员会 2012 年年会暨学术研讨会论文集.2012:306-312.

2022年金沙江下游水沙特性分析

肖　潇[1]　陈柯兵[1]　时玉龙[2]

(1. 长江水利委员会水文局,湖北武汉　430010;

2. 中国长江三峡集团有限公司,湖北宜昌　443100)

摘　要:2022年长江流域汛期反枯,研究该时段金沙江下游水沙特性,能为长江流域防汛抗旱调度提供参考价值。本文以金沙江下游攀枝花、白鹤滩、溪洛渡和向家坝等水文站实测水文泥沙资料为基础,分析2022年金沙江下游水沙变化特性。结果表明:

①2022年,金沙江中游石鼓径流量变化较小,攀枝花、白鹤滩和向家坝站水量偏小,最大流量基本出现在6月和10月下旬;受梯级水库拦沙的影响,干流各控制站输沙量仍持续偏少。

②2022年攀枝花、白鹤滩、溪洛渡和向家坝等主要控制站汛期5—10月径流量、输沙量分别占全年的62.0%～74.8%和63.7%～95.3%,主汛期7—9月径流量、输沙量分别占全年的32.6%～38.1%和36.4%～65.7%。

③2022年与2011年以来各年类似,攀枝花、白鹤滩和向家坝站水沙相关点据均分布在相关线下侧,表明其在同径流量下沙量有所减少,且减幅有进一步增大的趋势,不同控制站变化过程略有差异。

④2022年,攀枝花、白鹤滩、向家坝悬移质泥沙中数粒径分别为0.008、0.012和0.018mm;相较于1988—2020年,攀枝花和白鹤滩站中数粒径减小,细颗粒泥沙占比均增加,小于0.125mm颗粒的占比分别增大了12.3%和9.7%;向家坝站中数粒径增大,出库悬沙小于0.125mm颗粒的占比增加9%。

关键词:金沙江下游;水沙特性;径流变化;泥沙变化

1　引言

金沙江作为长江的上游段,其源头深藏于青藏高原,随后蜿蜒穿越青海、西藏、四川、云南4省区,展现出其壮阔的地理脉络。金沙江的下游部分,特别是在云南省内,以其复杂多变的地势和气候著称,成为长江上游的一个重要泥沙来源地。这一区域,山峰耸立,坡度陡峭,地形的剧烈起伏使得

基金项目:国家自然科学基金长江水科学联合基金(项目编号:U2040218)。

作者简介:肖潇,女,高级工程师,博士,主要从事水文、泥沙河道分析研究方面的工作。E-mail:282663754@qq.com。

岩石与碎屑频繁受到水文气象条件的影响,通过滑坡、泥石流、崩塌等自然现象,大量物质被带入河流之中,为金沙江贡献了丰富的推移质。

近年来,金沙江下游的乌东德、白鹤滩、溪洛渡和向家坝4大梯级水库相继建成并投入运营,这些工程的实施对金沙江的水沙环境产生了深远影响。尤其是向家坝水电站自2012年10月10日开始蓄水,以及溪洛渡水电站于2013年5月进行初期蓄水,它们的拦沙作用显著减少了出库沙量,直接改变了下游的水沙过程。同时,水电站的日调节功能和水库蓄水操作也间接地影响了坝下游河道的通航条件,使得这一区域的水文环境变得更加复杂多变。

金沙江干流以石鼓和攀枝花为重要分界点,上游自源头至石鼓,中游则自石鼓延伸至攀枝花,而下游则始于攀枝花,终于宜宾岷江口。目前,金沙江下游的乌东德、白鹤滩、溪洛渡和向家坝4大梯级水库已全面进入运营阶段,它们不仅在能源供应上发挥着重要作用,也深刻地改变着金沙江及其下游区域的水文生态面貌。

2 水沙变化特征

2.1 水沙年际变化

2022年,金沙江上游石鼓站的年径流量呈现出与往年一致的稳定趋势,与1998年前、1998—2010年以及2011—2021年这3个时间段的年均值相比,其变幅基本维持在5%以内,这显示了该河段径流量在长时间的相对稳定特性。然而,在金沙江中游,情况有所不同,位于中游出口的攀枝花站年径流量相较于多年均值出现了偏小的现象,同样,白鹤滩与向家坝站的年径流量也呈现出低于多年平均值的趋势。此外,金沙江的来沙量继续呈现持续减少的趋势。

表 2-1　　　　　　　　　　　金沙江下游各站各时段水沙特征

时段	石鼓		攀枝花		白鹤滩		向家坝	
	年径流量/亿 m³	年输沙量/万 t	年径流量/亿 m³	年输沙量/万 t	年径流量/亿 m³	年输沙量/万 t	年径流量/亿 m³	年输沙量/万 t
1998 年前均值	418	2190	540	4590	1220	17400	1400	24900
1998—2010 年	453	3510	638	6640	1380	13600	1550	20700
2011—2021 年	435	3335	570	590	1210	6705	1352	1985
2021 年	449	2140	583	90.2	1055	438	1229	109
2022 年	440.7	693	546.3	77.3	1071	283	1276	83.1
变化率 1/%	5.4	−68.4	1.2	−98.3	−12.2	−98.4	−8.9	−99.7
变化率 2/%	−2.7	−80.3	−14.4	−98.8	−22.4	−97.9	−17.7	−99.6
变化率 3/%	1.3	−79.2	−4.2	−86.9	−11.5	−95.8	−5.6	−95.8
多年均值	427	2730	568	4350	1260	15600	1420	20600

通过对金沙江上游石鼓站年际间径流量与输沙量进行系统分析(图2-1)。石鼓站的水沙量呈现显著波动性变化,而无明显的长期趋势性。具体而言,该站点多年平均径流量维持在427亿 m³,平均输沙量则为2730万 t。然而,2022年的数据揭示了显著的差异:尽管径流量仅略高于多年平均水

平,达到 440.7 亿 m^3,显示出 3.2% 的小幅增长,但输沙量却急剧下降至 693 万 t,相比平均水平减少了 74.6%。与前一年(2021 年)相比,尽管径流量基本持平,但输沙量却显著减少了 67.6%。这一现象,很可能与金沙江上游地区水库建设的持续增加有着密不可分的联系,体现了人类活动对自然水沙过程的深刻影响。

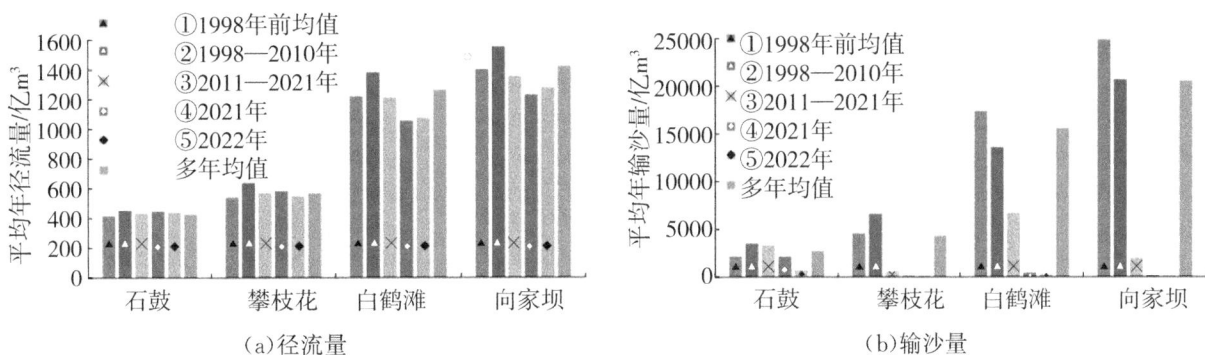

图 2-1 金沙江下游控制站的年际水沙变化

2.2 水沙年内变化

金沙江下游各主要控制站(包括攀枝花、白鹤滩、溪洛渡和向家坝)在 1998 年前、1998—2010 年、2011—2021 年以及 2022 年的平均水沙年内分配呈现出高度的相似性,特别是在输沙量的分配上,相较于径流量而言更为集中。具体而言,汛期(5—10 月)内,这些站点的径流量和输沙量分别占全年总量的 62.0%～80.6% 和 61.2%～98.2%。其中,主汛期(7—9 月)更是集中了全年径流量的 32.6%～56.5% 和输沙量的 36.4%～81.7%(图 2-2),凸显了汛期对金沙江下游水沙过程的主导作用。

值得注意的是,2022 年数据显示,尽管汛期(5—10 月)径流量占比保持在 62.0%～74.8% 的范围内,与多年平均水平相当,但输沙量的集中度却有所下降,其占比范围变为 63.7%～95.3%。同时,主汛期(7—9 月)的径流量占比维持在 32.6%～38.1%,而输沙量占比则显著下降至 36.4%～65.7%。这一现象表明,与以往年份相比,2022 年金沙江下游在汛期和主汛期的径流量年内分配保持稳定,但输沙量的集中度却有所降低。

综上所述,与多年平均值相比,2022 年金沙江下游干流攀枝花、白鹤滩、向家坝等站点的径流量年内分配特征显著,表现为"汛前偏大、汛期和汛后偏小"的趋势。这一变化可能与上游来水条件、水库调度以及河道地形等多种因素有关,值得进一步深入研究。

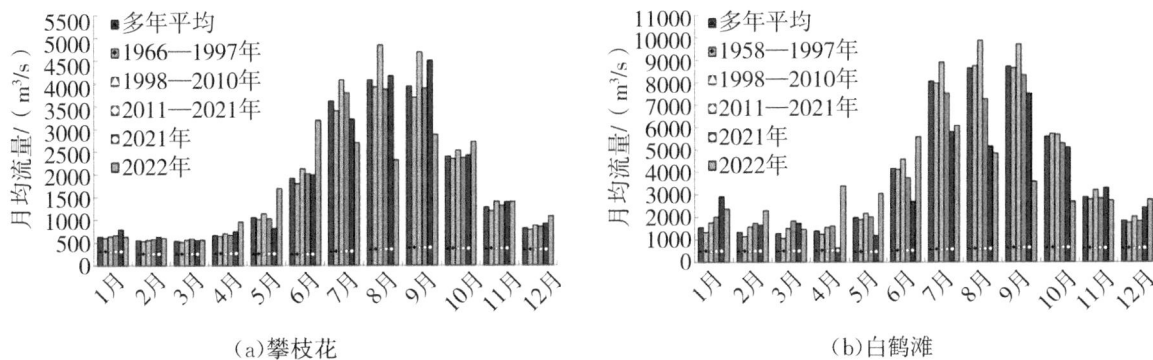

（c）向家坝

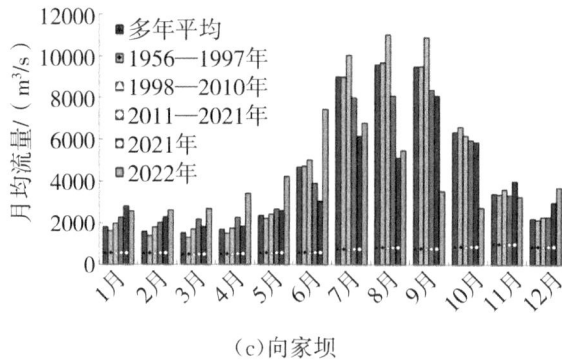

图 2-2　金沙江下游各控制站不同时段月均流量对比

与各个统计时段的平均值相比，2022 年金沙江下游自攀枝花至向家坝的各控制站在年内输沙量上普遍呈现出显著减少的趋势。攀枝花站和向家坝站的输沙量减少幅度尤为显著，多数月份减少量超过了 80%，表明该区域水沙动态发生了重大变化。自乌东德电站投入运行以及白鹤滩水库开始蓄水以来，白鹤滩站的输沙量减少幅度更是极为明显。

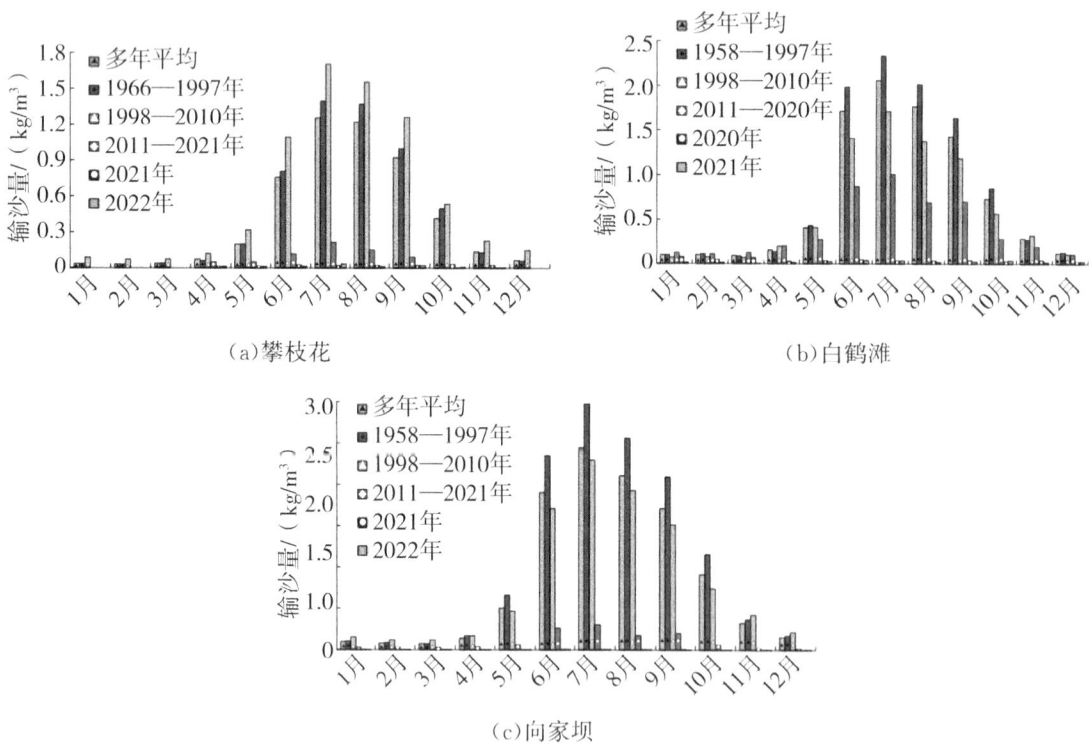

（a）攀枝花

（b）白鹤滩

（c）向家坝

图 2-3　金沙江下游各控制站不同时段月均输沙量对比

2.3　水沙相关关系变化

2022 年的数据揭示了金沙江流域攀枝花、白鹤滩及向家坝 3 个关键控制站在水沙关系上的显著变化。具体而言，这 3 个站点在同年的水沙相关点据均偏离了长期形成的相关线，并位于其下侧，这明确指示出在相同的径流量条件下，输沙量有所减少，且这种减少的趋势似乎还在加剧，尽管不同站点间减少的幅度和过程存在细微差异（图 2-4）。

攀枝花站 2010 年以前，其年输沙量与径流量之间保持着良好的相关性，数据点集中且不同时段间的差异并不显著。然而,自 2010 年金沙江中游金安桥水电站开始蓄水运行后,情况发生了显著变化。该水电站有效地拦截了来自中游的大量泥沙,导致攀枝花站在 2011—2022 年的水沙相关点明显偏离至相关线下侧,说明在相同径流量下,该站的输沙量显著减少。尽管如此,攀枝花站的输沙量与径流量之间仍然保持着一定的幂指数关系,反映出两者之间的内在联系并未完全断裂。

白鹤滩站的水沙关系则表现出一定的散乱性,但整体上尚未出现明显的变化趋势。自 2011 年以来,该站的输沙量同样有所减少,但由于区间内其他水源的补给作用,其减少的幅度相对于上游的攀枝花站而言略小。然而,到了 2022 年,由于白鹤滩水库的蓄水影响,白鹤滩站的水沙关系发生了显著变化,其水沙相关点明显偏离至相关线下侧,预示着未来该站的水沙关系将发生更为深刻的变化。

向家坝站的水沙关系变化则更为直观。在 1998—2010 年,其水沙相关点就已经大量分布在相关线下侧,显示出在该时期内同径流量下沙量已有所减少。到了 2022 年,这一趋势在攀枝花、白鹤滩和向家坝三个站点上均得到了进一步的验证,表明整个金沙江流域在同径流量条件下沙量的减少已经成为了一个普遍现象,且这种减少的幅度还在不断扩大。

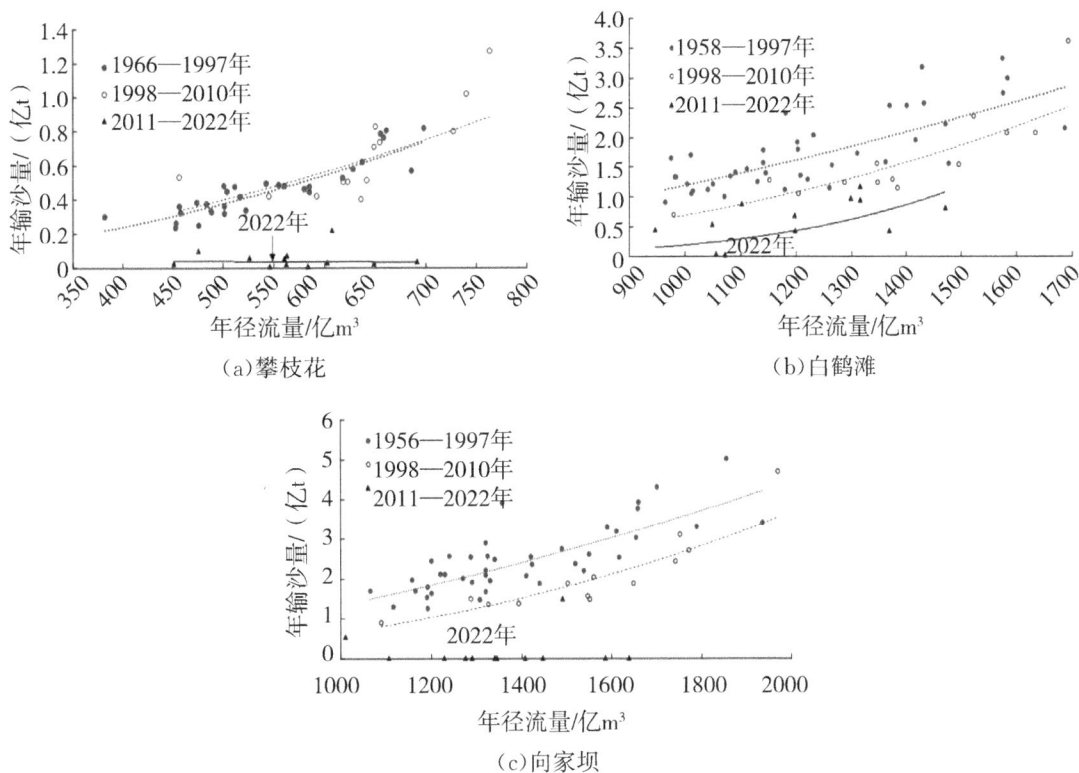

图 2-4　金沙江下游控制站历年径流量—输沙量关系图

从年内水沙关系的变化来看,2022 年,攀枝花、三堆子、乌东德以及白鹤滩站这 4 个站的旬均流量和旬均输沙率之间,均呈现出幂指数形式的显著相关性。具体而言,它们的相关系数分别为 0.74、0.55、0.62 和 0.79(图 2-5),这些数值反映了不同站点水沙关系的紧密程度。尽管这些站点沿金沙江分布,但关系中的系数和幂指数并未呈现出明显的沿程变化规律。进一步分析发现,受水库蓄水的影响,三堆子和乌东德站的流量与输沙率相关性发生了显著变化。具体而言,三堆子站的相关系数由 2021 年的 0.83 降至 2022 年的 0.55,而乌东德站则由 0.77 降至 0.62。这一变化清晰地表明,水库蓄水通过调节水流和拦截泥沙,直接影响了下游站点的水沙关系,使得流量与输沙率之间的相关性减弱。

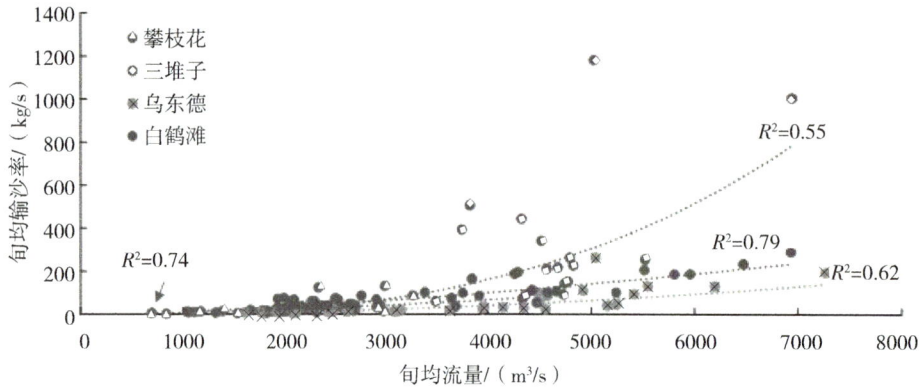

图 2-5   2022 年金沙江下游控制站旬均流量—输沙率关系图

3   悬移质颗粒级配

金沙江下游干流各主要控制站 2022 年悬移质颗粒级配统计见表 3-1 和图 3-1。从数据可以看出,攀枝花、三堆子、乌东德、白鹤滩以及向家坝站这 5 个站的中数粒径分别为 0.008、0.010、0.008、0.012 和 0.018mm。这一系列数据揭示了一个明显的趋势:自攀枝花站至向家坝站,沿程悬移质泥沙的粒径呈现出逐渐粗化的特征。

表 3-1   金沙江下游干流各主要控制站 2022 年悬移质颗粒级配统计

测 站	小于某粒径/mm 沙量百分数/%										中数粒径/mm	平均粒径/mm	最大粒径/mm
	0.002	0.004	0.008	0.016	0.031	0.062	0.125	0.25	0.5	1			
攀枝花	15.9	30.5	49.1	67.8	82.5	92.8	97.6	99.4	100		0.008	0.021	0.649
三堆子	11.5	23.8	42.0	62.7	79.1	91.0	97.4	99.6	100		0.010	0.024	0.655
乌东德	14.4	29.3	48.7	67.7	81.4	91.1	96.6	99.1	100		0.008	0.023	0.651
白鹤滩	10.4	21.0	38.5	59.1	75.7	88.6	95.9	99.1	100		0.012	0.028	0.659
向家坝	5.2	11.2	24.7	45.5	67.0	86.6	97.0	99.6	100		0.018	0.031	0.475

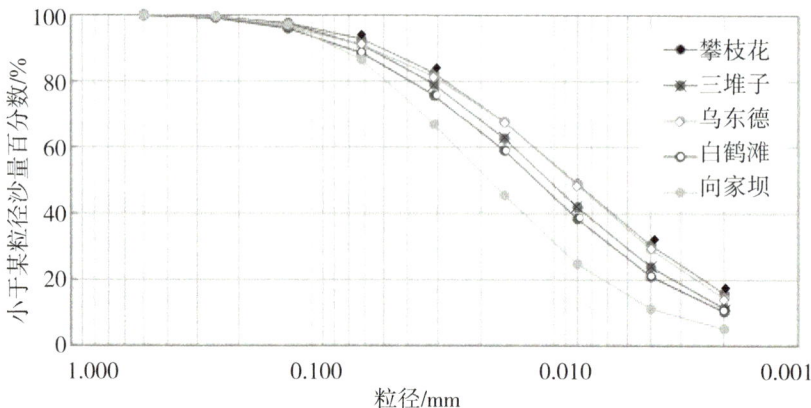

图 3-1   2022 年金沙江下游控制站悬移质泥沙级配曲线

具体来说,小于 0.031mm 的泥沙沙量百分数在沿程上发生了显著的递减。从攀枝花站的 82.5% 开始,逐渐下降至向家坝站的 67%。此外,实测悬移质泥沙的最大粒径出现在白鹤滩站,达到了 0.659mm。这一数据不仅验证了上述粒径粗化的趋势,也提示我们在研究金沙江下游水沙关系时,需要特别关注不同粒径泥沙的输移和沉积规律。

分析表 3-2 中金沙江下游各主要控制站从 2022 年各月的悬沙中数粒径变化及对比情况,整体来看,各站点在不同月份之间的悬沙中数粒径并未展现出清晰且一致的变化规律,这表明悬沙粒径的变化受到多种复杂因素的影响。部分站点在枯水期(通常指非汛期,如 1—4 月和 10—12 月)的悬沙中数粒径偏大,如攀枝花、三堆子和乌东德站。白鹤滩站和向家坝站在汛期(通常指 5—9 月)的悬沙中数粒径偏大。这可能与水库蓄水后的汛期集中排沙现象有关。年内 8—12 月的中数粒径相较于 1—7 月普遍偏大。这可能与水库蓄水后汛期集中排沙的持续性影响有关。即使在汛期结束后,由于水库的调节作用,仍然可能存在一定的排沙过程,导致下游悬沙中数粒径偏大。

表 3-2　　　　　　金沙江下游干流各主要控制站 2022 年各月悬移质颗粒中数粒径统计结果　　　　　（单位:mm）

月份	攀枝花	三堆子	乌东德	白鹤滩	向家坝
1 月		0.005	0.006	0.008	0.017
2 月		0.009	0.009	0.009	0.009
3 月		0.008	0.013	0.011	0.009
4 月	0.013	0.010	0.014	0.010	0.012
5 月	0.020	0.010	0.012	0.017	0.020
6 月	0.009	0.008	0.009	0.014	0.019
7 月	0.005	0.010	0.007	0.008	0.024
8 月	0.004	0.010	0.006	0.011	0.022
9 月	0.011	0.013	0.010	0.014	0.030
10 月	0.014	0.015	0.012	0.013	0.014
11 月	0.019	0.022	0.010	0.019	0.010
12 月		0.009	0.008	0.016	0.018

金沙江下游干流各主要控制站(攀枝花、白鹤滩、向家坝)在 2022 年与 1988—2020 年多年平均悬沙级配变化的对比分析(表 3-3、图 3-2)揭示了显著的粒径变化趋势。具体而言,1988—2020 年,攀枝花、白鹤滩及向家坝站的中数粒径分别稳定在 0.014、0.015 及 0.013mm。然而,至 2022 年,攀枝花与白鹤滩站的中数粒径略有下降,分别为 0.008 和 0.012mm,伴随这一现象的是细颗粒泥沙比例的轻微上升,其中小于 0.125mm 粒径的颗粒占比在攀枝花站增加了 12.3%,白鹤滩站则增加了 9.7%。

相比之下,向家坝站的中数粒径在 2022 年略有增加至 0.018mm,这一现象被归因于库区频繁的采砂活动,这些活动扰动了局部河床,导致粗颗粒床沙被悬浮并随水流排出水库。尽管某些年份采砂活动加剧,但并未改变水库蓄水后出库泥沙总体细化的长期趋势。特别地,出库悬沙中小于 0.125mm 粒径的颗粒占比显著提升至 97.0%,与 1988—2020 年的平均值相比,增幅达到了 9%。

表 3-3   金沙江下游干流各站 1988—2020 年多年平均悬移质颗粒级配统计表

测站	小于某粒径/mm 沙量百分数/%										中数粒径/mm	平均粒径/mm	最大粒径/mm
	0.002	0.004	0.008	0.016	0.031	0.062	0.125	0.25	0.5	1			
攀枝花	3.2	31.5	41.8	53.4	64.6	75.3	85.3	94.6	100.0		0.014	0.029	1.68
白鹤滩	1.7	29.6	40.3	52.7	65.2	76.4	86.2	94.8	100.0		0.015	0.040	2.63
向家坝	0.4	29.4	40.6	54.5	67.1	77.4	88.0	96.9	100.0		0.013	0.016	0.98

注:攀枝花站统计年份为 1988—1995 年,1998 年,2000—2021 年;白鹤滩站统计年份为 1988—1995 年,1998—2020 年;向家坝站统计年份为 1988—1995 年,1998—2021 年。

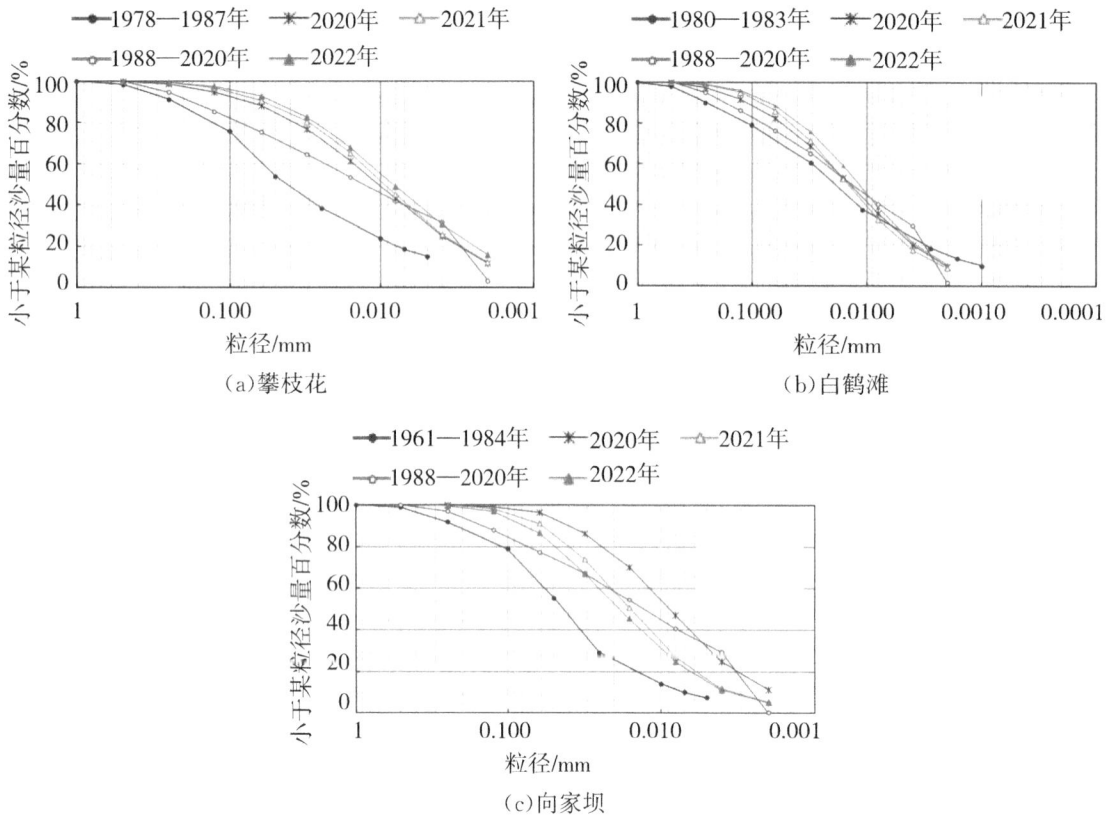

(a)攀枝花

(b)白鹤滩

(c)向家坝

图 3-2   金沙江下游控制站悬移质颗粒级配多年变化

4   结语

(1)干流水沙特性

2022 年,金沙江中游石鼓段的径流量展现出较小的波动性,而攀枝花、白鹤滩及向家坝站的年水量均呈现偏低态势,其年内的最大流量峰值主要集中在 6 月与 10 月下旬。受梯级水库拦沙效应的持续影响,干流各关键控制站点的输沙量持续维持在较低水平。具体而言,攀枝花站年径流量为 546.3 亿 m³,较 2011—2021 年均值偏少 4.2%,输沙量则锐减至 77.3 万 t,降幅高达 86.9%。白鹤滩站年径流量为 1071 亿 m³,减少 11.5%,输沙量更是仅有 283 万 t,减少了 95.8%。向家坝站年径流量为 1276 亿 m³,减少 5.6%,输沙量同样大幅减少至 83.1 万吨,降幅亦为 95.8%。2022 年,径流的季节分配模式保持稳定,但汛期(5—10月)的输沙量分配相较于径流量更为集中,显示出强烈的季节性特征。攀枝花、白鹤滩、溪洛渡及向家坝等主要站点汛期径流量占比在62.0%~74.8%,而输沙量占比则高达63.7%~95.3%。与过去不同时段(1998年前、1998—2010年、2011—2021年)相比,汛期及主汛期径流量的年内分配格局基本稳定,但输沙量的集中度有所降低。

(2)水沙相关关系

在1997年之前与1998—2010年,攀枝花站年输沙量与径流量的相关性并未表现出显著差异。然而,自2010年金安桥水电站投入蓄水运行以来,其拦沙作用显著,导致攀枝花站在2011—2022年的水沙关系图中,年输沙量点明显偏离了原有的相关线,偏向下侧,这直接反映了在相同径流量条件下,输沙量的大幅减少。此外,攀枝花站、白鹤滩站及向家坝站自2000年左右开始,均出现输沙量减少速度超过径流量减少速度的现象,这一趋势在2013年后尤为显著,且输沙量的减少幅度有进一步扩大的倾向。

(3)泥沙粒径组成

2022年,金沙江下游攀枝花、白鹤滩及向家坝站的悬移质泥沙粒径分布发生了显著变化。攀枝花站与白鹤滩站的中数粒径分别缩减至0.008mm与0.012mm,显示出粒径的细化趋势,同时细颗粒泥沙(<0.125mm)的占比显著增加,攀枝花站与白鹤滩站分别增长了12.3%与9.7%。相反,向家坝站的中数粒径略有增加至0.018mm,这可能与库区采砂活动导致的河床扰动及粗颗粒床沙悬混有关,但其出库悬沙中小于0.125mm的颗粒占比同样上升了9%,表明尽管有局部扰动,但总体仍遵循泥沙细化的长期趋势。

主要参考文献

[1] 谢益芹,邓安军,董先勇,等.金沙江下游流域水沙格局变化研究[J].水利学报,2023,54(11):1309-1322.

[2] 朱玲玲,陈迪,杨成刚,等.金沙江下游梯级水库泥沙淤积和坝下河道冲刷规律[J].湖泊科学,2023,35(3):1097-1110.

[3] 朱玲玲,陈翠华,张继顺.金沙江下游水沙变异及其宏观效应研究[J].泥沙研究,2016,(5):20-27.

[4] 陆传豪,董先勇,唐家良,等.金沙江流域大型梯级水库对水沙变化的影响[J].中国水土保持科学,2019,17(5):36-43.

[5] 秦蕾蕾,董先勇,杜泽东,等.金沙江下游水沙变化特性及梯级水库拦沙分析[J].泥沙研究,2019,44(3):24-30.

2022年向家坝水库淤积特性研究

肖　潇[1]　周才金[2]　李思璇[1]

(1. 长江水利委员会水文局,湖北武汉　430010;

2. 长江水利水电开发集团有限公司,湖北武汉　430010)

摘　要:2022年长江流域汛期反枯,研究该时段向家坝水库的淤积特性,能为水库的治理及综合运用提供重要的参考依据。本文基于实测资料,分析2022年向家坝水库运用及进出库水沙、库区泥沙冲淤分布、库区形态变化等。结果表明:

①2022年,向家坝水库的入库输沙量约242.6万t,而出库控制站向家坝站的年输沙量则为83.1万t。

②2021年5至2022年10月向家坝干流的泥沙冲刷量为1080万 m^3,其中变动回水区冲刷50万 m^3,常年回水区冲刷1030万 m^3。

③2021年5月至2022年10月,库区干流深泓点平均冲深0.3m。其中,变动回水区深泓点平均高程抬高0.1m,深泓点最大冲刷幅度为1.0m;常年回水区深泓点平均冲深0.3m,深泓点最大冲深11.6m。

关键词:向家坝;水库淤积;2022年

1　引言

向家坝水电站位于四川省宜宾市和云南省水富市交界的金沙江峡谷出口,距离宜宾市33km,是金沙江下游河段4个梯级水电站的最后一级。该水电站坝址所控制的流域面积达45.88万 km^2,占据了金沙江流域总面积的97%,也控制着金沙江的主要暴雨区和产沙区域。水库的正常蓄水位为380m,对应的库容为49.77亿 m^3,其中调节库容为9.03亿 m^3。干流回水长度(直至溪洛渡坝址)为156.6km,其中永善县至桧溪镇河段为变动回水区,长度约为33.4km;而桧溪镇至新滩坝河段为常年回水区,长度约为123.2km。库区内的主要支流包括西宁河、中都河以及大汶溪,这些支流的入汇口距离坝址均在80km以内,且都位于常年回水区内。

2004年7月至2005年12月为向家坝工程筹建期。该工程于2006年正式开工建设。2008年,

基金项目:国家自然科学基金长江水科学联合基金(项目编号:U2040218)。

作者简介:肖潇,女,高级工程师,博士,主要从事水文、泥沙河道分析研究方面的工作。E-mail:282663754@qq.com。

工程实现了截流。到 2012 年 10 月,工程进行初期蓄水。而在 2013 年的汛期汛末,又进行了二期蓄水。最终,向家坝工程在 2015 年完成建设。2022 年,向家坝水库 9 月 10 日 0 时开始蓄水,其初始起蓄水位为 376.50m,至 11 月 19 日 10 时,水库水位达到最高,蓄至 379.37m。整个蓄水过程持续了70d,期间水位累积上升了 2.87m,累计蓄水量 2.69 亿 m³。在蓄水期间,水库的平均入库流量为2880m³/s,而平均出库流量为 2830m³/s。2022 年向家坝水库坝前水位及入库流量变化过程见图 1-1。

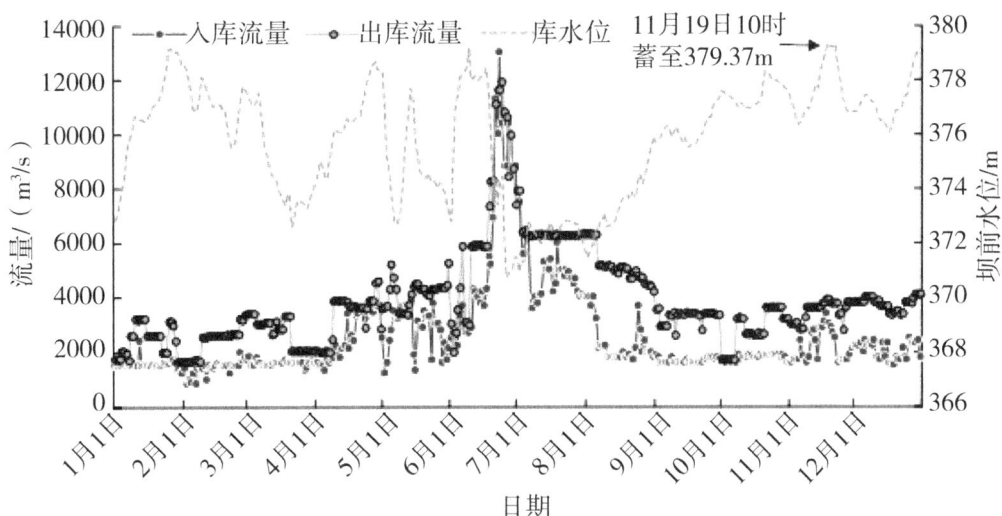

图 1-1 2022 年向家坝水库坝前水位及入库流量变化过程

2 向家坝入出库水沙特性

2022 年,向家坝水库的入库输沙量采用溪洛渡+欧家村+龙山村实测资料统计,约 242.6 万 t,相较于可行性研究阶段入库控制站(屏山站)设计的泥沙值 2.47 亿 t,实际输沙量偏少 99%。具体来说,向家坝库区干流的年输沙量为 225 万 t。在库区支流中,仅有中都河和西宁河具备泥沙观测资料。其中,控制站龙山村站和欧家村站的年输沙量分别为 1.45 万 t 和 16.1 万 t。而出库控制站向家坝站的年输沙量则为 83.1 万 t。

与可行性研究阶段相比,向家坝水库投入运行后,由于溪洛渡水库也开始蓄水运行,入库的控制站发生了变动。同时,受到上游溪洛渡、白鹤滩和乌东德水库拦蓄的影响,向家坝水库的入库水沙条件发生了显著的变化,尤其是沙量减少的幅度较大。2008—2022 年,向家坝坝址年平均径流量若仍采用屏山(向家坝站)的数据进行统计,那么向家坝坝址的年平均径流量为 1363 亿 m³,相较于可行性研究阶段采用的 1440 亿 m³ 偏小 5.3%。入库控制站的年平均输沙量为 0.465 亿 t(表 2-1),估算未控区间的年均来沙量为 0.033 亿 t,年均总入库沙量约为 0.498 亿 t,较可行性研究阶段采用的 2.47 亿 t 偏少 79.8%。特别是上游的溪洛渡、乌东德和白鹤滩水库陆续蓄水后,2013—2022 年,向家坝水库年均入库控制站的泥沙量仅为 322.5 万 t,仅为可行性研究阶段采用值的 1.30%。

表 2-1　　　　　向家坝水库入、出库主要控制站年均水沙情况统计(不考虑区间来水来沙)

年份	入/出库主要控制站	径流量/亿 m³		输沙量/万 t		排沙比/%
		入库	出库	入库	出库	
2008—2011 年	屏山/向家坝	1322	1262	13325	11470	工程建设期
2012 年		1517	1492	17627	15100	
2013 年		703	1106	301	203	67.5
2014 年		1362	1340	673	221	32.8
2015 年		1294	1290	202	60.4	29.9
2016 年	(溪洛渡	1418	1408	262.6	217	82.6
2017 年	+欧家村	1496	1447	269	148	55.0
2018 年	+龙山村)	1645	1638	580.5	166	28.6
2019 年	/向家坝	1287	1344	210.4	72.3	34.4
2020 年		1503	1586	268.3	125	46.6
2021 年		1140	1229	215.4	109	50.6
2022 年		1222	1276	242.6	83.1	34.3
2013—2022 年		1307	1366	322.5	140.5	43.6
可行性研究阶段	屏山	1440		24700		—

3　库区干流泥沙冲淤分布

2008 年 3 月—2022 年 10 月,向家坝库区干流共淤积了 2243 万 m³ 的泥沙,具体数据见表 3-1。从淤积量的时间分布来看,2008 年 3 月—2012 年 11 月的泥沙淤积量为 398 万 m³,这一数据是基于天然情况下上游来流流量 $Q=2000\text{m}^3/\text{s}$ 对应的水面线进行计算得到的。分段来看,屏山县至新滩坝之间的淤积强度最大。而 2012 年 11 月—2022 年 10 月,淤积量为 1845 万 m³,其中,常年回水区淤积了 2315 万 m³,变动回水区则冲刷了 470 万 m³。分段来看,绥江县至屏山县之间的淤积强度最大,而变动回水区则发生了冲刷。2021 年 5 月—2022 年 10 月,泥沙冲刷量为 1080 万 m³,其中变动回水区的泥沙冲刷量 50 万 m³,常年回水区的泥沙冲刷量 1030 万 m³。

表 3-1　　　　　向家坝水库入、出库主要控制站年均水沙情况统计(不考虑区间来水来沙)

区段	变动回水区	常年回水区				全库区
河段	永善县—桧溪镇	桧溪镇—大岩洞	大岩洞—绥江县	绥江县—屏山县	屏山县—新滩坝	永善县—新滩坝
断面名称	J101～J81 (JA160～JA140)	J81～J68 (JA139～JA112)	J68～J47 (JA111～JA066)	J47～J31 (JA065～JA032)	J31～J18 (JA032～JA001)	J101～J18 (JA160～JA001)
距坝里程/km	153.7～120.3	120.3～96.1	96.1～58.6	58.6～31.6	31.6～1.4	153.7～1.4
河长/km	33.4	24.2	37.5	27	30.2	152.3
2008 年 3 月— 2012 年 11 月	−96	−238	320	98	314	398
2012 年 11 月— 2022 年 10 月	−470	75	1183	1009	48	1845
2021 年 5 月— 2022 年 10 月	−50	19	−165	−354	−530	−1080

区段	变动回水区	常年回水区				全库区
2008 年 3 月—2022 年 10 月	−566	−163	1503	1107	362	2244

注：①2008 年 3 月—2012 年 11 月冲刷量为 398 万 m³,采用 2000m³/s 对应天然水面线进行计算的结果。

②2012 年 11 月—2021 年 5 月淤积量为 2878 万 m³,采用水库坝前水位为 380m 的计算结果。

表 3-2　　　　　　　　　向家坝库区干流河段冲淤强度变化统计　　　　　　（单位:万 m³/km·a）

河段	永善县—桧溪镇	桧溪镇—大岩洞	大岩洞—绥江县	绥江县—屏山县	屏山县—新滩坝	永善县—新滩坝
断面名称	J101～J81 (JA160～JA140)	J81～J68 (JA139～JA112)	J68～J47 (JA111～JA066)	J47～J31 (JA065～JA032)	J31～J18 (JA032～JA001)	J101～J18 (JA160～JA001)
河段长度/km	33.4	24.2	37.5	27	30.2	152.3
2008 年 3 月—2012 年 11 月	−0.6	−2.2	1.9	0.8	2.3	0.6
2012 年 11 月—2022 年 10 月	−1.4	0.3	3.2	3.7	0.2	1.2
2021 年 5 月—2022 年 10 月	−1.0	0.5	−2.9	−8.7	−11.7	−4.7
2008 年 3 月—2022 年 10 月	−1.2	−0.5	2.8	2.8	0.8	1.0

4　库区泥沙淤积物干容重

2019 年 11 月、2021 年 10 月和 2022 年 10 月,向家坝水库进行了库区泥沙淤积物的干容重取样工作。根据观测结果,2022 年向家坝库区干流的泥沙干容重总体呈现出沿程减小的趋势。具体来说,从祠堂湾至绥江县、绥江县至清垴寺、清垴寺至向家坝和向家坝至大坝各个河段干容重分别为 0.95、0.93、0.92 和 0.90t/m³。同时,这些段落床沙的中数粒径分别为 0.021、0.011、0.008 和 0.014mm。与 2021 年 10 月的数据相比,中数粒径和干容重均有所增大,具体数据见表 4-1。

表 4-1　　　　　　　　　2019—2022 年向家坝库区干流典型断面干容重变化

断面编号		JA083	JA063	JA036	JA005
距坝里程/km		127.7	119.1	94.8	79.1
2019 年 11 月	中数粒径/mm	0.016	0.012	0.010	0.007
	干容重/(t/m³)	0.86	0.78	0.75	0.67
2021 年 10 月	中数粒径/mm	0.014	0.009	0.009	0.005
	干容重/(t/m³)	0.87	0.78	0.75	0.66
2022 年 10 月	中数粒径/mm	0.021	0.011	0.008	0.014
	干容重/(t/m³)	0.95	0.93	0.92	0.90

5 深泓纵剖面和横断面变化

5.1 深泓纵剖面

向家坝水库蓄水前(2008年3月—2012年11月),2008—2012年向家坝库区干流深泓纵剖面变化见图5-1。库区深泓线的纵剖面形态呈现锯齿形,但河底的平均高程并未发生显著变化。深泓线的最高点高程为361m(位于J101断面,距离大坝154km),而最低点高程则为246m(位于J25断面,距离坝体17.5km)。河床的纵剖面最大落差达到了115m。

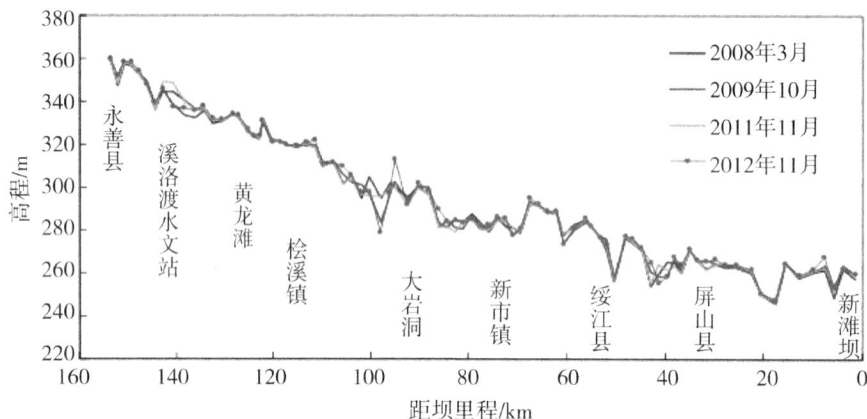

图5-1 2008—2012年向家坝库区干流深泓纵剖面变化

向家坝水库蓄水后(2013年4月—2022年10月),2012—2022年向家坝库区干流深泓纵剖面变化见图5-2。库区深泓线的纵剖面形态依然呈锯齿形,深泓点沿程高低相间。此时,深泓的最高点高程为360.9m(位于JA158断面,距离大坝143km),最低点高程则为244.5m(位于JA015断面,距离大坝14.5km)。河床的纵剖面最大落差略有增加,为116.4m。向家坝水库蓄水后,库区干流河道的深泓点高程主要以淤积抬高为主,平均抬高了0.8m。其中,最大抬高幅度达到了10.3m(位于JA082断面,距离大坝69.3km),而最大下降幅度则为18.5m(位于JA147断面,距离大坝132km)。值得注意的是,变动回水区的深泓点平均高程基本保持稳定;而常年回水区的深泓点则主要以淤积抬高为主,平均抬高了1.20m,最大抬高幅度10.3m(位于JA082断面,距大坝69.3km)。

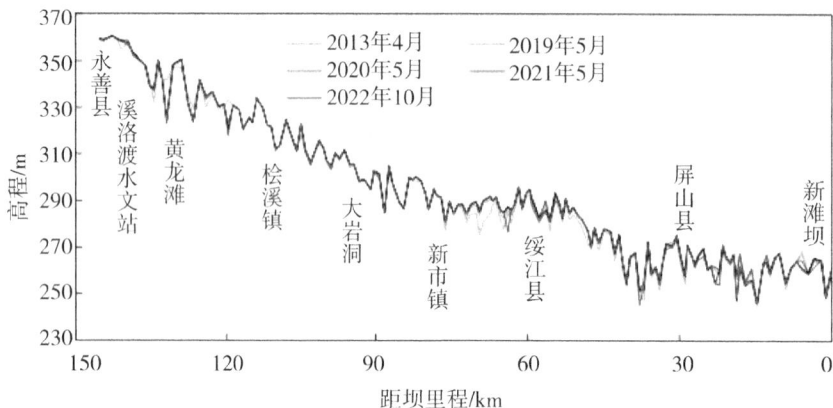

图5-2 2012—2022年向家坝库区干流深泓纵剖面变化

2021 年 5 月—2022 年 10 月,库区深泓点的平均冲刷深度为 0.3m。其中,变动回水区的深泓点平均高程抬高了 0.1m,而最大冲刷幅度则为 1.0m(位于 JA154 断面,距离大坝 138.7km)。常年回水区的深泓点平均冲刷深度同样为 0.3m,但最大冲刷深度达到了 11.6m(位于 JA075 断面,距离坝体 64.0km)。

5.2　典型横断面

在向家坝水库蓄水后的次年,溪洛渡水库也开始蓄水,拦截了上游的泥沙,这一举措使得向家坝库区的泥沙淤积幅度较小,断面调整虽然以淤积为主,但也不乏发生冲刷的断面,且淤积的幅度普遍较小。尤其是 2020 年、2021 年上游的乌东德和白鹤滩相继蓄水运行后,溪洛渡入、出库沙量持续减少,向家坝库区的冲淤变化进一步趋缓,2022 年,在库区采砂活动和泥沙密实沉降作用下,库区发生冲刷。

变动回水区内的断面形态相对单一,主要以"U"形和"V"形为主。在水位 380m 时,其断面宽度通常不超过 300m,且断面的变化冲淤相交,但整体以冲刷为主。从 2013 年 4 月至 2021 年 5 月期间,溪洛渡水文站附近的 JA157 断面(距离坝体 143.1km),断面右岸近岸河槽出现了淤积现象,最大淤积幅度达到了 4.9m。与此同时,堰塘堡附近的 JA147 断面(距离坝体 133.1km)则主要表现为主河槽的冲刷,最大冲刷幅度约为 23.8m。据现场了解,该断面的大幅冲刷与采砂活动密切相关(图 5-3)。而 JA144 断面的主槽也经历了冲刷,最大下切幅度为 6.0m。2021 年 5 月—2022 年 10 月,变动回水区的断面冲淤调整幅度普遍较小。其中,JA157 和 JA147 断面的河槽经历了轻微的冲刷,最大冲刷幅度分别为 2.1、2.0m。JA147 断面的左岸侧坡脚冲刷相对较大,这可能是河床整体下切后,岸坡失稳滑落的结果。

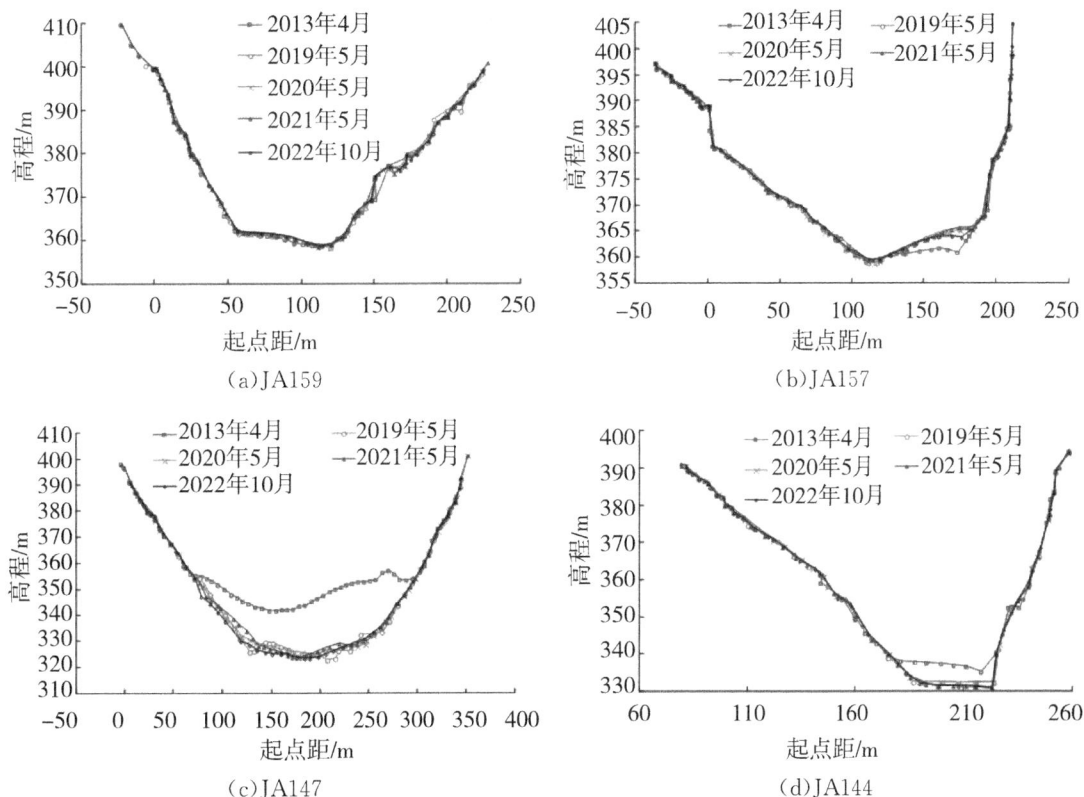

图 5-3　向家坝库区干流变动回水区典型断面冲淤变化

常年回水区内的河道断面相对较宽,形态也表现得更为稳定。在水位达到380m时,河道的宽度能够达到900m以上。2013年4月—2021年5月,该区域的断面冲淤现象主要发生在主河槽内。另外,局部地区出现的非连续性高程突变可能与库区的采砂活动、公路修建等因素有关。具体来说,JA122断面(距离大坝106.1km),受修路影响右岸边坡的高程发生了较大的变化,最大淤积幅度达到了10m。JA098断面(距离大坝83.8km)则受到挖砂活动的影响,其左岸边坡的高程最大降低了11.5m。此外,主槽淤积的断面也有分布。例如,JA081断面(距大坝69.8km)主河槽平铺式淤积,最大淤积幅度达7m(图5-4)。2021年5月—2022年10月,常年回水区的断面冲淤变化幅度相对较小。尽管如此,库区内仍然存在采砂活动、岸坡滑落以及工程施工等现象。这些活动对部分断面产生了影响,导致小幅度的冲淤变化。

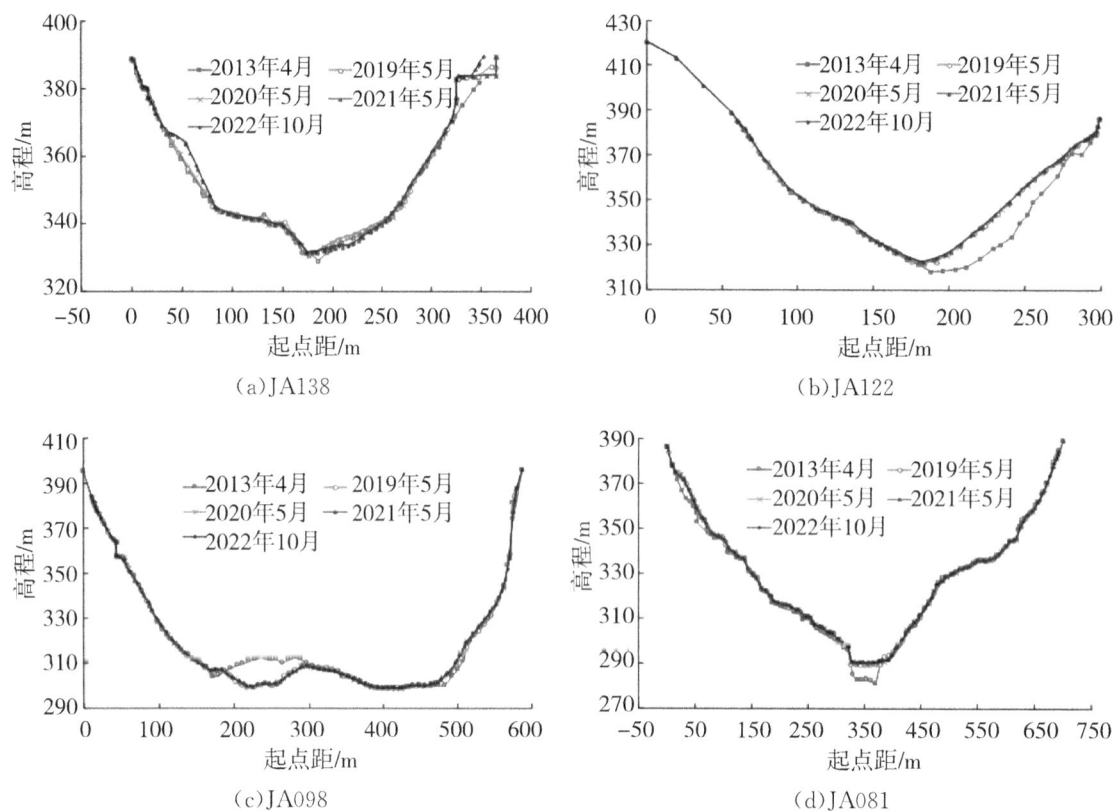

图 5-4 向家坝库区干流常年回水区典型断面冲淤变化

6 结论

①2022年,向家坝水库的入库输沙量是通过溪洛渡、欧家村和龙山村3个地点的实测资料统计得出的,总量约为242.6万t。然而,出库控制站向家坝站的年输沙量仅为83.1万t。

②2021年5月—2022年10月,向家坝库区的干流冲刷总量为1080万m³。其中,变动回水区的冲刷量为50万m³,而常年回水区的冲刷量则达到了1030万m³。

③2019—2022年,向家坝库区的干流床沙干容重总体呈现出沿程减小的趋势。床沙的中数粒径为0.005~0.021mm,同时中数粒径和干容重均有所增大。

④2021年5月—2022年10月,库区干流的深泓点平均冲刷深度为0.3m。其中,变动回水区的

深泓点平均高程抬高了 0.1m,而最大冲刷幅度为 1.0m;常年回水区的深泓点平均冲刷深度也为 0.3m,但最大冲刷深度达到了 11.6m。

主要参考文献

［1］ 朱玲玲,陈迪,杨成刚,等.金沙江下游梯级水库泥沙淤积和坝下河道冲刷规律[J].湖泊科学,2023,35(3)：1097-1110.

［2］ 杜泽东,秦蕾蕾,董先勇.金沙江向家坝水电站下游河道 2020 年淤积成因分析[J].泥沙研究,2024,49(1)：45-50.

［3］ 张晓浩,朱玲玲,白亮.向家坝水库下游河道冲刷及其影响分析[J].第十九届中国水论坛论文集,2022 年.

［4］ 尹烨,王党伟,冯胜航,等.向家坝水电站库区泥沙淤积特性[J].水电能源科学,2021,39(7)：71-75.

第九部分

水利工程施工

GS 土体硬化剂在水利工程搅拌桩防渗墙中的应用研究

邵 亮 王 博 范志强

(长江河湖建设有限公司,湖北武汉 430000)

摘 要:水泥土搅拌桩防渗墙在水利工程中有着广泛的应用,但对于达到及超过液限的粉土,搅拌桩的桩身强度往往低于设计要求,对于粉性土及砂性土,搅拌桩的抗渗性较差。本文通过对 14d、28d 和 90d 同龄期,8%、10%、13%、16% 同掺量 GS 土体硬化剂和水泥固化剂的搅拌桩防渗墙进行宏观及微观对比试验,分析抗剪强度、无侧限抗压强度、渗透性等指标。研究表明,GS 土体硬化剂替代水泥作为搅拌桩防渗墙固化剂具备可行性。通过试桩试验,确定在同等强度、防渗性要求且不改变施工工艺的情况下,将搅拌桩防渗墙固化剂及掺量由 20% 的 PO42.5 级普通硅酸盐水泥降至 18% 的 GS 土体硬化剂,最终成功应用在淮河入海水道二期 2022 年度工程(淮安市境内)河道工程施工 1 标段南堤防渗加固工程,且具有更好的经济性,可为今后类似工程提供技术参考。

关键词:GS 土体硬化剂;饱和淤泥质黏土;水利工程;搅拌桩防渗墙

1 引言

淮河入海水道二期 2022 年度工程(淮安市境内)河道工程施工 1 标段南堤防渗加固工程试桩采用水泥采用 PO42.5 级,掺量 20%。由于上游来水量大、地下水丰富且地质情况为淤泥质黏土,传统水泥土搅拌桩试桩强度及渗流稳定不能满足墙体 28d 无侧限抗压强度不低于 0.8MPa,渗透系数≤ $A \times 10^{-6}$ cm/s($1 \leqslant A \leqslant 10$)的设计要求。国内外对市政、交通及房建工程中土体硬化剂的研究日趋成熟,已经颁布国家建设部城镇建设工程行业标准《土壤固化剂应用技术标准》(CJJ/T 286—2018)、国家建设部城镇建设行业标准《软土固化剂》(CJ/T 526—2018)等行业及上海市、福建省地方标准,但在江苏地区无相应标准,应用处于空白状态;由于行业壁垒,GS 土体硬化剂在水利工程的应用还停滞在试验阶段。本文联合使用宏观及微观试验,对比分析抗剪强度、无侧限抗压强度、渗透性等指标,从理论上分析了 GS 土体硬化剂在水利工程搅拌桩防渗墙中应用的可行性,通过试桩试验确定掺量后,成功在工程实践中应用。

作者简介:邵亮,男,副高,主要从事水利工程建设管理、河湖疏浚工作,E-mail:79193029@qq.com。

2 试验概况

2.1 原材料

选取上海第④层淤泥质黏土,研究使用的 GS 土体硬化剂选用Ⅱ型。GS 土体硬化剂又名土体固结粉、软土固化剂或地基加固特种砂浆,是一种新型软土增强加固材料,以工业废渣主要原料,如矿渣、钢渣和脱硫石膏等,含量达 75％以上,并伴以水泥和外加剂制成。对照组水泥选用 PO42.5 级。

2.2 试验方案

试验采用无侧限抗压强度试验和剪切试验、渗透试验来测试 14d、28d 和 90d 同龄期,8％、10％、13％、16％同掺量 GS 土体硬化剂和 PO42.5 水泥加固土的力学性能,并结合微观试验,选取水泥土和土体硬化剂加固土样品,养护到 3d、7d、28d 龄期时,用浓度为 99.7％的酒精中止水化,研磨成粉体,过 0.08mm 的筛,采用 15000 倍扫描电子显微镜进行微观分析。各试验组试验方案见表 2-1。

表 2-1　　　　　　　　　　　　　　各试验组试验方案

土样	土体固化剂	掺入量/％	养护龄期/d
上海第④层 淤泥质黏土	GS 土体硬化剂	8	14,28,90
		10	
		13	
		16	
	PO42.5 级水泥	8	
		10	
		13	
		16	

3 试验结果及分析

3.1 剪切试验

本试验完成 GS 土体硬化剂加固土和 PO42.5 水泥土 14d、28d 和 90d 龄期在 100kPa、200kPa、300kPa、400kPa 垂直压力下的抗剪强度测试并绘制直方图(图 3-1 至图 3-3)。可以看出:各个龄期,不同垂直压力下,GS 土体硬化剂加固淤泥质黏土抗剪强度随掺量的增长趋势与水泥加固淤泥质黏土类似,呈非线性增长。

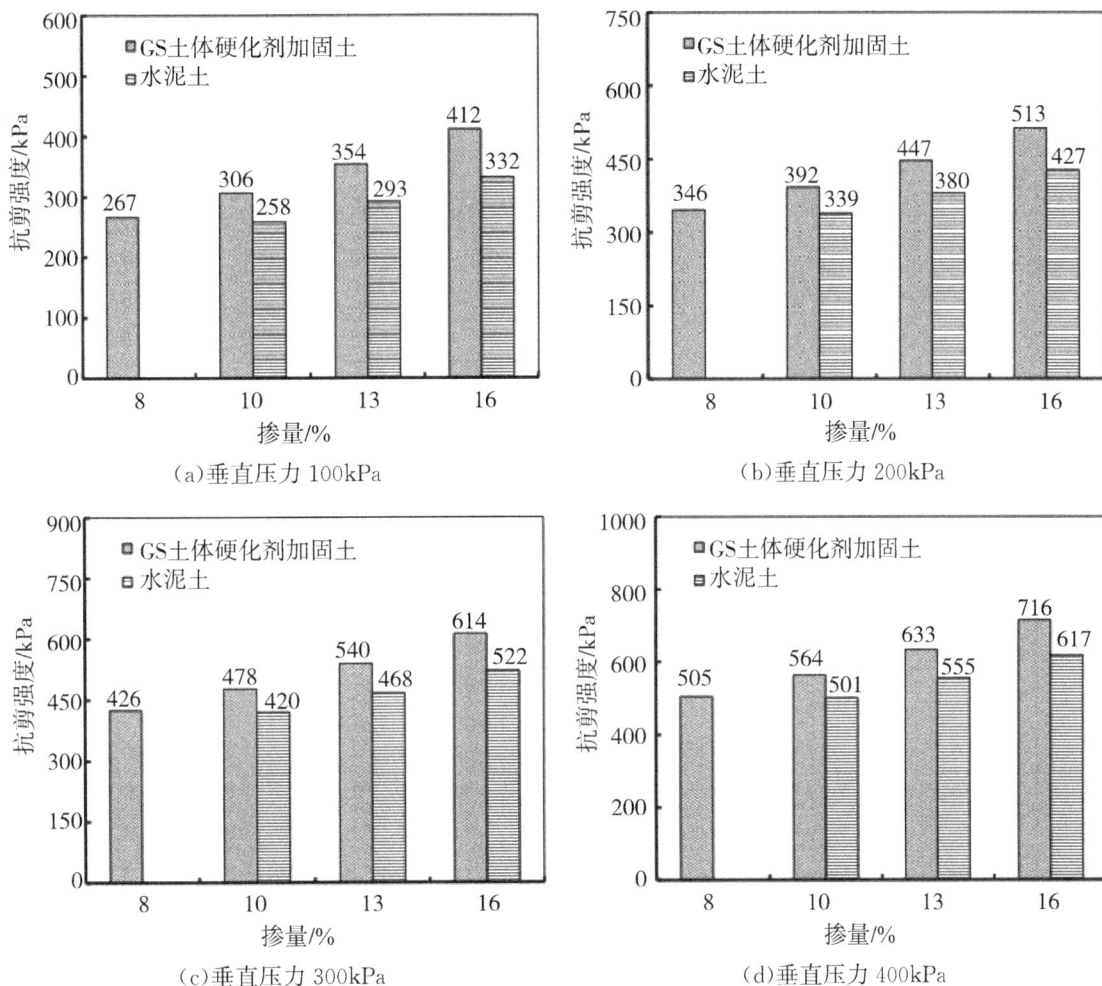

图 3-1　14d 固化土抗剪强度变化规律

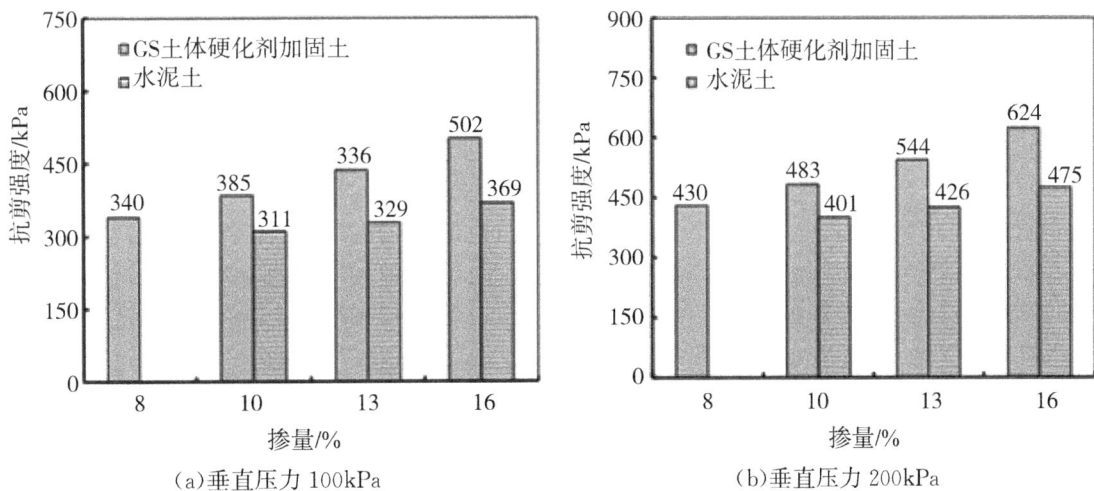

（c）垂直压力 300kPa

（d）垂直压力 400kPa

图 3-2 28d 固化土抗剪强度变化规律

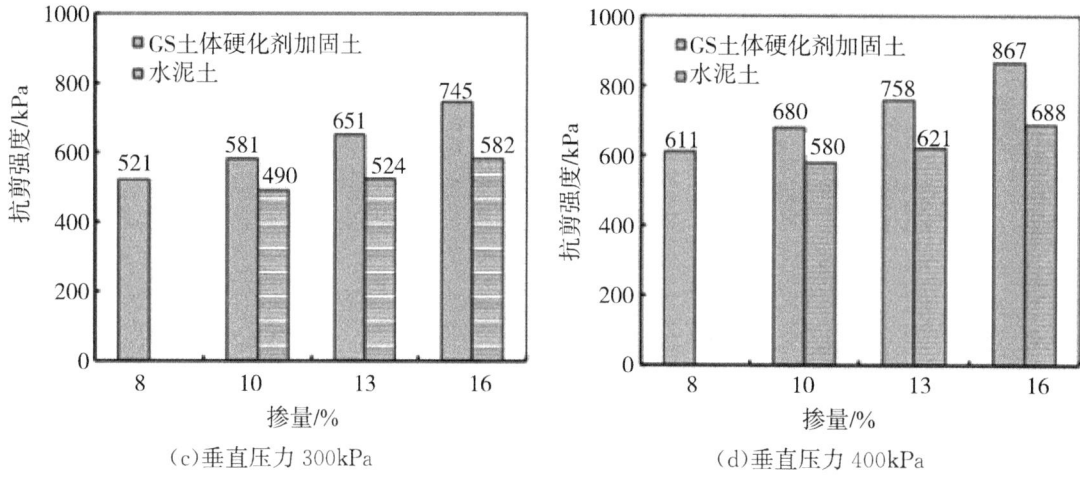

（a）垂直压力 100kPa

（b）垂直压力 200kPa

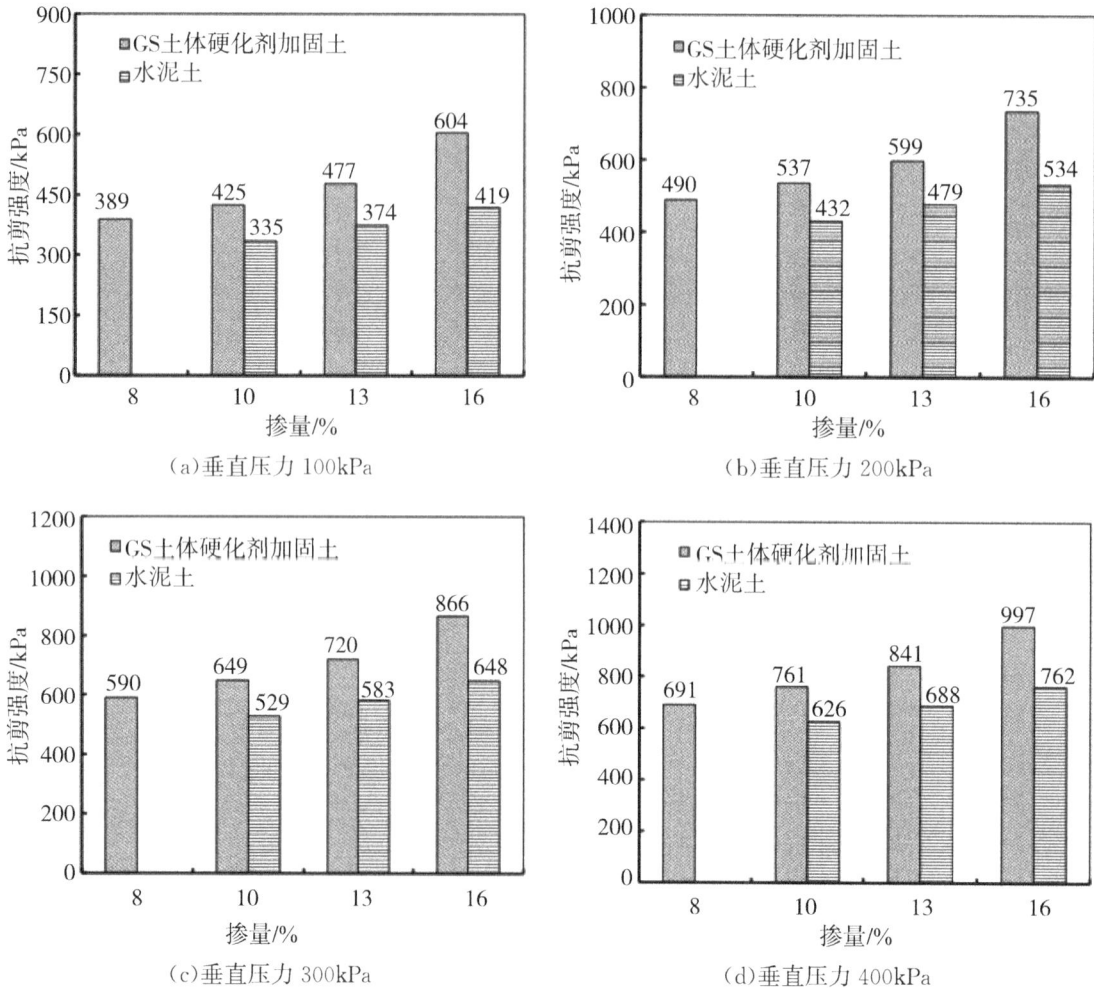

（c）垂直压力 300kPa

（d）垂直压力 400kPa

图 3-3 90d 固化土抗剪强度变化规律

表 3-1 为垂直压力 100kPa 下 GS 土体硬化剂加固土抗剪强度提高系数，从表中可以得出：14d 龄期时，对于相同掺量的 GS 土体硬化剂加固土和水泥土，GS 土体硬化剂加固土抗剪强度为水泥土抗剪强度的 1.2 倍；28d 龄期时，对于相同掺量的 GS 土体硬化剂加固土和水泥土，GS 土体硬化剂加固土抗剪强度为水泥土抗剪强度的 1.2～1.3 倍；90d 龄期时，对于相同掺量的 GS 土体硬化剂加固

土和水泥土,GS 土体硬化剂加固土抗剪强度为水泥土抗剪强度的 1.2～1.4 倍。

表 3-1　　　　　　　　　　　垂直压力 100kPa 下 GS 土体硬化剂加固土抗剪强度提高系数

掺量/%	龄期/d	水泥土/kPa	GS 土体硬化剂加固土/kPa	提高系数
10	14	258	306	1.19
	28	311	385	1.24
	90	335	425	1.27
13	14	293	354	1.21
	28	329	436	1.33
	90	374	477	1.28
16	14	332	412	1.24
	28	369	502	1.36
	90	419	604	1.44

　　工程实际应用时,基本上掺入 8％的 GS 土体硬化剂加固土抗剪强度可以达到掺入 10％的水泥土的抗剪强度所要求的效果;掺入 10％的 GS 土体硬化剂加固土抗剪强度可以达到掺入 13％的水泥土的抗剪强度所要求的效果;掺入 13％的 GS 土体硬化剂加固土抗剪强度可以达到掺入 16％的水泥土的抗剪强度所要求的效果。

3.2　无侧限抗压强度试验

　　本试验完成 GS 土体硬化剂加固土和水泥土 14d、28d 和 90d 龄期无侧限抗压强度对比并绘制直方图(图 3-4 至图 3-6)。可以看出:GS 土体硬化剂加固淤泥质黏土无侧限抗压强度随掺量的增长趋势与水泥土类似,呈非线性增长。14d 龄期时,对于相同掺量的 GS 土体硬化剂加固土和水泥土,GS 土体硬化剂加固土无侧限抗压强度为水泥土无侧限抗压强度的 1.3～1.4 倍;28d 龄期时,对于相同掺量的 GS 土体硬化剂加固土和水泥土,GS 土体硬化剂加固土无侧限抗压强度为水泥土无侧限抗压强度的 1.5～1.9 倍;90d 龄期时,对于相同掺量的 GS 土体硬化剂加固土和水泥土,GS 土体硬化剂加固土无侧限抗压强度为水泥土无侧限抗压强度的 1.6～2.1 倍。

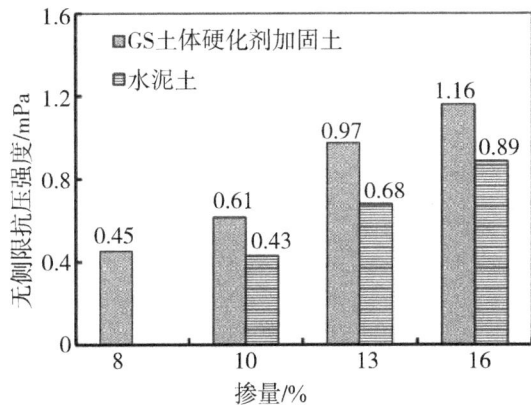

图 3-4　14d 固化土无侧限抗压强度变化规律　　　图 3-5　28d 固化土无侧限抗压强度变化规律

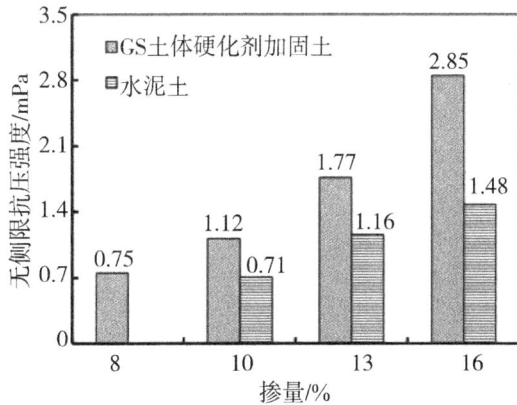

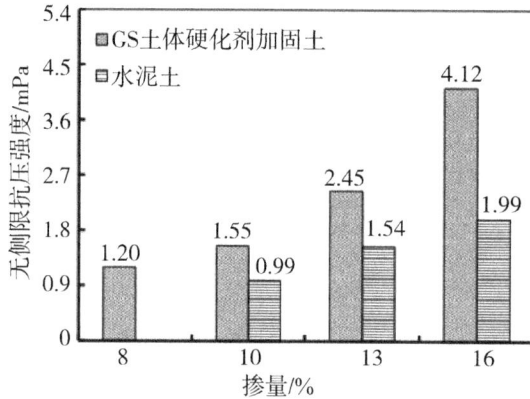

图 3-6　90d 固化土无侧限抗压强度变化规律

实际工程应用时,掺入 8% 的 GS 土体硬化剂加固土抗压强度可以达到掺入 10% 的水泥土的抗压强度所要求的效果;掺入 10% 的 GS 土体硬化剂加固土抗压强度可以达到掺入 13% 的水泥土的抗压强度所要求的效果;掺入 13% 的 GS 土体硬化剂加固土抗压强度可以达到掺入 16% 的水泥土的抗压强度所要求的效果。通过以上分析表明,相较于水泥土,GS 土体硬化剂加固土的强度更高、用量更少,具有可观的经济优势。

3.3　渗透试验

GS 土体硬化剂加固土和水泥土 14d、28d 和 90d 龄期渗透系数对比直方图见图 3-7 至图 3-9。可以直观地看出:GS 土体硬化剂加固土和水泥土 14d、28d 和 90d 龄期各个掺量渗透系数均在 10^{-8} cm/s 数量级,GS 土体硬化剂加固土渗透系数随掺量的减小趋势与水泥土基本一致,呈非线性减小。14d 龄期时,对于相同掺量的 GS 土体硬化剂加固土和水泥土,GS 土体硬化剂加固土渗透系数比水泥土渗透系数小 18%～20%;28d 龄期时,对于相同掺量的 GS 土体硬化剂加固土和水泥土,GS 土体硬化剂加固土渗透系数比水泥土渗透系数小 20%～22%;90d 龄期时,对于相同掺量的 GS 土体硬化剂加固土和水泥土,GS 土体硬化剂加固土渗透系数比水泥土渗透系数小 17%～24%。在实际工程中应用时,因土质及施工工艺与实验室室内实验不同,故不建议降低掺入量,应与设计水泥土同掺量使用。

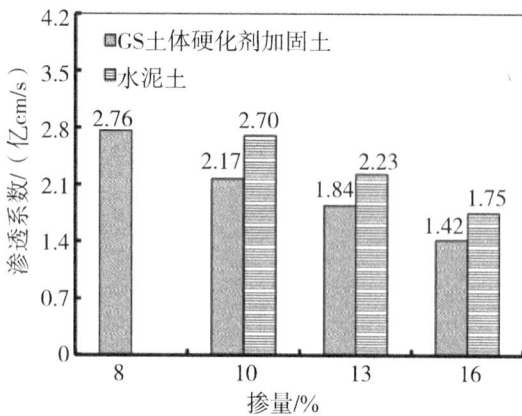

图 3-7　14d 固化土渗透系数变化规律

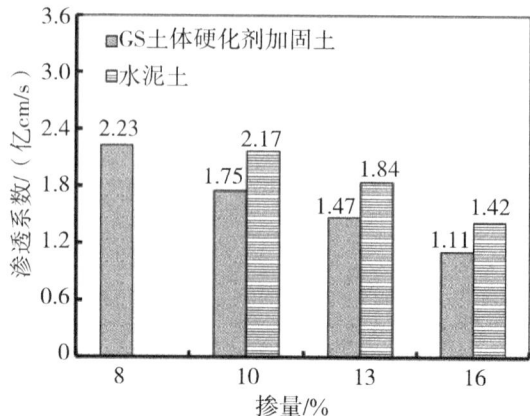

图 3-8　28d 固化土渗透系数变化规律

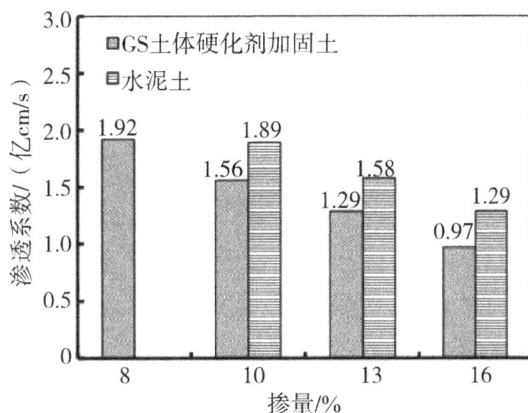

图 3-9 90d 固化土渗透系数变化规律

4 微观结构研究

由图 4-1 微观扫描图可以看出,加固土 3d 龄期就形成 2~4μm 的长柱状钙钒石晶体,填充空隙,使加固土结构体较为致密。达到 7d 龄期时,长柱状钙钒石晶体的长度进一步增加,达到 4~8μm,数量也不断增多,加固土内 2μm 宽度的空隙已被长柱状晶体填充。达到 28d 龄期时,加固土的密实度较高,由于其他水化产物不断生成,孔隙被不断填充,硬化体进一步致密,整体性较强。

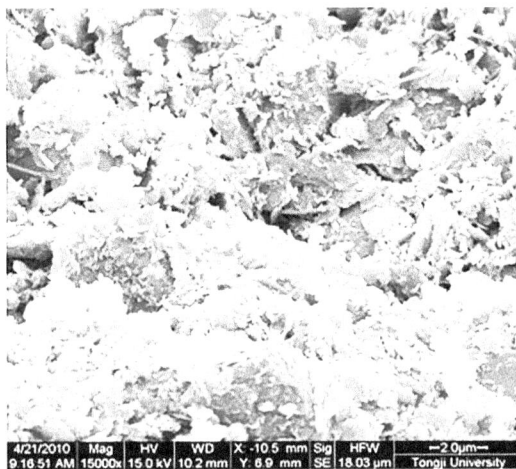

(a)水泥土 28d

(b)加固土 28d

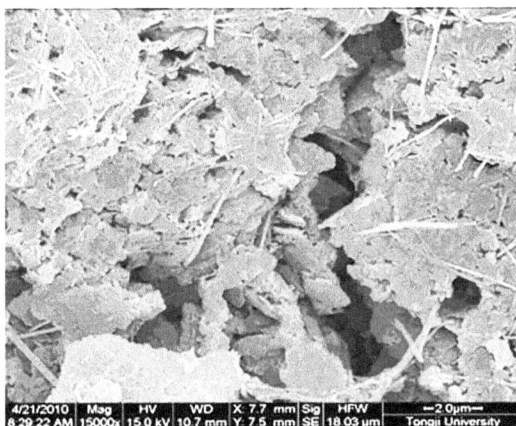

(c)水泥土 7d

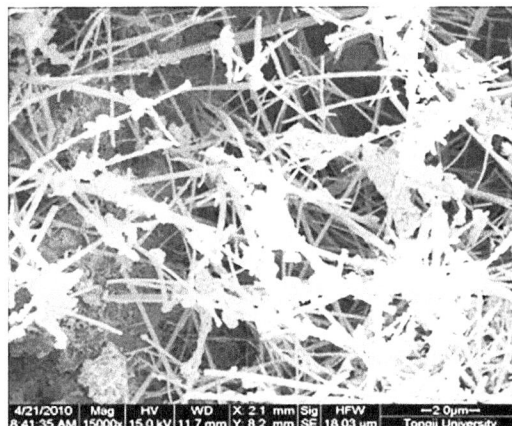

(d)加固土 7d

（e）水泥土 3d　　　　　　　　　　　　　　（f）加固土 3d

图 4-1　微观扫描图

而水泥土在 3d 龄期几乎看不出钙矾石晶体，达到 7d 龄期时，生成 1～2μm 的针状钙矾短柱状，但数量较少，水泥土 2μm 宽度的孔隙未被有效填充。达到 28d 龄期时，虽然孔隙率有所下降，但水泥土的整体性较差。

GS 土体硬化剂以工业固废为主要原料，包括矿粉、钢渣、粉煤灰和脱硫石膏等），化学成分以 CaO、活性 Al_2O_3 和 SiO_2 为主。按照一定水灰比配制成浆液后，在常温下与原状土直接搅拌，在碱激发和硫酸盐双重激发作用下，土体硬化剂会进行水化反应，形成大量的 C－S－H 凝胶（水化硅酸钙）、C－A－H 凝胶（水化铝酸钙）和 AFt（钙矾石）等水化产物，将土体颗粒胶结固化，从而提高土体抗压、抗剪切与抗渗透性能。具体作用如下：

①针对土体天然含水率高的特点，土体硬化剂在软土中形成适宜的钙硫浓度，易生成高结晶水的钙矾石晶体，将软土的自由水转化为钙矾石的结晶水，降低了软土的自由水含量。

②针对土体孔隙大、能容纳较大的膨胀量的特点，土体硬化剂生成适量的膨胀组分，在软土中微膨胀，有利于其硬化体结构的密实和强度提高。

③针对土体粒径小、比表面积大的特点，土体硬化剂中超细、高活性的矿渣、钢渣，在碱性激发下，生成水化硅酸钙，增强土粒间的结构联结。

④针对土颗粒具有潜在的火山灰活性，土体硬化剂中氧化钙含量高的水泥、钢渣，会与土粒产生缓慢的水化反应，提高后期强度。

化学反应式如下：

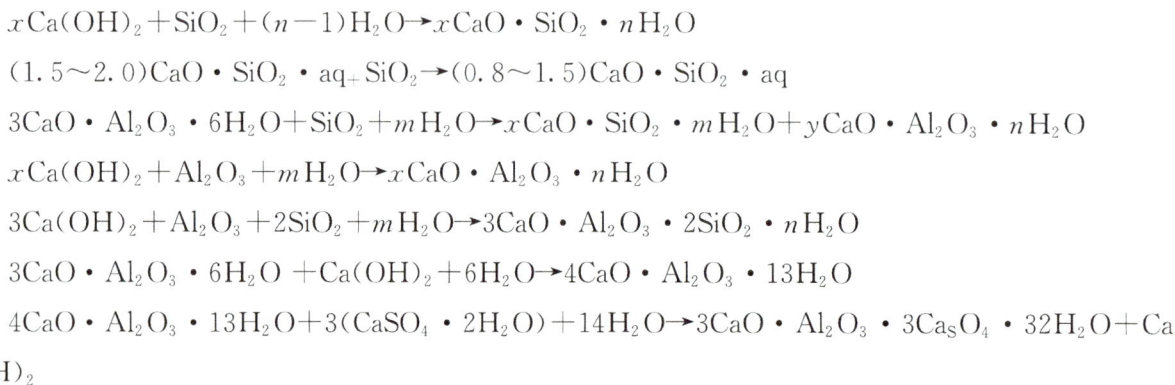

$$x\,Ca(OH)_2 + SiO_2 + (n-1)H_2O \rightarrow x\,CaO \cdot SiO_2 \cdot n\,H_2O$$

$$(1.5\sim2.0)CaO \cdot SiO_2 \cdot aq + SiO_2 \rightarrow (0.8\sim1.5)CaO \cdot SiO_2 \cdot aq$$

$$3CaO \cdot Al_2O_3 \cdot 6H_2O + SiO_2 + m\,H_2O \rightarrow x\,CaO \cdot SiO_2 \cdot m\,H_2O + y\,CaO \cdot Al_2O_3 \cdot n\,H_2O$$

$$x\,Ca(OH)_2 + Al_2O_3 + m\,H_2O \rightarrow x\,CaO \cdot Al_2O_3 \cdot n\,H_2O$$

$$3Ca(OH)_2 + Al_2O_3 + 2SiO_2 + m\,H_2O \rightarrow 3CaO \cdot Al_2O_3 \cdot 2SiO_2 \cdot n\,H_2O$$

$$3CaO \cdot Al_2O_3 \cdot 6H_2O + Ca(OH)_2 + 6H_2O \rightarrow 4CaO \cdot Al_2O_3 \cdot 13H_2O$$

$$4CaO \cdot Al_2O_3 \cdot 13H_2O + 3(CaSO_4 \cdot 2H_2O) + 14H_2O \rightarrow 3CaO \cdot Al_2O_3 \cdot 3CaSO_4 \cdot 32H_2O + Ca(OH)_2$$

5　试桩试验

5.1　试桩试验方案

试桩试验采用 12％、15％、18％和 20％同掺量 GS 土体硬化剂和 PO42.5 水泥搅拌桩防渗墙。开挖前搅拌桩的养护时间不小于 28d,采用钻取桩芯的方法验证桩身强度。桩芯要求硬塑状态无明显夹泥夹砂断层,取芯无侧限抗压强度不小于设计要求的 80％,数量不少于 3 根。

搅拌桩防渗墙设计要求:防渗墙墙体 28d 无侧限抗压强度不低于 0.8MPa,渗透系数 $\leqslant A \times 10^{-6}$ cm/s$(1 \leqslant A \leqslant 10)$。

成桩质量控制:桩体垂直度 $\leqslant 1/200$,搭接长度 $\geqslant 200$mm,桩位偏差 $\leqslant 50$mm,桩底标高允许偏差 ± 50mm。

5.2　试桩试验参数

GS 土体硬化剂的水灰比为 1.2,按密度 2.7g/cm^3 计算,浆液比重为 1.41;水泥的水灰比为 1.5,按密度 3.1g/cm^3 计算,浆液比重为 1.372。每升浆液含灰量根据掺量 12％、15％、18％和 20％分别计算。GS 土体硬化剂,土体容重统一取 1.9kN/m^3。

5.3　试桩试验工艺步骤及施工要点

原位固化深度 2m 内,采用普通挖掘机搅拌即可,深度 2～8m 采用深层搅拌装置进行施工。试桩工艺流程见图 5-1。

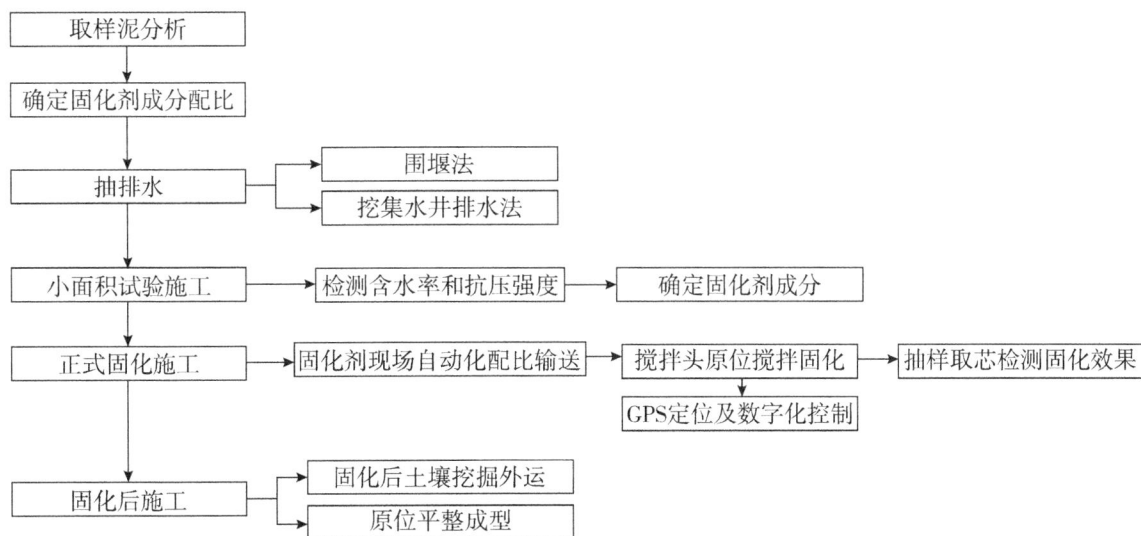

图 5-1　试桩工艺流程

①根据设计与室内实验结果、竣工验收合格的土工指标或地基承载力指标,固化剂掺量约为原状土质量比的 3％～10％,水灰比为 0.8～1.5。

②对固化区域进行划分工作区域,通过强力搅拌头内的三维立体转动及锥形喷料口有效地喷射,将固化剂浆液与原位土在指定范围及深度内均匀搅拌混合,同时自动定量供料系统控制处理过

程中的固化剂用量,最后用搅拌头再次对整个固化区域松翻的土体表面进行搅拌。

③搭接施工时,搭接区不小于300mm,搭接时间不宜超过72h。

④采用机械整平与养护:搅拌完毕后,进行初步整平和预压。初步预压完成后,对地基表层土进行整平,覆膜养护28d。

5.4 试桩试验结果

淮河入海水道二期2022年度工程(淮安市境内)河道工程施工1标段南堤防渗加固工程探坑检测见图5-2。

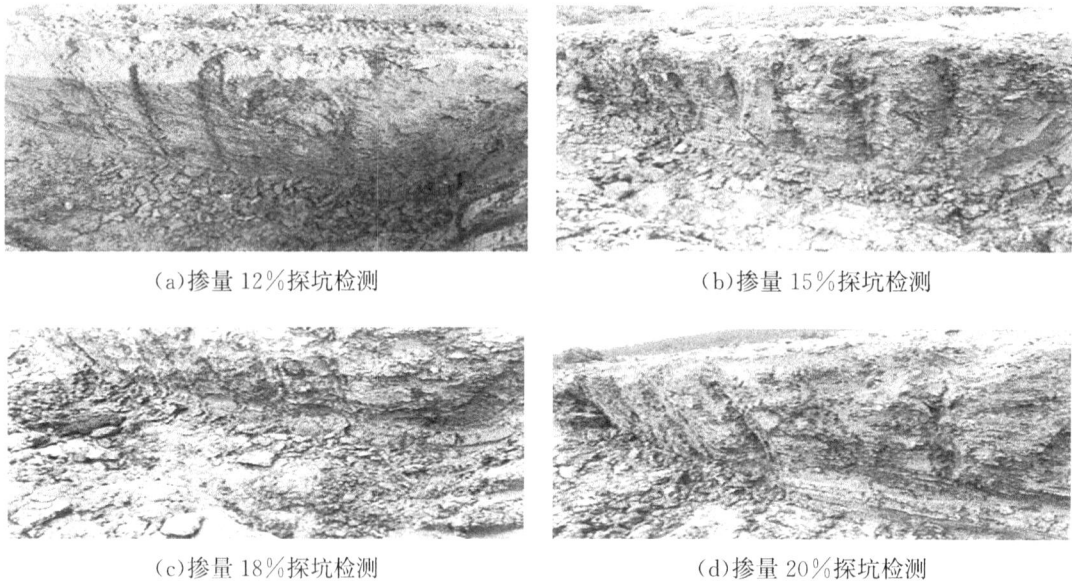

(a)掺量12%探坑检测

(b)掺量15%探坑检测

(c)掺量18%探坑检测

(d)掺量20%探坑检测

图5-2 淮河入海水道二期2022年度工程(淮安市境内)河道工程施工1标段
南堤防渗加固工程探坑检测照片

(1)无侧限抗压强度(GS土体硬化剂与水泥同掺量情况)

采用钻芯法抽检了多头小直径水泥土搅拌桩防渗墙和GS土体硬化剂搅拌桩防渗墙5处,水泥土无侧限抗压强度3组,GS土体硬化剂无侧限抗压强度22组。从表5-1可以看出,GS土体硬化剂掺入量12%,是常规水泥土强度1.76倍;GS土体硬化剂掺入量15%,是常规水泥土强度2.69倍;GS土体硬化剂掺入量18%,是常规水泥土强度3.25倍;GS土体硬化剂掺入量20%,是常规水泥土强度4.38倍。

表5-1　　　　　　　　　　　　　无侧限抗压强度试验结果统计表

检测部位	桩号	结构部位	设计桩长/m	设计强度/MPa	龄期	抗压强度/MPa	抗压强度代表值/MPa
K6+100~K6+400 常规防渗墙	K6+300 10#	▽−0.1~▽−0.4	16.0	0.8	28d	1.23	0.86
		▽−7.3~▽−7.6		0.8	28d	1.13	
		▽−14.9~▽−15.2		0.8	28d	0.86	

检测部位	桩号	结构部位	设计桩长/m	设计强度/MPa	龄期	抗压强度/MPa	抗压强度代表值/MPa
K5+878~K5+888 GS 土体硬化剂掺入量15%	4#	▽−0.0~▽−2.0	9.0	0.8	28d	2.83	2.31
		▽−2.0~▽−4.0		0.8	28d	2.31	
		−4.0~▽−6.0		0.8	28d	3.56	
		▽−6.0~▽−8.0		0.8	28d	4.19	
		−8.0~▽−9.0		0.8	28d	3.63	
K5+888~K5+898 GS 土体硬化剂掺入量12%	16#	▽−0.0~▽−2.0	9.0	0.8	28d	4.42	1.52
		−2.0~▽−4.0		0.8	28d	3.12	
		−4.0~▽−6.0		0.8	28d	4.42	
		−6.0~▽−8.0		0.8	28d	3.12	
		−8.0~▽−9.0		0.8	28d	1.52	
K5+898~K5+908 GS 土体硬化剂掺入量20%	29#	▽−0.0~▽−2.0	9.0	0.8	28d	4.33	3.77
		▽−2.0~▽−4.0		0.8	28d	4.12	
		▽−4.0~▽−6.0		0.8	28d	3.77	

（2）渗透系数

参照《水泥土配合比设计规程》(JGJ/T 233—2011)采用渗透仪检测防渗墙的渗透系数,GS 土体硬化剂掺入量18%时即可达到常规水泥土渗透系数(表 5-2)。

表 5-2　　　　　　　　　　　　渗透系数试验结果统计表

检测部位	桩号	设计值/(cm/s)	结构部位	检测值/(cm/s)	渗透参数/(cm/s)
K6+100~K6+400 常规防渗墙	K6+300 10#	≤A×10⁻⁶cm/s (1≤A≤10)	▽−0.1~▽−0.4	$9.78×10^{-6}$	$9.57×10^{-6}$
			▽−7.3~▽−7.6	$9.56×10^{-6}$	
			▽−14.9~▽−15.2	$9.38×10^{-6}$	
K5+878~ K5+888 GS 主体硬化剂掺入量15%	4#	≤A×10⁻⁶cm/s (1≤A≤10)	▽−0.0~▽−2.0	$2.73×10^{-5}$	$2.07×10^{-5}$
			▽−2.0~▽−4.0	$9.80×10^{-6}$	
			▽−4.0~▽−6.0	$9.33×10^{-5}$	
			▽−6.0~▽−8.0	$3.0×10^{-5}$	
			▽−8.0~▽−9.0	$2.39×10^{-5}$	
K5+888~ K5+898 GS 土体硬化剂掺入量12%	16#	≤A×10⁻⁶cm/s (1≤A≤10)	▽−0.0~▽−2.0	$3.99×10^{-5}$	$5.17×10^{-5}$
			▽−2.0~▽−4.0	$4.51×10^{-5}$	
			▽−4.0~▽−6.0	$5.96×10^{-5}$	
			▽−6.0~▽−8.0	$6.77×10^{-5}$	
			▽−8.0~▽−9.0	$4.61×10^{-5}$	

检测部位	桩号	设计值/(cm/s)	结构部位	检测值/(cm/s)	渗透参数/(cm/s)
K5+898～K5+908 GS土体硬化剂掺入量18%	29#	≤A×10⁻⁶cm/s (1≤A≤10)	▽−0.0～▽−2.0	6.35×10^{-6}	7.02×10^{-6}
			▽−2.0～▽−4.0	5.29×10^{-6}	
			▽−4.0～▽−6.0	5.83×10^{-6}	
			▽−6.0～▽−8.0	8.18×10^{-6}	
			▽−8.0～▽−9.0	9.46×10^{-6}	
K5+908～K5+928 GS土体硬化剂掺入量18%	40#	≤A×10⁻⁶cm/s (1≤A≤10)	▽−0.0～▽−2.0	9.69×10^{-6}	9.51×10^{-6}
			▽−2.0～▽−4.0	8.18×10^{-6}	
			▽−4.0～▽−6.0	2.41×10^{-6}	
			▽−6.0～▽−8.0	9.81×10^{-6}	
			▽−8.0～▽−10.0	3.54×10^{-6}	
			▽−10.0～▽−12.0	4.29×10^{-6}	
			▽−12.0～▽−14.0	4.44×10^{-6}	

6 效益分析

6.1 性能指标

（1）抗渗性

GS土体硬化剂加固土渗透系数随掺量的减小趋势与水泥土基本一致，呈非线性减小。从图 6-1 可以看出，14d 龄期时，对于相同掺量 GS 土体硬化剂加固土和水泥土，GS 土体硬化剂加固土渗透系数比水泥土渗透系数小 18%～20%；28d 龄期时，对于相同掺量的 GS 土体硬化剂加固土和水泥土，GS 土体硬化剂加固土渗透系数比水泥土渗透系数小 20%～22%；90d 龄期时，对于相同掺量的 GS 土体硬化剂加固土和水泥土，GS 土体硬化剂加固土渗透系数比水泥土渗透系数小 17%～24%。

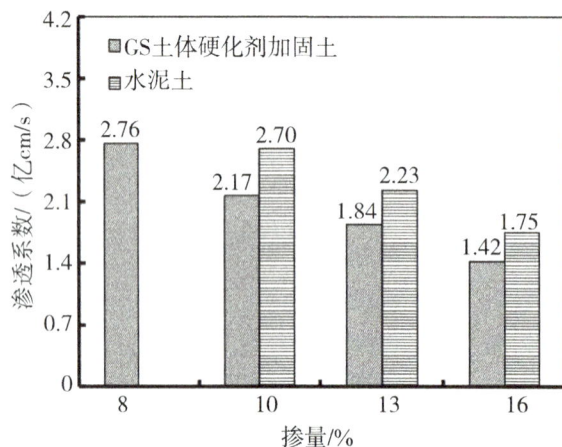

图 6-1 固化土渗透系数变化规律

（2）早期强度

GS土体硬化剂加固体的无侧限抗压强度可超过水泥土同龄期早期强度，所需养护时间更短，节省工程工期。

（3）更优的固化机理

采用复合掺合料化学激发原理，克服水泥固化土壤存在的水化环境恶劣、Ca^{2+}不足、水化产物难以连续分布、耐久性不足等缺点，形成新的土体硬化剂体系，水化产物类型和水化产物的时间—空间分布有序发生，有利于形成最密实固化体的微结构，从而提高各项性能指标，对土壤中的重金属有良好的固化效果，可降低污染土壤中重金属浸出浓度。

（4）较好的施工性

为了便于应用，GS土体硬化剂在生产时，将水泥、冶炼和电力等行业废渣混合粉磨而成，拌制成浆液后，可直接用于深层搅拌桩和高压旋喷注浆法施工。GS土体硬化剂的细度、浆液的流动性等施工性能更佳，可通过和土体进行搅拌，满足搅拌桩各类型设备施工要求。形成了GS土体硬化剂用于项目工程同类工况和土壤条件下完整施工工艺技术和相关工法，为本产品在同类应用场景下的推广创造了有利条件。

6.2 经济环保效益

（1）较好的经济性

由于其原材料主要是冶金的钢渣、粉煤灰等（含量达30%以上），原材料成本低，相对于传统的土体固化材料（水泥、石灰等）具有价格优势，并且在掺量低于水泥的条件下，加固体强度仍高于水泥土的强度。

（2）绿色建材产品

GS土体硬化剂为无机胶凝材料，由水泥、矿渣、钢渣、石膏和外加剂生产而成，原材料来源于各种冶金工业固废，不使用任何苛性碱作为外加剂，生产工艺简单、流程短，无高能耗、高污染环节。利用1tGS土体硬化剂替代1t硅酸盐水泥，可降低CO_2排放700 kg。

7 结语

GS土体硬化剂在水利工程搅拌桩防渗墙具有替代普通硅酸盐水泥的施工可行性。可以替代普通硅酸盐水泥应用于软土加固、软基处理、基坑支护、地下空间回填、淤泥原（异）位固化、河道治理、管沟回填等水利工程领域。

在不改变施工工艺的情况下，通过和土体进行搅拌，形成具有足够强度和满足渗透要求的搅拌桩体，在达到强度、防渗性要求的基础上，所需养护时间更短，节省工程工期。且用量更省，经济性更好。

主要参考文献

[1]谢家文,复合水泥土力学性能与渗透特性试验研究[D].杭州:浙江工业大学,2020.

[2]程占括,蔡 强,李金轩.GS新型固化剂加固滨海软土地层试验研究[J].工程质量,2020,38(2):47-51.

[3]陈鑫,GS固化土工程性质及微观结构特征研究[D].杭州:浙江理工大学,2021.

[4]张玉苹,罗清波,无机土壤固化剂对黏土无侧限抗压强度的影响研究[J].绿色环保建材,2019,6(3):16+18.

荆江大堤防护工程的综合研究

邓永泰[1]　王福章[2]

（1.长江水利委员会汉江流域保护中心,湖北武汉　430010；

2.长江河湖建设有限公司,湖北武汉　430010）

摘　要：本文深入探讨了荆江大堤防护工程。荆江大堤在防洪、保护沿岸居民生命财产安全以及保障区域经济稳定发展方面至关重要。文中详细分析了荆江大堤所处的地理环境与地质条件,阐述了其面临的洪水威胁的特点与危害。从历史发展的角度回顾了荆江大堤的修建与演变过程,介绍了不同阶段所采取的主要防护措施。详细论述了现代荆江大堤防护工程中包括堤身加固、堤基处理、护坡工程等关键技术与工程措施,同时分析了生态防护理念在大堤防护中的应用。探讨了防护工程的监测与维护工作的重要性、方法与面临的挑战。最后对荆江大堤防护工程的未来发展方向与创新思路进行了展望,强调了可持续发展与综合管理的理念在荆江大堤防护工程中的核心地位。

关键词:荆江大堤;防护工程;防洪;生态防护;可持续发展

1　引言

荆江大堤是长江中游重要的防洪屏障,它的安危直接关系到江汉平原乃至整个长江中下游地区的经济发展和人民生命财产安全。受社会经济的快速发展和气候变化的影响,荆江大堤面临的防洪压力日益增大。因此,深入研究荆江大堤防护工程,不断完善防护措施,提高大堤的防洪能力具有深远的意义。

2　荆江大堤的地理与地质环境

（1）地理位置

荆江大堤位于长江中游荆江河段北岸,上起江陵县枣林岗,下至监利县城南,全长约 182.35km。该区域地势平坦,河道蜿蜒曲折,是长江中下游防洪的关键部位。

（2）地质条件

荆江大堤所在区域地质条件复杂。堤基主要由砂性土、黏性土和淤泥质土等组成。部分堤段存

作者简介:邓永泰,男,高级工程师,主要从事水利工程管理工作。E-mail:120330004@qq.com。

在软弱土层,其承载能力较低,在洪水作用下容易产生变形和破坏。此外,地下水的活动对堤基的稳定性也有较大影响。

3 荆江大堤面临的洪水威胁

(1)洪水特点

荆江段洪水主要来源于长江上游的暴雨径流。洪水具有峰高量大、持续时间长、洪峰叠加等特点。由于荆江河段河道弯曲,水流不畅,洪水下泄困难,容易导致水位迅速上涨。

(2)洪水危害

洪水对荆江大堤造成的危害主要包括漫堤、堤身渗漏、管涌、滑坡等。一旦大堤发生决口,将导致大面积的淹没,给沿岸居民的生命财产安全带来毁灭性的打击,同时对农业、工业、交通等各个领域造成严重破坏。

4 荆江大堤的历史演变与防护措施

(1)历史演变

荆江大堤的修建历史可以追溯到东晋时期。在漫长的历史过程中,大堤历经多次修缮和扩建。在明清时期,荆江大堤的规模逐渐扩大,但仍然难以抵御大规模的洪水灾害。

(2)历史防护措施

1)传统的土方填筑

古代主要通过人工进行土方填筑来加高和加固大堤。这种方法虽然简单,但施工效率低下,而且堤身质量难以保证。

2)抛石护岸

在堤岸容易受到水流冲刷的部位抛投石块,以增强堤岸的抗冲刷能力。抛石护岸在一定程度上减轻了水流对堤岸的破坏。

5 现代荆江大堤防护工程措施

(1)堤身加固

1)黏土斜墙加固

在堤身迎水面铺设一层黏土斜墙,可以有效地防止堤身渗漏。黏土斜墙的施工质量直接影响到大堤的防渗效果,因此需要严格控制施工工艺和材料质量。

2)土工合成材料加筋

采用土工合成材料对堤身进行加筋处理,可以提高堤身的整体稳定性。土工合成材料具有强度高、耐腐蚀等优点,在堤身加固中得到了广泛应用。

（2）堤基处理

1）灌浆防渗

通过在堤基中进行灌浆，可以填充堤基中的孔隙和裂缝，提高堤基的防渗性能。灌浆材料的选择和灌浆工艺的控制是灌浆防渗工程的关键。

2）深层搅拌桩

在堤基软弱土层中采用深层搅拌桩技术，可以对软弱土层进行加固，提高堤基的承载能力和稳定性。

（3）护坡工程

1）混凝土护坡

在堤岸坡面上浇筑混凝土，可以有效地防止水流对坡面的冲刷。混凝土护坡具有强度高、耐久性好等优点，但施工成本较高。

2）生态护坡

生态护坡是一种新型的护坡方式，它结合了植物防护和工程防护的优点。通过在坡面上种植适宜的植物，并采用一些工程措施来辅助植物生长，可以在起到护坡作用的同时，改善生态环境。

6　生态防护理念在荆江大堤防护工程中的应用

（1）生态护坡的设计与施工

在生态护坡的设计中，应充分考虑植物的种类选择、种植密度、生长环境等因素。根据不同的堤岸条件，选择不同的生态护坡模式，如植草护坡、灌木护坡、乔灌草结合护坡等。在施工过程中，要注意保护坡面的原有植被和土壤结构，确保植物的成活率。

（2）生态修复与保护

在荆江大堤防护工程中，注重对沿岸生态环境的修复与保护。通过恢复湿地、建设生态廊道等措施，增加生物多样性，改善生态系统的稳定性。同时，加强对沿岸污染源的治理，减少对生态环境的污染。

7　荆江大堤防护工程的监测与维护

（1）监测工作的重要性

荆江大堤防护工程的监测工作对于及时发现大堤的安全隐患、评估防护工程的效果具有重要意义。通过监测，可以掌握大堤的变形、渗流、水位等动态信息，为大堤的维护和管理提供科学依据。

（2）监测方法

1）变形监测

采用水准仪、全站仪等仪器对大堤的水平位移和垂直位移进行监测。变形监测可以及时发现大堤的沉降、滑坡等变形现象。

2）渗流监测

通过埋设渗压计、测压管等仪器对堤身和堤基的渗流情况进行监测。渗流监测可以了解大堤的防渗效果,及时发现渗流异常现象。

（3）维护工作

1）日常巡察

建立日常巡察制度,定期对荆江大堤进行巡察。巡察内容包括堤身是否有裂缝、塌陷、渗漏等现象,护坡是否有损坏,堤岸是否有杂物堆积等。

2）维修与加固

根据监测结果和巡察发现的问题,及时对荆江大堤进行维修与加固。维修工作包括对裂缝的修补、护坡的修复、堤基的加固等。

8　荆江大堤防护工程的未来发展方向与创新思路

（1）智能化监测与管理

随着信息技术的发展,智能化技术将逐渐应用于荆江大堤防护工程的监测与管理中。例如,利用传感器网络对大堤的各项参数进行实时监测,并通过数据分析和人工智能算法对大堤的安全状况进行评估和预警。

（2）生态与工程相结合的防护模式

进一步探索生态与工程相结合的防护模式,在提高大堤防洪能力的同时,更好地保护和改善生态环境。例如,研发新型的生态防护材料和技术,提高生态护坡的稳定性和耐久性。

（3）跨区域防洪协调与合作

荆江大堤的防洪工作需要与长江流域其他地区进行跨区域的协调与合作。建立健全跨区域防洪协调机制,共同制定防洪预案,实现资源共享和信息互通,提高整个长江流域的防洪能力。

9　结语

荆江大堤防护工程是一项关系到国计民生的重要工程。通过对荆江大堤的地理环境、洪水威胁、历史演变、防护工程措施、生态防护、监测与维护以及未来发展方向等方面的研究,可以看出荆江大堤防护工程的复杂性和重要性。在未来的工作中,需要不断地探索创新,将先进的技术和理念应用于防护工程中,提高荆江大堤的防洪能力和生态环境质量,确保荆江大堤的安全与稳定,为区域经济的可持续发展和人民的幸福生活提供坚实的保障。

软体排混凝土联锁块整体预制在新孟河延伸拓浚工程中应用

吴　刚[1]　羌鑫良[2]　王　琰[3]

(1. 江苏省水利建设工程有限公司,江苏扬州　225000;

2. 上海勘测设计研究院有限公司,上海　200435;

3. 江苏省水利建设工程有限公司,江苏扬州　225000)

摘　要:混凝土联锁块软体排在防护江河河床冲刷中已逐步得到广泛应用;在单元混凝土预制块制作过程中,常存在软体排制作效率低,质量不理想,经常出现混凝土缺棱少角、蜂窝麻面、表面挂浆,混凝土预制块断裂,而且单块预制块拼接时连接不牢固,搭扣较困难等问题。为了解决这些问题,在新孟河延伸拓浚工程中,我们对预制模具和预制系统进行优化和设计,使软体排预制质量和效率都有明显的提高。

关键词:软体排;质量通病;质量提高;优化;应用。

1　引言

新孟河延伸拓浚工程是国家 172 项节水供水重大水利工程之一,主要任务是改善太湖和湖西地区水环境,提高流域和区域的防洪排涝标准,增强水资源配置能力。常州市新北区境内河道施工Ⅸ标,河道长 2.5km,河道拓浚后的水下坡面采用混凝土联锁块软体排防护,防护上限至高程▽2.40m,防护下限至河底高程▽−3.00m,并外延至河坡坡脚外 5.00m 范围。

软体排垂直水流方向长度 24.00m,单块排布宽度根据沉排船舶卷筒规格确定为 30.00m;排布压载采用单元体混凝土联锁块结构,每块排布由 48 片 3000mm×5000mm 的单元体联锁块组成;一个单元体含 60 个混凝土单块,用绳将所有单块联接成片(图 1-1)。

2　存在问题与改进

目前市场上模具形式主要有整体钢模具(有采用焊接的粗加工模具、整体压制的精加工模具)、单块钢模具、单块塑料模具三种形式。各类模具生产出来的预制块都存在蜂窝麻面、漏浆、少量构件断裂、丙纶绳风化等问题,主要问题及改进方法如下:

作者简介:吴刚,男,高级工程师,主要从事水利水电工程施工设计工作,E-mail:370553513@qq.com。

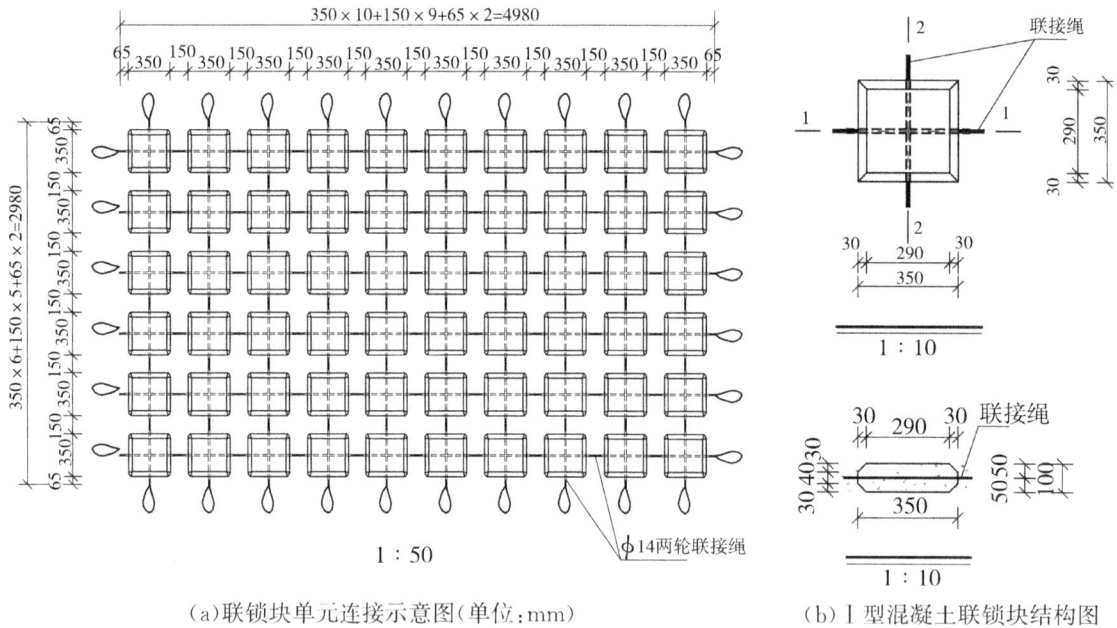

(a)联锁块单元连接示意图(单位:mm)　　(b)Ⅰ型混凝土联锁块结构图

图 1-1　混凝土联锁块软体排示意图

①混凝土表面有缺角主要是焊接的模具,较为毛糙,焊缝打磨不平顺,因此在脱模时,容易造成焊缝处的混凝土卡阻,导致外观缺角。

改进方向:采用一次成形的模具,选择塑料模具或压制钢模具。

②蜂窝麻面的直接原因是人工振捣棒振捣漏振、欠振。

改进方向:振捣器加设定时器,确保振捣时间的准确,同时每个单元体根据混凝土灌注仓面划分责任区,制定奖惩措施,提高振捣覆盖率。

③挂浆是上片模板在混凝土灌注过程中,混凝土对上片模板产生向上的压力,导致模具钢板受力后上片与下片模具形成缝隙,水泥浆渗入形成挂浆。

改进方法:上片模板采用一定厚度的钢板,提高整体刚度。

④预制块断裂主要是单元体脱模后起吊过程中,丙纶绳受力伸长,混凝土块内的丙纶绳形成拉力,拉力大于单块混凝土抗拉值后产生断裂。

改进方法:在单元体制作时,先对丙纶绳进行张拉,抵消脱模起吊时的混凝土内部拉力。

⑤丙纶绳风化主要是因为丙纶合成纤维耐光性差,易老化脆损。预制块多为室外堆放,防护不到位。

改进方法:现场采取严密的覆盖措施,选择阴山背后堆放,采用隔光帆布覆盖,同时缩短脱模时间,提高生产效率,形成流水节拍,缩短室外堆放时间。

3　改进工艺流程及操作要点

新孟河延伸拓浚工程常州市新北区境内河道施工Ⅸ标,工程采用350mm×350mm×100mm(上下四周设30mm×30mm倒角)的C25混凝土块,单元体制作时采用φ14mm丙纶绳联接,一并成形。为了解决蜂窝麻面、漏浆、少量构件断裂、丙纶绳风化等问题,施工技术人员从钢模制作、混凝土预制、存放等几个方面改进工艺流程,从而提高混凝土联锁块软体排施工质量。

3.1　工艺流程

施工准备→模具制作、拼接→单元模具组装→吊绳智能张拉→混凝土浇筑→预制块脱模→吊运养护。

3.2　模具制作改进

模具采用单元体整体钢模板，原材料刚度好，切割采用德国激光工艺，焊接采用机械自动焊接，单块混凝土模板加工采用大钢板机械压制工艺。

（1）外框架设计

下片模具采用 3000mm×5000mmδ3mm 钢板，四周及每 1000mm 设置龙骨（槽钢）；上片模具采用同尺寸 δ3mm 钢板，四周设置龙骨（槽钢），纵向每 1000mm 龙骨采用 50×100mmδ5mm 方管。

（2）单块模具设计

单块混凝土模板尺寸根据设计图纸尺寸，将断面设计成大小头，大小头尺寸偏离在规范允许范围内，上口向外扩 2mm，内口向内收 2mm。下片在 δ3mm 钢板上采用压制工艺；上片采用 60 个单块 δ3mm 钢板压制，开口激光切割，大钢板同样尺寸切割作为混凝土灌注口，压制切割好的单块模具与钢板焊接，作为上片模具。

（3）上下模具合口定位设计

下片 4 个角设置定位钉，上片开孔与定位钉穿插合口；上下模具采用铆钉咬合，铆钉孔采用上下片同轴机械钻孔。

（4）丙纶联接绳收紧设计

模板四周将两个单边采用圆钢焊接，用于固定联接绳；对应另外两边增设绳收紧器，作用将联接绳收紧，在混凝土块内部形成拉力。

3.3　模具安装改进

（1）准备工作

模具制作完成后，对模板尺寸、平整度进行检测，检测合格后投入使用；混凝土接触面喷脱模剂。

在混凝土联锁块生产场地上进行实验生产，场地选用 15m 跨行吊钢筋混凝土场地，行吊调重 5t，人工遥控操作控制。全站仪场地测量定位，根据模具作业尺寸周边空留 1m 作业面，红漆划线定位。

（2）模具安装

按照放样点，首先将下片模具整齐摆放，放置后首先观测模板各个角是否水平，悬空部位采用钢板填塞，底骨架悬空部位采用同样的方法垫钢板。钢板垫方点距离不超过 1m，直至所有骨架全部受力于预制场地，然后将所垫钢板与骨架点焊牢靠；下片模具在完工前就相对固定不动了；下片模具水平验收合格后，进行丙纶绳的安装，安装时按照设计图纸布局用、用预定的受力扳手收紧；上片模具根据定位钉卡合，并将四周上下模具的锁扣卡死。

下片模具定位至定位线,放置后对模具 12 个点(3m 方向两端 2 个点加轴线 1 个点,5m 方向两端 2 个点加中间平均分配 2 个点)进行超平,使联锁块生产过程中下片模具受力均匀、不变形,超平时龙骨下部采用钢板垫架,并将钢板与龙骨点焊牢靠。

(3)丙纶联接绳安装

每单元体联接绳调整为设计长度,人工安装固定,紧绳器用测量扳手收紧至设计值。

收紧装置,丙纶绳固定在焊接圆钢上,另一端采用紧绳器固定。紧绳器为防逆转结构,单向转,丙纶绳收紧后不会反弹。

$$丙纶最大破断拉力\ T = 98KD^2(\mathrm{N}) = 1568\mathrm{kgf}$$

式中:K——系数,丙纶绳为 0.74~0.85,取 0.8。

丙纶主要起串联预制块,预留拉力的作用,本工程中丙纶联接绳安装拉力控制在 500~700kg 即可。

上片模具根据下片定位钉位置卡合,利用铆钉将上下模具卡死;检查上下模具之间无缝隙后,进入下一道工序。

3.4 混凝土施工工艺改进

混凝土配合比,适宜添加早强减水剂,有利于混凝土初凝后短期强度的迅速上升,提高模板周转率。本标段采用 C25 标号,因预制块结构厚度较薄,配合比采用了中小粒径粗骨料,同时优化水灰比,提高混凝土和易性。

混凝土灌注采用定量定仓灌注,模具根据防顶拱方管分为 5 个仓面,每个仓面混凝土灌注量 0.12m³。为了减少行吊运输的频次,采用大料斗,每个料斗混凝土量为 0.48m³,为保证每个仓面的下料量准确,料斗采用四分格,每个分格设置 一个出料阀,每次可以浇筑 4 个仓面,既保证了每个仓面的计量准确,避免料多料少造成的多清少补的人工消耗;同时可以最大效率利用混凝土拌和系统,为提高整体生产线的效率奠定基础。

3.5 上模拆除

混凝土强度达到后进行构件脱模,可以在构件养护后进行脱模,先将周边固定孔上的加固螺栓拆除,使用锤子敲击模具周边位置,使混凝土构件与钢模脱离,将撬棍插入上下钢模拼缝中,缓慢翘起使上下部分离,将吊钩挂在上层模具吊点上缓慢吊起,未分离的预制块继续使用锤子敲击分离。

下层预制块单元使用气泵脱模,将气泵连接橡胶软管后插在下层模具的充气孔中,可以迅速完成脱模,而且能减少对构件的破坏。

根据生产试验,最低温度在 10℃以上,上片模具每天可脱模 2 次,上午 9:00 前完成所有混凝土的灌注,15:00 可以脱上模,17:00 完成第二次灌注,次日 7:00 可以脱上模;依此循环。上片模板脱模后养护 24h 可拆除底模,边角完好,表面平整美观,丙纶绳周边混凝土无松动,满足混凝土实体及外观质量要求。

3.6　预制件存放与养护

将脱模后的构件使用专用吊具吊运至存放区,按照软体排整体大小和构件规格进行分类存放。叠放高度设定为 15 层,总高不超过 1.5m。

因成品堆放后不是单块方方正正的结构,单纯的覆盖养护无法保水;根据预制厂的实际条件,采用覆盖加洒水相结合的方式进行养护,首先进行洒水,即刻采用薄膜包裹养护,做到内外无明显通气口,形成一个密封的自然养护箱;并在内部设置温度、湿度仪,定期观测、记录;确保养护湿度在 95% 以上,温度 20℃ 左右。

4　改进效果及效益分析

4.1　改进效果

采用智能化技术进行软体排预制施工,优化了施工流程。智能喷涂和张拉系统大幅缩短了施工时间,通过对拉绳施加预应力,减少了施工使用时预制块破损脱落的数量,避免了材料浪费和返工,改善浇筑系统和模具能够节约一定的材料,施工速度较传统施工工艺可以提高 20%。

4.2　效益分析

通过对混凝土单元软体排模架进行优化改善,配合智能喷涂、张拉和浇筑系统,有效解决了传统软体排预制施工中缺棱掉角、拉绳老化、预制块断裂等问题,大大提高了施工质量和施工效率,既缩短了工期,又节约了成本,受到了业主和监理单位的一致好评,具有显著的社会效益,符合绿色施工的理念。新孟河工程整个预制块生产顺利,满足了合计约 10 万 m² 的工程质量要求与节点工期要求。

5　存在不足

当然在生产过程还遇到了一些小的问题。

①上下片模具在混凝土灌注时,中间部位还会略微上拱,产生轻微的漏浆,尽管不严重,仍然影响混凝土的外观美观度。

改进措施:模具加工时,中间部位加设 4 个定位铆钉,并在铆钉上加设卡具,使上下片模具不松动,彻底做到不漏浆。

②生产的成品仍有局部蜂窝麻面,项目部 QC 小组分析,主因是欠振漏振,通过振动装置加设计时装置解决了欠振,但漏振全部控制为人工操作,无法 100% 避免。经过研究分析,认为可结合模具加工一套振动装置。振动装置为:加工一个钢框架,框架上固定振动器、电控制磁盘;下片模具底焊接弹簧,启动振动器后,使下片模具与地面不发生硬碰擦。混凝土灌注平仓后,将振动装置吊至上片模具上,启动电控制磁盘与上片模具吸附成一个整体,然后启动振动装置,振动装置的启动电路同样装置计时系统。如此可以做到振动全覆盖、振动时间准确、避免了漏振,节省了人工。因试验性生产

阶段,人工因素控制较好,作业准确到位,未发生漏振,故在实验性生产时未发现此问题。同时,正式全面投产后,如全面对下片模具改造,工期上不允许,因此未能实施。

6 结语

预制块软体排作为江、海、河等河床防冲刷措施较为普遍,形式也多种多样,大体结构均为排布、预制块、联接绳固定,使用的沉排设备均为沉排船,但由于预制块结构不同,预制块结构没有统一的图集或其他规范,致使其无法大规模量产。不同项目由不同的公司承建,各个项目之间的地理位置也不同,需要考虑成本的投入,一般做法是经过市场调研、企业之间走访交流,采取相应的制作方案。生产系统的选择难以做到工厂化,模具的制作无法做到设备精密。如果设计意图一致,工程作用相同,应该统一预制块软体排作尺寸、结构,以利于工厂化流水性生产,使质量、生产效率得到质的提升。

主要参考文献

[1] 陈学良,张景明.土工织物在长江口深水航道治理工程中的应用[J].水运工程,2000(12):48-52.

[2] 周海,马兴华,田鹏,等.水流作用下混凝土联锁块软体排压载失稳机理和计算方法[J].中国港湾建设,2014(9):11-16.

[3] 张为,李义天.系混凝土块压载体软体排受力特性研究[J].水运工程,2006(1):9-15.

[4] 曹棉.软体排在长江航道整治工程中的应用[J].水运工程,2004(9):70-73.

[5] 刘颖,李琪.软体排在静水中的受力分析[J].萍乡高等专科学校学报,2013(3):38-41.

新水沙条件下荆江三口分流量变化特征分析

王 雪 董亚辰 熊正伟 徐江宇 徐会显

（长江水利委员会河湖保护与建设运行安全中心,湖北武汉 430010）

摘 要:荆江三口河道是长江与洞庭湖的连通纽带,其分流量变化既影响着江湖关系演变,又关系着区内工农业用水的安全保障。本文基于荆江三口河道1954—2020年各控制性水文站的实测数据,对荆江三口历年分流量变化规律进行了分析和研究。研究表明,1954—2018年,荆江三口河口日均水位总体均呈明显减小趋势,减小值为2.80～0.76m,且随着枝城站流量级的减小,三口河口水位减小程度加大;藕池河东支、虎渡河、松滋口东支自上世纪60—70年代开始每年出现断流,1973年荆江系统裁弯后年断流天数迅速增加,2003年三峡水库蓄水后年均断流天数呈逐渐增加趋势;1956年以来,荆江三口年平均总分流量呈持续减小趋势,分流比最大降幅为26.6%。三口年平均分流量也同样呈现出减小趋势,三口分流量减小速率由大到小依次为藕池口、松滋口、太平口。

关键词:新水沙条件;荆江三口;分流量;三峡水库

1 引言

万里长江,险在荆江。荆江三口(松滋口、太平口、藕池口)也是枯水期长江向洞庭湖补水的重要通道,对保障区域供水安全和粮食安全也具有重要作用。然而,20世纪50年代以来,在以下荆江裁弯和葛洲坝截流为代表的一系列江湖演变和人类活动影响下,荆江三口分流能力逐渐减小,断流现象不断加剧,三峡水库蓄水及上游水库群联合调度的新水沙条件下,这一问题愈发凸显。

国内外众多学者开展了三口水沙变化规律的研究和分析工作。已有研究表明,1950年以来荆江三口分流分沙呈现逐年减小的趋势,荆江干流径流及流量过程的变化是三口河道分沙量减少的主要原因。也有学者认为三峡水库调度运行使得水库下游径流年内分配发生变化,进一步加大了对中下游河道年内径流分布调节。三口分流能力变化方面的研究表明,荆江三口口门附近干流和进口段水面比降及其差异性对三口分流能力有一定影响;也有学者认为三峡水库蓄水前后枝城同大流量下松滋口分流量明显增大。由此可见,目前学术界对于三口分流分沙特性还未能达成一致共识,长江流域水库群联合调度等新水沙条件下,三口分流量的变化规律及其发展趋势仍需要深入研究。本文采用1954—2020年松滋河、虎渡河和藕池河各控制性水文站的实测数据,系统分析了水位、流量随

作者简介:王雪,女,高级工程师,主要从事河湖管理及水文水资源研究工作。E-mail:11440651@qq.com。

时间的变化规律,揭示了历史上不同阶段人类活动和工程建设对荆江三口河道分流量的影响,并分析预测了未来三口河道分流量的变化,可为研判江湖关系变化和综合治理提供技术支撑。

2 研究区域和数据

荆江南岸有松滋河、虎渡河、藕池河、调弦河四口水系分别经松滋、太平、藕池、调弦四口分泄水流进入洞庭湖,1959年调弦口建闸后,前三者被称为荆江三口或三口水系。荆江三口水系包括连接长江和洞庭湖的松滋河、虎渡河、藕池河干支流组成的复杂水网体系。其中:

①松滋河河口段:松滋口至大口河段,全长24.66km;大口至新江口水文站河段,全长13.33km;大口至沙道观水文站河段,全长18.76km。

②虎渡河河口段:太平口至弥陀寺水文站河段,全长7.26km。

③藕池河河口段:藕池口至管家铺水文站河段,全长16.99km。荆江三口水系见图2-1。

图 2-1　荆江三口水系

水文资料采用新江口站、沙道观站、弥陀寺站、管家铺站和康家岗站等5个水文站1954—2020年实测水文数据。各分析时段的划分依据和原则如下:1956—1966年下荆江裁弯前的自然河段、1967—1972年下荆江裁弯期、1973—1980年裁弯后至葛洲坝工程蓄水前、1981—1989年葛洲坝运行至三峡水库建设前、1990—2002 年三峡水库建设期、2003—2018 年三峡水库运行以来。

3　研究结果与分析

3.1　荆江三口河口水位变化

根据 1954—2018 年荆江河段各干流控制站(枝城站、陈二口站、陈家湾站、沙市站、新厂站、石首站)水位资料,确定历年枝城日平均流量 10000m³/s、20000m³/s、30000m³/s 下的各站同日水位并进行插值计算,统计得到 6 个时段内荆江三口河口日平均水位统计值(表 3-1)。

由表 3-1 可知,总体而言,同一时期内,10000m³/s 流量级下三口河口水位比 30000m³/s 流量级下的水位平均低 4.0～7.0m。10000m³/s 流量级下,松滋口、太平口以及藕池口的日平均水位由 1954—1966 年间的 37.93、34.58 和 30.76m,逐渐减小至 2003—2018 年的 36.58、31.78m 和 28.15m,分别降低了 1.35、2.80 和 2.61m。同理,20000m³/s 流量级下,三口对应时期的日平均水位,分别降低了 1.36、1.66 和 1.34m;30000m³/s 流量级下,三口对应时期的日平均水位,分别降低了 0.76、0.81 和 0.76m。由此可见,历年来荆江三口河口日均水位总体均呈明显减小趋势,减小值为 2.80～0.76,且随着枝城站流量级的减小,三口河口水位减小程度加大,三口中太平口水位的降低幅度最大。

表 3-1　　　　　　　　　枝城不同流量级下三口各时段日平均水位统计表

时段 /年	10000/(m³/s)			20000/(m³/s)			30000/(m³/s)		
	松滋口/m	太平/m	藕池/m	松滋/m	太平/m	藕池/m	松滋/m	太平/m	藕池/m
1956—1966	37.93	34.58	30.76	40.77	37.50	33.72	42.58	38.96	35.07
1967—1972	37.80	34.02	29.85	40.82	37.39	33.33	42.74	38.90	34.89
1973—1980	37.62	33.94	29.49	40.64	36.89	32.55	42.36	38.33	34.11
1981—1989	37.39	33.64	29.47	40.38	36.82	32.75	42.18	38.28	34.10
1990—2002	37.06	33.02	29.15	40.00	36.55	32.78	42.00	38.22	34.14
2003—2018	36.58	31.78	28.15	39.41	35.84	32.38	41.82	38.15	34.31

3.2　荆江三口断流情况分析

三口水系地区水资源虽然较丰富,但由于降水时空分布不均匀,季节性缺水问题严重。如 2006 年区内发生了自 2000 年以来最严重的旱情,加之长江上游来流偏少,枝城站 4 月平均流量仅 6860m³/s,荆江三口长时间断流,大部分蓄水工程无水可供、引水工程断流、提水工程几近瘫痪,南县受旱面积 50 万亩,华容县 53 万亩(333.33km²)农作物受灾;8 月下旬,安乡县先后有 36 万亩(240km²)农作物受灾,近 40 万人发生饮水困难。

由表 3-2 可知,1956—2003 年,受荆江三口淤积、长江来水丰枯波动变化等因素影响,荆江三口先后出现河道断流。弥陀寺、管家铺和康家岗三站一直存在断流现象,但断流的天数呈逐年增加的趋势。以管家铺为例,该站的断流天数由 1956—1966 年的 17d,逐渐增加至 2003—2018 年的 181d,且在 1973—1980 年出现了陡增现象。沙道观站从 1973 年开始首现断流现象,此后也呈逐年增加的趋势,但从 20 世纪 90 年代起,全年中断流的天数逐渐稳定在 160～190d。

由图 3-1 可知,藕池河东支 20 世纪 60 年代末开始每年出现断流,虎渡河自 20 世纪 70 年代中期开始出现年年断流,松滋口东支自 1974 年出现断流。松滋河东支、虎渡河、藕池河东支在荆江系统裁弯后年断流天数迅速增加。葛洲坝截流后至三峡水库蓄水运行前,各站(新江口除外)年断流天数基本稳定。2003 年三峡水库蓄水运行以来,下游来水来沙条件发生改变,干流长时期面临清水下泄,荆江三口冲刷速率小于荆江干流冲刷导致的三口河口水位下降速率,受此影响,荆江三口断流情况继续加重,年均断流天数逐渐增加。近年来,三口水系地区经常发生大面积春旱和秋旱,尤其是 2006 年特枯水年,沙道观、弥陀寺、藕池(管)断流期分别为 271d、175d 和 235d,藕池(康)站甚至断流 336d。三口水系沿岸的农业灌溉除湖北沿长江灌区从长江引水外,大部分依靠从三口水系河道内引水,需水期主要在灌溉期(5—10 月)和春灌期(4 月),断流天数的增加将给区内农作物的用水保障带来显著困难和挑战。

表 3-2 三口水系各控制站多年平均断流天数统计表 (单位:d)

时段/年	沙道观	弥陀寺	管家铺	康家岗
1956—1966	0	35	17	213
1967—1972	0	3	80	241
1973—1980	71	69	145	258
1981—1989	165	147	152	250
1990—2002	187	167	177	251
2003—2018	187	138	181	270

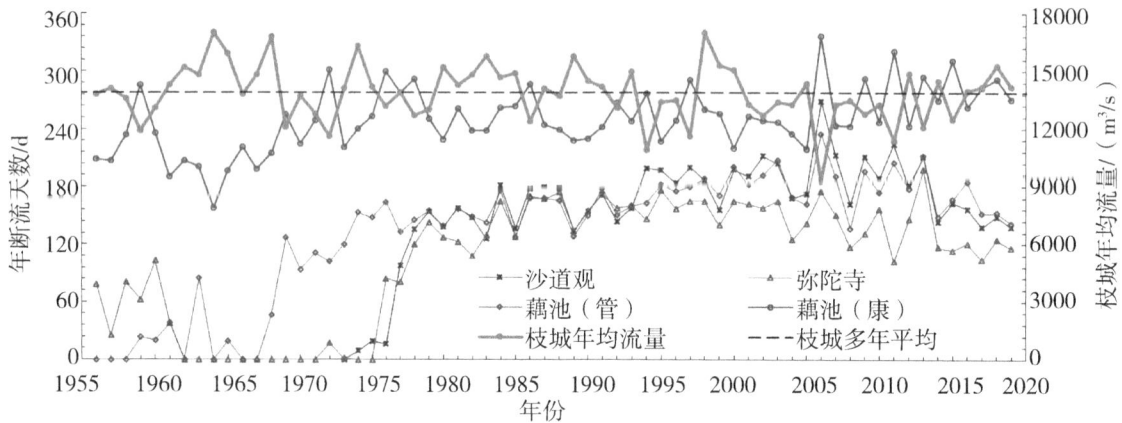

图 3-1 1956 年以来荆江三口年断流天数变化过程图

3.3 荆江三口分流量变化

根据 1956—2018 年荆江河段干流控制站与松滋河、虎渡河、藕池河三口河口控制站水文泥沙资料,统计得到三口各时段分流量、分流比变化(见表 3 和图 3 至图 6)。

由表 3-3 和图 3-2 至图 3-5 可知,1956 年以来,荆江三口年平均总分流量呈持续减小趋势,三口年平均分流量也同样呈现出减小趋势,但枝城不同级流量级情况下分流比的减小程度有所不同。30000m³/s 流量级下,松滋口和太平口分流比减幅不明显,三口分流能力的减小主要体现在藕池口分流比的大幅减小(图 3-3),分流比由 1956 年的 20.9% 减小到 2018 年的 5.1%;10000m³/s 流量级下,三口分流能力均呈现出大幅减小趋势(图3-2),荆江三口年平均总分流量由1956—1966年的1332亿m³减小到2003—2018年的481.4亿m³,相应的分流比由29.4%减小到11.3%,分流比降幅为26.6%。

三口分流能力方面,松滋口分流量由1956—1966年的485.2亿m³减小至2003—2018年的293.7亿m³,相应的分流比由10.7%减小到6.9%,分流比降幅为16.9%;太平口分流量由1956—1966年的209.7亿m³减小至2003—2018年的82.3亿m³,相应的分流比由4.6%减小到1.9%,分流比降幅为36.7%;藕池口分流量由1956—1966年的636.8亿m³减小到2003—2018年的105.5亿m³,相应的分流比由14.1%减小到2.5%,分流比降幅为39.0%。三口分流量减小速率由大到小依次为藕池口、太平口、松滋口(图3-4)。

表3-3　　　　　　　　　　　　　　　　　　荆江三口各时段分流比统计表

时段/年	枝城年均径流量/亿m³	松滋口/%		太平口/%		藕池口/%		三口合计/%	
		分流比	减幅	分流比	减幅	分流比	减幅	分流比	减幅
1956—1966	4525	10.7	—	4.6	—	14.1	—	29.4	—
1967—1972	4302	10.4	2.8	4.3	6.5	9.1	35.5	23.8	19.0
1973—1980	4441	9.6	7.7	3.6	16.3	5.6	38.5	18.8	21.0
1981—1989	4549	8.8	8.3	3.2	11.1	4.7	16.1	16.7	11.2
1990—2002	4320	8.2	6.8	2.8	12.5	3.8	19.1	14.8	11.4
2003—2018	4187	6.9	16.9	1.9	36.7	2.5	39.0	11.3	26.6

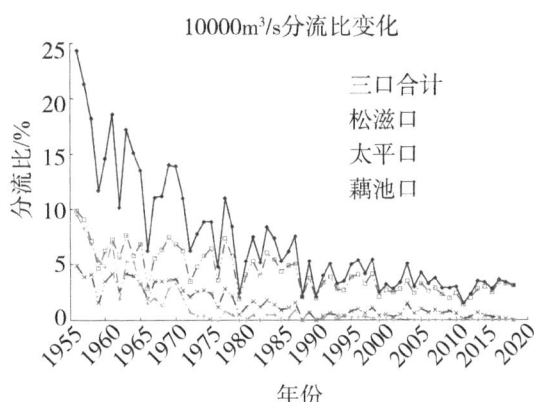

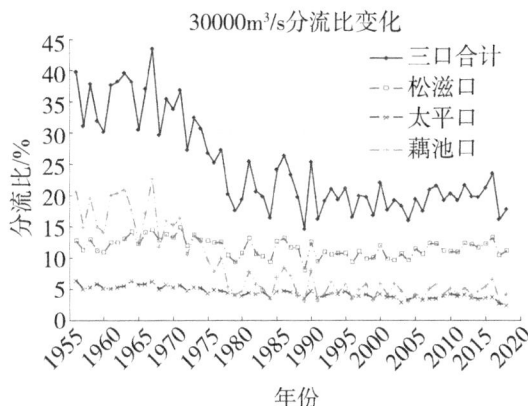

图3-2　枝城来水10000m³/s时三口分流比变化过程　图3-3　枝城来水30000m³/s时三口分流比变化过程

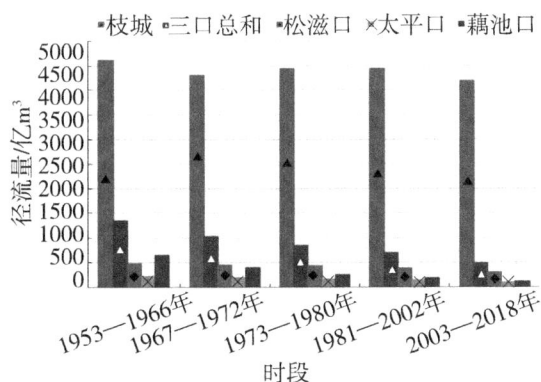

图3-4　三口各时段分流量变化图　　　　　图3-5　1956年来荆江三口分流比变化过程示意图

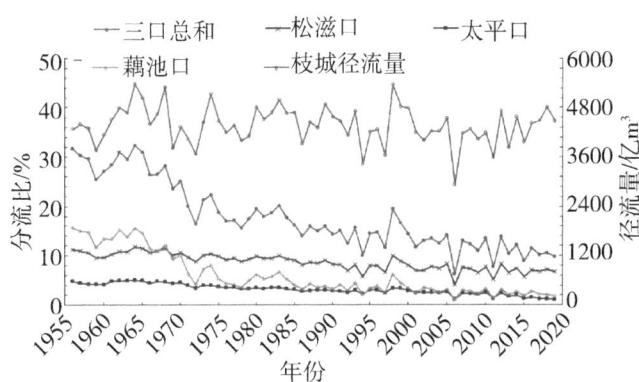

4 结语

①1954—2018年,荆江三口河口日均水位总体均呈明显减小趋势,减小值为2.80～0.76m,且随着枝城站流量级的减小,三口河口水位减小程度加大,三口中太平口水位的降低幅度最大。

②藕池河东支、虎渡河、松滋口东支自20世纪60—70年代开始每年出现断流,1973年荆江系统裁弯后年断流天数迅速增加,1981—2002年葛洲坝截流后至三峡水库蓄水运行前,各站年断流天数基本稳定,2003年三峡水库蓄水运行以来,下游来水来沙条件发生改变,荆江三口断流情况继续加重,年均断流天数逐渐增加。

③1956年以来,荆江三口年平均总分流量呈持续减小趋势,分流比最大降幅为26.6%。三口年平均分流量也同样呈现出减小趋势,1956—1966年与2003—2018年相比,松滋口、太平口和藕池口的分流比分别减小了3.8%、2.7%、11.6%,相应降幅分别为16.9%、36.7%、39.0%,三口分流量减小速率由大到小依次为藕池口、松滋口、太平口。

主要参考文献

[1] 柴泽清,郭小虎,朱勇辉.三峡工程运用后荆江与洞庭湖关系变化研究进展[J].长江科学院院报,2023,40(4):17-23.

[2] 王绪鹏,李志威,陈帮,等.三峡水库蓄水后荆江三口河道分沙量变化规律[J].泥沙研究,2022,47(5):37-44.

[3] 格宇轩,李义天,邓金运,等.三峡水库蓄水后荆江三口分流变化机理分析[J].泥沙研究,2022,47(2):36-42.

[4] 张冬冬,戴明龙,李妍清,等.1956—2020年荆江三口径流变化特征及水库补水效果[J].湖泊科学,2022,34(3):945-957.

[5] 陈帮,李志威,胡旭跃,等.三峡水库蓄水后荆江三口分流量计算方法[J].长江流域资源与环境,2021,30(3):667-676.

[6] 徐长江,刘冬英,张冬冬,等.2020年荆江三口分流分沙变化研究[J].人民长江,2020,51(12):203-209.

[7] 魏轩,刘瑜,胡家彬.三峡水库试验性蓄水后荆江三口分流变化[J].人民长江,2020,51(8):99-103.

[8] 阎云杰,施勇,贾雅兰,等.三峡水库蓄水后荆江三口分流能力变化原因初探[J].人民长江,2020,51(5):102-107.

[9] 陈莫非,要威,李义天,等.荆江三口分流变化贡献率及其对三峡水库调度响应[J].中国农村水利水电,2018(12):116-120.

[10] 徐照明,要威,马强,等.三峡等上游水库水量调度对荆江三口分流的影响[J].人民长江,2018,49(13):79-83.

[11] 朱玲玲,许全喜,戴明龙.荆江三口分流变化及三峡水库蓄水影响[J].水科学进展,2016,27(6):822-831.

某水电站冲沙底孔孔周配筋及锚索加固效果分析

韩　勇　王　卫　余　刚

（水利部长江水利委员会河湖保护与建设运行安全中心，湖北武汉　430015）

摘　要：本文通过平面有限元法对某水电站冲沙底孔孔周应力及配筋进行分析计算，阐述了冲沙底孔孔周配筋计算方法，研究了孔周布设预应力锚索前后的应力变化及对配筋的影响。经计算比较，加锚索对减小孔周应力分布范围及应力大小均有一定效果，相应的配筋面积有一定缩小，但总体上影响较小。

关键词：平面有限元；冲沙底孔；预应力锚索；孔口配筋

1　引言

某高水头水电站冲沙底孔孔周承受着巨大的水头压力，但出口段混凝土覆盖层较薄，孔周配筋对孔洞整体结构稳定起着至关重要的作用。本文通过平面有限元法计算孔口周边的配筋，并研究孔周布设锚索后对配筋的影响，分析锚索对孔口加固的效果。

冲沙底孔口体型结构纵断面示意图见图 1-1，计算分析断面选取冲沙底孔出口段圆变方后的方形断面位置，断面孔口尺寸为：宽(b)×高(a)＝4m×6m。

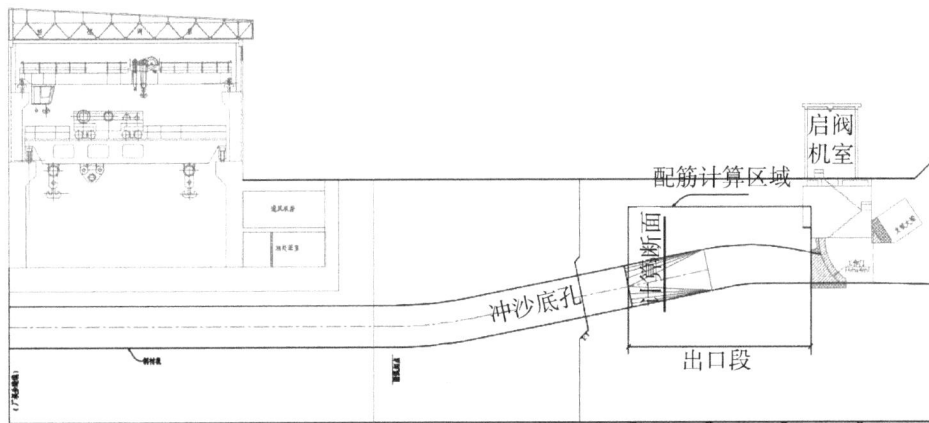

图 1-1　冲沙底孔口体型结构纵断面示意图

作者简介：韩勇，男，高级工程师，主要从事水利水电工程研究工作。E-mail：627851383@qq.com。

2 配筋计算原理及公式

《水工混凝土结构设计规范》(DL/T 5057—2009)规范中,规定了对于非杆件体系钢筋混凝土结构的配筋计算原则。对于大坝坝体无法采用于杆件体系的结构的配筋,可以用弹性力学分析方法求得结构在弹性状态下的截面应力图形,再根据拉应力图形面积比例确定配筋数量。受拉钢筋 A_s 应满足下式要求:

$$A_s \geqslant \frac{T \cdot \gamma_d - 0.6T_c}{f_y} \tag{2-1}$$

式中:T——由设计荷载确定的弹性总拉力,其中 $T = A \cdot b \cdot \gamma_0 \cdot \varphi$,此处 A 为弹性应力图形中拉应力在配筋方向投影的总面积,计算取单宽进行,即 $b = 1.0\text{m}$;

γ_0——结构重要性系数取 1.1;

φ——设计状况系数,正常工况取 $\varphi = 1.0$;

γ_d——钢筋混凝土结构系数,取 1.2;

T_c——混凝土承担的拉力,$T_c = A_{ct}b$,A_{ct} 在此为弹性应力图形中主拉应力值小于混凝土轴心抗拉强度设计值 f_t 的图形在配筋方向上的投影面积(图 2-1 中阴影部分面积)。

同时规范中规定:

①混凝土承担的拉力 T_c 不宜超过总拉力 T 的 30%,当弹性应力图形的受拉区高度大于结构截面高度的 2/3 时,不考虑混凝土承担拉力,取 $T_c = 0$。

②当弹性应力图形的受拉区高度小于结构截面高度的 2/3,且截面边缘最大拉应力 $\sigma_{\max}$ 小于或等于 $0.5f_t$ 时,可不配受拉钢筋或仅配置构造钢筋。

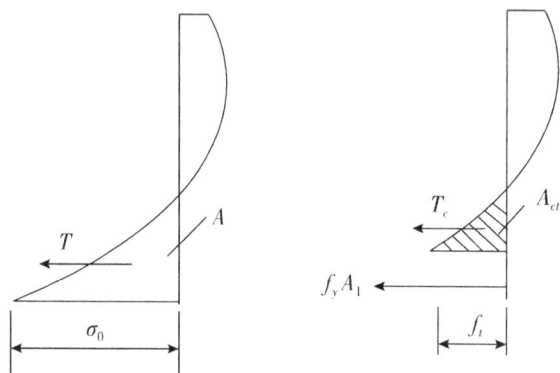

图 2-1 按弹性应力图形配筋示意图

根据有限元计算得到的应力,按面积进行积分从而确定孔口配筋形式。为方便计算,本次计算中采用配筋方向上的正应力面积近似代替主应力投影。

3 计算参数

计算工况:混凝土自重+计算水头 75m+扬压力。
混凝土及基岩两种材料均采用各向同性线弹性材料模型。

（1）混凝土

流道周围采用 C25 混凝土,其余部分为 C20 混凝土。C25 混凝土:轴心抗拉强度 $f_t=$ 1.27MPa,弹性模量 $E_c=28$GPa,泊松比 $\mu=0.167$;C20 混凝土,轴心抗拉强度 $f_t=1.1$MPa,弹性模量 $E_c=25.5$GPa,泊松比 $\mu=0.167$。三维有限元模型建模时考虑两种混凝土,平面有限元简化为只考虑一种 C20 混凝土。

（2）基岩

此部分基岩属于Ⅲ类岩体,弹性模量 $Er=8.0$GPa,泊松比 $\mu=0.25$。

（3）钢筋

f_y 为钢筋抗拉强度设计值,Ⅱ级钢筋:$f_y=300$MPa;Ⅲ级钢筋:$f_y=360$MPa。

4 锚索加固前有限元模型及应力成果

本计算采用 Ansys 有限元软件按平面应变计算。平面有限元模型采用平面 4 节点等参单元进行模拟。整体剖面有限元模型及计算断面平面有限元模型见图 4-1。

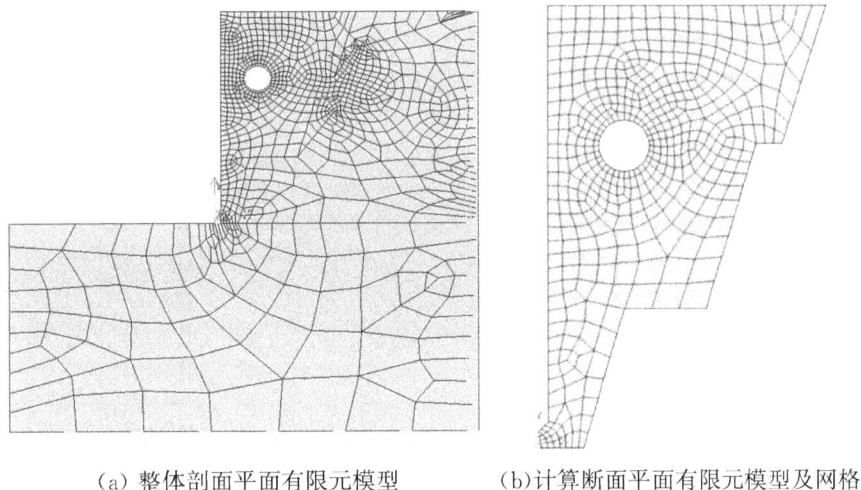

（a）整体剖面平面有限元模型　　（b）计算断面平面有限元模型及网格

图 4-1 整体剖面有限元模型及计算断面平面有限元模型

5 锚索加固方案

从应力图形(图 4-2)可看出:拉应力水平较大的部位主要在孔顶和顶底,左右两侧相对较小。因此,加固方案主要考虑减小孔顶部和底部的拉应力范围和大小,拟采用预应力锚索进行加固,在孔口顶部和底部各增设一排 1800kN 级预应力锚索,锚索间距均为 3m,距离流道边壁均为 1.8m。

有限元计算模型中锚索按集中力进行模拟,由于锚索间距为 3m,平面有限元分析中,两方案的单宽锚索荷载作用力分别为 $1800/3=600$kN。计算中孔口周边动水压力通过添加附加质量模拟,模型其他信息如前文所述。

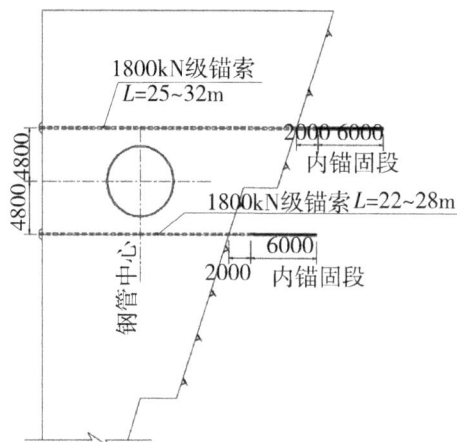

图 4-2　锚索加固处理方案示意图(单位:mm)

6　应力及配筋成果

6.1　加固前第一主应力及配筋成果

对拉应力最大值部位进行配筋计算,由图 6-1 计算出拉应力图形总面积 $A=1.512$MPa. m(计小于 0.2MPa 拉应力区面积),考虑混凝土抗拉强度为 1.3MPa,计算 Tc,由于孔口下表面全为拉应力,所以取 $Tc=0$。

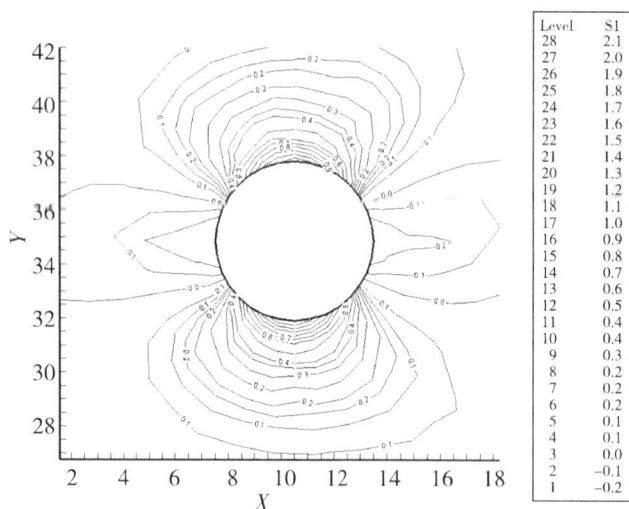

图 6-1　锚索加固前平面有限元孔口第一主应力图

将以上参数代入公式(2-1)得

$$A_s \geq \frac{T \cdot \gamma_d - 0.6T_c}{f_y} = \frac{1.1 \times 1.0 \times 1.512 \text{MPa} \cdot \text{m}^2 \times 1.2 - 0.6 \times 0 \text{MPa} \cdot \text{m}^2}{360 \text{MPa}} = 5544 \text{mm}^2$$

6.2　加固后第一主应力及配筋成果

配筋计算中拉应力最大值部位取孔口底部拉应力区。由图 6-2 计算出拉应力图形总面积 $\gamma_d=$ 1.4125MPa·m,由于孔口下表面全为拉应力,取 $Tc=0$。

将以上参数代入公式(2-1)得

$$A_s \geqslant \frac{T \cdot \gamma_d - 0.6T_c}{f_y} = \frac{1.1 \times 1.0 \times 1.4125 \text{MPa} \cdot \text{m}^2 \times 1.2 - 0.6 \times 0 \text{MPa} \cdot \text{m}^2}{360 \text{MPa}} = 5179.2 \text{mm}^2$$

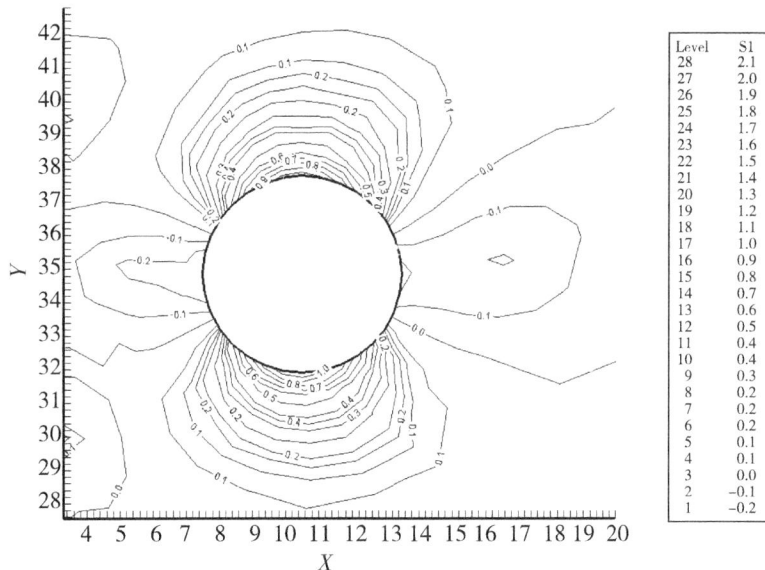

图6-2 锚索加固后平面有限元孔口第一主应力图

7 结语

①根据有限元应力成果对比分析,加预应力锚索后,孔口周边拉应力区范围和数值均有了一定缩小,加预应力锚索后最大拉应力为1.0MPa,小于未加锚索时的1.2MPa。

②根据配筋计算成果,加预应力锚索后配筋总面积为 5544mm²,大于未加锚索时的 5179.2mm²。

③综合比较分析,加预应力锚索对减小孔周应力分布范围及应力大小有一定效果,相应的配筋面积也相应缩小,但总体上影响较小。

主要参考文献

[1] 国家能源局.《水工混凝土结构设计规范》:NB/T 11011—2022[S].北京:中国水利水电出版社,2022.

[2] 钮新强,汪基伟,章定国.水工混凝土结构设计手册[M].北京:中国水利水电出版社,2010.

[3] 国家能源局.水电工程预应力锚固设计规范:NB/T 10802—2021[S].北京:中国水利水电出版社,2022.

[4] 张友科,傅倩.有粘结和无粘结预应力锚索在混凝土结构中的应用[J].西北水电,2007(4):30-33.

[5] 王光鹏,张强开.玉舍水库大坝冲沙底孔裂缝形成原因及处理措施[J].水利科技与经济2004(8):238-241.

浅述湖南省洞庭区湖重点垸华容垸堤防加固工程技术

王　波[1]　邵　亮[1]　谭贵清[2]　方　江[3]　严　娟[1]

（1.长江河湖建设有限公司,湖北武汉　43000；

2.湖南省水利发展投资有限公司洞庭湖区治理工程建设分公司,湖南长沙　410007；

3.湖南省水利水电勘测设计规划研究总院有限公司,湖南岳阳　414399）

摘　要：湖南省洞庭湖重点垸堤防加固工程是我国水利工程领域的重要项目之一,对于保障洞庭湖区的防洪安全、促进地区经济发展具有重要意义。本文主要分析了湖南省洞庭湖重点垸堤防加固工程的基本情况、施工技术、工程效益等方面,以期为类似工程提供参考。

关键词：湖南省；洞庭湖；重点垸；堤防加固；施工技术；工程效益

1　引言

洞庭湖是我国最大的淡水湖之一,位于湖南省北部,具有调节长江水系、保障下游地区防洪安全等重要功能。然而,近年来洞庭湖区面临着严重的堤防安全问题,特别是重点垸的堤防加固工程。为了提高洞庭湖区的防洪能力,保障湖区人民群众的生命财产安全,湖南省启动了洞庭湖重点垸堤防加固工程。本文将对该工程的实际情况进行详细分析,以期为类似工程提供参考。

2　工程基本情况

2.1　工程概况

湖南省洞庭湖重点垸堤防加固工程涉及洞庭湖区的松澧、安造、沅澧、长春、烂泥湖、华容护城等6个重点垸,治理堤防总长658km。工程主要包括堤身加培、堤身防渗及隐患处理、堤基防渗、护坡、护脚、穿堤建筑物重(改)建、加固及拆除、堤顶防汛道路等建设内容。

华容护城垸一线防洪大堤总长110.567km,分为4部分：

①藕池河堤自钟家台—罗家嘴,长54.99km（0＋000～54＋990m）。

②南段堤防自罗家嘴—铁光拐,长6.974km（54＋990～61＋964m）。

③华容河堤自铁光拐—大王山,长27.826km（61＋964～89＋790m）。

作者简介：王波,男,工程师,主要从事工程管理工作,E-mail：547442754@qq.com。

④北隔堤为湖南省与湖北省界线,自大王山—钟家台,长 20.777km(89+790~110+567m)。

2.2　工程目标

本工程的主要目标是提高洞庭湖区的防洪保障能力,确保湖区 385 万人、324 万亩(2160km²)耕地的防洪安全。通过实施堤防加固工程,提高重点垸的防洪标准,使湖区堤防体系更加完善,为湖区经济发展和社会稳定提供有力保障。

3　施工技术

3.1　堤身加培

堤身加培是堤防加固工程的重要内容之一。在本工程中,采用土工合成材料加固法、混凝土板衬砌法等先进技术进行堤身加培。施工过程中,严格控制土料质量、施工工艺和施工质量,确保加培部分的稳定性和安全性。

华容护城垸部分堤段堤顶高程未达标,需要进行加高。采用内培的方式加高。

堤顶宽 8m,堤外坡比 1:2.5~3.0,堤内坡比 1:3.0~3.25。为增加堤身稳定性,便于堤防管理,当堤身高度超过 6m 时,在背水坡堤顶以下 5m 处设宽 5m 的戗台。

对于堤内加培采用渗透性较大的砂性土料填筑。土堤的填筑标准符合规范规定,压实度值不小于0.93。为保证新老堤紧密结合,填筑前要将结合面堤坡和堤脚的草皮、树根、腐质土以及杂物清除干净,清基厚度取 0.3m,填筑时将坡面清理成台阶状,并对填土分层碾压密实。用于填筑的土料不得含有杂草、树根等有机物及块石,不得含有腐殖土,控制其含水量接近最优含水量,填筑土料含水量与最优含水量允许偏差小于±2%。加培典型断面见图 3-1。

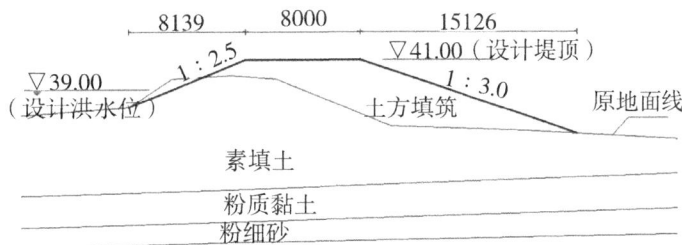

图 3-1　加培典型断面

3.2　堤身、堤基防渗及隐患处理

堤身防渗及隐患处理是确保堤防安全的关键环节。施工中,严格遵循相关技术规范,确保处理效果满足设计要求。

本项目堤身防渗采用水泥土防渗墙,部分堤段需要进行白蚁防治充填灌浆;堤基防渗设计采用水泥土防渗墙、TRD 防渗墙、高喷防渗墙。

(1)水泥土搅拌桩防渗墙

本工程水泥土防渗墙主要采用 SPM-5III18 型纵向三头桩机水泥土搅拌桩机施工。施工平台位于堤顶,均采用一次成墙方案,ZJ-800 型高速制浆机制浆、BW250/50 型泥浆泵输浆。采用 25t 汽车吊进行深搅钻机的安装与拆卸以及事故的处理。

（2）TRD 防渗墙

水泥土防渗墙墙深 18m 以上采用 TRD 工法施工,TRD 工法水泥土防渗墙采用 TRD-60D 型 TRD 成槽机施工,采用"三步施工法"进行施工,ZJ-800 型高速制浆机制浆、BW-250/50 型泥浆泵输浆。采用汽车吊进行成槽机的安装与拆卸以及事故的处理。

（3）白蚁防治加药充填灌浆

充填灌浆主要是用于湖区白蚁洞、老鼠洞的治理,灌注材料采用黏土浆。充填灌浆全部在堤外坡实施,充填灌浆采用多排布孔,布孔范围位于岸坡,从堤肩往外灌 6 排,间距 1m,排距 2m,呈梅花形布置,锥探灌浆按"少灌多次",分序灌浆。充填灌浆深入堤基以下 1m,存在白蚁洞穴堤段施灌时加杀蚁药。充填灌浆采用 ZK24 锥孔机钻孔,泥浆搅拌机制浆,BW-250/50 灌浆机灌浆,灌浆分两个序次进行。

3.3 护坡、护脚

护坡、护脚是提高堤防抗冲刷能力的重要手段。本工程采用块石、抛石等材料进行护坡、护脚施工。施工中,严格控制材料质量和施工工艺,确保护坡、护脚的稳定性和安全性。

本工程采用抛石护脚及钢丝网石笼护脚两种形式。其中抛石护脚所需块石料均为购买,软基段处理,均结合抛石护脚采用钢丝网石笼平台反压。

（1）抛石护脚

抛石护脚施工前按设计要求做好抛石段测量工作,在抛石段上、下游端设置标杆,按坐标网络格抛投。抛石块石要求石质坚硬,遇水不易破碎或水解,饱和抗压强度大于 40MPa,软化系数不小于 0.75,比重不小于 2.55t/m³;不使用泥岩和薄片、条状、尖角等形状的块石;抛填块石块径范围 0.2～0.5m,大于 0.3m 的粒径率大于 85%。在枯水期水位较高时,石料采用石驳船运输到抛投区,块石抛投时顺流方式由堤脚逐层向外进行直接抛投。

（2）钢丝石笼护脚

钢丝网石笼选用高强钢丝,采用防腐处理后编织而成,网丝直径 3.7mm,扎丝直径 3.0mm;石笼边丝直径 4.4mm;网面标称拉伸强度不低于 42kN/m。锌层重量:网丝不得小于 233g/m²,边丝不得小于 252g/m²。装成 2.0m×1.0m×0.5m、2.0m×1.0m×1.0m,钢丝笼子作防腐处理,钢丝网笼装填块石后吊装抛投,块石与块石之间可以调整并贴近床面。

3.4 堤防护坡工程

本工程堤防护坡临水侧主要采用预制块＋植草砖护坡及现浇混凝土护坡;背水侧采用草皮护坡,护坡工程包括护坡清基土方、土方开挖、土方回填、现浇混凝土、砂石垫层、预制混凝土护坡、联锁砖护坡、喷植草护坡等施工内容。

（1）土方开挖

土方开挖为清基土方开挖、基座土方开挖及削坡土方开挖,清基土方采用推土机从堤顶沿坡面作业;基座开挖和削坡土方开挖采用反铲开挖,装自卸汽车。开挖料就近用于自身回填和相邻段护坡段工程,剩余部分直接用于穿堤建筑物围堰填筑,部分采用反铲挖装,自卸汽车运至附近水塘。

（2）土方填筑

土方填筑包括基座回填以及部分堤段的堤身回填,基座回填料采用蛙式打夯机夯实或人工夯实;堤身填筑料部分直接利用自身开挖料,不足部分利用附近堤段开挖料及防渗开挖料。自卸汽车运至填筑仓面,推土机平仓,辅以人工摊铺边角部位,振动碾压实,设计压实度不小于0.93。

（3）混凝土

护坡、基座、封顶、挡墙混凝土采用钢模板立模,购买商品混凝土,由混凝土搅拌车运至现场。基座、挡墙与护坡混凝土采用搅拌车转溜槽入仓(坡度较缓段人工配合),封顶混凝土采用手推车送入仓。平板振捣器振捣密实。混凝土浇筑完成后,覆盖保湿养护。

（4）砂砾石垫层施工

砂砾石与碎石从料场购买。护坡施工前应做好基底处理,进行坡面平整,清除杂物碎屑,人工摊铺平整,夯板夯实。

（5）预制混凝土块及混凝土拆除

预制混凝土块及混凝土采用反铲挖掘机挖除,人工挑选可利用料由反铲挖掘机挖装,通过自卸汽车运输就近用于大堤护脚,其余部分由自卸汽车运至附近水塘。

（6）混凝土预制块、联锁植草砖护坡

护坡段堤防应待其土方填筑完工后进行。护坡施工按照设计断面,先砌筑混凝土基座,然后铺填砂垫层,进行预制混凝土块铺设和堤肩混凝土浇筑。护坡前应做好基底处理,进行坡面平整,清除杂物碎屑。铺设混凝土预制块前,先人工铺填砂垫层。混凝土预制块外购成品预制块,汽车运输至施工点,人工砌筑,块间用M10砂浆勾缝。砂浆采用砂浆拌和机拌制,手推车转人工挑运至作业面。

利用联锁植草砖时应先进行边坡地基处理,清除杂草、树根、突出物,用适当的材料填充空洞并振实,使边坡表面平整、密实,然后顺坡铺设土工布,搭接宽度不小于15cm。挖掘边沿基坑,坑底填以适当的材料并振实,砌筑下沿趾墙,用混凝土或毛石混凝土将剩余部分的趾墙联同锚固入趾墙的联锁砖一起砌筑,使趾墙符合设计要求的尺寸。块体孔中按设计要求种植。

（7）喷播植草护坡

喷播植草护坡采用机械喷播草籽,不宜生长草皮的坡面应先铺一层腐殖土,喷植前应将先清除坡面土层杂物并整修平整,拍打密实,并对坡面洒水,采用喷播机喷播。

3.5 穿堤建筑物

（1）浆砌石、钢筋混凝土拆除

浆砌石、钢筋混凝土拆除以液压破碎锤为主,反铲挖掘机挖装,15t自卸汽车运输。拆除料通过自卸汽车运输至指定的弃渣场。

（2）土方开挖

土方开挖采用反铲挖掘机开挖,15t自卸汽车运输,开挖土料部分直接用于进出、口围填筑,部分堆置于涵闸附近,以备自身回填之用;剩余土料由自卸汽车运至大堤内侧水塘。

（3）混凝土浇筑

穿堤建筑物混凝土采用商品混凝土，由混凝土搅拌车运至现场，长臂反铲入仓为主，泵送入仓配合，插入式振捣器振捣密实。混凝土质量控制应对原材料、混凝土配合比，施工中各主要环节及硬化后的混凝土质量进行控制和检查，保证混凝土施工质量达到有关规范规定，符合设计要求。

（4）浆砌石砌筑

浆砌石为涵闸进出口护坡和挡土墙。砌筑砂浆采用复合水泥，砌筑砂浆采用砂浆拌和机拌制，搅拌车运输至现场，卸入现场储存容器，由人工挑运至作业面，人工浆砌块石。

（5）土方回填

土方回填部分利用自身开挖料，采用自卸汽车运至填筑仓面；不足料利用附近开挖料和围堰拆除料，采用反铲挖装，自卸汽车运输至填筑仓面。推土机平料，铺土厚度 25～30cm，辅以人工摊铺边角部位，基础土方回填和墙背土方回填底部工作面狭窄，采用人工夯实或蛙式打夯机逐层夯实，确保接合部位的施工质量；回填部位上部较大工作面处，则可采用小型振动碾压实，施工期间填筑面应注意排水。设计压实度不小于 0.93。

（6）金属结构安装

金属结构安装主要采用汽车吊进行，各闸门及启闭机由汽车吊拆除及安装。

4 工程效益

4.1 防洪安全效益

洞庭湖重点垸堤防加固工程的建设，将有效提高湖区堤防的防洪能力，确保湖区 385 万人、324 万亩（2160km²）耕地的防洪安全。在应对洪水灾害方面，工程具有显著的防洪安全效益。

4.2 经济效益

洞庭湖重点垸堤防加固工程的建设，将提高湖区堤防的稳定性，降低堤防加固工程的维护成本。同时，工程的建设有利于保障湖区粮食安全和经济发展，为当地居民创造更好的生产生活条件。

4.3 社会效益

洞庭湖重点垸堤防加固工程的建设，将提高湖区堤防的安全性，为湖区人民群众的生命财产安全提供有力保障。同时，工程的建设将对当地旅游业、渔业等产业的发展产生积极影响，促进地区经济社会的全面发展。

5 结语

湖南省洞庭湖重点垸堤防加固工程是保障洞庭湖区防洪安全的重要工程。本文对工程的基本情况、施工技术、工程效益等方面进行了详细分析。工程采用先进的施工技术，严格控制施工质量，确保了工程的安全性和稳定性。工程的建设将为湖区人民群众的生命财产安全、地区经济发展和社会稳定提供有力保障。同时，本工程的成功经验也为类似工程提供了有益借鉴。

聚氨酯胶结碎石护坡设计方法探讨

王　敏[1,2]　郑华康[1,2]　尚　钦[1,2]

(1. 长江勘测规划设计研究有限责任公司,湖北武汉　430010;

2. 长江经济带岸线洲滩安全保障技术创新中心,湖北武汉　430010)

摘　要: 对聚氨酯胶结碎石护坡设计方法进行探讨,通过风浪条件计算聚氨酯胶结碎石护坡破浪爬高及波浪压力,综合聚氨酯胶结碎石护坡黏结性、坡面稳定和结构强度的要求,确定聚氨酯胶结碎石护坡厚度,并给出结构设计的相关要求。最后以长江中下游崩岸治理工程为例,对聚氨酯胶结碎石护坡设计过程进行了介绍。

关键词: 聚氨酯;岸坡防护;结构厚度;设计探讨

1　引言

在水利工程中,护坡工程是保护河岸、海岸以及堤坝免受侵蚀的重要措施。护坡工程所采用的材料主要为以块石为主的天然材料和以混凝土为主的人工材料两大类。随着水利建设高质量发展和生态环保要求的不断提高,块石料和水泥的用量逐步受到限制,在河道治理与生态环境复苏相结合的大背景下,亟须采用兼具工程安全性和生态环保性的护坡工程技术。

目前国内外护坡技术发展迅速,创新型护坡形式得到越来越多的应用。聚氨酯胶结碎石护坡(Polyurethane Bonded Aggregate Revetment)是一种新兴的护坡技术,它利用聚氨酯黏合剂将碎石黏结在一起,形成一种具有高孔隙率、高抗冲击性和良好水力性能的护坡结构。聚氨酯胶结碎石材料因其环境友好性、施工便捷性和安全耐久性,在航道、水利和环境工程中的应用越来越广泛。在国外,聚氨酯胶结碎石护坡在海岸线治理方面已有许多成熟的工程经验,也有一些理论分析和试验研究成果。在国内,聚氨酯胶结碎石混合料作为透水结构在透水路面已有广泛应用,在护坡结构上的应用也有相关试验研究和工程实践,涉及航道、海岸、堤坝等多种岸滩环境,但目前缺少聚氨酯胶结碎石护坡理论分析,特别是对于护坡设计讨论较少。

本文旨在探讨聚氨酯胶结碎石护坡的设计方法,包括波浪压力的计算、护坡厚度的确定等,以期为水利工程提供更为科学合理的护坡解决方案。

基金项目:长江勘测规划设计研究有限责任公司自主创新基金项目(CX2022Z04-4)。

作者简介:王敏,男,高级工程师,主要从事河湖治理工程设计和研究工作,E-mail:wangmin-whu@qq.com。

2 聚氨酯胶结碎石材料特性

聚氨酯胶结碎石材料采用一种高性能的双组分聚氨酯材料与碎石块混合搅拌而成,利用聚氨酯优良的物理力学及黏结性能,可均匀包裹在碎石块的表面,并将石块通过其间的接触点牢牢地黏结在一起,形成一个稳定可靠、多孔渗水的开放式结构。由于聚氨酯在整个系统中所占比重很小,碎石间的多孔结构得以保留,该护坡系统消散与吸收波浪冲击力的能力与传统方法相比得到了大幅度提高。高孔隙率结构不仅能够降低波浪爬高,而且由于提高了护坡结构的孔隙率并减少了护坡面层厚度,节省了相当数量的天然建筑材料,可降低工程的造价并减少对生态环境的破坏。同时,聚氨酯胶结碎石护坡具有良好生态性,一方面护坡形成的多孔结构可成为水生动植物的栖息地,另一方面聚氨酯作为一种透明材料,外观易与周围的地貌环境融为一体。

3 波浪计算

3.1 波浪爬高计算

根据《堤防工程设计规范》(GB 50286—2013),当斜坡坡率 $m = 1.5 \sim 5.0$ 时,单一斜坡上的波浪爬高可按下式计算。

$$R_p = \frac{K_\Delta K_v K_p}{\sqrt{1 + m^2}} \sqrt{H_s L} \tag{3-1}$$

式中:R_p—— 累积频率为 P 的波浪爬高(m);

K_Δ—— 斜坡的糙率及渗透性系数;

K_v—— 经验系数,可根据风速 V(m/s),堤前水深 d(m),重力加速度 g(m/s²)组成的无维量参数 $v/\sqrt{gd}$,按规范取值;

K_p—— 表示 R_p 和平均爬高 R 比值 R_p/R 的爬高累积频率换算系数,按规范取值;

m—— 斜坡坡率,$m = \cot\alpha$,α 为护坡角度;

H_s—— 有效波高,取平均波高(m);

L—— 平均波长(m)。

《堤防工程设计规范》(GB 50286—2013)给出了混凝土板、草皮和砌石等传统护坡的糙率及渗透性系数,分别为 0.95、0.9 和 0.80,考虑聚氨酯胶结碎石护面为透水材料,并结合相关实验研究,其糙率及渗透性系数取值范围为 0.80~0.85。

3.2 波浪压力计算

聚氨酯胶结碎石护坡的设计需要考虑波浪对护坡的冲击压力,通过对波浪冲击荷载的计算,可以预测聚氨酯胶结碎石护坡在极端波浪作用下的稳定性和安全性。参考《海堤工程设计规范》(GB/T 51015—2014),波浪冲击压力可简化为一个三角形分布荷载,最大冲击压力发生在波浪荷载的中部,在 $1.5 \leq m \leq 5.0$,有效波高为 H_s 的条件下,作用在整体护面层上的波压力分布见图 3-1,最大波压力 P_2(kPa)按下式计算。

$$p_2 = k_1 k_2 \bar{p} \gamma_w H_s \tag{3-2}$$

$$k_1 = 0.85 + 4.8 \frac{H_s}{L} + m \left(0.028 - 1.15 \frac{H_s}{L}\right) \tag{3-3}$$

式中：γ_w——水的容重（kN/m³）；

k_1——系数，按式（3-3）确定；

k_2——系数，按《海堤工程设计规范》（GB/T 51015—2013）表 G.2.2-1 确定；

$\bar{p}$——斜坡上点 2 的最大相对波浪压力，按《海堤工程设计规范》（GB/T 51015—2013）表 G.2.2-2 确定。

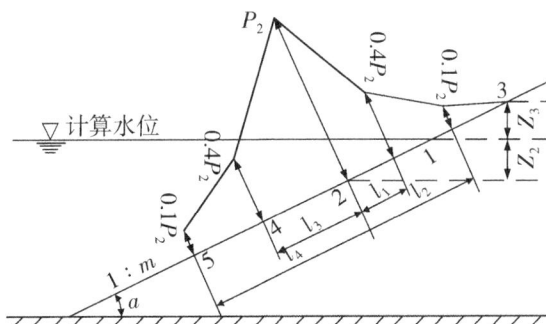

图 3-1　聚氨酯胶结碎石护面层的波浪压力分布图

最大波压力 P_2 作用点 2 的垂直坐标 Z_2（m）按下式确定。

$$z_2 = A + \frac{1}{m^2}(1 - \sqrt{2m^2 + 1})(A + B) \tag{3-4}$$

$$A = H_s \left(0.47 + 0.023 \frac{L}{H_s}\right) \frac{1 + m^2}{m^2} \tag{3-5}$$

$$B = H_s \left[0.95 - (0.84m - 0.25) \frac{H_s}{L}\right] \tag{3-6}$$

4　结构设计

4.1　一般要求

聚氨酯胶结碎石护坡的结构应符合下列要求：

①坚固耐久，抗冲刷、抗磨损性强。

②满足消浪、防滑、排水等安全要求。

③骨料就地取材、经济合理。

④便于施工、修复、加固。

聚氨酯胶结碎石护坡坡度一般不陡于 1:2.0，并需对岸坡的整体稳定性进行分析计算，护坡工程的抗滑稳定安全系数可参照《堤防工程设计规范》（GB 50286—2013）确定。

4.2　结构形式

聚氨酯胶结碎石护坡应在坡（堤）脚设置脚槽，在戗台（马道）或消浪平台两侧或改变坡度处均应设置格埂,护坡与滩(堤)顶相交处应牢固封顶。坡身高度大于 6m 时,宜在中部设置马道,马道宽度不宜小于 1.5m。

聚氨酯胶结碎石层与土体之间应设置垫层。垫层可采用砂、砾石或碎石、石渣和土工织物,垫层材料应根据堤(岸)坡基层土性条件合理选用。为防止坡(堤)脚冲刷掏空,聚氨酯胶结碎石护坡应在脚槽外合理设置护脚工程。

4.3 厚度计算

聚氨酯胶结碎石护面层厚度设计应当综合考虑护坡系统的抗冲能力和聚氨酯胶结碎石材料自身的力学性能,其最小厚度决定因素主要包括骨料的粒径、护面稳定性和结构强度等。

(1)黏结性要求

为保证聚氨酯与骨料的黏结性,最小厚度应大于 2.5~3.5 倍骨料的平均粒径,聚氨酯胶结碎石常选用 10~30mm 或 20~40mm 单粒径集料,因此最小厚度不宜小于 10cm。

(2)坡面稳定要求

风浪作用下,波浪打到护坡结构上的过程是一个复合流动过程,护面层的稳定取决于上下两面波浪力与水压力的作用。K. W. Pllarczyk 根据水流与护坡相互作用,提出护面层满足稳定性要求的护坡厚度计算如下:

$$D = K \frac{F}{\Delta} \xi^{2/3} H_s \frac{\sqrt{1+m^2}}{m} \tag{4-1}$$

$$\xi = \frac{\tan\alpha}{\sqrt{H_s/L}} \tag{4-2}$$

式中:D —— 护面层厚度(m);

Δ —— 护面材料重度比,$\Delta = (\gamma_g - \gamma_w)/\gamma_w$,$\gamma_g$ 为护面材料重度(kN/m³);

ξ —— 破波参数;

F —— 稳定系数,与护面层材料和护坡结构内的渗流长度有关;

K —— 安全系数,与护坡水文、地质等工程条件及结构重要等级有关,一般取值为 1.0,工程条件较复杂时或结构重要等级较高时,取值 1.1~1.2。

上述参数中,对于聚氨酯胶结碎石护坡的稳定系数 F,参照 H. J. Verhagen 实验结果,F 取值范围为 0.15~0.22。

(3)结构强度要求

作用在聚氨酯胶结碎石护面层上的荷载简见图 4-1,其中波浪压力可采用式(3-2)计算,板自重为均布荷载:

$$G_b = D\gamma_b \cos\alpha \tag{4-3}$$

式中:γ_b ——板的重度。

在波浪冲击下,采用弹性地基梁的方法,聚氨酯胶结碎石护面结构最大弯曲应力(MPa)计算公式为:

$$\sigma = \frac{3P_{max}}{2D^2\beta^3 z}\{1 - e^{(-\beta z)}[\cos(\beta z) + \sin(\beta z)]\} \tag{4-4}$$

式中：P_{max}——波击压力荷载的最大压力值（MPa）；

　　D——护面层厚度（m）；

　　z——波击荷载分布的半宽（m），$z = 0.5H_s$；

　　β——计算参数，按下式确定。

$$\beta = \sqrt[4]{\frac{3c(1-\nu^2)}{ED^3}} \tag{4-5}$$

式中：c——地基反力系数（MPa/m），高压缩性土取 10～50MPa/m，中压缩性土取 50～100MPa/m，低压缩性土取 100～150MPa/m；

　　E——聚氨酯胶结碎石材料弹性模量，MPa，可取 2500MPa；

　　ν——聚氨酯胶结碎石材料泊松比，可取 0.35。

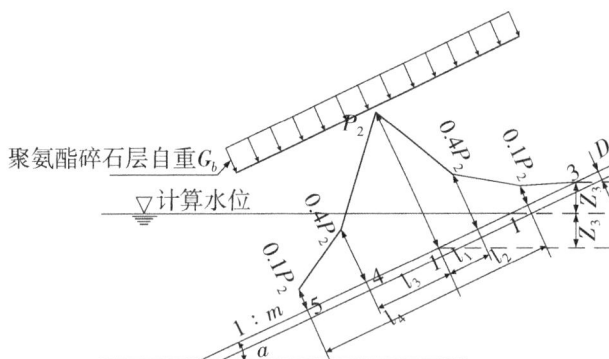

图 4-1　作用在聚氨酯胶结碎石护面层上的荷载简图

M. C. Kruis 对聚氨酯胶结碎石材料的弯曲强度进行统计（表 4-1），并提出了弯曲强度设计值范围为 0.5～1.09MPa。

表 4-1　　　　　　　　　　　　　聚氨酯胶结碎石材料弯曲强度

骨料粒径/mm	平均弯曲强度/MPa	设计弯曲强度/MPa
8～11	1.26	1.09
10～14	1.42	0.97
20～40	0.78	0.62
30～60	0.65	0.5

考虑一定安全裕度，本文建议聚氨酯胶结碎石材料的允许弯曲强度取 0.5MPa，结合式（4-4）可计算得到满足结构强度安全的最小厚度要求。

5　工程案例

长江中下游某崩岸治理工程需对长江干流岸坡进行守护，其中一段护岸工程对安全性和生态要求较高，水下护脚采用格宾石笼防护，水上护坡采用聚氨酯胶结碎石护坡形式，厚 0.15m，坡比 1:4，下设 0.15m 厚砂碎石和 400g/m² 土工布垫层。本节根据前述理论进行设计验算。

5.1 波浪计算

根据设计资料,工程段风浪要素见表5-1。

表 5-1 风浪要素表

平均水深/m	吹程/m	设计风速/(m/s)	波长/m	平均波高/m	不同累积频率的波高/m		
					$H_{1\%}$	$H_{4\%}$	$H_{13\%}$
20.0	3000	24.0	18.69	0.61	1.44	1.23	0.97

根据式(3-1)分别计算聚氨酯胶结碎石护面、混凝土板和沥青混凝土护面的波浪爬高为0.66m、0.78m和0.82m。由计算结果可知,聚氨酯胶结碎石护面可以有效降低波浪爬高,较混凝土板和沥青混凝土护面分别减少了约19%和25%。

对于波浪压力计算,有效波高取累积频率为1%的波高,根据式(3-2)计算得到最大波浪压力为35.5kPa。

5.2 护坡厚度设计

该聚氨酯胶结碎石护坡工程选用的碎石骨料粒径为20～30mm,最小厚度按不小于3.5倍骨料的平均粒径,计算得到最小厚度为10.5cm。

按护坡结构稳定性要求对护坡厚度进行验算。考虑工程建筑物级别为2级,安全系数取1.1;根据《堤防工程设计规范》(GB 50286—2013),当岸坡前水深 d 与波长 L 比值小于0.125时,计算波高取 $H_{4\%}$;大于等于0.125时,取 $H_{13\%}$。该护岸工程 $d/L = 1.07 > 0.125$,则计算波高取 $H_{4\%} = 1.23$m。根据式(4-4)计算得到最小厚度为12.9cm。

采用式(4-4)验算结构强度对最小厚度的要求。岸坡地层主要为粉质黏土和粉细砂,压缩系数为0.15～0.45MPa^{-1},属于中压缩性土,地基反力系数取100MPa/m,经计算,满足允许弯曲强度的最小厚度为8.1cm。

综合聚氨酯胶结碎石护坡黏结性、结构稳定和结构强度要求,该工程聚氨酯胶结碎石护面层最小厚度为12.9cm,设计取15cm满足上述要求。

6 结语

本文探讨了聚氨酯胶结碎石护坡的设计方法,结合聚氨酯胶结碎石护坡的性能特点,给出了波浪爬高、波浪压力和护坡厚度的计算方法。通过这些探讨,希望为水利工程中聚氨酯胶结碎石护坡的设计提供理论指导和实践参考。

聚氨酯胶结碎石护坡的设计关键在于确保其在各种水文地质条件下的稳定性和耐久性,这涉及波浪冲击、水流侵蚀、土壤液化等作用,需对聚氨酯胶结碎石在这些作用下的力学响应进行准确评估。同时,还需要考虑材料老化、温度变化、生物附着等长期环境因素对护坡性能的影响。因此,聚氨酯胶结碎石护坡的设计不仅需要依据严谨的力学模型和实验数据,还需要结合现场实际情况进行综合分析和判断。

主要参考文献

［1］潘志豪,王东武,刘学应,等. 水利工程中生态护岸型式研究综述[J]. 浙江水利水电学院学报,2023,35(2):25-31.

［2］董小卓,顾德华,朱小飞. 聚氨酯碎石护坡的结构特点及工程应用[C]//中国土木工程学会. 中国土木工程学会城市防洪 2008 年学术年会论文集. 2008:191-194.

［3］Verhagen H J. Elastomeric revetments:a new way of coastal protection［C］. Aquaterra,2009.

［4］李添帅,陆国阳,王大为,等. 高性能聚氨酯透水混合料关键性能研究[J]. 中国公路学报,2019,32(4):158-169.

［5］邓建,谢冰冰,吕鹏. 聚氨酯碎石材料在护岸工程中的应用[J]. 水利水电快报,2021,42(9):53-59.

［6］李亚,陈海峰,黄明毅,等. 新型聚氨酯碎石空心块体生态堤结构构建[J]. 水运工程,2020(11):132-137.

［7］中华人民共和国住房和城乡建设部. 堤防工程设计规范:GB 50286—2013［S］. 北京:中国计划出版社,2013.

［8］丁洁,董永福. 聚氨酯碎石护坡波浪作用特性[J]. 水运工程,2022(4):21-24,75.

［9］中华人民共和国住房和城乡建设部. 海堤工程设计规范:GBT 51015-2014[S]. 北京:中国计划出版社,2014.

［10］Pilarczyk K W. Coastal Protection［M］. Balkema,1991.

［11］Verhagen H J. Recent laboratory tests with Elastomeric revetments[J]. ICE,2009.

［12］Kruis M C. Structural Analysis of Polyurethane Bonded Aggregate on Block Revetments[D]. Delft:Delft University of Technology,2014.

浅谈高压喷射防渗墙施工中的质量控制及研究

段兴光

(江西赣禹工程建设有限公司,江西南昌 330209)

摘 要:高压喷射防渗墙广泛应用于水利工程、地基加固等领域,在防渗和加固效果方面具有显著优势。在实际施工过程中,施工质量的控制对工程的成败起着至关重要的作用。本文结合沙堤加固工程,探讨了高压喷射防渗墙施工中的质量控制要点和相关研究成果,为类似工程提供借鉴和参考。

关键词:高压喷射防渗墙;质量控制;施工技术

1 引言

随着经济社会的发展和人民生活水平的提高,防洪安全越来越受到重视。作为水利工程的重要组成部分,防渗墙在堤坝、围堰等工程中扮演着关键角色。高压喷射防渗墙技术因其优越的施工性能和良好的防渗效果,在现代水利工程中得到了广泛应用。然而,如何有效控制施工质量,确保工程安全性和耐久性,是施工管理中急需亟须解决的重要课题。

本文以抚州市沙堤工程为例,对高压喷射防渗墙施工中的质量控制进行了系统探讨,并结合相关研究成果,提出了若干改进措施和建议。

2 工程背景与施工环境

沙堤位于崇仁河中下游右岸,为下游开口圩堤。为了稳定河堤,宁家闸沙堤末端段进行了加固整治。加固段长度 16.64km,里程桩号范围为:K2+470~K19+106。沙堤是抚州市重点万亩圩堤之一,保护面积 42km^2,保护耕地面积 22.47km^2,保护人口 4.63 万。堤后排涝区主要有乐家、周坊、阮邓、新基、鱼坡口等排涝区。

在该工程中,由于地质条件复杂且堤坝防渗要求较高,高压喷射防渗墙技术被选为主要加固手段。

3 工程地质条件

沙堤圩区的地质条件对高压喷射防渗墙施工提出了较高的要求。该区出露地层包括人工堆积

作者简介:段兴光,男,工程师,本科,副总经理,主要从事水利水电施工管理工作,E-mail:404760083@qq.com。

层、第四系冲积层和白垩纪上统泥质粉砂岩(紫红色)。其中,人工堆积层以素土填土为主,冲积层上部以粉质黏土、砂土为主,下部主要为中、粗砂、圆砾层,具明显的二元结构。这种复杂的地质条件不仅加大了防渗墙的施工难度,同时也对施工质量控制提出了更高的要求。

4　高压喷射防渗墙施工技术

高压喷射防渗墙施工是一种利用高压喷射技术将水泥浆或其他材料通过喷嘴高速喷入地基土层中,形成连续或断续的防渗墙体的方法。这种技术的优点在于施工速度快,适应性强,能够在不影响周围环境的情况下完成施工。

在沙堤加固工程中,高压喷射防渗墙施工主要包括以下几个步骤:

(1)钻孔定位与布置

根据设计图纸,确定喷射防渗墙的施工位置和深度,确保钻孔位置准确。

(2)喷射浆液的选择与配制

根据地质条件和防渗要求,选择合适的浆液材料,并按比例配制浆液,确保浆液的强度和稳定性。

(3)喷射工艺的控制

通过控制喷射压力、喷嘴转速、注浆量等参数,确保喷射过程中的浆液均匀分布,形成连续的防渗墙体。

(4)施工质量的检测与验收

通过现场监测和后续检测,对施工质量进行评估和验收,确保防渗墙的质量符合设计要求。

5　质量控制要点

在高压喷射防渗墙施工过程中,质量控制是确保工程安全和稳定的关键。针对沙堤工程的特殊地质条件和施工要求,施工中应特别注意以下几个方面的质量控制要点如下。

(1)施工准备阶段

在施工前,应对工程区域的地质条件进行详细勘察,制定科学合理的施工方案。同时,施工设备和材料应经过严格检查,确保其性能符合要求。

(2)施工过程中的实时监控

在施工过程中,应对喷射压力、注浆量、喷嘴转速等关键参数进行实时监控,确保施工过程的稳定性和浆液的均匀性。此外,施工人员应严格按照操作规程进行施工,避免因操作失误导致质量问题。

(3)后期检测与验收

施工完成后,应对防渗墙体的强度、均匀性、连续性等进行检测,确保其符合设计要求。在验收过程中,应根据实际检测结果,对不符合要求的部分进行修补和加固,确保整体工程质量。

6　相关研究与技术进展

近年来,随着高压喷射防渗墙技术的发展,关于其施工质量控制的研究也在不断深入。主要的研究方向包括：

(1)新型喷射材料的研究

为了提高防渗墙的耐久性和防渗效果,研究人员开发了多种新型喷射材料,如高性能水泥浆、纳米材料等。这些新材料的应用不仅提高了施工质量,还延长了防渗墙的使用寿命。

(2)施工工艺的优化

通过引入自动化和智能化设备,优化施工工艺,提高施工精度和效率,降低人为操作失误对施工质量的影响。例如,基于 GPS 技术的定位系统能够精确控制喷射位置和深度,确保防渗墙体的连续性。

(3)检测技术的进步

随着无损检测技术的发展,施工质量的检测手段得到了显著提升。例如,利用超声波、地质雷达等技术,可以对防渗墙体进行精确检测,及时发现潜在的质量问题。

7 案例分析

(1)项目背景

抚州市沙堤加固工程是高压喷射防渗墙技术应用的典型案例。该工程因其复杂的地质条件和高标准的防渗要求,成为技术应用的良好实例。

(2)施工方案与实施

在沙堤加固工程中,高压喷射防渗墙施工方案经过多次优化,最终选择了适合当地地质条件和工程需求的最佳方案。

(3)质量控制措施

在施工过程中,严格执行质量控制计划,包括实时监控施工参数、定期检测防渗墙体质量等,确保工程质量达到设计要求。

8 结语

高压喷射防渗墙技术在沙堤工程中的成功应用,展示了其在复杂地质条件下的优越性和适应性。然而,施工质量的控制始终是确保工程安全性和耐久性的关键。通过对施工准备、过程监控、后期检测等环节的严格控制,可以有效提高防渗墙的施工质量。同时,随着新材料、新工艺和新检测技术的不断发展,高压喷射防渗墙技术在未来的水利工程中将会得到更加广泛的应用和推广。

主要参考文献

[1] 冯娟霞,陈保泉.高压喷射灌浆防渗墙施工技术[J].水利建设与管理,2011,31(2):27-29.

[2] 刘发顺,龚云龙.高压喷射灌浆防渗墙施工质量控制[J].江苏水利,2006(4):14-15.

[3] 何影.水利工程堤防防渗施工技术应用探讨[J].治淮,2023(7):79-80.

TRD 工法在堤防防渗工程中的应用

郭传斌

(长江河湖建设有限公司,湖北武汉 430000)

摘 要:水利堤防防渗工程中,渠式切割水泥土连续墙(Trench-cut and Replacement Diamond Wall,TRD)作为防渗墙,其施工工艺、施工控制要点和实施效果都有待进一步的研究。我们以湖南省洞庭湖区重点垸堤防加固工程为依托,根据项目特点,在华容护城垸选择了具有代表性的区段,制定了堤防工程 TRD 施工方案,现场采用 TRD 工法中的三步法,完成了相应区段的堤防防渗墙施工,并对防渗墙质量进行钻孔取芯检测,检测结果表明,TRD 防渗墙在华容护城垸堤防防渗工程中施工效果较好,可以在类似工程中大力推广。

关键词:渠式切割水泥土防渗墙;施工工艺;加固

1 引言

随着全球水资源管理和水利工程建设的不断发展,高效、环保且持久的施工技术成为行业关注的焦点。TRD 工法作为一种创新的地下连续墙施工技术,近年来在水利工程领域展现出了其独特的优势与广泛应用前景。该技术通过高精度的切削与置换工艺,在复杂地质条件下构建出高质量、高强度的防渗墙体,对于提升水利工程的整体性能和安全性具有重要意义。

2 工程概况

2.1 工程简介

华容护城垸地处华容县境内中部,北面与湖北省石首高基庙镇和东升镇毗邻,西、南受藕池河东支拥抱,和集成安合大通湖隔河相望,东边南部临钱粮湖蓄洪垸,东边北部被华容河环绕。垸内总面积 365.02km²,其中耕地面积 38.93 万亩,总人口 38.03 万。

华容护城垸防洪大堤总长 110.567km,分为 4 个部分:①藕池河堤自钟家台—罗家嘴,长 54.99km(0+000~54+990);②南段堤防自罗家嘴—铁光拐长 6.974km(54+990~61+964);③华容河堤自铁光拐—大王山桩号长 27.826km(61+964~89+790);④北隔堤为湖南、湖北界线,自大

作者简介:郭传斌,男,助理工程师,主要从事工程管理工作,E-mail:21538737295@qq.com。

王山—钟家台,长 20.777km(89+790～110+567),防洪大堤共有穿堤建筑物 77 处。华容护城垸项目堤防级别为 2 级。

2.2 工程地质条件

根据区域地质资料及野外地质调查,洞庭湖区重点垸堤防加固工程第四系松散层广布,大部分堤垸无基岩出露,仅湖盆内的孤山残丘可见前震旦系浅变质碎屑岩出露(如华容护城垸南部大乘寺一带等),而湖盆周边环湖丘陵地带亦分布有前震旦系至第三系地层,松澧垸西北大堰档及烂泥湖垸㳂水等地有零星出露。东南与东北部边缘分布加里东～燕山期花岗岩侵入体。

洞庭湖区重点垸堤防加固工程地下水类型主要为第四系松散地层孔隙潜水和孔隙承压水。

粉细砂及砂卵砾石层是洞庭湖区最广泛分布的含水层,是地下水良好的赋存、运移通道,渗透系数一般为 $i×10^{-2}～i×10^{-3}$cm/s,允许渗透坡降 0.10～0.20,是产生渗透破坏的主要层位。地下水化学类型主要为重碳酸钙钾钠型水,pH 值为 6.6～8.0,一般对混凝土无腐蚀性,仅局部具有弱腐蚀性,如安造垸、长春垸、烂泥湖垸等。

3 TRD 工法原理及特点

3.1 TRD 工法原理

TRD 工法的核心原理在于"切削-置换"的过程。具体而言,该工法利用特制的 TRD 施工机械,通过装备有金刚石锯齿链的切削装置,在预定位置沿地下连续墙的轴线方向进行水平切削。切削过程中,金刚石锯齿链能够高效、精准地破碎土层或岩层,形成一条连续且规则的沟槽。

随后,在形成的沟槽内,立即注入特制的高强度混凝土或其他防渗材料,并通过振动、挤压等方式,使填充材料紧密贴合沟槽壁面,形成一道连续、致密、高强度的墙体。这一墙体不仅具有良好的防渗性能,还能有效承担侧向土压力和水压力,为水利工程的稳定运行提供有力支撑。

3.2 TRD 工法特点

(1)施工精度高

TRD 工法采用高精度切削设备,能够精确控制墙体位置、厚度和垂直度,减少施工误差,提高工程质量。这一特点在需要严格控制墙体尺寸和形状的水利工程中尤为重要。

(2)适应性强

TRD 工法对不同地质条件均具有良好的适应性。无论是松软的土层、密实的砂层,还是坚硬的岩层,TRD 施工机械都能通过调整切削参数和振动强度,实现有效切削和置换。这种广泛的适应性使得 TRD 工法在复杂地质条件下的水利工程建设中更具竞争力。

(3)防渗性能优越

由于 TRD 工法形成的墙体具有连续、致密、无接缝的特点,其防渗性能十分优越。在高水压作用下,墙体能够有效抵抗渗透作用,确保水利工程的稳定性和安全性。这对于水库、堤防等需要严格控制渗流的工程具有重要意义。

（4）施工效率高

TRD工法施工速度快、周期短，能够显著提高施工效率。与传统的地下连续墙施工方法相比，TRD工法省去了大量的模板安装和拆除工作，减少了施工工序和人工投入。同时，其自动化程度较高的施工机械也能够实现连续作业，进一步缩短了工期。

（5）环保节能

TRD工法在施工过程中产生的噪声、振动和废弃物相对较少，有利于环境保护。此外，施工效率高、工期短，也能够减少因施工而占用的土地资源和对周边环境的影响。同时，TRD工法形成的墙体材料多为高强度混凝土或特种防水材料，这些材料在生产和使用过程中也具有较低的能耗和环境污染。

（6）质量可靠

TRD工法形成的墙体结构连续、致密且强度高，能够有效承受侧向土压力和水压力的作用。同时，在施工过程中还可以通过各种监测手段对墙体质量进行实时控制，确保施工质量和工程安全。

4　TRD工法机械设备组成

TRD工法的机械设备组成主要包括以下几个核心部分：

（1）切割箱

切割箱是TRD工法的核心设备，它内部装有链锯型切削刀具，这些刀具用于插入地基并进行掘削。切割箱的设计使其能够深入地下至设计深度，并在掘削过程中保持稳定的姿态。

（2）链锯式切割刀具

链锯式切割刀具安装在切割箱内，它们通过链条的带动进行上下回转运动，从而实现对土体的切割和搅拌。这种刀具设计使得TRD工法能够在复杂地层中保持高效的掘削能力。

（3）注入系统

TRD工法机械设备还包括一套注入系统，该系统用于向切割箱内注入固化剂（如水泥浆）等混合物。在掘削过程中，这些混合物与原位土体混合，形成高质量的水泥土搅拌连续墙。

（4）施工管理系统

为了确保施工精度和墙体质量，TRD工法机械设备通常配备有自动施工精度监测与纠偏系统。该系统可以实时监测切削箱体各深度 X、Y 方向数据，并通过实时操纵调节来确保成墙精度。

（5）辅助设备

在TRD工法的施工过程中，还需要一系列辅助设备来支持作业，如吊机、挖掘机、运输车等。这些设备用于切割箱的吊装、导槽的开挖、水泥浆的拌制与输送等工作。

综上所述，TRD工法的机械设备组成是一个复杂而高效的系统，它融合了先进的掘削、搅拌、注入和监测技术，能够在各类土层和砂砾石层中连续成墙，为建筑工程、地下工程等领域提供了坚实的基础保障。由于具体工程项目的需求和地质条件的不同，TRD工法的机械设备配置可能会有所差异。在实际应用中，需要根据具体情况进行选择和调整。

5 TRD 工法优缺点

TRD 工法作为一种先进的地下连续墙施工技术,具有一系列显著的优点,同时也存在一些缺点。

5.1 TRD 工法优点

(1)施工安全性高

TRD 工法所使用的机械设备高度较低,稳定性高,从而提高了施工过程中的安全性。

(2)施工精度高

该工法在水平方向和垂直方向都具有较高的施工精度,可控性好。其最大成墙深度可达 70m,垂直度偏差不大于 1/250,形成的墙体均质性好,离散性小。

(3)适应地层范围广

TRD 工法不仅适用于黏性土、砂土等软质地层,对硬质地层(如硬土、砂卵砾石、软岩等)也具有良好的挖掘能力。

(4)造价低,污染小

TRD 工法的施工造价相对较低,且污染小,抗渗性能和止水性能优异,优于传统 SMW 工法。

(5)环保性能优良

TRD 工法对周边环境影响很小,能够减少施工对环境的破坏,符合现代绿色施工的理念。

(6)可重复利用

TRD 工法中的型钢等材料可以重复利用,有助于降低工程成本,实现可持续发展和循环经济。

(7)施工效率高

与传统的施工方法相比,TRD 工法显著减少了人工操作的劳动强度,提高了施工效率。

5.2 TRD 工法缺点

(1)设备价格较高

TRD 工法的专业设备价格较为昂贵,需要耗费一定的资金进行购买和维护。

(2)施工精度要求高

由于 TRD 工法对施工精度的要求较高,因此对施工人员的操作水平和技能也有较高的要求,需要经过专门的培训和技能提升。

(3)受地层条件限制

在复杂地层或特殊材质的施工环境中,TRD 工法的施工能力和效率可能会受到影响。例如,在含有大量卵石的地层中施工,切割箱的切入和水泥浆的注入都会受到不同程度的影响。

(4)施工过程复杂

TRD 工法的施工过程相对复杂,需要严格控制水泥浆的配比和注入工艺,以确保墙体的强度和稳定性。

综上所述,TRD 工法具有诸多优点,但也存在一些缺点。在实际应用中,需要根据具体工程情况和地质条件,综合考虑 TRD 工法的优缺点,合理选择适合的施工工艺。

6 堤防防渗工程 TRD 三步法施工工艺

在华容护城垸 77＋900～78＋420 段堤防防渗墙施工中,我们采用了 RTD 三步法施工工艺。

6.1 TRD 三步法施工工艺简介

TRD 工法施工三步施工法:

①横向前行时注入切割液切割,一定距离后切割终止。

②主机反向回切,即向相反方向移动;移动过程中链式刀具旋转,使切割土进一步混合搅拌,可根据土层性质选择是否再次注入切割液。

③主机正向回位,箱式刀具底端注入固化液,使切割土与固化液混合搅拌。

施工主要工艺流程如下:机械组装→放样复核→桩机定位→打入切割箱→先行挖掘(注入切削液)→回撤挖掘→搅拌成墙(注入固化液)。

6.2 TRD 三步法核心施工工艺

6.2.1 切割液注入切割

(1)步骤描述

1)设备准备

首先,确保 TRD 施工机及其配套设备(如切割箱、注浆系统等)处于良好工作状态,并根据设计要求调整切割参数。

2)切割液配制

根据工程地质条件和设计要求,配制适当的切割液(通常为水基或油基泥浆,可能添加膨润土、聚合物等添加剂以提高润滑和稳定性能)。

3)切割作业

启动 TRD 施工机,将切割箱缓缓送入预定土层深度。在切割过程中,同步注入切割液,以润滑切割面,减少阻力,并帮助稳定周围土体。切割箱在土层中水平移动,边旋转边切割,形成初步的槽孔轮廓。

(2)目的与效果

此步骤旨在通过切割液的润滑作用,降低切割阻力,保护周围土体免受过度扰动,同时初步形成槽孔,为后续步骤奠定基础。

6.2.2 反向回切搅拌

(1)步骤描述

1)反向切割

在完成初步切割后,TRD 施工机进行反向移动,切割箱再次经过已形成的槽孔,但这次以较慢的速度和较高的旋转速度进行"回切"。

2）注浆搅拌

在回切过程中，通过注浆系统向槽孔内注入固化液（如水泥浆）。固化液与槽孔内的土体混合，并在切割箱的旋转和移动作用下被充分搅拌。

3）重复操作

根据需要，可多次进行反向回切和搅拌操作，以确保固化液与土体混合均匀，达到预定的搅拌效果。

（2）目的与效果

此步骤通过反向回切和注浆搅拌的结合，使固化液与土体充分混合，形成均匀的混合体。这有助于提高墙体的强度和止水性能，同时增强墙体的整体稳定性。

6.2.3　正向回位固化

（1）步骤描述

1）正向回位

在完成反向回切搅拌后，TRD施工机及切割箱沿原路径正向回位至起始位置。此时，槽孔内的混合体已处于初步固化状态。

2）持续固化

在切割箱回位的过程中或之后，通过注浆系统补充注入适量的固化液，以补充固化过程中可能的水分蒸发或流失，确保混合体持续固化至设计强度。

3）静置养护

最后，根据设计要求对形成的连续墙进行静置养护，使混合体充分固化，达到预定的强度和止水性能。

（2）目的与效果

此步骤通过正向回位和持续固化操作，确保槽孔内的混合体能够充分固化并达到设计要求。静置养护期间，混合体内部发生化学反应，形成稳定的结构，从而提高墙体的整体性能和耐久性。

TRD三步法施工工艺通过"切割液注入切割""反向回切搅拌"及"正向回位固化"三个核心步骤，实现了地下连续墙的高效、高质量施工。每一步都紧密相连、相互促进，共同确保了最终墙体的强度和止水性能。在实际工程中，应严格按照施工工艺流程进行操作，加强质量控制和安全管理，以确保工程质量和施工安全。

7　施工质量检测与分析

华容护城垸TRD水泥土防渗墙质量检测参照《水利工程质量检测技术规程》（SL 734—2016）和《水利水电工程单元工程施工质量验收评定标准——地基处理与基础工程》（SL 633—2012），采取钻孔取芯检测方法对防渗墙质量进行检测。

我们在防渗墙（77＋900～78＋420）每间隔50m取一个芯样，共取11个芯样进行了渗透系数和芯样28d单轴抗压强度的检测。钻孔取样的芯样照片见图7-1，通过外观检查，发现芯样的均质性和密实性良好,层间结合也比较紧密。

经检测,芯样 28d 单轴抗压强度为 $0.52\sim0.58\mathrm{MPa}$,渗透系数 k 不大于设计值 $1\times10^{-6}\mathrm{cm/s}$,渗透坡降比大于设计值 50,所有芯样均达到了设计要求。

图 7-1 TRD 防渗墙钻孔取样芯样照片

8 结语

经过 TRD 工法的施工,华容护城垸堤防的防渗性能得到了显著提升。连续墙的形成有效地阻断了渗流通道,提高了堤防的整体稳定性。同时,施工过程中未对周边环境造成显著影响,施工效率高,质量可靠,达到了预期的施工效果。

在水利工程堤防防渗工程领域,TRD 工法因其优异的防渗性能和施工效率,将成为解决堤防渗漏、增强堤防稳定性的重要手段。特别是在复杂地质条件下,如软土、砂层及含有大粒径砾石的地层中,TRD 工法的适应性更强,能够有效保障工程质量。受全球气候变化的影响,极端天气事件频发,对堤防和河道的防洪能力提出了更高要求,TRD 工法的应用将进一步提升这些基础设施的防洪标准。

主要参考文献

[1] 牛午生. 地下连续墙施工:TRD 工法[J]. 水利水电工程设计,1999(3):18-19.

[2] 赵峰. TRD 工法在堤防工程中的应用研究[J]. 人民长江,2000,31(6):23-24+27.

[3] 中国水利工程协会. 水利工程质量检测技术规程:SL 734—2016[S]. 北京:中国水利水电出版社,2016.

[4] 中华人民共和国水利部. 水利水电工程单元施工质量验收评定标准——地基处理与基础工程:SL 633—2012[S]. 北京:中国水利水电出版社,2012.

水利工程中土方填筑和压实施工技术探讨

赵永楷

(淮安市水利工程建设管理服务中心,江苏淮安 223001)

摘 要:作为基础民生设施,水利工程的施工质量至关重要。水利工程中的土方填筑与压实施工技术是确保工程结构稳定性和耐久性的关键环节,建设单位应重点关注水利工程施工中土方填筑施工技术的应用及施工要点,加大质量管控力度。本文综述了土方填筑的基本概念、分类及其在水利工程中的应用,探讨了土方压实技术的原理、方法以及施工中的关键问题。通过分析施工前的地质勘察与设计优化、施工过程中的质量控制与监测以及新型压实技术的应用与研究进展,提出了土方填筑与压实施工技术的优化策略。研究结果表明,科学合理的设计、严格的质量控制和先进的施工技术是提高水利工程土方填筑与压实施工质量的重要保障。

关键词:水利工程;土方填筑;土方压实;施工技术

1 引言

在水利工程建设中,土方填筑和压实施工是构成大坝、堤防、渠道等基础设施的重要建设环节。土方填筑的质量直接关系到工程的质量、安全运行和使用寿命,而压实施工则是确保填筑体密实度和稳定性的关键技术。随着水利工程规模的逐渐扩大和安全运行的要求不断提高,对土方填筑与压实施工技术的要求也越来越高。因此,研究土方填筑与压实施工技术,优化施工工艺,提高施工质量,保障施工安全,对于保障水利工程的安全稳定具有重要意义。

2 土方填筑的基本概念与分类

在水利工程建设中,土方填筑是一个重要环节,它涉及将挖掘出的土石等材料按照设计要求填筑到指定位置,以形成坝体、堤防、渠道等结构。土方填筑的基本概念包括填筑材料的选取、填筑工艺的确定以及填筑质量的控制。填筑材料的选取需根据工程地质条件、设计要求以及经济性等因素综合考虑,常见的填筑材料有黏土、砂土、碎石等。填筑工艺的确定则需考虑填筑层的厚度、填筑顺序、施工机械的选择等。填筑质量的控制是确保工程安全稳定的关键,它包括填筑材料的均匀性、密

作者简介:赵永楷,男,水利工程助理工程师,主要从事水利工程建设管理、施工工艺等研究工作。邮箱:1009546240@qq.com。

实度以及与周围环境的协调性等指标。

土方填筑的分类主要根据填筑材料和填筑目的进行划分。按填筑材料可分为黏土填筑、砂砾填筑、碎石填筑等;按填筑目的可分为坝体填筑、堤防填筑、路基填筑等。不同类型的填筑对材料的要求、施工工艺和质量控制都有所不同。例如,黏土填筑要求材料具有良好的塑性和黏结性,以保证坝体的防渗性能;而砂砾填筑则要求材料具有较好的透水性和稳定性,以适应水利工程的排水要求。因此,在实际施工中,需要根据具体工程的特点和要求,选择合适的填筑材料和施工技术,以确保土方填筑的质量和工程的安全。

3 土方压实技术原理与方法

土方压实技术是确保土方填筑质量的关键环节,其原理是通过机械作用使土体颗粒重新排列,减少空隙,增加土体的密实度和承载力。压实过程中,土体颗粒间的摩擦力和黏结力增强,从而提高了土体的整体稳定性和抗剪强度。土方压实的基本原理包括静力压实、振动压实和冲击压实等。静力压实是利用压实机械的自重对土体施加静压力,适用于黏性土的压实;振动压实则是通过振动机械产生的周期性振动作用,使土体颗粒产生相对运动,达到压实效果,适用于砂性土和砾石土的压实;冲击压实则是通过冲击机械产生的冲击力对土体进行快速压缩,适用于各种土质的压实。

土方压实的方法主要包括选择合适的压实机械、确定合理的压实工艺参数以及实施有效的质量控制。压实机械的选择需根据土质特性、工程规模和施工条件等因素综合考虑,常见的压实机械有压路机、振动平板夯、冲击夯等。压实工艺参数的确定包括压实遍数、压实速度、压实层的厚度等,这些参数需根据土体的性质和设计要求进行优化。质量控制则包括对压实后的土体进行密实度、含水量、均匀性等指标的检测,确保压实效果符合设计标准。

4 土方填筑与压实施工中的关键问题

4.1 施工环境与气候因素的影响

施工环境与气候因素对土方填筑与压实施工有着不可忽视的影响。例如,降雨会导致土体含水量增加,影响压实效果,甚至可能引发滑坡等安全事故。高温或低温天气对施工质量也会造成一定的影响,高温可能导致土体水分迅速蒸发,影响压实质量;而低温则可能使土体冻结,增加施工难度。此外,风速、湿度等气候因素也会对施工材料的运输、存储和施工操作产生影响。

4.2 土方填筑中的均匀性与稳定性问题

在土方填筑过程中,均匀性问题主要表现为填筑材料分布不均,导致填筑层内部存在空洞、松散区域或不均匀沉降,这对工程的整体稳定性和使用寿命都会造成严重的影响。稳定性问题则涉及填筑体的整体结构安全,如边坡的稳定性、坝体的抗滑稳定性等,这些问题往往由于设计不当、施工质量控制不严或材料选择不合理而引发。

4.3 压实过程中的密实度与含水量控制

压实过程中的密实度控制是一个复杂的问题,它受到压实机械性能、压实工艺参数、土体特性等多种因素的影响。如果密实度不足,会导致填筑体承载力下降,易发生沉降或变形。含水量控制同样关键,过高或过低的含水量都会影响压实效果和土体的工程性质,如含水量过高可能导致土体软化,而含水量过低则会使土体难以压实。

5 土方填筑与压实施工技术的优化策略

5.1 施工前的地质勘察与设计优化

在土方填筑与压实施工前,进行详尽的地质勘察是确保工程质量的基础。通过地质勘察,可以全面了解施工区域的地质结构、土层分布、地下水位等关键信息,为设计提供科学依据。设计优化则是在勘察数据的基础上,对填筑体的结构、材料选择、施工工艺等进行精细化设计,以适应地质条件的复杂性和多变性。例如,针对不同地质条件设计合理的填筑层厚度和坡度,选择适宜的填筑材料和压实机械,以及制订针对性的施工方案。通过施工前的地质勘察与设计优化,可以有效避免施工中的技术问题,提高工程的整体稳定性和耐久性。

5.2 施工过程中的质量控制与监测

施工过程中的质量控制与监测是确保土方填筑与压实施工技术优化的关键环节。质量控制包括对填筑材料的质量检验、施工工艺的严格执行以及施工现场的管理。例如,严格检测填筑物的粒径、含水量、密度等,确保达到设计要求;对压实过程中的压实遍数、压实速度、压实层厚度等进行精确控制,以达到设计密实度。监测则是通过现场测试和实时监控,对填筑体的均匀性、稳定性、密实度等进行评估,及时发现并解决施工中的质量问题。通过施工过程中的质量控制与监测,可以确保施工质量始终处于受控状态,提高工程的可靠性和安全性。

5.3 新型压实技术的应用与研究进展

随着科技的发展,新型压实技术不断涌现,为土方填筑与压实施工技术的优化提供了新的可能。例如,振动压实技术通过高频振动使土体颗粒产生相对运动,达到更好的压实效果;冲击压实技术利用冲击力对土体进行快速压缩,适用于各种土质的压实。此外,还有微波压实技术、电渗压实技术等新型压实方法,它们通过不同的物理或化学作用机制,提高压实效率和质量。同时,研究进展还包括对压实机理的深入探索、压实工艺参数的优化以及压实效果的预测模型建立等。通过应用新型压实技术并结合研究进展,可以进一步提高土方填筑与压实施工的技术水平,满足现代水利工程对高质量、高效率施工的要求。

在当前背景下,为了适应人口减少和老龄化的趋势,应该考虑实施更加智能化和自动化的施工流程。通过引入先进的技术和设备,可以减少对人工劳动的过度依赖,提高工作效率,同时减轻施工人员的工作负担。淮安市淮河入海水道二期工程河道施工3标段主要以河道土方开挖、南北堤防填筑为主。施工技术人员给压路机安装了智能碾压控制系统终端设备,并配备高精度定位定向接收机和压实度传感器,就是为了提高堤防填筑压实度。施工前,先通过碾压试验取得摊铺厚度、碾压遍数、碾压速度、压实度等施工参数,碾压施工过程中,智能碾压控制系统实时记录压路机数据,并实时上传保存到管理系统平台。压路机驾驶员的操作室内配有显示屏,可以实时显示压路机工作参数。

智能碾压系统设定以不同颜色代表不同的碾压遍数,例如,本层填土后碾压第 1 遍的轨迹显示为粉红色,碾压第 4 遍的轨迹显示为绿色。根据碾压试验的结果可知,显示轨迹为绿色即代表该区域满足设计压实度要求。智能碾压控制系统的应用,大大提高了堤防填筑碾压施工质量,环刀检测压实度合格率达 100%。

6 结语

综上所述,土方填筑与压实施工技术在水利工程中具有举足轻重的作用。通过对施工前的地质勘察与设计优化、施工过程中的质量控制与监测以及新型压实技术的应用与研究进展的探讨,助力提升土方填筑与压实施工的技术水平。未来的研究应继续关注施工技术的创新与发展,加强施工质量的实时监控,以及提高施工效率和降低成本。同时,应结合工程实践,不断总结经验,完善施工技术标准和规范,以适应水利工程建设的不断发展和变化。

主要参考文献

[1] 张黄兵.水利工程施工中土方填筑施工技术[J].中国住宅设施,2024(6):166-168.

[2] 李炜.水利工程施工中土方填筑施工技术探析[J].工程建设与设计,2024(2):164-166.

[3] 肖龙飞.水利工程施工中土方填筑施工技术研究[J].低碳世界,2023,13(8):58-60.

[4] 方群.水利工程施工中土方填筑施工技术探析[J].大众标准化,2023(13):52-54.

预制块护坡控制要点

梅峰坤[1]　严亚萍[2]　张传波[3]　梅培峻[4]

(1. 江苏河海工程建设监理有限公司,江苏淮安　223299;

2. 扬州市建苑工程监理有限责任公司,江苏扬州　225003;

3. 江苏河海工程建设监理有限公司,江苏,淮安　223299;

4. 郑州轻工业大学,河南郑州　450002)

摘　要:本文旨在探讨水利工程中护坡技术的现状、应用及其发展趋势。随着水利工程的不断发展,护坡作为保障水利工程的稳定性和安全性的重要措施,其技术和施工方法也在不断创新和完善。本文将从护坡的设计、材料选择、施工工艺、施工过程控制及维护保养等方面进行阐述。

关键词:护坡;质量控制

1　引言

淮河入海水道二期工程全长约160km(其中,淮安市境内工程全长96km),是国家重要的水利建设项目之一,其建设意义重大,对于提高淮河流域的防洪排涝能力,改善航运条件、促进区域经济发展等方面都将发挥重要作用。然而,在水利工程的建设和运行过程中,边坡的稳定性问题一直是关注的重点。护坡作为提高边坡稳定性的重要手段,其技术和方法的选择对于工程的整体质量和效益具有重要影响。

2　结构设计与控制要点

(1)结构设计合理性

护坡的结构设计应合理、科学,充分考虑地质环境、地形、气候影响等因素。这有助于确保护坡结构在各种条件下都能保持稳定和可靠。

(2)配重与稳定性

结构中的各部分应有合理的配重,以有效保证整个工程的稳定性(如为了护坡稳定将原空心预制块改为实心预制块)。这包括预制块的重量、形状、细部尺寸等因素的合理安排和搭配。

作者简介:梅峰坤,男,高级工程师,擅长水利工程施工监理和水利方案评审,E-mail:294286832@qq.com。

3　材料选择的控制要点

（1）土工材料

选择合格的聚丙烯材质的无纺土工布（单位面积 $\geqslant 300\text{g}/\text{m}^2$、纵横向断裂强度 $\geqslant 15\text{kN}/\text{m}$、对应伸长率 $20\%\sim 100\%$），要求材料具有良好的力学性能、良好的纵横向排水性能、良好的延伸性能及较高的耐酸性等，以提高护坡的稳定性和耐久性。

（2）植被材料

植被护坡工程中的重要组成部分，应根据图纸要求选择适宜的植物种类（天堂草草皮及播撒天堂草、黑麦草草籽），以提供足够的根系和覆盖面积，增加土壤的抗冲刷能力。

（3）生产厂家选择

预制块的质量很大程度上决定了整个工程的质量，因此应通过参建单位联合考察选择信誉好、品质过硬的生产厂家，确保预制块的质量可靠。

4　施工工艺的控制要点

（1）土方开挖

护坡工程前需进行土方开挖，坡面修整，平整度为 $0\sim 30\text{mm}$。开挖时要注意控制开挖深度和坡度平整度，避免土方塌方和坡体变形。

（1）护坡结构施工

根据设计要求进行护坡结构的施工，包括土工材料的铺设、级配碎石铺设、预制块铺设等。施工过程中要注意施工工艺和质量控制，确保结构的稳定性和牢固性。

（3）植被护坡

在坡面修整后进行植被覆盖的施工。合理选择植被覆盖率 $\geqslant 90\%$ 且每处集中空秃面积小于 0.2m^2，进行科学的植被铺设和养护，以促进植被的生长和根系的发展，防止在施工期间遇到雨季形成雨淋沟，增加护坡的稳定性。

5　施工过程控制

（1）施工人员技能

施工前技术负责人应向施工人员进行技术交底，让每一位参与施工人员熟悉每道工序的重点和要点，掌握相应的施工规范和技术标准。然后做好"首件制"，这有助于确保施工过程的顺利进行和工程质量的达标。

（2）施工规范与操作

每道工序的施工必须严格执行"三检制"和技术要求操作，确保施工质量。同时，要建立稳定的施工队伍，配备专业人员和必备的工具、设备。

（3）问题解决与记录

对于施工过程中出现的问题要及时解决，并做好详细的记录、检验和管理工作。这有助于及时发现和纠正问题，确保工程质量的持续改进和提升。

6 维护保养的控制要点

（1）定期检查

对护坡工程进行定期巡察，发现问题及时处理。检查内容包括护坡结构的破损、植被的生长情况等。

（2）清理维护

定期清理护坡工程上的杂草、垃圾等保持护坡的整洁。对于预制块破损的应及时进行更换，以此来保持结构的完整性。

（3）养护管理

根据护坡工程的实际情况制订养护管理计划包括定期浇水、施肥、修剪等。养护管理的目的是保持植被的健康生长，增加护坡的稳定性和美观性。

7 结语

综上所述，预制块护坡控制要点涵盖了设计、材料选择、施工工艺、施工过程控制及维护保养等多个方面。只有全面把握这些要点并严格执行相关要求，才能确保预制块护坡工程的质量和效果达到预期目标。

主要参考文献

[1] 中华人民共和国建设部.土工合成材料应用技术规范:GB/T 50290—2014[S].北京:中国计划出版社,2014.

[2] 中华人民共和国水利部.水利水电工程土工合成材料应用技术规范:SL/T 225—98[S].北京:中国水利水电出版社,1998.

[3] 江苏省质量技术监督局.水利工程施工质量检验与评定规范:DB32/T 2334.2—2013[S].江苏省质量技术监督局,2013.

植物防护工程对堤防建成后的保护作用研究

朱　洲　唐五一

(长江河湖建设有限公司,湖北武汉　430000)

摘　要:本文对植物防护工程在堤防建成后的保护作用进行了研究。概述了植物防护工程的不同类型、优势和适用性,分析了堤防面临的破坏风险和不同因素的影响程度。通过案例研究,探讨了植物防护工程的效果和关键因素。总结指出,植物防护工程是一种环保、可持续的保护手段,能够减轻保护需求,提高堤防的稳定性和安全性。

关键词:植物防护工程;堤防保护;影响因素

1　引言

堤防作为水利工程的重要组成部分,对于防洪、防涝和保护周边土地起着至关重要的作用。然而,建成后的堤防面临着自然灾害和人为破坏等多种威胁,因此需要采取有效的保护措施。植物防护工程作为一种环保、可持续的防护手段,已经在堤防保护中得到广泛应用。其通过种植特定的植物,形成植被覆盖层,减轻洪水侵蚀,增加护坡稳定性,具有独特的优势和适用性。本文将对植物防护工程在堤防建成后的保护作用进行研究和探讨,为水利工程的可持续发展提供参考和借鉴。

2　植物防护工程概述

2.1　堤防建成后的保护需求及挑战

堤防建成后的保护需求和挑战是水利工程中的重要问题。堤防作为防洪抗涝的主要设施,必须面对各种自然灾害和人为破坏的威胁。自然灾害如洪水、波浪和侵蚀等会对堤防完整性和稳定性造成严峻考验,威胁着周边居民和农田的安全。同时,人为破坏如非法采砂、乱倒垃圾等行为,也给堤防保护带来一定的风险。因此,必须采取科学有效的措施来增强堤防的抗灾能力和防护水平,保障堤防的安全运行,确保周边地区的生产生活不受威胁。植物防护工程作为一种环保、经济的保护手段,为解决这一问题提供了新的选择。

作者简介:朱洲,男,助理工程师,从事水利工程施工及质量控制研究工作,E-mail:345845620@qq.com。

2.2　不同类型的植物防护工程

植物防护工程是保护堤防的有效手段,有多种类型,根据实际情况可采用不同方式。其中,植被护坡是一种常见的植物防护工程,通过在堤防护坡上种植特定植物,形成覆盖层,增加堤防的抗冲蚀能力,有效保护护坡免受侵蚀破坏。另一种类型是植草带,它在堤防周围划定一定范围,种植特定的草本植物,通过植物的根系和地上部分的抵抗力,减缓洪水流速,降低对堤防的冲击力,提高护坡的稳定性。植物防护工程的类型因地区环境和要求的不同而异,选择合适的类型对于保护堤防的稳定性和安全性至关重要。

2.3　植物防护工程在保护堤防方面的优势

植物防护工程在保护堤防方面具有显著的优势。首先,它是一种环保、可持续的防护手段,与传统的工程手段相比,对生态环境的干扰较小,有利于生态系统的恢复和生物多样性的保护。其次,植物防护工程的成本相对较低,适用于各种规模的工程。同时,植物防护工程具有较好的适应性,可以根据不同地区的地质条件和气候环境选择合适的植物种类和种植方式。此外,植物根系具有良好的抓土保持能力,能够有效减缓洪水侵蚀速度,提高堤防的抗冲击能力,从而增强堤防的稳定性和安全性。综上所述,植物防护工程在保护堤防方面是一种具有广阔应用前景的有效手段。

3　堤防建成后的保护需求分析

3.1　堤防建成后面临的破坏风险

堤防建成后面临着多种破坏风险,这些风险有自然灾害和人为破坏等多方面因素。首先,在自然灾害方面,洪水是最常见的威胁之一。洪水可能超过堤防的承载能力,导致堤防决口或溃坝,从而造成严重的灾害。其次,波浪也可能对海堤和水库堤防造成冲击,引发护坡破坏和堤体溃决。同时,侵蚀是另一重要威胁,水流的侵蚀作用会逐渐削弱堤防的稳定性,导致护坡坍塌。在人为破坏方面,非法采砂、乱倒垃圾等行为也会对堤防安全造成威胁。不当的人为干扰会破坏堤防的完整性,降低其抵御自然灾害的能力。综合来看,堤防建成后的破坏风险需要全面考虑自然因素和人为因素,并采取科学合理的防护措施,植物防护工程作为一种可持续的保护手段,为减轻这些破坏风险提供了有效的解决方案。同时,定期的巡察和维护,以及公众的意识提高也是确保堤防安全的重要措施。

3.2　不同风险因素对堤防的影响程度

不同风险因素对堤防的影响程度取决于多种因素,包括自然灾害的性质与强度、地理位置、堤防结构和维护状况等。首先,自然灾害的影响程度与其强度和频率密切相关。例如,洪水和波浪的规模和冲击力越大,对堤防的破坏程度就越严重。其次,地理位置和地形条件也是影响因素之一。堤防建在易受洪水、海潮等自然灾害影响的低洼地区,其面临的风险较高。此外,堤防结构的设计和维护状况也会影响其抵御风险的能力。良好的结构设计和定期的维护能够增强堤防的稳定性和抗破坏能力,减轻风险影响。而在人为破坏方面,破坏行为的性质和程度也会决定其对堤防的影响。非法采砂、乱倒垃圾等不当行为可能导致局部堤防的损坏,而有组织、有计划的破坏则可能导致严重的堤防破坏。因此,在保护堤防时,需要全面考虑不同风险因素的影响程度,并制定相应的防护策略,以确保堤防的安全稳固。

3.3　植物防护工程在减轻保护需求方面的重要作用

植物防护工程在减轻保护需求方面发挥着重要的作用。首先,植物防护工程能够有效减缓洪水流速和波浪冲击,降低了自然灾害对堤防的影响程度。通过在堤防护坡上种植特定的植物,形成植被覆盖层,可以增加护坡的稳定性,抵御水流的冲击和侵蚀。其次,植物防护工程在护坡和保护土壤方面具有良好的抓土保持能力,有效减少了土壤的流失和侵蚀,降低了堤防的维护成本。此外,植物防护工程是一种环保、可持续的保护手段,与传统的工程手段相比,对生态环境的干扰较小,有助于生态系统的恢复和生物多样性的保护。因此,植物防护工程不仅可以提高堤防的抗灾能力和防护水平,还能减轻对堤防的保护需求,为水利工程的可持续发展提供了一条有效的途径。

4　植物防护工程对堤防保护作用的案例研究

4.1　植物防护工程案例介绍

(1)案例一:某水库堤防植被护坡工程

在某水库的堤防上,采用了植被护坡工程,通过选择适宜的植物种类,形成了密集的植被覆盖层。这些植物的根系能够有效抓紧土壤,抵抗水流的冲击和侵蚀。在一次强降雨和洪水事件中,植被护坡工程发挥了重要的作用。植被覆盖层有效减缓了洪水流速,降低了洪水对护坡的冲击力,避免了护坡崩塌和堤体决口的发生。与未进行植被护坡的堤防相比,该水库堤防减少了大量的冲蚀损失,保护了堤防的完整性和稳定性,为水库及周边地区的安全提供了有力保障。

(2)案例二:城市河道植草带工程

在某城市的河道两岸,规划了植草带工程。通过在河道两岸种植特定的草本植物,形成了植物密集的带状区域。这些草本植物的根系能够有效地抓牢土壤,减缓河水流速,降低了河水对堤岸的冲击力。在一次暴雨引发的洪水事件中,植草带工程发挥了重要作用。它有效地减少了河水位上涨速度,缓解了洪水压力,保护了河岸的稳定。同时,植草带工程还改善了河岸的生态环境,促进了河道水质净化和水生生物的繁衍,提升了城市生态环境质量。

综上所述,植物防护工程在不同地区和工程中都显示出显著的效果。它能够有效减缓水流速度、抵御冲击力、减轻土壤侵蚀,为水利工程的安全稳定提供了可靠的保障。此外,植物防护工程的环保特性和适应性也使其成为一种可持续发展的防护手段,值得在水利工程建设中广泛推广应用。

4.2　植物防护工程案例经验启示

植物防护工程的案例经验提供了宝贵的启示和建议,对于今后植物防护工程的规划和实施具有重要指导意义,总结如下:

①植物选择至关重要。在植物防护工程中,选择适合当地气候、土壤条件和水文环境的植物种类是关键。必须进行充分的植物调查和试验,确保选用的植物具有较强的抓土保持能力和适应性。

②合理的种植密度和布局对于植物防护工程的效果至关重要。密度过小可能无法形成稳固的植被覆盖层,密度过大则可能导致资源浪费。同时,合理的植物布局能够最大限度地发挥植物根系的抓土保持作用。

③定期的维护和管理对于植物防护工程效果的长期稳定至关重要。定期修剪、除草、补植等措施能够保持植物防护工程的良好状态,增强其抗灾能力。

④科学设计工程和综合考虑生态因素。植物防护工程应融入生态环境,避免过度侵占自然资源和破坏生态平衡。合理的工程设计能够实现与自然和谐共生,提高工程的可持续性。

⑤加强监测和评估必不可少。对植物防护工程的效果进行定期监测和评估,及时发现问题并采取措施加以改进,保障植物防护工程的长期稳定运行。

5 结语

植物防护工程作为一种环保、可持续的保护手段,在堤防建成后的保护中发挥着重要作用。通过选择适宜的植物种类、合理的种植密度和布局,植物防护工程能有效减缓洪水流速、抵御冲击力,降低土壤侵蚀,保护堤防的稳定性和完整性。同时,植物防护工程还具有环保优势,有利于生态系统的恢复和生物多样性的保护。通过案例经验的总结和启示,深刻认识到植物防护工程在水利工程中的重要价值,也为今后的工程规划和实施提供了宝贵指导。为了保障堤防的安全运行,应加强科学研究和技术创新,持续完善植物防护工程的设计和管理,确保其在防护堤防、维护生态平衡方面持续发挥积极作用,为可持续水利发展贡献更多力量。

主要参考文献

[1] 胡海涛.平原地区雨季堤坝风控研究[J].治淮,2019,491(7):50-51.

[2] 赵志强.堤坝工程的渗透防护与加固关键技术分析[J].农业科技与信息,2017,516(7):125-126.

[3] 周虎.黄河堤坝侵蚀因素分析及生物防护工作[J].河南水利与南水北调,2010,170(8):86-87.

[4] 窦圣强,王云刚,马晓明.黄河下游堤坝工程侵蚀因素及生物防护措施[J].今日科苑,2009,194(24):271.

[5] 李新华,程爱俭,任军成,等.菏泽黄河堤坝侵蚀原因分析及生物防护[J].科技信息(科学教研),2008,258(10):318.

浅谈堤防防渗技术在淮河入海水道二期工程的应用

刘 凯[1] 陈 松[2]

(1. 淮安市城市水利工程管理中心,江苏淮安 223000;

2. 淮安市水利工程建设管理服务中心,江苏淮安 223000;)

摘 要:2023 年 5 月 29 日,省发改委批复淮河入海水道二期工程初步设计,二期工程全面启动。淮河入海水道二期工程是淮河流域防洪除涝减灾体系的重要组成部分,是提高洪泽湖及其下游防洪保护区防洪标准的关键性工程,它的顺利建成将使洪泽湖防洪标准提高到 300 年一遇。二期工程建设是在一期工程的基础上扩挖河道,加固堤防,同时对南堤堤防薄弱段采用防渗措施。基于此,本文围绕防渗技术在淮河入海水道二期工程的应用展开分析,并提出一些个人想法,以供交流。

关键词:水利工程;堤防防渗;施工技术;质量控制;技术应用

1 引言

淮河入海水道与苏北灌溉总渠平行,紧靠其北侧,西起洪泽湖二河闸,东至滨海县扁担港注入黄海,流经淮安市、盐城市,全长 162.3km。淮河入海水道一期工程于 1999 年 9 月开工建设,2003 年 6 月完工通水,2006 年 10 月全面建成。入海水道二期工程是贯彻落实新时代治水方针和发展理念、巩固和扩大淮河下游排洪出路、提高淮河干流防洪排涝能力、改善滨湖圩区近百万人生产生活条件、促进经济社会持续健康发展下的民生工程。为此,立足"筑世纪工程、保淮河安澜"大目标,工程质量尤为关键。当前水利工程堤防防渗技术的应用日趋成熟,但各自依然存在优缺点,采用不当可能对工程质量产生不确定的影响,对此加以探讨分析是十分必要的。

2 淮河入海水道

2.1 基本情况

淮河入海水道与苏北灌溉总渠构成两河三堤,淮河入海水道现状南堤是由苏北灌溉总渠北堤加高培厚形成,为 1 级堤防,它保护着里下河地区 1000 万人口、123 万 hm² 耕地、部分工矿企业以及盐

作者简介:刘凯,男,工程师,主要从事水利工程建设、水利工程(涵闸、堤防)管理、城市防汛、河长制等工作,E-mail:103666547@qq.com。

城、泰州等城市,灌溉总渠始建于 1951 年,受当时填筑条件限制,堤身填筑质量较差,运行期间经常出现险情。由于灌溉总渠和入海水道功能定位的不同,河道存在水位差,一旦出现险情将对周边地区产生严重危害,所以提高公用堤身质量尤为重要。

入海水道一期工程对公用堤身进行过加固处理。但是,一方面,淮河入海水道南堤加高培厚土料基本取自灌溉总渠、入海水道挖泓弃土,土性较杂,软硬不均;另一方面,二期工程实施前期,经过地质勘测和注水试验,堤身渗透性以弱—中等透水为主,局部强透水。通过渗流稳定计算分析,约 68.53km 堤防不能满足渗流稳定要求,因此需要采取必要的防渗处理。

2.2　防渗处理措施

处理渗流的基本原则是"上堵、中截、下排"。上堵的主要措施有黏土铺盖、黏土斜墙、坡脚黏土齿槽等;中截的主要措施有混凝土钻孔灌注桩、地下连续墙、高压定喷板墙、充填式灌浆、劈裂式灌浆、机械开槽垂直铺膜、多头小直径深搅桩等;下排的主要措施有排渗沟、减压井、贴坡反滤、坡脚棱体排水、透水压重等。

上堵需采取贴坡,将减少河道过流断面;下排措施中常用减压井,最初防渗效果好,但管理维护较为困难,且易淤塞而失去作用。入海水道南堤堤身渗水的主要原因为堤防施工时土质差、工艺落后等因素导致堤身密实度不足,采用中截的方式对不能满足渗流稳定要求的堤防进行防渗处理较合适。

淮河入海水道二期工程前期针对劈裂灌浆、锥探灌浆和机械垂直铺膜 3 种工艺进行了比选,其技术特点如下:

(1)劈裂灌浆

劈裂灌浆是利用堤身的最小应力面和堤轴线一致的规律,以断裂力学和力学劈裂原理为理论基础,沿堤轴线布孔,在灌浆压力下以适宜的浆液为能量载体,有控制地劈裂堤身,在堤身形成密实、竖直连续、有一定厚度的浆液防渗固结体,同时与浆脉连通的所有裂缝、洞穴等隐患均可被浆液充填密实。劈裂注浆是目前应用较广的一种软弱土层加固方法,它既可应用于渗透性较好的砂层,又可应用于渗透性差的黏性土层。

(2)锥探灌浆

锥探灌浆是将土料加水后用机械搅拌成泥浆,利用泥浆(或水泥浆)具有一定的流动性等特点,通过探锥按照一定的排距成孔,通过压力灌浆机加压灌入锥孔,压进缝隙、洞穴,析出水分,从而使堤身内部的缝穴隐患为泥土充填,将泥浆填充结构物内部的裂缝、洞穴,使其与腐朽的枯料、桩木、树根等形成一个整体,达到固结和整体受力的状态。

(3)机械垂直铺膜

机械垂直铺膜是 20 世纪 80 年代中期开始研究试验,20 世纪 90 年代初发展起来的防渗技术。其工艺原理是利用专门的开沟造槽机械开出一定宽度和深度的沟槽,在沟槽内铺设塑膜,再填以回填料,形成以塑膜为主体的防渗帷幕,起到防渗作用。

2.3　比选推荐

淮河入海水道进洪闸至淮安枢纽段南堤堤身土质主要由灰褐、棕黄、灰黄色黏土、粉质黏土、重

黏土、重粉质壤土以及杂少量砂壤土组成。针对该段填土土质和堤身渗透原因推荐采用锥探灌浆加固方案。

淮安至海口段南堤桩号 33＋000～57＋500、66＋200～78＋326、95＋000～105＋000 段渗透破坏在总渠侧,采用平台加做反滤将增加南堤退堤的宽度,将缩小过水断面。同时软土段筑堤缺土,将增加工程土方调运投资,推荐锥探灌浆加固方案。

锥探灌浆加固方案的优点是适应性广,受地貌、地形的影响小,操作简单,对堤身空洞、裂缝、蚁穴等能充填,对堤防有加固之工效,单价低;缺点是因受堤防高度限制,虽能形成连续的帷幕,但帷幕厚度很小,防渗性能提高不显著。

3　其他防渗施工技术

近年来,对堤后出现渗水的堤防进行除险加固的方案很多,各方案也都具有自己的优缺点,下面简单列举其他成熟的应用技术及优缺点。

3.1　多头小直径搅拌桩防渗墙

多头小直径搅拌桩防渗墙是利用水泥等材料作为固化剂,通过多头搅拌桩机(一般分为 3 个或 5 个搅拌头)就地将软土及水泥浆液强制搅拌,使水泥和软土之间产生一系列物理化学反应,然后通过桩间依次单孔套接使软土硬结成具有整体性、水稳定性和一定强度的排柱式水泥土防渗墙。

该技术的优点是墙体均匀密实、延续性、整体性、抗渗性好,加固最大深度可达 28m,工效较高,价格较适中;缺点是设备体积及自重大,对场地有一定要求。

3.2　高压喷射防渗墙

高压喷射灌浆法是一种采用高压水或高压浆液形成高速喷射流束,冲击、切割、破碎地层土体,并以水泥基质浆液充填、掺混其中,形成桩柱或板墙状的凝结体,用以提高地基防渗或承载能力的施工技术,处理深度可以达 30m 以上。高压喷射灌浆分为定喷、摆喷及旋喷 3 种工艺。

该技术优点是工艺成熟、适应性强,可直接形成较深的防渗帷幕,防渗效果好;并且机具体积小,场地适应性强。缺点是材料消耗量大,造价高,每平米单价达到多头小直径深层搅拌桩防渗墙的 4 倍左右。

3.3　双轮铣削深搅水泥土防渗墙

双轮铣削深搅水泥土防渗墙是一种由液压双轮铣槽机(可铣削入岩)和传统深层搅拌技术特点相结合起来的水泥土防渗墙技术,是通过液压双轮铣削地基土并与水泥浆液进行强制搅拌,形成水泥土,通过分序靠接形成等厚水泥土防渗墙。

该技术的优点是单幅墙体防渗效果好,施工深度调节空间大。缺点是施工面较大,工艺较复杂,路基要求高,墙体连接部位防渗薄弱,废浆排放量大。

3.4　塑性地连墙

塑性地连墙是在刚性地连墙(钢筋混凝土/混凝土地连墙)的基础上优化改进形成的一种新型防

渗墙,通过抓斗挖槽后,在槽孔内浇筑由水泥、膨润土、砂、石子及外掺剂混合形成的塑性防渗材料,然后通过分序靠接形成地下连续防渗墙。

该技术的优点是单幅墙体防渗效果好,施工深度调节空间大;缺点是造价高,施工面大,路基要求高,工艺复杂,耗能大。

3.5 三轴搅拌桩防渗墙

三轴搅拌桩是利用移动支撑机上的3个支点,垂直立杆导杆上安装驱动设备、钻杆、钻头于一体的三轴头搅拌桩机,在松软或紧密地层中边转进边喷气、喷射水泥浆。施工时,两头喷浆、一头喷气、间隔排列(即浆、气、浆),通过钻头旋转强制搅拌,使土体与水泥浆初步混合;送气管送气的同时也对土体进行搅拌,经过气体的升扬置换作用,让土体与水泥浆更加充分地搅拌。水泥水化反应生成水化物,水化物胶结并与颗粒发生粒子交换,由粒化作用以及硬凝反应形成一定的抗压强度,从而形成具有整体性和抗水性的桩柱体。

该技术的优点是桩架设备稳重、垂直度易控制、墙体均匀性和连续性好,质量可控性强,最大成桩深度可达30m。缺点是施工设备大,场地宽敞方可顺利施工。

4 入海水道采用的技术

国家发展和改革委员会在批复淮河入海水道二期工程可行性研究中对南堤防渗提出了进一步复核防渗处理的建议。通过进一步研究,结合堤身、堤基地质条件及稳定分析成果,初步设计阶段复核防渗长度为68.5km,同时根据不同情况,推荐采用锥探灌浆、三轴搅拌桩和多头小直径防渗加固方案,目前总体方案已通过省发展和改革委员会批复同意。

4.1 锥探灌浆

锥探灌浆使用范围为入海水道桩号 $0+000\sim2+700$、$18+170\sim26+170$,该范围南堤堤身土质不均,填筑不密实,堤身存在裂缝、架空、空洞。根据渗流稳定计算结果,该段堤防渗流稳定满足要求。因此,虽然锥探灌浆防渗性能不高,但能够充填堤身空洞、裂缝、蚁穴等缺陷,对堤防加固明显,且造价低,因此采用。

4.2 三轴搅拌桩截渗墙

三轴搅拌桩截渗墙使用范围为入海水道桩号 $3+500\sim5+300$、$5+928\sim7+200$,该范围南堤堤身土质主要由粉质黏土、杂少量砂壤土组成,滩面以下的地基主要由含少量砾的轻粉质壤土、粉质黏土和重粉质砂壤土组成,渗透系数为 $A\times10^{-4}$ 的土层下垫面高程为 $-1.7\sim2.5$m。经计算,该段堤防渗流稳定不能满足要求,因此不采用锥探灌浆。该段堤防防渗孔深在 $19.7\sim23.2$m。综合三轴搅拌桩最大成桩深度可达30m,墙体具有均匀性和连续性好、质量可控性强等诸多优点,因此采用三轴搅拌桩截渗墙进行截渗。

4.3 多头小直径深层搅拌桩

多头小直径深层搅拌桩使用范围为入海水道桩号 $7+200\sim15+300$、$18+170\sim26+170$、$33+$

$000\sim57＋500$、$66＋200\sim78＋326$ 和 $95＋000\sim105＋000$,该范围 54.73km 长堤防截渗深度基本小于 15m,多头小直径水泥土搅拌桩最大成桩深度可达 28m,墙体均匀密实、延续性、整体性、抗渗性好,因此采用多头小直径水泥土搅拌桩截渗墙进行截渗。

5　几点思考

5.1　搭接处理

防渗墙施打过程中,不同标段、不同班组之间必将出现搭接情况,采取有效的技术手段消除搭接处的薄弱点是需要重点考虑的环节。虽然可以采取套打的方式进行处理,但有可能对原有墙体造成一定的破坏,施工过程中尤其要注意质量把控。

多头小直径深层搅拌桩施工机械高度一般达到十几米,底座较大,堤顶高 20m 垂直范围内及地下防渗墙轴线位置不允许有构筑物,入海水道目前施工所在堤顶以上 10m 范围内存在高压电线,不满足多头小直径深层搅拌桩防渗墙施工。可以采取高压喷射灌浆进行局部处理,高压喷射灌浆分为定喷、摆喷及旋喷三种工艺,旋喷机械高度仅 4m 左右,比较适合本工程高压杆线影响部分,并且可以直接形成较深的防渗帷幕,防渗效果好,对搭接处进行处理效果佳。

5.2　进度控制

淮安市境内已开工的南堤防渗施工标段为淮安市境内淮河入海水道二期工程 2022 年度工程施工 1、3、4 标,河道桩号 $5＋928\sim7＋200$、$7＋200\sim13＋100$、$13＋100\sim15＋300$。施工工艺均采取多头小直径水泥土搅拌桩技术方案。前期采用传统施工方法,功效低下,进度缓慢,尤其是下钻至砂礓层施工更加困难。经研究试验,对施工方法进行了优化改进,采用链条下压式施工,有效提高了施工功效,加快了施工进度,对后期施工有一定的借鉴作用。施工时,要根据施工现场实地情况,研究分析解决施工中的难点,以便提升施工效率和为今后的类似工程提供经验和做法。

5.3　质量管理

淮河入海水道二期工程南堤防渗处理规模较大,施工队伍众多,整体过程严格的监督与管理尤为重要。如果某一环节发生质量问题,极可能导致整体工程施工质量受到影响。因此,必须加大工程施工监督管理力度,以保证良好的工程施工质量,确保南堤防渗全线无薄弱环节。

为了保证水利工程堤防防渗的顺利施工,正式开始工程施工前,一方面,施工单位要针对工程施工现场的地理环境进行勘查,并结合实际情况设计科学的工程施工方案,强化相关工作人员的培训,提高工程操作人员的专业能力,为工程施工提供保障,这样才能为后续工作的有序推进奠定基础;另一方面,结合施工现场的具体情况,有效组织工程施工相应环节,对工程施工中可能存在的各种问题加以预测,同时制订相关应对措施。此外,施工单位更要严格施工材料进行监督,确保工程建设材料符合工程标准要求,如此才能使其防渗作用得以充分发挥。工程操作人员还要充分掌握相关的防渗施工技术,确保工程良好的施工质量。

目前已完成部分的质量截渗墙连续性、搭接厚度、墙体强度等全部满足规范及设计要求,但也存在轴线顺直度、桩位均存在较小偏差的瑕疵。下一阶段施工过程中要采取相应的施工措施予以纠正。通过加强机身桩机垂直度的检查,前中后三线控制(桩机首、中、尾),在桩机移动路径上采用线垂配合等进一步提升轴线顺直度。

6 结语

综上,堤防防渗施工技术在水利工程中起到了十分关键的作用,但堤防防渗技术在水利工程的施工中依然存在适用性和局限性。这便需要对其加以大力研究,以利于其在水利工程中的作用充分发挥。

淮河入海水道二期工程是扩大淮河下游泄洪能力、提高洪泽湖及其下游防洪保护区防洪标准的战略性骨干工程,是国务院确定的进一步治淮 38 项工程之一、2020 年纳入国家加快推进的 150 项重大水利工程之一,同时也是国家"十四五"规划纲要确定的 102 项重大工程之一。需要做好工程施工的管理工作,科学应用堤防防渗施工技术,并且加强对于堤防防渗施工技术的监督与管理,有效避免各种防渗技术在水利工程施工中的应用缺陷,提高水利工程施工质量,从而造福于人民。

主要参考文献

[1] 马文星. 水利工程堤防防渗施工技术应用研究[J]. 环境与发展,2017(10):248-248.

[2] 牟辉军. 水利工程施工中防渗技术的应用[J]. 农业科技与信息,2019(17):138.

[3] 王闯. 水利工程施工堤防防渗施工技术分析[J]. 科学技术创新,2019(25):138-139.

[4] 刘丽丽. 水利工程堤防防渗施工技术应用研究[J]. 建筑技术开发,2020(13):51-52.

[5] 梅淑霞,刘军. 水利工程施工中防渗技术的应用分析[J]. 河北水利,2020(01):45-46

[6] 张川. 深层搅拌桩结合高压喷射灌浆在堤防防渗处理中的运用[J]. 建材与装饰,2019,(23):303-304.

堤防护脚工程在洞庭湖区华容护城垸堤防加固工程中的应用与优化

王星宇

(长江河湖建设有限公司,湖北武汉　430007)

摘　要:本论文探讨了堤防护脚工程在湖南省洞庭湖区华容护城垸堤防加固工程中的应用及其技术优化。该工程作为重要的防洪工程,旨在提高堤防的防冲刷能力和整体稳定性。通过分析抛石护脚和钢丝网石笼护脚技术的应用,结合华容护城垸施工的实际案例,本文总结了这些技术在不同地质条件下的适应性、施工工艺的优化措施及实际应用效果。研究表明,合理的施工组织和工艺优化显著提升了施工质量与效率,为类似条件下的堤防加固工程提供了重要参考。

关键词:洞庭湖区;堤防护脚;抛石护脚;钢丝网石笼;施工工艺优化

1　引言

1.1　研究背景

洞庭湖区作为中国南方的重要湖泊区域,长期以来受到洪水的威胁。随着气候变化和人类活动的影响,堤防加固工程的重要性日益凸显。华容护城垸作为洞庭湖区的重要堤防之一,其加固工程对区域的防洪安全具有重要意义。堤防护脚工程是加固工程中的关键部分,通过有效的防护措施,可以显著提高堤防的抗冲刷能力和整体稳定性。

1.2　研究目的

本文旨在通过详细分析华容护城垸堤防加固工程中护脚工程的应用,探讨不同施工技术在实际中的效果,并提出相应的工艺优化措施。研究将结合施工组织设计和专项施工方案中的实际案例,提出对堤防护脚工程的深入理解。

作者简介:王星宇,男,助理工程师,主要从事水利工程工作,E-mail:1243599579@qq.com。

2 工程概况

2.1 项目背景

华容护城垸地处华容县境内中部,北面与湖北省石首的横堤垸及陈公西垸毗邻,藕池河东支环绕西、南部,东北临华容河。

藕池河河道长 333km,起始于湖北省公安县藕池口,由东、西两支分成东、中、西三支,进入湖南省境内增加鲇鱼须河、沱江(已建闸控制)、陈家岭河三条分汊河道,西支和中支沈家洲合流后于南咀汇入草尾河和南洞庭湖,东支于新洲汇入东洞庭湖,湖北省境内河长 59km,湖南省境内河长 274km。

华容河又称调弦河,系长江经调弦口向洞庭湖分泄洪水的通道。河道全长 86km,起始于湖北省石首市调弦口,从调弦口至蒋家冲属湖北省,长度 13km;进入湖南后在治河渡分为南、北两支,罐头尖合流后于六门闸汇入东洞庭湖,湖南省境内河长 73km。上口调弦口于 1958 年冬经湖南、湖北两省协商后建调弦口闸堵口,该闸为灌溉引水闸,闸孔口尺寸 3 孔 3m×3.2m,设计流量 44m^3/s。按两省协议,当调关下游监利水位达 33.93m,根据水情预报,水位将继续上涨,有可能超过 34.50m 时,需扒口行洪,最大流量 1440m^3/s。下口于 1958 年在旗杆咀堵坝建排水闸(六门闸)与洞庭湖分隔,六门闸排水闸设计流量 200m^3/s,至此华容河成为内河,正常年份仅接纳本地降雨产流,集雨面积 1679.8km^2。根据 2019 年编制的《湖南省洞庭湖区华容护城涝区六门闸排涝工程初步设计报告》,拟在华容河出口改扩建六门闸为 2 孔 6.0×9.0m(净高×净宽)开敞式水闸,设计排水流量为 286m^3/s。新建六门闸泵站,设计排水流量为 190m^3/s。

华容护城垸堤防加固工程是湖南省洞庭湖区重点防洪项目之一,工程总长 110.567km。护脚工程是该项目的重要组成部分,旨在应对复杂的地质和水文条件,通过抛石护脚和钢丝网石笼护脚等措施,防止堤防因冲刷而溃塌。

2.2 地质与水文条件

华容护城垸地处亚热带湿润性季风气候区,气候温暖、湿润,雨量充沛,四季分明,春温多变,夏秋多汛,严寒期短,暑热期长。

华容护城垸内有华容气象站,建于 1960 年,根据多年实测资料统计,多年平均降水量为 1265.6mm,降雨主要集中在 4—8 月,占全年的 63%,其中以 6 月降水量最多,占全年的 16%;多年平均蒸发量为 1200.5mm,多年平均气温为 16.9℃。极端最高气温 40.0℃;极端最低气温为 —12.6℃;多年平均风速为 2.5m/s,历年最大风速为 18.3m/s(NNE),多年平均汛期(5—9 月)最大风速为 11.5m/s(表 2-1)。

表 2-1 华容护城垸气象特征值表

项目	数值
多年平均气温/℃	16.9
历年极端最高气温/℃	40.0

项目	数值
历年极端最低气温/℃	−12.6
多年平均降水量/mm	1265.6
多年平均蒸发量/mm	1200.5
多年平均风速/(m/s)	2.5
历年汛期最大风速/(m/s)	18.3
多年平均汛期最大风速/(m/s)	11.5
多年平均最大风速/(m/s)	12.8
历年极端最大风速(风向)/(m/s)	18.3(NNE)

护城垸西南临藕池河,东靠华容河。两河均自北西流向南东汇入洞庭湖。地貌单元属洞庭湖冲积平原,垸内地势较平坦开阔。除东南部禹山一带为低丘岗地外,一般地面高差不大,高程24～30m。禹山山顶高程157.4m。垸内大小湖泊众多,沟渠纵横,水网发育。较大的湖泊有东湖、塌西湖、牛氏湖、赤眼湖、罗帐湖等。垸内主要为第四系河相、河湖相松散堆积。从老至新分为:

(1)元古界冷家溪群(Ptln)

灰绿色绢云母千枚岩及云母片岩等,仅在东南部大乘寺一带有零星基岩出露。

(2)燕山期(γ_5^2)

花岗岩,多全风化成粗砂等,仅在华容河石山矶闸靠河床一带有零星基岩出露。

(3)中更新统(Q_2^{al})冲积堆积

具二元结构,厚20～40m,上段为黄红色网纹状粉质黏土,可硬塑状;下段为砂卵砾石。该层主要广泛分布于垸内Q_4^{al+1}冲湖积堆积层之下。地表仅南部及东北部一带有出露。

(4)全新统(Q_4^{al+1})冲湖积堆积

灰褐色、灰黑色粉质黏土、粉质壤土、淤泥质粉质黏土夹粉细砂,厚5～15m,局部堤段底部见一层灰绿色粉质黏土夹粉细砂,厚0～11.5m。呈软—可塑状态。

(5)人工填土(Q_s)

一般由粉质黏土、淤泥质粉质黏土混粉细砂组成,中密,可塑状态,厚5～12m。

藕池河河道狭窄,大部分堤段主流靠近堤岸,无边滩或边滩窄,据调查,岸坡受冲刷、浪蚀,这些堤段紧邻河岸,堤外无洲滩,无护坡护脚措施,在洪水期水位抬升,水流速度大增,河流侧蚀、浪蚀作用加强,导致岸脚形成深泓、堤脚空虚、堤外脚塌岸等不良地质现象发生。

3 护脚工程施工技术

3.1 抛石护脚技术

(1)技术原理

抛石护脚通过在堤脚位置抛投大块石料,形成保护层,防止水流对堤防基础的直接冲刷。该方法具有施工简便、适用性广的优点,特别适用于水流速度较快的区域。

（2）施工工艺

抛石护脚的施工流程包括石料的选择与运输、机械抛投、人工整坡等步骤。石料的选择要求高强度、耐久性好,抛投时需确保石料分布均匀、厚度一致,施工后还需进行坡面的人工整理,以确保整体护脚的稳定性。

（3）施工质量控制

为了确保抛石护脚的施工质量,在施工过程中需严格控制石料的规格和抛投厚度。施工完成后,通过测量抛投区域的断面数据(图 3-1),评估抛石的均匀性和厚度是否符合设计要求,并根据需要进行补抛。

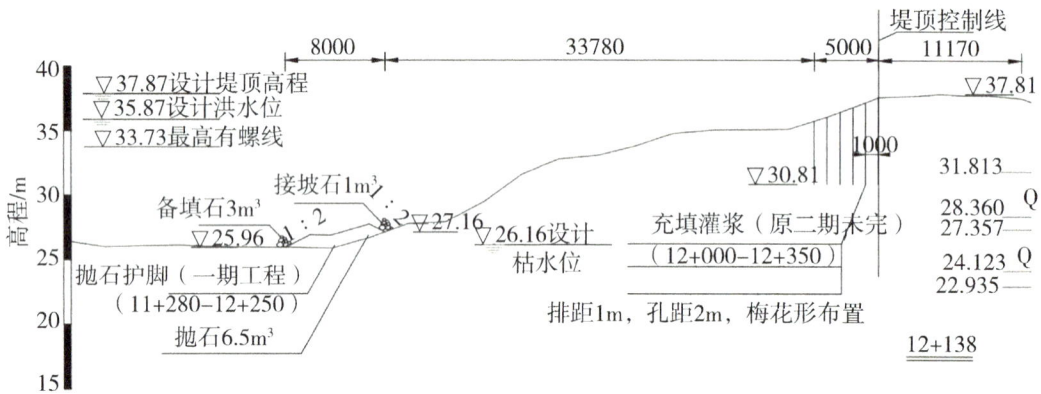

图 3-1 抛石典型断面

3.2 钢丝网石笼护脚技术

（1）技术原理

钢丝网石笼护脚通过将石料填充在钢丝网笼中,并将其固定在堤脚位置,形成一个稳定的防护体。该方法特别适用于冲刷严重的堤段,能够有效提高堤防的防护能力。

（2）施工工艺

钢丝网石笼护脚的施工包括石笼的制作与安装、石料的填充、石笼的吊装与抛投等步骤。施工过程中需确保石笼的稳定性和填充石料的均匀性,并采取必要的防腐措施以延长石笼的使用寿命。

钢丝网石笼尽量选择在枯水期组织施工。严格按施工程序进行,抛投遵循上游往下游、由远而近、先点后线、先深后浅、循序渐进、自下而上分层、均匀抛投的原则。施工前后均应进行水下抛护断面的测量,施工过程中,按时测记河段水位、河水流速、检验抛石位移,随抛随测抛石高程,不符合要求时应及时补充。

①采用机械进行石块填装,填充石料不得一次填满一格,以保证石笼形状完整;每组石笼空格须同时均匀投料,以保证石笼方正,并每格均匀投入。

②钢丝石笼使用机械吊投至施工部位,人工辅助安放。

③采用吊装重量 25t 的履带吊车,本工程使用的钢丝石笼（3.0m×2.0m×0.5m）填装后、按

30%空隙率计算重量约为 4.8t,吊具采用 10t 钢丝绳(图 3-2)。

　　④在吊装前确保履带吊车站位稳定性,检查吊物吊具与周围环境条件,先行试吊。在专人指挥下操作。

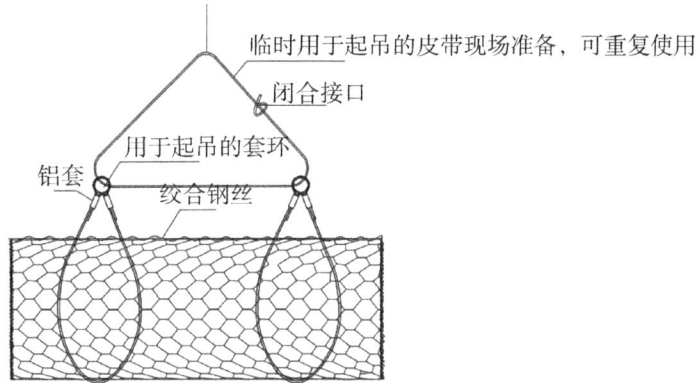

图 3-2　吊装示意图

（3）适用条件

钢丝网石笼(图 3-3)护脚适用于水深较大、流速较快的堤段,尤其是在堤防坡度较陡的情况下,石笼能够提供额外的稳定性,防止堤脚塌陷。

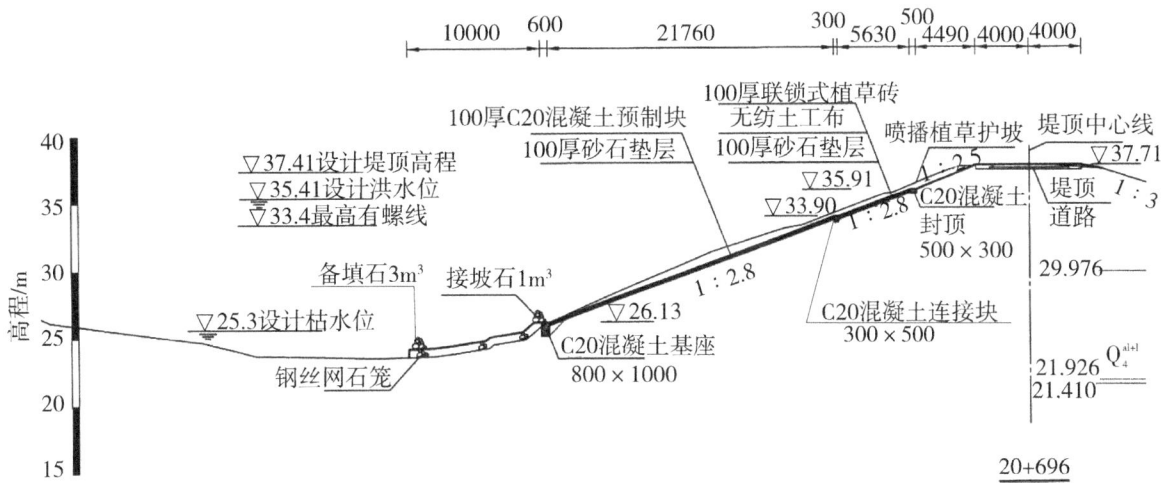

图 3-3　抛石＋钢丝网石笼典型断面

4　施工组织与工艺优化

4.1　施工组织设计的实施

　　护脚工程的施工组织设计注重科学分工与合理安排,通过优化施工顺序和调配资源,确保各项工程有序推进。在华容护城垸的施工中,分段施工和分工区管理的策略有效提高了工程效率,确保了项目按时完成。

4.2 工艺优化措施

结合华容护城垸施工案例,本文提出以下工艺优化措施:

(1)抛石护脚

1)石料选择优化

在抛石护脚中,抛石块石粒径不能过小,要求石质坚硬,遇水不易破碎或水解,饱和抗压强度大于40MPa,软化系数大于0.75,密度不小于2.55t/m³。

2)无人机辅助抛石

引进无人机作为辅助监控设备,实时监控石块的抛投过程。无人机通过3D测绘生成精准定位图,反馈抛石的精准位置和分布情况,及时调整机械抛石路径(图4-1)。

图4-1 无人机辅助抛石

3)环保材料与再生利用

为减少弃渣,有利于环保,部分拆除混凝土和砌石体可用于抛石工程。利用废弃混凝土时,要求选择表面裂缝少、强度较高、较完整的大块(重量大于50kg),且同一堤段利用料占比不得超过30%,可以减少自然石材开采,降低环境影响。

4)施工质量管理

加强施工过程中的测量与监控,确保每个施工环节的质量符合设计要求,并通过定期检查与验收,保证工程质量。

(2)钢丝网石笼护脚

1)模块化设计与快速组装

设计标准化、模块化的钢丝网石笼单元,通过简单的插接或锁扣连接,实现快速组装和拆卸,提高施工速度。提前预制生产石笼单元,确保质量稳定,减少现场加工环节。

2)智能密实度检测

利用手机拍照软件,根据石笼尺寸和形状,拍照测出填充密实度,结合振动压实技术,利用便携式振动压实设备,对填充物进行高效压实,提高石笼整体强度。

3)生态增强与景观融合

在石笼表面播撒草籽,形成生态植被层,增强护坡的稳固性和美观性。根据周围环境特点,设计具有景观价值的石笼护坡方案,如采用彩色石料、图案化布局等,提升视觉效果。

4)智能监测与维护系统

安装智能传感器,对石笼护坡进行实时安全监测,包括位移、应力、湿度等参数,确保结构安全。建立远程监控平台,通过手机App或网页端,实时查看护坡状态,及时发现并处理潜在问题(图4-2)。

图 4-2　信息化设备数据监控

5　工程效果与技术评价

5.1　工程效果评估

通过对华容护城垸护脚工程的实地测量和数据分析,研究发现抛石护脚和钢丝网石笼护脚的组合施工在提高堤防稳定性、防止堤脚冲刷方面表现出色。优化后的工艺在施工效率和质量控制方面表现优异,进一步增强了堤防的防洪能力。

5.2　技术经济分析

在经济性方面,优化后的工艺虽然初期投资较大,但由于减少了后期维护和修复的成本,整体上更具经济效益。通过合理配置资源和优化施工流程,项目在保证质量的前提下实现了成本控制目标。

6　结语

6.1　研究总结

本文通过对华容护城垸堤防加固工程中护脚工程的分析,总结了抛石护脚和钢丝网石笼护脚的施工技术及其优化措施。这些技术有效提升了堤防的防洪能力和稳定性,为类似水文地质条件下的堤防加固工程提供了宝贵的经验和技术参考。

6.2　未来研究方向

未来研究可以进一步探讨在不同水文地质条件下,护脚工程的长效性及其优化措施的应用效果。此外,随着新材料和新技术的发展,如何将其应用于堤防护脚工程也是一个值得深入研究的方向。

主要参考文献

[1] 吕正权.堤防加固中的抛石护脚施工[J].人民长江,2003(9):44-45.

[2] 王奇锋.水利工程中堤防护岸工程施工技术探讨[J].农业开发与装备,2024(5):112-114.

TRD 薄壁防渗墙施工技术
在湖南省洞庭湖区华容护城垸中的应用

王星宇[1] 严 娟[1] 谭贵清[2] 方 江[3] 刘一淳[1]

(1.长江河湖建设有限公司,湖北武汉 430000;

2.湖南省水利发展投资有限公司洞庭湖区治理工程建设分公司,湖南长沙 410007;

3.湖南省水利水电勘测设计规划研究总院有限公司,湖南岳阳 414399)

摘要:湖南省洞庭湖区重点垸堤防加固工程采用了 TRD 薄壁防渗墙施工技术,本文针对该技术在实际施工中的应用进行了详细分析,包括施工工艺、设备选型、质量控制等方面。通过实际工程案例,探讨了 TRD 薄壁防渗墙施工技术在堤防加固工程中的优势和应用前景。

关键词:TRD 薄壁防渗墙;堤防加固;施工技术;质量控制

1 引言

华容护城垸位于湖南省华容县境内,为洞庭湖区 11 个重点垸之一。该垸地处华容县境内中部,北部与湖北省石首的横堤垸及陈公西垸毗邻,藕池河东支环绕西、南部,东北临华容河。藕池河河道长 333km,起始于湖北藕池河口,除东南部禹山地带,一般地面高差不大,地面高程一般为 24.0～30.0m,禹山山顶高程为 157.4m。华容护城垸一线防洪大堤总长 110.567km,分为 4 个部分:

①藕池河堤自钟家台—罗家嘴,长 54.99km(0+000～54+990m)。

②南段堤防自罗家嘴—铁光拐,长 6.974km(54+990～61+964m)。

③华容河堤自铁光拐—大王山,长 27.826km(61+964～89+790m)。

④北隔堤为湖南省与湖北省界线,自大王山—钟家台,长 20.777km(89+790～110+567m)。

TRD 工法由日本 20 世纪 90 年代初开发研制,是能在各类土层和砂砾石层中连续成墙的成套设备和施工方法。其基本原理是利用链锯式刀箱竖直插入地层中,然后刀箱做水平横向运动,同时由链条带动切削刀具做上下回转运动,刀具将原地层切削破碎,在渗入切削液的作用下,利用刀具的回转切削形成的土渣搅拌均匀形成具有可流动性的泥浆,然后在搅拌均匀的泥浆内注入固化液(通常为水泥浆通过水泥材料的固化作用形成一定厚度的水泥土结构墙体。

作者简介:王星宇,男,助理工程师,主要从事水利工程工作,E-mail:1243599579@qq.com。

防渗墙轴线布置:防渗墙轴线布置在堤顶控制线外侧 2.0m 的堤顶上。

防渗墙深度:防渗墙深度为深入堤基透水层以下的粉质黏土层内 2.0m。

堤防加固工程是水利工程的重要组成部分,其目的是提高堤防的防洪能力和稳定性。随着我国经济的快速发展,许多堤防工程已运行多年,存在一定的安全隐患,亟待进行加固改造。湖南省洞庭湖区重点垸堤防加固工程是我国重大水利工程之一,采用 TRD 薄壁防渗墙施工技术进行加固,本文将对该技术在实际施工中的应用进行分析和探讨。

2 TRD 薄壁防渗墙施工工艺

TRD 薄壁防渗墙是一种深层地下防渗技术,采用专用设备在地层中钻凿竖直或倾斜的钻孔,然后将防渗材料注入钻孔中,形成防渗墙。该技术具有施工速度快、环境影响小、防渗效果好等优点。

2.1 施工设备

TRD 薄壁防渗墙施工设备主要包括钻机、注浆泵、搅拌装置、输送管道等。设备选型应根据地质条件、墙体深度、施工进度等因素进行合理配置。

2.2 施工工艺流程

TRD 薄壁防渗墙施工工艺流程主要包括施工前准备、钻孔、注浆、搅拌、养护等环节。

首先修筑防渗墙施工平台,测量中线放样,开挖沟槽,吊放预埋箱,桩机就位,切割机与主机连接,安装测斜仪,然后采用"一步法"开始施工:

通过压浆泵注入固化液水泥浆,同时锯链式切割箱下钻掘进,至预定深度后,切割箱向前推进并与原土层强制混合搅拌,形成等厚度水泥土防渗墙。

采用一步法施工时,应符合下列规定:

①墙体深度不应大于 25m。

②推进速度不应小于 2m/h,且不宜大于 6m/h。

施工主要工艺流程图如下:

机械组装→放样复核→桩机定位→打入切割箱→先行挖掘(注入切削液)→回撤挖掘→搅拌成墙(注入固化液)。

2.3 质量控制

质量控制是 TRD 薄壁防渗墙施工的关键环节,主要包括钻孔质量、注浆质量、墙体质量等方面的控制。

(1)建立严格的质量管理制度

施工前由技术负责人对施工操作人员进行技术交底,使施工操作人员充分领会设计意图及有关技术要求,关键岗位的人员须持证上岗,建立质量奖惩制度,奖优罚劣,避免偷工减料,盲目施工的现象。

(2)施工材料控制

施工材料经材质检验合格后,由指定厂家供应。水泥有验收合格证,每批水泥送有资质的试验单位进行物理、力学性质检测;施工现场的水泥仓库做好防潮的设施建设,经检验不合格或受潮结块的水泥坚决不用。

（3）检测、计量设备控制

所有施工用的检测、计量仪表、设备均送检测单位进行率定,合格后方可使用。

（4）工程质量管理

为了保证工程质量,每个工程开工前,均将施工方案、施工工艺、施工程序和质量控制标准呈报给监理人,经批准后,按批准的文件执行,在施工过程中,质检人员的检查验收贯穿于整个过程,以质量检查程序和检测手段来保证工程质量。施工过程中加强施工工序之间的衔接,每道工序按照三检制的程序进行检查。在检查资料完备的前提下,经项目部三级检查合格后,报请发包人、设计单位、监理人终检。

（5）严格把好质量关

对施工中发生的质量事故,坚持"三不放过"原则,深入现场,认真分析,严肃处理。重大的质量事故立即报告项目经理和总工程师,并同发包人、监理人共同研究专门的处理措施,经设计人员、监理人同意签字后再组织实施。

（6）资料记录完整

在施工过程中,做好原始资料的记录,现场工程师跟班对施工全过程进行控制,及时对资料进行及时整理分析,以指导施工的顺利进行。

（7）对关键工序制订保证措施

为达到本工程的质量目标,将针对施工难度大、工艺复杂、质量易波动、对工人技艺要求高的工序采取具体的措施保证。本工程主要针对关键工序制订详细的质量保证措施,以确保工程施工达到优质。具体施工质量保证措施详见相关各专业。

（8）开挖检查

每段开挖 2 处,开挖长度 3.0~5.0m,开挖深度 2.5~4.0m。检查墙体完整性和均匀性、段间连接质量和墙体厚度,并取样进行室内抗压强度试验。

（9）钻孔检查

每段布置 3 个检查孔,通过芯样对墙体均匀性、完整性、连续性进行评价,利用芯样进行室内抗压强度试验、渗透系数试验。

（10）无损检测

必要时采用无损检测法对墙体完整性、连续性进行检查。在无损检测中发现的异常部位,结合钻孔取芯法或开挖法进行验证。

（11）原型观测

每段各布设 2 组渗压计,对墙体整体防渗效果进行监测分析。

（12）TRD 工法水泥土防渗墙主要设计指标

单轴抗压强度 $R28 \geqslant 0.5MPa$,渗透系数 $\leqslant i \times 10^{-6}cm/s$,墙体垂直偏差不大于 250/1,墙体允许

渗透比降 $J > 50$，墙体厚度不小于 0.55m。

3 工程案例分析

以湖南省洞庭湖区重点垸堤防华容垸加固工程为例：

(1)32＋800～33＋600 段

堤顶高程 36.50～36.53m，堤顶宽 10.0～13.0m，堤身高 11.6～10.0m，内、外坡比为 1：2.5～1：3.5，岸坡主要为(Qs)堤身土及(Q_4^{al+1})粉质壤土、淤泥质粉质黏土，堤岸坡高 9.5～11m。

(2)39＋308～40＋000 段

堤顶高程 36.5～37.5m，堤顶宽 7.5～9.0m，堤身高 8.60～9.25m，内、外坡比为 1：2.8～1：3.0。岸坡主要为(Qs)堤身土及(Q_4^{al+1})粉质壤土、淤泥质粉质黏土，堤岸坡高 9.0～11.5m。

(3)77＋900～78＋420 段

堤顶高程 39.0～39.6m，堤顶宽 7.8～10.2m，堤身高 8.0～10.0m，内、外坡比为 1：2.8～1：3.0。岸坡主要为(Qs)堤身土及(Q_4^{al+1})粉质黏土、淤泥质粉质黏土，堤岸坡高 9.8～11.5m。

3.1 工程地质条件

洞庭湖区重点垸堤防加固工程地质条件复杂，垸内主要为第四系河相、河湖相松散堆积。从老至新分为：

(1)元古界冷家溪群(Ptln)

灰绿色绢云母千枚岩及云母片岩等，仅在东南部大乘寺一带有零星基岩出露。

(2)燕山期(r_5^2)

花岗岩，多全风化成粗砂等，仅在华容河石山矶闸靠河床　带有零星基岩出露。

(3)中更新统(Q_2^{al})

冲积堆积：具二元结构，厚 20～40m，上段为黄红色网纹状粉质黏土，可硬塑状；下段为砂卵砾石。该层主要广泛分布于在垸内 Q_4^{al+1} 冲湖积堆积层之下。地表仅南部及东北部一带有出露。

(4)全新统(Q_4^{al+1})冲湖积堆积

灰褐色、灰黑色粉质黏土、粉质壤土、淤泥质粉质黏土夹粉细砂，厚 5～15m，局部堤段底部见一层灰绿色粉质黏土夹粉粉细砂，厚 0～11.5m。呈软可塑状态。

(5)人工填土(Qs)

一般由粉质黏土、淤泥质粉质黏土混粉细砂组成，中密、可塑状态，厚 5～12m。

3.2 设备选型及施工参数

根据地质条件和施工要求，选用 TRD-40E 工法机进行施工。"TRD"工法施工设备包括主机及其附属设备。主机由履带式行走系统、机械设备操作控制系统和链式土体切削拌合系统组成；辅助设备包括履带起重机、挖掘机、水泥浆搅拌以及注浆系统等。本工程采用 TRD Ⅲ 型成槽机施工，采用"一步施工法"进行施工,BCD180-35型自动制浆机制浆、TRD45-85型泥浆泵输浆。采用80t和25t汽车吊进行成槽机的安装与拆卸以及事故的处理。施工参数如下:钻孔直径1000mm,钻孔深度30m,墙体厚度300mm,水泥浆液配比1∶1,水泥掺量20%(水泥)。

3.3　施工质量控制

施工过程中,严格控制钻孔、注浆、墙体等方面质量,确保防渗墙施工质量满足设计要求。

①施工前,先根据设计图纸和发包人提供的坐标基准点,精确计算出围护墙中心线角点坐标,进行坐标数据复核;利用测量仪器进行放样,同时做好护桩,通知相关单位进行放线复核。

②施工前利用挖掘机进行场地平整;对于影响TRD工法成墙质量的不良地质和地下障碍物,应事先予以处理后再进行TRD工法围护墙的施工。

③局部土层松软、低洼的区域,必须及时回填素土并用挖机分层夯实,施工前根据TRD工法设备重量,对施工场地进行铺设钢板等加固处理措施,确保施工场地满足机械设备地基承载力的要求,确保桩机、切割箱的垂直度。

④施工时保持TRD工法桩机底盘的水平和导杆的垂直,施工前采用测量仪器进行轴线引测,使TRD工法桩机正确就位,设备的主机就位应对中,严格按照定位控制线进行施工,平面偏差不应超过±20mm,导杆的垂直度偏差不大于1/300。

⑤根据等厚度水泥土防渗墙的设计墙深进行切割箱数量的准备,并通过分段续接切割箱挖掘,打入设计深度。设备的切割箱根据设计墙深进行组合拼装,自行沉入过程中采用经纬仪实时校正导杆的垂直度,并通过自重匀速下沉,速度控制在40~70mm/min。

⑥施工过程中通过安装在切割箱体内部的测斜仪,可进行墙体的垂直精度管理,墙体的垂直度不大于1/250。

⑦一步法施工中,成墙搅拌推进速度与喷浆流量相匹配。

⑧切割箱自行沉入、先行切割与切割箱临时停放等过程中稳定液膨润土掺量为50kg/m³、水胶比为10。

⑨防渗墙施工中,稳定液混合泥浆流动度控制在135~240mm,水泥浆液混合泥浆流动度控制在150~280mm。混合泥浆流动度在黏性土中施工时取大值,在砂性土中取小值。

⑩防渗墙成墙时,浆液流量根据设计墙深、墙宽、水泥掺量进行计算,并与搅拌推进速度相匹配。

⑪防渗墙连续施工,新成形墙体与已成形墙体搭接不应少于500mm(图3-1),转角部位两边延伸长度不宜小于1000mm。搭接区域严格控制挖掘速度,使固化液与混合泥浆充分混合、搅拌,搭接施工中须放慢搅拌速度,保证搭接质量。

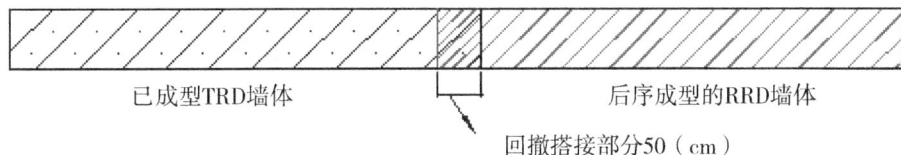

已成型TRD墙体　　后序成型的RRD墙体

回撤搭接部分50(cm)

图3-1　墙体搭接施工示意图

⑫邻近保护对象时,开放长度超过10延米,并严格控制垂直度、推进速度。

⑬TRD主机需要停机处理时,必须将切割箱停放在临时停放区内或将切割箱全部拔出。

⑭TRD主机临时停放时,符合下列规定:

a.临时停放区长度不小于5m。

b.切割箱停放位置距离喷浆段边缘不小于2.5m,距离原状土边缘不宜小于0.5m。

c.稳定液混合泥浆流动度不大于200mm。

d.每隔2～4h启动一次设备,低速运转10～30min。

⑮切割箱拔出方式有内拔和外拔两种,优先选择外拔,拔出符合下列规定:

a.采用内拔时,在完成墙体后,回撤至设计墙体端部2m处拔出切割箱。

b.采用外拔时,沿设计墙体向外延伸切割3～4m,并在距离设计墙体端部1～2m处拔出切割箱。

c.拔出切割箱时分段、匀速拔出,同时注入水泥浆液进行填充,拔出时间宜控制在4h内。

⑯加强设备的维修保养,特别是在硬质地层作业,钻具磨耗大,要准备各类备件,及时更换镶补,确保正常施工。同时必须配置备用发电机组,在网电供给不正常的情况下,一旦停电可及时恢复供浆、压气、正常搅拌作业,避免延误时间造成埋钻事故。

3.4 工程效果分析

湖南省洞庭湖区重点垸堤防加固工程采用TRD薄壁防渗墙施工技术,取得了良好的工程效果。实际运行表明,防渗墙施工质量满足设计要求,堤防加固效果显著。

4 结语

TRD薄壁防渗墙施工技术在湖南省洞庭湖区重点垸华容护城垸堤防加固工程中的应用取得了成功,体现了该技术在堤防加固工程中的优势。随着我国水利工程的不断发展,TRD薄壁防渗墙施工技术将在更多领域得到广泛应用。

主要参考文献

[1] 张志强,蔡光宪,黄辉.TRD薄壁防渗墙施工技术研究[J].水利与建筑工程学报,2016,16(2):161-165.

[2] 刘汉生,刘立涛,张明利.TRD薄壁防渗墙在水利工程中的应用[J].工程建设,2017(8):48-51.

[3] 王宏伟,赵永彪,李建民.TRD薄壁防渗墙施工质量控制[J].水利与建筑工程学报,2015,15(1):171-174.

[4] 邓胜,刘军,蔡光宪.湖南省洞庭湖区重点垸堤防加固工程TRD薄壁防渗墙施工实践[J].水利与建筑工程学报,2018,18(1):181-184.

提高大坝混凝土表面防护一次合格率

易　娜　范桂莲

(长江河湖建设有限公司,湖北武汉　443000)

摘　要:为增强丹江口大坝防护功能、提高混凝土耐久性,提升丹江口大坝混凝土表面整体美观度,需对大坝表面进行防护。本文对影响防护质量的因素进行分析,确定了喷枪选型不合理和喷涂不均匀为主要因素。制订并实施了组合不同型号国产喷枪涂刷和改进喷涂工艺的对策,使喷涂质量得到了一定程度提高,达到了预期的效果。

关键词:丹江口大坝;混凝土;表面防护

1　项目概况

1.1　工程概况

丹江口大坝位于湖北省丹江口市汉江与丹江汇合口下游 1.5km 处,丹江口水利枢纽工程由两岸土石坝、混凝土坝、升船机、发电站等建筑物组成。工程于 1958 年 9 月正式开工建设,初期规模于 1973 年建成,后期大坝加高工程开始于 2005 年,2013 年通过蓄水验收。大坝加高(14.6m)后,枢纽由左岸土石大坝(长 1424m)、河床混凝土大坝(长 1141m)、右岸土石大坝(长 877m)及岸边组成,总长 3442m,水库正常蓄水位 170m,死水位 150~145m,坝顶高程 176.6m,电站装机 900MW,通航建筑物可通过 300t 级驳船,具有防洪、供水、发电、航运等综合利用效益,是南水北调中线水源工程。

因大坝混凝土表面为多孔结构,长期受各种环境因素的侵蚀,其表面已出现较为严重的碳化、疏松、锈渍、水痕、污垢等缺陷情况。为增强丹江口大坝防护功能、提高混凝土耐久性,提升丹江口大坝混凝土表面整体美观度,建设生态绿色大坝,提升工程品质,需要对丹江口大坝混凝土表面进行防护。

防护范围:大坝上游面防护范围以高程 162.0m 为界,162.0m 以上混凝土表面均需进行防护(图 1-1),具体防护

图 1-1　上游面施工布置图

作者简介:易娜,女,工程师,主要从事水利施工技术研究,E-mail:workyn@dingtalk.com。

部位包括左联坝段、厂房坝段、溢流坝段、深孔坝段、垂直升船机排架柱、右联坝段等。下游不同部位防护范围略有不同,具体防护范围有:左联坝段高程 105.0～176.6m、厂房坝段高程 102.0～176.6m、溢流坝段(14～24)高程 107.0～176.6m、深孔坝段高程 107.0～176.6m、垂直升船机排架柱高程 112.0m 以上、右联坝段高程 112.0～176.6m,以及下游导流堤高程 92.0m 以上的所有混凝土表面。即除坝顶地面、道路、绿化外的混凝土栏杆、楼梯、电梯井等混凝土表面,左右岸土石坝防浪墙、人行道及下游混凝土隔墩(图 1-2)。

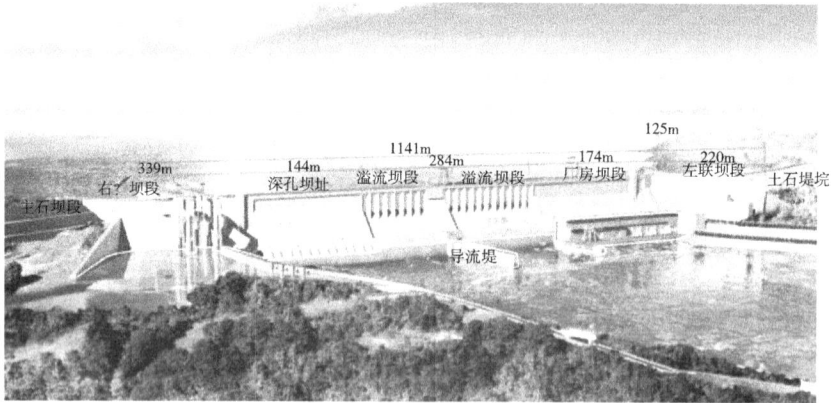

图 1-2　下游面施工布置图

1.2　工艺流程

喷涂工艺流程见图 1-3。

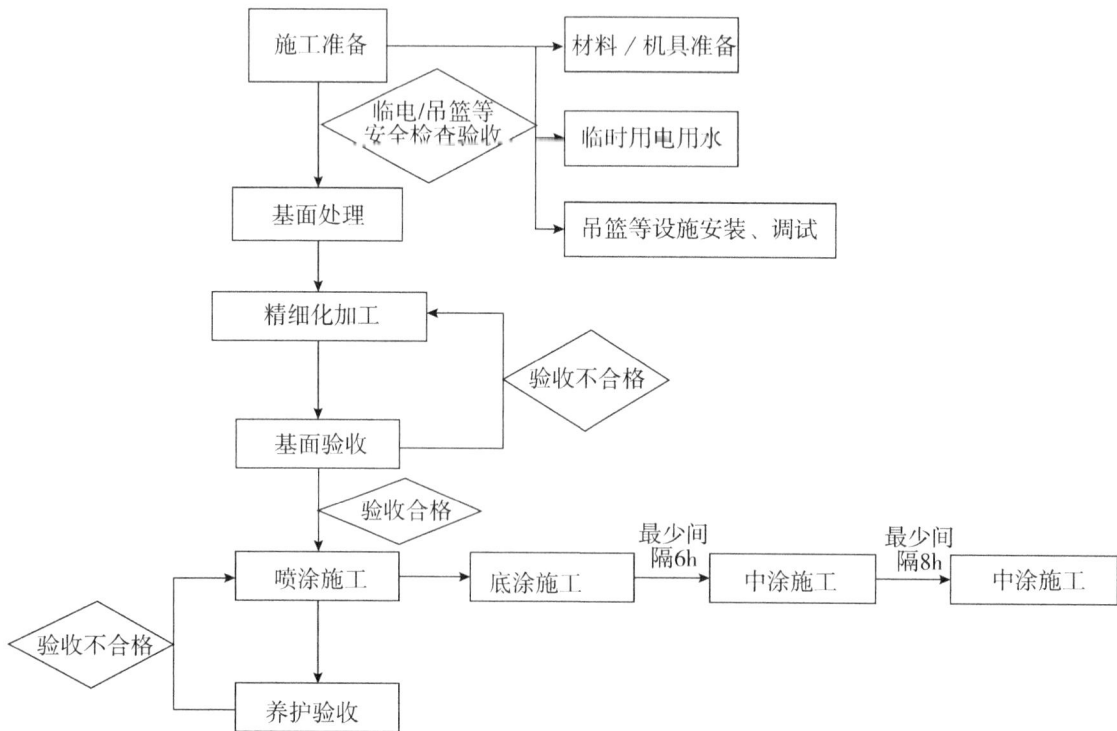

图 1-3　喷涂工艺流程

2 选择课题

（1）工程亮点

丹江口大坝是南水北调中线水源地的龙头工程。大坝表面防护工程在增强丹江口大坝防护功能和提高混凝土耐久性的同时,开展了生态绿色大坝建设,可保证丹江口水库水源的安全与清洁,使得国家级水源地的整体形象得到全面提升,为南水北调工程树立了良好的质量品牌形象。大坝本体的全新防护和周边滨水景观的相得益彰,可进一步凸显水源地工程的作用和地位,对弘扬南水北调中线水源工程文化具有重要意义。

（2）工程重难点

①总体施工环境复杂,多为高空、临水等危险作业工况。工期紧、任务重,大坝上游面、溢流面、导流堤等部位受水库防汛度汛和调度运行管理等影响严重。合同工期内可供施工的时间有限,需采取赶工措施。

②坝体结构较为复杂,存在大跨度正斜面、反斜面及悬挑板等异形结构,需采取的施工措施多。大坝上游面、升船机排架柱等施工部位交通条件差,施工设施、设备安装困难。施工范围广、战线长,临时用电、用水等现场布置困难。

③材料性能特殊,禁雨湿、避低温、防高温,对冬雨季施工进度影响大。如反复返工,对工程协调、工期、成本均有较大不利影响。

（3）工程现状

对前期单元工程质量评定一次合格率进行调查,平均值仅为83.41%。根据公司创优要求,大坝混凝土防护单元工程质量评定一次合格率达到类似项目水平的90%。故需通过开展QC活动,提高合格率,并培养技术工人,为以后的施工积累经验。

因此,针对现场施工状况,QC小组选择课题"提高大坝混凝土防护一次合格率"开展活动。

3 现状调查

3.1 现状调查

确定课题后,为掌握大坝防护工程的施工实际情况,对大坝防护过程试验段进行了跟踪调查及分析,通过对数字的收集统计结果分析,发现检查的410个点中有不合格点83个,不合格率为16.59%。质量情况抽查进行统计后,得出大坝混凝土表面防护试验段单元工程一次合格率为83.41%（表3-1）。

表3-1 大坝防护现状调查表

序号	名称	检查频数	合格频数	不合格频数	合格率/%
1	DJDBFHSY-2-21	138	105	33	76.08
2	DJDBFHSY-2-22	137	122	15	89.05
3	DJDBFHSY-2-23	135	115	20	85.19
	合计	410	342	68	83.41

3.2 汇总分析并绘制排列图

对照规范的要求,QC 小组成员对上述调查结果进行了分析,对 68 个点的不合格内容进行了统计,得出主要缺陷调查统计表(表 3-2)。

表 3-2　　　　　　　　　　　　　　　质量缺陷统计表

序号	名称	不合格点	频率/%	累计频率/%
1	喷涂质量	36	52.94	52.94
2	混凝土缺陷修复	14	20.59	73.53
3	混凝土基面处理	9	13.24	86.77
4	伸缩缝处理	6	8.82	95.59
5	其他	3	4.41	100
合计		N=68		

从排列图分析影响大坝表面防护合格率的主要因素是喷涂质量问题,占总因素比例的 52.94%,是影响大坝防护一次合格率的问题症结所在(图 3-1)。

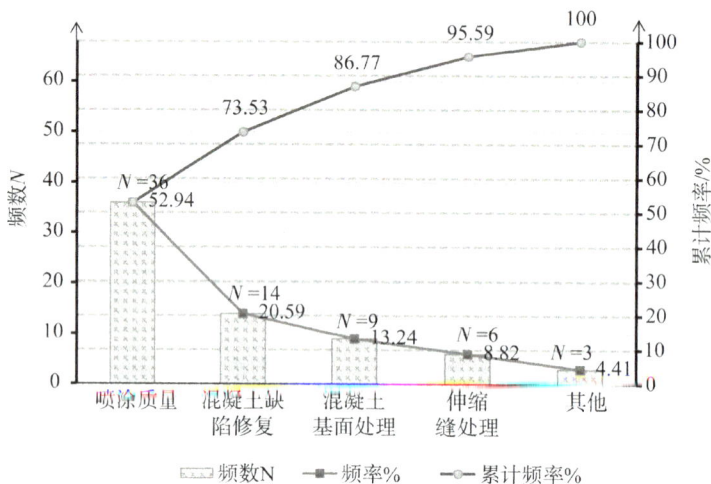

图 3-1　大坝表面防护检查排列图

3.3 理论分析

QC 小组成员对上述预期活动目标进行了科学合理的分析,认为公司具有相应施工经验,公司及项目部有建立健全的管理体系,施工班组专业性强,积极配合项目部施工,能解决 76% 的喷涂质量问题,则大坝表面防护单元工程质量评定一次合格率可以提高为 $83.41\% + (1-83.41\%) \times 52.94\% \times 76\% = 90.08\% > 90.00\%$,从理论计算上制订的目标是可行的。

4 设定目标

4.1 活动目标

经过 QC 小组成员的认真分析,集体讨论,确定本次 QC 小组活动的目标是大坝表面防护现场的一次合格率由 83.41% 提高至 90%(图 4-1)。

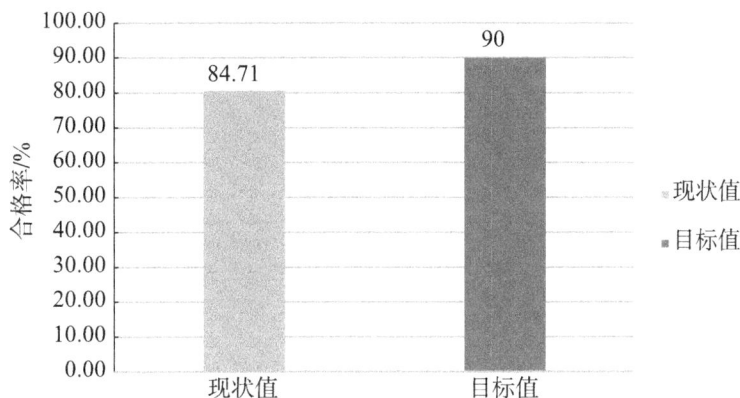

图 4-1 目标设定柱状图

4.2 活动目标的可行性分析

①QC 小组由项目经理、主要技术人员、现场施工员组成,人员结构合理,技术全面,有多年 QC 活动的实践经验;且施工技术人员勤奋好学,善于总结,专业化水平高,具有较强的责任心和良好的团队精神。

②提高工程质量,加快施工进度,降低工程成本,节超增效;现场各项施工质量控制工作均明确责任到人,达到了全员参与的目的,也是我们现代施工企业加强项目和施工队管理的形势需要。

5 原因分析鱼骨图

为提高大坝表面防护的一次合格率,小组成员针对现状调查中确定的喷涂质量不良的因素,采用头脑风暴法分析,并广泛收集现场工人、班组长、质检员等的意见,集思广益,在人、机械、材料、方法、环境 5 个方面,整理绘制出鱼骨图(图 5-1)。

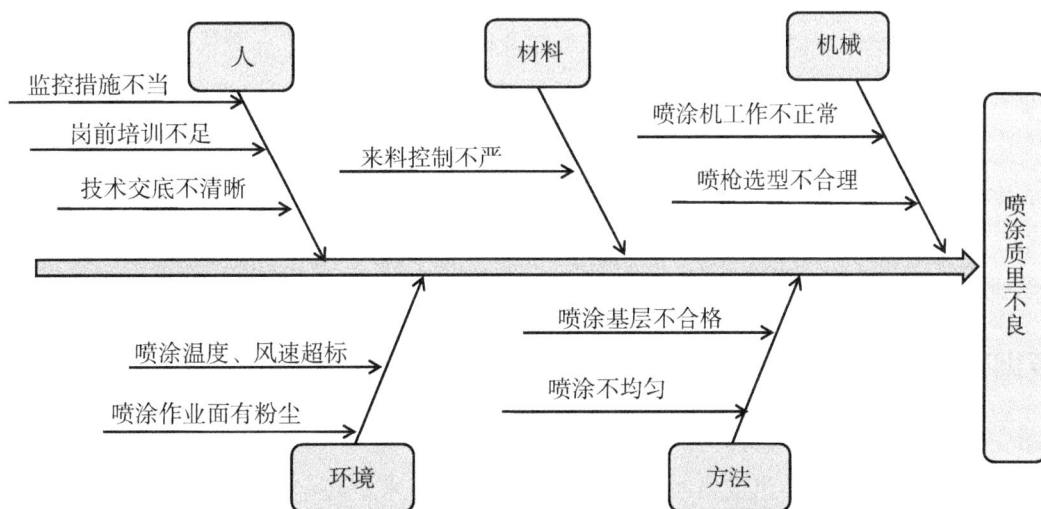

图 5-1 原因分析鱼骨图

6 主要原因分析

利用鱼骨分析图找出可能影响大坝表面防护合格率的末端因素有 8 个,逐个对末端因素进行分析验证(表 6-1)。

表 6-1 要因确认表

编号	末端因素	确认情况	确认方法	确认依据	验证时间
1	岗前培训教育不足	施工人员的培训情况和工人熟练程度	调查分析	根据末端原因对问题症结的影响程度进行判断,具体见逐项确认过程	2021 年 3 月 25 日
2	技术交底不清晰	交底内容的详细情况,工人对交底内容的理解程度	调查分析及现场验证		2021 年 3 月 26 日
3	监控措施不当	检查现场施工责任人、监督人、施工负责和防护人员	调查分析		2021 年 3 月 26 日
4	来料控制不严	来料抽检情况	调查分析		2021 年 4 月 1 日
5	喷涂机工作不正常	喷嘴清洁状况、机械更换维修台账	调查分析		2021 年 4 月 3 日至 2021 年 4 月 5 日
6	喷枪选型不合理	喷涂效果	调查分析		2021 年 4 月 5 日至 2021 年 4 月 8 日
7	喷涂温度、风速超标	喷涂温度和风速	现场测量		2021 年 4 月 7 日至 2021 年 4 月 10 日
8	喷涂作业面有粉尘	现场粉尘情况	现场观察		2021 年 4 月 8 日至 2021 年 4 月 9 日
9	喷涂基层不合格	喷涂基层情况	调查分析		2021 年 4 月 9 日
10	喷涂不均匀	喷涂效果	现场测量		2021 年 4 月 10

6.1 要因确认一

末端因素:岗前培训不足。

QC 小组成员在 2021 年 3 月 25 日查阅了项目部保存的培训记录,并在施工现场对作业人员进行了岗位应知应会、操作技能的测试考核。每个作业队伍抽查 10 人进行考核。

《岗前培训管理规定》规定:上岗前培训不得少于 12h;《前方施工部培训管理条例》规定:培训考核合格率要求达到 100%。由项目部培训记录可知:现场作业人员均参加了岗前技能培训并且作业人员岗位培训不少于 12h,岗位应知应会及操作技能合格率达到 100%。因此末端原因对问题症结没有影响。

结论:非主要因素。

6.2 要因确认二

末端因素:技术交底不清晰。

2021 年 3 月 26 日 QC 小组成员查阅了项目部保存的技术交底记录表。在施工现场针对技术交底内容对工人进行了笔试和询问。

由记录表可知施工人员均参加了技术交底,但对施工工艺以及注意事项掌握情况还应提高,该末端原因对问题症结有一定影响。

结论:非主要因素。

6.3　要因确认三

末端因素:监控措施不当

根据 QC 小组成员调查,公司已明确现场施工负责人、监督人、质量检测人员、施工负责和安全防护人员。现场的监督人员有专人负责,并实行轮岗制,确保现场施工有序可控,不存在监控不到位的情况。

结论:非主要原因。

6.4　要因确认四

末端因素:来料不严。

来料在进入喷涂工作面时需有专人按规定抽检,发现不合格批次退回原厂家。QC 小组成员联合监理对大坝表面防护的涂料进行抽查。抽查内容包括涂料 AC1 和涂料 AC2 的漆桶的密封情况、进场报验文件。本次共抽查 5 个批次,每个批次 5 桶涂料。涂料抽查结果合格。QC 小组成员查看材料进场报验文件,核对送检频次检查结果合格。抽查结果显示报验频次、检测结果符合要求。

结论:非主要原因。

6.5　要因确认五

末端因素:喷枪工作不正常。

小组成员现场调查发现,按照要求,每次施工前,喷涂施工班组应对喷涂设备进行检查,当日喷涂工作结束后按照相关要求对设备进行清洗保存。2021 年 4 月 3 日,小组成员随机对班组的喷枪的清洗情况和设备更换保养台账进行抽查。QC 小组成员提出喷涂设备问题后,及时让相关班组整改。随后检查班组的设备更换和保养台账,发现班组有喷涂设备定期的保养维修记录,维修保养台账齐全。

结论:非主要原因。

6.6　要因确认六

末端因素:喷枪选型不合理。

QC 小组成员对喷枪设备、施工中坝体不同部位的 6 台喷枪喷涂作业面情况进行检查。

由上表可知该末端原因对大坝防护合格率有影响,雾痕和流挂会严重影响涂层的整体表现效果,后期需通过改变喷枪型号来保证施工质量。故该末端因素对防护合格的影响大。

结论:主要因素。

6.7　要因确认七

末端因素:喷涂温度、风速超标。

喷涂施工初期,QC 小组成员对当地实际天气情况进统计。设计对于施工环境的温度要求是 $1℃\sim38℃$;混凝土表面温度不低于 $1℃$;相对湿度为 $10\%\sim90\%$。

结果见表 6-2。

表 6-2　　　　　　　　　　　大坝表面防护温度湿度统计

时间	天气	部位	面积/m²	AC涂料/kg	气温/℃	湿度/%	风力
4月5日							
13:10—15:30	多云	防浪墙	80.66	20.6	27	63	2级
15:30—16:45	多云	右4坝段下游斜面	67.07	23.6	28	63	2级
4月6日							
10:50—11:30	多云	防浪墙	80.66	18.5	26	70	2级
14:45—16:2	多云	右4坝段下游斜面	67.07	18.8	28	46	2级
4月7日							
6:40—8:55	多云	防浪墙	80.66	11.57	23	82	1级
9:10—10:55	多云	右4坝段下游斜面	67.07	11.63	24	76	2级
4月8日　8:30—10:40	多云	右3坝段下游斜面	60.3	21.2	23	82	2级
4月9日　8:00—9:00	晴	右3坝段下游斜面	60.3	14.8	21	87	2级
4月9日 18:25—19:55	晴	右3坝段下游斜面	60.3	10.4	22	51	2级

4月5—9日,工区域此时段气温变幅21℃～28℃,湿度变幅46%～87%,风力变幅为1～2级。符合设计对于喷涂条件的要求。

结论:非主要因素。

6.8　要因确认八

末端因素:喷涂作业面有粉尘。

QC小组成员在2021年4月7—8日对现场大坝表面防护情况进行检查。发现上游面进行打磨作业时扬尘很大,虽在坝顶采取了不间断喷雾降尘等措施,但是打磨粉尘依然会蔓延至下游面涂刷作业的喷涂机附近,会造成喷涂料的污染。QC小组成员在召开班组例会时提出相关问题,要求加强坝顶降尘措施,在涂料桶上增加遮挡粉尘的盖板,防止喷涂时桶内进入打磨粉尘,造成物料污染。

结论:非主要因素。

6.9　要因确认九

末端因素:喷涂基层不合格。

小组成员对已完成打磨的大坝混凝土基面进行抽查(图6-1)。

有表面平整要求的部位符合设计规定小于3mm,局部稍超出规定,但累计面积不超过0.5%;无主筋外露;蜂窝、麻面、气泡等缺陷轻微、少量、不连续,面积不超过0.5%,深度不超过骨料最大粒径;错台、挂帘和表面裂缝处理符合设计要求。

结论:非主要因素。

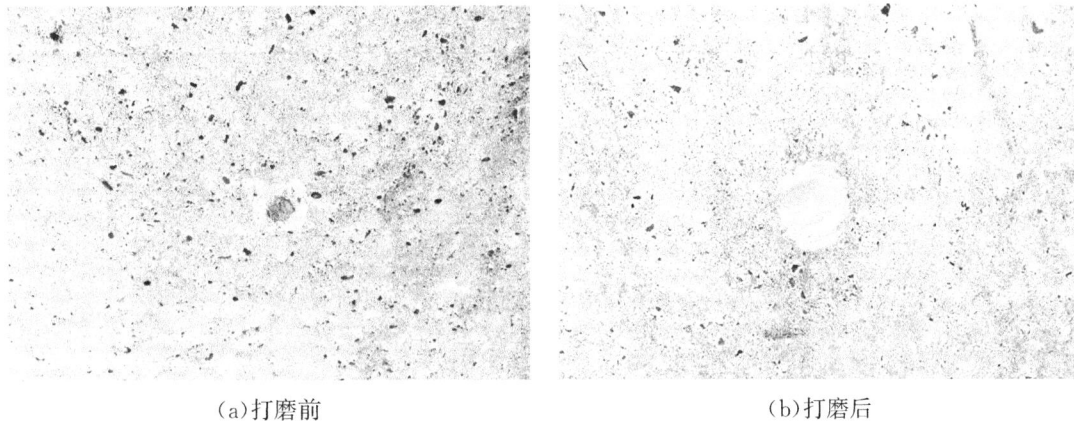

(a)打磨前　　　　　　　　　　　　　　(b)打磨后

图 6-1　打磨前后图片

6.10　要因确认十

末端因素:喷涂不均匀。

小组成员于 4 月 10 日抽查正在喷涂的坝段,发现喷涂工人仅左右摆动手腕实现移动喷枪,平涂喷涂作业。搭接部位喷涂时没有有效的收边措施进行保护。从喷涂结果来看,表面涂刷不均匀导致涂刷表面色泽不一致,防浪墙部位甚至有流挂痕迹出现,这是造成单元合格率低的主要因素。

结论:主要因素。

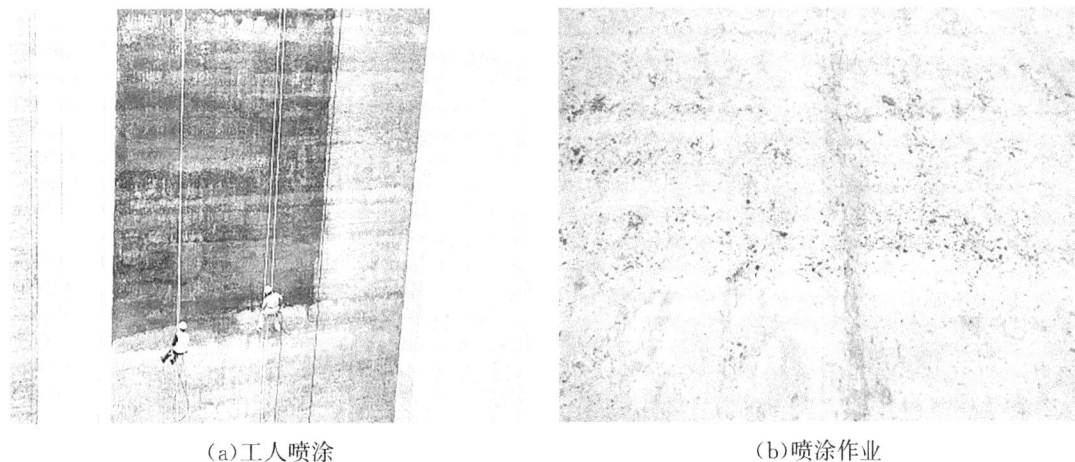

(a)工人喷涂　　　　　　　　　　　　　(b)喷涂作业

图 6-2　喷涂现场图

经过对所有末端原因进行确认,最终确认了 2 个要因,分别是:喷枪选型不合理、喷涂不均匀。

7　制订对策

针对这两个主要因素开展研究,从方案有效性、施工安全性、经济性以及可操作性多方面综合评价比选,确定最佳改进方案(表 7-1)。

确定了对策方案之后,小组成员根据"5W1H"的方法进行分析讨论,制定了具体的对策措施并对实施的时间和人员进行了计划安排(表 7-2)。

表 7-1   对策方案分析

序号	主要原因	对策	分析	评估得分				综合得分	结论
				有效性	可行性	经济性	时效性		
1	喷喷枪选型不合理	更换为美国公司生产的数控AP2喷枪	该喷枪配备有数控面板,喷涂参数调试精确,喷涂效果更好。但本工程工期紧,该设备采购租赁存在周期过长的问题	5	4	1	1	11	不选定
		组合不同型号国产喷枪涂刷	针对大坝不同部位的混凝土性质和结构不同,组合不同型号喷枪进行喷涂。合理控制喷涂流量,避免流挂等问题产生	5	5	3	5	18	选定
2	喷涂不均匀	更改涂料配比	需要设计单位和厂家进行样板试验后才能确定,虽变更后可能解决问题,但时效性差	5	3	1	1	10	不选定
		改进喷涂工艺	工艺改进后,立即对工人进行培训,短期内便可满足设计要求,提高合格率	5	5	5	3	18	选定

表 7-2   对策表

序号	主要原因	对策	目标	措施
1	喷枪选型不合理	组合不同型号国产喷枪涂刷	避免雾痕和流挂,提高喷涂合格率	①坝防浪墙和展览馆混凝土底座等部位采用短喷嘴小功率喷枪; ②大坝垂直面和反斜面混凝土部位采用大功率长喷枪
2	喷涂不均匀	改进喷涂工艺	避免雾痕和流挂,提高喷涂合格率	①采用边喷涂边滚涂(收液)的方法; ②增加纵横交错喷涂法,加强自验制度的落实; ③加强过程检查,建立奖惩制度; ④全程实时监控量测,反馈施工

8   对策实施

8.1   针对"喷枪选型不合理"采取的措施

组织技术人员和现场的施工人员对大坝的喷涂区域进行划分,大坝防浪墙和展览馆混凝土底座等部位因为不是高空作业,喷涂工人操作界面自由,选用短喷嘴小功率喷枪即可,而且其表面基础比较光滑密度高,涂料对其渗透力不强,附着力相对较低,喷涂压力不可过高,经现场试验,喷涂压力不可超过 8MPa。

升船机架等结构属于垂直混凝土部分,面积较大且属于高空作业,需改用大功率长喷枪。而且其表面基础比较光滑密度高,涂料对其渗透力不强,附着力相对较低,适当调低喷涂压力,可控制在8～9MPa的范围内。从低往高处喷涂作业,可有效利用重力浸润大坝混凝土的基面。

深孔坝段及左右连坝属于斜面混凝土,其表面基础比较粗糙密度低,涂料的渗透力和吸附力均较好,可继续使用大功率长喷枪,调高喷涂压力,控制在9～10MPa的范围内。

针对大坝不同结构、不同混凝土密实度相应调整不同型号的喷枪组合喷涂,可避免造成雾痕和流挂。

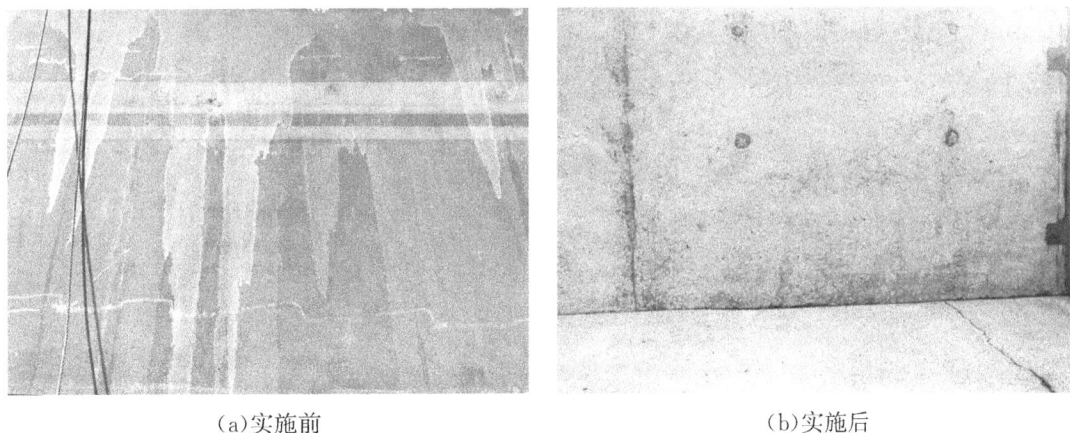

(a)实施前　　　　　　　　　　　　　　　(b)实施后

图8-1　实施前后效果对比

8.2　针对"喷涂不均匀"采取的措施

为避免产生流痕,面涂AC2施工时采用边喷涂边滚涂(收液)的方法进行施工,喷涂压力控制在8～10MPa,喷涂速率明显提高,避免产生大量流液,流液即时用沾过材料的半饱和状态滚筒收液,当滚筒自身开始产生液流时就要及时停止施工,将滚筒上多余的材料回收至材料桶内,严禁将滚筒上的材料提前滚涂到新鲜基面上。

喷涂时在左右平涂基础上增加纵横交错的均匀喷涂,每次喷涂面积应尽可能宽广,减少搭接施工缝。喷涂时应在搭接部位放置棉布带隔离遮盖,防止重复喷涂影响整体观感质量。棉布带宽度不小于20cm,两次喷涂交叠面宽度不大于5cm。

加强对分遍自验制度的执行和监督,要求喷涂完第一遍AC1底漆后必须进行报验,会同现场监理工作人员对第一遍进行检查,检查合格后至少干燥固化24h,使得AC1生成的凝胶体能脱水固化定型,如果环境过于潮湿而且温度低,应延长固化时间,以上均满足后方可进入第二层喷涂AC2的作业。AC2施工前用高压水枪将基面残余的AC1晶体清理掉,待基面恢复干燥后方可再行喷涂AC2。

通过加强过程检查,实行不签字不落架的措施。加大质检员的检查力度,施工过程进行跟踪控制,做到全面验收。在喷涂时,要求工人细致操作,建立奖惩机制,质检员和技术人员现场跟踪,做到全方位的检查记录。

施工全过程视频实时监控量测,及时反馈指导大坝表面防护施工。指定2～3人的测量小组对大坝表面防护施工全过程进行实时监控量测,随时用湿膜测厚仪测定湿模厚度,控制喷涂厚度,对不符合要求的应立即纠正或停止喷涂工作,确保喷涂的均匀性。

(a)实施前   (b)实施后

图 8-2　实施前后效果对比

9　效果检查

9.1　实现了预定的目标

采取以上对策后,QC 小组成员对大坝防护质量进行调查统计,喷涂质量的问题得到极大改善,满足大坝表面防护施工技术要求。

在使用组合喷枪型号并改进相关喷涂工艺后,喷涂整体效果控制在了规范要求范围之内。对之后的大坝表面防护质量进行了检查统计(表 9-1),共检查 423 个点,其中有 383 个点达到验收标准,合格率为 383÷423=90.54%。统计后得出大坝表面防护质量检查排列图(图 9-1、图 9-2)。

表 9-1 　　　　　　　　　　　　　　　统计结果分析表

序号	名称	不合格点	频率/%	累计频率/%
1	喷涂质量	16	40	40
2	混凝土缺陷修复	8	20	65
3	混凝土基面处理	6	15	75
4	伸缩缝处理	6	15	90
5	其他	4	10	100
合计			N=40	

从图 9-1 可以看出,喷涂质量问题已经得到了完全控制,说明质量情况可以得到保证,因此,成功地克服了以上问题,提高了大坝表面防护的一次合格率。

采取措施后的大坝防护一次合格率提高到了 90.54%。

在经过对策实施后,实现了预期的设定目标。同时,通过 QC 活动,不仅提高了大坝表面防护的施工质量和防护单元的一次合格率,而且锻炼了 QC 小组的能力,提高了全组人员的自身素质,锻炼培养了技术管理人员和技术工人,为确保工程质量创优达标奠定了基础,也为企业树立了良好的形象。因此,本次 QC 小组活动取得了圆满成功。

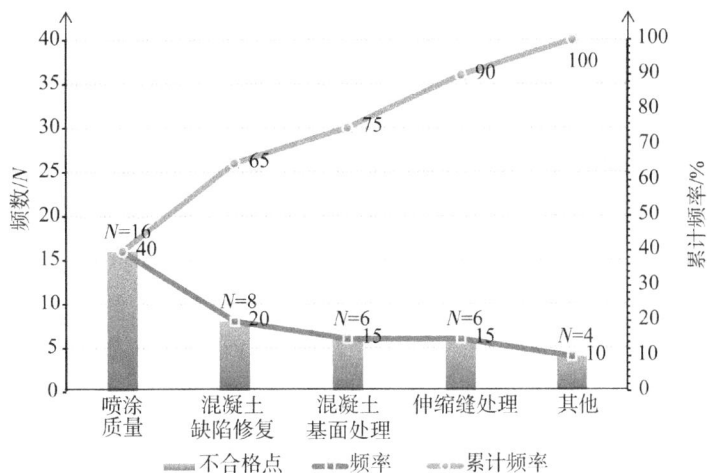

图 9-1　大坝表面防护检查排列图

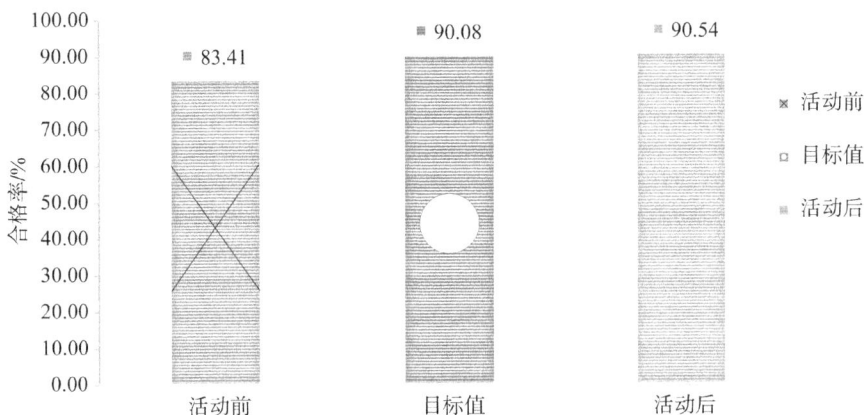

图 9-2　活动前后对比图

9.2　实际成果效益

（1）经济效益

通过深入开展 QC 活动，完善了大坝表面防护施工工艺，在保证工程质量的同时，减少了返工和停工的次数，提高了原材料使用效益及劳动生产率，另外，现场组织监控得力，加快了施工进度，有效降低了工程成本。累计经济效益达到 9.4 万元。

（2）社会效益

在本次 QC 小组活动过程中，业主、质监站及监理单位对的大坝表面防护施工质量进行了多次检查，对我标段的大坝表面防护施工质量给予了充分肯定。为企业树立了形象，提高了企业知名度。

（3）技术效益

通过本次 QC 小组活动，大坝表面防护的一次合格率达到了 91.03％，施工队积累了提高大坝表面防护的宝贵经验，各级管理和技术人员提升了本身业务水平，一线操作工人的技术水平也得到了锻炼和提高。

（4）其他效益

从长远利益来看，通过 QC 小组活动，提高了项目经理部和施工队的整体综合管理水平。同时也展现了人们工作认真严谨的态度,充分发挥了项目部"精心组织,科学管理,安全环保"的管理理念。项目部用"干一项工程,树一块牌子,赢一方信誉"的信念开拓市场,为公司未来的发展添砖加瓦。

10 制订巩固措施

通过 QC 小组成员的共同努力,避免了因喷枪选型和喷涂不均匀影响防护单元合格率的情况发生,同时,做好验收工作和高空作业安全监督工作,保证工期进度。通过一段时间的巩固,喷涂质量得到一定程度的提高,达到了预期的效果。在巩固期内,QC 小组对 403 个点进行检测,其中不合格数 36 个,合格数 367 个,合格率达到了 91.07%,超过了目标值 90.54%(表 10-1、图 10-1、图 10-2),QC 小组活动的成果得到了有效的巩固。

表 10-1　　　　　　　　　　　　　大坝表面防护质量缺陷统计表

序号	名称	不合格点	频率/%	累计频率/%
1	喷涂质量	10	27.78	27.78
2	混凝土缺陷修复	8	22.22	50.00
3	混凝土基面处理	6	16.67	66.67
4	伸缩缝处理	4	11.11	77.78
5	其他	8	22.22	100.00
合计			$N=36$	

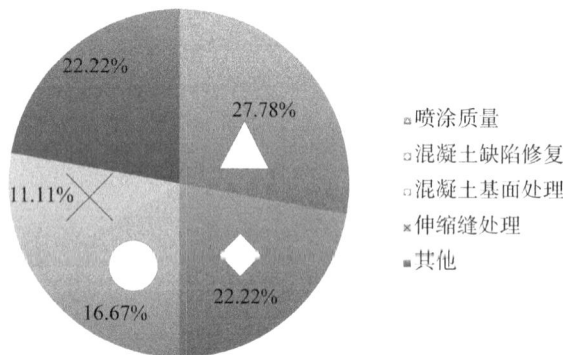

图 10-1　大坝表面防护问题饼分图

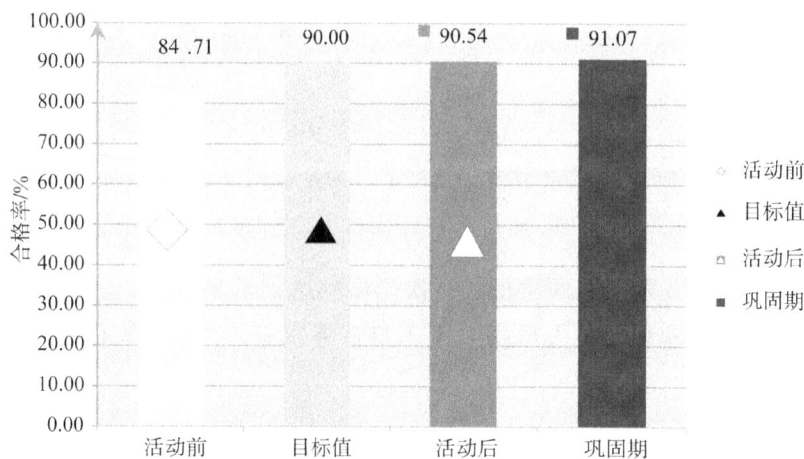

图 10-2　巩固期完成效果对比图

通过本次 QC 小组活动,混凝土防护达到了预定的目标,提高了防护的质量,为了能够让此次获得的经验用于今后的混凝土防护施工,QC 小组成员将总结的经验形成文字,编写《大坝表面防护质量控制法》。

单位邀请专家对 QC 小组成员进行相关专业知识培训,对不同类型的喷涂材料和工艺进行更深入的学习,总结经验,并把 QC 小组活动更加制度化、经常化、规范化,使各项措施能及时得到实施。

11 结语

通过现场实际调研活动,不仅达到了预期目标,更取得了良好的效益,QC 成员对混凝土防护的质量控制也有了更深刻的认识,提高了现场问题的分析能力,明确了大坝表面防护施工方法。在实践的过程中,通过指导施工单位开展 QC 小组活动,形成了《提高大坝混凝土表面防护一次合格率》水利优秀 QC 小组成果报告,并荣获中国水利协会的水利工程优秀质量管理小组成果 II 类成果。

基于 TRD 一步法的堤防防渗墙施工工艺优化及效果研究

王星宇

(长江河湖建设有限公司,湖北武汉　430000)

摘　要:本文针对堤防工程中的渗透问题,提出了基于 TRD(Trench cutting Re-mixing Deep wall method)一步法的防渗墙施工工艺优化方案,并通过工程实践验证了其有效性。TRD 一步法通过简化施工步骤,减少了施工中的不确定因素,提高了成墙精度和质量。本文详细阐述了优化后的施工工艺流程,包括切割箱打入、水泥浆注入、搅拌成墙及墙体质量检测等环节,并分析了不同地质条件下 TRD 一步法的适用性和施工难点。研究结果表明,优化后的施工工艺显著提高了施工效率,成墙质量均一,防渗性能优异,为堤防工程的防渗处理提供了新的技术路径。

关键词:水利堤防防渗工程;防渗墙;TRD;三步法

1 引言

堤防工程作为防洪减灾的重要设施,其防渗墙的施工质量直接影响到堤防的整体防洪能力。防渗墙的设计与施工是确保堤防稳定性和耐久性的重要环节。

赵峰等对 TRD 工法的施工机械性能、组成、成墙原理、施工程序、固化灰浆组成、施工效率、工程造价等进行了较为详细的介绍。

宾斌等的研究结果表明,TRD 工法可用于堤防工程防渗处理,施工后的防渗墙具有良好的均匀性和整体性,但其强度和抗渗性还有待进一步提高。

赵广周研究了三种防渗模式在赣江下游尾闾项目的应用,王海东等在赣江下游尾闾综合整治工程 4 支枢纽采用 TRD 工法对防渗墙进行施工并得出了肯定的结论。

通过以上研究,发现传统的防渗墙施工方法,如 TRD 防渗墙三步法,依然存在施工周期长、工序复杂、质量控制难度大等问题。近年来,TRD 一步法作为一种新型的施工技术,通过简化施工步骤和同步完成多个工序,显著提升了施工效率和防渗效果。本文将探讨 TRD 一步法在堤防防渗墙施工中的应用,特别是其施工工艺的优化以及效果验证。

作者简介:王星宇,男,助理工程师,主要从事水利工程工作,E-mail: 1243599579@qq.com。

2 理论背景

2.1 TRD 一步法概述

TRD 一步法是一种新型的深基坑施工技术,通过在现场切割、搅拌和注入水泥浆等步骤的同步进行,形成防渗墙。这一方法的核心优势在于其施工效率高、工序简化,并能够有效控制墙体的质量。TRD 一步法的主要工序包括切割箱打入、浆液注入、搅拌成墙等。

采用一步法施工时,应符合下列规定:

①墙体深度不应大于 25m。

②推进速度不应小于 2m/h,且不宜大于 6m/h。

2.2 防渗墙的设计与功能

防渗墙主要用于阻止水体渗透,确保堤防工程的安全性。防渗墙的设计考虑了土体特性、地下水位、施工方法等因素。墙体材料通常采用水泥浆、混凝土等,需具备良好的密实度和抗渗性能。墙体的厚度、深度和密实度是影响其防渗效果的重要参数。

3 施工工艺优化

(1)优化工艺流程图

根据实际工程需求和 TRD 一步法的特点,本文细化了施工过程中的各环节,提出了以下优化工艺流程图 3-1。

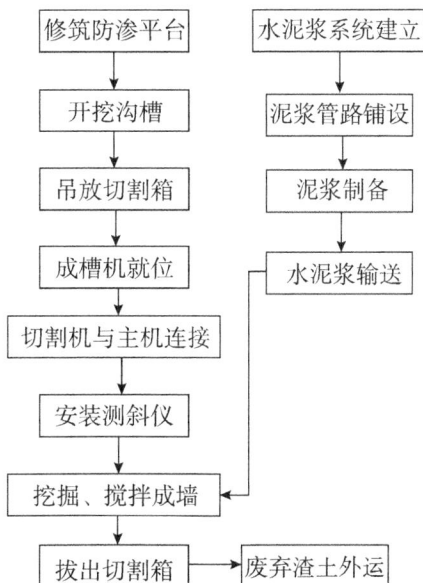

图 3-1　TRD 一步法水泥土防渗墙施工优化后工艺流程

（2）施工主要工艺流程

机械组装→放样复核→桩机定位→打入切割箱→先行挖掘（注入切削液）→回撤挖掘→搅拌成墙（注入固化液）。

（3）流程解析

1）沟槽与导槽的精确构建

施工前，利用全站仪将防渗墙中心线标出，挖机进场沿中心轴线挖出沟槽，沟槽宽度为1m，深度不大于1m。导槽均采用路基箱（图3-2）。

（a）开挖沟槽

（b）吊放预埋箱

（c）切割箱与主机连接

（d）安装测斜仪

（e）置换土处理

（f）拔出切割箱

图3-2 现场施工

2)预埋箱精准安装

利用挖掘机挖掘深度约 3m、长度 2m、宽度 1.4m 的预埋空间,稳妥置入预埋箱。随后,通过吊装设备将切割机分段安全吊入箱内,待整体安装确认无误后,及时回填掩埋,确保稳固。

3)桩机精准定位与部署

在施工区域边缘设立全站仪,由现场指挥员统一协调桩机精准就位。移动过程中,全面审视四周环境,即时清除障碍,到位后即刻复核并校正位置,确保设备符合设计标准,且保持平稳状态。

4)切割箱与主机高效对接

采用适宜的吊装设备,将切割箱分段精准吊装至预埋位置,并利用支撑平台稳固固定。随后,引导 TRD 主机至预定位置,与切割箱紧密连接(图 3-3),随即返回起始点,启动自动打入与挖掘流程。

5)高精度测斜仪安装

待切割箱深入至设计深度,立即安装多段式测斜仪于箱内,实现对墙体垂直度的精密监控,确保垂直度误差控制在 1/250 以内,保障施工质量。

6)TRD 工法构建连续防渗墙

测斜仪安装完毕,主机与切割箱协同作业,通过底部注入挖掘液或固化液,强制混合原位土体,形成高质量的水泥土地下连续墙,确保防渗效果(图 3-4)。

图 3-3 切割箱与主机连接施工

图 3-4 工法成墙施工

7)注浆加固与连续搅拌

挖掘至预设点后,反向回撤,通过注浆管注入水泥浆液,边搅拌边前进,实现与原位土层的深度混合,构筑坚固的水泥土地下防渗墙。

8)无缝搭接技术

后续槽段与先期槽段在终点位置重合时,采用重新切割 50cm 的方式,进行二次搅拌,确保防渗墙的整体连续性与密封性。

9)灵活应对转弯施工

针对防渗墙轴线的转折情况,夹角小于 5°时,灵活调整切割箱继续作业;大于 5°时,则需拔出切割箱及刀具,重组后继续施工,确保施工顺畅与墙体质量。

10)切割箱的有序回收与再利用

完成当前施工段后,有序拔出切割箱各节,转移至新施工区域重新组装使用。留下的箱孔,依据设计要求,采用黏土回填或注入水泥浆液、黏土球等方式妥善处理。

11)环保高效的渣土处理

针对施工过程中产生的大量渣土(约占成墙体积的25%),采取集中堆放、晾干后,由专业渣土车统一运输至渣土场,实现环保高效处理。

4 案例研究

4.1 华容护城垸项目概况

华容护城垸西南临藕池河,东靠华容河。两河均自北西流向南东汇入洞庭湖。地貌单元属洞庭湖冲积平原,垸内地势较平坦开阔。除东南部禹山一带为低丘岗地外,一般地面高差不大,高程24～30m。禹山山顶高程157.4m。

垸内大小湖泊众多,沟渠纵横,水网发育。较大的湖泊有东湖、塌西湖、牛氏湖、赤眼湖、罗帐湖等。

堤身防渗加固段地质情况:

①32＋800～33＋600段堤顶高程36.50～36.53m,堤顶宽10.0～13.0m,堤身高11.6～10.0m,内、外坡比为1:2.5～1:3.5,岸坡主要为(Qs)堤身土及(Q4^al+1)粉质壤土、淤泥质粉质黏土,堤岸坡高9.5～11.0m。

②39＋308～40＋000段堤顶高程36.5～37.5m,堤顶宽7.5～9.0m,堤身高8.60～9.25m,内、外坡比为1:2.8～1:3.0。岸坡主要为(Qs)堤身土及(Q4^al+1)粉质壤土、淤泥质粉质黏土,堤岸坡高9.0～11.5m。

③77＋900～78＋420段堤顶高程39.0～39.6m,堤顶宽7.8～10.2m,堤身高8.0～10.0m,内、外坡比为1:2.8～1:3.0。岸坡主要为(Qs)堤身土及(Q4^al+1)粉质黏土、淤泥质粉质黏土,堤岸坡高9.8～11.5m。

4.2 TRD 一步法的应用

在华容护城垸项目中,采用了优化后的 TRD 一步法进行防渗墙施工。施工过程中,对 TRD 一步法的各个环节进行了严格的控制和优化:

(1)设备配置

项目中使用了最新型号的 TRD 设备(上工 TRD-70D、LSJ60-C),包括改进型切割箱和搅拌装置。切割箱的改进使得切割深度和宽度更加精准,减少了施工误差。搅拌装置的升级提高了混合均匀性,确保了墙体的质量。

（2）施工技术

在施工过程中,注浆和搅拌同步进行,有效避免了传统方法中出现的浆液不均和墙体强度不足的问题。优化后的浆液配方和注入技术,提升了浆液的黏结性和稳定性,使墙体防渗效果更为可靠。

（3）质量控制

施工后,对防渗墙进行了全面的质量检测。包括密实度、强度、渗透率等指标的检测均表明,优化后的 TRD 一步法施工工艺能够满足设计要求,墙体质量达到或超过了预期标准。

5　效果分析

5.1　实施效果

在湖南省洞庭湖区重点垸华容护城垸项目中,优化后的 TRD 一步法施工工艺带来了以下显著效果:

（1）施工效率提升

相较于传统三步法,施工周期缩短了 40%。传统方法的施工预计周期为 302d,而优化后的 TRD 一步法仅需 181d 即可完成施工。施工过程中,不确定因素减少了 20%,施工进度更为可控。

（2）墙体质量保障

优化后的 TRD 一步法可以保障墙体的均匀性和密实度,防渗性能得到了验证(图 5-1)。成桩质量、芯样抗压强度、渗透系数等参数均符合设计要求。

（3）环境影响减小

优化后的施工工艺降低了施工噪声和振动,对周边环境的影响明显减少。施工期间,噪声降低至 70 dB 以下,振动幅度减少了 20%。

图 5-1　堤防 TRD 成墙效果挖开检测

5.2　数据分析

通过对华容护城垸项目施工数据的分析,可以得出以下结论:

（1）施工时间

优化后的 TRD 一步法能有效缩短施工周期,提高施工效率。施工时间从预计 302d 缩短至 181d,提升了施工进度(表 5-1)。

表 5-1　　　　　　　　　　　　　华容护城垸防渗工程施工强度分析

工法	施工项目	部位	工程量/m³	施工时段			平均强度/d	高峰期强度/d
			合计	开始	完成	工期/d		
一步法	TRD工法土防渗墙	二工区 (32+800～33+600)	19112.2	2023年11月8日	2023年12月24日	52	391.05	604.04
		二工区 (39+308～40+000)	16531.6	2023年12月25日	2024年2月6日	41	425.47	514.06
		四工区 (77+900～78+420)	12921.3	2024年2月25日	2024年3月31日	35	412.9	513.38
	合计		48565.1					

（2）墙体质量

优化后的墙体密实度均匀性稳定,墙体强度满足要求,防渗性能达标。墙体厚度、芯样抗压强度、渗透系数等参数均符合设计要求,防渗效果稳定(表 5-2)。

表 5-2　　　　　　　　　　防渗墙实体开挖、钻孔取芯及注水试验结果

部位	墙体厚度/m (设计墙厚≥0.5)			芯样抗压强度/MPa (设计 R28≥0.5)			渗透系数/(cm/s) (设计 $K \leq i \times 10^{-6}$ cm/s)	
	最大	最小	平均	最大	最小	平均	最大	最小
二工区 (32+800～33+600)	0.6	0.57	0.585	1.38	0.93	1.155	5.55×10^{-6}	3.19×10^{-7}
二工区 (39+308～40+000)	0.6	0.57	0.585	0.8	0.5	0.65	8.35×10^{-6}	2.5×10^{-6}
四工区 (77+900～78+420)	0.6	0.57	0.585	1.40	0.97	1.185	5.82×10^{-6}	1.53×10^{-7}

（3）环境监测

施工期间的环境监测数据显示,优化后的工艺降低了噪声和振动,对周边环境的影响减少了30%(表 5-3)。

表 5-3　　　　　　　　　　　　　　环境噪声监测结果

检测点位	检测结果/dB(A)			
	2024年3月7日		2024年3月8日	
	昼间	夜间	昼间	夜间
二工区 (32+800～33+600)	53	42	52	40
二工区 (39+308～40+000)	51	41	52	42

续表

检测点位	检测结果/dB(A)			
	2024 年 3 月 7 日		2024 年 3 月 8 日	
	昼间	夜间	昼间	夜间
四工区 (77+900~78+420)	68	41	67	39

6 讨论

6.1 优化工艺的优势

优化后的 TRD 一步法在多个方面显示了其显著优势:

(1)提高施工效率

通过减少施工步骤和简化工艺流程,施工效率大幅提升。TRD 一步法不仅缩短了施工周期,还减少了施工过程中的不确定性,使得施工进度更加可控。

(2)提升墙体质量

优化后的工艺可以确保墙体的均匀性和密实度,防渗性能优异。墙体的渗透率可以得到保证,防渗效果更加稳定,有效提高了墙体的强度和耐久性。

(3)降低环境影响

优化工艺有效减少了施工过程中的噪声和振动,对周边环境的影响降低了 30%。这种减少环境影响的措施,不仅提高了施工现场的可接受性,也符合环保要求。

6.2 施工难点与解决方案

在施工过程中,TRD 一步法面临的一些挑战及其解决方案包括:

(1)土体稳定性

在软土层施工时,土体的稳定性是一个关键问题。通过优化切割装置和注浆技术,减少土体坍塌的风险。此外,使用高质量的浆液配方和控制浆液的注入压力,也保证了墙体的稳定性和密实度。

(2)浆液均匀性

浆液的不均匀分布会影响防渗墙的效果。通过改进浆液配方和优化注浆技术,确保浆液的均匀性。现场测试数据表明,浆液的均匀性提高了 20%,防渗性能也得到了改善。

(3)设备维护

TRD 设备的维护对施工质量有重要影响。通过定期维护和检修设备,确保设备的正常运行和施工精度。优化后的设备故障率降低了 15%,施工过程更加稳定可靠。

7 结语

本文依托湖南省洞庭湖区重点垸堤防加固工程华容护城垸的案例,通过对 TRD 一步法施工工艺的优化及其效果的研究,验证了其在堤防防渗墙施工中的有效性。防渗墙实体开挖、钻孔取芯及注水等检测方法的试验结果,也较为全面地佐证了 TRD 一步法的堤防防渗墙施工工艺的效果。

综上所述,优化后的施工工艺在施工效率、墙体质量和环境影响方面表现出显著优势,可以很好地胜任 25m 深度以下堤防防渗墙的施工。

未来的研究可以进一步探索 TRD 一步法在更复杂地质条件下的应用和优化,以推动该技术在防洪工程中的广泛应用。同时,随着技术的不断发展,可以结合新材料和新设备,进一步提升 TRD 一步法的施工效果和经济性。

主要参考文献

[1] 赵峰,倪锦初,刘立新."TRD"工法在堤防工程中的应用研究[J].人民长江,2000,31(6):3.

[2] 宾斌,王导勇,冯志兵.TRD 工法在洞庭湖区堤防工程中的适用性研究[J].中国水能及电气化,2022(7):8.

[3] 赵广周.三种防渗模式在赣江下游尾闾项目的应用[J].建筑技术开发,2022,49(22):130-133.

[4] 王海东,姜命强,赵永磊.TRD 工法在赣江尾闾围堰防渗工程中的应用[J].中国水,2024,(4):30-33+40.

[5] 黄天明,叶翔,顾晓卫,等.TRD 临近运营隧道微扰动施工方法研究[J].建筑结构,2023,53(S01):2327-2331.

施工围堰和导流在淮河入海水道二期工程应用分析

肖　义　姜亚秋

（长江河湖建设有限公司,湖北武汉　430000）

摘　要: 水利工程围堰和导流是两项重要的相辅相成手段,选择恰当的施工方案和施工工艺,充分发挥施工导流和围堰技术的作用,对项目成功推进至关重要。本文通过对淮河入海水道二期工程所在地周边环境的研究,对黏土围堰的渗流计算和抗滑稳定计算提出合理的围堰和导流方案,创造干地施工条件,提高施工质量,加速工程进度,为后期淮河入海水道施工提供参考。

关键词: 围堰;导流;渗流计算;抗滑稳定

1　引言

水利工程的发展已呈现出由偏远地区逐渐回归到繁华的地域的趋势,随着经济的发展,原有的大江大河或者骨干河网将承担更大的防洪功能,防洪等级也逐渐提高。在水利工程建设中使用围堰和导流方案时,围堰要考虑堰体类型、材质、地质条件等,导流要考虑上下游、左右岸的条件,周边水网点、线、面的汇入排出情况,施工导流方式的选择遵循的原则为适应河流水文特征和地形、地质条件;工程施工期短、投资省、发挥效益快;工程施工安全、灵活、方便。

2　工程概况

淮河入海水道二期工程(淮安市境内)河道工程 8 标位于淮安区,是在 2006 年竣工验收的原有淮河入海水道一期工程的基础上,通过滩面扩挖、两侧堤防培高加厚、封堵南泓、深挖北泓的方式,将防洪等级由 100 年一遇提高到 300 年一遇。本项目从左岸到右岸、从北到南水系分别为调渡河、北泓、南泓、苏北灌溉总干渠,中间依次被北堤、中隔堤、南堤隔开(图 2-1)。调渡河是部分淮安区城市和农村的雨污排入北泓的通道;北泓和南泓共同承担着将洪泽湖水排入黄海的任务;苏北灌溉总渠上起西起洪泽湖、下至扁担港口入海,具有防洪、排涝、输水、航运、发电等功能。

作者简介:肖义,男,高级工程师,大学本科,主要从事水利工程施工项目管理、工程造价工作。E-mail:252954800@qq.com。

图 2-1 平面布置

3 围堰及导流方案布置

3.1 围堰平面布置及断面设计

围堰平面布置及断面设计见图 3-1、图 3-2。

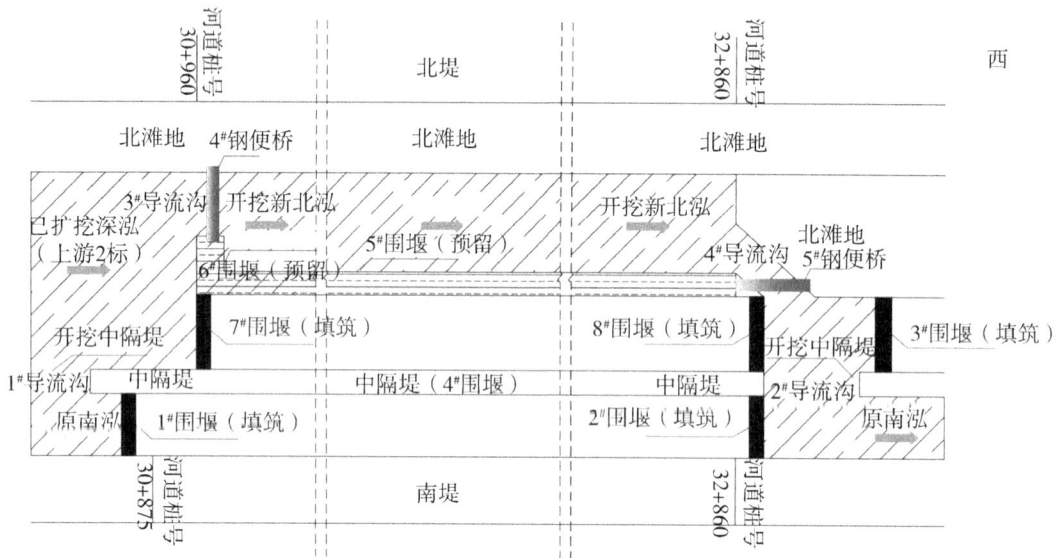

图 3-1 围堰平面布置

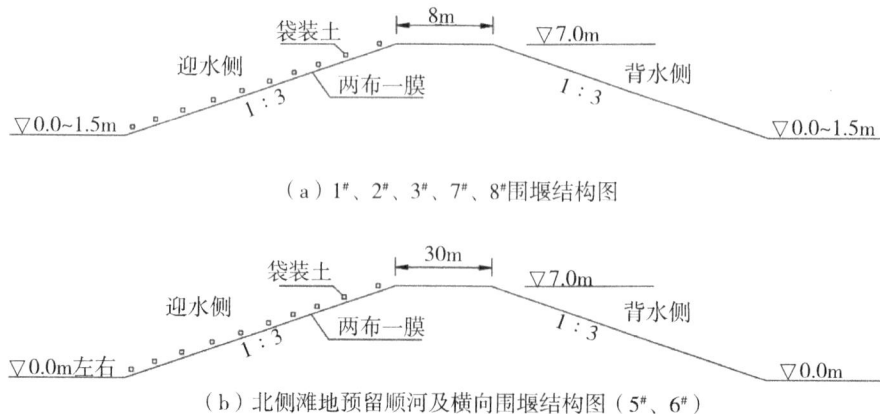

（a）1#、2#、3#、7#、8#围堰结构图

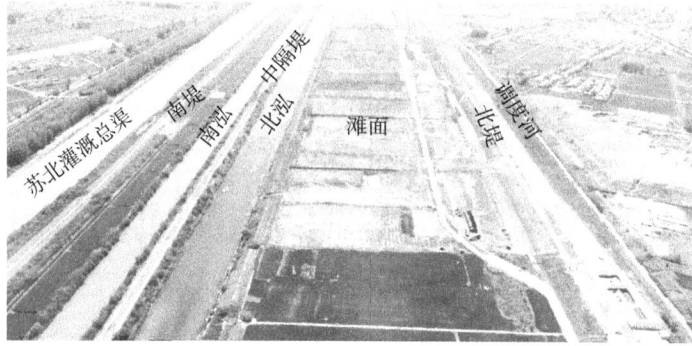

（b）北侧滩地预留顺河及横向围堰结构图（5#、6#）

图 3-2 围堰断面

①新填筑围堰(1#、2#、3#、7#、8#)堰顶高程均为7.0m,顶宽8.0m,坡比1:3。

②4#围堰为南北泓中隔堤,宽度为现状宽度,隔堤在迎水侧(即北泓侧)填筑子堰将高程加高至7.0m高程。坡比为现状隔堤坡比。

③5#围堰为北泓滩面预留隔堤,隔堤预留宽度为30m,隔堤在迎水侧(即北泓侧)填筑子堰将高程加高至7.0m高程。坡比为现状隔堤坡比。

④6#围堰为北泓滩面预留上游土埂。

施工临时挡水围堰利用深泓开挖土方填筑,其迎水面需铺设15.0kN/m两布一膜,上压一层袋装土。袋装土一般利用深泓扩挖土料填筑,施工时采用人工装袋、封口,架子车运输、人工堆砌。

按建筑物设计等级标准进行围堰的设计、施工和维护。根据《水利水电工程等级划分及洪水标准》(SL 252—2017)、《水利水电工程施工组织设计规范》(SL 303—2017)、《水利水电工程围堰设计规范》(SL 645—2017),按保护对象、失事后果、使用年限等综合分析,工程施工挡水围堰级别为4级。

根据《水利水电工程围堰设计规范》(SL 645—2017)规定,围堰顶高程应不低于设计洪水的静水位与波浪高度及堰顶安全加高值之和。汛期5年一遇参照淮河入海水道近期工程5年一遇排涝南北泓设计水位,工程处南泓水位为5.80~5.65m,北泓水位为5.50~5.00m。波浪高度取值0.7m,围堰为4级,4级围堰堰顶安全加高值为0.5m,即堰顶高程最小为:5.8+0.7+0.5=7.0m。经了解,2023年汛期南北泓最高水位6.74m。设计围堰顶高程为7.0m,满足施工期挡洪要求。

3.2 导流方案

针对现场情况,本项目采用分期导流方式,一期先在北泓上搭设钢便桥,通过现状北泓导流,同时保证南堤和北堤的同时施工;二期待完成北堤护坡防护及南堤填筑后利用新挖北堤护坡防护段河道进行导流转换,在南堤护坡防护施工完成后最终进行北泓上下游围堰及预留顺河围堰拆除。

(1)一期导流(现状北泓自流导流)

结合现场情况(图3-3),先修建跨越北泓钢便桥作为南北堤交通桥,填筑现状北泓下游围堰(3#围堰),开挖施工桩号上下游南北泓中隔堤导流沟(1#、2#导流沟),最后填筑南泓上下游围堰(1#、2#围堰),完成现有南北泓水流转换。施工期一期导流利用现状北泓进行导流,在一期导流发挥作用期间组织力量抢抓北泓扩挖段及深泓北侧河坡防护施工,为二期导流做好准备工作(图3-4)。

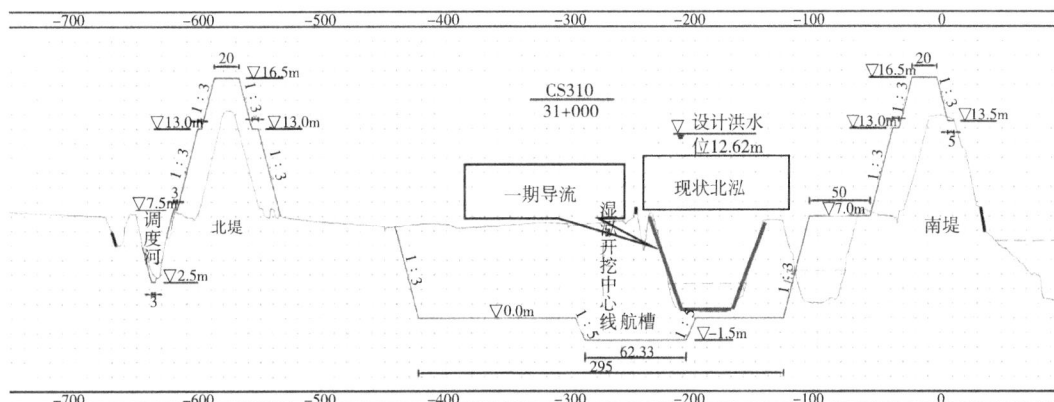

图3-3　一期导流原状横断面

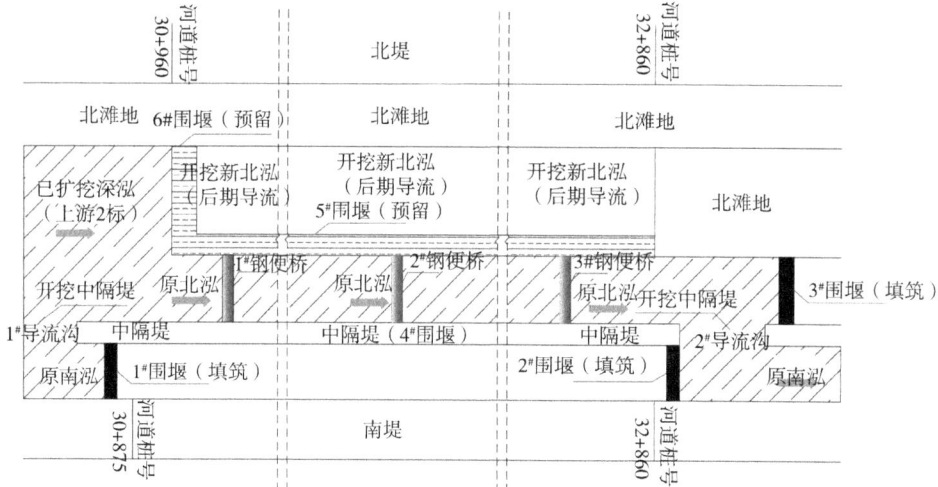

图 3-4　一期导流平面布置示意

（2）二期导流（北泓扩挖段导流）

北泓扩挖段施工时，在北堤起始桩号处预留 30m 宽土埝（6#预留围堰），在完成深泓北侧河坡防护施工后，进行钢便桥转换施工（4#、5#钢便桥），接着开挖北堤起始桩号处预留土埝导流沟（3#导流沟）及施工下游导流沟（4#导流沟），填筑原北泓上下游围堰（7#、8#围堰），利用开挖后的成形深泓北侧作为导流河道。预留顺河土埝围堰（5#预留围堰，上口宽约 30m，北侧开挖侧边坡为 1∶3，南侧自然坡比）。完成深泓南侧河坡防护施工，最后挖除现场剩余围堰土方（图 3-5、图 3-6）。

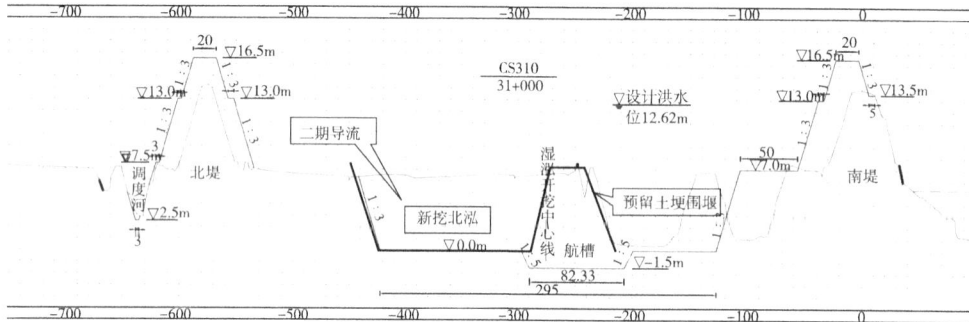

图 3-5　二期导流断面

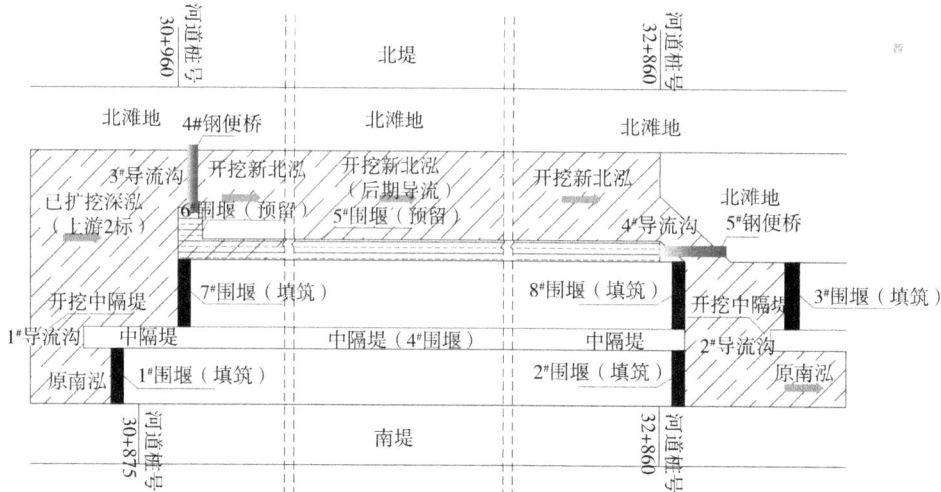

图 3-6　二期导流平面布置

4 围堰抗滑稳定计算

淮河入海水道工程具备丰富的土源,因南北泓的阻隔,具备一边进占施工的条件,因此围堰选用土质围堰,水下施工采用一边进占法施工,围堰出水后按照堤防施工方法逐层碾压成形,并按设计要求做好围堰两侧防护。

本项目现场围堰选址位置具体土层情况及物理力学特性见表 4-1、表 4-2。

表 4-1 围堰基础土层情况

序号	名称	土层情况	备注
1	1#围堰	选用Ⓐ层(Q_4^{ml})土料填筑,坐落在⑤$_2$层(Q_3^{al-pl})	一期填筑南泓上游围堰
2	2#围堰	选用Ⓐ层(Q_4^{ml})土料填筑,坐落在⑤$_2$层(Q_3^{al-pl})	一期填筑南泓下游围堰
3	3#围堰	选用Ⓐ层(Q_4^{ml})土料填筑,坐落在⑤$_2$层(Q_3^{al-pl})	一期填筑北泓下游围堰
4	4#围堰	自上而下土层有Ⓐ层(Q_4^{ml})、①$_3$层(Q_4^{al})、⑤$_1$层(Q_3^{al})、⑤$_{2'}$层(Q_3^{al-pl})	南北泓间中隔堤
5	5#围堰	自上而下土层有Ⓐ层(Q_4^{ml})、①$_3$层(Q_4^{al})、⑤$_1$层(Q_3^{al})、⑤$_{2'}$层(Q_3^{al-pl})	北泓滩面预留隔堤
6	6#围堰	自上而下土层有Ⓐ层(Q_4^{ml})、①$_3$层(Q_4^{al})、⑤$_1$层(Q_3^{al})、⑤$_{2'}$层(Q_3^{al-pl})	北泓滩面预留上游土埂
7	7#围堰	选用Ⓐ层(Q_4^{ml})土料填筑,坐落在⑤$_2$层(Q_3^{al-pl})	二期填筑北泓上游围堰
8	8#围堰	选用Ⓐ层(Q_4^{ml})土料填筑,坐落在⑤$_2$层(Q_3^{al-pl})	二期填筑北泓下游围堰

表 4-2 土层物理力学特性表

层序	土层名称	重度 γ /(kN/m³)	直接快剪		固结快剪	
			C_q /kPa	Φ_q /°	C_{cq} /kPa	Φ_{cq} /°
Ⓐ	粉质黏土	1.93	26.5	12.6	26.5	12.6
①$_3$	灰黄夹灰色粉质黏土、重粉质壤土	1.99	39.4	13.3	39.4	13.3
⑤$_1$	灰黄夹灰色粉质黏土	2.02	50.5	14.1	50.5	14.1
⑤$_2$	灰黄色重粉质砂壤土、轻粉质壤土	1.98	8.9	24.5	8.9	24.5
⑤$_{2'}$	灰黄色粉质黏土、重粉质壤土、黏土	1.97	30.8	13.2	30.8	13.2
③$_3$	灰黄色粉质黏土、黏土	2.02	54.4	15.0	54.4	15.0

4.1 计算工况

根据《堤防工程设计规范》(GB 50286—2013)及地质资料情况,本次围堰抗滑稳定计算主要核算设计洪水、水位降落期及长期降雨工况(表 4-3)。

表 4-3 围堰抗滑稳定计算工况表

位置	计算工况	水位组合		计算位置
		迎水侧	背水侧	
填筑围堰 (1#、2#、3#)	设计工况	洪水位 6.47m	无水	围堰两侧
	水位降落期	洪水位 6.47m～常水位 3.5m	无水	围堰两侧
	长期降雨	洪水位 6.47m	无水	围堰两侧
中隔堤围堰 (4#)	设计工况	洪水位 6.47m	无水	围堰两侧
	水位降落期	洪水位 6.47m～常水位 3.5m	无水	围堰两侧
	长期降雨	洪水位 6.47m	无水	围堰两侧
北泓 预留围堰 (5#、6#)	设计工况	洪水位 6.47m	无水	围堰两侧
	水位降落期	洪水位 6.47m～常水位 3.5m	无水	围堰两侧
	长期降雨	洪水位 6.47m	无水	围堰两侧

4.2 计算方法和结果

根据《堤防工程设计规范》(GB 50286—2013),本次围堰抗滑稳定计算采用瑞典圆弧法,设计等级依据四级标准,计算结果均满足规范要求。

围堰抗滑稳定计算成果见表 4-4,抗滑稳定计算示意图见图 4-1 至图 4-9。

表 4-4 围堰抗滑稳定计算成果

断面	工 况	水位组合/m		抗滑安全系数		
		迎水侧	背水侧	K_{min}		$[K]$
				迎水侧	背水侧	
填筑围堰 (以 1# 为例)	设计工况	洪水位 6.47m	无水	4.10	2.35	1.15
	水位降落期	洪水位 6.47m～常水位 3.5m	无水	2.73	2.37	1.15
	长期降雨	洪水位 6.47m	无水	3.93	2.03	1.00
中隔堤围堰 (4#)	设计工况	洪水位 6.47m	无水	3.65	2.27	1.15
	水位降落期	洪水位 6.47m～常水位 3.5m	无水	2.43	2.28	1.15
	长期降雨	洪水位 6.47m	无水	2.81	1.83	1.00
北泓 预留围堰 (以 5# 为例)	设计工况	洪水位 6.47m	无水	4.03	2.40	1.15
	水位降落期	洪水位 6.47m～常水位 3.5m	无水	2.69	2.41	1.15
	长期降雨	洪水位 6.47m	无水	3.90	2.02	1.00

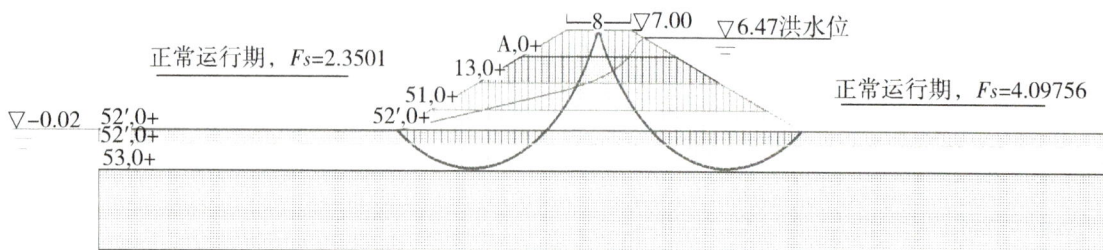

图 4-1 填筑围堰(以 1# 为例)抗滑稳定计算成果示意图(正常运行期)

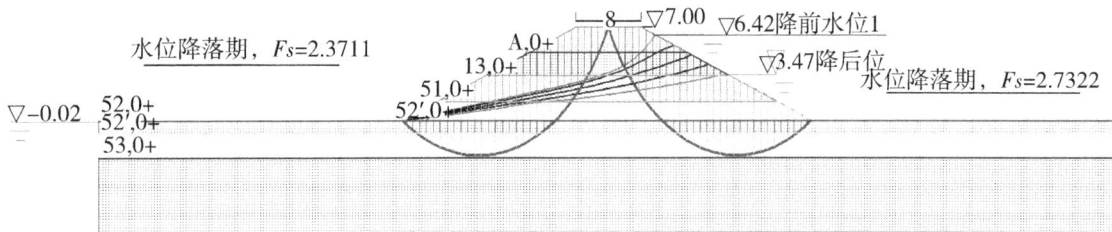

图 4-2　填筑围堰(以 1# 为例)抗滑稳定计算成果示意图(水位降落期)

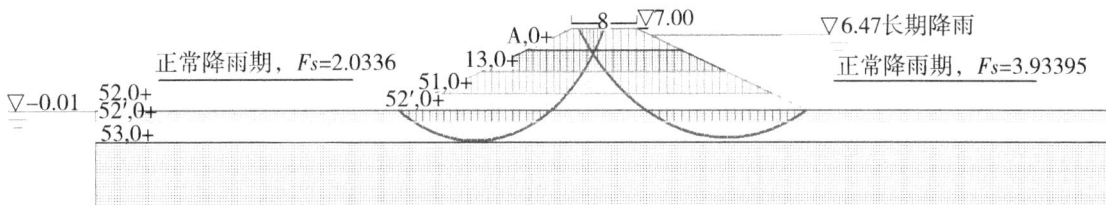

图 4-3　填筑围堰(以 1# 为例)抗滑抗滑稳定计算成果示意图(长期降雨期)

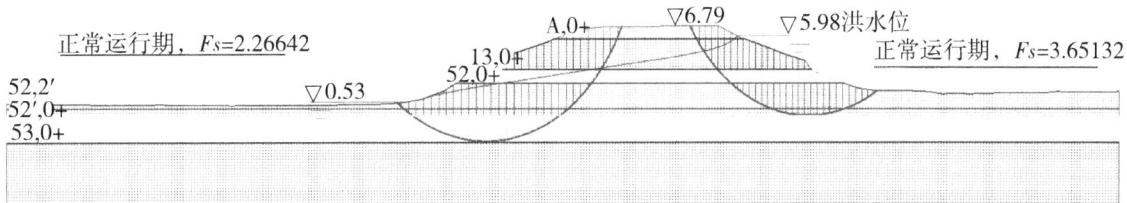

图 4-4　中隔堤围堰(4#)抗滑稳定计算成果示意图(正常运行期)

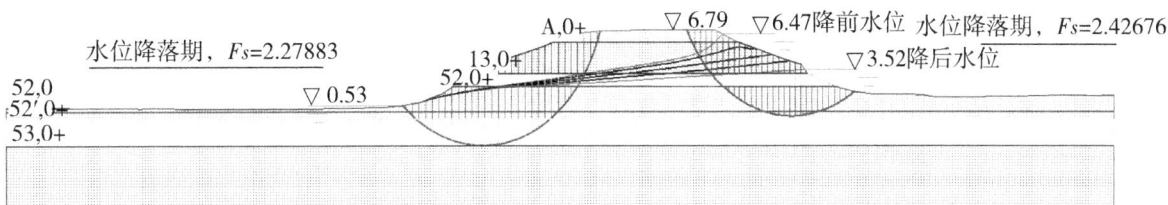

图 4-5　中隔堤围堰(4#)抗滑稳定计算成果示意图(水位降落期)

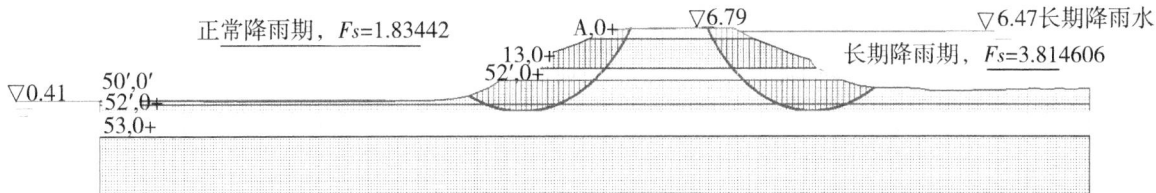

图 4-6　中隔堤围堰(4#)抗滑稳定计算成果示意图(长期降雨期)

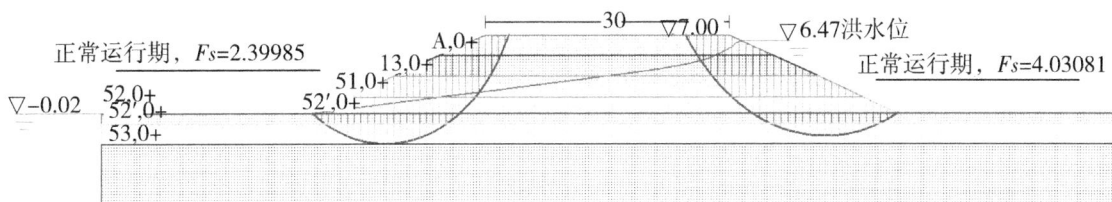

图 4-7　北泓预留围堰(以 5# 为例)抗滑稳定计算成果示意图(正常运行期)

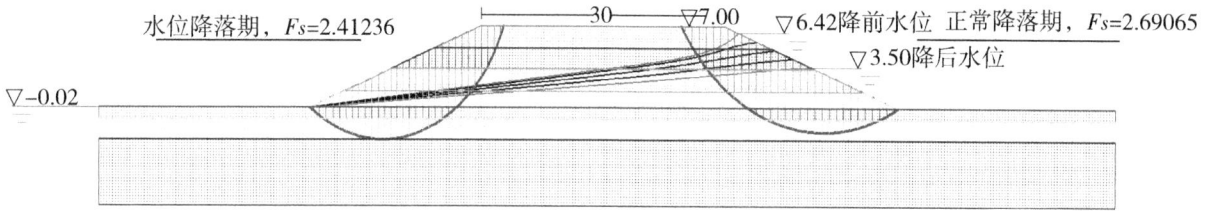

图 4-8　北泓预留围堰(以 5# 为例)抗滑稳定计算成果示意图(水位降落期)

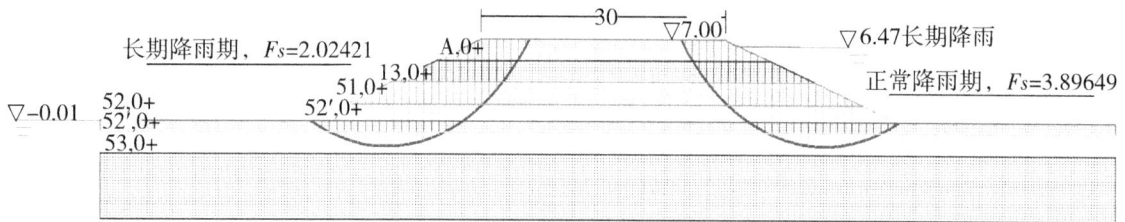

图 4-9　北泓预留围堰(以 5# 为例)抗滑稳定计算成果示意图(长期降雨期)

5　围堰抗滑稳定计算

5.1　渗流稳定计算

根据《堤防工程设计规范》(GB 50286—2013)及地质资料情况,本次围堰渗流稳定计算主要核算设计工况、水位降落期工况,各土层渗流计算指标统计见表 5-1。

表 5-1　　　　　　　　　　各土层渗流计算指标统计

层序	土类	渗透系数 /$\times 10^{-7}$(cm/s)	土粒比重 G_s	孔隙比 e	允许比降
①	粉质黏土	5.55	2.74	0.806	0.48
①₃	灰黄夹灰色粉质黏土、重粉质壤土	4.60	2.74	0.729	0.50
⑤₁	灰黄夹灰色粉质黏土	4.15	2.74	0.674	0.52
⑤₂	灰黄色重粉质砂壤土、轻粉质壤土	3.35	2.72	0.695	0.51
⑤₂′	灰黄色粉质黏土、重粉质壤土、黏土	5.72	2.74	0.769	0.49
⑤₃	灰黄色粉质黏土、黏土	3.45	2.74	0.679	0.52

5.2　计算工况

围堰渗流稳定计算工况见表 5-2。

表 5-2　　　　　　　　　　围堰渗流稳定计算工况

位置	计算工况	水位组合		计算位置
		迎水侧	背水侧	
填筑围堰 (以 1# 为例)	设计工况	洪水位 6.47m	无水	围堰两侧
	水位降落期	洪水位 6.47m～常水位 3.5m	无水	围堰两侧

位置	计算工况	水位组合		计算位置
		迎水侧	背水侧	
中隔堤围堰（4#）	设计工况	洪水位6.47m	无水	围堰两侧
	水位降落期	洪水位6.47m～常水位3.5m	无水	围堰两侧
北泓预留围堰（以5#为例）	设计工况	洪水位6.47m	无水	围堰两侧
	水位降落期	洪水位6.47m～常水位3.5m	无水	围堰两侧

5.3 计算方法和结果

根据《堤防工程设计规范》(GB 50286—2013)中渗流及渗透稳定计算的规定,计算采用的程序为河海大学研发的Autobank软件,用有限元法对围堰进行堤身与堤基的渗流稳定计算。

根据地质勘探资料,本次选取典型断面进行渗流稳定分析,根据计算工况,围堰渗流稳定计算成果见表5-3,渗流场等势线及流速分布见图5-1至图5-6。由渗流计算结果可知,计算结果均满足规范要求。

表5-3　　　　　　　　　　　　　　围堰渗流稳定计算成果

围堰编号	地勘孔号	水位组合		最大渗透比降	允许比降
		迎水侧	背水侧		
1#填筑围堰	C22019	洪水位6.47m	无水	0.125	0.51
		洪水位6.47m～常水位3.5m	无水	0.08	0.51
4#中隔堤围堰	JGT7	洪水位6.47m	无水	0.155	0.51
		洪水位6.47m～常水位3.5m	无水	0.145	0.51
5#北泓预留围堰	C22019	洪水位6.47m	无水	0.067	0.51
		洪水位6.47m～常水位3.5m	无水	0.0378	0.51

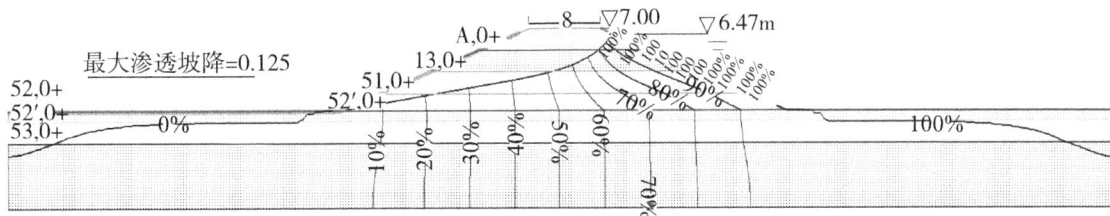

图5-1　1#填筑围堰渗流计算等势线及浸润线分布图1

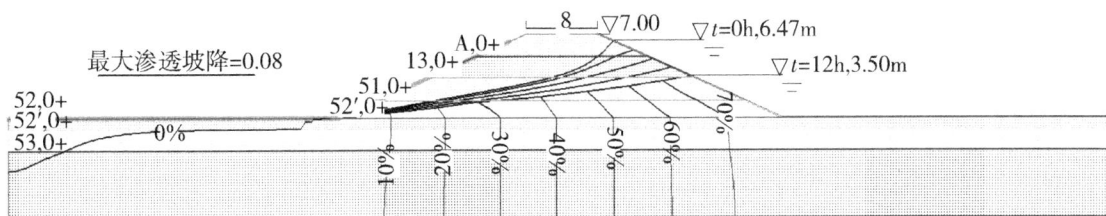

图5-2　1#填筑围堰渗流计算等势线及浸润线分布图2

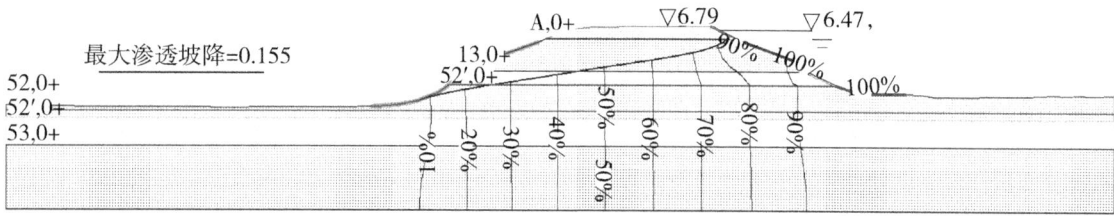

图 5-3　4#中隔堤围堰渗流计算等势线及浸润线分布图 1

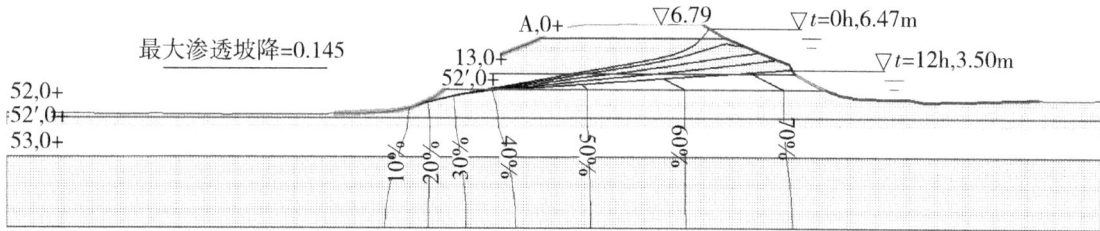

图 5-4　4#中隔堤围堰渗流计算等势线及浸润线分布图 2

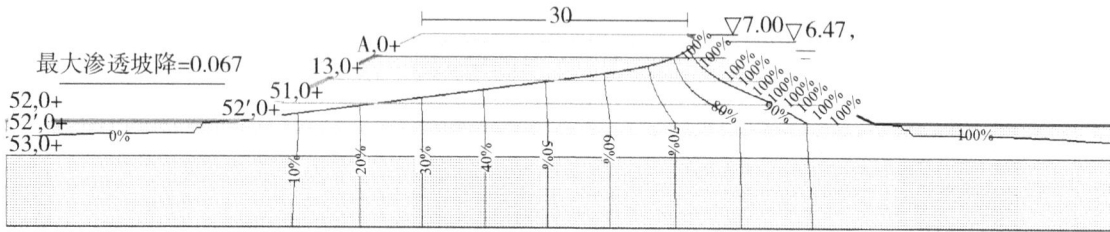

图 5-5　5#北泓预留围堰渗流计算等势线及浸润线分布图 1

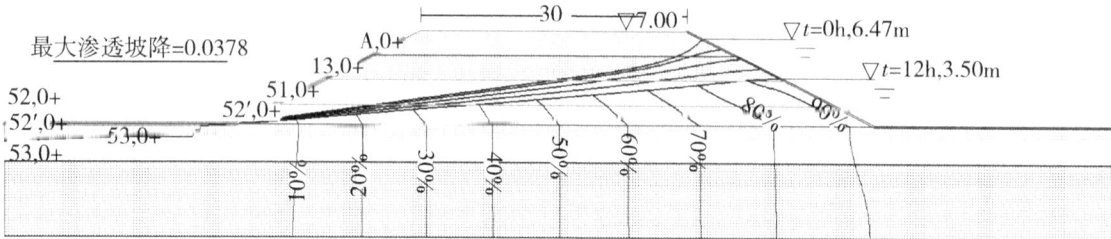

图 5-6　5#北泓预留围堰渗流计算等势线及浸润线分布图 2

6　主要安全措施

围堰是整个项目的关键,综合考虑各种突发因素,如阴雨天气水位的骤涨,该工程围堰可能引发的险情包括:①围堰管涌;②围堰滑坡;③围堰临水坡崩塌;④围堰漫溢;⑤围堰决口。

针对上述可能险情,应制订相应的预案,落实人员、机械、物资,做好演练工作,加强观测和检测,确保各项安全。

7　结语

淮河入海水道主要是一个线性工程,地质条件大致相似,通过淮安段工程的实施,检验了围堰和导流成果,对下一期施工具有很强的指导意义和作用。但要注意任何围堰和导流方案不可能适应全部场景,都有局限性。我们仍然要综合考虑地质条件、水文条件、工程造价、施工方法和施工进度等因素,采用科学的计算方法、科学的态度来因地制宜地制订专门的围堰和导流方案。

主要参考文献

[1] 彭光玉.探讨水利水电施工中施工导流和围堰技术的应用[J].中华建设,2020(12):96-97.

[2] 李桢,李红,柳树摇,等.浅谈水利水电施工中施工导流和围堰技术的运用[J].四川建材,2020,46(6):113-115.

[3] 周涛,胡玉.施工导流及围堰技术在水利水电施工中的应用研究[J].水利技术监督,2020(2):242-245.

[4] 朱文杰.水利施工中全段围堰导流技术的应用[J].江西建材,2021(24):139.

[5] 严河.施工导流和围堰技术在水利工程中的作用[J].黑龙江科学,2019(8):80-81.

浅谈水利工程中 TRD 工法防渗墙施工工艺及质量管理措施

段明霞 胡 雪

(长江河湖建设有限公司,湖北武汉 430000)

摘 要:本文围绕水利工程中的 TRD(Trench cutting Re-mixing Deep wall method)工法防渗墙施工工艺及质量管理措施展开探讨。TRD 工法,即地下连续墙切削搅拌成墙工法,以其高效、环保、质量稳定的优势,在水利工程中得到了广泛应用。文章详细阐述了 TRD 工法防渗墙施工流程,包括设备安装、成墙施工及质量检查等关键环节,并分析了其在复杂地层中的适应性和对策。同时,本文还强调了施工过程中的质量管理措施,以确保防渗墙的施工质量和工程安全。通过本文的研究,旨在为水利工程中 TRD 工法防渗墙的施工提供技术参考和质量管理指导。

关键词:TRD 工法;防渗墙;水利工程

1 发展历史

TRD 工法,全称为等厚度水泥土地下连续搅拌墙工法,是一种先进的地下连续墙施工技术,即通过链锯式刀具箱竖直打入地层,并进行水平横向运动,同时搅拌混合原土并灌入水泥浆,形成具有一定强度的等厚度止水墙。该工法最初由日本在 20 世纪 90 年代初开发研制,旨在解决各类土层和砂砾石层中连续成墙的难题。自 2005 年起,TRD 工法及设备被引入中国,并逐渐在国内各类建筑工程中得到应用,随着技术的不断成熟和推广,TRD 工法在国内的应用范围日益扩大,其施工效率和成墙质量也得到了广泛认可,在水利工程领域中常作为一种较为成熟的基坑围护止水帷幕形式,应用于堤坝加固及防渗工程。

2 TRD 工法防渗墙施工工艺

(1)施工准备

施工现场场地平整,施工机械自重偏大,需采用黏性土回填压实等措施保证场地压实度、承载能力满足施工机械进场拼装和稳定作业。

(2)测量放样

施工前,根据设计图纸和业主提供的坐标基准点,精确计算出防渗墙中心线角点坐标,利用测量

作者简介:段明霞,女,工程师,参与多个工程建设现场管理工作。E-mail:www.124822311@qq.com。

仪器进行放样,并进行坐标数据复核,同时,做好护桩,并通知相关单位进行放线复核。

（3）开挖沟槽

采用挖掘机沿防渗墙轴线开挖沟槽,及时处理余土。

（4）吊放预埋箱

用挖掘机开挖预埋穴,并将预埋箱逐段吊放入预埋穴内。切割箱全部打入结束后,用开挖出的原土回填预埋穴。

（5）设备就位

在施工场地的一侧架设全站仪,调整设备位置,检查定位情况并及时纠正,确保机体平稳。

（6）切割箱与主机连接

采用履带式或轮式吊车将切割箱逐段吊放入预埋穴,然后将 TRD 主机移动至预埋穴位置连接切割箱,主机再返回预定施工位置,进行切割箱切割打入工序。重复以上操作,直至切割箱打入预定深度。

（7）安装测斜仪

切割箱自行打入至设计深度后,安装测斜仪,通过安装在切割箱内部的多段式测斜仪进行墙体的垂直监测,确保墙体垂直度控制在 1/250 以内。

（8）成墙施工

测斜仪安装完毕后,主机与切割箱连接,按照设计要求配置合理的水泥浆液,伴随着刀片切割土体注入浆液,使得浆液与土体混合搅拌作用,从而形成符合设计预期的等厚度水泥土地下连续墙。根据切割箱掘进方式和速率不同,可以将注浆成墙的循环频次也进行相应的调整。

（9）水泥添加量控制

防渗墙成墙时,根据设计墙深、墙宽、水泥添加量计算浆液流量,并与搅拌推进速度相匹配。喷浆过程中,刀箱按 30cm 步距移动成墙后的钻孔芯样较好,成墙均匀。若刀箱移动步距过大,易造成墙体水泥土搅拌不均匀。

（10）置换土处理

将 TRD 工法施工过程中产生的废弃泥浆统一存放,集中处理,以满足工程文明施工的要求。

（11）拔出切割箱

施工区段施工结束后,将切割箱拔出,再重新组 装切割箱进行后续作业。应在远离架空线的位置拔出切割箱。

（12）质量检查

墙体厚度及位置偏差采取浅部开挖验证;墙体强度通过钻取芯样进行强度试验检查;防渗墙抗渗性能通过注水试验进行测试。TRD 防渗墙施工完成 14 d 后,选取部分位置进行浅部开挖检查,墙体水泥土质地均一、厚度均匀,外观质量满足设计要求。

3　TRD 工法特点

TRD 工法地下成墙厚度大,软土、黏土地层深度可达 70m,砂砾石地层深度可达 45m,且地质适应范围广,适用于软黏土、砂土、卵砾石和岩层等大部分地层工况;由于其设备及工艺特点,能等厚度成墙,墙体无接缝,且土体搅拌均匀,不含土体团块,在复杂地层也可以保证墙体均匀,所形成的地下水泥连续墙体质量比其他止水帷幕的止水效果更好;TRD工法设备配备有自动施工精度监测与纠偏系统,可实时随钻测量,实现全过程全自动垂直度控制和切削箱体尺寸控制,成墙精度高;由于TRD设备形成的地下墙体深度与施工机械高度无关联,能应用于净空较低的区域;施工过程中TRD工法施工无需取土,施工产生的废浆量较少,对环境影响不大。

TRD工法也存在相应的不足,由于TRD工法的施工原理和刀具设备特性限制,只能直线式进行施工作业,在需要进行拐弯施工的场合下,其施工方式和效率会受到一定影响,需要设置合适的施工路线及搭接补强方案;施工机械自重偏大,动力要求高。

4 施工难点

在软弱地层、砂层或含有大量卵石、深厚砂砾石的地层中施工,切割箱的切入受到较大的施工阻力,链条磨损严重,易出现卡刀箱或埋链条情况。

遇卡刀箱问题时应先将链条正反转切割上提,无法提动时采用千斤顶上拔,若上拔困难则采用旋挖钻机沿着刀箱前后钻孔,使土体疏松后再采用TRD设备对刀箱左右土体进行切割疏松,然后用千斤顶拔除;同时应加密链条检修频次,遇埋链条情况时应先将刀箱拔出,然后采用吊车配合拔设备将链条分节拔出。

5 质量管理要点

(1)施工准备阶段

依据设计图纸与地质勘察报告,编制TRD工法防渗墙施工中的关键质量管理标准与技术实施方案,如地下连续墙构筑的质量管理措施、泥浆配制比例的试验方案,墙体垂直度的监测以及导槽构筑质量的严格把控等各方面,确保工程的有序开展和质量达到设计要求。

(2)TRD防渗墙施工过程阶段

需针对土质分层特性制定差异化的切割策略,强化原材料供应的监控与品质把控,确定水泥浆液的最优配比;同时建立健全施工机械的作业状态记录体系,配套实施设备保养规划,以保障机械搅拌作业的连续性与高效性;动态调控切割推进速率与注浆频率,以适应施工现场的实际需求;采用先进监测技术,对地下成墙的垂直度与切割路径实施实时跟踪与动态调整,确保施工精度;特别在拐角处或非连续成墙区域,严格把控施工质量与封闭性。如对施工机械底盘的水平度和导杆的垂直度进行监控和校验,确保桩机立柱导向架垂直偏差符合设计要求;对地下成墙深度、垂直度进行测量和预警,确保墙体的垂直度、墙底标高及墙位偏差等指标均应达到设计要求。

6 TRD工法的总结与展望

TRD工法不仅局限于建筑工程,已逐步拓展到地铁、水利、环保等多个领域。特别是在地下空间开发、水资源保护、污染防控等方面,TRD工法以其地质适应范围广、成墙质量高等优点,发挥着重要作用。未来通过引入智能打桩系统、自动化控制系统等先进技术,可以进一步提高施工精度和效率,降低人工成本。随着TRD工法的广泛应用,相关标准和规范将不断完善,进一步规范施工流程、提高施工质量、降低安全风险,推动TRD工法的普及和发展。

主要参考文献

[1] 张勇.TRD工法施工技术方案与应用.建筑节能,2015(29):210-212.

[2] 赵峰,倪锦初,刘立新.TRD工法在堤防工程中的应用研究[J].人民长江,2000(6):23-24,27.

[3] 邢政华,顾海荣,刘东华,等.土质因素对TRD防渗墙工作性能影响的机理分析[J].山西建筑,2018,44(36):61-62.

水利工程生态绿化数据底板关键技术研究

黄 龙

(上海市堤防泵闸建设运行中心,上海 200080)

摘 要:近年来,随着数字孪生技术的推广,以地理信息系统(GIS)、BIM 及 IoT 数据为主的地理数据底板研究逐渐成熟,但针对生态绿化数据底板的研究却仍为空白。本文结合工程案例,研究并提出了一套基于数据孪生的生态绿化数据底板的关键技术。研究结果表明,生态绿化数据底板可分别从宏观、中观和微观的尺度进行构建,其中宏观采用 GIS 系统搭建,以正射影像图(DOM)模型数据为主;中观采用实景模型搭建,补全 DEM 数据;微观采用 BIM 软件搭建,精细生态绿化模型数据。应用结果得出,生态绿化数据底板可结合 B/S 与 C/S 架构引擎实现数字孪生技术应用。B/S 架构展现绿化效果略显简约,但因其便捷的使用方式、良好的可跨平台性及较强的兼容性,更适合打造产品化、需要协同共享的数据底板平台;C/S 架构可重新种植渲染绿化模型,因其强大的渲染能力、大规模场景的处理能力,更适合打造对项目可视化效果要求较高的数据底板平台。

关键词:数字孪生;生态绿化;数据底板;B/S 架构;C/S 架构

1 引言

水利工程是经济社会发展的命脉,也是关系到国计民生的重要基础设施。传统的水利工程普遍聚焦于防洪除涝需求,常常忽视工程周边生态绿化环境的修复与保护。随着《关于完整准确全面贯彻新发展理念做好碳达峰碳中和工作的意见》及《数字孪生水利工程建设技术导则》的发布,我国水利工程建设逐渐向生态化、数字化方向发展。

数字孪生水利工程是以物理工程为单元、以时空数据为底板、以数学模型为核心、以专业知识为驱动,对物理工程全要素和建设运行全过程进行数字映射、智能模拟、前瞻预演,与物理工程同步仿真运行、虚实交互、迭代优化,实现对物理工程的实时监控、发现问题、优化调度的新型基础设施。近年来,随着 5G、BIM、GIS、AI、大数据、物联网等技术的不断发展,数据底板的研究与应用逐渐成熟,赵杏英等通过天空地一体化数据获取、GIS 和 BIM 三维建模等,构建了流域多尺度空间地理信息模型;何为等结合地图 Web API 技术、WebGIS 技术等设计了水电工程对外交通运输路径优化系统;饶小康等设计了基于 GIS+BIM+IoT 的数字孪生的堤防工程安全管理平台;王珩玮等结合 Cesium 提

作者简介:黄龙,男,上海市堤防泵闸建设运行中心副主任,高级工程师,E-mail:455782653@qq.com。

出面向 Web 的施工工艺三维动态可视化方法。综合来看,目前的数据底板研究多以地理信息系统(GIS)、BIM 及 IoT 等相关数据为主,暂未见针对生态绿化数据底板的研究与应用。本文依托水利工程建设项目,针对水利工程中的生态绿化修复及建设目标,提出一套基于数据孪生的绿化数据底板构建方案,结合 B/S 与 C/S 架构搭建项目系统平台,分析并总结不同架构下生态绿化数据底板应用优缺点,为类似项目底板建设提供参考。

2 项目简介

淀山湖堤防达标及生态岸线修复工程(一期)位于长三角一体化生态绿色发展示范区,具有防洪、生态、航运、旅游等综合功能,对周边地区经济社会发展具有举足轻重的作用。工程规模为临湖改建堤防 4.7km,新建贯通道路 2.6 万 m^2,新(改)建口门建筑物 3 座,新建桥梁 4 座,新建陆域绿化 3.5 万 m^2。项目生态修复提升改造建设工作主要结合贯通道路及景观结构设计,进行植物景观的提升美化,以树形优美、观赏性佳的植物为亮点,形成滨湖道上的风景线(图 2-1)。

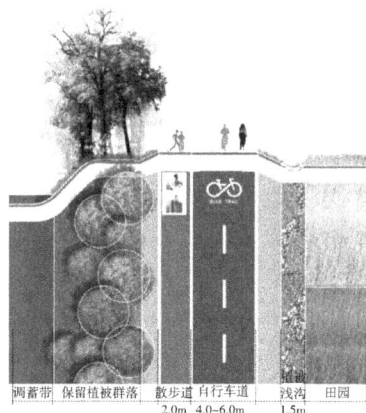

图 2-1 项目生态绿化二维断面示意图

3 生态绿化数据底板搭建

3.1 搭建原则

根据数字孪生水利工程数据底板建设方案,将生态绿化数据底板划分为宏观尺度、中观尺度及微观尺度三类,底板数据需满足模型"四化"原则:

(1)精准化

生态绿化数据底板需要能够准确地反映绿化实体或系统的结构、属性、方法和行为,以及与环境的交互。

(2)标准化

数据格式应遵循可统一应用的规范和格式,便于三维绿化数字模型在不同平台和系统之间进行共享和交换。

(3)轻量化

生态绿化数据底板应尽可能地减少数据量和计算量,去除冗余和无关信息,以提高运行效率和节省资源。

(4)可视化

生态绿化数据底板应该能够通过图形、图像、动画等方式进行直观地展示,以便于观察、理解和操作。

3.2 生态绿化数据底板搭建

(1)宏观尺度

面向宏观尺度,研究采用 GIS 实现"工程项目一张图"数据底板搭建。GIS 即地理信息系统,是一个创建、管理、分析和绘制所有类型数据的系统。经调研,目前国内外常见的商业 GIS 引擎有 MapInfo、ArcGIS、MapGIS、SuperMap、Infraworks 等(图 3-1)。

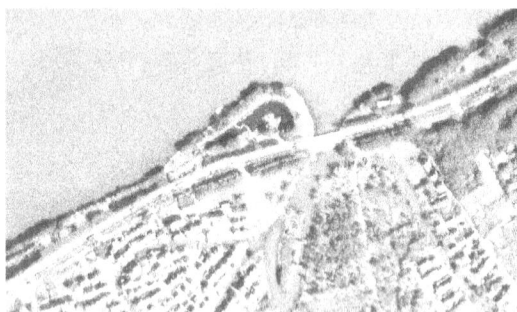

图 3-1　GIS 数据底板

本项目采用 Infraworks 软件下载红线范围内 GIS 数据作为一张图底板,存储为 .fbx 文件格式供整合使用。经研究发现,现阶段宏观尺度 GIS 中生态绿化数据多以正射影像图(DOM)模型数据为主,普遍缺乏高程模型(DEM)数据。

(2)中观尺度

面向中观尺度,研究采用倾斜摄影手段获取项目实际建设过程中的生态绿化实景模型。倾斜摄影技术是一种数字摄影技术,它通过倾斜摄影机拍摄地面影像,可以获得高分辨率、高精度的影像数据,优点在于可以快速获取大面积的影像数据,同时可以获取地面的高程信息,补全了宏观尺度缺乏 DEM 数据的缺陷。

本项目采用大疆无人机进行倾斜摄影,利用 Bentley 系列 ContextCapture 软件建立实景模型,最终输出为 .dgn 格式。经研究发现,由于绿化树木特征点较少,无人机相机无法拍全树木所有细节,导致软件计算容易失真,绿化极易出现破面、树干不清晰等缺点,特别是水面容易变形(图 3-2),项目可采用 Descartes 软件对绿化树木进行添加及补充,对水面进行裁切等操作。

图 3-2　实景模型数据底板

(3)微观尺度

面向微观尺度,研究通过 BIM 软件创建绿化数据模型,为数字孪生应用提供精确数据底板。

BIM(Building Information Modeling)是一种应用于工程设计、建造、管理的数据化工具,其核心是通过建立虚拟的建筑工程三维模型,利用数字化技术,为这个模型提供完整的、与实际情况一致的建筑工程信息库。

本项目共涉及生态绿化69类,共计3292棵树木,包含新种、保留、移植及移植回迁四类树木。由于绿化种类及数量较多,同时设计及施工方案易发生变更,故项目采用编程手段分别参数化建立绿化模型,以快速应对后期方案变更,分别保存为.rvt格式。具体实施步骤见图3-3、图3-4、图3-5。

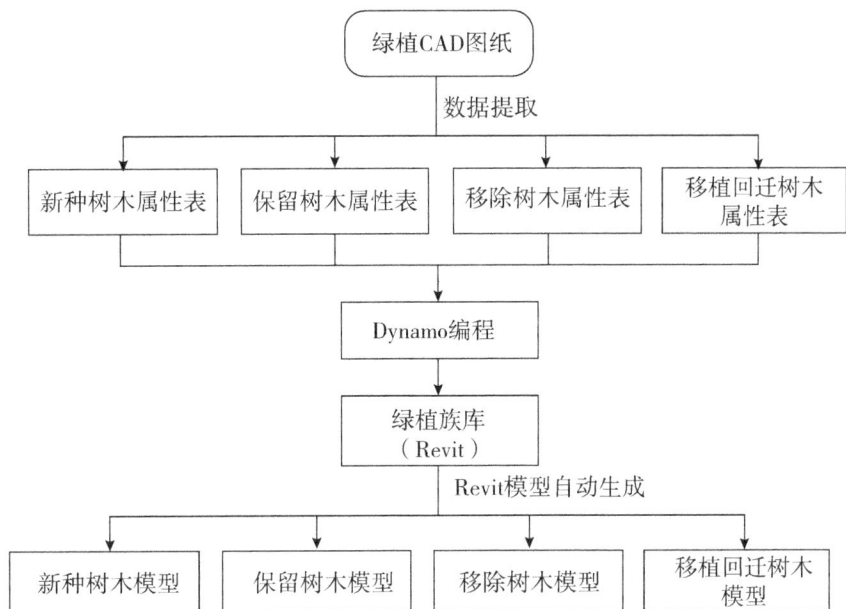

图3-3 绿化模型建模技术路线

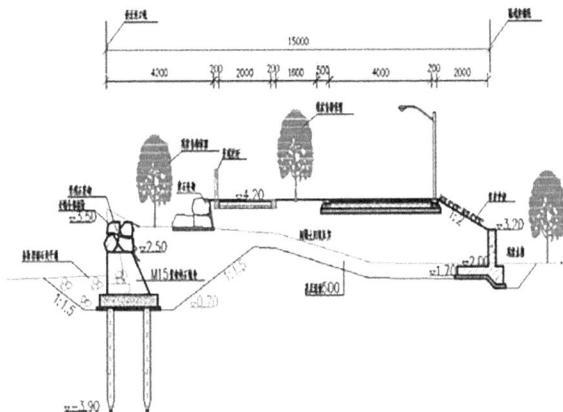

图3-4 绿化 CAD 图纸

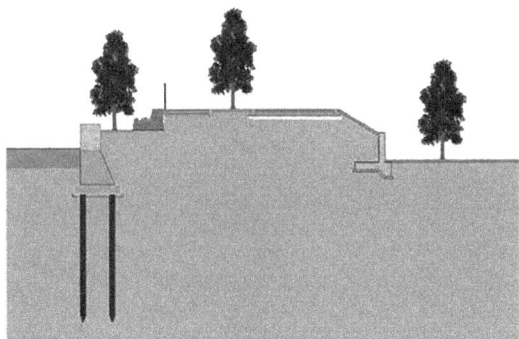

图3-5 绿化 BIM 模型

3.3 其他模型建立及整合分析

本工程建设内容涉及堤防、道路、水闸、梁及园林景观等多个专业的新建及改建,其中园林景观已有 Sketch UP 模型,可直接利用。为完善项目数字孪生底板,其他专业模型采用 Bentley Microstation 软件构建,最终模型存储为.dgn格式。

模型整合选取 Navisworks 软件将生态绿化数据及其他专业模型进行拼装,校核各模型相对位置,同时进行碰撞检查分析,最终结果表明,Navisworks 软件可集成各数据底板包含.fbx、.dwg、

.dgn、.rvt、.skp 等多类格式文件,坐标可转换,且属性信息保存较为完整(表3-1)。

经检查分析,生态绿化专业与新建道路专业极易发生碰撞,推荐首先考虑新建道路避让,其次考虑生态绿化搬迁,减少对原生态的修复,降本增效。

表 3-1 　　　　　　　　　　　　　　　数据底板格式及整合

类型	数据类型	数据格式	整合后格式
宏观尺度	GIS	.fbx	
中观尺度	实景模型	.dgn	
	地质地形	.dwg	.fbx
微观尺度	生态绿化	.rvt	
	园林景观	.skp	
	堤防结构	.dgn	

4　数据底板与引擎的结合及应用

数据引擎数据库引擎是用于存储、处理和展示生态绿化数据底板的核心模块,是数字孪生工程应用的基础底座。目前市场上三维数据引擎常采用2种方案:第一种是基于 B/S 架构的 WebGL 技术路线;第二种是基于 C/S 架构的 UE4 游戏引擎技术路线。

4.1　基于 B/S 架构的 WebGL 技术路线

WebGL 是一项用来在网页上绘制和渲染复杂三维图形的引擎,可以实现在 Web 浏览器中进行 3D 图形渲染。WebGL 引擎可支持 osgb、obj、fbx、stl、3ds 等主流倾斜摄影数据格式以及 dwg、dxf、dwf、dgn、pln、rvt、step 等主流 BIM 数据格式。

经使用验证,WebGL 引擎可同时展示宏观 GIS 数据、中观倾斜摄影数据及微观 BIM 模型数据。项目名称、绿化等基础文件属性均可无缝传递,并可单独点选查看。然而在 BIM 模型颜色材质有部分丢失,展示效果劣于 BIM 模型,略显简约(图4-1)。

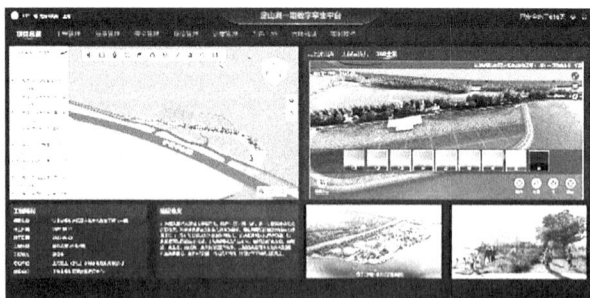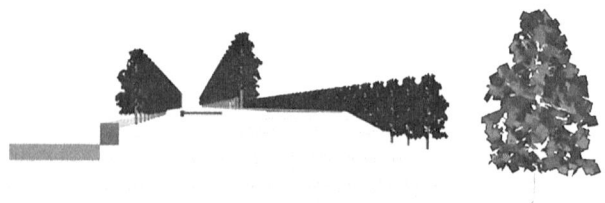

(a)宏观展示　　　　　　　　　　　　　　　　　(b)模型查看

图 4-1　基于 WebGL 的绿化数据底板

4.2　基于 C/S 架构的 UE4 游戏引擎技术路线

UE4 是一种用于游戏开发的 C/S 架构引擎,它提供了丰富的游戏开发工具和功能,包括游戏逻辑、物理模拟、音频处理等,并且可以发布到多个平台上。UE4 引擎支持常见的 3D 模型格式,包括 fbx、obj 和 3ds 等。

经使用验证,UE4 引擎可支持宏观、中观及微观模型展示,展示效果精细,但存在材质和属性损失,绿化模型无法单独点选查看。项目利用 UE4 引擎自带绿化模型,重新基于引擎种植树木、编辑材质等,最终成果显示其表达效果优于 BIM 模型。

(a)绿化模型　　　　　　　　　　　　　(b)编辑材质

图 4-2　基于 UE4 的绿化数据底板

基于 UE4 搭建的体系,借助其丰富真实的视觉效果,可打造生态虚拟应用场景,实现不同场景、不同季节、不同区域生态环境演变。平台可同时对接业务应用系统中数据,实现 B/S 与 C/S 端数据实时共享。数字孪生应用程序系统制作完成后,可进行打包输出 exe 程序文件。

图 4-3　基于 UE4 搭建展示大屏　　　　　**图 4-4　基于 UE4 孪生四季演变**

4.3　应用对比分析

基于 B/S 架构的 WebGL 技术路线和基于 C/S 架构的 UE4 游戏引擎技术路线均从不同方式展示了生态绿化数据,其应用优缺点见表 4-1。

表 4-1　应用对比分析表

	B/S 架构（WebGL）	C/S 架构（UE4）
优势	1. 只需使用浏览器即可访问生态绿化数字孪生底板,具备良好的可跨平台性	1. 成熟的游戏引擎,提供了成熟的三维渲染能力、场景编辑能力和脚本编程能力,开发效率高、成本低
	2. 可扩展其他 2D 的模块开发,结合 Web3D 具有很高的扩展性	2. 有用户社区和插件库,资源丰富,减少开发风险和成本
	3. 可集成其他业务系统或是被集成在其他业务系统中,具有更强的兼容性	3. 资源包体大小的要求低,资源的读取可不依赖网络
优势	4. 应用程序核心逻辑在服务器端,统一管理和维护,大大减少客户端的更新和维护工作量	4. 处理大规模场景方面具有很强的优势,渲染速度和性能高
	5. 可远程协作和数据共享,利于协同	5. 可更高效地利用客户端的硬件资源进行加速,从而提高渲染速度
劣势	1.BIM 模型材质容易丢失	1.BIM 模型材质容易丢失
	2. 数据传输需要通过网络,网络速度直接影响渲染效果与整体性能	2. 工程文件包体量大,大部分项目所需资源在本地,协同受限
	3. 展示效果一般	3. 研发人员要求高
	4.JS 语言性能较差,影响业务逻辑的性能	4. 维护成本高;跨平台访问成本高
	5. 浏览器对于硬件资源的调用有限,场景的渲染无法更大程度地利用硬件资源	5. 对硬件设备有要求;最终输出的 exe 文件仅支持 windows 系统运行
适用于	对生态景观效果要求不高,对建设及协同要求高的项目	对生态景观效果要求高,定制化功能多的项目

经对比分析,B/S 架构由于其便捷的使用方式、良好的可跨平台性及较强的兼容性,更适合打造产品化、需要协同共享的项目管理平台;C/S 架构由于其强大的渲染能力、大规模场景的处理能力及优秀的可视化效果,更适合打造定制化且对项目可视化效果要求较高的生态修复改造项目。

5　结语

水利工程数字孪生场景数据底板多以地理信息系统（GIS）为主,其能很好地融合地理坐标信息和周边建筑信息,然而却忽视了周边绿化场景信息的表达。本文依托一个实际的堤防工程生态修复工程案例,研究基于数字孪生的生态绿化数字孪生底板构建及使用方案,总结一套合适的技术路线。

研究结果表明,生态绿化数据底板建设可分别从宏观、中观和微观尺度分别进行搭建,其中宏观采用 GIS 系统中生态绿化数据多以正射影像图（DOM）模型数据为主,普遍缺乏高程模型（DEM）数据;中观采用实景模型补全 DEM 数据,然由于无人机相机无法拍全树木所有细节,导致软件计算容易失真,绿化极易出现破面、树干不清晰等缺点,建议后期针对性处理模型;微观采用 BIM 软件精细化建立绿化模型,由于绿化植物普遍数量较多,建议采用参数化模式自动读取模型位置及数据信息,自动建立生态绿化 BIM 模型。

应用结果表明,整合后生态绿化数据底板可结合 B/S 与 C/S 架构引擎实现数字孪生技术应用。基于 B/S 架构的 WebGL 引擎路线,可以较好地表达模型属性信息,然而显示效果相对简约,其便捷的使用方式、良好的可跨平台性及较强的兼容性,更适合打造产品化、需要协同共享而不重视展示的数据底板平台;基于 C/S 架构的 UE4 引擎路线无法构件级展示生态绿化构件属性,建议重新在平台中搭建,其强大的渲染能力、大规模场景的处理能力及优秀的可视化效果,更适合打造定制化且对项目可视化效果要求较高的数据底板平台。

主要参考文献

[1] 陈瑜彬,张涛,牛文静,秦昊. 数字孪生三峡库区建设关键技术研究[J]. 人民长江,2023,54(8):19-24.

[2] 黄艳. 数字孪生长江建设关键技术与试点初探[J]. 中国防汛抗旱,2022,32(2):16-26.

[3] 杜壮壮,高勇,万建忠,等.基于数字孪生技术的河道工程智能管理方法[J]中国水利,2020(12):60-62.

[4] 洪明海,严涛,刘辉,等.数字孪生基础数据底板 DEM 修正方法研究[J].人民珠江,2023,44(7):64-70.

[5] 赵薛强,张永.数字孪生水下三维实景数据底板获取技术研究[J].水利信息化,2023(2):24-27+33.

[6] 张振军,冯传勇,魏猛. 水库数字孪生数据引擎及底板构建研究及实践[C]//中国大坝工程学会. 水库大坝智慧化建设与高质量发展. 中国建筑工业出版社,2023:810-818.

[7] 李向阳,赵新生.数字孪生黄河建设之数据底板"缺陷"[J].水利技术监督,2022(12):53-56.

[8] 左强,李骁.数字孪生黄河拦沙坝数据底板建设案例分析[J].中国水利,2023(5):59-62.

[9] 朱光华,林榕杰,申友汀. 基于多源空间融合的流域数据底板构建及应用——以金溪将乐城区段为例[C]//河海大学,福建省幸福河湖促进会,福建省水利学会.2022(第十届)中国水利信息化技术论坛论文集. 福建:莆田,2022.

[10] 马玉婷,赵林东,石永恩,等.基于机载 LiDAR 的山区型水库数据底板获取技术研究——以乌东德水库为例[J].水利水电快报,2022,43(9):26-30.

[11] 赵杏英,毛肖钰,徐红权,等.数字流域多尺度空间地理信息模型构建及应用——以钱塘江流域为例[J].人民长江,2021,52(S2):293-297.

[12] 何为,王浩,刘全等.基于地图 API 的水电工程对外交通路径优化系统[J].人民长江,2022,53(10):122-128.

[13] 饶小康,马瑞,张力,等.基于 GIS＋BIM＋IoT 数字孪生的堤防工程安全管理平台研究[J].中国农村水利水电,2022(1):1-7.

[14] 王珩玮,胡振中,赵燕来.面向 Web 的施工工艺三维动态可视化[J].施工技术(中英文),2023,52(11):1-5+13.

第十部分

工程建设管理

水利工程标准化管理现状及体系建设研究

任化准 张卓然

(长江水利委员会河湖保护与建设运行安全中心,湖北武汉 430010)

摘 要:本文基于现阶段水利工程运行管理现状情况,分析当前水利工程运行管理存在主要问题和短板,研究了水利工程标准化管理的重要意义;针对水利工程管理对象、管理事项和管理任务,提出水利工程标准化体系建设思路;为水利工程标准化管理体系建设及运行提供参考。

关键词:水利工程;标准化管理;管理现状;体系建设

1 引言

党的二十大报告强调要统筹发展与安全,并将高质量发展作为建设社会主义现代化国家建设的首要任务。水利部将水利工程标准化管理和工程安全工作作为"十四五"和"十五五"时期的重点工作任务,并作为现代化矩阵管理的重要组成部分。按照新阶段水利高质量发展要求,为加快破解制约水利工程运行管理水平提升的体制机制障碍,加强顶层设计,2022 年《水利部关于印发〈关于推进水利工程标准化管理的指导意见〉〈水利工程标准化管理评价办法〉及其评价标准的通知》(水运管〔2022〕130 号),明确要求水利工程管理单位要落实管理主体责任,执行水利工程运行管理制度和标准,充分利用信息平台和管理工具,规范管理行为,提高管理能力,从工程状况、安全管理、运行管护、管理保障和信息化建设等方面,实现水利工程全过程标准化管理。国内外专家学者针对水利工程标准化管理开展相关研究,取得了一定的研究进展。曾瑜等利用经济理论机制对水利工程标准化管理体系的总体框架进行设计,提出水利工程标准化管理的概念。水利工程标准化管理体系以法律制度、管理标准和工作标准为基础机制,以责任主体、管护人员和信息化平台为核心机制,以教育培训、经费保障和考核评价为激励机制,并以浙江省为例,对标准化管理的各种机制进行实践和应用。郭晓飞以水利工程标准化管理体系基本概述为切入点,对水利工程标准化管理体系总体框架设计和管理机制创新设计进行系统分析,旨在对我国水利工程标准化管理的创新实践和应用进行优化提升,为水利工程的高质量发展提供参考性建议。万思源结合多年江西省水利工程标准化管理实践经验,深入开展工程管理技术和标准的总结、凝练,通过技术文件统一化、技术标准系列化不断构建完善水

作者简介:任化准,男,高级工程师,博士研究生,主要从事水利工程建设及运行管理方面研究工作,E-mail:rhz198511@163.com。

利工程标准化管理技术体系,实现了水利工程管护技术标准的规范统一和有据可依,加快完成水利工程管理水平提档升级,可为水利工程标准化管理技术体系创新优化提供参考。王欣等以北京市开展水利工程运行标准化建设为背景,以北运河水利工程管理标准化建设为例,通过总结标准化建设目标任务、现状以及实践路径,从制度体系建设、运行管理及专业人才队伍建设等方面分析存在的问题,并针对性地提出意见建议,不断提升北运河水利工程管理水平,也为其他水利工程运行标准化管理工作提供借鉴和参考。刘华从组织管理、工作事项、操作流程、制度管理、现场管理和应急管理等方面分析总结水库工程标准化管理工作。孙昊苏等分析了大宁调蓄水库标准化建设过程中存在的问题,介绍了水库多年的运行管理实践。大宁调蓄水库通过强化组织保障,开展体系建设,加强培训、注重"痕迹"管理、加强监督考核、统一标准、落实责任等手段,实现了水库运行管理标准化的长效保障机制。

浙江、江苏、江西、山东、安徽等地以及黄委、淮委等流域管理机构,结合管理实际,积极探索水利工程标准化管理建设工作,在保障工程安全、增强管理能力、提高管理水平方面,取得了明显工作成效。同时,在加强顶层设计、分类指导实施、完善标准体系、强化绩效考评等方面形成一批可借鉴的有效做法,积累了大量的资料和案例。目前,国内在水利工程标准化管理方面尚无全国性或行业性的标准,主要为各省颁布的地方性标准,如浙江省、江苏省、江西省均已颁布了地方性的技术标准,上述已颁布的各地方标准一般与其管辖范围内的流域水利工程特点及社会经济情况相适应。尽管其标准与其他地区水利工程管理情况有相似的地方,但所采用的标准化建设方法和路径更具有普适性。现有的相关标准不能完全适应各地水利工程标准化管理体系建设,不能覆盖各类水利工程标准化管理建设。因此,有必要及时针对各区域及各类水利工程标准化管理制定更具适应性的标准。本文通过分析目前水利工程运行管理现状及存在的短板,针对水利工程运行管理重点工作内容及关键环节,提出水利工程标准化体系,为长江流域水利工程标准化管理体系建设及达标创建提供参考和示范。

2 主要问题和短板

2.1 标准化活动理念需进一步强化

各地通过指导各类水利工程开展标准化管理创建,水利工程运行管理水平得到了稳步提升。在明确达标创建范围和应实现的具体工程建设和管理内容的基础之上,需继续强化水利工程管理单位组织机构的组织运行管理活动对标准化管理目标实现的关键作用。强化标准化活动理念,围绕规范制定标准、严格执行标准、及时实施评价考核和持续自我改进,全过程进一步明确管理运行组织活动的要求、流程、内容、方法和目标。指导运行管理生产组织单位或机构对所管辖工程现实问题或潜在问题通过标准化的活动确立共同使用和重复使用的条款,按规则进行编制、发布和应用并开展评价考核和改进活动,以获得最佳秩序,促进共同效益。采用标准化活动的方式促进管理标准评价考核内容的实施与落地。

2.2 标准化实施路径有待进一步明确

当前,针对水库工程按照工程状况、安全管理、运行管护、管理保障和信息化建设等5项标准化建设目标内容,相继规范了各类工程的标准化建设的内容、目标和有关要求。明确了标准化管理建设的方向和目标。在如何实现,怎么达到,采用何种方法和实施哪些过程中存在一定需要完善的内容,需进一步明确标准化管理的实现方法及实施路径,指导水库工程管理单位开展标准化管理建设、运行和达标创建。

2.3 多种管理体系需进一步融合

受行业管理要求、自身业务发展需要、管理单位性质及工程运管防汛、供水、发电、航运等多方面的影响。为达到各类行业管理和自身实际管理发展需要,水利工程管理单位实施并运行了如 ISO、HSE(质量、安全、职业、健康、环境)体系,水利安全生产标准化管理、电力生产良好行为和安全生产管理等具有行业特点的多种管理体系。往往在操作上按其各自内容要求运行,客观上给水管单位带来管理资源挤占和耗费,合理作用的发挥需要进一步融合。

2.4 标准化管理经费保障需进一步强化

水库工程运行管理需要大量的资金作为支撑保障,包括工程运行、维修养护、更新改造及人员管理费等。目前针对水库工程运行管理的资金来源具有一定的局限性,特别是非经营性水库工程,资金主要来源于中央水利发展资金水利工程设施维修养护科目,中央资金虽能足额到位,但受区域经济发展水平差异影响,地方配套资金保障力度有限,不能有效保证水库工程运行管理基本资金需求。对经济欠发达地区,要满足标准化管理要求,资金保障力度尚显不足。需要在政策配给、建设、运行和发展资金范围内给予直接支持。

3 标准化管理目的及意义

3.1 是贯彻落实水利高质量发展的重要举措

习近平总书记在党的二十大报告中强调,实现高质量发展是中国式现代化的本质要求,把高质量发展列为全面建设社会主义现代化国家的首要任务。这就要求我们必须把发展质量与发展效益问题摆在更为突出的位置,着力提升发展质量以及全过程和全要素效益。水利与生产生活、生态环境密切相关。当前,与人民群众对水安全、水资源、水生态、水环境的需求相比,水利发展不平衡、不充分问题依然突出,包括城乡水利基础设施覆盖范围、水旱灾害防御能力、水资源优化配置能力、水资源节约保护能力等,也包括如水利基础设施建设维养、水利工程运行管理等治理体系和治理能力现代化等发展不平衡和不充分的问题。这就要求我们把发展质量问题摆在更为突出的位置,全面提高水安全、水资源、水生态、水环境治理管理和保障能力,实现从"有没有"到"好不好"的跨越和发展,加快构建水利高质量发展新格局,推进实现水利高质量发展,以实现水利高质量发展更好支撑社会主义现代化国家建设,更好满足人民日益增长的美好生活需要。水利部部长李国英指出,新阶段水利工作的主题为推动高质量发展,明确了新阶段水利高质量发展的目标任务和实施路径,要求健全水利工程安全保护制度,确保水利工程安全。加快推进水利工程标准化管理,有效改变水利工程粗放的管理模式,是推动新阶段水利高质量发展,保障水利工程安全的必然要求。实施水利工程标准化管理是落实水利高质量发展的重要举措。

3.2 是落实水利部"十四五"目标任务的重要支撑

《水利部关于印发〈关于推进水利工程标准化管理的指导意见〉〈水利工程标准化管理评价办法〉及其评价标准的通知》（水运管〔2022〕130号）明确要求水利工程管理单位要落实管理主体责任，执行水利工程运行管理制度和标准，充分利用信息平台和管理工具，规范管理行为，提高管理能力，从工程状况、安全管理、运行管护、管理保障和信息化建设等方面，实现水利工程全过程标准化管理。到2022年底前，省级水行政主管部门和流域管理机构建立起水利工程标准化管理制度标准体系，全面启动标准化管理工作；2025年底前，除尚未实施除险加固的病险工程外，大中型水库全面实现标准化管理，大中型水闸、泵站、灌区、调水工程和3级以上堤防等基本实现标准化管理；2030年底前，大中小型水利工程全面实现标准化管理。

3.3 是确保水利工程安全运行的有力保障

我国已建成由水库、堤防、水闸、灌区、泵站和调水工程组成的水利工程体系，这些水利工程正发挥着巨大防洪减灾、供水灌溉、生态保护效益。将这些已建工程管理好、运行好，不断应对新形势，满足新要求，保障工程持续安全稳定运行是应考虑的重点问题。目前，在水利工程运行管理方面，部分存量病险工程尚未实施除险加固，工程安全隐患依然严重；基层水管单位技术力量薄弱，管护经费不足，运行管理水平相对落后；工程信息化、智慧化管理水平较低，运行管理手段落后。这些问题与新阶段水利高质量发展不相适应，必须加强水利工程运行管理方面的工作，及时消除安全隐患，守住安全底线，着力提升运行管理能力和水平，努力提高管理规范化、智慧化、标准化。

通过水利工程标准化管理体系建设、实施运行、检查考核和评价改进，最终实现工程状态正常、安全管理到位、运行管护规范、管理保障有力、要素效率不断优化、综合效益持续发挥的目标，全面提升水利工程运行管理水平。

4 标准化体系建设

4.1 总体原则

标准化管理的实现需从组织机构及职责、标准化方针和目标、标准化工作方法、标准化规划和计划、标准体系、信息、培训、标准制（修）订、标准实施、监督检查、参与标准化活动、评价和改进、标准化成果与奖励、经费管理、标准化文件和记录管理等方面统一组织，有序开展。先行对水利工程开启标准化管理建设，同步进行方法技术完善和改进，对建设过程的经验和做法进行总结提炼，逐步带动流域范围内水利工程的标准化管理建设，制定流域范围内的水利工程标准化管理工作技术标准和导则，以共建、共享、共商的原则创建典型工程类型的标准化体系文件和示范文本工作成果体系。

标准化工作方法采用过程控制的方法，运用PDCA模式（P为策划，D为实施，C为检查，A为处置），不断循环从而实现持续改进。依据水利工程管理活动涉及的管理对象和事项，针对注册登记、安全鉴定、调度运行、维修养护、安全监测、巡视检查、水雨情测报、安全管理、应急管理、水域岸线、水质监测、增殖放流、地震监测、水事巡察等具体管理任务，匹配相适应的技术标准、管理标准和岗位标准，通过标准之间的内在联系，构成水库工程标准化管理体系。按照标准化工作计划及阶段目标，开展标准化管理活动,运行和实施水库工程标准化管理体系,并对标准化管理活动进行监督检查、自我评价和持续改进,最终实现标准化管理目标。

4.2　技术标准体系构建

技术标准体系主要是为标准化领域中需要协调统一的技术事项所制定的标准,主要包括涉及技术参数和要求的操作规程、规范。根据水管单位在履职服务和生产经营过程中所涉及到的工程运行、维修养护、检查观测、预报监测、防汛抗旱、调度运用、抢险救灾、水保环保、供水发电、节约用水、养殖航运、工程建设、售水售电等特点,组合调整为 10 个标准模块(图 4-1)。

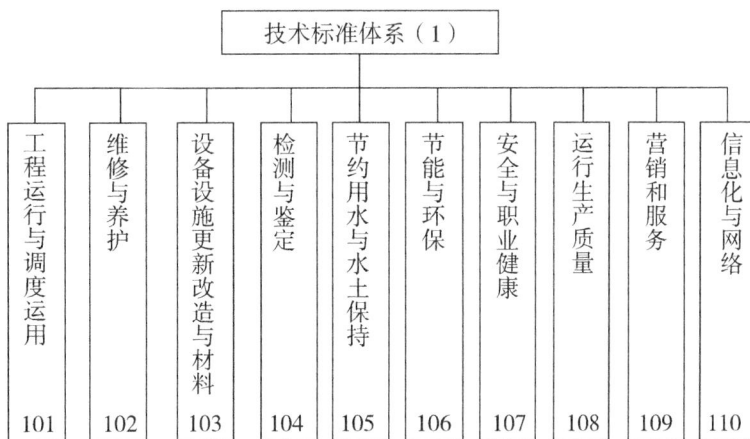

图 4-1　技术标准体系结构

4.3　管理标准体系构建

管理标准体系主要为对标准化领域中需要协调统一的管理事项所制定的标准,主要包括与实施技术标准有关的管理事项和综合性规章制度。按履职服务、生产经营和业务发展需求构建水管单位管理标准体系,根据技术标准职能模块特点,组合调整分为 19 个模块(图 4-2)。

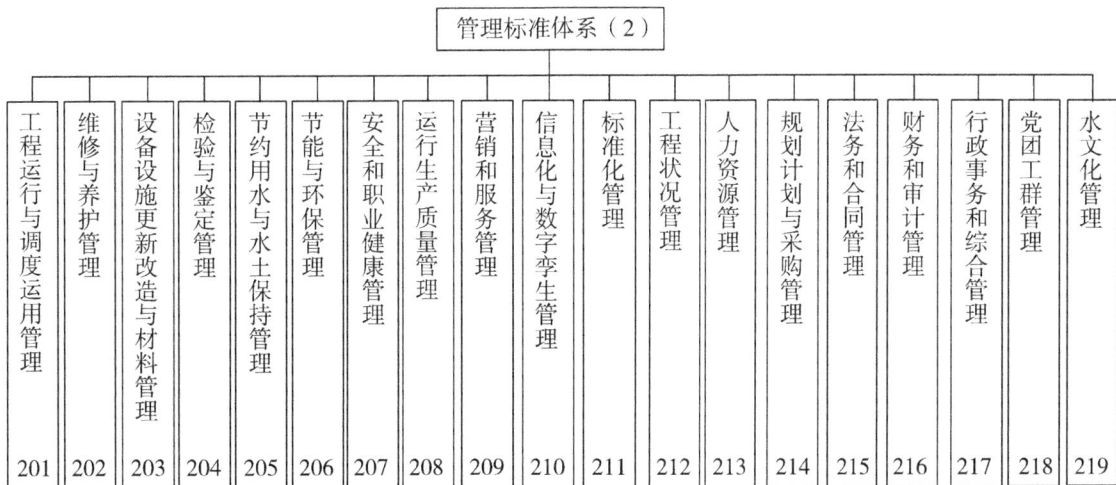

图 4-2　管理标准体系结构

4.4 岗位标准体系构建

岗位标准体系主要是为实现管理标准体系和技术标准体系有效落地所执行的,以岗位作业为组成要素的标准化文件。岗位标准体系包括决策层、管理层、操作层岗位标准和党团工群岗位标准(图 4-3)。

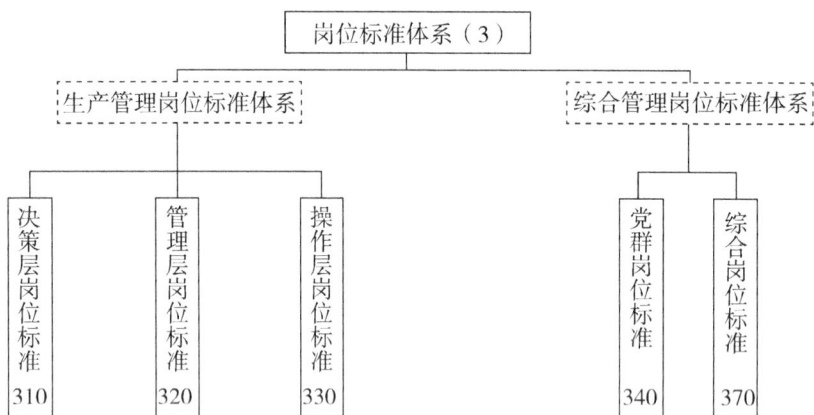

图 4-3 岗位标准体系结构图

5 结语

本文通过阐述当前水利工程运行管理现状和存在的问题,分析了水利工程标准化管理的目的和意义,提出了水利工程标准化管理建设总体原则及技术标准体系、管理标准体系和岗位标准体系建设方法,为水利工程标准化管理体系建设及运行提供参考,可在水利工程标准化管理实施、运行及达标建设中推广应用。

主要参考文献

[1] 陈玲玲. 论水利工程标准化管理现状与建议[C]//Proceedings of 2022 Academic Forum on Engineering Technology Application and Construction Management(ETACM 2022). 2022(3):71-73.

[2] 张松达,江伟安,张亮. 宁波三江河道闸泵工程标准化管理的创新与实践[C]//中国水利学会. 中国水利学会 2018 学术年会论文集第五分册. 2018:95-98.

[3] 陈榆涛,李娥,叶伟杨. 水利标准化管理工作的实践与思考——以浙江省三门县为例[J]. 浙江水利科技,2018,46(1):59-60+69.

[4] 董超. 水利工程标准化管理的具体措施及思考[J]. 治淮,2024(3):38-39.

[5] 王卫,刘道伟,王治国,等. 水利工程标准化管理理论体系构建[J]. 大众标准化,2023(22):54-58.

[6] 张文亮. 水利工程标准化管理理论体系构建[J]. 工程技术研究,2023,5(24):10-12.

[7] 乐豪峰. 水利工程运行期标准化项目管理研究[D]. 杭州:浙江工业大学,2018.

[8] 陈世平. 新时期水利工程运行管理标准化建设对策研究[J]. 水上安全,2024(8):43-45.

［9］王之豪. 新时期水利工程运行管理标准化建设对策研究［C］//中国智慧工程研究会. 2024新技术与新方法学术研讨会论文集. 2024：331-332.

［10］曾瑜，徐海飞，沈坚. 浙江水利工程标准化管理体系的研究与应用［J］. 浙江水利水电学院学报，2017，29（5）：86-90.

［11］万思源. 江西省水利工程标准化管理技术体系研究及应用［J］. 水利技术监督，2023（7）：12-15.

［12］王欣，吕颖，邓世鹏，等. 北运河水利工程运行管理标准化实践与思考［J］. 北京水务，2023（S1）：49-53.

［13］刘华. 水库工程标准化管理实践与思考［J］. 科技资讯，2019，17（7）：85-86.

［14］孙昊苏，仇文顺，韦怡冰. 大宁调蓄水库运行管理标准化建设实践［J］. 水利建设与管理，2020，40（1）：75-79.

关于柴油在采购过程中的重点分析

肖 义 姜亚秋

(长江河湖建设有限公司,湖北武汉 430000)

摘 要: 柴油是土方机械台时费二类费用中的重要组成部分,是土方成本控制的关键因素。由于柴油的物理特性、危化品特性和多变性,国有企业将其列为"三重一大"决策的范畴。淮河入海水道二期工程大量土方工程涵盖泓道扩挖、堤防填筑、弃土外运,需用大量柴油,提出规范的柴油采购程序,以避免违规决策造成违法采购,保证柴油采购是合法、合规、合理控制成本。

关键词: 柴油;规范;采购程序

1 引言

淮河入海水道二期工程是国务院确定的 172 项国家重大节水供水工程之一,是进一步治理淮河 38 项工程的重要组成部分。其任务是在一期工程的基础上进一步扩大淮河下游洪水出路,使洪泽湖防洪标准达到《淮河流域防洪规划》确定的 300 年一遇防洪目标。淮河入海水道西起洪泽湖二河闸,至扁担港注入黄海,全长 162.3km。工程建设主要内容包括扩挖泓道,加固堤防,扩建枢纽,改建水闸,扩建、加固穿堤建筑物,重建、加固跨河桥梁工程及渠北排灌影响处理等。

2 柴油采购合同中的重要因素

2.1 合同标的物

合同的标的物为柴油。柴油是轻质石油产品,是复杂烃类(碳原子数 10～22)的混合物,国标柴油的密度范围为 0.81～0.855kg/m³。但是由于柴油在不同分类标准下的物理特性有变化,在拟定合同时必须对标的物按照确定的方式进行分类,否则会造成标的物不清,继而造成价格的波动。

柴油根据标准不同分为国标柴油和非标柴油;根据其环保标准的不同,国标可分为国Ⅳ标准、国Ⅴ标准和国Ⅵ标准。2020 年 7 月 1 日开始实施国Ⅵ标准;根据其凝固点不同划分为不同的标号。

为此,在订立合同时应考虑机械使用时段工程所在地的温度、当前国家制定的标准以及自身对柴油品质的需求三大因素,从而确定采购的标的物,如采购 0♯国Ⅵ柴油。

作者简介:肖义,男,高级工程师,主要从事水利工程施工项目管理、工程造价。E-mail:252954800@qq.com。

2.2 计量方式

柴油分为按吨或者按升两种计量方式。国标柴油的密度范围为 $0.81\sim0.855\mathrm{kg/m^3}$，通常情况下，天气温度不同成品油密度也会不一样，一般温度越高，油密度越低。

2.3 单价标准

柴油的本质属于材料的范畴，2014 年《水利工程设计概估算编制规定（429 号）》规定的材料预算价格计算方法为：

材料预算价格＝（材料原价＋运杂费）×（1＋采购及保管费率）＋运输保险费

通过上述的公式可知，合同中确定的标的物的单价还需要根据工程采购的实际情况来确定对应的单价。运输方式、运输距离、计量误差处理方式都影响柴油的预算价格。因此在合同中必须明确上述相关参数。

同时，由于柴油的特殊属性，淮河入海水道二期工程中所使用的柴油其"材料原价"由国家（省）发展和改革委员会（以下简称发改革委）来确定，并通过官网对外公示最高零售价格（元/t,L/元）和最高批发价格（元/t）。但是，我们实际采购的油大部分来自于中国三大油公司，其内部也有一套价格体系，在内部体系中的价格与国家（省）发改委公布的最高价格之间的区间即为可优惠的价格空间。

为保证合同发生争议或者其他原因司法取证的权威和有效性，合同中的柴油原价应以国家发改委公布的价格或者工程所在地省份省发改委公布的价格为依据，而不是用挂牌价或者其他内部最高价格。后者的价格是企业自有行为，不受法律保护。

3 柴油采购程序

3.1 企业的采购程序

淮河入海水道二期工程中标单位，尤其是国有企业，在采购原材料、选择专业分包队伍或者劳务分包队伍时使用的是国有资金，适用于《中华人民共和国招标投标法》的相关规定。根据司法实践和审计意见，在柴油采购过程中必须按照企业内部相关的"询比价""内部招标"管理办法中载明的程序进行，确保公平、公正、公开。

3.2 价格联动机制

国家（省）发改委每隔 14d 发布成品油的最高价格，合同无法采用同一价格适用整个工期。应确立实际交易价格（E）与询比价截止时刻的国家（省）发改委价格为基准价格（A）、每批次预供油时最近一次国家（省）发改委价格（B）、经过询比价确定的优惠幅度（C）之间的关系。合同双方可按如下方式进行约定：

①当 $|B-A|/A\leqslant D\%$，$E=B-C$；

②当 $|B-A|/A>D\%$，E 值由双方协商。

其中 D 可作为询比价程序中竞争值，C 值必须作为最重要的竞争值。

D 值表示敏感程度，D 越小调整的频率越高，反之越缓。D 值过大过小均不利于后期合同的执行，建议 D 的取值范围为 3～5。

4 柴油采购合同的执行

4.1 价格会商机制

采购单位应考虑天气等客观因素影响，根据切实可行的工程进度计算未来 14d 及更长时间段的柴油用量，柴油供应单位根据用量提供报价。采购单位在收到报价后应立即根据合同的规定核算拟成交的柴油价格，并由采购部门与供应单位进行商务谈判以争取在合同约定的优惠幅度范围外更大的优惠。通过多次沟通和谈判后，采购单位应通过会议的形式书面确认本次交易价格。同时尽快办理付款手续真正锁定会议确认的价格。

4.2 内部平差机制

由于分散加油是以流量计作为依据，柴油密度不完全相同，其密度随着温度变化而变化等属性使吨和升之间的转化关系不固定。企业因内部管理的需要区分各种机器或者工段的柴油消耗量，可通过如下平差公式进行调整。

$$
\begin{aligned}
V_t &= \sum_{i=1}^{n} V_i \\
m &= m_1 - m_2 \\
m_i &= m V_i / V_t
\end{aligned}
\qquad (4\text{-}1)
$$

式中：V_t——加油的总升数；

V_i——每台设备加油的升数；

m——V_t 对应的总质量；

m_1——加油前油罐车负重质量；

m_2——加油后油罐车负重质量。

5 结语

通过综上分析，设计一套完整并环环相扣的柴油采购程序，可有效解决标的物不清、询比价结果和签约合同价格不联动、过程价格波动决策以及柴油误差平差核算问题，采购过程具有合规性，数据来源合法，具有很好的实操性。

疏浚与吹填工程安全巡察服务实践与思考

任海军[1,2]　文彬彬[2]

(1. 长江科学院,湖北武汉　430010;

2. 武汉长科工程建设监理有限责任公司,湖北武汉　430030)

摘　要:本文结合引江济淮工程疏浚与吹填工程第三方安全巡察监督服务的实践成效,探索第三方安全巡察服务模式,认为第三方安全巡察监督服务的工作重点应放在规范参建各方安全管理行为、促进被巡察单位安全责任制落实、提高现场施工作业人员安全生产意识、规避参建各方安全生产法律责任上,同时针对巡察过程中存在的问题提出建议。实践证明,第三方安全巡察服务对工程建设安全生产系统性管理、预防性管理起到重要促进作用,专业人做专业事,既可弥补建设单位专业技术力量稀缺的不足,又可大大减少人力物力的投入,为今后同类工程建设采购第三方服务提供参考。

关键词:引江济淮;疏浚;吹填;第三方安全巡察;监督服务

1　引言

引江济淮工程作为国家 172 项节水供水重大水利工程之一,被称为安徽的"南水北调"工程,是一项以城乡供水和发展江淮航运为主,结合灌溉补水和改善巢湖及淮河水生态环境为主要任务的大型跨流域调水工程。工程自南向北分为引江济巢、江淮沟通、江水北送三段,全长 723km,总投资 912.71 亿元。其中,疏浚扩挖约 215.6km,沿线涉及到菜子湖、巢湖、瓦埠湖等湖区航道疏浚和兆河、杭埠河、派河、东淝河、西淝河等河道扩挖疏浚。

工程建设开工后,安徽省引江济淮集团公司积极探索利用社会第三方服务参与工程质量、安全等专业巡察监管,有效提高了工程建设质量、安全管理效率,大大提高了工程建设质量、安全管理成效。本文结合引江济淮工程疏浚与吹填工程施工过程中的第三方安全巡察监督服务的有关经验,进一步探索第三方安全巡察服务模式,为今后同类工程建设采购第三方服务提供参考。

2　疏浚与吹填工程安全特点

引江济淮工程疏浚与吹填工程疏挖线路长,排泥区点多且分散,参建单位多,疏浚船舶型号较

作者简介:任海军,男,高级工程师,硕士,主要从事岩土工程科研及监理工作。E-mail:66450012@qq.com。

多,对其他水利工程、交通工程和水运工程等交叉作业干扰较大,对疏浚沿线水域环境影响敏感度较大。本项目安全巡察工作主要围绕疏浚与吹填工程"一长、三多、两大"的施工安全特点开展。

2.1 线路长

引江济淮工程自安徽省安庆市枞阳县枞阳枢纽工程开始,沿线涉及安徽省 13 个市 46 个县(市、区)、河南省 2 个市 9 个县(市、区),贯通菜子湖、巢湖、瓦埠湖和淮北地区"三横四纵"水系,构建国家水网安徽骨干,江淮运河形成"工"字形水运网,成为平行于京杭大运河的我国第二条南北水运大动脉。其中疏浚线路段主要分布于菜子湖、巢湖、瓦埠湖航道段及其入湖河流河口部分,最长一段约 80km 主要集中在东淝河瓦埠湖至入淮河口段。长线路疏浚施工,安全风险点也分布较广。

2.2 排泥区点多

引江济淮工程疏浚与吹填工程的排泥区主要分布在开挖河道两侧的鱼塘、农田等低洼地带,裁弯取直后回填利用的老河道,湖区周边需加高开垦的滩地等。排泥区吹填厚度不深、可利用吹填面积受限,造成排泥区布置点多且分散。如瓦埠湖湖区航道疏浚沿线长度 41km,设有 14 个排泥区,到各排泥区的陆上交通需穿行各乡村道路、机耕道,交通十分不便。排泥区点多且交通不便,造成排泥区的安全管理易出现漏点或不到位情况。

2.3 参建单位多

引江济淮工程沿线施工标段涉及水利工程、水运工程、市政工程、铁路工程、道路与桥梁工程等,主要施工标段 70 多个,其中涉及疏浚与吹填工程的施工标段有 20 多个。有疏浚与吹填工程专项施工的 J011-1 标、Y004 标等标段,有水运工程中包含疏浚与吹填工程的 J012-1 标、J001-3 标等标段,有水利工程中包含疏浚与吹填工程的 J002-1 标、J010-2 标、J011-2 标等。不同单位对待安全生产管理差异度大,对安全生产标准化建设的理解程度不一致,对安全巡察问题的重视程度也参差不齐。

2.4 疏浚船舶型号多

引江济淮工程在疏浚实施过程中,由于不同施工单位采用的疏浚方案和设备投入各不相同,疏浚设备类型多、型号也多,涉及的疏浚设备有绞吸式挖泥船、耙吸式挖泥船、抓斗式挖泥船的各种型号挖泥船设备。不同型号的挖泥船设备对安全操作规程和安全防护设施的要求各不一样,安全生产管理人员需要掌握的相关知识要求也各不相同。

2.5 交叉作业干扰大

引江济淮工程沿线项目先后开工时间较集中,河道上的施工存在很多交叉作业相互干扰的安全隐患问题。如瓦埠湖湖区航道疏浚与跨湖大桥桥面施工之间交叉作业;东淝河疏浚与沿线堤防加固、灌溉排涝站、东津渡大桥等交叉作业;派河疏浚与船闸、泵站、市政桥梁架设等交叉作业,与肥西货运码头建设交叉作业等。交叉作业安全风险度高,不同施工单位安全施工协调难度大。

2.6 环境影响敏感度大

引江济淮工程沿线经过村庄、城市,部分水域还是重要的饮用水水源地,对疏浚过程中的环境保护、水质污染控制要求较高。如派河两岸肥西县城小区居民对疏浚船噪声控制提出了要求；瓦埠湖作为淮南市重要的饮用水水源地，对疏浚过程中水质污染控制提出了要求；东淝河两岸寿州古城周边文物保护和考古对排泥区使用也有一定影响。

3 安全巡察工作重点

3.1 建立安全巡察服务体系

第三方安全巡察进场后，首要任务应是选派经验丰富、沟通能力强、身体素质良好并长期在水利工程建设一线担任重要项目管理职务的项目经理或总监作为安全巡察负责人，选派安全生产管理经验丰富的注册安全工程师作为安全巡察员，组建巡察机构。在巡察过程中，可以针对引江济淮工程疏浚与吹填工程安全生产技术重难点选派专业技术突出、业内有名的专家参与安全巡察。巡察机构组建后，积极与建设单位、监理单位、施工单位相互沟通，在巡察过程中相互配合、相互促进，逐渐形成系统的安全巡察服务体系。

第三方安全巡察是受建设单位委托，代表建设单位开展部分安全生产管理工作，在开展安全巡察工作过程中，应坚守安全生产"红线""底线"意识，坚持"安全第一、预防为主、综合治理"的方针，严格监督各参建单位的责任主体进一步落实，织密安全生产管理网络体系；以疏浚与吹填工程水上作业和排泥区安全防护为巡察重点，以安全生产管理存在的问题为导向，推动安全生产标准化工作，保障工程建设安全，现场设备安全，全员作业安全。在引江济淮工程疏浚与吹填工程安全巡察工作中，根据现场安全生产特点和安全生产管理需要，第三方安全巡察组与建设单位联合建立了"四不两直"制度，即不发通知、不打招呼、不听汇报、不用陪同接待、直奔基层、直插现场的安全巡察工作机制，让安全生产问题直接暴露在巡察专家的眼前；建立了安全隐患问题分类体系，系统梳理施工作业过程中的常见安全隐患清单，针对施工现场作业内容有计划开展安全隐患专项排查；建立了安全隐患闭合管理体系，巡察专家每次检查后直接在现场进行问题反馈，指出问题的症结，要求施工单位和监理单位定时、定人、定整改措施，立即组织整改，每个隐患整改后要求监理组织验收，再报巡察人员复查、建设单位备案；建立了安全巡察组织体系，由建设单位牵头组织，安全巡察单位派遣巡察专家，监理单位和施工单位安全管理人员参加，组建安全检查小组，按照安全巡察计划开展安全检查工作。

3.2 规范参建单位安全管理行为

安全生产巡察的目的是通过安全专家对工程建设过程中安全生产状况现场把脉，发现安全生产管理行为存在的不足，指出安全生产管理制度存在的缺陷，经过不断纠偏和解决安全生产管理过程中存在的问题，提升安全生产管理水平，规范安全生产管理行为。在安全巡察过程中，为了更好地推进安全生产管理工作，第三方安全巡察组与建设单位一起探索出一些有效的安全管理方式。比如示范性检查，由建设单位组织，抽调安全巡察专家和施工、监理单位安全管理人员，针对问题突出的标段或专项安全管理要求，选择几个具体标段进行示范性检查，一方面可以集思广益、集中不同管理理念，充分发现生产过程中存在的安全隐患问题，另一方面可以通过示范检查，集中培训安全管理人员使其掌握安全生产管理知识和方法。比如树立和宣传巡察过程中发现的安全管理亮点，引领全线各标段安全生产管理比优赶超、取长补短，安全巡察组每月将检查过程中发现的安全生产管理亮点汇总，在安全生产例会上进行通报，建设单位每年度评选安全生产十大亮点并进行奖励。比如开展安全生产标准化管理,在合同签订时即明确安全生产标准化要求,并编制安全标准化指南、统一现场安全生产标准;开展安全生产标准化达标创建,通过施工单位和项目法人安全标准化一级达标创建,不断完善安全生产管理组织体系、制度体系、检查体系、保障体系。

3.3 突出重点、严抓落实

安全生产巡察工作应突出重点,每年要有工作目标,每月要有工作重点,日常巡察要按照安全巡察任务有计划、有目的、有重点地开展相关巡察工作,结合建设单位一定时间内重要安全生产文件精神进行。比如重大节假日前后,针对现场施工作业的综合性检查;每年春夏汛期之前,针对现场防洪度汛措施方案落实情况、汛期施工安全薄弱点进行专项检查;每月安全例会后,针对相关安全生产管理部署工作开展的专项安全检查。安全生产工作重在严抓落实,安全巡察主要是发现安全隐患问题,要落实安全隐患问题整改情况,还需要施工单位的自觉、监理单位的监督。安全问题整改不隔夜,任何安全问题发现后都应该在第一时间内组织人员进行立即整改,随后开展问题出现的原因分析和防范措施,完善项目管理自身制度缺陷。项目负责人应坚决对安全工作的支持力度,对安全问题的零容忍,对安全工作严,反过来是对自己的保护;专业安全管理人员思想意识中要有安全管理的红线、底线,不能触碰,也不容许他人触碰,对安全问题整改过程要跟踪、主动管理。

3.4 加强交流、促进安全管理经验共享

安全巡察工作应致力于对各工程标段参建单位安全生产管理工作的指导。一是充分利用安全巡察技术交底、技术培训,为各参建单位提供安全管理咨询,开展安全生产管理工作技术支持。二是积极参与各参建单位组织的方案评审和论证,在方案设计过程中预防安全隐患问题。三是积极参与各参建单位组织的应急演练,观摩学习,通过借鉴先进的管理方法,不断完善安全巡察工作方式方法。四是组织各专业方面专家人员,参与安全巡察工作,从不同角度提出生产管理中的安全隐患问题。

安全巡察工作也可以通过各种宣传方式,加强安全宣传、强化安全认知、提高安全意识,转变安全管理人员和作业人员思想观念——从要我安全到我要安全。一是通过媒体、网络、社交平台等各种信息渠道,获取安全生产相关信息,转发、宣传、践行相关安全生产政策、文件、活动,推动各参建单位开展各项宣传活动。二是提议各参建单位开展各种形式"安全月"活动,以吸引广大作业人员参与,寓教于乐。三是邀请各参建单位参加安全巡察工作,从巡察过程中查找自身不足,学习其他标段的长处,丰富自身安全工作管理方式。各参建单位在安全生产管理工作中均有自身优势领域,安全巡察组努力促成各单位互相学习,相互促进,取长补短的交叉检查或学习工作。

4 安全巡察服务成效

第三方安全巡察组结合疏浚与吹填工程特点和安全巡察工作重点,对引江济淮工程涉及疏浚与吹填工程的 20 多个施工标段开展安全巡察。通过检查发现问题、交流反馈问题、提出处理建议、下发整改通知、复核整改情况、出具检查报告等形成第三方安全巡察工作模式,有效地帮助建设单位掌握现场施工安全状态,有效地帮助施工单位和监理单位认识到现场施工安全管理过程中存在的不足。通过巡察问题数据分析,引江济淮工程疏浚与吹填工程现场安全隐患主要涉及现场布置及文明施工、安全警示标识、设备安全管理、安全防护设施管理、施工用电管理、防洪度汛、施工现场交通安

全、消防安全管理、易燃易爆品管理、起重吊装作业、水上作业、交叉作业、个人安全防护等方面,其中安全隐患出现频次较高的类型有安全防护设施管理(17%)、设备安全管理(16%)、安全警示标识(16%)。施工内业管理安全隐患主要涉及目标责任管理、安全生产管理机构及职责、安全生产管理制度、安全教育培训、安全档案管理、危险源管理、安全生产费用及保险管理、安全技术管理、应急准备、疫情防控等方面,其中安全隐患出现频次较高的类型有安全档案管理(25%)、目标责任管理(14%)、危险源管理(11%)。

通过要求对巡察过程中提出问题按照存在问题、原因分析、整改措施、整改过程、整改结果、下一步防范措施等步骤进行整改闭合,有效地促进了施工单位对存在问题的认识、对问题出现原因的查找,对问题提出针对性的整改措施,有效地提高了施工单位对同类问题的管理水平和防范意识。如J011-1标,通过巡察问题整改率达到100%,问题重复率逐年下降,特别是施工内业管理安全隐患方面,消除了大量安全风险。

通过对巡察提出问题的整改回复确认,压实了施工单位的安全生产主体责任,促进了监理单位的安全生产监督责任,减免了建设单位的安全生产监管责任。通过第三方安全巡察对施工单位安全管理体系检查,督促施工单位完善了安全管理体系的人员组织结构、安全管理制度和操作规程,落实了全员安全生产责任制和安全责任书层层签订等,落实了安全生产目标分解和对各层管理部门和人员的目标考核,同时也促进了监理单位对施工单位安全管理体系建设的监督。在引江济淮工程建设过程中,现场遇到突发事件时,施工单位、监理单位及建设单位均能在第一时间及时处置,将事件影响程度降到最低,整个建设期间未发生过较大以上安全生产责任事故。

5　结语

近年来,在我国市场经济高质量发展进程中,各类安全生产事故层出不穷,安全生产工作也成为各级主管领导、主管部门必须讲、必须抓的主要工作。安全生产工作人人都可以说,但是能针对问题、抓住问题的本质,通过专业化、系统化的方式方法解决问题,还需专业安全人员开展专业的、系统的安全生产管理工作,逐步消除安全生产中存在的隐患。因此,在开展第三方安全巡察工作时,安全巡察单位应重点考虑以下几个方面的工作:

①如何尽快形成系统的安全巡察服务体系,将参建各方纳入体系建设,让发现问题有人整改、有人检查、有人监督。

②如何体现出安全巡察是在帮助各参建单位共同提高安全生产管理水平,而不是查问题、刁难大家。

③如何展示安全巡察单位的专业技术优势,增加安全巡察服务附加值,让建设单位觉得物有所值。

第三方安全巡察服务是当前监理行业转型升级过程中产生的新事物,在全国各个试点城市都取得很好的推广,同时也得到了政府部门或业主的肯定。通过引江济淮工程疏浚与吹填工程安全巡察工作实践可以看出,第三方安全巡察服务有效地补充了建设单位在安全生产管理过程中的短板和不足,大大解放了建设单位安全生产管理方面精力,将工作重心放在工程建设总体规划和协调上;同时,也让安全巡察单位打造出一支高素质、专业技术过硬的巡察队伍,进一步规范了巡察工作的工作模式和工作内容,为今后推广第三方安全巡察监督服务提供参考经验。

长江中下游蓄滞洪区和洲滩民垸分洪水沙数值模拟及淤积分析研究

——以洪湖蓄滞洪区为例

孔繁忠 熊正伟

(长江水利委员会河湖保护与建设运行安全中心,湖北武汉 430010)

摘 要:为模拟长江中下游蓄滞洪区分蓄洪水过程及区内泥沙淤积情况,本文以洪湖蓄滞洪区为研究对象,以其正常分蓄洪运用为研究工况,并考虑区内工程建设的影响,采用平面二维水沙输移数学模型,计算蓄滞洪区按防洪规划或防御洪水方案实施分蓄洪水后垸内的水位、流速、历时等洪水要素的演进过程和地形淤积变化,进而探究蓄滞洪区分退洪后淤积特点、清淤方式、疏浚泥利用方案等。

1 引言

长江中下游及两湖地区蓄滞洪区及洲滩民垸是长江防洪体系的重要组成部分,当遇到超标准洪水蓄滞洪区分蓄洪水时,垸内除面临洪水过境的防洪安全威胁,还将面临退水后垸内普遍淤积造成的影响。2024 年,长江流域发生多次编号洪水,湖南洞庭湖团洲垸一线堤防发生溃口险情,垸内人口迅速转移至安全区,截至一线堤防决口合龙,垸内分洪水量约 2.1 亿 m^3,由于分蓄洪,垸内沉积大量泥沙,对生产生活造成影响,垸内排水后,需开展垸内清淤工作。为对后续类似情况产生的影响提前作出研判,给分退洪水后的蓄滞洪区或洲滩民垸的治理修复、复产复工、经济发展等提供理论依据和参考,有必要对长江中下游及两湖地区蓄滞洪区及洲滩民垸分退洪水后的地形变化和淤积情况进行探究,分析研究蓄滞洪区分退洪后的淤积特点、清淤方式、疏浚泥利用方案等。

本文以洪湖蓄滞洪区为研究对象,以其正常分蓄洪运用为研究工况,并考虑区内工程建设的影响,采用平面二维水沙输移数学模型,计算蓄滞洪区按防洪规划或防御洪水方案实施分蓄洪水后垸内的水位、流速、历时等洪水要素的演进过程和地形淤积变化。

作者简介:孔繁忠,男,高级工程师,主要从事水利工程建设管理、河湖保护管理工作,E-mail:466256060@qq.com。

2 数学模型构建

2.1 基本控制方程:

本次采用的平面二维水沙输移数学模型是在 N-S 方程(纳维-斯托克斯方程 Navier-Stokes equations)的基础上建立的,N-S 方程是描述黏性不可压缩流体动量守恒的运动方程,在三维直角坐标系中,N-S 方程有 X 轴、Y 轴、Z 轴三个方向的分量形式,考虑蓄滞洪区分退洪水过程中水体的深度方向尺度远远小于水平方向尺度,水流形态极为宽浅,可采用基于水深平均的平面二维水动力方程组,即浅水方程来描述其水流运动,将 Z 轴深度方向的速度分布等效为均匀流,将连续方程中的密度项通过积分转化为水深的表达式,将动量方程沿 Z 轴水深方向积分转化为水深的表达式,得到平面二维直角坐标系下水流运动的控制方程:

①水流连续方程:

$$\frac{\partial Z}{\partial t} + \frac{\partial uH}{\partial x} + \frac{\partial vH}{\partial y} = 0 \tag{2-1}$$

②水流运动方程:

$$\frac{\partial uH}{\partial t} + \frac{\partial uuH}{\partial X} + \frac{\partial vuH}{\partial Y} = -g\frac{n^2\sqrt{u^2+v^2}}{H^{\frac{1}{3}}}u - gH\frac{\partial Z}{\partial X} + \nu_T H\left(\frac{\partial^2 u}{\partial X^2} + \frac{\partial^2 u}{\partial Y^2}\right) \tag{2-2}$$

$$\frac{\partial vH}{\partial t} + \frac{\partial uvH}{\partial X} + \frac{\partial vvH}{\partial Y} = -g\frac{n^2\sqrt{u^2+v^2}}{H^{\frac{1}{3}}}v - gH\frac{\partial Z}{\partial Y} + \nu_T H\left(\frac{\partial^2 v}{\partial X^2} + \frac{\partial^2 v}{\partial Y^2}\right) \tag{2-3}$$

式中:Z——水位;

t——时间;

H——水深;

X、Y——X、Y 方向的沿程距离;

u、v——X、Y 方向的流速;

n——糙率系数;

g——重力加速度;

ν_T——水流紊动扩散系数,$\nu_T = \alpha_0 u_* H$,$\alpha_0 = 0.2$,u_* 为摩阻流速,$u_* = \sqrt{c_f(u^2+v^2)}$,$c_f = 0.003$。

清水数学模型不考虑泥沙运动和河床冲淤,一般可直接采用上述平面二维水动力方程组,为考虑水流作用下的泥沙运动和河床冲淤,还需增加如下控制方程:

③泥沙连续方程:

$$\frac{\partial HSv}{\partial t} + \frac{\partial uHSv}{\partial x} + \frac{\partial vHSv}{\partial y} = E - D \tag{2-4}$$

④河床变形方程:

$$\frac{\partial Z_b}{\partial t} = \frac{D - E}{(1-p)} \tag{2-5}$$

式中:D——悬沙沉降通量;

E——床沙上扬通量；

p——床沙孔隙率；

S_v——水流体积比含沙量，数值上等于相应含沙量 S 除以泥沙颗粒密度 ρ_s；

Z_b——河床高程；

$\partial Z_b/\partial t$——冲淤单元河床高程的变化速率。

⑤在方程封闭方面：

$$E = \alpha \omega S_* / \rho_s$$
$$D = \alpha \beta \omega S / \rho_s \tag{2-6}$$

式中：α、ω、β、S 和 S_* 在考虑床沙分组时均指代该组泥沙的恢复饱和系数、浑水泥沙沉速、不饱和系数、含沙量和挟沙力，其中 α 采用韦直林方法。本模型在输沙能力计算上采用张瑞瑾水流挟沙力公式。

$$S_f = |Q|Q/Q_k^2 \tag{2-7}$$

式中：Q——断面流量；

Q_k——流量模数，$Q_k = AR^{2/3}/n$；

R——水力半径；

n——糙率，由实测资料率定。

2.2 数值计算方法

直角坐标系下，水流运动的控制方程可用如下通用形式表示：

$$\frac{\partial (H\varphi)}{\partial t} + \frac{\partial (uH\varphi)}{\partial x} + \frac{\partial (vH\varphi)}{\partial y} = \frac{\partial}{\partial x}\left(\Gamma \frac{\partial H\varphi}{\partial x}\right) + \frac{\partial}{\partial y}\left(\Gamma \frac{\partial H\varphi}{\partial y}\right) + S \tag{2-8}$$

式中：φ——通用变量；

Γ——广义扩散系数；

S——源项。

以三角形网格单元为控制体，待求变量存储于控制体中心。采用有限体积法对控制方程进行离散，用基于同位网格的 SIMPLE 算法处理水流运动方程中水深和速度的耦合关系。离散后的代数方程组可以写成如下形式：

$$A_P \varphi_P = \sum_{j=1}^{3} A_{Ej} \varphi_{Ej} + b_0 \tag{2-9}$$

离散方程组由 x 方向动量方程、y 方向动量方程和水位修正方程三个方程构成，用 Gauss 迭代法求解线性方程组。求解该方程组的迭代步骤如下：

①给全场赋以初始的猜测水位。

②计算动量方程系数，求解动量方程。

③计算水位修正方程的系数，求解水位修正值，更新水位和流速。

④计算泥沙连续方程，求解河床变形方程，修正地形（正值为淤积，负值为冲刷），在每一时间步的河床变形方程计算完成后，需要根据各组泥沙冲淤厚度重新计算和调整床沙级配，具体方法采用混合层与记忆层的方法。

⑤根据单元残余质量流量和全场残余质量流量判断是否收敛，如单元质量流量达到全局质量流

量的 0.01％,全场残余质量流量达到进口流量的 0.5％即认为迭代收敛。

2.3　相关问题处理

(1)定解条件

包括初始条件与边界条件。边界条件为上游给定垂线平均流速沿河宽的分布,下游给出水位沿河宽的分布。对于岸边界,则采用水流无滑移条件,即取岸边水流流速为零。在计算时,由计算开始时刻上、下边界的水位确定模型计算的初始水位条件,初始时刻令所有网格结点水位均为下游边界控制水位,河段初始流速取为 0,随着计算的进行,初始条件的偏差将逐渐得到修正,其对最终计算成果的精度不会产生影响。

(2)动边界处理

由于计算河段河道水位变化较大,再加上其形态也颇为复杂,要精确反映边界位置的变化是比较困难的。为体现不同水位条件时边界位置的变化,采用动边界技术,也即将露出单元的河床高程降至水面以下,并预留薄层水深(H_{min}),同时更改单元的糙率,使得露出单元的水流运动速度为 0,水深为 H_{min},水位值由附近未露出的点的水位值外插得到,这样就将复杂的移动边界问题处理成固定边界问题。

(3)参数取值

二维数学模型的主要参数是糙率系数,是反映水流阻力的综合系数。一般根据模拟河段历史上实测的水文资料,按曼宁公式计算断面平均糙率,作为初始计算的糙率值,再根据水位、流场情况对糙率系数进行分段调试,在本次计算过程中,由于洪湖蓄滞洪区内无实测分洪资料,建立的模型无法进行率定和检验。本次参考其它类似工程研究报告结合工程经验确定,在计算中采用的糙率如下:树林 0.070,旱地 0.065,水田 0.050,水面 0.025。若某网格内含有多种地形,则按照各种地形糙率的加权平均值确定该网格糙率。

(4)工程概化

理想的天然河道、蓄滞洪区或人工明渠、水槽无须进行工程概化,但现实中河道、蓄滞洪区往往建设了一定数量的建设项目,需考虑其对水流影响,在数学模型计算中需要对工程进行概化,为使数学模型计算尽可能反映复杂工况下的水流运动,本次考虑在洪湖蓄滞洪区分洪口门附近建设老闸泵站工程(已开工,施工期 2023—2025 年)的影响,该工程穿越洪湖监利长江干堤,该段堤防兼做蓄滞洪区围堤,堤外消能设施、防洪闸等位于河道内,堤内泵站、渠道等位于蓄滞洪区内。工程概化的基本原则是使计算结果偏于安全,一方面在网格划分时尽可能对工程局部进行网格加密处理,使网格大小能够与建构筑物相匹配。另一方面则采用局部地形修正、局部糙率修正等概化处理方法来反映工程对河道的影响,当建筑物尺寸大于或与网格尺寸相当时,可直接根据建筑物高度来修改相应网格节点的河底高程;当建筑物尺寸相对网格尺寸较小时,假定河底高程增加值所阻挡的流量与工程阻挡的流量相同,通过增加工程所在网格节点的河底高程来反映工程的阻水影响;糙率的修正则将工程建构筑物阻水部分当作突然缩窄的过水断面考虑,根据工程前后断面面积变化率得到局部阻力系数,将局部阻力系数转化为糙率,与工程前糙率进行加权平均,进而得到阻水建构筑物附近网格的局部综合糙率。本次计算主要采用局部糙率修正方法。

3 数学模型应用

3.1 计算范围及网格布置

计算范围为洪湖蓄滞洪区中西合并块(腰口隔堤建成、螺山隔堤未建),蓄滞洪区围堤作为计算边界(图 3-1);本次在蓄滞洪区内共布置 13 个特征点($P1 \sim P13$),其中 $P1$、$P2$ 特征点分别位于腰口隔堤进洪口门、新堤大闸附近,$P3 \sim P9$ 位于蓄滞洪区围堤附近,$P10 \sim P13$ 位于拟建工程附近。

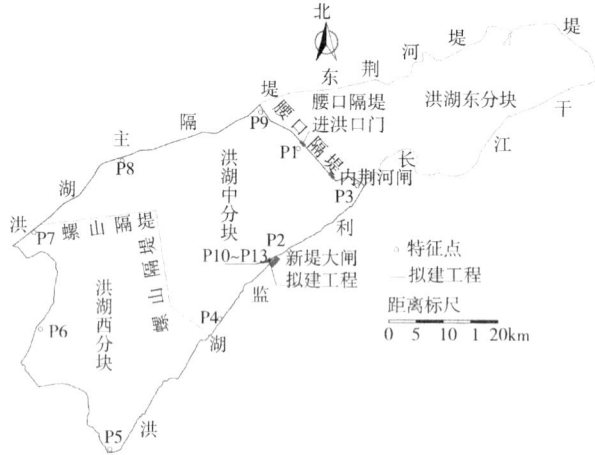

图 3-1　计算区域和监测点布置示意图

天然河道、蓄滞洪区一般边界曲折、地形复杂,对于复杂河段的水流运动数值模拟,多采用基于曲线网格的坐标变换方法,其中正交曲线变换和一般(非正交)曲线变换方法是两种最常用的方法。本研究采用一般曲线坐标变换方法。与正交曲线变换相比,一般曲线变换不受计算网格必须严格保证正交的限制,网格生成也较灵活。模型采用基于三角形网格的有限体积法进行离散,待求变量基于单元中心的同位网格布置。计算地形采用空间分辨率 30m 的 DEM 数据(源于中国科学院计算机网络信息中心地理空间数据云平台),工程局部采用设计单位实测地形图。本次计算网格单元 20753 个,最小网格面积 $150m^2$,最大网格面积 $200000m^2$(图 3-2)。

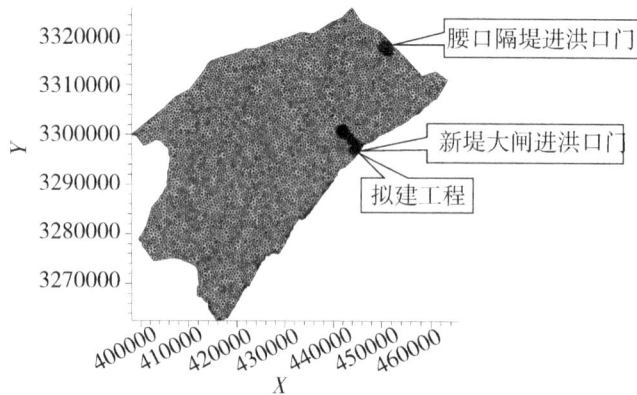

图 3-2　计算网格图

3.2 计算工况

中西合并块水位—容积曲线见图 3-3。进洪口门包括 2 处：一处位于腰口隔堤，分洪口门宽 1000m，最大分洪流量不超过 10000m³/s；另一处位于新堤大闸，最大分洪流量 4500m³/s，当蓄滞洪区内进洪水位达到设计蓄洪水位(30.51m)时停止进洪。

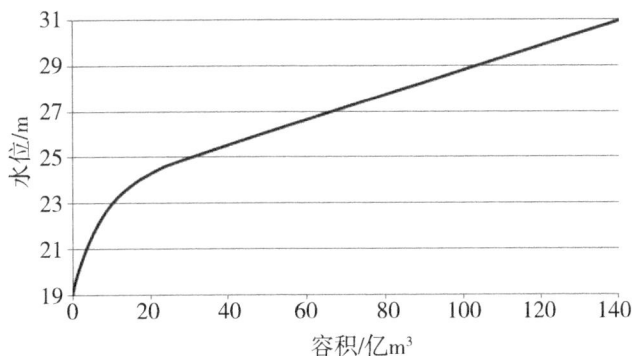

图 3-3 洪湖蓄滞洪区中西合并块水位—容积曲线(1985 国家高程)

3.3 计算成果

（1）分洪流量

工程修建前、后进洪流量过程对比见图 3-4。工程修建后进洪流量较工程前变化较小，腰口隔堤分洪口门、新堤闸处进洪流量最大减小值分别为 0.3m³/s、1.6m³/s。工程建设对分洪流量过程基本无影响。

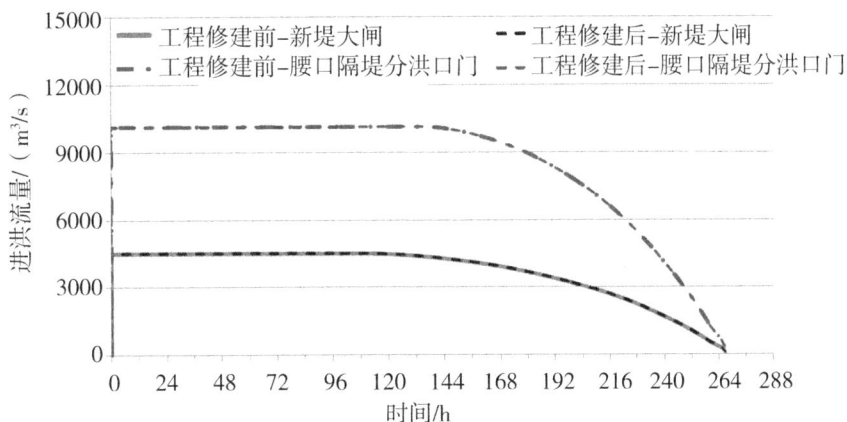

图 3-4 工程修建前、后进洪流量过程对比

（2）分洪历时

工程修建对分洪历时的影响包括：

①工程建设对蓄满历时的影响。

②工程建设对洪水到达蓄滞洪区内各特征点时间的影响。

工程修建前、后洪水到达蓄滞洪区内各特征点时间的计算结果见表 3-1。

由表可知,工程修建后洪水到达各特征点的时间基本无变化。工程修建前、后蓄满总历时无变化,均为 267.05h。整体来看,工程修建对分洪历时无影响。

表 3-1 工程修建前、后洪水到达特征点时间对比

特征点	洪水到达各特征点时间/h			特征点	洪水到达各特征点时间/h		
	工程修建前	工程修建后	差值		工程修建前	工程修建后	差值
P1	0.01	0.01	0.00	P8	24.46	24.46	0.00
P2	0.01	0.01	0.00	P9	4.50	4.50	0.00
P3	4.68	4.68	0.00	P10	0.02	0.02	0.00
P4	34.52	34.52	0.00	P11	0.02	0.02	0.00
P5	95.45	95.45	0.00	P12	16.10	16.10	0.00
P6	162.50	162.50	0.00	P13	61.55	61.55	0.00
P7	123.13	123.13	0.00				

(3)水位、流速过程

工程修建前、后特征点水位过程对比见图 3-5,工程修建前、后特征点水位过程基本一致,工程建设对水位过程基本无影响。工程修建前、后特征点流速过程对比见图 3-6。

由图可知,工修建程前、后堤防附近特征点 P3~P9 流速峰值及峰现时间无变化,工程附近特征点 P10~P13 和蓄滞洪区围堤附近特征点 P3~P9 流速峰值最大变化为 0.002m/s,峰现时间最大变化为 0.01h。

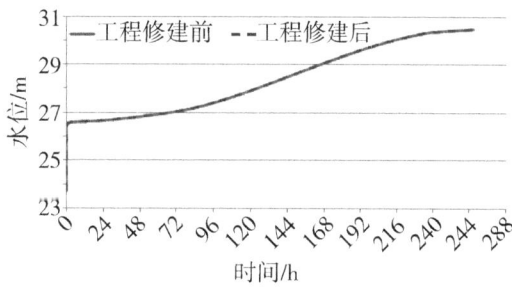

(a1)P1

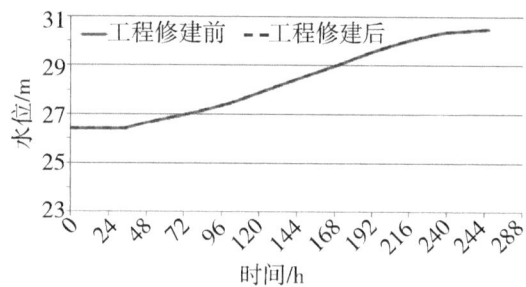

(a2)P2

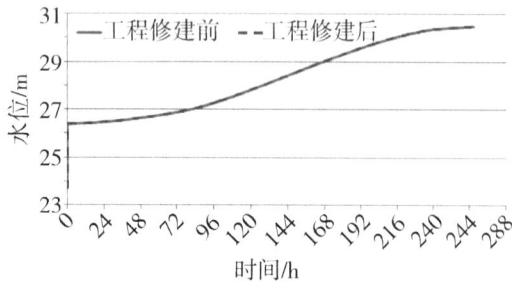

(a3)P3

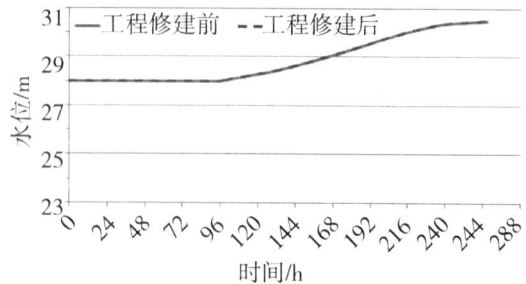

(a4)P4

（a5）P5　　　　　　　　　（a6）P6

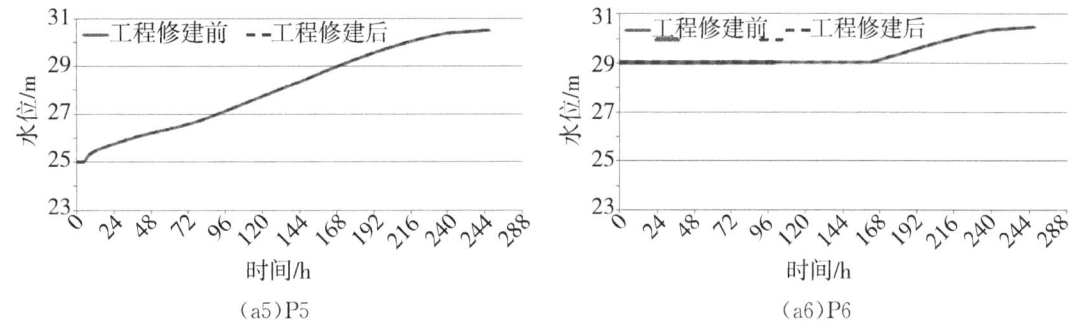

（a）特征点水位过程

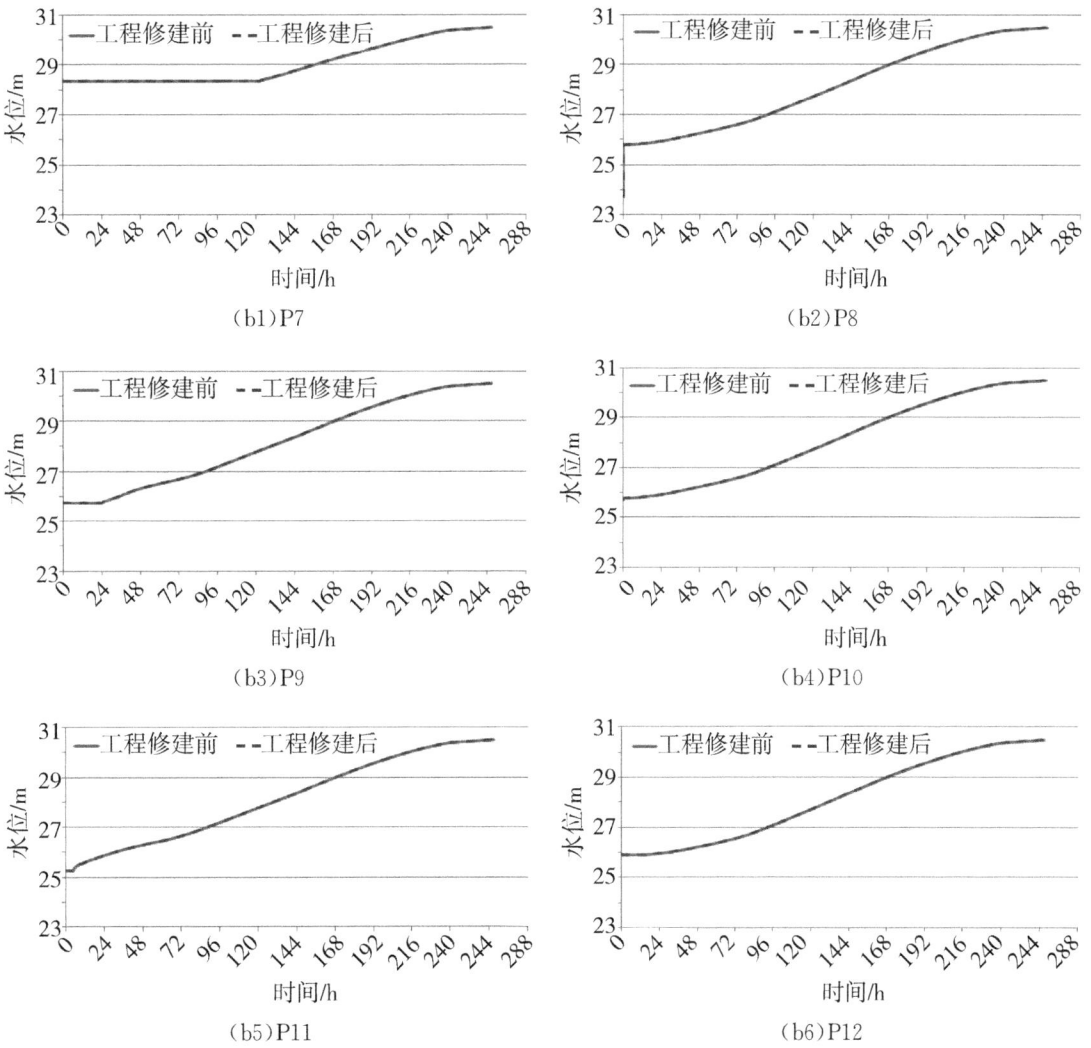

（b1）P7　　　　　　　　　（b2）P8

（b3）P9　　　　　　　　　（b4）P10

（b5）P11　　　　　　　　　（b6）P12

（b）特征点水位过程

图 3-5　工程修建前、后特征点水位过程对比

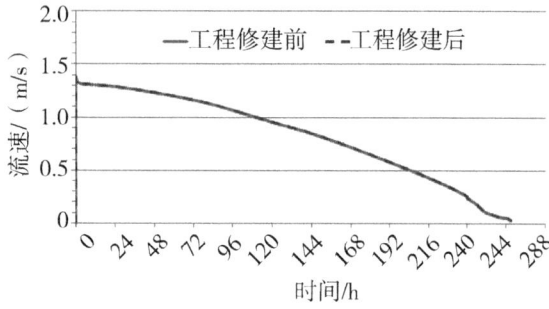

（a1）P1

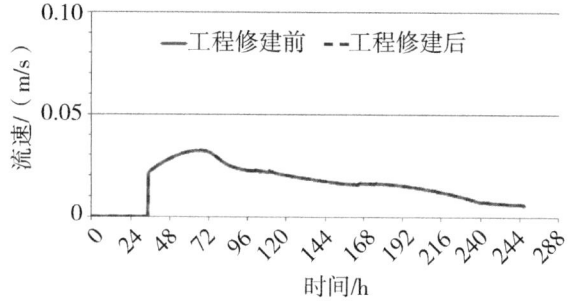

（a2）P2

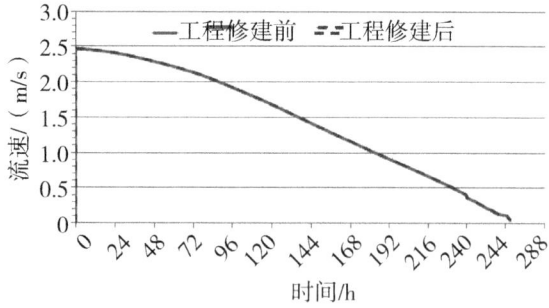

（a3）P3

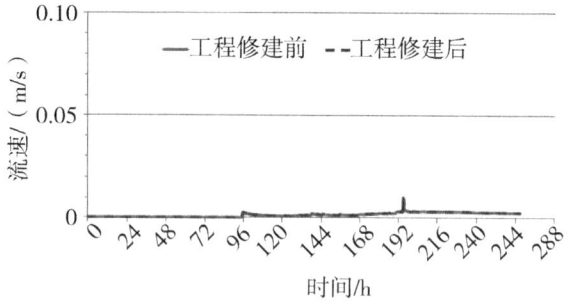

（a4）P4

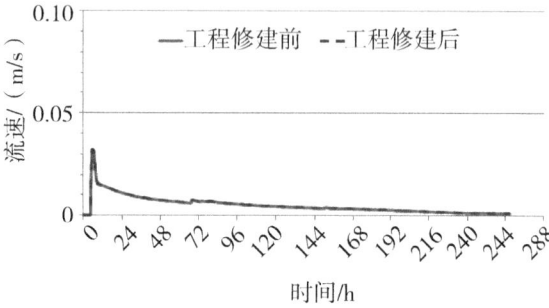

（a5）P5

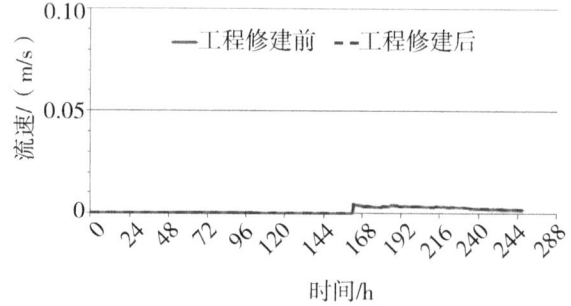

（a6）P6

（a）特征点流速过程

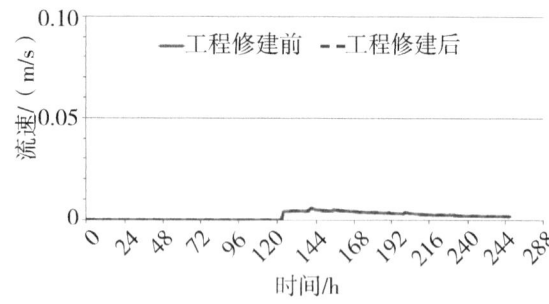

（b1）P7

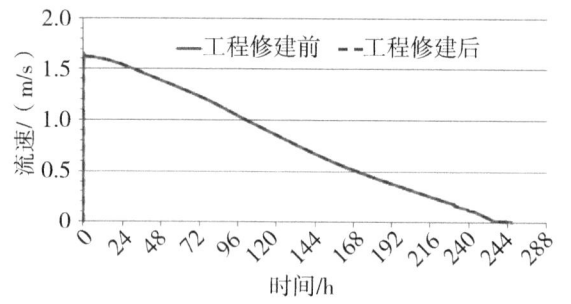

（b2）P8

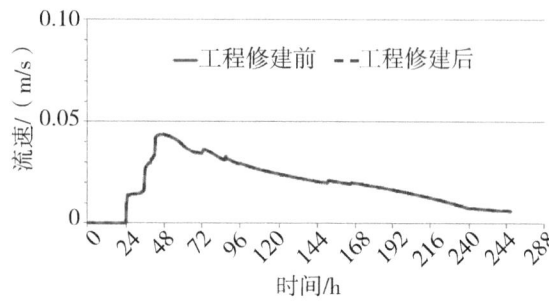

（b3）P9

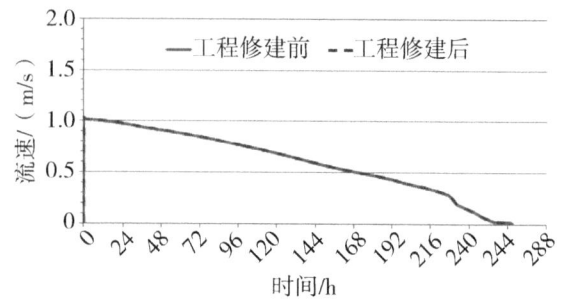

（b4）P10

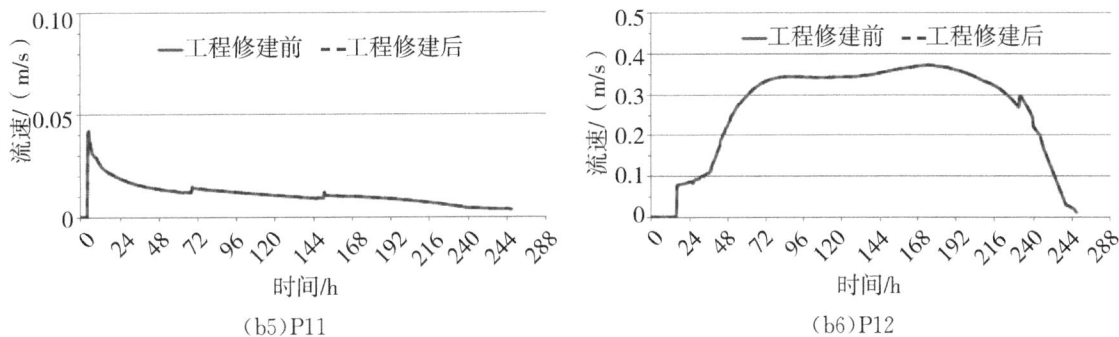

（b5）P11

（b6）P12

（b）特征点流速过程

图 3-6 工程修建前、后特征点流速过程对比

分洪后第 48h、120h、240h 时工程修建前、后流场对比见图 3-7 至图 3-9。由图可知，工程建设对流场基本无影响。

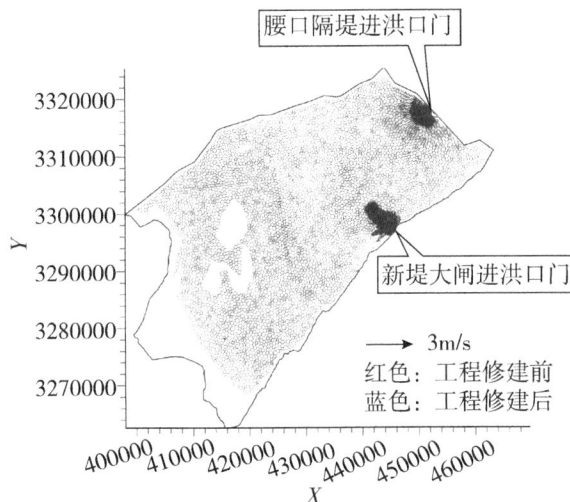

图 3-7 洪湖蓄滞洪区中西合并块计算流场分布（48h）

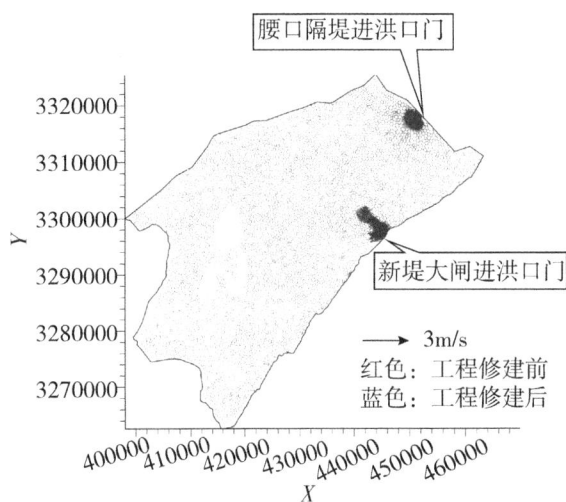

图 3-8 洪湖蓄滞洪区中西合并块计算流场分布（120h）

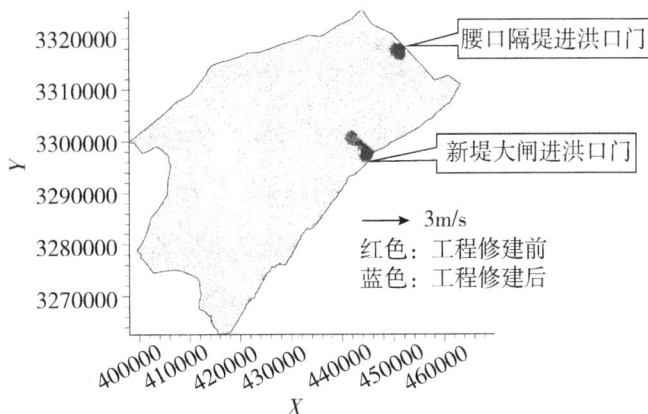

图 3-9 洪湖蓄滞洪区中西合并块计算流场分布（240h）

（4）淤积计算成果

根据河床变形方程：

$$\frac{\partial Z_b}{\partial t} = \frac{D-E}{(1-p)} \tag{3-1}$$

可以得到

$$Z_b = \int_0^T \frac{D-E}{(1-p)} dt \tag{3-2}$$

$$A_b = \int_0^B Z_b db \tag{3-3}$$

$$S_b = \int_0^L A_b dl \tag{3-4}$$

式中：Z_b——蓄滞洪区整个分退洪历时结束后计算单元河床高程总变化；

$\quad\quad T$——整个分退洪历时；

$\quad\quad B$——水面宽度；

$\quad\quad A_b$——计算单元位置总的断面面积变化；

$\quad\quad S_b$——蓄滞洪区整个分退洪历时结束后总的冲淤量；

$\quad\quad L$——蓄滞洪区内顺水流向总长。

经计算，考虑分洪时长江外江水体含沙量保持恒定，采用洪湖河段外江螺山站为参证站，螺山断面平均含沙量在三峡水库蓄水前（2003 年以前），年平均含沙量为 0.40～0.60kg/m³，保持相对稳定。蓄水后，由于清水下泄，总体上含沙，量减少，保持为 0.10～0.20kg/m³。考虑 2003 年后多年平均计算工况，经数模计算，蓄滞洪区整个分退洪历时结束后，区域内淤积厚度范围为 0.08cm～2.50m，平均淤积深度为 0.11cm，总淤积量约 200 万 m³，按床沙密度 1.60t/m³ 考虑，总淤积量约 320 万 t。

4 清淤及综合利用分析

根据计算结果，三峡水库蓄水运用条件下，下游洪湖蓄滞洪区经过完整的分退洪历程后，平均淤积深度仅为 0.11cm，考虑淤积程度较小，对于农田、耕地、林地等区域，无须进行清淤疏浚，仅需对蓄滞洪区内道路、渠系、居民点等位置重点进行清淤疏浚，且施工方式多为干地施工，可采用人工＋机械车辆结合形式。

区内淤积底泥主要成分包括泥沙、水、黏土等，可能还包括氮、磷等营养盐以及重金属和有机物等，现阶段底泥资源化利用主要涉及生态恢复、建筑施工、建材制造、能源回收等多个领域，在约 18% 的相关研究文献中，底泥经处理后被用于生态恢复（如肥料、种植土、湿地修复等），产出在 30～160 元/t；约 32% 的相关研究文献中，底泥被用于制造建材产品（如砂、砖、水泥、陶粒等），产出在 70～230 元/t；约 40% 的相关研究文献中，底泥被用于建筑施工（如路基、筑堤、填方等），产出在 50～140 元/t；约 10% 的相关研究文献中，底泥经厌氧处理利用所含的丰富有机成分制备新能源（如氢气、燃料、甲烷、油等），产出在 40～170 元/t。可知，理想条件下，若 320 万 t 底泥均可被利用，其效益在 0.96 亿～7.36 亿元。

5 结语

①工程建设对洪湖蓄滞洪区分蓄洪运用下的分洪流量、分洪历时、水位和流速过程影响极小，对分退洪情形下的洪水演进基本无影响。

②在三峡水库蓄水运用条件下，清水下泄，长江中下游含沙量减小，下游洪湖蓄滞洪区经过完整

的分退洪历程后淤积程度较小,数模计算结果表明,在 2003 年后的多年平均计算工况条件下,区域内淤积厚度范围为 0.08cm～2.50m,平均淤积深度为 0.11cm,总淤积量约 200 万 m^3,按床沙密度 1.60t/m^3 考虑,总淤积量约 320 万 t。

③洪湖蓄滞洪区经过完整的分退洪历程后仅需对蓄滞洪区内道路、渠系、居民点等位置重点进行清淤疏浚,且施工方式多为干地施工,可采用人工＋机械车辆结合形式。洪湖蓄滞洪区经过完整的分退洪历程后总淤积量约 320 万 t,理想条件下,若 320 万 t 底泥均可被利用,其效益为 0.96 亿～7.36 亿元。本文旨在为后续类似情况产生的影响提前作出研判,给分退洪水后的蓄滞洪区或洲滩民垸的治理修复、复产复工、经济发展等提供理论依据和参考。

主要参考文献

[1] 胡德超,王敏,毛冰,等.洞庭湖团洲垸 2024 溃堤洪水过程复演[J/OL].长江科学院院报,1-11[2024-11-19].http://kns.cnki.net/kcms/detail/42.1171.TV.20240729.1726.002.html.

[2] 张晓雷,夏军强,果鹏,等.溃堤洪水过程的模型试验与数值模拟[J].工程科学与技术,2018,50(04):71-81.DOI:10.15961/j.jsuese.201700844.

[3] 熊正伟,夏军强,王增辉,等.小浪底水库调水调沙期水沙运动全过程模拟[J].中国科学:技术科学,2019,49(04):419-432.

疏浚工程现状与发展策略研究

孔繁忠　曹连山

（长江水利委员会河湖保护与建设运行安全中心，湖北武汉　430015）

摘要：本文从我国疏浚工程的发展现状入手，分析了行业面临的挑战和问题，并在此基础上提出了针对性的发展策略。通过对疏浚工程市场、技术、管理等方面的研究，为国家疏浚工程事业的可持续发展提供参考。

关键词：疏浚工程；现状；可持续发展；发展策略

1　引言

疏浚工程是水利工程的重要组成部分，对于促进水运、改善生态环境、保障水资源安全等方面具有重要意义。近年来，随着我国经济的快速发展，疏浚工程在基础设施建设、水资源利用、生态环境保护等领域发挥着越来越重要的作用。本文旨在分析我国疏浚工程现状，探讨发展过程中存在的挑战，并提出相应的发展策略。

2　疏浚工程现状

我国疏浚工程经过几十年的发展，取得了显著的成果，为推动经济社会发展、保障水运畅通发挥了重要作用。

（1）在疏浚能力方面，我国已成为世界疏浚大国

目前，我国拥有各类疏浚船舶近2000艘，疏浚能力位居世界前列。这些船舶具备强大的挖掘、输送和抛泥能力，能够满足国内外各类疏浚工程的需求。同时，我国疏浚企业不断加大技术创新力度，研发出一批具有自主知识产权的先进疏浚设备，提高了疏浚工程的效率和质量。

（2）在疏浚工程领域，我国已实现全产业链发展

从疏浚设计、施工、监理到设备制造、科研开发，我国疏浚产业形成了完整的产业链。近年来，我国疏浚工程涉及领域不断拓宽，包括港口、航道、河流、湖泊、海洋等，为我国基础设施建设、生态环境

作者简介：孔繁忠，男，高级工程师，主要从事水利工程建设管理、河湖保护管理工作，E-mail：466256060@qq.com。

保护、水资源利用等方面做出了贡献。

（3）在疏浚市场方面,我国疏浚企业积极参与国际竞争

在全球疏浚市场,我国疏浚企业凭借强大的实力,承揽了一大批海外疏浚项目,市场份额逐年提高。通过与国外疏浚企业的合作与交流,我国疏浚产业不断吸取先进技术和管理经验,提升了国际竞争力。

（4）我国疏浚工程也面临一些问题

①疏浚市场竞争激烈,部分企业为追求利润,低价中标,导致工程质量参差不齐。

②疏浚环保意识不足,部分疏浚工程对生态环境产生一定影响。

③疏浚技术创新能力有待提高,与国外先进水平相比,我国疏浚技术仍有一定差距。

（5）国家高度重视疏浚工程管理

①加强行业监管,规范疏浚市场秩序,提高工程质量。

②加大环保投入,研发绿色疏浚技术,降低疏浚工程对生态环境的影响。

③推动技术创新,提高疏浚产业整体水平,缩小与国外的差距。并逐步完善疏浚管理体制,制定了一系列政策措施,如《疏浚工程施工安全管理规定》《疏浚工程环境影响评价技术导则》等疏浚市场秩序规范。

3　疏浚工程面临挑战

面对这些挑战,疏浚工程企业需要不断提升自身的技术水平、管理能力,同时加强与政府、科研机构和其他行业合作伙伴的合作,共同推动疏浚工程行业的可持续发展。

（1）环境保护挑战

①疏浚过程中可能产生悬浮物,影响水质,对水生生态系统造成破坏。

②废弃物的处理和处置问题,如何妥善处理疏浚过程中产生的污泥和底泥,避免二次污染。

③在敏感区域如自然保护区、饮用水源地进行疏浚作业时,需要采取的更加严格环境保护措施。

（2）技术创新挑战

疏浚技术的创新要适应不同地质条件和水文环境,以满足多样化的工程需求。疏浚设备自动化、智能化不断提升和新技术、新设备研发以提高疏浚效率,减少人力资源成本和提升安全性。

（3）市场竞争挑战

疏浚市场竞争激烈,价格战导致利润空间压缩。国外疏浚企业具有技术和管理优势,国内企业面临较大的竞争压力。

（4）法规和政策挑战

疏浚工程相关的法律法规体系不完善,监管力度有待加强。政策变动可能影响疏浚工程的投资和收益,增加企业经营风险。

（5）资金投入挑战

疏浚工程资金需求量大,融资难、融资成本高成为制约企业发展的问题。疏浚设备投资回报周

期长,对企业资金链构成压力。

(6)安全管理挑战

疏浚作业环境复杂,存在一定的安全风险,如何确保作业人员安全和设备稳定运行是重要课题。应急响应能力需要加强,以应对可能发生的事故和灾害。

(7)国际合作与标准挑战

在国际疏浚市场中,如何适应国际标准和规范,提高国际竞争力。国际合作中的文化差异、法律冲突等问题需要妥善处理。

4 我国疏浚工程发展策略

我国疏浚工程发展策略应立足于当前行业现状,紧紧围绕技术创新、法规完善、环保理念、市场拓展、产业结构优化、融资模式创新和安全管理等关键环节,推动行业持续、健康发展。

(1)加强技术创新,提升核心竞争力

我国疏浚工程应加大研发投入,推动疏浚技术的创新。重点研发高效、环保的疏浚设备,如智能化疏浚船舶、环保型疏浚机械等。同时,推广先进疏浚技术,如深水疏浚、精准疏浚、环保疏浚等,提高疏浚效率和工程质量。此外,加强与高校、科研机构的合作,培育专业技术人才,为技术创新提供人才支持。

(2)完善法规体系,加强行业监管

建立健全疏浚工程法律法规体系,明确疏浚工程的市场准入、施工标准、环保要求等。加强行业监管,规范市场秩序,严厉打击低价竞争、工程质量不达标等行为。建立健全疏浚工程信用评价体系,对疏浚企业进行信用分级,提高行业整体水平。

(3)注重环保,推动绿色发展

坚持绿色发展理念,研发和应用环保疏浚技术,减少疏浚作业对生态环境的影响。加强对疏浚废弃物的处理和资源化利用,降低环境污染。在疏浚工程规划、设计、施工等环节,充分考虑生态环境保护,实现经济效益与环境保护的双赢。

(4)拓展市场,提高国际竞争力

积极参与国际疏浚市场竞争,加强与国外疏浚企业的合作与交流,学习先进的管理经验和技术。鼓励企业"走出去",承揽海外疏浚项目,提高我国疏浚工程的国际市场份额。同时,加强国际标准研究,提高我国疏浚工程的国际竞争力。

(5)优化产业结构,实现全产业链发展

推动疏浚工程产业向上下游延伸,实现设计、施工、监理、设备制造、科研开发等全产业链发展。培育具有国际竞争力的疏浚工程总承包企业,提高产业链整体效益。

(6)创新融资模式,保障资金需求

探索多元化融资渠道,如政府和社会资本合作(PPP)、产业基金等,降低企业融资成本。加强与金融机构的合作,提高疏浚工程项目的融资成功率。

（7）强化安全管理，确保安全生产

加强疏浚工程安全生产管理，制定和完善安全生产规章制度。提高作业人员安全意识，加强安全培训和应急演练。推广应用安全生产新技术、新设备，降低安全风险。

5　结语

我国疏浚工程事业在取得成绩的同时，仍存在一定问题。通过分析现状、总结问题，提出发展策略，有助于推动我国疏浚工程事业的可持续发展。在政府、企业和社会各界的共同努力下，我国疏浚工程行业必将迎来更加美好的未来。

专项督查及样板县创建在规范小型水库运行管理中的成效

任化准 夏志海 余 刚

（长江水利委员会河湖保护与建设运行安全中心,湖北武汉 430010）

摘 要:通过小型水库安全运行专项监督检查,摸清了目前小型水库在管护责任落实、经费保障、实体质量、度汛安全等方面存在的问题和不足。针对目前小型水库运行管理存在的诸多问题,以小型水库管理体制改革样板县创建为重点,分析了小型水库运行管理规范化的探索实践,在小型水库管理中,因地制宜,创新运行管理体制、机制,推进小型水库运行管理规范化,取得了较好的成效。

关键词:专项督查;样板县;小型水库;运行管理

1 引言

据统计,我国现有水库约98822座,其中大型水库736座,中型水库3954座,小型水库94132座。我国小水库数量大,类型多样,点多面广,难以有效实施规范化管理,且大部分水库建设于上世纪50—70年代,运行时间较长,同时受当时的经济技术条件约束,工程的设计和建设标准往往偏低,加之地方对小型水库后期运行管理重视不够,人力、物力、财力投入难以满足小水库运行管理的基本需求,造成部分水库年久失修、设备设施老化、病险情况比较严重。鉴于小水库在当地防洪、灌溉、供水及生态等方面发挥的重要作用,近年来,国家加大了在小型水库工程除险加固、设备设施维修养护等方面的资金投入,期望有效解决小水库的病险问题。2018—2021年水利部组织在全国范围内开展小型水库安全运行专项督查工作,监督检查水库预报预警、运行调度方案、安全管理(防汛)应急预案"三项基本要求"落实情况;检查水库行政责任、技术责任和巡察责任"三个责任人"上岗履职情况以及小水库运行管理情况。督促各地高度重视小型水库安全运行管理,严格落实问题整改,确保工程持续发挥效益。同时,在全国范围内开展深化小型水库管理体制改革样板县创建工作,充分发挥改革样板县的典型引领作用,加快解决当前小型水库管护主体责任落实不到位、人员和经费不足等问题,建立健全科学的管理体制和良性运行机制。从各地评估结果来看,小型水库管理体制改革样板县创建在推进小型水库运行管理标准化工作中取得了较好的成效。

作者简介:任化准,男,高级工程师,博士研究生,主要从事水利工程建设及运行管理方面研究,E-mail:rhz198511@163.com。

2　专项督查

2.1　检查重点

小型水库安全运行专项督查工作重点为检查小水库预测预报能力建设情况,水库调度运用方案和安全管理(防汛)应急预案的编制、审批(备案)、演练情况;行政、技术、巡察责任人落实及履行职责情况,重点督查"三个责任人"是否明确、是否在岗、是否知晓工作职责;水库运行管理状况,主要检查蓄水运行情况,大坝是否存在明显漏水、变形或不稳定情况,泄洪建筑物和放水建筑物的运行状况,水库安全鉴定工作开展、水库除险加固情况,管理机构建立、经费落实、制度建设及执行情况等。

2.2　发现问题

工程实体、维修养护、除险加固和设施设备方面的问题较为突出。主要表现为:

①建设于 20 世纪五六十年代的小水库,工程实体和设施设备由于经费不足,年久失修,且维修养护工作较为滞后,导致安全隐患趋多,需要地方引起足够的重视。

②运行管理和综合管理方面的问题其次,主要表现在小水库基层管理水平不高,管理人员和技术人员配置不足,教育培训不够。地方应根据小水库运行管理基本需求,配置人员;组织开展形式多样的培训教育,制定相应的培训制度,相关人员经培训合格持证上岗,每年度通过参加集中培训、现场指导、网络教学等渠道加强小水库管理和技术方面的相关知识的学习。

③"三个重点环节"和防汛"三个责任人"落实方面存在的问题主要表现在未编制调度运用方案及防汛应急预案,调度方案、应急预案未批复或备案,三个责任人履职不到位,未组织全覆盖、分层级的教育培训。地方仍需进一步完善制度,压实责任。

以上也反映了水利部选择开展小水库专项督查的正确性、紧迫性和必要性,通过专项督查,查找小水库目前存在的缺陷和问题,从上自下层层传导压力,从制度、人员、资金等各方面加强对小水库的投入,确保小水库安全运行。

2.3　监督成效

(1)全面掌握水库状态

检查工作按照尽量分散的原则明确督查范围,严格落实"四不两直"的暗访工作制度,随机选点,检查对象和时间都有较强的不确定性,确保了督查结果的真实性和代表性。通过查看现场、与相关责任人交谈、查阅相关资料、走访周边群众等方式,取得了小型水库安全运行的第一手资料,丰富和完善了小型水库的基本信息,为将来针对性强化水库安全运行管理、治理安全隐患、完善行业监管体系建设奠定了基础提供了可靠依据。

(2)推动运管责任落实

通过专项督查,引起了地方的高度重视,提升了地方水行政主管部门对辖区内水库安全运行管理的责任意识,一些基层部门按照督查要求组织开展了自查自纠工作,对发现的问题开展相关整改工作,起到了一定的带动作用。督查过程中,现场与相关责任人询问和沟通,督促各级责任人提高责任心和工作认识,对水库安全运行高度重视,明确管理上的不足,强化了水库管理的安全意识。

(3)促进管理水平提升

在督查过程中,除重点检查"三个责任人""三个基本要求"落实情况及水库运行管理等方面存在的缺陷和问题外,同时针对基层水库管理人员业务水平和能力普遍偏低的现象及存在的问题,有意识地向基层水库管理人员讲解水库安全运行管理基本知识,传授安全管理的技术要点,现场培训巡察责任人,告知其水库安全巡察的重点部位,提醒其如何判断险情,提高了基层水库管理人员技术和管理水平。

3 样板县创建

通过小型水库安全运行专项督查,取得了一定的成效,但部分地方依然存在管护责任落实不到位、经费难以保障、工程实体存在安全隐患等方面的问题,为加快问题解决,提高小型水库运行管理水平,2019—2021年水利部在全国范围内开展深化小型水库管理体制改革样板县创建工作,督促各级建立健全科学的管理体制和良性运行机制,为区域乃至全国小型水库运行管理提供新的标杆和样板。

3.1 创建要求

(1)明晰权责、确保安全

坚持权责一致,明晰所有权与管理权的关系,进一步夯实小型水库安全运行县级政府的领导责任、县级水行政主管部门的监督指导责任和乡镇、村组的管护主体责任,确保小型水库安全运行和效益充分发挥。

(2)政府主导、社会参与

根据小型水库的公益性质和影响公共安全的特点,充分发挥政府主导作用,增加财政投入,建立健全小型水库管理体制和运行机制。同时,积极借助社会力量,探索建立市场化社会化运作机制,形成政府主导、社会参与的良好格局。

(3)总结经验、鼓励创新

尊重基层和群众的首创精神,充分发挥干部群众的积极性和创造性,立足实际,因地制宜,总结提炼成熟经验和典型做法,积极推广专业化管理模式,大胆创新社会化管理模式,形成可复制可推广的典型案例。

(4)局部突破、整体推进

坚持局部攻坚突破与整体协调推进相统一,示范引领、重点突破,逐步推广、以点带面,探索有效模式加以复制和推广,推动样板县提前完成改革任务,带动面上改革措施全面落实到位。

3.2 评价指标

样板县创建要求地方要建立适应当地县情、水情与农村经济社会发展要求的小型水库管理体制和良性运行机制:

①建立产权明晰、责任明确的工程管理体制。

②建立社会化、专业化的多种工程管护模式。

③建立制度健全、管护规范的工程运行机制。

④建立稳定可靠、使用高效的工程管护经费保障机制。

⑤建立奖惩分明、科学考核的工程管理监督机制。

3.3 创建成效

（1）地方高度重视

各地高度重视样板县创建工作，部分县成立了以县长为组长，县委、县政府分管领导为副组长，水利局、财政局、应急局、所在镇党政主要负责人为成员的领导小组。具体负责对创建工作的组织领导，为样板县创建提供强有力的组织保障。县委、县政府通过召各种形式开专题会议，研究解决创建中的难题，推进改革工作顺利进行。

（2）明晰产权、落实责任

大部分县已基本完成小型水库产权证书颁发，明确了水库的权属和主要功能，划定了管理和保护范围，规范了日常管护标准，实现小型水库产权清晰、权责明确。进一步明了本辖区内水库的"三种"责任人（行政责任人、技术责任人和巡察责任人）及工作职责。

（3）探索创新管护机制

在管护机制创新方面，部分县探索了小型水库管护"物业化"试点工作，采用服务外包的方式，委托专业公司对小型水库进行管理与养护。实现了小型水库社会化管护，形成了小型水库专业服务公司承担日常维修养护，镇政府负责日常管理，行业主管部门不定期督查的管护机制。

（4）多渠道保障资金

①争取上级资金，解决水库部分维修养护经费。

②配套区级财政资金，解决水库管护人员经费和部分维修养护经费。

③引入社会化资金，部分县成立了水资源开发公司，通过将水库统一开发利用，引入社会资本，逐步实现水库资源变资产。

（5）科学实施考核

各地出台了小型水利工程管护相关考核办法，将小型水库运行管理工作纳入目标绩效考核，将考核结果与管护经费拨付挂钩，由考核压力催生管理动力，充分体现管理成效，有力推进小型水库标准化管理落到实处。

4 结语

通过开展小型水库专项督查，督促各地方高度重视小型水库安全运行管理，进一步压实了各级责任，严格落实问题整改。开展小型水库管理体制改革样板县创建工作，为规范小型水库管理提供了新的标杆、样板，有效促进了小型水库管护主体、管护人员和管护经费的进一步落实，切实加强了小型水库运行管理成效，确保水库安全运行。

主要参考文献

［1］中华人民共和国水利部. 2019 年全国水利发展统计公报［Z］. 北京：水利部. 2020(11)：62.

［2］门洪春. 关于中小水库中安全管理建设问题的思考［J］. 城市建设理论研究，2018(29)：164-165.

［3］李书龙. 基于标准化管理的小型水库管护要点探析［J］. 水利技术监督，2021(4)：29-31＋58.

［4］方卫华，陈允平，钱雨佳. 基于水利改革发展总基调的小型水库安全管理研究［J］. 中国农村水利水电，2020(8)：193-197.

［5］葛志刚. 浅谈小型水库运行管理问题与对策［J］. 河北水利，2023(3)：46＋48.

［6］张顺学，梁小娟，余立含. 浅析水库大坝安全运行及管理途径［J］. 南方农机，2018，49(15)：241-242.

［7］朱江，孙集，幸位田. 区域中小型水库安全监测运维管理的思考［J］. 小水电，2024(3)：41-43.

［8］周顺伟. 水库大坝安全运行与管理的途径探究［J］. 科技创新与应用，2016(11)：211.

［9］阮利民. 水利工程运行管理工作现状与展望［J］. 水资源开发与管理，2019(4)：12-15.

［10］杨莉威. 我国小型水库管理中的问题和对策探讨［J］. 湖北农机化，2020(3)：22.

［11］范连志，张小会，李俊辉. 我国小型水库管理中的问题及对策［J］. 中国水利，2011(20)：41-42＋45.

［12］孙涛. 小型水库安全管理存在问题及对策探讨［J］.

［13］王斌. 小型水库运行管理存在问题及措施［J］. 水利技术监督，2021(2)：46-48.

［14］肖仕燕，刘学祥，喻江，等. 小型水库运行管理现状与管理方法［J］. 云南水力发电，2021，37(1)：184-185＋188.

［15］吴德斌. 新疆小型水库安全管理存在的问题与对策［J］. 山西水利，2019，35(6)：49-51.

［16］何向阳，王秘学，杨光，等. 新时期我国大坝安全运维模式探索［J］. 长江技术经济，2021，5(1)：45-49.

对如何做好水利工程安全生产管理的探讨

舟卢宁

(浙江省疏浚工程有限公司,浙江湖州 313000)

摘 要:水利工程作为国民经济的重要基础设施,对于防洪减灾、水资源调配、生态环境保护等方面具有不可替代的作用。然而,水利工程建设与运营过程中涉及众多复杂因素,如施工环境恶劣、技术难度高、工期长等,这些都给安全生产管理带来了巨大挑战。因此,如何科学、有效地做好水利工程安全生产管理,成为亟待解决的问题。本文将从制度建设、教育培训、现场管理、应急响应等方面,对如何做好水利工程安全生产管理进行探讨。

关键词:水利工程;安全生产;制度建设

1 建立健全安全生产管理制度体系

1.1 完善安全生产责任制

明确各级管理人员和作业人员的安全生产职责,将安全生产责任层层分解,落实到具体岗位和个人。建立健全安全生产考核和奖惩机制,确保安全生产责任制得到有效执行。水利工程建设单位应将安全生产视为企业生存发展的基石,确立"安全第一、预防为主、综合治理"的安全生产观念。将安全生产纳入企业文化建设的重要内容,使之成为全体员工的共同信仰和行为准则。

1.2 制订科学的安全管理制度

依据国家法律法规和行业标准,结合水利工程特点,制订完善的安全生产管理制度。包括安全生产教育培训制度、安全检查与隐患排查制度、安全作业规程、应急管理制度等,确保各项安全管理工作有章可循、有据可依。结合水利工程实际情况,制订和完善安全生产管理制度、操作规程、应急预案等。确保各项制度科学合理、可操作性强,为安全生产提供有力保障。企业应积极构建以"零事故、零伤害"为目标的安全文化,将安全理念融入企业的日常管理、生产作业及文化建设中。通过树立安全典型、分享安全经验、奖励安全行为等方式,营造浓厚的安全氛围,让安全文化深入人心。

作者简介:舟卢宁,男,助理工程师,主要从事水利工程施工,E-mail:tse1945@163.com。

2 加强安全生产教育培训

2.1 普及安全生产知识

通过举办安全生产知识讲座、培训班等形式,普及安全生产法律法规、安全操作规程、应急救援技能等知识。提高全体员工的安全生产意识和自我保护能力。

2.2 强化技能培训

针对不同岗位的作业特点,开展针对性的技能培训。如高空作业、电气作业、起重吊装等特殊工种需经过专业培训并取得相应资格证书后方可上岗作业。

3 严格施工现场安全管理

3.1 加强现场安全巡察

建立健全施工现场安全巡察制度,安排专人负责巡察工作。对发现的安全隐患及时整改并记录在案;对违规行为进行严肃处理并通报批评。制订详细的施工现场安全管理规定,明确各岗位的安全职责和操作规程。加强对施工现场的巡察力度,及时发现并纠正不安全行为。同时,做好施工现场的安全防护设施建设和维护工作,确保安全防护设施完好有效。

3.2 落实安全防护措施

按照安全操作规程要求落实各项安全防护措施。如设置安全警示标志、穿戴劳动保护用品、安装安全防护设施等。确保施工现场安全有序进行。

4 完善应急管理体系

4.1 制订应急预案

提高员工应对突发事件的能力和水平。针对水利工程可能遇到的各种突发事件和紧急情况制订科学、合理、可行的应急预案。明确应急响应程序、救援措施和处置方法,确保在突发事件发生时能够迅速、有序地应对。同时,加强与地方政府、应急救援机构等相关部门的沟通协调工作,形成应急联动机制。同时加强对员工的应急技能培训,确保他们具备必要的应急救援知识和技能。

4.2 加强应急演练

定期组织应急演练活动,检验应急预案的可行性和有效性。通过实战演练提高员工的应急反应能力和协同作战能力。同时,针对演练中发现的问题和不足及时进行改进和完善。提高员工应对突发事件的能力和水平。通过实战演练和模拟训练检验应急预案的可行性和有效性,及时发现并改进存在的问题和不足。同时加强对员工的应急技能培训,确保他们具备必要的应急救援知识和技能。

5　结语

水利工程安全生产管理是一项长期而艰巨的任务。只有通过建立健全安全生产管理制度体系、加强安全生产教育培训、严格施工现场安全管理、完善应急管理体系等多方面的努力才能确保水利工程的安全生产。

主要参考文献

［1］李林娜,张奎俊,王冬梅.谈水利建设项目安全生产标准化管理体系建设[J].山东水利,2021(12):48-49.

［2］贾长青,蔡永坤,杜臣.浅谈水利工程管理单位安全生产标准化创建有关问题及对策[J].黑龙江水利科技,2019(11):227-228.

［3］于祥启,刘小磊.水利工程施工管理存在的问题及相应解决措施[J].水电水利,2024,8(3):178-180.

［4］李广界.水利工程施工安全管理问题的探讨[J].建筑与施工,2016,8(6):142-143.

分析水利水电工程建设生产安全事故流程

陈文华

(江西赣禹工程建设有限公司,江西南昌 330209)

1 事故等级和分类

1.1 事故分级

(1)事故定级的要素

事故定级要素的界定必须从各类事故侵犯的相关主体、社会关系和危害后果等方面来考虑。《生产安全事故报告和调查处理条例》规定的事故分级要素有三个,即人员伤亡的数量(人身要素)、直接经济损失的数额(经济要素)、社会影响(社会要素),可以单独适用。

(2)通用的事故分级规定

《生产安全事故报告和调查处理条例》将一般的生产安全事故分为四级(表 1-1)。

表 1-1 事故等级

事故级别	死亡人数 D/人	重伤(含急性工业中毒) H/人	直接经济损失 L/万元
特别重大事故	$D \geqslant 30$	$H \geqslant 100$	$L \geqslant 10000$
重大事故	$30 > D \geqslant 10$	$100 > H \geqslant 50$	$10000 > L \geqslant 5000$
较大事故	$10 > D \geqslant 3$	$50 > H \geqslant 10$	$5000 > L \geqslant 1000$
一般事故	$D < 3$	$H < 10$	$L < 1000$

(3)特殊的事故分级规定

1)补充分级

除了对事故分级的一般性规定之外,考虑到某些行业事故分级的特点,《生产安全事故报告和调查处理条例》中第三条第二款规定:"国务院安全生产监督管理部门可以会同国务院有关部门,制定事故等级划分的补充性规定。"根据国家有关规定和水利工程建设实际情况,事故分级可适时做出调整。

作者简介:陈文华:男,高级工程师,一级注册建造师、注册监理工程师、一级造价工程师;从事水利工程施工现场质量控制工作,参与多个国内外项目,如埃塞俄比亚 TENDAO 项目、鄱阳湖区第五个单项三角联圩三 7 标项目以及云南省思茅区攀枝花塘水库大坝项目等。E-mail:396470963@qq.com。

2)社会影响恶劣事故

《生产安全事故报告和调查处理条例》中第四十四条关于社会影响恶劣事故报告和调查处理的规定没有明确其事故级，在实践中可以根据影响大小和危害程度，比照相应等级的事故进行调查处理。

1.2　事故分类

依据《企业职工伤亡事故分类》，事故可分为物体打击、车辆伤害、机械伤害、起重伤害、触电、淹溺、灼烫、火灾、高处坠落、坍塌、冒顶片帮、透水、放炮、瓦斯爆炸、火药爆炸、锅炉爆炸、容器爆炸、其他爆炸、中毒和窒息和其他伤害 20 个类别。

根据相关统计资料，水利水电工程建设多发事故类型包括坍塌事故、触电事故、高处坠落事故、物体打击事故、车辆伤害事故、机械伤害事故、起重伤害事故。

依据《水利工程建设重大质量与安全事故应急预案》，结合水利水电工程建设的实际，按照生产安全事故发生的过程、性质和机理，水利水电工程建设常见重大安全事故包括：

①施工中土石塌方和结构坍塌安全事故。

②特种设备或施工机械安全事故。

③施工围堰坍塌安全事故。

④施工爆破安全事故。

⑤施工场地内道路交通事故。

⑥其他原因造成的水利水电工程建设安全事故。

2　事故报告、调查与处理

2.1　事故报告

（1）事故报告时限和程序

①水利水电工程建设项目发生安全事故后，事故现场有关人员应当立即报告本单位负责人。事故单位负责人接到事故报告后，应在 1h 之内向上级主管单位以及事故发生地县级以上水行政主管部门报告。有关水行政主管部门接到报告后，立即报告上级水行政主管部门，每级上报的时间不得超过 2h。情况紧急时，事故现场有关人员可以直接向事故发生地县级以上水行政主管部门报告。有关单位和水行政主管部门也可以越级上报。

部直属单位和各省（自治区、直辖市）水行政主管部门接到事故报告后，要在 2h 内报送至水利部安全监督司（非工作时间报水利部总值班室）。

事故报告的方式可先采用电话口头报告，随后递交正式书面报告。

②水利工程建设过程中发生生产安全事故的，应当同时向事故所在地安全生产监督局报告；特种设备发生事故，应当同时向特种设备安全监督管理部门报告。接到报告的部门应当按照国家有关规定，如实上报。

③对于水利部直管的水利工程建设项目以及跨省（自治区、直辖市）的水利工程项目，在报告水利部的同时应当报告有关流域机构。

④特别紧急的情况下，项目法人和施工企业以及各级水行政主管部门可以直接向水利部报告。

（2）事故报告的内容及要求

1）水利水电工程建设事故发生后应及时报告的内容

①发生事故的工程名称、地点、建设规模和工期，事故发生的时间、地点、简要经过、事故类别和等级、人员伤亡及直接经济损失初步估算。

②有关项目法人、施工企业、主管部门名称及负责人联系电话，施工等单位的名称、资质等级。

③事故报告的单位、报告签发人及报告时间和联系电话等。

2）根据事故处置情况及时续报的内容

①有关项目法人、勘察、设计、施工、监理等工程参建单位名称、资质等级情况，单位以及项目负责人的姓名以及相关执业资格。

②事故原因分析。

③事故发生后采取的应急处置措施及事故控制情况。

④抢险交通道路可使用情况。

⑤需要报告的其他有关事项等。

3）事故发生对各参建单位的要求

水利水电工程建设发生安全事故后，在工程所在地人民政府的统一领导下，迅速成立事故现场应急处置机构负责统一领导、统一指挥、统一协调事故应急救援工作。事故现场应急处置指挥机构由到达现场的各级应急指挥部和项目法人、施工等工程参建单位组成。

在事故现场参与救援的各单位和人员应当服从事故现场应急指挥机构的指挥，并及时向事故现场应急处置指挥机构汇报重要信息。

水利水电工程建设发生安全事故后，项目法人和施工等工程参建单位必须迅速、有效地实施先期处置，防止事故进一步扩大，并全力协助开展事故应急处置工作。

2.2 事故调查

水利水电工程建设事故调查，是事故调查组为了查明水利水电工程建设事故原因、核定事故损失、认定事故责任和依法对水利水电工程建设事故肇事人的违法事实进行侦查、勘验的行为。各级水行政主管部门要按照有关规定，及时组织有关部门和单位进行事故调查，认真吸取教训、总结经验，及时进行整改。

事故调查的一般程序如下：

①保护好事故现场，抓紧时间向上级和有关部门报告，同时要积极抢救在事故中的受伤者。

②发生事故的单位和有关上级主管单位要及时派出事故调查组赴事故现场调查。

③在事故现场收集事故各方面的情况与人证、物证，召开有关人员座谈会、分析会。

④明确事故原因、分清事故责任、提出事故处理意见。

⑤填写事故调查报告并提交。

（1）事故调查的准备

1）成立事故调查组

事故调查是一项专业性极强的工作，不同类型、不同级别的事故，主持和参与调查的人员、人数、编制都会有很大差异。事故调查组参照《生产安全事故报告和调查处理条例》关于事故调查组的成员单位和参加单位的要求来设立。

事故调查组的职责主要包括：

①查明事故发生的原因、人员伤亡及财产损失情况。

②查明事故的性质和责任。

③提出事故处理及防止类似事故再次发生所采取的措施和建议。

④提出对事故责任者的处理建议。

⑤检查控制事故的应急措施是否得当和落实。

⑥提交事故调查报告。

2）事故调查所需设备准备

事故调查准备工作中一个重要的工作就是物资、器材上的准备，如指导事故调查用的有关规则、标准，现场急救用的急救包，取证用的摄像设备、笔、纸、标签、样品容器，防护用的服装、器具，检测用的仪器设备等。

（2）事故调查取证

在进行事故调查取证的时候，要注意保护事故现场，不得破坏与事故有关的物体、痕迹和状态等。当进入现场或做模拟试验需要移动现场某些物体时，必须做好现场标志。事故调查取证工作包括物证与人证、事故事实材料的收集。

1）物证

物证包括现场的致害物、残留物、破损件、碎片及其具体位置。对这些物证均应贴上标签，注明时间、地点、管理者；所有物件均应保持原样，不得擦洗；对健康有害的物品，应采取不损坏原始证据的安全保护措施。

2）人证

人证是指有关现场当事人的叙述事故的材料，应认真考证其真实性。事故事实材料的收集包括与事故鉴别、记录有关的材料和事故发生的有关事实材料。另外在进行事故取证时可根据事故调查需要，做好事故现场的方位拍照、全面拍照、中心拍照、细目拍照和人体拍照等，绘出事故调查分析所必须了解的信息示意图。

（3）事故调查分析

事故调查分析包括事故原因分析、事故性质认定和事故责任分析三个方面。

1）事故原因分析

①事故直接原因。

事故直接原因，即直接导致事故发生的原因，又称一次原因。事故直接原因只有两个，即人的不安全行为和物的不安全状态，分别见表2-1和表2-2。

表 2-1   常见的人的不安全行为

序号	内容
1	操作错误、忽视安全、忽视警告(如违反操作规程、规定和劳动纪律)
2	造成安全装置失效(如拆除了安全装置,因调整的错误造成安全装置失效等)
3	使用不安全设备(如使用不牢固的设施,使用无安全装置的设备)
4	手代替工具操作(如不用夹具固定,手持工件进行加工)
5	物体(指成品、半成品、材料、工具、生产用品等)存放不当
6	冒险进入危险场所
7	攀、坐不安全装置,如平台防护栏、汽车挡板等
8	在起吊物下作业、停留
9	机器运转时加油、修理、检查、调整、煜接、清扫等
10	有分散注意力的行为(如高危作业时接听手机等)
11	在必须使用个人防护用品的作业或场合中,未正确使用
12	不安全装束(如穿拖鞋进入施工现场,戴手套操纵带有旋转零部件的设备)
13	对易燃易爆危险品处理错误

表 2-2   常见的物的不安全状态

序号	内容
1	防护、保险、信号等装置缺乏或有缺陷(如起重机械的限速、限位、限重失灵等)
2	设备、设施、工具附件有缺陷(如起重千斤绳达报废标准未报废处理等)
3	个人防护用品、用具缺少或有缺陷(如安全带磨损、腐蚀严重未及时更换等)
4	生产(施工)场地环境不良(如作业场所光线不良、狭小、通道不畅等)

②事故间接原因。

事故间接原因,则是指事故直接原因得以产生和存在的原因,也称管理原因。事故间接原因有下列六种:

a. 技术和设计上有缺陷,设施、设备、工艺过程、操作方法、施工措施和材料使用等存在问题。

b. 教育培训不够、未经培训,员工缺乏或不懂安全操作技术知识和技能。

c. 劳动组织、生产布置不合理。

d. 对现场工作缺乏检查或指导错误。

e. 没有安全操作规程或规章制度不健全,无章可循。

f. 没有或不认真实施事故防范措施,对事故隐患整改不力。

2)事故性质认定

通过对事故的调查分析,明确事故性质,将事故分为责任事故与非责任事故。

①责任事故。

责任事故指由于管理不善、设备不良、工作场所不良或有关人员的过失引起的伤亡事故。生产中发生的各类事故大多数属责任事故,其特点是可以预见和避免,如水利水电工程建设中临边作业不挂安全带,导致高处坠落死亡事故;违反操作规程导致设备损坏或人员伤亡事故等。

②非责任事故

非责任事故指由于事先所不能预见或不能控制的自然灾害而引起的伤亡事故,如地震、滑坡、泥石流、台风、暴雨、冰雪、低温、洪水等地质、气象、自然灾害引起的事故;由于一些没有探明科学方法和尖端技术的未知领域所引起的事故,如新产品、新工艺、新技术使用时无法预见的事故;由于科学技术、管理条件不能预见的事故,如规程、规范、标准执行实施以外未规定的意外因素造成的事故,其特点为不可预见或不可避免。

2)事故责任分析

事故责任分析是在查明事故原因后,分清事故责任,吸取教训,改进工作。事故责任分析中,应通过对事故的直接原因和间接原因分析,确定事故的直接责任者和领导责任者及其主要责任者,从而根据事故后果和事故责任提出处理意见。

①直接责任者指其行为与事故的发生有直接关系的人员,主要责任者指对事故的发生起主要作用的人员;有下列情况之一的应由肇事者或有关人员负直接责任或主要责任:

a. 违章指挥、违章作业或冒险作业造成事故的。

b. 违反安全生产责任制和操作规程,造成事故的。

c. 违反劳动纪律,擅自开动机械设备或擅自更改、拆除、毁坏、挪用安全装置和设备,造成事故的。

②领导责任者指对事故的发生负有领导责任的人员,有下列情况之一时,应负有领导责任:

a. 由于安全生产规章、责任制度和操作规程不健全,职工无章可循,造成事故的。

b. 未按照规定对职工进行安全教育和技术培训,或职工未经考试合格上岗操作,造成事故的。

c. 机械设备超过检修期限或超负荷运行,设备有缺陷又不采取措施,造成事故的。

d. 作业环境不安全,又未采取措施,造成事故的。

e. 新建、改建、扩建工程项目,安全设施不与主体工程同时设计、同时施工、同时投入生产和使用,造成事故的。

(4)事故调查报告

事故调查报告是事故调查工作的结果,是事故调查水平的综合反应。事故调查报告的核心内容应反映对事故的调查分析结果,应包括下列内容:

①事故单位基本情况。

②调查中查明的事实。

③事故原因分析及主要依据。

④事故发展过程及造成的后果(包括人员伤亡、经济损失)分析、评估。

⑤采取的主要应急响应措施及其有效性。

⑥事故结论。

⑦事故性质,若为责任事故,需报告责任单位、事故责任人及其处理建议。

⑧调查中尚未解决的问题。

⑨经验教训和有关水利水电工程建设安全的建议。

⑩事故调查组成员名单和签名。

⑪各种必要的附件等。

（5）材料归档及事故登记

事故处理结案后，应将事故调查处理的有关材料按伤亡事故登记表的要求进行归档和登记，包括事故调查报告书及批复，现场调查的记录、图纸、照片，技术鉴定、试验报告，直接和间接经济损失的统计材料，物证、人证材料，医疗部门对伤亡人员的诊断书，处分决定，事故通报，调查组人员姓名、职务、单位等。

2.3　事故处理

《安全生产法》明确规定了生产安全事故调查处理的原则：科学严谨、依法依规、实事求是、注重实效。事故处理包括事故的善后处理、事故责任处理以及整改措施制定。

（1）事故善后处理

善后处理主要包括伤亡者的妥善处理，群众的教育，恢复生产，整改措施的落实。

（2）事故责任处理

根据事故处理"四不放过"原则（事故原因未查明不放过、责任人未处理不放过、整改措施未落实不放过、有关人员未受到教育不放过），对事故责任者要严肃处理，追究其相应的法律责任。

（3）整改措施制订

为预防类似事故再次发生，应从技术、管理、教育三方面提出整改措施，并使其得到落实。制订和落实整改措施要求论证下列几个方面内容：

①整改措施是否可行、是否有效、是否还会带来危险因素，有必要的话可进行风险评估。

②落实责任：谁来落实，什么时候落实，谁保证人、财、物的资源的安全。

③跟踪监督完成情况等工作。

清口文化遗产保护与利用探讨

胥　照[1]　于　坚[2]　王　旭[3]　李　瞻[4]　邹　鑫[5]

（1. 淮安市清晏园,江苏淮安　223000;

2. 淮安市淮涟灌区管理所,江苏淮安　223300;

3. 淮安市水利勘测设计研究院有限公司,江苏淮安　223300,

4. 淮安市洪金灌区管理所,江苏淮安　223000;

5. 淮安市城市水利工程管理中心,江苏淮安　223300)

摘　要:淮安清口枢纽是运河汇淮、穿黄的关键工程,经过明清两朝精心治理而逐渐形成系统、完整的工程体系,因而清口遗址范围内分布着诸多文化遗产。本文按照加快推进大运河文化建设要求,以保护、传承、弘扬、利用为主线,通过全面总结清口文化遗产现状、保护与利用价值,深入分析目前存在的问题,提出清口文化遗产保护、传承与弘扬等方面的措施,为推进大运河文化利用,提升大运河文化发展水平、助力乡村振兴建设及社会经济发展探索方法。

关键字:清口;大运河文化;遗产保护;利用

1　引言

习近平总书记指出:"大运河是祖先留给我们的宝贵遗产,是流动的文化,要统筹保护好、传承好、利用好。"2014 年 6 月 22 日,中国大运河被正式列入世界文化遗产名录,其中包括大运河淮安段的遗产区两处(清口枢纽遗产区、总督漕运公署遗址遗产区)、河道一段(淮扬运河淮安段)、遗产点五处(清口枢纽、双金闸、清江大闸、洪泽湖大堤、总督漕运公署遗址)。清口作为大运河上的重要枢纽,在时间跨度上涵盖整个大运河的历史,其作用从未中断,这是大运河沿线任何一个枢纽都不可匹比的。

2　清口文化遗产的分布与特点

清口遗产区的中心坐标为:东经 118°53′40″、北纬 33°24′10″,面积为 3967hm²,缓冲区面积为 6275hm²,总面积为 10242hm²。清口枢纽遗产区及外延部分最大覆盖直径约达 100km,是淮安段大运河世界文化遗产区域的主体部分。按照河道设施的功能,清口文化遗产可分为 4 个部分:御黄部

作者简介:胥照,男,工程师,主要从事河湖管理与水文化研究工作,E-mail:468032683@qq.com。

分、引淮部分、淮扬运河部分、中河部分。目前，以清口枢纽为中心的大运河淮安段是京杭大运河的精华地段之一，在49km²范围内分布有53处各种类型文化遗产，为中国水利河工文化经典集成区，被誉为"中国水工历史博物馆"。

清口文化遗产类型丰富，几乎涵盖了大运河本体遗产的全部类型、种类。主要类型有河道、水源、水工设施、相关遗存等。河道有中运河、里运河、盐河、黄河、张福河引河、太平引河、三岔引河、塘河、新天然引河等。水源有泰山湖（七里闸旧河）。水工设施有堤、闸、坝、堰、转水墩等；其中堤有中河北岸缕堤、中河南岸缕堤、黄河格堤、黄河北岸缕堤、黄河南岸缕堤、塘河左堤、塘河右堤、里运河内堤、里运河外堤、临湖堤、顺黄堤、顺水堤、临清堤、汰黄堤、临清束水堤、天妃坝石工堤；闸有福兴正闸、福兴越闸、通济正闸、通济越闸、惠济正闸、惠济越闸；坝有中河头坝、中河二坝、中河三坝、头坝、二坝、三坝、四坝、佘家坝、济运坝、束清坝（康熙至乾隆三处）、束清坝（嘉庆时期）、束清二坝、御黄坝、御坝；堰有圈堰、临清堰；转水墩有康熙新大墩、乾隆新大墩、旧大墩。还有各种祭祀类、纪念类建筑物遗址遗迹。民间还保存有多种夯、硪、缆、纤等筑堤、行船工具，以及包括清代康熙、乾隆皇帝在内的巡河御碑等许多珍贵文物。相关遗产见表2-1。此外，还有丰富的非物质遗产，比如妈祖信仰、韩信传说、漂母传说、惠济祠庙会、治水之策（束水攻沙、蓄清刷黄、避黄引淮、灌塘济运）等。综上所述，清口文化遗产类型具有密集性、多样性、复杂性、典型性的特点，具有很高的技术含量和科学价值，凝聚了明清时期劳动人民的治水智慧，十分值得深入研究、保护和利用。

表2-1　　　　　　　　　　　　　清口水利枢纽典型水工遗产

类型		名称	遗产详情
河道	运河河道	中运河、里运河、盐河	将清口水利枢纽分为御黄部分、引淮部分、淮扬运河部分和中河部分等4个部分
	自然河道	黄河	形成了由缕堤、遥堤等共同组成的堤防体系
	人工河道	张福河引河、太平引河、三岔引河、塘河、新天然引河	
水源	池塘	泰山湖（七里闸旧河）	
水工设施	堤	中河北岸缕堤、中河南岸缕堤、黄河格堤、黄河北岸缕堤、黄河南岸缕堤、塘河左堤、塘河右堤、里运河内堤、里运河外堤、临湖堤、顺黄堤、顺水堤、临清堤、汰黄堤、临清束水堤、天妃坝石工堤	清口上下黄、淮、运流经的地方，两岸都有堤防存在，有的地方甚至是纤堤、缕堤、遥堤、月堤、格堤、汰黄堤等多道堤防并存，形成复杂的河水约束体系
	闸	福兴正闸、福兴越闸、通济正闸、通济越闸、惠济正闸、惠济越闸	码头三闸，清口最著名的闸，每闸又有正、越之分，所以，实为码头六闸。其中，惠济闸又称头闸、天妃闸，地处黄、淮、运交汇处的咽喉，艰阻异常，是大运河上最著名的石闸，清康熙、乾隆二帝每次南巡，都经过这里，数次驻跸于此
	坝	中河头坝、中河二坝、中河三坝、头坝、二坝、三坝、四坝、佘家坝、济运坝、束清坝（康熙至乾隆三处）、束清坝（嘉庆时期）、束清二坝、御黄坝、御坝	坝是建筑在河工险要处、截住河流或巩固堤防的构筑。清口地区黄、淮、运交汇，水流复杂，坝工建筑密集，种类繁多
	堰	圈堰、临清堰	最著名的是高家堰（现通称洪泽湖大堤）
	转水墩	康熙新大墩、乾隆新大墩、旧大墩	

类型		名称	遗产详情
相关遗存	建筑遗址	惠济祠(包括御制惠济祠碑)	始建于明正德三年(公元 1508 年)。清乾隆十六年(公元 1751 年)南巡,建行宫于祠左,因命重修惠济祠,仿内廷坛庙样式。碑刻为御制,乾隆帝亲笔撰写诗文
	碑刻	乾隆阅河诗碑	乾隆帝南巡时在淮阴视察高家堰治水工程时留下的御碑
	工具	多种夯、硪、缆、纤等筑堤、行船工具等	

3 清口文化遗产保护与利用存在的问题

3.1 价值认识不平衡

近年来,在各级部门和各界人士的共同努力下,大运河文化建设虽然取得了一定的成绩,但整体来看,从高层到基层对于大运河文化重视程度依然呈逐级递减现象,各级对于遗产保护与利用缺乏前瞻性、主动性,这是普遍存在的客观问题。清口文化遗产区主要涉及淮安市的淮阴区、清江浦区管辖的 8 镇(街道),由于地区发展定位不同,基层镇(街道)对清口的保护与利用的价值认识也不平衡。

3.2 发掘研究不够深入

因清口枢纽是大运河沿线上具有实用价值的水利、水运工程,是一个庞大完整的系统工程,所以,深入研究清口文化遗产需要投入大量的人力物力,更需要长时间、持续性研究。目前,对于清口文化遗产研究还停留在表面,研究专业人员水平整体不高,资金投入也很缺乏。

3.3 开发利用面临挑战

一方面,因清口文化遗址保护范围内遗存本体多,保护要求高,保护面积大(遗产保护面积为 24.35km²,二类建设地带为 25.87km²,总计 50.22km²)等限制条件,所以清口区域文化开发利用基本处于原始状态,闸、坝、堰、提防、转水墩、石刻、坛庙祠堂等遗产要素开发利用较少。另一方面,自咸丰五年(公元 1855 年),黄河北迁后,清口丧失水利、漕运枢纽地位已一个半世纪,经历人为破坏、风雨侵蚀,地面以上的原始遗址风貌已所剩无几,如何充分展示清口的原始风貌,并加以开发和利用是当前比较困难的课题。

3.4 公共宣传有待提升

从全国来看,大运河文化教育基础设施不足,向公众展示平台偏少,宣传方式单一,地方部门大多仅仅依靠每年"世界水日"和"中国水周"的宣传。公众对大运河文化遗产的认识不深,参与水文化的建设乏力,没能深入融入大运河文化价值理念与传递。清口文化遗产仅在 2014 年大运河申遗成功以后,其价值才被慢慢发掘,如何向公众通俗易懂地宣传复杂的清口文化遗产,亟须深入研究并有效解决。

4 清口文化遗产保护与利用的措施

4.1 充分认识大运河文化价值内涵

淮安地区水文史、水利史、水工研究之重要性自不待言,而且研究成果很丰富。必须以世界文化遗产的标准来重新认识大运河,从历史、文化、经济生态等方面重新审视清口水利枢纽所包含的重要文化的价值。一方面,各级政府要高度重视遗产、文化的保护与利用工作,特别要压实基层党委、政府的责任,进一步提高对清口文化价值的认识,充分发挥县、镇干部的积极主动性,投身到传承、保护、利用当中来。另一方面,将大运河文化建设内容摆在各级党委、政府的重要位置,清口文化遗产的保护应纳入淮安市的淮阴区、清江浦区管辖的8镇(街道)重要工作任务中,促使形成统筹力量、凝聚合力的工作格局。

4.2 有序开展专题研究

(1)开展基础理论研究

联合科研院所、相关高校、水利、文物部门围绕清口历史演变及各时期运行原理,深入开展现场调查研究,厘清清口枢纽工程系统细节,调度运行养护原理,河道管理机构与漕运管理机构两套管理机制,建立健全清口文化遗产档案。

(2)开展跨行业深入研究

以各类专家的跨界融合研究为手段,涵盖历史学、水利学、地理学、社会学等诸多领域,涉及水利文化、红色文化、战争文化等多种类型,组建由国家、省、市相关行业专家构成的专家委员会,开展清口专题研究和专项攻关,形成一批标志性研究成果和学术著作。

4.3 多举措开展保护利用

清口文化遗产数量丰富、类型多样、积淀深厚、价值突出,在科学保护的基础上,合理加以利用,是当前义不容辞的责任和使命。

(1)探索创建清口枢纽国家考古遗址公园

《大运河文化保护传承利用规划纲要》中,第四章《强化文化遗产保护传承》明确提出:"结合大运河考古研究,推动有条件地方开展大遗址保护和国家考古遗址公园建设。"国家考古遗址公园是在大遗址保护实践进程中出现的新生事物,是指以重要考古遗址及其背景环境为主体,具有历史文化意义及科研、教育、游憩等功能,在考古遗址保护和展示方面具有全国性示范意义的特定公共空间。无独有偶,在目前的国家考古遗址公园名单中,与大运河文化遗产相关的,有大运河南旺枢纽国家考古遗址公园。大运河南旺枢纽国家考古遗址公园位于山东省济宁市汶上县南旺镇,是以大运河南旺枢纽水利工程这一重要考古遗址及其背景环境为主体的国家级考古遗址公园。南旺枢纽和清口枢纽是世界文化遗产中国大运河的31个遗产区中,仅有的两个以"枢纽"名称命名的遗产区。二者同为明清时期的大型综合性水利枢纽,一个因解决大运河跨越"水脊"难题而出现,一个为解决大运河穿越黄河、淮河难题而形成,一北一南,遥相呼应,并列为中国大运河科技价值最高的两大枢纽工程。

此外,淮安于 2023 建设完成的板闸遗址公园是目前全国发现的唯一一座木板衬底的石闸遗存。板闸修建于明永乐年间,和清口开始形成的时间基本相同。建设板闸遗址公园过程中,主要对水闸本体的石材和木质底板进行保护,恢复了历史上板闸所在古河道的河道形状,以点带面地展示了场地内多样化的水文化遗产,这对于清口枢纽国家考古遗址公园的建设积累了丰富经验。综上所述,创建大运河清口枢纽国家考古遗址公园既有国家战略方针的背景支持,又有外地成功范例和本地经验的引领示范,更具自身独特的先天优势,是非常值得尝试和探索的,对保护传承利用好以清口枢纽为代表的运河文化遗产,丰富大运河国家文化公园内涵,保护与传承中国大运河文化而言是一次创新实践。

(2)推进大运河文化与乡村振兴发展融合

以大运河文化发展为重要抓手,科学打造优美的运河文化景观设计体系,对助力乡村振兴战略具有重要的意义。2022 年,淮安选取清口地区作为实施乡村振兴先导区,统筹考虑区位优势、产业基础、文化底蕴等因素,全力打造长三角北部绿色发展生态富民的乡村振兴"淮安样板"。先后编制完成《淮安市乡村振兴先导区"一环一带"景观与生态环境总体设计》《淮安市马头镇大小葫芦岛(清口)核心区环境整治概念规划》《老清口新天地产业发展规划》等规划,这些规划重点依托"清口"丰富的文化底蕴,在保护与传承的基础上,通过实施水美乡村、生态修复、产业植入等项目,学习运用"千万工程"经验,精心打造宜居宜业和美乡村片区建设,致力于将浓厚的清口文化价值转化为乡村振兴的"点金石"。将大运河文化建设与乡村振兴有机融合,一体推进,这是新时代推进水文化建设的初衷和要求,这也是传承和利用好清口文化遗产的目标。当前,乡村振兴先导区正在如火如荼地建设,预计到 2026 年,清口枢纽地区将建成约 30 个宜居宜业和美乡村。

(3)抓住大运河百里画廊建设契机

2021 年淮安市启动实施了淮安大运河百里画廊建设,这是淮安落实大运河文化带国家战略的重要抓手和具体实践。百里画廊建设东起淮安船闸,经里运河、京杭运河至清口(五河口),向南串联起二河、洪泽湖大堤、蒋坝、马坝、官滩,至老子山镇龟山村,沿水域长约 125km。其中,清口区域是百里画廊建设的重要节点,所以要以此为重要契机,立足清口枢纽重要遗产发掘展示,在已有调查研究的基础上,全面深入挖掘大运河清口枢纽遗址的历史价值、文化价值、科技价值,予以浓墨重彩地打造、展示。

(4)丰富清口文化展示体系

①文化与水利工程融合。如今清口水文化遗产区周围分布着以淮阴水利枢纽为主的众多现代水利工程,主要有淮阴闸、淮涟闸、淮阴船闸、复线船闸、盐河闸、盐河船闸、淮沭河船闸等 10 余座大中型工程。可充分依托已建或者将建水利工程,合理布置展示小品、展馆等,充分彰显清口丰富的文化内涵。

②以国家水情教育基地清晏园(河道总督署)、淮安漕运博物馆、板闸遗址公园和正在建设的淮安中国水工科技馆等为载体,定期举办以大运河、清口为主题,形式多样的展陈活动,全方位、多视角诠释清口文化、大运河文化丰富内涵、精神实质和时代价值。

4.4　积极引导公众参与

加强对大运河文化遗产的宣传,通过各种形式进入公众生活,既有助于保护传承,也为经济社会发展提供新的动能。

（1）注重媒体融合宣传

近年来，传统媒体和新兴媒体融合发展迅速、创新显著。要充分借助媒体融合形式讲好大运河、清口的动人故事，勾勒、传颂明清时期清口盛世的美好画卷。还可以利用大数据、云计算、人工智能等技术还原清口历史演变，通过互联网线上、线下方式，充分展现清口丰富内涵和文化底蕴。

（2）注重文化塑造

邀请国内知名文学家、艺术家、运河专家、水利专家等共同参与，把清口水文化融入文学、历史、美术、建筑设计等创作之中，使清口文化价值全面展现，通过戏曲、书法、音乐等群众喜闻乐见的形式，加大宣传力度。

（3）注重引导公众参与

以清口文化遗产保护为主题，定期开展主题征文、献言献策、群众看清口等活动，积极引导群众参与到水文化的建设中来，营造浓厚的全民参与氛围。

5　结语

清口文化遗产是大运河文化带上的一颗璀璨明珠，是大运河沿线最具科学价值节点之一。保护与利用清口文化遗产对传承弘扬大运河文化价值，探索推进大运河文化利用，提升大运河文化发展水平，助力乡村振兴建设以及促进地方经济社会发展具有重要意义。目前，清口文化遗产保护与利用任重道远，如何充分展示其重要价值的任务依然艰巨，如何处理大运河文化遗产"传承"与"利用"之间的关系依然处在实践阶段，需要不断地深化研究、总结创新。希望本文梳理的充分认识清口文化价值内涵、有序开展专题研究、多举措开展保护利用、积极引导公众4个方面的措施，对今后大运河文化遗产发掘、保护和利用具有一定的指导作用。

主要参考文献

[1] 潘光杰,刘连建,卫爱玲,等.淮安大运河水文化遗产保护与传承[J].江苏水利,2019(S1):81-84.

[2] 殷振兴.明清时期淮安清口水利治理初探——以顺黄坝为例[J].东南文化,2012(5):97-10.

[3] 徐业龙,奚敏.申遗背景下淮安运河文化遗产保护与利用研究[J].淮阴工学院学报,2011,20(06):6-11.

[4] 张廷皓.淮安地区京杭运河及相关水利遗产研究初探[J].中国文物报,2008(3):24-30.

[5] 李向向.浅析洪泽湖水文化发展格局[J].水文化,2023(8):30-32.

近年来江苏省淮安市水文化建设的实践与探索

王会莲

（淮安市水利工程建设管理服务中心，江苏淮安 223001）

摘 要：水是生命之源，万物之本，长江、黄河、淮河、大运河等见证了中华文化的起源、兴盛、交融，积累、传承，丰富了中华民族的集体记忆。悠久的人类文化宝库中，水文化是其中极具光辉的重要部分和珍贵财富。近年来，江苏省淮安市坚持以治水实践为核心，深入挖掘和积极弘扬水文化的丰富内涵和时代价值，提升水利工程的文化品位。本文介绍了淮安市水文化建设的主要做法，即以制度建设构筑水文化建设格局，以精品工程提升水文化建设品位，以特色融合打响水文化建设品牌，以期进一步传播弘扬淮安市水文化。

关键词：治淮文化；传承弘扬；特色品牌

1 引言

淮安，地处江苏省北部中心地域、淮河下游，境内八河汇聚、五湖镶嵌、水工建筑物密布，80％的国土面积位于洪泽湖设计洪水位以下，被称为"漂浮在水上的城市"。明清时期是全国漕运指挥、河道治理等五大中心，曾有"壮丽东南第一州""运河之都""淮上江南"等美誉，但也曾因黄河夺淮，饱受洪灾肆虐，成为著名的"洪水走廊"。淮安与水相生相伴，历尽沧桑，如今焕发生机，变成了良田万顷的鱼米之乡，留下了深刻的历史印记与悠久的治水文化。近年来，淮安市坚持以治水实践为核心，深入挖掘和积极弘扬水文化的丰富内涵和时代价值，提升水利工程的文化品位，加强水利遗产的保护和利用，加大水文化传播力度，不断增强全社会节水护水爱水的思想自觉和行动自觉，引导建立人水和谐的生产生活方式。

作为黄、淮、运交汇的唯一城市，淮安地理区位特殊、水工程门类齐全、水文化底蕴深厚，既是漕粮运输的关键枢纽、治运保漕的河工重地，也是南北交融的核心地带。特殊的地理位置和河湖特征，治河、保漕、导淮、济运等众多治理要求，使得其自明清以来即成为水利工程最为密集、类型最为丰富的地区，也是世界文化的重要遗产区、水利枢纽的集中汇聚地。淮安认真贯彻习近平生态文明思想，以水为脉、以绿为韵，从制度、规范、规划等顶层设计层面，全面探索实践"水利＋文化""水利＋旅游"等思维，为打造具有淮安特色的城市之美注入文化内涵。

作者简介：王会莲，E-mail：365496459@qq.com 。

1.1 健全完善制度

围绕淮安丰富的水文化遗产资源,市委、市政府在全省率先制定出台《淮安市文物保护条例》《淮安市非物质文化遗产保护实施办法》《淮安市大运河文化遗产保护条例》等政策法规,将文化遗产保护纳入国土空间规划体系,落实文物保护单位保护范围为禁建区、文物保护单位建设控制地带等相关要求,全面推动文化遗产保护制度化、法治化建设。

1.2 出台相关规划

淮安市委、市政府于2017年启动编制《生态文旅水城规划》,依托厚重的淮河与运河文化积淀,高起点定位,打造集红色教育、运河文化、淮扬美食、乡村休闲等特色资源于一体的城市名片。淮安市水利局委托河海大学编制了《淮安市"十二五"水文化建设与发展规划》,明确"一廊、两道、三带、四湿地、五湖、六同、七馆、八经典"的目标,谋篇布局全市水文化建设。

1.3 注重融合要素

新编或修编淮安水利工程建设和河湖治理建设等相关规划、规范时,淮安市水利部门明确要求将打造水工文化品牌、河湖滨水空间文化提升、水情教育基地建设等内容纳入其中,有序推进。

2 以精品工程提升水文化建设品位

淮安始终坚持对生态、文化理念的秉持,在水利工程建设中充分融入水文化、水景观元素,充分挖掘淮安运河文化、大湖文化和生态水城的丰富内涵,做到"建一处工程、成一道风景、美一方环境、传一段文化",不断彰显淮安自然生态之美、水韵人文之美、城乡宜居之美、绿色发展之美。

2.1 推进大运河"百里画廊"建设

淮安围绕大运河文化带建设战略,将绿、水、文等元素注入全域旅游发展的各环节,系统谋划推进了串联大运河、里运河和二河,环洪泽湖的大运河"百里画廊"建设。大运河"百里画廊"东起淮安船闸,经里运河、京杭大运河至五河口,沿二河、洪泽湖大堤、洪泽湖南岸、老子山镇,先后启动中国水工科技馆、板闸遗址公园等多项标志性建设项目;围绕"五园三带十点"大运河淮安段国家文化公园展示体系,推动清口枢纽、洪泽湖大堤、清江大闸等五个核心展示园及里运河、高家堰、通济渠淮河口三个集中展示带建设,聚焦钵池山公园、明祖陵等十个特色展示点提档升级,串联起大运河淮安段的全新景观,为古老运河重新注入新的时代气息,构建"城水相依、组团相间、生态相连"的城市格局。

2.2 实施水文化精品工程

淮安市水利部门坚持把水文化建设作为水利建设的重点,力求把更多的工程建成精品,让更多的项目成为风景。总投资1.03亿元的北门桥控制工程采用闸、桥、亭、馆及文保为一体的高度集成布置方案,形成桥梁与水闸结合、古典与现代辉映、工程与文保交融的多元融合建筑风格。工程设计荣获全国优秀水利水电工程勘测设计银奖。建成后的北门桥具有"控水位、保水畅、促水活、造水景"等功能,桥上桥下闸桥亭台、楹联匾额、石栏碑廊、梅兰竹菊,立体布局,相得益彰,在城市建设、生态环境、交通航运、人文休闲、文物保护等方面,充分发挥出综合的社会效益。

2.3　推动水利工程遗产管理和保护

淮安切实将文化遗产保护传承作为城市发展的重要内容,建立市文物保护和考古研究所,承担全市地下(水下)文物考古调查、勘探、发掘工作,开展地域文明、运河文化的挖掘与研究,先后制定了《板闸遗址保护展示方案》等 60 余项专项方案,成功推荐清口水利枢纽遗址、板闸遗址等文化遗产保护项目,淮安运河博物馆、大运河水工科技馆等博物馆体系建设,列入国家、省市大运河文化带建设规划。创新搭建非遗传承载体平台,成功举办四届中国(淮安)大运河文化带城市非遗展。

2.4　开展水利风景区建设

坚持以水为主体,以水文化为主题,以水域(水体)和水利工程为依托,充分挖掘景区内蕴含的自然和人文资源,通过点、线、面相结合持续加速水利风景区布局,初步形成独具特色的"水韵淮安"景区品牌。创成省级以上水利风景区 16 家,其中国家级水利风景区 10 家,总数均列全省首位。2016年,清晏园、樱花园在全国水利风景区博览会中荣获最美景区称号;2017 年,清晏园、洪泽湖大堤等入选江苏省首届"最美水地标"。

3　以特色融合打响水文化建设品牌

坚持依托各类载体建设水情教育基地,创新媒体宣传,App、公众号等广泛运用,网络、电视、广播、新闻出版和教育等媒介共同发力,多层次、多形式、全方位打响淮安独特水文化品牌。

3.1　开展丰富水文化活动

紧紧围绕水文化建设、水历史挖掘、水景观打造等,成立淮安水文化研究会,连续 12 年举办淮安水文化周、樱花节等活动,举办文化体育运动会、设计淮安水利标识、编写淮安水文化读本、保护非物质水文化遗产、拍摄水利系列专题片、创办淮安水行业刊物、举办水文化高层论坛,出版水利读物,拍摄水利专题片,创造了一批水文化产品和具有水文化丰厚内涵的水利精品工程。

3.2　推进水情教育基地建设

高度重视和加强水情教育,深入挖掘水利文化资源,强化水文化宣传、教育、科研、信息化等功能,着力打造水利文化宣教平台,拥有省级以上水情教育基地 4 家、省市级节水型载体 852 个,清晏园、樱花园分别创成全国、全省首批水情教育基地,社会公众对该市水情、水利的认知度不断提高,全民水安全、水忧患、水道德意识不断增强。

3.3　营造浓厚水文化氛围

坚持与行业内外主流媒体合作,联办"聚焦水利""水利淮安"等系列专版,使社会各界进一步了解水文化、关心水文化、支持水文化。推进集水景、水工程展示、水文化宣传、水知识普及等功能于一体的相关展馆建设,创新做活治水史实、诗词歌赋、神话传说等一批水文化文艺作品,加快推动水文化的普及和研究运用。在原有河道总督署(清晏园)、漕运博物馆、樱花园水利科普馆、淮安水文化博物馆、淮水安澜展示馆、淮河文化博物馆、洪泽湖博物馆等特色展馆的基础上,重点推进古清口枢纽建设,加快建设集科普、展示、体验、教育、交流等功能于一体的中国水工科技馆,提升改造河道总督署(清晏园)。开展淮安运河史、漕运史等课题研究,举办"运河情缘·工致当代"工笔画作品展,创作展演《大运河畔淮水谣》等一批运河主题文艺作品。优化设计淮安西游文化、运河文化等文化旅游线路产品。举办"行走千年古堤、感受遗产魅力"等活动,扩大淮安文化遗产的影响力。编辑出版《运河故事》等系列丛书,编印《淮阴水利志》《淮安水利博览》《淮安水情教育读本》《淮安市水文化遗产名录》《北门桥》《淮安水故事》《驻淮河漕总督要览》《郭大昌》等水文化相关专著,获各界好评。一个个文化符号、一则则古老传说,完美勾勒出淮安底蕴深厚的水文化内涵。

4 结语

当前和今后一个时期,水利高质量发展进入关键阶段。大力推进水文化建设,是促进水利事业更好发展的战略举措,是满足群众精神文化需求的客观需要。淮安将按照水文化建设有关部署,不断丰富新时期水文化内涵、大力提升水工程与水的文化品位、加强水文化整理研究开发利用、加强水文化普及教育、加强水文化传播、增进水文化交流,以水文化建设先进成果推进水利事业更好发展。

主要参考文献

[1] 张劲松.江苏水文化丛书[M].南京:河海大学出版社,2023.

[2] 尉天骄,郑大俊.100 篇咏水诗文[M].南京:河海大学出版社,2009.

[3] 陶珊.铸梦长淮下[M].南京:江苏凤凰文艺出版社,2021.

关于淮河入海水道二期工程征迁安置工作的认识与思考

张双林[1]　付顺雁[2]　余　雨[3]　陈　松[2]

（1. 淮安市淮泗涵闸管理所，江苏淮安　223342；

2. 淮安市水利工程建设管理服务中心，江苏淮安　223021；

3. 淮安市清晏园，江苏淮安　223022）

摘　要：淮河入海水道二期工程征地移民项目投资巨大、涉及面广，矛盾复杂多样，与人民群众切身利益和地区经济社会发展密切相关。征迁安置是淮河入海水道二期工程建设的前提和关键，高质量完成征迁安置工作是工程如期建设完毕并投入使用的必要条件。通过分析淮河入海水道二期工程（淮安段）征地移民实践，就政府组织领导、设计深度、工程影响、移民安置、群众信访等在征地移民实施过程中产生的问题和矛盾进行了梳理、分析，对有关征地安置问题和矛盾的解决办法进行了探讨，为今后大型水利工程征地移民实施和决策提供借鉴和参考。

关键词：淮河入海水道二期工程；征迁安置；问题；淮安市

1　项目概况

淮河入海水道二期工程是国家进一步治理淮河 38 项骨干工程之一，也是国务院确定的 172 项节水供水重大水利工程“十大标志性”项目。2020 年 7 月 8 日，国务院常务会议将其列为国家 2020—2022 年再开工建设的 150 项重大水利工程。二期工程是在一期工程的基础上，通过拓宽挖深河道、加高培厚堤防等工程措施，将设计行洪流量由 2270m³/s 提高到 7000m³/s，设计防洪标准由 100 年一遇提高到 300 年一遇。国家发展和改革委员会于 2022 年 7 月 22 日批复工程可研，总投资 438 亿元，计划工期 84 个月（7 年）。2023 年 5 月，淮河入海水道二期工程经江苏省发展和改革委员会以苏发改农经发〔2023〕578 号文批复工程概算总投资 439.85 亿元，其中淮安境内投资 185.75 亿元（含二河枢纽 13.16 亿元和淮安枢纽 19.26 亿元）。淮河入海水道二期工程淮安市境内河道扩挖总长 68.7km，加固河道两侧堤防 126.21km，扩建二河和淮安枢纽建筑物，使其达到 7000m³/s 的设计规模，对沿线 15 座穿堤建筑物工程、12 座跨河桥梁、1 座北堤交通桥、10 座穿堤排涝泵站进行新（扩）、拆建及加固接长。工程征地移民涉及淮安区、洪泽区、清江浦区、工业园区，项目投资 76.58 亿元，主要征迁工作量包括征迁永久占地 40208 亩、临时占地 26.81km²，搬迁居民 1604 户 6929 人，拆

作者简介：张双林，男，工程师，主要从事水利工程建设与运行管理工作，E-mail：76033813@qq.com。

迁各类房屋共 30.7 万 m²、企事业及农副业共 50 家,迁建 10kV 以上高等级电力线路 99.4km、各通信线路 416.1km、涵洞 980 座、闸 19 座,各类道路 24.0 万 m² 等。

2 淮河入海水道二期工程征迁安置工作的难点和问题

2.1 设计占地红线引发的问题

工程永久征地红线是初设阶段调查和编制概算的重要支撑,更是确定征迁安置补偿方案的重要依据,征地红线的划定对缴纳征地预存款具有重要影响,因此征地红线的确定极为关键。征地红线的划定受多因素影响:

①主要建筑物位置及规模的变化、工程设计不断优化及施工方案调整等原因,会造成征地红线的优化调整,征地红线的变更会导致征地移民产生新的矛盾。

②由于历史和调查深度的原因,在国土部门二次土地调查及土地确权中,部分土地边界纠纷一直未能得到很好的解决,给设计和勘测定界单位确定征地红线造成了一定程度的困难。

③设计单位与勘测定界单位未对征地红线的确定进行充分沟通,有可能对征地预存款的缴纳造成影响(占用的临时水面划入征地红线范围,需缴纳征地预存款,对财政资金造成压力),影响用地组卷报批工作。

2.2 征地补偿发放标准不一易引发矛盾

各级政府对工程建设征地移民出台了相关补偿标准,但兑付比例由村集体决定,导致各村之间的补偿差异明显,极易给征地移民工作带来较大矛盾和阻力。以淮安市淮河入海水道二期工程为例,《市政府关于公布淮安市所辖各县区征地区片综合地价执行标准的通知》(淮政发〔2020〕15 号)文件规定,清江浦区、淮安工业园区境内土地补偿费标准均为 23500 元/亩。同时,《江苏省土地管理实施条例》第四十五条的规定:"土地补偿费归被征地的农村集体经济组织所有""农村集体经济组织应当在收到后十个工作日内将不少于百分之七十的土地补偿费支付给被征地农民"。兑付比例差距最高可达 30%。

2.3 第三方服务质量影响组卷报批进度

用地报批服务单位在征地红线确认、土地分类、征地组卷及配合实物调查工作中起着至关重要的作用。在勘测定界过程中,工程设计、移民设计、监理评估单位与地方政府的相互配合程度,直接影响到征地移民调查质量和工作进程。在征地移民实施过程中发现的争议地、边角地、夹缝地、建筑物占地、鱼塘池塘影响等问题,是否能及时解决,关键在于各方经验和现场配合程度。用地报批服务单位与各级资规、水利部门的沟通能力及业务熟练程度,会影响到征地组卷的进度。

2.4 工程建设影响农田水利灌排

大型水利工程建设项目尤其是河渠类线型工程,一般都会涉及征用周边农田,对占用地区域灌排系统产生影响,工程施工时调度河开挖会对周边农田的小水系产生极大影响,不利于农业生产灌排,施工降水时也会对周边灌排产生影响。

3　推进征迁安置难点的相关对策和建议

3.1　提前谋划,优化红线划定

在征地移民实施各个阶段的前期,征地移民的管理者、组织者和中标的第三方服务机构应该提早介入,共同探索、沟通、协调解决即将面临的各种征迁难题,特别是征地红线的确定。早介入、早分析、早研究,对红线的划定开展科学全面的风险评估,反复研究论证红线划定的合理性与可行性,确保后期用地报批组卷工作开展时能够顺利进行,防止红线调整,造成相关工作返工,导致征地手续办理滞后。

3.2　加强业务培训,统一补偿标准

大型河道水利工程沿线各地经济发展不平衡特征极为明显,征迁政策需要具有一定的强制性和指导性,由于征迁组织者的素质和对政策的认知水平不同,尤其是不同的村集体之间对政策的理解不一致,如何保证政策贯彻到位,在补偿方面做到同一标准,在征地移民各个阶段,上级主管部门应及时组织征迁政策及业务培训,征地移民培训内容应包括征迁政策、征迁程序、实施方案编制、临时用地复垦、勘测定界与实物调查、专项迁建、各阶段验收与资金管理等多方面。各乡镇、街村应保持密切沟通,在征地补偿标准上保持统一,共同推进征迁工作实施。

只有通过各级主管部门层层培训,建立起一支懂政策、业务素质高、能打胜仗的征地移民队伍,在全市范围内统一补偿标准,才能把政策落到实处,才能让被征地群众满意,确保征地移民工作的顺利推进和社会和谐稳定。

3.3　多措并举,提升第三方服务质量

为切实做好征迁保障工作,县级政府作为国家规定的重要责任主体,应切实履职征迁安置职责,主管部门应配合政府部门推进具体工作,建立健全征地移民管理体制和良好的沟通协调机制。在第三方服务方面,要严格做好招标工作,类似淮河入海水道二期工程这种大型水利工程,在招标时应对投标单位的资质进行严格审查,有力保障第三方服务机构的服务质量。在征迁工作开展过程中,应对照招投标文件,对第三方服务机构的到岗人数、工作情况等方面进行督查,确保第三方服务机构在推进征迁安置工作上充分发挥作用。

3.4　重视工程建设对农田的排灌影响

土地是百姓赖以生存的基础,灌排设施是农业增产增效的重要保障,一方面需要采取技术措施对影响区的灌排系统进行修复完善或建设替代工程,另一方面需在施工期对影响范围内造成的损失给予一定的经济补偿和短期灌排援助。在征地移民初设、技施阶段的实物调查中对灌排的影响应高度关注,即使初设阶段有所漏项也要在技施阶段或实施中给予充分考虑。

4 推进征迁安置工作的启示

4.1 准确把握征迁时机

法律法规与政府政策具有一定的滞后性,会不断更新、完善和优化,以适应社会经济的发展和进步,其变化将对工程征迁安置工作产生较大影响。因此,把握好法规政策和征迁时机是推进征地安置工作顺利开展的重要保障。例如,淮安市淮河入海水道二期工程各区兑付的征地拆迁地面附着物和青苗均是按照《市政府关于调整征地补偿标准的通知》(淮政发〔2011〕104 号)执行,但近期淮安市在准备《关于调整征地涉及的地上附着物和青苗等补偿标准的通知》,补偿标准有较大提升,这将对征迁安置工作造成影响,这就需要负责征迁的主管部门提前准备,及时把握政策信息变化,超前准备征迁安置各项工作。

4.2 强化征迁责任意识和建立沟通协调机制

为切实做好大型水利工程征迁安置工作,县级人民政府应当按照相关规定履行好主体责任,主管部门与项目法人要大力支持和配合县级人民政府开展相关工作,建立健全征迁安置管理体制和有效的沟通协调机制。江苏省为做好大型水利工程的征迁安置工作,省、市人民政府成立建设领导小组,明确县级人民政府的主体责任及各级相关部门的具体职责,通过会议、督查等多种方式,及时进行沟通和协调,有效解决了各类征迁问题与矛盾,保障了淮河入海水道二期工程建设的顺利推进,取得了显著效果。

4.3 做好征迁安置信访工作,确保社会稳定

征迁安置工作推进难度大,任务重,情况复杂,涉及社会公众的切身利益。在大型水利工程征迁安置过程中极易出现各类矛盾纠纷和问题,为此,需要各级人民政府和征迁责任单位的高度重视。

①树立"预防为主"的工作理念,在成立征迁安置工作指挥部门之初,就需要专门设立信访维稳工作组,及时掌握有倾向性的信息,做到预防、预知。

②强化宣传,正面引导,通过和群众面对面交谈、心贴心交流,及时全面准确地将入海水道二期工程的重大意义及占地征收的有关法律法规、政策及补偿标准宣传到户,消除群众的疑虑。

③排查、梳理不稳定因素,耐心做好政策解释和疏导教育稳控,最大限度地把各种不稳定因素消除在基层和萌芽状态,密切关注重点人群动态。

主要参考文献

[1] 张西陆,任泽俭,阮同华.大型水利水电工程征地移民实施相关问题探讨[J].水利技术监督,2021(2):49-51+137.

[2] 高勇,朱卫彬,韩康,等.流域性河道整治工程征地移民实践及启示——以淮河入江水道整治淮安市境内工程为例[J].水利发展研究,2019,19(7):45-48.

长江流域水利稽察"回头看"典型问题分析与研究

夏志海 任化准

(长江水利委员会河湖保护与建设运行安全中心,湖北武汉 430010)

摘 要:以长江水利委员会2023年度对长江流域部本级稽察部分项目发现问题整改情况"回头看"形成的成果为基础,对未整改到位和新发现的问题进行系统、全面地归纳分析和研究。首先以《水利建设项目稽察常见问题清单(2023版)》为基础,对2023年未整改到位和新发现问题逐个梳理,形成《2023年水利稽察"回头看"情况统计表》。再采用数理统计的方法,系统梳理总结出未整改到位和"回头看"新发现的典型共性问题,进一步分析问题难以解决的深层次原因,并从完善中小型水利工程设计事中事后监管、新型建管模式标准制定、集中建管模式探索、拓宽投融资渠道、推进诚信建设、优化质量评定标准、巩固稽察和质量监督体制等方面提出了针对性的措施,对今后规范水利建设行为和完善行业监管机制具有一定的借鉴意义。

关键词:中小型水利工程;稽察回头看;统计分析;原因分析;对策措施

1 引言

党中央、国务院历来重视水利工作,习近平总书记多次主持召开会议研究水利工作,李强总理多次专题研究或批示解决水利重大问题。面对近些年水旱灾害频发、城市防洪短板凸显、水资源空间配置不均衡等特点,党的二十大报告和《国家水网建设规划纲要》对水利基础设施提出明确要求,水利工程建设投资逐年增大。2023年完成水利建设投资11996亿元,在2022年首次迈上万亿元大台阶的基础上,再创历史最高纪录。高强度的投资、繁重的建设任务、高风险的施工条件,对水行政主管部门通过有效监督检查手段保证水利建设工程顺利实施提出更高要求。

水利工程稽察是水利行业监督的重要手段,工作范围涵盖水利工程建设管理的全过程,为加强国家水利建设投资管理,提高建设资金使用效益,确保工程质量发挥了重要作用。流域机构作为部、流域、省三级联动的稽察工作体系之一,是开展流域稽察工作主力军,近些年水利部主要是以委托流域机构开展稽察"回头看"工作为主,对水利部上一年度稽察发现问题整改情况进行复核,形成一定成果。但这些成果仅聚焦于发现问题整改情况为主,缺乏对问题未整改情况进行归纳和深层次分

作者简介:夏志海,男,高级工程师,主要从事水利工程建设项目稽察、水利工程安全监督的研究工作,E-mail:812239777@qq.com。

析,无法对流域内行业管理和政策制定提供相应的工作依据。

因此,有必要以近些年稽察"回头看"成果为基础,进行深入统计分析和系统归纳,发现稽察发现问题整改不到位的典型问题,分析深层次原因,研究提出相应对策建议,为进一步规范水利建设行为,促进建设项目实施,健全水利建设监督机制,提供参考依据和决策支撑。

自 2016 年水利部印发《进一步加强流域机构和地方水利稽察工作的通知》以来,受水利部委托,长江委每年开展 4 批次左右的稽察工作。2020 年以后,为加大稽察发现问题整改力度,水利部委托流域机构开展的稽察工作任务从对地方水利工程建设项目稽察为主逐渐转变为以部本级稽察项目发现问题整改情况"回头看"为主。2020—2023 年,根据水利部委托,长江水利委员会共安排 17 个批次,对 23 个省(自治区、直辖市)、69 个水利工程建设项目、1744 个问题进行了"回头看"。其中 2023 年水利部将稽察发现问题的整改落实情况提高到新的高度,各流域机构根据上级要求加大了稽察"回头看"工作力度,长江水利委员会 2023 年共安排 5 个批次,共派出稽察组 10 个、80 人次,对 7 个省(自治区、直辖市)、23 个水利工程项目、530 个问题进行了"回头看"。涉及大中型水库除险加固和中小河流治理两个类型的项目。

2023 年经长江委稽察"回头看"核实,已整改 500 个,正在整改 27 个,未整改 3 个,总体整改率为 94.34%。此外,新发现问题 40 个。27 个正在整改问题主要集中在资金筹集不及时与使用不规范、工程建设进度滞后、设计不满足规范要求、水环保措施未同步实施等方面。3 个未整改问题主要是征地拆迁超概算未报批、旁站监理值班记录内容不完整、勘察设计和监理费财政评审不合规等方面。40 个新发现问题主要集中在工程设计不满足规范要求、工程建设进度滞后、会计基础工作不规范、工程实体质量不满足设计或规范要求、工程质量检验验收或评定不规范等方面。

2 未整改到位典型问题及原因分析

从 2023 年度稽察"回头看"统计情况来看,长江委负责的 7 个省(自治区、直辖市)、23 个水库除险加固和中小河流治理项目正在整改和未整改的 30 个问题主要集中在 3 个方面。

2.1 工程建设进度滞后

C 省、J 省、G 省、H 省等地 4 个项目去年水利部稽察发现的"工程建设进度滞后"问题依然未整改到位,同时"回头看"新发现 S 省、H 省、N 省、J 省、C 省 5 个省(直辖市)其他 7 个项目同样出现此类问题。表明工程建设进度滞后问题在大中型水库除险加固和中小河流治理项目比较普遍,且难以整改。究其原因主要是以下几个方面。

(1)地方资金筹集和拨付不及时

近年来,受疫情和经济影响,地方财政收入不足,同时中小型公益性水利建设项目投融资渠道狭窄,因此地方政府配套资金筹集难度较大。此外,部分中西部省份贫困地区依然延续特殊时期采取的"中央资金整合使用"政策,将水利工程建设资金统筹到县级财政集中管理,导致工程建设资金拨付不及时。

(2)基层项目法人和监理单位对工程进度控制能力不足

目前基层项目法人与中小型工程监理单位人员素质和力量配置难以满足工程建设需求,往往在招投标、合同签订和征地移民等过程中用时过长,影响工程整体进度。发生较大设计变更或外部环境因素变化时,中小型水利工程监理单位也不能及时督促调整,指导制定符合实际的赶工措施。

（3）对投资计划执行的约束奖惩机制尚不完善

目前项目法人在签订的施工合同和监理合同中往往缺乏工程进度滞后的处罚机制,施工单位往往借助客观因素影响,要求增加工程投资以弥补赶工产生的成本。同时,地方水行政主管部门普遍未对本地区项目建设进度进行有效跟踪监督,建立起省、市级投资落实情况追责问责、奖励机制。

2.2　资金筹集、支付不规范

H省、C省、J省、N省等地8个项目的"资金筹集、支付不规范"类问题依然整改不到位。资金类问题也一直是水库除险加固和中小河流治理项目的顽疾性问题,究其原因主要是以下几个方面。

（1）中小型公益性水利建设项目投融资渠道狭窄

通过稽察"回头看"发现,各类水库除险加固、中小河流治理项目地方配套资金主要依靠市、县成立各类政府投融资平台借贷融资解决。但中小型水利工程规模较小、公益属性明显、财务收益率低、回报周期长,难以吸引社会资本参与建设,相较于大中型项目在地方专项债券、中长期金融信贷、水利不动产信托基金、水价改革等方面也缺乏政策引导,融资渠道狭窄,地方配套资金难以落实。

（2）中小型工程未严格落实建设资金"专款专用"要求

部分中西部省份贫困地区依然延续了脱贫攻坚和疫情防控时期采取的"中央资金整合使用"特殊政策,将各类建设资金统筹到县级财政管理,导致水利工程建设资金被其他项目挤占,拨付不及时,影响进度款支付,尤其是中小河流治理项目。

（3）未严格执行配套资金奖惩机制

各级水行政主管部门具体执行《关于切实加强水利资金使用监督管理的意见》过程中往往忽视落实地方配套的奖惩职责,导致地方政府重视项目的落地,而忽视地方资金的配套,以超地方财政能力方式作出承诺承揽中央投资项目成为普遍现象,严重影响工程的实施、效益和质量安全。

2.3　设计类问题整改率不高

J省、S省、C省、X省等地6个项目7个"设计质量和设计变更"类问题依然整改不到位,占未整改到位问题总数的23.33%,表明设计类问题整改是水库除险加固和中小河流治理类项目的难点,究其原因主要是以下几个方面。

（1）中小型工程勘察设计单位对问题整改责任心不强

由于该类工程勘察设计合同额普遍不高,勘察设计人员基本也不驻点服务,稽察时部分项目已基本完工,因此相关勘察设计单位都是在稽察"回头看"出发前或过程中临时补充相关计算书、设计变更报告或批复文件,导致整改的质量不高、措施不满足规范要求或无法及时完成相应变更手续,存在一定侥幸和逃避心理。

（2）对设计类问题整改措施审核把关不严

由于设计类问题具有一定的专业性,地方各级水行政主管部门精力有限,对设计单位上报的整改措施和附件资料未仔细审核把关,只要提交整改措施基本认同为已整改,导致部分设计问题仅是形式上整改,实际与专家提出的问题或者规范要求存在出入。

(3)前期工作涉及多家单位,整改协调难度较大

稽察"回头看"发现部分水库除险加固类项目安全评价鉴定、初步设计和施工图设计均由不同的单位负责,一个设计问题的整改往往牵涉多家单位,实际整改过程中项目法人和监理单位也不注重多方协调,交由施工图设计单位自行决定,导致问题无法及时整改到位

3 新发现典型问题及原因分析

2023年长江委稽察"回头看"的7个省(自治区、直辖市)、23个大中型水库除险加固和中小河流治理项目共发现新问题40个,主要集中在以下几个方面。

3.1 工程设计不满足规范要求

G省、S省、J省3省共发现7个"工程设计不满足规范要求"类问题,占新发现问题总数的17.5%。表明设计质量类问题在水库除险加固和中小河流治理项目中比较突出,究其原因主要是以下几个方面。

(1)中小型工程配置的设计人员能力和经验不足

地方中小型设计院虽然是水库除险加固、中小河流治理类项目勘测设计主力,但近年来由于水利投资逐年大幅度增加,无法配置经验丰富的技术力量,现场设计负责人年轻化趋势明显,原有的师徒传承、指导帮扶机制在市场机制下逐渐弱化,导致勘测设计成果质量不高或深度不足,容易出现明显缺陷或错误。如S省3个除险加固项目均出现大坝坡面、边坡排水沟与坝脚堆石体排水沟连通的设计。

(2)勘测设计单位质量内控机制普遍落实不到位

受到工程设计任务繁重和设计周期普遍不足等因素影响,设计单元原有的设计质量内部控制机制基本失效,审查、校核过程流于形式,设计质量基本由各工程现场设计人员自行把控,导致设计文件存在明显错误而无法及时发现并纠正。

(3)中小型工程初设审查"宽、松、软"现象凸显

稽察"回头看"发现,部分未整改到位和新发现设计类问题是一些较为明显的基础性和原则性错误,如护岸高度低于设计洪水标准、初设报告中溢洪道宽度不符合现场实际、闸墩牛腿未进行受拉区计算等。初步设计审查时并未及时发现并纠正,依然审查批准通过。

(4)中小型工程设计质量事中事后监管机制尚不完善

省、市、县三级水行政主管部门针对中小型工程的设计质量尚未形成常态化监督检查机制,检查成果也未与信用约束机制有效衔接,对设计质量的事中事后监管机制尚不完善。

3.2 质量检验、评定或验收不规范

J省、N省、S省、X省、C省4省(自治区、直辖市)共发现"质量检验、评定或验收不规范"类问题

9个,占新发现问题总数的22.5%。表明中小型工程的质量检验、评定与验收工作存在较大缺陷,究其原因主要是以下几个方面。

(1)中小型工程单元工程质量评定验收资料与现场脱节

从稽察"回头看"情况来看,单元工程质量评定验收资料中数据的缺失、错漏、造假情况非常普遍,而单元工程评定验收资料是以施工单位"三检制"资料为基础的,表明中小型工程施工"三检制"要求基本无法落实到位。现场施工一拨人,评定资料填写另外一拨人,出现的问题较多。

(2)中小型工程监理单位中标费用偏低,影响履职

受地方财政收入不足和地方配套压力影响,部分中西部地区财政管理部门倾向使用财政评审方式对初设批复的监理费用和设计费用进行大幅度核减,以节约工程投资。因此中小型工程现场配置监理人员普遍能力不足,对施工单位上报的质量评定验收资料抽检和复核流于形式,现场质量控制形同虚设。

(3)基层工程质量监督机构履职能力不足

近年来水利工程投资逐年增大,地方承担的大中型水利工程建设任务也逐渐增多,因此在水库除险加固、中小河流治理项目中配置的质量监督力量不足,基层质量监督能力与投资规模出现错配现象,无法对工程质量评定验收资料进行认真核备,难以定期开展质量监督抽查,不能满足质量监督全覆盖的基本原则。

3.3　新型建管模式带来的新挑战和不足

部分水库除险加固、中小河流治理项目采用了工程总承包(EPC)、项目管理总承包(PMC)等新型建管模式,在工程建设过程中出现了一些新的挑战和不足,导致设计、质量等方面问题频发。主要表现在以下几个方面。

(1)工程总承包(EPC)建管模式存在滥用"优化设计"的倾向

因为EPC模式大多采用固定总价包干合同,受基层项目法人技术力量薄弱、联合体施工方追求利润、联合体设计方建管经验不足等多种因素影响,设计单位往往主动或被动以"优化设计"的名义进行大量设计变更,核减或调整部分工程建设项目和工程量,提高工程建设资金结余,部分变更甚至影响工程结构安全。

(2)中小型工程项目管理总承包(PMC)单位普遍履职能力不足

由于中小型工程投资额度不大、建设管理费用不高,同时全国高水平工程建设全过程咨询企业数量偏少,因此基层项目难以聘用到专业的项目管理承包单位,当工程建设出现设计、质量方面问题,技术服务单位无法及时采取针对性的管理措施或提出有效的改进建议。

4　相关对策和建议

水利工程建设领域目前存在的现象和问题,追根溯源既有历史遗留、经济发展新形势的原因,又有监管不到位、建管体系不健全和专业技术力量培育不足等方面的原因,为了进一步保障水库除险加固、中小河流治理等建设项目顺利实施,提高工程质量,尽早发挥投资效益,逐步完善稽察工作机

制,建议从以下几个方面采取改进措施。

4.1 进一步完善设计质量事中事后监管机制

从稽察"回头看"情况看,中小型水利工程初设审查不严现象较为普遍,甚至一些基础性、原则性问题也未被审查发现,极大地影响了初设审查的严肃性和权威性,有必要对技术审查单位的失误范围和认定标准进一步完善,出现基础性、原则性或涉及结构安全性的问题,对技术审查单位可直接采取警示约谈和通报批评等追责问责措施,遏制初设审查"宽、松、软"现象蔓延。此外,积极推动省、市、县等地方水行政主管部门就中小型工程设计质量开展专项监督检查,同时将水利行业大量巡察、稽察、飞检等监督检查活动发现的设计问题运用到设计质量事中事后监管中,以此为依据对勘测设计单位进行追责问责,同时运用到水利建设信用信息平台和勘察设计资质审查过程中,弥补当前设计质量专项监督检查范围、频次的不足。

4.2 推动新型建设模式管理办法和标准的制定

针对新型建管模式在工程建设实践中暴露的风险和不足,结合水利行业实际,及时制定出台相关的管理办法和标准,补齐相关漏洞,发挥模式优势。如针对PPP模式,应对中小型工程制定针对性的具体操作指南,在规范或标准中明确适用PPP模式的水利工程范围和类型,对社会资本方的投资能力、管理经验、专业水平、融资实力和信用评价提出指标性要求,对以组建联合体方式规避招标和不按时注资等行为明确认定标准和追责问责办法,避免出现"虚假论证"和"捆绑销售"的情况。针对PMC模式,制定行业内项目管理承包操作指南、标准招标文件或合同示范文本,明确项目承包的范围、双方职责、权限及需要承担的风险,此外制定规范性文件以规范PMC模式下二次招标结余的行为,遏制该模式下"低价中标""招标大量结余"的现象,间接影响工程质量。针对EPC模式,制定相关标准、规范,强化项目法人在该模式下的投资控制参与度,对设计单位在工程建设中的建设管理职能发挥和主导作用提出明确要求,对以"设计优化"名义掩盖偏离初步设计,实现"报大建小"目的的行为,提出明确认定标准和追责问责措施。

4.3 积极探索中小型工程集中建管模式

积极推行基层项目法人集中建管模式,尤其是中小型工程比较集中的地区,以行政区域为单元组建专业化项目法人,集中统一管理本级组织实施的公益性水利工程,稳定管理人才队伍,积累工程建设经验,提高项目法人专业化水平。此外,应考虑出台相关规范或标准,推动将投资规模较小、工程建设地点分散、建设工期集中的工程通过打捆招标的形式,集中委托给一家监理单位、施工单位,提高参建单位人员、设备、技术力量的投入。

4.4 积极拓宽中小型工程投融资渠道

指导地方政府考虑抓住政策机遇,出台地方《专项债券发行操作指南》,优选部分预期收入能力强、符合相关条件水利项目积极利用专项债券作为资本金,撬动更多市场化融资服务。在中小型工程采用集中建管的模式下,通过注入资本金、划入优质资产、强化市场运行等方式,支持市县水利投资公司做大做强,扩大股权和债券融资规模,充分发挥其投融资主体作用。

4.5 利用市场手段促进建设市场主体完善内控机制

进一步深化研究衔接办法,将各类考核、巡察、稽察、暗访、飞检等监督检查成果与信用信息平台有效连接、互联互通、及时共享。其次完善信用评价体系,科学有效地评定水利建设市场主体信用等级,通过国家市场监督管理总局、水利部、住建部等部委网站、微信平台联合发布失信企业和个人信息。此外,研究信用评价与资质审核、市场融资、招投标领域的联动机制,通过诚信建设,依据"守信激励、失信惩戒"的原则促进企业加强自身内控机制建设,提供高质量的设计服务、技术报告和建设管理咨询服务,通过市场手段将行业监管要求潜移默化为工程建设单位的内部动作。

4.6 酌情优化中小型工程质量评定标准

从稽察"回头看"情况看,中小型工程单元工程评定资料不真实、现场与资料脱节现象非常普遍,有必要抓紧开展相关调研工作,重新审视中小型工程各种质量评定资料的必要性,削减"表里不一"的资料数量,简化中小型工程质量评定资料要求,研究使用声像资料代替纸质资料的可能性,避免质检记录与工程实体脱节情况。

4.7 进一步深化巩固稽察和质量监督工作体制机制

定期对稽察问题清单进行更新,及时将清单外问题纳入。同时积极研究推动省级水行政主管部门开展稽察"回头看"工作,稽察问题整改情况上报必须与省级水行政主管部门稽察"回头看"工作结合,避免稽察问题整改脱实向虚。此外,尽快出台水利行业质量监督工作指导意见,明确高质量发展阶段质量监督新要求,指导地方加强基层质量监督队伍的建设,实现水利工程建设质量监督全覆盖。

5 结语

水利工程建设项目稽察"回头看"作为水利稽察的一种工作方式,通过对往年项目稽察工作发现的问题整改情况抽取典型项目进行逐一复核,能够有效督促建设管理问题的整改,同时能够深刻揭示问题整改过程存在的难点和堵点。在水利部的委托下,长江委在稽察"回头看"方面开展大量工作,积累发现大量整改不到位和新发现的问题,对这些问题进行归纳总结,发现典型共性问题,全面分析问题的深层次原因,从完善中小型水利工程设计事中事后监管、新型建管模式标准制定、集中建管模式探索、拓宽投融资渠道、推进诚信建设、优化质量评定标准、巩固稽察和质量监督体制等方面提出解决问题、改进工作的对策建议,为更好保障大规模水利建设顺利实施,提供参考依据和决策支撑。

主要参考文献

[1] 李国英.为以中国式现代化全面推进强国建设、民族复兴伟业提供有力的水安全保障——在 2024 年全国水利工作会议上的讲话[J].中国水利,2024(2):1-9.

[2] 邹耀宽,张显翠,王春勇.S 省省水利工程稽察发现典型问题剖析与对策思考[J].S 省水利,2022,(S2):83-85.

［3］张瑜洪,周哲宇.落实责任严抓严管推动水利安全监督工作再上新台阶——访水利部安全监督司司长许文海［J］.中国水利,2016(24):22-23.

［4］乔根平,高龙,马毅鹏,范秀娟,崔晨甲.水利行业加大金融资金利用的意义、机遇和问题［J］.水利发展研究,2017,17（7）:10-14.

［5］何颖,陈禹坤,唐业锋,等.广西中小河流治理现状及对策分析［J］.广西水利水电,2023(6):125-127.

［6］关于切实加强水利资金使用监督管理的意见［J］.农村财政与财务,2012(6):42-43.

［7］夏志海,王翔,王攀.水利稽察发现问题归纳分析与对策研究［J］.水利水电快报,2023,44(2):104-110.

［8］阳晃林,刘懿韬.广东省水利工程建设项目法人责任制的分析和探讨［J］.珠江水运,2021(23):94-96.

［9］崔晨甲,李淼,马毅鹏.关于水利工程项目资本金筹集的渠道、案例及建议［J］.水利发展研究,2022,22(6):25-30.

［10］河南省人民政府办公厅关于深化水利工程投融资体制改革的若干意见［J］.河南省人民政府公报,2021,(13):26-28.

［11］刘希希.失信惩戒视野下的行政信用评价研究［D］.苏州:苏州大学,2021.

淮安市高邮湖退圩还湖管理机制探究

李益昌[1]　周金晶[2]　王源翔[1]　曾　曾[3]　张国梁[1]

（1. 淮安市清晏园，江苏淮安　223001；

2. 淮安市水生态建设服务中心，江苏淮安　223001；

3. 淮安市水利规划服务中心，江苏淮安　223001）

摘　要：为推进高邮湖泊依法管理和保护，改善湖泊水环境，保障民生，推动区域经济社会绿色和谐发展，开展高邮湖退圩还湖管理机制探究，结合现状，对照高质量发展要求，从资金筹集、宏观规划、宣传发动、数字孪生4个方面，提出推动后续工作的意见和建议。

关键词：退圩还湖；保障民生；宏观规划；数字孪生；高邮湖

1　引言

高邮湖是江苏省的第三大湖，被列入《江苏省湖泊保护名录》，该湖跨江苏省高邮市、宝应县、金湖县与安徽省天长市，属淮河流域。由于20世纪对粮食产量的片面追求，对高邮湖进行了大规模的围垦，形成了部分农业圩区，之后为加快发展苏北经济，再次开展了围湖运动，湖泊渔业资源由捕捞转变为圈圩与围网养殖，至今，湖泊内圈圩围网面积已达126.67km²，约占金湖县境内湖泊面积的51%。为落实《江苏省湖泊保护条例》《江苏省高邮湖邵伯湖保护规划》的要求，推进湖泊依法管理和保护，推动生态河湖建设，保障流域区域防洪及水资源安全，解决历史遗留问题，高邮湖退圩还湖工作已经提上日程。

2　基本情况

2.1　高邮湖基本情况

高邮湖位于东经119°06′～119°25′，北纬32°30′～33°05′范围内，为浅水湖泊。高邮湖北接淮河入江水道改道段，南接邵伯湖后至归江河道，东临里运河西堤，西与安徽省天长市接壤。高邮湖涉及江苏、安徽两省，包括江苏省的高邮、宝应、金湖三县（市）以及安徽省的天长市。

作者简介：李益昌，男，工程师，主要从事水利工程管理（包括水电站、河长制、防汛、水费计收管理）工作，E-mail：993236675@qq.com。

高邮湖的保护范围为设计洪水位 9.33(9.50)m 以下的区域,全湖保护范围面积 689.67km²。蓄水保护范围为正常蓄水位 5.53(5.70)m 等高线以下的区域,面积为 574.94km²,具有行洪排涝、供水、生态等功能。金湖县境内湖泊保护范围面积 253.59km²。

2.2 高邮湖退圩还湖工作进展

(1)规划编制情况

1)江苏省的规划

江苏省高邮湖邵伯湖保护规划、江苏省生态红线区域保护规划、江苏省国家级生态保护红线规划、江苏省地表水(环境)功能区划、江苏省水资源保护规划、南水北调东线工程规划(2001 年修订)、江苏省渔业养殖规划纲要、江苏省高宝邵伯湖渔业养殖规划等。规划明确了高邮湖的保护范围、湖泊功能及保护意见,按照渔业功能的不同,将其进行区域划分等。

2)金湖县的规划

金湖县城市总体规划、金湖县土地利用总体规划及调整方案、金湖县全面推行河长制实施方案、淮安市金湖县水功能区达标整治方案、金湖县生态河湖行动计划、金湖县生态红线区域保护规划等。规划明确了退圩还湖工作进程,涉及旅游、林业用地、生态保护红线、河湖保护和水环境治理等。

(2)退圩还湖工作推进情况

2019—2022 年,金湖县完成了高邮湖禁养区、限养区的划定工作,清除无证围网养殖 15.44km²,有证围网养殖 0.953km²;开展渔船聚集点环境综合整治 10 处,整治无序停靠船舶 38 条,拆除违章建筑 5 处 86m²;开展高邮湖大堤沿线环境整治,清理"三乱"问题 17 个;落实经费 100 万元,完成高邮湖湖区"三水"清除等。

高邮湖组建了省市县乡村五级河湖长,各部门联合行动,定期开展巡湖检查,2021—2022 年,发布市级河长交办单 6 份,涉及高邮湖岸线清理、湖区水草清理、养殖情况排查、湖区畜禽饲养情况排查、湖面垃圾三水清理、废弃沉船清理等问题,经督促整改,均已销号,形成了档案资料。

金湖县两位县级湖长 2021—2022 年共巡河 24 次,牵头召开现场会办会 4 次,批示交办问题 24 件,下发交办单 17 份,重点推进高邮湖沿线渔民集中集聚点环境整治、高邮湖跨界联防共治、幸福河湖创建、双车圩加固工程。开展了避风港环境整治,召开 2 次专题会办会落实整治任务,组织 5 次专项整治,改善大堤沿线环境。常态化开展长江禁捕,组织渔政等部门开展专项打击非法捕捞整治行动,持续巩固禁捕退捕成效。持续开展入河入湖排污口排查,共排查疑似排口 1350 个,跟进排污口"一口一档"及"一口一策"编制,分级分类推进入河湖排污口规范整治,有效管控污染物排放。

3 存在问题

3.1 财政资金准备还需要提高

政府资金有限。高邮湖退圩(围)补偿资金达 11 亿元,水利建设、城市管理、农业发展等都需要资金支持,所以,需要平衡各方面发展,又受新冠疫情等各种不利因素影响,淮安市的整体经济效益提升不大,各企事业单位都面临资金不富足的情况,故需要优先保证全市经济复苏,在保障全市经济良性循环的基础上,才能考虑其他发展问题。

3.2　统筹规划的能力还需提升

地方退圩还湖合力还需加强。政府由多个职能部门组成,并不断地细分职责,形成了一个纵横交错、联系密切的组织体系,但是随着部门职责的细分,推动退圩还湖工作的治理理念存在分歧,缺少有效沟通与协调,政府与渔民间因清退圩区的补偿赔款、移民安置等问题存在着不少矛盾,同时政府与市场的关系还需辩证看待,政府的政策施行在一定程度上影响着市场的走向和市场的运作发展,也影响着政府政策是否能有序高效执行,政府与市场互相发展与制约,影响了退圩还湖的工作效率。

3.3　渔民的文化程度低转业难

渔民的文化认知水平有待提高。渔民依水而居,因水而兴,以水而荣,依靠高邮湖生活已经成为了他们的固定生活习性,无法轻易改变,故而,需要提高渔民的文化认知水平,正确认识对待退圩还湖,开拓致富新思路、挖掘新的经济增长点,同时政府还要为他们提供足够的临时生活保障、开设专门技能培训,利用渔民自身优势发展渔民相关产业。

3.4　退圩还湖人力投入有欠缺

退圩还湖需要投入大量的人力。拆迁动员大量工作人员跟踪安排,工程施工工作需要投入工程技术人员操作相关施工作业设备,安置渔民需要专业的移民安置团队,虽然淮安市已经投入了很多的人力物力,建立了省市县乡村五级的河湖长制,定期巡河,且及时发现并交办问题,金湖县也做了很多的工作,但是,人力投入还是不够富足,相关人员的工资待遇问题也需多方面考虑。

4　对策建议

4.1　立足工程本身,拓展资金来源渠道

（1）政府筹集

财政筹集资金。扩大市政府对金湖县高邮湖区的退圩还湖工作的资金投入,满足金湖县形成相关管理推动机制的财政需求;争取国家有关清退圩区工作的专项资金,将可行性规划报告及时上报国家有关部门,跟踪督办,加快资金审查批复。

（2）市场激发

激活市场主体。发挥市场机制,可以在高邮湖水安全的状态下发展旅游,引入相关旅游机构,建设旅游纪念公园,存放退圩环湖工作记实、渔民登记册、防险抗灾纪实、渔民小船等,用于旅游宣传和纪念,发展水上旅游项目,丰富广大人民群众的业余生活,同时,渔民可以参与管理和经营,为旅游机构与渔民提供一定的经济来源;深化水价形成机制改革,充分发挥水权交易、节水产业、水利工程施工建设的经济效益,统筹规划高邮湖附近淮安境内水系(洪泽湖、淮河入江水道等)相关水利工程、节水企业等生产运行产生的资金,制订相关用水调水交易规则,充分激发市场主体活力。

（3）夯实监管

强化监督审查。对各项资金的来源和使用进行有序规范，及时公示，严把退圩还湖工作资金进出，严格审查资金来源、性质、金额等；加强资金了解，对资金结余情况进行清晰、系统地了解；强化财政制度执行，对资金的支出进行审核，对与用款计划不一致的支付业务，一律不予办理支付手续，做到阶段性的工作审查审计与工程结束决算审计相结合。

4.2 立足宏观规划，有序合力统筹推进

（1）加强顶层设计

进行退圩还湖工作顶层设计，加强联合办公，成立退圩还湖工作小组，实行多层次的部门发展战略，形成市区联动、部门联合、企业参与、社会支持的实施局面，缓解退圩还湖实施工作的各种矛盾，同时，实行差别化分类管理各个行业部门的相关政策，针对不同行业部门的运行工作情况，统筹退圩还湖工作进程，制订相应政策，充分发挥各行业部门的工作积极性。

（2）建立法律依据

依法行政，以法定规划为实施保障，创新制订高邮湖水系规划管理图，综合分析水系各分段的土地利用、用地控制线和景观规划，以及控制要求与建设指引等内容，以法定的形式落实水系规划内容，建立"管理规划一张图"体系，作为退圩还湖管理依据。

（3）协调各方矛盾

有序推进退圩还湖工作，退圩还湖不是一朝一夕的事情，需要让渔民与政府、政府与市场、政府各部门间互相接受并且形成合力，立足长远谋划，因地制宜，要选举产生各方联络员代表，定期召开相关推进组会，集体讨论退圩还湖工作进展，满足各方需求，解决各方矛盾，有序合力统筹推进。

4.3 立足宣传引导，倡导青年参与谋划

（1）加强清退圩区宣传

积极宣传国家有关退圩还湖的相关政策，可通过发放宣传册、开展村民集体会议、宣传栏张贴板报、播放宣传片等丰富多彩的宣传形式，让渔民了解到河湖清退圩区的意义以及其他河湖退圩还湖之后的优缺点，让其深刻理解退圩还湖的必要性，为其后续工作打下坚实的基础；绘制原始高邮湖水系风景图与渔民安置地理环境面貌图，公示在渔民生活区，让渔民感受自然之美，畅想清退圩区后的生活，真正领会"绿水青山就是金山银山"。

（2）强化政府公信能力

强化政府公信力建设，完善并加强政务诚信的规章制度，打造相关工作机制，先后制定出台有关退圩环湖工作的政策措施、纪律规章，以制度全面约束所有工作行为，由政府职权部门严格执行，同时，形成必要的监督机制，对重点目标任务、利民保证政策兑现、合同协议履行等方面做出公开承诺，定期在网站、渔民公示栏、政务微信等平台进行公开公示，明确投诉电话、投诉信箱，及时解决渔民诉求，可通过渔民公开选举的方式增设渔民监督代表，对退圩还湖全过程进行监督，听取问题诉求。

（3）倡导青年参与谋划

成立渔民互助合作组织，由渔民自主管理高邮湖相关水域的养殖，控制污染，政府负责扶持引

导,建立专门的资金渠道,加强对渔民互助合作组织能力和需求评价,通过各级机构购买服务的方式,拓宽经费渠道,同时,让渔民亲身参与互助合作组织的建设与管理,实现组织的可持续良好发展,由年长有威望的渔民负责组织,在保证人员工资的情况下,以青年为主力军,为青年提供就业和兼职岗位,按劳分配,集思广益,大力推进互助组织建设。

4.4　立足科技创新,加强数字孪生应用

（1）加强科技引导

引导渔民使用现代科技,加快渔业改良升级,满足渔民基本生活需求,如加强生态渔业养殖,采用海洋牧场的方式,分层次养殖鱼类,监控水质,达到经济效益好,污染最小的效果;加强引导水情预报的科技手段升级,采用数字 AI 做好高邮湖水情预警预报服务,提前发布预警信息,抓好湖区危险处人员转移避险,后续跟进服务,在险情离去后,有序恢复渔民生产生活。

（2）加大科技应用

加大数字孪生技术应用。使用大数据分析,划分高邮湖片区,分点位投放传感器,或者人工定点定时测量,分析 3～5 年污染状况,利用获取数据,输入 Excel 表格,形成柱形图、折线图等,分点位对比,同一个地点不同时间段对比,相同时间段不同地点对比,找出几年时间段内污染重的时间和空间节点,对重点片区先行整治,减少对渔民生活的影响,后逐步推进,达到对渔民生活影响最小,实现退圩还湖效率最高;采用数字一体化系统,整合工作人员信息,明确各类工作人员的职责范畴,鼓励渔民参与退圩还湖工作以获取报酬,按照各对应岗位,合理发放酬劳,在保障基本工资的情况下,适度采用激励政策,使得支出更加科学规范,充分发挥现代科技在工作人员工资保障、监管和激励方面的作用;加大先进设备使用,使用先进智能设备,各种辅助计量、设计、摄像、工程模拟等一系列数字 AI,减少人力投入,大力提高退圩还湖成效。

（3）助力人才培养

加大科技创新人才培养。加强退圩还湖相关工作人员科技手段教育培训,吸纳高端素质人才,为退圩还湖工作者提供就业岗位,为后续工作提供坚实的科技和人才基础,培养的工作人员还可继续参与其他河湖的治理工作。

5　结语

通过对高邮湖退圩还湖工作的探讨,探究了退圩还湖管理工作存在的一些问题,重点对保障民生、数字孪生等方面提出了一些建议措施,以推进"节水优先、空间均衡、系统治理、两手发力"的治水方针落实。

图书在版编目（CIP）数据

减灾润物　浚美河湖论文集 / 《减灾润物　浚美河湖论文集》编委会编 .

武汉：长江出版社，2024. 9. ISBN 978-7-5492-9806-8

Ⅰ．X524

中国国家版本馆 CIP 数据核字第 2024FY9662 号

减灾润物　浚美河湖论文集

JIANZAIRUNWU JUNMEIHEHULUNWENJI

《减灾润物 浚美河湖论文集》编委会　编

责任编辑： 李春雷

装帧设计： 蔡丹

出版发行： 长江出版社

地　　址： 武汉市江岸区解放大道 1863 号

邮　　编： 430010

网　　址： https://www.cjpress.cn

电　　话： 027-82926557（总编室）

　　　　　　 027-82926806（市场营销部）

经　　销： 各地新华书店

印　　刷： 武汉邮科印务有限公司

规　　格： 880mm×1230mm

开　　本： 16

印　　张： 48.5

字　　数： 1360 千字

版　　次： 2024 年 9 月第 1 版

印　　次： 2024 年 11 月第 1 次

书　　号： ISBN 978-7-5492-9806-8

定　　价： 278.00 元